模具钳工技术手册

主　编

王树人

副主编

刘力健

编著者

林志勇　王　娟　王秋玉

金盾出版社

内 容 提 要

本书是模具钳工专业知识和技能的综合性手册，共分十六章，内容包括：基础资料，工程材料，工程图样，极限、配合和表面结构，技术测量，模具标准件和紧固件，钳工基本操作，通用装配技术，润滑油、润滑脂和切削液，装配钳工工艺，模具维护与修理，模具常用设备，模具材料毛坯制造，模具加工，模具设计与工艺，机械传动。

本手册可供模具钳工在工作中随时查阅使用，也可供模具设计与制造的技术人员、大中专院校模具专业师生参考。

图书在版编目(CIP)数据

模具钳工技术手册/王树人主编. -- 北京：金盾出版社，2012.5
ISBN 978-7-5082-7239-9

Ⅰ.①模… Ⅱ.①王… Ⅲ.①模具—钳工—技术手册 Ⅳ.①TG76-62

中国版本图书馆 CIP 数据核字(2011)第 202911 号

金盾出版社出版、总发行

北京太平路 5 号(地铁万寿路站往南)
邮政编码：100036　电话：68214039　83219215
传真：68276683　网址：www.jdcbs.cn
封面印刷：北京精美彩色印刷有限公司
正文印刷：北京万友印刷有限公司
装订：北京万友印刷有限公司
各地新华书店经销
开本：705×1000 1/16　印张：50.5　字数：1017 千字
2012 年 5 月第 1 版第 1 次印刷
印数：1～5 000 册　定价：115.00 元

前　言

模具工业在我国国民经济中的地位非常重要，已被国家正式确定为基础产业，并在国民经济发展计划中多次被列为重点扶持产业。

模具是工业生产中使用极为广泛的基础工艺装备，在汽车、电器、电子、通信、家电、医疗器械等行业中，60%～80%的零件都要依靠模具成形。随着近年来这些行业的迅速发展，对模具的需求越来越迫切，精度要求越来越高，结构越来越复杂，对从事模具工作的模具钳工和模具技术人员的需求也越来越大。

目前制造装备水平发展迅速，现代模具钳工技术在原有的锯、錾、锉、钻、配等钳工基本技能的基础上，更要关注高精度模具的研磨、装配、安装和调试、维修与保养等操作。为了满足广大模具钳工和模具技术人员及刚步入此行业的技术人员和工人的需要，为他们提供一本内容新颖、丰富和实用的模具钳工技术工具书，我们编写了《模具钳工技术手册》。

本手册共四篇十六章。考虑到知识的连贯性和全面性，介绍了模具钳工相关的基础知识，内容包括：基础资料，工程材料，工程图样，极限、配合和表面结构，技术测量，润滑油、润滑脂和切削液，机械传动；钳工的一般操作，如钳工基本操作、通用装配技术、装配钳工工艺；系统地介绍了模具钳工的专业知识和专业技能，如模具标准件和紧固件、模具维护与修理、模具常用设备、模具材料毛坯制造、模具加工、模具设计与工艺等。

本手册的内容丰富、先进、实用，重点突出、通俗易懂，可供从事模具装配、维护与修理的模具钳工和模具设计、工艺与加工制造的技术人员在生产现场中使用，也可供大中专院校模具专业师生参考。

本书由湖北省原汉川县光明五金厂厂长王树人工程师担任主

编，石家庄市职业技术学院刘力健老师担任副主编。在编写过程中得到了金盾出版社的大力支持和帮助，同时参考了大量图书资料，谨此表示衷心的感谢和崇高敬意！

由于水平有限，经验不足，书中难免存在错误和不妥之处，敬请读者批评指正。

作 者

目　录

第一部分　资料篇

第二部分 钳工基础篇

第三部分 模具钳工工艺篇

第四部分 相关资料篇

第一部分　资　料　篇

1　基础资料

1.1　常用字符

1.1.1　汉语拼音字母(表1-1)

表1-1　汉语拼音字母

大写	小写	读音	大写	小写	读音	大写	小写	读音	大写	小写	读音
A	a	啊	H	h	喝	O	o	喔	V	v	维
B	b	玻	I	i	衣	P	p	坡	W	w	乌
C	c	雌	J	j	基	Q	q	欺	X	x	希
D	d	得	K	k	科	R	r	日	Y	y	衣
E	e	鹅	L	l	勒	S	s	思	Z	z	资
F	f	佛	M	m	摸	T	t	特			
G	g	哥	N	n	讷	U	u	乌			

1.1.2　英语字母(表1-2)

表1-2　英语字母

正体		斜体		读音	正体		斜体		读音
大写	小写	大写	小写		大写	小写	大写	小写	
A	a	*A*	*a*	欸	N	n	*N*	*n*	恩
B	b	*B*	*b*	比	O	o	*O*	*o*	欧
C	c	*C*	*c*	西	P	p	*P*	*p*	批
D	d	*D*	*d*	地	Q	q	*Q*	*q*	克由
E	e	*E*	*e*	衣	R	r	*R*	*r*	啊
F	f	*F*	*f*	爱富	S	s	*S*	*s*	爱司
G	g	*G*	*g*	忌	T	t	*T*	*t*	梯
H	h	*H*	*h*	爱斥	U	u	*U*	*u*	由
I	i	*I*	*i*	爱	V	v	*V*	*v*	维
J	j	*J*	*j*	捷	W	w	*W*	*w*	达勃留
K	k	*K*	*k*	克	X	x	*X*	*x*	艾克司
L	l	*L*	*l*	爱尔	Y	y	*Y*	*y*	哇爱
M	m	*M*	*m*	爱姆	Z	z	*Z*	*z*	贼

注：1. 读音均系近似读音，各字母表有读音的均相同。
　　2. 汉语拼音字母和英语字母同源于拉丁字母，故也称拉丁字母。

1.1.3 希腊字母(表 1-3)

表 1-3 希腊字母

正 体		斜 体		读 音	正 体		斜 体		读 音
大写	小写	大写	小写		大写	小写	大写	小写	
Α	α	*Α*	*α*	阿尔法	Ν	ν	*Ν*	*ν*	纽
Β	β	*Β*	*β*	贝塔	Ξ	ξ	*Ξ*	*ξ*	克西
Γ	γ	*Γ*	*γ*	伽马	Ο	ο	*Ο*	*ο*	奥密克戌
Δ	δ	*Δ*	*δ*	德耳塔	Π	π	*Π*	*π*	派
Ε	ε	*Ε*	*ε*	艾普西隆	Ρ	ρ	*Ρ*	*ρ*	柔
Ζ	ζ	*Ζ*	*ζ*	截塔	Σ	σ	*Σ*	*σ*	西格马
Η	η	*Η*	*η*	艾塔	Τ	τ	*Τ*	*τ*	套
Θ	θ	*Θ*	*θ*	西塔	Υ	υ	*Υ*	*υ*	宇普西隆
Ι	ι	*Ι*	*ι*	约塔	Φ	φ	*Φ*	*φ*	法爱
Κ	κ	*Κ*	*κ*	卡帕	Χ	χ	*Χ*	*χ*	喜
Λ	λ	*Λ*	*λ*	兰布达	Ψ	ψ	*Ψ*	*ψ*	普赛
Μ	μ	*Μ*	*μ*	缪	Ω	ω	*Ω*	*ω*	欧米伽

1.1.4 俄语字母(表 1-4)

表 1-4 俄语字母

正 体		斜 体		读 音	正 体		斜 体		读 音	正 体		斜 体		读 音
大写	小写	大写	小写		大写	小写	大写	小写		大写	小写	大写	小写	
А	а	*А*	*а*	阿	К	к	*К*	*к*	客	Х	х	*Х*	*х*	赫
Б	б	*Б*	*б*	玻	Л	л	*Л*	*л*	乐	Ц	ц	*Ц*	*ц*	雌
В	в	*В*	*в*	喔	М	м	*М*	*м*	莫	Ч	ч	*Ч*	*ч*	其
Г	г	*Г*	*г*	格	Н	н	*Н*	*н*	爱恩	Ш	ш	*Ш*	*ш*	石
Д	д	*Д*	*д*	德	О	о	*О*	*о*	欧	Щ	щ	*Щ*	*щ*	希
Е	е	*Е*	*е*	也	П	п	*П*	*п*	泼	Ъ	ъ	*Ъ*	*ъ*	(硬音符)
Ё	ё	*Ё*	*ё*	呦	Р	р	*Р*	*р*	爱耳	Ы	ы	*Ы*	*ы*	欸
Ж	ж	*Ж*	*ж*	日	С	с	*С*	*с*	斯	Ь	ь	*Ь*	*ь*	(软音符)
З	з	*З*	*з*	滋	Т	т	*Т*	*т*	特	Э	э	*Э*	*э*	爱
И	и	*И*	*и*	衣	У	у	*У*	*у*	乌	Ю	ю	*Ю*	*ю*	忧
Й	й	*Й*	*й*	意	Ф	ф	*Ф*	*ф*	佛	Я	я	*Я*	*я*	呀

1.1.5 罗马数字(表 1-5)

表 1-5 罗马数字

罗马数字	表示意义	罗马数字	表示意义	罗马数字	表示意义
Ⅰ	1	Ⅶ	7	C	100
Ⅱ	2	Ⅷ	8	D	500
Ⅲ	3	Ⅸ	9	M	1 000
Ⅳ	4	Ⅹ	10	$\overline{X}$	10 000
Ⅴ	5	Ⅺ	11	$\overline{C}$	100 000
Ⅵ	6	L	50	$\overline{M}$	1 000 000

注：[例]ⅩⅥ=16，ⅩC=90，MDCCCⅩⅣ=1814。

1.1.6 化学元素符号(表 1-6)

表 1-6 化学元素符号

原子序数	符号	名称	原子序数	符号	名称	原子序数	符号	名称	原子序数	符号	名称
1	H	氢	29	Cu	铜	57	La	镧	85	At	砹
2	He	氦	30	Zn	锌	58	Ce	铈	86	Rn	氡
3	Li	锂	31	Ga	镓	59	Pr	镨	87	Fr	钫
4	Be	铍	32	Ge	锗	60	Nd	钕	88	Ra	镭
5	B	硼	33	As	砷	61	Pm	钷	89	Ac	锕
6	C	碳	34	Se	硒	62	Sm	钐	90	Th	钍
7	N	氮	35	Br	溴	63	Eu	铕	91	Pa	镤
8	O	氧	36	Kr	氪	64	Gd	钆	92	U	铀
9	F	氟	37	Rb	铷	65	Tb	铽	93	Np	镎
10	Ne	氖	38	Sr	锶	66	Dy	镝	94	Pu	钚
11	Na	钠	39	Y	钇	67	Ho	钬	95	Am	镅
12	Mg	镁	40	Zr	锆	68	Er	铒	96	Cm	锔
13	Al	铝	41	Nb	铌	69	Tm	铥	97	Bk	锫
14	Si	硅	42	Mo	钼	70	Yb	镱	98	Cf	锎
15	P	磷	43	Tc	锝	71	Lu	镥	99	Es	锿
16	S	硫	44	Ru	钌	72	Hf	铪	100	Fm	镄
17	Cl	氯	45	Rh	铑	73	Ta	钽	101	Md	钔
18	Ar	氩	46	Pd	钯	74	W	钨	102	No	锘
19	K	钾	47	Ag	银	75	Re	铼	103	Lr	铹
20	Ca	钙	48	Cd	镉	76	Os	锇	104	Rf	𬬻
21	Sc	钪	49	In	铟	77	Ir	铱	105	Db	𬭊
22	Ti	钛	50	Sn	锡	78	Pt	铂	106	Sg	𬭳
23	V	钒	51	Sb	锑	79	Au	金	107	Bh	𬭛
24	Cr	铬	52	Te	碲	80	Hg	汞	108	Hs	𬭶
25	Mn	锰	53	I	碘	81	Tl	铊	109	Mt	鿏
26	Fe	铁	54	Xe	氙	82	Pb	铅			
27	Co	钴	55	Cs	铯	83	Bi	铋			
28	Ni	镍	56	Ba	钡	84	Po	钋			

1.2 常用数学资料

1.2.1 常用数学符号(表 1-7)

表 1-7 常用数学符号

符号	意 义	符号	意 义	符号	意 义
+	加,正号	×或·	乘	( )	圆括号
−	减,负号	÷或/	除(a÷b=a/b)	〔 〕	方括号
±	加或减,正或负	∶	比(a∶b)	{ }	花括号
∓	减或加,负或正	.	小数点	=	等于

续表 1-7

符号	意 义	符号	意 义	符号	意 义
≡	恒等于	∠	角	sin	正弦
≑或≠	不等于	∟	直角	cos	余弦
≈	约等于	△	三角形	tan	正切
<	小于	◉	圆形	cot	余切
>	大于	□	正方形	sec	正割
⩽	小于或等于	▭	矩形	csc	余割
⩾	大于或等于	▱	平行四边形	max	最大
∵	因为	∽	相似	min	最小
∴	所以	≌	全等	const	常数
x^2	x 的平方	∞	无穷大	～	数字范围(自…至…)
x^3	x 的立方	%	百分比	L 或 l	长
x^n	x 的 n 次方	π	圆周率(＝3.1416)	B 或 b	宽
$\sqrt{\ }$	平方根	°	度	H 或 h	高
$\sqrt[3]{\ }$	立方根	′	分	d 或 t	厚
$\sqrt[n]{\ }$	n 次方根	″	秒	R 或 r	半径
⊥	垂直	lg	对数(以 10 为底)	D,d 或 ϕ	直径
∥	平行	ln	自然对数		

1.2.2 常用数学公式(表 1-8)

表 1-8 常用数学公式

指数	对数 $a>0, a\neq 1$
(1)$a^m \cdot a^n = a^{m+n}$	(1)若 $a^x = M$,则 $\lg_a M = x$
(2)$a^m \div a^n = a^{m-n}$	(2)$\lg_a 1 = 0$
(3)$(a^m)^n = a^{mn}$	(3)$\lg_a a = 1$
(4)$(ab)^m = a^m \cdot b^m$	(4)$\lg_a(MN) = \lg_a M + \lg_a N$
(5)$\left(\frac{a}{b}\right)^m = \frac{a^m}{b^m}$	(5)$\lg_a \frac{M}{N} = \lg_a M - \lg_a N$
(6)$a^{\frac{m}{n}} = \sqrt[n]{a^m} = (\sqrt[n]{a})^m$	(6)$\lg_a(M^n) = n \cdot \lg_a M$
(7)$a^0 = 1$	(7)$\lg_a \sqrt[n]{M} = \frac{1}{n} \cdot \lg_a M$
(8)$a^{-m} = \frac{1}{a^m}$	(8)$\lg M = 0.4343 \ln M$
	(9)$\ln M = 2.3026 \lg M$

续表 1-8

弧与度的关系

$\frac{\theta}{\pi}=\frac{D}{180}$

（D 与 θ 表示同一角的度数与弧数）

(1)$180°=\pi$ 弧$=3.1415926535$ 弧

$1°=0.01745329$ 弧

$1'=0.0002909$ 弧

$1''=0.00000485$ 弧

(2)1 弧$=\frac{180°}{\pi}=57.2958°=57°17'44.8''$

直角三角形

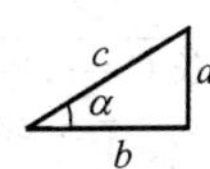

(1)$\sin\alpha=\frac{a}{c}$　(7)$\sin^2\alpha+\cos^2\alpha=1$

(2)$\cos\alpha=\frac{b}{c}$　(8)$\sec^2\alpha-\tan^2\alpha=1$

(3)$\tan\alpha=\frac{a}{b}$　(9)$\csc^2\alpha-\cot^2\alpha=1$

(4)$\cot\alpha=\frac{b}{a}$　(10)$\tan\alpha=\frac{\sin\alpha}{\cos\alpha}$

(5)$\sec\alpha=\frac{c}{b}$　(11)$\cot\alpha=\frac{\cos\alpha}{\sin\alpha}$

(6)$\csc\alpha=\frac{c}{a}$　(12)勾股弦定理 $c=\sqrt{a^2+b^2}$

任意三角形

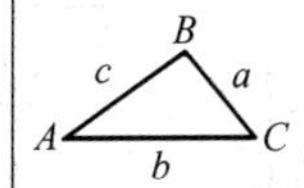

(1)正弦定理

$\frac{a}{\sin A}=\frac{b}{\sin B}=\frac{c}{\sin C}=2R$（$R$=外圆半径）

(2)余弦定理

$a^2=b^2+c^2-2bc\cos A$

$b^2=c^2+a^2-2ca\cos B$

$c^2=a^2+b^2-2ab\cos C$

(3)正切定理

$\tan\frac{A-B}{2}=\frac{a-b}{a+b}\cdot\cot\frac{C}{2}$

或 $\frac{a-b}{a+b}=\frac{\tan\frac{A-B}{2}}{\tan\frac{A+B}{2}}$

其他三角公式

(1)$\sin2\alpha=2\sin\alpha\cdot\cos\alpha$

(2)$\cos2\alpha=\cos^2\alpha-\sin^2\alpha=1-2\sin^2\alpha=2\cos^2\alpha-1$

(3)$\tan2\alpha=\frac{2\tan\alpha}{1-\tan^2\alpha}$

(4)$\cot2\alpha=\frac{\cot^2\alpha-1}{2\cot\alpha}$

(5)$\sin^2\alpha=\frac{1}{2}-(1-\cos2\alpha)$

(6)$\cos^2\alpha=\frac{1}{2}(1+\cos2\alpha)$

(7)$\sin^3\alpha=\frac{1}{4}(3\sin\alpha-\sin3\alpha)$

(8)$\cos^3\alpha=\frac{1}{4}(\cos3\alpha+3\cos\alpha)$

1.2.3 常用几何图形的几何尺寸（表 1-9）

表 1-9 常用几何图形的几何尺寸

图形名称	图示及计算公式
正方形	对角线 $d=1.414\alpha$ 边 $\alpha=0.707d$ 面积 $S=\alpha^2=\frac{d^2}{2}$

续表 1-9

图形名称	图示及计算公式
梯形	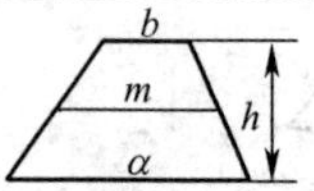 中线 $m=\frac{a+b}{2}$ 面积 $S=\frac{a+b}{2}h=mh$
任意多角形	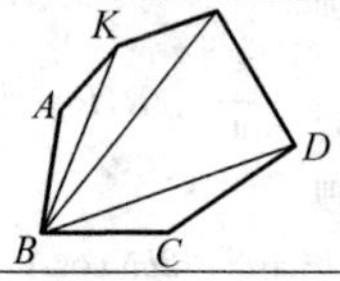 $\angle A+\angle B+\angle C+\cdots\cdots+\angle K=(n-2)180°$ n——边数（计算面积是把多角形分成几个三角形）
正多角形	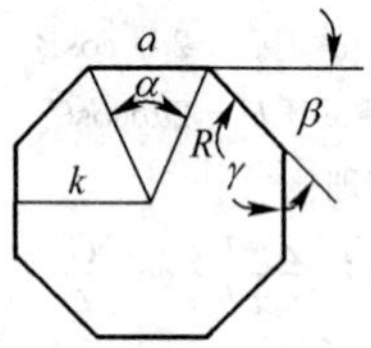 $\alpha=\beta=\frac{360°}{n}$ $\gamma=180°-\frac{360°}{n}$ $a=2R\sin\frac{\alpha}{2}=2k\tan\frac{\alpha}{2}$ $S=\frac{ak}{2}n$（k——边心距，n——边数）
圆	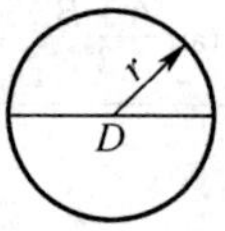 周长 $C=\pi D=3.142D=6.283r=3.545\sqrt{S}$ $r=\frac{C}{2\pi}=0.159C$ 直径 $D=\frac{C}{\pi}=0.318C=1.128\sqrt{S}$ $S=\frac{\pi D^2}{4}=0.785D^2=3.142r^2=0.25CD$
弧与扇形	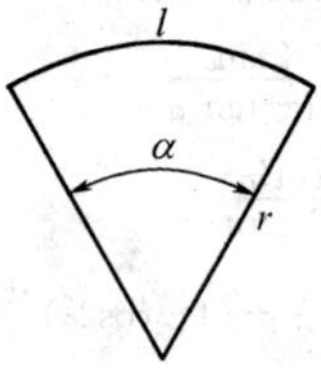 弧长 $l=\frac{\pi r a°}{180}=0.01745ra°$ 面积 $S=\frac{\pi r^2 a°}{360}=0.0082r^2a°$
平行四边形和矩形	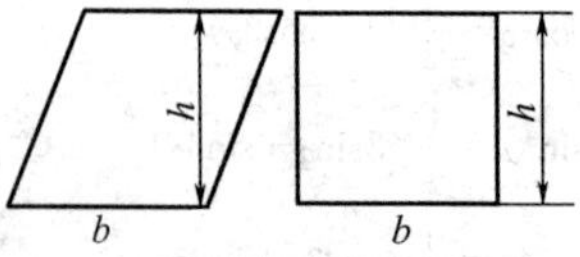 面积 $S=bh$
菱形	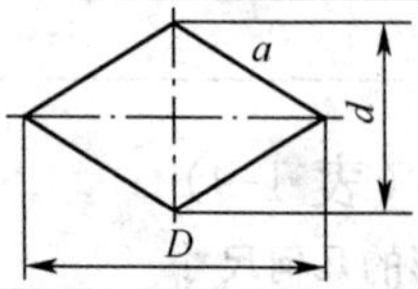 $S=\frac{Dd}{2}$ $D^2+d^2=4a^2$
直角三角形	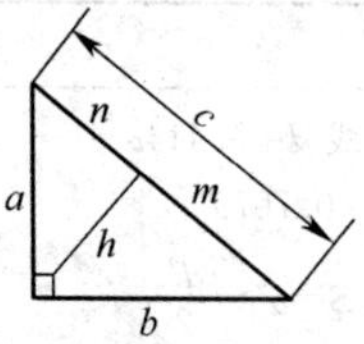 $c=\sqrt{a^2+b^2}$ $S=\frac{ab}{2}$ $h=\sqrt{mn}$ $m=\frac{b^2}{c}$，$n=\frac{a^2}{c}$

续表 1-9

图形名称	图示及计算公式
等边三角形	$h=0.866a$ $a=1.154h$ $S=0.433a^2=0.578h^2$
任意三角形	面积： $S=\frac{bh}{2}=\sqrt{p(p-a)(p-b)(p-c)}$ $p=\frac{1}{2}(a+b+c)$ 中线 $m=\frac{1}{2}\sqrt{2(a^2+c^2)-b^2}$ 二等分角线： $l=\frac{\sqrt{ac[(a+c)^2-b^2]}}{a+c}$
椭圆形	面积 $S=\pi ab$

1.2.4 常用几何体的表面积和体积(表 1-10)

表 1-10 常用几何体的表面积和体积

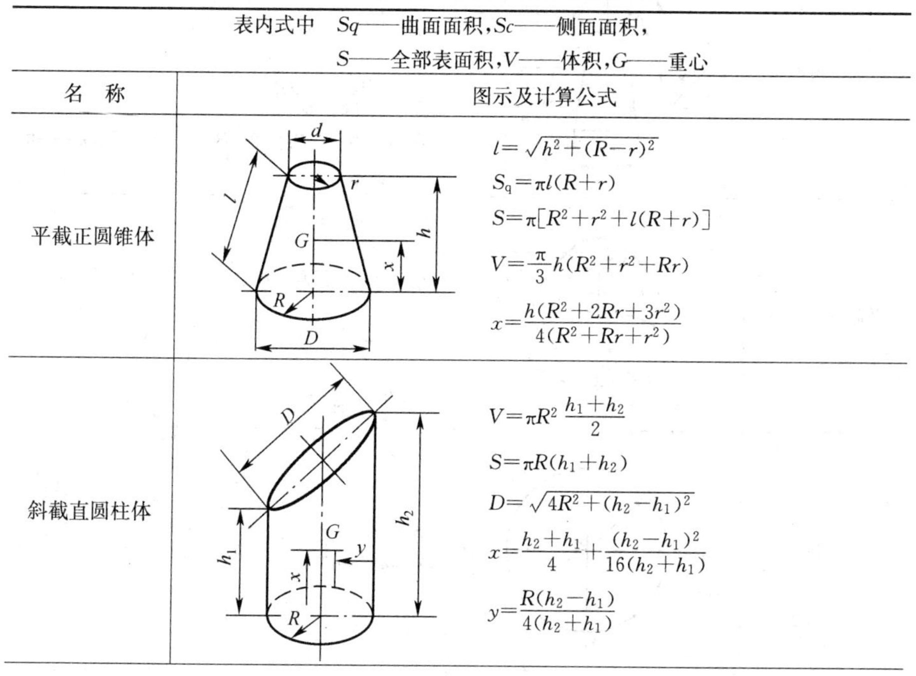

表内式中 Sq——曲面面积，Sc——侧面面积，

S——全部表面积，V——体积，G——重心

名 称	图示及计算公式
平截正圆锥体	$l=\sqrt{h^2+(R-r)^2}$ $S_q=\pi l(R+r)$ $S=\pi[R^2+r^2+l(R+r)]$ $V=\frac{\pi}{3}h(R^2+r^2+Rr)$ $x=\frac{h(R^2+2Rr+3r^2)}{4(R^2+Rr+r^2)}$
斜截直圆柱体	$V=\pi R^2\,\frac{h_1+h_2}{2}$ $S=\pi R(h_1+h_2)$ $D=\sqrt{4R^2+(h_2-h_1)^2}$ $x=\frac{h_2+h_1}{4}+\frac{(h_2-h_1)^2}{16(h_2+h_1)}$ $y=\frac{R(h_2-h_1)}{4(h_2+h_1)}$

续表 1-10

名　称	图示及计算公式
空心圆柱体	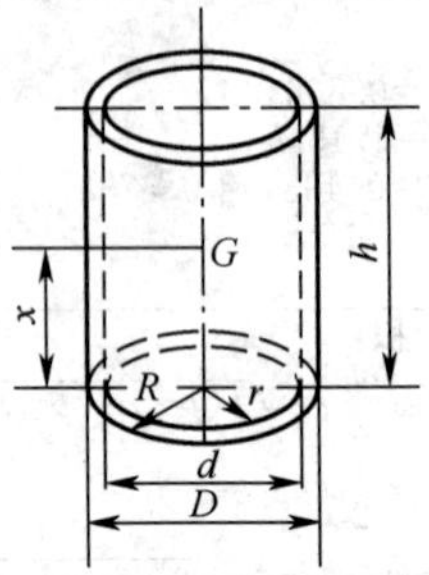 $S_q=2\pi h(R+r)$ $V=\pi h(R^2-r^2)$ $x=\frac{h}{2}$
平截四角锥体	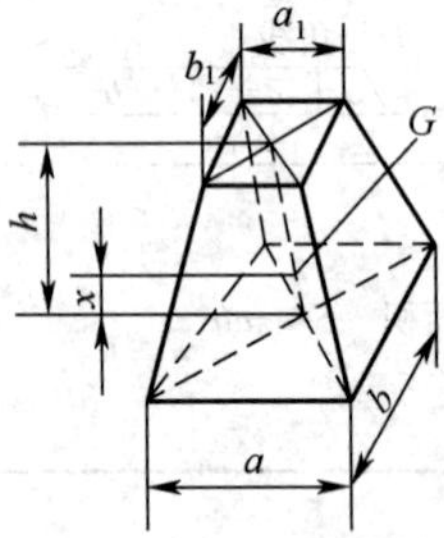 $V=\frac{h}{6}(2ab+ab_1+a_1b+2a_1b_1)$ $x=\frac{h(2ab+ab_1+a_1b+3a_1b_1}{2(2ab+ab_1+a_1b+2a_1b_1)}$ 底为矩形
平截正角锥体	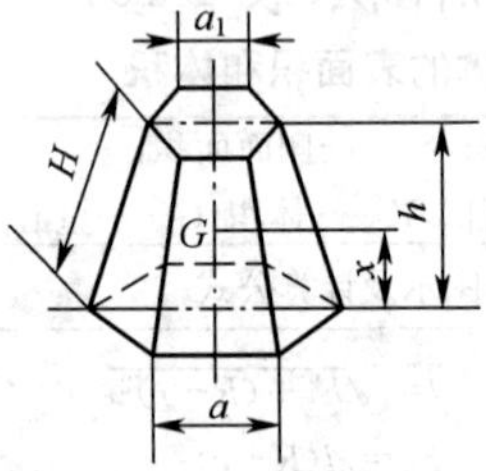 $V=\frac{h}{3}(B_0+\sqrt{B_0B}+B)$ $S_c=\frac{Hn}{2}(a+a_1)$ $x=\frac{h(B+2\sqrt{B_0B}+3B_0)}{4(B+B_0B+B_0)}$ 式中　B——底面积，B_0——顶面积，n——侧面的面数
平截抛物线体	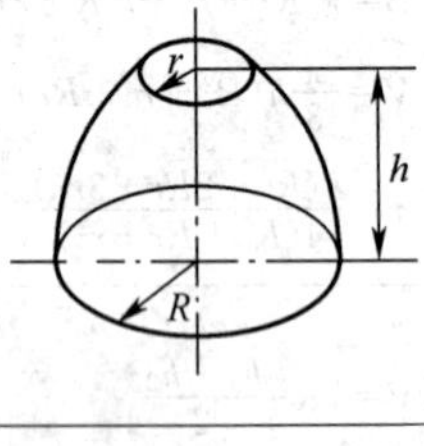 $V=\frac{\pi}{2}(R^2+r^2)h$ $S_c=\frac{2\pi}{3P}[\sqrt{(R^2-P^2)^3}-\sqrt{(r^2+P^2)^3}]$ $P=\frac{R^2-r^2}{2h}$ $x=\frac{h-(R^2+2r^2)}{3(R^2+r^2}$
球体	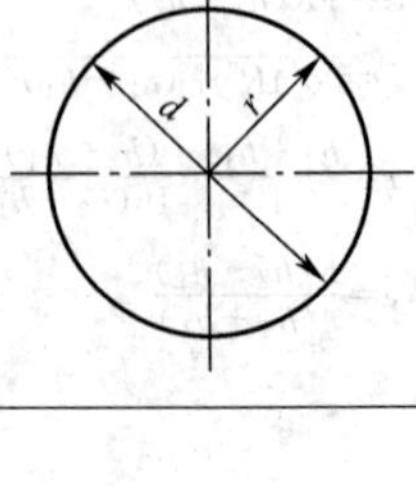 $S=12.57r^2$ $V=4.189r^3$

续表 1-10

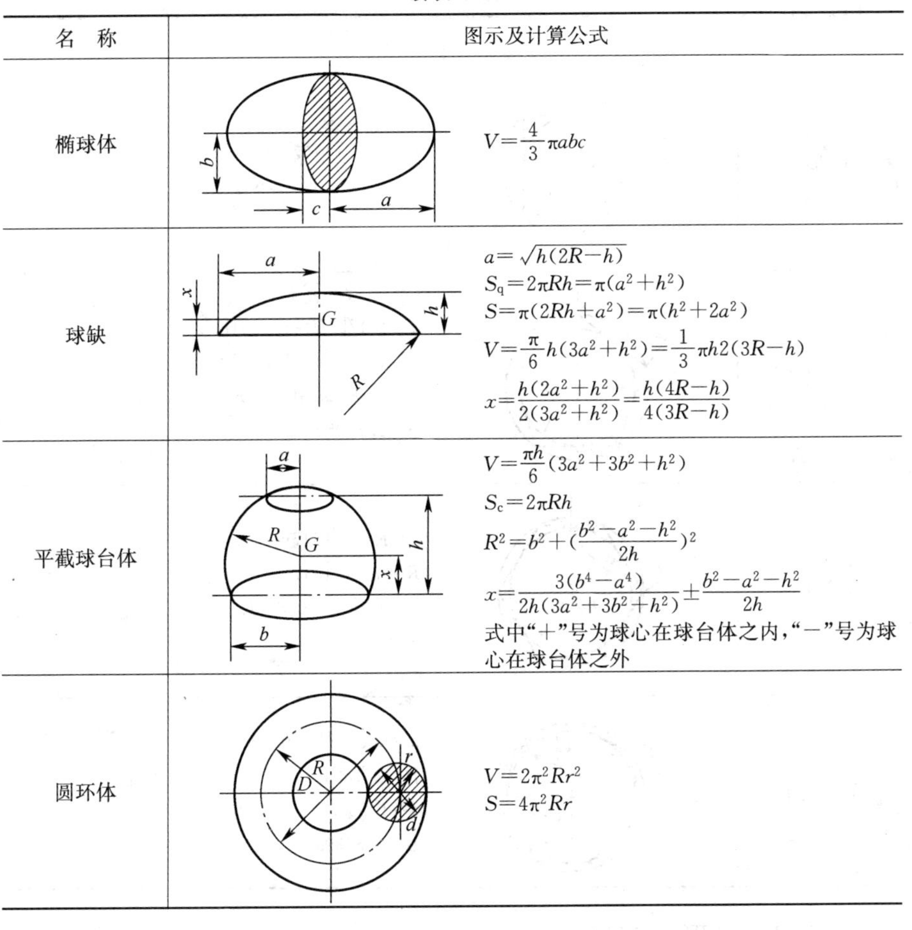

名　称	图示及计算公式
椭球体	$V=\frac{4}{3}\pi abc$
球缺	$a=\sqrt{h(2R-h)}$ $S_q=2\pi Rh=\pi(a^2+h^2)$ $S=\pi(2Rh+a^2)=\pi(h^2+2a^2)$ $V=\frac{\pi}{6}h(3a^2+h^2)=\frac{1}{3}\pi h2(3R-h)$ $x=\frac{h(2a^2+h^2)}{2(3a^2+h^2)}=\frac{h(4R-h)}{4(3R-h)}$
平截球台体	$V=\frac{\pi h}{6}(3a^2+3b^2+h^2)$ $S_c=2\pi Rh$ $R^2=b^2+(\frac{b^2-a^2-h^2}{2h})^2$ $x=\frac{3(b^4-a^4)}{2h(3a^2+3b^2+h^2)}\pm\frac{b^2-a^2-h^2}{2h}$ 式中“+”号为球心在球台体之内，“−”号为球心在球台体之外
圆环体	$V=2\pi^2Rr^2$ $S=4\pi^2Rr$

1.2.5　圆内接、圆外接正多边形几何尺寸(表 1-11)

表 1-11　圆内接、圆外接正多边形几何尺寸

表内式中　a——边长，R——外接圆半径，
r——内接圆半径，S——面积

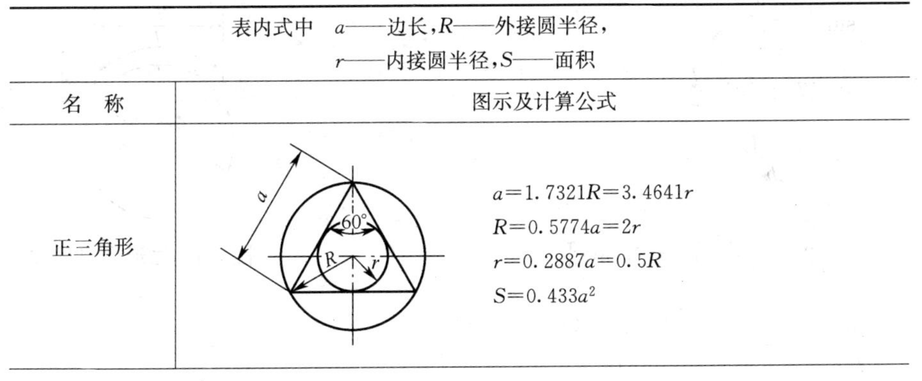

名　称	图示及计算公式
正三角形	$a=1.7321R=3.4641r$ $R=0.5774a=2r$ $r=0.2887a=0.5R$ $S=0.433a^2$

续表 1-11

名　称	图示及计算公式
正方形	$a=1.4142R=2r$ $R=0.7071a=1.4142r$ $r=0.5a=0.7071R$ $S=a^2$
正五边形	$a=1.1756R=1.4531r$ $R=0.8506a=1.2361r$ $r=0.6882a=0.809R$ $S=1.7205a^2$
正六边形	$a=R=1.1547r$ $R=a=1.1547r$ $r=0.866a=0.866R$ $S=2.5981a^2$
正七边形	$a=0.8678R=0.9631r$ $R=1.1524a=1.1099r$ $r=1.0383a=0.901R$ $S=3.6339a^2$

1.2.6 弓形几何尺寸

弓形几何尺寸如图 1-1 所示。

$$\sin\frac{\alpha}{2}=\frac{L}{2r}$$

$$\alpha=57.2958\times\frac{l}{r}$$

$$r=\frac{4h^2+L^2}{8h}=\frac{L}{2\sin\frac{\alpha}{2}}$$

$$L=2\sqrt{h(2r-h)}=2r\sin\frac{\alpha}{2}$$

$$h=r\pm\frac{1}{2}\sqrt{4r^2-L^2}=r\times\left(1-\cos\frac{\alpha}{2}\right)$$

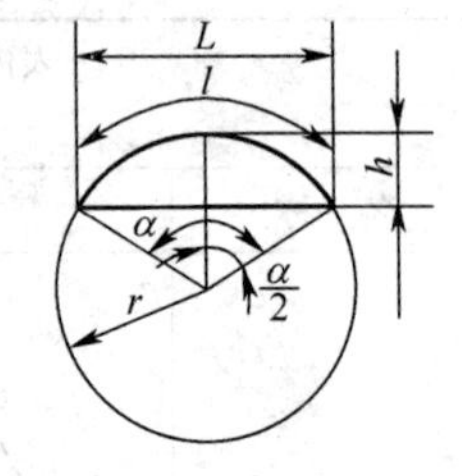

图 1-1 弓形几何尺寸

（小于半圆时，取负号；大于半圆时，取正号）

$$l=0.01745\times r\times\alpha$$

式中　α——圆心角；

r——半径；

L——弦长；

h——弓形高；

l——弧长。

1.2.7　锥度与锥角系列

1.2.7.1　标准锥度与锥角系列（表 1-12）

表 1-12　标准锥度与锥角系列

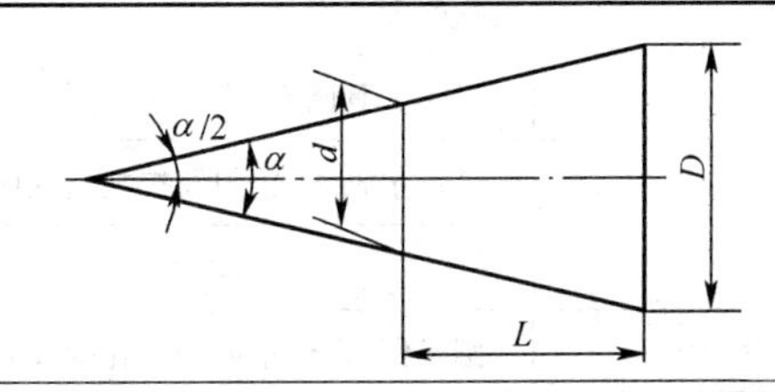

$$锥度\ C=\frac{D-d}{L}=2\tan\frac{\alpha}{2}=1:\frac{1}{2}\cot\frac{\alpha}{2}$$

一般用途圆锥的锥度和锥角

基本值		推算值		应用举例
系列1（优选）	系列2	圆锥角 α	锥度 C	
120°		—	1∶0.288675	螺纹的内倒角，中心孔的扩锥
90°		—	1∶0.500000	沉头螺钉头，螺纹倒角，轴的倒角
	75°	—	1∶0.651613	直径小于（或等于）8mm 的丝锥及铰刀的反顶尖
60°		—	1∶0.866025	机床顶尖，工件中心孔
45°			1∶1.207107	管路连接中轻型螺旋管接口的锥形密合
30°			1∶1.866025	摩擦离合器
1∶3		18.924644°		易于拆开的机件，具有极限扭矩的摩擦离合器
	1∶4	14.250033°		
1∶5		11.421186°		锥形摩擦离合器，磨床砂轮主轴端部外锥
	1∶6	9.527283°		
	1∶7	8.171234°		管件的开关旋塞

续表 1-12

基 本 值		推 算 值		应 用 举 例
系列 1（优选）	系列 2	圆锥角 α	锥度 C	
	1∶8	7.152669°		受轴向力、径向力的锥形零件的接合面
1∶10		5.724810°		受轴向力、径向力及扭矩的接合面，主轴滑动轴承的调整衬套
	1∶12	4.771888°		部分滚动轴承内环的锥孔
	1∶15	3.818305°		受轴向力的锥形零件的接合面，主轴与齿轮的配合面
1∶20		2.864192°		米制工具圆锥，锥形主轴颈，圆锥螺栓
1∶30		1.909682°		锥形主轴颈，铰刀及扩孔钻锥柄的锥度
	1∶40	1.432222°		
1∶50				圆锥销、定位销或圆锥孔的铰刀
1∶100		0.572953°		承受振动及变载荷的连接
1∶200		0.286478°		承受振动及冲击变载荷的连接
1∶500		0.114591°		

1.2.7.2 特殊用途的锥度与锥角（表 1-13）

表 1-13 特殊用途的锥度与锥角

基本值	圆锥角 α		锥度 c	应用举例
7∶24	16°35′39.4″	16.594290°	1∶3.428571	机床主轴，工具配合
1∶9	6°21′34.8″	6.359660°	—	电池接头
1∶16.666	3°26′12.7″	3.436853°	—	医疗设备
1∶19.002	3°0′52.4″	3.014554°	—	莫氏锥度 No.5
1∶19.180	2°59′11.7″	2.936590°	—	莫氏锥度 No.6
1∶19.212	2°58′53.8″	2.981618°	—	莫氏锥度 No.0
1∶19.254	2°58′30.4″	2.975117°	—	莫氏锥度 No.4
1∶19.922	2°52′31.4″	2.875402°	—	莫氏锥度 No.3
1∶20.020	2°51′40.8″	2.861332°	—	莫氏锥度 No.2
1∶20.047	2°51′26.9″	2.857480°	—	莫氏锥度 No.1

1.2.7.3 莫氏和公制锥度(附斜度对照)(表 1-14)

表 1-14 莫氏和公制锥度(附斜度对照)

圆锥号数		锥度 $C=2\tan(\alpha/2)$	锥角 α	斜角 $\alpha/2$	斜度 $\tan(\alpha/2)$
莫氏	0	1∶19.212=0.05205	2°58′54″	1°29′27″	0.026
	1	1∶20.047=0.04988	2°51′26″	1°25′43″	0.0249
	2	1∶20.020=0.04995	2°51′41″	1°25′50″	0.025
	3	1∶19.922=0.05020	2°52′32″	1°26′16″	0.0251
	4	1∶19.254=0.05194	2°58′31″	1°29′15″	0.026
	5	1∶19.002=0.05263	3°00′53″	1°30′26″	0.026 3
	6	1∶19.180=0.05214	2°59′12″	1°29′36″	0.0261
	7	1∶19.231=0.052	2°58′36″	1°29′18″	0.026
公制	4	1∶20=0.05	2°51′51″	1°25′56″	0.025
	6	1∶20=0.05	2°51′51″	1°25′56″	0.025
	80	1∶20=0.05	2°51′51″	1°25′56″	0.025
	100	1∶20=0.05	2°51′51″	1°25′56″	0.025
	120	1∶20=0.05	2°51′51″	1°25′56″	0.025
	140	1∶20=0.05	2°51′51″	1°25′56″	0.025
	160	1∶20=0.05	2°51′51″	1°25′56″	0.025
	200	1∶20=0.05	2°51′51″	1°25′56″	0.025

注:1. 公制圆锥号数表示圆锥大端直径,如 80 号公制圆锥,它的大端直径为 80mm。
2. 莫氏锥度目前在钻头及铰刀的锥柄、车床零件等应用较多。

1.3 国内外部分标准代号

1.3.1 我国部分标准代号(表 1-15)

表 1-15 我国部分标准代号

代 号	标 准 名 称	代 号	标 准 名 称
GB	国家标准(强制性标准)	BB	包装行业标准
GB/T	国家标准(推荐性标准)	CB	船舶行业标准
GBn	国家内部标准	CBM	船舶外贸行业标准
GBJ	工程建设国家标准	CECS	工程建设行业标准
GJB	军用国家标准	CH	测绘行业标准

续表 1-15

代 号	标 准 名 称	代 号	标 准 名 称
CJ	城镇建设行业标准	QB	轻工行业标准
CY	新闻出版行业标准	QC	汽车行业标准
DA	档案工作行业标准	QJ	航天行业标准
DL	电力行业标准	SB	商业行业标准
DZ	地质矿产行业标准	SC	水产行业标准
EJ	核工业行业标准	SD	水利电力行业标准
FZ	纺织行业标准	SH	石油化工行业标准
GA	公共安全行业标准	SJ	电子行业标准
GY	广播电影电视行业标准	SL	水利行业标准
HB	航空行业标准	SN	商检行业标准
HG	化工行业标准	SY	石油天然气行业标准
HJ	环境保护行业标准	TB	铁路运输行业标准
HY	海洋行业标准	TD	土地管理行业标准
JB	机械行业标准	TY	体育行业标准
JC	建材行业标准	WB	物资行业标准
JG	建材工业行业标准	WH	文化行业标准
JR	金融行业标准	WJ	兵工民品行业标准
JT	交通行业标准	WS	卫生行业标准
JY	教育行业标准	XB	稀土行业标准
LD	劳动和劳动安全行业标准	YB	黑色冶金行业标准
LY	林业行业标准	YC	烟草行业标准
MH	民用航空行业标准	YD	通信行业标准
MT	煤炭行业标准	YS	有色冶金行业标准
MZ	民政行业标准	YY	医药行业标准
NY	农业行业标准	CNS	台湾省自定标准

1.3.2 国际和区域部分标准代号(表 1-16)

表 1-16 国际和区域部分标准代号

代 号	标 准 名 称	代 号	标 准 名 称
ISA	国际标准协会标准	CEN	欧洲标准化委员会标准
ISO	国际标准化组织标准	EEC	欧洲经济共同体标准
ISO/DIS	国际标准化组织标准草案	FURONORM	欧洲煤钢联盟标准
IEC	国际电工委员会标准	IIW	国际焊接学会标准
ASAC	亚洲标准咨询委员会标准	OIML	国际法制计量组织标准
BIPM	国际计量局标准		

1.3.3 外国部分标准代号(表 1-17)

表 1-17 外国部分标准代号

代号	标准名称
AA	美国铝业协会标准
AFNOR	法国标准协会标准
AGME	美国齿轮制造者协会标准
AISI	美国钢铁学会标准
ANSI	美国国家标准
API	美国石油协会标准
AS	澳大利亚标准
ASA	美国标准协会标准
ASME	美国机械工程师协会标准
ASTM	美国材料与试验协会标准
BAS	日本轴承工业协会标准
BHMA	美国建筑小五金制造商协会标准
BDSI	孟加拉国标准
BS	英国标准
CSA	加拿大标准协会标准
CSI	加拿大标准
CSK	朝鲜国家标准
DIN	德国工业标准
DS	丹麦标准
ELOT	希腊标准
ES	埃及标准
IFI	美国工业紧固件学会标准
IRAM	阿根廷标准
I·S·	爱尔兰标准
IS	印度标准
ISIJ	日本钢铁协会标准
ISIRI	伊朗标准与工业研究所标准
JES	日本工业产品标准统一调查会标准
JIS	日本工业标准
KS	韩国工业标准
MCTI	美国金属切削工具学会标准
MS	马来西亚标准
MSZ	匈牙利标准
NB	巴西标准
NBN	比利时标准
NBS	美国国家标准局标准
NC	古巴标准
NCh	智利标准
NEN	荷兰标准
NF	法国标准
NI	印度尼西亚标准
NOM	墨西哥标准
NP	葡萄牙标准
NS	挪威标准
NSO	尼日利亚标准
NZS	新西兰标准
öNORM	奥地利标准
PN	波兰标准
PS	巴基斯坦标准
PTS	菲律宾标准
SABS	南非标准规格
SFS	芬兰标准协会标准
S. I.	以色列标准
SIS	瑞典标准
SLS	斯里兰卡标准
SNS	叙利亚国家标准
SN	瑞士标准
SOI	伊朗标准
S. S.	新加坡标准
STAS	罗马尼亚标准
TCVN	越南国家标准
TIS	泰国标准
TSE	土耳其标准
UNE	西班牙标准
UNI	意大利国家标准
VSM	瑞士机械学会标准
БДС	保加利亚标准
ГОСТ	前苏联国家标准
ГОСТР	俄罗斯国家标准
YCT	蒙古国家标准

1.4 计量单位及常用单位换算

1.4.1 我国法定计量单位

1.4.1.1 国际单位制(SI)的基本单位(表1-18)

表1-18 国际单位制(SI)的基本单位

量的名称	单位名称	单位符号
长度	米	m
质量	千克(公斤)	kg
时间	秒	s
电流	安[培]	A
热力学温度	开[尔文]	K
物质的量	摩[尔]	mol
发光强度	坎[德拉]	cd

注：1. 圆括号中的名称，是它前面的名称的同义词，下同。

2. 无方括号的量的名称与单位名称均为全称。方括号中的字，在不致引起混淆、误解的情况下，可以省略。去掉方括号中的字即为其名称的简称。下同。

3. 人民生活和贸易中，质量习惯称为重量。

1.4.1.2 国际单位制(SI)的辅助单位(表1-19)

表1-19 国际单位制(SI)的辅助单位

量的名称	单位名称	单位符号
[平面]角	弧度	rad
立体角	球面度	sr

1.4.1.3 国际单位制(SI)中具有专门名称的导出单位(表1-20)

表1-20 国际单位制(SI)中具有专门名称的导出单位

量的名称	单位名称	单位符号	其他表示
频率	赫[兹]	Hz	s^{-1}
力	牛[顿]	N	$kg \cdot m/s^2$
压力，压强，应力	帕[斯卡]	Pa	N/m^2
能[量]，功，热量	焦[耳]	J	$N \cdot m$
功率，辐[射能]通量	瓦[特]	W	J/s
电荷[量]	库[仑]	C	$A \cdot s$
电压，电动势，电位，(电势)	伏[特]	V	W/A

续表 1-20

量的名称	单位名称	单位符号	其他表示
电容	法[拉]	F	C/V
电阻	欧[姆]	Ω	V/A
电导	西[门子]	S	Ω^{-1}
磁通[量]	韦[伯]	Wb	V·s
磁通[量]密度，磁感应强度	特[斯拉]	T	Wb/m^2
电感	亨[利]	H	Wb/A
摄氏温度	摄氏度	C	K
光通量	流[明]	lm	cd·sr
[光]照度	勒[克斯]	lx	lm/m^2
[放射性]活度	贝可[勒尔]	Bq	s^{-1}
吸收剂量	戈[瑞]	Gy	J/kg
剂量当量	希[沃特]	Sv	J/kg

1.4.1.4 国际单位制(SI)的词头(表 1-21)

表 1-21 国际单位制(SI)的词头

因数	词头名称		符号
	英文	中文	
10^{24}	yotta	尧[它]	Y
10^{21}	zetta	泽[它]	Z
10^{18}	exa	艾[可萨]	E
10^{15}	peta	拍[它]	P
10^{12}	tera	太[拉]	T
10^{9}	giga	吉[咖]	G
10^{6}	mega	兆	M
10^{3}	kilo	千	k
10^{2}	hecto	百	h
10^{1}	deca	十	da
10^{-1}	deci	分	d
10^{-2}	centi	厘	c
10^{-3}	milli	毫	m
10^{-6}	micro	微	μ
10^{-9}	nano	纳[诺]	n
10^{-12}	pico	皮[可]	p
10^{-15}	femto	飞[母托]	f
10^{-18}	atto	阿[托]	a
10^{-21}	zepto	仄[普托]	z
10^{-24}	yocto	幺[科托]	y

1.4.1.5 可与国际单位制(SI)单位并用的我国法定计量单位(表 1-22)

表 1-22 可与国际单位制(SI)单位并用的我国法定计量单位

量的名称	单位名称	单位符号	与 SI 单位的关系
时间	分	min	1min=60s
	[小]时	h	1h=60min=3 600s
	日,(天)	d	1d=24h=86 400s
[平面]角	度	°	1°=(π/180)rad
	[角]分	′	1′=(1/60)°=(π/10 800)rad
	[角]秒	″	1″=(1/60)′=(π/648 000)rad
体积	升	L ,(l)	$1L=1dm^3=10^{-3}m^3$
质量	吨	T	$1t=10^3kg$
	原子质量单位	u	$1u\approx1.660\ 540\times10^{-27}kg$
旋转速度	转每分	r/min	$1r/min=(1/60)s^{-1}$
长度	海里	n mile	1n mile=1 852m(只用于航行)
速度	节	kn	1kn=1n mile/h=(1 852/3 600)m/s (只用于航行)
能	电子伏	eV	$1eV\approx1.602\ 177\times10^{-19}J$
级差	分贝	dB	
线密度	特[克斯]	tex	$1tex=10^{-6}kg/m$
面积	公顷	hm^2	$1hm^2=10^4m^2$

注:1. 平面角单位度、分、秒的符号,在组合单位中应采用(°),(′),(″)的形式。例如,不用°/s 而用(°)/s。

2. 升的符号中,小写字母 l 为备用符号。

3. 公顷的国际通用符号为 ha。

1.4.2 常用单位换算

1.4.2.1 长度单位换算(表 1-23)

表 1-23 长度单位换算

法定单位			英制单位		
米(m)	厘米(cm)	毫米(mm)	码(yd)	英尺(ft)	英寸(in)
1	100	1 000	1.093 6	3.280 84	39.370 1
0.01	1	10	0.010 9	0.032 81	0.393 7
0.001	0.1	1	0.001 09	0.003 28	0.039 37
0.914 4	91.44	914.4	1	3	36
0.304 8	30.48	304.8	0.333 3	1	12
0.025 4	2.54	25.4	0.027 8	0.083 3	1

1.4.2.2 面积单位换算(表1-24)

表1-24 面积单位换算

法定单位			英制单位		
平方米(m^2)	平方厘米(cm^2)	平方毫米(mm^2)	平方码(yd^2)	平方英尺(ft^2)	平方英寸(in^2)
1	10 000	1 000 000	1.196	10.763 9	1 550
0.000 1	1	100	0.000 1	0.001 076	0.155 0
0.000 001	0.01	1	0.000 001	0.000 011	0.001 55
0.836 127	8 361.27	836 127	1	9	1 296
0.092 903	929.03	92 903	0.111 1	1	144
0.000 645 16	6.451 6	645.16	0.000 77	0.006 944	1

1.4.2.3 体积(容积)单位换算(表1-25)

表1-25 体积(容积)单位换算

法定单位			英美制单位			
立方米(m^3)	升(L)	立方厘米(cm^3)	英加仑(UKgal)	美加仑(USgal)	立方英尺(ft^3)	立方英寸(in^3)
1	1 000	1 000 000	219.97	264.17	35.315	61 024
0.001	1	1 000	0.220 0	0.264 2	0.035 3	61.02
0.000 001	0.001	1	0.000 22	0.000 26	0.000 035	0.061 02
0.004 546 1	4.546 1	4 546.1	1	1.201 0	0.160 5	277.42
0.003 785 4	3.785 4	3 785.4	0.832 7	1	0.133 7	231
0.028 317	28.317	28 317	6.228 8	7.480 5	1	1 728
0.000 016 387 1	0.016 387 1	16.387 1	0.003 6	0.004 33	0.000 6	1

1.4.2.4 质量单位换算(表1-26)

表1-26 质量单位换算

法定单位		英美制单位		
吨(t)	千克(公斤)(kg)	英吨(ton)	美吨(sh ton)	磅(lb)
1	1 000	0.984 2	1.102 3	2 204.6
0.001	1	0.000 984	0.001 102	2.204 6
1.016 05	1 016.05	1	1.120 0	2 240
0.907 18	907.18	0.892 9	1	2 000
0.000 454	0.453 6	0.000 446	0.000 5	1

1.4.2.5 力的单位换算(表 1-27)

表 1-27 力的单位换算

法定单位		非法定单位		
牛(N)	千牛(kN)	达因(dyn)	千克力(kgf)	磅力(lbf)
1	10^{-3}	10^{5}	0.101 97	0.224 81
10^{3}	1	10^{8}	101.97	224.81
10^{-5}	10^{-8}	1	1.02×10^{-6}	2.25×10^{-6}
9.806 65	9.81×10^{-3}	980 665	1	2.204 6
4.448 2	4.45×10^{-3}	444 822	0.453 6	1

1.4.2.6 力矩单位换算(表 1-28)

表 1-28 力矩单位换算

法定单位	非法定单位			
牛[顿]米 (N·m)	千克力米 (kgf·m)	克力厘米 (gf·cm)	英尺磅力 (ft·lbf)	英寸磅力 (in·lbf)
1	0.101 97	10 197	0.737 56	8.850 7
9.806 7	1	10^{5}	7.233	86.796
9.8×10^{-5}	10^{-5}	1	7.2×10^{-5}	8.68×10^{-4}
1.335 8	0.138 25	13 825	1	12
0.112 98	0.011 52	1 152.1	0.083 33	1

1.4.2.7 压力(压强)及压力单位换算(表 1-29)

表 1-29 压力(压强)及压力单位换算

法定单位	非法定单位			
牛/毫米^2 (N/mm^2) 或兆帕(MPa)	千克力/毫米^2 (kgf/mm^2)	千克力/厘米^2 (kgf/cm^2)	千磅力/英寸^2 (1 000lbf/in^2)	英吨力/英寸^2 (tonf/in^2)
1	0.101 972	10.197 2	0.145 038	0.064 749
9.806 65	1	100	1.422 33	0.634 971
0.098 067	0.01	1	0.014 223	0.006 350
6.894 76	0.703 070	70.307 0	1	0.446 429
15.444 3	1.574 88	157.488	2.24	1
帕(Pa) 或牛/米^2(N/m^2)	千克力/厘米^2 (kgf/cm^2)	磅力/英寸^2 (lbf/in^2)	毫米水柱 (mmH$_2$O)	毫巴 (mbar)
1	0.000 01	0.000 145	0.101 972	0.01

续表 1-29

法定单位	非 法 定 单 位			
帕(Pa) 或牛/米^2(N/m^2)	千克力/厘米^2 (kgf/cm^2)	磅力/英寸^2 (lbf/in^2)	毫米水柱 (mmH_2O)	毫巴 (mbar)
98 066.5	1	14.223 3	10 000	980.665
6 894.76	0.070 307	1	703.070	68.947 6
9.806 65	0.000 102	0.001 422	1	0.098 067
100	0.001 020	0.014 504	10.197 2	1

注:1. 1Pa=1N/m^2;1MPa=1N/mm^2。

2. 1kgf/mm^2=9.806 65MPa≈10MPa。

3. 1bar=0.1MPa。

4. 1 标准大气压(atm)=101 325Pa≈0.1MPa。

5. 1 工程大气压(at)=1kgf/cm^2=0.098 066 5MPa≈0.1MPa。

6. 毫米汞柱(mmHg)=133.322 4Pa。

1.4.2.8 功率单位换算(表 1-30)

表 1-30 功率单位换算

法 定 单 位		非 法 定 单 位		
瓦(W)	千瓦(kW)	千克力米/秒 (kgf·m/s)	米制马力 (ps)	英制马力 (hp)
1	10^{-3}	0.101 971 6	$1.359\ 6\times10^{-3}$	1.341×10^{-3}
10^3	1	101.971 6	1.359 6	1.341
9.806 65	$9.806\ 65\times10^{-3}$	1	0.013 33	0.013 15
735.499	0.735 499	75	1	0.986 320
745.7	0.745 7	76.04	1.013 9	1

1.4.2.9 功、能量及热量单位换算(表 1-31)

表 1-31 功、能量及热量单位换算

法 定 单 位		非 法 定 单 位			
焦 (J)	瓦时 (W·h)	千克力米 (kgf·m)	英尺磅力 (ft·lbf)	卡 (calIT)	英热单位 (Btu)
1	0.000 278	0.101 972	0.737 562	0.238 846	0.000 948
3 600	1	367.098	2 655.22	859.845	3.412 14
9.806 65	0.002 724	1	7.233 01	2.342 28	0.009 295
1.355 82	0.000 377	0.138 255	1	0.323 832	0.001 285
4.186 8	0.001 163	0.426 936	3.088 03	1	0.003 968
1 055.06	0.293 071	107.587	778.169	251.997	1

注:1. 1J=1N·m=10 000 000erg。

2. 1kW·h=3.6MJ;

1MJ=0.277 778kW·h。

1.4.2.10 英寸与毫米对照表(表 1-32)

表 1-32 英寸与毫米对照表

英寸(in)	1	2	3	4	5	6	7	8	9	10	11	12
毫米(mm)	25.40	50.80	76.20	101.6	127.0	152.4	177.8	203.2	228.6	254	279.4	304.8

英寸分数(in)	毫米(mm)	英寸分数(in)	毫米(mm)	英寸分数(in)	毫米(mm)
1/8	3.175 0	13/32	10.318 75	23/64	9.128 125
1/4	6.35	15/32	11.906 25	25/64	9.921 875
3/8	9.525	17/32	13.493 75	27/64	10.715 625
1/2	12.70	19/32	15.081 25	29/64	11.509 375
5/8	15.875	21/32	16.668 75	31/64	12.303 125
3/4	19.050	23/32	18.256 25	33/64	13.096 875
7/8	22.225	25/32	19.843 75	35/64	13.890 625
1/16	1.587 50	27/32	21.431 25	37/64	14.684 375
3/16	4.762 50	29/32	23.0187 5	39/64	15.478 125
5/16	7.937 50	31/32	24.606 25	41/64	16.271 875
7/16	11.112 50	1/64	0.396 875	43/64	17.065 625
9/16	14.287 5	3/64	1.190 625	45/64	17.859 375
11/16	17.462 5	5/64	1.984 375	47/64	18.653 125
13/16	20.637 5	7/64	2.778 125	49/64	19.446 875
15/16	23.812 5	9/64	3.571 875	51/64	20.240 625
1/32	0.793 75	11/64	4.365 625	53/64	21.034 375
3/32	2.381 25	13/64	5.159 375	55/64	21.828 125
5/32	3.968 75	15/64	5.953 125	57/64	22.621 875
7/32	5.556 25	17/64	6.746 875	59/64	23.415 625
9/32	7.143 75	19/64	7.540 625	61/64	24.209 375
11/32	8.731 25	21/64	8.334 375	63/64	25.003 125

注:1. 在工厂中常用"丝"、"道"表示的长度单位为:1 丝=1 道=0.01 毫米=10 微米。

2. 英制长度单位"尺"、"寸"在书写时,可以分别用符号(′)和(″)来代替,注在数字右上角。"分"是我国工厂的习惯称呼,如 3/8 常叫做 3 分,在英制长度单位中没有"分"。

2 工 程 材 料

2.1 工程材料的分类

工程材料有各种分类方法，比较科学的主要根据材料的本性或其结合链的性质进行分类。一般将工程材料分为：金属材料、高分子材料、陶瓷材料和复合材料四大类。

2.1.1 金属材料

金属材料是最重要的工程材料，包括金属和以金属为基体的合金。应用最广的是黑色金属，其工程性能比较优越，价格比较便宜。

2.1.1.1 黑色金属

1. 钢

(1)碳素钢　包括普通碳素结构钢、优质碳素结构钢和碳素工具钢。

(2)合金钢　包括普通低合金钢、合金结构钢、合金工具钢和特殊合金钢。

2. 铸铁

包括白口铸铁、灰口铸铁、球墨铸铁、可锻铸铁和合金铸铁。

2.1.1.2 有色金属

1. 铝及铝合金

包括纯铝、防锈铝、硬铝和铸铝。

2. 铜及铜合金

包括纯铜、黄铜、青铜及白铜。

3. 其他

2.1.2 玻璃和陶瓷材料

陶瓷是人类应用最早的固体材料。陶瓷坚硬、稳定，可以制造工具、用具。

1. 玻璃

工业玻璃(光学玻璃、电工玻璃、实验室用玻璃、仪表玻璃等)、建筑玻璃、日用玻璃……

2. 陶瓷

(1)普通陶瓷　日用陶瓷、建筑卫生陶瓷、电器绝缘陶瓷、化工陶瓷……

(2)特种陶瓷　电容器陶瓷、磁性陶瓷、高温陶瓷……

(3)金属陶瓷　结构陶瓷、工具陶瓷、耐热陶瓷、电工陶瓷

3. 玻璃陶瓷

耐热耐蚀微晶玻璃、光学玻璃陶瓷、无线电透明微晶玻璃、熔渣玻璃陶瓷……

2.1.3 高分子材料

高分子材料主要指有机合成材料。它具有较高的强度，良好的塑性，强的耐腐蚀性，高的绝缘性，密度小等优良性能。高分子材料种类多，在工程应用中，通常根据机械性能和使用状态分类。

1. 塑料

主要指强度、韧性和耐磨性较好的可制造机器零件的聚合物工程塑料，分热固性塑料和热塑性塑料。

2. 橡胶

主要指经过硫化处理，弹性特别优良的聚合物，分通用橡胶和特种橡胶。

3. 合成纤维

强度很高的由单体聚合而成的聚合物。

2.1.4 复合材料

复合材料是两种或两种以上材料的组合材料，其性能是它的组成材料所不具备的。

2.2 材料的物理常数

2.2.1 常用材料的密度(表 2-1)

表 2-1 常用材料的密度 (g/cm²)

材料名称	密　度	材料名称	密　度	材料名称	密　度
灰口铸铁	6.6～7.4	纯铜(紫铜)	8.900	聚氯乙烯	1.350～1.400
白口铸铁	7.4～7.7	H96	8.800	聚苯乙烯	1.050～1.070
可锻铸铁	7.2～7.4	H90	8.700	聚乙烯	0.920～0.950
工业纯铁	7.870	H68	8.500	聚四氟乙烯	2.100～2.300
钢材	7.850	H62	8.500	聚丙烯	0.900～0.910
铸钢	7.800	纯镍	8.850	尼龙 6	1.130
低碳钢(含碳 0.1%)	7.850	工业纯铝	2.710	尼龙 66	1.150
中碳钢(含碳 0.4%)	7.820	5A02	2.680	尼龙 1010	1.040～1.060
高碳钢(含碳 1%)	7.810	5A03	2.670	ABS 树脂	1.020～1.080
高速钢(含钨 9%)	8.300	5A05	2.650	聚砜	1.240
高速钢(含钨 18%)	8.700	硼	2.340	聚甲醛	1.410～1.430
不锈钢(含铬 13%)	7.750	硅	2.330	聚碳酸酯	1.200

续表 2-1

材料名称	密　度	材料名称	密　度	材料名称	密　度
玻璃钢	1.400～2.100	钨	19.300	锑	6.680
赛璐珞	1.35～1.400	钽	16.600	锆	6.490
有机玻璃	1.180	汞	13.600	碲	6.240
泡沫塑料	0.200	钍	11.500	钒	6.100
锌	7.200	银	10.500	钛	4.510
铅	11.370	钼	10.200	钡	3.500
锡	7.300	铋	9.800	铍	1.850
锇	22.500	钴	8.900	镁	1.740
铱	22.400	镉	8.650	钙	1.550
铂	21.450	铌	8.570	钠	0.970
砷	5.730	锰	7.430	钾	0.860
硒	4.840	铬	7.190		
金	19.320	铈	6.900		

2.2.2 常用金属材料的弹性模量及泊松比(表 2-2)

表 2-2 常用金属材料的弹性模量及泊松比

名　称	弹性模量 E/MPa	切变模量 G/MPa	泊松比 μ
灰口、白口铸铁	$(1.15\sim1.60)\times10^5$	4.5×10^4	0.23～0.27
可锻铸铁	1.55×10^5		
碳钢	$(2.0\sim2.1)\times10^5$	8.1×10^4	0.24～0.28
镍铬钢、合金钢	2.1×10^5	8.1×10^4	0.25～0.30
铸钢	1.75×10^5		
轧制纯铜	1.1×10^5	4.0×10^4	0.31～0.34
冷拔纯铜	1.3×10^5	4.9×10^4	
轧制磷青铜	1.15×10^5	4.2×10^4	0.32～0.35
冷拔黄铜	$(0.91\sim0.99)\times10^5$	$(3.5\sim3.7)\times10^4$	0.32～0.42
轧制锰青铜	1.1×10^5	4.0×10^4	0.35
轧制铝	0.69×10^5	$(2.6\sim2.7)\times10^4$	0.32～0.36
拔制铝线	0.7×10^5		
铸铝青铜	1.05×10^5	4.2×10^4	
硬铝合金	0.71×10^5	2.7×10^4	
轧制锌	0.84×10^5	3.2×10^4	0.27
铅	0.17×10^5	0.7×10^4	0.42

2.2.3 材料的摩擦系数(表 2-3)

表 2-3 材料的摩擦系数

材料名称	摩擦系数 f			
	静摩擦		动摩擦	
	无润滑剂	有润滑剂	无润滑剂	有润滑剂
钢-钢	0.15	0.1~0.12	0.15	0.05~0.10
钢-软钢			0.2	0.1~0.2
钢-铸铁	0.3		0.18	0.05~0.15
钢-青铜	0.15	0.1~0.15	0.15	0.1~0.15
软钢-铸铁	0.2		0.18	0.05~0.15
软钢-青铜	0.2		0.18	0.07~0.15
铸铁-铸铁		0.18	0.15	0.07~0.12
铸铁-青铜			0.15~0.2	0.07~0.15
青铜-青铜		0.1	0.2	0.07~0.1
软钢-榆木	0.25		0.25	
铸铁-榆木			0.4	0.1
木材-木材	0.4~0.6	0.1	0.2~0.5	0.07~0.15
皮革-铸铁	0.3~0.5	0.15	0.6	0.15
橡皮-铸铁			0.8	0.5

2.2.4 物体的摩擦系数(表 2-4)

表 2-4 物体的摩擦系数

摩擦物体名称			摩擦系数	摩擦物体名称		摩擦系数
滚动轴承	单列向心球轴承	径向载荷	0.002	滑动轴承	液体摩擦	0.001~0.008
		轴向载荷	0.004		半液体摩擦	0.008~0.08
	单列向心推力球轴承	径向载荷	0.003		半干摩擦	0.1~0.5
		轴向载荷	0.005	轧辊轴承	滚动轴承(滚子)	0.002~0.005
	单列圆锥滚柱轴承	径向载荷	0.008		层压胶木轴瓦	0.004~0.006
		轴向载荷	0.02		青铜轴瓦(用于热轧辊)	0.07~0.1
	双列向心球面球轴承		0.0015		青铜轴瓦(用于冷轧辊)	0.04~0.08
	短圆柱滚子轴承		0.002		特殊密封液体摩擦轴承	0.003~0.005
	长圆柱或螺旋滚子轴承		0.006		特殊密封半液体摩擦轴承	0.005~0.1
	滚针轴承		0.008	密封软填料盒中填料与轴的摩擦		0.2
	推力球轴承		0.003	热钢在辊道上摩擦		0.3
	双列向心球面滚子轴承		0.004	冷钢在辊道上摩擦		0.15~0.18
加热炉内	金属在管子或金属条上		0.4~0.6	制动器普通石棉制动带(无润滑) $P=2\sim6\text{kg/cm}^2$		0.35~0.46
	金属在炉底砖上		0.6~1	离合器装有黄铜丝的压制石棉带 $P=2\sim12\text{kg/cm}^2$		0.40~0.43

2.2.5 滚动摩擦系数(表 2-5)

表 2-5 滚动摩擦系数

摩擦材料	滚动摩擦系数 k /cm	摩擦材料	滚动摩擦系数 k /cm
软钢与软钢	0.005	铸铁轮或钢轮与钢轨	0.05
淬火钢与淬火钢	0.001	钢板间的滚子(梁之活动支座)按表面情况	0.02～0.07
铸铁与铸铁	0.005		
木材与钢	0.03～0.04	有滚珠轴承的料车与钢轨	0.009
木材与木材	0.05～0.08	无滚珠轴承的料车与钢轨	0.021

2.2.6 金属材料的线膨胀系数(表 2-6)

表 2-6 金属材料的线膨胀系数 α (1/℃)

材料	温度范围 /℃							
	20～100	20～200	20～300	20～400	20～600	20～700	20～900	20～1 000
工程用铜	$(16.6\sim17.1)\times10^{-6}$	$(17.1\sim17.2)\times10^{-6}$	17.6×10^{-6}	$(18\sim18.1)\times10^{-6}$	18.6×10^{-6}			
红铜	17.2×10^{-6}	17.5×10^{-6}	17.9×10^{-6}					
黄铜	17.8×10^{-6}	18.8×10^{-6}	20.9×10^{-6}					
锡青铜	17.6×10^{-6}	17.9×10^{-6}	18.2×10^{-6}					
铝青铜	17.6×10^{-6}	17.9×10^{-6}	19.2×10^{-6}					
碳钢	$(10.6\sim12.2)\times10^{-6}$	$(11.3\sim13)\times10^{-6}$	$(12.1\sim13.5)\times10^{-6}$	$(12.9\sim13.9)\times10^{-6}$	$(13.5\sim14.3)\times10^{-6}$	$(14.7\sim15)\times10^{-6}$		
铬钢	11.2×10^{-6}	11.8×10^{-6}	12.4×10^{-6}	13×10^{-6}	13.6×10^{-6}			
40CrSi	11.7×10^{-6}							
30CrMnSiA	11×10^{-6}							
3Cr13	10.2×10^{-6}	11.1×10^{-6}	11.6×10^{-6}	11.9×10^{-6}	12.3×10^{-6}	12.8×10^{-6}		
1Cr18Ni9Ti	16.6×10^{-6}	17.0×10^{-6}	17.2×10^{-6}	17.5×10^{-6}	17.9×10^{-6}	18.6×10^{-6}	19.3×10^{-6}	

续表 2-6

材 料	温 度 范 围 /℃							
	20～100	20～200	20～300	20～400	20～600	20～700	20～900	20～1 000
铸铁	(8.7～11.1)×10^{-6}	(8.5～11.6)×10^{-6}	(10.1～12.2)×10^{-6}	(11.5～12.7)×10^{-6}	(12.9～13.2)×10^{-6}			
镍铬合金	14.5×10^{-6}							17.6×10^{-6}

2.3 金属材料

金属材料的品种、规格繁多,在国民经济中应用最为广泛。为确保产品质量和使用的可靠性,正确地认识和了解金属材料的性能,合理地选用是极其重要的。

2.3.1 金属材料的力学性能(表 2-7)

表 2-7 金属材料的力学性能

名 称	单 位	含 义	代 号
弹性模量	MPa	表示在弹性变形阶段应力与应变间呈恒定关系	弹性模量 $E=\sigma/\varepsilon$
强度	MPa	在外力作用下,材料抵抗变形和断裂的能力	1. Rm——抗拉强度; 2. τ_b——抗剪强度; 3. σ_{bc}——抗压强度; 4. σ_{bb}——抗弯强度
屈服强度	MPa	试样在试验过程中,力不增加仍能继续伸长(变形)时的应力	ReL
断面收缩率	%	试样拉断后,缩颈处横截面积的最大缩减量与原始横截面积的百分比	Z
断后伸长率	%	试样拉断后标距的伸长量与试样原始标距长度之比	A
冲击吸收功	J	规定形状加尺寸的试样在冲击试验力一次作用下折断时所吸收的功	1. A_{ku}——U 型缺口试样冲击功; 2. A_{kv}——V 型缺口试样冲击功
冲击韧度	J/cm²	冲击试样缺口底部,单位横截面积上的冲击吸收功	1. α_{ku}——U 型缺口试样冲击韧度; 2. α_{kv}——V 型缺口试样冲击韧度

续表 2-7

名 称	单 位	含 义	代 号
硬度	HB	材料抵抗硬的物体压入自己表面的能力。不同硬度名称是根据不同的测试方法决定的	1. 布氏硬度(HBS); 2. 洛氏硬度(HR); 3. 维氏硬度(HV); 4. 肖氏硬度(HS)

2.3.2 钢

2.3.2.1 钢的分类

钢的种类很多,分类的方法也很多。按化学成分分为:碳素钢、普通低合金钢及合金钢;按用途分为:结构钢、工具钢和特殊钢;按钢的质量分为:普通钢、优质钢及高级优质钢。

1. 碳素钢

铁和碳的合金。钢中除铁外主要含有碳、硅、锰、磷、硫等元素。碳素钢根据碳含量的不同,分为:

低碳钢:碳含量小于 0.25%的钢;

中碳钢:碳含量在 0.25%~0.60%的钢;

高碳钢:碳含量大于 0.60%的钢;

碳含量小于 0.04%的钢称为工业纯铁。

2. 普通低合金钢

在普通低碳碳素钢的基础上加入少量(一般总含量不超过 3%)我国富有的合金元素(如硅、钒、钛、铌、硼、稀土元素等),使强度和综合性能明显改善的钢;有时还可以使钢具有某些特殊性能。

3. 合金钢

含有一种或多种适量的合金元素,因而具有较好和特殊性能的钢。按其合金元素的总含量,合金钢可分为:

低合金钢:合金元素总含量小于 5%的钢;

中合金钢:合金元素总含量为 5%~10%的钢;

高合金钢:合金元素总含量大于 10%的钢。

各类钢的合金元素含量界限见表 2-8。

表 2-8 各类钢的合金元素含量界限 (%)

合 金 元 素	合金元素规定含量界限		
	碳素钢<	普通低合金钢	合金钢>
Al	0.10	—	0
B	0.000 5	—	0.000 5
Bi	0.10	—	0.10
Co	0.10	—	0.10

续表 2-8

合金元素	合金元素规定含量界限		
	碳素钢<	普通低合金钢	合金钢>
Cr	0.30	0.30～0.50	0.50
Cu	0.10	0.10～0.50	0.50
Mn	1.00	1.00～1.40	1.40
Mo	0.05	0.05～0.10	0.10
Nb	0.02	0.02～0.06	0.06
Ni	0.30	0.30～0.50	0.50
Pb	0.04	—	0.04
Se	0.10	—	0.10
Si	0.50	0.50～0.90	0.90
Te	0.10	—	0.10
Ti	0.05	0.05～0.13	0.13
V	0.04	0.04～0.12	0.12
W	0.10	—	0.12
Zr	0.05	0.05～0.12	0.12
La系每种元素	0.02	0.02～0.05	0.05
其他规定元素	0.05	—	0.05

2.3.2.2 常用钢材牌号表示方法举例(GB/T 221—2000,GB/T 700—2006)(表 2-9)

表 2-9 常用钢材牌号表示方法举例(GB/T 221—2000,GB/T 700—2006)

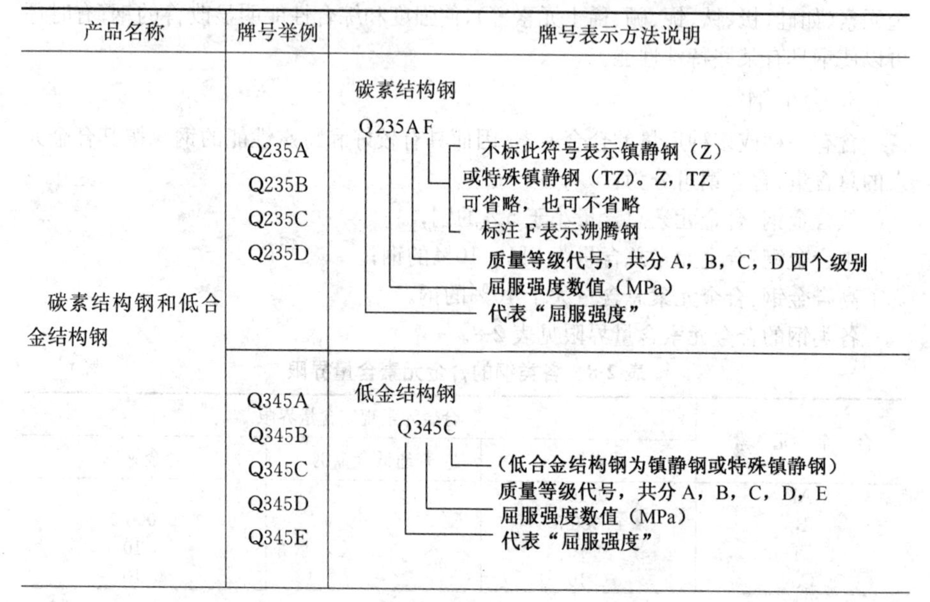

产品名称	牌号举例	牌号表示方法说明
碳素结构钢和低合金结构钢	Q235A Q235B Q235C Q235D	碳素结构钢 Q235A F 不标此符号表示镇静钢(Z)或特殊镇静钢(TZ)。Z，TZ可省略，也可不省略 标注F表示沸腾钢 质量等级代号，共分A，B，C，D四个级别 屈服强度数值(MPa) 代表“屈服强度”
	Q345A Q345B Q345C Q345D Q345E	低金结构钢 Q345C (低合金结构钢为镇静钢或特殊镇静钢) 质量等级代号，共分A，B，C，D，E 屈服强度数值(MPa) 代表“屈服强度”

续表 2-9

	产品名称	牌号举例	牌号表示方法说明
优质碳素钢和优质碳素弹簧钢	普通锰含量优质碳素结构钢	08F 45 20A 45E	两位数字，平均碳含量为万分之几 脱氧方法、化学元素符号、质量等级或规定的代表产品用途的符号 08F——平均碳含量为 0.08% 的沸腾钢 45 ——平均碳含量为 0.45% 的镇静钢 20A——平均碳含量为 0.20% 的高级优质碳素结构钢 45E——平均碳含量为 0.45% 的特级优质碳素结构钢 40Mn ——平均碳含量为 0.40%、锰含量较高（0.70～1.00%）的镇静钢 20g ——平均碳含量为 0.20% 的锅炉用钢
	较高锰含量优质碳素结构钢	40Mn 70Mn	
	专用优质碳素结构钢	20g	
合金结构钢和合金弹簧钢	合金结构钢	30CrMnSi 20Cr2Ni4 20CrNi3 30CRMnSiA 30CrMnSiE	用阿拉伯数字和规定的元素符号表示。合金元素表示方法为：平均含量＜1.5%，牌号中仅标明元素不标含量；平均含量为 1.5～2.49%，2.5～3.49%，3.5～4.49%，…时，在合金元素后相应注与 2，3，4，…。高级和特级优质合金结构钢在牌号尾部加符号“A”
	专用合金结构钢	ML30CrMnSi	平均碳含量为万分之几 30CrMnSi —— 碳、铬、锰、硅的平均含量分别为 0.30%，0.95%，0.85%，1.05% 20Cr2Ni4 —— 碳、铬、镍的平均含量分别为 0.20%，1.5%，3.5% 60Si2MnA—— 碳、硅、锰的平均含量分别为 0.60%，1.75%，0.75% 的高级弹簧钢
	合金弹簧钢	60Si2Mn 60Si2MnA	
工具钢	碳素工具钢	T9 T12A T8Mn	碳素工具钢 平均碳含量为千分之几 T9 —— 平均碳含量为 0.9% 的普通锰含量碳素工具钢 T12A — 平均碳含量为 1.2% 的高级优质碳素工具钢 T8Mn — 平均碳含量为 0.80%、锰含量较高（0.40%～0.60%）的碳素工具钢
	合金工具钢和高速工具钢	Cr4W2MoV Cr12MoV 8MoSi	合金工具钢和高速工具钢表示方法与合金结构钢相同，但平均碳含量≥1.00%，一般不标碳含量的数字，平均碳含量＜1.00%，可采用一位数字表示碳含量的千分之几 平均碳含量为千分之几 Cr4W2MoV—平均碳含量为 1.19%，平均铬含量为 3.75%，平均钨含量为 2.25%，平均钼含量为 1.0%，钒含量 0.9% Cr12MoV——平均碳含量为 1.6%，平均铬含量为 11.75%，平均钼含量为 0.5%，平均钒含量为 0.22% 的合金工具钢 8MnSi———平均碳含量为 0.8%，平均硅含量为 0.45%，平均锰含量为 0.95% 的合金工具钢 平均铬含量以千分之几计，在铬含量前加数字“0” Cr06———平均铬含量为 0.6% 的合金工具钢
	低铬合金工具钢（平均铬含量小于 1%）	Cr06	

2.3.2.3 碳素结构钢(GB/T 700—2006)

1. 碳素结构钢的化学成分及应用(表2-10)

表2-10 碳素结构钢的化学成分及应用

牌号	等级	厚度(或直径)/mm	化学成分(质量分数)/%≤					脱氧方法	应用举例
			C	Mn	Si	P	S		
Q195	—	—	0.12	0.50	0.30	0.035	0.040	F,Z	载荷小的零件、铁丝、垫圈、开口销、冲压件及焊接件
Q215	A	—	0.15	1.20	0.35	0.045	0.050	F,Z	拉杆、垫圈、渗碳零件及焊接件
	B						0.045		
Q235	A	—	0.22	1.40	0.35	0.045	0.050	F,Z	金属结构件、心部强度要求不高的渗碳或氰化零件拉杆、连杆、吊钩、螺栓、螺母、轴及焊接件,C,D级用于重要焊接件
	B		0.20				0.045		
	C		0.17			0.040	0.040	Z	
	D					0.035	0.035	TZ	
Q275	A	—	0.24	1.50	0.35	0.045	0.050	F,Z	转轴、心轴、吊钩、拉杆等强度要不高的零件,焊接性尚可
	B	≤40	0.21				0.045	Z	
		>40	0.22						
	C	—	0.20			0.040	0.040	Z	轴类、链轮、齿轮等强度要求较高的零件
	D					0.035	0.035	TZ	

注:1. 本标准适用于一般交货状态(钢材一般以热轧、控轧或正火状态交货),通常用于焊接、铆接、栓接工程构件用热轧钢板、钢带、型钢和棒钢。

2. 镇静钢脱氧完全,性能较半镇静钢和沸腾钢优良。沸腾钢脱氧不完全,化学成分不均匀,内部杂质较多,耐腐蚀性和机械强度较差,冲击韧度较低,冷脆倾向及时效敏感较大,不适于在高冲击负荷和低温下工作,但成材率高,成本低,没有集中缩孔,表面质量及深冲性能好,一般结构可大量采用。新标准取消半镇静钢。

2. 碳素结构钢的力学性能(表2-11)

表2-11 碳素结构钢的力学性能

牌号	等级	*ReL*/MPa,≥						*Rm*/MPa
		厚度(或直径)/mm						
		≤16	>16~40	>40~60	>60~100	>100~150	>150~200	
Q195	—	195	185	—	—	—	—	315~430
Q215	A	215	205	195	185	175	165	335~450
	B							

续表 2-11

牌号	等级	ReL/MPa,≥						Rm/MPa
		厚度(或直径)/mm						
		≤16	>16~40	>40~60	>60~100	>100~150	>150~200	
Q235	A	235	225	215	205	195	185	370~500
	B							
	C							
	D							
Q275	A	275	265	255	245	225	215	410~540
	B							
	C							
	D							

牌号	等级	A/%,≥					冲击试验(V形缺口)		冷弯试验 $B=2ReL$,180°		
		厚度(或直径)/mm					温度/℃	冲击吸收功(纵向)/J≥	试样方向	钢材厚度(或直径)/mm	
		≤40	>40~60	>60~100	>100~150	>150~200				≤60	>60~100
										弯心直径 d	
Q195	—	33	—	—	—	—	—	—	纵	0	—
									横	0.5ReL	—
Q215	A	31	30	29	27	26	—	—	纵	0.5ReL	1.5ReL
	B						+20	27	横	ReL	2ReL
Q235	A	26	25	24	22	21	—	—	纵	ReL	2ReL
	B						+20	27			
	C						0		横	1.5ReL	2.5ReL
	D						−20				
Q275	A	22	21	20	18	17	—	—	纵	1.5ReL	2.5ReL
	B						+20	27			
	C						0		横	2ReL	3ReL
	D						−20				

注:1. 冷弯试验中 B 为试样宽度,a 为钢材厚度(直径)。

2. Q195 的屈服强度仅供参考,不作为交货条件。

2.3.2.4 优质碳素结构钢(GB/T 699—1999,GB/T 17107)

1. 优质碳素结构钢的力学性能及应用(表 2-12)

表 2-12 优质碳素结构钢的力学性能及应用

牌号	Rm/MPa	ReL/MPa	A_5/%	Z/%	A_k/J	HBS	应用举例
08F	295	175	35	60	—	131	强度不大,而塑性、韧性好,有良好的抗冲击性和焊接性能。用于制造强度要求不高的冲压件、焊接件和渗碳件,如螺钉、螺母、导柱、齿轮等
10F	315	185	33	55	—	137	
15F	355	205	29	55	—	143	
08	325	195	33	60	—	131	
10	335	205	31	55	—	137	
20	410	245	25	55	—	156	
25	450	275	23	50	71	170	
30	490	295	21	50	63	179	有好的塑性和适当的强度,用于制造曲轴、连杆、套筒等
35	530	315	20	45	55	197	
40	570	335	19	45	47	217	有较高的强度,通常在调质或正火状态使用。用于制造传动轴、活塞销、辊子等
45	600	355	16	40	39	229	
50	630	375	14	40	31	241	经热处理后有高的表面硬度和强度,具有良好韧性。用于齿轮、轧辊、连杆等
55	645	380	13	35	—	255	
60	675	400	12	35	—	255	经热处理后,强度与弹性均相当高。用于气门弹簧、弹簧、凸轮等
65	695	410	10	30	—	255	
70	715	420	9	30	—	269	
75	1080	880	7	30	—	285	经适当热处理后,弹性好,淬透性较差,主要用于板弹簧、螺旋弹簧、受磨损的零件
80	1080	930	6	30	—	285	
85	1130	980	6	30	—	302	
15Mn	410	245	26	55	—	163	含锰低碳渗碳钢,性能与10号钢相似,但其淬透性、强度和塑性比10号钢高些,焊接性能良好
20Mn	450	275	24	50	—	197	
30Mn	540	315	20	45	63	217	强度与淬透性比相应的碳钢高,焊接性中等。用于中型机器的拨叉、杠杆等
35Mn	560	335	19	45	55	229	

续表 2-12

牌号	Rm/MPa	ReL/MPa	A_5/%	Z/%	A_k/J	HBS	应用举例
40Mn	590	355	17	45	47	229	在正火状态下应用，也可在淬火与回火状态下应用。焊接性较差。用于耐磨性、高负荷作用下的热处理零件
45Mn	620	375	15	45	39	241	
50Mn	645	390	13	40	31	255	
60Mn	695	410	11	35	—	269	强度高，淬透性较大，脱碳倾向小，但有过热敏感性。用于弹性零件
65Mn	735	430	9	30	—	285	
70Mn	785	450	8	30	—	285	

注：1. 钢的力学性能除冲击韧度及 75～85 钢力学性能用淬火加回火处理试样测定的外，其余是用正火处理试样（尺寸 15mm 或 25mm，纵向）测定的。

2. 表中力学性能适用于截面尺寸不超过 80mm² 的钢材。

2. 优质碳素结构钢的化学成分（表 2-13）

表 2-13 优质碳素结构钢的化学成分

钢号	化学成分（质量分数）/%			标准号	推荐热处理/℃			试样尺寸（GB/T 699）或截面尺寸（GB/T 17107）/mm
	C	Si	Mn		正火	淬火	回火	
08F	0.05～0.11	≤0.03	0.25～0.50	GB/T 699	930			25
10F	0.07～0.13	≤0.07	0.25～0.50		930			
15F	0.12～0.18	≤0.07	0.25～0.50		920			
08	0.05～0.11	0.17～0.37	0.35～0.65		930			
10	0.07～0.13	0.17～0.37	0.35～0.65		930			
20	0.17～0.23	0.17～0.37	0.35～0.65		910			
	0.17～0.24	0.17～0.37	0.35～0.65	GB/T 17107	正火或正火＋回火			≤100
								>100～250
								>250～500
25	0.22～0.29	0.17～0.37	0.50～0.80	GB/T 699	900	870	600	25
	0.22～0.30	0.17～0.37	0.50～0.80	GB/T 17107	正火或正火＋回火			>100～250
								>250～500
30	0.27～0.34	0.17～0.37	0.50～0.80	GB/T 699	880	860	600	25
	0.27～0.35			GB/T 17107	正火或正火＋回火			≤100
								>100～300
								>300～500

续表 2-13

钢号	化学成分(质量分数)/%			标准号	推荐热处理/℃			试样尺寸(GB/T 699)或截面尺寸(GB/T 17107)/mm
	C	Si	Mn		正火	淬火	回火	
35	0.32～0.39	0.17～0.37	0.50～0.80	GB/T 699	870	850	600	25
	0.32～0.40	0.17～0.37	0.50～0.80	GB/T 17107	正火或正火+回火			≤100
								>100～300
								>300～500
					调质			≤100
								>100～300
					正火+回火			100～300
								>300～500
								>500～750
40	0.37～0.44	0.17～0.37	0.50～0.80	GB/T 699	860	840	600	25
	0.37～0.45	0.17～0.37	0.50～0.80	GB/T 17107	正火+回火			≤100
								>100～250
								>250～500
					调质			≤100
								>100～250
								>250～500
45	0.42～0.50	0.17～0.37	0.50～0.80	GB/T 699	850	840	600	25
	0.42～0.50	0.17～0.37	0.50～0.80	GB/T 17107	正火或正火+回火			≤100
								>100～300
								>300～500
					调质			≤100
								>100～250
					正火+回火			>100～300
								>300～500
								>500～750
50	0.47～0.55	0.17～0.37	0.50～0.80	GB/T 699	830	830	600	25
				GB/T 17107	正火+回火			≤100
								>100～300
								>300～500
								>500～700

续表 2-13

钢号	化学成分(质量分数)/%			标准号	推荐热处理/℃			试样尺寸(GB/T 699)或截面尺寸(GB/T 17107)/mm
	C	Si	Mn		正火	淬火	回火	
55	0.52～0.60	0.17～0.37	0.50～0.80	GB/T 699	820	820	600	25
	0.52～0.60	0.17～0.37	0.50～0.80	GB/T 17107	正火＋回火			≤100
								＞100～300
								＞300～500
60	0.57～0.65	0.17～0.37	0.50～0.80	GB/T 699	810			25
65	0.62～0.70	0.17～0.37	0.50～0.80		810			25
70	0.67～0.75	0.17～0.37	0.50～0.80		790			25
75	0.72～0.80	0.17～0.37	0.50～0.80			820	480	试样
80	0.77～0.85	0.17～0.37	0.50～0.80			820	480	试样
85	0.82～0.90	0.17～0.37	0.50～0.80			820	480	试样
15Mn	0.12～0.18	0.17～0.37	0.70～1.00		920			25
20Mn	0.17～0.23	0.17～0.37	0.70～1.00		910			
30Mn	0.27～0.34	0.17～0.37	0.70～1.00	GB/T 699	880	860	600	25
35Mn	0.32～0.39	0.17～0.37	0.70～1.00		870	850	600	
40Mn	0.37～0.44	0.17～0.37	0.70～1.00		860	840	600	25
45Mn	0.42～0.50	0.17～0.37	0.70～1.00		850	840	600	25
50Mn	0.48～0.56	0.17～0.37	0.70～1.00		830	830	600	
				GB/T 17107	正火或正火＋回火			＜250
60Mn	0.57～0.65	0.17～0.37	0.70～1.00	GB/T 699	810			25
65Mn	0.62～0.70	0.17～0.37	0.90～1.20		830			25
70Mn	0.67～0.75	0.17～0.37	0.90～1.20		790			25

2.3.2.5 合金结构钢(GB/T 3077—1999)

1. 合金结构钢的化学成分(表 2-14)

表 2-14 合金结构钢的化学成分

钢号	化学成分(质量分数)/%						热处理					试样毛坯(GB/T 3077)或截面尺寸(GB/T 17107)/mm
							淬火			回火		
							温度/℃		冷却剂	温度/℃	冷却剂	
	C	Si	Mn	Cr	Mo	其他	第1次淬火	第2次淬火				
20Mn2	0.17～0.24	0.17～0.37	1.40～1.80				850 880		水、油	200 440	水、空水、空	15

续表 2-14

钢号	化学成分(质量分数)/%						热处理					试样毛坯(GB/T 3077)或截面尺寸(GB/T 17107)/mm
							淬火			回火		
							温度/℃					
	C	Si	Mn	Cr	Mo	其他	第1次淬火	第2次淬火	冷却剂	温度/℃	冷却剂	
35Mn2	0.32～0.39	0.17～0.37	1.40～1.80				840		水	500	水	25
40Mn2	0.37～0.44	0.17～0.37	1.40～1.80				840		水、油	540	水	25
45Mn2	0.42～0.49	0.17～0.37	1.40～1.80				840		油	550	水、油	25
50Mn2	0.47～0.55	0.17～0.37	1.40～1.80				820		油	550	水、油	25
20MnV	0.17～0.24	0.17～0.37	1.30～1.60			V0.07～0.12	880		水、油	200	水、空	15
35SiMn	0.32～0.40	1.10～1.40	1.10～1.40				900		水	570	水、油	25
							调质					≤100 101～300 301～400 401～500
42SiMn	0.39～0.45	1.10～1.40	1.10～1.40				880		水	590	水	25
							调质					≤100 101～200 201～300 301～500
45MnB	0.42～0.49	0.17～0.37	1.10～1.40			B0.000 5～0.003 5	840		油	500	水、油	25
20MnVB	0.17～0.23	0.17～0.37	1.20～1.60			V0.07～0.12 B0.000 5～0.003 5	860		油	200	水、空	15
40MNVB	0.37～0.44	0.17～0.37	1.10～1.40			V0.05～0.10 B0.000 5～0.003 5	850		油	520	水、油	25

续表 2-14

钢号	化学成分(质量分数)/%						热处理					试样毛坯(GB/T 3077)或截面尺寸(GB/T 17107)/mm
							淬火			回火		
							温度/℃					
	C	Si	Mn	Cr	Mo	其他	第1次淬火	第2次淬火	冷却剂	温度/℃	冷却剂	
20Cr	0.18~0.24	0.17~0.37	0.50~0.80	0.70~1.00			880	780~820	水、油	200	水、空	15
							正火+回火					≤100 101~300
							调质					≤100 101~300
40Cr	0.37~0.44	0.17~0.37	0.50~0.80	0.80~1.10			850		油	520	水、油	25
							调质					≤100 101~300 301~500 501~800
20CrMo	0.17~0.24	0.17~0.37	0.40~0.70	0.80~1.10	0.15~0.25		880		水、油	500	水、油	15
42CrMo	0.38~0.40	0.17~0.37	0.50~0.80	0.90~1.20	0.15~0.25		850		油	560	水、油	25
38CrMoAl	0.35~0.42	0.20~0.45	0.30~0.60	1.35~1.65	0.15~0.25	Al0.17~1.10	940		水、油	640	水、油	30
35CrMnSiA	0.32~0.39	1.10~1.40	0.80~1.10	1.10~1.40			加热到880于280~310等温淬火					试样
							950	890	油	230	空、油	试样
20CrMnTi	0.17~0.23	0.17~0.37	0.80~1.10	1.00~1.30		Ti0.04~0.10	880	870	油	220	水、空	15
							调质					≤100
20CrNi3	0.17~0.24	0.17~0.37	0.30~0.60	0.60~0.90		Ni2.75~3.15	830		水、油	480	水、油	25
18Cr2Ni4W	0.13~0.19	0.17~0.37	0.30~0.60	1.35~1.65		W0.80~1.20 Ni4.00~4.50	淬火+回火					≤80 81~100 101~150 151~250

2. 合金结构钢的力学性能及应用(表 2-15)

表 2-15 合金结构钢的力学性能及应用

牌 号	Rm/MPa	ReL/MPa	A_5/%	Z/%	A_k/J	HBS	应用举例
20Mn2	785	590	10	40	47	187	相当于 20Cr 钢,可作渗碳小齿轮、小轴等
35Mn2	835	685	12	45	55	207	相当于 40Cr 钢,可制作小尺寸(≤15mm)重要零件
40Mn2	885	735	12	45	55	217	
45Mn2	885	735	10	45	47	217	
50Mn2	930	785	9	40	39	229	用于汽车花键轴,重型机械齿轮、齿轮轴等
20MnV	785	590	10	40	55	187	用于制造锅炉、高压容器及高压管道等
30Mn2MoW	980	835	12	50	71	269	综合性能高,用于要求淬透性高的零件
35SiMn	885	735	15	45	47	229	除要求低温(−20℃),冲击韧性很高时,可全面代替 40Cr 作调质零件
42SiMn	885	735	15	40	47	229	
20Mn2B	980	785	10	45	55	187	可代 20Cr 钢作渗碳零件
20MnVB	1080	885	10	45	55	207	可代 20CrNi 钢作渗碳零件,也可代 20Cr 钢使用
20SiMnVB	1175	980	10	45	55	207	可代 18CrMnTi 钢作高级渗碳齿轮等
45MnB	1030	835	9	40	39	217	性能近于 45Cr 钢,用作调质钢,可代 40Cr 钢使用
40MnVB	980	785	10	45	47	207	性能略优于 40Cr 钢,用作调质钢,可代 40Cr 钢使用
20Cr	835	540	10	40	47	179	活塞销、凸轮、齿轮,轻重要的渗碳件
40Cr	980	785	9	45	47	207	用于较重要的调质零件,如转向节、连杆、进汽阀、轴等
20CrMo	885	685	12	50	78	197	较高级的渗碳用钢
42CrMo	1080	930	12	45	63	217	重要大型锻件用钢。机车牵引大齿轮等
38CrMoAl	980	835	14	50	71	229	用于渗氮零件,如高压阀杆、阀门及塑料挤压机等

续表 2-15

牌 号	R_m/MPa	R_{eL}/MPa	A_5/%	Z/%	A_k/J	HBS	应用举例
35CrMnSiA	1620	1275	9	40	31	241	高强度钢,高压鼓风机叶轮,飞机上高强度零件等
20CrMnTi	1080	835	10	45	55	217	重要齿轮材料,供渗碳处理用
20CrNi3	930	735	11	55	78	241	用于高负荷齿轮、轴、蜗杆等
18Cr2Ni4W	1175	835	10	45	78	269	用于重载和振动的高强度零件

注:1. 钢的力学性能是用正火处理试样测定的。

2. 表中力学性能适用于截面尺寸不超过 80mm² 的钢材,大于 80mm² 时断后伸长率、收缩率、冲击吸收功允许降低。

2.3.2.6 工具钢(GB/T 1298—1986,GB/T 1299—2000)

1. 工具钢的化学成分(表 2-16)

表 2-16 工具钢的化学成分

钢组	钢 号	化学成分(质量分数)/%						
		C	Si	Mn	Cr	W	Mo	其他
碳素工具钢	T7	0.65~0.74	≤0.35	≤0.40				S≤0.03 P≤0.035
	T8	0.75~0.84	≤0.35	≤0.40				S≤0.03 P≤0.035
	T10	0.95~1.04	≤0.35	≤0.40				S≤0.03 P≤0.035
	T12	1.15~1.24	≤0.35	≤0.40				S≤0.03 P≤0.035
合金工具钢	9SiCr	0.85~0.95	1.20~1.60	0.30~0.60	0.95~1.25			
	Cr06	1.30~1.45	≤0.40	≤0.40	0.50~0.70			
	4CrW2Si	0.35~0.45	0.80~1.10	≤0.40	1.00~1.30	2.00~2.50		
	Cr12MoV	1.45~1.70	≤0.40	≤0.40	11.00~12.50		0.40~0.60	V0.15~0.30 Co≤1.00
	9Mn2V	0.85~0.95	≤0.40	1.70~2.00				V0.10~0.25
	CrWMn	0.90~1.05	≤0.40	0.80~1.10	0.90~1.20	1.20~1.60		
	6Cr4W3Mo2VNb	0.60~0.70	≤0.40	≤0.40	3.8~4.40	2.50~3.50	1.80~2.50	V0.80~1.20 Nb0.20~0.35

续表 2-16

钢组	钢号	化学成分(质量分数)/%						
		C	Si	Mn	Cr	W	Mo	其他
合金工具钢	5CrNiMo	0.50～0.60	≤0.40	0.50～0.80	0.50～0.80		0.15～0.30	Ni1.40～1.80
	3Cr2W8V	0.30～0.40	≤0.40	≤0.40	2.20～2.70	7.50～9.00		V0.20～0.50
	5Cr4Mo3SiMnVAl	0.47～0.57	0.80～1.10	0.80～1.10	3.80～4.30		2.80～3.40	V0.80～1.20 Al0.30～0.70
	3Cr3Mo3W2V	0.32～0.42	0.60～0.90	≤0.65	2.8～3.30	1.20～1.80	2.50～3.00	V0.80～1.20
	4Cr5MoSiV	0.33～0.43	0.80～1.20	0.20～0.50	4.75～5.50		1.10～1.60	V0.30～0.60
高速工具钢	W18Cr4V	0.70～0.80	≤0.40	≤0.40	3.80～4.40	17.50～19.00	≤0.30	V1.00～1.40 S≤0.030 P≤0.030
	W6Mo5Cr4V2	0.80～0.90	≤0.40	≤0.40	3.80～4.40	5.50～6.75	4.50～5.50	V1.75～2.20 S≤0.030 P≤0.030
	W6Mo5Cr4V2Al	1.05～1.20	≤0.60	≤0.40	3.80～4.40	5.50～6.75	4.50～5.50	V1.75～2.20 S≤0.030 P≤0.030

2. 工具钢的应用(表 2-17)

表 2-17 工具钢的应用

类别	牌号	交货硬度 HBS	淬火硬度 HRC	应用举例
碳素工具钢	T7,T7A	187	62～64	用于制作承受冲击负荷并具有较好韧性的各种工具,如錾子、冲子、钳工工具等
	T8,T8A	187		用于硬度和耐磨要求较高的、能承受冲击负荷不大的、具有足够韧性的工具
	T10,T10A	197		用于高硬度、耐磨、刃口锋利、受冲击小的工具,如锯条等
	T12,T12A	207		用于高硬度、耐磨、不受冲击、切削速度不高的工具,如剃刀、锯片等
合金工具钢	9SiCr	241～197	62	量具、刀具用钢,板牙、丝锥、钻头、冷冲模、冷轧辊等
	9Mn2V	229	62	各种变形小的量规、块规、板牙、铰刀等
	Cr06	241～187	64	淬火后有较高的硬度和耐磨性,但韧性差,用于剃刀、刀片、手术用刀具等
	4CrW2Si	217～179	53	耐冲击工具用钢,用于中应力热锻模、压铸模等
	Cr12MoV	255～207	58	用于制作各种复杂的冷冲模具、长丝锥、长铰刀等

续表 2-17

类别	牌　号	交货硬度 HBS	淬火硬度 HRC	应　用　举　例
合金工具钢	CrWMn	255～207	62	要求淬火变形很小、长而复杂的低速刀具，如拉刀、长丝锥、精密冲模、量规等
	3Cr2W8V	255～207	60	用于高温下、高应力、不受冲击的锻模、压铸模和挤压模等
	5CrNiMo	241～197	60	用于形状复杂、冲击大的锤锻模等
	4Cr5MoSiV	229	60	用作压铸模、挤压模、热锻模等
	6Cr4W3Mo2VNb	255	60	冷挤压模冲头、温热挤压模等
	3Cr3Mo3W2V	255	60	作压铸模、挤压模、锻模等
	5Cr4Mo3SiMnVAl	255	60	热作模具材料，用作高温、高磨损模具
高速钢	W18Cr4V	255	63	用于一般切削车刀、刨刀、铣刀、钻头等
	W6Mo5Cr4V2	255	63	用于要求耐磨性和韧性很好的高速切削工具，如丝锥、钻头、齿轮刀具等
	W6Mo5Cr4V2Al	269	66	用作波刃立铣刀、球头立铣刀，耐用度高的工具

2.3.2.7 弹簧钢(GB/T 1222—2007)

1. 弹簧钢的化学成分(表 2-18)

表 2-18　弹簧钢的化学成分

钢　号	化学成分(质量分数)/%								
	C	Si	Mn	Cr	Ni	Cu	P	S	其　他
65	0.62～0.70	0.17～0.37	0.50～0.80	≤0.25	0.25	0.25	0.035	0.035	
70	0.62～0.75								
85	0.82～0.90								
65Mn	0.62～0.70		0.90～1.20						
55Si2MnB	0.52～0.60	1.50～2.00	0.60～0.90	≤0.35	0.35				B0.000 5～0.004 0
60Si2MnA	0.56～0.64								
55CrMnA	0.52～0.60	0.17～0.37	0.65～0.95	0.65～0.95			0.030	0.030	
60CrMnA	0.56～0.64		0.70～1.00	0.70～1.00					
55SiMnVB	0.52～0.60	0.70～1.00	1.00～1.30	≤0.35			0.040	0.040	V0.08～0.16 B0.000 5～0.003 5
50CrVA	0.46～0.54	0.17～0.37	0.50～0.80	0.80～1.10			0.030	0.030	V0.10～0.20
30W4Cr2VA	0.26～0.34		≤0.40	2.00～2.50					W4.00～4.50 V0.50～0.80

2. 弹簧钢的力学性能及应用(表 2-19)

表 2-19 弹簧钢的力学性能及应用

钢号	热处理			力学性能≥					交货状态	HB≤	应用举例
	淬火温度/℃	淬火剂	回火温度/℃	ReL /MPa	Rm /MPa	A_5 /%	A_{10} /%	Z /%			
65	840	油	500	785	980		9	35	热轧	285	热处理后强度高,具有适宜的塑性和韧性,但淬透性低,只能淬透 12~15mm 的直径。用于制作汽车、拖拉机、机车车辆及一般机械用的板弹簧及螺旋弹簧
70	830	油	480	835	1 030		8	30		302	
85	820	油	480	980	1 130		6				
65Mn	830	油	540	785	980		8				强度高,淬透性较好,可淬透 20mm 的直径,脱碳倾向小,但有过热敏感性,易产生淬火裂纹,并有回火脆性。适于制作较大尺寸的扁圆弹簧、座挂板簧、弹簧发条、弹簧环等
55Si2MnB	870	油	480	1 175	1 275		6	30	热轧	302	高温回火后,有良好的综合力学性能。主要用于制作铁路机车车辆、汽车拖拉机上的板簧及螺旋弹簧等
60Si2MnA	870	油	440	1 375	1 570		5	20			
55CrMnA	830~860	油	460~510	$ReL_{0.2}$ 1 080	1 225	9		20	热轧	321	综合力学性能很好,强度高,冲击韧性好,过热敏感性较低,高温性能较稳定。用于制作高应力的弹簧,制作最重要的、高负荷、耐冲击或耐热(≤250℃)弹簧
60CrMnA	830~860	油	460~520	1 080	1 225	9					
55SiMnVB	860	油	460	1 225	1 375		5	30			淬透性很高,综合力学性能很好,制作大截面和较重要的板簧螺旋弹簧
50CrVA	850	油	500	1 130	1 275	10		40			具有较高的综合力学性能,良好的冲击韧性,回火后强度高,高温性能稳定,淬透性很高。适于制作大截面(50mm)的高应力或耐热(<350℃)螺旋弹簧
30W4Cr2VA	1 050~1 100	油	600	1 325	1 470	7					是高强度耐热弹簧钢,淬透性特别高。制作高温(≤500℃)条件下使用的弹簧

2.3.2.8　不锈钢(GB/T 1220—2007)

1. 不锈钢的化学成分(表2-20)

表2-20　不锈钢的化学成分

类别	牌号	化学成分(质量分数)/%								
		C≤	Si≤	Mn≤	P≤	S≤	Ni	Cr	Mo	其他
奥氏体型	1Cr17Mn6Ni5N	0.15	1.00	5.50～7.50	0.060	0.030	3.5～5.5	16～18		N≤0.25
	1Cr17Ni7	0.15	1.00	2.00	0.035	0.030	6.0～8.0	16～18		
	Y1Cr18Ni9	0.15	1.00	2.00	0.20	0.15	8.0～10	17～19		
	0Cr18Ni9	0.07	1.00	2.00	0.035	0.030	8.0～11	17～19		
	0Cr23Ni13	0.08	1.00	2.00	0.035	0.030	12～15	22～24		
	0Cr17Ni12Mo2	0.08	1.00	2.00	0.035	0.030	10～14	16～18.5	2.0～3.0	
	0Cr17Ni12Mo2N	0.08	1.00	2.00	0.035	0.030	10～14	16～18	2.0～3.0	N0.10～0.22
	1Cr18Ni9Ti	0.12	1.00	2.00	0.035	0.030	8.0～11	17～19		Ti5×(C%－0.02)～0.8
铁素体型	0Cr13Al	0.08	1.00	1.00	0.035	0.030		11.5～14.5		Al0.10～0.30
	1Cr17	0.12	0.75	1.00	0.035	0.030		16～18		
	1Cr17Mo	0.12	1.00	1.00	0.035	0.030		16～18	0.75～1.25	
	00Cr30Mo2	0.010	0.40	0.40	0.030	0.020		28.5～32	1.5～2.5	N≤0.015
马氏体型	1Cr12	0.15	0.50	1.00	0.035	0.030		11.5～13		
	0Cr13	0.08	1.00	1.00	0.035	0.030		11.5～13.5		
	Y1Cr13	0.15	1.00	1.25	0.060	0.15		12～14		
	3Cr13Mo	0.28～0.35	0.80	1.00	0.035	0.030		12～14	0.50～1.00	

2. 不锈钢的力学性能及应用(表2-21)

表2-21　不锈钢的力学性能及应用

类别	牌　号	热　处　理				力学性能	
		固溶处理/℃	退火/℃	淬火/℃	回火/℃	$ReL_{0.2}$	Rm
						/MPa≥	
奥氏体型	1Cr17Mn6Ni5N	1 010～1 120 快冷				275	520
	1Cr17Ni7	1 010～1 150 快冷				205	520
	Y1Cr18Ni9					205	520
	0Cr18Ni9					205	520

续表 2-21

类别	牌号	热处理 固溶处理/℃	热处理 退火/℃	热处理 淬火/℃	热处理 回火/℃	力学性能 $ReL_{0.2}$ /MPa≥	力学性能 Rm /MPa≥
奥氏体型	0Cr23Ni13	1 030～1 150 快冷				205	520
	0Cr17Ni12Mo2	1 010～1 150 快冷				205	520
	0Cr17Ni12Mo2N					275	550
	1Cr18Ni9Ti	920～1 150 快冷				205	520
铁素体型	0Cr13Al		780～830 空冷或缓冷			177	410
	1Cr17		780～850 空冷或缓冷			205	450
	1Cr17Mo		780～850 空冷或缓冷			205	450
	00Cr30Mo2		900～1 050 快冷			290	450
马氏体型	1Cr12		800～900 缓冷 或约 750 快冷	950～1 000 油冷	700～750 快冷	390	590
	0Cr13					345	490
	Y1Cr13					345	540
	3Cr13Mo			1 025～1 075 油冷	200～300 油、水、空冷		

类别	牌号	力学性能 A_5 /%≥	Z /%≥	A_k /J	HB ≤	HRB ≤	HV ≤	应用举例
奥氏体型	1Cr17Mn6Ni5N	40	45		241	100	253	节镍钢种，代替 1Cr17Ni7，冷加工后具有磁性。铁道车辆用
	1Cr17Ni7	40	60		187	90	200	经冷加工有高的强度。用于铁道车辆、传送带、螺栓、螺母
	Y1Cr18Ni9	40	50		187	90	200	提高切削性、耐烧蚀性。最适用于自动车床、螺栓、螺母
	0Cr18Ni9	40	60		187	90	200	作为不锈耐热钢使用最广，食品用设备、一般化工设备、原子能工业用
	0Cr23Ni13	40	60		187	90	200	耐腐蚀性，耐热性均比 0Cr18Ni9 好
	0Cr17Ni12Mo2	40	60		187	90	200	在海水和其他各种介质中，耐蚀性较好。主要作为耐点蚀材料

续表 2-21

类别	牌号	力学性能						应用举例
		A_5	Z	A_k	HB	HRB	HV	
		/%≥		/J	≤			
奥氏体型	0Cr17Ni12Mo2N	35	50		217	95	220	在牌号0Cr17Ni12Mo2中加入N，提高强度，不降低塑性，使材料的厚度减薄。制作耐蚀性较好、强度较高的部件
	1Cr18Ni9Ti	40	50		187	90	200	制作焊芯、抗磁仪表、医疗器械、耐酸容器及设备衬里等
铁素体型	0Cr13Al	20	60	78	183			从高温冷却不产生显著硬化。用于汽轮机材料、淬火用部件、复合钢材
	1Cr17	22	50		183			耐蚀性良好的通用钢种，建筑内装饰、重油燃烧器部件、家庭用具、家用电器部件用
	1Cr17Mo	22	60		183			为1Cr17的改良钢种，比1Cr17抗盐溶液能力强。作汽车外装材料用
	00Cr30Mo2	20	45		228			高Cr～Mo系，C，N含量降至极低，耐蚀性很好，制作与醋酸、乳酸等有机酸有关的设备及苛性碱设备。耐卤离子应力腐蚀、耐点腐蚀
马氏体型	1Cr12	25	55	118	170	200		作为汽轮机叶片及高应力部件之良好的不锈耐热钢
	0Cr13	24	60			183		制作较高韧性及受冲击载荷的零件，如汽轮机叶片、不锈设备、衬里、螺栓、螺母等
	Y1Cr13	25	55	78	159	200		不锈钢中切削性能最好的钢种。自动车床用
	3Cr13Mo					207	50	制作较高硬度及高耐磨性的热斗、油泵轴、阀片、阀门轴承、医疗器械弹簧等

2.3.3 铸铁

2.3.3.1 灰口铸铁的牌号、性能及应用（表2-22）

表 2-22 灰口铸铁的牌号、性能及应用

分类	牌号	铸件主要壁厚/mm	试棒毛坯直径/mm	Rm /MPa	抗弯强度 σ_{bb}/MPa	抗压强度 σ_{bc} /MPa	HB	应用举例
				≥				
灰口铸铁	HT100	所有尺寸	30	100	260	500	143～229	
	HT150	4～8	13	280	470	650	170～241	端盖、泵体、轴承座、阀壳、一般机床底座、管子、工作台、滑座等
		＞8～15	20	200	390		170～241	
		＞15～30	30	150	330		163～229	
		＞30～50	45	120	250		163～229	
		＞50	60	100	210		143～229	

续表 2-22

分类	牌号	铸件主要壁厚/mm	试棒毛坯直径/mm	Rm/MPa	抗弯强度 σ_{bb}/MPa	抗压强度 σ_{bc}/MPa	HB	应用举例
				≥				
灰口铸铁	HT200	6～8 >8～15 >15～30 >30～50 >50	13 20 30 45 60	320 250 200 180 160	530 450 400 340 310	750	187～255 170～241 170～241 170～241 163～229	汽缸、齿轮、底架、机件、飞轮、一般机床床身及中等压力(8MPa)以下液压筒等
	HT250	>8～15 >15～30 >30～50 >50	20 30 45 60	290 250 220 200	500 470 420 390	1000	187～255 170～241 170～241 163～229	阀壳、油缸、联轴器、机体、齿轮、齿转箱外壳等
	HT300	15～30 >30～50 >50	30 45 60	300 280 260	540 500 480	1100	187～255 170～241 170～241	齿轮、车床卡盘、剪床、压力机机身、导板、楱架底板、重载荷机床的床身等
	HT350	>15～30 >30～50 >50	30 45 60	350 320 310	610 560 540	1200	197～269 187～255 170～241	

2.3.3.2 球墨铸铁的牌号、性能及应用(2-23)

表 2-23 球墨铸铁的牌号、性能及应用

牌 号	基 体	机械性能(不小于)					应用举例
		Rm/MPa	$ReL_{0.2}$/MPa	A/%	α_k/10J/cm^2	HB	
QT400—18	铁素体	400	250	18	6	≤179	汽车、拖拉机底盘零件，16～64大气压阀门的阀体
QT450—10	铁素体	450	270	10	3	≤207	
QT500—7	铁素体+珠光体	500	320	7	—	147～241	机油泵齿轮
QT600—3	珠光体	600	420	3	—	229～302	柴油机、汽油机曲轴，磨床、铣床、车床的主轴，空压机、冷冻机缸体、缸套
QT700—2	珠光体	700	490	2	—	229～302	
QT800—2	珠光体	800	560	2	—	241～321	
QT1200—1	下贝氏体	1200	840	1	3	≥38HRC	汽车、拖拉机传动齿轮

2.3.3.3 可锻铸铁的牌号、性能及应用(表 2-24)

表 2-24 可锻铸铁的牌号、性能及应用

分类	牌 号	铸件壁厚/mm	试棒直径/mm	Rm/MPa	A/%	HB	应用举例
铁素体可锻铸铁	KTH300—06	>12	16	300	6	120～163	弯头、三通等管件
	KTH330—08	>12	16	330	8	120～163	紧固件扳手、犁刀、车轮壳等
	KTH350—10	>12	16	350	10	120～163	汽车、拖拉机轮壳，减速器壳，转向节壳，制动器等
	KTH370—12	>12	16	370	12	120～163	

续表 2-24

<table>
<tr><th>分类</th><th>牌 号</th><th>铸件壁厚/mm</th><th>试棒直径/mm</th><th>Rm/MPa</th><th>A/%</th><th>HB</th><th>应用举例</th></tr>
<tr><td rowspan="4">珠光体可锻铸铁</td><td>KTZ450—06</td><td></td><td>16</td><td>450</td><td>6</td><td>152～219</td><td rowspan="4">塑性、韧性比铁素体可锻铸铁稍差，但强度高、耐磨性好。制作曲轴、凸轮轴、连杆、齿轮、活塞环、轴套、万向接头、棘轮、扳手、传动链条</td></tr>
<tr><td>KTZ550—04</td><td></td><td>16</td><td>550</td><td>4</td><td>179～241</td></tr>
<tr><td>KTZ650—02</td><td></td><td>16</td><td>650</td><td>2</td><td>201～269</td></tr>
<tr><td>KTZ700—02</td><td></td><td>16</td><td>700</td><td>2</td><td>240～270</td></tr>
</table>

2.3.3.4 蠕墨铸铁牌号、性能及应用(GB/T 4403—1999)(表 2-25)

表 2-25 蠕墨铸铁牌号、性能及应用(GB/T 4403—1999)

<table>
<tr><th rowspan="2">牌 号</th><th>Rm/MPa</th><th>$ReL_{0.2}$/MPa</th><th rowspan="2">A/%≥</th><th rowspan="2">HBS</th><th rowspan="2">蠕化率VG/%≥</th><th rowspan="2" colspan="2">性 能 和 应 用 举 例</th></tr>
<tr><th colspan="2">≥</th></tr>
<tr><td>RuT420</td><td>420</td><td>335</td><td>0.75</td><td>200～280</td><td rowspan="5">50</td><td rowspan="5">蠕墨铸铁是铁液经过蠕化处理，大部分石墨呈蠕虫状的铸铁，是一种很有发展前景的新型材料，其性能介于球墨铸铁和灰铸铁之间。它既有球墨铸铁的强度、刚性及一定的韧性，且有良好的耐磨性；同时它的铸造性及热传导性又相近于灰铸铁，具有比球墨铸铁和灰铸铁更为优良的综合耐热疲劳性能。一般用于制作液压件、排气管件、底座、大型机床床身、钢锭模及飞轮等铸件，铸件的质量有的已高达数十吨</td><td>是珠光体基体蠕墨铸铁，具有高强度、高耐磨性、高硬度以及较好的热导率，需经正火热处理；适于制作高强度或高耐磨性的重要铸件，如刹车鼓、钢球的研磨盘、汽缸套、活塞环、玻璃模具等</td></tr>
<tr><td>RuT380</td><td>380</td><td>300</td><td>0.75</td><td>193～274</td><td>是以珠光体为主的珠光体+铁素体混合基体蠕墨铸铁，具有较高的强度、硬度、耐磨性及热导率；适于制作较高强度、刚度及耐磨的零件，如大型齿轮箱体及盖、底座刹车鼓、大型机床件、起重机卷筒等</td></tr>
<tr><td>RuT340</td><td>340</td><td>270</td><td>1.0</td><td>170～249</td><td></td></tr>
<tr><td>RuT300</td><td>300</td><td>240</td><td>1.5</td><td>140～217</td><td>是以铁素体为主的铁素体+珠光体混合基体蠕墨铸铁，具有良好的强度和硬度，一定的塑性及韧性，较高的热导率，致密性良好；适于制作较高强度及耐热疲劳的零件，如汽缸盖、变速箱体、纺织机械零件，液压件、排气管等</td></tr>
<tr><td>RuT260</td><td>260</td><td>195</td><td>3.0</td><td>121～197</td><td>是铁素体基体蠕墨铸铁，强度不高，硬度较低，有较高的塑性、韧性及热导率，铸件需经退火热处理；适于制作冲击及热疲劳的零件，如汽车及拖拉机的底盘零件、增压机废气进气壳体</td></tr>
</table>

2.3.4 铝及铝合金

2.3.4.1 变形铝合金的主要牌号、性能及应用(表2-26)

表2-26 变形铝合金的主要牌号、性能及应用

组别	牌号	热处理状态	力学性能			应用举例
			Rm/MPa	A/%	HB	
防锈铝	5A05(LF5)	退火	270	23	70	中载零件、铆钉、焊接油箱、油管等
	3A21(LF21)	退火	130	23	30	管道、容器、铆钉、轻载零件及制品
硬铝	2A01(LY1)	淬火+自然时效	300	24	70	中等强度,工作温度不超过100℃的铆钉
	2A11(LY11)	淬火+自然时效	420	18	100	中等强度构件和零件,如骨架、螺旋浆叶片、铆钉等
	2A12(LY12)	淬火+自然时效	480	11	131	高强度构件及150℃以下工作的零件,如梁、铆钉等
超硬铝	7A04(LC4)	淬火+人工时效	600	12	150	超强度铝合金,热处理后的切削加工性良好,退火状态稍差;用于主要受力构件及载荷零件,如飞机大梁、起落架等
	7A09(LC9)	淬火+人工时效	680	7	190	
锻铝	2A50(LD5)	淬火+人工时效	420	13	105	形状复杂和中等载荷的锻件及模锻件
	2A70(LD7)	淬火+人工时效	440	13	120	高温下工作的复杂锻件和结构件,内燃机活塞等
	2A14(LD10)	淬火+人工时效	480	10	135	高载荷锻件和模锻件

注:牌号中有括号的牌号为旧牌号。

2.3.4.2 铸造铝合金的牌号、性能及应用(表2-27)

表2-27 铸造铝合金的牌号、性能及应用

组别	牌号	铸造方法	热处理方法	力学性能			应用举例
				Rm/MPa	A/%	HB	
铝硅合金	ZAlSi7Mg(ZL101)	金属模 金属模 砂模变质处理	淬火+自然时效 不完全时效 淬火+人工时效	190 210 230	4 2 1	50 60 70	形状复杂的零件,如飞机、仪器零件、抽水机壳等
	ZAlSi9Mg(ZL104)	金属模 金属模	不淬火,人工时效 淬火+人工时效	200 240	1.5 2	70 70	形状复杂、工作温度为200℃以下的零件,如电动机壳体、气缸体等
	ZAlSi5Cu1Mg(ZL105)	金属模 金属模	淬火+不完全时效 淬火+稳定回火	240 180	0.5 1	70 65	形状复杂、工作温度为250℃以下的零件,如风冷发动机的气缸头、机匣、油泵壳体

续表 2-27

组别	牌　号	铸造方法	热处理方法	力学性能			应　用　举　例
				Rm/MPa	A/%	HB	
铝铜合金	ZAlCu5Mn (ZL201)	砂模 砂模	淬火+自然时效 淬火+不完全时效	300 340	8 4	70 90	焊接性和切削加工性良好、铸造性差、耐蚀性差。砂型铸造工作温度为 175℃～300℃的零件，如内燃机气缸头、活塞等
	ZAlCu5MnA (ZL201A)	砂模 金属模	淬火+人工时效	390	8	100	主要用于高强度铝合金铸造
铝镁合金	ZAlMg10 (ZL301)	砂模	淬火+自然时效	280	9	20	大气或海水中工作的零件，承受冲击载荷，外形不太复杂的零件
	ZAlMg5Si1 (ZL303)	砂模	—	150	1	55	
铝锌合金	ZAlZn11Si7 (ZL401)	金属模	不淬火人工时效	250	1.5	90	结构形状复杂的汽车、飞机、仪器零件，也可制造日用品
	ZAlZn6Mg (Zl402)	金属模	不淬火人工时效	240	4	70	

2.3.5 铜及铜合金

2.3.5.1 普通黄铜的牌号、性能及应用(2-28)

表 2-28 普通黄铜的牌号、性能及应用

牌号	加工状态	力　学　性　能			应　用　举　例
		Rm/MPa	A/%	HB	
H96	退火 变形加工	250 400	35 —	— —	冷凝管、散热器及导电零件
H80	退火 变形加工	270 —	50 —	— 145	薄膜管、装饰品
H70	退火 变形加工	— 660	— 3	— 150	弹壳、机械及电气零件
H68	退火 变形加工	300 400	40 15	— 150	形状复杂的深冲零件、散热器外壳
H62	退火 变形加工	300 420	40 10	— 164	机械和电气零件、铆钉、螺母、垫圈、焊接件、冲压件等
H59	退火 变形加工	300 420	25 5	— 103	机械和电气零件、铆钉、螺母、垫圈、焊接件、冲压件等

2.3.5.2 部分特殊黄铜的牌号、性能及应用(表 2-29)

表 2-29 部分特殊黄铜的牌号、性能及应用

组别	牌 号	力学性能			应 用 举 例
		Rm/MPa	*A*/%	HB	
铅黄铜	HPb63—3 HPb60—1	600 610	5 4		钟表零件、汽车、拖拉机及一般机械零件
锡黄铜	HSn90—1 HSn62—1	520 700	5 4	148	汽车、拖拉机弹性套管、船舶零件
铝黄铜	HAl77—2 HAl60—1—1 HAl59—3—2	650 750 650	12 8 15	170 180 150	海船冷凝器管及耐蚀零件,齿轮、蜗轮、轴及耐蚀零件,船舶、电机、化工、机械常温下工作的高强度耐蚀零件
硅黄铜	HSi65—1.5—3	600	8	160	耐磨锡青铜的代用材料,船舶及化工机械零件
锰黄铜	HMn58—2	700	10	175	船舶零件及轴承等耐磨零件
铁黄铜	HFe59—1—1	700	10	160	摩擦及海水腐蚀下工作的零件
镍黄铜	HNi65—5	700	4		船舶用冷凝管、电机零件

2.3.5.3 锡青铜的牌号、性能及应用(表 2-30)

表 2-30 锡青铜的牌号、性能及应用

牌 号	力学性能				应 用 举 例
	热处理方式	*Rm*/MPa	*A*/%	HB	
QSn6.5—0.1	退火 变形加工	400 600	65 10	80 180	精密仪器中的耐磨零件和抗磁元件、弹簧等
QSn4—4—2.5	退火 变形加工	— 600	— 4	— 180	汽车、拖拉机、飞机用轴承和轴套的衬垫
QSn4—3	退火 变形加工	350 550	40 4	60 160	弹簧、化工机械耐磨零件和抗磁零件
ZQSn10	砂模 金属模	200 250	3 10	80 90	水管附件、轴承
ZQSn10—2	砂模 金属模	200 250	10 6	70 80	阀门、泵体、齿轮等中等载荷零件
ZQSn6—6—3	砂模 金属模	180 200	8 10	60 65	中速中载轴承、螺母等耐磨零件及重要管配件

2.3.5.4 锡基轴承合金的牌号、性能及应用(表 2-31)

表 2-31 锡基轴承合金的牌号、性能及应用

牌 号	力学性能			应 用 举 例
	R_m/MPa	A/%	HB	
ZGhSnSb—12—4—10			29	性软而韧、耐磨。适用于引擎主轴,不适用于高温场合
ZGhSnSb—11—6	90	6.0	27	离心泵、发动机、柴油机等高速轴承
ZGhSnSb—8—4	80	10.6	24	内燃机的高速轴承
ZGhSnSb—4—4	80	7.0	20	内燃机、特别是航空和汽车发动机的高速轴承

2.3.5.5 铅基轴承合金的牌号、性能及应用(表 2-32)

表 2-32 铅基轴承合金的牌号、性能及应用

牌 号	力学性能			应 用 举 例
	R_m/MPa	A/%	HB	
ZChPb16—16—2	78	0.2	30	汽车、轮船发动机的轻载荷高速轴承
ZChPb6—6	67	12.7	16.9	较重载荷高速机械的轴承
ZChPb2—0.5—0.5	93	8.1	19.7	代替 ZChPb16-16-2。铁路车辆、拖拉机的轴承

2.4 金属材料的热处理

2.4.1 钢的热处理

热处理是通过加热、保温(实质上是加热的继续)和冷却来改变钢的内部组织(整体的、表层的或局部的),以获得预期性能的一种工艺。尽管热处理工艺方法的种类繁多,但其基本过程都是由加热、保温和冷却三个阶段组成。在这个基本过程中,温度、时间以及温度随时间变化的速度是影响热处理效果的最主要因素。为了简明地表示热处理的基本工艺过程,通常利用温度一时间坐标绘出热处理工艺曲线,如图 2-1 所示。

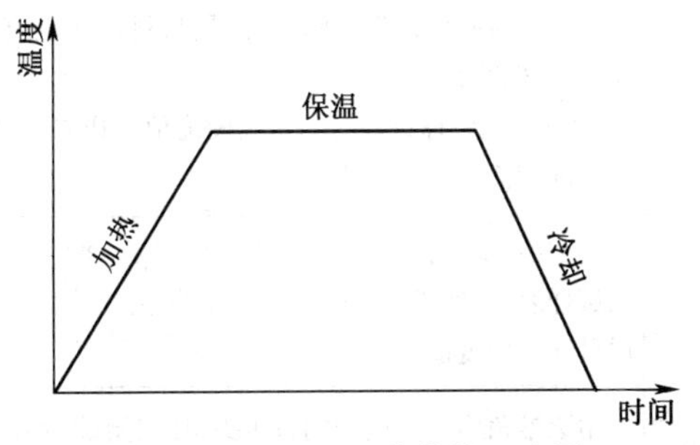

图 2-1 热处理工艺曲线示意图

2.4.1.1 钢的热处理工艺(表 2-33)

表 2-33 钢的热处理工艺

名称	代号	热处理目的
退火	*Th*	将钢加热到适当温度,保持一定时间,然后缓慢冷却(通常是随炉冷却)。目的在于调整和改善钢的力学性能和工艺性能,细化组织,改善组织不均匀性,改善切削加工性能,提高塑性和韧性,清除或减少内应力
正火	*Z*	亚共析钢加热至 Ac3 以上 30～50℃,过共析钢加热至 *A*ccm 以上 30～50℃,保温一定时间,然后在空气中冷却。目的在于细化组织,减少钢的化学成分及组织不均匀性,增加强度和韧性,减少内应力,改善切削加工性能
淬火	*C*	亚共析钢的淬火温度为 *A*c3 以上 30～50℃,共析钢和过共析钢的淬火温度为 *A*c1 以上 30～50℃,保温一定时间,然后在冷却介质中获得马氏体组织。目的是提高工件硬度
回火	—	将淬火钢加热到临界点(*A*1)以下的某一温度,保温,然后冷却。目的在于降低脆性,减少或消除内应力,防止工件变形和开裂;将不稳定的马氏体和残余奥氏体转变为较稳定的组织,获得要求的硬度、强度、塑性与韧性
调质	*T*	淬火后高温回火。获得良好的综合机械性能
渗碳	*S*	将低碳钢放入高碳介质中加热,保温,以获得高碳表层的化学热处理工艺。渗碳后都应进行淬火和低温回火处理。目的在于提高工件表面硬度、耐磨性及疲劳强度,保持心部的良好韧性
氮化	—	将钢放入高氮介质中加热,保温,以获得高氮表层的化学热处理工艺。目的在于工件表面具有高的硬度、耐磨性和疲劳强度,有很高的耐蚀性能
人工时效	—	钢件加热至 100～150℃,铸铁加热至 500～600℃,经 8～15 小时保温然后缓慢冷至室温。目的在于消除机加工或铸造内应力

2.4.1.2 金属材料硬度的种类及应用(表 2-34)

表 2-34 金属材料硬度的种类及应用

名称		代号	说明
布氏硬度		HB	以一定试验力把一定直径的淬硬钢球或硬质合金球压入材料表面,保持规定的时间后卸除试验力,测量材料表面压痕直径,按公式用压痕面积除以试验力得到 HBS 为以钢球试验时的布氏硬度值;HBW 为以硬质合金球试验时的布氏硬度值
洛氏硬度	基本定义	HR	在初始试验力及总试验力先后作用下,将压头(金刚石圆锥或钢球)压入试样表面,经规定保持时间后卸除主试验力,用测量的残余压痕深度增量计算硬度值
	标尺 C	HRC	用圆锥角为 120°的金刚石压头,在初始试验力为 98.07N,总试验力为 1471.0N 条件下试验,用 100－e 计算出洛氏硬度

续表 2-34

名称		代号	说明
洛氏硬度	标尺 A	HRA	用圆锥角为120°的金刚石压头，在初始试验力为98.07N，总试验力为588.4N条件下试验，用100－e计算出洛氏硬度
	标尺 B	HRB	用直径1.588mm的钢球，在初始试验力为98.07N，总试验力为980.7N条件下试验，用130－e计算出洛氏硬度
表面洛氏硬度	基本定义	HR	初始试验力为29N，总试验力为147N，294N或441N的洛氏硬度。适用于材料表面渗碳、氮化等处理的表面层硬度以及薄、小试件硬度测定
	标尺 15N	HR15N	采用147.1N总试验力和金刚石压入器测得的硬度
	标尺 30N	HR30N	采用294.2N总试验力和金刚石压入器测得的硬度
	标尺 45N	HR45N	采用441.3N总试验力和金刚石压入器测得的硬度
维氏硬度		HV	以一定的试验力把136°方锥形金刚石压头压入材料表面，保持规定时间后卸除试验力，测量材料表面压痕对角线平均长度，按公式计算出的硬度值

2.4.1.3 硬度换算表(表 2-35)

表 2-35 硬度换算表

布氏 HB30D²	洛氏				维氏 HV	近似强度 Rm/MPa
	HRC	HRA	HR15N	HR30N		
	70.0	86.6	—	—	1 037.0	—
	69.5	86.3	—	—	1 017.0	—
	69.0	86.1	—	—	997.0	—
	68.5	85.8	—	—	978.0	—
	68.0	85.5	—	—	959.0	—
	67.5	85.2	—	—	941.0	—
	67.0	85	—	—	923.0	—
	66.5	84.7	—	—	906.0	—
	66.0	84.4	—	—	889.0	—
	65.5	84.1	—	—	872.0	—
	65.0	83.9	92.2	81.3	856.0	—
	64.5	83.6	92.1	81.0	840.0	—
	64.0	83.3	91.9	80.6	825.0	—
	63.5	83.1	91.8	80.2	810.0	—
	63.0	82.8	91.7	79.8	795.0	—
	62.5	82.5	91.5	79.4	780.0	—

续表 2-35

布 氏 HB30D²	洛 氏				维氏 HV	近似强度 *Rm*/MPa
	HRC	HRA	HR15N	HR30N		
	62.0	82.2	91.4	79.0	766.0	—
	61.5	82.0	91.2	78.6	752.0	—
	61.0	81.7	91.0	78.1	739.0	—
	60.5	81.4	90.8	77.7	726.0	—
	60.0	81.2	90.6	77.3	713.0	2 607
	59.5	80.9	90.4	76.9	700.0	2 551
	59.0	80.6	90.2	76.5	688.0	2 496
	58.5	80.3	90	76.1	676.0	2 443
	58.0	80.1	89.8	75.6	664.0	2 391
	57.5	79.8	89.6	75.2	653.0	2 341
	57.0	79.5	89.4	74.8	642.0	2 293
	56.5	79.3	89.1	74.4	631.0	2 247
	56.0	79	88.9	73.9	620.0	2 201
	55.5	78.7	88.6	73.5	609.0	2 157
	55.0	78.5	88.4	73.1	599.0	2 115
	54.5	78.2	88.1	72.6	589.0	2 074
	54.0	77.9	87.9	72.2	579.0	2 034
	53.5	77.7	87.6	71.8	570.0	1 995
	53.0	77.4	87.4	71.3	561.0	1 957
	52.5	77.1	87.1	70.9	551.0	1 921
	52.0	76.9	86.9	70.4	543.0	1 885
	51.5	76.6	86.6	70	534.0	1 851
	51.0	76.3	86.3	69.5	525.0	1 817
	50.5	76.1	86.0	69.1	517.0	1 785
	50.0	75.8	85.7	68.6	509.0	1 753
	49.5	75.5	85.5	68.2	501.0	1 722
	49.0	75.3	85.2	67.7	493.0	1 692
	48.5	75.0	84.9	67.3	485.0	1 662
	48.0	74.7	84.6	66.8	478.0	1 635
	47.5	74.5	84.3	66.4	470.0	1 608

续表 2-35

布 氏 HB30D²	洛 氏				维氏 HV	近似强度 Rm/MPa
	HRC	HRA	HR15N	HR30N		
449	47.0	74.2	84.0	65.9	463.0	1 581
442	46.5	73.9	83.7	65.5	456.0	1 555
436	46.0	73.7	83.5	65	449.0	1 529
430	45.5	73.4	83.2	64.6	443.0	1 504
424	45.0	73.2	82.9	64.1	436.0	1 480
418	44.5	72.9	82.6	63.6	429.0	1 457
413	44.0	72.6	82.3	63.2	423.0	1 434
407	43.5	72.4	82.0	62.7	417.0	1 411
401	43.0	72.1	81.7	62.3	411.0	1 389
396	42.5	71.8	81.4	61.8	405.0	1 368
391	42.0	71.6	81.1	61.3	399.0	1 347
385	41.5	71.3	80.8	60.9	393.0	1 327
380	41.0	71.1	80.5	60.4	388.0	1 307
375	40.5	70.8	80.2	60.0	382.0	1 287
370	40.0	70.5	79.9	59.5	377.0	1 268
365	39.5	70.3	79.6	59.0	372.0	1 250
360	39.0	70.0	79.3	58.6	367.0	1 232
355	38.5	69.7	79.0	58.1	362.0	1 214
350	38.0	69.5	78.7	57.6	357.0	1 197
345	37.5	69.2	78.4	57.2	352.0	1 180
341	37.0	69.0	78.1	56.7	347.0	1 163
336	36.5	68.7	77.8	56.2	342.0	1 147
332	36.0	68.4	77.5	55.8	338.0	1 131
327	35.5	68.2	77.2	55.3	333.0	1 115
323	35.0	67.9	77.0	54.8	329.0	1 100
318	34.5	67.7	76.7	54.4	324.0	1 080
314	34.0	67.4	76.4	53.9	320.0	1 070
310	33.5	67.1	76.1	53.4	316.0	1 056
306	33.0	66.9	75.8	53.0	312.0	1 042
302	32.5	66.6	75.5	52.5	308.0	1 028

续表 2-35

布　氏	洛　氏				维氏	近似强度
HB30D²	HRC	HRA	HR15N	HR30N	HV	*Rm*/MPa
298	32.0	66.4	75.2	52.0	304.0	1 015
294	31.5	66.1	74.9	51.6	300.0	1 001
291	31.0	65.8	74.7	51.1	296.0	989.0
287	30.5	65.6	74.4	50.6	292.0	976.0
283	30.0	65.3	74.1	50.2	289.0	964.0
280	29.5	65.1	73.8	49.7	285.0	951.0
276	29.0	64.8	73.5	49.2	281.0	940.0
273	28.5	64.6	73.3	48.7	278.0	928.0
269	28.0	64.3	73.0	48.3	274.0	917.0
266	27.5	64.0	72.7	47.8	271.0	906.0
263	27.0	63.8	72.4	47.3	268.0	895.0
260	26.5	63.5	72.2	46.9	264.0	884.0
257	26.0	63.3	71.9	46.4	261.0	874.0
254	25.5	63.0	71.6	45.9	258.0	864.0
251	25.0	62.8	71.4	45.5	255.0	854.0
248	24.5	62.5	71.1	45.0	252.0	844.0
245	24.0	62.2	70.8	44.5	249.0	835.0
242	23.5	62.0	70.6	44.0	246.0	825.0
240	23.0	61.7	70.3	43.6	243.0	816.0
237	22.5	61.5	70.0	43.1	240.0	808.0
234	22.0	61.2	69.8	42.6	237.0	799.0
232	21.5	61.0	69.5	42.2	234.0	791.0
229	21.0	60.7	69.3	41.7	231.0	782.0
227	20.5	60.4	69.0	41.2	229.0	774.0
225	20.0	60.2	68.8	40.7	226.0	767.0
222	19.5	59.9	68.5	40.3	223.0	759.0
220	19.0	59.7	68.3	39.8	221.0	752.0
218	18.5	59.4	68.0	39.3	218.0	744.0
216	18.0	59.2	67.8	38.9	216.0	737.0
214	17.5	58.9	67.6	38.4	214.0	731.0

续表 2-35

布 氏 HB30D²	洛 氏				维氏 HV	近似强度 R_m/MPa
	HRC	HRA	HR15N	HR30N		
211	17.0	58.6	67.3	37.8	211.0	724.0
209	16.5	58.4	67.1	37.4	209.0	717.0
	16.0	58.1	66.8	37.0		711.0
	15.5	57.9	66.6	36.5		705.0
	15.0	57.6	66.4	36.0		699.0

布氏 HB10D²	洛 氏			维氏 HV	近似强度 R_m/MPa
	HRB	HRA	30-T		
217	100.0	61.2	81.7	233.0	803.0
214	99.5	60.8	81.4	230.0	793.0
210	99.0	60.5	81.0	227.0	783.0
208	98.5	60.2	80.7	225.0	773.0
205	98.0	59.9	80.4	222.0	763.0
202	97.5	59.6	80.1	219.0	754.0
199	97.0	59.2	79.8	216.0	744.0
196	96.5	58.9	79.4	214.0	735.0
194	96.0	58.6	79.1	211.0	726.0
191	95.5	58.3	78.8	208.0	717.0
188	95.0	58.0	78.5	206.0	708.0
186	94.5	57.7	78.2	203.0	700.0
183	94.0	57.4	77.8	201.0	693.0
181	93.5	57.1	77.5	199.0	683.0
179	93.0	56.8	77.2	196.0	675.0
176	92.5	56.4	76.9	194.0	667.0
174	92.0	56.1	76.6	191.0	659.0
172	91.5	55.8	76.2	189.0	651.0
170	91.0	55.5	75.9	187.0	644.0
168	90.5	55.2	75.6	185.0	636.0
166	90.0	54.9	75.3	183.0	629.0
164	89.5	54.6	75.0	180.0	621.0
162	89.0	54.3	74.6	178.0	614.0
160	88.5	54.0	74.3	176.0	607.0
158	88.0	53.7	74.0	174.0	601.0

续表 2-35

布氏 HB10D²	洛氏			维氏 HV	近似强度 Rm/MPa
	HRB	HRA	30-T		
156	87.5	53.4	73.7	172.0	594.0
154	87.0	53.1	73.4	170.0	587.0
152	86.5	52.8	73.0	168.0	581.0
151	86.0	52.6	72.7	166.0	575.0
149	85.5	52.3	72.4	165.0	568.0
147	85.0	52.0	72.1	163.0	562.0
146	84.5	51.7	71.8	161.0	556.0
144	84.0	51.4	71.4	159.0	550.0
143	83.5	51.1	71.1	157.0	545.0
141	83.0	50.8	70.8	156.0	539.0
140	82.5	50.5	70.5	154.0	534.0
138	82.0	50.2	70.2	152.0	528.0
137	81.5	50.0	69.8	151.0	523.0
136	81.0	49.7	69.5	149.0	518.0
134	80.5	49.4	69.2	148.0	513.0
133	80.0	49.1	68.9	146.0	508.0
132	79.5	48.8	68.6	145.0	503.0
130	79.0	48.6	68.2	143.0	498.0
129	78.5	48.3	67.9	142.0	494.0
128	78.0	48.0	67.6	140.0	489.0
127	77.5	47.7	67.3	139.0	485.0
126	77.0	47.5	67.0	138.0	480.0
125	76.5	47.2	66.6	136.0	476.0
124	76.0	46.9	66.3	135.0	472.0
123	75.5	46.8	66.0	134.0	468.0
122	75.0	46.4	65.7	132.0	464.0
121	74.5	46.1	65.4	131.0	460.0
120	74.0	45.8	65.1	130.0	456.0
119	76.5	45.6	64.7	129.0	452.0
118	76.0	45.3	64.4	128.0	449.0

续表 2-35

布氏 HB10D²	洛 氏			维氏 HV	近似强度 Rm/MPa
	HRB	HRA	30-T		
117	72.5	45.0	64.1	126.0	445.0
116	72.0	44.8	63.8	125.0	442.0
115	71.5	44.5	63.5	124.0	439.0
115	71.0	44.2	63.1	123.0	435.0
114	70.5	44.0	62.8	122.0	432.0
113	70.0	43.7	62.5	121.0	429.0
112	69.5	43.4	62.2	120.0	426.0
112	69.0	43.2	61.9	119.0	423.0
111	68.5	42.9	61.5	118.0	420.0
110	68.0	42.7	61.2	117.0	418.0
110	67.5	42.4	60.9	116.0	415.0
109	67.0	42.2	60.6	115.0	412.0
108	66.5	41.9	60.3	115.0	410.0
108	66.0	41.7	59.9	114.0	407.0
107	65.5	41.4	59.6	113.0	405.0
107	65.0	41.2	59.3	112.0	403.0
106	64.5	40.9	59.0	111.0	400.0
106	64.0	40.7	58.7	110.0	398.0
105	63.5	40.4	58.3	110.0	396.0
105	63.0	40.2	58.0	109.0	394.0
104	62.5	39.9	57.7	108.0	392.0
104	62.0	39.7	57.4	108.0	390.0
103	61.5	39.4	57.1	107.0	388.0
103	61.0	39.2	56.7	106.0	386.0
102	60.5	38.9	56.4	105.0	385.0
102	60.0	38.7	56.1	105.0	383.0

注：1. 本表所列换算值是对主要钢种进行实验的基础上制定的。

2. 本表所列换算值，只有当试件组织均匀一致时，才能得到较精确的结果。

3. 布氏 $HB30D^2$ 及其换算不包括低碳钢。

4. 布氏 $HB10D^2$ 及其换算主要适用于低碳钢。

2.4.2 有色金属的热处理

2.4.2.1 有色金属材料的热处理方法、目的与应用(表 2-36)

表 2-36 有色金属材料的热处理方法、目的与应用

名称	工艺方法和作用	目的与应用举例	
均匀化退火（扩散退火）	在加热、保温过程中，由于原子扩散作用而使合金化学成分趋于均匀	均匀化退火、再结晶退火、去应力退火等工艺方法与钢比较，只是热处理温度较低、工艺参数不同而已。但热处理强化机理则与钢不同，不是利用相变强化，而是利用强化相在固溶体中溶解度变化的原理，使强化相弥散、均匀地分布在固溶体基体中进行强化	用于铸件或热加工前的铸锭。消除或减少成分偏析和组织不均匀性，提高塑性，改善加工产品质量
再结晶退火	将冷变形加工后的制品加热到再结晶温度以上，保温后空冷		用于经冷变形加工后的制品。目的是消除冷作硬化，恢复塑性，以利于下一加工工序的顺利进行 也作为产品的最终退火，以获得细晶粒组织，改善性能
去应力退火	加热到低于再结晶温度的退火		消除锻造、铸造、焊接和切削加工产生的内应力，消除黄铜的蚀裂现象
固溶处理（淬火）	加热到稍高于强化相最大溶解度的温度，保温后水冷，获得过饱和固溶体		是各种有色金属合金强化处理的准备工序（此时尚未强化），与随后的时效处理配合使合金达到强化目的
自然时效	在常温下长时间停留，使固溶处理后的过饱和固溶体中的强化相脱溶		提高强度、硬度。由于此法所用时间太长，除冶金工厂外一般不用
人工时效	在加热条件下（一般 150℃左右），使固溶处理下的过饱和固溶体中的强化相脱溶		提高强度、硬度，普遍用于铝、铜等有色金属合金的强化过程
回归现象	自然时效后的铝合金，在高于人工时效的温度短时间加热后快速冷却到室温，此时合金重新变软，恢复到刚固溶处理后的状态，且仍能进行正常的时效		可使自然时效硬化了的铝合金重新软化，恢复塑性，以继续进行冷变形加工。用于铝合金制品的返修

2.4.2.2 铝及铝合金的热处理

1. 变形铝合金的热处理方法和应用(表 2-37)

表 2-37 变形铝合金的热处理方法和应用

铝合金类型、牌号		方法	有效厚度/mm	退火温度/℃	保温时间/min	冷却方式	应用举例	备注
热处理不强化的铝合金	1070A，1060，1050A，3121	高温退火	≤6	350～500	热透为止	空冷	降低硬度、提高塑性，可达到最充分的软化，完全消除冷作硬化	需要特别注意退火温度和保温时间的选择，以免发生再结晶过程而使晶粒长大
	5A02，5A03		>6	350～420	30			
	5A05，5A06		>6	310～335	30			
	1070A，1060，1050A，3A21		0.3～3	350～420（井式炉）	50～55			
			>3～6		60～65			
			>6～10		80～85			

续表 2-37

铝合金类型、牌号		方法	有效厚度/mm	退火温度/℃	保温时间/min	冷却方式	应用举例	备注
热处理不强化的铝合金	1070A,1060,1050A,3A21	低温退火	—	150～250	120～180	空冷	既提高塑性,又部分地保留由于冷作变形而获得的强度,消除应力稳定尺寸	退火温度与杂质含量有关,随着杂质含量的增加而升高
	5A02		—	150～180	60～120			
	5A03		—	270～300	60～120			
	3A21		—	250～280	60～150			
热处理强化的铝合金	2A11,2A12	完全退火	—	390～450	10～60	30℃/h炉冷至260℃然后空冷	提高塑性,并完全消除由于淬火及时效而获得的强度,同时可以消除内应力和冷作硬化	完全退火后,半成品可以进行高变形的冷压加工。淬火后或淬火及时效后用冷变形强化的合金板材,不宜进行退火,因冷作硬化程度不超过10%,即在临界变形程度范围内,缓慢退火加热,可引起晶粒粗大
	7A04		0.3～2	390～430(井式炉)	40～45	30℃/h炉冷至150℃然后空冷		
			>2～4		50～55			
			>4～6		60～65			
		淬火	半成品种类	淬火最低温度/℃	最佳温度/℃	发生过烧危险温度/℃		
	2A11		板材管材	485	490～510	520	淬火是将零件加热到接近共晶熔点,或为保证细的晶粒和某种特殊性能,而足以使强化相充分溶解的温度,并保温一定时间,然后强冷至室温,以得到稳定的过饱和固溶体	淬火后强度增高,但塑性仍然足够高,可进行冷变形。 自然时效的铝合金淬火后只能短时间保持良好塑性,这个时间是:2A12为1.5h;2A11,2A50,2A70,2A14,7A04,7A09为6h,因此变形工艺过程必须在上述时间内完成
	2A12		棒材锻件	485	490～503	505		
	7A04		板材管材	450	455～480	520～530		
	7A09			450	455～480	525		
	2A50			500	510～540	545		
	2A70		棒材锻件	520	525～540	545		
	2A14		板材管材	490	500～510	517		
			棒材锻件		495～505	515		

2. 铸造铝合金的热处理方法和应用(表 2-38)

表 2-38 铸造铝合金的热处理方法和应用

牌 号	方 法	操 作	应 用 举 例
ZL—104 ZL—105 ZL—401	不预淬火的人工时效	时效温度大约是 150～180℃,保温 1～24h	改善铸件切削加工性,提高某些合金零件的硬度和强度(30%)。用来处理承受载荷不大的硬模铸造零件
ZL—101	退火	退火温度大约是 280～300℃,保温 2～4h。一般铸件在铸造后或粗加工后常进行此种处理	消除铸件的铸造应力和机械加工引起的冷作硬化,提高塑性。用于要求使用过程中尺寸很稳定的零件
ZL—101 ZL—201 ZL—301	淬火	淬火温度大约是 500～535℃,铝镁系合金为 435℃	提高零件的强度并保持高的塑性,提高在 100℃以下工作零件的耐蚀性。用于受动载荷冲击作用的零件
ZL—101 ZL—105 ZL—201	淬火后瞬时(不完全)人工时效	在低温或瞬时保温条件下进行人工时效,时效温度约为 150～170℃	获得足够高的强度并保持较高的屈服点。用于受高静载荷及在不很高温度下工作的零件
ZL—101 ZL—104	淬火后完全人工时效	在较高温和长时间保温条件下进行人工时效;时效温度为 175～185℃	使合金获得最高强度而塑性稍有降低。用于承受高静载荷而不受冲击作用的零件
ZL—101 ZL—105	淬火后稳定回火	最好在接近零件工作温度的条件下进行回火 回火温度约为 190～230℃,保温 4～9h	获得足够强度和较高的稳定性,防止零件高温工作时力学性能下降和尺寸变化,适用于高温工作的零件
ZL—101	淬火后软化回火	回火温度更高,一般约为 230～270℃,保温 4～9h	获得较高塑性,但强度有所降低,适用于要求高塑性的零件

2.4.2.3 铜及铜合金的热处理方法和应用(表 2-39)

表 2-39 铜及铜合金的热处理方法和应用

牌 号	方 法	应 用 举 例	备 注
除铍青铜外所有合金	退火	消除应力及冷作硬化,恢复组织,降低硬度,提高塑性,消除铸造应力,均匀组织和成分,改善加工性。可作为黄铜压力加工件的中间热处理工序,青铜件毛坯或中间热处理工序加热保温后空冷	
H62,H68,HPb59—1 等	低温退火	消除内应力,提高黄铜件(特别是薄的冲压件)抗腐蚀的能力。一般作为冷冲压件及机加工零件的成品热处理工序	
锡青铜 硅黄铜	致密化退火	消除铸件的显微疏松,提高铸件的致密性	
	淬火	提高塑性,获得过饱和固溶体	采用水冷

续表 2-39

牌 号	方 法	应 用 举 例	备 注
铍青铜	淬火时效（调质）	提高铍青铜零件的硬度、强度、弹性极限和屈服点	淬火温度为 790℃±10℃，需用氢气或分解氨气保护
QSn6.5—0.1，QSn4—3，QSn3—1	回火	消除应力，恢复和提高弹性极限。一般为弹性元件的成品热处理工序	
HPb59—1		稳定尺寸。可作为成品热处理工序	

2.5 金属材料常用型材

2.5.1 钢材理论重量的计算方法

1. 基本公式

$$W=F\times L\times g\times 1/1\,000 \qquad (式 2\text{-}1)$$

式中 W——重量(kg)；

F——断面积(mm^2)；

L——长度(m)；

g——体积质量(g/cm^3)。

2. 钢材断面积的计算公式(表 2-40)

表 2-40 钢材断面积的计算公式

项目	钢材类别	断面和计算公式	代 号 说 明
1	方钢	$F=a^2$	a——边宽
2	圆角方钢	$F=a^2-0.858\,4r^2$	a——边宽，r——圆角半径
3	钢板、扁钢、带钢	$F=a\times\delta$	a——边宽，δ——厚度
4	圆角扁钢	$F=a\delta-0.858\,4r^2$	a——边宽，δ——厚度，r——圆角半径
5	圆钢、圆盘条、钢丝	$F=0.785\,4d^2$	d——直径
6	六角钢	$F=0.866a^2=2.598s^2$	a——对边距离，s——边宽
7	八角钢	$F=0.828\,4a^2=4.828\,4s^2$	
8	钢管	$F=3.141\,6\delta(D-\delta)$	D——外径，δ——壁厚
9	等边角钢	$F=d(2b-d)+0.214\,6(r^2-2r_1^2)$	d——边厚，b——边宽，r——内面圆角半径，r_1——端边圆角半径

续表 2-40

项目	钢材类别	断面和计算公式	代号说明
10	不等边角钢	$F=d(B+b-d)+0.2146(r^2-2r_1^2)$	d——边厚，B——长边宽，b——短边宽，r——内面圆角半径，r_1——端边圆角半径
11	工字钢	$F=hd+2t(b-d)+0.8584(r^2-2r_1^2)$	h——高度，b——腿宽，d——腰厚，t——平均腿厚，r——内面圆角半径，r_1——端边圆角半径
12	槽钢	$F=hd+2t(b-d)+0.4292(r^2-2r_1^2)$	

注：1. 钢材体积质量一般按 7.85 计算。

2. 其他型材如铜材、铝材等一般也可按上表计算。

2.5.2 热轧工字钢理论重量（表 2-41）

表 2-41 热轧工字钢理论重量

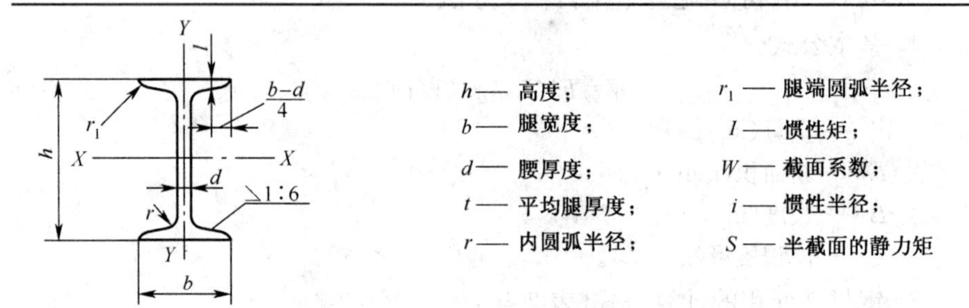

号数	尺寸/mm（高×腿宽×腰厚）	理论重量/kg/m	允许偏差/mm		
			h	b	d
10	100×68×4.5	11.2	±2.0	±2.0	±0.5
12	120×74×5	14.0			
12.6	126×74×5	14.2			
14	140×80×5.5	16.9		±2.5	
16	160×88×6	20.5			
18	180×94×6.5	24.1			
20a	200×100×7	27.9	±3.0	±3.0	±0.7
20b	200×102×9	31.1			
22a	220×110×7.5	33.0			
22b	220×112×9.4	36.4			
24a	240×116×8	37.4			
24b	240×118×10	41.2			

续表 2-41

号数	尺寸/mm（高×腿宽×腰厚）	理论重量/kg/m	允许偏差/mm		
			h	b	d
25a	250×116×8	38.1	±3.0	±3.0	±0.7
25b	250×118×10	42.0			
27a	270×112×8.5	42.8			
27b	270×124×10.5	47.1			
28a	280×122×8.5	43.4			
28b	280×124×10.5	47.9			
30a	300×126×9	48.0			
30b	300×128×11	52.7			
30c	300×130×13	57.4			
32a	320×130×9.5	52.7			
32b	320×132×11.5	57.7			
32c	320×134×13.5	62.8			
36a	360×136×10	59.9	±3.5	±3.5	±0.8
36b	360×138×12	65.6			
36c	360×140×14	71.2			
40a	400×142×10.5	67.6			
40b	400×144×12.5	73.8			
40c	400×146×14.5	80.1			
45a	450×150×11.5	80.4	±4.0	±4.0	±0.9
45b	450×152×13.5	87.4			
45c	450×154×15.5	94.5			

2.5.3 热轧普通槽钢理论重量（表 2-42）

表 2-42 热轧普通槽钢理论重量

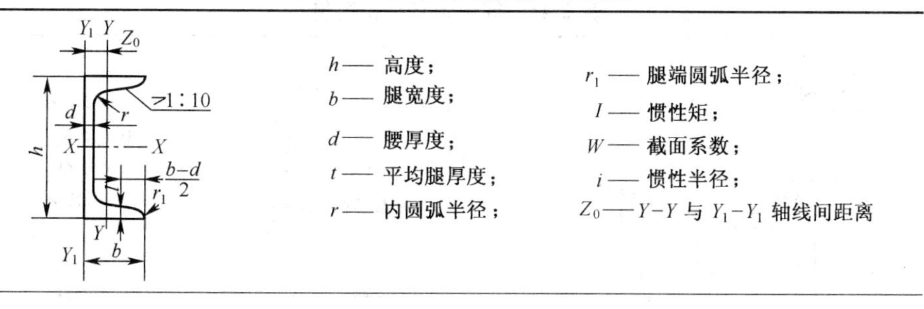

续表 2-42

号数	尺寸/mm (高×腿宽×腰厚)	理论重量 /kg/m	主要尺寸允许偏差/mm			长度 /mm
			h	*b*	*d*	
5	50×37×4.5	5.44				
6.3	63×40×4.8	6.63	±1.5	±1.5	±0.4	5～12
6.5	65×40×4.8	6.70				
8	80×43×5	8.04				
10	100×48×5.3	10.00				
12	120×53×5.5	12.06				
12.6	126×53×5.5	12.37		±2.0	±0.5	
14a	140×58×6	14.53				
14b	140×60×8	16.73	±2.0			5～19
16a	160×63×6.5	17.23				
16	160×65×8.5	19.74				
18a	180×68×7	20.17		±2.5	±0.6	
18	180×70×9	22.99				
20a	200×73×7	22.63				
20	200×75×9	25.77				
22a	220×77×7	24.99				
22	220×79×9	28.45				
24a	240×78×7	26.55				
24b	240×80×9	30.62				
24c	240×82×11	34.39	±3.0	±3.0	±0.7	6～19
25a	250×78×7	27.47				
25b	250×80×9	31.39				
25c	250×82×11	35.32				
27a	270×82×7.5	30.83				
27b	270×84×9.5	35.07				
27c	270×86×11.5	39.30				

2.5.4 等边角钢理论重量(表 2-43)

表 2-43 等边角钢理论重量

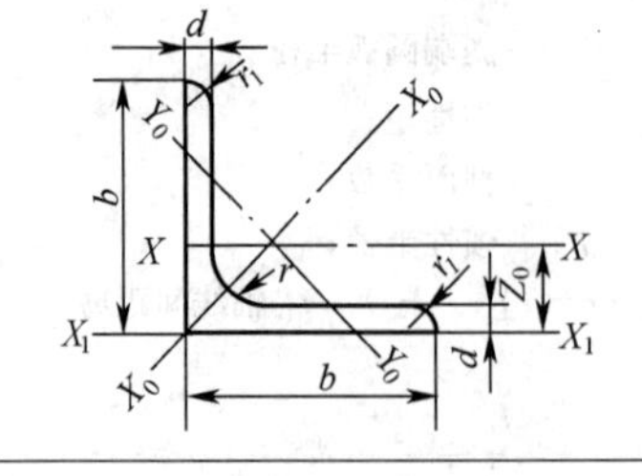

b—— 边宽度；
d—— 边厚度；
r—— 内圆弧半径；
r_1—— 边端内圆弧半径，$r_1=\frac{1}{3}d$；
I—— 惯性矩；
W—— 截面系数；
i—— 惯性半径；
Z_0——质心距离；

续表 2-43

号数	尺寸/mm（边宽×边厚）	理论重量/kg/m	允许偏差/mm b	允许偏差/mm d	长度/mm
2	20×3	0.889	±0.8	±0.4	4～12
	20×4	1.145			
2.5	25×3	1.124			
	25×4	1.459			
3	30×3	1.373			
	30×4	1.786			
3.6	36×3	1.656			
	36×4	2.163			
	36×5	2.654			
4	40×3	1.852			
	40×4	2.422			
	40×6	2.976			
4.5	45×3	2.088			
	45×4	2.736			
	45×5	3.369			
	45×6	3.985			
5	50×3	2.332			
	50×4	3.059			
	50×5	3.770			
	50×6	4.465			
5.6	56×3	2.624			
	56×4	3.446			
	56×5	4.251			
	56×8	6.568			
6.3	63×4	3.907	±1.2	±0.6	4～12
	63×5	4.822			
	63×6	5.721			
	63×8	7.469			
	63×10	9.151			
7	70×4	4.372			
	70×5	5.397			
	70×6	6.406			
	70×7	7.398			
	70×8	8.373			
(7.5)	75×5	5.818			
	75×6	6.905			
	75×7	7.976			
	75×8	9.030			
	75×10	11.089			

续表 2-43

号数	尺寸/mm（边宽×边厚）	理论重量/kg/m	允许偏差/mm		长度/mm
			b	d	
8	80×5	6.211	±1.2	±0.6	4～12
	80×6	7.376			
	80×8	9.658			
	80×10	11.874			
9	90×6	8.350			
	90×7	9.656			
	90×8	10.946			
	90×10	13.476			
	90×12	15.940			
10	100×6	9.366	±1.8	±0.7	4～19
	100×7	10.830			
	100×8	12.276			
	100×10	15.120			
	100×12	17.898			
	100×14	20.611			
	100×16	23.257			
11	110×7	11.928			
	110×8	13.532			
	110×10	16.690			
	110×12	19.782			
	110×14	22.809			
12.5	125×8	15.504			
	125×10	19.133			
	125×12	22.696			
	125×14	26.193			
14	140×10	21.488			
	140×12	25.522			
	140×14	29.490			
	140×16	33.393			
16	160×10	24.729	±2.5	±1.0	6～19
	160×12	29.391			
	160×14	33.987			
	160×16	38.518			

2.5.5 钢板

2.5.5.1 钢板理论重量(表 2-44)

表 2-44 钢板理论重量

规格(厚度)/mm	理论重量/kg/m²	规格(厚度)/mm	理论重量/kg/m²	规格(厚度)/mm	理论重量/kg/m²	规格(厚度)/mm	理论重量/kg/m²
0.20	1.570	1.30	10.21	8.00	62.80	27.0	212.0
0.25	1.963	1.40	10.99	9.00	70.65	28.0	219.8
0.27	2.120	1.50	11.78	10.0	78.50	29.0	227.7
0.30	2.355	1.60	12.56	11.0	86.35	30.0	235.5
0.35	2.748	1.80	14.13	12.0	94.20	32.0	251.2
0.40	3.140	2.00	15.70	13.0	102.05	34.0	266.9
0.45	3.533	2.20	17.27	14.0	109.9	36.0	282.6
0.50	3.925	2.50	19.63	15.0	117.8	38.0	298.3
0.55	4.318	2.80	21.98	16.0	125.6	40.0	314.0
0.60	4.710	3.00	23.55	17.0	133.5	42.0	329.7
0.65	5.103	3.20	25.12	18.0	141.3	44.0	345.4
0.70	5.495	3.50	27.48	19.0	149.2	46.0	361.1
0.75	5.888	3.80	29.83	20.0	157.0	48.0	376.8
0.80	6.280	4.00	31.40	21.0	164.9	50.0	392.5
0.90	7.065	4.50	35.33	22.0	172.7	52.0	408.2
1.00	7.850	5.00	39.25	23.0	180.6	54.0	423.9
1.10	8.635	5.50	43.18	24.0	188.4	56.0	439.6
1.20	9.420	6.00	47.10	25.0	196.3	58.0	455.3
1.25	9.813	7.00	54.95	26.0	204.1	60.0	471.0

2.5.5.2 热轧钢板和钢带尺寸精度(GB/T 709—2006)(表 2-45)

表 2-45 热轧钢板和钢带尺寸精度(GB/T 709—2006) (mm)

项 目	单轧钢板		钢带和连轧钢板	
	尺寸范围	推荐的公称尺寸	尺寸范围	推荐的公称尺寸
公称厚度	3～400	厚度小于 30mm 的钢板按 0.5mm 倍数的任何尺寸,厚度大于或等于 30mm 的钢板按 1mm 倍数的任何尺寸	0.8～25.4	厚度 0.1mm 倍数的任何尺寸
公称宽度	600～4 800	宽度按 10mm 或 50mm 倍数的任何尺寸	600～2 200 纵切钢带为 120～900	宽度按 10mm 倍数的任何尺寸

续表 2-45

项 目	单 轧 钢 板				钢带和连轧钢板	
	尺寸范围	推荐的公称尺寸			尺寸范围	推荐的公称尺寸
公称长度	2 000～20 000	长度按 50mm 或 100mm 倍数的任何尺寸			2 000～20 000	长度按 50mm 或 100mm 倍数的任何尺寸

项 目	公称厚度	下列公称宽度的厚度允许偏差			
		≤1 500	>1 500～2 500	>2 500～4 000	>4 000～4 800
单轧钢板厚度允许偏差（N类）	3.00～5.00	±0.45	±0.55	±0.65	—
	>5.00～8.00	±0.50	±0.60	±0.75	—
	>8.00～15.0	±0.55	±0.65	±0.80	±0.90
	>15.0～25.0	±0.65	±0.75	±0.90	±1.10
	>25.0～40.0	±0.70	±0.80	±1.00	±1.20
	>40.0～60.0	±0.80	±0.90	±1.10	±1.30
	>60.0～100	±0.90	±1.10	±1.30	±1.50

2.5.5.3 冷轧钢板和钢带尺寸精度(GB/T 708—2006)(表 2-46)

表 2-46 冷轧钢板和钢带尺寸精度(GB/T 708—2006) (mm)

项 目	尺寸范围	推荐的公称尺寸
公称厚度	0.3～4（包括纵切钢带）	厚度(包括纵切钢带)小于 1mm 的钢板和钢带按 0.05mm 倍数的任何尺寸，厚度大于或等于 1mm 的钢板和钢带按 0.1mm 倍数的任何尺寸
公称宽度	600～2 050（包括纵切钢带）	宽度(包括纵切钢带)按 10mm 倍数的任何尺寸
公称长度	1 000～6 000	长度按 50mm 倍数的任何尺寸

项 目	分 类 及 代 号									
	产品形态	边缘状态	厚度精度		宽度精度		长度精度		平面度精度	
			普通	较高	普通	较高	普通	较高	普通	较高
尺寸精度分类	钢带	不切边 EM	PT. A	PT. B	PW. A	—	—	—	—	—
		切边 EC	PT. A	PT. B	PW. A	PW. B	—	—	—	—
	钢板	不切边 EM	PT. A	PT. B	PW. A	—	PL. A	PL. B	PF. A	PF. B
		切边 EC	PT. A	PT. B	PW. A	PW. B	PL. A	PL. B	PF. A	PF. B
	纵切钢带	切边 EC	PT. A	PT. B	PW. A	—	—	—	—	—

续表 2-46

	公称厚度/mm	普通精度 PT. A			较高精度 PT. B			说　明
		公称厚度			公称宽度			
		≤1 200	>1 200～1 500	>1 500	≤1 200	>1 200～1 500	>1 500	
规定的最小屈服强度小于280MPa的钢板和钢带的厚度允许偏差	≤0.40	±0.04	±0.05	±0.06	±0.025	±0.035	±0.045	距钢带焊缝处 15m 内的厚度允许偏差比本表规定值增加 60%，距钢带两端各 15m 内的厚度允许比本表规定佴增加 60%
	>0.40～0.60	±0.05	±0.06	±0.07	±0.035	±0.045	±0.050	
	>0.60～0.80	±0.06	±0.07	±0.08	±0.040	±0.050	±0.055	
	>0.80～1.00	±0.07	±0.08	±0.09	±0.045	±0.060	±0.060	
	>1.00～1.20	±0.08	±0.09	±0.10	±0.055	±0.070	±0.070	
	>1.20～1.60	±0.10	±0.11	±0.11	±0.070	±0.080	±0.080	
	>1.60～2.00	±0.12	±0.13	±0.13	±0.080	±0.090	±0.090	
	>2.00～2.50	±0.14	±0.15	±0.15	±0.10	±0.11	±0.11	
	>2.50～3.00	±0.16	±0.17	±0.17	±0.11	±0.12	±0.12	
	>3.00～4.00	±0.17	±0.19	±0.19	±0.14	±0.15	±0.15	

	规定的最小屈服强度/MPa	公称宽度	平面度≤						说　明
			普通精度 PF. A			较高精度 PF. B			
			公称厚度						
			<0.70	0.70～<1.20	≥1.20	<0.70	0.70～<1.20	≥1.20	
钢板的平面度	<280	≤1 200	12	10	8	5	4	3	规定的最小屈服强度大于或等于 360MPa 钢板的平面度，供需双方协议确定
		>1 200～1 500	15	12	10	6	5	4	
		>1 500	19	17	15	8	7	6	
	280～<360	≤1 200	15	13	10	8	6	5	
		1 200～1 500	18	15	13	9	8	6	
		>1 500	22	20	19	12	10	9	

2.5.6 铜及铜合金

2.5.6.1 紫铜板、黄铜板理论重量(表 2-47)

表 2-47 紫铜板、黄铜板理论重量

厚度/mm	理论重量/kg/m² 紫铜板	理论重量/kg/m² 黄铜板	厚度/mm	理论重量/kg/m² 紫铜板	理论重量/kg/m² 黄铜板	厚度/mm	理论重量/kg/m² 紫铜板	理论重量/kg/m² 黄铜板
0.05	0.45	0.43	0.80	7.12	6.80	8.00	71.20	68.00
0.10	0.89	0.85	1.00	8.90	8.50	10.0	89.00	85.00
0.15	1.34	1.28	1.50	13.35	12.75	12.0	106.8	102.0
0.20	1.78	1.70	2.00	17.80	17.00	14.0	124.6	119.0
0.25	2.23	2.13	3.00	26.70	25.50	16.0	142.4	136.0
0.30	2.67	2.55	3.50	31.15	29.75	18.0	160.2	153.0
0.35	3.12	2.98	4.00	35.60	34.00	20.0	178.0	170.0
0.40	3.56	3.40	4.50	40.05	38.25	22.0	195.8	187.0
0.50	4.45	4.25	5.00	44.50	42.50	25.0	222.5	212.5
0.60	5.34	5.10	6.00	53.40	51.00			
0.70	6.23	5.95	7.00	62.30	59.50			

2.5.6.2 常用铜及铜合金板(带)的化学成分和力学性能(表 2-48)

表 2-48 常用铜及铜合金板(带)的化学成分和力学性能

牌号		主要化学成分(质量分数)/%					力学性能			
							板(带)			
		Cu+Ag	Sn	Pb	P	Zn	制造方法	材料状态	Rm/MPa ≥	A_{10}/% ≥
纯铜	T1	≥99.95	≤0.002	≤0.003	≤0.001	≤0.005	冷轧或拉制	M	205	30
	T2	≥99.90	—	≤0.005	—	—		Y4	215~275	25
	T3	≥99.70	—	≤0.01	—	—		Y2	245~345	8
无氧铜										
	TU1	≥99.97	≤0.002	≤0.003	≤0.002	≤0.003		Y	295	—
	TU2	≥99.95	≤0.002	≤0.004	≤0.002	≤0.003	热轧或挤制	R	195	30
黄铜	H62	Cu60.5~63.5	Fe0.15	≤0.08	—	余量	冷轧或拉制	M	290	35
								Y2	350~470	20
								Y	410~630	10
								T	585	2.5
							热轧或挤制	R	290	30
	H68	Cu67.0~70.0	Fe0.10	≤0.03	—	余量	冷轧或拉制	M	290	40
								Y2	340~460	25
								Y	390~530	10
								T	490	3
							热轧或挤制	R	290	40
	HPb 59—1	Cu57.0~60.0		0.8~1.9		余量	冷轧或拉制	M	340	25
								Y2	390~490	12
								Y	440	5
							热轧或挤制	R	370	18
	HSn62—1	Cu61.0~63.0	Fe0.10	≤0.1		余量	冷轧或拉制	M	295	35
								Y	390	5
							热轧或挤制	R	340	20

2.5.7 铝及铝合金

2.5.7.1 铝及铝合金圆棒理论重量(表 2-49)

表 2-49 铝及铝合金圆棒理论重量

直径/mm	理论重量/kg/m²	直径/mm	理论重量/kg/m²	直径/mm	理论重量/kg/m²	直径/mm	理论重量/kg/m²
5	0.055	20	0.880	58	7.398	160	56.30
5.5	0.067	21	0.970	59	7.655	170	63.55
6	0.079	22	1.064	60	7.917	180	71.25
6.5	0.093	24	1.267	62	8.453	190	79.30
7	0.108	25	1.374	65	9.291	200	87.96
7.5	0.124	26	1.487	70	10.78	210	96.98
8	0.141	27	1.603	75	12.37	220	106.40
8.5	0.159	28	1.724	80	14.07	230	116.30
9	0.178	30	1.979	85	15.89	240	126.70
9.5	0.199	32	2.252	90	17.81	250	137.40
10	0.220	34	2.542	95	19.85	260	148.70
10.5	0.243	35	2.694	100	21.99	265	154.40
11	0.266	36	2.850	105	24.25	280	172.40
11.5	0.291	38	3.176	110	26.61	300	197.90
12	0.317	40	3.519	115	29.08	320	225.20
13	0.372	42	3.879	120	31.67	340	254.20
14	0.431	45	4.453	125	34.36	350	269.40
15	0.495	46	4.653	130	37.16	360	285.00
16	0.563	48	5.067	135	40.08	380	317.60
17	0.636	50	5.498	140	43.10	400	351.90
18	0.713	52	5.946	145	46.24		
19	0.794	55	6.652	150	49.48		

2.5.7.2 铝及铝合金圆棒的化学成分(表 2-50)

表 2-50 铝及铝合金圆棒的化学成分

类　别	牌　号	主要化学成分(质量分数)/%								
		Si	Fe	Cu	Mg	Mn	Zn	Cr	Ni	Al
工业纯铝	1060(L2)	0.25	0.35	0.05	0.03	0.03	0.05	—	—	99.60
	1035(L4)	0.35	0.60	0.10	0.05	0.05	0.10	—	—	99.35
防锈铝	5A02(LF2)	0.40	0.40	0.10	2.0～2.8	或Cr0.15～0.4	—	—	—	余量
	3A21(LF21)	0.60	0.70	0.20	0.05	1.0～1.6	0.10	—	—	余量
硬铝	2A11(LY11)	0.70	0.70	3.8～4.8	0.4～0.8	0.4～0.8	0.30	—	0.1	余量
	2A12(LY12)	0.50	0.50	3.8～4.9	1.2～1.8	0.3～0.9	0.30	—	0.1	余量
超硬铝	7A04(LC4)	0.50	0.50	1.4～2.0	1.8～2.8	0.2～0.6	5.0～7.0	0.1～0.25	—	余量

2.5.8 锌板、铅板、铝板理论重量(表 2-51)

表 2-51 锌板、铅板、铝板理论重量

厚度/mm	理论重量/kg/m²			厚度/mm	理论重量/kg/m²		
	锌	铅	铝		锌	铅	铝
0.25	1.80	—	0.70	3.00	—	34.11	8.40
0.3	2.16	—	0.84	3.50	—	39.80	9.80
0.35	2.52	—	0.98	4.00	—	45.48	11.20
0.40	2.88	—	1.12	4.50	—	51.17	12.60
0.45	3.24	—	1.26	5.00	—	56.85	14.00
0.50	3.60	—	1.40	6.00	—	68.22	16.80
0.60	4.32	—	1.68	7.00	—	79.59	19.60
0.80	—	9.10	2.24	8.00	—	90.96	22.40
1.00	7.20	11.37	2.80	9.00	—	102.33	25.20
1.20	—	13.64	3.36	10.00	—	113.70	28.00
1.50	10.80	17.06	4.20	12.00	—	136.44	33.60
1.80	—	—	5.04	13.00	—	—	36.40
2.00	14.40	22.74	5.60	14.00	—	—	39.20
2.50	—	28.43	7.00	15.00	—	170.55	42.00

2.6 非金属材料

2.6.1 常用工程塑料

2.6.1.1 常用热固性塑料的性能及应用(表 2-52)

表 2-52 常用热固性塑料的性能及应用

名 称	性 能	应 用 举 例
酚醛塑料	1. 一般工业电器用:具有良好的可塑性,适用于一般压塑成型,工艺性良好,机电性能好,光泽性好(如塑 11-1、塑 11-4、塑 18-1、塑 19-1); 2. 高电绝缘用:适宜于压塑成型,除力学性能良好外,有优良电绝缘性及耐水性(如塑 14-1、塑 14-1T、塑 17—1、塑 21—1,牌号有“T”表示有抗霉烂); 3. 高频率用:有优良耐水、耐热性,耐高频率性(如塑 14-5、塑 14-6、塑 14-8、塑 14-9、塑 17-3); 4. 耐水、耐热、耐油、耐腐蚀、防湿、防霉用:除有良好机电性能外,还有上述各种性能(塑 11-2、塑 11-18); 5. 耐冲击用:有高抗冲击强度、电绝缘、防湿防霉、耐水性能(如塑 32-1、塑 32-1T、塑 32-5); 6. 自然防霉防湿,耐酸特性(如塑 11-6、塑 35-1); 7. 日用品用:有一定机械强度、工艺性好、价格便宜(如塑 44-1 等)	1. 可作工业电器开关及零件、仪表壳、纺织机械零件、矿灯零件等; 2. 可作电绝缘性、耐水性要求较高的电器仪表及电讯工业零件、交通电工器材及无线电零件; 3. 可作耐高频的短波和超短波电讯器材、高绝缘试验仪器、无线电、雷达、电子管灯座等; 4. 可作要求耐热、耐水、防霉、防腐的各种电器零件,用于船舶、湿热带气候条件的地方; 5. 可用于有金属嵌件的复杂塑件,或用于防震、防湿、防霉场合; 6. 可作蓄电池零件,人造纤维工业用零件,卫生医药用具,有酸、蒸汽侵蚀的工作条件的零件以及湿度大、频率高、电压高的电器、机械零件; 7. 可作瓶盖、纽扣等日用品零件

续表 2-52

名　称	性　　能	应　用　举　例
氨基塑料	1. 脲-甲醛塑料：着色性好，色泽鲜艳外观光亮，无特殊气味，不怕电火光，有灭弧能力，耐热、耐水比酚醛弱，防霉性好； 2. 三聚氰胺-甲醛：有高度抗弧性，介电性，较高耐水、耐热性，硬度高	1. 可作日用品，航空及汽车的装饰器材、电器开关、灭弧器材以及无线电、电动工具等零件； 2. 可作机电性能要求较高的零件，开关零件，接触器灭弧室和接触器零件，绝缘、防爆等电器零件
电脂塑料（聚邻苯二甲酸二丙烯酯）	1. 耐热性好，可在－60～180℃范围内长期使用，在350℃内短期使用； 2. 绝缘、绝热性能良好，能在高温、高湿度下保持性能不变； 3. 有优良耐腐蚀、耐水、耐油、耐磨性； 4. 有很高的化学稳定性，可耐酸碱及一般有机溶剂； 5. 吸水性好，尺寸稳定性好； 6. 光学性良好，着色性好	可作F级绝缘零件的材料，压制精密形状复杂，耐高温、高绝缘的电器零件
不饱和聚酯塑料	1. 电性能优良、吸水率和机械性能良好、耐热性好、收缩小、尺寸稳定性好、耐弧性好； 2. 耐腐蚀性比酚醛差； 3. 常以玻璃纤维为填料制成增强塑料； 4. 可低压成形	可作精密复杂小型零件，如开关外壳、底座、线圈骨架、耐电弧等零件
硅酮塑料	1. 耐热性好，可在－90～300℃下长期使用； 2. 电性能良好，可在很宽的频率和温度范围内保持良好性能； 3. 耐辐射、防水、化学稳定性好； 4. 料质致密、流动性好，有良好抗裂性，可低压成形	用于低压挤塑封装硅整流器、半导体管及固体电路等电子元件
有机硅塑料	1. 耐高温、耐潮、憎水； 2. 电性能优良，耐电弧超过一般材料； 3. 耐辐射性好、工艺性不良	可作防爆、耐高温、耐电弧零件，耐高频率用的电器零件

2.6.1.2 常用热塑性塑料的性能及应用（表 2-53）

表 2-53 常用热塑性塑料的性能及应用

名　　称	性　　能	应　用　举　例
聚氯乙烯（PVC）	由氯乙烯聚合而成，氯乙烯可用块形聚合法、清化聚合法或乳液聚合法进行聚合。聚氯乙烯分软、硬两种： 硬聚氯乙烯的比重为1.38～1.43，机械强度高，电器性能优良，耐酸碱的抵抗力极强，化学稳定性好；缺点是软化温度低； 软聚氯乙烯的抗拉强度、抗弯强度、冲击强度、冲击韧性等均较硬聚氯乙烯为低，而破断时的伸长率较高	硬聚氯乙烯制品有管及棒、板、焊条、离心泵、通风机、酸碱泵的阀门及容器等； 软聚氯乙烯制品有贮槽、薄板、薄膜、电线绝缘层、密封盖等

续表 2-53

名　　称	性　　能	应用举例
聚乙烯 (PE)	按聚合方法所采用压力不同可分为高压聚乙烯和低压聚乙烯 高压聚乙烯,由于有较低的密度、分子量及结晶度,因此质地柔韧;低压聚乙烯,由于含有较高的分子量、密度及结晶度,因此质地坚硬,耐寒性能良好,化学稳定性很高、能耐酸碱性及有机溶剂,吸水性很小,有很突出的电气性能和良好的耐辐射性。缺点是机械强度不高,热变形温度很低,故不能承受较高的载荷	化工设备与贮槽的耐腐蚀衬里、化工耐腐蚀管道、阀件、衬套,以代替铜和不锈钢;高频水底电缆等
聚苯乙烯 (PS)	具有一定的机械强度,化学稳定性及电气性能都很优良,透光性好,着色性佳,易于成形。缺点是耐热性较低,性较脆。其制品由于内应力容易碎裂,用于低负荷和温度不高(60～75℃)的场合	各种仪表外壳、仪表指示灯灯罩、化学仪器零件、电讯零件,由于透明度好,可用于光学仪器零件及透镜
聚苯乙烯改性 有机玻璃 (PMMA * 372)	有极好的透明性,机械强度也较高,有一定的耐热性、耐寒性和耐气候性、耐腐蚀,绝缘性好,制品尺寸稳定,成形容易。缺点是质较脆,易溶于有机溶剂中;作为透光材料,表面硬度不够,容易擦毛	用于制作一定透明度和强度的零件,如油标、油杯、光学镜片、透明管道、汽车车灯及电气绝缘零件等
苯乙烯-丁二烯- 丙烯腈三元 共聚物 (ABS)	ABS 兼有三种元素的共同性能,使其具有坚韧、质硬、刚性大的性能。ABS 具有较高冲击性能和机械强度、尺寸稳定、耐化学性及电性能好、易于成形及机械加工等特点;此外,表面可镀铬,成为塑料涂金属的一种常用材料	在机械工业中来制造凸轮、齿轮、泵叶轮、电机外壳、仪表外壳等;汽车工业中用于制造驾驶盘、热空气调节、管加热器等;可制作电话、电视机外壳
聚丙烯 (PP)	聚丙烯主要特点是比重小,约为 0.9;力学性能如屈服强度、抗拉强度、抗压强度及硬度等,均优于低压聚乙烯,并有很突出的刚性;耐热性较好、可在 100℃以上使用,若不受外力,温度升到 150℃也不变形;基本上不吸水,有较好化学稳定性,高频电性能优良,且不受温度影响,成形容易。缺点是耐磨性不够高,成形收缩率较大,低温呈脆性,热变形温度亦较低	可做各种机械零件,如法兰、齿轮、接头、汽车零件、化工管道及容器设备、医疗仪器及手术器械等
聚碳酸酯 (PC)	聚碳酸酯的冲击强度特别突出,它的弹性模量较高;受温度影响极小,耐热温度为 120℃,耐寒达－100℃才脆化;尺寸稳定性高,耐腐蚀、耐磨性均良好;但存在着高温下对水的敏感性,长期浸在沸水中,会引起水解或裂开;在成形加工时控制不当,容易发生制品开裂现象;在某些化学试剂(如四氯化碳)中聚碳酸酯可能会产生“应力开裂”。但聚碳酸酯可用玻璃纤维来增强,这样具有更高的刚性和机械性能,并能消除聚碳酸酯可能存在“应力开裂”现象	用于制造齿轮、齿条、凸轮、芯轴、轴承、汽车部件灯罩、各种外壳、容器及高温透镜等

续表 2-53

名 称	性 能	应用举例
聚甲醛(POM)	是一种有侧链、高密度、高结晶性的线型聚合物，具有优异的综合性能。机械强度较高，抗张强度达 70MPa，可在 104℃下长期使用，脆化温度为－40℃，吸水性较小。缺点是热稳定性差，所以必须严格控制成形加压温度	特别适用于作轴承，也大量用来制造滚轮、汽化器、齿轮、轴承垫圈、线圈骨架、化工容器及各种仪表外壳等
聚酰胺(PA)	又称尼龙。具有良好的电气性能、热性能及机械综合性能，其机械强度随温度而异；聚酰胺在熔化状态时有很高的流动性，用这种塑料可注射薄壁零件；并且它是一种自润滑性材料，对化学药物、油脂均不受影响。缺点是吸水性大，成形收缩率不稳定，因此对塑件尺寸控制困难	用作机械、化工及电器仪表、纺织等零件，如辊轴、风扇叶轮、螺钉、垫圈、密封圈、阀座、储油容器、变速器等
氯化聚醚(CPT)	具有突出化学稳定性，对各种酸、碱和溶剂有良好抗蚀能力，亦容易加工；耐热比硬聚氯乙烯好，可在 120℃下使用；抗氧化性能比尼龙高；吸水率小于 0.01%，尺寸稳定性好	用作耐腐蚀介质中的装备，如泵和阀门零件、轴承、密封件、耐腐蚀绳索、精密机器零件等
聚砜(PSF)	热稳定性高，长期使用温度可达 150～174℃，高于聚碳酸酯；脆化温度为－100℃，具有良好的机械强度及良好的电气性能，尺寸稳定性高；有良好的可电镀性，也是塑料涂金属中的一种材料	可作高强度、耐热、抗蠕变的结构件以及耐腐蚀的零件，如汽车零件、电工和无线电零件、接触器、仪器仪表零件、板材、管道等
聚苯醚(PPO)	也称聚苯掌氧。最大的特点是有宽广的使用温度范围，长期使用温度范围为－127～121℃，无载荷情况下间断工作可达 204℃；另一特点它具有卓越的耐水及耐蒸汽性能，可经受蒸汽消毒，因此可作为外科医疗器械来代替不锈钢。缺点是成形比较困难，有应力开裂倾向，以及较低的疲劳强度	在机电工业中可用作较高温度下工作的齿轮、轴承、凸轮、运输机械零件、鼓风机叶片、水泵零件等，能代替不锈钢做各种化工设备及零部件等

2.6.2 工业用橡胶板的性能及应用(表 2-54)

表 2-54 工业用橡胶板的性能及应用

分类		代号	扯断强度/MPa >	扯断伸长率/% >	永久变形/% <	硬度/邵尔 A	性 能	应用举例
普通橡胶板	一组	1704	392	280	35	60～70	较高硬度，力学性能较低	可在压力不大、温度为－30～＋60℃的空气中工作，用于冲制密封圈、铺设地板等
		1804	392	580		70～80	较高硬度，力学性能一般	
		1608	785	350		50～60	中等硬度，力学性能较好	
	二组	1613	1275	400	30	50～60	中等硬度，较好耐磨性和弹性	能在较高压力、温度为－35～＋60℃的空气中工作，用于制作耐冲击、密封性能较好垫板等
		1615	1471	500		45～60	低硬度，有高的弹性	

续表 2-54

分类	代号	扯断强度/MPa >	扯断伸长率/% >	永久变形/% <	硬度/邵尔 A	性能	应用举例
耐酸碱橡胶板	2707	687	300	35	60～70	较高硬度	具有耐酸碱性能，在温度为 －30～60℃的 20%浓度的酸碱液体中工作，用于制作密封性能较好的垫圈
	2807	687	300		70～80		
	2709	883	350		55～70	中等硬度	
耐油橡胶板	3707	687	250	25	67～70	－30～100℃有较高硬度	具有耐溶剂介质膨胀性能，可在一定温度的机械油、变压器油、汽油等介质中工作，用于制作各种垫圈等
	3807	687			70～80		
	3709	883			60～70	－30～80℃有较高硬度	
	3809	883			70～80		

注：邵尔 A 为橡胶表面硬度指标单位。

2.6.3 沥青的种类、标号及应用(表 2-55)

表 2-55 沥青的种类、标号及应用

种类	标号	应用举例
建筑石油沥青	30 甲，30 乙，10	1. 用于建筑工程及基础工程的防水、防潮、防腐材料，黏结剂，涂料； 2. 制造油毡、油纸、防腐材料、绝缘材料
道路石油沥青	200，180，140，100 甲，100 乙，60 甲，60 乙	1. 用于铺装道路及屋面工程的黏结材料； 2. 制造防水纸、绝缘材料
专用石油沥青	1 号；2 号；3 号	1. 1 号用于电缆的防潮、防腐； 2. 2 号用于电力绝缘材料； 3. 3 号用于配制油漆
普通石油沥青	75，65，55	1. 用于建筑及道路工程； 2. 制造油毡、油纸、防水材料
普通软煤沥青	煤 1～9	1. 用于建筑及道路工程的防水、防潮材料； 2. 制造油毡、油纸
普通硬煤沥青	煤硬 4～5	1. 用于道路及防水工程； 2. 制造油毡、沥青漆、沥青胶泥

2.6.4 平毛毡的规格及应用(表 2-56)

表 2-56 平毛毡的规格及应用 (mm)

类型	牌 号	厚度	宽度	长度	应 用 举 例
细毛毡	112-44,112-41,112-39,112-36,112-32	2,3,4,6,8,10,12,14,16,18,20	500～1 900	1 000～5 000	油封、衬垫、冲刷零件
	112-30				过滤、衬垫、冲刷零件
	112-25				过滤、衬垫
半粗毛毡	122—38,122—36,122—34,222—36,222—34	2,3,4,6,8,10,12,14,16,18,20	500～1 900	1 000～5 000	油封、衬垫、冲刷零件
	122-30,122-24				过滤、衬垫、隔垫
粗毛毡	132-36,132-32				油封、衬垫、冲刷零件
	132-24				过滤、衬垫
	132-23				衬垫、隔热
	232-36				油封、衬垫

2.7 常用模具材料简介

2.7.1 模具常用硬质合金材料的化学成分与物理力学性能(表 2-57)

表 2-57 模具常用硬质合金材料的化学成分与物理力学性能

牌 号	化学成分/%(质量)		物理力学性能		
	碳化钨	钴	抗弯强度不低于/MPa	密度/g/cm³	硬度/HRA(不小于)
YG8	92	8	1 500	14.5～14.9	89
YG15	85	15	2 100	13.0～14.2	87
YG20	80	20	2 200	13.4～13.5	85.5

2.7.2 常用冷冲模具钢的牌号、成分、热处理及应用(表 2-58)

表 2-58 常用冷冲模具钢的牌号、成分、热处理及应用

牌 号	C	Si	Mn	Cr	Mo	W	V
9Mn2V	0.85～0.95	≤0.40	1.70～2.00				0.10～0.25
9CrWMn	0.85～0.95	≤0.40	0.90～1.20	0.50～0.80		0.50～0.80	

续表 2-58

牌　号	C	Si	Mn	Cr	Mo	W	V
Cr12	2.00～2.30	≤0.40	≤0.40	11.5～13.50			
Cr12MoV	1.45～1.70	≤0.40	≤0.40	11.00～12.50	0.40～0.60		0.15～0.30
Cr6WV	1.00～1.15	≤0.40	≤0.40	5.50～6.00		1.10～1.50	0.50～0.70
Cr4W2MoV	1.12～1.25	0.40～0.70	≤0.40	3.50～4.00	0.80～1.20	1.90～2.60	0.80～1.10
Cr2Mn2SiWMoV	0.96～1.05	0.60～0.90	1.80～2.30	2.30～2.60	0.50～0.80	0.70～1.10	0.10～0.25
6W6Mo5Cr4V	0.55～0.65	≤0.40	≤0.60	3.70～4.30	4.50～5.50	6.00～7.00	0.70～1.10
4CrW2Si	0.35～0.45	0.80～1.10	≤0.40	1.00～1.30		2.00～2.50	
6CrW2Si	0.55～0.65	0.50～0.80	≤0.40	1.00～1.30		2.20～2.70	

牌　号	退火		淬火		回火		应用举例
	温度/℃	硬度/HB	温度/℃	冷却介质	温度/℃	硬度/HRC	
9Mn2V	750～770	≤229	780～820	油	150～200	60～62	冷压模、冷冲模、塑料模
9CrWMn	760～790	190～230	790～820	油	150～200	57～62	冷冲模、塑料模
Cr12	870～900	207～255	950～1 000	油	200～450	58～64	冷冲模、拉深模、压印模、滚丝模
Cr12MoV	850～870	207～255	1 020～1 040	油	150～425	55～63	冷冲模，压印模，冷镦模，冷挤凸、凹模，镶边、拉深模
			1 115～1 130	硝盐	510～520	60～62	
Cr6WV	830～850	≤229	950～970	油	150～210	58～62	代 Cr12-MoV 钢
Cr4W2MoV	850～870	240～255	980～1 000	油	260～300	>60	
Cr2Mn2SiWMoV	840～870	≤269	840～860	油	180～200	62～64	代 Cr12-MoV 钢
6W6Mo5Cr4V	850～870	179～229	1 180～1 200	油或硝盐	560～580	60～63	冷挤压模

续表 2-58

牌号	退火		淬火		回火		应用举例
	温度/℃	硬度/HB	温度/℃	冷却介质	温度/℃	硬度/HRC	
4CrW2Si	710～740	179～217	860～900	油	200～250	53～56	剪刀、切片冲头
6CrW2Si	700～730	229～285	860～900	油	200～250 430～470	53～56 40～45	剪刀、切片冲头

2.7.3 常用热作模具钢的牌号、成分、热处理及应用(表 2-59)

表 2-59 常用热作模具钢的牌号、成分、热处理及应用

牌号	C	Si	Mn	Cr	Mo	W	V	其他
5CrMnMo	0.50～0.60	0.25～0.60	1.20～1.60	0.60～0.90	0.15～0.30			
5CrNiMo	0.50～0.60	≤0.40	0.50～0.80	0.50～0.80				Ni:1.40～1.80
3Cr2W8V	0.30～0.40	≤0.40	≤0.40	2.20～2.70		7.50～9.00	0.20～0.50	
4Cr5MoVSi	0.32～0.42	0.80～1.20	≤0.40	4.50～5.50	1.00～1.50		0.30～0.50	
3Cr3Mo3V	0.25～0.35	≤0.50	≤0.50	2.50～3.50	2.50～3.50		0.30～0.60	
4Cr3W4Mo2VTiNb	0.37～0.47	≤0.50	≤0.50	2.50～3.50	2.00～3.00	3.50～4.50	1.00～1.40	Ti:0.1～0.2 Nb:0.1～0.2
5Cr4W5Mo2V	0.40～0.50	≤0.50	0.20～0.60	3.80～4.50	1.70～2.30	4.50～5.30	0.80～1.20	

牌号	退火		淬火		回火		应用举例
	温度/℃	硬度/HB	温度/℃	冷却介质	温度/℃	硬度/HRC	
5CrMnMo	780～800	197～241	830～850	油	490～640	30～47	中型锻模(模高275～400mm)
5CrNiMo	780～800	197～241	840～860	油	490～660	30～47	大型锻模(模高>400mm)
3Cr2W8V	830～850	207～255	1 050～1 150	油	600～620	50～54	压铸模、精锻或高速锻模、热挤压模
4Cr5MoVSi	840～900	190～229	1 000～1 025	油	540～650	40～54	热镦模、压铸模、热挤压模、精锻模

续表 2-59

牌号	退火		淬火		回火		应用举例
	温度/℃	硬度/HB	温度/℃	冷却介质	温度/℃	硬度/HRC	
3Cr3Mo3V	845～900		1 010～1 040	空气	550～600	40～54	热镦模
4Cr3W4Mo2VTiNb	850～870	180～240	1 160～1 220	油或硝盐	580～630	48～56	热镦模
5Cr4W5Mo2V	850～870	200～230	1 130～1 140	油	600～630	50～56	热镦模、热挤压模

2.7.4 冷冲模主要零件的材料及热处理(表 2-60)

表 2-60 冷冲模主要零件的材料及热处理

模具类型		工作条件	硬度要求/HRC		模具材料性能要求	常用材料
			凸模	凹模		
冲裁模	硅钢片冲模	刃口部分承受冲击、摩擦、剪切力和较大的弯曲应力	58～62	60～64	心部有足够的强度和一定的韧性,刃口表面有高的耐磨性和硬度	Cr12MoV,GT35,Cr12,YG15
	钢板冲模		56～60	58～62		T10A,CrWMn,9Mn2V,Cr12MoV
弯曲模		凹模承受强力摩擦和径向应力,凸模承受摩擦力和压力	56～58	58～62	足够的强度和韧性与良好的耐磨性、抗黏附性	T7A,T8A,T10A,CrWMn,Cr12,Cr12MoV
拉深模			58～62	60～64		
冷挤压模	有色金属冷挤	模具工作部分承受强大压力,最高可达 2 500MPa,工作温度高达 300～400℃	60～64	60～64	高强度,足够的韧性与硬度,一定的红硬性	T10A,CrWMn,GCr15,Cr12MoV,YG15,YG20
	钢冷挤		60～64	58～60		

2.7.5 塑料模具零件的材料及热处理(表 2-61)

表 2-61 塑料模具零件的材料及热处理

模具零件种类	主要性能要求	模具材料	热处理	硬度要求
导柱、导套	表面耐磨,中心有一定韧性	1. 20,20Mn2B; 2. T8A,T10A; 3. 45	渗碳; 表面淬火; 调质+表面淬火	≥55HRC; ≥55HRC

续表 2-61

模具零件种类	主要性能要求	模具材料	热处理	硬度要求
型腔及型芯等	强度、表面耐磨，有时还需耐腐性，淬火变形要小	1. 9Mn2V,CrWMn,9CrSi,Cr12; 2. 3Cr2W8V; 3. T8A(主要于小型腔和小型芯); 4. 45,45Mn2,40MnB,40MnVB; 5. 球墨铸铁; 6. 铸造铝合金; 7. 10,15,20 钢,锻造铝合金	淬火＋低温回火; 淬火＋中温回火; 淬火＋低温回火; 调质; 正火或退火; 采用冷挤压工艺	≥55HRC; ≥46HRC; ≥55HRC; ≤240HB; 正火≥200HB; 退火≥160HB
浇口套	表面耐磨，有时还需耐腐蚀性和热硬性	1. T8A,T10A; 2. 如型腔的各种合金、45 钢、工具钢	淬火＋低温回火; 表面淬火	≥55HRC; ≥55HRC
顶出杆，拉料杆	一定的强度及耐磨性	1. T8A,T10A; 2. 45	淬火＋低温回火; 端部淬火	≥55HRC; ≥55HRC
各种模板，顶出板，固定板，模脚	一定的强度	1. 45,45Mn2 40MnB,40MnVB; 2. Q195～Q275; 3. 球墨铸铁	调质	≥200HB

2.7.6 压铸模零件的材料及热处理(表 2-62)

表 2-62 压铸模零件的材料及热处理

零件名称	压铸合金		热处理要求		
	锌合金	铝、镁、铜合金	压铸锌合金	压铸铝、镁合金	压铸铜合金
型腔镶块、型芯等成形零件	3Cr2W8V 5CrNiMo	3Cr2W8V 4Cr5MoVSi	46～50HRC	48～52HRC	40～44HRC
浇道镶块、浇口套、分流锥等浇注系统零件，特殊要求的推出元件	3Cr2W8V 5CrNiMo 5CrMnMo		44～48HRC		
导柱、导套等导向零件滑块、楔紧块、斜销、弯销、推杆、复位杆等受力零件	T8A T10A 9Mn2V		50～55HRC		
动模套板、定模套板、支承板等结构零件	45 Q235		回火或调质 220～250HB		
模座、模脚、垫块、动、定模底板等零件	30～45 Q195～Q235		回火		

3 工 程 图 样

工程图样是机械工业和工程建设中必不可少的重要基础标准。它对于统一工程语言,保证产品质量,促进国际技术交流具有重要作用。

3.1 基 本 规 定

3.1.1 图纸幅面及格式(GB/T 14689—1993)

1. 图纸幅面尺寸(表 3-1)

表 3-1 图纸幅面尺寸 (mm)

幅面代号	A0	A1	A2	A3	A4	A5
$B\times L$	841×1 189	594×841	420×594	297×420	210×297	148×210
a	25					
c	10			5		
e	20		10			

2. 图框格式

留有装订边的图纸和不留装订边的图纸的图框格式如图 3-1 和图 3-2 所示。

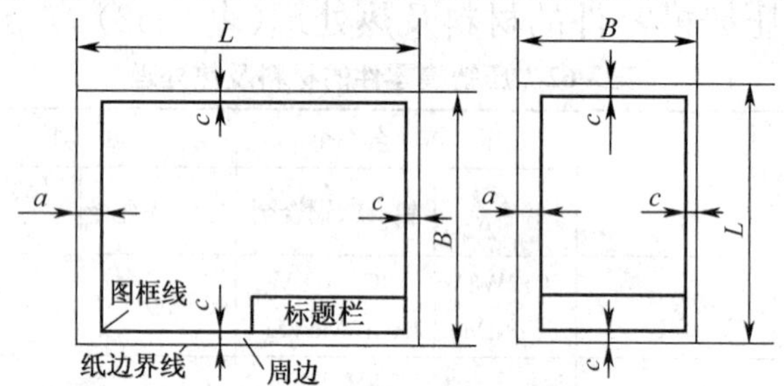

图 3-1 留有装订边的图纸的图框格式

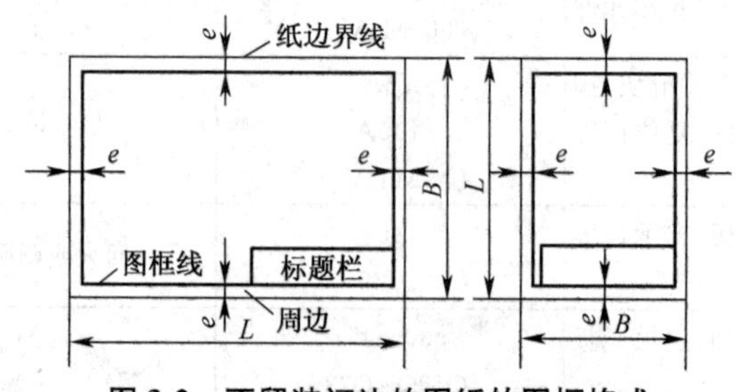

图 3-2 不留装订边的图纸的图框格式

3.1.2 比例(GB/T 14690—1993)(表 3-2)

表 3-2 比例

原值比例	1∶1		
缩小比例	1∶2 $1:2\times10^n$	1∶5 $1:5\times10^n$	1∶10 $1:10\times10^n$
放大比例	5∶1 $5\times10^n:1$	2∶1 $2\times10^n:1$	 $1\times10^n:1$

3.1.3 字体(GB/T 14691—1993)

①图样中的汉字应写成长仿宋体字；

②字体的号数，即字体的高度(单位为 mm)，分为 20,14,10,7,5,3.5,2.5,1.8 八种，汉字的高度不应小于 3.5，其字宽度一般为字体高度的 $1/\sqrt{2}$；数字及字母的笔画宽度约为字体高度的十分之一；

③用作指数、分数、极限偏差、注脚等的数字及字母，一般应采用小一号的字体。

字体的应用示例如图 3-3 所示。

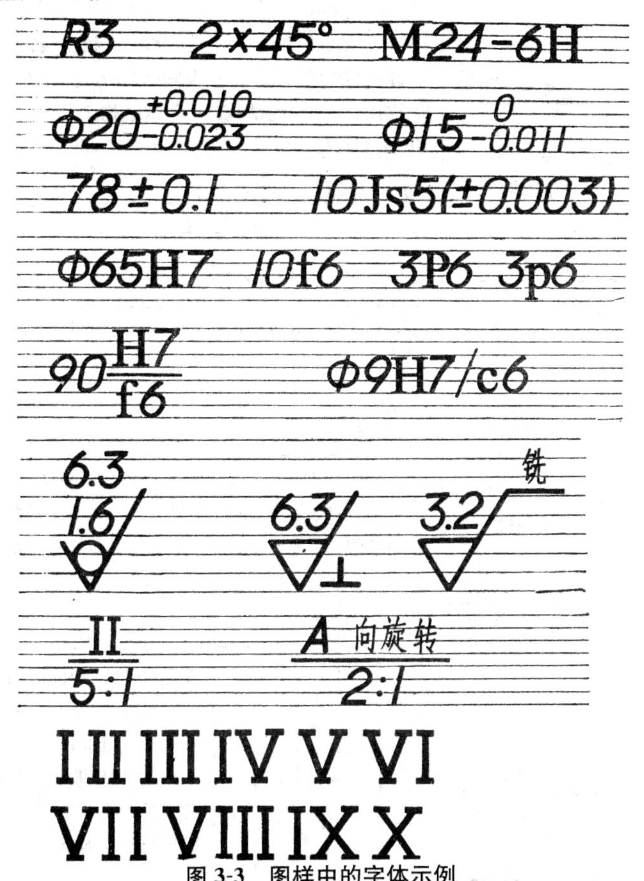

图 3-3 图样中的字体示例

3.1.4　图线(GB/T 4457.4—2002)(表3-3)

表 3-3　图线(GB/T 4457.4—2002)

代码 No.	图线的线型	一般应用	
01.1	细实线	1. 过渡线；2. 尺寸线；3. 尺寸界线；4. 指引线和基准线；5. 剖面线；6. 重合断面的轮廓线；7. 短中心线；8. 螺纹牙底线；9. 尺寸线的起止线；10. 表示平面的对角线；11. 零件成形前的弯折线；12. 范围线及分界线；13. 重复要素表示线，如齿轮的齿根线；14. 锥形结构的基面位置线；15. 叠片结构位置线，如变压器叠钢片；16. 辅助线；17. 不连续同一表面连线；18. 成规律分布的相同要素连线；19. 投影线；20. 网格线	
	波浪线	21. 断裂处边界线；视图与剖视图的分界线	对于波浪线或双折线在一张图样上一般采用一种线型
	双折线	22. 断裂处边界线；视图与剖视图的分界线	
01.2	粗实线	1. 可见棱边线；2. 可见轮廓线；3. 相贯线；4. 螺纹牙顶线；5. 螺纹长度终止线；6. 齿顶圆(线)；7. 表格图、流程图中的主要表示线；8. 系统结构线(金属结构工程)；9. 模样分型线；10. 剖切符号用线	
02.1	细虚线	1. 不可见棱边线；2. 不可见轮廓线	
02.2	粗虚线	允许表面处理的表示线	
04.1	细点画线	1. 轴线；2. 对称中心线；3. 分度圆(线)；4. 孔系分布的中心线；5. 剖切线	
04.2	粗点画线	限定范围表示线	
05.1	细双点画线	1. 相邻辅助零件的轮廓线；2. 可动零件的极限位置的轮廓线；3. 重心线；4. 成形前轮廓线；5. 剖切面前的结构轮廓线；6. 轨迹线；7. 毛坯图中制成品的轮廓线；8. 特定区域线；9. 延伸公差带表示线；10. 工艺用结构的轮廓线；11. 中断线	

图线组别和图线宽度/mm										
线型组别		0.25	0.35	0.5	0.7	1	1.4	2	1. 在机械图样中采用粗、细两种线宽，它们之间的比例为2∶1； 2. 线型组别0.5和0.7为优先采用的图线组别； 3. 图线组别和图线宽度的选择应根据图样的类型、尺寸、比例和缩微复制的要求确定
与线型代码对应的线型宽度	01.2 02.2 04.2	0.25	0.35	0.5	0.7	1	1.4	2	
	01.1 02.1 04.1 05.1	0.13	0.18	0.25	0.35	0.5	0.7	1	

3.1.5 剖面符号(GB/T 4457.5—1984)(表 3-4)

表 3-4 剖面符号(GB/T 4457.5—1984)

材料	符号	材料	符号
金属材料(已有规定剖面符号者除外)		非金属材料(已有规定剖面符号者除外)	
线圈绕组元件		型砂、填砂、粉末冶金、砂轮、陶瓷刀片、硬质合金刀片等	
转子、电枢、变压器和电抗器等的叠钢片		格网(筛网、过滤网等)	
液体		钢筋混凝土	
玻璃及供观察用的其他透明材料		砖	
木质胶合板(不分层数)		木材 纵剖面	
基础周围的泥土		木材 横剖面	
混凝土			

注:1. 剖面符号仅表示材料的类别,材料的名称和代号必须别行注明。

2. 叠钢片的剖面线方向,应与束装中叠钢片的方向一致。

3. 液面用细实线绘制。

3.1.6 标题栏和明细栏

(1)标题栏的参考格式(GB/T 106091—1989)(图 3-4)

(2)明细栏的参考格式(GB/T 10609.2—1989)(图 3-5)

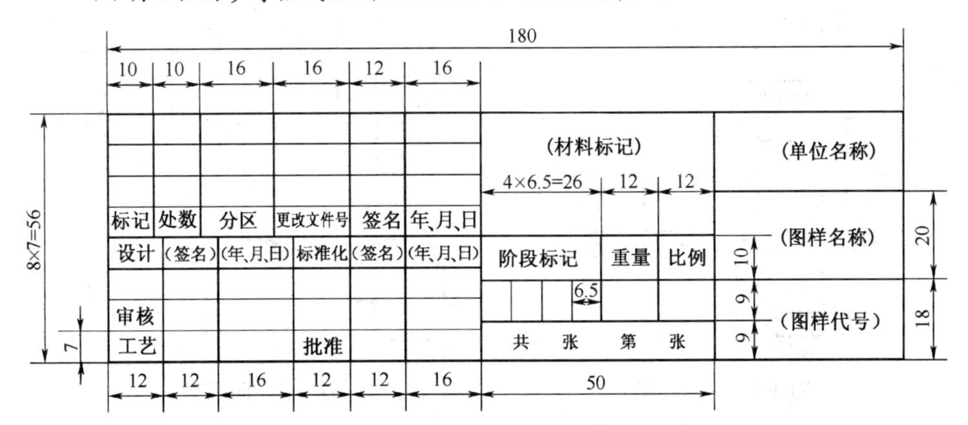

图 3-4 标题栏的参考格式

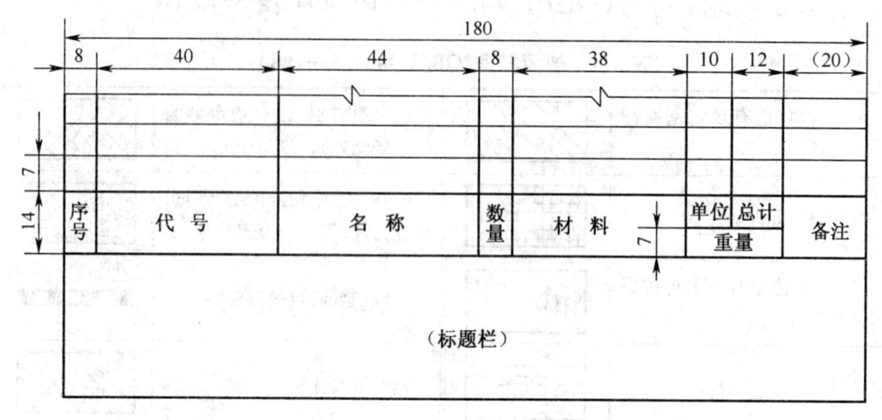

图 3-5　明细栏的参考格式

3.2　图样画法

3.2.1　基本视图(GB/T 17451—1998)

基本视图是物体向基本投影面投射所得的视图。六个基本视图的配置关系如图 3-6 所示。在同一张图纸内按图 3-6 配置时,可不标注视图的名称。

3.2.2　向视图(GB/T 17451—1998)

向视图是可自由配置的视图。在向视图的上方标注“×”(“×”为大写拉丁字母),在相应视图的附近用箭头指明投射方向,并标明相同的字母。向视图的投射方向应与基本视图的投射方向一一对应,如图 3-7 所示。

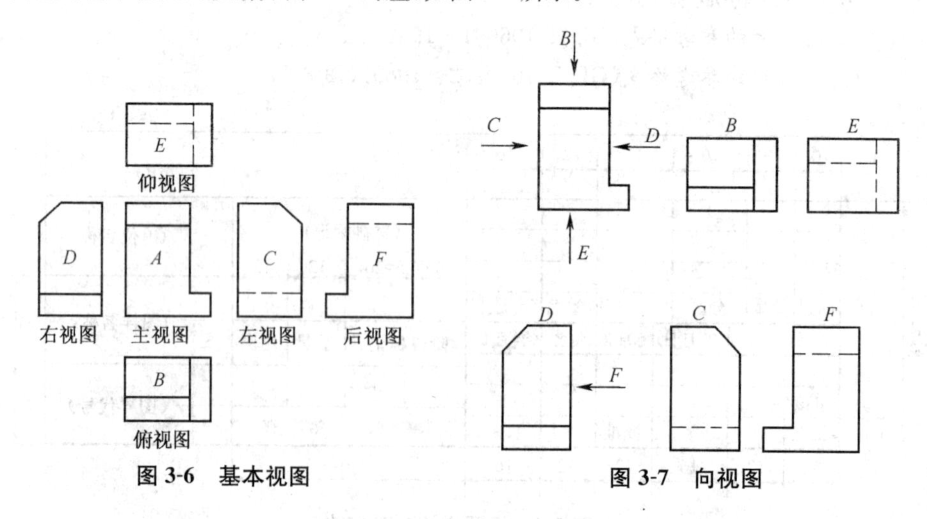

图 3-6　基本视图

图 3-7　向视图

3.2.3 局部视图(GB/T 17451—1998)

局部视图是将物体的某一部分向基本投影面投射所得的视图。局部视图可按基本视图的配置形式配置，如图 3-8(a)中的俯视图；也可按向视图的配置形式配置并标注，如图 3-8(b)所示。

画局部视图时，其断裂边界用波浪线或双折线绘制，如图 3-8(a)中的俯视图和图 3-8(b)中的 *A* 向视图。当所表示的局部视图的外轮廓成封闭时，则不必画出其断裂边界线，如图 3-8(b)中的 *B* 向视图。

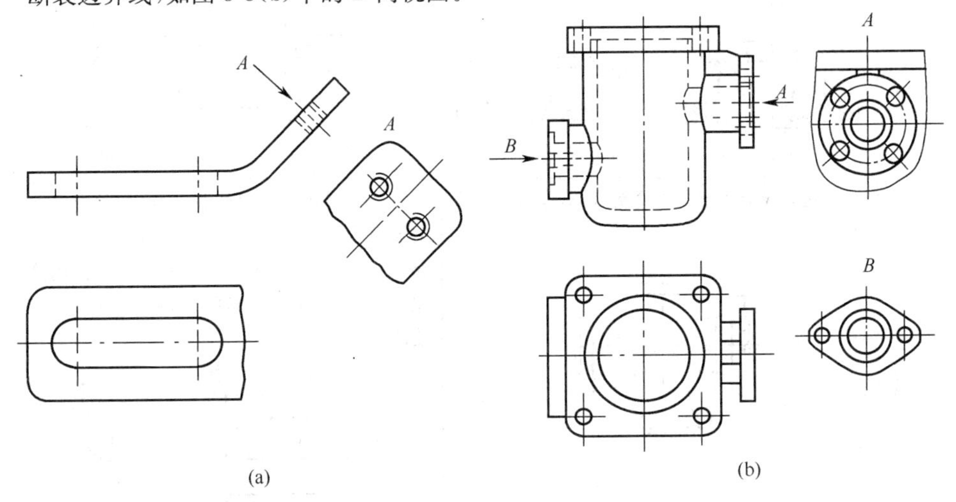

图 3-8 局部视图

(a)按基本视图配置 (b)按向视图配置

3.2.4 斜视图(GBT 17451—1998)

斜视图是物体向不平行于基本投影面的平面投射所得的视图。斜视图通常按向视图的配置形式配置并标注，如图 3-9(a)所示。必要时，允许将斜视图旋转配置，并标注旋转符号，表示该视图名称的大写拉丁字母应靠近旋转符号的箭头端，如图 3-9(b)所示；也允许将旋转角度标注在字母之后，如图 3-9(c)所示。

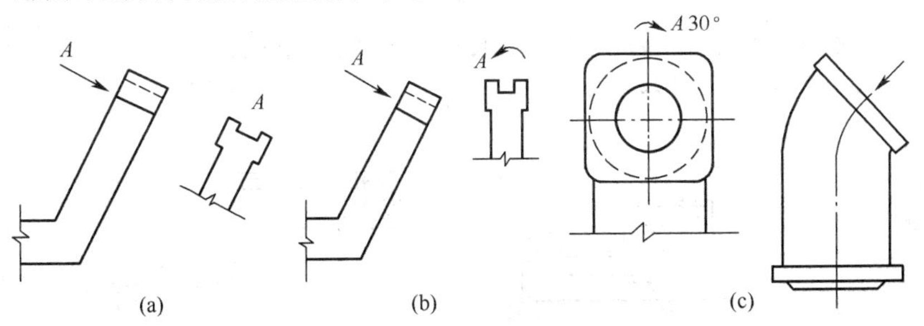

图 3-9 斜视图

(a)按向视图配置 (b)旋转配置并标注之一 (c)旋转配置并标注之二

3.2.5　视图的其他表示法(GB/T 4458.1—2002)(表 3-5)

表 3-5　视图的其他表示法

<table>
<tr>
<td>相邻的辅助零件与特定区域</td>
<td>1. 相邻的辅助零件用细双点画线绘制。相邻的辅助零件不应覆盖主要零件,而可以被主要零件遮挡,相邻的辅助零件的剖面区域不画剖面线
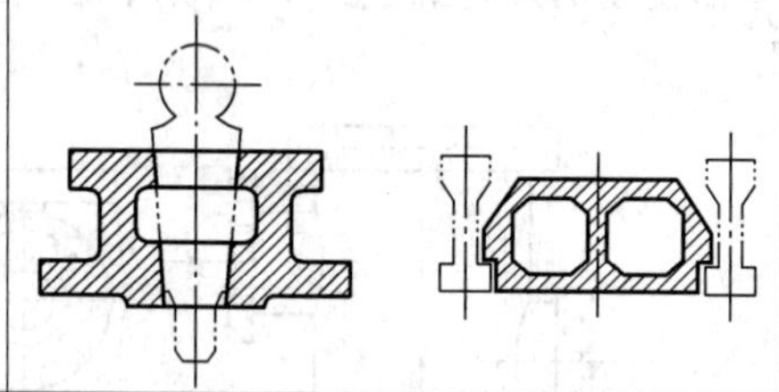</td>
<td>2. 当轮廓线无法明确绘制时,则其特定的封闭区域应用细双点画线绘制
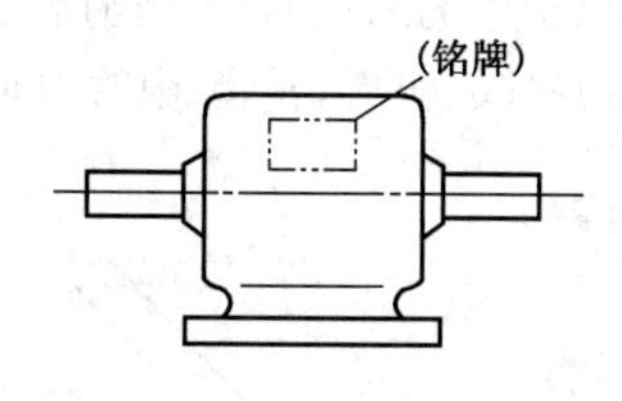
</td>
</tr>
<tr>
<td>表面交线</td>
<td>1. 过渡线应用细实线绘制,且不宜与轮廓线相连
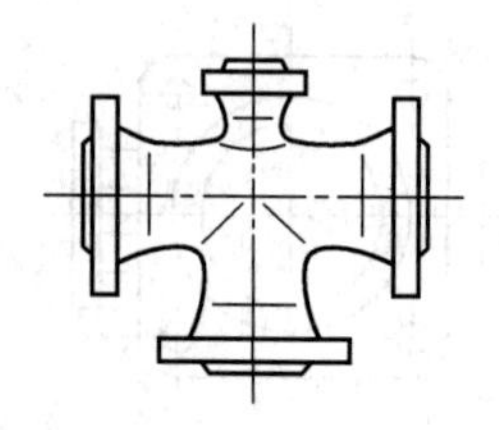</td>
<td>2. 相贯线用粗实线绘制,不可见相贯线用细虚线绘制。相贯线若按简化画法,按 GB/T 16675.1 的规定,如图中的细虚线。当使用简化画法会影响对图形的理解时,则应避免使用
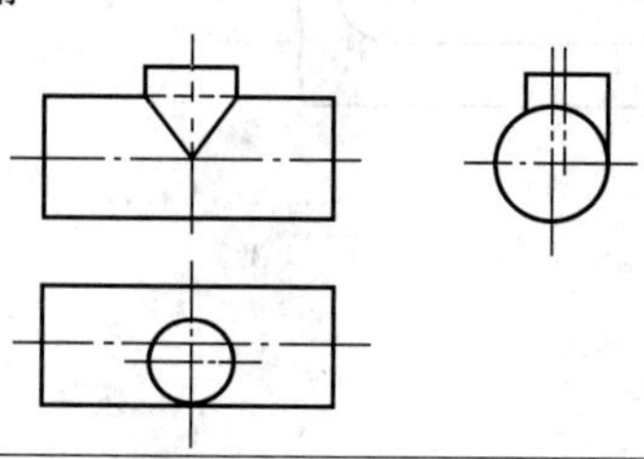</td>
</tr>
<tr>
<td>平面画法</td>
<td colspan="2">为了避免增加视图、剖视图或断面图,可用细实线绘出对角线表示平面
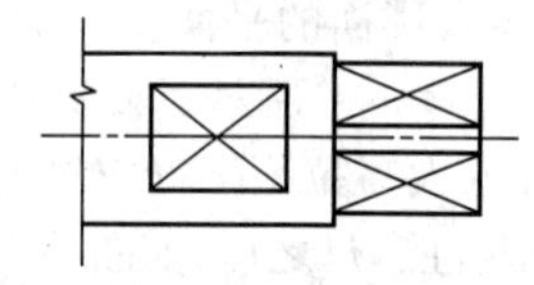 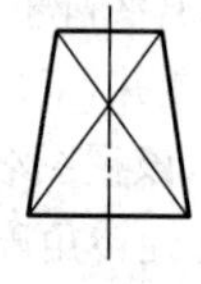</td>
</tr>
<tr>
<td>断裂画法</td>
<td colspan="2">较长的机件(轴、杆、型材、连杆等)沿长度方向的形状一致或按一定规律变化时,可断开绘制,其断裂边界用波浪线绘制。断裂边界也可用双折线或细双点画线绘制
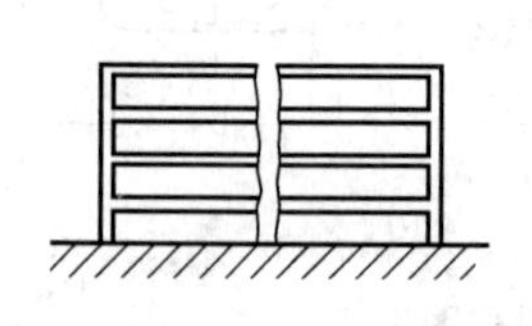 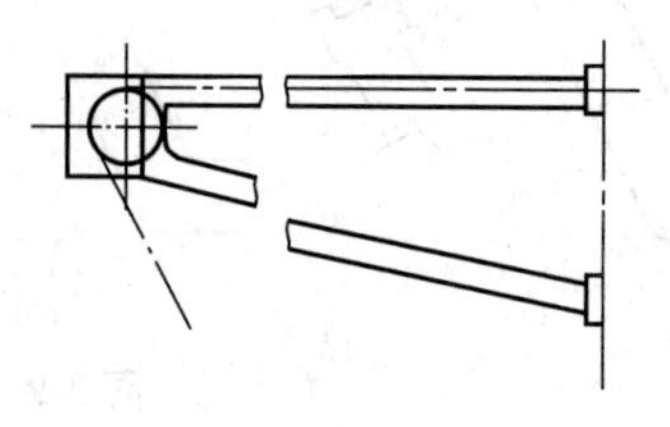</td>
</tr>
</table>

续表 3-5

重复结构要素	零件中成规律分布的重复结构，允许只绘制出其中一个或几个完整的结构，并反映其分布情况。重复结构的数量和类型的表示应遵循 GB/T 4458.4 中的有关要求。 对称的重复结构用细点画线表示各对称结构要素的位置[图(a)，(b)]；不对称的重复结构则用相连的细实线代替[图(c)] 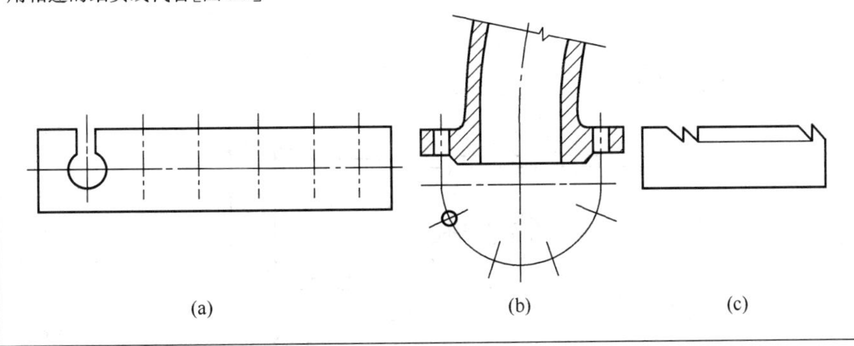 (a) (b) (c)
局部放大图	局部放大图是将机件的部分结构用大于原图形的比例所画出的图形。局部放大图可画成视图，也可画成剖视图、断面图，它与被放大部分的表达方式无关[图(a)]。局部放大图应尽量配置在被放大部位的附近。绘制局部放大图时，除螺纹牙型、齿轮和链轮的齿形外，应用细实线圈出被放大的部位。当机件上被放大的部分仅一个时，在局部放大图上方只需注明所采用的比例[图(b)]。同一机件上不同部位的局部放大图，当图形相同或对称时，只需画出一个[图(c)]。必要时可用几个图形来表达同一个被放大部分的结构[图(d)] 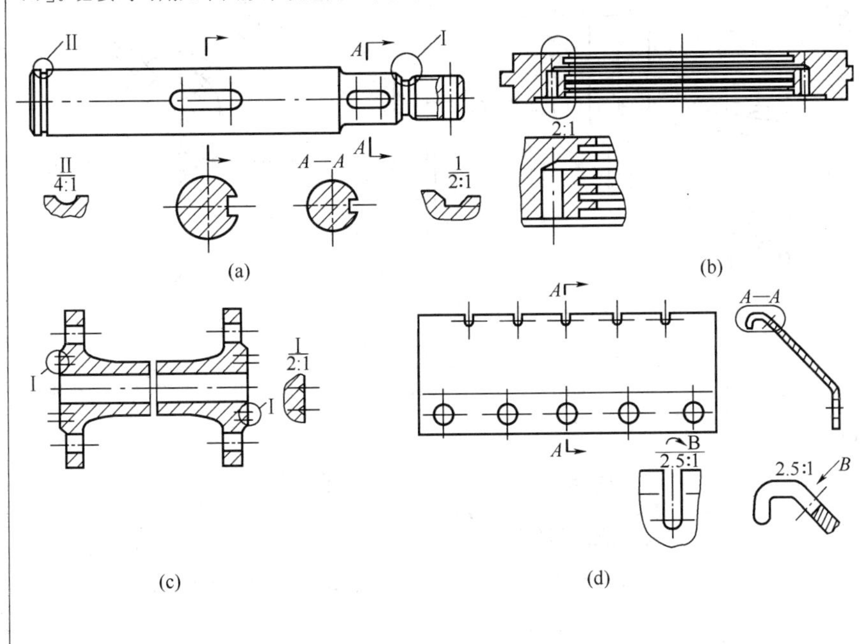 (a) (b) (c) (d)

续表 3-5

初始轮廓与弯折线	1. 当有必要表示零件成形前的初始轮廓时，应用细双点画线绘制 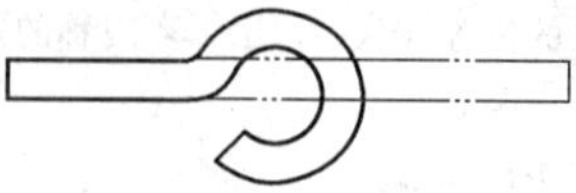	2. 弯折线在展开图中应用细实线绘制 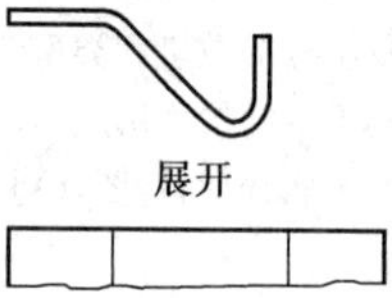 展开
较小斜度和锥度结构	机件上斜度和锥度等较小的结构，如在一个图形中已表达清楚时，其他图形可按小端画出 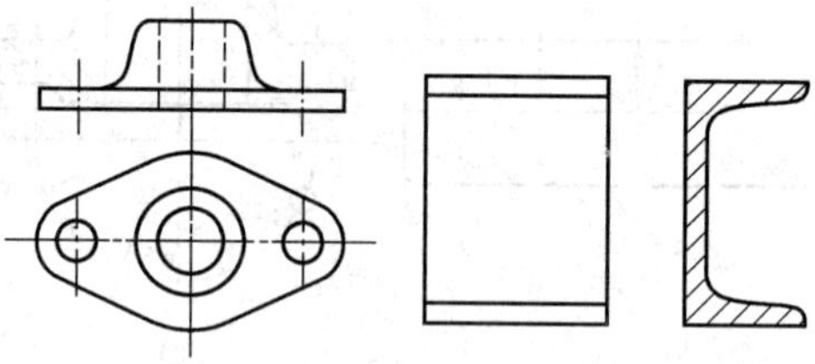 (a)　(b)	
透明件与运动件	1. 透明材料制成的零件应按不透明绘制[图(a)]； 在装配图中，供观察用的透明材料后的零件按可见轮廓线绘制[图(b)] 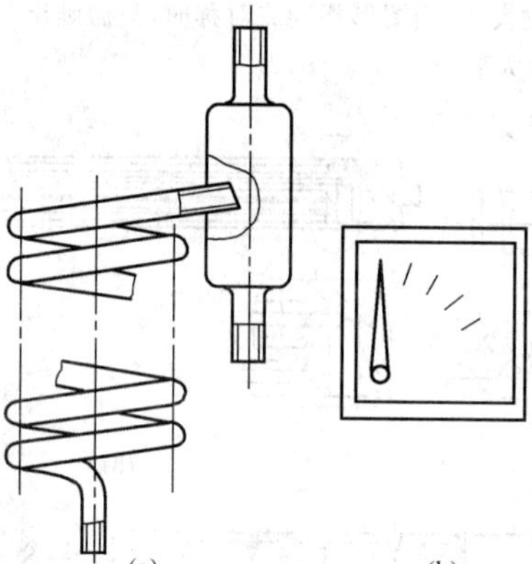 (a)　(b)	2. 在装配图中，运动零件的变动和极限状态，用细双点画线表示 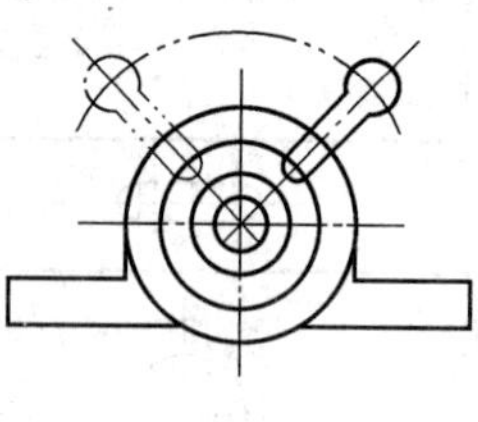
成形零件和毛坯件	允许用细双点画线在毛坯图中画出完工零件的形状[图(a)]或者在完工零件图上画出毛坯的形状[图(b)] 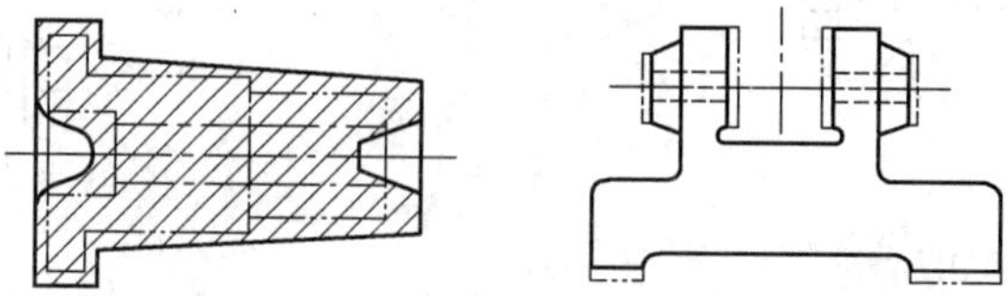 (a)　(b)	

续表 3-5

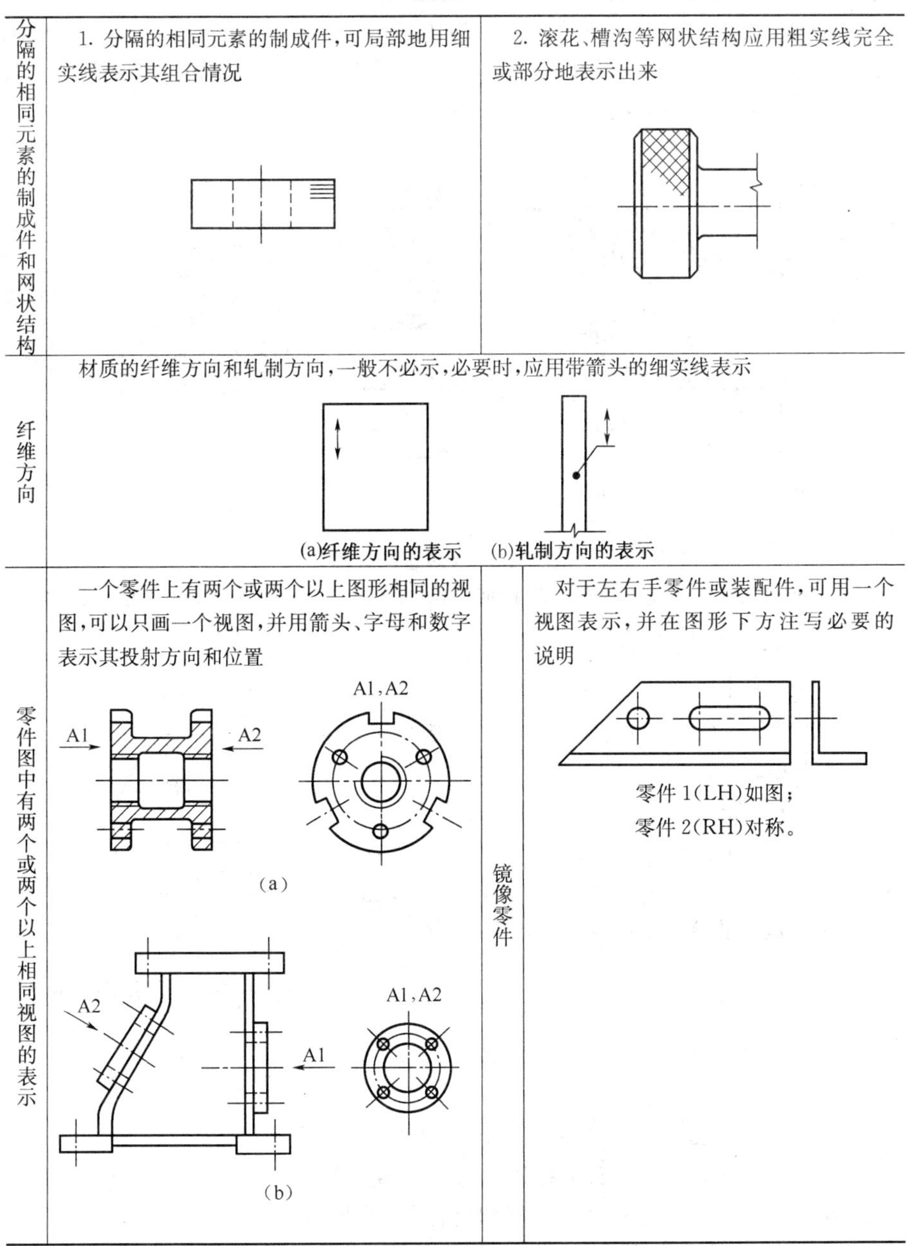

分隔的相同元素的制成件和网状结构	1. 分隔的相同元素的制成件，可局部地用细实线表示其组合情况		2. 滚花、槽沟等网状结构应用粗实线完全或部分地表示出来
纤维方向	材质的纤维方向和轧制方向，一般不必示，必要时，应用带箭头的细实线表示 (a)纤维方向的表示 (b)轧制方向的表示		
零件图中有两个或两个以上相同视图的表示	一个零件上有两个或两个以上图形相同的视图，可以只画一个视图，并用箭头、字母和数字表示其投射方向和位置 A1 A2 A1,A2 (a) A2 A1 A1,A2 (b)	镜像零件	对于左右手零件或装配件，可用一个视图表示，并在图形下方注写必要的说明 零件 1(LH)如图； 零件 2(RH)对称。

3.2.6 剖视图(GB/T 17452—1998)

假想用剖切面把物体剖开，将位于剖切面和观察者之间的部分移去，而将其余部分向投影面投射所得的图形，叫剖视图。

3.2.6.1　剖切面的分类

根据物体的结构特点，可选择单一剖切面（平面或柱面），如图 3-10(a)，(b)所示；几个平行的剖切平面，如图 3-10(c)所示；或几个相交的剖切面（平面或柱面），如图 3-10(d)所示——剖开物体。

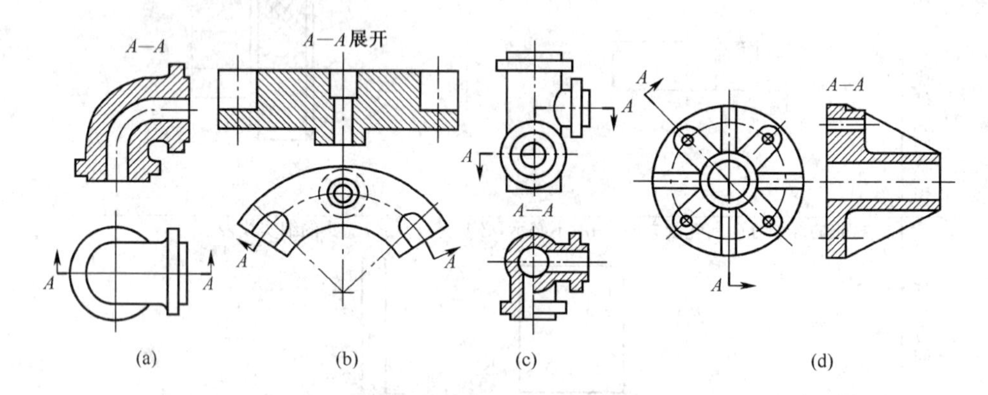

图 3-10　剖切面的分类

(a)单一剖切面(平面)　(b)单一剖切面(柱面)　(c)几个平行的剖切平面　(d)几个相交的剖切面

3.2.6.2　剖视图的分类

1. 全剖视图

用剖切面完全地剖开物体所得的剖视图，如图 3-11 所示。

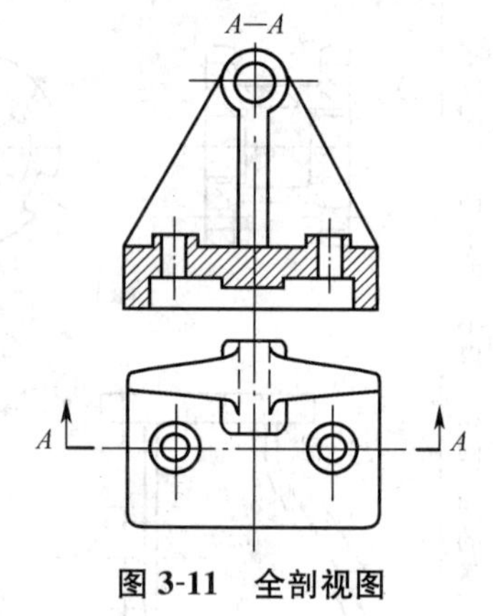

图 3-11　全剖视图

2. 半剖视图

当物体具有对称平面时，向垂直于对称平面的投影面上投射所得的图形，可以对称中心线为界，一半画成剖视图，另一半画成视图，如图 3-12 所示。

3. 局部剖视图

用剖切面局部地剖开物体所得的剖视图如图 3-13 所示。

3.2.7　断面图(GB/T 17452—1998)

断面图是假想用剖切面将物体的某处切断，仅画出该剖切面与物体接触部分的图形。断面图分为移出断面图和重合断面图。

3.2.7.1　移出断面图

移出断面图的图形应画在视图之外，轮廓线用粗实线绘制，配置在剖切线的延长线上，如图 3-14 所示；或其他适当的位置。

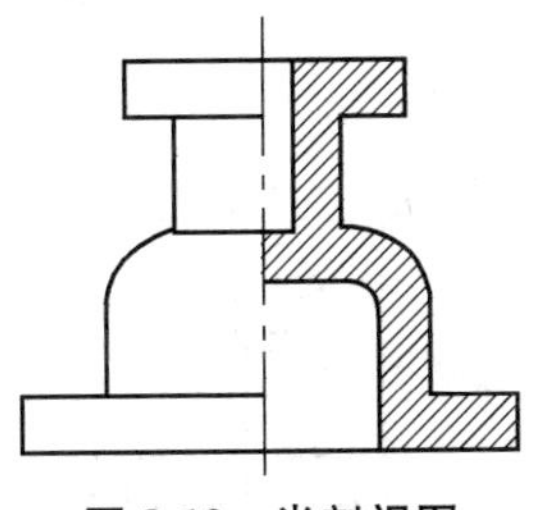

图 3-12 半剖视图

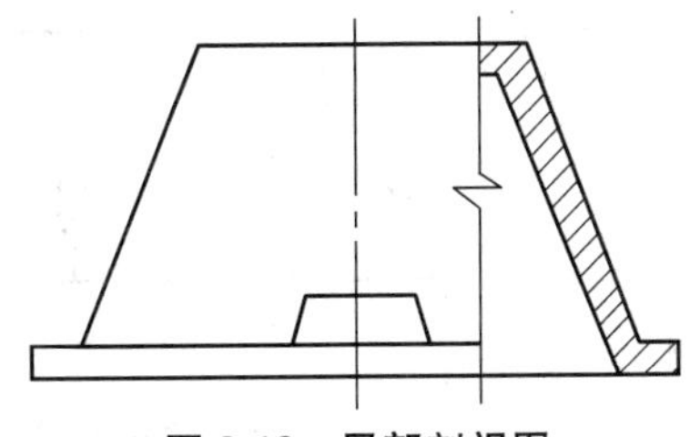

图 3-13 局部剖视图

3.2.7.2 重合断面图

重合断面图的图形应画在视图之内，断面轮廓线用细实线绘出。当视图中轮廓线与重合断面图的图形重叠时，视图中的轮廓线仍应连续画出，不可间断，如图 3-15 所示。

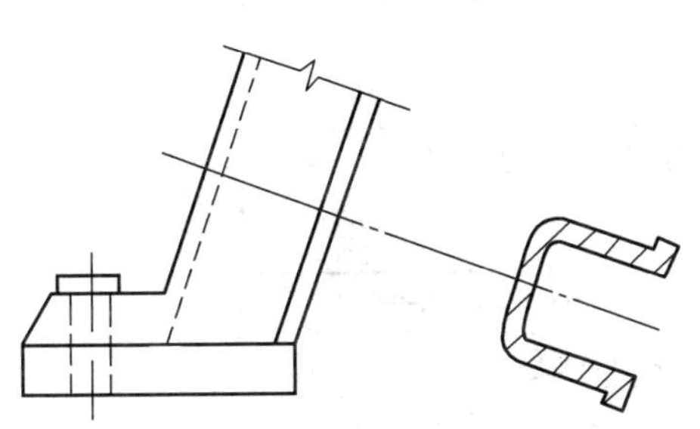

图 3-14 移出断面图

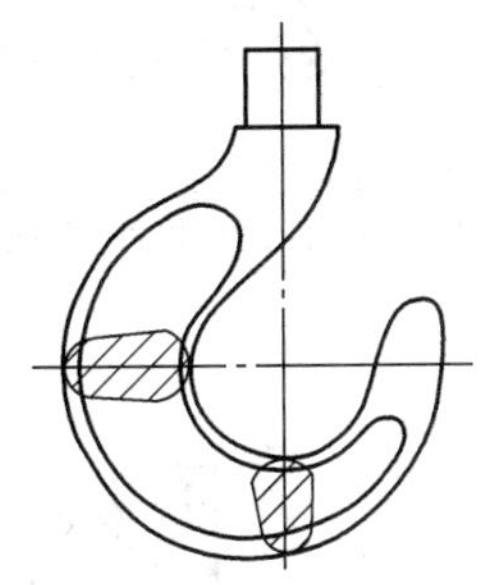

图 3-15 重合断面图

3.2.8 剖视图和断面图的画法（GB/T 4458.6—2002）（表 3-6）

表 3-6 剖视图和断面图的画法（GB/T 4458.6—2002）

基本要求	GB/T 17451，GB/T 4458.1 中的基本视图的配置规定同样适用于剖视图和断面图[图(a)中的 A—A、图(b)中的 B—B]。剖视图和断面图也可按投影关系配置在与剖切符号相对应的位置[图(b)中的 A—A]，必要时允许配置在其他适当位置 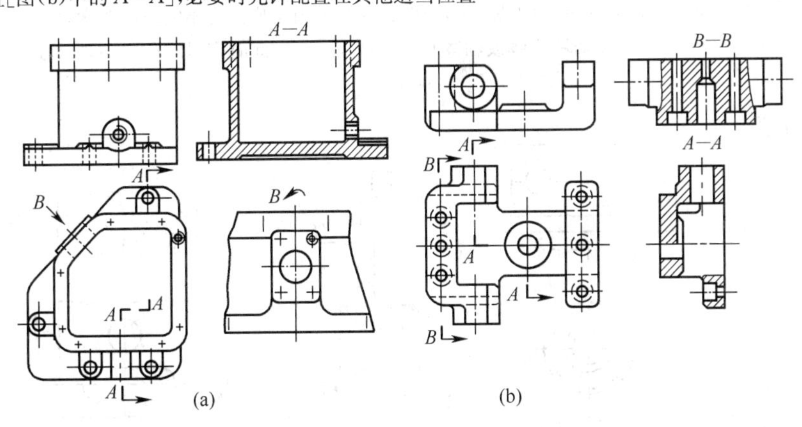 (a) (b)

续表 3-6

剖视图

1. 用单一剖切平面剖切

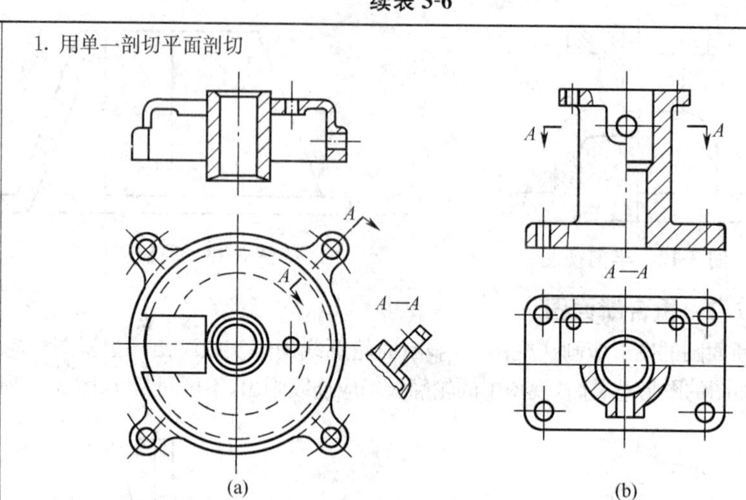

2. 用单一柱面剖切机件，剖视图一般应展开绘制（图中的 B—B）

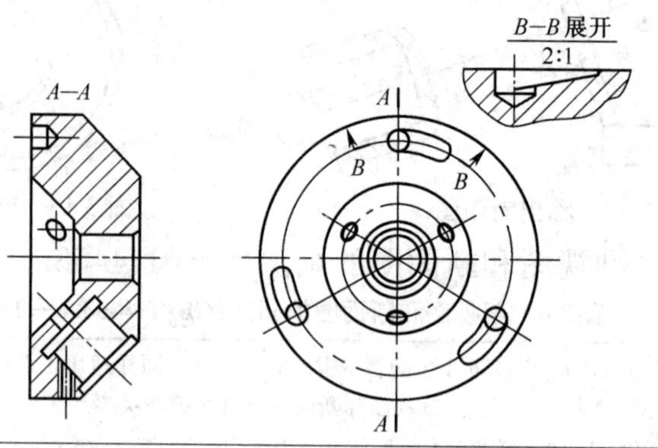

剖视图

3. 用几个平行的剖切平面［图(a)］剖切时，在图形内不应出现不完整的要素，仅当两个要素在图形上具有公共对称中心线或轴线时，可以各画一半，此时应以对称中心线或轴线为界［图(b)］

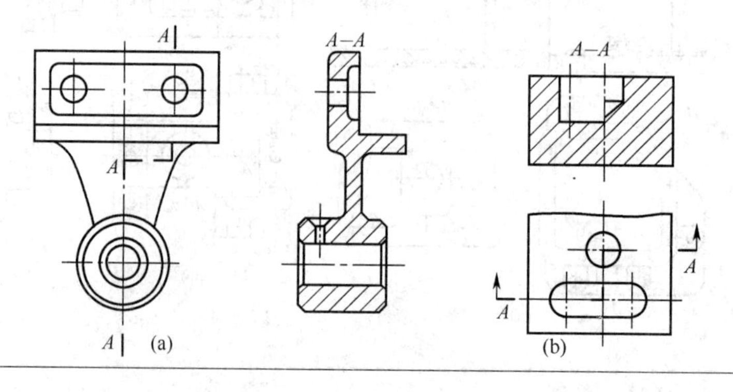

续表 3-6

4. 用几个相交的剖切平面获得的剖视图应旋转到一个投影平面上[图(a)、(b)]。采用这种方法画剖视图时，先假想按剖切位置剖开机件，然后将被剖切平面剖开的结构及其有关部分旋转到与选定的投影面平行再进行投射[图(c)～(e)]；或采用展开画法，此时应标注"×—×展开"[图(f)]。在剖切平面后的其他结构，一般仍按原来位置投影[图(g)中的油孔]。当剖切后产生不完整要素时，应将此部分按不剖绘制[图(h)中的臂]

剖视图

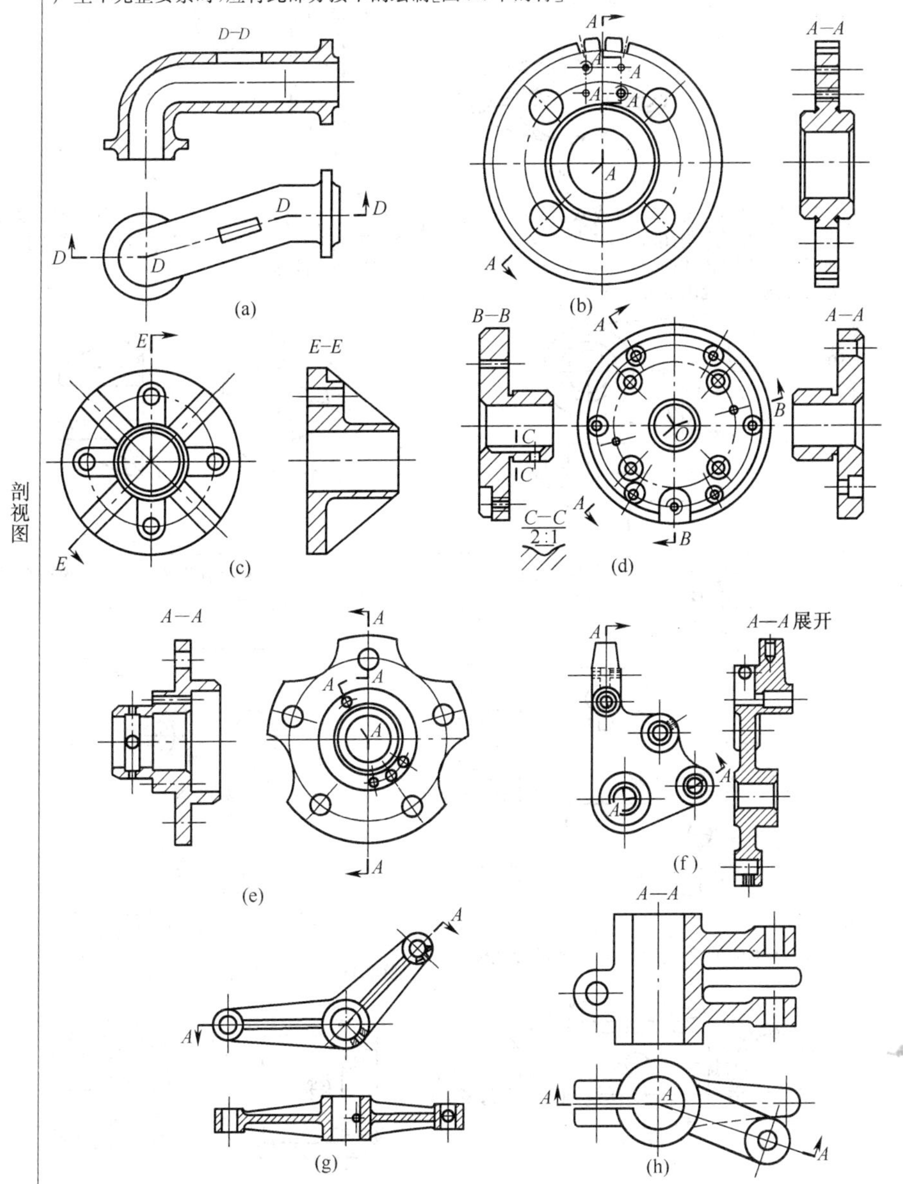

(a) (b) (c) (d) (e) (f) (g) (h)

续表 3-6

<table>
<tr><td rowspan="4">剖视图</td><td colspan="2">5. 机件的形状接近于对称，且不对称部分已另有图形表达清楚时，也可以画成半剖视图[图(a)，(b)]
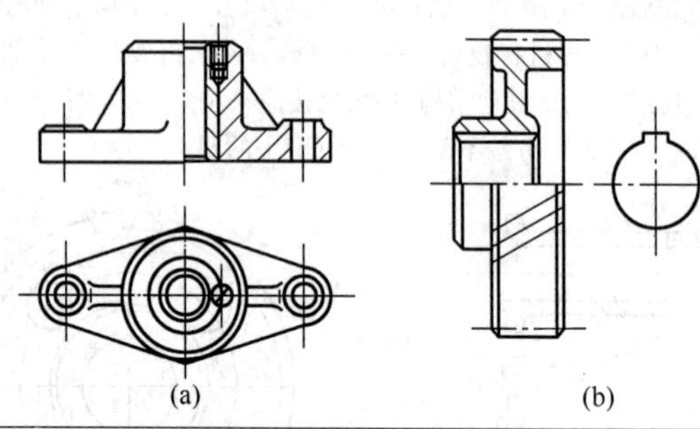
(a) (b)</td></tr>
<tr><td>6. 局部剖视图用波浪线或双折线分界，波浪线和双折线不应与图样上其他图线重合，当被剖切结构为回转体时，允许将该结构的轴线作为局部剖视与视图的分界线
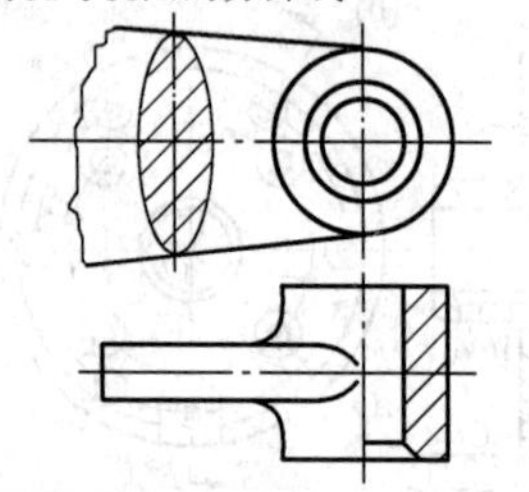</td><td>7. 带有规则分布结构要素的回转零件，需要绘制剖视图时，可以将其结构要素旋转到剖切平面上绘制
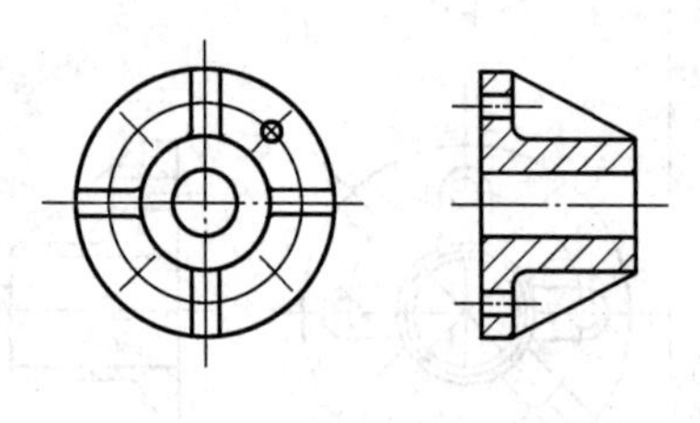</td></tr>
<tr><td>8. 当只需剖切绘制零件的部分结构时，应用细点画线将剖切符号相连，剖切面可位于零件实体之外
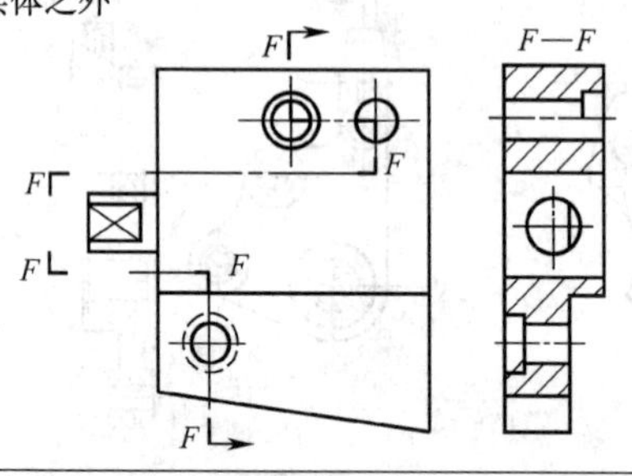
</td><td>9. 用几个剖切平面分别剖开机件，得到的剖视图为相同的图形时，可按图的形式标注
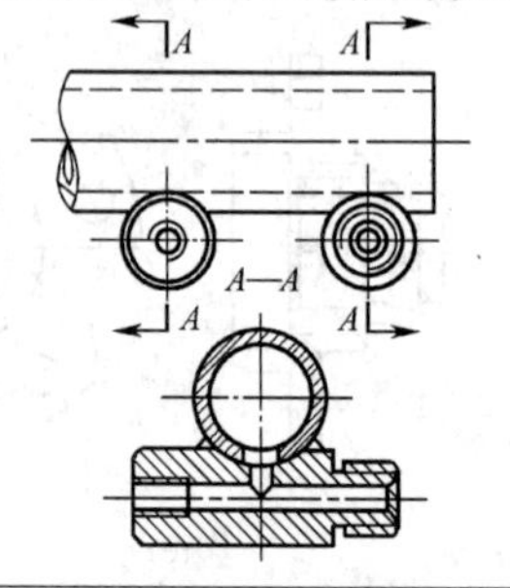
</td></tr>
<tr><td>10. 用一个公共剖切平面剖开机件，按不同方向投射得到的两个剖视图，应按图的形式标注
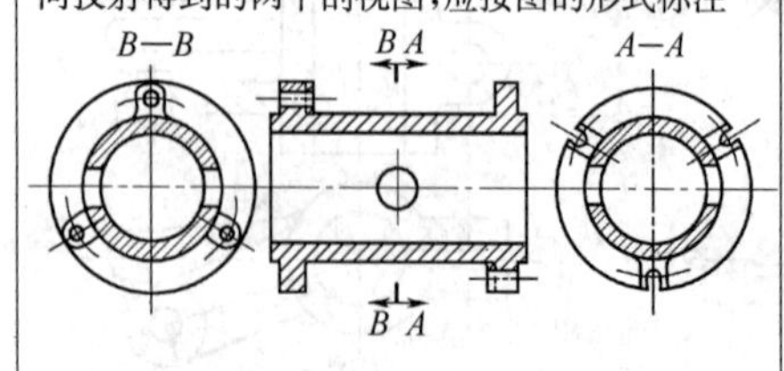
</td><td>11. 可将投射方向一致的几个对称图形各取一半(或四分之一)合并成一个图形。此时应在剖视图附近标出相应的剖视图名称“×—×”
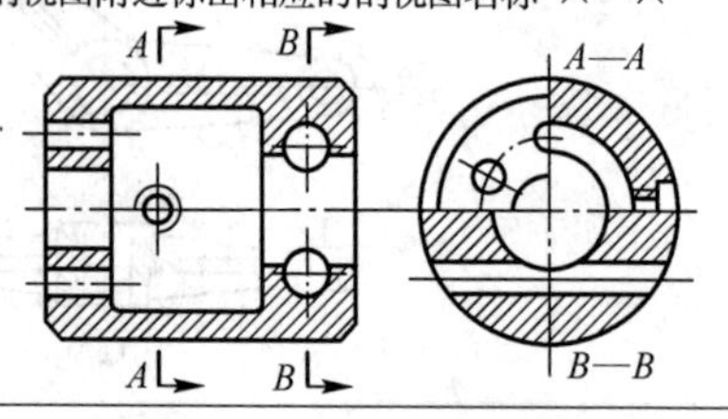
</td></tr>
</table>

续表 3-6

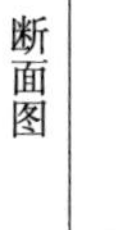

断面图

1. 移出断面的轮廓线用粗实线绘制，通常配置在剖切线的延长线上

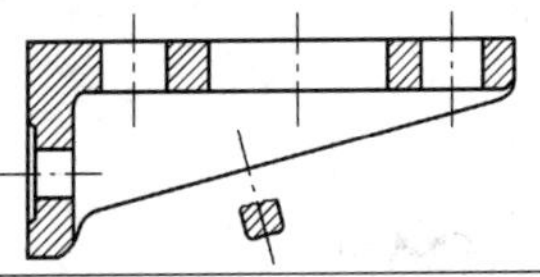

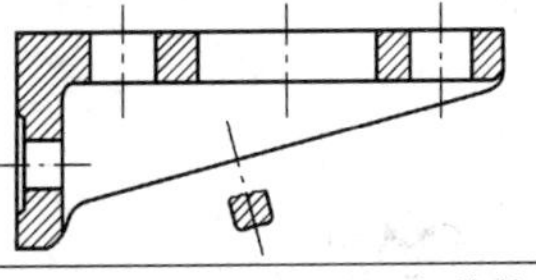

2. 移出断面的图形对称时也可画在视图的中断处

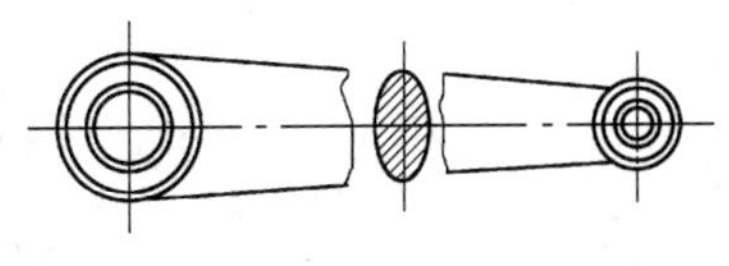

3. 必要时可将移出断面配置在其他适当位置。在不引起误解时，允许将图形旋转，其标注形式如图所示

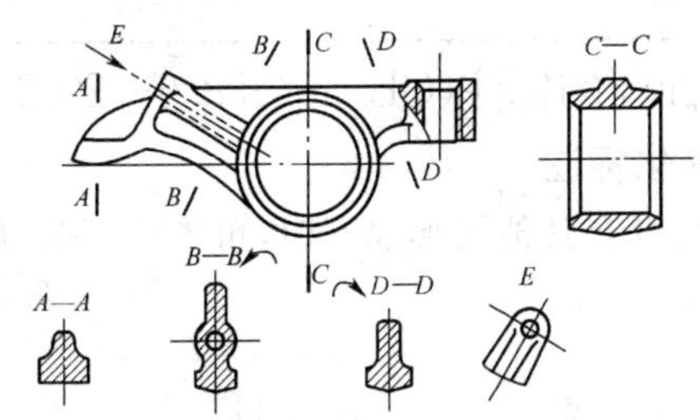

4. 由两个或多个相交的剖切平面剖切得出的移出断面图，中间一般应断开

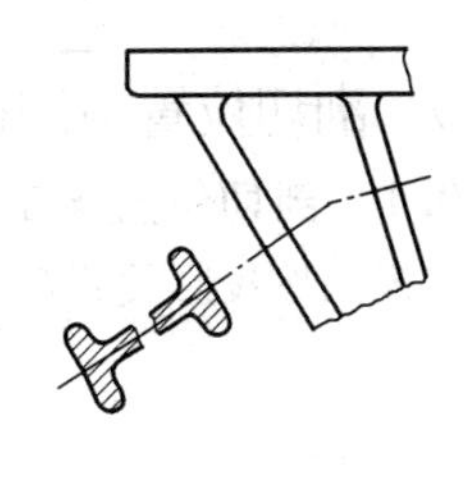

5. 当剖切平面通过回转而形成的孔或凹坑的轴线时，则这些结构按剖视图要求绘制[图(a)中的 A—A、图(b)～(d)]

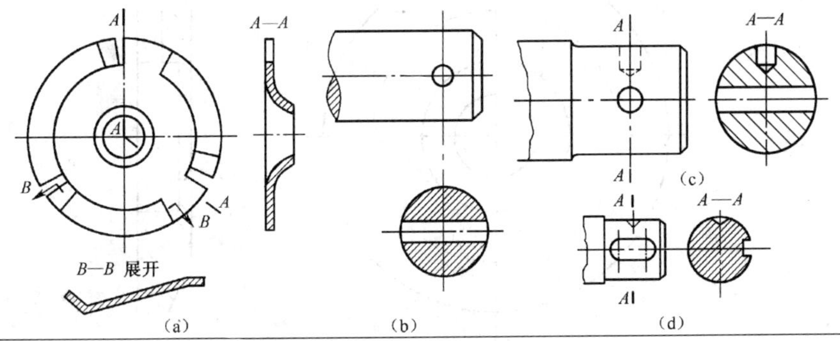

6. 为便于读图，逐次剖切的多个断面图可按图(a)～(c)的形式配置

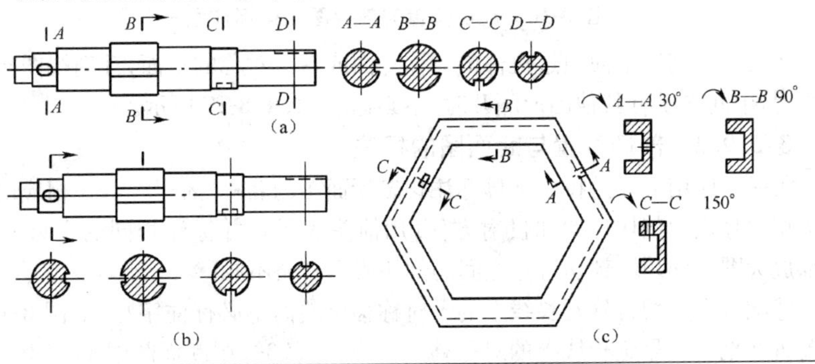

续表 3-6

断面图	7. 当剖切平面通过非圆孔，会导致出现完全分离的剖面区域时，则这些结构应按剖视图要求绘制 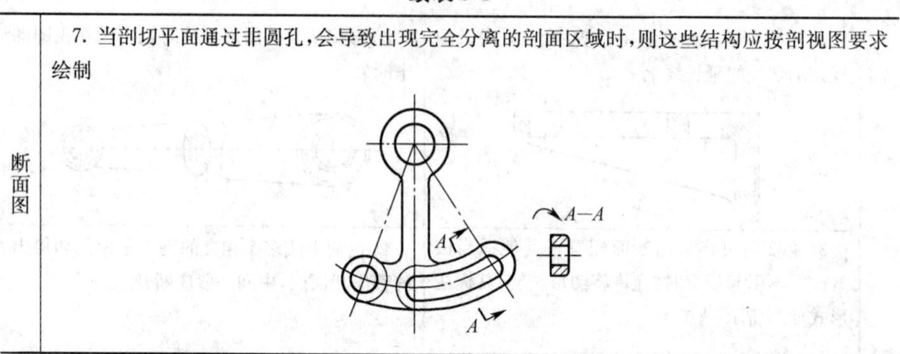

3.2.9 剖切位置与剖视图、断面图的标注(GB/T 4458.6—2002)

3.2.9.1 剖切位置与剖视图的简化标注

①当剖视图按投影关系配置，中间又没有其他图形隔开时，可省略箭头，如图3-16所示。

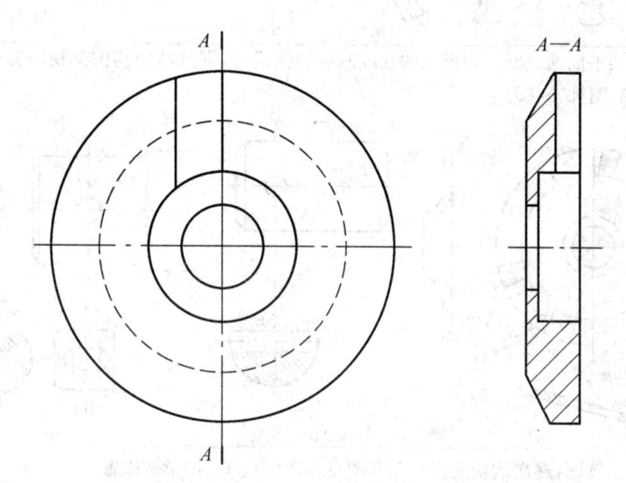

图 3-16 剖切位置与剖视图简化标注之一

②当单一剖切平面通过机件的对称平面或基本对称的平面，且剖视图按投影关系配置，中间又没有其他图形隔开时，不必标注，如图 3-17 所示。

3.2.9.2 剖切位置与断面图的标注

①一般应用大写的拉丁字母标注移出断面图的名称"×—×"，在相应的视图上用剖切符号表示剖切位置和投射方何(用箭头表示)，并标注相同的字母[见表 3-5 局部放大图图(a)]。剖切符号之间的剖切线可省略不画。

②配置在剖切符号延长线上的不对称移出断面不必标注字母，如图 3-18 所示。不配置在剖切符号延长线上的对称移出断面，见表 3-6 中断面图中A—A和 6. 图(a)

中 $C—C$ 和 $D—D$,以及按投影关系配置的移出断面,见表 3-6 中断面图 5. 图(c)和(d),一般不必标注箭头。配置在剖切线延长线上的对称移出断面,不必标注字母和箭头,见表 3-6 中断面图 5. 图(b)及 6. 图(b)右边的两个断面图所示。

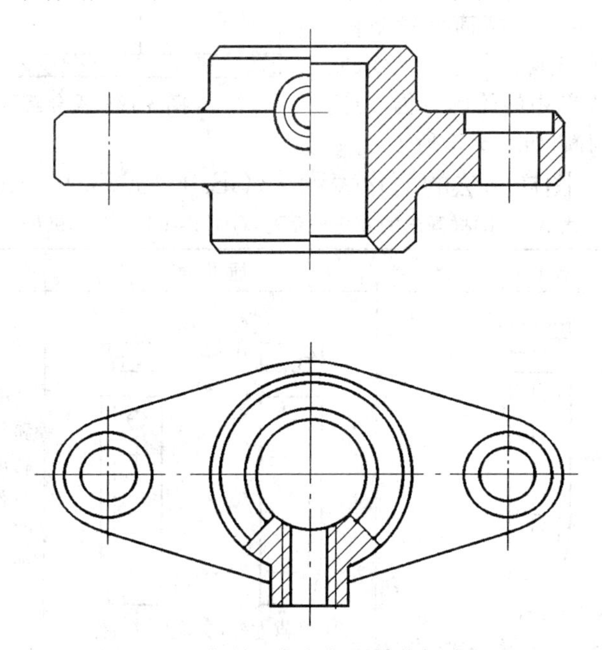

图 3-17 剖切位置与剖视图简化标注之二

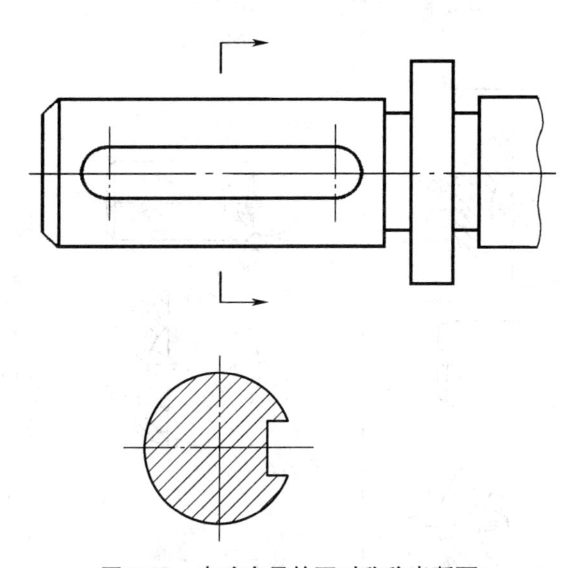

图 3-18 省略字母的不对称移出断面

③对称的重合断面及配置在视图中断处的对称移出断面不必标注，如图 3-15 和表 3-6 中断面图 2. 所示。

④不对称的重合断面可省略标注。当视图中的轮廓线与重合断面的图形重叠时，视图中的轮廓线仍应连续画出，不可间断，如图 3-19 所示。

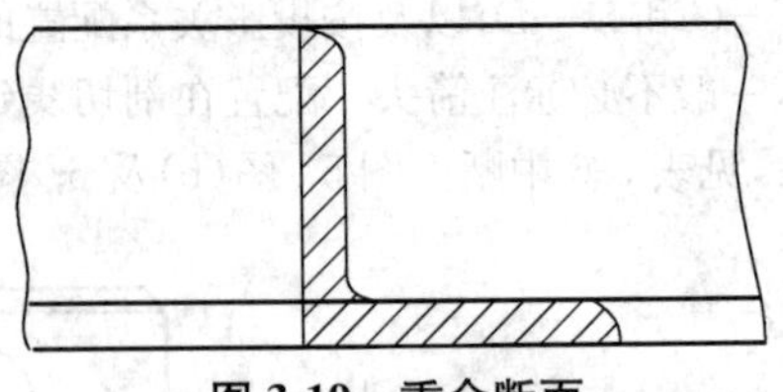

图 3-19 重合断面

3.2.10 图样画法的简化表示法(GB/T 16675.1—1996)(表 3-7)

表 3-7 图样画法的简化表示法(GB/T 16675.1—1996)

	简化后	简化前	说明
左右手件画法	 零件 1(LH)如图 零件 2(RH)对称(或镜像对称件)	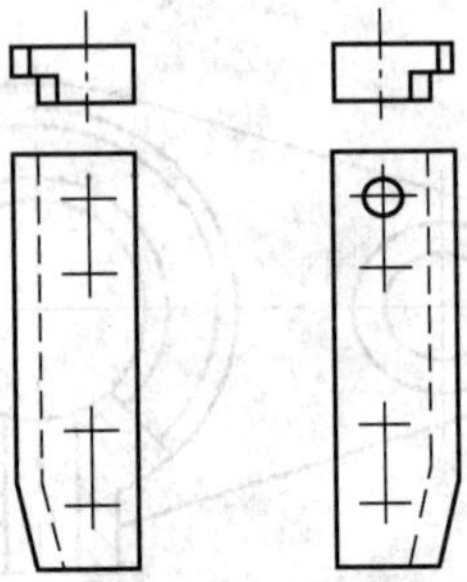 零件 1(左件) 零件 2(右件)	对于左右手零件和装配件，允许仅画出其中一件，另一件则用文字说明，其中“LH”为左件，“RH”为右件
简化被放大部位画法	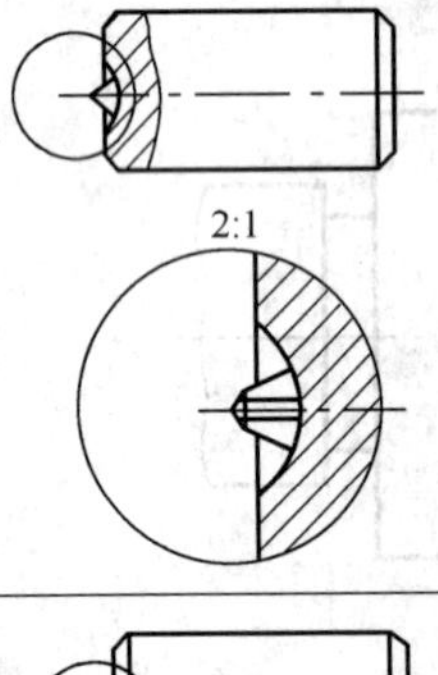 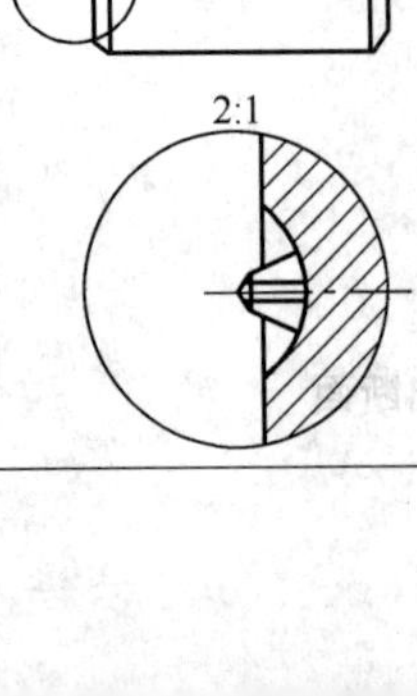 2:1 2:1	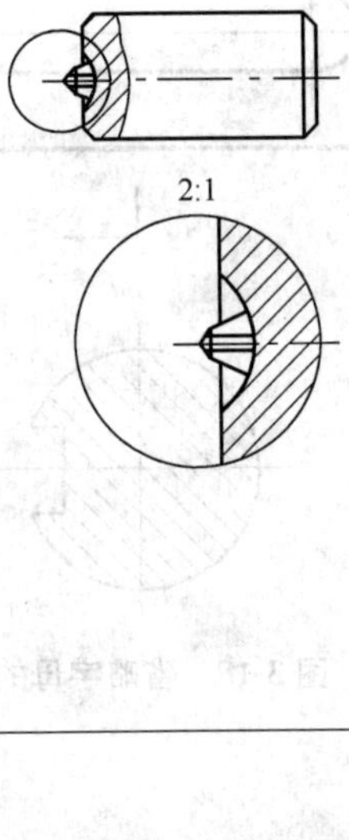 2:1	在局部放大图表达完整的前提下，允许在原视图中简化被放大部位的图形

续表 3-7

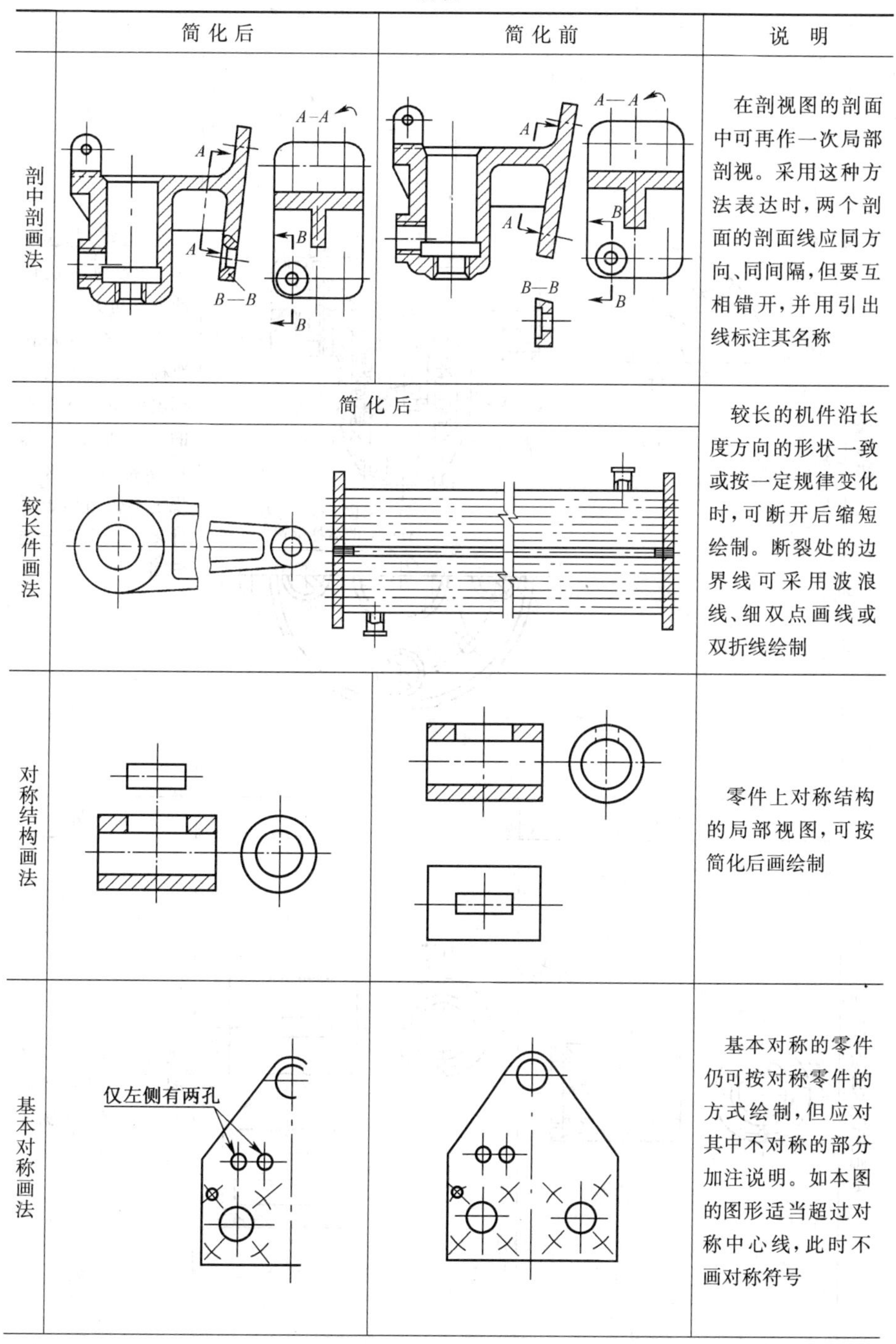

	简化后	简化前	说明
剖中剖画法			在剖视图的剖面中可再作一次局部剖视。采用这种方法表达时，两个剖面的剖面线应同方向、同间隔，但要互相错开，并用引出线标注其名称
较长件画法	简化后		较长的机件沿长度方向的形状一致或按一定规律变化时，可断开后缩短绘制。断裂处的边界线可采用波浪线、细双点画线或双折线绘制
对称结构画法			零件上对称结构的局部视图，可按简化后画绘制
基本对称画法			基本对称的零件仍可按对称零件的方式绘制，但应对其中不对称的部分加注说明。如本图的图形适当超过对称中心线，此时不画对称符号

续表 3-7

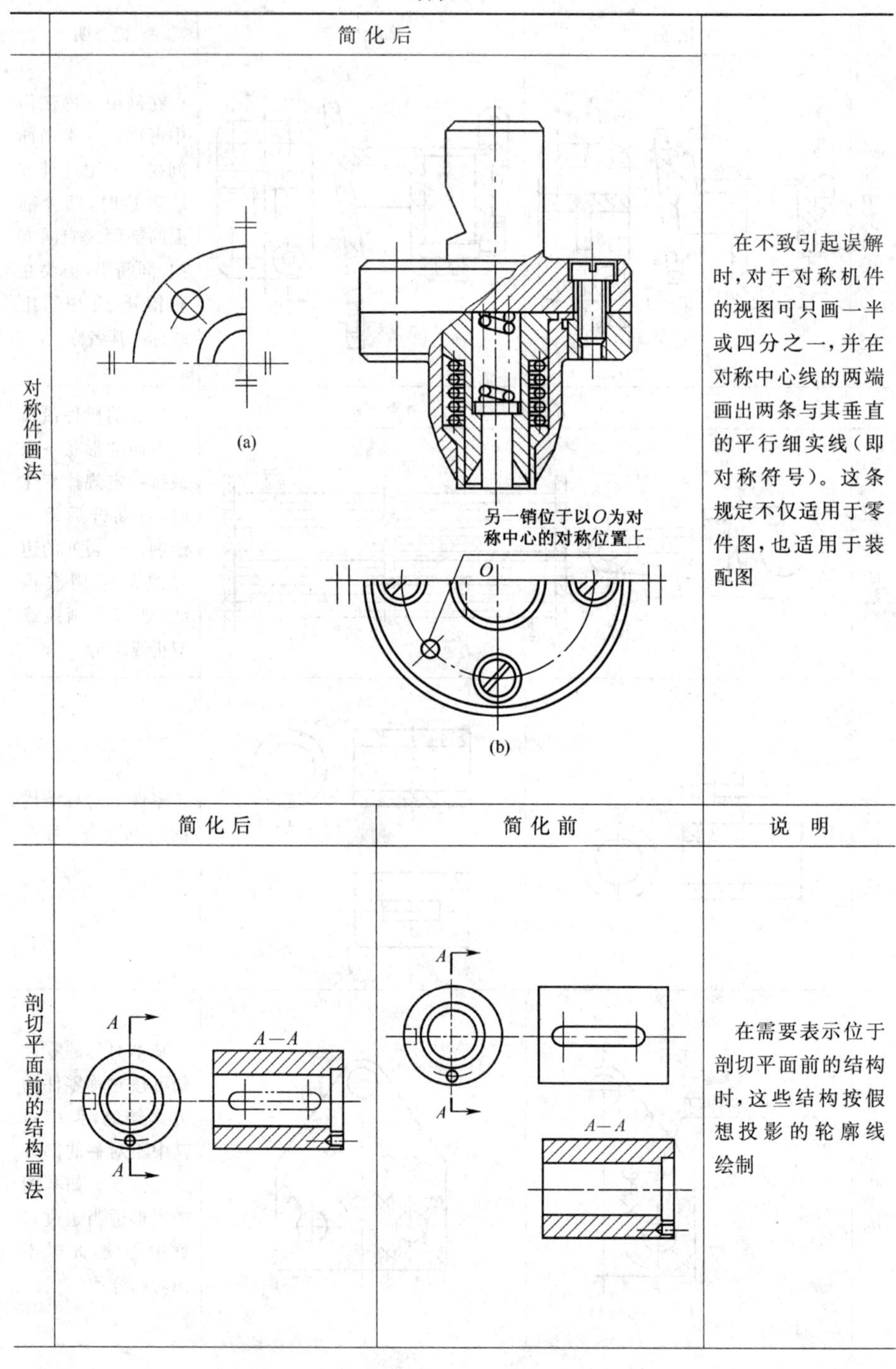

	简化后		
对称件画法	(a)	(b)	在不致引起误解时，对于对称机件的视图可只画一半或四分之一，并在对称中心线的两端画出两条与其垂直的平行细实线（即对称符号）。这条规定不仅适用于零件图，也适用于装配图
	简化后	**简化前**	**说　明**
剖切平面前的结构画法			在需要表示位于剖切平面前的结构时，这些结构按假想投影的轮廓线绘制

续表 3-7

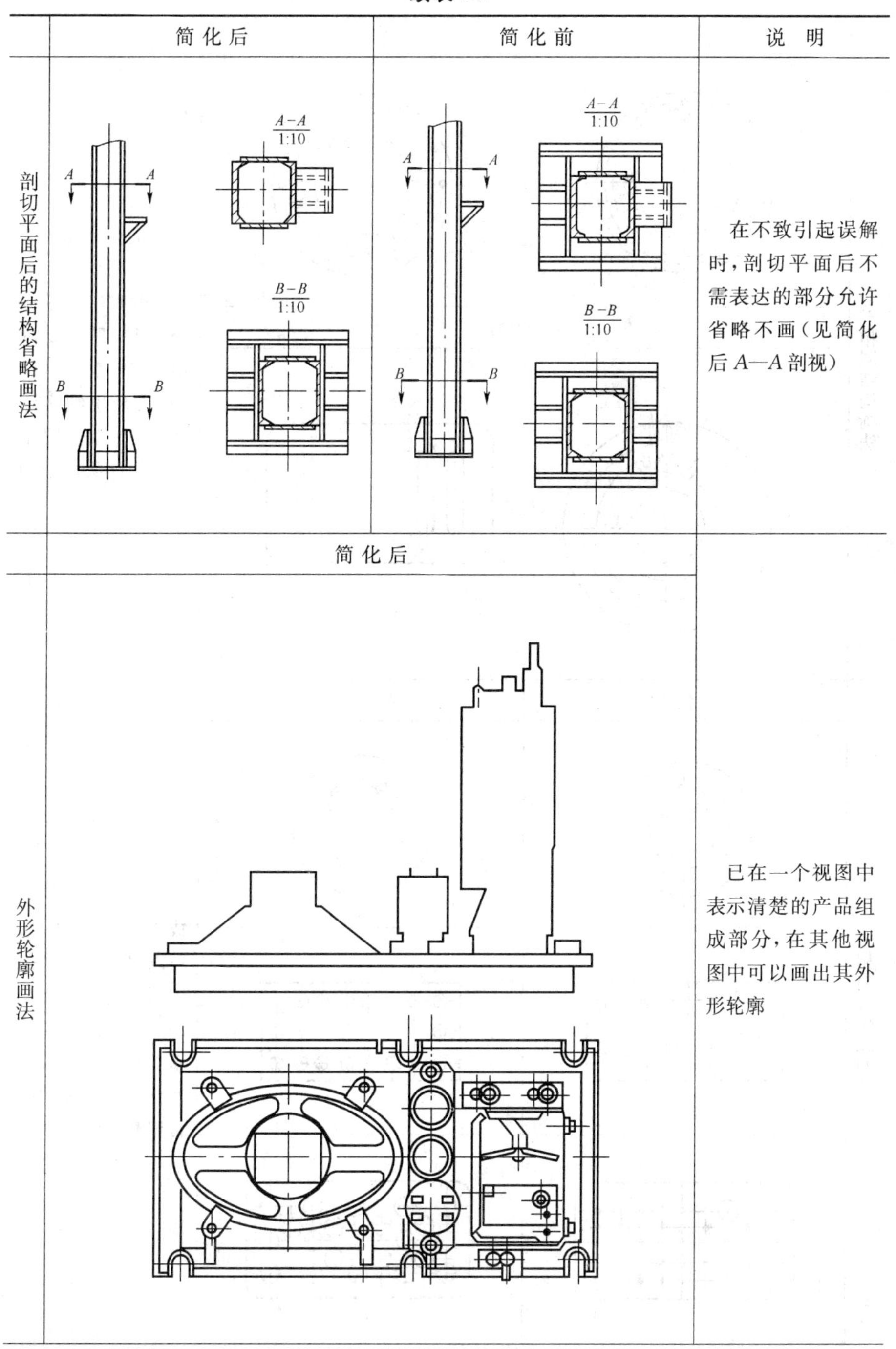

	简 化 后	简 化 前	说 明
剖切平面后的结构省略画法	A—A 1:10 B—B 1:10	A—A 1:10 B—B 1:10	在不致引起误解时，剖切平面后不需表达的部分允许省略不画(见简化后 *A—A* 剖视)
	简 化 后		
外形轮廓画法			已在一个视图中表示清楚的产品组成部分，在其他视图中可以画出其外形轮廓

续表 3-7

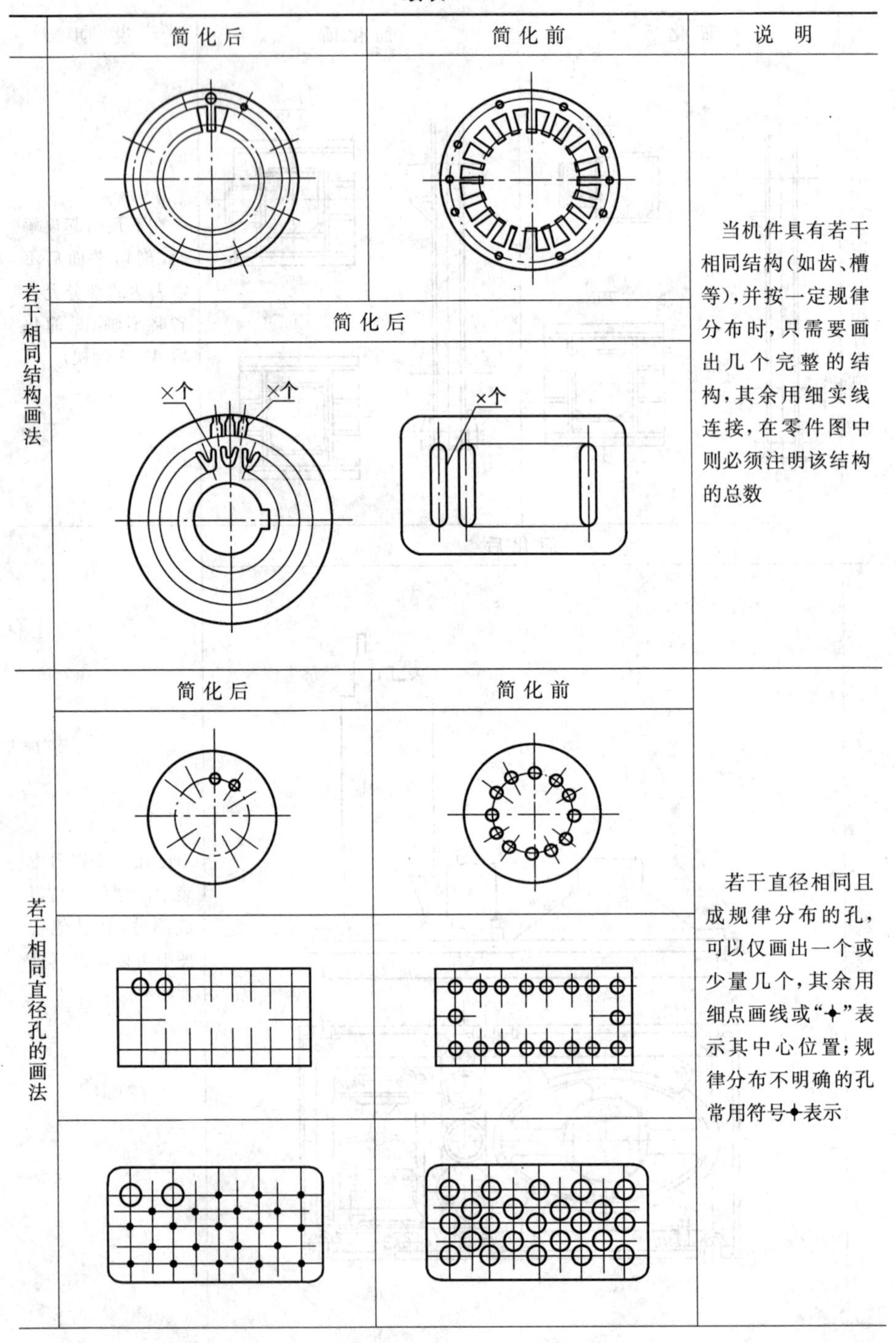

	简化后	简化前	说　明
若干相同结构画法			当机件具有若干相同结构(如齿、槽等),并按一定规律分布时,只需要画出几个完整的结构,其余用细实线连接,在零件图中则必须注明该结构的总数
	简化后		
若干相同直径孔的画法	简化后	简化前	若干直径相同且成规律分布的孔,可以仅画出一个或少量几个,其余用细点画线或"✦"表示其中心位置;规律分布不明确的孔常用符号✦表示

续表 3-7

	简化后	简化前	说明
若干相同零部件组画法	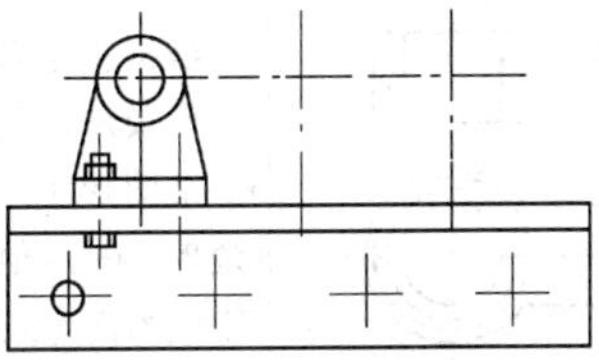	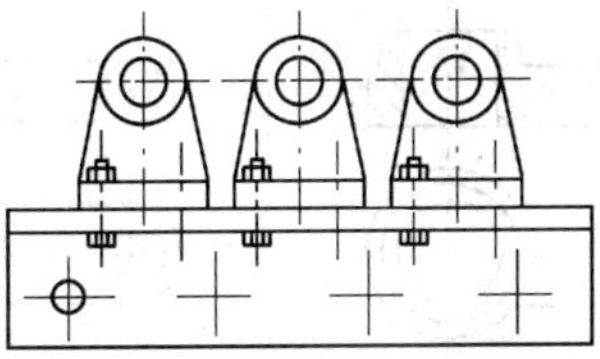	对于装配图中若干相同的零部件组，可仅详细地画出一组，其余只需用细点画线表示出其位置
过渡线或相贯线画法	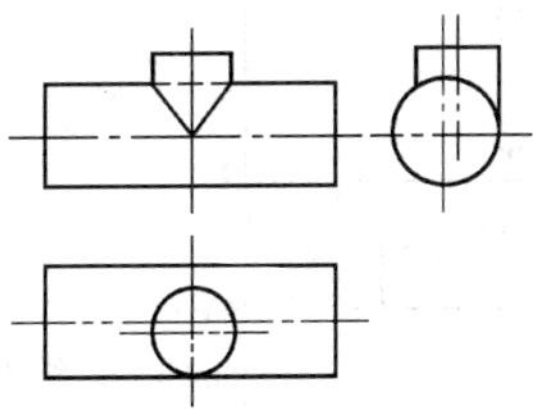	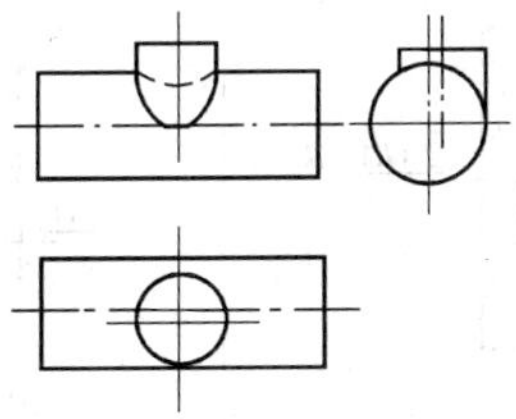	在不致引起误解时，图形中的过渡线、相贯线可以简化，例如用圆弧或直线代替非圆曲线
	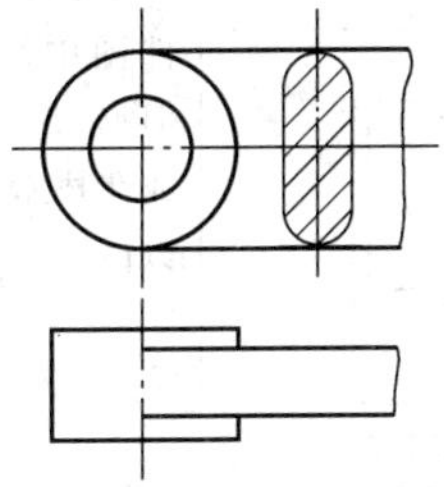	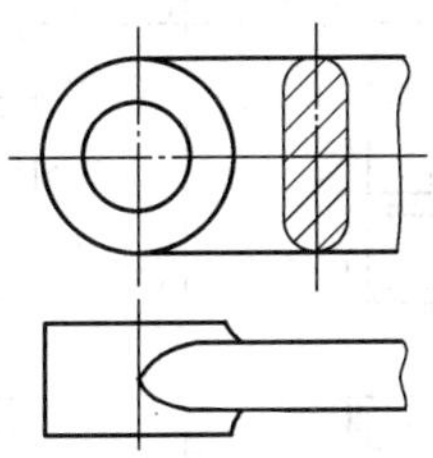	
模糊画法	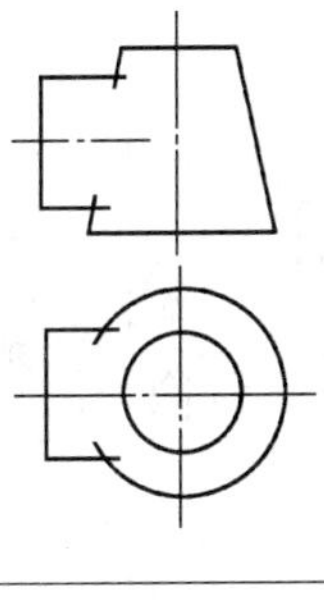	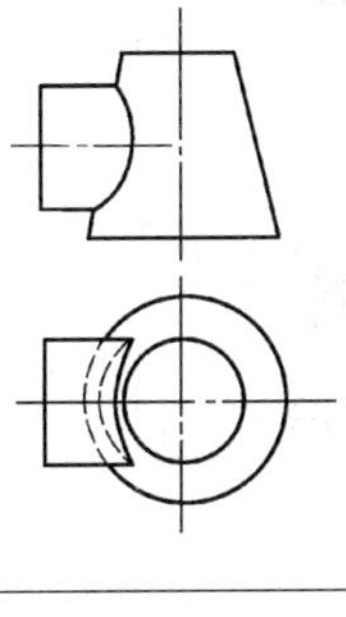	可采用模糊画法表示相贯线、过渡线。一般铸、锻、机械加工件等其相贯线、过渡线在生产过程中自然形成，只要求在图样上将组成机件的各个几何体形状、大小和相对位置表示出即可
极小结构及斜度画法	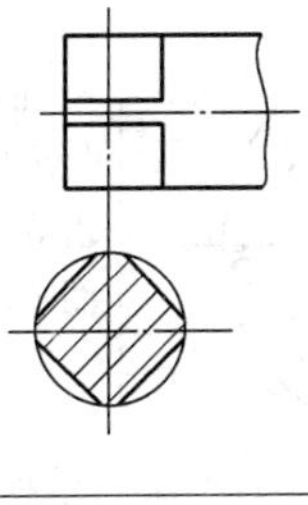	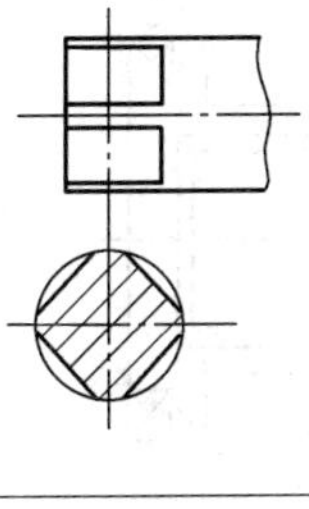	当机件上较小的结构及斜度等已在一个图形中表达清楚时，在其他图形中应当简化或省略

续表 3-7

	简化后	简化前	说明
极小结构及斜度画法	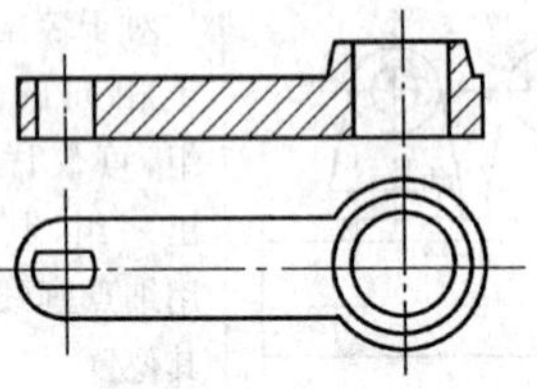	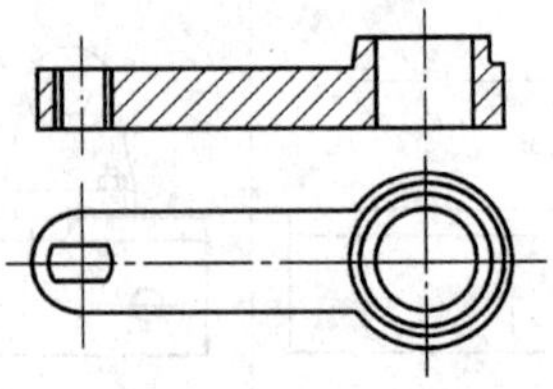	当机件上较小的结构及斜度等已在一个图形中表达清楚时，在其他图形中应当简化或省略
圆角画法	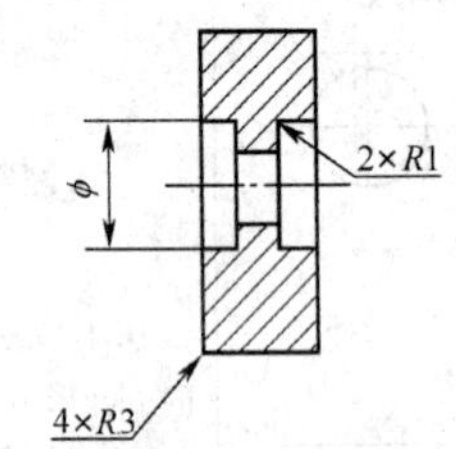 2×$R1$ ϕ 4×$R3$	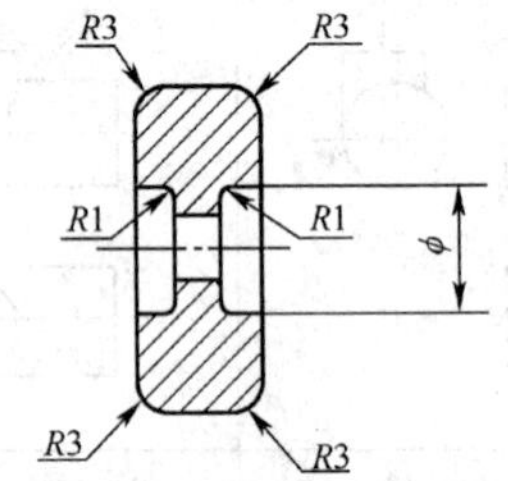 $R3$ $R3$ $R1$ $R1$ ϕ $R3$ $R3$	除确属需要表示的某些结构圆角外，其他圆角在零件图中均可不画，但必须注明尺寸，或在技术要求中加以说明
	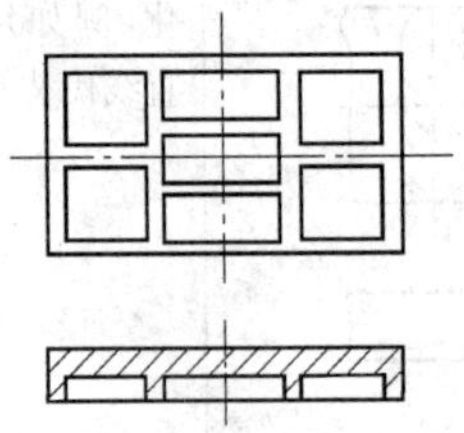 全部铸造圆角 $R5$	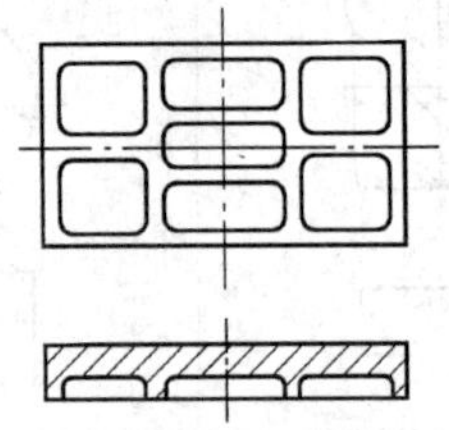 全部铸造圆角 $R5$	
倒角等细节画法	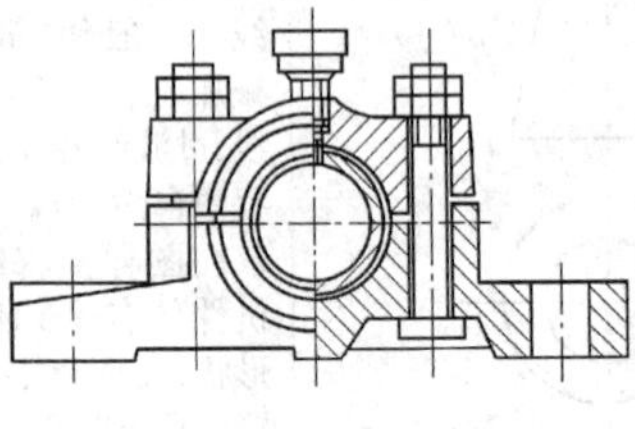	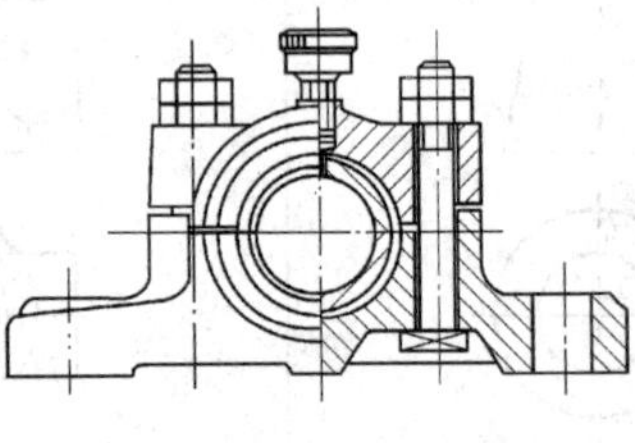	在装配图中，零件的倒角、圆角、凹坑、凸台、沟槽、滚花、刻线及其他细节等可不画出
牙嵌式离合器齿画法	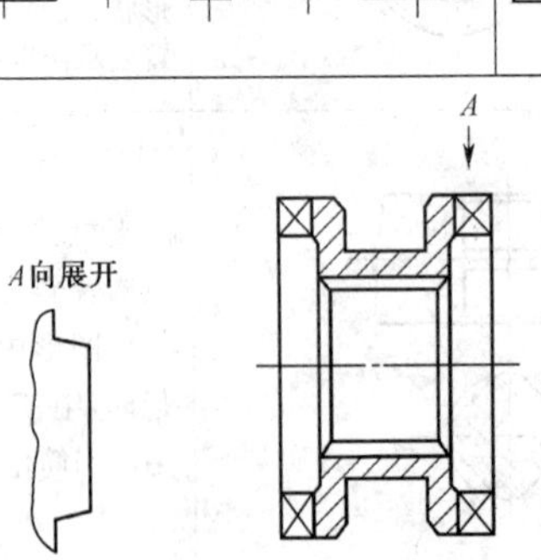 A向展开	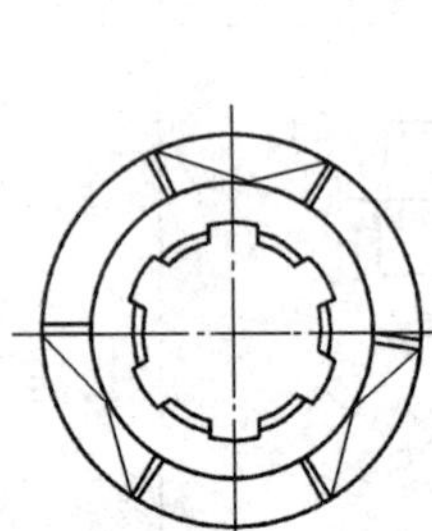 A	在剖视图中，类似牙嵌式离合器的齿等相同结构可按图示简化

续表 3-7

	简化后	简化前	说明
机件的肋、轮辐及薄壁画法	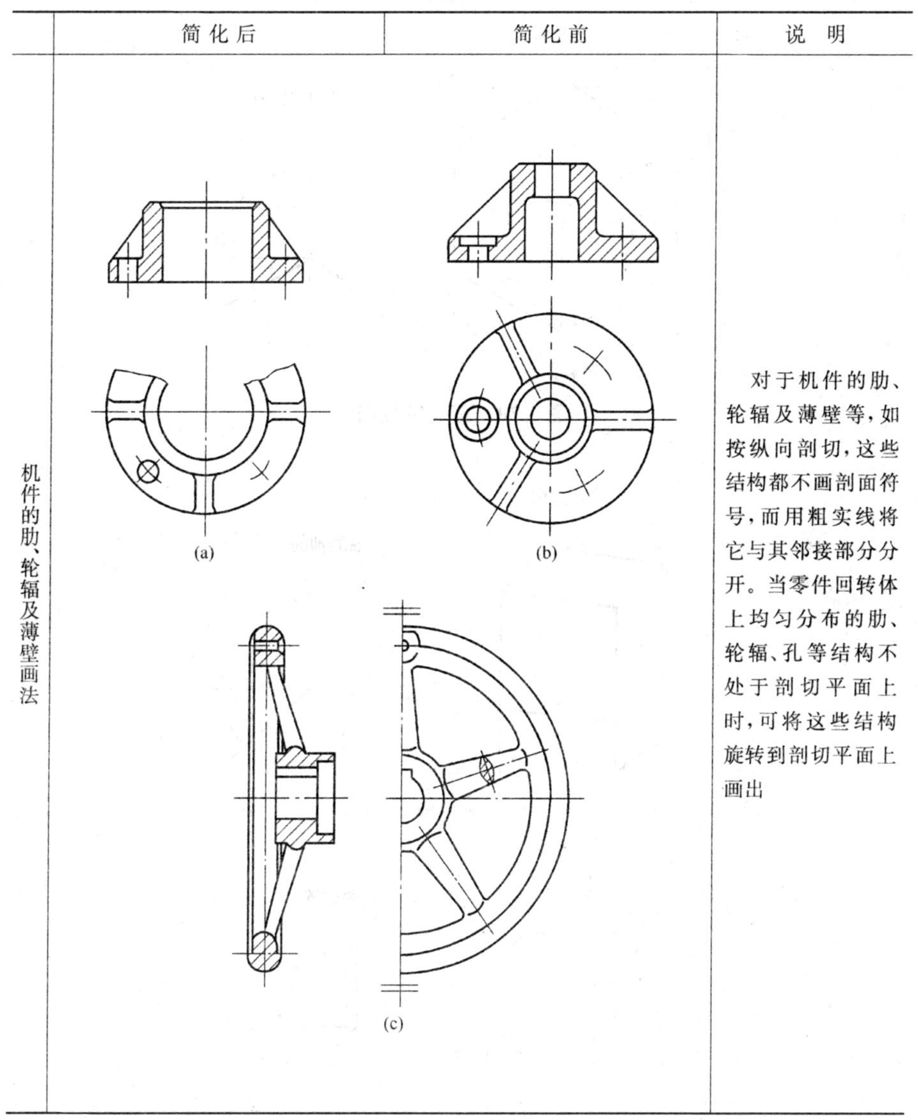		对于机件的肋、轮辐及薄壁等，如按纵向剖切，这些结构都不画剖面符号，而用粗实线将它与其邻接部分分开。当零件回转体上均匀分布的肋、轮辐、孔等结构不处于剖切平面上时，可将这些结构旋转到剖切平面上画出

3.2.11 轴测图(GB/T 4458.3—1984)

1. 轴测图一般采用下列三种：

①正等轴测图，简称正等测，如图 3-20 所示。

②正二等轴测图，简称正二测，如图 3-21 所示。

③斜二等轴测图，简称斜二测，如图 3-22 所示。

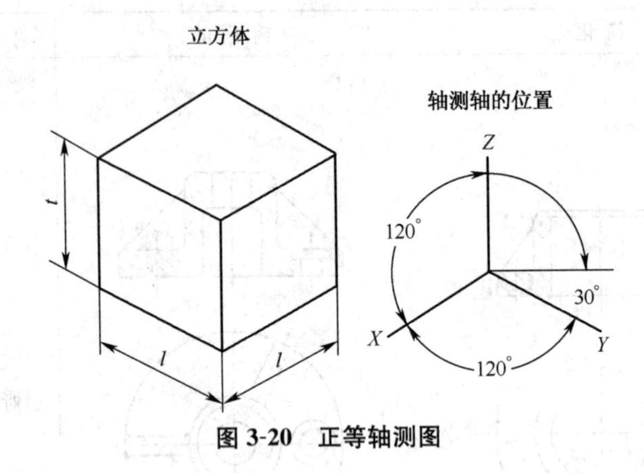

图 3-20 正等轴测图

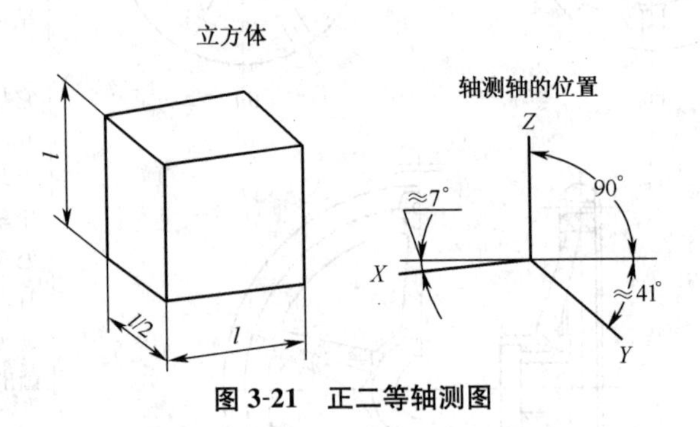

图 3-21 正二等轴测图

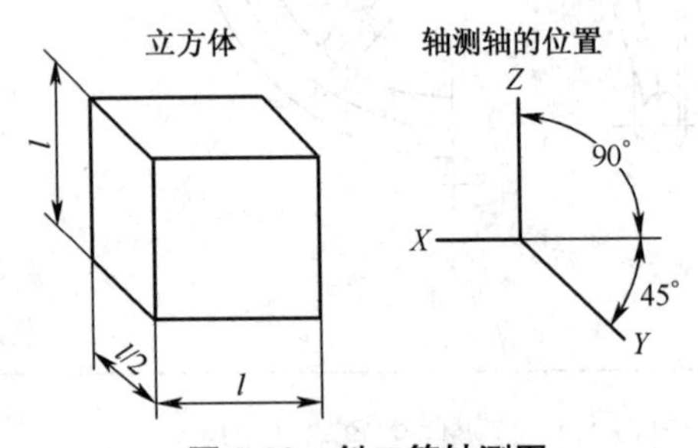

图 3-22 斜二等轴测图

2. 轴测图画法

轴测图一般只画出可见部分，必要时才画出其不可见的部分。

与各坐标平面平行的圆(如直径为 d)在各种轴测图中分别投影为椭圆，但斜二测中正面投影仍为圆，见表 3-8。

表 3-8 轴测图画法

轴测图名称	轴测图画法	说 明
正等轴测图	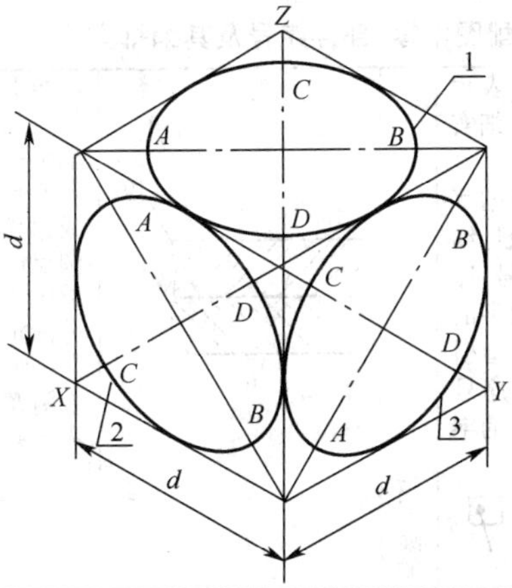	椭圆 1 的长轴垂直于 Z 轴 椭圆 2 的长轴垂直于 X 轴 椭圆 3 的长轴垂直于 Y 轴 各椭圆的长轴： $\approx 1.22d$ 各椭圆的短轴： $\approx 0.7d$
正二等轴测图	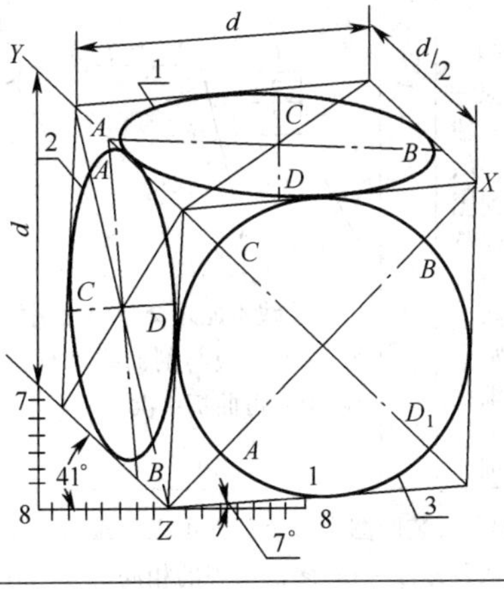	椭圆 1 的长轴垂直于 Z 轴 椭圆 2 的长轴垂直于 X 轴 椭圆 3 的长轴垂直于 Y 轴 各椭圆的长轴： $AB \approx 1.06d$ 椭圆 1,2 的短轴： $CD \approx 0.35d$ 椭圆 3 的短轴： $C_1D_1 \approx 0.94d$
斜二等轴测图	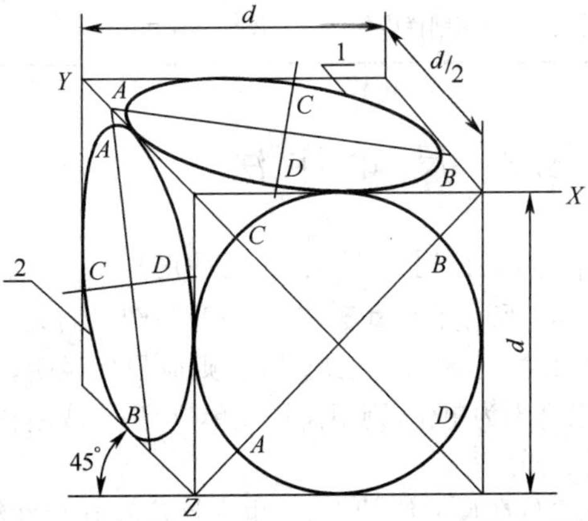	椭圆 1 的长轴与 X 轴约成 7° 椭圆 2 的长轴与 Z 轴约成 7° 椭圆 1,2 的长轴： $AB \approx 1.06d$ 椭圆 1,2 的短轴： $CD \approx 0.33d$

3.2.12　装配图中零、部件序号及其编排方法(GB/T 4485.2—2003)(表 3-9)

表 3-9　装配图中零、部件序号及其编排方法

序号的编排方法	装配图中编写零、部件序号的表示方法有以下三种:在水平的基准(细实线)上或圆(细实线)内注写序号,序号字号比该装配图中所注尺寸数字的字号大一号[图(a)];在水平的基准(细实线)上或圆(细实线)内注写序号,序号字号比该装配图中所注尺寸数字的字号大一号或两号[图(b)];在指引线的非零件端的附近注写序号,序号字号比该装配图中所注尺寸数字的字号大一号或两号[图(c)] 10　⑩　10　⑩　10 (a)　(b)　(c) 同一装配图中编排序号的形式应一致。相同的零、部件用一个序号,一般只标注一次。多处出现的相同的零、部件,必要时也可重复标注。装配图中序号应按水平或竖直方向排列整齐,可按下列两种方法编排:按顺时针或逆时针方向顺次排列,在整个图上无法连续时,可只在每个水平或竖直方向顺次排列;也可按装配图明细栏中的序号排列,采用此种方法时,应尽量在每个水平或竖直方向顺次排列	指引线的表示方法	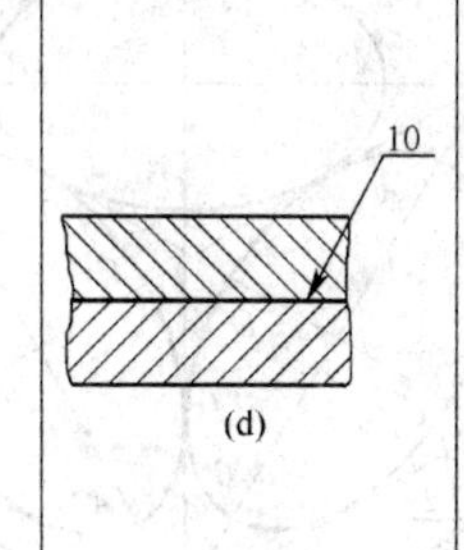 (d) 指引线应自所指部分的可见轮廓内引出,并在末端画一圆点[图(a)~(c)],若所指部分(很薄的零件或涂黑的剖面)内不便画圆点时,可在指引线的末端画出箭头,并指向该部分的轮廓[图(d)] 一组紧固件以及装配关系清楚的零件组,可以采用公共指引线[图(e)] 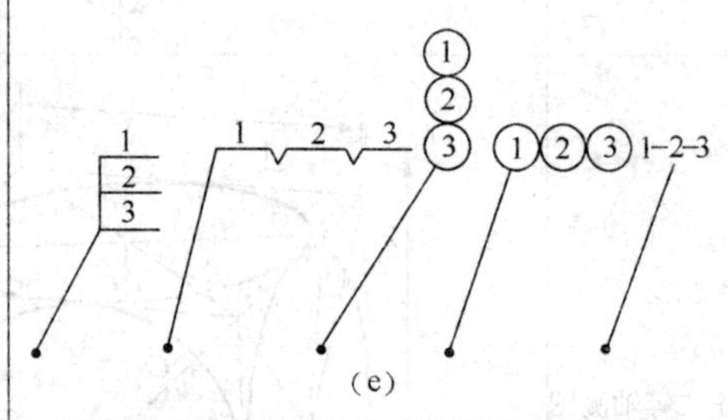 (e) 指引线不能相交。当指引线通过有剖面线的区域时,它不应与剖面线平行。指引线可以画成折线,但只可曲折一次
基本要求	装配图中所有的零、部件均应编号。装配图中一个部件可以只编写一个序号。同一装配图中相同的零、部件用一个序号、一般只标注一次;多次出现的相同的零、部件,必要时也可重复标题。装配图中零、部件的序号,应与明细栏中的序号一致		

3.3　尺寸注法

3.3.1　一般尺寸注法(GB/T 4458.4—2003)

机件的真实大小应以图样上所注的尺寸数值为依据,与图形的大小及绘图的准确度无关。图样中所标注的尺寸,为最后完工尺寸,否则应另加说明。机件的每一尺寸,一般只标注一次。若以毫米为单位,则不需标注单位符号(或名称);如采用其他单位,则应注明相应的单位符号。

线性尺寸的数字一般应注写在尺寸线的上方,也允许注写在尺寸线的中断处。

尺寸数字不可被任何图线所通过。线性尺寸数字的方向，一般采用如图 3-23 所示的方向注写，并尽可能避免在图示 30°范围内标注尺寸，当无法避免时可按图 3-24 的形式标注。

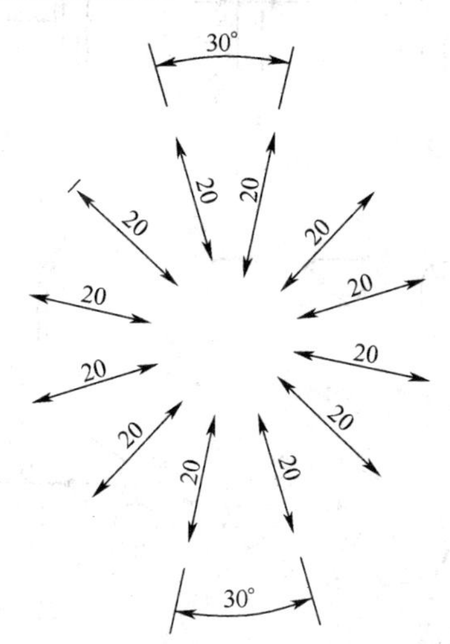

图 3-23 尺寸数字的注写方向

图 3-24 向左倾斜 30°范围内的尺寸数字的注写

角度数字一律写成水平方向，一般注写在尺寸线的中断处，如图 3-25(a)所示，必要时也可按图 3-25(b)的形式标注。

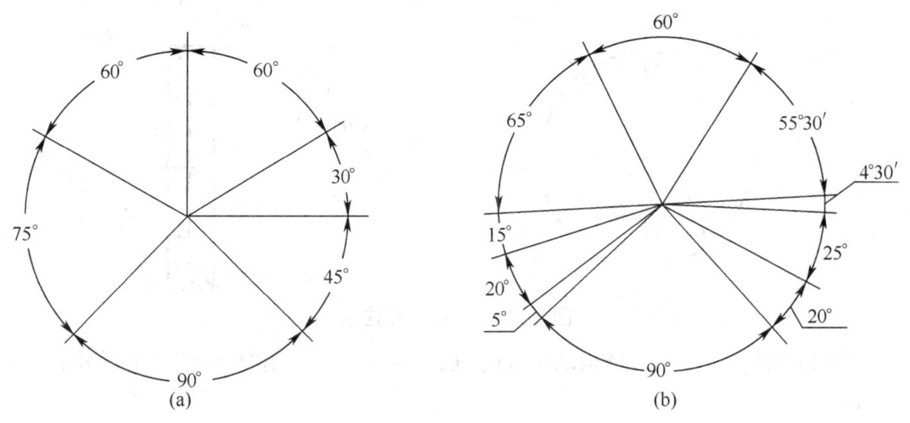

图 3-25 角度数字的注写

(a)一般位置 (b)必要时的位置

机械图样中一般采用箭头作为尺寸线的终端。在没有足够的位置画箭头或注写数字时，允许用圆点或斜线代替箭头，如图 3-26 所示。

标注下列各种形式尺寸时，应在尺寸数字前面按规定加注符号：

①标注直径时，加注符号“ϕ”；

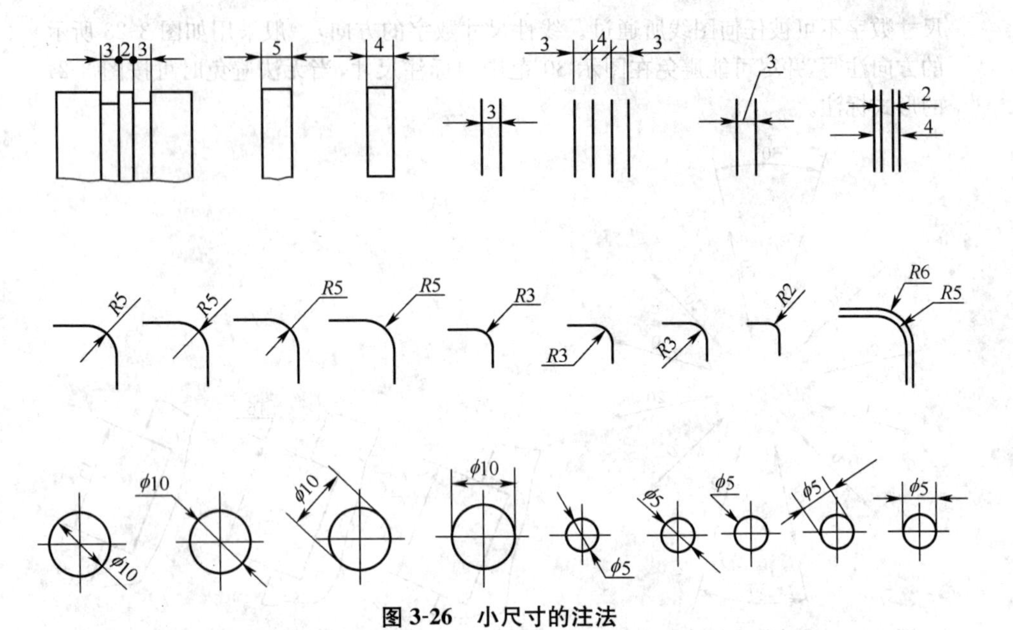

图 3-26 小尺寸的注法

②标注半径时，加注符号“R”；

③标注球面直径或半径时，应在符号“ϕ”或“R”前再加注符号“S”，如图 3-27 所示；

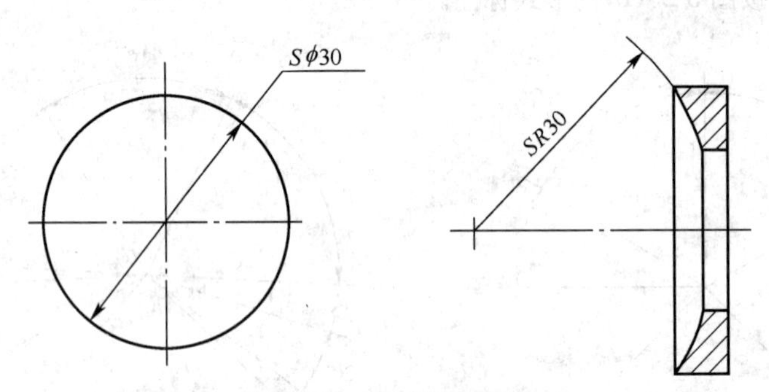

图 3-27 球面尺寸注法

④标注剖面为正方形结构的尺寸时，加注符号“□”或用“$B\times B$”注出，如图 3-28 所示；

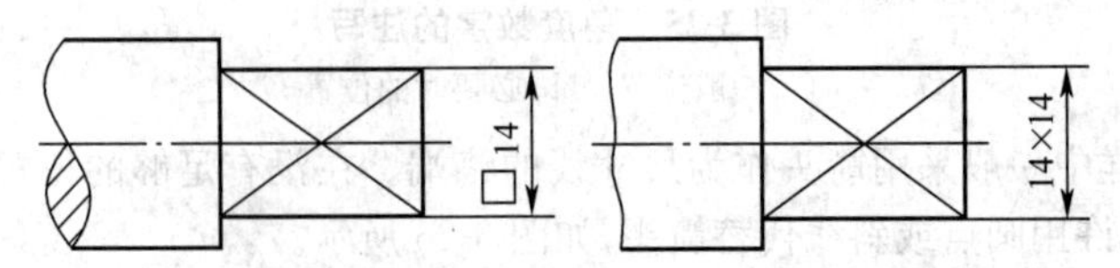

图 3-28 正方形结构的尺寸注法

⑤标注板状零件的厚度时，加注符号“t”，如图 3-29 所示；

⑥标注弧长时,加注符号“⌒”,如图 3-30 所示。

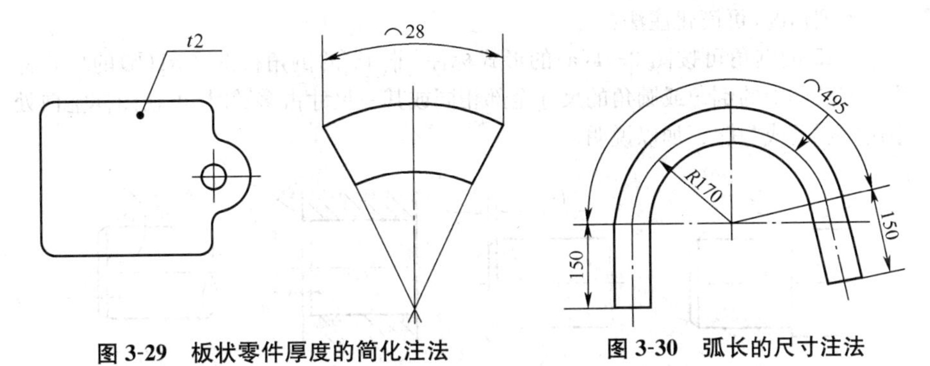

图 3-29 板状零件厚度的简化注法　　图 3-30 弧长的尺寸注法

3.3.2 锥度和斜度的标注(GB 4458.4—2003)(表 3-10)

表 3-10 锥度和斜度的标注示例

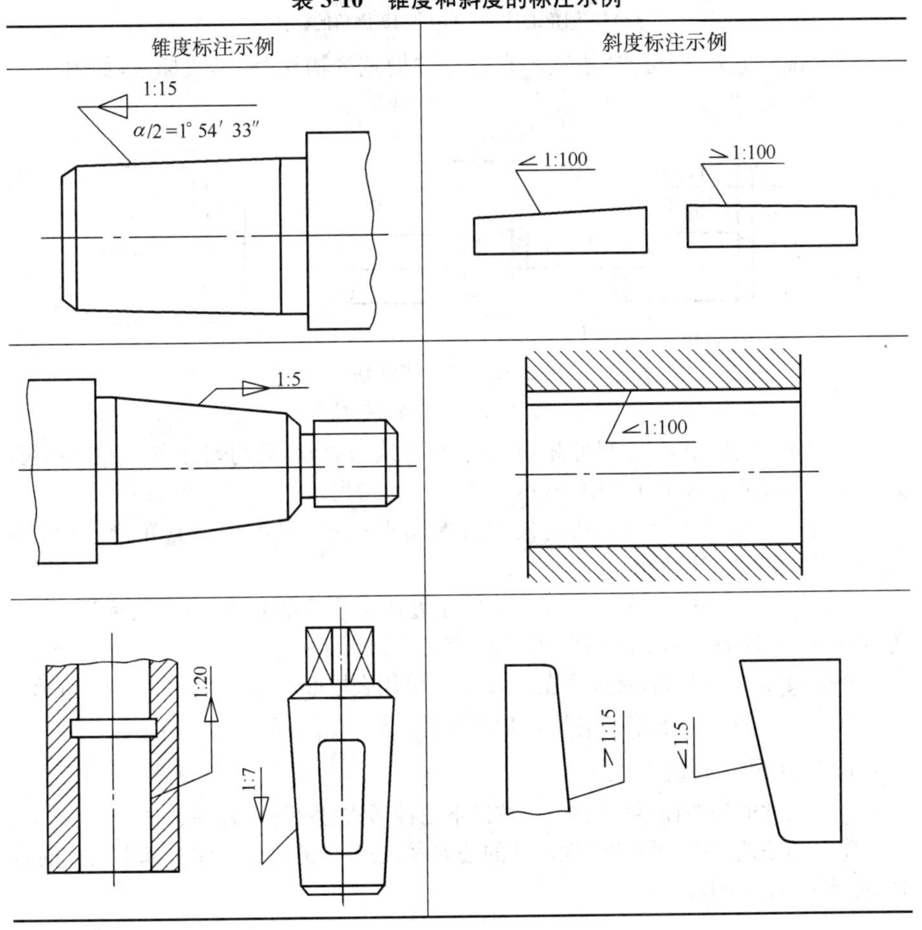

3.3.3 简化注法(GB/T 16675.2—1996)

下列情况,可简化注法:

①45°的倒角可按图 3-31(a)的形式标注,非 45°的倒角按图 3-31(b)的形式标注。若图样中的倒角或圆角的尺寸全部相同或其一尺寸占多数时,可在图样空白处中用“全部”或“其余”加以说明。

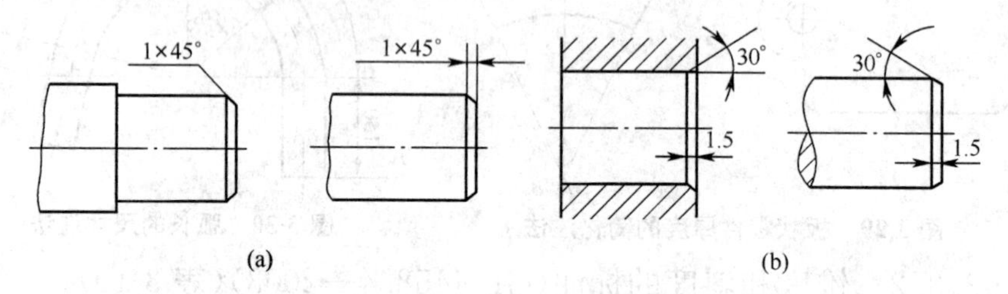

图 3-31 倒角注法

(a)45°倒角的注法 (b)非 45°倒角的注法

②一般的退刀槽,可按“槽宽×直径”或“槽宽×槽深”的形式标注,如图 3-32(a),(b)所示。

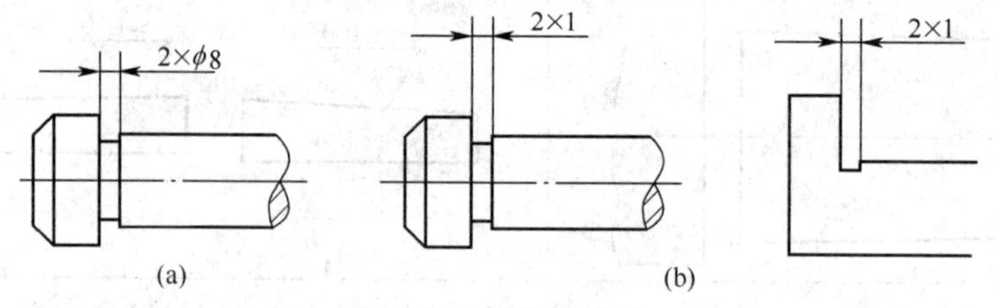

图 3-32 退刀槽注法

(a)槽宽×直径标注 (b)槽宽×槽深标注

③在同一图形中,对于尺寸相同的孔、槽等成组要素,且均匀分布,可在一个要素上注出其尺寸和数量并注明“EQS”,如图 3-33(a)所示。

均匀分布的成组要素,其定位和分布情况明确,可不标注其角度,并省略“EQS”,如图 3-33(b)所示。

④在同一图形中,如有几种尺寸数值相近而又重复的要素,可采用标记(如涂色)或用标注字母的方法来区别,如图 3-34(a),(b)所示。

孔的尺寸和数量可直接标注在图形上,也可用表格形式表示,如图 3-34(c)所示。

3.3.4 尺寸公差与配合注法(GB/T 4458.5—2003)

1. 线性尺寸的公差注法

线性尺寸的公差在零件图中,应按以下三种形式之一进行标注:

①采用公差带代号标注线性尺寸的公差时,公差带的代号应注在基本尺寸的右边,如 ϕ50k6,ϕ50H7。

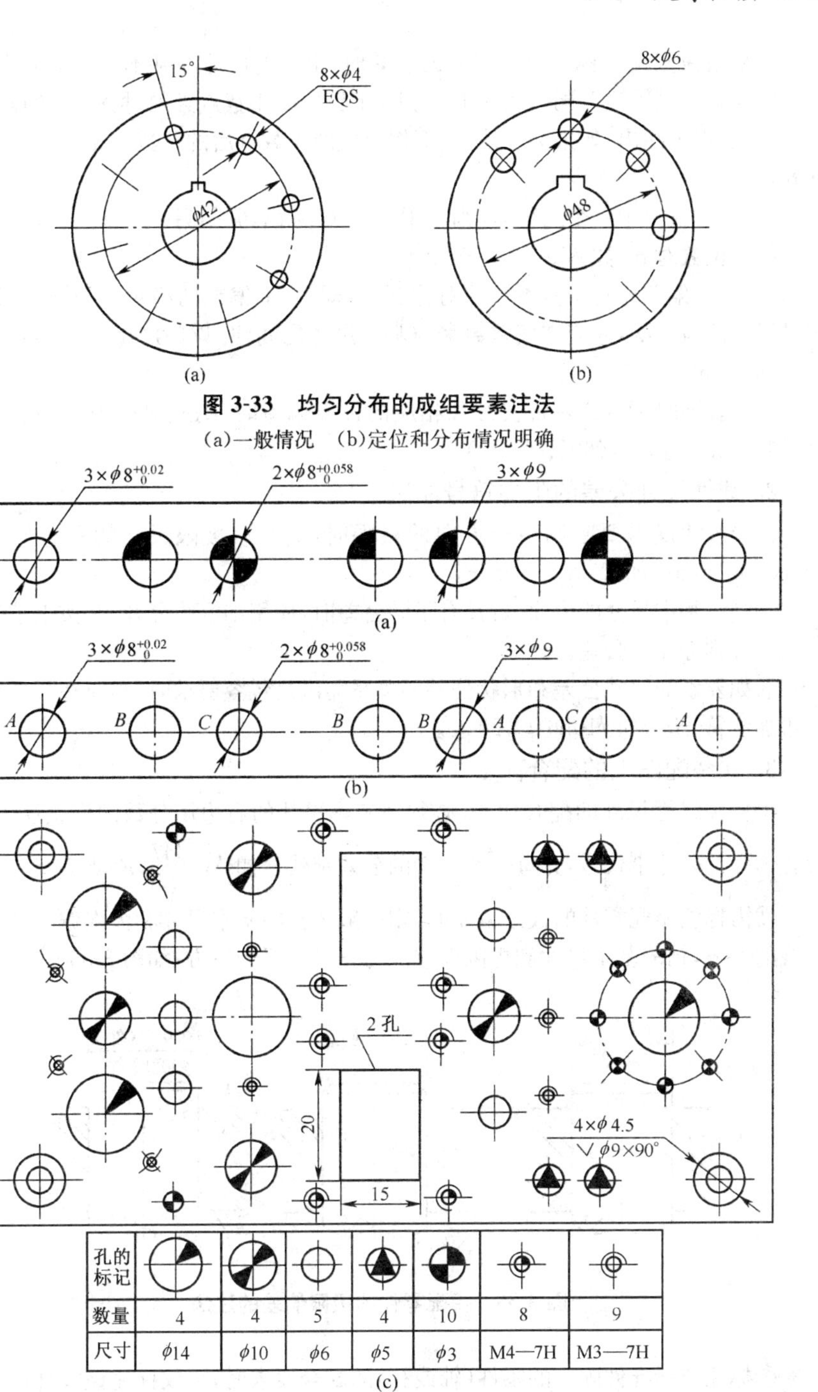

图 3-33 均匀分布的成组要素注法

(a)一般情况 (b)定位和分布情况明确

孔的标记							
数量	4	4	5	4	10	8	9
尺寸	φ14	φ10	φ6	φ5	φ3	M4—7H	M3—7H

(c)

图 3-34 多孔标注

(a)尺寸相近多孔的标记注法 (b)尺寸相近多孔的字母注法 (c)多孔的表格注法

②采用极限偏差标注线性尺寸的公差时，上偏差应注在基本尺寸的右上方；下偏差应与基本尺寸注在同一底线上，且上、下偏差的小数点必须对齐，小数点后右端的"0"一般不予注出；如果为了使上、下偏差值的小数点后的位数也相同，可以用"0"补齐，如 $\phi50^{+0.016}_{-0.010}$。

当上、下偏差中一个为零时，则应用数字"0"标出，并与另一个下、上偏差的小数点前的个位数对齐，如 $\phi50^{\ 0}_{-0.003}$，$\phi50^{+0.005}_{\ 0}$。

当上、下偏差相对于基本尺寸对称配置，即上、下偏差的绝对值相同时，偏差数字可以只注写一次，并应在偏差数字与基本尺寸之间注出符号"±"，且两者数字高度相同，如 50±0.3。

③当要同时标注公差带代号和相应的极限偏差时，则应对极限偏差加上圆括号，如 $\phi60k6(^{+0.021}_{+0.002})$，$\phi60H7(^{+0.03}_{\ 0})$。

2. 线性尺寸公差的附加符号注法

①当尺寸仅需要限制单个方向的极限时，应在该极限尺寸的右边加注符号"max"或"min"，如 R5max，40min。

②同一基本尺寸的表面，若具有不同公差时，应用细实线分开，并按上述三种形式之一分别标注其公差。

③如要素的尺寸公差和形状公差的关系需满足包容要求时，则应在尺寸公差的右边加注符号Ⓔ，如 ϕ10h6 Ⓔ，20 Ⓔ。

3. 在装配图上的配合注法

①标注线性尺寸的配合代号，必须在基本尺寸的右边用分数的形式注出，分子位置为孔的公差带代号，分母位置为轴的公差带代号如 $\phi30\ \frac{H7}{f6}$，ϕ30H7/f6。

②需标注相配零件的极限偏差时，则一般将孔的基本尺寸和极限偏差注写在尺寸线的上方，轴的基本尺寸和极限偏差注写在尺寸线的下方，如图 3-35 所示。

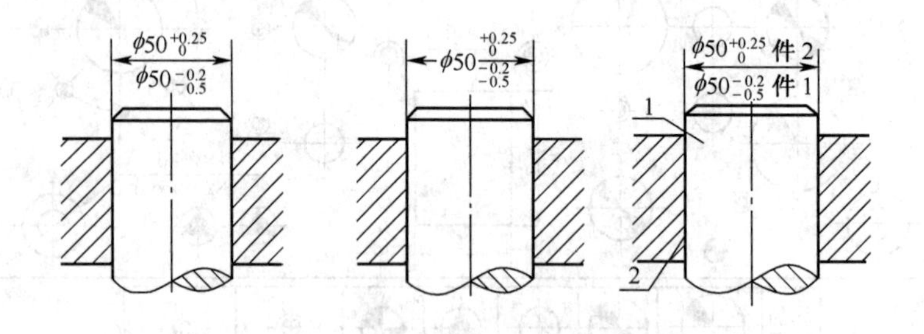

图 3-35 相配零件的极限偏差的注法

③标注与标准件配合的零件（轴或孔）的配合要求时，可仅标注该零件的公差带代号，如图 3-36 所示。

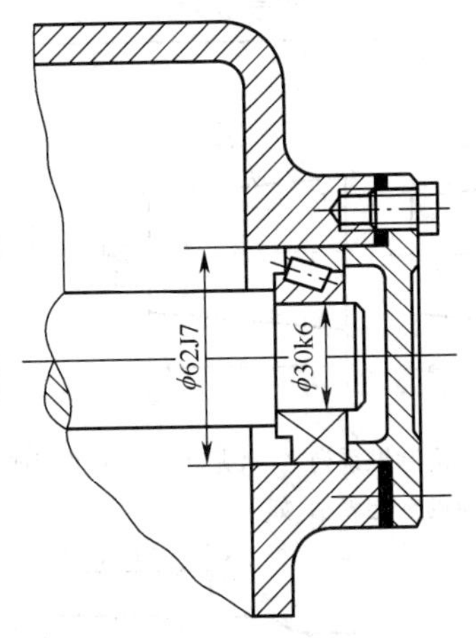

图 3-36 与标准件有配合要求时的注法

3.3.5 圆锥的尺寸和公差注法(GB/T 15754—1995)(表 3-11)

表 3-11 圆锥的尺寸和公差注法

		锥度	圆锥角	最大圆锥直径	最小圆锥直径	给定横截面处圆锥直径	圆锥长度	总长	给定横截面处的长度
圆锥尺寸注法	特征参数及字母符号	C	α	D	d	d_x	L	L'	L_x
	尺寸标注 优先方法	1∶5 1/5	35°						
	尺寸标注 可选方法	0.2∶1 20%	0.6rad						
		φD α L	α φd L	α φdx Lx L′	φD φd L				
	锥度图形符号	锥度图形符号 d 1.4h 15° 2.5h h=字体高度 d=1/10h				图形符号的配置 图形符号 指引线 1:5 基准线			

续表 3-11

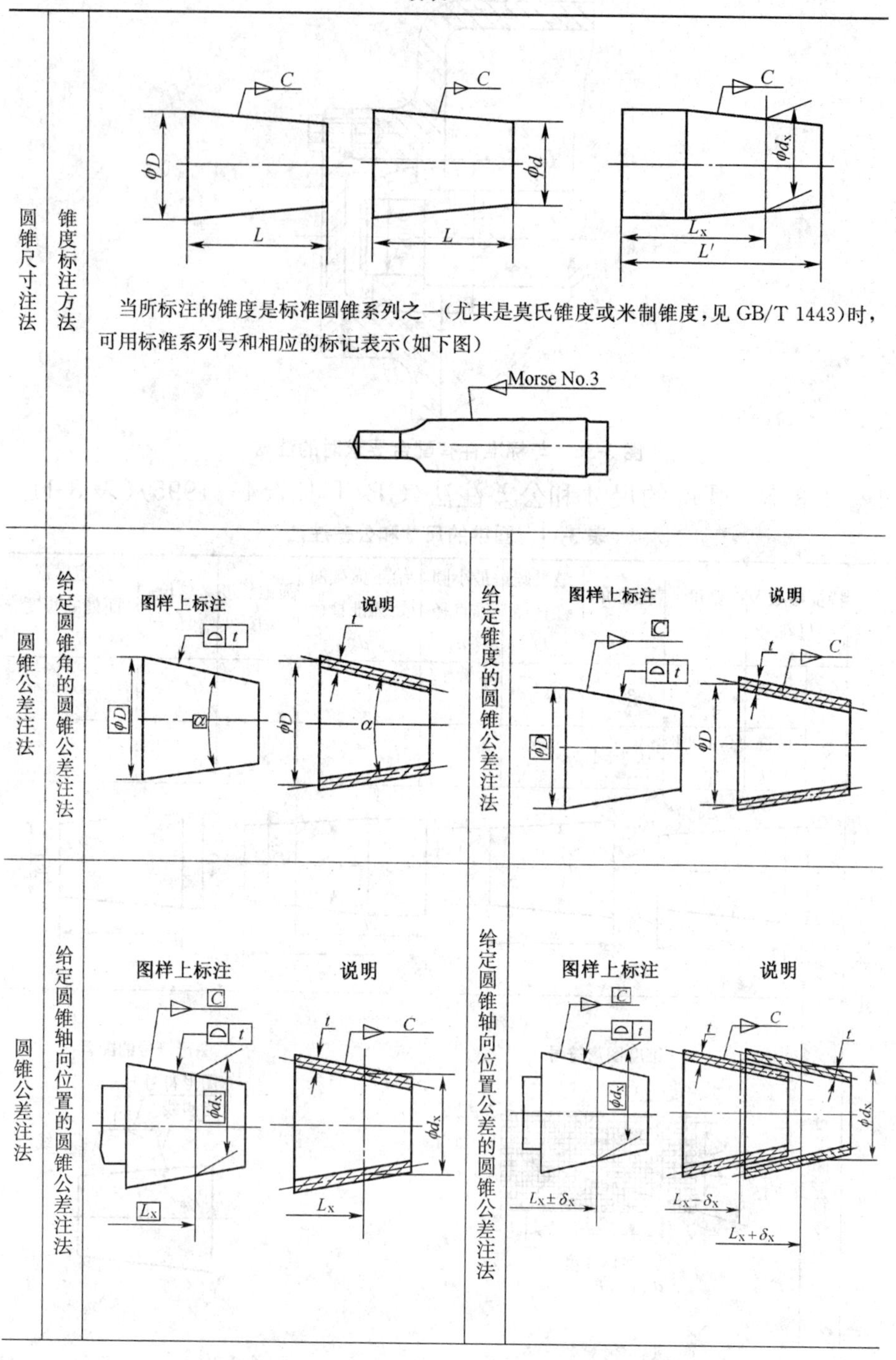

圆锥尺寸注法	锥度标注方法	当所标注的锥度是标准圆锥系列之一(尤其是莫氏锥度或米制锥度，见 GB/T 1443)时，可用标准系列号和相应的标记表示(如下图)		
圆锥公差注法	给定圆锥角的圆锥公差注法	图样上标注　说明	给定锥度的圆锥公差注法	图样上标注　说明
圆锥公差注法	给定圆锥轴向位置的圆锥公差注法	图样上标注　说明	给定圆锥轴向位置公差的圆锥公差注法	图样上标注　说明

续表 3-11

<table>
<tr>
<td rowspan="2">圆锥公差注法</td>
<td>与基准线有关的圆锥公差注法</td>
<td>图样上标注　　说明
t　A　φ　φD　α　φD　α　A</td>
</tr>
<tr>
<td>相配合的圆锥公差注法</td>
<td>根据 GB/T 12360 的要求，相配合的圆锥应保证各装配件的径向和(或)轴向位置。标注两个相配圆锥的尺寸及公差时，应确定：具有相同的锥度或圆锥角；标注尺寸公差的圆锥直径的基本尺寸应一致；确定直径[图(a)]和位置[图(b)]的理论正确尺寸与两装配件的基准平面有关
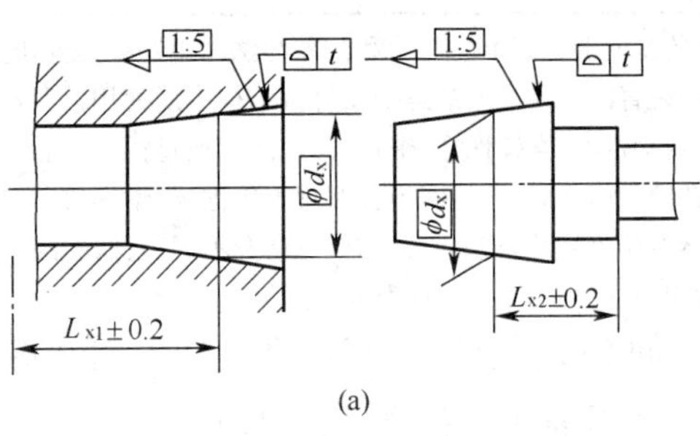

(a)
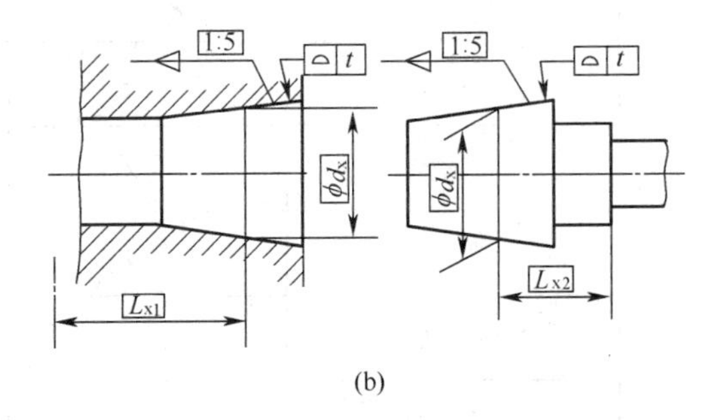

(b)</td>
</tr>
</table>

续表 3-11

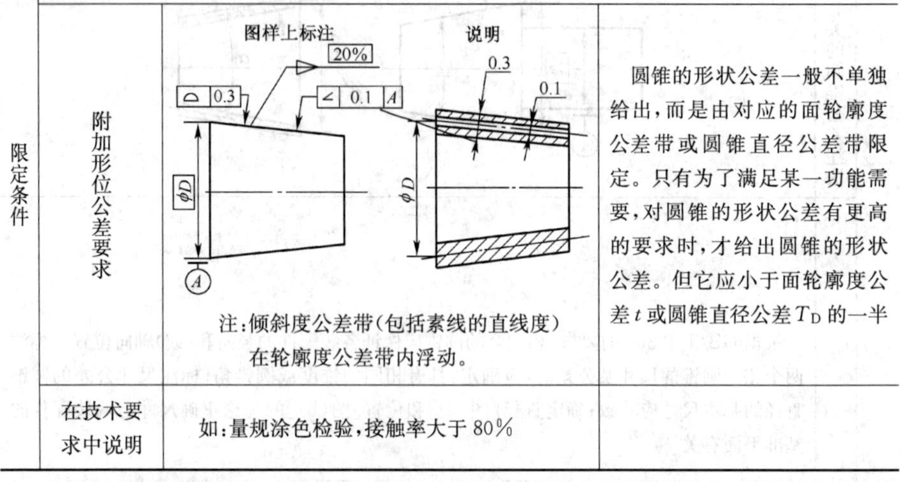

限定条件			
	必要时,可给出限定条件以保证圆锥实际要素不超过给定的公差带。这些限定条件可在图样上直接给出或在技术要求中说明		
	附加形位公差要求	图样上标注 / 说明 注:倾斜度公差带(包括素线的直线度)在轮廓度公差带内浮动。	圆锥的形状公差一般不单独给出,而是由对应的面轮廓度公差带或圆锥直径公差带限定。只有为了满足某一功能需要,对圆锥的形状公差有更高的要求时,才给出圆锥的形状公差。但它应小于面轮廓度公差 t 或圆锥直径公差 T_D 的一半
	在技术要求中说明	如:量规涂色检验,接触率大于 80%	

注:本标准规定的是光滑正圆锥的尺寸和公差注法。正圆锥是要求圆锥的锥顶与基本圆锥相重合,且其母线是直的。光滑圆锥是指在机械结构中所使用的具有圆锥结构的工件,这种工件利用圆锥的自动定心、自锁性好、密封性好、间隙或过盈可以自由调整等特点工作,例如圆锥滑动轴承、圆锥阀门、钻头的锥柄等。而对于像锥齿、锥螺纹、圆锥滚动轴承的锥形套圈等零件,它们虽然有圆锥结构,但其功能与前述情况不同,它们的圆锥部分的要求都是该零件的专门标准所确定,本标准不适用于这类零件。

3.3.6 几何公差的注法(GB/T 1182—2008)

3.3.6.1 几何公差特征符号(表 3-12)

表 3-12 几何特征符号

公差类型	几何特征	符 号	有无基准
形状公差	直线度	—	无
	平面度	⏥	无
	圆度	○	无
	圆柱度	⌭	无
	线轮廓度	⌒	无
	面轮廓度	⌓	无

续表 3-12

公差类型	几何特征	符　号	有无基准
方向公差	平行度	∥	有
	垂直度	⊥	有
	倾斜度	∠	有
	线轮廓度	⌒	有
	面轮廓度	⌓	有
位置公差	位置度	⌖	有或无
	同心度 （用于中心点）	◎	有
	同轴度 （用于轴线）	◎	有
	对称度	⌯	有
	线轮廓度	⌒	有
	面轮廓度	⌓	有
跳动公差	圆跳动	↗	有
	全跳动	⌰	有

3.3.6.2　几何公差附加符号(表 3-13)

表 3-13　几何公差附加符号

说　明	符　号
被测要素	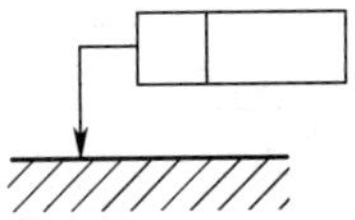
基准要素	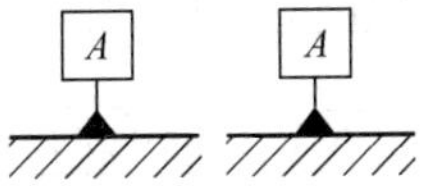 A　A
基准目标	$\phi 2$ / A1
理论正确尺寸	50
延伸公差带	Ⓟ
最大实体要求	Ⓜ

续表 3-13

说　明	符　号
最小实体要求	Ⓛ
自由状态条件(非刚性零件)	Ⓕ
全周(轮廓)	
包容要求	Ⓔ
公共公差带	*CZ*
小径	*LD*
大径	*MD*
中径、节径	*PD*
线素	*LE*
不凸起	*NC*
任意横截面	*ACS*

注：1. GB/T 1182—1996 中规定的基准符号为  。

2. 如需标注可逆要求，可采用符号Ⓡ，见 GB/T 16671。

3.3.6.3　几何公差框格(表 3-14)

表 3-14　几何公差框格

图　例	说　明
– | 0.1　　// | 0.1 | *A*　　⌖ | φ0.1 | *A* | *C* | *H* ⌖ | *S*φ0.1 | *A* | *B* | *C*　　◎ | φ0.1 | *A*-*H*	标注内容：几何特征符号； 公差值，以线性尺寸单位表示的量值，如果公差带为圆形或圆柱形，公差值前应加注符号“φ”；如果公差带为圆球形，公差值前应加注符号“*S*φ”； 基准，用一个字母表示单个基准或用几个字母表示基准体系或公共基准
6× ▱ | 0.2　　6×φ12±0.02 ⌖ | φ0.1	当某个公差应用于几个相同要素时，应在公差框格的上方被测要素的尺寸之前注明要素的个数，并在两者之间加上符号“×”
▱ | 0.1 NC	如果需要限制被测要素在公差带内的形状，应在公差框格的下方注明
— | 0.01 // | 0.08 | *B*	如果需要就某个要素给出几种几何特征的公差，可将一个公差框格放在另一个的下面

3.3.6.4 被测要素(表 3-15)

表 3-15 被测要素

图例	说明
按下列方式之一用指引线连接被测要素和公差框格。指引线引自框格的任意一侧,终端带一箭头	
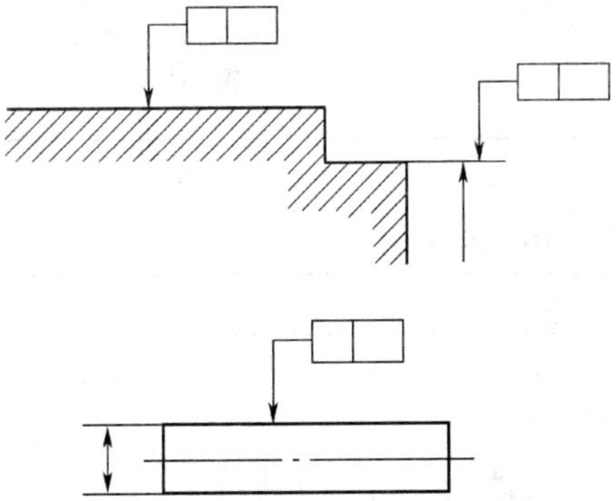	当公差涉及轮廓线或轮廓面时,箭头指向被测要素的轮廓线或其延长线(应与尺寸线明显错开)
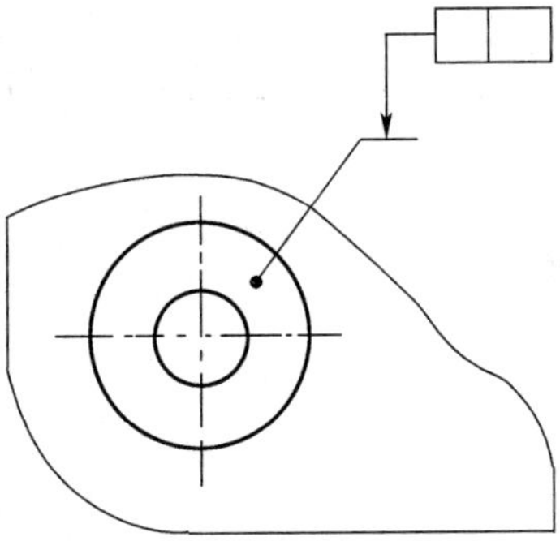	箭头也可指向引出线的水平线,引出线引自被测面
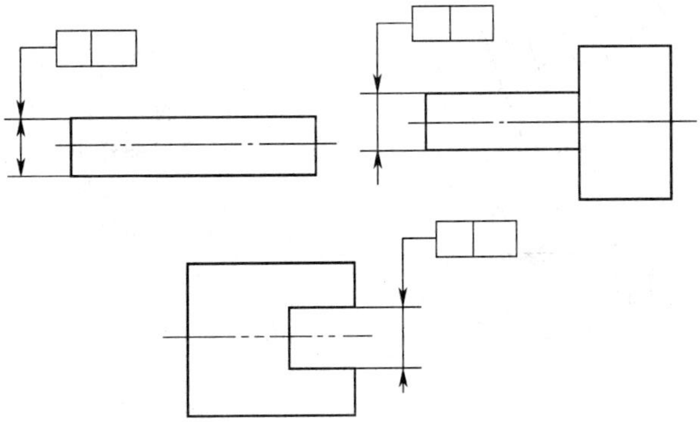	当公差涉及要素的中心线、中心面或中心点时,箭头应位于相应尺寸的延长线上

续表 3-15

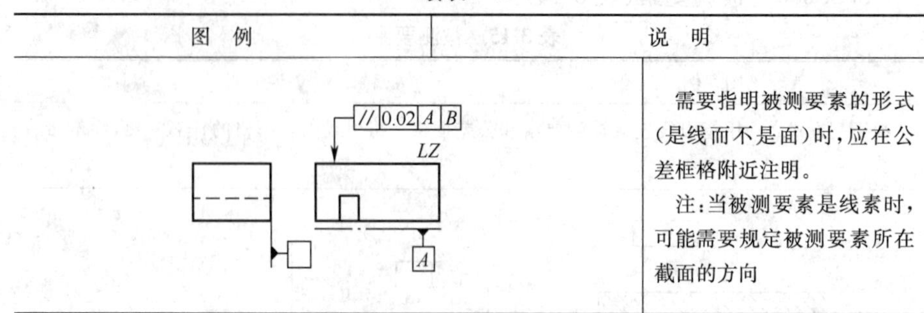

图　例	说　明
	需要指明被测要素的形式(是线而不是面)时,应在公差框格附近注明。 注:当被测要素是线素时,可能需要规定被测要素所在截面的方向

3.3.6.5　公差带(表 3-16)

表 3-16　公差带

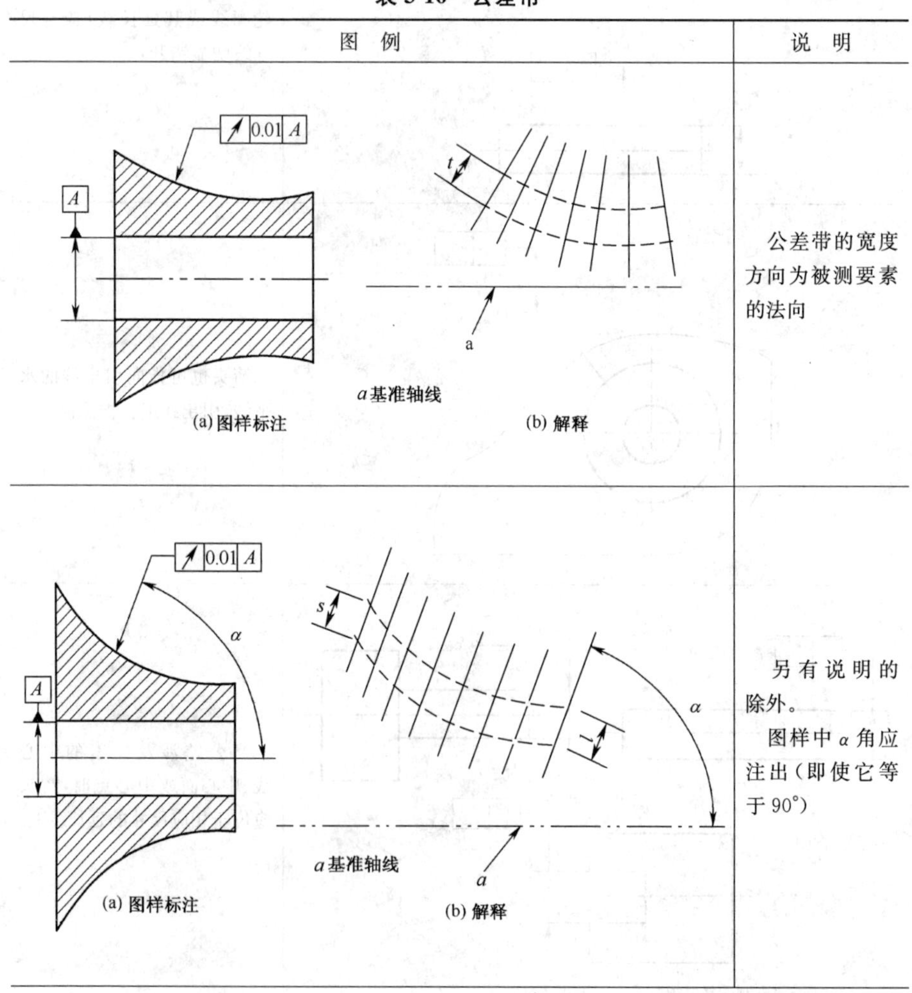

图　例	说　明
(a) 图样标注　(b) 解释	公差带的宽度方向为被测要素的法向
(a) 图样标注　(b) 解释	另有说明的除外。 图样中 α 角应注出(即使它等于 90°)

续表 3-16

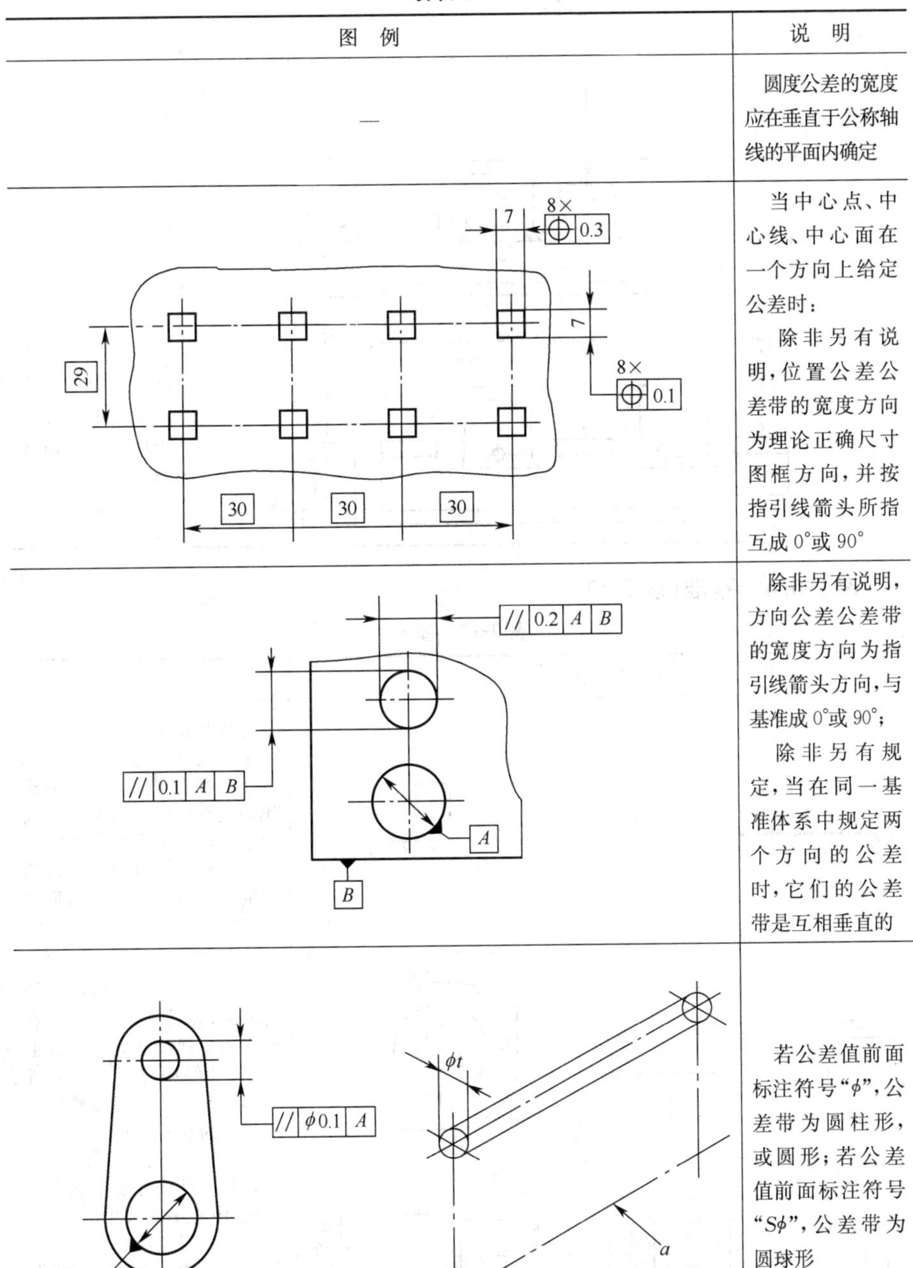

图　例	说　明
—	圆度公差的宽度应在垂直于公称轴线的平面内确定
	当中心点、中心线、中心面在一个方向上给定公差时： 除非另有说明，位置公差公差带的宽度方向为理论正确尺寸图框方向，并按指引线箭头所指互成 0°或 90°
	除非另有说明，方向公差公差带的宽度方向为指引线箭头方向，与基准成 0°或 90°； 除非另有规定，当在同一基准体系中规定两个方向的公差时，它们的公差带是互相垂直的
(a) 图样标注　(b) 解释	若公差值前面标注符号“ϕ”，公差带为圆柱形，或圆形；若公差值前面标注符号“$S\phi$”，公差带为圆球形

续表 3-16

图 例	说 明
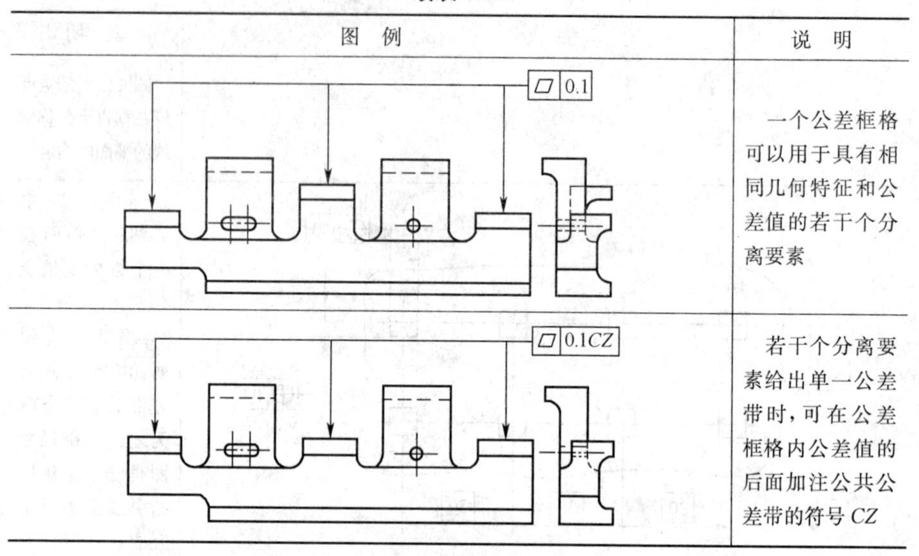	一个公差框格可以用于具有相同几何特征和公差值的若干个分离要素
	若干个分离要素给出单一公差带时，可在公差框格内公差值的后面加注公共公差带的符号 *CZ*

3.3.6.6 基准(表 3-17)

表 3-17 基准

图 例	说 明
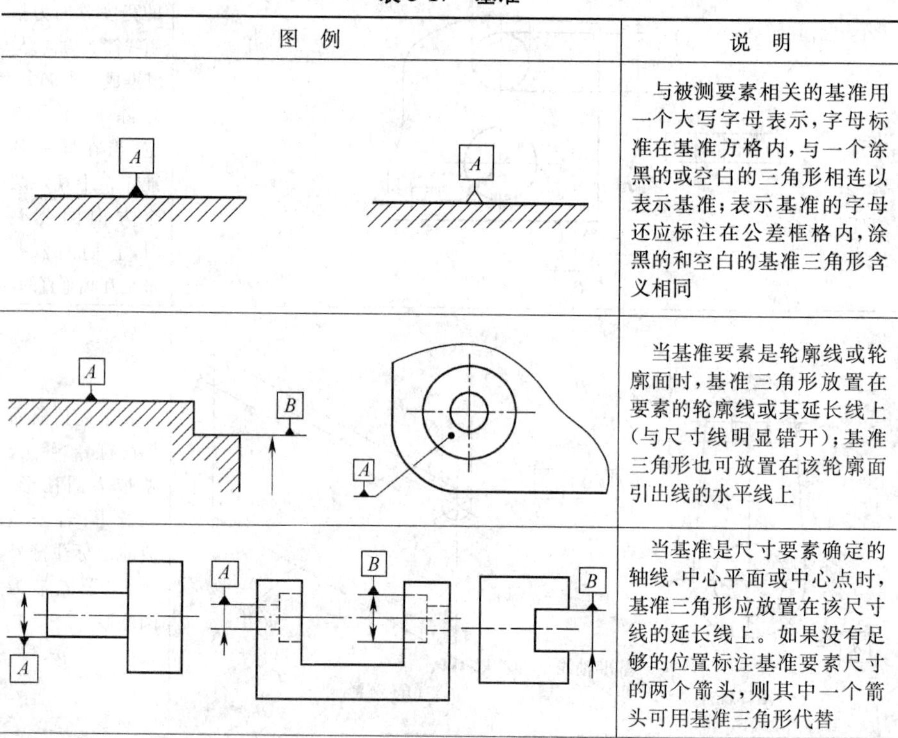	与被测要素相关的基准用一个大写字母表示，字母标准在基准方格内，与一个涂黑的或空白的三角形相连以表示基准；表示基准的字母还应标注在公差框格内，涂黑的和空白的基准三角形含义相同
	当基准要素是轮廓线或轮廓面时，基准三角形放置在要素的轮廓线或其延长线上(与尺寸线明显错开)；基准三角形也可放置在该轮廓面引出线的水平线上
	当基准是尺寸要素确定的轴线、中心平面或中心点时，基准三角形应放置在该尺寸线的延长线上。如果没有足够的位置标注基准要素尺寸的两个箭头，则其中一个箭头可用基准三角形代替

续表 3-17

图 例	说 明
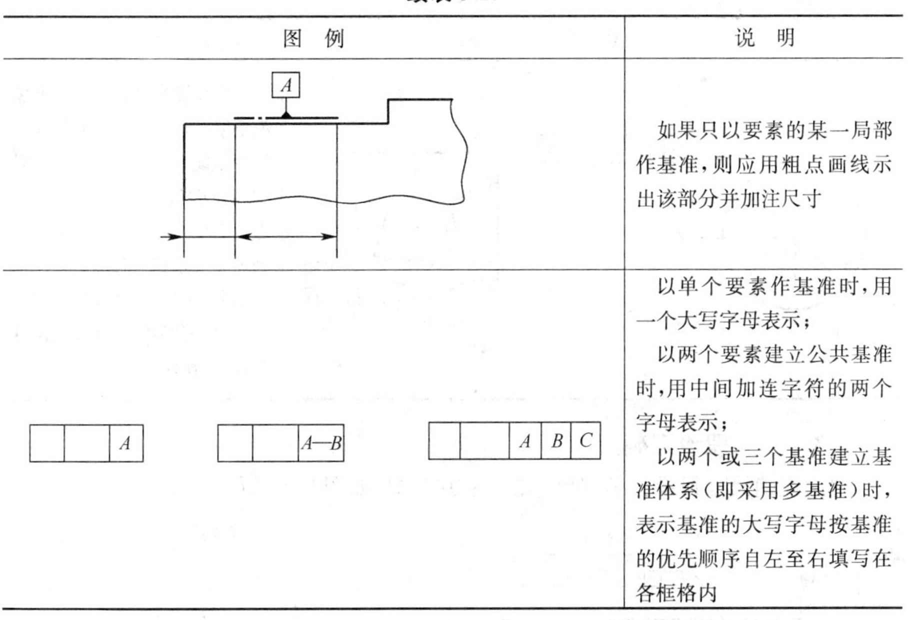	如果只以要素的某一局部作基准，则应用粗点画线示出该部分并加注尺寸
	以单个要素作基准时，用一个大写字母表示； 以两个要素建立公共基准时，用中间加连字符的两个字母表示； 以两个或三个基准建立基准体系(即采用多基准)时，表示基准的大写字母按基准的优先顺序自左至右填写在各框格内

3.3.6.7 附加标记(表 3-18)

表 3-18 附加标记

图 例	说 明
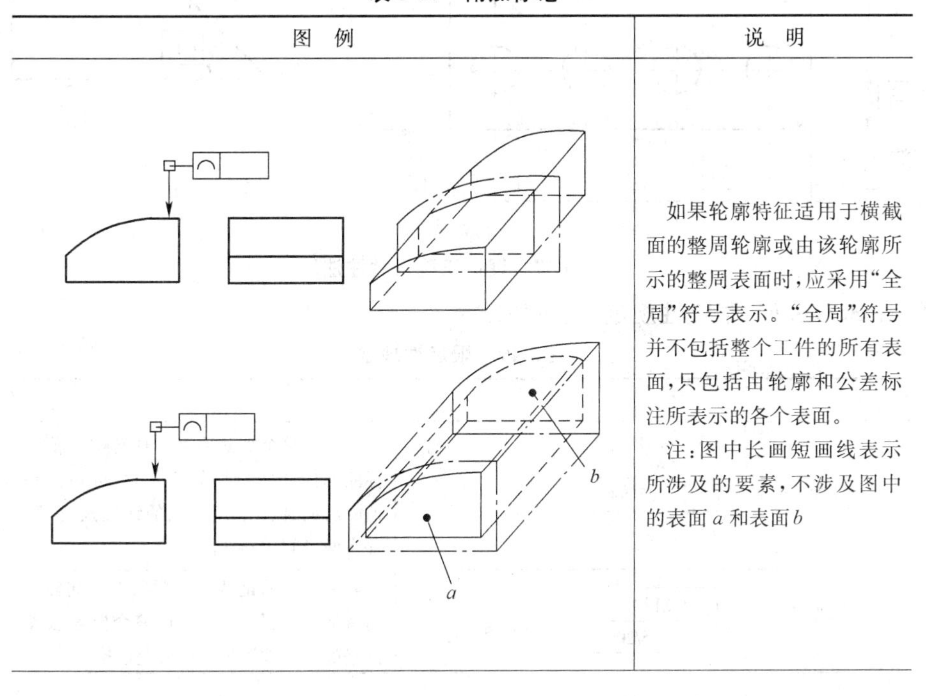	如果轮廓特征适用于横截面的整周轮廓或由该轮廓所示的整周表面时，应采用“全周”符号表示。“全周”符号并不包括整个工件的所有表面，只包括由轮廓和公差标注所表示的各个表面。 注：图中长画短画线表示所涉及的要素，不涉及图中的表面 a 和表面 b

续表 3-18

图　例	说　明
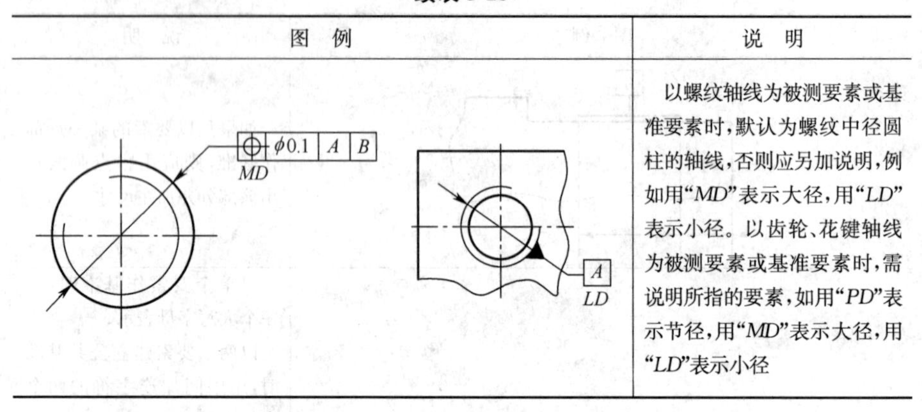	以螺纹轴线为被测要素或基准要素时，默认为螺纹中径圆柱的轴线，否则应另加说明，例如用“MD”表示大径，用“LD”表示小径。以齿轮、花键轴线为被测要素或基准要素时，需说明所指的要素，如用“PD”表示节径，用“MD”表示大径，用“LD”表示小径

3.3.6.8　理论正确尺寸

理论正确尺寸没有公差，标注在一个方框中，如图 3-37 所示。

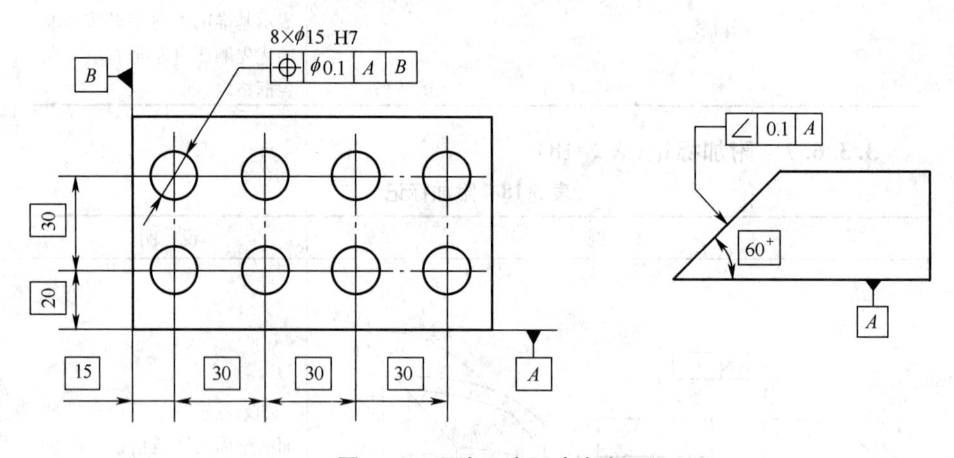

图 3-37　理论正确尺寸注法

3.3.6.9　限定性规定（表 3-19）

表 3-19　限定性规定

图　例	说　明
– 0.05/200	需要对整个被测要素上任意限定范围标注同样几何特征的公差时，可在公差值的后面加注限定范围的线性尺寸值，并在两者间用斜线隔开
– 0.1 0.05/200	如果标注的是两项或两项以上同样几何特征的公差，可直接在整个要素公差框格的下方放置另一个公差框格

续表 3-19

图 例	说 明
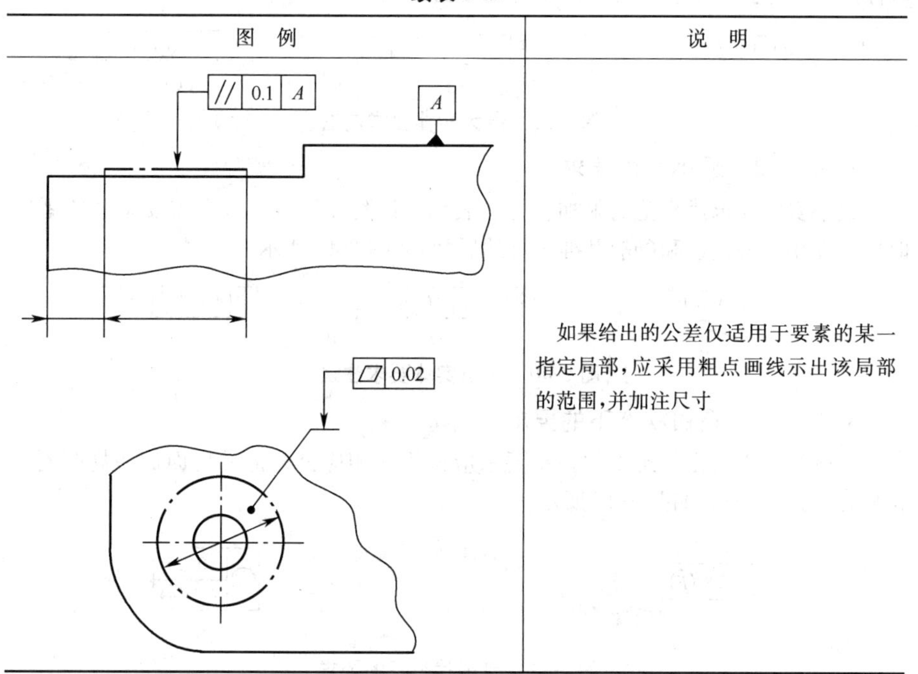	如果给出的公差仅适用于要素的某一指定局部，应采用粗点画线示出该局部的范围，并加注尺寸

3.3.6.10 延伸公差带

延伸公差带用规范的附加符号Ⓟ表示，如图 3-38 所示。

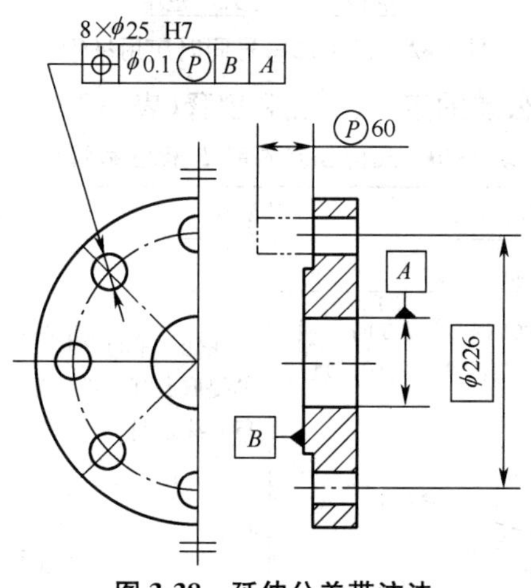

图 3-38 延伸公差带注法

3.3.6.11 最大实体要求

最大实体要求用规范的附加符号Ⓜ表示。该附加符号可根据需要单独或者同时标注在相应公差值和(或)基准字母的后面,如图 3-39 所示。

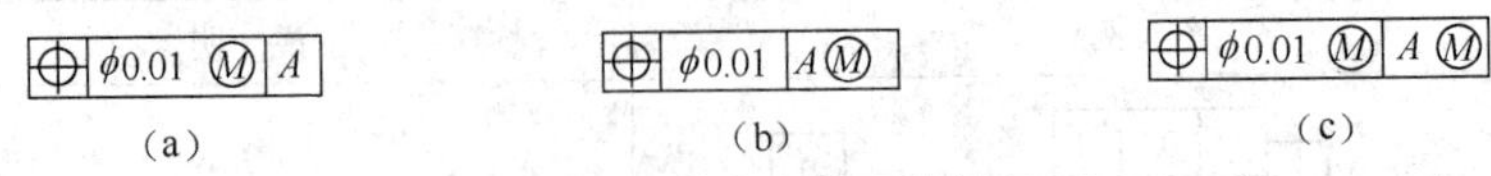

图 3-39 最大实体要求注法

3.3.6.12 最小实体要求

最小实体要求用规范的附加符号Ⓛ表示。该附加符号可根据需要单独或者同时标注在相应公差值和(或)基准字母的后面,如图 3-40 所示。

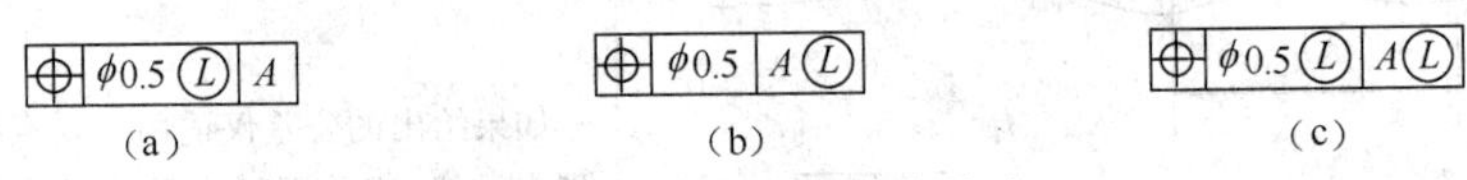

图 3-40 最小实体要求注法

3.3.6.13 自由状态下的要求

非刚性零件自由状态下的公差要求应该用在相应公差值的后面加注规范附加符号Ⓕ的方法表示,如图 3-41 所示。

图 3-41 自由状态下的要求

各附加符号Ⓟ,Ⓜ,Ⓛ,Ⓕ和 *CZ* 可同时用于同一个公差框格中,如图 3-42 所示。

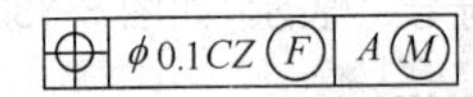

图 3-42 各附加符号同时应用举例

3.3.6.14 几何公差的定义、标注和解释(表 3-20)

表 3-20 几何公差的定义、标注和解释 (mm)

符号	公差带的定义	标注及解释
	1. 直线度公差	
—	公差带为在给定平面内和给定方向上,间距等于公差值的两平行直线所限定的区域 a任一距离	在任一平行于图示投影面的平面内,上平面的提取(实际)线应限定在间距等于 0.1 的两平行直线之间 — 0.1

续表 3-20

符号	公差带的定义	标注及解释
—	1. 直线度公差	
	公差带为间距等于公差值 t 的两平行平面所限定的区域 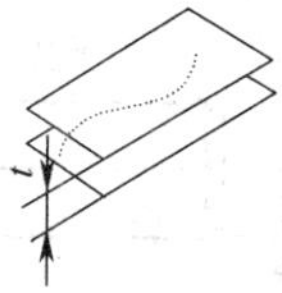 由于公差值前加注了符号 ϕ，公差带为直径等于公差值 ϕt 的圆柱图所限定的区域 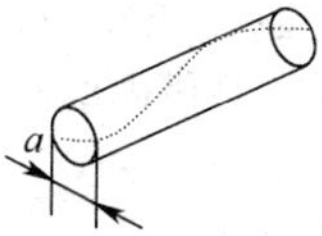	提取（实际）的铣边应限定在间距等于 0.1 的两平行平面之间 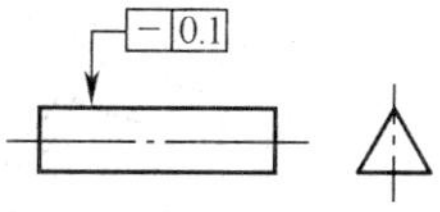 外圆柱面的提取（实际）中心线所限定在直径等于 ϕ0.08 的圆柱面内 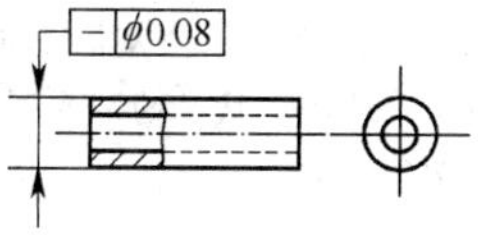
▱	2. 平面度公差	
	公差带为间距等于公差值 t 的两平行平面所限定的区域 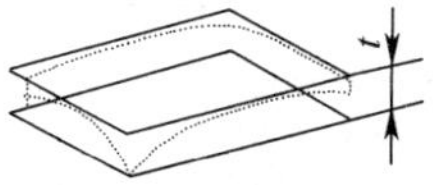	提取（实际）表面或限定在间距等于 0.08 的两平行平面之间 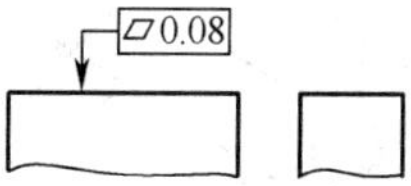
○	3. 圆度公差	
	公差带为在给定横截面内，半径差等于公差值 t 的两同心圆所限定的区域 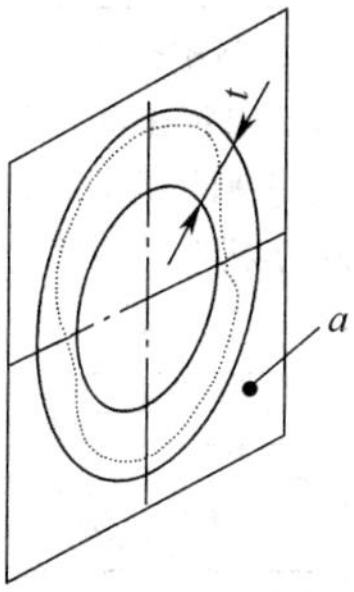 a 任一横截面	在圆柱面和圆锥面的任意截面内。提取（实际）圆周应限定在半径差等于 0.03 的两共面同心圆之间 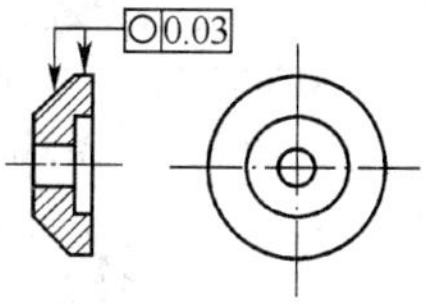 在圆锥面的任意横截面内，提取（实际）圆周应限定在半径差等于 0.1 的两同心圆之间 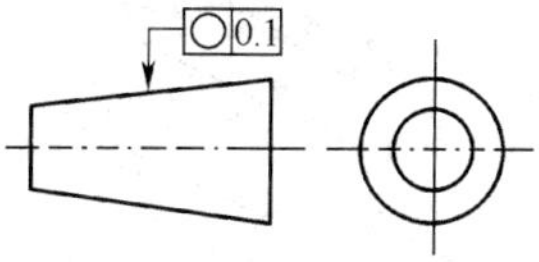 注：提取圆周的定义尚未标准化

续表 3-20

符号	公差带的定义	标注及解释
⌭	4. 圆柱度公差	
	公差带为半径差等于公差值 t 的两同轴圆柱面所限定的区域	提取(实际)圆柱面应限定在半径差等于 0.1 的两同轴圆柱面之间
⌒	5. 无基准的线轮廓度公差	
	公差带为直径等于公差值 t，圆心位于具有理论正确几何形状上的一系列圆的两包络线所限定的区域 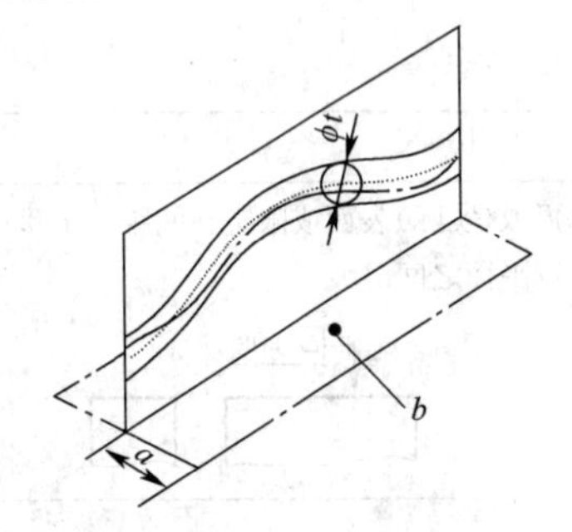 a 任一距离； b 垂直于圆 ϕt 视图所在平面	在任一平行于图示投影面的截面内，提取(实际)轮廓线限定在直径等于 0.04，圆心位于被测要素理论正确几何形状上的一系列圆的两包络线之间 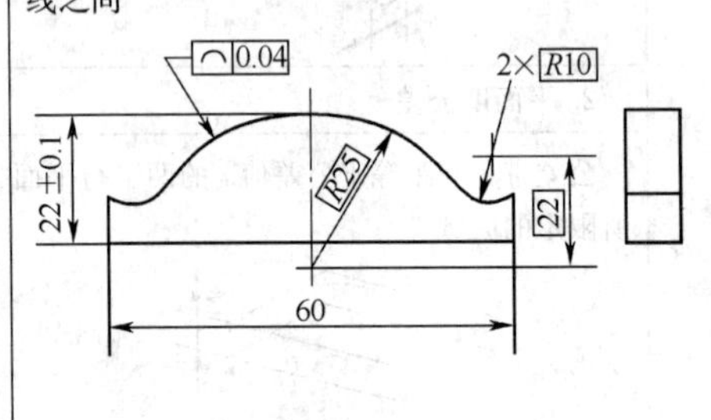
	6. 相对于基准体系的线轮廓度公差	
	公差带为直径等于公差值 t，圆心位于由基准平面 A 和基准平面 B 确定的被测要素理论正确几何形状上的一系列圆的两包络线所限定的区域 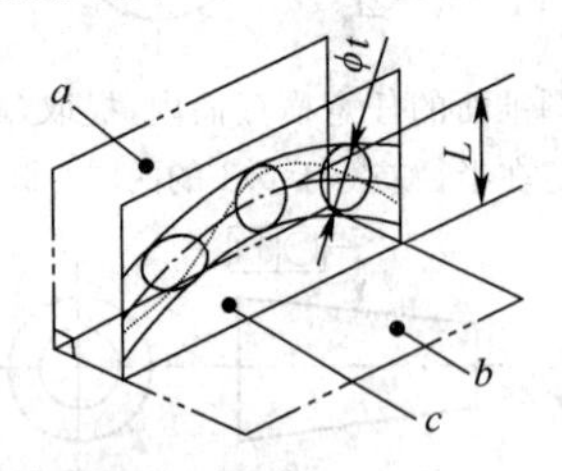 a 基准平面 A_1； b 基准平面 B_1； c 平行于基准 A 的平面	在任一平行于图示投影平面的截面内，提取(实际)轮廓线应限定在直径等于 0.04。圆心位于此基准平面 A 和基准平面 B 确定的被测要素理论正确几何形状上的一系列圆的两等距包络线之间 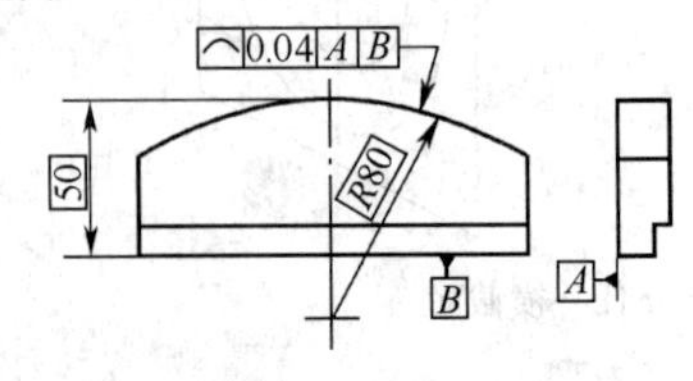

续表 3-20

<table>
<tr><th>符号</th><th>公差带的定义</th><th>标注及解释</th></tr>
<tr><td rowspan="4">⌓</td><td colspan="2">7. 无基准的面轮廓度公差</td></tr>
<tr><td>公差带为直径等于公差值 t，球心位于被测要素理论正确形状上的一系列圆球的两包络面所限定的区域
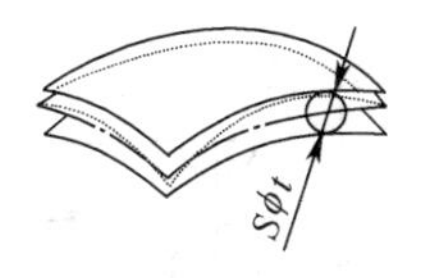
</td><td>提取(实际)轮廓面应限定在直径等于 0.02，球心位于被测要素理论正确几何形状上的一系列圆球的两等距包络面之间
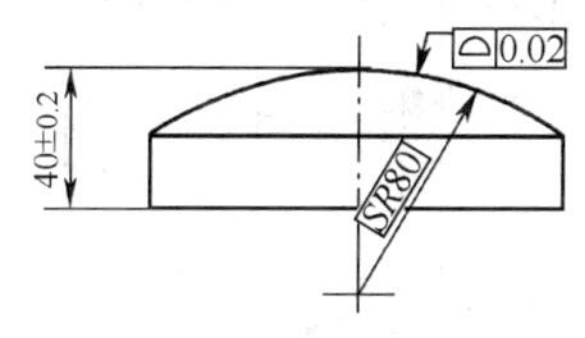
</td></tr>
<tr><td colspan="2">8. 相对于基准的面轮廓度公差</td></tr>
<tr><td>公差带为直径等于公差值 t，球心位于由基准平面 A 确定的被测要素理论正确几何形状上的一系列圆球的两包络面所限定的区域
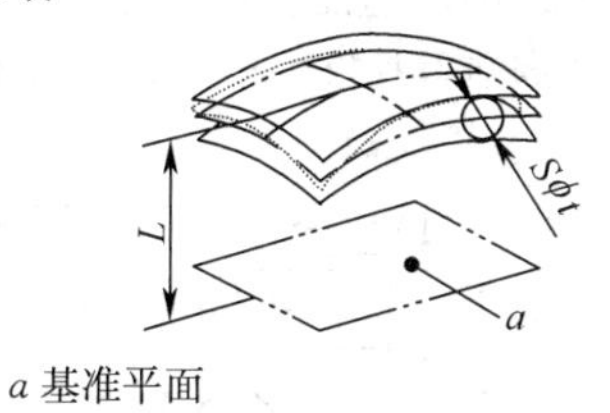

a 基准平面</td><td>提取(实际)轮廓面应限定在直径等于 0.1，球心位于由基准平面 A 确定的被测要素理论正确几何形状上的一系列圆球的两等距包络面之间
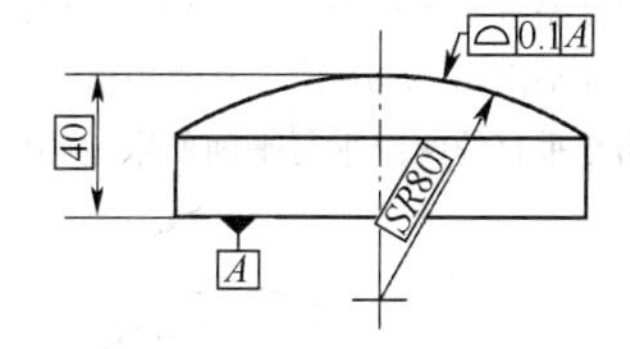
</td></tr>
<tr><td rowspan="3">//</td><td colspan="2">9. 平行度公差</td></tr>
<tr><td colspan="2">9.1 线对基准体系的平行度公差</td></tr>
<tr><td>公差带为间距等于公差值 t，平行于两基准的两平行平面所限定的区域
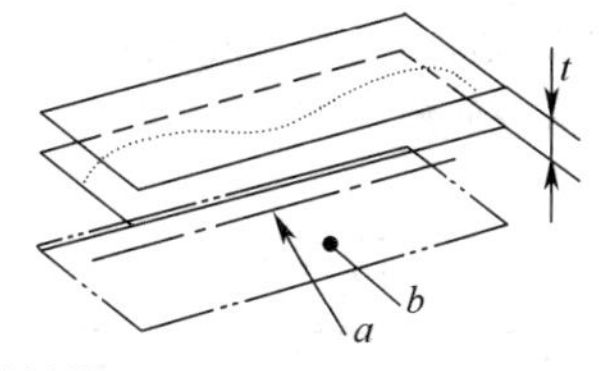

a 基准轴线；
b 基准平面</td><td>提取(实际)中心线应限定在间距等于 0.1，平行于基准轴线 A 和基准平面 B 的两平行平面之间
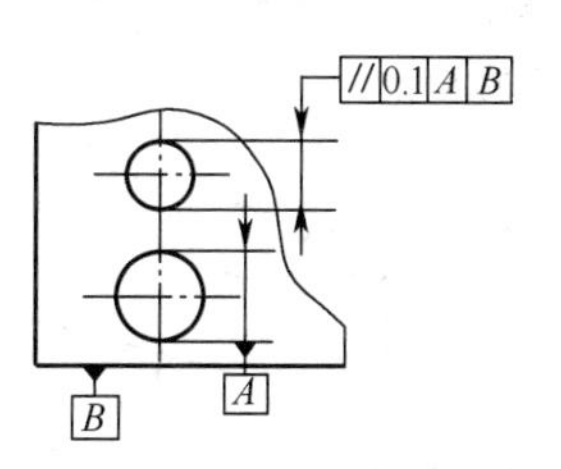
</td></tr>
</table>

续表 3-20

符号	公差带的定义	标注及解释
	9.1(续) 线对基准体系的平行度公差	
//	公差带为间距等于公差值 t,平行于基准轴线 A 且垂直于基准平面 B 的两平行平面所限定的区域 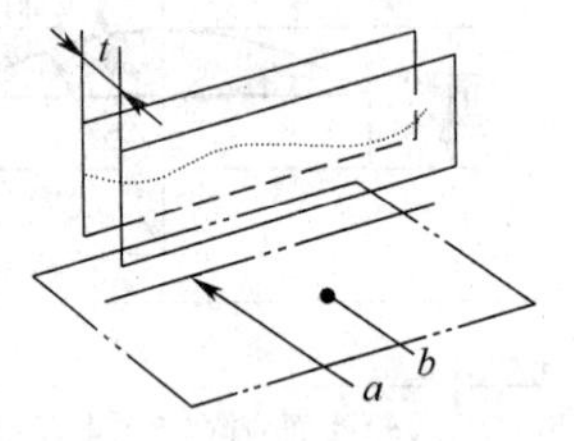 a 基准轴线; b 基准平面	提取(实际)中心线应限定在间距等于 0.1 的两平行平面之间。这两平行平面平行于基准轴线 A 且垂直于基准平面 B 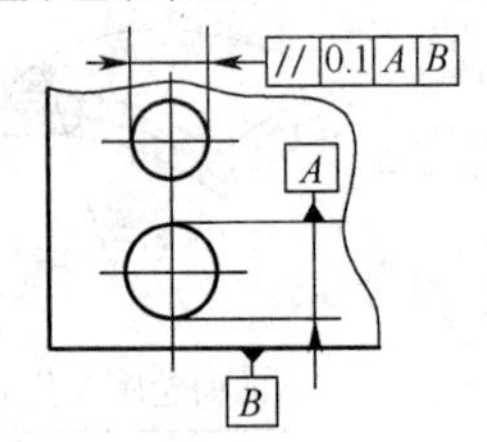
	公差带为平行于基准轴线和平行或垂直于基准平面,间距分别等于公差值 t_1 和 t_2,且相互垂直的两组平行平面所限定的区域 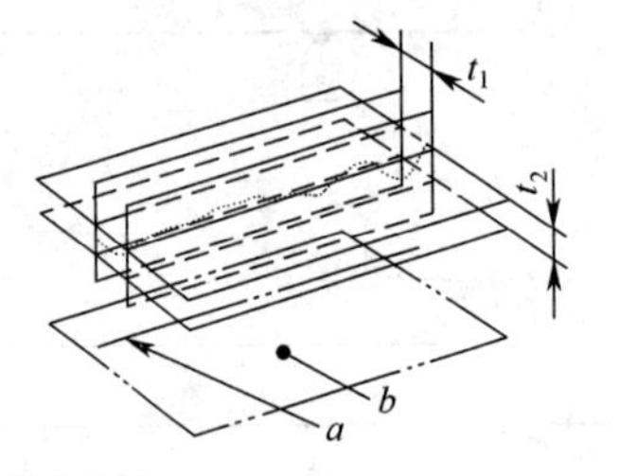 a 基准轴线; b 基准平面	提取(实际)中心线应限定在平行于基准轴线 A 和平行或垂直于基准平面 B,间距分别等于公差值 0.1 和 0.2,且相互垂直的两组平行平面之间 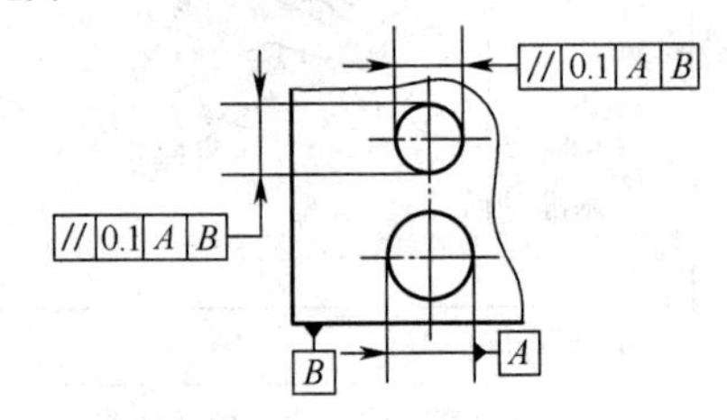
	9.2 线对基准线的平行度公差	
	若公差值前加注了符号 ϕ,公差带为平行于基准轴线,直径等于公差值 ϕt 的圆柱面所限定的区域 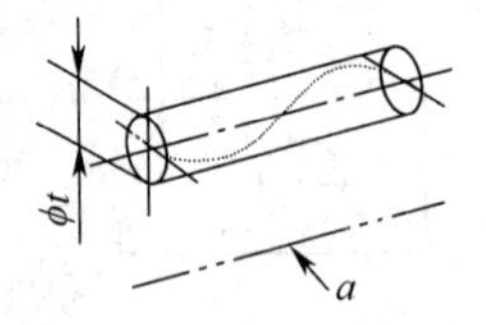 a 基准轴线	提取(实际)中心线应限定在平行于基准轴线 A,直径等于 ϕ0.03 的圆柱面内 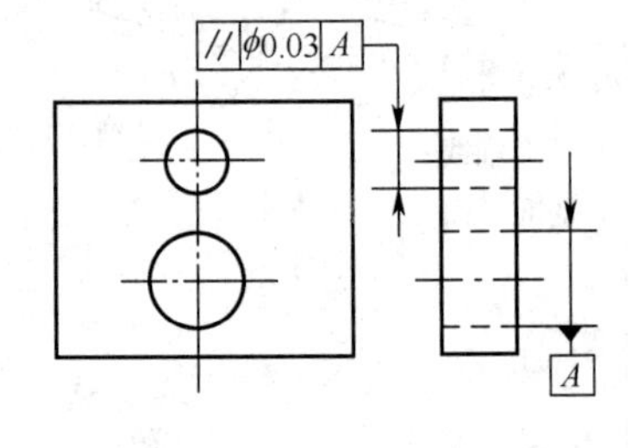

续表 3-20

符号	公差带的定义	标注及解释
	9.3 线对基准面的平行度公差	
	公差带为平行于基准平面,间距等于公差值 t 的两平行平面所限定的区域 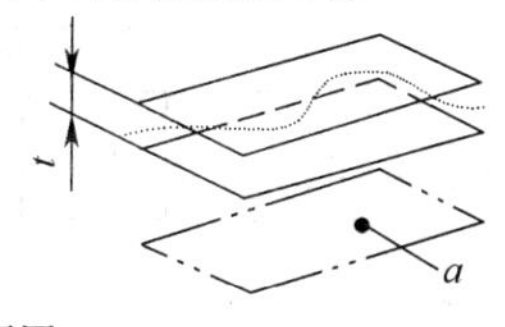 *a* **基准平图**	提取(实际)中心线应限定在平行于基准平面 B,间距等于 0.01 的两平行平面之间 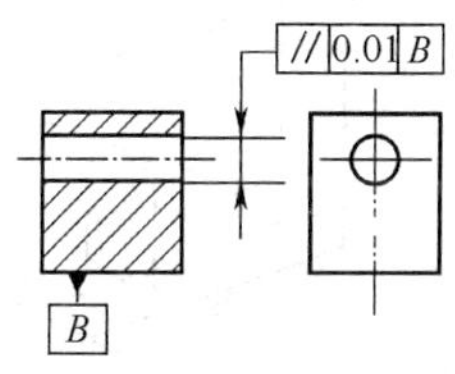
	9.4 线对基准体系的平行度公差	
//	公差带为间距等于公差值 t 的两平行直线所限定的区域,该两平行直线平行于基准平面 A 且处于平行于基准平面 B 的平面内 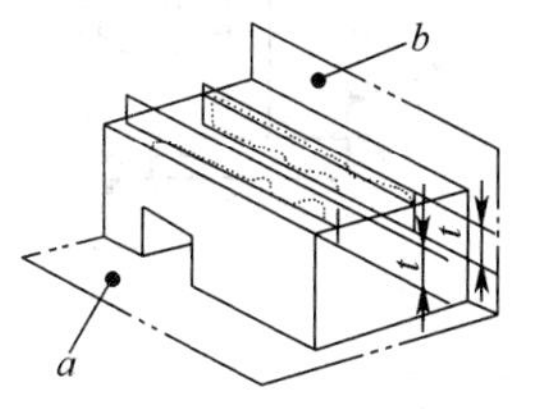 *a* 基准平面 A; *b* 基准平面 B	提取(实际)线应限定在间距等于 0.02 的两平行直线之间。该两平行直线平行于基准平面 A,且处于平行于基准平面 B 的平面内 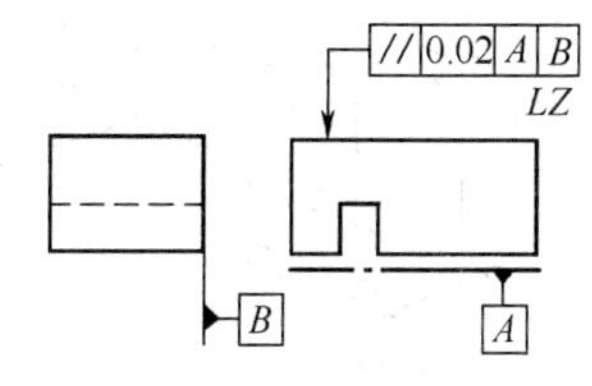
	9.5 面对基准线的平行度公差	
	公差带为间距等于公差值 t,平行于基准轴线的两平行平面所限定的区域 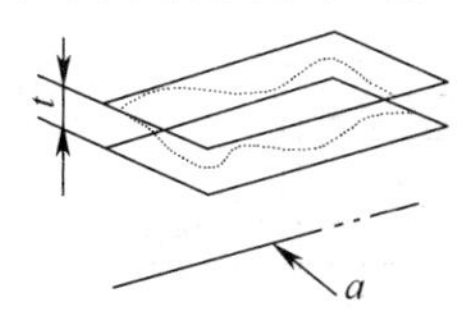 *a* 基准轴线	提取(实际)表面应限定在间距等于 0.1,平行于基准轴线 C 的两平行平面之间 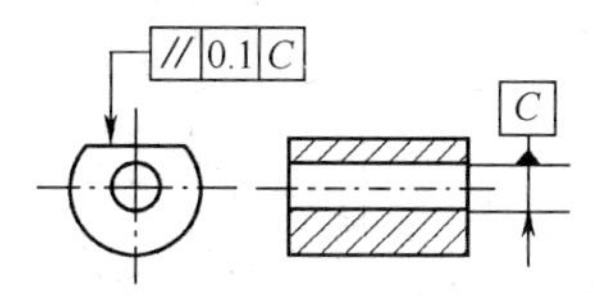
	9.6 面对基准面的平行度公差	
	公差带为间距等于公差值 t,平行于基准平面的两平行平面所限定的区域 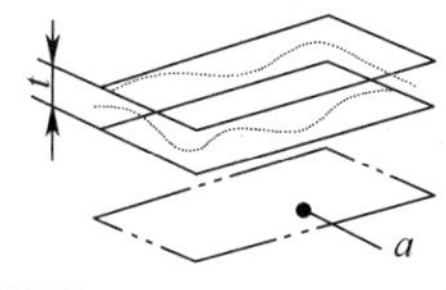 *a* 基准平面	提取(实际)表面应限定在间距等于 0.01,平行于基准 D 的两平行平面之间 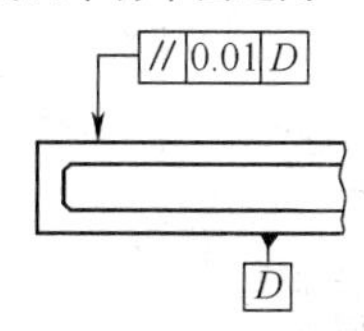

续表 3-20

符号	公差带的定义	标注及解释
⊥	10　垂直度公差	
	10.1　线对基准线的垂直度公差	
	公差带为间距等于公差值 t，垂直于基准线的两平行平面所限定的区域 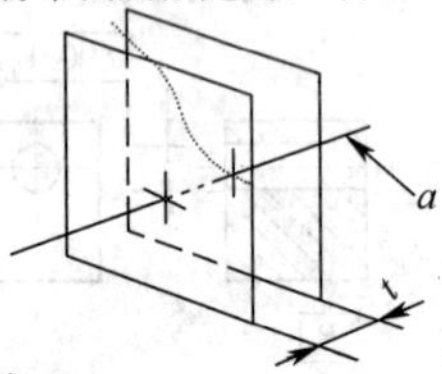 *a* 基准线	提取(实际)中心线应限定在间距等于 0.04，垂直于基准轴线 A 的两平行平面之间 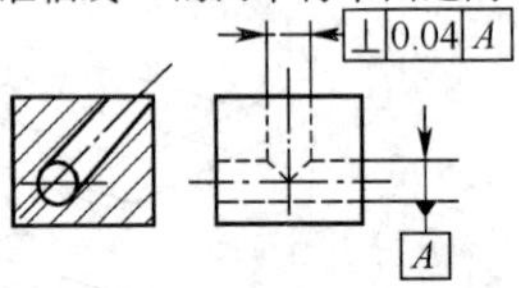 ⊥ 0.04 *A*
	10.2　线对基准体系的垂直度公差	
	公差带为间距等于公差值 t 的两平行平面所限定的区域，该两平行平面垂直于基准平面 A，且平行于基准平面 B 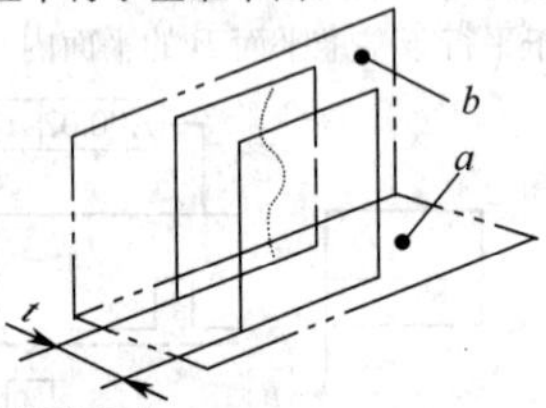 *a* 基准平面 *A*； *b* 基准平面 *B*	圆柱面的提取(实际)中心线应限定在间距等于 0.1 的两平行平面之间。该两平行平面垂直于基准平面 A，且平行于基准平面 B ⊥ 0.1 *A* *B* 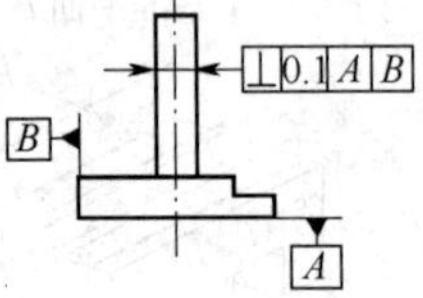
	10.2　线对基准体系的垂直度公差	
	公差带为间距分别等于公差值 t_1 和 t_2，且互相垂直的两组平行平面所限定的区域。该两组平行平面都垂直于基准平面 A。其中一组平行平面垂直于基准平面 B[图(a)]，另一组平行平面平行于基准平面 B[图(b)] 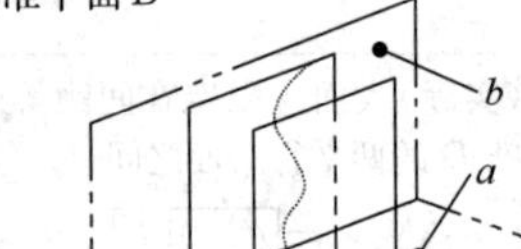 (a) *a* 基准平面 A_1； *b* 基准平面 *B* 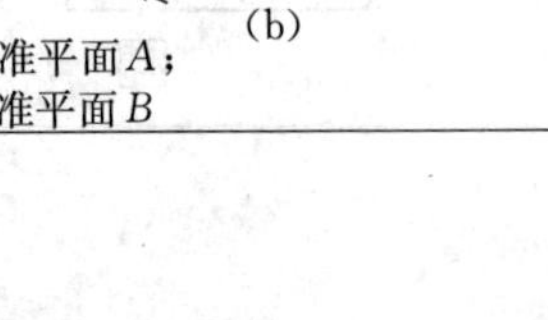 (b) *a* 基准平面 *A*； *b* 基准平面 *B*	圆柱的提取(实际)中心线应限定在间距分别等于 0.1 和 0.2，且相互垂直的两组平行平面内。该两组平行平面垂直于基准平面 A 且垂直或平行于基准平面 B 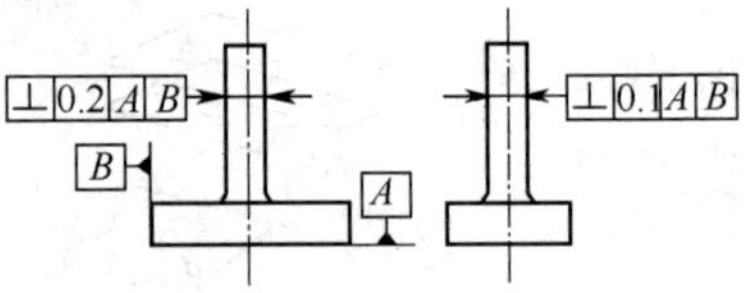 ⊥ 0.2 *A* *B*　　⊥ 0.1 *A* *B*

续表 3-20

符号	公差带的定义	标注及解释
⊥	10.3 线对基准面的垂直度公差	
	若公差值前加注符号 ϕ，公差带为直径等于公差值 ϕ_1，轴线垂直于基准平面的圆柱面所限定的区域 a 基准平面	圆柱面的提取（实际）中心线应限定在直径等于 ϕ0.01，垂直于基准平面 A 的圆柱面内
	10.4 面对基准线的垂直度公差	
	公差带为间距等于公差值 t 且垂直于基准轴线的两平行平面所限定的区域 a 基准轴线	提取（实际）表面应限定在间距等于 0.02 的两平行平面之间，该两平行平面垂直于基准轴线 A
	10.5 面对基准平面的垂直度公差	
	公差带为间距等于公差值 t，垂直于基准平面的两平行平面所限定的区域 a 基准平面	提取（实际）表面应限定在间距等于 0.05，垂直于基准平面 A 的两平行平面之间
∠	11 倾斜度公差	
	11.1 线对基准线的倾斜度公差	
	a）被测线与基准线在同一平面上 公差带为间距等于公差值 t 的两平行平面所限定的区域。该两平行平面按指定角度倾斜于基准轴线 a 基准轴线	提取（实际）中心线应限定在间距等于 0.08 的两平行平面之间，该两平行平面按理论正确角度 60°倾斜于公共基准轴线 A—B 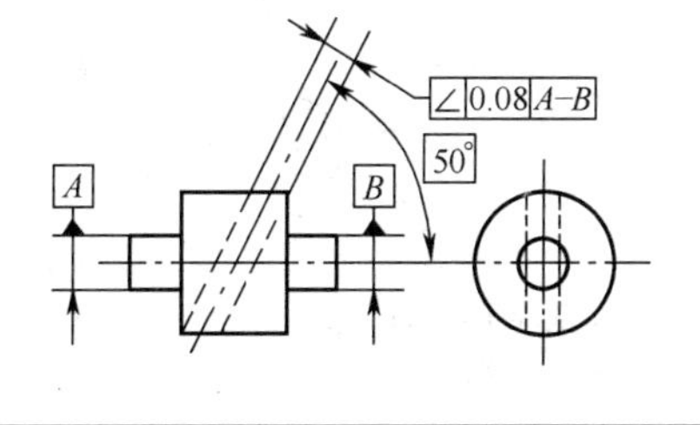

续表 3-20

符号	公差带的定义	标注及解释
	11.1(续) 线对基准线的倾斜度公差	
	b)被测线与基准线在不同平面内 公差带为间距等于公差值 t 的两平行平面所限定的区域。该两平行平面按给定角度倾斜于基准轴线 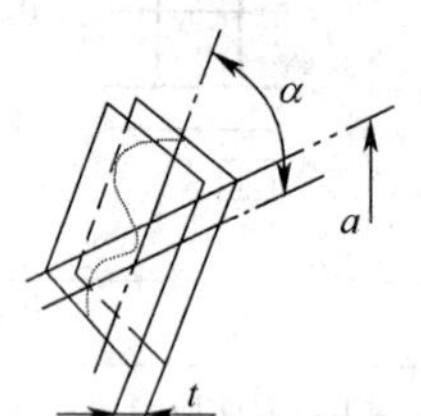 a 基准轴线	提取(实际)中心线应限定在间距等于 0.08 的两平行平面之间,该两平行平面按理论正确角度 60°倾斜于公共基准轴线 $A—B$ 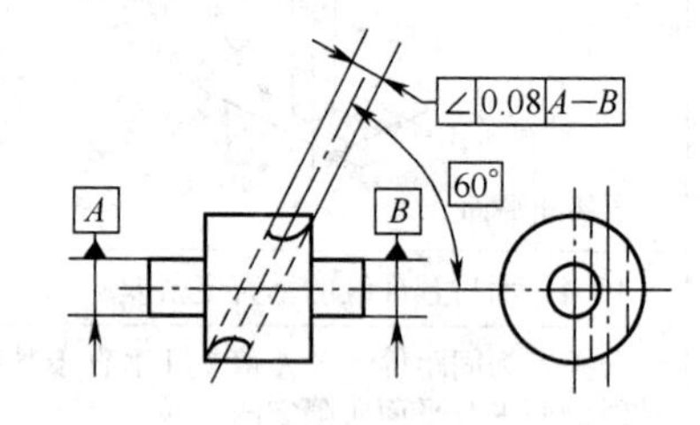
	11.2 线对基准面的倾斜度公差	
∠	公差带为间距等于公差值 t 的两平行平面所限定的区域,该两平行平面按给定角度倾斜于基准平面 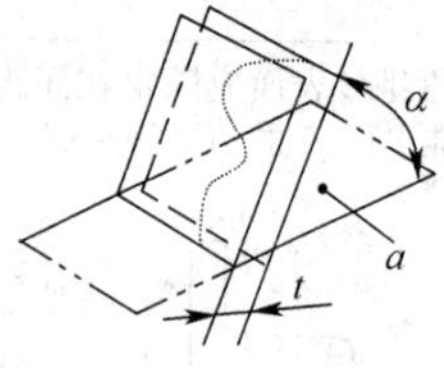 a 基准平面	提取(实际)中心线应限定在间距等于 0.01 的两平行平面之间,该两平行平面按理论正确角度 60°倾斜于基准平面 A 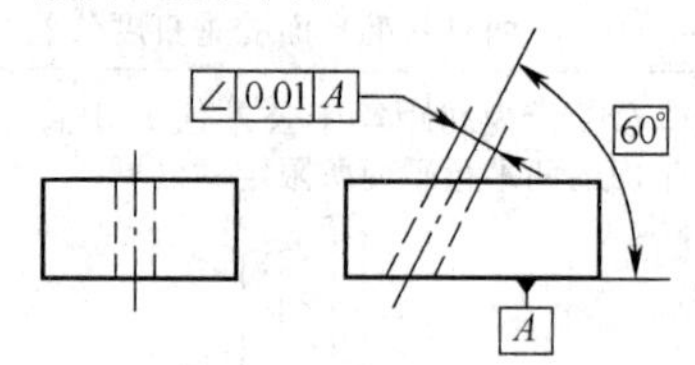
	公差值前加注符号 ϕ,公差带为直径等于公差值 ϕt 的圆柱面所限定的区域。该圆柱面公差带的轴线按给定角度倾斜于基准平面 A 且平行于基准平面 B 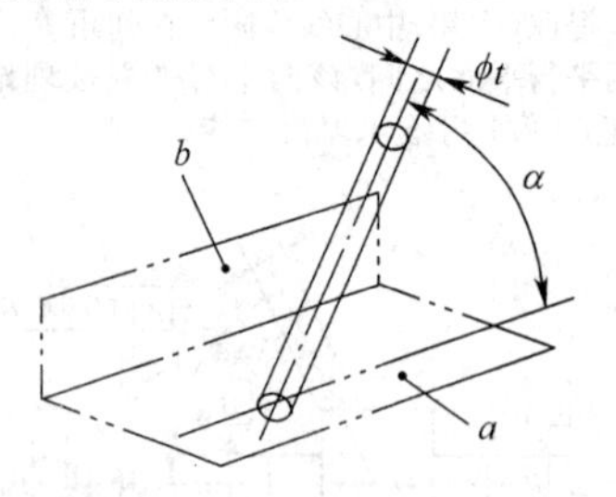 a 基准平面 A; b 基准平面 B	提取(实际)中心线应限定在直径等于 ϕ0.1 的圆柱面内。该圆柱面的中心线按理论正确角度 60°倾斜于基准平面 A 且平行于基准平面 B 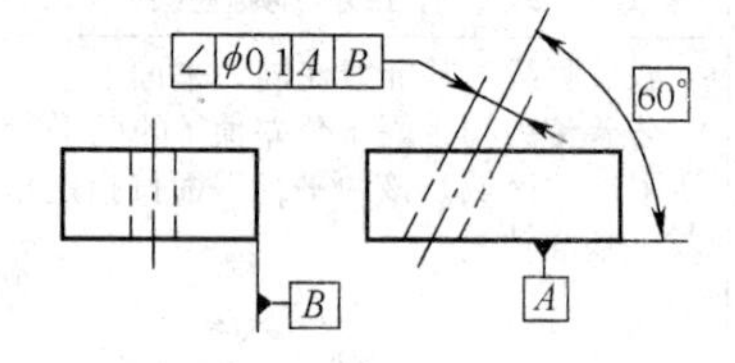

续表 3-20

符号	公差带的定义	标注及解释
∠	11.3 面对基准线的倾斜公差	
	公差带为间距等于公差值 t 的两行平面所限定的区域，该两平行平面按给定角度倾斜于基准直线 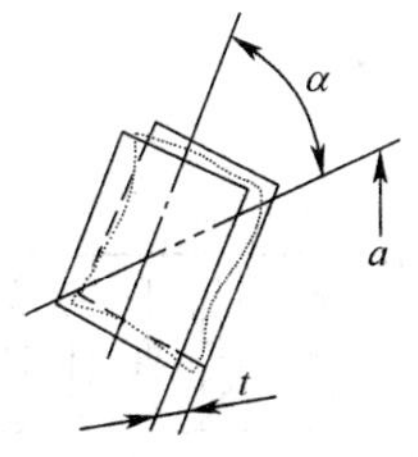 a 基准直线	提取(实际)表面应限定在间距等于 0.1 的两平行平面之间，该两平行平面按理论正确角度 75°倾斜于基准轴线 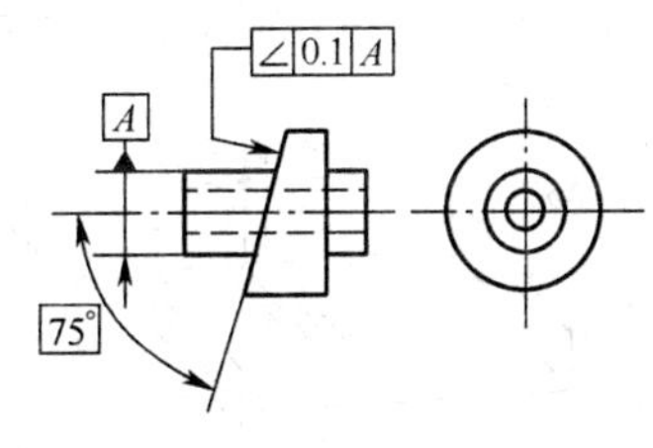
	11.4 面对基准面的倾斜度公差	
	公差带为间距等于公差值 t 的两平行平面所限定的区域，该两平行平面按给定角度倾斜于基准平面 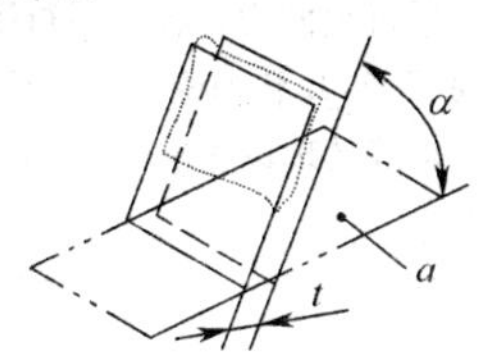 a 基准平面	提取(实际)表面应限定在间距等于 0.08 的两平行平面之间，该两平行平面按理论正确角度 40°倾斜于基准平面 A 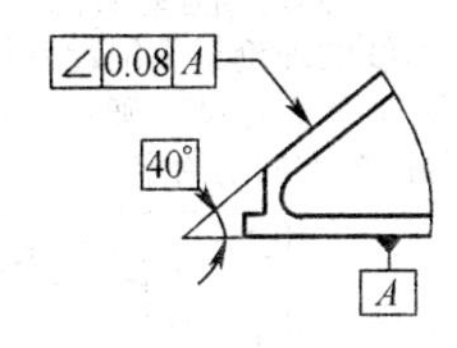
⌖	12 位置度公差	
	12.1 点的位置度公差	
	公差值前加注 $S\phi$，公差带为直径等于公差值 $S\phi t$ 的圆球面所限定的区域，在圆球面中心的理论正确位置由基准 A,B,C 和理论正确尺寸确定 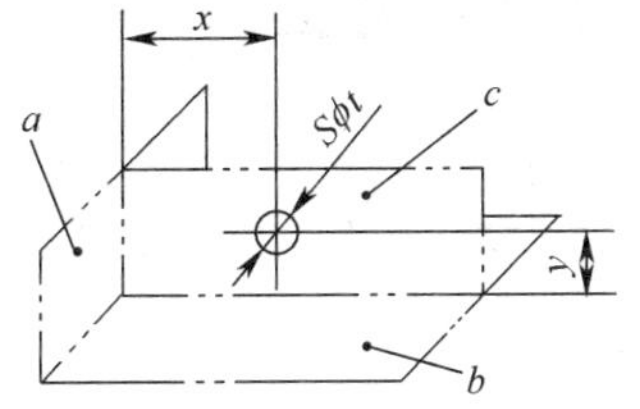 a 基准平面 A； b 基准平面 B； c 基准平面 C	提取(实际)球心所限定在直径等于 $S\phi0.3$ 的圆球面内。该圆球面的中心由基准平面 A、基准平面 B、基准中心平面 C 和理论正确尺寸 30,25 确定。 注：提取(实际)球心的定义尚未标准化 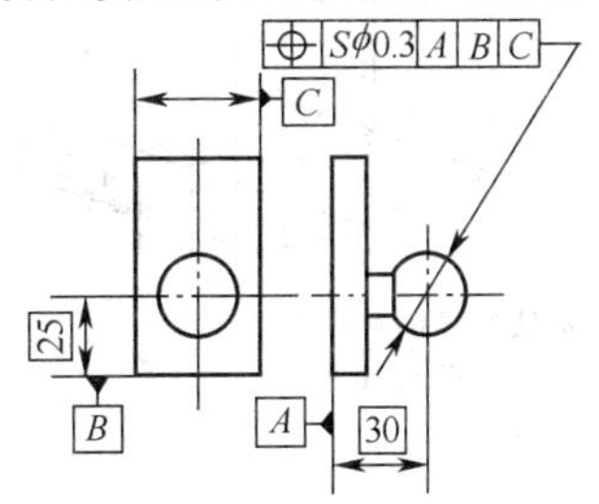

续表 3-20

<table>
<tr><th>符号</th><th>公差带的定义</th><th>标注及解释</th></tr>
<tr><td rowspan="3">⊕</td><td colspan="2">12.2　线的位置度公差</td></tr>
<tr><td>给定一个方向的公差时，公差带为间距等于公差值 t，对称于线的理论正确位置的两平行平面所限定的区域。线的理论正确位置由基准平面 A,B 和理论正确尺寸确定。公差只在一个方向上给定
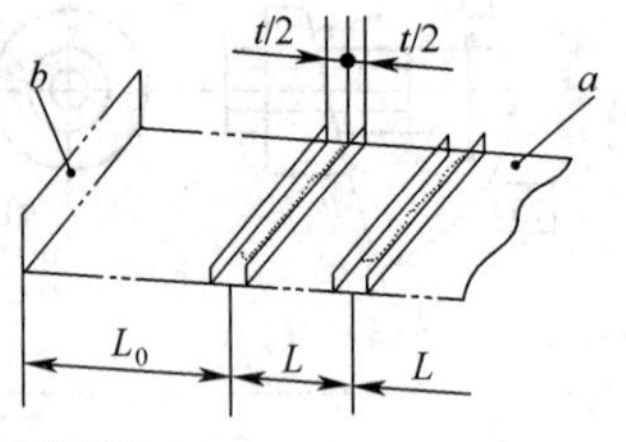

a 基准平面 A；
b 基准平面 B</td><td>各条刻线的提取（实际）中心线应限定在间距等于 0.1，对称于基准平面 A,B 和理论正确尺寸 25，10 确定的理论正确位置的两平行平面之间
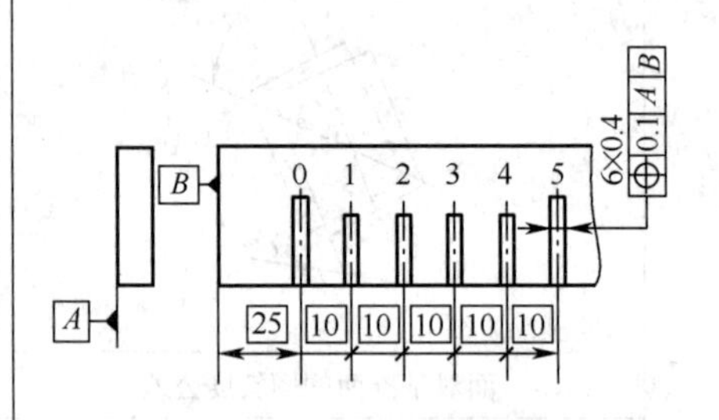
</td></tr>
<tr><td>给定两个方向的公差时，公差带为间距分别等于公差值 t_1 和 t_2，对称于线的理论正确（理想）位置的两对相互垂直的平行平面所限定的区域，线的理论正确位置由基准平面 C，A 和 B 及理论正确尺寸确定。该公差在基准体系的两个方向上给定
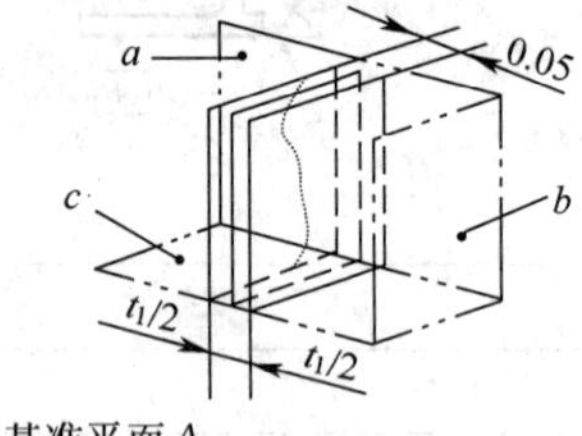

a 基准平面 A；
b 基准平面 B；
c 基准平面 C　　(a)
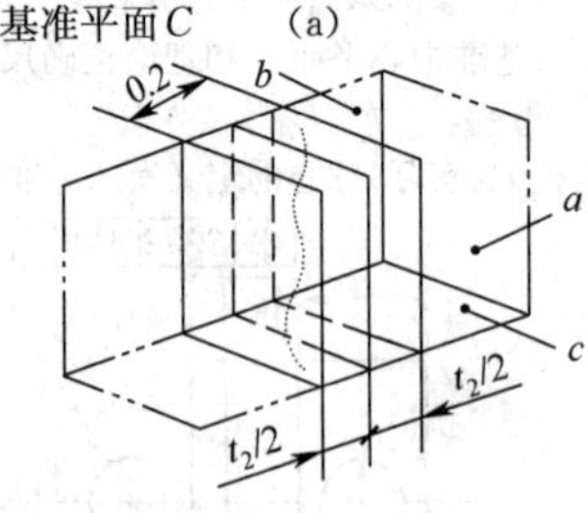

a 基准平面 A；
b 基准平面 B；
c 基准平面 C　　(b)</td><td>各孔内测得（实际）中心线在给定方向上应各自限定在间距分别等于 0.05 和 0.2，且相互垂直的两对平行平面内。各对平行平面对称于由基准平面 C,A,B 和理论正确尺寸 20，15，30 确定的各孔轴线的理论正确位置
8×φ12
⊕ 0.05 C A B
B
8×φ12
⊕ 0.2 C A
30
20
15 30 30 30
A
C</td></tr>
</table>

续表 3-20

<table>
<tr><th>符号</th><th>公差带的定义</th><th>标注及解释</th></tr>
<tr><td></td><td colspan="2">12.2(续)　线的位置度公差</td></tr>
<tr><td></td><td>公差值前加注符号 φ,公差带为直径等于公差值 φt 的圆柱面所限定的区域。该圆柱面的轴线的位置由基准平面 C,A,B 和理论正确尺寸确定
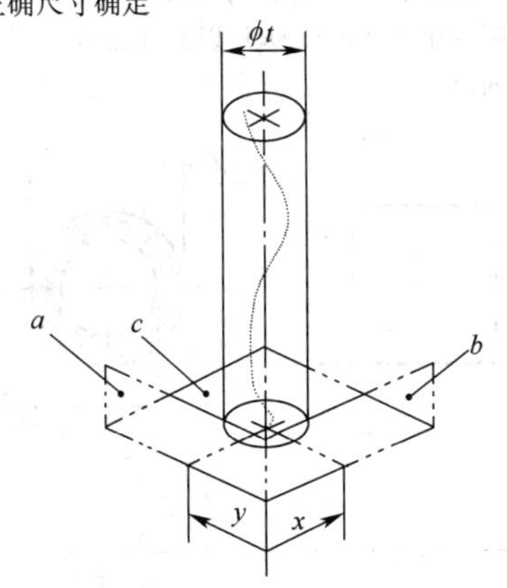

a 基准平面 A;
b 基准平面 B;
c 基准平面 C</td><td>提取(实际)中心线应限定在直径等于 φ0.08 的圆柱面内。该圆柱面的轴线的位置应处于由基准平面 C,A,B 和理论正确尺寸 100,68 确定的理论正确位置上
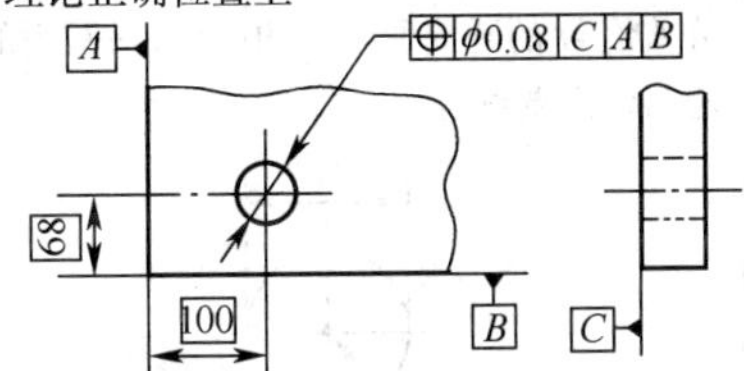

各提取(实际)中心线应各自限定在直径等于 φ0.1 的圆柱面内。该圆柱面的轴线应处于由基准平面 C,A,B 和理论正确尺寸 20,15,30 确定的各孔轴线的理论正确位置上
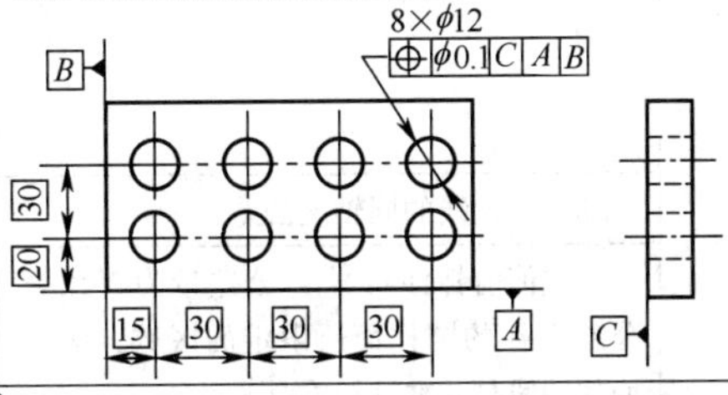
</td></tr>
<tr><td>⊕</td><td colspan="2">12.3　轮廓平面或者中心平面的位置度公差</td></tr>
<tr><td></td><td>公差带为间距等于公差值 t,且对称于被测面理论正确位置的两平行平面所限定的区域。面的理论正确位置由基准平面、基准轴线和理论正确尺寸确定
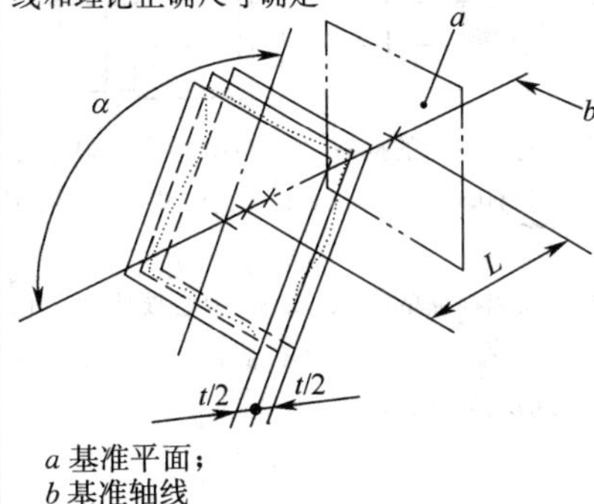

a 基准平面;
b 基准轴线</td><td>提取(实际)表面应限定在间距等于 0.05,且对称于被测面的理论正确位置的两平行平面之间。该两平行平面对称于由基准平面 A,基准轴线 B 和理论正确尺寸 15,105°确定的被测面的理论正确位置
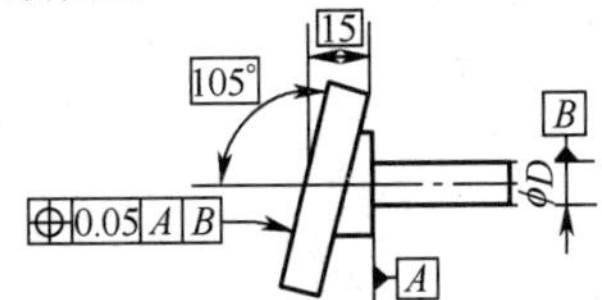

提取(实际)中心面应限定在间距等于 0.05 的两平行平面之间。该两平行平面对称于由基准轴线 A 和理论正确角度 45°确定的各被测面的理论正确位置
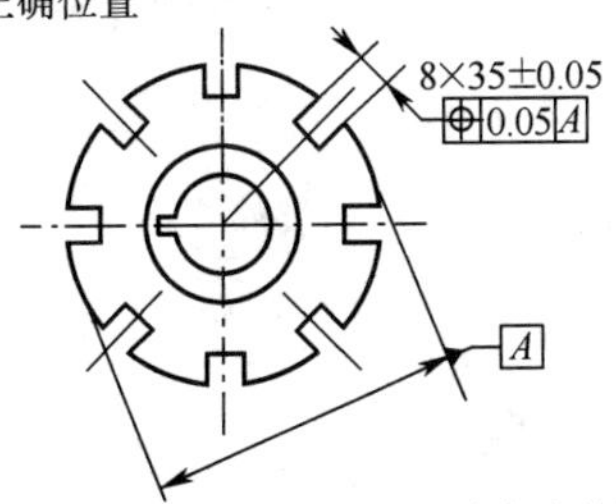

注:有关 8 个缺口之间理论正确角度的默认规定见 GB/T 13319。</td></tr>
</table>

续表 3-20

<table>
<tr><th>符号</th><th>公差带的定义</th><th>标注及解释</th></tr>
<tr><td rowspan="5">◎</td><td colspan="2">13 同心度和同轴度公差</td></tr>
<tr><td colspan="2">13.1 点的同心度公差</td></tr>
<tr><td>公差值前标注符号 ϕ，公差带为直径等于公差值 ϕt 的圆周所限定的区域，该圆周的圆心与基准点重合
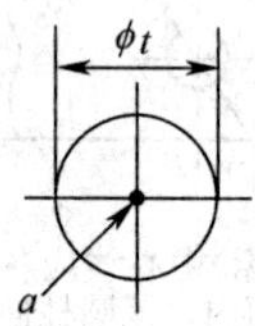

a 基准点</td><td>在任意横截面内，内圆的提取（实际）中心应限定在直径等于 ϕ0.1，以基准点 A 为圆心的圆周内
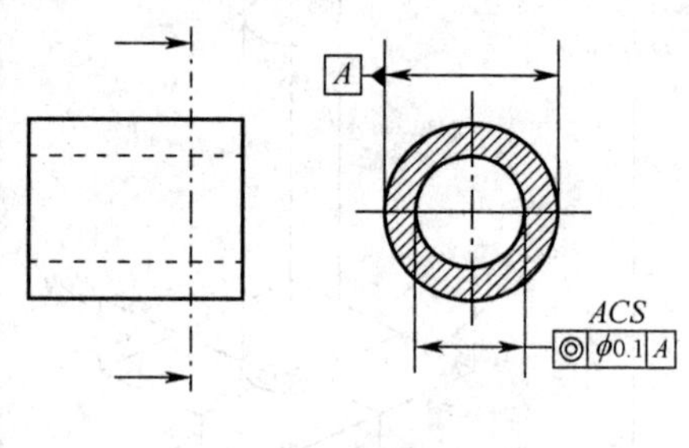
</td></tr>
<tr><td colspan="2">13.2 轴线的同轴度公差</td></tr>
<tr><td>公差值前标注符号 ϕ，公差带为直径等于公差值 ϕt 的圆柱面所限定的区域。该圆柱面的轴线与基准轴线重合
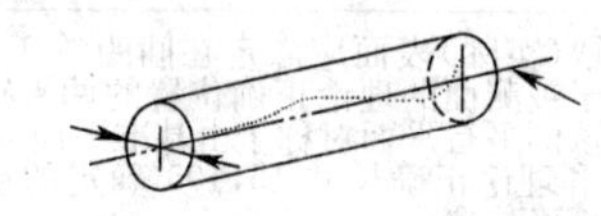
a 基准轴线</td><td>大圆柱面的提取（实际）中心线应限定在直径等于 ϕ0.08，以公共基准轴线 A—B 为轴线的圆柱面内
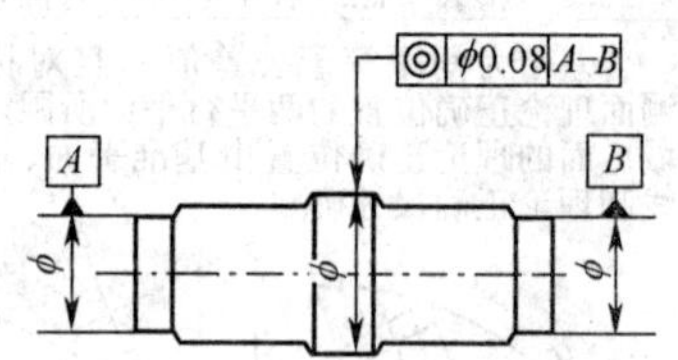

大圆柱面的提取（实际）中心线应限定在直径等于 ϕ0.1，以基准轴线 A 为轴线的圆柱面内[图(a)]；
大圆柱面的提取（实际）中心线应限定在直径等于 ϕ0.1，以垂直于基准平面 A 的基准轴线 B 为轴线的圆柱面内[图(b)]
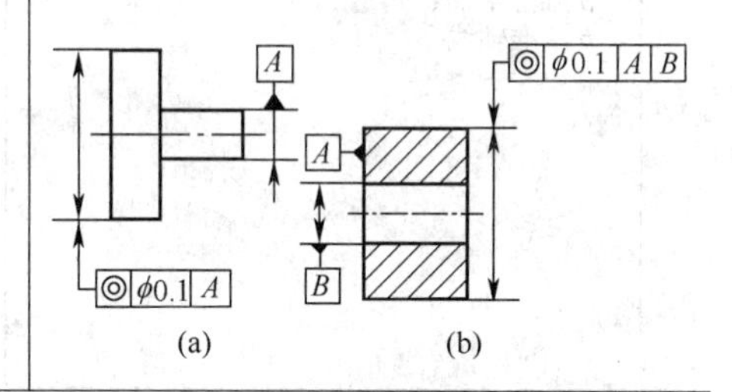

(a) (b)</td></tr>
</table>

续表 3-20

<table>
<tr><th>符号</th><th>公差带的定义</th><th>标注及解释</th></tr>
<tr><td rowspan="3">÷</td><td colspan="2">14 对称度公差</td></tr>
<tr><td colspan="2">14.1 中心平面的对称度公差</td></tr>
<tr><td>公差带为间距等于公差值 t，对称于基准中心平面的两平行平面所限定的区域
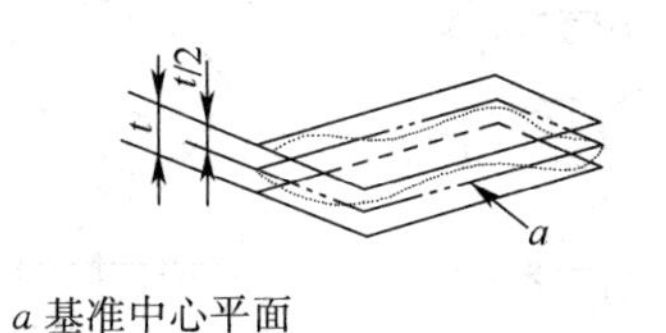

a 基准中心平面</td><td>提取(实际)中心面应限定在间距等于 0.08，对称于基准中心平面 A 的两平行平面之间
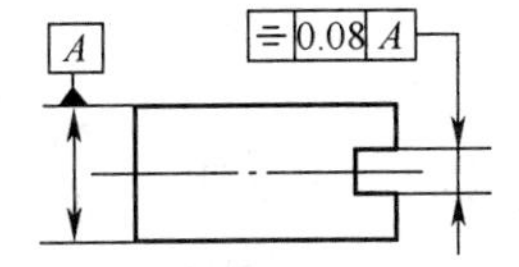

提取(实际)中心面应限定在间距等于 0.08，对称于公共基准中心平面 $A—B$ 的两平行平面之间
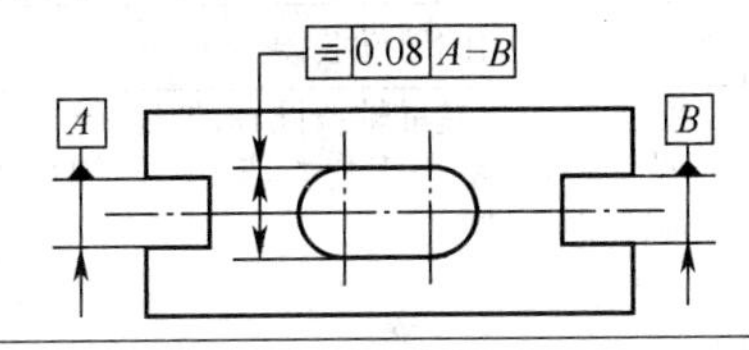
</td></tr>
<tr><td rowspan="3">↗</td><td colspan="2">15 圆跳动公差</td></tr>
<tr><td colspan="2">15.1 径向圆跳动公差</td></tr>
<tr><td>公差带为在任一垂直于基准轴线的横截面内，半径差等于公差值 t，圆心在基准轴线上的两同心圆所限定的区域
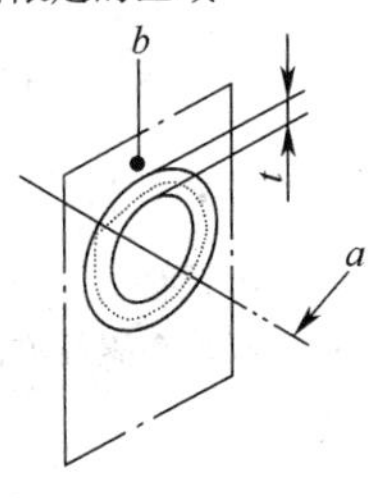

a 基准轴线；
b 横截面</td><td>在任一垂直于基准 A 的横截面内，提取(实际)圆应限定在半径差等于 0.1，圆心在基准轴线 A 上的两同心圆之间[图(a)]；
在任一平行于基准平面 B，垂直于基准轴线 A 的截面上，提取(实际)圆应限定在半径差等于 0.1，圆心在基准轴线 A 上的两同心圆之间[图(b)]
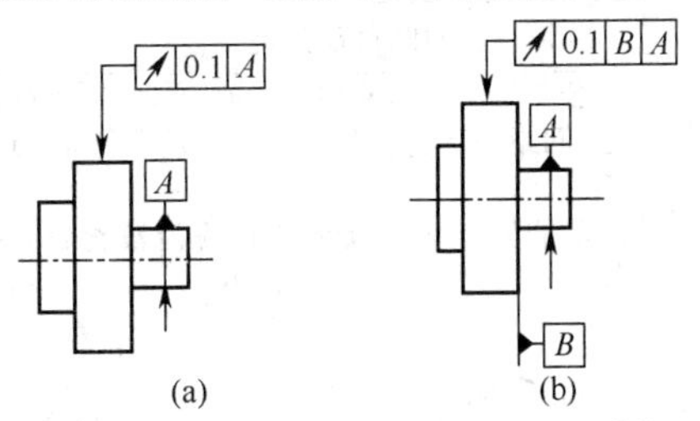

(a) (b)
在任一垂直于公共基准轴线 $A—B$ 的横截面内，提取(实际)圆应限定在半径差等于 0.1，圆心在基准轴线 $A—B$ 上的两同心圆之间
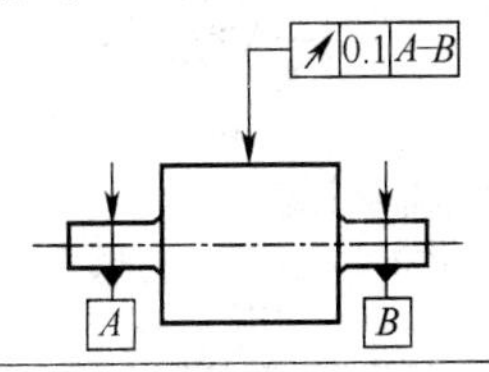
</td></tr>
</table>

续表 3-20

符号	公差带的定义	标注及解释
	15.1(续) 径向圆跳动公差	
	圆跳动通常适用于整个要素，且亦可规定只适用于局部要素的某一指定部分[右图(a)]	在任一垂直于基准轴线 A 的横截面内，提取(实际)圆弧应限定在半径差等于 0.2，圆心在基准轴线 A 上的两同心圆弧之间 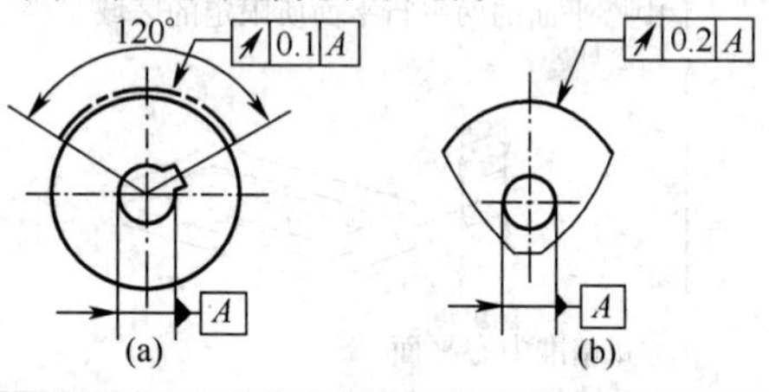 (a) (b)
	15.2 轴向圆跳动公差	
↗	公差带为与基准轴线同轴的任一半径的圆柱截面上，间距等于公差值 t 的两圆所限定的圆柱面区域 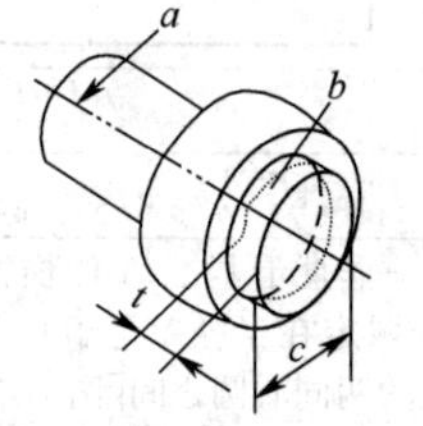 a 基准轴线； b 公差带； c 任意直径	在与基准轴线 D 同轴的任一圆柱形截面上，提取(实际)圆应限定在轴向距离等于 0.1 的两个等圆之间 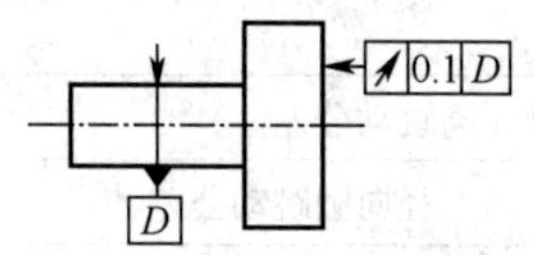
	15.3 斜向圆跳动公差	
	公差带为与基准轴线同轴的某一圆锥截面上，间距等于公差值 t 的两圆所限定的圆锥面区域； 除非另有规定，测量方向应沿被测表面的法向 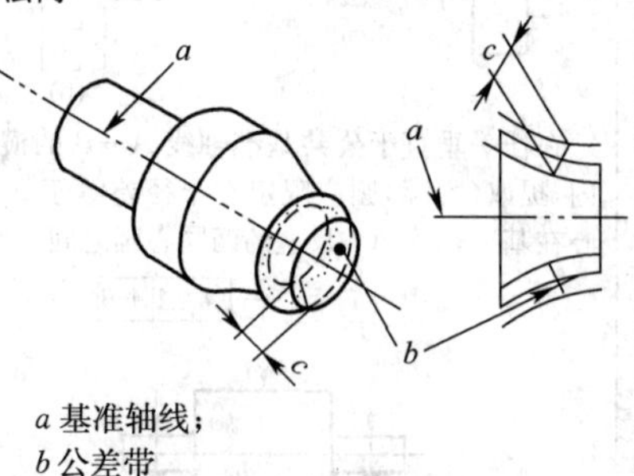 a 基准轴线； b 公差带	在与基准轴线 C 同轴的任一圆锥截面上，提取(实际)线应限定在素线方向间距等于 0.1 的两不等圆之间 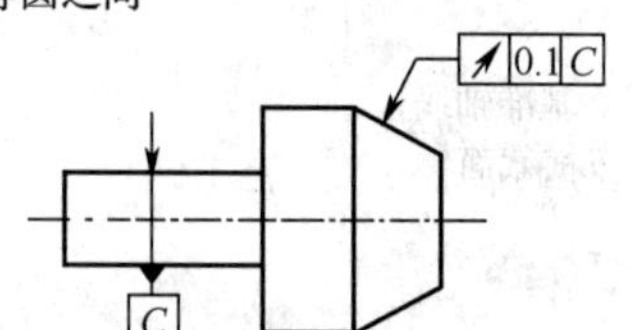 当标注公差的素线不是直线时，圆锥截面的锥角度随所测圆的实际位置而改变 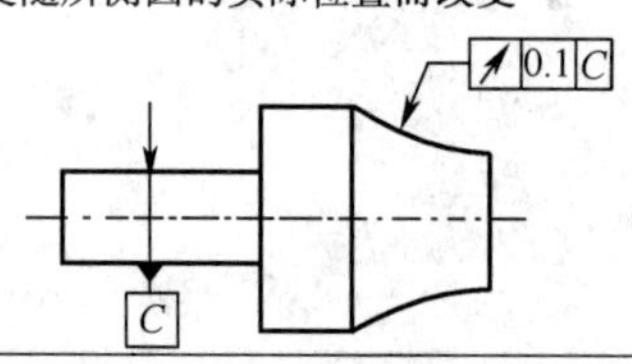

续表 3-20

<table>
<tr><th>符号</th><th>公差带的定义</th><th>标注及解释</th></tr>
<tr><td rowspan="2">↗</td><td colspan="2">15.4 给定方向的斜向圆跳动公差</td></tr>
<tr><td>公差带为在与基准轴线同轴的，具有给定锥角的任一圆锥截面上，间距等于公差值 t 的两不等圆所限定的区域
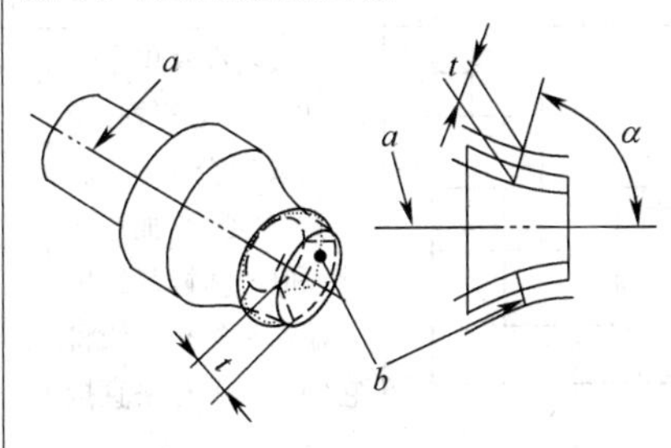

a 基准轴线；
b 公差带</td><td>在与基准轴线 C 同轴且具有给定角度 60°的任一圆锥截面上，提取（实际）圆应限定在素线方向间距等于 0.1 的两不等圆之间
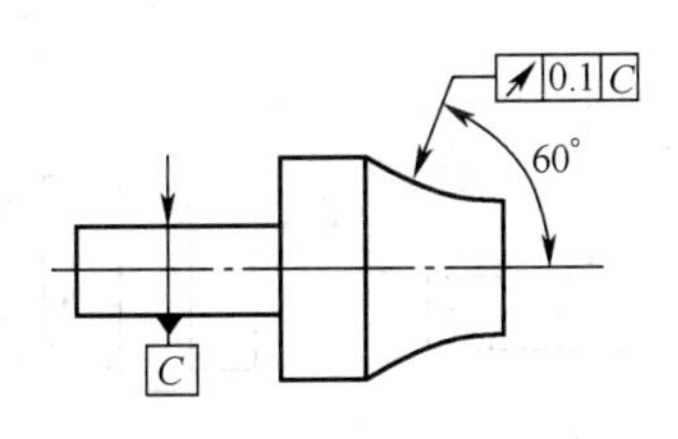
</td></tr>
<tr><td rowspan="4">⌰</td><td colspan="2">16 全跳动公差</td></tr>
<tr><td colspan="2">16.1 径向全跳动公差</td></tr>
<tr><td>公差带为半径差等于公差值 t，与基准轴线同轴的两圆柱面所限定的区域
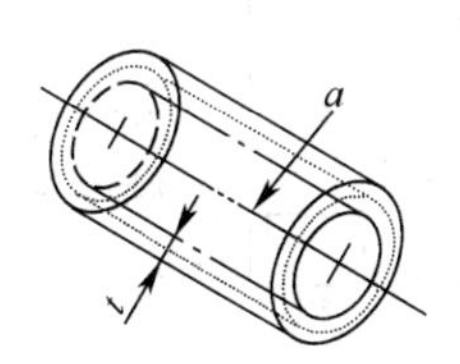

a 基准轴线</td><td>提取（实际）表面应限定在半径差等于 0.1，与公共基准轴线 A—B 同轴的两圆柱面之间
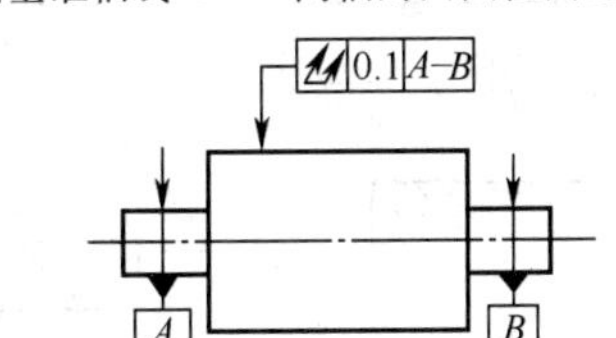
</td></tr>
<tr><td colspan="2">16.2 轴向全跳动公差</td></tr>
<tr><td></td><td>公差带为间距等于公差值 t，垂直于基准轴线的两平行平面所限定的区域
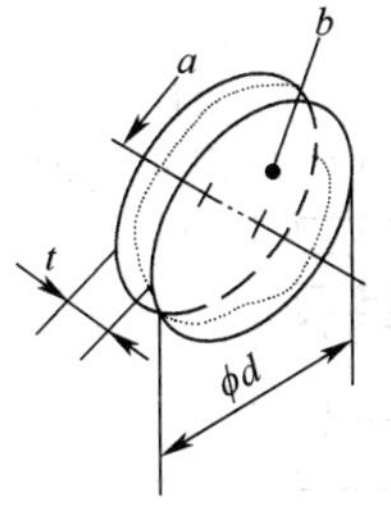

a 基准轴线；
b 提取表面</td><td>提取（实际）表面应限定在间距等于 0.1，垂直于基准轴线 D 的两平行平面之间
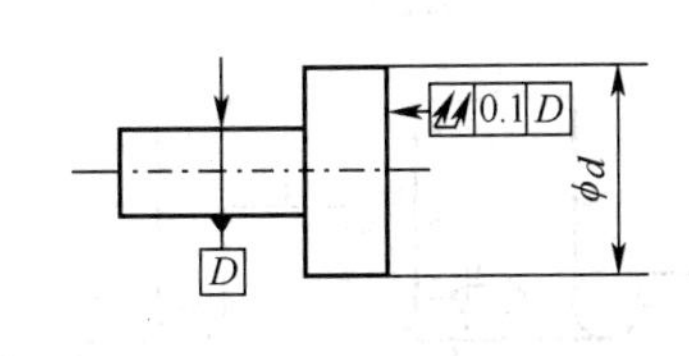
</td></tr>
</table>

3.3.6.15 废止性的标注方法(表 3-21)

这些标注方法在 GB/T 1182—1980 或 GB/T 1182—1996 曾被采用过,这些方法所示含义模糊,所以不再使用。

表 3-21 废止的标注方法

图例	说明	替代
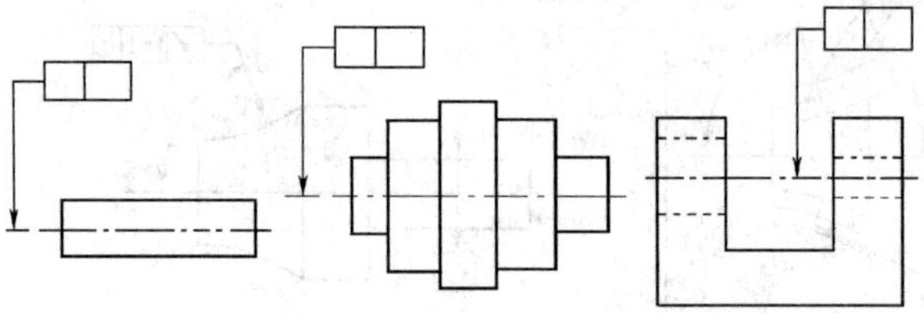 (a) (b) (c)	当公差涉及单个轴线、单个中心平面[图(a)]或者公共轴线、公共中心平面[图(b)和(c)]时,曾经用末端箭头的指引线将它们与公差框格直接相连	表 3-15 第 5 行
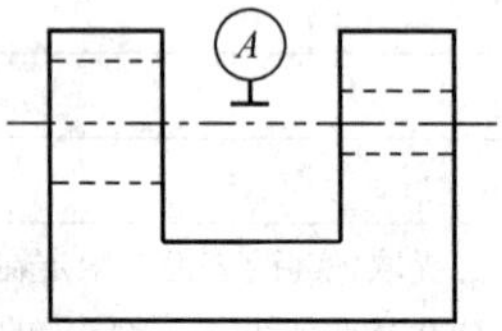 A	以轴线、中心平面、公共轴线、公共中心平面为基准时,曾经将它们与基准要素代号直接连接	表 3-17 第 4 行 右图
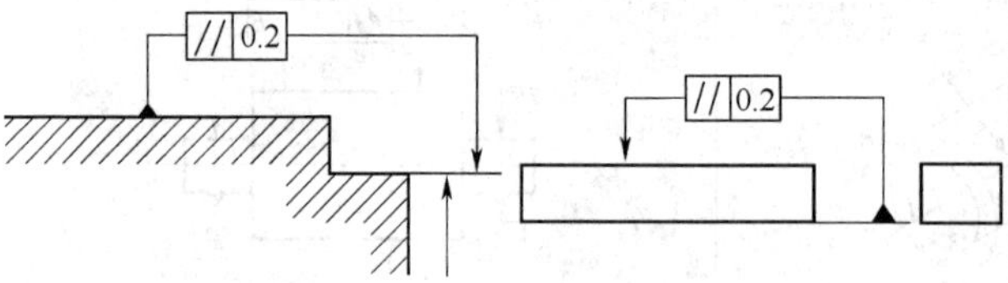 // 0.2 // 0.2	用指引线直接连接公共框格和基准要素的方法	表 3-17 第 3 行
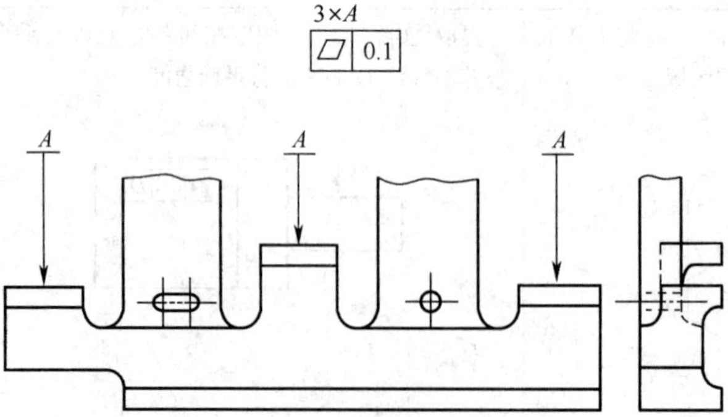 3×A ▱ 0.1 A A A	若干个被测要素分别给出相同的公差带时	表 3-16 第 9 行

续表 3-21

图　　例	说　　明	替代
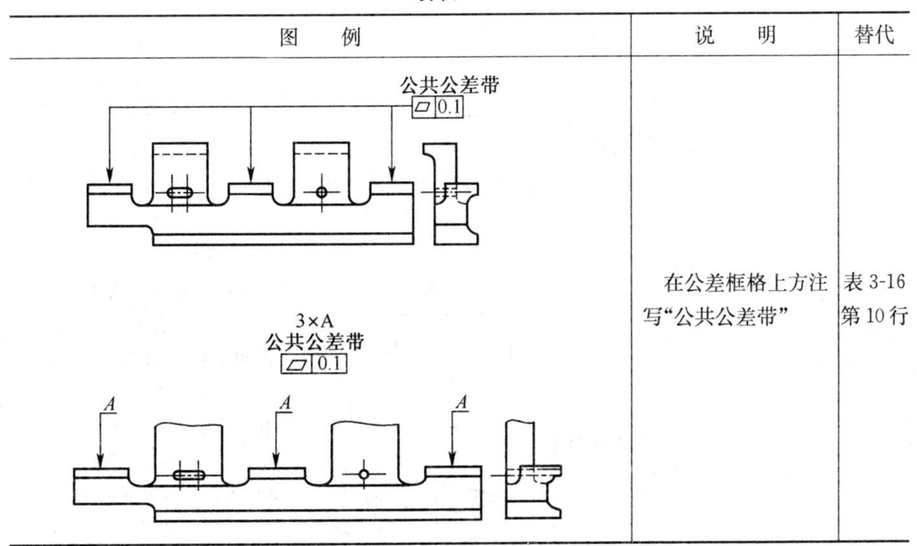	在公差框格上方注写“公共公差带”	表 3-16 第 10 行

3.3.7 表面结构的表示法(GB/T 131—2006)

3.3.7.1 标注表面结构的方法(表 3-22)

表 3-22 标注表面结构的方法

	分标题及图例		意义及说明
1. 标注表面结构的图形符号	基本图形符号(简称基本符号)		对表面结构有要求的图形符号。由两条不等长的与标注表面成 60°夹角的直线构成。当不加注粗糙度参数值或有关说明(如表面处理、局部热处理状况等)时,仅用于简化代号标注,没有补充说明时不能单独使用
	扩展图形符号(简称扩展符号)	(见下二图)	对表面结构有指定要求(去除材料或不去除材料)的图形符号
			要求去除材料的图形符号。在基本图形符号上加一短横,表示指定表面是用去除材料的方法获得,如通过机械加工获得的表面
			不允许去除材料的图形符号。在基本图形符号上加一圆圈,表示指定表面是用不去除材料方法获得

续表 3-22

	分标题及图例		意义及说明
1. 标注表面结构的图形符号	完整图形符号(简称完整符号)	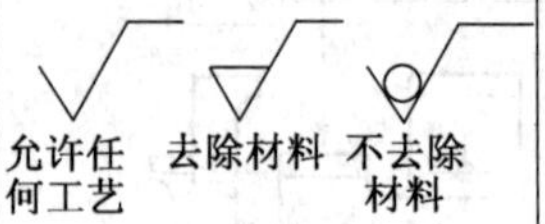 允许任何工艺　去除材料　不去除材料	对基本图形符号或扩展图形符号扩充后的图形符号。当要求标注表面结构特征的补充信息时,应在基本图形符号和扩展图形符号的长边上加一横线
	工件轮廓各表面的图形符号	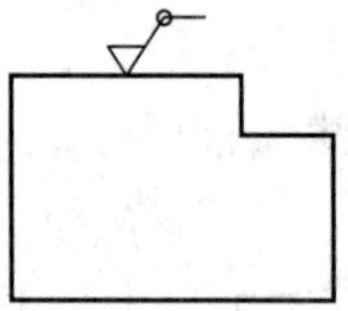 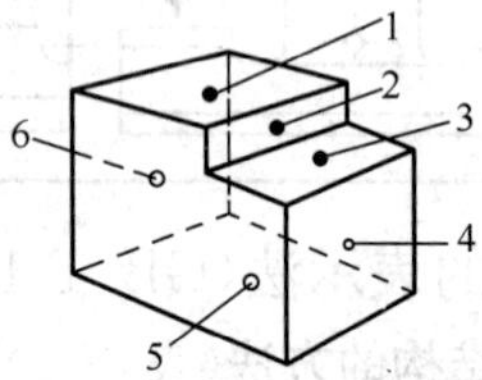 1 2 3 4 5 6	当在图样某个视图上构成封闭轮廓的各表面有相同的表面结构要求时,应在完整图形符号上加一圆圈,标注在图样中工件的封闭轮廓线上。如果标注会引起歧义时,各表面应分别标注。 注:图示的表面结构符号是指对图形中封闭轮廓的六个面的共同要求(不包括前后面)
2. 表面结构完整图形符号的组成	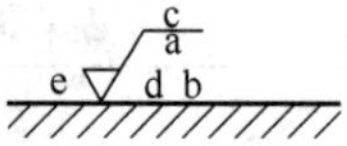 c a e d b 表面结构完整图形符号的组成		为了明确表面结构要求,除了标注表面结构参数和数值外,必要时应标注补充要求,补充要求包括传输带,取样长度、加工工艺、表面纹理及方向、加工余量等。即在完整图形符号中,对表面结构的单一要求和补充要求,注写在如图所示位置。为了保证表面的功能特征,应对表面结构参数规定不同要求。图中 a～e 位置注写以下内容: *a*——注写表面结构的单一要求,标注表面结构参数代号、极限值和传输带或取样长度。为了避免误解,在参数代号和极限值间应插入空格。传输带(传输带是两个定义的滤波器之间的波长范围,见 GB/T6062 和 GB/T1877)或取样长度后应有一斜线"/",之后是表面结构参数代号,最后是数值。

续表 3-22

	分标题及图例	意义及说明
2. 表面结构完整图形符号的组成		示例 1：0.0025－0.8/*Rz* 6.3（传输带标注）。 示例 2：－0.8/*Rz* 6.3（取样长度标注）。 *a* 和 *b*——注写两个或多个表面结构要求，在位置 a 注写第一个表面结构要求，在位置 b 注写第二个表面结构要求。如果要注写第三个或更多个表面结构要求，图形符号应在垂直方向扩大，以空出足够的空间。扩大图形符号时，*a* 和 *b* 的位置随之上移。 *c*——注写加工方法、表面处理、涂层或其他加工工艺要求，如车、磨、镀等加工表面。 *d*——注写表面纹理和方向，如“＝”、“X”、“M”。 *e*——注写加工余量，以毫米为单位给出数值
3. 文本中用文字表达图形符号		在报告和合同的文本中用文字表达完整图形符号时，用 APA 表示允许任何工艺，MRR 表示去除材料，NMR 表示不去除材料。 示例：MRR *Ra*0.8，*Rz*13.2
4. 表面结构参数的标注		给出表面结构要求时，应标注其参数代号和相应数值，并包括要求解释的以下四项重要信息：三种轮廓［*R* 轮廓（粗糙度参数），*W* 轮廓（波纹度参数），*P* 轮廓（原始轮廓参数）］中的一种，轮廓特征，满足评定长度要求的取样长度的个数，要求的极限值

续表 3-22

<table>
<tr><th></th><th colspan="2">分标题及图例</th><th>意义及说明</th></tr>
<tr><td rowspan="4">4. 表面结构参数的标注</td><td rowspan="3">（1）参数代号的标注</td><td></td><td>根据 GB/T 3505 定义的轮廓参数标注三个(R,W,P)主要表面结构参数时，应使用完整符号。由于波纹度 W 和原始轮廓 P 的轮廓参数目前缺乏数值，所以此二者参数代号未编入。同样，图形参数和支承率曲线参数也缺乏数未编入</td></tr>
<tr><td colspan="2">
<table>
<tr><td rowspan="6">R 轮廓参数</td><td colspan="7">高度参数</td></tr>
<tr><td colspan="5">峰谷值</td><td colspan="2">平均值</td></tr>
<tr><td>Rp</td><td>Rv</td><td>Rz</td><td>Rc</td><td>Rt</td><td>Ra</td><td>Rq</td></tr>
<tr><td colspan="2">高度参数</td><td rowspan="2">间距参数</td><td rowspan="2">混合参数</td><td colspan="3" rowspan="2">曲线和相关参数</td></tr>
<tr><td colspan="2">平均值</td></tr>
<tr><td>Rsk</td><td>Rku</td><td>RSm</td><td>RΔq</td><td>Rmr(c)</td><td>Rδc</td><td>Rmr</td></tr>
</table>
</td></tr>
<tr><td></td><td>如果标注参数代号后无“max”，则是引用给定极限的默认解释(即 GB/T10610 定义的16％规则)，否则应用最大规则(即 GB/T10610 定义的最大规则)解释其给定的极限</td></tr>
<tr><td>（2）评定长度(ln)的标注</td><td></td><td>若所注参数代号后无“max”，则采用的是有关标准中默认的评定长度。R 轮廓粗糙度参数默认评定长度在 GB/T 10610 中定义，默认评定长度 ln，由 5 个取样长度 lr 构成，即 ln=5×lr。若不存在默认的评定长度时，参数代号中应标注取样长度个数，如 Rp3，Rv3，Rz3，Rc3，Rt3，Ra3，…，RSm3，…(要求评定长度为 3 个取样长度)。其他如 W 轮廓、P 轮廓、图形参数、支承率曲线参数的评定长度的注法未编入</td></tr>
</table>

续表 3-22

	分标题及图例				意义及说明
4. 表面结构参数的标注	(3)极限值判断规则的标注				表面结构要求中给定极限值的判断规则有两种
		1) 16%规则	当应用16%规则(默认传输带)时参数的注法	MRR *Ra* 0.8;*Rz*1 3.2 (a)在文本中 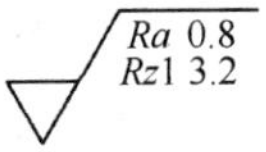 *Ra* 0.8 *Rz*1 3.2 (b)在图样上	是所有表面结构要求标注的默认规则,如图所示
		2)最大规则	当应用最大规则(默认传输带)时参数注法	MRR *Ra*max 0.8;*Rz*1max 3.2 (a)在文本中 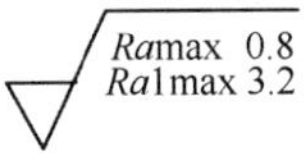 *Ra*max 0.8 *Ra*1max 3.2 (b)在图样上	此规则应用于表面结构要求时,则参数代号中应加上"max",如图所示
					16%规则和最大规则均适用于GB/T3505中定义的轮廓参数
	(4)传输带和取样长度的标注		与表面结构要求相关的传输带的注法	MRR 0.0025−0.8/*Rz* 3.2 (a)在文本中 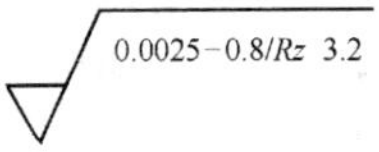 0.0025−0.8/*Rz* 3.2 (b)在图样上	如果表面结构参数没有定义默认传输带、默认的短波滤波器或默认的取样长度(长波滤波器),则表面结构标注应该指定传输带,即短波滤波器或长波滤波器,以保证表面结构明确的要求。传输带应标注在参数代号的前面,并用斜线"/"隔开,如图所示。传输带标注包括滤波器截止波长(mm),短波滤波器在前,长波滤波器在后,并用连字号"−"隔开

续表 3-22

<table>
<tr><th></th><th colspan="4">分标题及图例</th><th>意义及说明</th></tr>
<tr><td>4. 表面结构参数的标注</td><td>(5)单向极限或双向极限的标注</td><td></td><td>双向极限的注法</td><td>MRR U Rz 0.8;L Ra 0.2
(a)在文本中 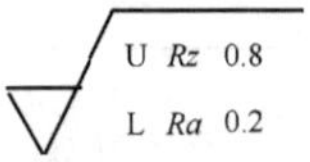
U Rz 0.8
L Ra 0.2
(b)在图样上</td><td>表面结构参数的单向极限:当只标注参数代号、参数值和传输带时,它们应默认为参数的上限值(16%规则或最大化规则的极限值);当参数代号、参数值和传输带作为参数的单向下限值(16%规则或最大化规则的极限值)标注时,参数代号前应加 L。
示例:L Ra 0.32
表面结构参数的双向极限:在完整符号中表示双向极限时应标注极限代号,上限值在上方用 U 表示,下极限在下方用 L 表示,上、下极限值为 16%规则或最大化规则的极限值,如图所示。如果同一参数具有双向极限要求,在不引起歧义的情况下,可以不加 U,L。
上、下极限值可以用不同的参数代号和传输带表达</td></tr>
<tr><td rowspan="2">5. 加工方法或相关信息的注法</td><td></td><td></td><td>加工工艺和表面粗糙度要求的注法</td><td>MRR 车 Rz 3.2
(a)在文本中 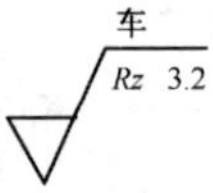
车
Rz 3.2
(b)在图样上</td><td rowspan="2">轮廓曲线的特征对实际表面的表面结构参数值影响很大。标注的参数代号、参数值和传输带只作为表面结构要求,有时不一定能够完全准确地表示表面功能。加工工艺在很大程度上决定了轮廓曲线的特征,因此,一般应注明加工工艺。加工工艺用文字按上图和下图所示方式在完整符号中注明。下图表示的是镀覆的示例,使用了 GB/T 13911《金属镀覆和化学处理表示方法》中规定的符号</td></tr>
<tr><td></td><td></td><td>镀覆和表面粗糙度要求的注法</td><td>NMR Fe/Ep • Ni15pCr0.3r;Rz 0.8
(a)在文本中 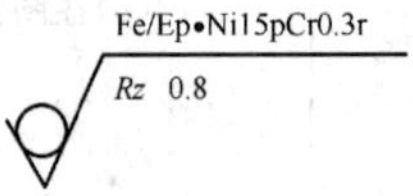
Fe/Ep•Ni15pCr0.3r
Rz 0.8
(b)在图样上</td></tr>
</table>

续表 3-22

	分标题及图例				意义及说明
6. 表面纹理的注法			垂直于视图所在投影面的表面纹理方向的注法	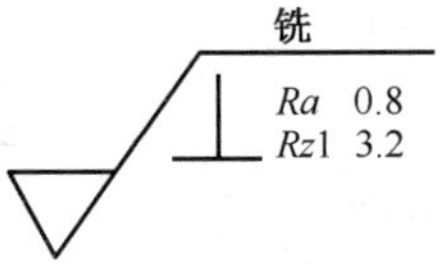 铣 Ra 0.8 $Rz1$ 3.2	表面纹理及其方向用下面规定的符号按图标注在完整符号中。采用定义的符号标注表面纹理（如图中的垂直符号）不适用于文本标注。 注：纹理方向是指表面纹理的主要方向，通常由加工工艺决定
			符号	示　例	解　释
			=	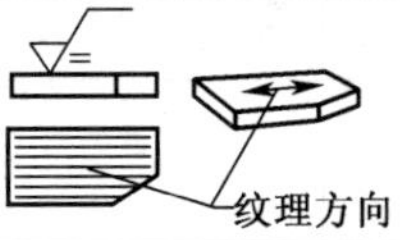 = 纹理方向	纹理平行于视图所在的投影面
			⊥	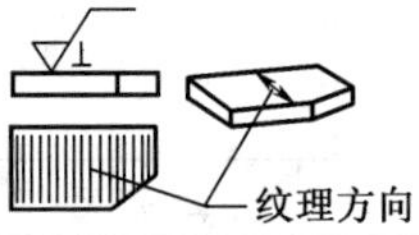 ⊥ 纹理方向	纹理垂直于视图所在的投影面
			×	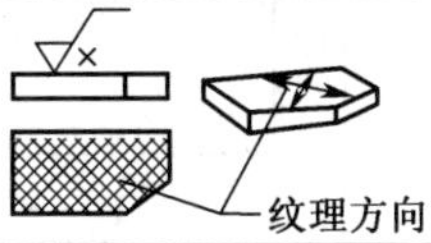 × 纹理方向	纹理呈两斜向交叉且与视图所在的投影面相交
			M	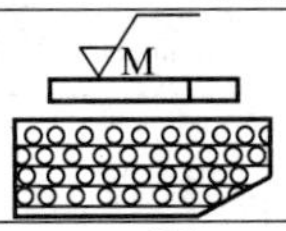 M	纹理呈多方向
			C	 C	纹理呈近似同心圆且圆心与表面中心相关
			R	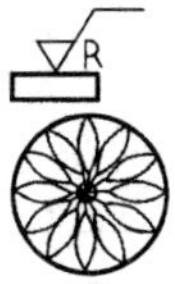 R	纹理呈近似放射状且与表面圆心相关
			P	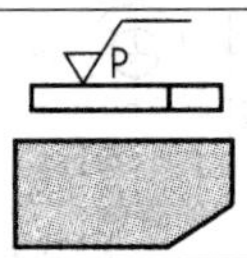 P	纹理呈微粒、凸起，无方向
					注：如果表面纹理不能清楚地用这些符号表示，必要时，可以在图样上加注说明

续表 3-22

	分标题及图例				意义及说明
7. 加工余量的注法			在表示完工零件的图样中给出加工余量的注法（所有表面均有3mm加工余量）	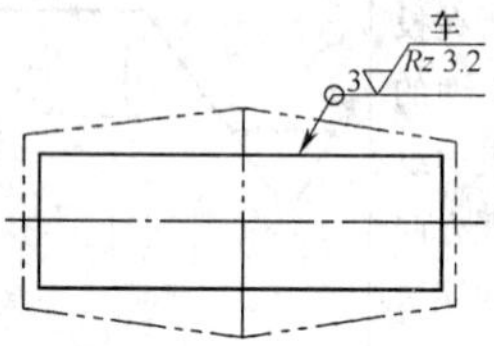	只有在同一图样中，有多个加工工序的表面可标注加工余量，例如，在表示完工零件形状的铸锻件图样中给出加工余量，如图所示。加工余量可以是加注在完整符号上的唯一要求，也可以同表面结构要求一起标注。 图中给出加工余量的这种方式不适用于文本
8. 表面结构要求在图样和其他技术产品文件中的注法					表面结构要求对每一表面一般只标注一次，并尽可能注在相应的尺寸及其公差的同一视图上。除非另有说明，所标注的表面结构要求是对完工零件表面的要求
	(1)表面结构符号、代号的标注位置与方向	1)总的原则		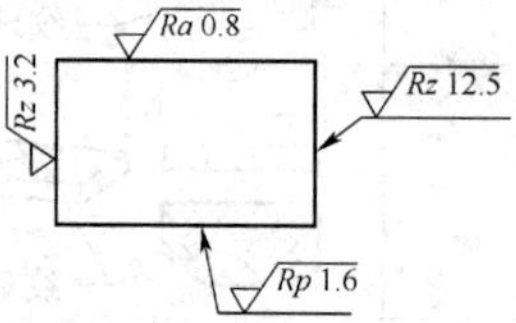 表面结构要求的注写方向	总的原则是根据 GB/T 4458.4 的规定，使表面结构的注写和读取方向与尺寸的注写和读取方向一致
		2)标注在轮廓线上或指引线上		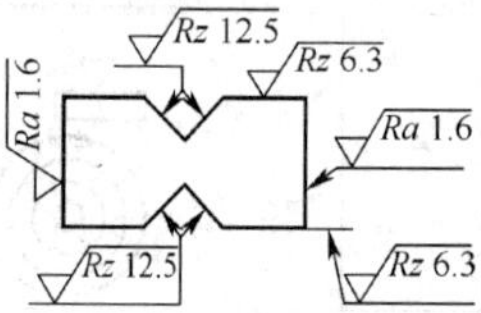 表面结构要求在轮廓线上的标注 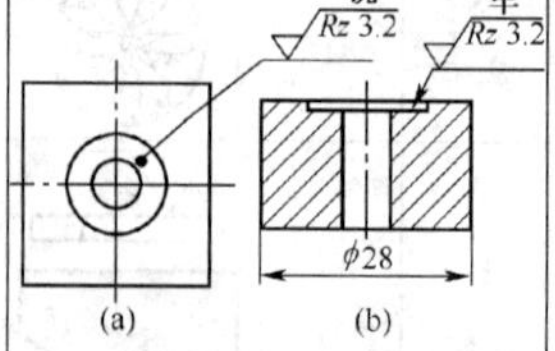 (a) (b) 用指引线引出标注表面结构要求	表面结构要求可标注在轮廓线上，其符号应从材料外指向并接触表面，如上图所示。必要时，表面结构符号也可用带箭头或黑点的指引线引出标注，如下图所示

续表 3-22

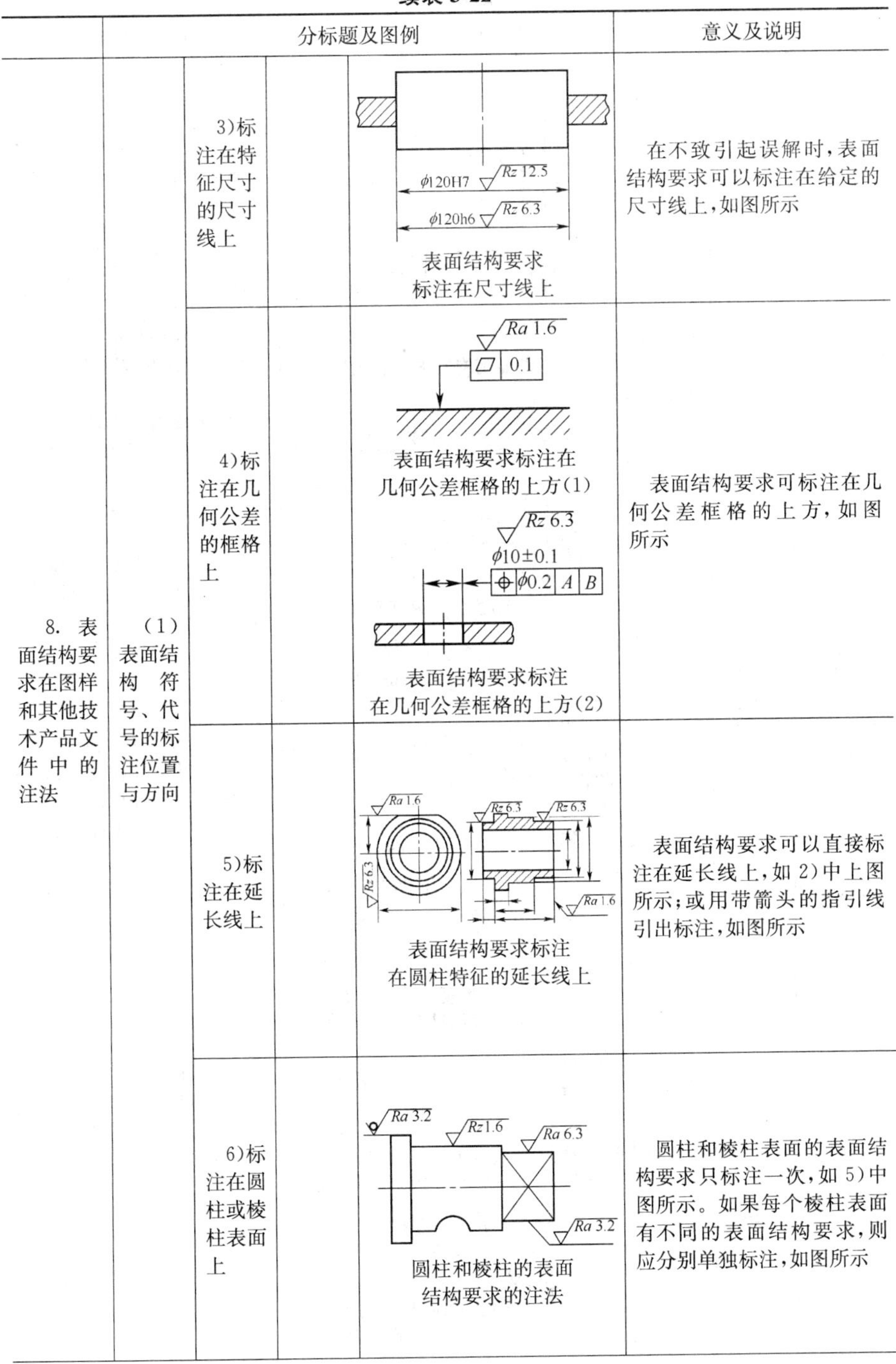

	分标题及图例				意义及说明
8. 表面结构要求在图样和其他技术产品文件中的注法	(1) 表面结构符号、代号的标注位置与方向	3)标注在特征尺寸的尺寸线上		ϕ120H7 Rz 12.5 ϕ120h6 Rz 6.3 表面结构要求标注在尺寸线上	在不致引起误解时，表面结构要求可以标注在给定的尺寸线上，如图所示
		4)标注在几何公差的框格上		Ra 1.6 0.1 表面结构要求标注在几何公差框格的上方(1) Rz 6.3 ϕ10±0.1 ϕ0.2 A B 表面结构要求标注在几何公差框格的上方(2)	表面结构要求可标注在几何公差框格的上方，如图所示
		5)标注在延长线上		Ra 1.6 Rz 6.3 Rz 6.3 Rz 6.3 Ra 1.6 表面结构要求标注在圆柱特征的延长线上	表面结构要求可以直接标注在延长线上，如2)中上图所示；或用带箭头的指引线引出标注，如图所示
		6)标注在圆柱或棱柱表面上		Ra 3.2 Rz 1.6 Ra 6.3 Ra 3.2 圆柱和棱柱的表面结构要求的注法	圆柱和棱柱表面的表面结构要求只标注一次，如5)中图所示。如果每个棱柱表面有不同的表面结构要求，则应分别单独标注，如图所示

续表 3-22

	分标题及图例				意义及说明
8. 表面结构要求在图样和其他技术产品文件中的注法	(2)表面结构要求的简化注法	1)有相同表面结构要求的简化注法		(一) 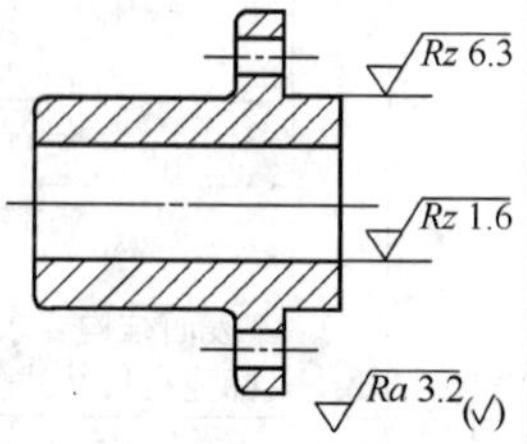 Rz 6.3 Rz 1.6 Ra 3.2(√) 大多数表面有相同表面结构要求的简化注法 (二) 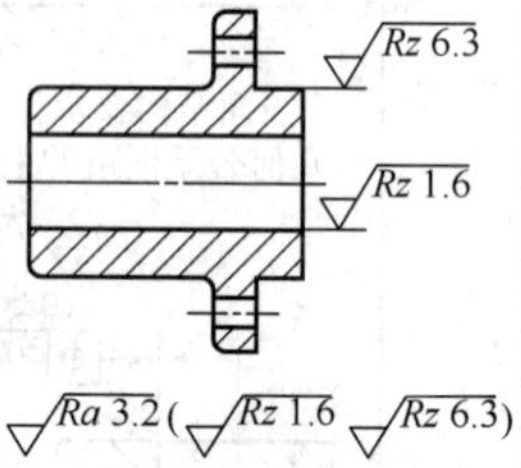 Rz 6.3 Rz 1.6 Ra 3.2(Rz 1.6 Rz 6.3) 大多数表面有相同表面结构要求的简化注法	如果在工件的多数(包括全部)表面有相同的表面结构要求,则其表面结构要求可统一标注在图样的标题栏附近。此时(除全部表面有相同要求的情况外),表面结构要求的符号后面应有: (1)在圆括号内给出无任何其他标注的基本符号,如上图所示; (2)在圆括号内给出不同的表面结构要求,如下图所示。 不同的表面结构要求应直接标注在图形中,如图所示。 当多个表面具有相同的表面结构要求或图纸空间有限时,可以采用简化注法
		2)多个表面有共同要求的注法	①用带字母的完整符号的简化注法	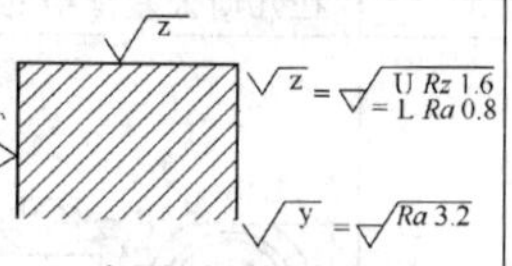 z y z = U Rz 1.6 L Ra 0.8 y = Ra 3.2 在图纸空间有限时的简化注法	可用带字母的完整符号,以等式的形式,在图形或标题栏附近,对有相同表面结构要求的表面进行简化标注,如图所示
			②只用表面结构符号的简化注法	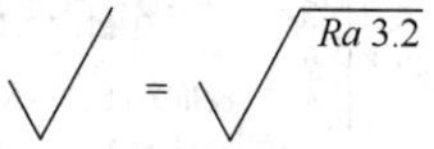 = Ra 3.2 未指定工艺方法的多个表面结构要求的简化注法  = Ra 3.2 要求去除材料的多个表面结构要求的简化注法 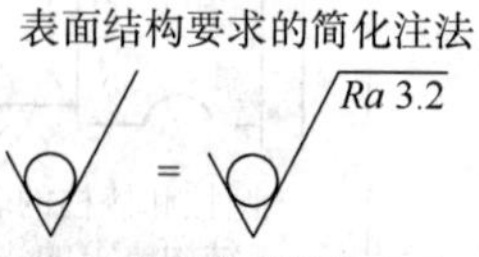 = Ra 3.2 不允许去除材料的多个表面结构要求的简化注法	可用本表第1项的基本图形符号和扩展图形符号,以等式的形式给出对多个表面共同的表面结构要求,如图所示

续表 3-22

	分标题及图例				意义及说明
8. 表面结构要求在图样和其他技术产品文件中的注法	（3）两种或多种工艺获得的同一表面的注法			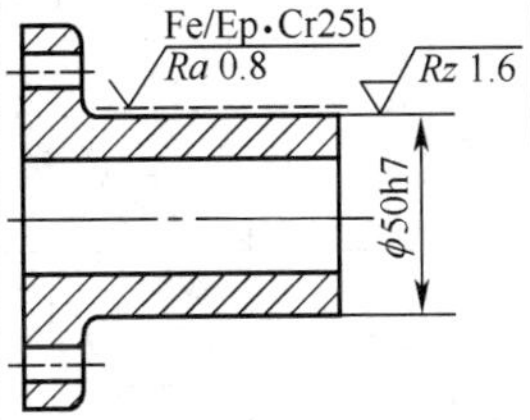 Fe/Ep·Cr25b Ra 0.8 Rz 1.6 φ50h7 同时给出镀覆前后的表面结构要求的注法	由几种不同的工艺方法获得的同一表面，当需要明确每种工艺方法的表面结构要求时，可按图进行标注

3.3.7.2 表面结构要求图形标注的新旧标准对照(表 3-23)

表 3-23 表面结构要求图形标注的新旧标准对照

GB/T 131 的版本			
GB/T 131—1983	GB/T 131—1993	GB/T 131—2006	说明主要问题示例
1.6	1.6　　1.6	Ra 1.6	Ra 只采用“16%规则”
Ry 3.2	Ry 3.2　　Ry 3.2	Rz 3.2	除了 Ra“16%规则”的参数
—	1.6max	Ramax 1.6	“最大规则”
1.6　0.8	1.6　0.8	−0.8/Ra 1.6	Ra 加取样长度
—	—	0.025−0.8/Ra 1.6	传输带
Ry 3.2　0.8	Ry 3.2　0.8	−0.8/Rz 6.3	除 Ra 外其他参数及取样长度
1.6 Ry 6.3	1.6 Ry 6.3	Ra 1.6 Rz 6.3	Ra 及其他参数

续表 3-23

GB/T 131 的版本			
GB/T 131—1983	GB/T 131—1993	GB/T 131—2006	说明主要问题示例
—	*Ry* 3.2	*Rz*3 6.3	评定长度中的取样长度个数如果不是 5
—	—	L *Ra* 1.6	下限值
3.2 1.6	3.2 1.6	U *Ra* 3.2 L *Ra* 3.2	上、下限值

3.4 常用结构要素表示法

3.4.1 螺纹及螺纹紧固件表示法(GB/T 4459.1—1995)

3.4.1.1 螺纹的表示法(表 3-24)

表 3-24 螺纹的表示法

项目	图 例	说 明
基本表示法	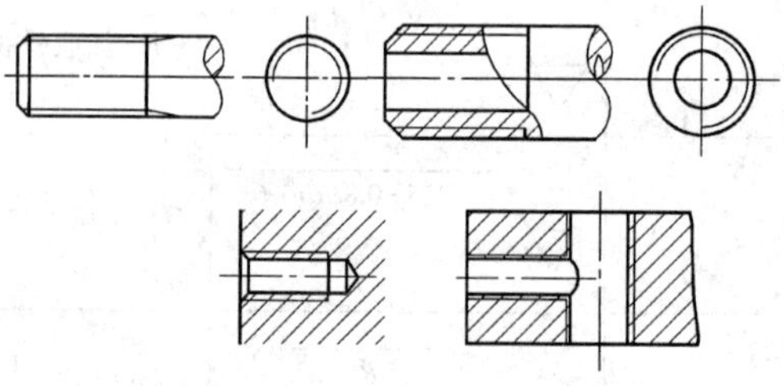	螺纹牙顶圆的投影用粗实线表示；牙底圆的投影用细实线表示，在螺杆的倒角或倒圆部分也应画出。在垂直螺纹轴线的投影面的视图中，表示牙底圆的细实线只画约 3/4 圈(空出的位置不作规定)；此时，螺杆或螺孔上的倒角投影不应画出。在垂直于螺纹轴线的投影面的视图中，需要表示部分螺纹时，表示牙底圆的细实线也应适当地空了一段。 有效螺纹的终止线用粗实线表示。 螺尾部分一般不必画出。当需要表示螺尾时，该部分用与轴线成 30°的细实线画出。 在剖视或断面图中的剖面线都应画到粗实线

续表 3-24

项目	图例	说明
不可见螺纹	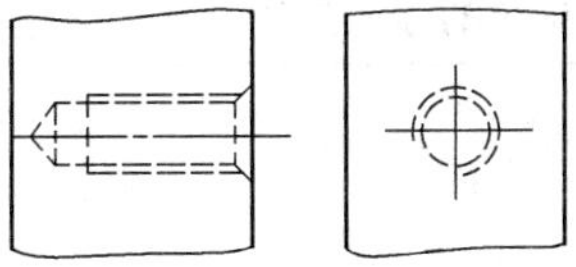	所有图线用虚线绘制
不穿通的螺孔	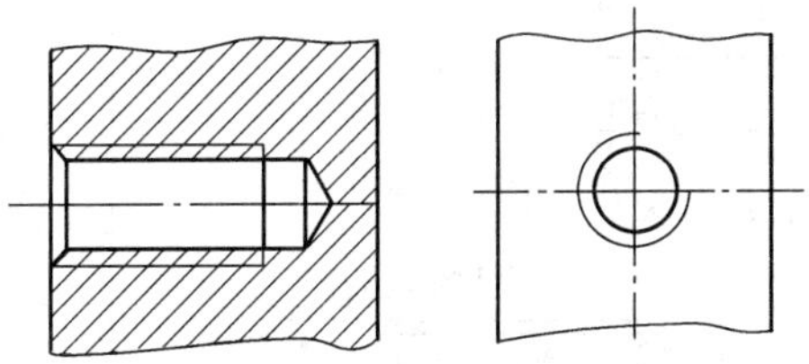	一般应将钻孔深度与螺纹部分的深度分别画出
螺纹牙型	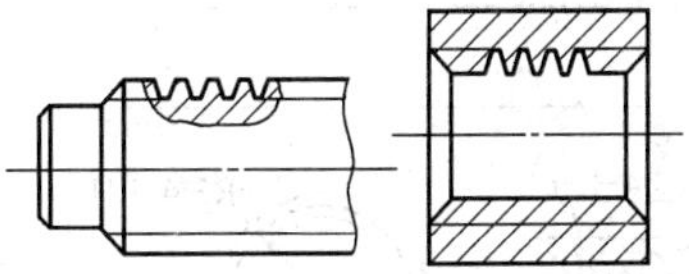	需要表示时
圆锥螺纹	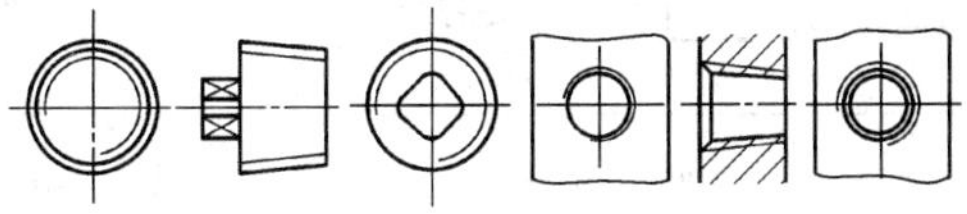	
螺纹联接	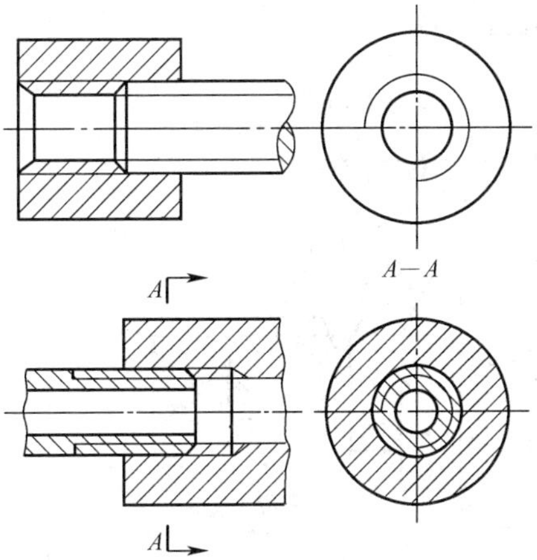 A—A	以剖视图表示内外螺纹的联接时，其旋合部分应按外螺纹的画法绘制，其余部分仍按各自的画法表示

3.4.1.2 螺纹的标注方法

1. 螺纹的标注方法(表 3-25)

表 3-25 螺纹的标注方法

项目	图例	说明
公称直径以 mm 为单位的螺纹	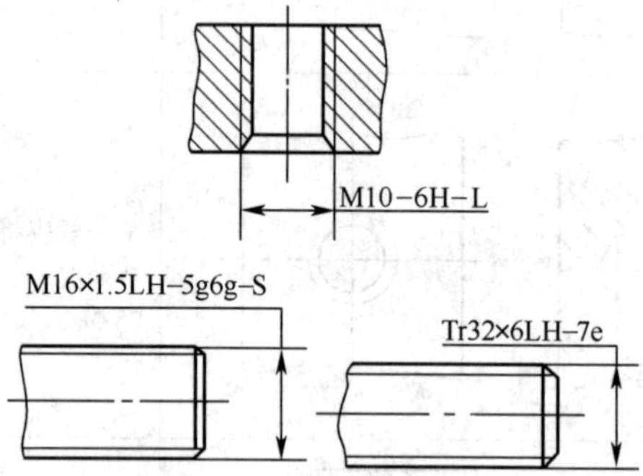 M10−6H−L M16×1.5LH−5g6g−S Tr32×6LH−7e	应直接注在大径的尺寸线上或其引出线上
管螺纹	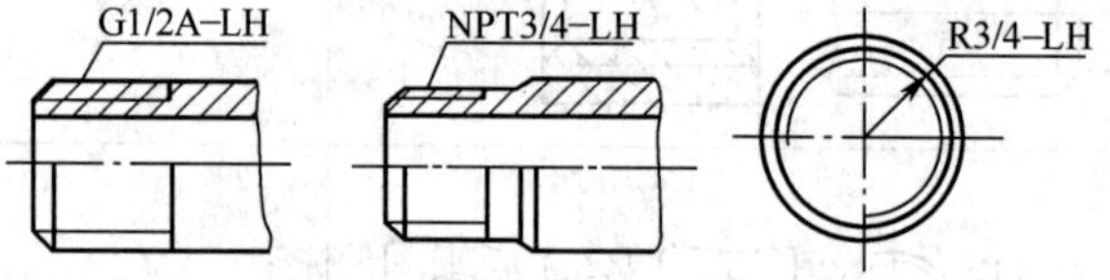 G1/2A−LH NPT3/4−LH R3/4−LH	一律注在引出线上，引出线应由大径处引出或由对称中心处引出
米制锥螺纹	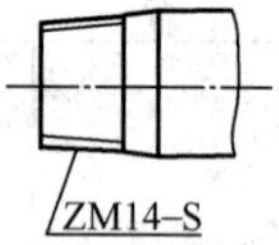 ZM14−S	一般注在引出线上，引出线应由大径或对称中心处引出；也可直接标注在从基面处画出的尺寸线上
非标准的螺纹	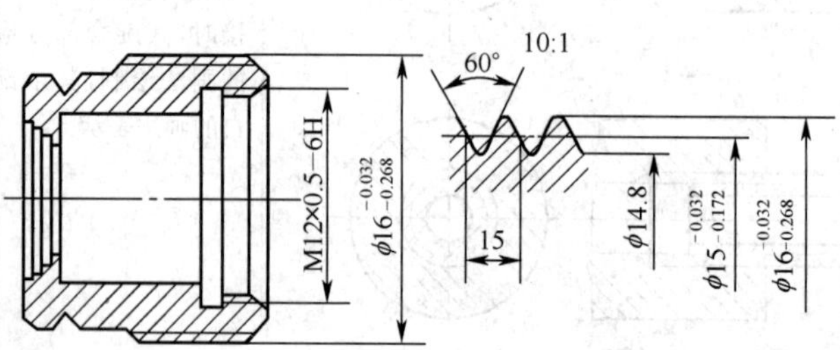 M12×0.5−6H $\phi16^{-0.032}_{-0.268}$ 60° 10:1 15 $\phi14.8$ $\phi15^{-0.032}_{-0.172}$ $\phi16^{-0.032}_{-0.268}$	应画出螺纹的牙型，并注出所需要的尺寸及有关要求

续表 3-25

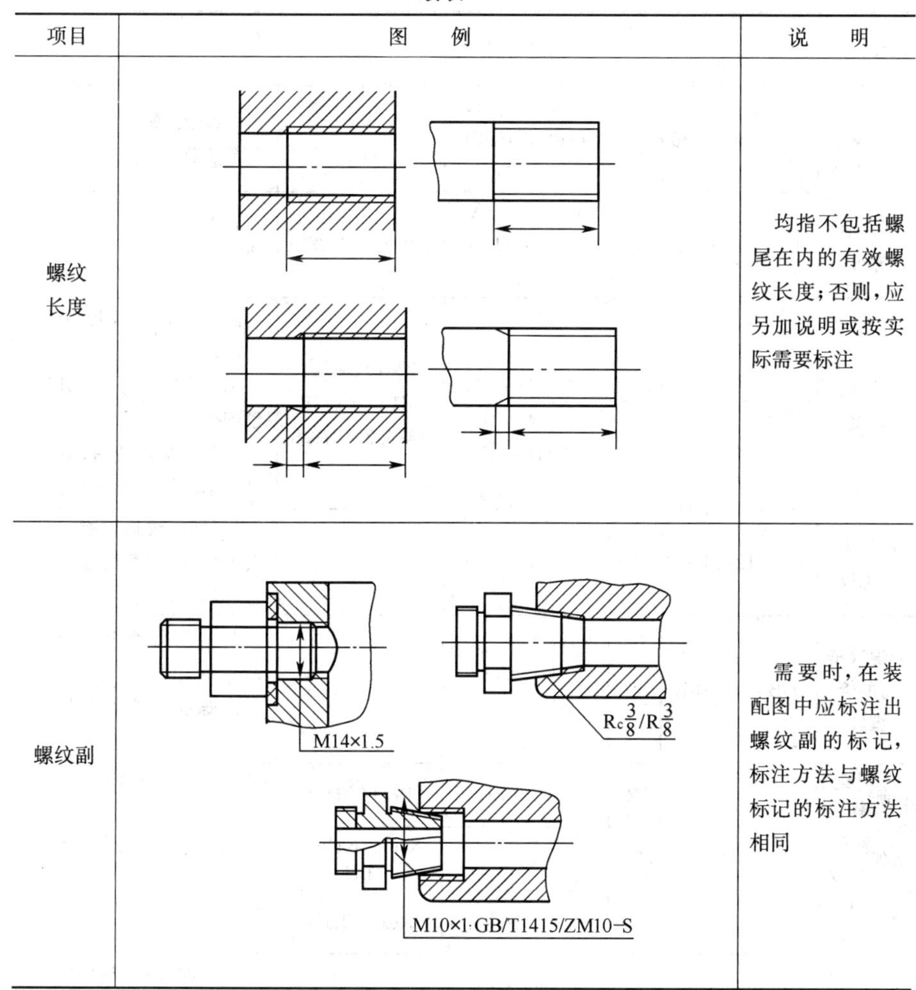

项目	图　　例	说　　明
螺纹长度		均指不包括螺尾在内的有效螺纹长度；否则，应另加说明或按实际需要标注
螺纹副	M14×1.5 $Rc\frac{3}{8}/R\frac{3}{8}$ M10×1·GB/T1415/ZM10–S	需要时，在装配图中应标注出螺纹副的标记，标注方法与螺纹标记的标注方法相同

2. 标准螺纹的标记(表 3-26)

表 3-26　标准螺纹的标记

螺纹类别	标准编号	特征代号	标记示例	螺纹副标记示例	附　　注
普通螺纹	GB 197—81	M	M10—5g6g—S M20×2LH—6H	M20×2LH—6H/6g	普通螺纹粗牙不注螺距 中等旋合长度不标 N (以下同)
小螺纹	GB/T 15054.4—94	S	S0.8 4H5 S1.2 LH5h3	S0.9 4H5/5h3	内螺纹中径公差带为 4H，顶径公差等级为 5 级 外螺纹中径公差带为 5h，顶径公差等级为 3 级

续表 3-26

螺纹类别		标准编号	特征代号	标记示例	螺纹副标记示例	附　注
梯形螺纹		GB 5796.4—86	Tr	Tr40×7—7H Tr40×14(P7)LH—7e	Tr36×6—7H/7e	多线螺纹螺距和导程都可参照此格式标注
锯齿形螺纹		GB/T 13576—92	B	B40×7—7A B40×14(P7)LH—8c—L	B40×7—7A/7c	
米制锥螺纹		GB/T 1415—92	ZM	ZM10 M10×1·GB 1415 ZM10—S	ZM10/ZM10 M10×1·GB 1415/ZM10—S	圆锥内螺纹与圆锥外螺纹配合 圆柱内螺纹与圆锥外螺纹配合 S为短基距代号，标准基距不注代号(以下同)
60°圆锥管螺纹		GB/T 12716—91	NPT	NPT3/8—LH		内、外螺纹均仅有一种公差带，故不注公差带代号(以下同)
非螺纹密封的管螺纹		GB 7307—87	G	G1½A G1/2—LH	G1½G1½A	外螺纹公差等级分A级和B级两种 内螺纹公差等级只有一种
用螺纹密封的管螺纹	圆锥外螺纹	GB 7306—87	R	R1/2—LH	Rc1½/R1½	内外螺纹均只有一种公差带
	圆锥内螺纹		Rc	Rc1½	Rc1½/R1½—LH	
	圆柱内螺纹		Rp	Rp⅓	Rp1½/R1½	
自攻螺钉用螺纹		GB 5280—85	ST	GB 5280 ST3.5		使用时，应先制出螺纹底孔(预制孔)
自攻锁紧螺钉用螺钉(粗牙普通螺纹)		GB 6559—86	M	GB 6559 M5×20		使用时，应先制出螺纹底孔(预制孔) 标记示例中的20指螺杆长度

3.4.1.3　在装配图中螺纹紧固件的画法

1. 常规画法

在装配图中，当剖切平面通过螺杆的轴线时，对于螺柱、螺栓、螺钉、螺母及垫圈等均按未剖切绘制；螺纹紧固件的工艺结构，如倒角、退刀槽、缩颈、凸肩等均可省略不画；不穿通的螺纹孔可不画出钻孔深度，仅按有效螺纹部分的深度（不包括螺尾）画出，如图 3-43 所示。

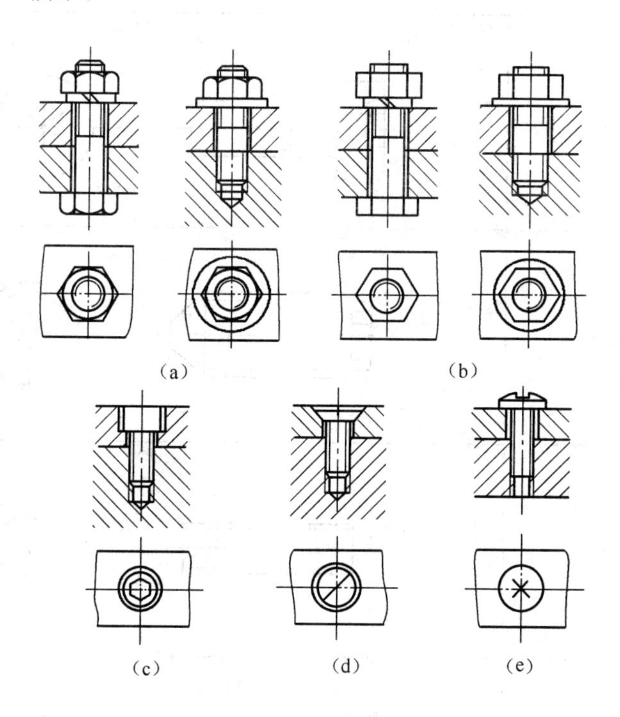

图 3-43　在装配图中螺纹紧固件的画法

(a)螺栓联接　(b)双头螺栓联接　(c)内六角螺钉联接
(d)沉头开槽螺钉联接　(e)盘头十字槽螺钉联接

2. 简化画法(表 3-27)

表 3-27　螺栓、螺钉的头部及螺母的简化画法

形　式	简化画法
六角头（螺栓）	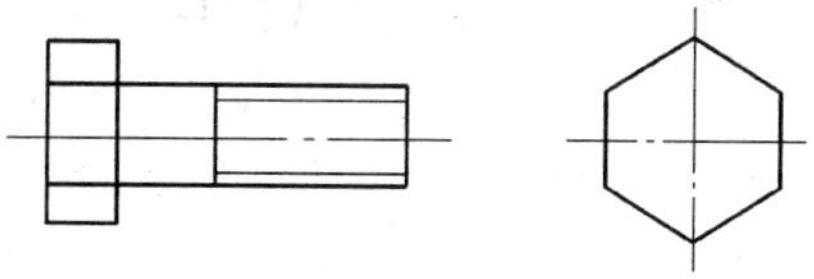
方头（螺栓）	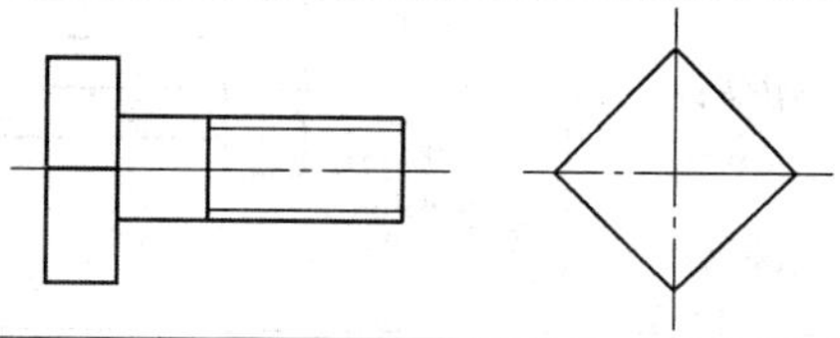

续表 3-27

形　式	简化画法
圆柱头内六角(螺钉)	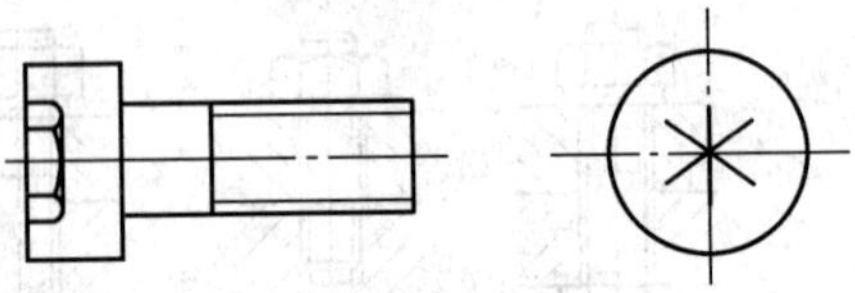
无头内六角(螺钉)	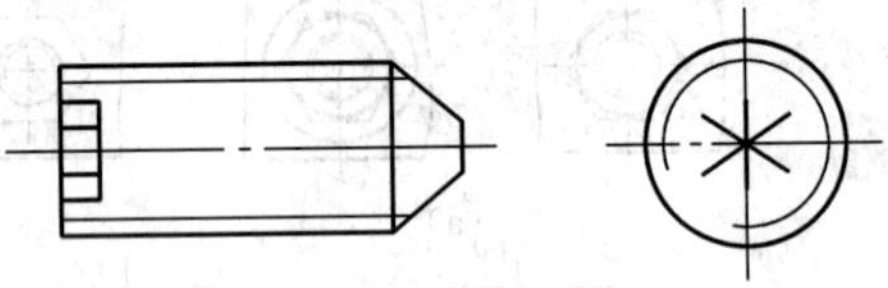
无头开槽(螺钉)	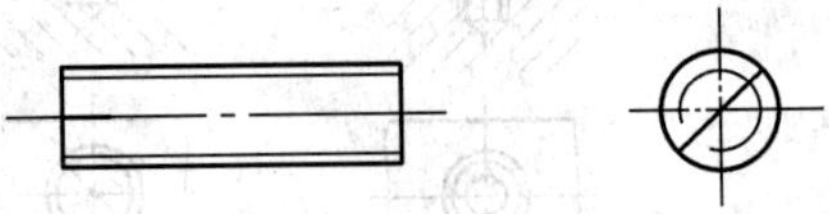
沉头开槽(螺钉)	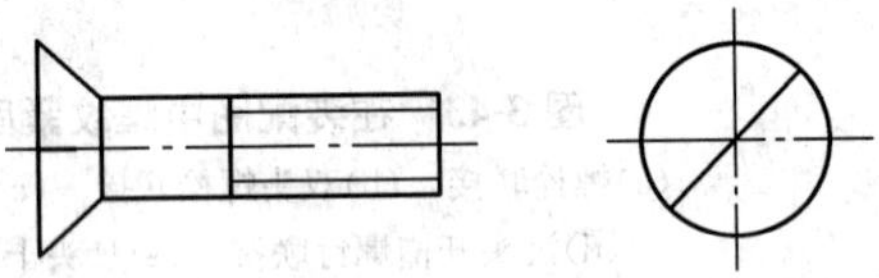
半沉头开槽(螺钉)	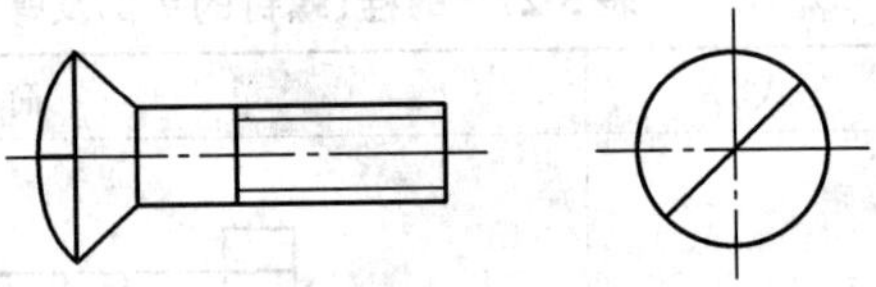
圆柱头开槽(螺钉)	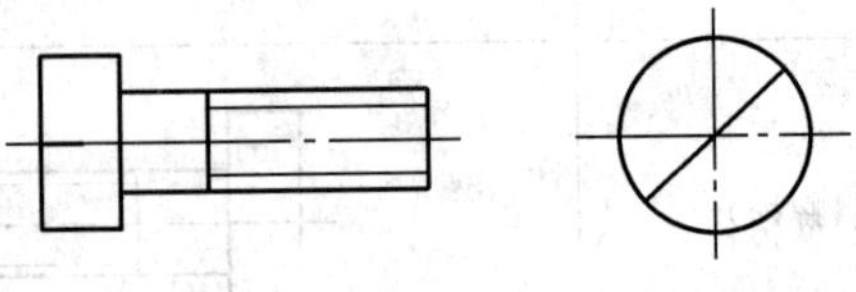

续表 3-27

形　式	简化画法
盘头开槽(螺钉)	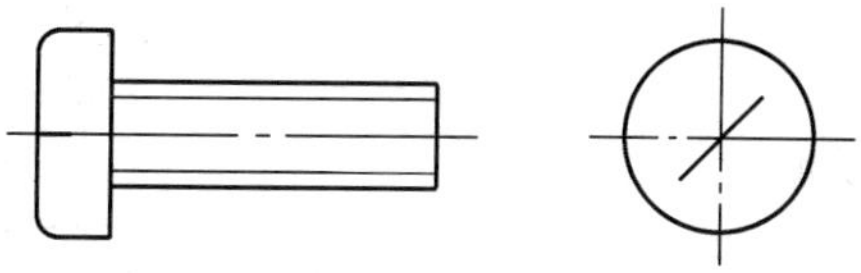
沉头开槽(自攻螺钉)	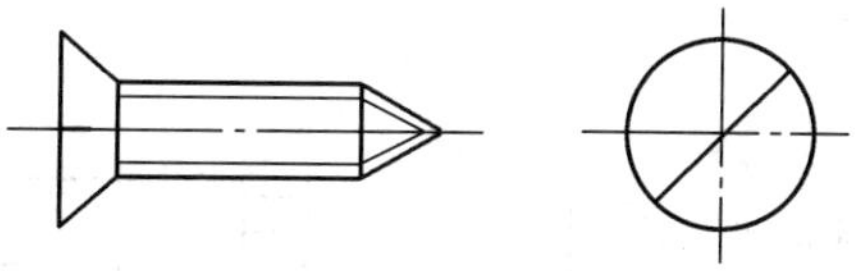
六角(螺母)	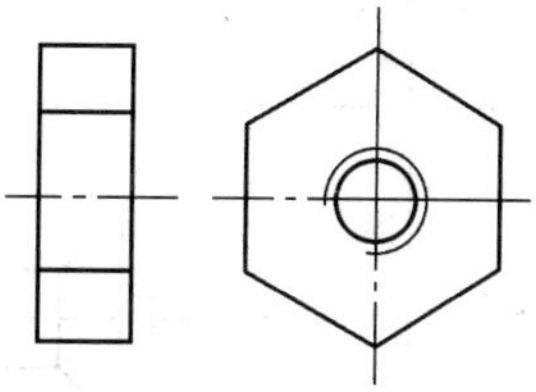
方头(螺母)	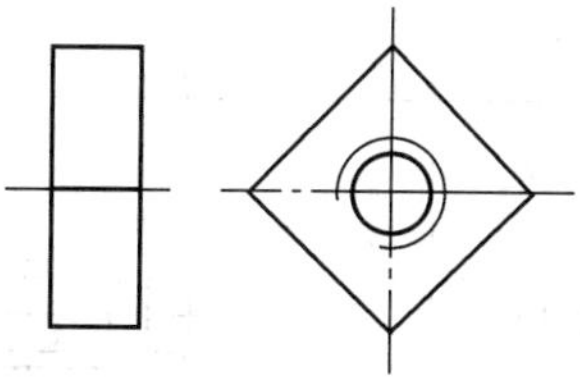
六角开槽(螺母)	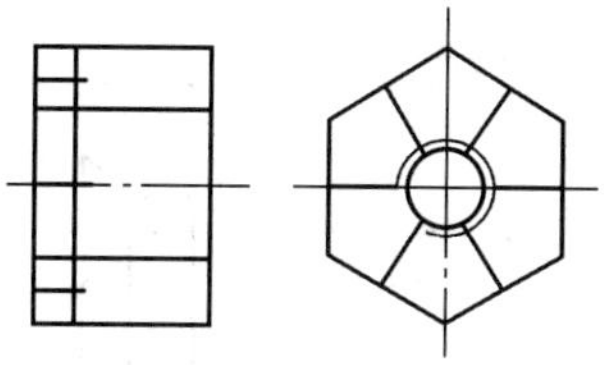
六角法兰面(螺母)	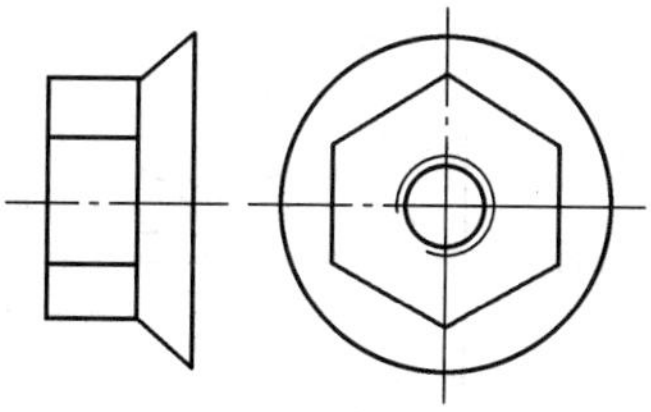

续表 3-27

形　式	简 化 画 法
蝶形（螺母）	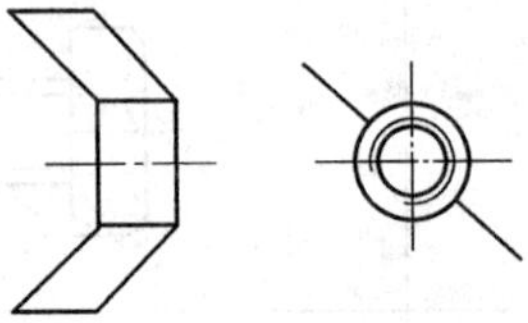
沉头十字槽（螺钉）	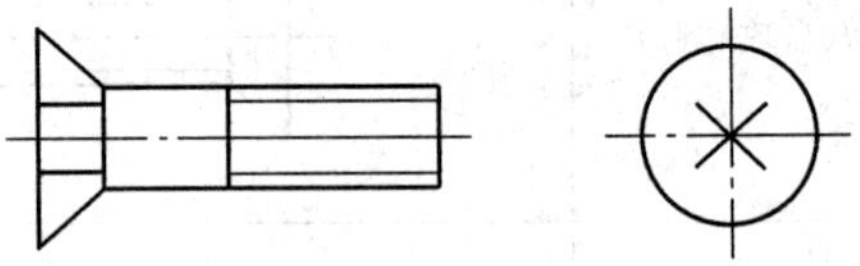
半沉头十字槽（螺钉）	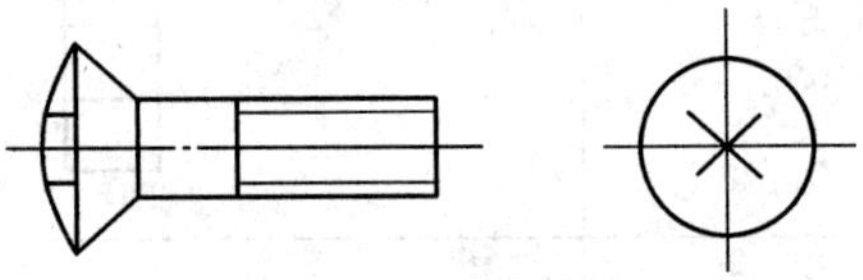
盘头十字槽（螺钉）	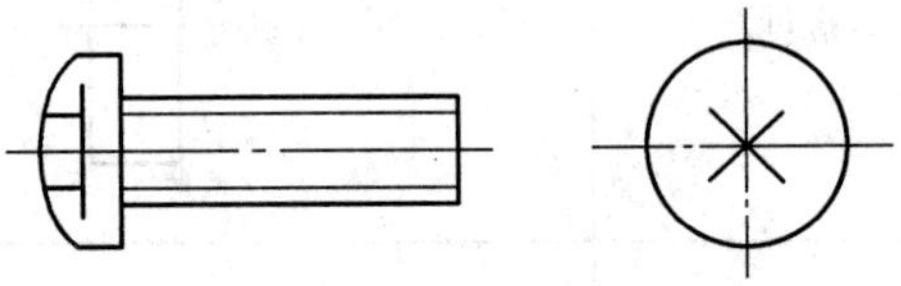
六角法兰面（螺栓）	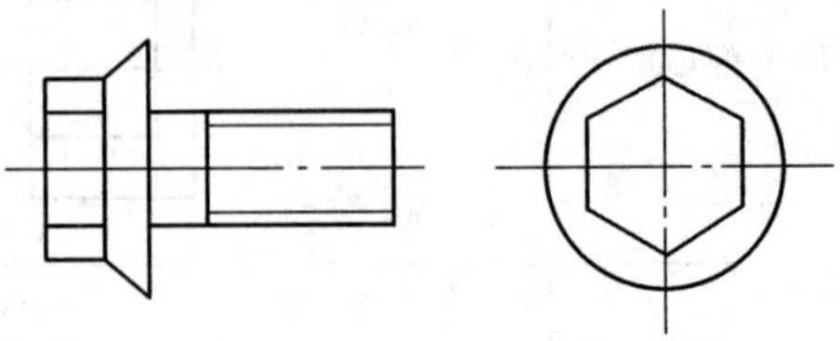
圆头十字槽（木螺钉）	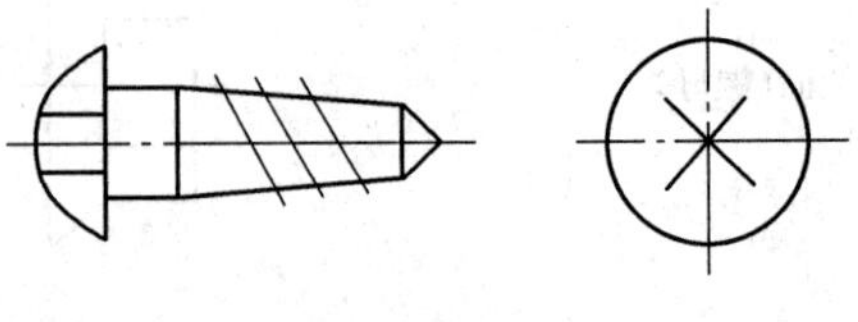

3.4.1.4 螺套的画法和标记(表 3-28)

表 3-28 螺套的画法和标记

螺套的画法		钢丝螺套的画法	整体式螺套的画法	螺套的简化表示法
螺套		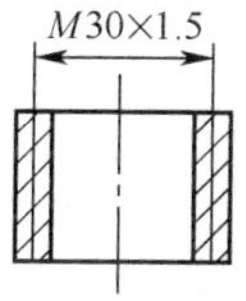 $M30\times1.5$	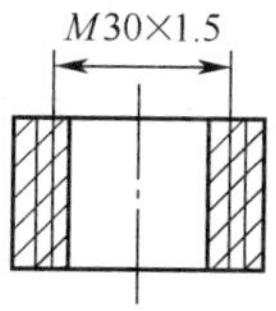 $M30\times1.5$	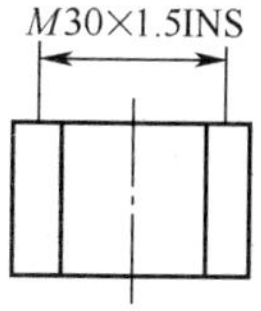 $M30\times1.5$INS
螺套的旋合	在通孔中	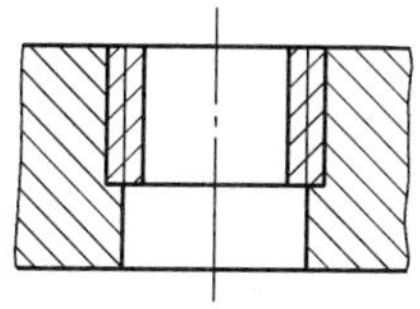	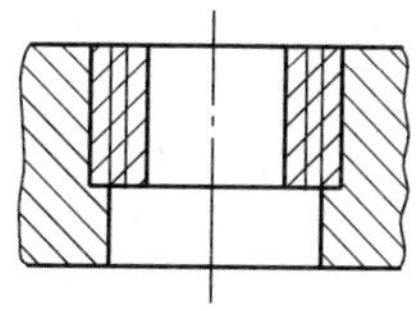	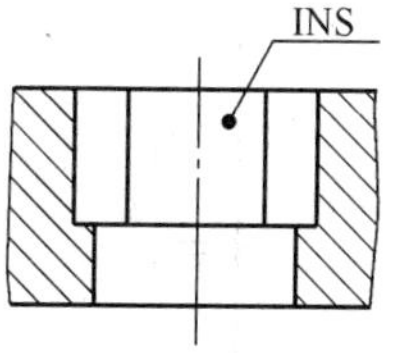 INS
	在盲孔中			$M30\times1.5$INS
螺套的装配	在通孔中	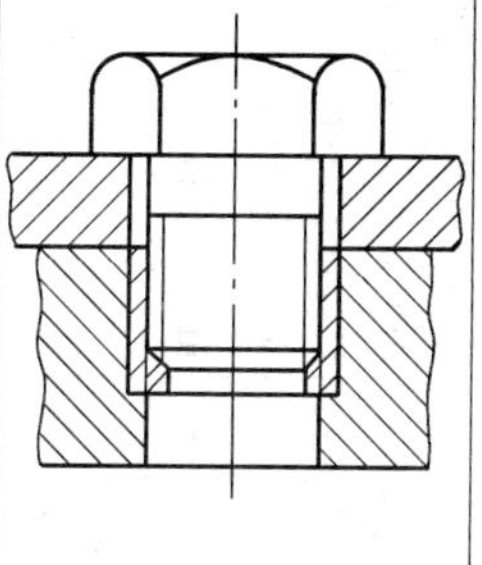	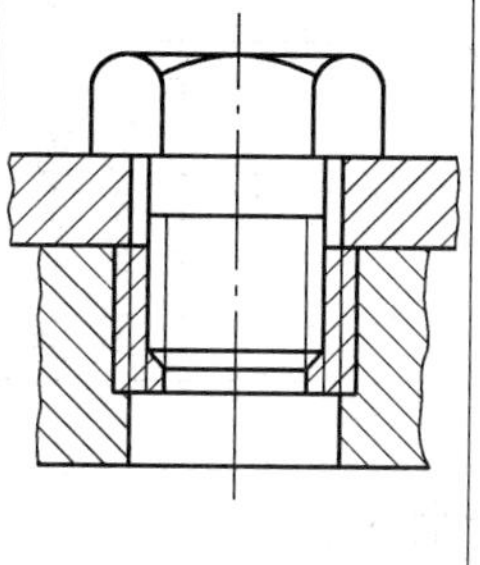	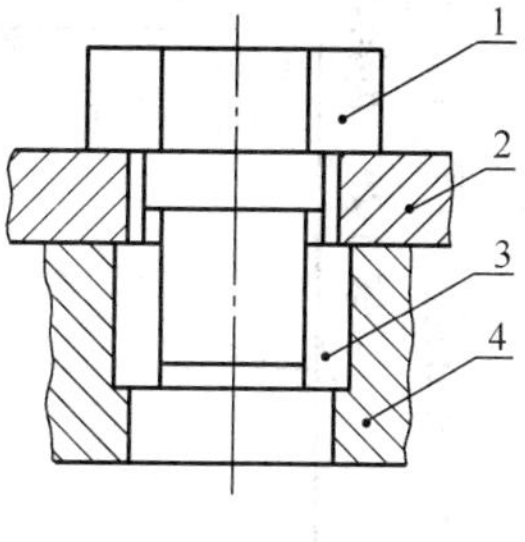 1 2 3 4
	在盲孔中	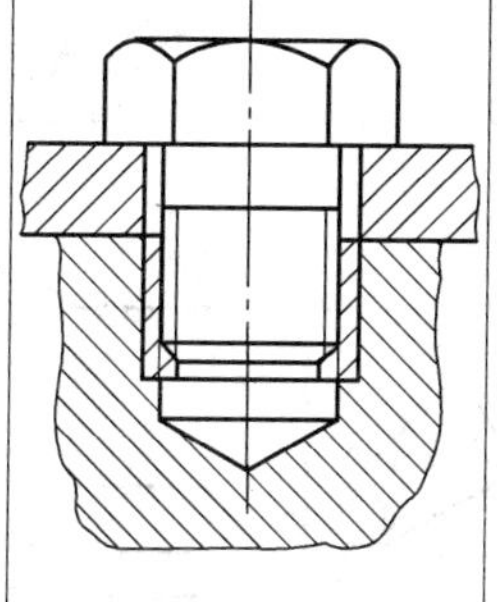	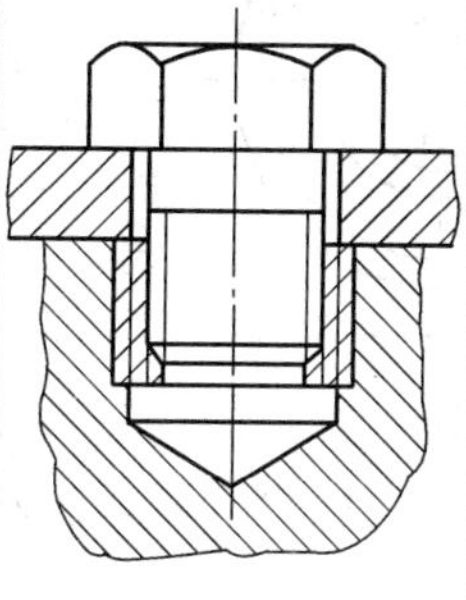	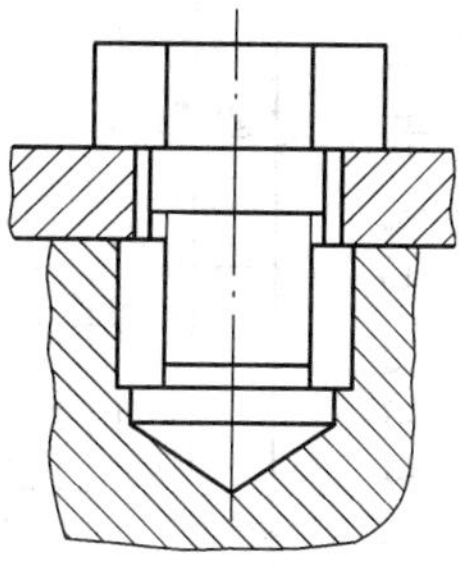

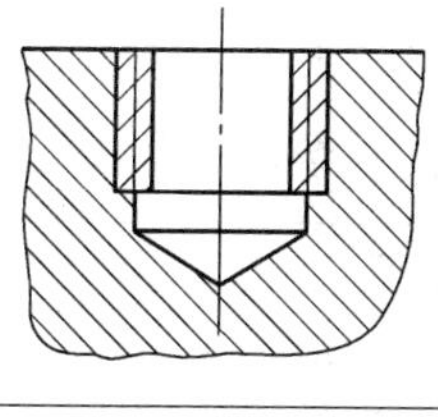

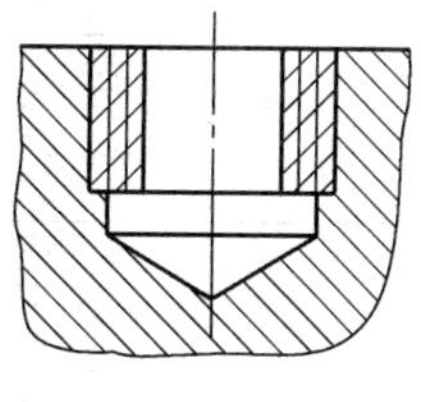

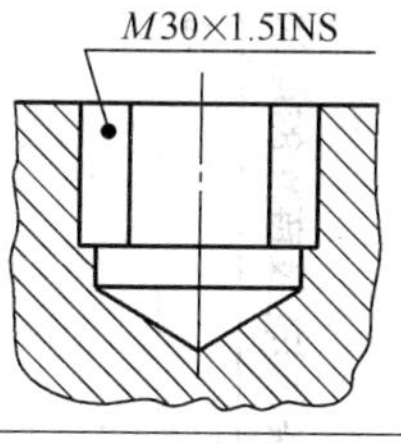

3.4.2 齿轮表示法(GB/T 4459.2—2003)

3.4.2.1 齿轮、齿条、蜗轮及链轮的画法(表 3-29)

表 3-29 齿轮、齿条、蜗轮及链轮的画法

图例	说明					
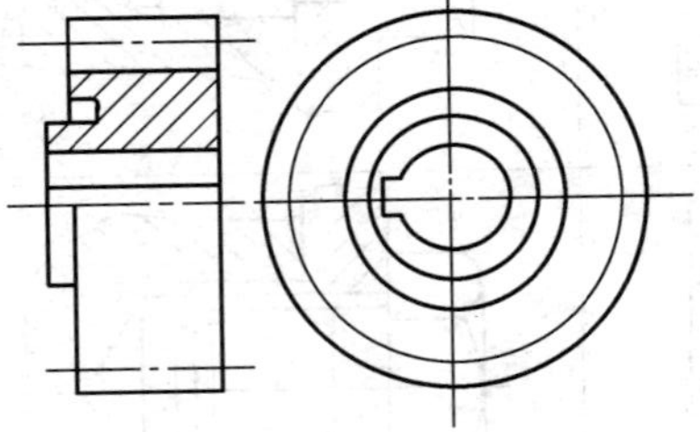 圆柱齿轮 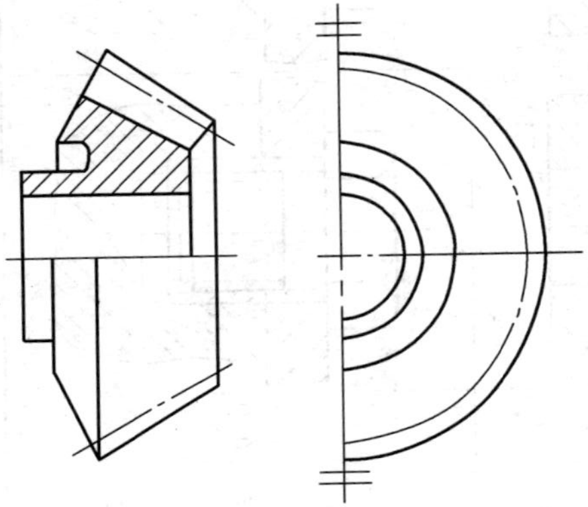 锥齿轮	齿顶圆和齿顶线用粗实线绘制；分度圆和分度线用细点画线绘制；齿根圆和齿根线用细实线绘制，也可省略不画；在剖视图中，齿根线用粗实线绘制	表示齿轮、蜗轮一般用两个视图，或者用一个视图和一个局部视图	在剖视图中，当剖切平面通过齿轮的轴线时，轮齿一律按不剖处理			

续表 3-29

<table>
<tr><th>图　例</th><th colspan="6">说　　明</th></tr>
<tr><td>A—A
蜗轮</td><td rowspan="2">齿顶圆和齿顶线用粗实线绘制；分度圆和分度线用细点画线绘制；齿根圆和齿根线用细实线绘制，也可省略不画；在剖视图中，齿根线用粗实线绘制</td><td>表示齿轮、蜗轮一般用两个视图，或者用一个视图和一个局部视图</td><td rowspan="2">在剖视图中，当剖切平面通过齿轮的轴线时，轮齿一律按不剖处理</td><td>如需表明齿形，可在图形中用粗实线画出一个或两个齿；或用适当比例的局部放大图表示</td><td rowspan="2"></td><td>如需要注出齿条的长度时，可在画出齿形的图中注出，并在另一视图中用粗实线画其范围线</td></tr>
<tr><td> 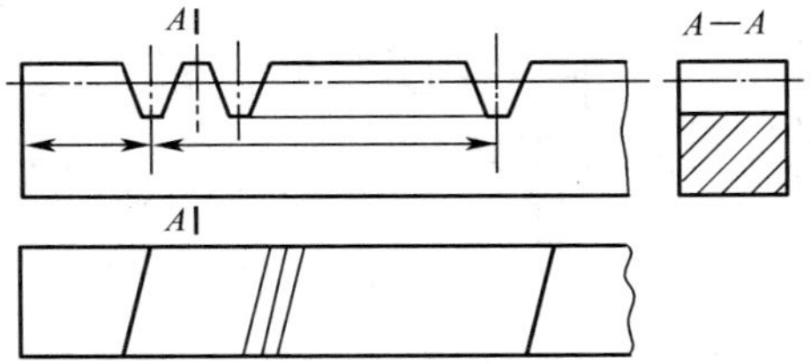A　A
A—A
齿条</td><td></td><td></td><td></td></tr>
</table>

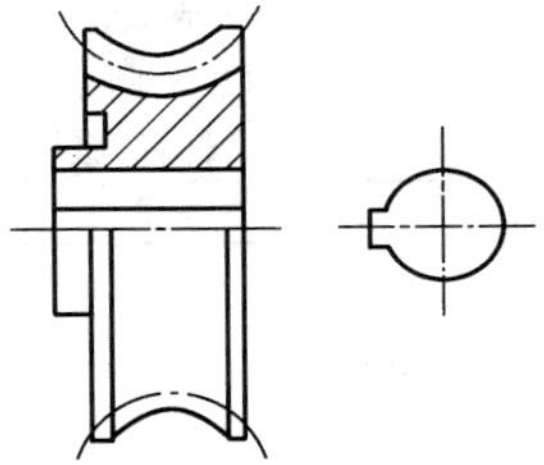

续表 3-29

图例

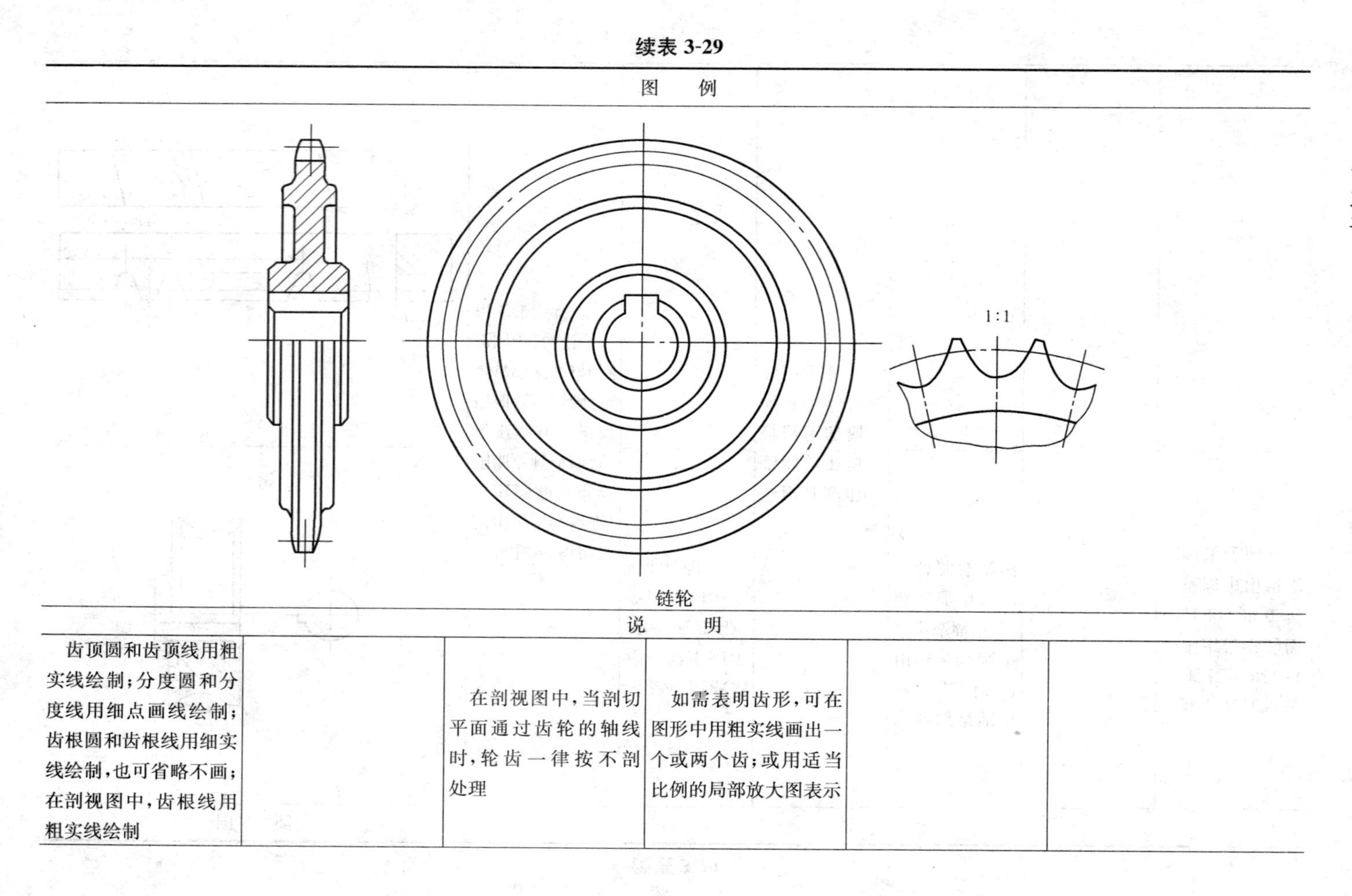

链轮

说明

齿顶圆和齿顶线用粗实线绘制；分度圆和分度线用细点画线绘制；齿根圆和齿根线用细实线绘制，也可省略不画；在剖视图中，齿根线用粗实线绘制		在剖视图中，当剖切平面通过齿轮的轴线时，轮齿一律按不剖处理	如需表明齿形，可在图形中用粗实线画出一个或两个齿；或用适当比例的局部放大图表示		

续表 3-29

图例	说明	
表明齿形的圆柱齿轮	齿顶圆和齿顶线用粗实线绘制；分度圆和分度线用细点画线绘制；齿根圆和齿根线用细实线绘制，也可省略不画；在剖视图中，齿根线用粗实线绘制	如需表明齿形，可在图形中用粗实线画出一个或两个齿；或用适当比例的局部放大图表示
圆弧齿轮（2:1）		
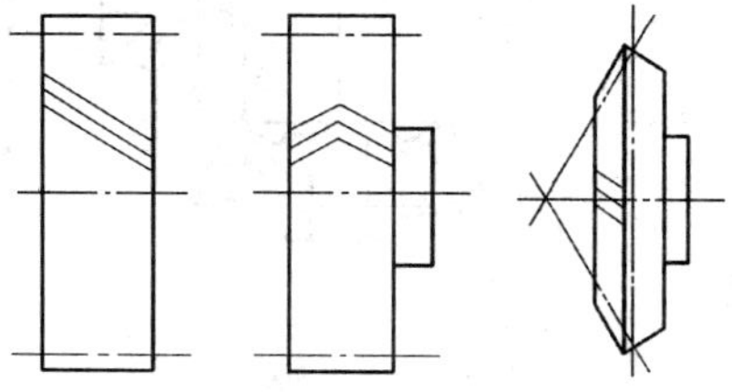 齿线的表示法		当需要表示齿线的特征时，可用三条与齿线方向一致的细实线表示，直齿则不需表示

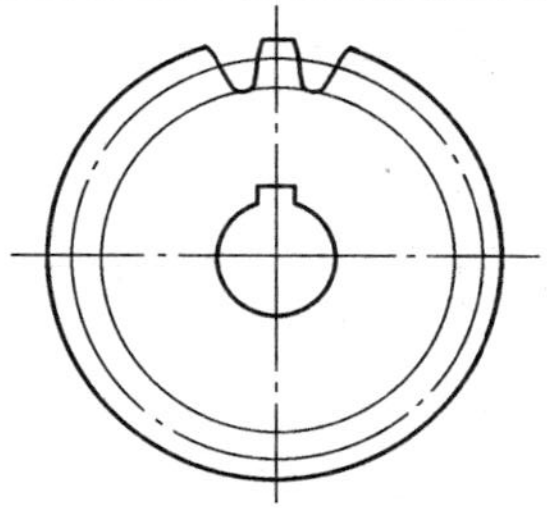

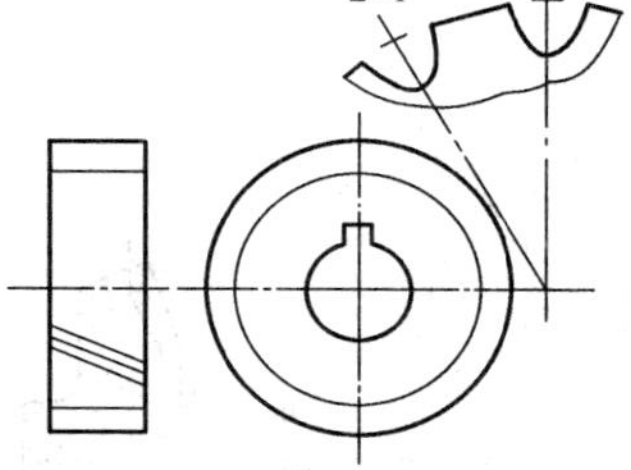

3.4.2.2　齿轮、蜗杆、蜗轮啮合画法(表 3-30)

表 3-30　齿轮、蜗杆、蜗轮啮合画法

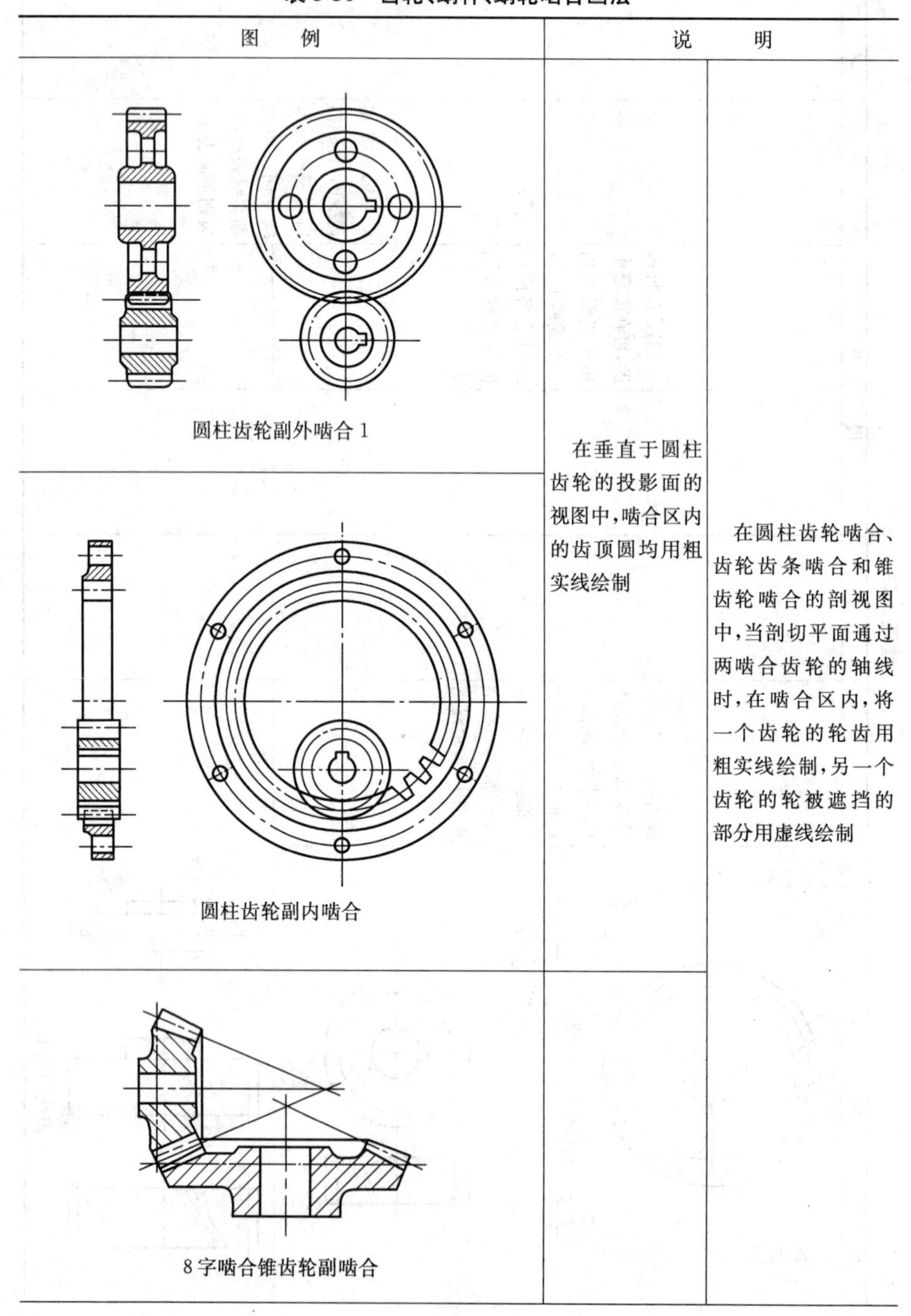

图　例	说　明	
圆柱齿轮副外啮合 1	在垂直于圆柱齿轮的投影面的视图中，啮合区内的齿顶圆均用粗实线绘制	在圆柱齿轮啮合、齿轮齿条啮合和锥齿轮啮合的剖视图中，当剖切平面通过两啮合齿轮的轴线时，在啮合区内，将一个齿轮的轮齿用粗实线绘制，另一个齿轮的轮被遮挡的部分用虚线绘制
圆柱齿轮副内啮合		
8 字啮合锥齿轮副啮合		

续表 3-30

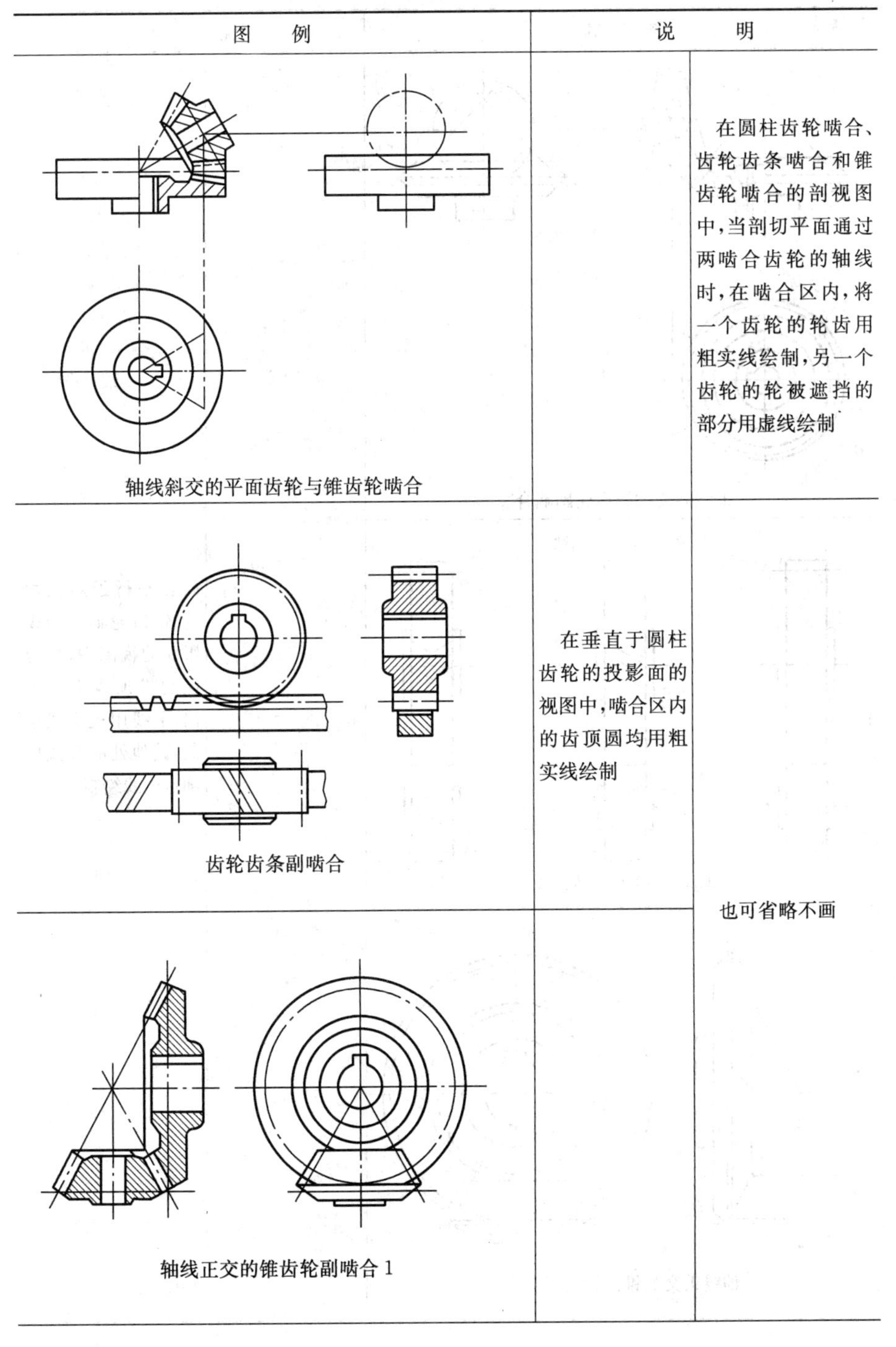

图例	说明	
轴线斜交的平面齿轮与锥齿轮啮合		在圆柱齿轮啮合、齿轮齿条啮合和锥齿轮啮合的剖视图中，当剖切平面通过两啮合齿轮的轴线时，在啮合区内，将一个齿轮的轮齿用粗实线绘制，另一个齿轮的轮被遮挡的部分用虚线绘制
齿轮齿条副啮合	在垂直于圆柱齿轮的投影面的视图中，啮合区内的齿顶圆均用粗实线绘制	也可省略不画
轴线正交的锥齿轮副啮合 1		

续表 3-30

图例	说明
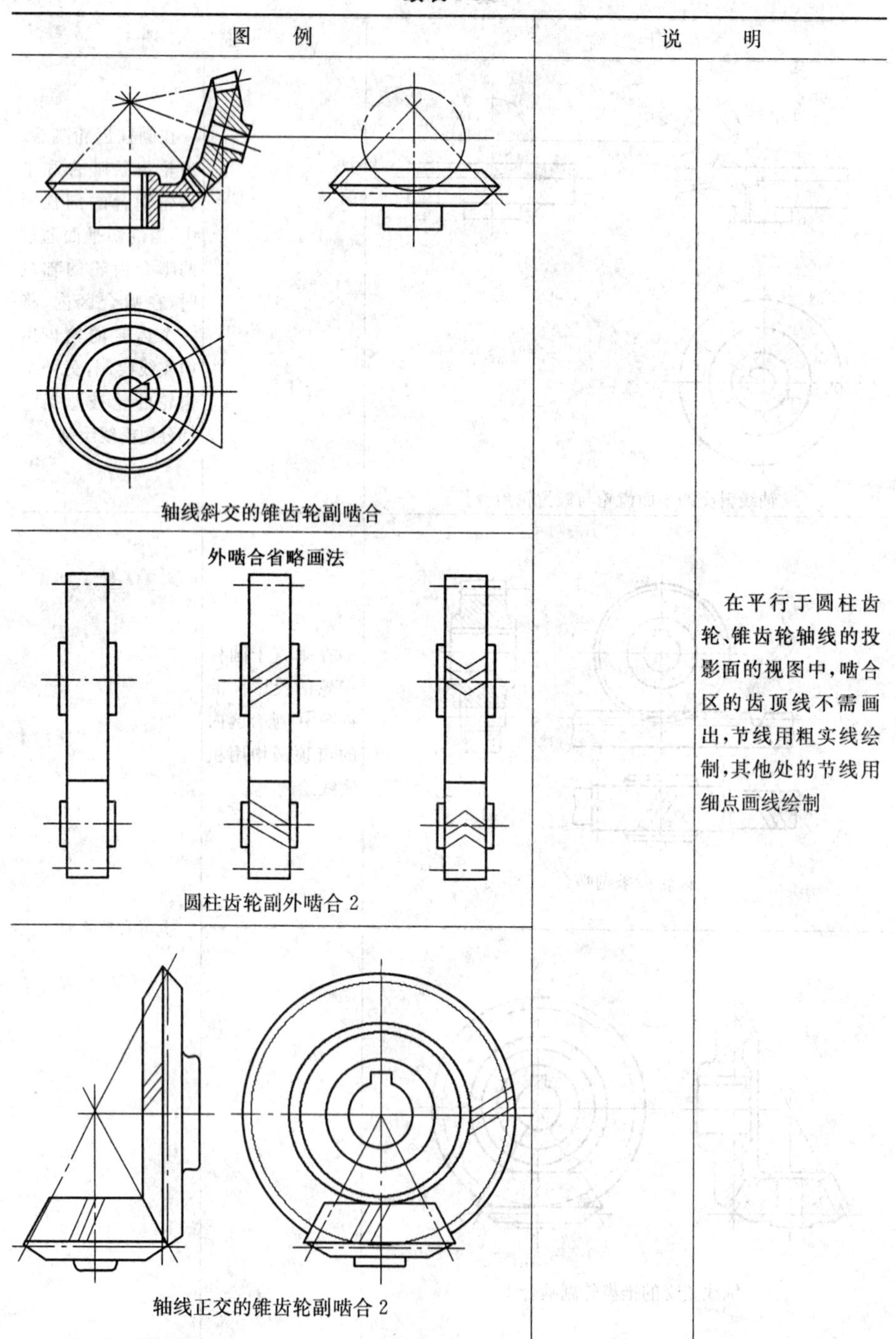 轴线斜交的锥齿轮副啮合 外啮合省略画法 圆柱齿轮副外啮合 2 轴线正交的锥齿轮副啮合 2	在平行于圆柱齿轮、锥齿轮轴线的投影面的视图中，啮合区的齿顶线不需画出，节线用粗实线绘制，其他处的节线用细点画线绘制

续表 3-30

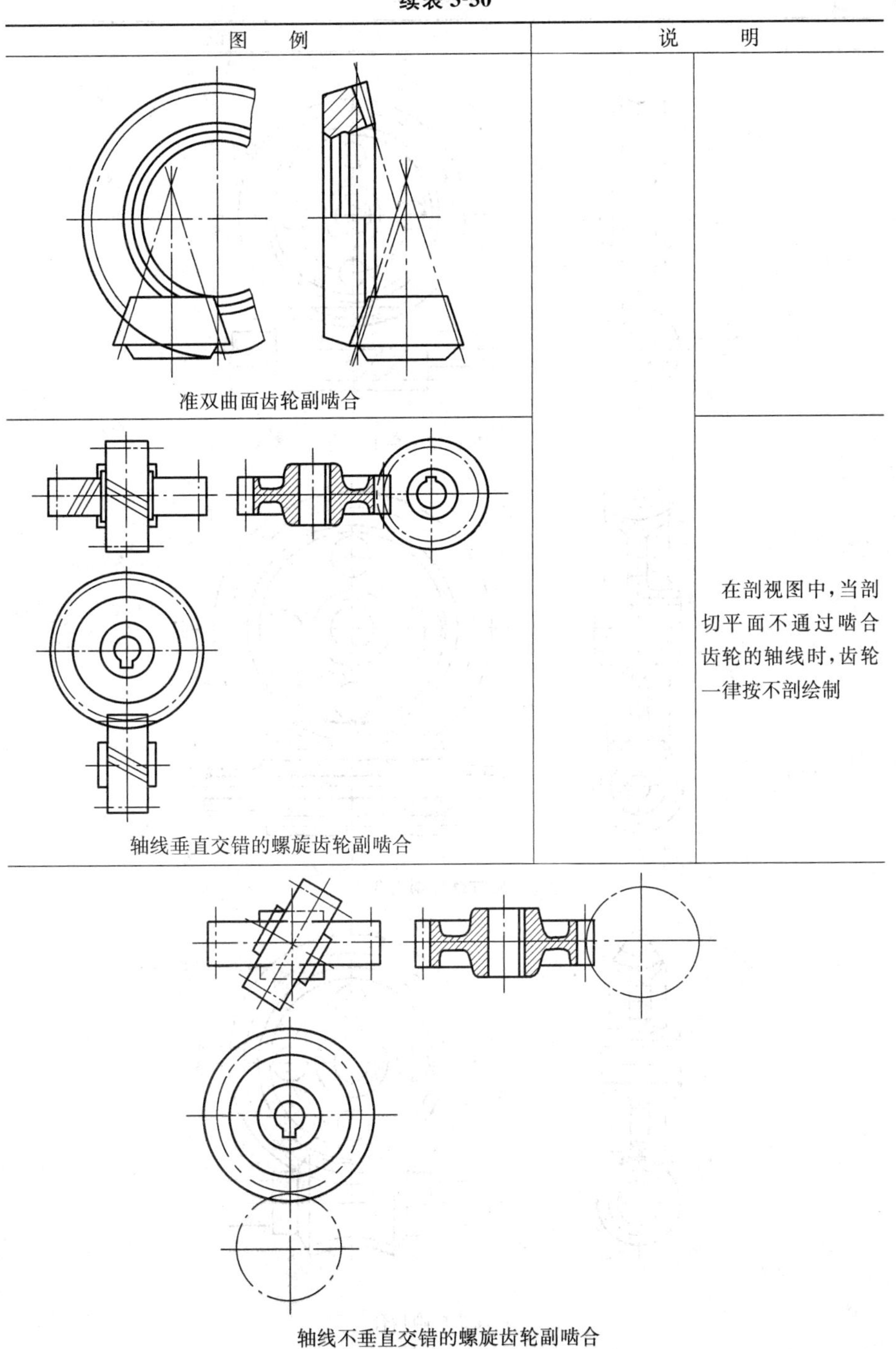

图例	说明
准双曲面齿轮副啮合	
轴线垂直交错的螺旋齿轮副啮合	在剖视图中，当剖切平面不通过啮合齿轮的轴线时，齿轮一律按不剖绘制
轴线不垂直交错的螺旋齿轮副啮合	

续表 3-30

图　例	说　明
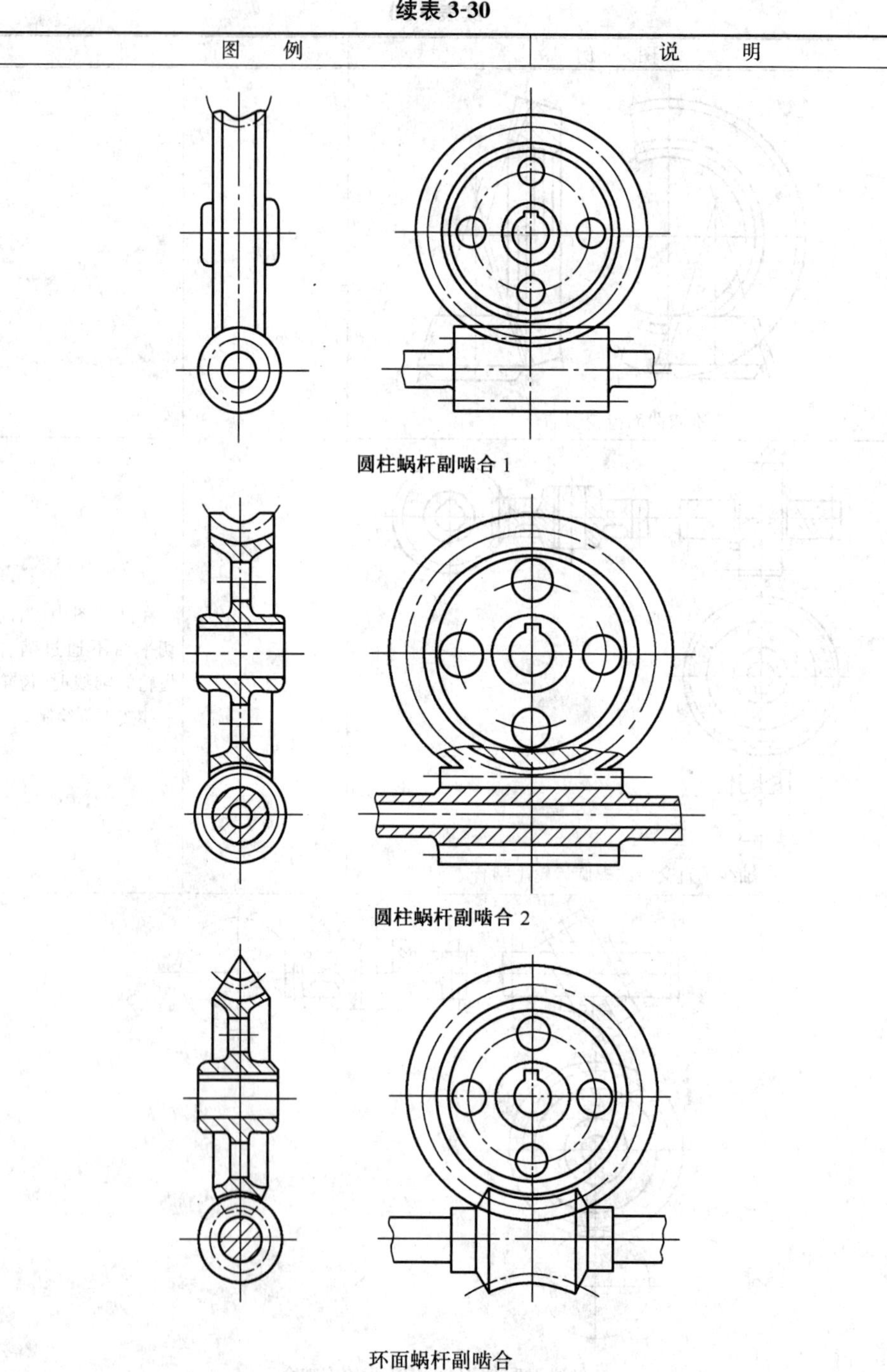 圆柱蜗杆副啮合 1 圆柱蜗杆副啮合 2 环面蜗杆副啮合	

续表 3-30

图　例	说　明
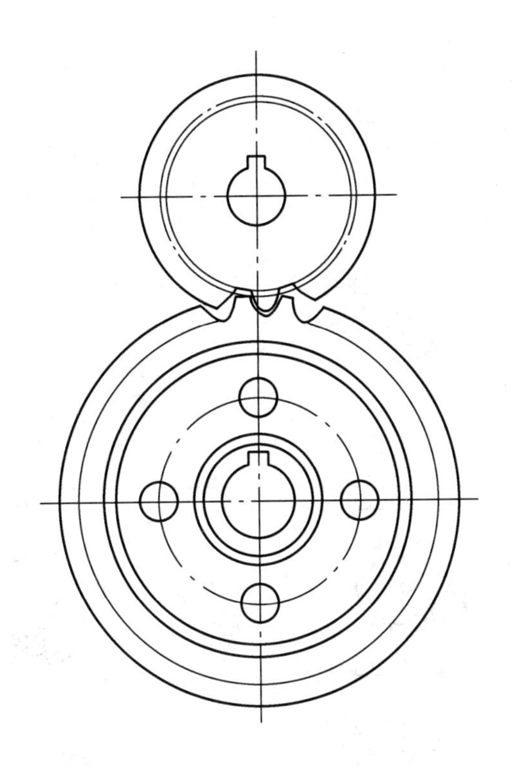 圆弧齿轮副啮合	

3.4.3　花键表示法(GB/T 4459.3—2000)(表 3-31)

表 3-31　花键表示法(GB/T 4459.3—2000)

图例		说　明
矩形花键	渐开线花键	
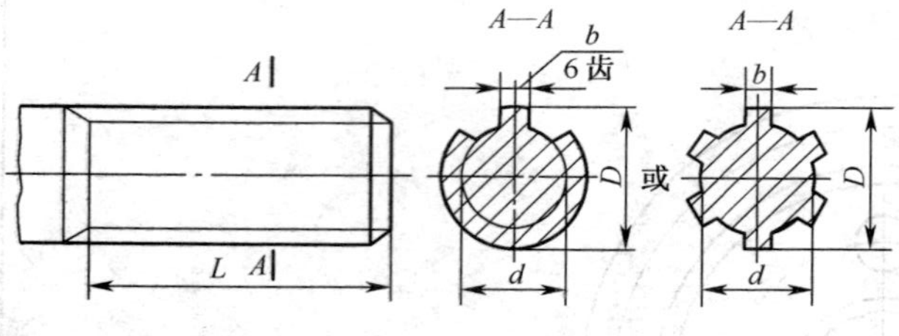 A—A　b　6齿　或　A—A　b　D　d　L		在平行于花键轴线的投影面的视图中,外花键的大径用粗实线、小径用细实线绘制,并在断面图中画出一部分或全部齿形。 外花键工作长度的终止端和尾部长度的末端均用细实线绘制,并与轴线垂直,尾部则画成斜线,其倾斜角度一般与轴线成 30°,必要时,可按实际情况画出
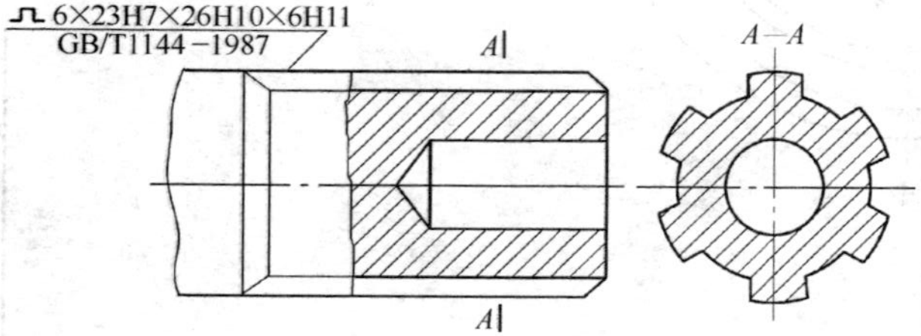 ⎍ 6×23H7×26H10×6H11 GB/T1144-1987 A—A		外花键局部剖视的画法;花键的标记应注写在指引线的基准线上,下同;当所注花键标记不能全部满足要求时,则其必要的数据可在图中列表表示或在其他相关文件中说明

续表 3-31

图例		说明
矩形花键	渐开线花键	
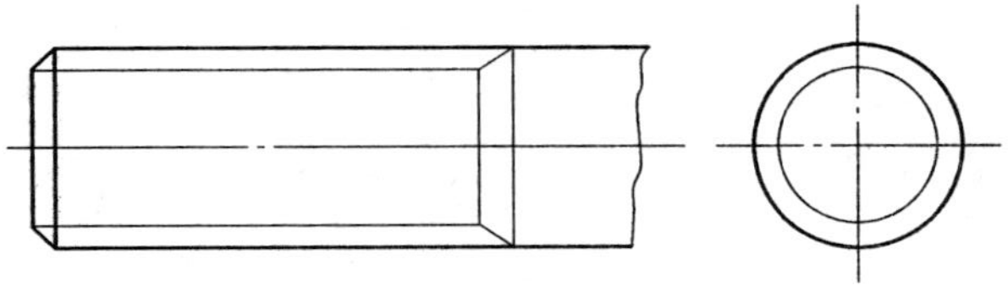		垂直于花键轴线的投影面的视图
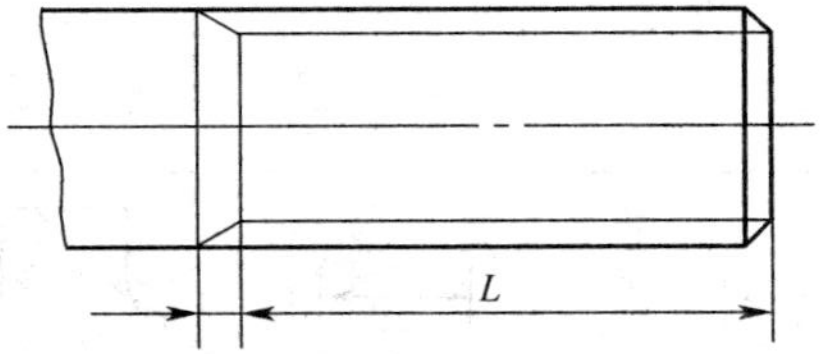 L		标注工作长度及尾部长度
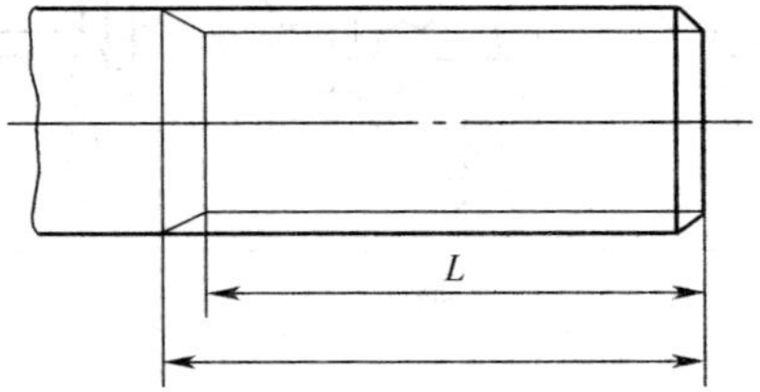 L		标注工作长度及全长

续表 3-31

图例		说明
矩形花键	渐开线花键	
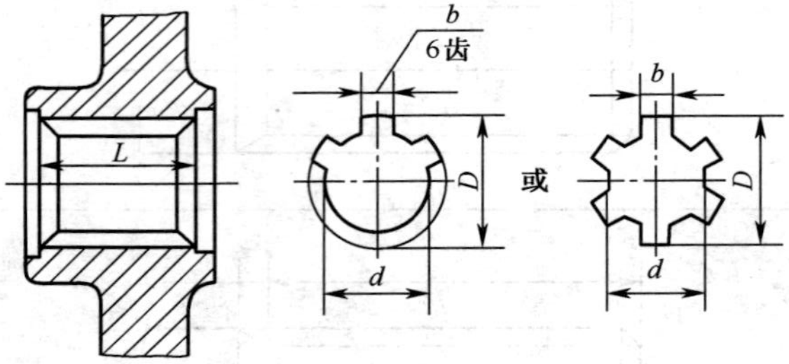 L　b 6齿 D d 或 b D d		在平行于花键轴线的投影面的剖视图中，内花键的大径及小径均用粗实线绘制，并在局部视图中画出一部分或全部齿形
	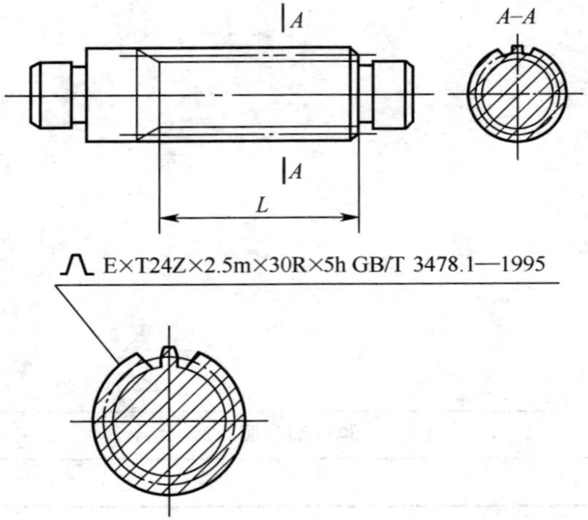 A A A–A L E×T24Z×2.5m×30R×5h GB/T 3478.1—1995	除分度圆和分度线用细点画线绘制外，其余部分除齿形外与矩形花键画法相同；尺寸标注与矩形花键相同

续表 3-31

图例		说明
矩形花键	渐开线花键	
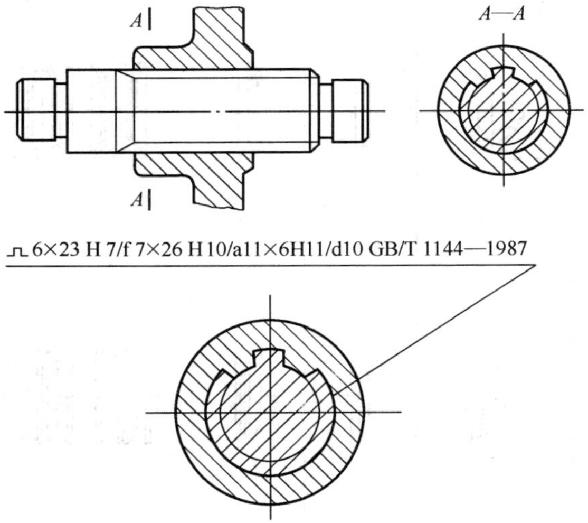 A—A A A ⎍ 6×23 H 7/f 7×26 H10/a11×6H11/d10 GB/T 1144—1987	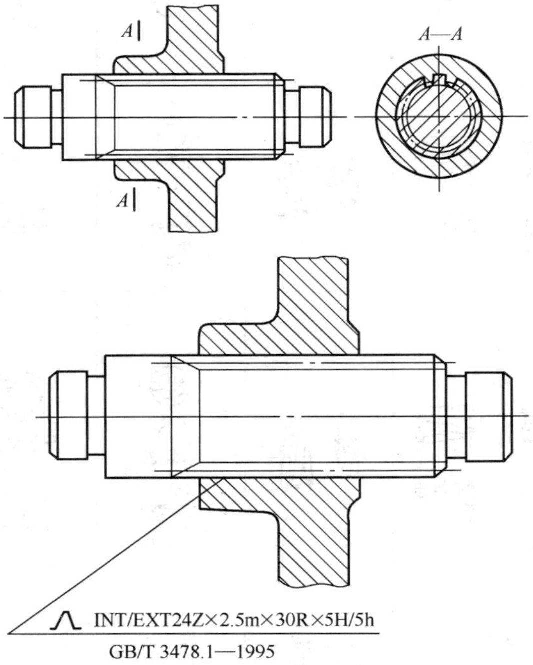 A—A A A ⋀ INT/EXT24Z×2.5m×30R×5H/5h GB/T 3478.1—1995	在装配图中，花键联结用剖视图或断面图表示时，其联结部分按外花键绘制

3.4.4 弹簧表示法(GB/T 4459.4—2003)

3.4.4.1 弹簧的视图、剖视图及示意图画法(表 3-32)

表 3-32 弹簧的视图、剖视图及示意图画法

名　称	视　　图	剖视图	示意图
圆柱螺旋压缩弹簧	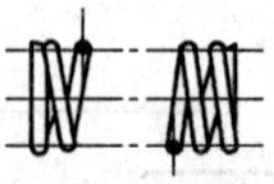	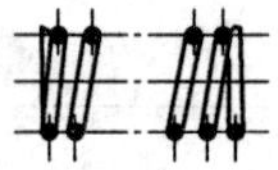	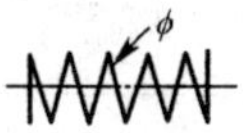
		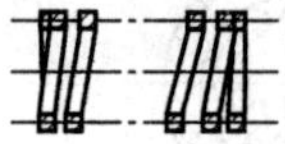	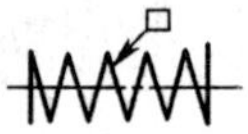
截锥螺旋压缩弹簧	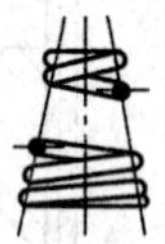		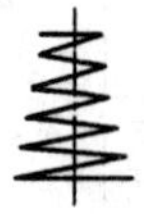
圆柱螺旋拉伸弹簧	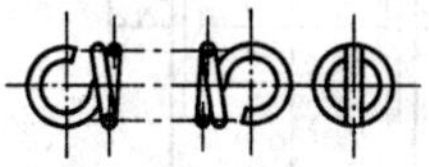	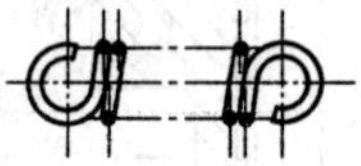	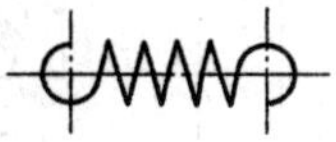
圆柱螺旋扭转弹簧	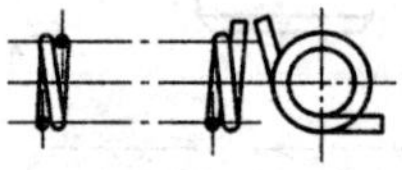	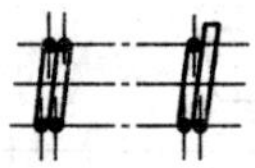	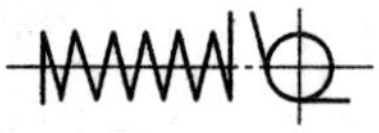
截锥涡卷弹簧	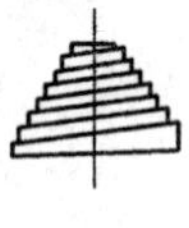	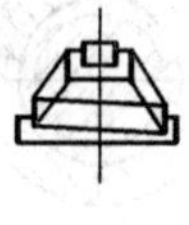	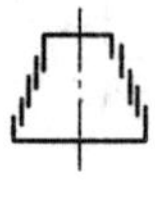
碟形弹簧	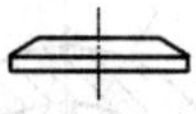	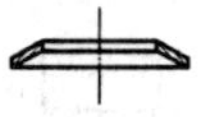	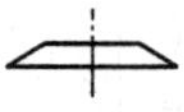
	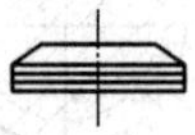	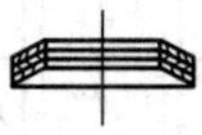	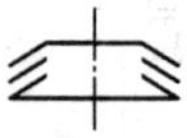
	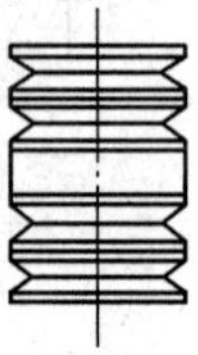	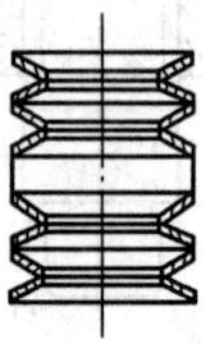	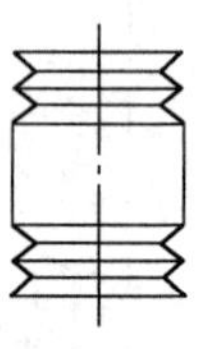

续表 3-32

名 称	视 图	剖视图	示意图
平面涡卷弹簧	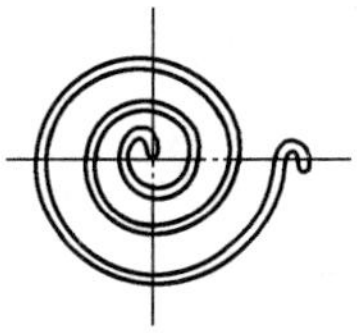		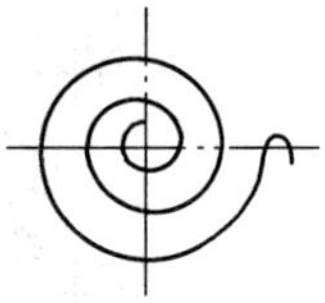
板弹簧	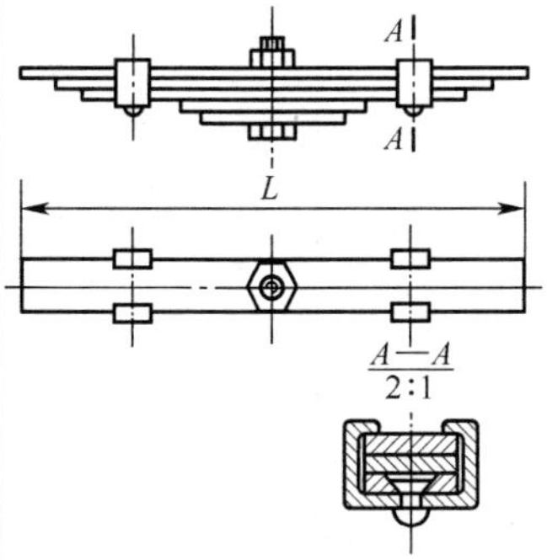 A A L A—A 2:1		

说明：

(1)在平行于螺旋弹簧轴线的投影面的视图中，其各圈的轮廓应画成直线。

(2)螺旋弹簧均可画成右旋，对必须保证的旋向要求应在“技术要求”中注明。

(3)螺旋压缩弹簧，如要求两端并紧且磨平时，不论支承圈的圈数多少和末端贴紧情况如何，均按表 3-32 的画法。必要时也可按支承圈的实际结构绘制。

(4)有效圈数在四圈以上的螺旋弹簧中间部分可以省略。圆柱螺旋弹簧中间部分省略后，允许适当缩短图形的长度，截锥涡卷弹簧中间部分省略后用细实线相连。

3.4.4.2 装配图中弹簧的画法(表 3-33)

表 3-33 装配图中弹簧的画法

图 例	说 明	
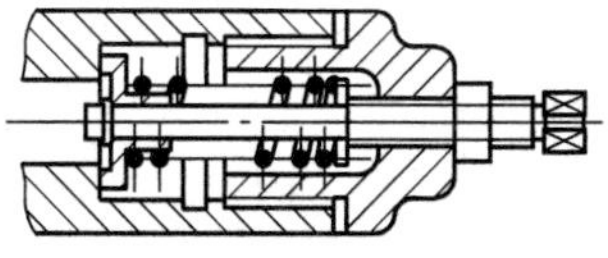 圆柱螺旋压缩弹簧	被弹簧挡住的结构一般不画出，可见部分应从弹簧的外轮廓线或从弹簧钢丝剖面的中心线画起	

续表 3-33

图例	说明	
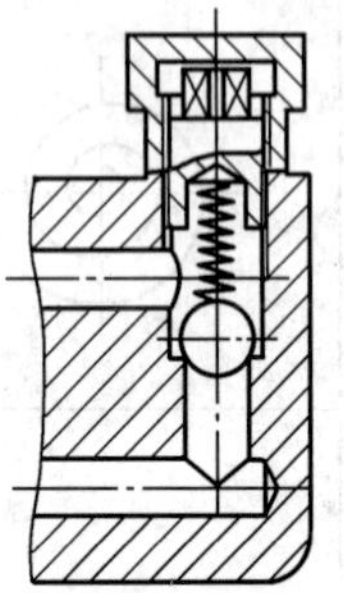 圆柱螺旋弹簧示意	被剖切弹簧的截面尺寸在图形上等于或小于 2mm，并且弹簧内部还有零件的表达形式	
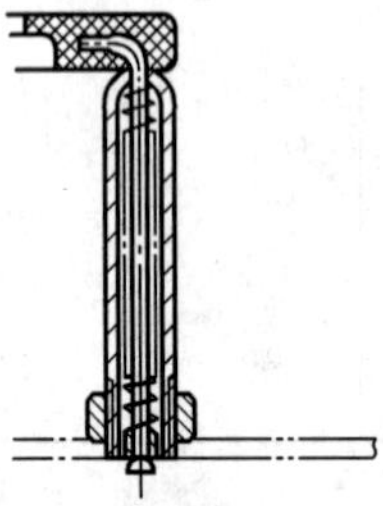 圆柱螺旋弹簧示意		
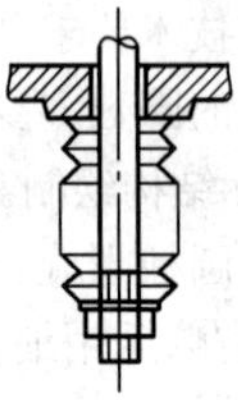 碟形弹簧	型材尺寸较小（直径或厚度在图形上等于或小于 2mm）的螺旋弹簧、碟形弹簧、片弹簧允许用示意图表示	四束以上的碟形弹簧，中间部分省略后用细实线画出轮廓线范围
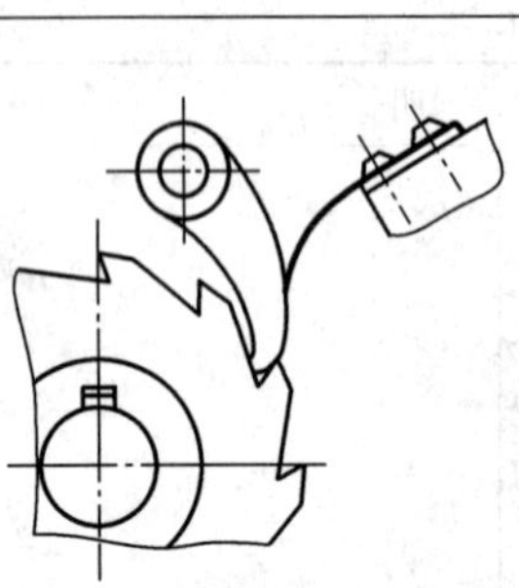 片弹簧		

续表 3-33

图例	说明
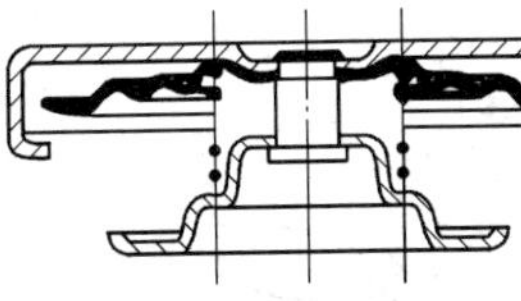 型材尺寸较小的弹簧	当弹簧被剖切时，也可用涂黑表示
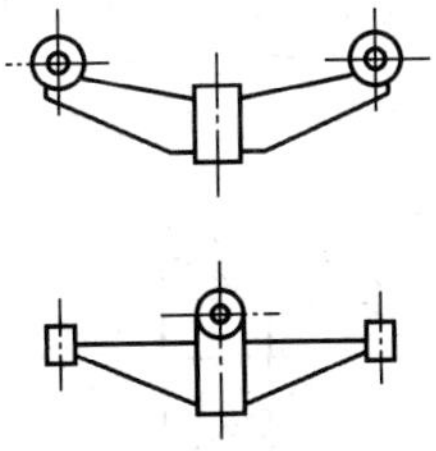 板弹簧	板弹簧允许只画出外形轮廓
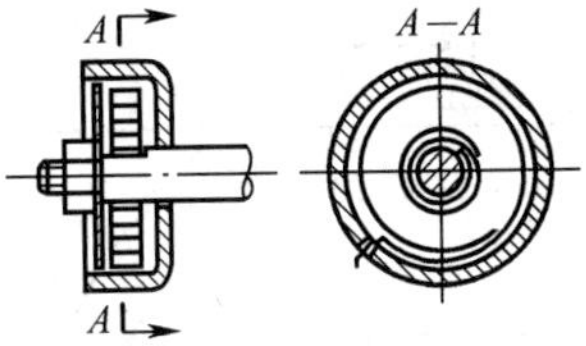 A A—A A 平面涡卷弹簧	

3.4.5 中心孔表示法(GB/T 4459.5—1995)

3.4.5.1 中心孔的要求(表 3-34)

表 3-34 中心孔的要求

要求	符号	表示法示例	说明
在完工的零件上要求保留中心孔	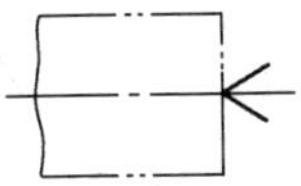	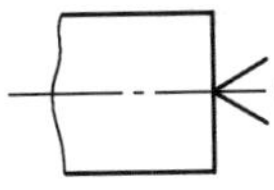 GB/T 4459.5-B2.5/8	采用 B 型中心孔 D=2.5mm D_1=8mm 在完工的零件上要求保留
在完工的零件上可以保留中心孔	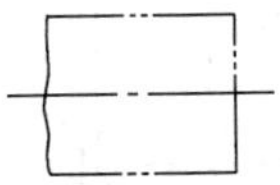	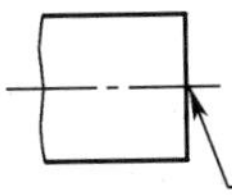 GB/T 4459.5-A4/8.5	采用 A 型中心孔 D=4mm D_1=8.5mm 在完工的零件上是否保留都可以
在完工的零件上不允许保留中心孔	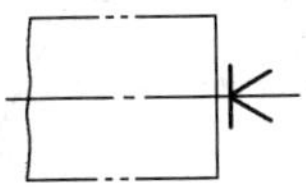	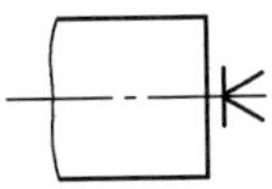 GB/T 4459.5-A1.6/3.35	采用 A 型中心孔 D=1.6mm D_1=3.35mm 在完工的零件上不允许保留

3.4.5.2 中心孔的标记(表 3-35)

表 3-35 中心孔的标记

中心孔的型式（根据 GB/T 145 选择中心钻）	标记示例	标注说明
R（弧形）	GB/T 4459.5-R3.15/6.7	D=3.15mm D_1=6.7mm 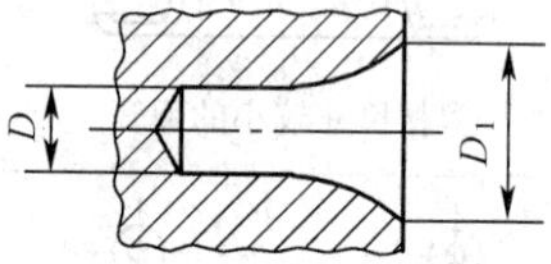
A（不带护锥）	GB/T 4459.5-A4/8.5	D=4mm D_1=5.5mm 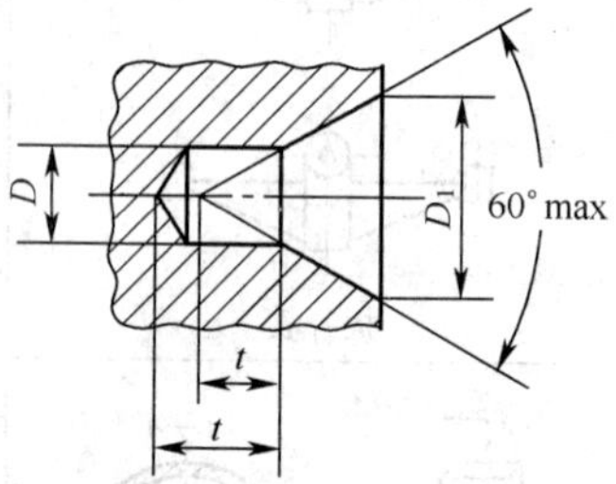
B（带护锥）	GB/T 4459.5-B2.5/8	D=2.5mm D_1=8mm 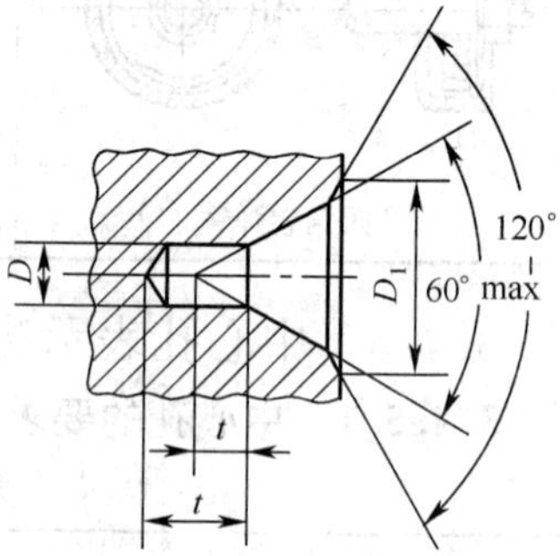
C（带螺纹）	GB/T 4459.5-CM10L30/16.3	D=M10 L=30mm D_2=16.3mm 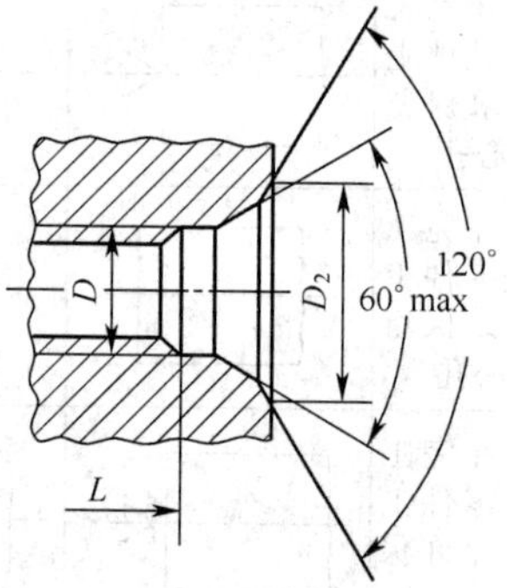

3.4.5.3 中心孔表示法(表 3-36)

表 3-36 中心孔表示法

图　　例	规定表示法	简化表示法
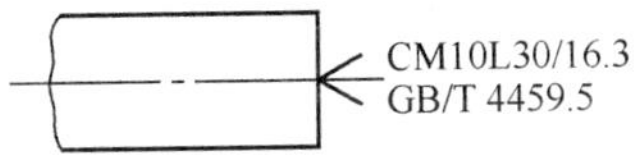 CM10L30/16.3 GB/T 4459.5	对于已经有相应标准规定的中心孔,在图样中可不绘制其详细结构,只需在零件轴端面绘制出对中心孔要求的符号,随后标注出其相应标记。中心孔的规定表示法示例见表 3-34	
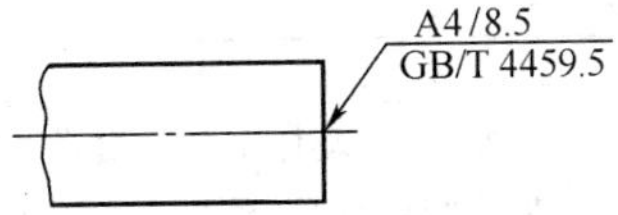 A4/8.5 GB/T 4459.5	如需指明中心孔标记中的标准编号时,也可按图示方法的标注	
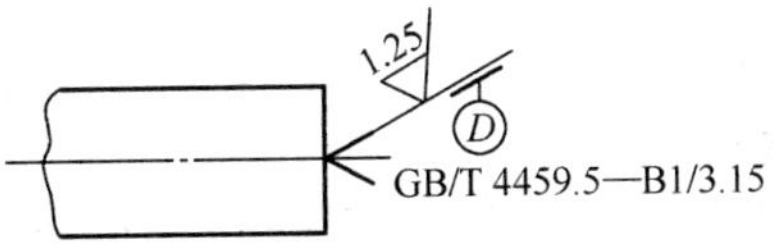 1.25 D GB/T 4459.5—B1/3.15	以中心孔的轴线为基准时,基准代号可按图示的方法标注;中心孔工作表面的表面粗糙度应在引出线上标出	如同一轴的两端中心孔相同,可只在其一端标出,但应注出其数量
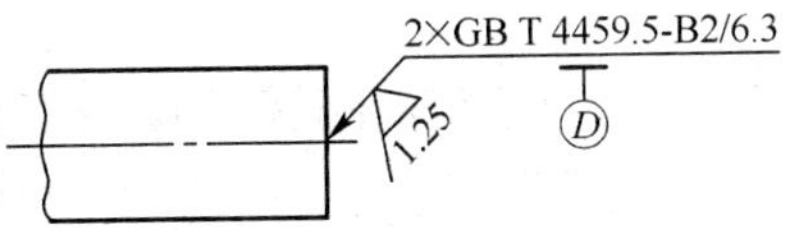 2×GB T 4459.5-B2/6.3 1.25 D		
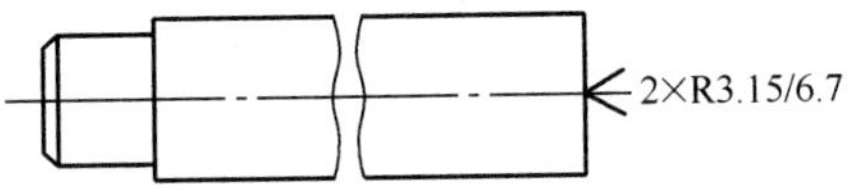 2×R3.15/6.7		在不致引起误解时,可省略标记中的标准编号

3.4.6 滚动轴承表示法(GB/T 4459.7—1998)

3.4.6.1 基本规定

1. 图线

各种符号、矩形线框和轮廓线均用粗实线绘制。

2. 尺寸及比例

绘制滚动轴承时,其矩形线框或外形轮廓的大小应与滚动轴承的外形尺寸一致,并与所属图样采用同一比例。

3. 剖面符号

在剖视图中,用简化画法绘制滚动轴承时,一律不画剖面符号(剖面线)。

4. 简化画法

用简化画法绘制滚动轴承时，应采用通用画法或特征画法，绘制在轴的两侧。但在同一图样中一般只采用其中一种画法。

5. 规定画法

主要应用轴承行业，如滚动轴承的产品图样、产品样本、产品标准、用户手册和使用说明书。本书不介绍。

3.4.6.2　通用画法

1. 滚动轴承通用画法(表 3-37)

表 3-37　滚动轴承通用画法

图　例	说　明	
		轴承的滚动体不画剖面线，其各套圈等可画成方向和间隔相同的剖面线
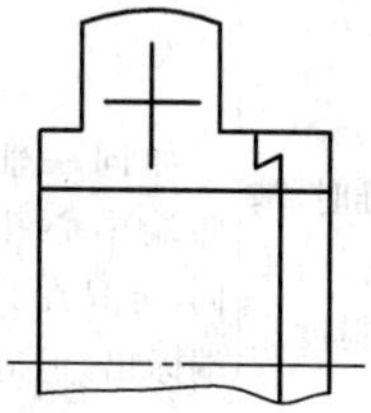	如需确切地表示滚动轴承的外形，则应画出其剖面轮廓，并在轮廓中央画出正立的十字形符号，十字符号不应与剖面轮廓线接触	在不致引起误解时，也允许省略不画
		带有其他零件或附件(偏心套、紧定套、挡圈等)时，其剖面线应与套圈的剖面线呈不同方向或不同间隔
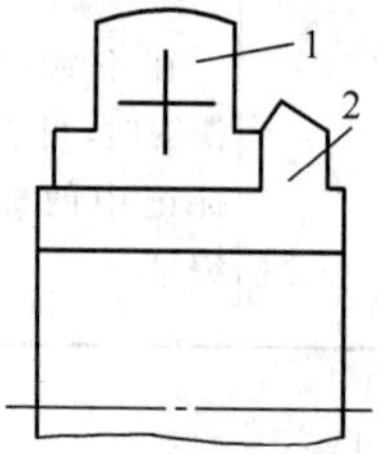 1——外球面球轴承(GB/T 3882) 2——紧定套(JB/T 7919.2)	带有附件或零件时，则这些附件或零件也可只画出其外形轮廓	在不致引起误解时，也允许省略不画
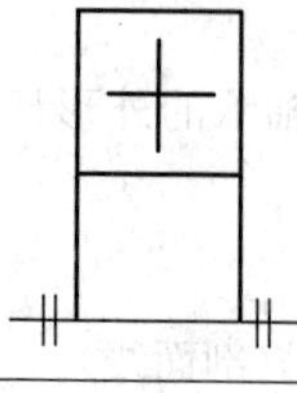	在剖视图中，当不需要确切地表示滚动轴承的外形轮廓，载荷特性、结构特征时，可用矩形线框及位于线框中央正立的十字形符号表示。十字符号不应与矩形线框接触	

续表 3-37

图　　例	说　　明	
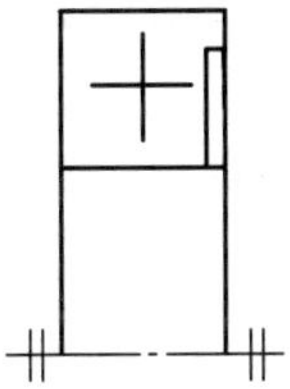	一面带防尘盖	也适用于特征画法
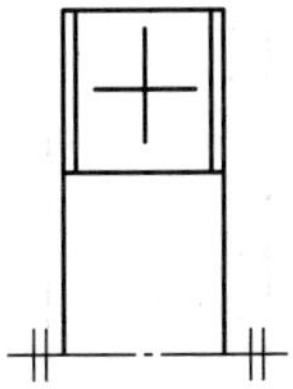	两面带密封圈	
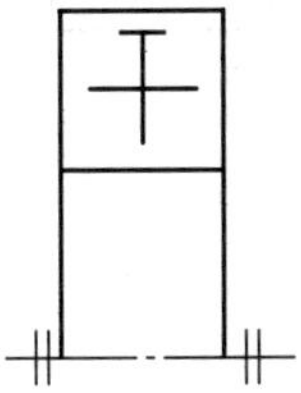 外圈无挡边 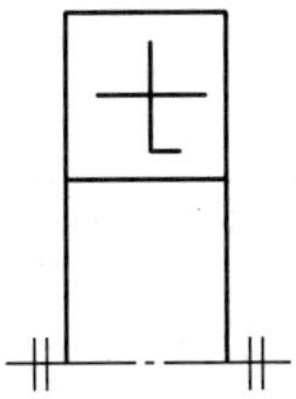 内圈有单挡边	在十字符号上附加一短画表示内圈或外圈无挡边的方向	
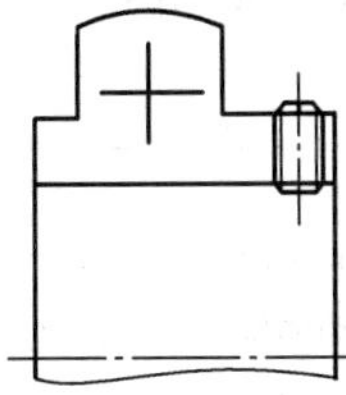	在装配图中，为了表达滚动轴承的安装方法，可画出滚动轴承的某些零件	
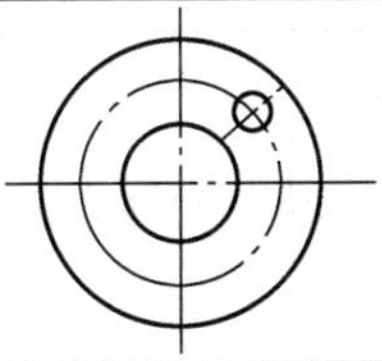		为滚动轴承轴线垂直于投影面的特征画法

2. 滚动轴承通用画法的尺寸比例示例(图 3-44)

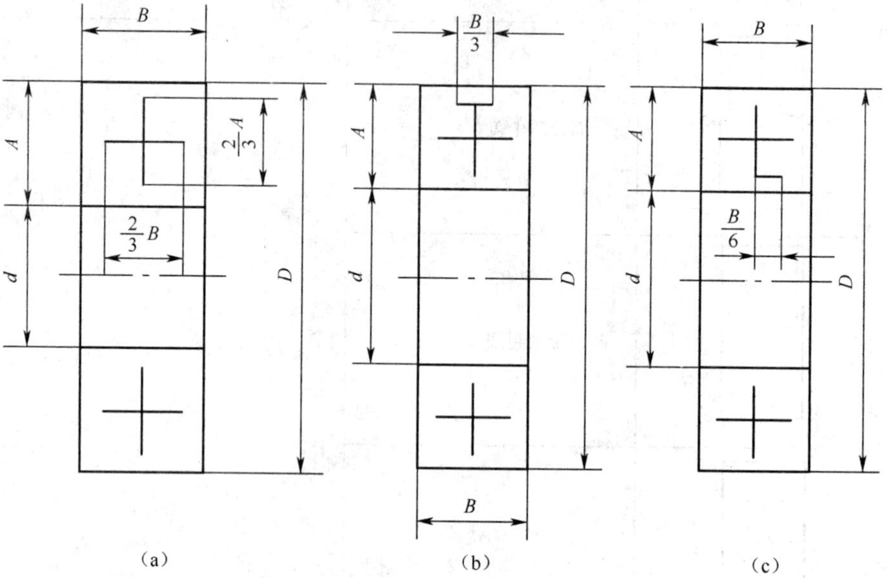

图 3-44 滚动轴承通用画法的尺寸比例示例

3.4.6.3 特征画法

1. 滚动轴承特征画法中的的结构要素符号(表 3-38)

表 3-38 滚动轴承特征画法中的结构要素符号

<table>
<tr><th>要素符号</th><th colspan="2">说　明</th><th>应　用</th></tr>
<tr><td>—</td><td>长的粗实线</td><td rowspan="2">根据轴承的类型,可以倾斜画出</td><td>表示不可调心轴承的滚动体的滚动轴线。
根据轴承的类型,可以倾斜画出</td></tr>
<tr><td>⌒</td><td>长的粗圆弧线</td><td>表示可调心轴承的调心表面或滚动体轴线的包络线</td></tr>
<tr><td>|</td><td colspan="2">短的粗实线,与上两个要素符号相交成 90°角(或相交于法线方向)</td><td>表示滚动体的列数和位置</td></tr>
</table>

2. 滚动轴承特征画法中的结构特征和载荷特性的要素符号组合(表 3-39)

表 3-39 滚动轴承结构特征和载荷特性的要素符号组合

轴承承载特性		轴承结构特征			
		两个套圈		三个套圈	
		单列	双列	单列	双列
径向承载	不可调心	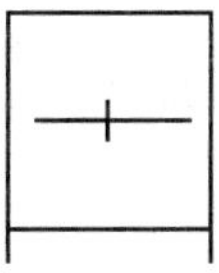	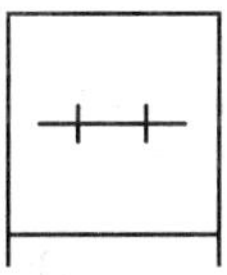	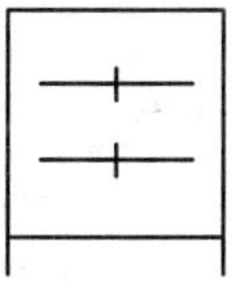	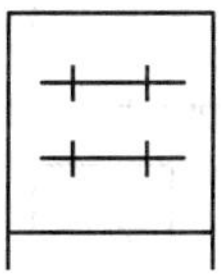
	可调心	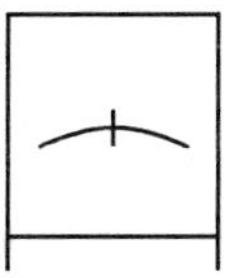	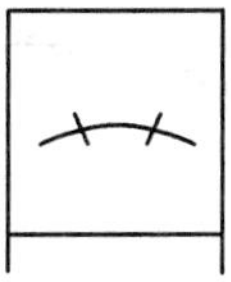	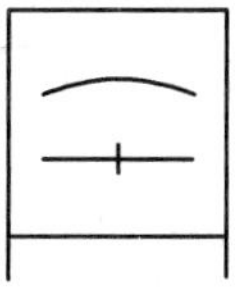	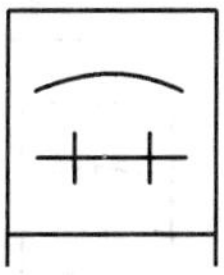
轴向承载	不可调心	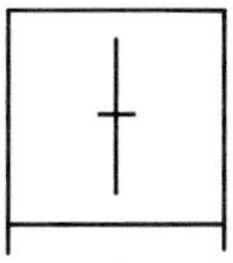	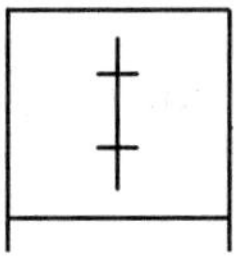	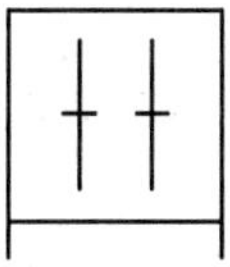	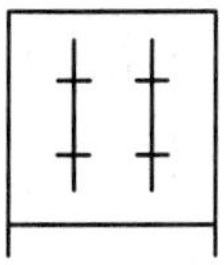
	可调心	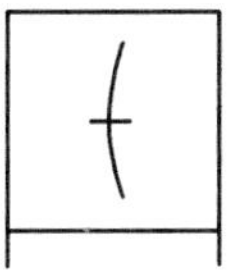	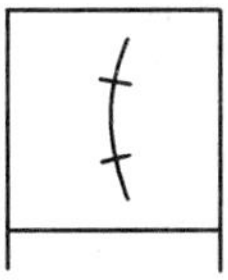	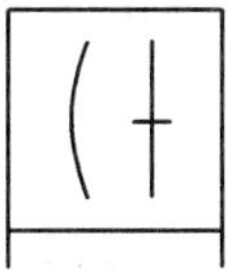	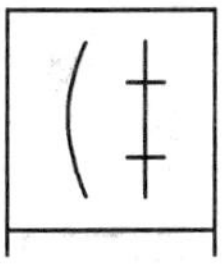
径向和轴向承载	不可调心	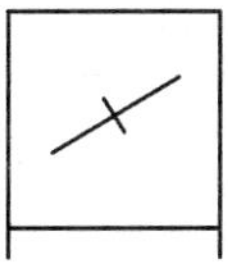	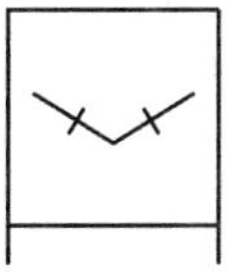	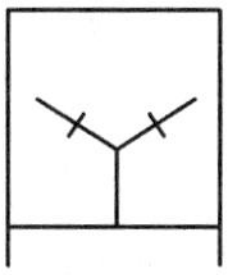	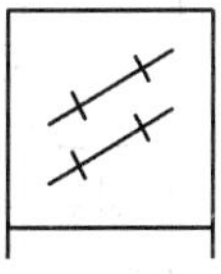
	可调心		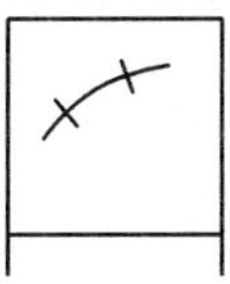		

3. 滚动轴承特征画法(表 3-40)

表 3-40 滚动轴承特征画法

特征画法	球轴承	滚子轴承	滚 针 轴 承	组合轴承
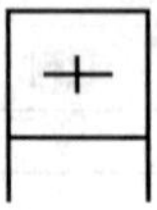	GB/T 276	GB/T 283		
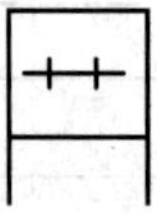		GB/T 285		
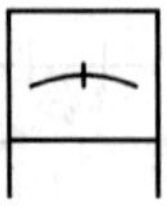				
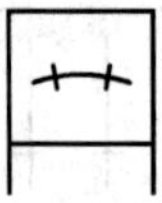	GB/T 281	GB/T 288		
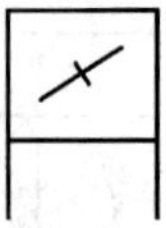	GB/T 292	GB/T 297		
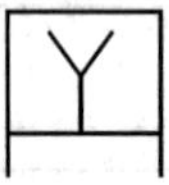	GB/T 294 (三点接触)			
	GB/T 294 (四点接触)			
	GB/T 296			

续表 3-40

特征画法	球轴承	滚子轴承	滚 针 轴 承	组合轴承
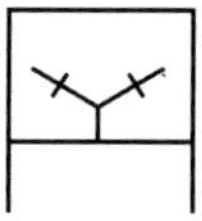		GB/T 299		
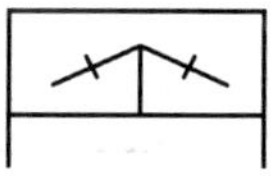				
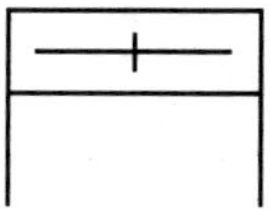			GB/T 5801 JB/T 3588 GB/T 290 JB/T 7918	
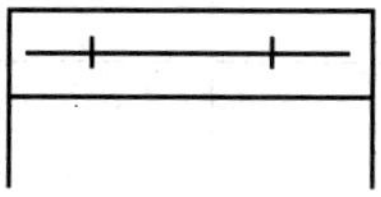			GB/T 5801 JB/T 7918	
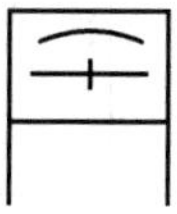			GB/T 6445.1	
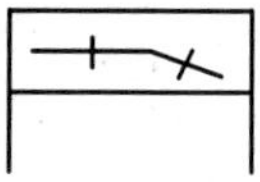				JB 3123
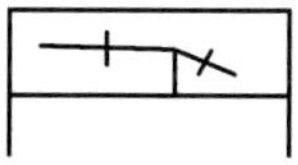				
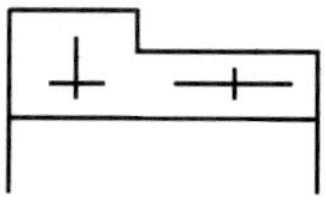				JB 3122 GB/T 16643

续表 3-40

特征画法	球轴承	滚子轴承	滚 针 轴 承	组合轴承
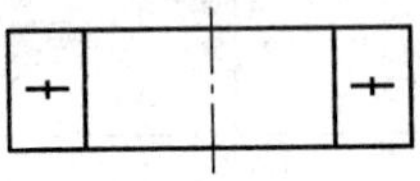	GB/T 301	GB/T 4663 JB/T 7915		
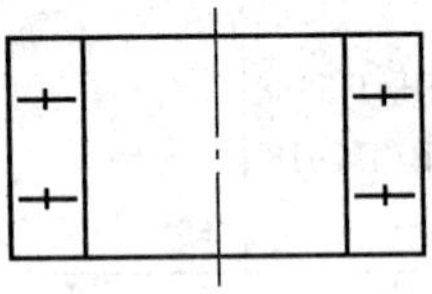	GB/T 301			
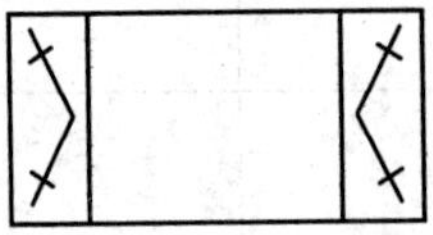	JB/T 6362			
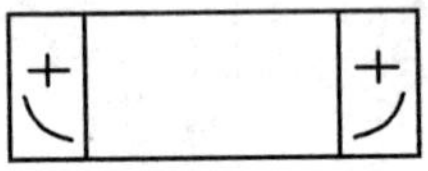	GB/T 301			
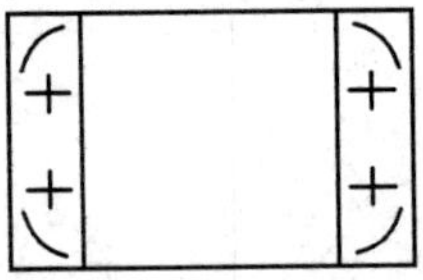				
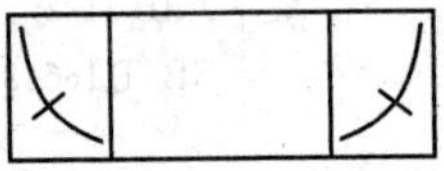		GB/T 5859		

4. 滚动轴承特征画法的尺寸比例示例(图 3-45)

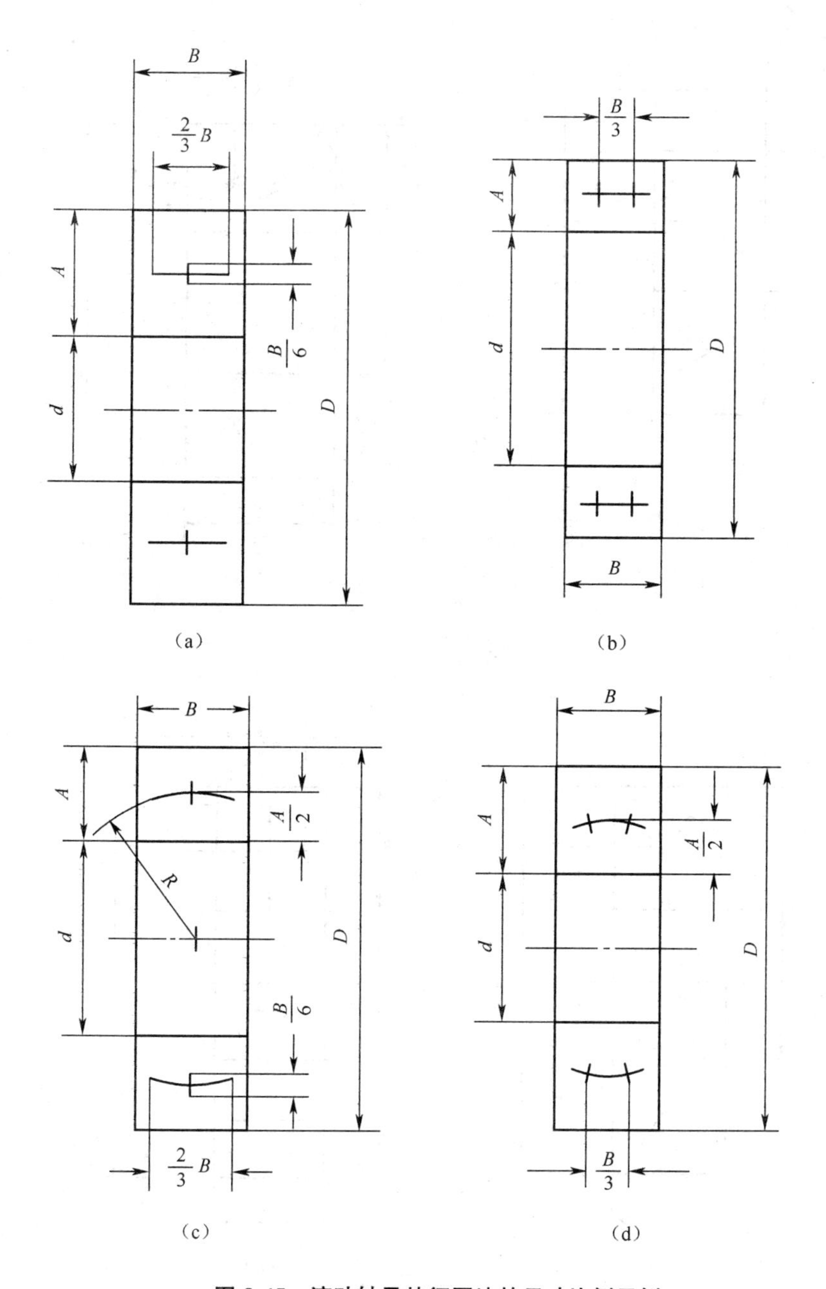

图 3-45　滚动轴承特征画法的尺寸比例示例

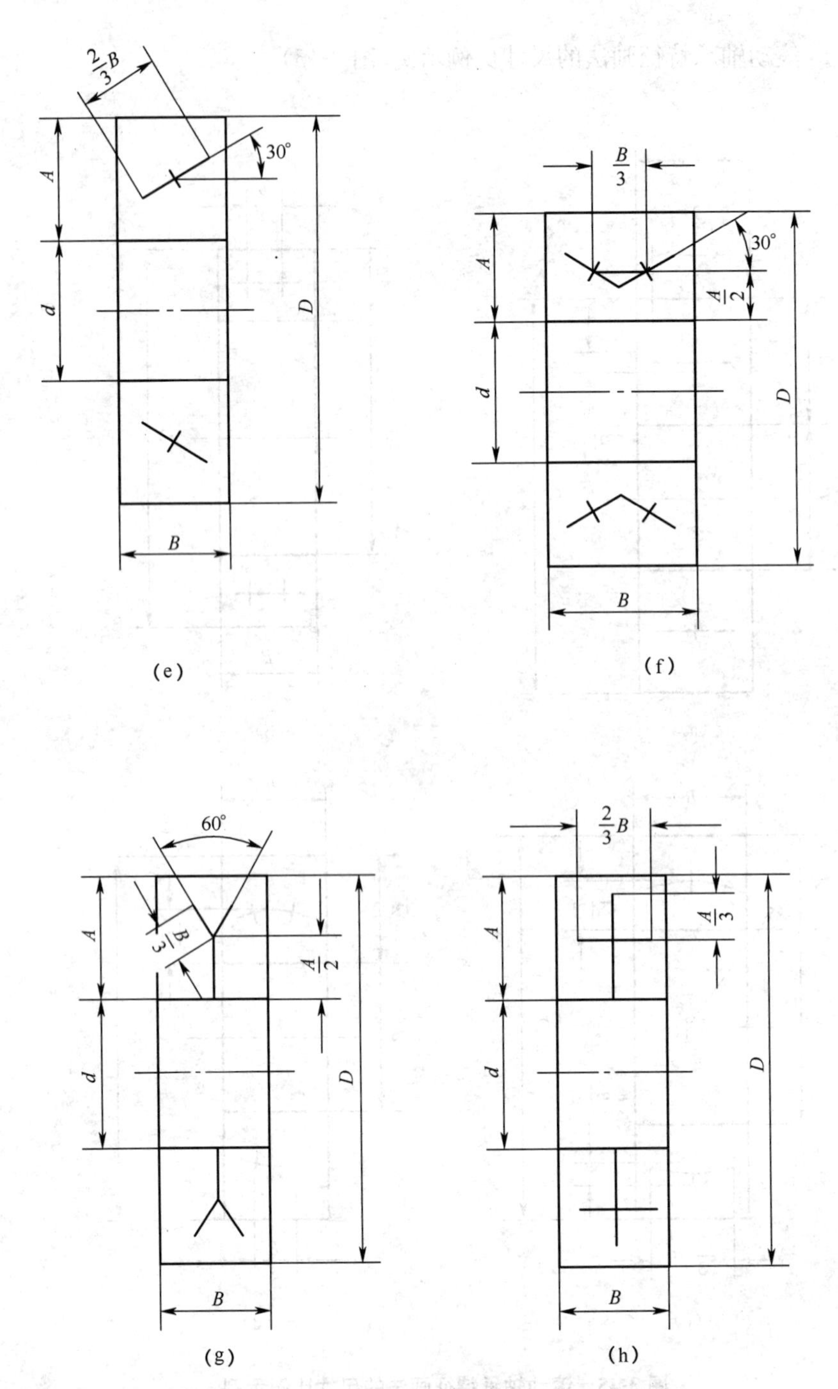

图 3-45 滚动轴承特征画法的尺寸比例示例(续)

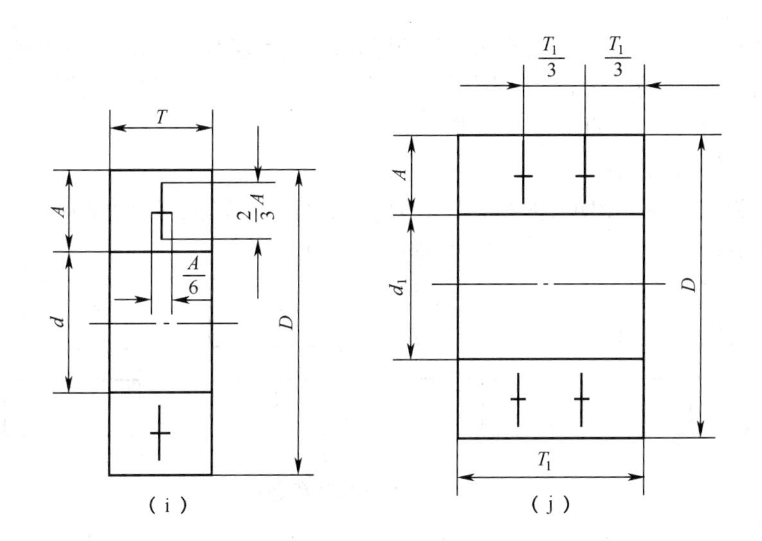

图 3-45 滚动轴承特征画法的尺寸比例示例(续)

3.5 图样识读

3.5.1 识读

识读就是根据投影图想象出物体的形状。

3.5.1.1 识读图的一般知识

1. 三个视图间的投影对应关系

(1)长宽高的关系 主视图和左视图高度相等,主视图和俯视图长度相相等,左视图和俯视图宽度相等。这个关系应当成为画图和识读图的找投影关系的依据。

归纳起来是“长对正、高平齐、宽相等”,如图 3-46 所示。

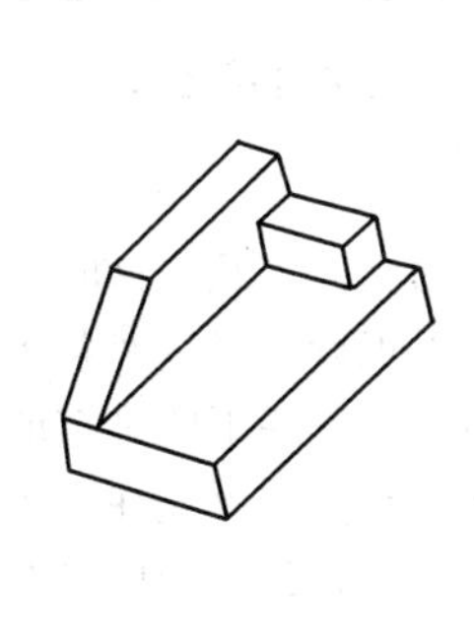

(a)

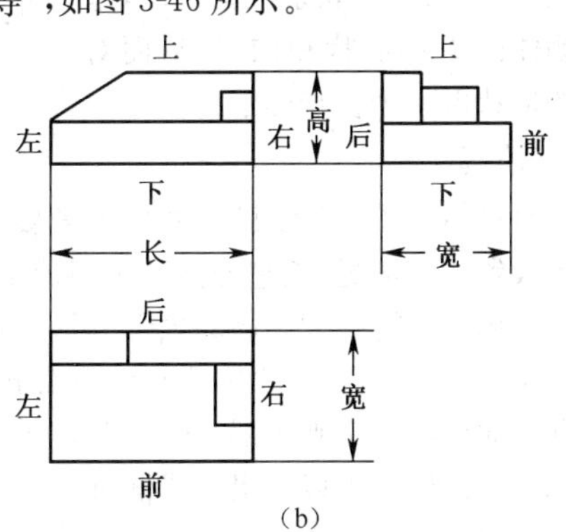

(b)

图 3-46 三个视图的关系

(a)轴测图 (b)视图

(2)*上下、前后和左右的关系* 识读图时，可从主视图上分清物体各部分的上下和左右位置，从俯视图上分清物体各部分的左右和前后位置，从左视图上分清物体的上下和前后位置，如图 3-46(b)所示。

2. 线框的含意

①视图中每一个闭合的线框都表示物体上的一个表面(平面或曲面)，而相连的两个闭合线框一定不在一个平面上，如图 3-47 所示。

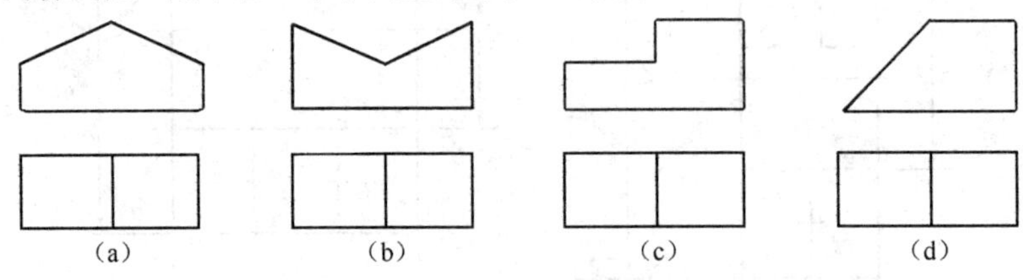

图 3-47 线框的含意之一

②在一个外形线框内所包括的各个小线框，一定是平面体(或曲面体)上凸出或凹下的各个小的平面体(或曲面体)，如图 3-48 所示。

③一个视图不能够确定物体的形状，譬如图 3-47 所示各物体的俯视图相同，而物体的立体形状不同。因此，必须根据投影对应关系把各视图联系起来识读，才能想象出物体的形状。

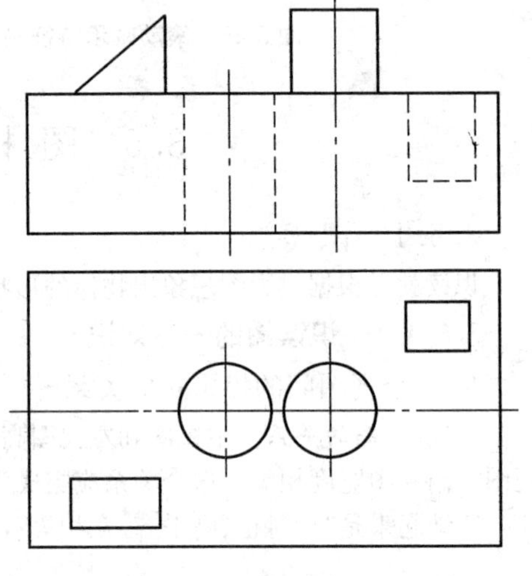

图 3-48 线框的含意之二

3.5.1.2 识读图的步骤和方法

1. 粗读

以主视图为主，联系其他视图，想象出物体的大致形状和构成，从而对物体的形状做一个初步的了解。

2. 精读

在对物体有了初步了解的基础上需要进一步搞清它的具体形状。这时可根据物体的大致构成情况，把它分做几个组成部分，逐个地加以识读。经过对各组成部分的逐个识读就能够把物体的大部分形状读懂。至于剩下的一些不能确定的个别表面形状，就需要对这些表面进行线框分析。在进行线框分析时，可先在一个视图中找到表面形状尚未确定部分的某个线框，然后按照投影关系把三个视图联系起来进行识读。这样就可以看出该线框所表示的表面形状和空间位置。

3. 综合

通过识读把各部分的形状搞清楚了以后，再把它们综合起来，从局部到整体，就能在脑子里形成物体的整个形象。

3.5.1.3 图样识读举例

粗读如图 3-49(b)所示的主左两面视图，可以看出这个物体是由底板、立板和右方的一个小块所组成的。

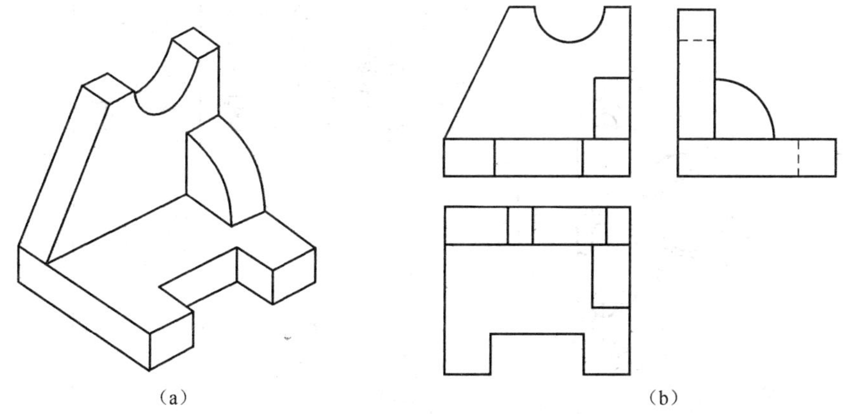

图 3-49 图样识读举例

(a)轴测图 (b)视图

把这三个部分的投影分别地加以识读即可看出：

底板是一块在前面开了一个矩形槽的长方形的薄板；

立板是一块左方有一斜面、上方开有一个半圆槽的薄板；

右方的小块是一个四分之一的圆柱；

把上述三个部分的形状综合起来，就可以想象出该物体的形状，如图 3-49(a)所示。

3.5.2 识读零件图

零件图的识读可按下列步骤进行：

1)从标题栏中了解零件的名称、材料和图形比例。

2)分析视图，首先明确视图的数目及其投影关系，然后分析采用这些视图的目的。其具体步骤如下：

①了解视图的数目及其相对位置与投影关系；

②对于剖视图和断面图，须找到剖切面的位置；

③对于局部视图和斜视图，须找到箭头所指示的位置；

④分析采用这些视图、剖视图、断面图和局部视图的目的。

3)分析零件的形状，一般以主视图为主，联系其他视图来分析零件是由哪些几何体组成的，然后综合起来想出零件的整体形状。

4)了解尺寸和技术要求(表面粗糙度、公差等)。

图 3-50 所示零件为支架，材料为铸铁，比例为 1 ∶ 2。采用四个视图：主视图取全剖视，以显示零件各部分的形状和结构；左视图取全剖视，以显示零件右端的形状和结构；右视图取全剖视，以显示零件左端的形状和结构；俯视图为了显示孔，有四

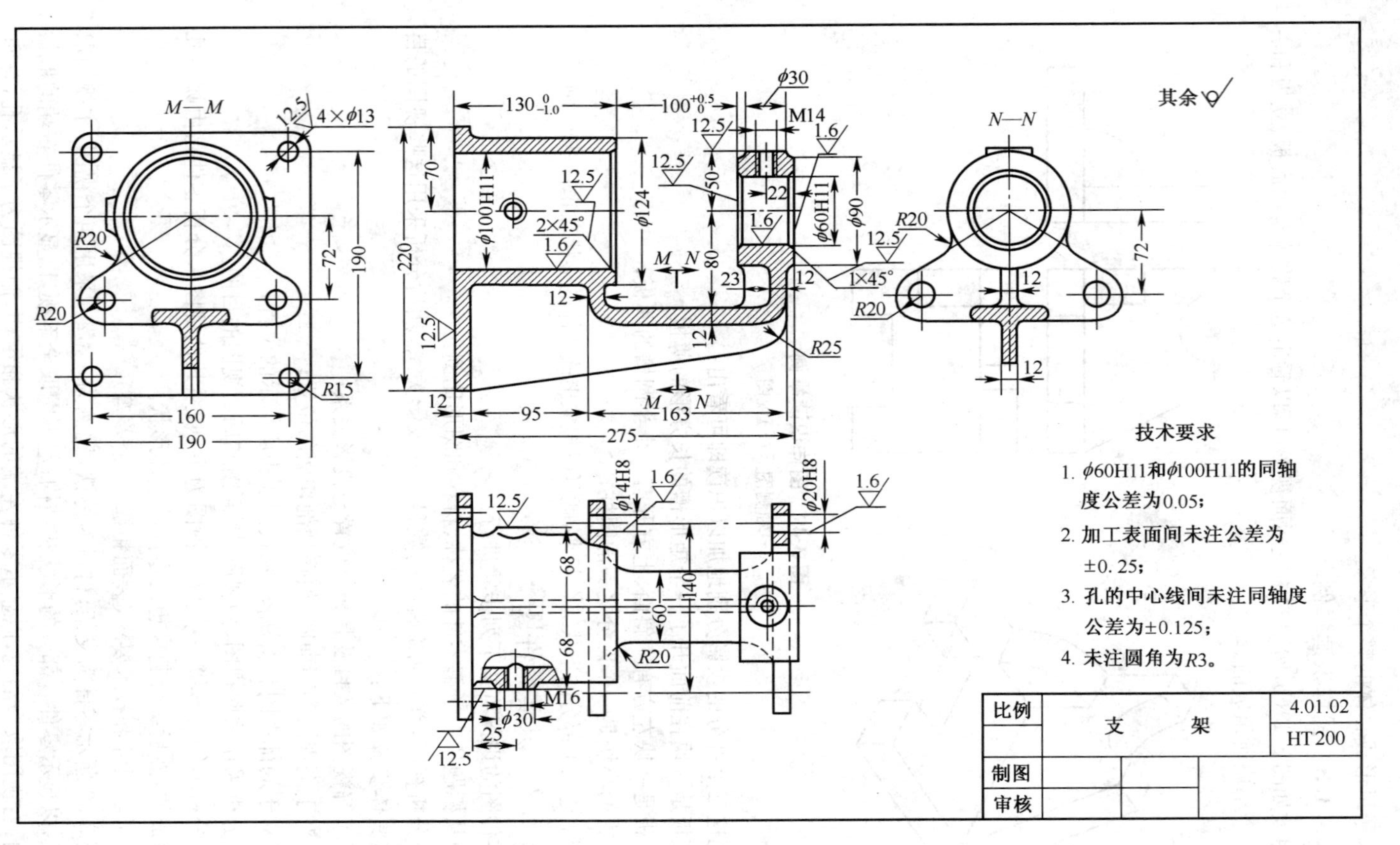
其余
M—M
N—N
技术要求
1. φ60H11和φ100H11的同轴度公差为0.05；
2. 加工表面间未注公差为±0. 25；
3. 孔的中心线间未注同轴度公差为±0.125；
4. 未注圆角为R3。
比例
支 架
4.01.02
HT200
制图
审核

图 3-50 支架

个地方作了局部视图。

零件是由下列几部分组成：左端是正方形板，在其右面横接着空心圆柱（孔径 ϕ100H11），空心圆柱右下端竖接着三角形板（平行 W 面）；零件的右端是一个小空心圆柱（横放，孔径 ϕ60H11），其下面竖接着三角形板（平行 W 面）；在两个三角形板之间用平板连接，平板与右端小空心圆柱之间竖接一个小筋板；在零件的最下面有一个筋板（平行 V 面）。

所选的尺寸基准是：长度方向以零件的左端面为基准，宽度方向以零件的对称面为基准，高度方向以圆柱的轴线为基准。

3.5.3 识读装配图

识读装配图则是通过对图形、符号和文字的分析，了解设计者的意图和要求。这就是说，通过看图应当了解部件的作用和工作运动情况，明确为实现部件的功用而用了哪些结构或装置，采取了哪些技术措施等。自然，要完全解决这些问题，必须具备一定的专业知识和生产经验，并且掌握正确的读图方法和步骤。现通过实例介绍识读装配图的方法和步骤，如图 3-51 所示。

1. 概括了解，分析视图

通过识读标题栏、明细表、视图、图中注写的尺寸、技术要求和说明书等（这些是必读的），能了解到：分配阀的画图比例为 1∶2，采用了九个视图，由 13 种零件组成的一种控制流量的部件。再由视图的位置及投影对应关系，找出视图的名称及选择该视图的目的。图中的主视图、俯视图及 C 向局部视图，主要是用来表达阀的外部形状与装配关系；B—B 剖视表达了阀的内部结构与装配关系；D—D 剖视及其移出断面、E 向局部视图等，表达了阀的通道形状、尺寸和阀的工作情况及其性能。

2. 联系各视图分析零件

有了上述了解之后，按明细表的序号，在视图中找到零件的位置。为了找到表达同一零件的各个视图，必须借助于投影对应关系、剖面线的方向、间隔及表达方法上的特点来完成。然后，几个视图联系起来，分析零件的形状及结构。在分析零件时，常是先分析那些形状易懂的简单件和标准件，然后读那些形状复杂的零件或主体件。例如本例的 13 种零件中，件 2，3，8，10，11，12 和 13，大部分属于标准件，有的仅通过名称就能知道其形状；件 5，6 和 7，容易读懂，分析从略。现在重点介绍一个复杂件（阀杆）的分析方法。首先找到表达阀杆的视图，有主视图、俯视图、A—A 剖视、B—B 剖视、D—D 剖视等。以 B—B 剖视为主。联系这些视图，分析得出：阀杆是两个轴线重合的不等径圆柱所组成，在直径 ϕ35 的圆柱上，在径向钻有夹角大于 90°的两排孔（看 D—D 视图），并在轴向也钻有圆孔（看 B—B 剖视）使其互通。从俯视图可以看出阀杆的长度。A—A 剖视，表达了阀杆与摇柄的装配关系及阀杆上的圆槽。至此，阀杆的形状完全分析清楚。至于阀座形状的分析，除用上述方法外，尚可设想：从阀座中除掉全部零件后，所剩仅为表达阀座的视图，也就是阀座的零件图，然后，几个视图联系起来，分析其形状。图 3-52 给出了全部零件的零件图，图 3-53是分配阀的轴测图，供参考。

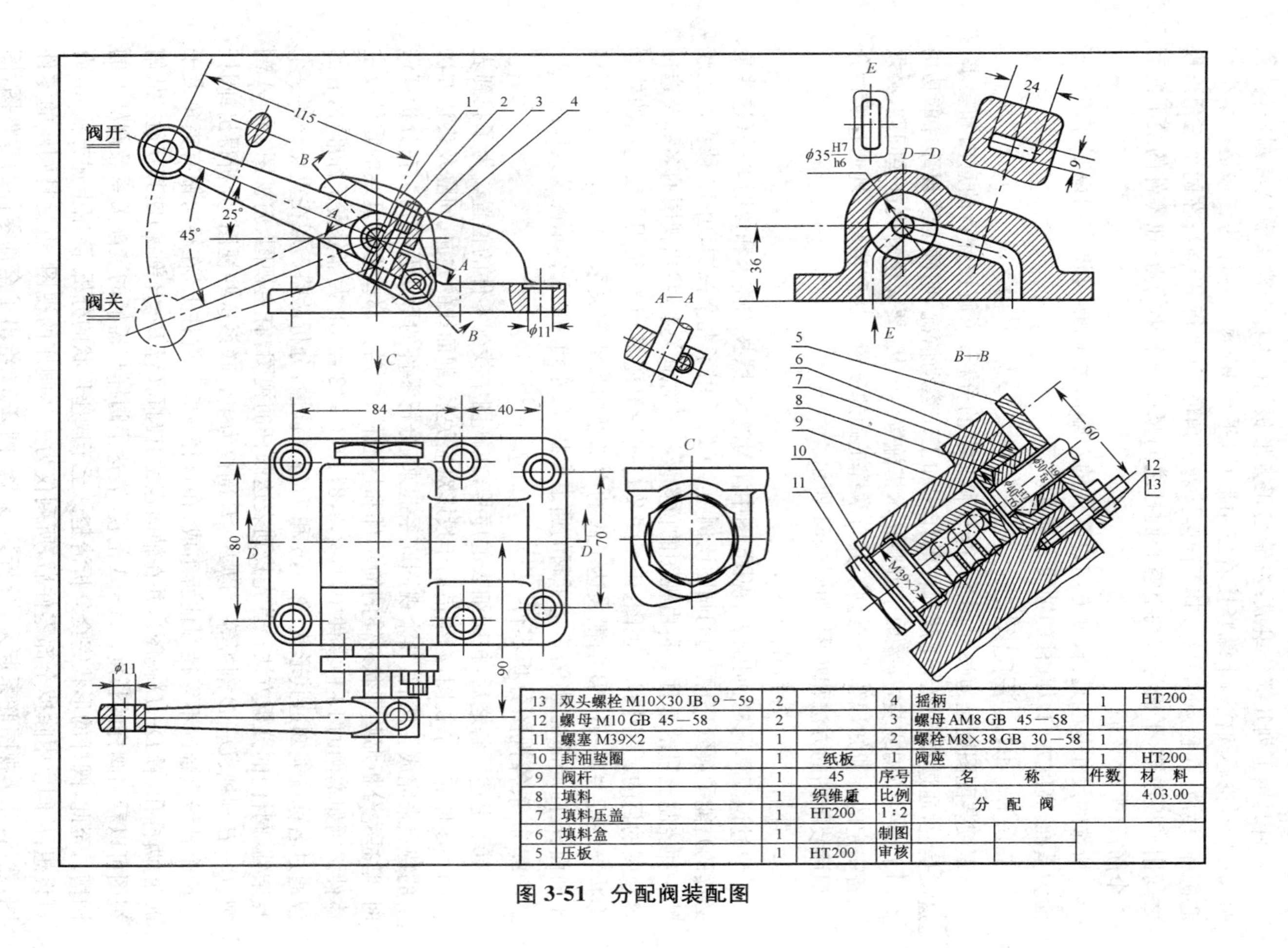
阀开
阀关
115
25°
45°
1
2
3
4
A
B
C
φ11
A—A
D—D
E
φ35 H7/h6
24
6
36
B—B
5
6
7
8
9
10
11
12
13
60
φ30 H9/f8
φ40 H7/f6
M39×2
84
40
80
70
90
D
13 双头螺栓 M10×30 JB 9—59 2
12 螺母 M10 GB 45—58 2
11 螺塞 M39×2 1
10 封油垫圈 1 纸板
9 阀杆 1 45
8 填料 1 织维脂
7 填料压盖 1 HT200
6 填料盒 1
5 压板 1 HT200
4 摇柄 1 HT200
3 螺母 AM8 GB 45—58 1
2 螺栓 M8×38 GB 30—58 1
1 阀座 1 HT200
序号 名 称 件数 材 料
比例 1:2
分 配 阀
4.03.00
制图
审核

图 3-51 分配阀装配图

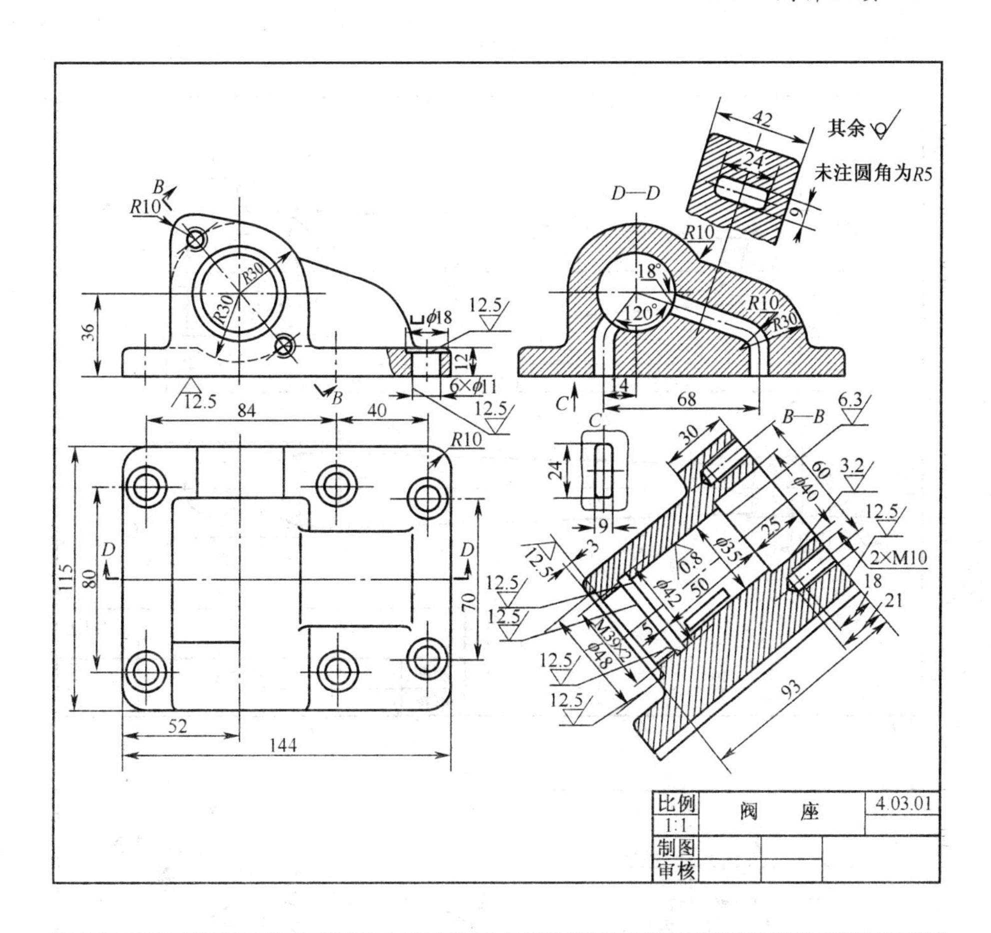

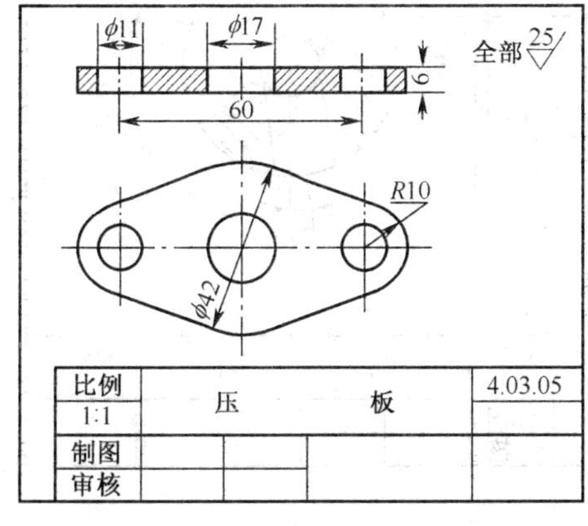

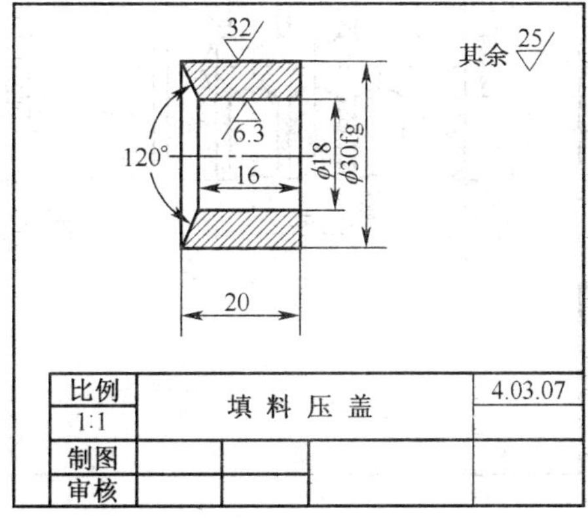

图 3-52 分配阀各个零件图

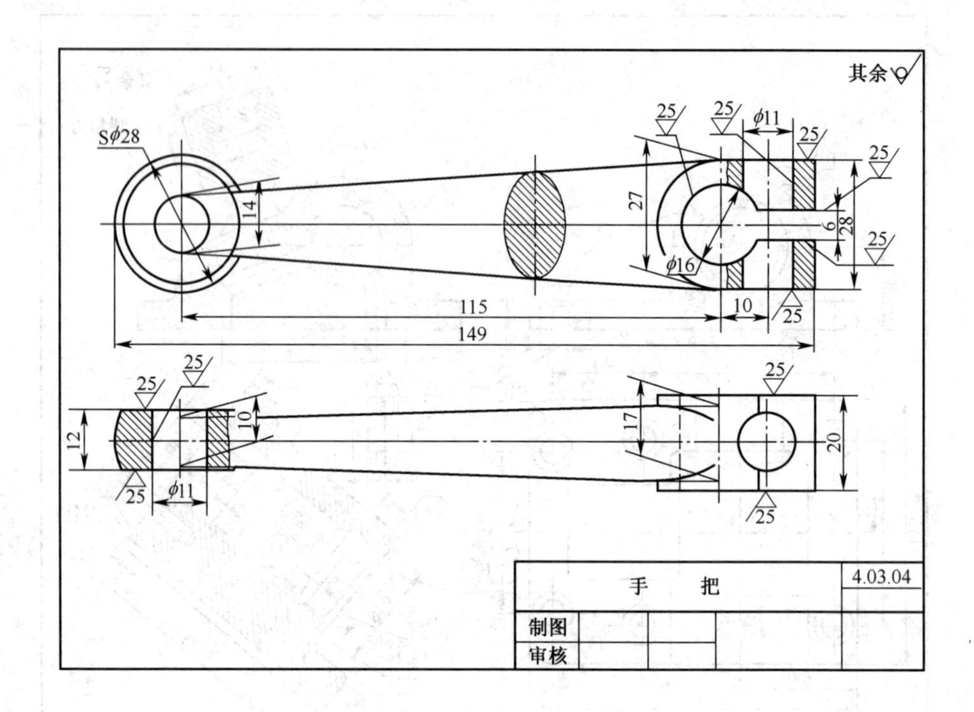

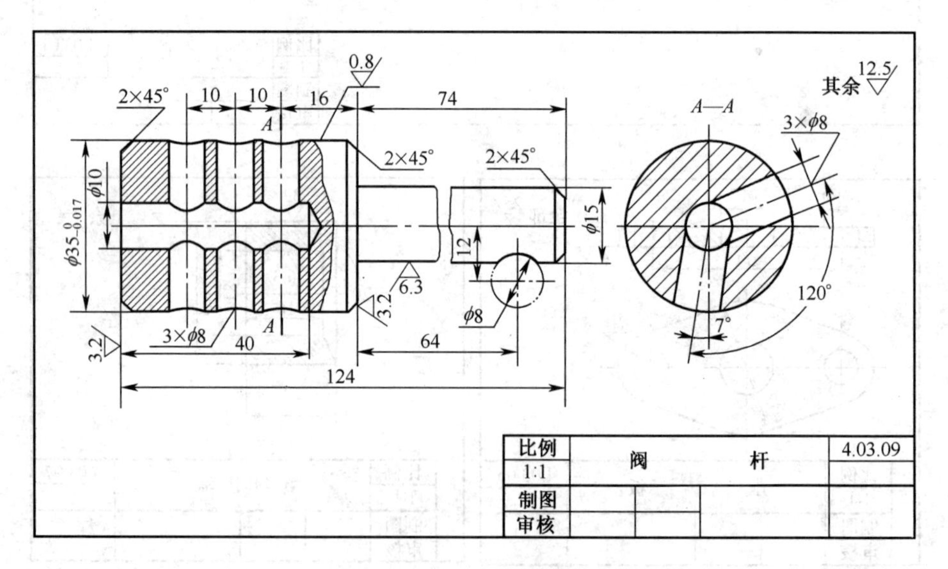

图 3-52 分配阀各个零件图(续)

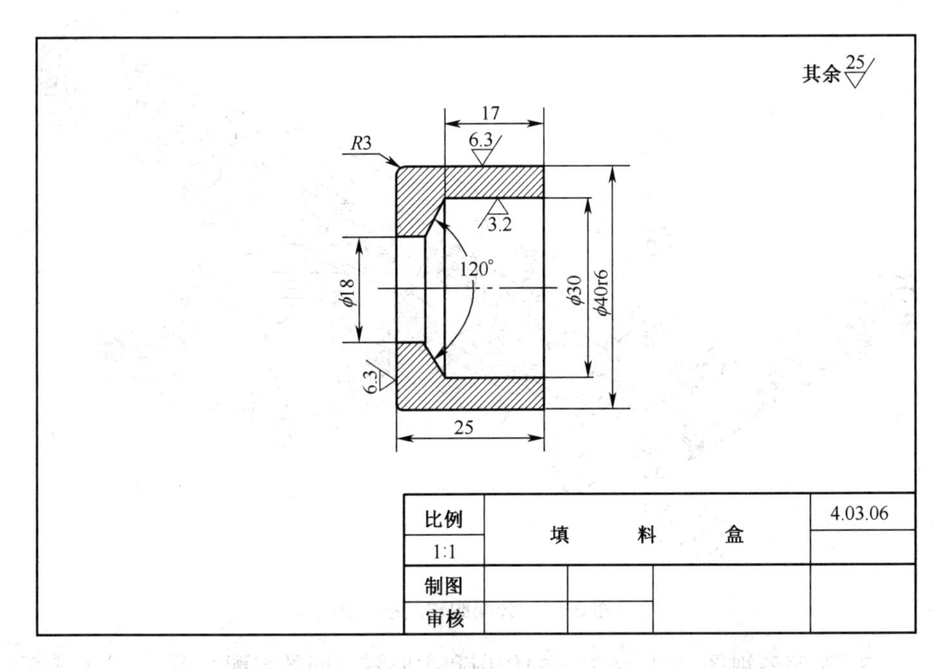

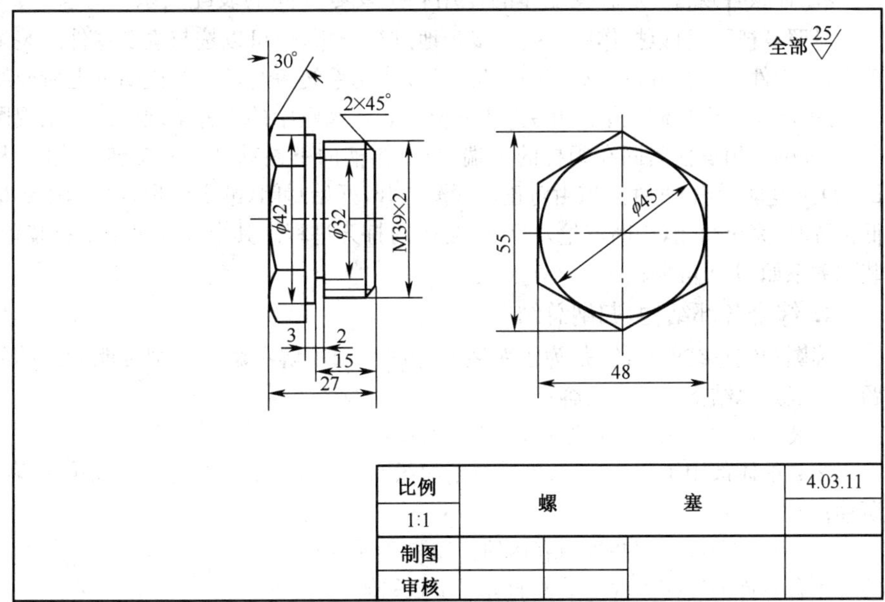

图 3-52 分配阀各个零件图(续)

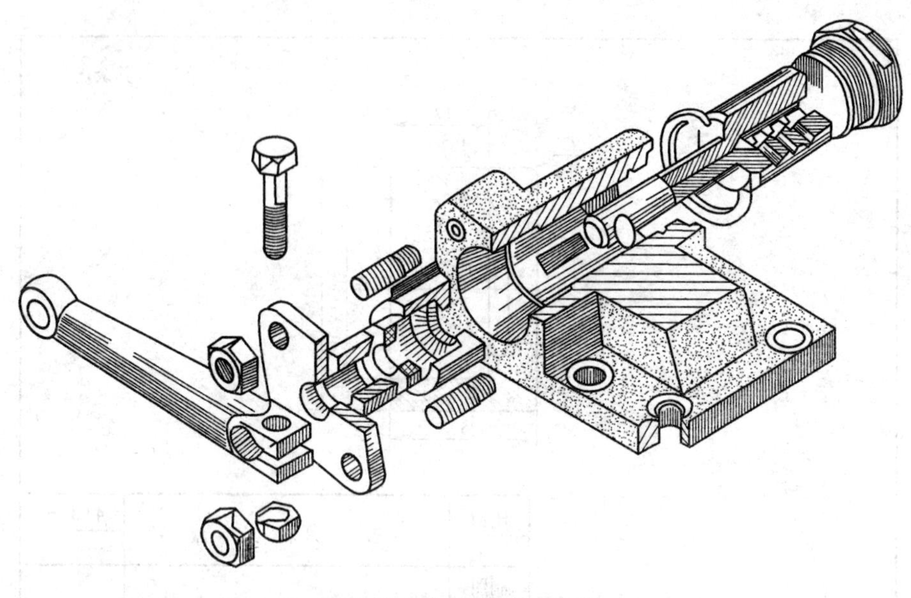

图 3-53 分配阀轴测装配图

3. 对照各视图，分析装配体的作用和主要零件间的装配关系

对照各视图，可以按作用系统一步步地进行分析，也可以按与主要零件的装配关系，一件件地进行分析。本例的分析，是按作用系统进行的。象说明书上所介绍的，分配阀是一个控制流量的开关，是由转动装在阀座中的阀杆实现的。如主视图所示，摇柄 4 用螺栓紧固在阀杆的一端，当将摇柄向下搬动则阀杆旋转。这时，从 *D—D* 剖视能看出：两件通道由对正而逐渐错开，开始封闭（减少流量），摇柄搬到最低位置时，完全封闭（中断流量）；反之，是阀的打开过程。其余零件属于填料装置，装配关系如 *B—B* 剖视。

4. 综合各部结构，归纳总结

读图归纳总结的目的，是为了对装配体的全面了解和解决个别可能遗漏的问题。一般是总结下述几个内容：

①装配体的功用和工作原理，如第 3 所述；

②装配体都用了什么视图、剖视及断面图？怎么表达的？为什么？如第 1、第 2 所述；

③一些复杂件用哪些视图表达的？如第 2 所述；

④各零件的连接方式及零件的拆卸步骤如何；

⑤图中所注的尺寸属哪一类。

4　极限、配合和表面结构

4.1　尺寸公差

4.1.1　基本术语(GB/T 1800.1—1997)(表 4-1)

表 4-1　尺寸公差基本术语

序号	名　　称	意　　义
1	尺寸	以特定单位表示线性尺寸值的数值
	基本尺寸	设计给定的尺寸
	极限尺寸	允许尺寸变化的两个界限值,它以基本尺寸为基数来确定
	(1)最大极限尺寸	两个界限值中较大的一个
	(2)最小极限尺寸	两个界限值中较小的一个
2	偏差	某一尺寸(实际尺寸、极限尺寸)减其基本尺寸所得的代数差
	极限偏差	上偏差与下偏差统称为极限偏差
	上偏差	最大极限尺寸减其基本尺寸所得的代数差
	下偏差	最小极限尺寸减其基本尺寸所得的代数差
3	尺寸公差(简称公差)	最大极限尺寸与最小极限尺寸之代数差的绝对值;也等于上偏差与下偏差之代数差的绝对值。它是一个不为零,而且没有正、负号的数值。是允许尺寸的变动量

基本术语以及它们之间的相互关系,如图 4-1 所示。

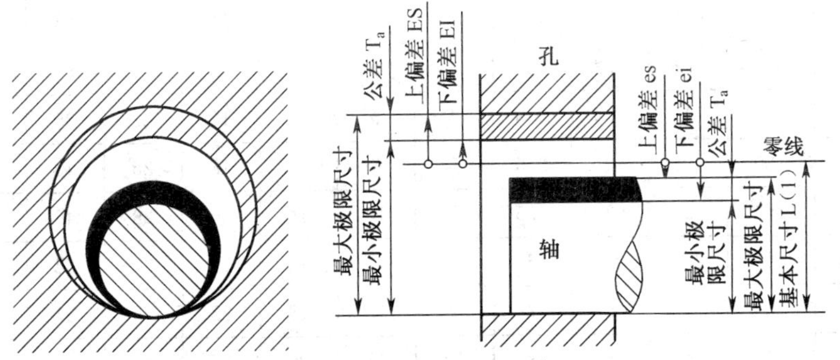

图 4-1　公差与配合的示意图

若以孔的内径尺寸 $\phi50^{+0.025}_{0}$、轴的外径尺寸 $\phi50^{-0.050}_{-0.066}$ 为例，则得

孔的基本尺寸　　　　$L=\phi50$；

轴的基本尺寸　　　　$l=\phi50$；

孔的最大极限尺寸　　$L_{max}=\phi50.025$；

孔的最小极限尺寸　　$L_{min}=\phi50$；

轴的最大极限尺寸　　$l_{max}=\phi49.95$；

轴的最小极限尺寸　　$l_{min}=\phi49.934$；

孔的上偏差　　　　　$ES=L_{max}-L=\phi50.025-\phi50=+0.025$；

孔的下偏差　　　　　$EI=L_{min}-L=\phi50-\phi50=0$；

轴的上偏差　　　　　$es=l_{max}-l=\phi49.95-\phi50=-0.05$；

轴的下偏差　　　　　$ei=l_{min}-l=\phi49.934-\phi50=-0.066$；

孔的公差　　　　　　$Th=|ES-EI|=|+0.025-0|=0.025$；

轴的公差　　　　　　$Ts=|es-ei|=|-0.05-(-0.066)|=0.016$。

4.1.2　标准公差等级(GB/T 1800.3—1998)

标准公差等级分为 20 级，分别以代号 IT01～IT18 表示。各级标准公差数值见表 4-2。

表 4-2　标准公差数值

基本尺寸 mm		标准公差等级									
		IT01	IT0	IT1	IT2	IT3	IT4	IT5	IT6	IT7	IT8
大于	至	μm									
—	3	0.3	0.5	0.8	1.2	2	3	4	6	10	14
3	6	0.4	0.6	1	1.5	2.5	4	5	8	12	18
6	10	0.4	0.6	1	1.5	2.5	4	6	9	15	22
10	18	0.5	0.8	1.2	2	3	5	8	11	18	27
18	30	0.6	1	1.5	2.5	4	6	9	13	21	33
30	50	0.6	1	1.5	2.5	4	7	11	16	25	39
50	80	0.8	1.2	2	3	5	8	13	19	30	46
80	120	1	1.5	2.5	4	6	10	15	22	35	54
120	180	1.2	2	3.5	5	8	12	18	25	40	63
180	250	2	3	4.5	7	10	14	20	29	46	72
250	315	2.5	4	6	8	12	16	23	32	52	81
315	400	3	5	7	9	13	18	25	36	57	89
400	500	4	6	8	10	15	20	27	40	63	97

续表 4-2

基本尺寸/mm		标准公差等级									
		IT9	IT10	IT11	IT12	IT13	IT14	IT15	IT16	IT17	IT18
大于	至	μm			mm						
—	3	25	40	60	0.1	0.14	0.25	0.4	0.6	1	1.4
3	6	30	48	75	0.12	0.18	0.3	0.48	0.75	1.2	1.8
6	10	36	58	90	0.15	0.22	0.36	0.58	0.9	1.5	2.2
10	18	43	70	110	0.18	0.27	0.43	0.7	1.1	1.8	2.7
18	30	52	84	130	0.21	0.33	0.52	0.84	1.3	2.1	3.3
30	50	62	100	160	0.25	0.39	0.62	1	1.6	2.5	3.9
50	80	74	120	190	0.3	0.46	0.74	1.2	1.9	3	4.6
80	120	87	140	220	0.35	0.54	0.87	1.4	2.2	3.5	5.4
120	180	100	160	250	0.4	0.63	1	1.6	2.5	4	6.3
180	250	115	185	290	0.46	0.72	1.15	1.85	2.9	4.6	7.2
250	315	130	210	320	0.52	0.81	1.3	2.1	3.2	5.2	8.1
315	400	140	230	360	0.57	0.89	1.4	2.3	3.6	5.7	8.9
400	500	155	250	400	0.63	0.97	1.55	2.5	4	6.3	9.7

注:基本尺寸小于或等于1mm时,无IT14～IT18。

4.1.3 标准公差等级的选择与应用

由于标准公差等级直接对零件的配合性能有较大的影响,因此选择标准公差等级的实质就是正确解决机器零件使用要求与制造工艺及成本之间的矛盾。

4.1.3.1 标准公差等级的应用

选择标准公差等级首先应保证使用要求。标准公差等级一般应用见表4-3,应用举例见表4-4。

表 4-3 标准公差等级的一般应用

应用	标准公差等级(IT)																			
	01	0	1	2	3	4	5	6	7	8	9	10	11	12	13	14	15	16	17	18
块规	—	—	—																	
量规			—	—	—	—	—	—	—											
配合尺寸							—	—	—	—	—	—	—	—	—					
特别精密零件配合				—	—	—	—													
非配合尺寸(大制造公差)														—	—	—	—	—	—	—
原材料公差										—	—	—	—	—	—	—				

表 4-4 标准公差等级的应用举例

标准公差等级	应用举例
IT01	用于特别精密的尺寸传递基准。例如特别精密的标准量块
IT0	用于特别精密的尺寸传递基准及宇航中特别重要的精密配合尺寸。例如，特别精密的标准量块，个别特别重要的精密机械零件尺寸，校对检验 IT6 级轴用量规的校对量规
IT1	用于精密的尺寸传递基准、高精密测量工具、特别重要的极个别精密配合尺寸。例如，高精密标准量规，校对检验 IT7 至 IT9 级轴用量规的校对量规，个别特别重要的精密机械零件尺寸
IT2	用于高精密的测量工具，特别重要的精密配合尺寸。例如，检验 IT6 至 IT7 级工件用量规的尺寸制造公差，校对检验 IT8 至 IT11 级轴用量规的校对塞规，个别特别重要的精密机械零件尺寸
IT3	用于精密的测量工具，小尺寸零件的高精度的精密配合以及和 C 级滚动轴承配合的轴径与外壳孔径。例如，检验 IT8 至 IT11 级工件用量规和校对检验 IT9 至 IT13 级轴用量规的校对量规，与特别精密的 C 级滚动轴承内环孔（直径至 100mm）相配的机床主轴，精密机械和高速机械的轴径，与 C 级向心球轴承外环相配合的壳体孔径，航空及航海工业中导航仪器上特殊精密的个别小尺寸零件的精密配合
IT4	用于精密的测量工具、高精度的精密配合和 C 级、D 级滚动轴承配合的轴径与外壳孔径。例如，检验 IT9 至 IT12 级工件用量规和校对检验 IT12 至 IT14 级轴用量规的校对量规，与 C 级轴承孔（孔径>100mm）及与 D 级轴承孔相配的机床主轴，精密机械和高速机械的轴径，与 C 级轴承相配机床外壳孔，柴油机活塞销及活塞销座孔径，高精度（1 级至 4 级），齿轮的基准孔或轴径，航空及航海工业中用仪器的特殊精密的孔径
IT5	用于配合公差要求很小，形状公差要求很高的条件下，这类公差等级能使配合性质比较稳定，用于机床、发动机和仪表中特别重要的配合尺寸，例如，检验 IT11 至 IT14 级工件用量规和校对 IT14 至 IT15 级轴用量规的校对量规，与 D 级滚动轴承相配的机床箱体孔，与 E 级滚动轴承孔相配的机床主轴，精密机械和高速机械的轴径，机床尾架套筒，高精度分度盘轴颈、分度头主轴、精密仪器中轴与各种传件轴承的配合，航空、航海工业仪器仪表中的精密孔的配合，5 级精度齿轮的基准孔及 5 级、6 级精度齿轮的基准轴
IT6	配合表面有较高均匀性的要求，能保证相当高的配合性质，使用稳定可靠，广泛地应用于机械中的重要配合。例如，检验 IT12 至 IT15 级工件用量规和校对 IT15 至 IT16 级轴用量规的校对量规；与 E 级轴承相配的外壳孔及与滚子轴承相配的机床主轴轴颈，机床制造中装配式蜗轮、联轴器、皮带轮、凸轮的孔径；机床丝杠支承轴颈、矩形花键的定心直径等；机床夹具的导向件的外径尺寸，航空航海仪器仪表中的精密轴，自动化仪表；6 级精度齿轮的基准孔和 7 级、8 级精度齿轮的基准轴径

续表 4-4

标准公差等级	应用举例
IT7	在一般机械中广泛应用，应用条件和IT6相似，但精度稍低。例如，检验IT14至IT16级工件用量规和校对IT16级轴用量规的校对量规；机床中装配青铜蜗轮轮缘孔径，联轴器、凸轮等的孔径，机床卡盘座孔，摇臂钻床的摇臂孔，车床丝杠的轴承孔，机床夹头导向件的内孔，发动机中连杆孔、活塞孔；精密仪器中精密配合的内孔，电子计算机、电子仪器仪表中重要内孔，自动化仪表中重要的内孔，7级、8级精度齿轮的基准孔和9级、10级精度齿轮的基准轴
IT8	在机械制造中属于中等精度，在仪器、仪表及钟表制造中，由于基本尺寸较小，所以属于较高精度范围，在农业机械、纺织机械、印染机械、医疗器械中应用最广。例如，检验IT16级工件用量规，轴承座衬套沿宽度方向的尺寸配合，无线电仪表中的一般配合，电子仪器仪表中较重要的内孔，计算机中变数齿轮孔和轴的配合尺寸，电机制造中铁芯和机座的配合尺寸等等，9级至12级精度齿轮的基准孔和11级至12级精度齿轮基准轴
IT9	应用条件与IT8相类似，但精度低于IT8时采用。例如，机床中轴套外径与孔，操纵件与轴，操纵系统的轴与轴承等的配合，纺织机械、印染机械一般配合零件，发动机中机油泵体内孔，气门导管内孔，自动化仪表中的一般配合尺寸等
IT10	应用条件与IT9相类似，但精度低于IT9时采用。例如，电子仪器仪表中支架的配合，导航仪器中绝缘衬套孔与汇电环衬套轴，打字机中铆合件的配合尺寸等
IT11	广泛应用于间隙较大，且有显著变动也不会引起危险的场合，亦可用于配合精度较粗糙，装配后允许有较大间隙。例如，机床上法兰盘止口与孔、滑块与滑移齿轮、凹槽等；农业机械、机车车厢部件及冲压加工的配合零件，纺织机械中较粗糙的活动配合，印染机械中要求较低的配合尺寸，磨床制造中的螺纹联接及粗糙动连接等
IT12	配合精度要求很粗糙，装配后有很大的间隙，适用于基本上无配合要求的部位，要求较高的未注公差的尺寸极限偏差。例如非配合尺寸及工序间尺寸，发动机分离杆，机床制造业中扳手孔和扳手座的连接等
IT13	应用条件与IT12相类似。例如非配合尺寸及工序间尺寸
IT14	用于非配合尺寸及不包括在尺寸链中的尺寸。例如，在机床、汽车、拖拉机、冶金机械、矿山机械、石油化工、电机、电器、医疗器械等对机械加工零件中未注公差尺寸的极限偏差
IT15	用于非配合尺寸及不包括在尺寸链中的尺寸。例如，冲压件、木模铸造零件、重型机床制造，当基本尺寸大于3150毫米时未注公差的尺寸极限偏差
IT16	用于非配合尺寸。例如，无线电制造业中箱体外形尺寸，手术器械中的一般外形尺寸，弯曲、拉深加工用尺寸，纺织机械中木件的尺寸，塑料零件的尺寸，木模制造及自由锻造尺寸
IT17 IT18	用于非配合尺寸。例如塑料成型尺寸，手术器械中的一般外形尺寸，冷作和焊接用尺寸的公差

4.1.3.2 标准公差等级和加工成本

在满足设计要求的前提下，也要考虑工艺的可能性和经济性，尽量选用低的标准公差等级，以利于加工和降低成本。表 4-5 提供了标准公差等级、加工方法和加工成本的关系。

表 4-5 标准公差等级、加工方法和加工成本的关系

尺寸类型	加工方法	标准公差等级(IT)																	
		1	2	3	4	5	6	7	8	9	10	11	12	13	14	15	16	17	18
长度尺寸	普通车削							══	══		——	——		……	……				
	六角车削								══		——	——		……					
	自动车削								══		——	——		……	……				
	铣							══	══		——		……	……					
内径尺寸	普通车削						══	══		——	——	——		……					
	六角车削								══		——		……	……					
	自动车削								══		——		……						
	钻										══		——		……				
	铰							══		——		……							
	镗							══		——		……							
	精镗				══		——		……										
	内圆磨				══		——		……										
	研磨		══		——		……												
外径尺寸	普通车削						══	══		——	——		……	……					
	六角车削							══		——	——		……	……					
	自动车削							══		——	——		……	……					
	外圆磨			══		——		……											
	无心磨					══	——	——		……									

注：双实线、单实线、虚线所示成本比例为 5∶2.5∶1。

4.1.3.3 各种加工方法的一般加工精度(表 4-6)

表 4-6 各种加工方法的一般加工精度

加工方法	标准公差等级(IT)																	
	01	0	1	2	3	4	5	6	7	8	9	10	11	12	13	14	15	16
研磨	——	——	——	——	——	——	——											
珩磨						——	——	——	——									
圆磨							——	——	——	——								

续表 4-6

加工方法	标准公差等级(IT)																	
	01	0	1	2	3	4	5	6	7	8	9	10	11	12	13	14	15	16
平磨							—	—	—	—								
金刚石车							—	—	—									
金刚石镗							—	—	—									
拉削							—	—	—	—								
铰孔								—	—	—	—	—						
车									—	—	—	—	—					
镗									—	—	—	—	—					
铣										—	—	—	—					
刨、插												—	—					
钻孔												—	—	—	—			
滚压、挤压												—	—					
冲压												—	—	—	—	—		
压铸													—	—	—	—		
粉末冶金成型								—	—	—								
粉末冶金烧结									—	—	—	—						
砂型铸造、气割																		—
锻造																	—	

4.1.3.4 各种加工的经济精度

各种加工的经济精度见表 4-7～表 4-10。

表 4-7 孔加工的经济精度

加工方法		标准公差等级(IT)
钻孔及用钻头扩孔		11～12
扩孔	粗扩 精扩	12 9～10
铰孔	粗铰 精铰	9 7～8
镗孔	粗镗 精镗 金刚石镗	11～12 8～10 6

续表 4-7

加工方法		标准公差等级(IT)
拉孔	粗拉铸孔或冲孔	8～9
	精拉	7
磨孔	粗磨	7～8
	精磨	6～7
	珩磨	6

表 4-8 外圆加工的经济精度

加工方法		标准公差等级(IT)
车削	粗车	11～12
	半精车	8～10
	精车	6～7
	金刚石车	5～6
磨削	粗磨	8
	精磨	6～7
研磨、超精加工		5

表 4-9 端面加工的经济精度 (mm)

加工方法		直径			
		≤50	>50～120	>120～260	>260～500
车削	粗	0.15	0.2	0.25	0.4
	精	0.07	0.1	0.13	0.2
磨削	粗	0.03	0.04	0.05	0.07
	精	0.02	0.025	0.03	0.035

表 4-10 平面加工的经济精度

加工方法		标准公差等级(IT)
刨削、铣削	粗	11～13
	半精	10～12
	精	9～10
拉削	粗	10～11
	精	6～9
磨削	粗	9
	半精	7～9
	精	6～7
研磨、刮研		5

4.1.4 基本偏差(GB/T 1800.3—1998)

当公差带在零线上方时，基本偏差为下偏差，当公差带在零线的下方时，基本偏差为上偏差，如图 4-2 所示。

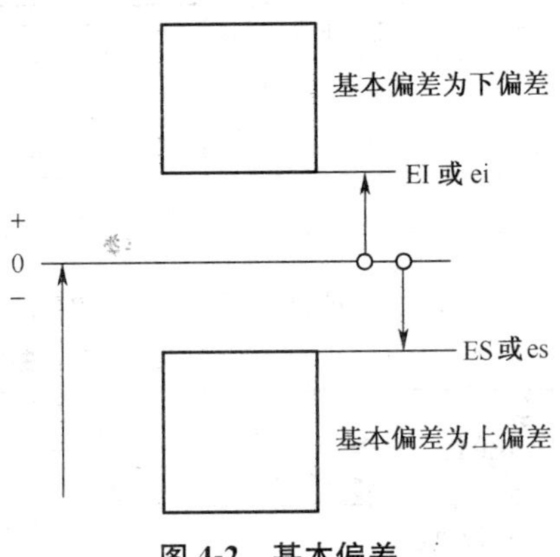

图 4-2 基本偏差

4.1.4.1 基本偏差的代号

基本偏差系列如图 4-3 所示，其代号用拉丁字母表示，大写的为孔，小写的为轴，各 28 个代号。其中用一个字母表示的有 21 个代号(在 26 个拉丁字母中，除去容易和其他含义混淆的 I,L,O,Q,W 五个字母不用)，用两个字母表示一个代号的有 7 个，见表 4-11。

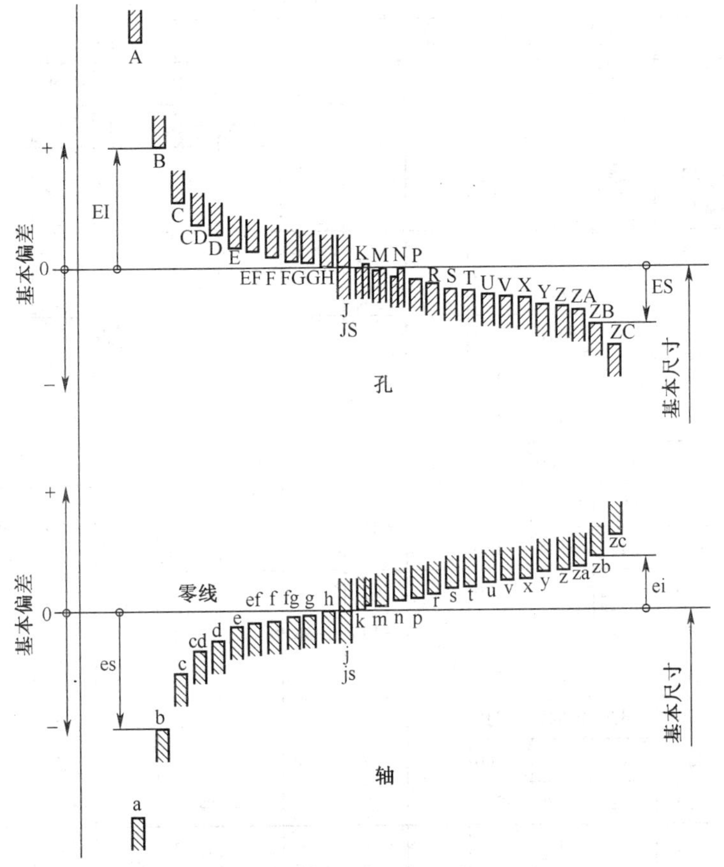

图 4-3 基本偏差系列

表 4-11 孔、轴基本偏差的代号

孔	A	B	C	D	E	F	G	H	J	K	M	N	P	R	S	T	U	V	X	Y	Z		
			CD		EF	FG			Js												ZA	ZB	ZC
轴	a	b	c	d	e	f	g	h	j	k	m	n	p	r	s	t	u	v	x	y	z		
			cd		ef	fg			js												za	zb	zc

4.1.4.2 轴的基本偏差数值(表 4-12)

表 4-12 轴的基本偏差数值 (μm)

基本偏差		上偏差(es)											
		a	b	c	cd	d	e	ef	f	fg	g	h	js
基本尺寸/mm		标准公差等级											
大于	至	所有等级											
—	3	−270	−140	−60	−34	−20	−14	−10	−6	−4	−2	0	偏差=±ITn/2
3	6	−270	−140	−70	−46	−30	−20	−14	−10	−6	−4	0	
6	10	−280	−150	−80	−56	−40	−25	−18	−13	−8	−5	0	
10	14	−290	−150	−95		−50	−32		−16		−6	0	
14	18												
18	24	−300	−160	−110		−65	−40		−20		−7	0	
24	30												
30	40	−310	−170	−120		−80	−50		−25		−9	0	
40	50	−320	−180	−130									
50	65	−340	−190	−140		−100	−60		−30		−10	0	
65	80	−360	−200	−150									
80	100	−380	−220	−170		−120	−72		−36		−12	0	
100	120	−410	−240	−180									
120	140	−460	−260	−200		−145	−85		−43		−14	0	
140	160	−520	−280	−210									
160	180	−580	−310	−230									
180	200	−660	−340	−240		−170	−100		−50		−15	0	
200	225	−740	−380	−260									
225	250	−820	−420	−280									
250	280	−920	−480	−300		−190	−110		−56		−17	0	
280	315	−1 050	−540	−330									

续表 4-12

基本偏差		上偏差(es)											
		a	b	c	cd	d	e	ef	f	fg	g	h	js
基本尺寸/mm		标准公差等级											
大于	至	所有等级											
315	355	−1 200	−600	−360		−210	−125		−62		−18	0	偏差=±$\frac{ITn}{2}$
355	400	−1 350	−680	−400									
400	450	−1 500	−760	−440		−230	−135		−68		−20	0	
450	500	−1 650	−840	−480									

基本偏差		下偏差(ei)									
		j			k		m	n	p	r	s
基本尺寸/mm		标准公差等级									
大于	至	IT5 IT6	IT7	IT8	IT4~IT7	≤IT3 >IT7	所有等级				
—	3	−2	−4	−6	0	0	+2	+4	+6	+10	+14
3	6	−2	−4		+1	0	+4	+8	+12	+15	+19
6	10	−2	−5		+1	0	+6	+10	+15	+19	+23
10	14	−3	−6		+1	0	+7	+12	+18	+23	+28
14	18										
18	24	−4	−8		+2	0	+8	+15	+22	+28	+35
24	30										
30	40	−5	−10		+2	0	+9	+17	+26	+34	+43
40	50										
50	65	−7	−12		+2	0	+11	+20	+32	+41	+53
65	80									+43	+59
80	100	−9	−15		+3	0	+13	+23	+37	+51	+71
100	120									+54	+79
120	140	−11	−18		+3	0	+15	+27	+43	+63	+92
140	160									+65	+100
160	180									+68	+108
180	200	−13	−21		+4	0	+17	+31	+50	+77	+122
200	225									+80	+130
225	250									+84	+140

续表 4-12

基本偏差		下偏差（ei）									
		j			k		m	n	p	r	s
基本尺寸/mm		标准公差等级									
大于	至	IT5 IT6	IT7	IT8	IT4～ IT73	≤IT3 >IT7	所有等级				
250	280	−16	−26		+4	0	+20	+34	+56	+94	+158
280	315									+98	+170
315	355	−18	−28		+4	0	+21	+37	+62	+108	+190
355	400									+114	+208
400	450	−20	−32		+5	0	+23	+40	+68	+126	+232
450	500									+132	+252

基本偏差		下偏差（ei）								
		t	u	v	x	y	z	za	zb	zc
基本尺寸/mm		基准公差等级								
大于	至	所有等级								
—	3		+18		+20		+26	+32	+40	+60
3	6		+23		+28		+35	+42	+50	+80
6	10		+28		+34		+42	+52	+67	+97
10	14		+33		+40		+50	+64	+90	+130
14	18			+39	+45		+60	+77	+108	+150
18	24		+41	+47	+54	+63	+73	+98	+136	+188
24	30	+41	+48	+55	+64	+75	+88	+118	+160	+218
30	40	+48	+60	+68	+80	+94	+112	+148	+200	+274
40	50	+54	+70	+81	+97	+114	+136	+180	+242	+325
50	65	+66	+87	+102	+122	+144	+172	+226	+300	+405
65	80	+75	+102	+120	+146	+174	+210	+274	+360	+480
80	100	+91	+124	+146	+178	+214	+258	+335	+445	+585
100	120	+104	+144	+172	+210	+254	+310	+400	+525	+690
120	140	+122	+170	+202	+248	+300	+365	+470	+620	+800
140	160	+134	+190	+228	+280	+340	+415	+535	+700	+900
160	180	+146	+210	+252	+310	+380	+465	+600	+780	+1 000
180	200	+166	+236	+284	+350	+425	+520	+670	+880	+1 150

续表 4-12

基本偏差		下偏差(ei)								
		t	u	v	x	y	z	za	zb	zc
基本尺寸 mm		基准公差等级								
大于	至	所有等级								
200	225	+180	+258	+310	+385	+470	+575	+740	+960	+1 250
225	250	+196	+284	+340	+425	+520	+640	+820	+1 050	+1 350
250	280	+218	+315	+385	+475	+580	+710	+920	+1 200	+1 550
280	315	+240	+350	+425	+525	+650	+790	+1 000	+1 300	+1 700
315	355	+268	+390	+475	+590	+730	+900	+1 150	+1 500	+1 900
355	400	+294	+435	+530	+660	+820	+1 000	+1 300	+1 650	+2 100
400	450	+330	+490	+595	+740	+920	+1 100	+1 450	+1 850	+2 400
450	500	+360	+540	+660	+820	+1 000	+1 250	+1 600	+2 100	+2 600

注:1. 基本尺寸小于或等于 1mm 时,基本偏差 a 和 b 均不采用。

2. 公差带 js7 至 js11,若 IT 数值是奇数,则取偏差$=\pm\frac{ITn-1}{2}$;ITn 是 IT 的数值。

4.1.4.3 孔的基本偏差数值(表 4-13)

表 4-13 孔的基本偏差数值 (μm)

基本偏差		下偏差(EI)											
		A	B	C	CD	D	E	EF	F	FG	G	H	Js
基本尺寸/mm		标准公差等级											
大于	至	所有等级											
—	3	+270	+140	+60	+34	+20	+14	+10	+6	+4	+2	0	偏差$=\pm\frac{ITn}{2}$
3	6	+270	+140	+70	+46	+30	+20	+14	+10	+6	+4	0	
6	10	+280	+150	+80	+56	+40	+25	+18	+13	+8	+5	0	
10	14	+290	+150	+95		+50	+32		+16		+6	0	
14	18												
18	24	+300	+160	+110		+65	+40		+20		+7	0	
24	30												
30	40	+310	+170	+120		+80	+50		+25		+9	0	
40	50	+320	+180	+130									
50	65	+340	+190	+140		+100	+60		+30		+10	0	
65	80	+360	+200	+150									

续表 4-13

基本偏差		下偏差(EI)											
		A	B	C	CD	D	E	EF	F	FG	G	H	Js
基本尺寸/mm		标准公差等级											
大于	至	所有等级											
80	100	+380	+220	+170		+120	+72		+36		+12	0	偏差=±$\frac{ITn}{2}$
100	120	+410	+240	+180									
120	140	+460	+260	+200		+145	+85		+43		+14	0	
140	160	+520	+280	+210									
160	180	+580	+310	+230									
180	200	+660	+340	+240		+170	+100		+50		+15	0	
200	225	+740	+380	+260									
225	250	+820	+420	+280									
250	280	+920	+480	+300		+190	+110		+56		+17	0	
280	315	+1 050	+540	+330									
315	355	+1 200	+600	+360		+210	+125		+62		+18	0	
355	400	+1 350	+680	+400									
400	450	+1 500	+760	+440		+230	+135		+68		+20	0	
450	500	+1 650	+840	+480									

基本偏差		上偏差(ES)									
		J			K		M		N		P至ZC
基本尺寸/mm		标准公差等级									
大于	至	IT6	IT7	IT8	≤IT8	>IT8	≤IT8	>IT8	≤IT8	>IT8	≤IT7
—	3	+2	+4	+6	0	0	−2	−2	−4	−4	
3	6	+5	+6	+10	−1+Δ		−4+Δ	−4	−8+Δ	0	
6	10	+5	+8	+12	−1+Δ		−6+Δ	−6	−10+Δ	0	
10	14	+6	+10	+15	−1+Δ		−7+Δ	−7	−12+Δ	0	
14	18										
18	24	+8	+12	+20	−2+Δ		−8+Δ	−8	−15+Δ	0	
24	30										
30	40	+10	+14	+24	−2+Δ		−9+Δ	−9	−17+Δ	0	
40	50										
50	65	+13	+18	+28	−2+Δ		−11+Δ	−11	−20+Δ	0	

续表 4-13

基本偏差		上偏差(ES)									
		J			K		M		N		P至ZC
基本尺寸/mm		标准公差等级									
大于	至	IT6	IT7	IT8	≤IT8	>IT8	≤IT8	>IT8	≤IT8	>IT8	≤IT7
65	80	+13	+18	+28	−2+Δ		−11+Δ	−11	−20+Δ	0	在≥IT7的相应数值上增加一个Δ值
80	100	+16	+22	+34	−3+Δ		−13+Δ	−13	−23+Δ	0	
100	120										
120	140	+18	+26	+41	−3+Δ		−15+Δ	−15	−27+Δ	0	
140	160										
160	180										
180	200	+22	+30	+47	−4+Δ		−17+Δ	−17	−31+Δ	0	
200	225										
225	250										
250	280	+25	+36	+55	−4+Δ		−20+Δ	−20	−34+Δ	0	
280	315										
315	355	+29	+39	+60	−4+Δ		−21+Δ	−21	−37+Δ	0	
355	400										
400	450	+33	+43	+66	−5+Δ		−23+Δ	−23	−40+Δ	0	
450	500										

基本偏差		上偏差(ES)										
		P	R	S	T	U	V	X	Y	Z	ZA	ZB
基本尺寸/mm		标准公差等级										
大于	至	>IT7										
—	3	−6	−10	−14		−18		−20		−26	−32	−40
3	6	−12	−15	−19		−23		−28		−35	−42	−50
6	10	−15	−19	−23		−28		−34		−42	−52	−67
10	14	−18	−23	−28		−33		−40		−50	−64	−90
14	18						−39	−45		−60	−77	−108
18	24	−22	−28	−35		−41	−47	−54	−63	−73	−98	−136
24	30				−41	−48	−55	−64	−75	−88	−118	−160
30	40	−26	−34	−43	−48	−60	−68	−80	−94	−112	−148	−200
40	50				−54	−70	−81	−97	−114	−136	−180	−242
50	65	−32	−41	−53	−66	−87	−102	−122	−144	−172	−226	−300

续表 4-13

基本偏差		上偏差(ES)										
		P	R	S	T	U	V	X	Y	Z	ZA	ZB
基本尺寸/mm		标准公差等级										
大于	至	>IT7										
65	80		−43	−59	−75	−102	−120	−146	−174	−210	−274	−360
80	100	−37	−51	−71	−91	−124	−146	−178	−214	−258	−335	−445
100	120		−54	−79	−104	−144	−172	−210	−254	−310	−400	−525
120	140	−43	−63	−92	−122	−170	−202	−248	−300	−365	−470	−620
140	160		−65	−100	−134	−190	−228	−280	−340	−415	−535	−700
160	180		−68	−108	−146	−210	−252	−310	−380	−465	−600	−780
180	200	−50	−77	−122	−166	−236	−284	−350	−425	−520	−670	−880
200	225		−80	−130	−180	−258	−310	−385	−470	−575	−740	−960
225	250		−84	−140	−196	−284	−340	−425	−520	−640	−820	−1 050
250	280	−56	−94	−158	−218	−315	−385	−475	−580	−710	−920	−1 200
280	315		−98	−170	−240	−350	−425	−525	−650	−790	−1 000	−1 300
315	355	−62	−108	−190	−268	−390	−475	−590	−730	−900	−1 150	−1 500
355	400		−114	−208	−294	−435	−530	−660	−820	−1 000	−1 300	−1 650
400	450	−68	−126	−232	−330	−490	−595	−740	−920	−1 100	−1 450	−1 850
450	500		−132	−252	−360	−540	−660	−820	−1 000	−1 250	−1 600	−2 100

基本偏差		上偏差(ES)	Δ值					
		ZC						
基本尺寸/mm		标准公差等级						
大于	至	>IT7	IT3	IT4	IT5	IT6	IT7	IT8
—	3	−60	0	0	0	0	0	0
3	6	−80	1	1.5	1	3	4	6
6	10	−97	1	1.5	2	3	6	7
10	14	−130	1	2	3	3	7	9
14	18	−150						
18	24	−188	1.5	2	3	4	8	12
24	30	−218						
30	40	−274	1.5	3	4	5	9	14
40	50	−325						

续表 4-13

基本偏差		上偏差(ES)	Δ值					
		ZC						
基本尺寸/mm		标准公差等级						
大于	至	>IT7	IT3	IT4	IT5	IT6	IT7	IT8
50	65	−405	2	3	5	6	11	16
65	80	−480						
80	100	−585	2	4	5	7	13	19
100	120	−690						
120	140	−800	3	4	6	7	15	23
140	160	−900						
160	180	−1 000						
180	200	−1 150	3	4	6	9	17	26
200	225	−1 250						
225	250	−1 350						
250	280	−1 550	4	4	7	9	20	29
280	315	−1 700						
315	355	−1 900	4	5	7	11	21	32
355	400	−2 100						
400	450	−2 400	5	5	7	13	23	34
450	500	−2 600						

注:1. 基本尺寸小于或等于 1mm 时,基本偏差 A 和 B 及大于 IT8 的 N 均不采用。

2. 公差带 JS7 至 JS11,若 ITn 数值是奇数,则取偏差$=\pm\frac{ITn-1}{2}$。

3. 对小于或等于 IT8 的 K,M,N 和小于或等于 IT7 的 P 至 ZC,所需 Δ 值从表内右侧选取。

例如:18～30mm 段的 K7:$\Delta=8\mu m$,所以 $ES=-2+8=+6(\mu m)$

18～30mm 段的 S6:$\Delta=4\mu m$,所以 $ES=-35+4=-31(\mu m)$

4. 特殊情况:250～315mm 段的 M6,$ES=-9\mu m$(代替$-11\mu m$)。

从图 4-3 和表 4-12 可以看出:

轴的基本偏差:从 a 到 h 为上偏差;

从 j 到 zc 为下偏差;

js 为上偏差(+IT/2)或下偏差(−IT/2)。

轴的另一个偏差(下偏差或上偏差),根据轴的基本偏差和标准公差,可按以下代数式计算:

$$ei=es-IT;$$

或 $es=ei+IT$。

从图 4-3 和表 4-13 可以看出：

孔的基本偏差：从 A 到 H 为下偏差；

从 J 到 ZC 为上偏差；

JS 为上偏差（$+IT/2$）或下偏差（$-IT/2$）。

孔的另一个偏差（上偏差或下偏差），根据孔的基本偏差和标准公差，可按以下代数式计算：

$$ES=EI+IT;$$

$$\text{或} \quad EI=ES-IT。$$

例：确定基孔制 $\phi25H7/f6$ 和基轴制 $\phi25F7/h6$ 两个配合中孔与轴的极限偏差。

解：当基本尺寸为 25mm 时

由表 4-2 查得 $IT6=13\mu m$，$IT7=21\mu m$。

基准孔 H7 的下偏差 $EI=0$；

所以孔 H7 的上偏差 $ES=EI+IT$

$=0+21$

$=+21(\mu m)$。

由表 4-12 查得 轴 f6 的上偏差 $es=-20\mu m$。

所以轴 f6 的下偏差 $ei=es-IT$

$=-20-13$

$=-33(\mu m)$。

基准轴 h6 的上偏差 $es=0$；

所以轴 h6 的下偏差 $ei=es-IT$

$=0-13$

$=-13(\mu m)$。

由表 4-13 查得

孔 F7 的下偏差 $EI=+20\mu m$。

所以孔 F7 的上偏差 $ES=EI+IT$

$=+20+21$

$=+41(\mu m)$。

4.2 配　合

4.2.1 配合的种类(GB/T 1800.1—1997)

1. 间隙配合

具有间隙（包括最小间隙等于零）的配合。此时，孔的公差带在轴的公差带之上。

2. 过盈配合

具有过盈(包括最小过盈等于零)的配合。此时,孔的公差带在轴的公差带之下。

3. 过渡配合

可能具有间隙或过盈的配合。此时,孔的公差带与轴的公差带相互交叠。

配合的种类及其公差带图见表 4-14。

表 4-14 配合的种类及其公差带图

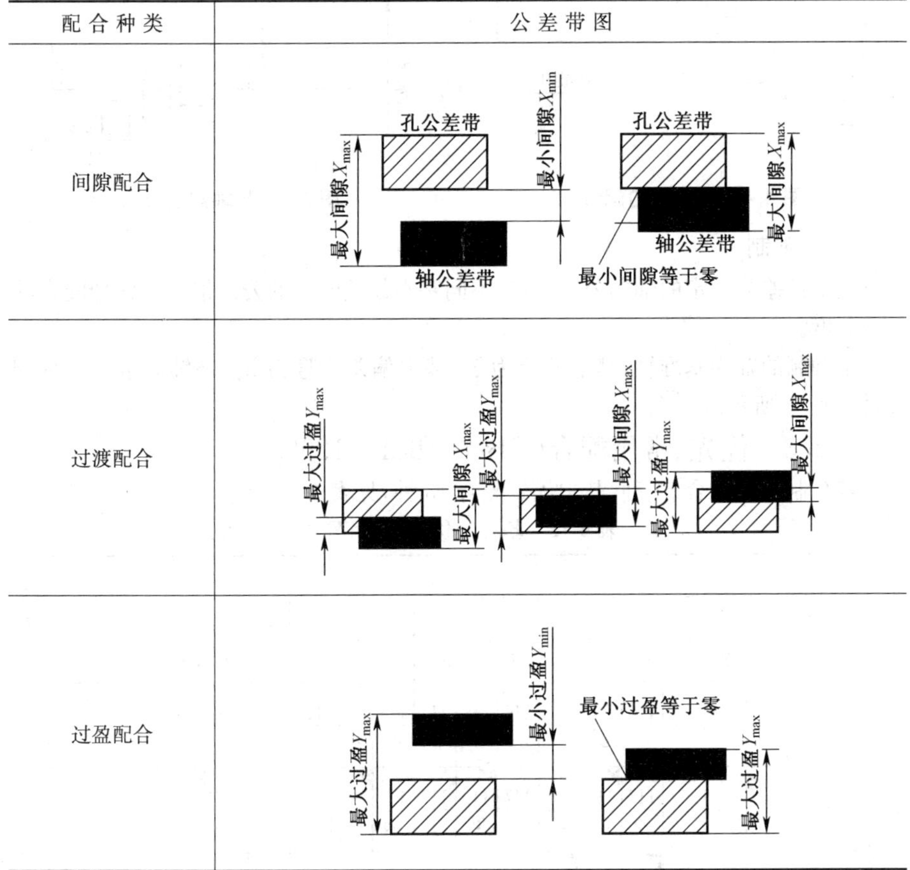

配合种类	公差带图
间隙配合	
过渡配合	
过盈配合	

4.2.2 基准制(GB/T 1800.1—1997)

1. 基孔制

基本偏差为一定的孔的公差带,与不同基本偏差的轴的公差带形成各种配合的一种制度。

基孔制的孔为基准孔,其下偏差为零,基本偏差代号为 H。在一般情况下优先采用基孔制。基孔制有三种配合，如图 4-4 所示。

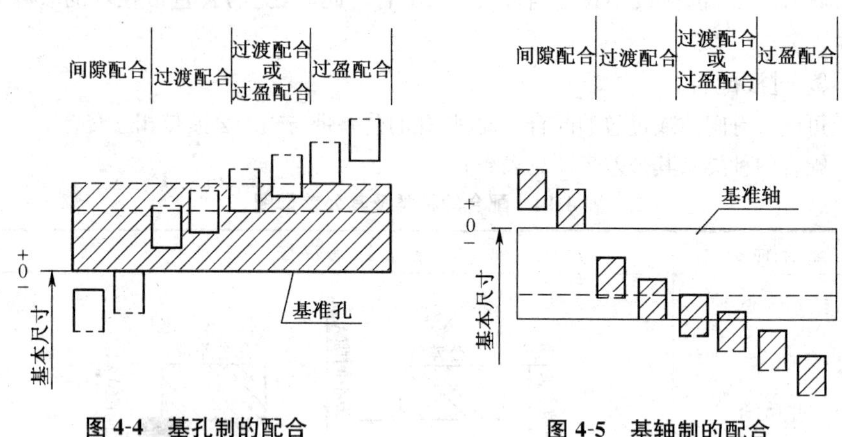

图 4-4　基孔制的配合　　**图 4-5　基轴制的配合**

2. 基轴制

基本偏差为一定的轴的公差带，与不同基本偏差的孔的公差带形成各种配合的一种制度。

基轴制的轴为基准轴，其上偏差为零，基本偏差代号为 h。基轴制也有三种配合，如图 4-5 所示。

4.2.3　优先、常用配合(GB/T 1801—1999)

基孔制常用配合 59 种，其中优先配合 13 种，见表 4-15。

表 4-15　基孔制优先、常用配合

基准孔	轴																				
	a	b	c	d	e	f	g	h	js	k	m	n	p	r	s	t	u	v	x	y	z
	间隙配合								过渡配合			过盈配合									
H6						H6/f5	H6/g5	H6/h5	H6/js5	H6/k5	H6/m5	H6/n5	H6/P5	H6/r5	H6/s5	H6/t5					
H7						H7/f6	◤H7/g6	◤H7/h6	H7/js6	◤H7/k6	H7/m6	◤H7/n6	◤H7/p6	H7/r6	◤H7/s6	H7/t6	◤H7/u6	H7/v6	H7/x6	H7/y6	H7/z6
H8					H8/e7	◤H8/f7	H8/g7	◤H8/h7	H8/js7	H8/k7	H8/m7	H8/n7	H8/p7	H8/r7	H8/s7	H8/t7	H8/u7				
				H8/d8	H8/e8	H8/f8		H8/h8													
H9			H9/c9	◤H9/d9	H9/e9	H9/f9		◤H9/h9													

续表 4-15

基准孔	轴																				
	a	b	c	d	e	f	g	h	js	k	m	n	p	r	s	t	u	v	x	y	z
	间隙配合								过渡配合			过盈配合									
H10			$\frac{H10}{c10}$	$\frac{H10}{d10}$				$\frac{H10}{h10}$													
H11	$\frac{H11}{a11}$	$\frac{H11}{b11}$	▲$\frac{H11}{c11}$	$\frac{H11}{d11}$				▲$\frac{H11}{h11}$													
H12		$\frac{H12}{b12}$						$\frac{H12}{h12}$													

注：1. $\frac{H6}{n5}$、$\frac{H7}{p6}$在基本尺寸≤3mm 和$\frac{H8}{r7}$在≤100mm 时，为过渡配合。

2. 用黑三角标示的配合为优先配合。

基轴制常用配合 47 种，其中优先配合 13 种，见表 4-16。

表 4-16 基轴制优先、常用配合

基准轴	孔																				
	A	B	C	D	E	F	G	H	Js	K	M	N	P	R	S	T	U	V	X	Y	Z
	间隙配合								过渡配合			过盈配合									
h5						$\frac{F6}{h5}$	$\frac{G6}{h5}$	$\frac{H6}{h5}$	$\frac{Js6}{h5}$	$\frac{K6}{h5}$	$\frac{M6}{h5}$	$\frac{N6}{h5}$	$\frac{P6}{h5}$	$\frac{R6}{h5}$	$\frac{S6}{h5}$	$\frac{T6}{h5}$					
h6						$\frac{F7}{h6}$	▲$\frac{G7}{h6}$	▲$\frac{H7}{h6}$	$\frac{Js7}{h6}$	▲$\frac{K7}{h6}$	$\frac{M7}{h6}$	▲$\frac{N7}{h6}$	▲$\frac{P7}{h6}$	$\frac{R7}{h6}$	▲$\frac{S7}{h6}$	$\frac{T7}{h6}$	▲$\frac{U7}{h6}$				
h7					$\frac{E8}{h7}$	▲$\frac{F8}{h7}$		▲$\frac{H8}{h7}$	$\frac{Js8}{h7}$	$\frac{K8}{h7}$	$\frac{M8}{h7}$	$\frac{N8}{h7}$									
h8				$\frac{D8}{h8}$	$\frac{E8}{h8}$	$\frac{F8}{h8}$		$\frac{H8}{h8}$													
h9				▲$\frac{D9}{h9}$	$\frac{E9}{h9}$	$\frac{F9}{h9}$		▲$\frac{H9}{h9}$													
h10				$\frac{D10}{h10}$				$\frac{H10}{h10}$													
h11	$\frac{A11}{h11}$	$\frac{B11}{h11}$	▲$\frac{C11}{h11}$	$\frac{D11}{h11}$				▲$\frac{H11}{h11}$													
h12		$\frac{B12}{h12}$						$\frac{H12}{h12}$													

注：用黑三角标示的配合为优先配合。

4.2.4 配合的选择

选择配合主要是为了合理解决结合零件中孔与轴在工作时的相互关系，保证机器的正常运转。因此，正确选择配合对提高机器的工作性能，延长使用寿命和降低造价起着重要作用。

4.2.4.1 选择配合时一般应考虑的几个问题

①配合件有相对运动，只能选用间隙配合，其间隙根据相对运动的速度大小来选择。速度大时，配合的间隙需要大些；速度小，则间隙可小。若要求保持零件间不产生相对运动，则可选用过盈配合或过渡配合。受力大的用过盈配合；基本不受力或主要是定心和便于装拆的，则用过渡配合。若有键、销或螺钉等附加紧固件使之固紧，也可使用间隙配合。

②配合件承受负荷的大小以及有无冲击和振动，也是选择配合应考虑的因素。一般说来，单位压力大，则间隙要小；在静联结中，传动力大或有冲击振动时，过盈要大。

③配合件定心精度要求很高时，选用过渡配合；装拆频繁的，所选配合的间隙要大些或过盈要小些，一般用 g，h 或 j，js 组成的配合；不常装拆的，可用 k 组成的配合；不装拆的，用 m 或 n 组成的配合。

④在选择配合时，对于在高温或低温下工作的机件，应考虑孔、轴热胀冷缩对装配间隙的影响，其改变的间隙量可估算为：

$$\Delta=b(\alpha_1\Delta t_1-\alpha_2\Delta t_2)d \qquad \text{(式 4-1)}$$

式中 α_1 和 α_2——轴和孔材料线膨胀系数；

Δt_1 和 Δt_2——轴和孔的工作实际温度和标准温度(20℃)的差值；

d——结合件的基本尺寸；

b——考虑轴承结构和冷却条件对间隙影响的系数，在 0.7～1 之间选取。

⑤在一些机械结构中，由于套筒外表面的配合有过盈，使压装后套筒内孔收缩变小，影响套筒内孔与轴的配合。因此，对有装配变形的套筒类零件，应考虑压装后孔的收缩率，其收缩率与材质、壁厚、配合长度、表面粗糙度、压装方式等因素有关。

4.2.4.2 选择配合的一般规定

①根据使用要求，尽可能选用规定的基孔制或基轴制的优先配合各 13 种，具体可参考表 4-17。

②当优先配合不能满足使用要求时，可选用基孔制常用配合 59 种或基轴制常用配合 47 种，见表 4-15 或表 4-16。

③如优先、常用配合尚不能满足要求时，则再选用标准推荐的一般用途的孔、轴

公差带(本书略),组成所需的配合。

表 4-17 尺寸至 500mm 优先配合特性

优先配合		配合特性及应用举例
基孔制	基轴制	
H11/c11	C11/h11	间隙非常大,用于很松的、转动很慢的间隙配合;要求大公差与大间隙的外露组件;要求装配方便的、很松的配合
H9/d9	D9/h9	间隙很大的自由转动配合,用于精度非主要要求时,或有大的温度变动、高转速或大的轴颈压力时
H8/f7	F8/h7	间隙不大的转动配合,用于中等转速与中等轴颈压力的精确传动;也用于装配较易的中等定位配合
H7/g6	G7/h6	间隙很小的滑动配合,用于不希望自由转动,但可自由移动和滑动并精密定位时;也可用于要求明确的定位配合
H7/h6 H8/h7 H9/h9 H11/h11	H7/h6 H8/h7 H9/h9 H11/h11	均为间隙定位配合,零件可自由装拆,而工作时一般相对静止不动。在最大实体条件下的间隙为零,在最小实体条件下的间隙由公差等级决定
H7/k6	K7h6	过渡配合,用于精密定位
H7/n6	N7/h6	过渡配合,允许有较大过盈的更精密定位
H7/p6	P7/h6	过盈定位配合,即小过盈配合,用于定位精度特别重要时,能以最好的定位精度达到部件的刚性及对中的性能要求,而对内孔承受压力无特殊要求,不依靠配合的紧固性传递摩擦负荷
H7/s6	S7/h6	中等压入配合,适用于一般钢件,或用于薄壁件的冷缩配合;用于铸铁件可得到最紧的配合
H7/u6	U7/h6	压入配合,适用于可以承受高压力的零件,或不宜承受大压入力的冷缩配合

4.2.4.3 一般配合的选择

采用基孔制时,选择配合主要是确定轴的基本偏差代号;采用基轴制时,则主要确定孔的基本偏差代号;同时还要确定孔和轴的公差等级。

对间隙配合,由于配合件基本偏差的绝对值等于最小间隙的绝对值,故可按最小间隙来确定基本偏差代号。同样,对过盈配合,在确定基准件公差等级后,即可按要求的最小过盈来选择基本偏差代号,并根据配合公差的要求确定孔和轴公差等级。

表 4-18 推荐了轴的各种基本偏差应用实例,供选用参考。

表 4-18 轴的各种基本偏差的应用

配合	基本偏差	配合特性及应用举例
间隙配合	a,b	可得到特别大的间隙,应用很少
	c	可得到很大的间隙,一般适用于缓慢、松弛的间隙配合,如工作条件较差(如农业机械),受力变形,或为了便于装配,而必须保证有较大间隙时,推荐配合为H11/c11;其较高等级的配合,如H8/c7适用于轴在高温工作的紧密间隙配合,例如内燃机排气阀和导管
	d	配合一般用于IT7~IT11级,适用于松的转动配合,如密封盖、蜗轮、空转皮带轮等与轴的配合;也适用于大直径滑动轴承配合,如球磨机、轧滚成型和重型弯曲机
	e	多用于IT7~IT9级,通常适用于要求有明显间隙,易于转动的支承配合,如大跨距支承、多支点支承等配合;高等级的e轴适用于大的、高速重载支承,如蜗轮发电机、大电动机的支承及内燃机主要轴承、凸轮轴支承、摇臂支承等配合
	f	多用于IT6~IT8级的一般转动配合,当温度影响不大时,被广泛用于普通润滑油(或润滑脂)润滑的支承,如齿轮箱、小电动机、泵等的转轴与滑动支承的配合
	g	配合间隙很小,制造成本高,除很轻负荷的精密装置外,不推荐用于转动配合;多用于IT5~IT7级,最适合不回转的精密滑动配合,也用于插销等定位配合,如精密连杆轴承、活塞及滑阀、连杆销等
	h	多用IT4~IT11级,广泛用于无相对转动的零件,作为一般的定位配合;若没有温度、变形影响,也用于精密滑动配合
过渡配合	js	为完全对称偏差(±IT/2),平均起来,为稍有间隙的配合;多用于IT4~IT7级,要求间隙比h轴小,并允许略有过盈的定位配合,如联轴节;可用于手或木锤装配
	k	平均起来没有间隙的配合,适用于IT4~IT7级;推荐用于稍有过盈的定位配合,例如为了消除振动用的定位配合;一般用木锤装配
	m	平均起来具有不大过盈的过渡配合,适用于IT4~IT7级,一般可用木锤装配,但在最大过盈时要求相当的压入力
	n	平均过盈比m轴稍大,很少得到间隙,适用于IT4~IT7级,用锤或压力机装配,通常推荐用于紧密的组件配合;H6/n5配合时为过盈配合
过盈配合	p	与H6或H7配合时是过盈配合,与H8孔配合时则为过渡配合;对非铁类零件,为较轻的压入配合,当需要时易于拆卸;对钢、铸铁或铜、钢组件装配是标准压入配合
	r	对铁类零件为中等打入配合,对非铁类零件,为轻打入的配合,当需要时可以拆卸;与H8孔配合,直径在100mm以上时为过盈配合,直径小时为过渡配合
	s	用于钢和铁制零件的永久性和半永久装配,可产生相当大的结合力;当用弹性材料,如轻合金时,配合性质与铁类零件的p轴相当,例如套环压装在轴上、阀座等配合;尺寸较大时,为了避免损伤配合表面,需用热胀和冷缩法装配
	t,u,v,x,y,z	过盈量依次增大,一般不推荐

4.2.4.4 各种配合特性及其装配方法的应用(表 4-19)

表 4-19 各种配合特性及其装配方法的应用

配合代号	装配方法	配合特性及使用条件	应用举例
H8/z7	温差法	用于传递较大扭矩或受较大冲击负荷,配合处不用其他连接件或紧固件,材料许用应力较大的零件	钢与轻合金或塑料等不同材质,中、小型交流电机轴壳上绝缘体与接触环的配合
H7/u7 U7/h6			车轮轮箍与轮心、联轴器与轴、轧钢设备中辊子和芯轴、轧钢机主传动联轴节的配合
H8/u8 U8/h7			
H7/s6 S7/h6 R7/h6	压力机压入或温差法	多用于传递较小的扭矩,传递较大扭矩时要分组选择装配才可靠;也用于受反复载荷的薄壁轴套与孔的配合;当零件材料强度不够时用以代替重型压入配合,但需加紧固件	H7/s6 为优先配合,应用极为广泛,例如减速器中轴与蜗轮,空压机连杆头与衬套,辊道辊子和轴,在大、中型减速机低速级齿轮与轴的配合
H8/s7			为优先配合,当分组装配时可代替 H7/s6;如蜗轮青铜轮缘与轮心,轴衬与轴承座的配合
H7/r6		多用于承受很小扭矩和轴向力的地方,或不受扭矩和轴向力只要保持相对位置不变,或偶有移动亦无大影响的地方;传递扭矩时需加紧固件;用于材料强度较低的零件	受反复载荷的薄壁套筒、重型载荷的齿轮与轴的连接(附加键)、软填料的圆柱形填料函壳体与衬套、车床齿轮箱中齿轮与衬套、蜗轮青铜轮缘与轮心、轴和联轴器的配合
H7/n7 N7/h6 H8/n7 N8/h7	压力机压入	可承受很大扭矩、振动及冲击,但需附加紧固件;不经常拆卸的地方采用;同轴度和配合紧密性很好	爪型联轴器与轴、链轮轮缘与轮心、破碎机等振动机械齿轮和轴的配合
H7/m6 M7/h6 H8/m7 M8/h7	手锤打入	应用于零件必须绝对紧密且不经常拆卸的地方,当配合长度超过直径的 1.5 倍时可用来代替 H7/n6,同轴度好	减速器的轴与圆锥齿轮、定位销和销孔、蜗轮青铜轮缘与铸铁轮心、齿轮和轴配合
H6/k5 K6/h5	手锤轻轻打入	用于受不大的冲击载荷处;扭矩和冲击很大时,应加紧固件;同轴度较好,用于经常拆卸的部位	精密螺纹车床床头箱体和主轴前轴承外表面的配合
H7/k6 K7/h6			机床不滑动齿轮与轴、中型电机轴端与联轴器或皮带轮、减速器蜗轮与轴、齿轮和轴的配合
H8/k7 K8/h7			压缩机连杆孔与十字头销、循环泵活塞与活塞杆的配合

续表 4-19

配合代号	装配方法	配合特性及使用条件	应用举例
H7/js6 J7/h6 H8/js7 J8/h7	手或木锤装卸	用于频繁拆卸，同轴度要求不高的地方，当配合面很长时可保持轴孔对准中心，是最松的一种过渡配合	机床变速箱中齿轮与轴、滚动轴承座与箱体孔轴端部可卸下的皮带轮与手轮、齿轮和轴的配合
H7/h6 H8/h7	加油后用手旋进	配合间隙较小，能较好地对准中心，一般多用于常拆卸，或在调整时需移动或转动的连接处，对同轴度有一定要求，通过紧固件传递扭矩的固定连接处	齿轮轴与轴套、定心的凸缘、机床变换齿轮和轴、风钻气缸与活塞、往复运动的精确导向、压缩机连杆孔和十字头的配合
H8/h9 H10/h10		用于同轴度要求不高，工作时零件没有相对运动的连接，承受负荷不大而平稳，易于拆卸，通过键、销等可以传递扭矩	齿轮和轴、皮带轮和轴、剖分式滑动轴承壳与轴瓦、螺旋搅拌机的轴和桨叶、离合器与轴、滑块及导向轴的配合
H11/h11	加油后用手旋进	用于精度低，工作时没有相对运动的连接(附加紧固件)，粗的定心配合，低精度的铰链连接	起重吊车的链轮与轴、对开轴瓦与轴承座两侧的配合，连接端盖的定心凸缘，一般的铰接
H7/g6 G7/h6	手旋进	配合间隙较小，但可以保证零件在工作中相对运动，用于运动速度不高而对运动精度要求较高时；以及运动可能有冲击，但又能保证零件同轴度或紧密性	精密机床的主轴同轴承、分度头轴颈与轴套、拖拉机曲轴与连杆头、安全阀阀杆与套筒、支承盖与阀座等的配合
H7/f7 F8/h6 H8/f8	手推滑进	具有中等间隙，用在一般机器转速不太高，而又能在轴上转动或移动的场合	在轴上自由转动的齿轮，中速中负荷的滑动轴承，柱塞与缸体的配合
H8/f9 F8/h9		配合间隙较大，能保证良好润滑，允许在工作中发热；可用于高速旋转的轴承，也用于支承较远或有几个支座的传动轴与轴承，精度低、在轴上转动的零件以及同轴度要求不高的场合	含油轴承与轴、球体滑动轴承与轴承座及轴，活塞环与活塞环槽宽度，滑块与凹槽，皮带导轮、链条张紧轮与轴的配合
H7/e8 E8/h6		具有较大间隙的精确配合，用于高速转动、负荷不大、方向不变的轴与轴承，或虽是中等转速而轴较长或有三个以上轴承的连接	外圆磨床的主轴、涡轮发电机的轴、柴油机的凸轮轴和轴承配合

续表 4-19

配合代号	装配方法	配合特性及使用条件	应用举例
H9/d9 D9/h9	手轻推进	间隙大,精度不高的配合,用于因装配不够精确而发生偏斜的连接以及特殊工作情况的传动轴	压气机、蒸汽机活塞与汽缸,长的滑动轴承和轴的配合
H11/d11 D11/h11 H11/c11 C11/h11 H12/b13 B13/h12		用于间隙变动较大,粗糙配合的地方	滚动轴承压盖与箱体环形槽的连接,粗糙机构中轴上联轴器和非固定的齿轮与轴的配合,拉杆、杠杆等的铰链

4.3 圆锥公差与配合

4.3.1 圆锥公差(GB/T 157—2001,GB/T 11334—2005)

4.3.1.1 圆锥和圆锥公差的术语、定义及图例(表 4-20)

表 4-20 圆锥和圆锥公差的术语、定义及图例

术语	定义	图例
公称圆锥	由设计给定的理想形状的圆锥,如图所示。 公称圆锥可用两种形式确定: (1)一个公称圆锥直径(最大圆锥直径 D、最小圆锥直径 d、给定截面圆锥直径 d_x)、公称圆锥长度 L、公称圆锥角 α 或公称锥度 C; (2)两个公称圆锥直径和公称圆锥长度 L	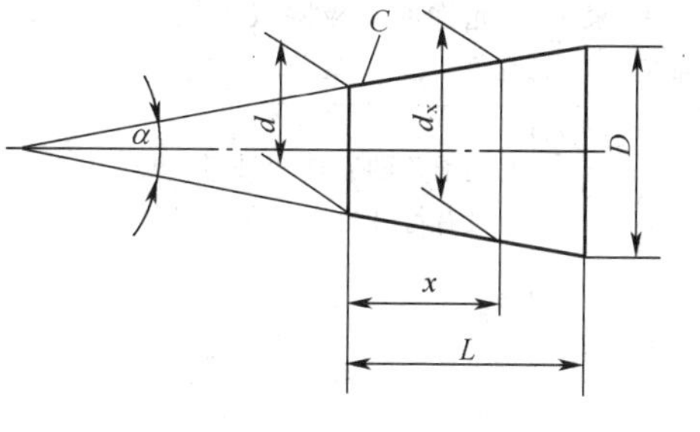
实际圆锥	实际存在并与周围介质分隔的圆锥	
实际圆锥直径 d_a	实际圆锥上的任一直径	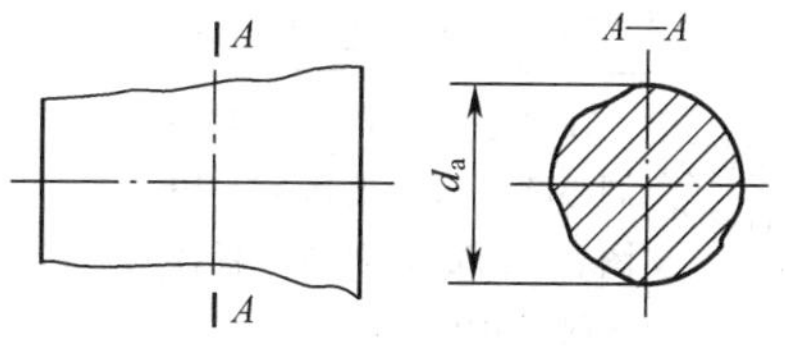

续表 4-20

术 语	定 义	图 例
实际圆锥角	实际圆锥的任一轴向截面内，包容其素线且距离为最小的两对平行直线之间的夹角	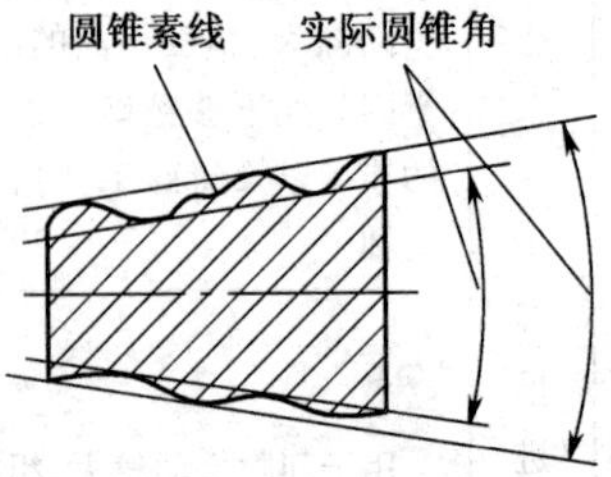 圆锥素线 实际圆锥角
极限圆锥	与公称圆锥共轴且圆锥角相等，直径分别为上极限直径和下极限直径的两个圆锥。在垂直圆锥轴线的任一截面上，这两个圆锥的直径差都相等	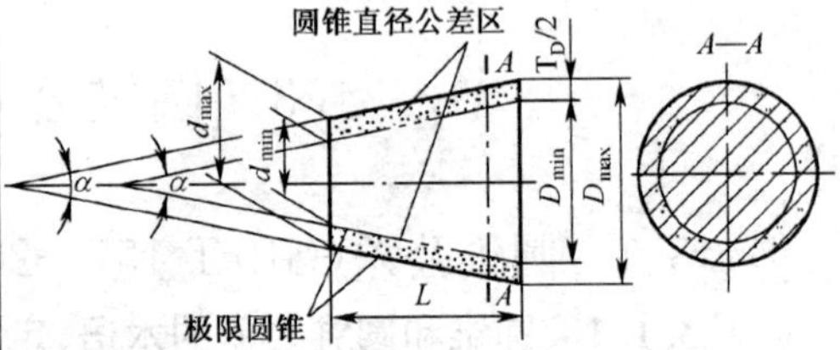 圆锥直径公差区 $T_D/2$ A—A d_{max} d_{min} D_{min} D_{max} α L 极限圆锥
极限圆锥直径	极限圆锥上的任一直径，如图中的 D_{max}，D_{min}，d_{max}，d_{min}	
圆锥直径公差 T_D	圆锥直径的允许变动量。是一个没有符号的绝对值	
圆锥直径公差区	两个极限圆锥所限定的区域。用示意图表示在轴向截面内的圆锥直径公差区时，如图所示	
极限圆锥角	允许的上极限或下极限圆锥角	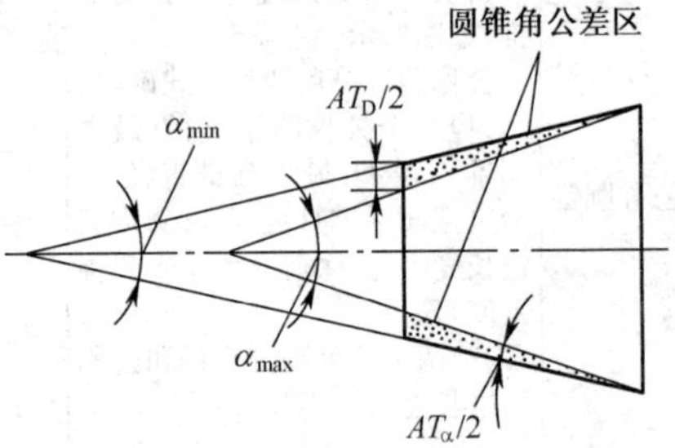 圆锥角公差区 $AT_D/2$ α_{min} α_{max} $AT_\alpha/2$
圆锥角公差 AT(AT_α 或 AT_D)	圆锥角的允许变动量。是一个没有符号的绝对值	
圆锥角公差区	两个极限圆锥角所限定的区域。用示意图表示圆锥角公差区时，如图所示	
给定截面圆锥直径公差 T_{DS}	在垂直圆锥轴线的给定截面内，圆锥直径的允许变动量。是一个没有符号的绝对值	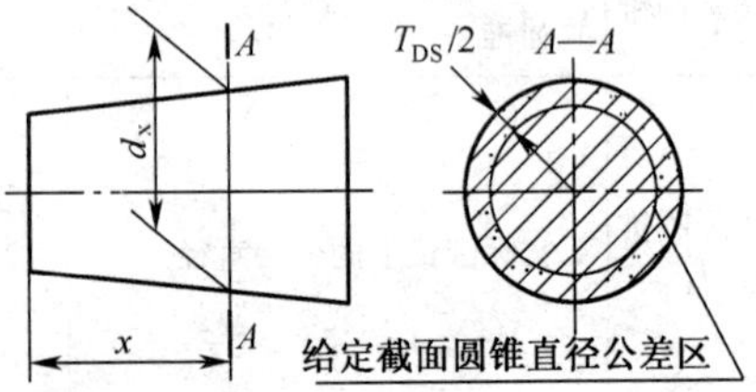 $T_{DS}/2$ A—A d_x x A 给定截面圆锥直径公差区
给定截面圆锥直径公差区	在给定的圆锥截面内，由两个同心圆所限定的区域。用示意图表示给定截面圆锥直径公差区时，如图所示	

4.3.1.2 圆锥的公差项目和给定方法

1. 圆锥的公差项目

①圆锥直径公差 T_D；

②圆锥角公差 AT，用角度值 AT_α，或线性值 AT_D 给定；

③圆锥的形状公差 T_F，包括素线直线度公差和截面圆度公差；

④给定截面圆锥直径公差 T_{DS}。

2. 圆锥公差的给定方法

①给定圆锥的公称圆锥角 α（或锥度 C）和圆锥直径公差 T_D。由 T_D 确定两个极限圆锥。此时圆锥角误差和圆锥形状误差均应在极限圆锥所限定的区域内。

当对圆锥角公差、圆锥的形状公差有更高的要求时，可再给出圆锥角公差 AT、圆锥的形状公差 T_F。此时，AT 和 T_F 仅占 T_D 的一部分。

②给出给定截面圆锥直径公差 T_{DS}和圆锥角公差 AT。此时，给定截面圆锥直径公差和圆锥角应分别满足这两项公差的要求。T_{DS}和 AT 的关系如图 4-6 所示。

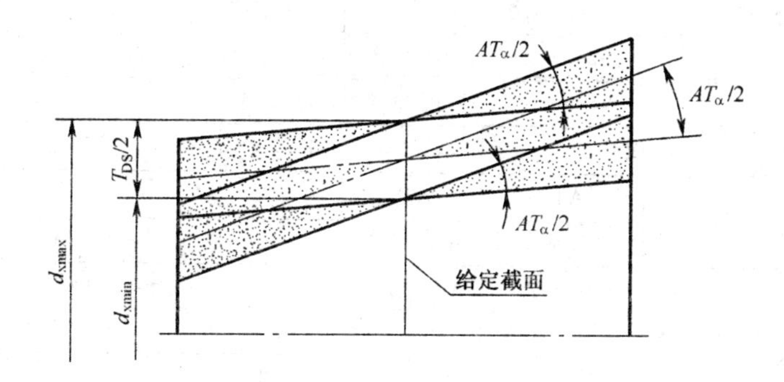

图 4-6 T_{DS}和 A_T 的关系

4.3.1.3 圆锥公差数值

1. 圆锥直径公差 T_D

圆锥直径公差 T_D，以公称圆锥直径（一般取最大圆锥直径 D）为公称尺寸，按 GB/T 1800.3 规定的标准公差选取。

2. 给定截面圆锥直径公差 T_{DS}

给定截面圆锥直径公差 T_{DS}，以给定截面圆锥直径 d_x 为公称尺寸，按 GB/T 1800.3 规定的标准公差选取。

3. 圆锥角公差 AT

1）圆锥角公差 AT 共分 12 个公差等级，用 $AT1$, $AT2$,…, $AT12$ 表示。圆锥角公差的数值见表 4-21。表 4-21 中数值用于棱体的角度时，以该角短边长度作为 L 选取公差值。

表 4-21 圆锥角公差数值

基本圆锥长度 L/mm		圆锥角公差等级								
		AT1			AT2			AT3		
		AT_α		AT_D	AT_α		AT_D	AT_α		AT_D
大于	至	μrad	(″)	μm	μrad	(″)	μm	μrad	(″)	μm
自 6	10	50	10	>0.3～0.5	80	16	>0.5～0.8	125	26	>0.8～1.3
10	16	40	8	>0.4～0.6	63	13	>0.6～10	100	21	>1.0～1.6
16	25	31.5	6	>0.5～0.8	50	10	>0.8～1.3	80	16	>1.3～2.0
25	40	25	5	>0.6～1.0	40	8	>1.0～1.6	63	13	>1.6～2.5
40	63	20	4	>0.8～1.3	31.5	6	>1.3～2.0	50	10	>2.0～3.2
63	100	16	3	>1.0～1.6	25	5	>1.6～2.5	40	8	>2.5～4.0
100	160	12.5	2.5	>1.3～2.0	20	4	>2.0～3.2	31.5	6	>3.2～5.0
160	250	10	2	>1.6～2.5	16	3	>2.5～4.0	25	5	>4.0～6.3
250	400	8	1.5	>2.0～3.2	12.5	2.5	>3.2～5.0	20	4	>5.0～8.0
400	630	6.3	1	>2.5～4.0	10	2	>4.0～6.3	16	3	>6.3～10.0

基本圆锥长度 L/mm		圆锥角公差等级								
		AT4			AT5			AT6		
		AT_α		AT_D	AT_α		AT_D	AT_α		AT_D
大于	至	μrad	(″)	μm	μrad	(′ ″)	μm	μrad	(′ ″)	μm
自 6	10	200	41	>1.3～2.0	315	1 05	>2.0～3.2	500	1 43	>3.2～5.0
10	16	160	33	>1.6～2.5	250	52	>2.5～4.0	400	1 22	>4.0～6.3
16	25	125	26	>2.0～3.2	200	41	>3.2～5.0	315	1 05	>5.0～8.0
25	40	100	21	>2.5～4.0	160	33	>4.0～6.3	250	52	>6.3～10.0
40	63	80	16	>3.2～5.0	125	26	>5.0～8.0	200	41	>8.0～12.5
63	100	63	13	>4.0～6.3	100	21	>6.3～10.0	160	33	>10.0～16.0
100	160	50	10	>5.0～8.0	80	16	>8.0～12.5	125	26	>12.5～20.0
160	250	40	8	>6.3～10.0	63	13	>10.0～16.0	100	21	>16.0～25.0
250	400	31.5	6	>8.0～12.5	50	10	>12.5～20.0	80	16	>20.0～32.0
400	630	25	5	>10.0～16.0	40	8	>16.0～25.0	63	13	>25.0～40.0

基本圆锥长度 L/mm		圆锥角公差等级								
		AT7			AT8			AT9		
		AT_α		AT_D	AT_α		AT_D	AT_α		AT_D
大于	至	μrad	(′ ″)	μm	μrad	(′ ″)	μm	μrad	(′ ″)	μm
自 6	10	800	2 45	>5.0～8.0	1 250	4 18	>8.0～12.5	2 000	6 52	>12.5～20

续表 4-21

基本圆锥长度 L/mm		圆锥角公差等级								
		AT7			AT8			AT9		
		AT_α		AT_D	AT_α		AT_D	AT_α		AT_D
大于	至	μrad	(′ ″)	μm	μrad	(′ ″)	μm	μrad	(′ ″)	μm
10	16	630	2 10	>6.3~10.0	1 000	3 26	>10.0~16.0	1 600	5 30	>16~25
16	25	500	1 43	>8.0~12.5	800	2 45	>12.5~20.0	1 250	4 18	>20~32
25	40	400	1 22	>10.0~16.0	630	2 10	>16.0~25.0	1 000	3 26	>25~40
40	63	315	1 05	>12.5~20.0	500	1 43	>20.0~32.0	800	2 45	>32~50
63	100	250	52	>16.0~25.0	400	1 22	>25.0~40.0	630	2 10	>40~63
100	160	200	41	>20.0~32.0	315	1 05	>32.0~50.0	500	1 43	>50~80
160	250	160	33	>25.0~40.0	250	52	>40.0~63.0	400	1 22	>63~100
250	400	125	26	>32.0~50.0	200	41	>50.0~80.0	315	1 05	>80~125
400	630	100	21	>40.0~63.0	160	33	>63.0~100.0	250	52	>100~160

基本圆锥长度 L/mm		圆锥角公差等级								
		AT10			AT11			AT12		
		AT_α		AT_D	AT_α		AT_D	AT_α		AT_D
大于	至	μrad	(′ ″)	μm	μrad	(′ ″)	μm	μrad	(′ ″)	μm
自 6	10	3 150	10 49	>20~32	5 000	17 10	>32~50	8 000	27 28	>50~80
10	16	2 500	8 35	>25~40	4 000	13 44	>40~63	6 300	21 38	>63~100
16	25	2 000	6 52	>32~50	3 150	10 49	>50~80	5 000	17 10	>80~125
25	40	1 600	5 30	>40~63	2 500	8 35	>63~100	4 000	13 44	>100~160
40	63	1 250	4 18	>50~80	2 000	6 52	>80~125	3 150	10 49	>125~200
63	100	1 000	3 26	>63~100	1 600	5 30	>100~160	2 500	8 35	>160~250
100	160	800	2 45	>80~125	1 250	4 18	>125~200	2 000	6 52	>200~320
160	250	630	2 10	>100~160	1 000	3 26	>160~250	1 600	5 30	>250~400
250	400	500	1 43	>125~200	800	2 45	>200~320	1 250	4 18	>320~500
400	630	400	1 22	>160~250	630	2 10	>250~400	1 000	3 26	>400~630

注：1μrad 等于半径为 1m，弧长为 1μm 所对应的圆心角。5μrad≈1″，300μrad≈1′。

如需要更高或更低等级的圆锥角公差时，按公比 1.6 向两端延伸得到。更高等级用 $AT0$，$AT01$，…表示，更低等级用 $AT13$，$AT14$，…表示。

2)圆锥角公差可用两种形式表示：

①AT_α——以角度单位微弧度或以度、分、秒表示；

②AT_D——以长度单位微米表示。

AT_α 和 AT_D 的关系如下：

$$AT_D = AT_\alpha \times L \times 10^{-3} \tag{式 4-2}$$

式中 AT_D 单位为 μm；

AT_α 单位为 μrad；

L 单位为 mm。

AT_D 值应按上式计算，表 4-21 中仅给出于圆锥长度 L 的尺寸段相对应的 AT_D 范围值。计算结果的尾数按 GB/T 8170 的规定进行修约，其有效位数应与表 4-21 中所列该 L 尺寸段的最大范围值的位数相同。

3)表 4-21 中 AT_D 取值举例：

例 4-1 L 为 63mm，选用 $AT7$。查表 4-21 得 AT_α 为 315μrad 或 1′05″，AT_D 为 20μm。

例 4-2 L 为 50mm，选用 $AT7$。查表 4-21 得 AT_α 为 315μrad 或 1′05″，则：

$AT_D = AT_\alpha \times L \times 10^{-3} = 315 \times 50 \times 10^{-3} = 15.75$(μm)

取 AT_D 为 15.8μm。

4. 圆锥角的极限偏差

圆锥角的极限偏差可按单向或双向(对称或不对称)取值，如图 4-7 所示。

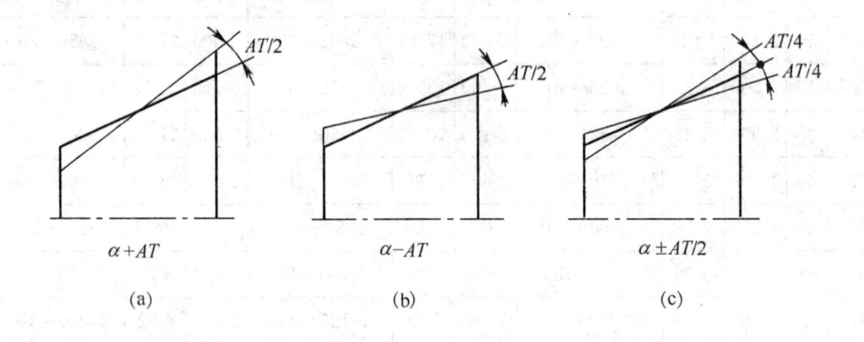

图 4-7 圆锥角的极限偏差取值

5. 圆锥的形状公差

圆锥的形状公差推荐按 GB/T 1184 中附录 B“图样上注出公差值的规定”选取。

4.3.1.4 圆锥直径公差所能限制的最大圆锥角误差

按本节 2，(2)，①所规定的方法，圆锥长度 L 为 100mm、圆锥直径公差 T_D 所能限制的最大圆锥角误差 $\Delta\alpha_{max}$ 见表 4-22。

表 4-22 圆锥直径公差所能限制的最大圆锥角误差 $\Delta\alpha_{max}$ (μrad)

圆锥直径公差等级	圆锥直径/mm							
	≤3	>3～6	>6～10	>10～18	>18～30	>30～50	>50～80	>80～120
	$\Delta\alpha_{max}$							
IT01	3	4	4	5	6	6	8	10
IT0	5	6	6	8	10	10	12	15
IT1	8	10	10	12	15	15	20	25
IT2	12	15	15	20	25	25	30	40
IT3	20	25	25	30	40	40	50	60
IT4	30	40	40	50	60	70	80	100
IT5	40	50	60	80	90	110	130	150
IT6	60	80	90	110	130	160	190	220
IT7	100	120	150	180	210	250	300	350
IT8	140	180	220	270	330	390	460	540
IT9	250	300	360	430	520	620	740	870
IT10	400	480	580	700	840	1 000	1 200	1 400
IT11	600	750	900	1 000	1 300	1 600	1 900	2 200
IT12	1 000	1 200	1 500	1 800	2 100	2 500	3 000	3 500
IT13	1 400	1 800	2 200	2 700	3 300	3 900	4 600	5 400
IT14	2 500	3 000	3 600	4 300	5 200	6 200	7 400	8 700
IT15	4 000	4 800	5 800	7 000	8 400	10 000	12 000	14 000
IT16	6 000	7 500	9 000	11 000	13 000	16 000	19 000	22 000
IT17	10 000	12 000	15 000	18 000	21 000	25 000	30 000	35 000
IT18	14 000	18 000	22 000	27 000	33 000	39 000	46 000	54 000

圆锥直径公差等级	圆锥直径/mm				
	>120～180	>180～250	>250～315	>315～400	>400～500
	$\Delta\alpha_{max}$				
IT01	12	20	25	30	40
IT0	20	30	40	50	60
IT1	35	45	60	70	80
IT2	50	70	80	90	100
IT3	80	100	120	130	150
IT4	120	140	160	180	200
IT5	180	200	230	250	270

续表 4-22

圆锥直径公差等级	圆锥直径/mm				
	>120~180	>180~250	>250~315	>315~400	>400~500
	$\Delta\alpha_{max}$				
IT6	250	290	320	360	400
IT7	400	460	520	570	630
IT8	630	720	810	890	970
IT9	1 000	1 150	1 300	1 400	1 550
IT10	1 600	1 850	2 100	2 300	2 500
IT11	2 500	2 900	3 200	3 600	4 000
IT12	4 000	4 600	5 200	5 700	6 300
IT13	6 300	7 200	8 100	8 900	9 700
IT14	10 000	11 500	13 000	14 000	15 500
IT15	16 000	18 500	21 000	23 000	25 000
IT16	25 000	29 000	32 000	36 000	40 000
IT17	40 000	46 000	52 000	57 000	63 000
IT18	63 000	72 000	81 000	89 000	97 000

注：圆锥长度不等于 100mm 时，需将表中的数值乘以 100/L，L 的单位为 mm。

4.3.2 圆锥配合(GB/T 12360—2005)

4.3.2.1 术语及定义(表 4-23)

4.3.2.2 圆锥配合的一般规定

1)结构型圆锥配合推荐优先采用基孔制。内、外圆锥直径公差带及配合按 GB/T 1801 选取。

如 GB/T 1801 给出的常用配合仍不能满足需要，可按 GB/T 1800.3 规定的基本偏差和标准公差组成所需配合。

2)位移型圆锥配合的内、外圆锥直径公差区代号的基本偏差推荐选用 H，h；JS，js。其轴向位移的极限值按 GB/T 1801 规定的极限间隙或极限过盈来计算。

3)位移型圆锥配合的轴向位移极限值 E_{amin}，E_{amax} 和轴向位移公差 T_E 按下列公式计算。

①对于间隙配合：

$$E_{amin}=\frac{1}{C}\times|X_{min}| \quad (式 4-3)$$

$$E_{amax}=\frac{1}{C}\times|X_{max}| \quad (式 4-4)$$

$$T_E=E_{amax}-E_{amin}=\frac{1}{C}\times|X_{max}-X_{min}| \quad (式 4-5)$$

表 4-23 圆锥配合的术语及定义

术语			定义	图例
圆锥配合			圆锥配合有结构型圆锥配合和位移型圆锥配合两种	
	结构型圆锥配合		由圆锥结构确定装配位置，内、外圆锥公差区之间的相互关系。 结构型圆锥配合可以是间隙配合、过渡配合或过盈配合。如图(a)所示为由轴肩接触得到间隙配合的结构型圆锥配合示例，如图(b)所示为由结构尺 a 得到过盈配合的结构型圆锥配合示例	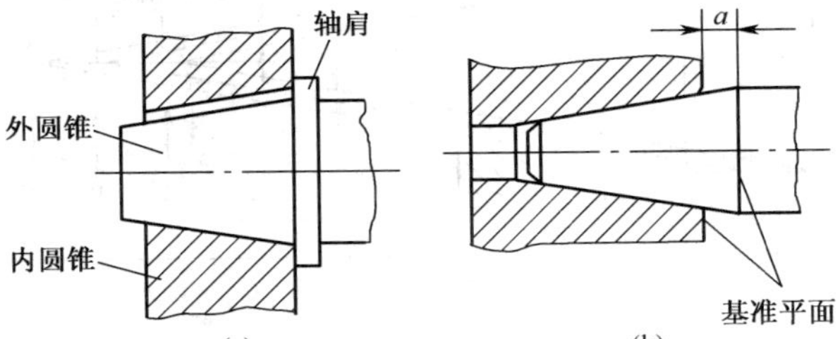 外圆锥 内圆锥 轴肩 (a) a 基准平面 (b)
	位移型圆锥配合		内、外圆锥在装配时作一定相对轴向位移(E_a)确定的相互关系。 位移型圆锥配合可以是间隙配合或过盈配合。如图(a)所示为给定轴向位移 E_a 得到间隙配合的位移型圆锥配合示例，如图(b)所示为给定装配力 F_s 得到过盈配合的位移型圆锥配合示例	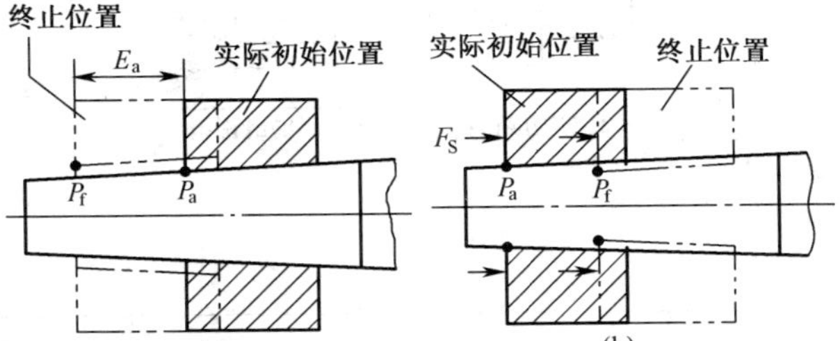 终止位置 E_a 实际初始位置 P_f P_a (a) 实际初始位置 终止位置 F_S P_a P_f (b)
		实际初始位置 P_a	相互结合的内、外实际圆锥的初始位置，如图(a)，(b)所示。它应位于极限初始位置 P_1 和 P_2 之间	
		终止位置 P_f	相互结合的内、外圆锥，为使其终止状态得到要求的间隙或过盈，所规定的相互轴向位置，如图(a)，图(b)所示	
		装配力 F_s	相互结合的内、外圆锥，为在终止位置(P_f)得到要求的过盈所施加的轴向力，如图(b)所示	
		轴向位移 E_a	相互结合的内、外圆锥，从实际初始位置(P_a)到终止位置(P_f)移动的距离，如图(a)所示	

续表 4-23

术语			定义	图例
圆锥配合	位移型圆锥配合	初始位置 P	在不施加力的情况下，相互结合的内、外圆锥表面接触时的轴向位置	
		极限初始位置 P_1，P_2	初始位置允许的界限。 极限初始位置 P_1 为内圆锥的下极限圆锥和外圆锥的上极限圆锥接触时的位置； 极限初始位置 P_2 为内圆锥的上极限圆锥和外圆锥的下极限圆锥接触时的位置，如图所示	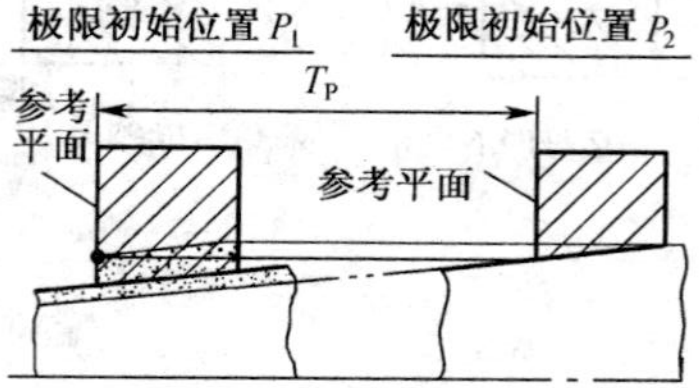
		初始位置公差 T_P	初始位置允许的变动量，等于极限初始位置 P_1 和 P_2 之间的距离，如图所示。 $T_P=\frac{1}{C}(T_{Di}+T_{De})$ 式中 C——锥度； T_{Di}——内圆锥直径公差； T_{De}——外圆锥直径公差	
		最小轴向位移 E_{amin}	在相互结合的内、外圆锥的终止位置上，得到最小间隙或最小过盈的轴向位移	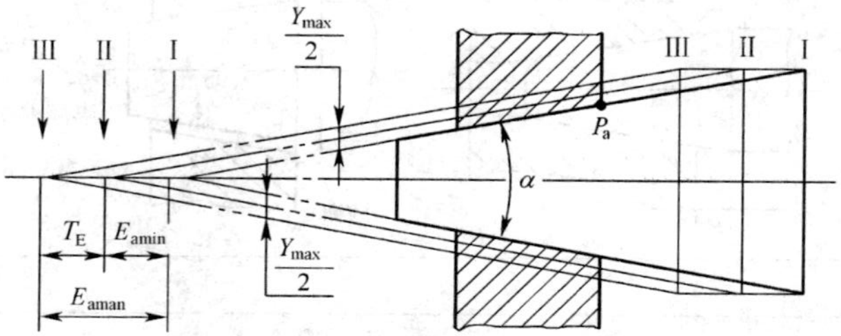
		最大轴向位移 E_{amax}	在相互结合的内、外圆锥的终止位置上，得到最大间隙或最大过盈的轴向位移。如图所示为在终止位置上得到最大、最小过盈的示例	
		轴向位移公差 T_E	轴向位移允许的变动量，它等于最大轴向位移（E_{amax}）与最小轴向位移（E_{amin}）之差，如图所示。 $T_E=E_{amax}-E_{amin}$	Ⅰ—实际初始位置；Ⅱ—最小过盈位置；Ⅲ—最大过盈位置

续表 4-23

术语	定义	图例
圆锥直径配合量 T_{Df}	圆锥配合在配合直径上允许的间隙或过盈的变动量。 (1)圆锥直径配合量是一个没有符号的绝对值。 (2)对于结构型圆锥配合,圆锥直径间隙配合量是最大间隙(X_{max})与最小间隙(X_{min})之差;圆锥直径过盈配合量是最小过盈(Y_{min})与最大过盈(Y_{max})之差;圆锥直径过渡配合量是最大间隙(X_{max})与最大过盈(Y_{max})之差。圆锥直径配合量也等于内圆锥直径公差(T_{Di})与外圆锥直径公差(T_{De})之和。即: 圆锥直径间隙配合量　$T_{Df}=X_{max}-X_{min}$ 圆锥直径过盈配合量　$T_{Df}=Y_{min}-Y_{max}$ 圆锥直径过渡配合量　$T_{Df}=X_{max}-Y_{max}$ 圆锥直径配合量　$T_{Df}=T_{Di}+T_{De}$ (3)对于位移型圆锥配合,圆锥直径间隙配合量是最大间隙 (X_{max})与最小间隙(X_{min})之差,圆锥直径过盈配合量是最小过盈(Y_{min})与最大过盈(Y_{max})之差;也等于轴向位移公差(T_E)与锥度(C)之积。即: 圆锥直径间隙配合量　$T_{Df}=X_{max}-X_{min}=T_E\times C$ 圆锥直径过盈配合量　$T_{Df}=Y_{min}-Y_{max}=T_E\times C$	

式中 C——锥度；

X_{max}——配合的最大间隙；

X_{min}——配合的最小间隙。

②对于过盈配合：

$$E_{amin}=\frac{1}{C}\times|Y_{min}| \quad (式 4-6)$$

$$E_{amax}=\frac{1}{C}\times|Y_{max}| \quad (式 4-7)$$

$$T_E=E_{amax}-E_{amin}=\frac{1}{C}\times|Y_{max}-Y_{min}| \quad (式 4-8)$$

式中 C——锥度；

Y_{max}——配合的最大过盈；

Y_{min}——配合的最小过盈。

4.3.2.3 圆锥角偏离公称圆锥角时对圆锥配合的影响

1)内、外圆锥的圆锥角偏离其公称圆锥角的圆锥角偏差，影响圆锥配合表面的接触质量和对中性能。由圆锥直径公差(T_D)限制的最大圆锥角误差($\Delta\alpha_{max}$)在表4-22中给出。在完全利用圆锥直径公差区时，圆锥角极限偏差可达$\pm\Delta\alpha_{max}$。

2)为使圆锥配合尽可能获得较大的接触长度，应选取较小的圆锥直径公差(T_D)，或在圆锥直径公差区内给出更高要求的圆锥角公差。如在给定圆锥直径公差(T_D)后，还需给出圆锥角公差(AT)，它们之间的关系应满足下列条件：

①圆锥角规定为单向极限偏差($+AT$或$-AT$)时：

$$AT_D<\Delta\alpha_{Dmax}=T_D \quad (式 4-9)$$

$$AT_\alpha<\Delta\alpha_{max}=\frac{TD}{L}\times10^3 \quad (式 4-10)$$

式中：

AT_D——以长度单位表示的圆锥角公差，单位为μm；

AT_α——以角度单位表示的圆锥角公差，单位为μrad；

$\Delta\alpha_{Dmax}$——以长度单位表示的最大圆锥角误差，单位为μm；

L——公差圆锥长度，单位为mm。

②圆锥角规定为对称极限偏差(±)时：

$$\frac{ATD}{2}<\Delta\alpha_{Dmax}=T_D \quad (式 4-11)$$

$$\frac{AT\alpha}{2}<\Delta\alpha_{max}=\frac{TD}{L}\times10^3 \quad (式 4-12)$$

满足上述公式而确定的圆锥度公差数值应圆整到表4-21中AT公差系列中的数值(一般应小一些)。

3)内、外圆锥的圆锥角偏差给定的方向及其组合，影响配合圆锥初始接触的部位，其影响情况见表4-24。

①当要求初始接触部位为最大圆锥直径时，应规定圆锥角为单向极限偏差，外圆锥为正($+AT_e$)，内圆锥为负($-AT_i$)。

②当要求接触部位为最小圆锥直径时，应规定圆锥角为单向极限偏差，外圆锥为负($-AT_{\mathrm{e}}$)，内圆锥为正($+AT_{\mathrm{i}}$)。

③当对初始接触部位无特殊要求时，而要求保证配合圆锥角之间的差别为最小时，内、外圆锥角的极限偏差的方向应相同，可以是对称的($\frac{AT_{\mathrm{e}}}{2}\pm$，$\frac{AT_{\mathrm{i}}}{2}\pm$)，也可以是单向的($+AT_{\mathrm{e}}$，$+AT_{\mathrm{i}}$ 或$-AT_{\mathrm{e}}$，$-At_{\mathrm{i}}$)。

表 4-24 圆锥配合的初始接触部位

公称圆锥角	圆锥角偏差		简图	初始接触部位
	内圆锥	外圆锥		
α	$+AT_{\mathrm{i}}$	$-AT_{\mathrm{e}}$	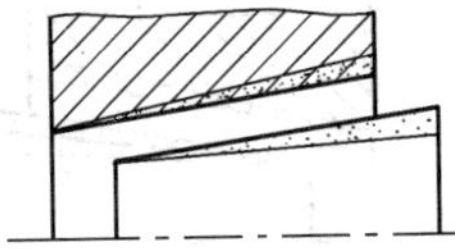	最小圆锥直径
	$-AT_{\mathrm{i}}$	$+AT_{\mathrm{e}}$	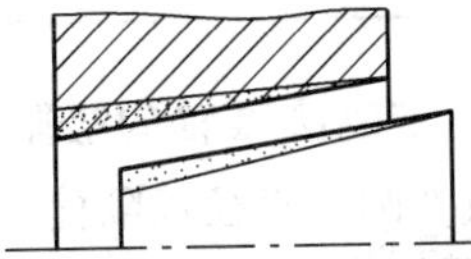	最大圆锥直径
	$+AT_{\mathrm{i}}$	$+AT_{\mathrm{e}}$	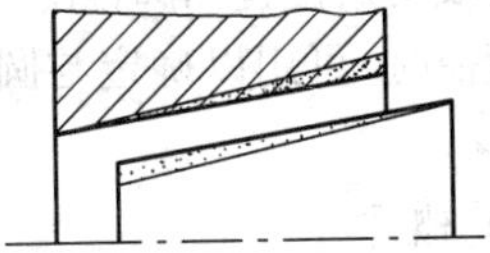	视实际圆锥角而定，可能在最大圆锥直径($\alpha_{\mathrm{e}}>\alpha_{\mathrm{i}}$时)，也可能在最小圆锥直径($\alpha_{\mathrm{i}}>\alpha_{\mathrm{e}}$时)
	$-AT_{\mathrm{i}}$	$-AT_{\mathrm{e}}$	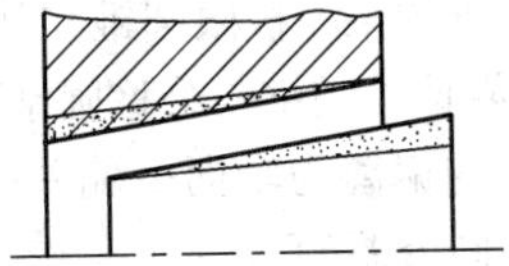	
	$\pm\frac{AT_{\mathrm{i}}}{2}$	$\pm\frac{AT_{\mathrm{e}}}{2}$	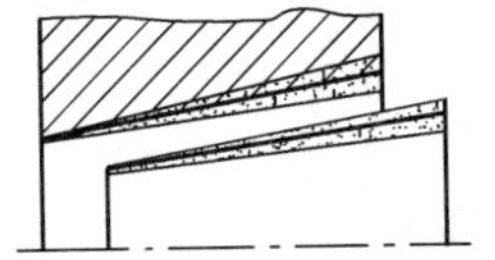	
	$\pm\frac{AT_{\mathrm{i}}}{2}$	$+AT_{\mathrm{e}}$	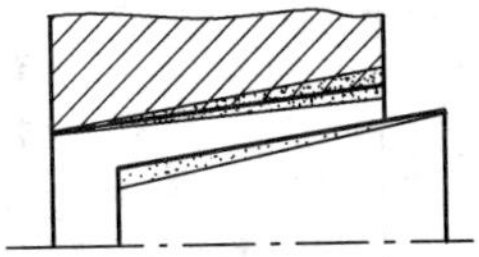	可能在最大圆锥直径($\alpha_{\mathrm{e}}>\alpha_{\mathrm{i}}$时)，也可能在最小圆锥直径($\alpha_{\mathrm{i}}>\alpha_{\mathrm{e}}$时)，最小圆锥直径接触的可能性比较大
	$-AT_{\mathrm{i}}$	$\pm\frac{AT_{\mathrm{e}}}{2}$	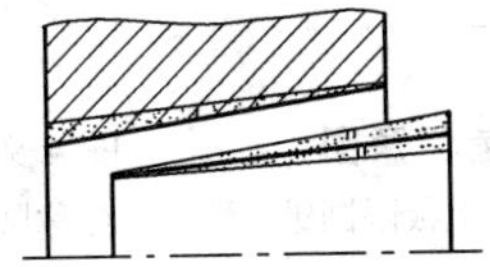	

续表 4-24

公称圆锥角	圆锥角偏差		简　图	初始接触部位
	内圆锥	外圆锥		
α	$\pm\frac{AT_i}{2}$	$-AT_e$		可能在最大圆锥直径（$\alpha_e>\alpha_i$ 时），也可能在最小圆锥直径（$\alpha_i>\alpha_e$ 时），最大圆锥直径接触的可能性比较大
	$+AT_i$	$\pm\frac{AT_e}{2}$		

4.3.2.4　内圆锥或外圆锥的圆锥轴向极限偏差的计算

这是圆锥配合的内圆锥或外圆锥直径极限偏差转换为轴向极限偏差的计算方法，可用以确定圆锥配合的极限初始位置和圆锥配合后基准平面之间的极限轴向距离；当用圆锥量规检验圆锥直径时，可用以确定与圆锥直径极限偏差相应的圆锥量规的轴向距离。

1. 圆锥轴向极限偏差的概念

圆锥轴向极限偏差是圆锥的某一极限圆锥与其公称圆锥轴向位置的偏离，如图 4-8、图 4-9 所示。规定下极限偏差圆锥与公称圆锥的偏离为轴向上偏差（es_z，ES_z）；上极限偏差圆锥与公称圆锥的偏离为轴向下偏差（ei_z，EI_z）。轴向上偏差与轴向下偏差之代数差的绝对值为轴向公差（T_z）。

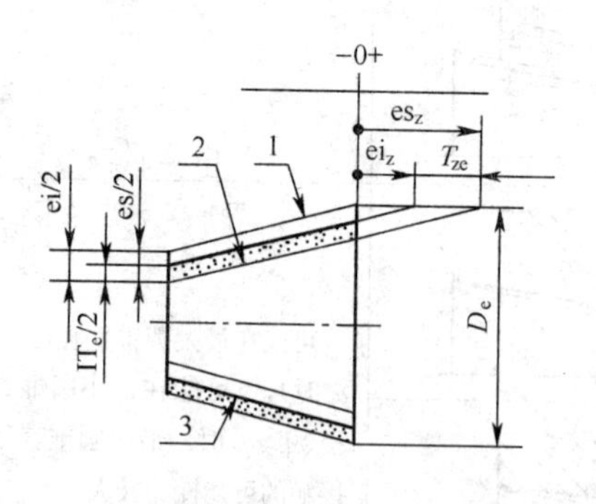

图 4-8　外圆锥轴向极限偏差示意图

1. 公称圆锥　2. 下极限圆锥　3. 上极限圆锥

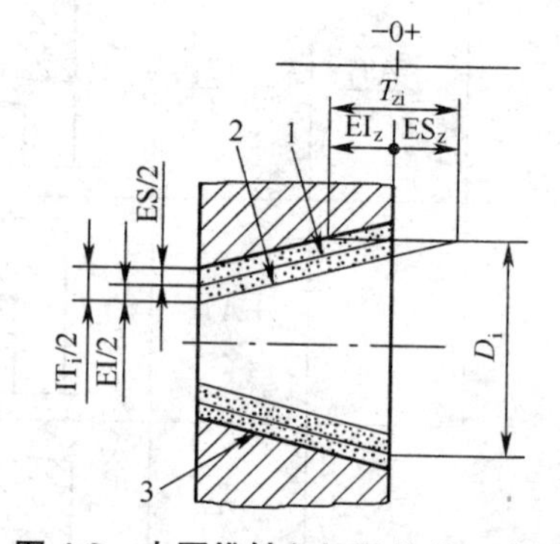

图 4-9　内圆锥轴向极限偏差示意图

1. 公称圆锥　2. 下极限圆锥　3. 上极限圆锥

2. 圆锥轴向极限偏差的计算公式（表 4-25）

表 4-25 圆锥轴向极限偏差的计算公式

计算项目	外圆锥	内圆锥
轴向上偏差	$es_z = \frac{1}{C} \times ei$	$ES_z = -\frac{1}{C} \times EI$
轴向下偏差	$ei_z = -\frac{1}{C} \times es$	$EI_z = -\frac{1}{C} \times ES$
轴向基本偏差	$e_z = -\frac{1}{C} \times$ 直径基本偏差	$E_z = -\frac{1}{C} \times$ 直径基本偏差
轴向公差	$T_{ze} = -\frac{1}{C} \times IT_e$	$T_{zi} = -\frac{1}{C} \times IT_i$

3. 圆锥轴向极限偏差计算用表

①锥度 C=1∶10 时，按 GB/T 1800.3 规定的基本偏差计算所得的外圆锥的轴向偏差（e_z）见表 4-26。

表 4-26 锥度 C=1∶10 时，外圆锥的轴向基本偏差（e_z）数值 （mm）

基本偏差		a	b	c	cd	d	e	ef	f	fg	g
公称尺寸		公差等级									
大于	至	所有等级									
—	3	+2.7	+1.4	+0.6	+0.34	+0.20	+0.14	+0.1	+0.06	+0.04	+0.02
3	6	+2.7	+1.4	+0.7	+0.46	+0.30	+0.2	+0.14	+0.1	+0.06	+0.04
6	10	+2.8	+1.5	+0.8	+0.56	+0.40	+0.25	+0.18	+0.13	+0.08	+0.05
10	14	+2.9	+1.5	+0.95	—	+0.50	+0.32	—	+0.16	—	+0.06
14	[illegible]										
18	24	+3	+1.6	+1.1	—	+0.65	+0.4	—	+0.20	—	+0.07
24	30										
30	40	+3.1	+1.7	+1.2	—	+0.80	+0.5	—	+0.25	—	+0.09
40	50	+3.2	+1.8	+1.3							
50	65	+3.4	+1.9	+1.4	—	+1	+0.60	—	+0.3	—	+0.1
65	80	+3.6	+2	+1.5							
80	100	+3.8	+2.2	+1.7	—	+1.2	+0.72	—	+0.36	—	+0.12
100	120	+4.1	+2.4	+1.8							
120	140	+4.6	+2.6	+2	—	+1.45	+0.85	—	+0.43	—	+0.14
140	160	+5.2	+2.8	+2.1							
160	180	+5.8	+3.1	+2.3							

续表 4-26

基本偏差		a	b	c	cd	d	e	ef	f	fg	g
公称尺寸		公差等级									
大于	至	所有等级									
180	200	+6.6	+3.4	+2.4	—	+1.7	+1	—	+0.50	—	+0.15
200	225	+7.4	+3.8	+2.6							
225	250	+8.2	+4.2	+2.8							
250	280	+9.2	+4.8	+3	—	+1.9	+1.1	—	+0.56	—	+0.17
280	315	+10.5	+5.4	+3.3							
315	355	+12	+6	+3.6	—	+2.1	+1.25	—	+0.62	—	+0.18
355	400	+13.5	+6.8	+4							
400	450	+15	+7.6	+4.4	—	+2.3	+1.35	—	+0.68	—	+0.2
450	500	+16.5	+8.4	+4.8							

基本偏差		h	js	j			k		m	n	p	r
公称尺寸		公差等级										
大于	至	所有等级		5,6	7	8	≤3,>7	4~7	所有等级			
—	3	0	$ez=\pm\frac{T_{ze}}{2}$	+0.02	+0.04	+0.06	0	0	−0.02	−0.04	−0.06	−0.1
3	6	0		+0.02	+0.04	—	0	−0.01	−0.04	−0.08	−0.12	−0.15
6	10	0		+0.02	+0.05	—	0	−0.01	−0.06	−0.1	−0.15	−0.19
10	14	0		+0.03	+0.06	—	0	−0.01	−0.017	−0.12	−0.18	−0.23
14	18											
18	24	0		+0.04	+0.08	—	0	−0.02	−0.08	−0.15	−0.22	−0.28
24	30											
30	40	0		+0.05	+0.1	—	0	−0.02	−0.09	−0.17	−0.26	−0.34
40	50											
50	65	0		+0.07	+0.12	—	0	−0.02	−0.11	−0.2	−0.32	−0.41
65	80											−0.43
80	100	0		+0.09	+0.15	—	0	−0.03	−0.13	−0.23	−0.37	−0.51
100	120											−0.54
120	140	0		+0.11	+0.18	—	0	−0.03	−0.15	−0.27	−0.43	−0.63
140	160											0.65
160	180											−0.68

续表 4-26

基本偏差		h	js	j			k		m	n	p	r
公称尺寸		公差等级										
大于	至	所有等级		5,6	7	8	≤3,>7	4~7	所有等级			
180	200											−0.77
200	225	0		+0.3	+0.21	—	0	−0.04	−0.17	−0.31	−0.5	−0.80
225	250											−0.84
250	280	0	$ez=\pm\frac{T_{ze}}{2}$	+0.16	+0.26	—	0	−0.04	−0.2	−0.34	−0.56	−0.94
280	315											−0.98
315	355	0		+0.18	+0.28	—	0	−0.04	−0.21	−0.37	−0.62	−1.08
355	400											−1.14
400	450	0		+0.2	+0.32	—	0	−0.05	−0.23	−0.4	−0.68	−1.26
450	500											−1.32

基本偏差		s	t	u	v	x	y	z	za	zb	ac
公称尺寸		公差等级									
大于	至	所有等级									
—	3	−0.14	—	0.18	—	−0.20	—	−0.26	−0.32	−0.4	−0.6
3	6	−0.19	—	−0.23	—	−0.28	—	−0.35	−0.42	−0.5	−0.8
6	10	−0.23	—	−0.28	—	−0.34	—	−0.42	−0.52	−0.67	−0.97
10	14	−0.28	—	−0.33	—	−0.4	—	−0.5	−0.64	−0.9	−1.3
14	18			−0.33	−0.39	−0.45	—	−0.6	−0.77	−1.08	−1.5
18	24	−0.35	—	−0.41	−0.47	−0.54	−0.63	−0.73	−0.98	−1.36	−1.88
24	30		−0.41	−0.48	−0.55	−0.64	−0.75	−0.88	−1.18	−1.6	−2.18
30	40	−0.43	−0.48	−0.6	−0.68	−0.8	−0.94	−1.12	−1.48	−2	−2.74
40	50		−0.54	−0.7	−0.81	−0.97	−1.14	−1.36	−1.80	−2.42	−3.25
50	65	−0.53	−0.66	−0.87	−1.02	−1.22	−1.44	−1.72	−2.25	−3	−4.05
65	80	−0.59	−0.75	−1.02	−1.2	−1.46	−1.74	−2.1	−2.74	−3.6	−4.8
80	100	−0.71	−0.91	−1.24	−1.46	−1.78	−2.14	−2.58	−3.35	−4.45	−5.85
100	120	−0.79	−1.04	−1.44	−1.72	−2.10	−2.54	−3.1	−4	−5.25	−6.9
120	140	−0.92	−1.22	−1.7	−2.02	−2.48	−3	−3.65	−4.7	−6.2	−8
140	160	−1	−1.34	−1.9	−2.28	−2.8	−3.4	−4.15	−5.35	−7	−9
160	180	−1.08	−1.46	−2.1	−2.52	−3.1	−3.8	−4.65	−6	−7.8	−10
180	200	−1.22	−1.66	−2.36	−2.84	−3.5	−4.25	−5.2	−6.7	−8.8	−11.5

续表 4-26

基本偏差		s	t	u	v	x	y	z	za	zb	ac
公称尺寸		公差等级									
大于	至	所有等级									
200	225	−1.3	−1.8	−2.58	−3.1	−3.85	−4.7	−5.75	−7.4	−9.6	−12.5
225	250	−1.4	−1.96	−2.84	−3.4	−4.25	−5.2	−6.4	−8.2	−10.5	−13.5
250	280	−1.58	−2.18	−3.15	−3.85	−4.75	−5.8	−7.1	−9.2	−12	−15.5
280	315	−1.7	−2.4	−3.5	−4.25	−5.25	−6.5	−7.9	−10	−13	−17
315	355	−1.9	−2.68	−3.9	−4.75	−5.9	−7.3	−9	−11.5	−15	−19
355	400	−2.08	−2.94	−4.35	−5.3	−6.6	−8.2	−10	−13	−16.5	−21
400	450	−2.32	−3.3	−4.9	−5.95	−7.4	−9.2	−11	−14.5	−18.5	−24
450	500	−2.52	−3.6	−5.4	−6.6	−8.2	−10	−12.5	−16	−21	−26

②锥度 C=1∶10 时，按 GB/T 1800.3 规定的标准公差计算所得的轴向公差 T_z 的数值列于表 4-27。

表 4-27 锥度 C=1∶10 时，轴向公差(T_z)数值 (mm)

公称尺寸		公差等级									
大于	至	IT3	IT4	IT5	IT6	IT7	IT8	IT9	IT10	IT11	IT12
—	3	0.02	0.03	0.04	0.06	0.10	0.14	0.25	0.40	0.60	1
3	6	0.025	0.04	0.05	0.08	0.12	0.18	0.30	0.48	0.75	1.2
6*	10	0.025	0.04	0.06	0.09	0.15	0.22	0.36	0.58	0.90	1.5
10	18	0.03	0.04	0.08	0.11	0.18	0.27	0.43	0.7	1.1	1.8
18	30	0.04	0.05	0.09	0.13	0.21	0.33	0.52	0.84	1.3	2.1
30	50	0.04	0.07	0.11	0.16	0.25	0.39	0.62	1	1.6	2.5
50	80	0.05	0.08	0.13	0.19	0.3	0.46	0.74	1.2	1.9	3
80	120	0.06	0.1	0.15	0.22	0.35	0.54	0.87	1.4	2.2	3.5
120	180	0.08	0.12	0.18	0.25	0.4	0.63	1	1.6	2.5	4
180	250	0.1	0.14	0.2	0.29	0.46	0.72	1.15	1.85	2.9	4.6
250	315	0.12	0.16	0.23	0.32	0.52	0.81	1.3	2.1	3.2	5.2
315	400	0.13	0.18	0.25	0.36	0.57	0.89	1.4	2.3	3.6	5.7
400	500	0.15	0.2	0.27	0.4	0.63	0.97	1.55	2.5	4	6.3

③当锥度 C 不等于 1∶10 时，圆锥的轴向基本偏差和轴向公差按表 4-26、表 4-27给出的数值，乘以表 4-28、表 4-29 的换算系数进行计算。

表 4-28 一般用途圆锥的换算系数

基本值		换算系数	基本值		换算系数
系列 1	系列 2		系列 1	系列 2	
1∶3		0.3		1∶15	1.5
	1∶4	0.4	1∶20		2
1∶5		0.5	1∶30		3
	1∶6	0.6		1∶40	4
	1∶7	0.7	1∶50		5
	1∶8	0.8	1∶100		10
1∶10		1	1∶200		20
	1∶12	1.2	1∶500		50

表 4-29 特殊用途圆锥的换算系数

基本值	换算系数	基本值	换算系数
18°30′	0.3	1∶18.779	1.8
11°54′	0.48	1∶19.002	1.9
8°40′	0.66	1∶19.180	1.92
7°40′	0.75	1∶19.212	1.92
7∶24	0.34	1∶19.254	1.92
1∶9	0.9	1∶19.264	1.92
1∶12.262	1.2	1∶19.922	1.99
1∶12.972	1.3	1∶20.020	2
1∶15.748	1.57	1∶20.047	2
1∶16.666	1.67	1∶20.288	2

④基孔制的轴向极限偏差按表 4-26、表 4-27、表 4-28 和表 4-29 中的数值由表 4-30中的公式计算。

表 4-30 圆锥基孔制的轴向极限偏差计算公式

	基本偏差	上偏差	下偏差
内圆锥	H	$ES_z=0$	$EI_z=-T_{zi}$
外圆锥	a 到 g	$es_z=e_z+T_{ze}$	$ei_z=e_z$
	h	$es_z=+T_{ze}$	$ei_z=0$
	js	$es_z=+\frac{T_{ze}}{2}$	$ei_z=-\frac{T_{ze}}{2}$
	j 到 zc	$es_z=e_z$	$ei_z=e_z-T_{ze}$

4.3.2.5 基准平面间极限初始位置和极限终止位置的计算

由内、外圆锥基准平面之间的距离确定的极限初始位置 Z_{pmin} 和 Z_{pmax}（对于结构型圆锥配合，极限初始位置仅对过盈配合有意义，且在必要时才需计算），位移型圆锥配合按轴向公差简化计算，位移型圆锥配合基准平面之间的终止位置 Z_{pfmin} 和 Z_{pfmax}的计算公式见表 4-31。

表 4-31 圆锥配合基准平面间极限初始位置和极限终止位置的计算公式

基准平面的位置	已知参数	配合圆锥直径公差带位置的组合	计算公式			
			Z_{pmin}	Z_{pmax}	Z_{pfmin}	Z_{pfmax}
基准平面 d_{xi} d_{xe} Z_i Z_e Z_p $d_{xi}=d_{xe}$　$Z_p=Z_e-Z_i$ 在锥体大直径端	圆锥直径极限偏差		$Z_p+\frac{1}{C}(ei-ES)$	$Z_p+\frac{1}{C}(es-EI)$		
	圆锥轴向极限偏差		$Z_p+EI_z-es_z$	$Z_p+ES_z-ei_z$		
		$\frac{H}{h}$	$Z_p-(T_{ze}+T_{zi})$	Z_p		
		$\frac{JS}{js}$	$Z_p-\frac{1}{2}(T_{ze}+T_{zi})$	$Z_p+\frac{1}{2}(T_{ze}+T_{zi})$		
	间隙配合轴向位移 E_a				$Z_{pmin}+E_{amin}$	$Z_{pmax}+E_{amax}$
	过盈配合轴向位移 E_a				$Z_{pmin}-E_{amx}$	$Z_{pmax}-E_{amin}$
基准平面 d_{xi} d_{xe} Z_i Z_e Z_p $d_{xi}=d_{xe}$　$Z_p=Z_e-Z_i$ 在锥体小直径端	圆锥直径极限偏差		$Z_p+\frac{1}{C}(EI-es)$	$Z_p+\frac{1}{C}(ES-ei)$		
	圆锥轴向极限偏差		$Z_p+ei_z-ES_z$	$Z_p+es_z-EI_z$		
		$\frac{H}{h}$	Z_p	$Z_p+(T_{ze}+T_{zi})$		
		$\frac{JS}{js}$	$Z_p-\frac{1}{2}(T_{ze}+T_{zi})$	$Z_p+\frac{1}{2}(T_{ze}+T_{zi})$		
	间隙配合轴向位移 E_a				$Z_{pmin}-E_{amax}$	$Z_{pmax}-E_{amin}$
	过盈配合轴向位移 E_a				$Z_{pmin}+E_{amin}$	$Z_{pmax}+E_{amax}$

注：表中 $Z_p=Z_e-Z_i$：在外圆锥距基准平面为 Z_e 处的 d_{xe} 和内圆锥距基准平面为 Z_i 处的 d_{xi} 是相等的。

对于结构型圆锥配合，基准平面之间的极限终止位置由设计给定，不需要计算，见表 4-23 中——位移型圆锥配合。

4.4　形状和位置公差

4.4.1　形位公差有关符号

形状和位置公差简称形位公差，在国家标准新版本中称为几何公差，有关符号见表 3-12 和表 3-13。

4.4.2　形位公差与尺寸公差、表面粗糙度的关系

一般情况下，由于零件的使用性能是受尺寸公差、形状公差、位置公差和表面粗糙度四项几何特征的综合结果所影响，因此，在选择形位公差时，必须同时考虑形位公差与尺寸公差和表面粗糙度之间的相互关系。

1. 形状公差与尺寸公差的关系

(1) *图样上未注形状公差*　当被测要素要求遵守独立原则时，图样上给出的尺寸公差和未注形状公差各自独立，互不相干，分别对零件的尺寸误差和形状误差进行控制和检验。

如被测要素要求遵守包容原则时，则形状误差应控制在自身的尺寸公差内。当被测要素的实际尺寸处处都为最大实体尺寸时，其形状误差应为零；当被测要素实际尺寸偏离最大实体尺寸时，允许存在形状误差，且必须遵守泰勒原则，即最大形状误差不能大于尺寸公差。

(2) *图样上标注形状公差*　当被测要素要求遵守独立原则时，尺寸公差不控制轴线直线度误差。当圆柱表面处处做到最大实体尺寸时，仍允许轴线直线度误差达到最大值。

当被测要素要求遵守最大实体原则时，尺寸公差对形状公差有补偿关系。即当圆柱面直径尺寸处处都为最大实体尺寸时，允许有最大轴线直线度误差；当圆柱面实际尺寸偏离最大实体尺寸时，其轴线直线度公差可得到一个补偿值，其数值等于实际尺寸偏离最大实体尺寸的差值；当圆柱面实际尺寸处处都为最小实体尺寸时，其补偿值为最大，即等于尺寸公差值，此时被测要素被控制在实效状态边界之内。

当被测要素要求遵守包容原则时，被测要素要遵守包容原则。当圆柱面实际尺寸处处都为最大实体尺寸时，其形状误差为零；当实际尺寸偏离最大实体尺寸时，其形状误差允许值可等于实际尺寸对最大实体尺寸的偏离值。

2. 位置公差与尺寸公差的关系

当图样上被测要素未注位置公差时，其尺寸公差和未注位置公差应遵守独立原则；当图样上被测要素标注了位置公差时，其尺寸公差与位置公差的关系通常也有遵守独立原则、最大实体原则和包容原则三种情况。

3. 形状公差和位置公差间的关系

由于形状公差采用公差带概念，使形状公差和位置公差各项目之间存在着某种控制关系。

①某些综合的形状公差项目可控制与其有关的单项形状误差。如：圆柱度公差可控制该要素的圆度误差和素线直线度误差，表面的平面度公差可控制该要素的直线度误差等。

②定向公差可控制与其有关的形状误差。如：面的平行度公差可以控制该表面的平面度和直线度误差等。

③定位公差可控制与其有关的形状和定向误差。如：轴线的位置度公差可控制该轴线的直线度、垂直度及平行度误差等。

④跳动公差控制与其有关的形状和位置误差。如：径向圆跳动可以控制圆度误差和轴线的同轴度误差，径向全跳动可控制圆柱度误差和轴线的同轴度误差等。

4. 形状公差与表面粗糙度的关系

零件表面几何形状误差包括形状误差（即宏观的几何形状误差）和表面粗糙度（即微观的几何形状误差）两类。在一定的加工条件下，两者存在着一定的比例关系。为保证形状公差，应从下列几种情况考虑限制其最低表面粗糙度。

①一般中等精度，表面粗糙度的 Ra 值约占形状公差 1/4～1/5；

②高精度，表面粗糙度的 Ra 值相对形状公差应取较大比例，一般对圆柱面取 1/2，对平面取 1；

③对低精度、小尺寸零件，表面粗糙度的 Ra 值相对形位公差也取较大比例；

④对于长度和直径的比值较大的零件，由于加工易振动，使表面粗糙，故表面粗糙度的 Ra 值相对形位公差也取较大比例。

4.4.3 形位公差等级的应用

4.4.3.1 直线度、平面度各公差等级的应用（表 4-32）

表 4-32 直线度、平面度各公差等级的应用

公差等级	应用举例
1,2	用于精密量具、测量仪器以及精度要求极高的精密机械零件，如高精度量规、样板平尺、0 级样板、工具显微镜等精密测量仪器的工作面、导轨面，油泵柱塞套端面、喷油嘴针阀体端面等
3	用于 0 级及 1 级宽平尺工作面，1 级样板平尺的工作面，测量仪器圆弧导轨和测杆等
4	用于量具、测量仪器和高精度机床的导轨，如 0 级平板，测量仪器的 V 形导轨和圆弧导轨、高精度平面磨床的 V 形导轨和滚动导轨、轴承磨床及平面磨床的床身导轨；减压阀芯等
5	用于 1 级平板，2 级宽平尺，平面磨床的纵导轨、垂直导轨、立柱导轨和工作台，液压龙门刨床和六角车床的床身导轨，柴油机进、排气门导杆等

续表 4-32

公差等级	应 用 举 例
6	用于普通机床导轨面，如普通车床、龙门刨床、滚齿机、自动车床等的床身导轨面、立式导轨面，滚齿机、卧式镗床、铣床的工作台面及机床主轴箱导轨；柴油机体结合面等
7	用于2级平板，0.02mm游标卡尺尺身，机床床头箱体、镗床工作台、摇臂钻床底座工作台，液压泵盖，压力机导轨及滑块等
8	用于车床溜板箱体、主轴箱体，机床传动箱体、挂轮箱体，自动车床底座，内燃机汽缸体、连杆分离面、缸盖结合面，汽车发动机缸盖、曲轴箱体，减速机壳体等
9	用于3级平板，立钻工作台，螺纹磨床的挂轮架，金相显微镜的载物台，缸盖结合面，阀片，空气压缩机汽缸体，柴油机缸孔环面以及辅助机构、手动机械的支承面等
10	用于3级平板，自动车床床身底面，车床挂轮架，柴油机缸体、汽车变速箱壳体与汽车发动机缸盖结合面、阀片等
11	用于易变形的薄片、薄壳零件表面，离合器的摩擦片、汽车发动机缸盖结合面等
12	支架等要求不高的结合面等

4.4.3.2 圆度、圆柱度公差等级的应用(表4-33)

表 4-33 圆度、圆柱度公差等级的应用

公差等级	应 用 举 例
1	高精度量具、仪器主轴，高精度机床主轴，滚动轴承滚球和滚柱等
2	精密量仪主轴、外套、阀套，高压油泵柱塞及套，纺锭轴承，高速柴油机进、排气门，精密机床主轴轴颈，喷油泵柱塞及柱塞套等
3	小工具显微镜套管外圆，高精度外圆磨床主轴，磨床砂轮主轴套筒，喷油嘴针，阀体，高精度微型轴承内、外圈等
4	较精密机床主轴、精密机床主轴箱孔，高压阀门活塞、活塞销、阀体孔，高压油泵柱塞，小工具显微镜顶尖，与较高精度滚动轴承配合的轴等
5	一般量仪主轴、测杆外圆，陀螺仪轴颈，一般机床主轴，较精密机床主轴及主轴箱孔，柴油机、汽油机活塞、活塞销孔，铣削动力头，轴承箱座孔，高压空气压缩机十字头销、活塞，与较低精度滚动轴承配合的轴等
6	仪表端盖外圆、一般机床主轴及箱体孔、中等压力下液压装置工作面(包括泵、压缩机的活塞和汽缸)、汽车发动机凸轮轴、纺织机锭子、高速船用发动机曲轴、拖拉机曲轴主轴颈等
7	大功率低速柴油机曲轴、活塞、活塞销、连杆、汽缸，高速柴油机机箱体孔，千斤顶压力油缸活塞，液压传动系统的分配机构，机车传动轴，水泵及一般减速器轴颈等
8	低速发动机，减速器，大功率曲轴轴颈，压力机连杆，拖拉机汽缸体、活塞，炼胶机、印刷机传动系统，内燃机曲轴，柴油机机体、凸轮轴，拖拉机、小型船用柴油机汽缸套等
9	空气压缩机缸体，液压传动系统，通用机械杠杆与拉杆用套筒销子，拖拉机活塞环、套筒孔等
10	印染机导布辊，绞车、吊车、起重机滑动轴承轴颈等
11,12	用于无特殊要求的尺寸公差的零件的制造

4.4.3.3　平行度、垂直度公差等级的应用(表 4-34)

表 4-34　平行度、垂直度公差等级的应用

公差等级	应用举例	
	平行度	垂直度
1	高精度机床、测量仪器以及量具等主要基准面和工作面等	
2,3	精密机床、测量仪器、量具及模具的基准面和工作面,精密机床上重要箱体主轴孔对基准面的要求,尾架孔对基准面的要求等	精密机床导轨、普通机床主要导轨、机床主轴轴向定位面、精密机床主轴肩端面,滚动轴承座圈端面,齿轮测量仪、光学分度头的芯轴,涡轮轴端面,精密刀具、量具的工作面和基准面等
4,5	普通机床、测量仪器、量具及模具的基准面和工作面,高精度轴承座圈、端盖、挡圈的端面,机床主轴孔对基准面的要求,重要轴承孔对基准面的要求,床头箱体重要孔间要求,一般减速器壳体孔,齿轮泵的轴孔端面等	普通机床导轨,精密机床重要零件,机床重要支承面,普通机床主轴偏摆,发动机轴和离合器的凸缘,汽缸的支承端面,装 C,D 级轴承的箱体的凸肩,液压传动轴瓦的端面,量具量仪的重要端面等
6,7,8	一般机床零件的工作面或基准面,压力机和锻锤工作面,中等精度钻模的工作面,一般刀、量、模具,机床一般轴承孔对基准面的要求,床头箱一般孔间要求,汽缸轴线,主轴花键对定心直径,重型机械轴承盖的端面,卷扬机、手动装置中的传动轴等	低精度机床主要基准面和工作面,回转工作台端面,一般导轨,主轴箱体孔,刀架、砂轮架及工作台回转中心,机床轴肩,汽缸配合面对其轴线,活塞销孔对活塞中心线以及装 F,G 级轴承端面对壳体孔的轴线等
9,10	低精度零件,重型机械滚动轴承端盖,柴油机和燃气发动机的曲轴孔、轴颈等	花键轴轴肩端面,皮带运输机法兰盘等端面对轴心线,手动卷扬机及传动装置中轴承端面,减速器壳体平面等
11,12	零件的非工作面,卷扬机、运输机上用以装减速器壳体的平面等	农业机械齿轮端面等

4.4.3.4　同轴度、对称度、圆跳动和全跳动公差等级的应用(表 4-35)

表 4-35　同轴度、对称度、圆跳动和全跳动公差等级的应用

公差等级	应用举例
1,2,3,4	用于同轴度或旋转精度要求很高,一般需按尺寸公差 IT5 级或高于 IT5 级制造的零件。如 1,2 级用于精密测量仪器的主轴和顶尖,柴油机喷油嘴针阀等;3,4 级用于机床主轴轴颈,砂轮轴轴颈,汽轮机主轴,测量仪器的小齿轮轴,高精度滚动轴承内、外圈等
5,6,7	应用范围较广的公差等级,用于精度要求比较高,一般需按尺寸公差 IT6 级或 IT7 级制造的零件。如 5 级常用在机床轴颈,测量仪器的测量杆,汽轮机主轴,柱塞泵转子,高精度滚动轴承外圈,一般精度滚动轴承内圈;6,7 级用在内燃机曲轴,凸轮轴轴颈,水泵轴,齿轮轴,汽车后桥输出轴,电机转子,G 级精度滚动轴承内圈等

续表 4-35

公差等级	应　用　举　例
8, 9,10	用于一般精度要求，按尺寸公差 IT9～IT11 制造的零件。如 8 级用于拖拉机发动机分配轴轴颈；9 级用于齿轮轴的配合面，水泵叶轮，离心泵泵体，棉花精梳机前、后滚子；10 级用于摩托车活塞、印染机导布辊、内燃机活塞环槽底径对活塞中心、汽缸套外圈对内孔等
11,12	用于无特殊要求，一般按尺寸公差 IT12 制造的零件

4.4.4 形位公差值

公差值的大小和零件有关要素的基本尺寸和公差等级有关，这个基本尺寸称为主参数。

各形位公差项目的主参数见表 4-36。

表 4-36　形位公差项目的主参数

形位公差项目	主　参　数
直线度、平面度	长度 L
圆度、圆柱度	直径 $d(D)$
平行度、垂直度、倾斜度	长度 L 、直径 $d(D)$
同轴度、对称度、圆跳动、全跳动	直径 $d(D)$、宽度 B、长度 L

4.4.4.1 直线度、平面度公差值(表 4-37)

表 4-37　直线度、平面度公差值　(μm)

主参数 L /mm	公差等级											
	1	2	3	4	5	6	7	8	9	10	11	12
	公差值											
≤10	0.2	0.4	0.8	1.2	2	3	5	8	12	20	30	60
>10～16	0.25	0.5	1	1.5	2.5	4	6	10	15	25	40	80
>16～25	0.3	0.6	1.2	2	3	5	8	12	20	30	50	100
>25～40	0.4	0.8	1.5	2.5	4	6	10	15	25	40	60	120
>40～63	0.5	1	2	3	5	8	12	20	30	50	80	150
>63～100	0.6	1.2	2.5	4	6	10	15	25	40	60	100	200
>100～160	0.8	1.5	3	5	8	12	20	30	50	80	120	250
>160～250	1	2	4	6	10	15	25	40	60	100	150	300
>250～400	1.2	2.5	5	8	12	20	30	50	80	120	200	400
>400～630	1.5	3	6	10	15	25	40	60	100	150	250	500

续表 4-37

主参数 L /mm	公差等级											
	1	2	3	4	5	6	7	8	9	10	11	12
	公差值											
>630～1 000	2	4	8	12	20	30	50	80	120	200	300	600
>1 000～1 600	2.5	5	10	15	25	40	60	100	150	250	400	800
>1 600～2 500	3	6	12	20	30	50	80	120	200	300	500	1 000
>2 500～4 000	4	8	15	25	40	60	100	150	250	400	600	1 200
>4 000～6 300	5	10	20	30	50	80	120	200	300	500	800	1 500
>6 300～10 000	6	12	25	40	60	100	150	250	400	600	1 000	2 000

4.4.4.2　圆度、圆柱度公差值(表 4-38)

表 4-38　圆度、圆柱度公差值　(μm)

主参数 d(D) /mm	公差等级												
	0	1	2	3	4	5	6	7	8	9	10	11	12
	公差值												
≤3	0.1	0.2	0.3	0.5	0.8	1.2	2	3	4	6	10	14	25
>3～6	0.1	0.2	0.4	0.6	1	1.5	2.5	4	5	8	12	18	30
>6～10	0.12	0.25	0.4	0.6	1	1.5	2.5	4	6	9	15	22	36
>10～18	0.15	0.25	0.5	0.8	1.2	2	3	5	8	11	18	27	43
>18～30	0.2	0.3	0.6	1	1.5	2.5	4	6	9	13	21	33	52
>30～50	0.25	0.4	0.6	1	1.5	2.5	4	7	11	16	25	39	62
>50～80	0.3	0.5	0.8	1.2	2	3	5	8	13	19	30	46	74
>80～120	0.4	0.6	1	1.5	2.5	4	6	10	15	22	35	54	87
>120～180	0.6	1	1.2	2	3.5	5	8	12	18	25	40	63	100
>180～250	0.8	1.2	2	3	4.5	7	10	14	20	29	46	72	115
>250～315	1.0	1.6	2.5	4	6	8	12	16	23	32	52	81	130
>315～400	1.2	2	3	5	7	9	13	18	25	36	57	89	140
>400～500	1.5	2.5	4	6	8	10	15	20	27	40	63	97	155

4.4.4.3 平行度、垂直度、倾斜度公差值(表4-39)

表4-39 平行度、垂直度、倾斜度公差值 (μm)

主参数 $L,d(D)$ /mm	公差等级											
	1	2	3	4	5	6	7	8	9	10	11	12
	公差值											
≤10	0.4	0.8	1.5	3	5	8	12	20	30	50	80	120
>10~16	0.5	1	2	4	6	10	15	25	40	60	100	150
>16~25	0.6	1.2	2.5	5	8	12	20	30	50	80	120	200
>25~40	0.8	1.5	3	6	10	15	25	40	60	100	150	250
>40~63	1	2	4	8	12	20	30	50	80	120	200	300
>63~100	1.2	2.5	5	10	15	25	40	60	100	150	250	400
>100~160	1.5	3	6	12	20	30	50	80	120	200	300	500
>160~250	2	4	8	15	25	40	60	100	150	250	400	600
>250~400	2.5	5	10	20	30	50	80	120	200	300	500	800
>400~630	3	6	12	25	40	60	100	150	250	400	600	1 000
>630~1 000	4	8	15	30	50	80	120	200	300	500	800	1 200
>1 000~1 600	5	10	20	40	60	100	150	250	400	600	1 000	1 500
>1 600~2 500	6	12	25	50	80	120	200	300	500	800	1 200	2 000
>2 500~4 000	8	15	30	60	100	150	250	400	600	1 000	1 500	2 500
>4 000~6 300	10	20	40	80	120	200	300	500	800	1 200	2 000	3 000
>6 300~10 000	12	25	50	100	150	250	400	600	1 000	1 500	2 500	4 000

4.4.4.4 同轴度、对称度、圆跳动和全跳动公差值(表4-40)

表4-40 同轴度、对称度、园跳动和全跳动公差值 (μm)

主参数 $d(D),B,L$ /mm	公差等级											
	1	2	3	4	5	6	7	8	9	10	11	12
	公差值											
≤1	0.4	0.6	1.0	1.5	2.5	4	6	10	15	25	40	60
>1~3	0.4	0.6	1.0	1.5	2.5	4	6	10	20	40	60	120
>3~6	0.5	0.8	1.2	2	3	5	8	12	25	50	80	150
>6~10	0.6	1	1.5	2.5	4	6	10	15	30	60	100	200
>10~18	0.8	1.2	2	3	5	8	12	20	40	80	120	250
>18~30	1	1.5	2.5	4	6	10	15	25	50	100	150	300

续表 4-40

主参数 $d(D)$,B,L /mm	公差等级											
	1	2	3	4	5	6	7	8	9	10	11	12
	公差值											
>30~50	1.2	2	3	5	8	12	20	30	60	120	200	400
>50~120	1.5	2.5	4	6	10	15	25	40	80	150	250	500
>120~250	2	3	5	8	12	20	30	50	100	200	300	600
>250~500	2.5	4	6	10	15	25	40	60	120	250	400	800
>500~800	3	5	8	12	20	30	50	80	150	300	500	1 000
>800~1 250	4	6	10	15	25	40	60	100	200	400	600	1 200
>1 250~2 000	5	8	12	20	30	50	80	120	250	500	800	1 500
>2 000~3 150	6	10	15	25	40	60	100	150	300	600	1 000	2 000
>3 150~5 000	8	12	20	30	50	80	120	200	400	800	1 200	2 500
>5 000~8 000	10	15	25	40	60	100	150	250	500	1 000	1 500	3 000
>8 000~10 000	12	20	30	50	80	120	200	300	600	1 200	2 000	4 000

4.4.4.5 位置度公差值的数系(表 4-41)

表 4-41 位置度公差值的数系 (μm)

1	1.2	1.5	2	2.5	3	4	5	6	8
1×10^n	1.2×10^n	1.5×10^n	2×10^n	2.5×10^n	3×10^n	4×10^n	5×10^n	6×10^n	8×10^n

注:n 为正整数。

4.4.5 形位公差值的选用原则

上述各注出公差值表均是适用于 2 个或多个项目,在选用时应注意以下几个问题。

①在满足零件功能的前提下,选择的公差值应考虑加工的经济性。

②零件各要素的形位公差主要遵循独立原则,只有少数情况下才与尺寸有相互制约关系。

③应以主参数来选择数值,必要时也应考虑其他参数,如确定同轴度公差值时,应考虑其轴线的长度。

④同一要素上,单项公差值小于综合公差值,如直线度公差值应小于同要素的平面度公差值。形状公差值小于位置度公差值,如同轴度公差值应小于圆跳动公差值,而圆跳动公差值则应小于全跳动公差值。

⑤对于下列情况,考虑到加工的难易程度和除主参数外其他参数的影响,适当降低 1~2 级选用:

孔相对于轴;

细长比较大的轴或孔；
距离较大的轴或孔；
宽度较大(一般大于 1/2 长度)的零件表面；
线对线和线对面相对于面对面的平行度；
线对线和线对面相对于面对面的垂直度。

4.4.6 常用加工方法能达到的各项目公差等级

4.4.6.1 常用加工方法能达到的直线度和平面度公差等级(表 4-42)

表 4-42 常用加工方法能达到的直线度和平面度公差等级

加工方法			直线度、平面度公差等级											
			1	2	3	4	5	6	7	8	9	10	11	12
车	普车 立车 自动车	粗											○	○
		细									○	○		
		精					○	○	○	○				
铣	万能铣	粗											○	○
		细										○	○	
		精							○	○	○	○		
刨	龙门刨 牛头刨	粗											○	○
		细									○	○		
		精							○	○	○			
磨	无心磨 外圆磨 平磨	粗									○	○	○	
		细							○	○	○			
		精		○	○	○	○	○	○					
研磨	机动 手工	粗				○	○							
		细			○									
		精	○	○										
刮研	刮 研 粗	粗						○	○					
		细				○	○							
		精	○	○	○									

4.4.6.2 常用加工方法能达到的圆度和圆柱度公差等级(表 4-43)

表 4-43 常用加工方法能达到圆度和圆柱度公差等级

表面	加工方法		圆度、圆柱度公差等级											
			1	2	3	4	5	6	7	8	9	10	11	12
轴	精密车削				○	○	○							
	普通车削						○	○	○	○	○	○		
	普通立车	粗						○	○	○	○	○		
		细					○	○	○					
	自动、半自动车	粗								○	○			
		细							○	○				
		精						○	○					
	外圆磨	粗					○	○	○					
		细			○	○	○							
		精	○	○	○									
	无心磨	粗						○	○					
		细		○	○	○	○							
	研磨			○	○	○	○							
	精磨		○	○										
孔	钻								○	○	○	○	○	○
	镗 普通镗	粗							○	○	○	○		
		细					○	○	○	○				
		精				○	○							
	镗 金刚石镗	细			○	○								
		精	○	○	○									
	铰孔						○	○	○					
	扩孔						○	○	○					
	内圆磨	细				○	○							
		精			○	○								
	研磨	细				○	○	○						
		精	○	○	○	○								
	珩磨						○	○	○					

4.4.6.3 常用加工方法能达到的平行度和垂直度公差等级(表 4-44)

表 4-44 常用加工方法能达到的平行度和垂直度公差等级

加工方法		平行度、垂直度公差等级											
		1	2	3	4	5	6	7	8	9	10	11	12
面对面													
研磨		○	○	○	○								
刮		○	○	○	○	○	○						
磨	粗					○	○	○	○				
	细				○	○	○						
	精		○	○	○								
铣							○	○	○	○	○	○	
刨								○	○	○	○	○	
拉								○	○	○			
插								○	○				
轴线对轴线(或平面)													
磨	粗							○	○				
	细				○	○	○	○					
镗	粗								○	○	○		
	细							○	○				
	精						○	○					
金刚石镗					○	○	○						
车	粗										○	○	
	细							○	○	○	○		
铣							○	○	○	○	○		
钻										○	○	○	○

4.4.6.4 常用加工方法能达到的同轴度和圆跳动公差等级(表 4-45)

表 4-45 常用加工方法能达到的同轴度和圆跳动公差等级

加工方法		同轴度、圆跳动公差等级										
		1	2	3	4	5	6	7	8	9	10	11
车、镗	孔				○	○	○	○	○	○		
	轴			○	○	○	○	○	○			
铰						○	○	○				
磨	孔		○	○	○	○	○	○				
	轴	○	○	○	○	○	○					
珩磨			○	○	○							
研磨		○	○	○								

4.5　表面结构

4.5.1　概述

1. 表面结构的概念

表面结构是表面粗糙度、表面波纹度、表面缺陷、表面几何形状的总称。

表面结构的各种特性都是零件表面的几何形状误差，是在金属切削加工过程中，由于工艺等因素的不同，致使零件加工表面的几何形状误差有所不同。

表面波纹度、表面缺陷、表面几何形状这三种特性绝非孤立存在，大多数表面是由粗糙度、波纹度及形状误差综合影响产生的结果，如图 4-10 所示。由于粗糙度、波纹度及形状误差的功能影响各不相同，分别测出它们是必要的。

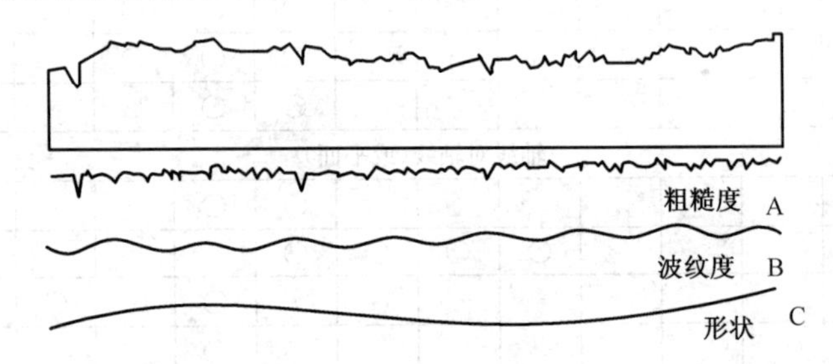

图 4-10　代表粗糙度、波纹度及形状误差的综合影响的表面轮廓

2. 表面结构标准体系(图 4-11)

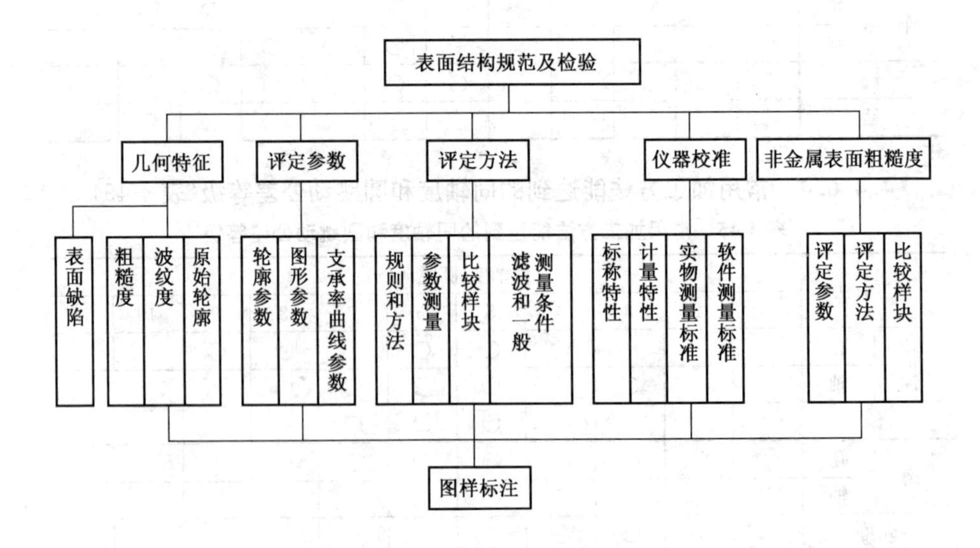

图 4-11　表面结构标准体系

4.5.2 不同加工方法可能达到的表面粗糙度(表 4-46)

表 4-46 不同加工方法可能达到的表面粗糙度 (μm)

加工方法	表面粗糙度 *Ra*													
	0.012	0.025	0.05	0.10	0.20	0.40	0.80	1.60	3.20	6.30	12.5	25	50	100
砂模铸造										—	—	—	—	—
型壳铸造										—	—	—	—	—
金属模铸造								—	—	—	—	—	—	
离心铸造								—	—	—	—	—		
精密铸造							—	—	—	—	—			
蜡模铸造						—	—	—	—	—	—			
压力铸造						—	—	—	—	—				
热轧										—	—	—	—	—
模锻								—	—	—	—	—	—	—
冷轧					—	—	—	—	—	—	—			
挤压						—	—	—	—	—	—			
冷拉					—	—	—	—	—	—				
锉						—	—	—	—	—	—	—		
刮削						—	—	—	—	—	—			
刨削 粗										—	—	—		
刨削 半精								—	—	—				
刨削 精						—	—	—						
插削								—	—	—	—	—		
钻孔							—	—	—	—	—	—		
扩孔 粗										—	—	—		
扩孔 精								—	—	—				
金刚镗孔			—	—	—	—								
镗孔 粗										—	—	—	—	
镗孔 半精							—	—	—	—				
镗孔 精						—	—	—	—					
铰孔 粗								—	—	—	—			
铰孔 半精						—	—	—	—					
铰孔 精				—	—	—	—	—						

续表 4-46

加工方法		表面粗糙度 *Ra*													
		0.012	0.025	0.05	0.10	0.20	0.40	0.80	1.60	3.20	6.30	12.5	25	50	100
拉削	半精						—	—	—	—					
	精				—	—	—	—							
滚铣	粗									—	—	—	—		
	半精							—	—	—	—				
	精						—	—	—	—					
端面铣	粗										—	—	—		
	半精							—	—	—	—	—			
	精						—	—	—	—					
车外圆	粗										—	—	—		
	半精									—	—				
	精						—	—							
金刚车			—	—	—	—									
车端面	粗										—	—	—		
	半精									—	—				
	精						—	—	—						
磨外圆	粗							—	—	—	—				
	半精					—	—	—	—						
	精		—	—	—	—	—								
磨平面	粗								—	—					
	半精						—	—	—						
	精		—	—	—	—	—								
珩磨	平面		—	—	—	—	—	—	—						
	圆柱	—	—	—	—	—	—								
研磨	粗					—	—	—	—						
	半精			—	—	—	—								
	精	—	—	—	—										
抛光	一般				—	—	—	—	—						
	精	—	—	—	—										
滚压抛光				—	—	—	—	—	—	—					

续表 4-46

加工方法		表面粗糙度 *Ra*													
		0.012	0.025	0.05	0.10	0.20	0.40	0.80	1.60	3.20	6.30	12.5	25	50	100
超精加工	平面	—	—	—	—	—	—								
超精加工	柱面	—	—	—	—	—	—								
化学磨							—	—	—	—	—	—	—		
电解磨		—	—	—	—	—	—	—							
电火花加工								—	—	—	—	—	—		
切割	气割										—	—	—	—	—
切割	锯								—	—	—	—	—	—	—
切割	车									—	—	—	—		
切割	铣										—	—	—	—	
切割	磨								—	—	—				
螺纹加工	丝锥							—	—	—	—				
螺纹加工	梳铣							—	—	—	—				
螺纹加工	滚					—	—	—							
螺纹加工	车							—	—	—	—	—			
螺纹加工	搓丝							—	—	—	—				
螺纹加工	滚压						—	—	—	—					
齿轮及花键加工	刨							—	—	—	—				
齿轮及花键加工	滚							—	—	—	—				
齿轮及花键加工	插							—	—	—	—				
齿轮及花键加工	磨				—	—	—	—							
齿轮及花键加工	剃					—	—	—	—						

4.5.3　表面结构的应用举例(表 4-47)

表 4-47　表面结构应用举例

表面粗糙度 *Ra*/μm (不大于)	表面状况	加工方法	应　用　举　例
12.5	可见刀痕	粗车、刨、铣、钻	多用于粗加工的非配合表面，如轴端面，倒角，钻孔，键槽非工作表面，不重要的安装支承面，螺钉、铆钉孔表面等

续表 4-47

粗糙度 $Ra/\mu m$ (不大于)	表面状况	加工方法	应用举例
6.3	可见加工痕迹	车、刨、铣、钻、镗、锉、磨、粗铰、铣齿	半精加工表面。用于不重要零件的非配合表面,如支柱、轴、支架、外壳、衬套、盖等的端面;紧固件的自由表面,如螺栓、螺钉和螺母的表面;不要求定心及配合特性的表面,如螺钉孔和铆钉孔等表面,飞轮、皮带轮、联轴节、偏心轮的侧面,平键及键槽上下面,齿轮顶圆表面;所有轴和孔的退刀槽;不重要的铰接配合表面等
3.2	微见加工痕迹	车、刨、铣、钻、镗、锉、磨、拉、刮 1~2点/cm^2、滚压、铣齿	半精加工表面。用于外壳、箱体、盖面、套筒、支架和其他零件连接而不形成配合的表面,扳手和手轮的外圆表面,要求有定心及配合特性的固定支承表面,定心的轴肩,键和键槽的工作表面,不重要的紧固螺纹的表面,非传动用的梯形螺纹表面,燕尾槽的表面,需要发蓝的表面,需要滚花的预加工表面,低速下工作的滑动轴承和轴的摩擦表面,张紧链轮、导向滚轮壳孔与轴的配合表面,止推滑动轴承及中间垫片的工作表面,滑块及导向面等
1.6	看不清加工痕迹	车、刨、铣、钻、镗、锉、磨、拉、刮 1~2点/cm^2、滚压、铣齿	要求有定心及配合特性的固定支承,衬套、轴承和定位销的压入孔表面,不要求定心及配合特性的活动支承面,活动关节及花键结合面,8级齿轮齿面,齿条齿面,传动螺纹工作面,低速转动的轴颈,楔形键及键槽上下面,三角皮带轮槽表面,电镀前金属表面等
0.80	可辨加工痕迹的方向	车、立铣、镗、磨、拉、刮 3~10点/cm^2、滚压	要求保证定心及配合特性的表面,锥销与圆柱销的表面,与G级和E级精度滚动轴承相配合的孔和轴颈表面,中速转动的轴颈,过盈配合的H7孔,间隙配合的H8,H9孔,滑动导轨面,不要求保证定心及配合特性的活动支承面,高精度的活动球状接头表面,磨削的轮齿,榨油机螺旋榨辊面等
0.40	微辨加工痕迹的方向	铰 镗、磨、拉、刮 3~10点/cm^2、滚压	要求能长期保持所规定的配合特性的H7,H6孔;7级精度齿轮齿面,蜗杆齿面(7~8级);与D级滚动轴承配合的孔和轴颈表面;要求保证定心及配合特性的表面;滑动轴承轴瓦的工作表面;分度盘表面;工作时承受反复应力的重要零件,在不破坏配合特性下工作,要求保证其防腐性、耐久性和疲劳强度所要求的表面;受力螺栓的圆柱表面;发动机气门头圆锥面;与橡胶油封相配的轴表面等

续表 4-47

粗糙度 Ra/m（不大于）	表面状况	加工方法	应用举例
0.20	不可辨加工痕迹的方向	布轮磨、磨、研磨、超级加工	工作时承受反复应力的重要零件，在不破坏配合特性下工作，要求保证其防腐性、耐久性和疲劳强度所要求的表面；轴颈表面、活塞表面，要求气密的表面和支承面；精密机床主轴锥孔，顶尖圆锥表面；精确配合的 H6，H5 孔；3，4，5 级精度齿轮齿面；与 C 级精度滚动轴承配合的孔和轴颈表面；液压油缸和柱塞的表面；齿轮泵轴颈等
0.10	暗光泽面	超级加工	工作时承受较大反复应力的重要零件表面，保证零件的疲劳强度、防蚀性，及在活动接头工作中保证耐久性的一些表面；精密机床主轴箱与套筒配合的孔；活塞销的表面；液压传动用孔的表面，阀的工作面，气缸内表面；仪器中承受摩擦的表面，如导轨、槽面等
0.05	高光泽面		特别精密的滚动轴承套圈滚道、滚珠及滚柱表面，摩擦离合器的摩擦表面，工作量规的测量表面，精密刻度盘表面，精密机床主轴套筒外圆面等
0.025	镜状光泽面		特别精密的滚动轴承套圈滚道、滚珠及滚柱表面，量仪中中等精度间隙配合零件的工作表面，柴油发动机高压油泵中柱塞和柱套的配合表面等
0.012	雾状镜面		仪器的测量表面，量仪中高精度间隙配合零件的工作表面，尺寸超过 100mm 的量块工作表面等
0.008			量块的工作表面，高精度测量仪器的测量面，光学测量仪器中金属镜面，高精度仪器摩擦机构的支撑面等

5 技 术 测 量

5.1 常用量具

5.1.1 常用量具的规格和应用(表 5-1)

表 5-1 常用量具的规格和应用 (mm)

量具名称	测量范围	分度值	应 用
钢直尺 (GB 9056—88)	150,300,600, 1 000,1 500,2 000	0.5	适用于测量长度较短的工件
钢卷尺 GB 1.633—89	1 000,2 000,3 000, 3 500,5 000,10 000	1	测量较长工件的尺寸或距离
内卡钳、外卡钳	100,125,200, 250,300,350, 400,450,500, 600	—	与钢直尺配合使用,测量工件的内形尺寸(如内径、槽宽)或外形尺寸(如外径、厚度)等
弹簧卡钳			与普通内、外卡钳相同,但便于调节
游标卡尺 GB/T 1211.2—1996	150,200,300, 500,1 000	0.02, 0.05, 0.1	能较精确地测量工件的内外尺寸(如内径、外径、高度、深度等)
大量程游标卡尺 ZB J42031—89	1 500,2 000		
带表卡尺 GB/T 6317—1993	150,200,300	0.01, 0.02, 0.05	同游标卡尺
电子数显卡尺 GB/T 14899—1994	150,200,300, 500	0.01	与游标卡尺用途相同,但测量精度高,并具有防磁、防锈和防油污的特点
高度游标卡尺 GB/T 1214.3—1996	200,300,500, 1 000	0.02, 0.05	测量工件的高度尺寸及精密划线用
电子数显高度卡尺 JB 5609—91	200,300,500	0.01	测量精度比高度游标卡尺更高,能迅速、准确、直观地读出其高度值
深度游标卡尺 GB/T 1214.4—1996	200,300,500	0.02, 0.05	用于测量工件深度尺寸,台阶高度尺寸
电子数显深度卡尺 JB 5608—91	300,500	0.01	测量精度比深度游标卡尺更高,能迅速、准确、直观地读出其深度值
齿厚游标卡尺 GB/T 6316—1996	1～16,1～25, 5～32,10～50	0.02	适用于测量齿轮齿厚尺寸

续表 5-1

量具名称	测量范围	分度值	应　用
电子数显齿厚卡尺 JB 6080—92	1～26,5～50	0.01	测量精度较高,读数准确、直观、迅速、方便
外径千分尺 GB 1216—85	25,50,75,100, 125,150,175,200, 225,250,275,300, 400,500,600,700, 800,900,1 000	0.01	用于测量工件的外部尺寸(如外径、厚度、长度等)
大外径千分尺 ZBJ 42004—87	1 500,2 000, 2 500,3 000	0.01	用于测量较大工件的外部尺寸
电子数显外径千分尺 JB 6079—92	25,50,75, 75～99.999	0.001, 0.000 1	主要用于测量工件外部尺寸,测量精度较高
内径千分尺 GB 8177—87	50～250,50～600, 100～1 225,100～1 500, 100～5 000,150～1 250, 150～1 400,150～5 000	0.01	用于测量工件的孔径、槽宽、卡规等的内尺寸和两个内表面之间的距离等,测量精度较高
三爪内径千分尺 GB 6314—86	6～8,8～10,10～12, 11～14,14～17,17～20, 20～25,25～30,30～35	0.01, 0.005	用于内孔测量,测量范围更大,精度更高
深度千分尺 GB 1218—87	25,100,150	0.01	用于测量精密工件的孔、沟槽的深度和台阶的高度,测量精度较高
壁厚千分尺 GB 6312—86	25,50	0.01	主要用于测量管子的壁厚
螺纹千分尺 GB 10932—89	25,50,75,100, 125,150	0.01	用来测量螺纹的中径尺寸
公法线千分尺 GB 1217—86	25,50,75,100, 125,150	0.01	测量外啮合圆柱齿轮的两个不同齿面公法线长度,也可用于测量某些难测部位的长度尺寸
杠杆千分尺 GB 8061—87	25,50,75,100	0.001	与外径千分尺相同,测量精度较外径千分尺高;用于测量工件的精密外形尺寸,或校对一般量具的精度
带计数器千分尺 JB 4166—85	25,50,75,100	0.01	用于测量工件的外形尺寸
百分表 GB 1219—85	3,5,10	0.01	用于测量工件的各种几何形状和相互位置的准确性,以及位移量,并可作比较法测量
大量程百分表 GB6311—86	30,50,100	0.01	

续表 5-1

量具名称	测量范围	分度值	应 用
千分表 GB 6309—86	1,2,3,5	0.001	用于测量精密工件的形状误差及位置误差,测量工件的长度;读数迅速、直观
电子数显百分表	3,5,10,25,30	0.01	
电子数显千分表	5,9,10	0.001	
杠杆百分表 GB 6310—86	0～0.8	0.01	用于测量工件的形状误差和位置误差,并可用比较法测量长度;对受空间限制的测量,如内孔跳动量、键槽、导轨的直线度等尤为适宜
杠杆千分表 GB 8123—87	0～0.2	0.002	
内径百分表 GB 8122—87 内径千分表	6～10,10～18, 18～35,35～50, 50～100,100～160, 160～250,250～450	0.01	用比较法测量工件圆柱形内孔和深孔的尺寸及其形状误差
游标万能角度尺 GB/T 6315—1996	320°,360°	2′, 5′,10′	用于测量两测量面夹角大小
数字式光学合像水仪 框式水平仪 条式水平仪 GB/T 16455—1996	100,150,200, 250,300	0.02, 0.05, 0.10	适用于检验各种机床及其他类型设备导轨的平直度,机件相对位置的平行度以及设备安装的水平与垂直位置,还可用于测量工件的微小倾角
电子水平仪 ZBJ 42027—88		0.001, 0.002 5, 0.005, 0.01	用于测量平板、机床导轨等平面的直线度、平行度、平面度和垂直度
正弦规 JB/T 7973—1995	100,200	0.1	测量或检验精密工件及量规的角度,亦可作机床上加工带角度零件的精密定位用
螺纹规 JB/T 7981—1996	0.4～6 标准螺距 (20 片) 英制 28～5,4.5,4 牙 (18 片)		用于检验普通螺纹的螺距
半径规 JB/T 7980—1995	1～6.5,7～14.5, 15～25		检验工件上凹凸表面的曲线半径
中心规	60°,55°		检验螺纹及螺纹车刀角度,也可校验车床顶尖的准确性
宽度角尺	63×40,125×80, 200×125,315×200, 500×315,800×500,1 250×800, 1 600×1 000	精度等级: 0 级 1 级 2 级	检验直角,划垂线和安装定位等
塞尺 JB/T 7979—1995	详见“塞尺的应用”		测量或检验两平行面间的空隙
量块 GB 6093—83	详见“量块的组合尺寸”		用于调整、校正或检验测量仪器、量具,及测量精密零件或量规的正确尺寸;与量块附件组合,可进行精密划线工作,是技术测量上长度计量的基准

5.1.2 常用量具的结构和使用

5.1.2.1 各种游标卡尺的结构和使用

1. 游标卡尺的结构

游标卡尺是由主尺和副尺(游标)组成。主尺与固定卡爪制成一体,副尺与活动卡爪制成一体,依靠弹簧压力,沿主尺尺身滑动,并保持与尺身正确的相对位置。

2. 游标卡尺使用方法

用游标卡尺测量工件,可用单手拿尺测量,也可用双手拿尺测量;测量大尺寸工件一般应用双手拿尺测量。

测量外尺寸时,先把测量爪张开比被测尺寸稍大,把工件放入两个张开的卡爪间,选择卡爪适当位置,把固定卡爪贴靠在被测工件表面上慢慢推动尺框,使活动测量爪轻轻接触被测表面;然后稍微移动一下活动测量爪,以便找出最小尺寸部位,即可得到测量结果。注意卡尺的两个测量爪不能歪斜,必须垂直于被测表面。

测量内径时,应使卡爪开度小于内径,将测量爪插入内径后,先把固定爪贴靠在内壁上,再慢慢拉动尺框,使活动测量爪轻轻接触其内壁;然后将测量爪在内壁上稍微摆动一下,以找出最大尺寸部位。用紧固螺钉把尺框固定,轻轻取出卡尺读数。

测量深度时,要使卡尺的尺身下端面与被测件的顶面相贴合,再向下推动深度尺,使之轻轻接触被测底面,然后取出卡尺读数。注意深度尺应垂直放置,不得歪斜;尺身下端面与被测件顶面贴紧不留间隙;要使深度尺的削角边靠向槽壁,以免槽底根部圆角等影响测量结果。

3. 游标卡尺读数方法

游标卡尺的读数方法可分为三步:

先读整数——看游标零线左边,主尺尺身上最靠近的那条刻线的数值,是被测尺寸的整数部分;

再读小数——看游标零线右边,数出游标第几条刻线与尺身刻线对齐,用此数乘以游标读数值,即得出被测尺寸的小数部分;

得出被测尺寸——把以上两次读数的整数部分和小数部分相加即得所测尺寸。

各种游标卡尺的结构和使用见表5-2。

表5-2 各种游标卡尺的结构和使用

名称	结构	使用方法
游标卡尺	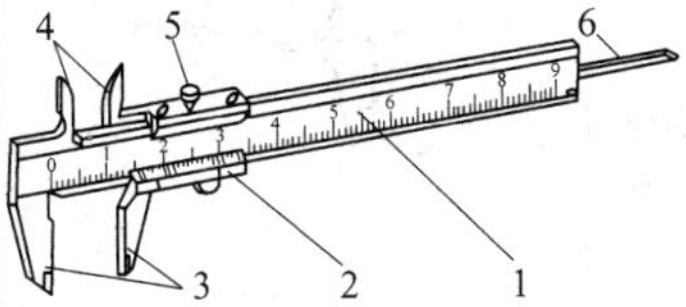 1. 尺身 2. 游标 3. 外测量爪 4. 刀口内测量爪 5. 紧固螺钉 6. 深度尺	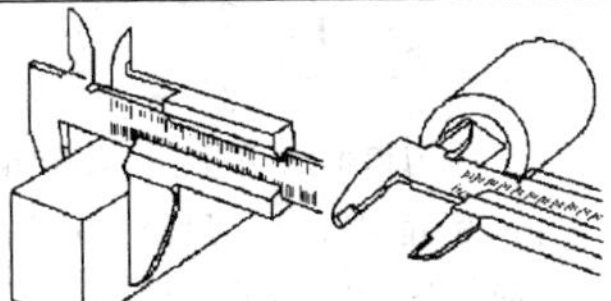 (a)测量外外部尺寸 (b)测量内部尺寸 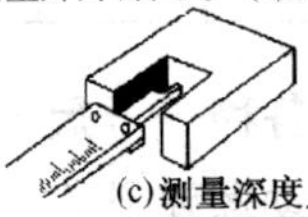 (c)测量深度尺寸

续表 5-2

名称	结构	使用方法
深度游标卡尺	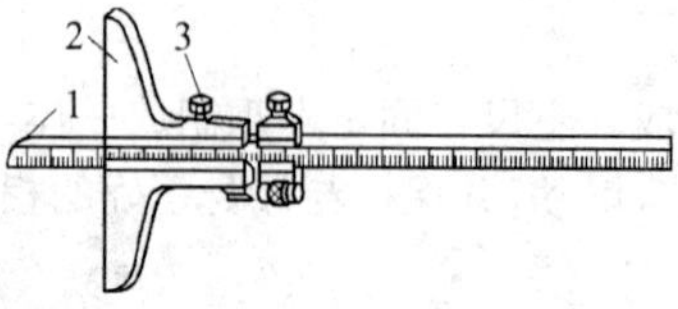 1. 尺身 2. 尺框 3. 紧固螺钉	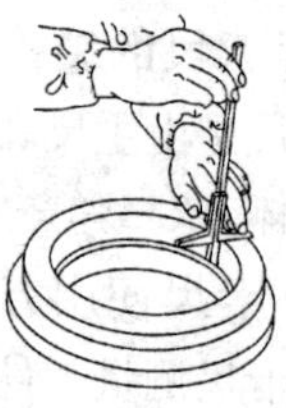
高度游标卡尺	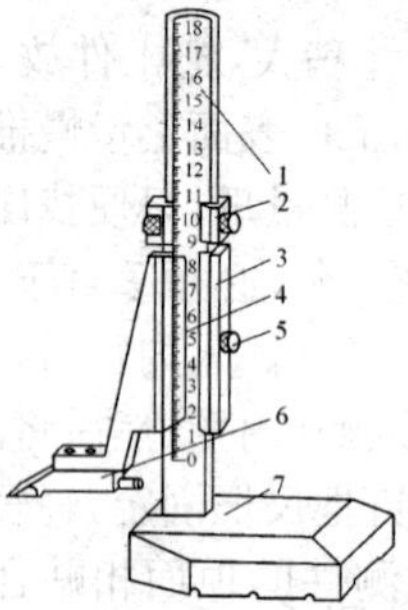 1. 尺身 2. 微动装置 3. 尺框 4. 游标 5. 紧固螺钉 6. 划线量爪 7. 底座	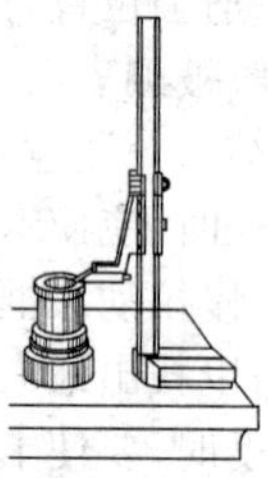
齿厚游标卡尺	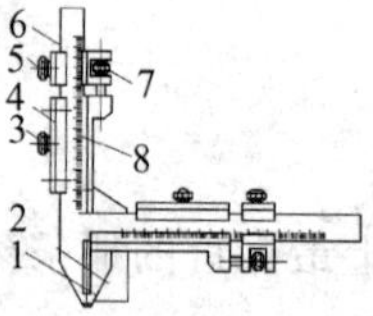 1. 齿厚尺尺框 2. 齿高尺 3,5. 紧固螺钉 4. 齿高尺尺框 6. 尺身 7. 微动装置 8. 游标	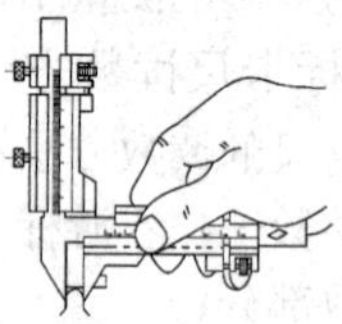 应根据所测齿轮的弦的弦齿高调整好齿高尺,再移动齿厚尺框测量弦齿厚
带表卡尺	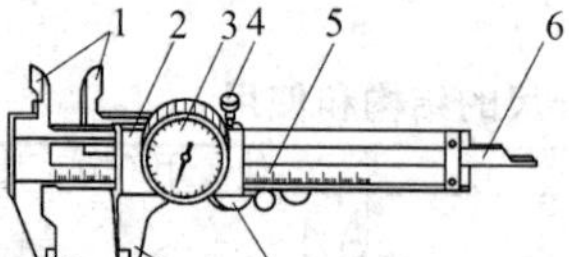 1. 刀口形内测量爪 2. 尺框 3. 指示表 4. 紧固螺钉 5. 尺身 6. 深度尺 7. 微动装置 8. 外测量爪	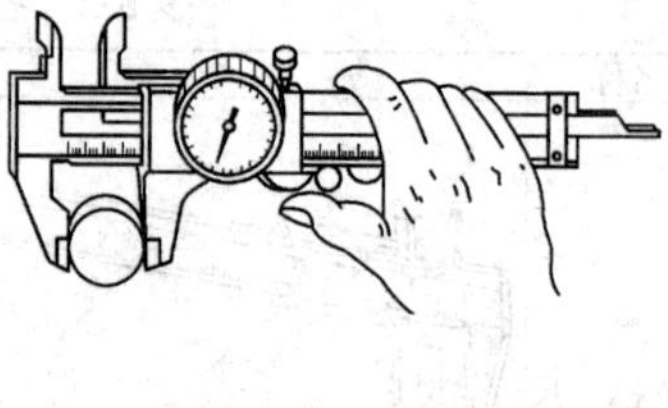

5.1.2.2 各种千分尺的结构和使用

千分尺是微动螺旋副类测量器具,在机械制造业中应用广泛。其结构多种多样，都是利用螺旋副传动原理，把螺杆的旋转运动变换成直线位移来进行测量的，测量准确度较高。

各种千分尺的结构和使用见表5-3。

表5-3 各种千分尺的结构和使用

名 称	结 构	使 用 方 法
外径千分尺	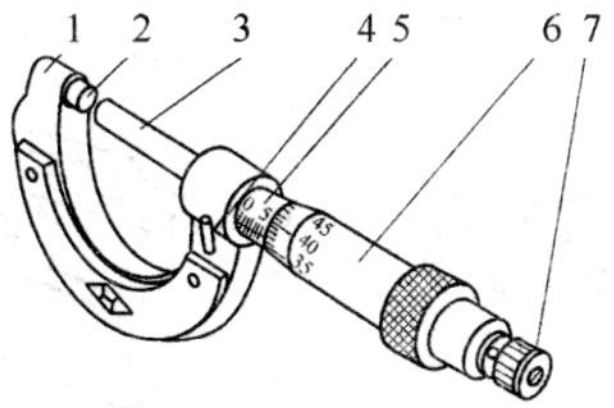 1 2 3 4 5 6 7 1. 尺架 2. 测砧 3. 测微螺杆 4. 锁紧装置 5. 固定套筒 6. 微分筒 7. 测力装置	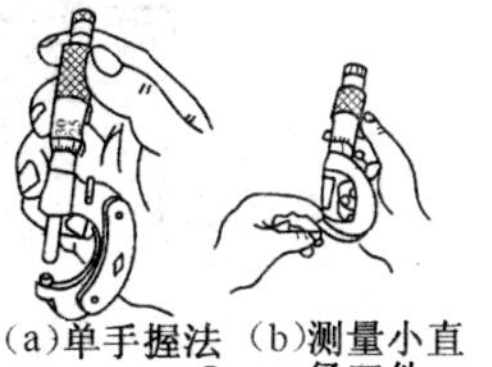 (a)单手握法 (b)测量小直径工件  (c)用千分尺固定架测量工件 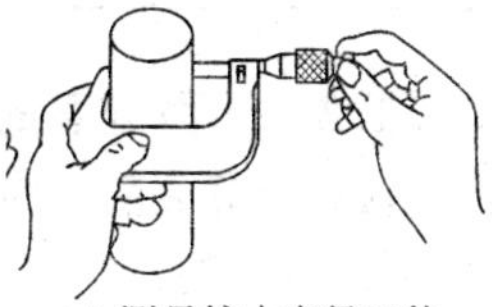 (d)测量较大直径工件
杠杆千分尺	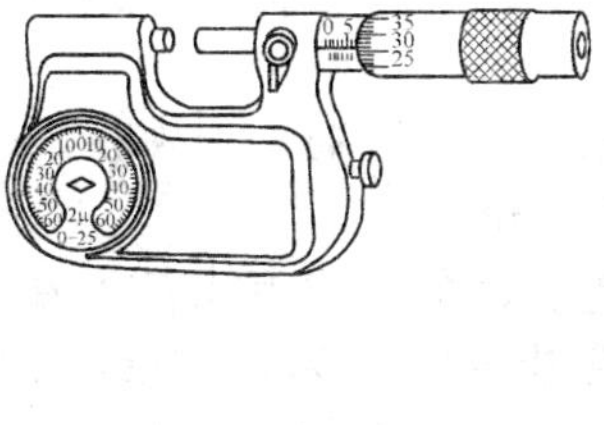	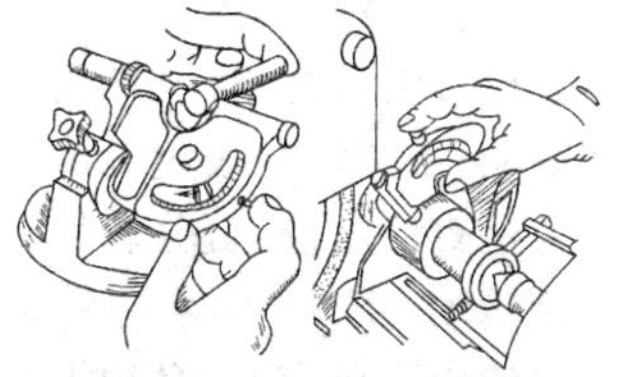 (a)用千分尺固定测量工件 (b)在机床上测量工件
普通内径千分尺	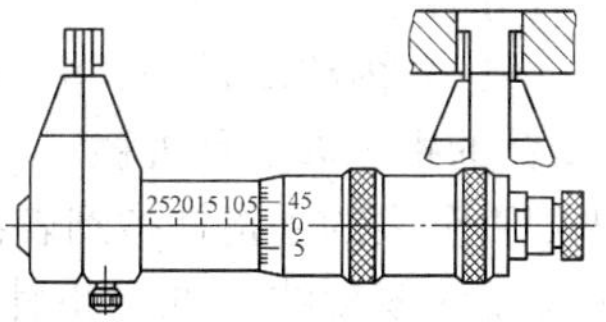	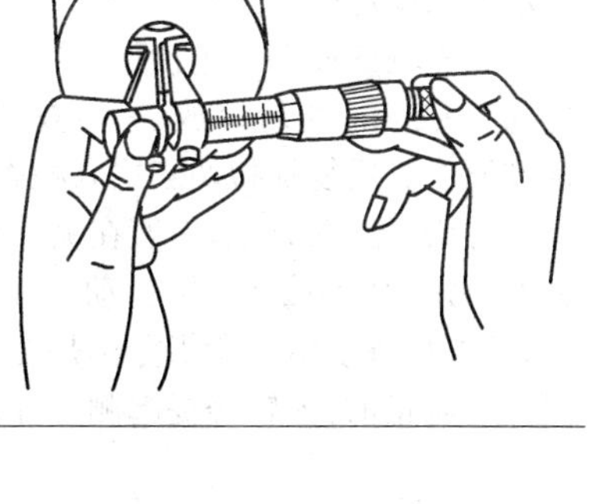

续表 5-3

名　称	结　构	使 用 方 法
杆式内径千分尺	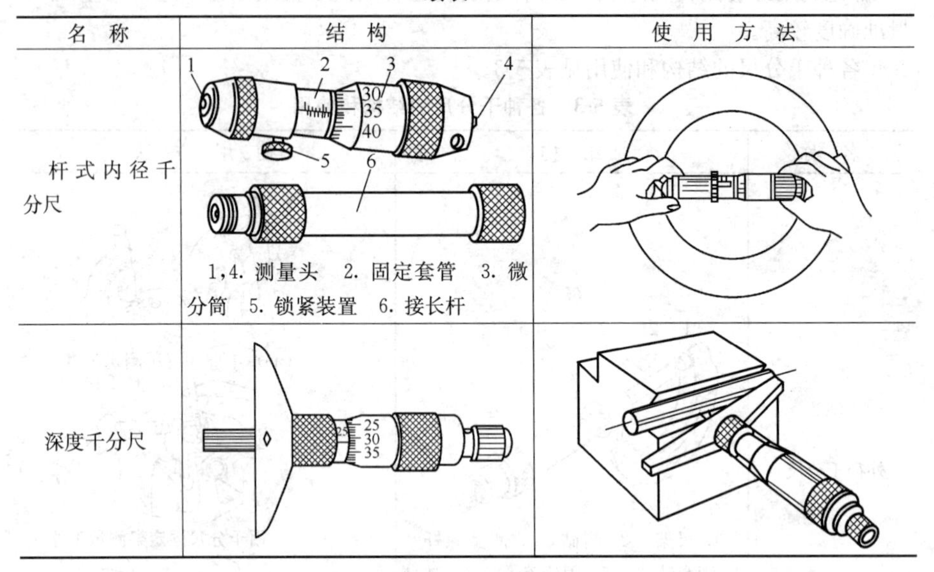 1,4. 测量头　2. 固定套管　3. 微分筒　5. 锁紧装置　6. 接长杆	
深度千分尺		

5.1.2.3　百分表的结构和使用

机械式百分表的结构多种多样，但其工作原理相同，都是利用齿轮齿条、杠杆或扭簧等传动，把测量杆的微小直线位移变为指针的转动，从而使指针在刻度盘上指示出相应的数值。百分表的使用方法如下：

1）百分表使用前的检查。

①检查外观：表体是否完整，后盖是否密封，测量头、测量杆有无碰伤等；

②检查灵敏性：轻轻推动、放松测量杆，看它在轴套内移动是否平稳、灵活无卡滞或跳动；主指针与表盘无擦蹭现象；

③检查稳定性：百分表处于自由状态时，用手推动和放松测量杆，使主指针从零线开始转动 60°～90°，看主针是否回归原位。

2）使用百分表时，必须把它可靠地固定在表座（万能表座、磁性表座）或支架上。

3）测量头与被测表面接触时，要先让主指针转过半圈到一圈左右，使测量杆预先有 0.3～1mm 的压缩量，以保持测量头与被测表面之间有一定的初始测力，可提高示值的稳定性。

4）当测量杆有一定预压缩量后，将百分表紧固。用两指捏住测量杆上端的挡帽提起 1～2mm，再轻轻放下，检查测量杆在轴套内移动是否灵活，并观察主指针是否回到原位。反复提拉两三次来检查主指针的指示数值是否稳定。

5）为了读数方便，一般在测量前先把百分表的主指针指到表盘的零位。在测量杆有一定预压缩量后，再转动表盘，使表盘的零刻线对准主指针，然后再提拉测量杆，重新检查主指针所指零位是否有变化，反复几次直到对准为止。

6）测量前，先轻轻提起测量杆，把被测件移至测量头的下方，然后再缓慢放松测量杆，使测量头与被测件相接触。

百分表的结构和使用见表5-4。

表5-4 百分表的结构和使用

名称	结构	使用方法
杠杆百分表	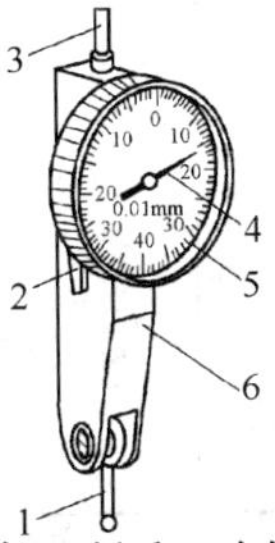 1.杠杆测头 2.扳手 3.夹持杆 4.指针 5.表圈 6.表体 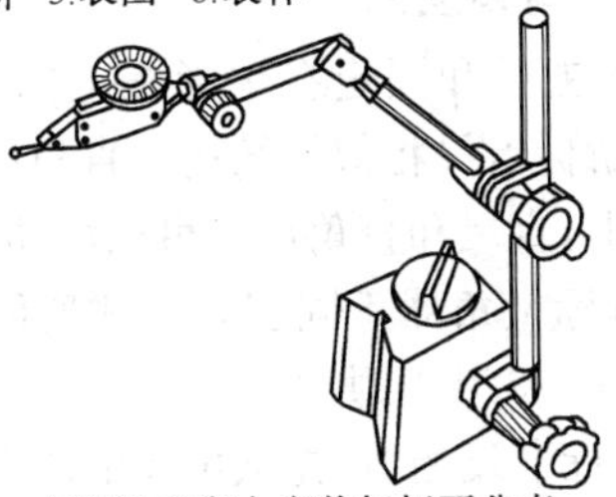 在磁性表座上安装杠杆百分表	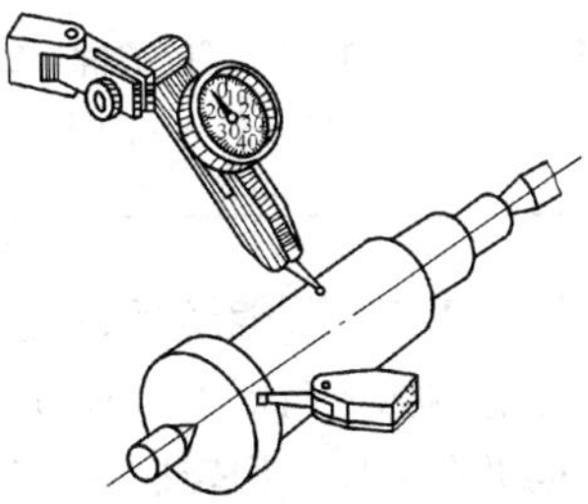 在磁性表座上安装杠杆百分表
钟面式百分表	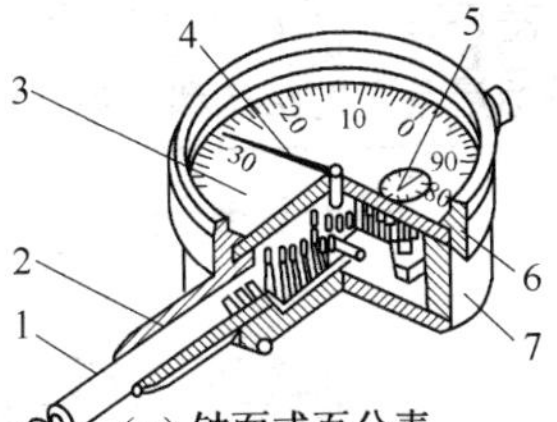 (a) 钟面式百分表 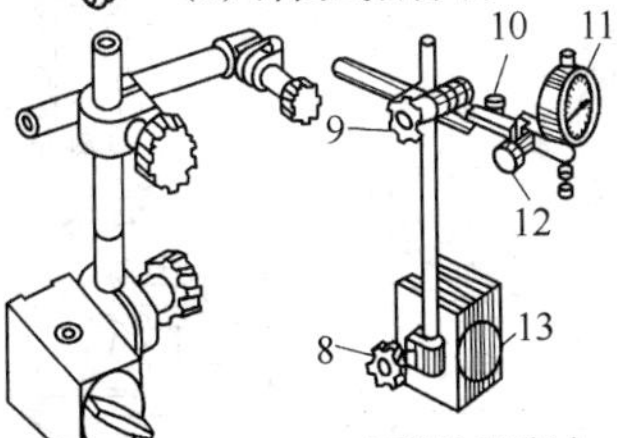 (b)磁性表座 (c)在磁性表座上安装百分表 1. 测量杆 2. 轴套 3. 表盘 4. 长指针 5. 短指针 6. 表圈 7. 表体 8,9. 捏手螺母 10,12. 滚花螺母 11. 百分表 13. 开关	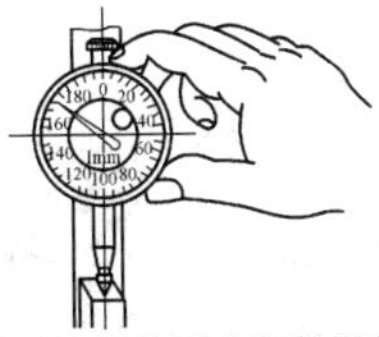 (a) 调整百分表的零位 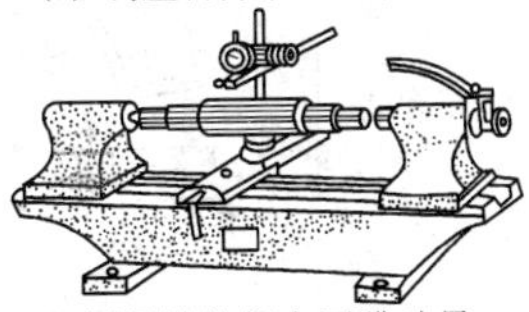 (b) 测量轴的径向圆跳动量

续表 5-4

名 称	结 构	使 用 方 法
内径百分表	1. 定位护桥 2. 活动测头 3. 手柄 4. 活动量杆 5. 直管 6. 摆块 7. 可换测头	

5.1.2.4 万能游标量角器的结构和使用

万能游标量角器由有角度刻线的主尺和固定在扇形板上的游标副尺所组成。扇形板可在主尺上回转摆动，形成和游标卡尺相似的结构。直角尺可用套箍固定在扇形板上，直尺用套箍固定在直角尺上，直尺和直角尺都可以滑动。如拆下直角尺，也可将直尺固定在扇形板上。万能游标量角器不同安装方式所能测量的角度范围是0°～50°,50°～140°,140°～230°,230°～320°几种。

万能游标量角器的读数方法与游标卡尺相似，先从主尺上读出副尺零线前的整度数，再从副尺上读出角度"分"的数值，两者相加就是被测工件的角度数值。

万能游标量角器的结构和使用见表 5-5。

表 5-5 万能游标量角器的结构和使用

名 称	结 构	使 用 方 法
万能游标量角器	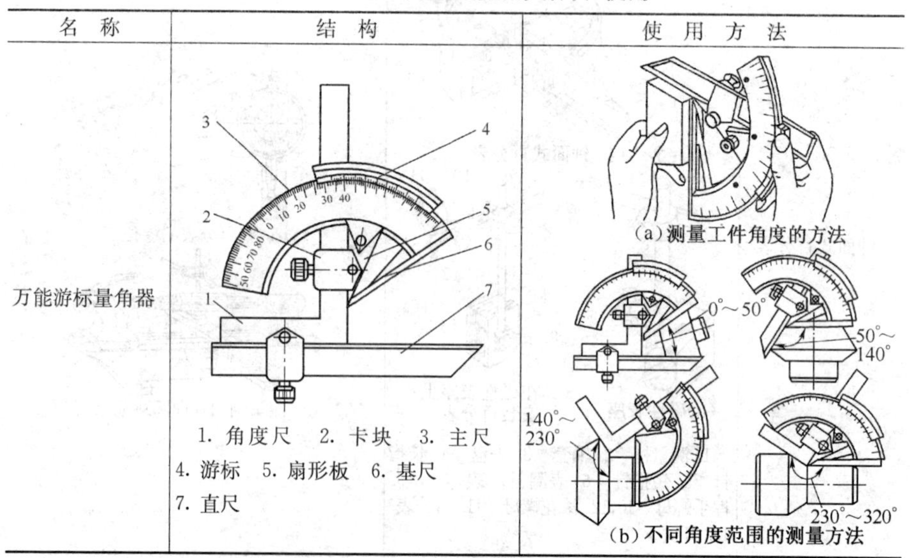 1. 角度尺 2. 卡块 3. 主尺 4. 游标 5. 扇形板 6. 基尺 7. 直尺	(a) 测量工件角度的方法 (b) 不同角度范围的测量方法

5.1.3 塞尺

1. 塞尺的组成和使用

塞尺是用来测定两个接合面之间间隙大小的成套量具，如图 5-1 所示。用塞尺测量两工件间隙的方法如图 5-2 所示。

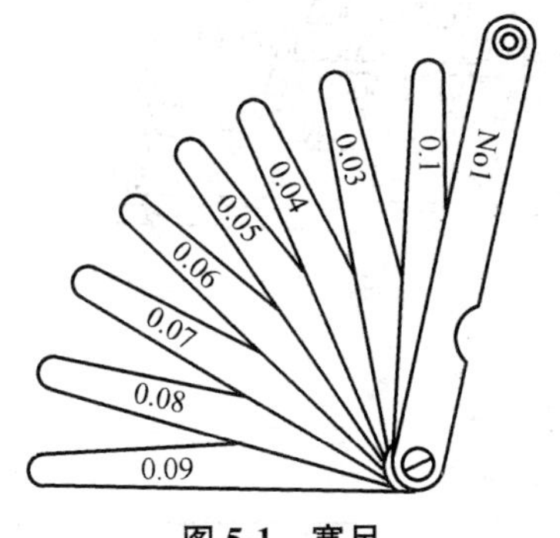

图 5-1 塞尺

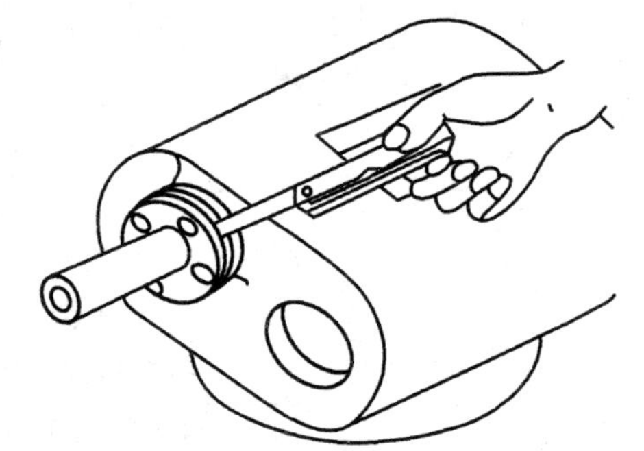

图 5-2 用塞尺测量间隙的方法

2. 成组塞尺的规格(表 5-6)

表 5-6 成组塞尺的规格

型别	塞尺片长度/mm	塞尺片厚度系列及组装顺序/mm	每组片数
A型 B型	75,100,150,200,300	保护片，0.02*，0.03*，0.04*，0.05*，0.06，0.07，0.08，0.09，0.1	13
		1.00，0.05，0.06，0.07，0.08，0.09，0.10，0.15，0.20，0.25，0.30，0.40，0.50，0.75	14
		0.50，0.02，0.03，0.04，0.05，0.06，0.07，0.08，0.09，0.10，0.15，0.20，0.25，0.30，0.35，0.40，0.45	17
		1.00，0.05，0.10，0.15，0.20，0.25，0.30，0.35，0.40，0.45，0.50，0.55，0.60，0.65，0.70，0.75，0.80，0.85，0.90，0.95	20
		0.50，0.02*，0.03*，0.04*，0.05*，0.06，0.07，0.08，0.09，0.1，0.15，0.20，0.25，0.30，0.35，0.40，0.45	21

注：带*为 2 片。

5.1.4 量块

量块是由两个相互平行的测量面之间的距离来确定其工作长度的高精度量具。量块是长度计量的基准，可用于量具和量仪的检验和校正。

量块是用不易变形的耐磨钢材制成的长方体。量块一般做成一套装在特制的木盒内，如图 5-3 所示。成套量块的规格见表 5-7。

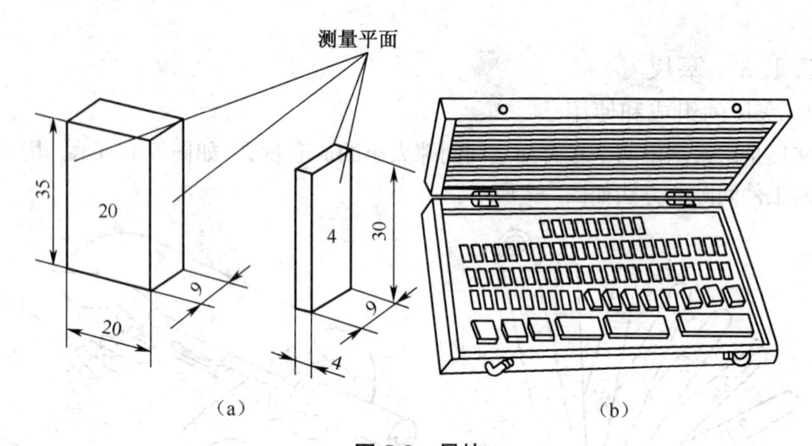

图 5-3 量块

(a)单件量块 (b)成套量块

表 5-7 成套量块的规格

顺序	量块基本尺寸/mm	间距/mm	块数	备注
1	0.5,1; 1.01,1.02,…,1.49; 1.001,1.002,…,1.009; 1.5,1.6,…,1.9; 10,20,…,100; 2.0,2.5,…,9.5	— 0.01 0.001 0.1 10 0.5	2 49 9 5 10 16 共 91 块	
2	0.5,1; 1.005; 1.01,1.02,…,1.49; 1.5,1.6,…,1.9; 2.0,2.5,…,9.5; 10,20,…,100	— — 0.01 0.1 0.5 10	2 1 49 5 16 10 共 83 块	
3	1.001,1.002,…,1.009	0.001	9	
4	0.999,0.998,…,0.991	−0.001	9	
5	0.5,1.0,1.5,2.0 各 2 块	—	8	
6	125,150,175,200,250, 300,400,500; 50,50	—	8 2 共 10 块	护块
7	600,700,800,900,1 000 各 1 块	—	5	

使用量块时,为减少积累误差,应尽可能采用最少块数组成量块组。一般不超

过四块。在计算时,选取第一块应根据组合尺寸的最后一位数字选取,后面各块依次类推。例如,所要的尺寸为66.545mm,由91块一套的盒中选取,则

66.545－1.005(第一块尺寸)＝65.54(mm);

65.54－1.04(第二块尺寸)＝64.5(mm);

64.5－4.5(第三块尺寸)＝60(mm);

60(第四块尺寸)。

5.2　常用检测技术

5.2.1　线性尺寸的检测

1. 检测方法

(1)*直接检测法*　不必对被测的量与其他实测的量进行函数关系的辅助计算,而直接得到被测量值的检测方法。例如用游标卡尺测量轴颈等。此法简单、直观。

(2)*接触测量法*　测量仪器的测量头与工件的被测表面直接接触,并有机械作用的测力存在的测量方法。

(3)*不接触测量法*　测量仪器的测量头与工件的被测表面不直接接触,且没有机械的测力存在的测量方法。如光学投影仪测量、气动测量等。

(4)*静态测量法*　量值不随时间变化的测量方法。测量时,被测表面与测量头是相对静止的。如用公法线千分尺测量齿轮的公法线长度。

(5)*直接比较测量法*　测量示值可直接表示出被测尺寸的全值的测量方法。如游标卡尺测量轴的直径。

(6)*微差比较测量法*　测量示值仅表示被测尺寸对已知标准量的偏差,而测量结果为已知标准量与测量示值的代数和的测量方法。如用比较仪测量轴的直径。

2. 测量误差

精度和误差是两个相对的概念。误差是不准确的意思,即指测量结果离开真值的程度。

(1)*测量的准确度*　测量的准确度是指测量结果与真值的一致程度。在测量时,无论采用什么测量方法和多么精密的测量器具,其测量结果总会存在测量误差。不同的人在不同的测量器具上测量同一零件上的同一部位,测量结果会不相同。即使同一个人用同一台测量器具,在同样条件下多次重复测量,所获得的测量结果,也不会完全相同。这就是因为任何测量都不可避免地存在着测量误差。

(2)*测量误差的来源和分类*

1)测量误差的来源:测量误差的来源是多方面的。在测量过程中的所有因素几乎都会引起测量误差。在与测量过程中有密切关系的基准件、测量方法、测量器具、调整误差、环境条件及测量人员等各种因素都会引起误差。

2)测量误差的类型:根据测量误差出现的规律,可将测量误差分为三种基本类

型，即系统误差、随机误差和粗大误差。

①系统误差：系统误差是在对同一被测量的多次测量过程中，保持恒定或可以预知方式变化的测量误差分量。例如千分尺在使用前应调零位，若零位未调准，将引起定值系统误差。在测量中一般不允许存在系统误差。

②随机误差：在相同条件下，多次测量同一量值时，以不可知方式变化的测量误差的分量。随机误差是由测量过程中未加控制又不起显著作用的多种随机因素引起的。这些随机因素包括温度的变动，测量力的大小，仪器中油膜的变化及视差等。

③粗大误差：粗大误差是指明显超出规定条件下预期的误差。粗大误差又称过失误差。它是由某些不正常的因素造成的，如工作疏忽、经验不足等。

3. 测量基准与定位方式选择

在测量过程中，正确地选择测量基准和定位方式，可以减少测量误差，提高测量精度。

(1)测量基准的选择　测量基准，是用来测量已加工尺寸及位置的基准。选择测量基准应当遵守基准统一的原则，即设计基准、定位基准、装配基准与测量基准应统一。当基准不统一时，应遵守下列原则：

①在工序检验时，测量基准应与定位基准一致；

②在最终检验时，测量基准应与装配基准一致。

(2)定位方式的选择　根据被测件的结构形式及几何形状选择定位方式，选择原则是：

①对平面可用平面或三点支承定位；

②对球面可用平面或V型块定位；

③对外圆柱面可用V型块、顶尖或三爪定心卡盘定位；

④对内圆柱面可用芯轴或内三爪自动定心卡盘定位。

5.2.2 角度的检测

常用角度的测量方法见表5-8。

表5-8 常用角度的测量方法

测量方法	测量工具	测量范围	图　示
直接测量法	直角尺 角度规 专门样板和仪器	90° 0°～360° <10°	48° 60° β

续表 5-8

测量方法	测量工具	测量范围	图示
间接测量法	圆柱、量块、量规	$D_0=(2L_2+D)\tan\frac{\alpha}{2}+\frac{D}{\cos\frac{\alpha}{2}}$ $2\tan\frac{\alpha}{2}=\frac{D-d}{2\cos\frac{\alpha}{2}(2L_1-2L_2+d-D)}$	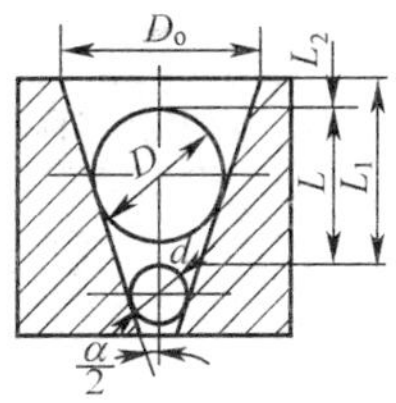 D_0 L_2 D L L_1 d $\frac{\alpha}{2}$

5.2.3 圆锥的测量

常用圆锥的测量方法见表 5-9。

表 5-9 常用圆锥的测量方法

方法	工具	图示	说明
综合检验法	圆锥量规	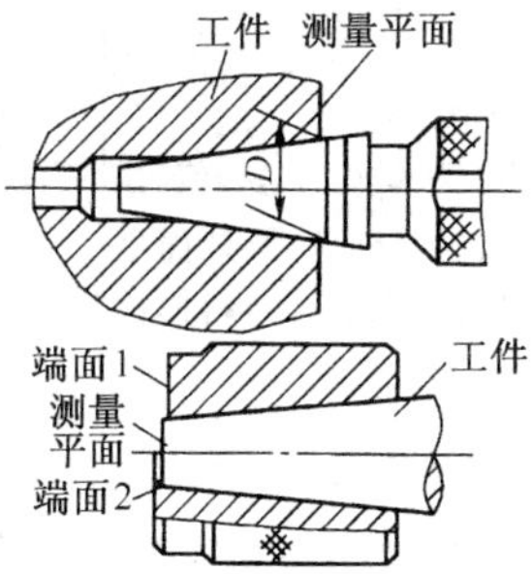 工件 测量平面 D 端面1 工件 测量平面 端面2	工件的测量平面在塞规两条线之间，用手轻晃圆锥塞规的柄部，塞规的两端不晃动。 外圆锥工件的测量平面在套规端面1和2之间
单项检验法	正弦规	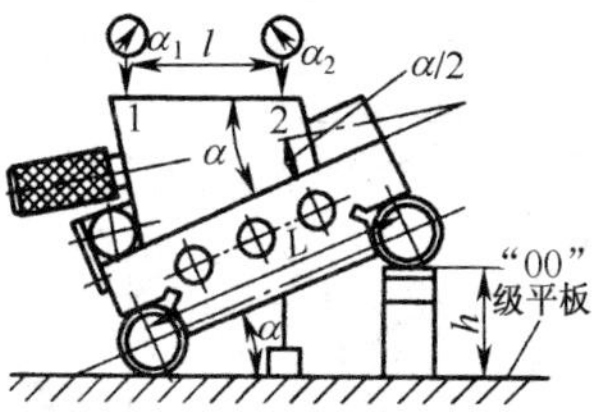 a_1 l a_2 $\alpha/2$ 1 2 α L “00”级平板 h α	按工件的尺寸 l 选取 $L=100$mm 或 200mm 的正弦规； 块规尺寸 $h=l\sin\alpha$； 用千分表测量 a_1，a_2
间接法	标准钢珠	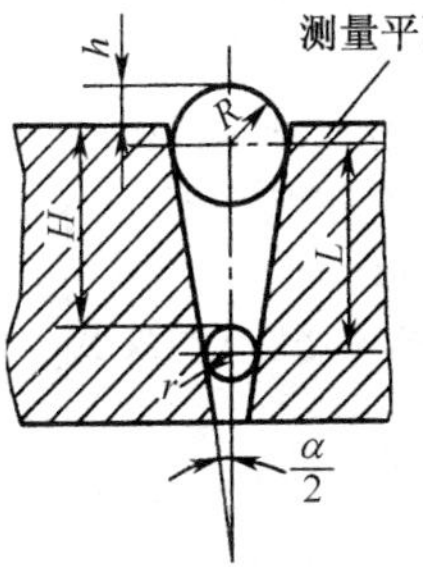 h 测量平面 R H L r $\frac{\alpha}{2}$	$\sin\frac{\alpha}{2}=\frac{R-r}{H-h-R+r}$

5.2.4　形位误差的检测(GB/T 1958—2004)

5.2.4.1　形位误差的检测原则(表 5-10)

表 5-10　形位误差的检测原则

编号	检测原则名称	说　明	示　例
1	与理想要素比较原则	将被测实际要素与其理想要素相比较,量值由直接法或间接法获得;理想要素用模拟方法获得	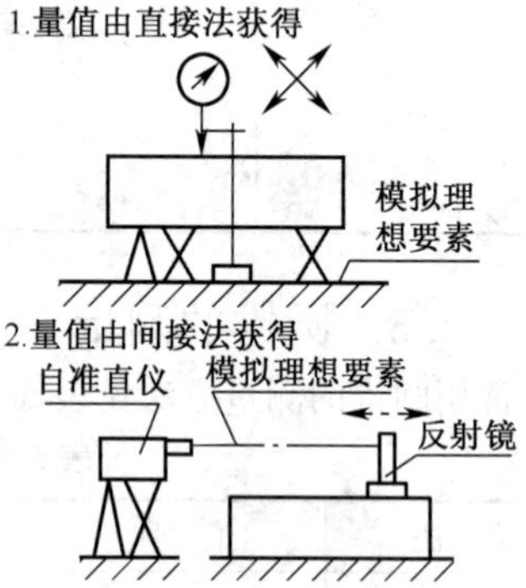 1.量值由直接法获得 模拟理想要素 2.量值由间接法获得 自准直仪 模拟理想要素 反射镜
2	测量坐标值原则	测量被测实际要素的坐标值(如直角坐标值、极坐标值、圆柱面坐标值),并经过数据处理获得形位误差值	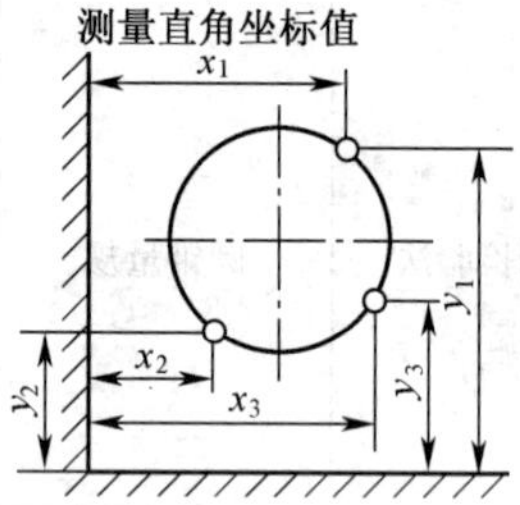 测量直角坐标值 x_1 x_2 x_3 y_1 y_2 y_3
3	测量特征参数原则	测量被测实际要素上具有代表性的参数(即特征参数)来表示形位误差值	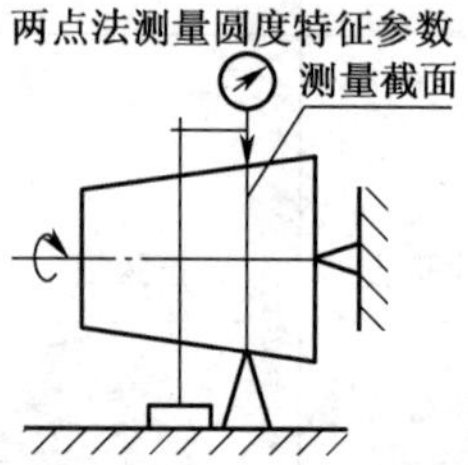 两点法测量圆度特征参数 测量截面
4	测量跳动原则	实际被测要素绕基准轴线回转过程中,没给定方向测量其对某参考点或线的变动量, 变动量是指指示器最大与最小读数之差	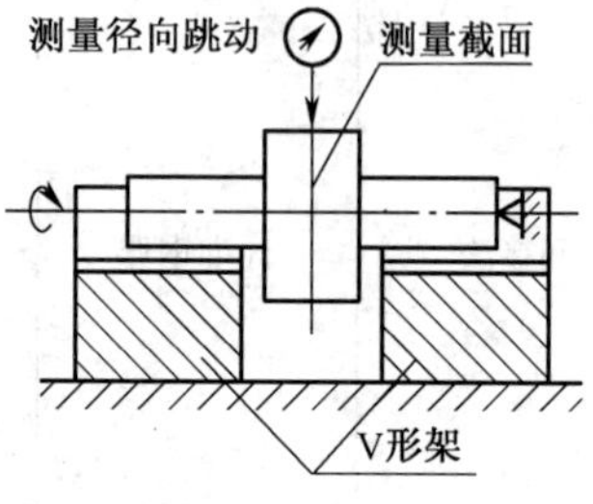 测量径向跳动 测量截面 V形架

续表 5-10

编号	检测原理名称	说明	示例
5	边界控制原则	检验实际被测要素是否超出规定的边界，以判断合格与否	用功能量规检验同轴度误差 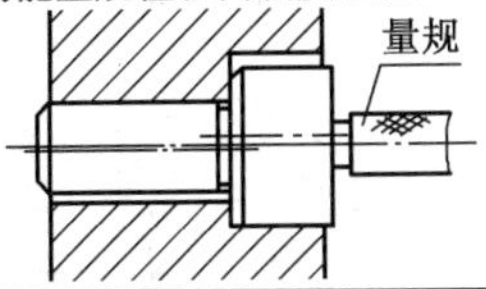 量规

5.2.4.2 检测方案的常用符号

各误差项目的检测方案用代号表示，代号由两个数字组成，前数字表示检测原则，后一数字表示检测方法，数字之间用短号“-”隔开。

检测方案的常用符号及其含义见表 5-11。

表 5-11 检测方案的常用符号

序号	符号	说明	序号	符号	说明
1		平板、平台(或测量平面)	7		连续转动(不超过一周)
2	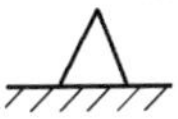	固定支承	8		间断转动(不超过一周)
3	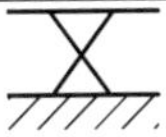	可调支承	9		旋转
4		连续直线移动	10		指示计
5		间断直线移动	11	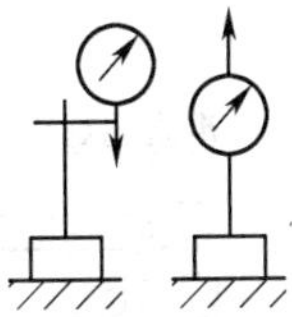	带有指示计的测量架(测量架的符号，根据测量设备的用途，可画成其他式样)
6		沿几个方向直线移动			

5.2.4.3 部分常用检测方案(表 5-12)

表 5-12 部分常用检测方案

代号	公差带与应用示例	检测方法	设备	说明
1. 直线度误差检测				
1-1	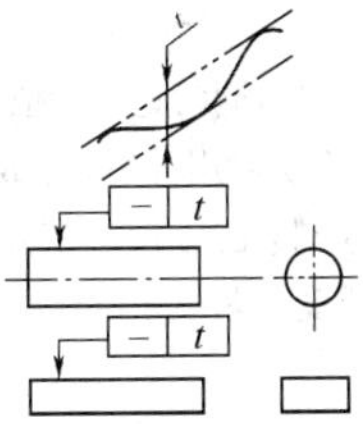 — t — t	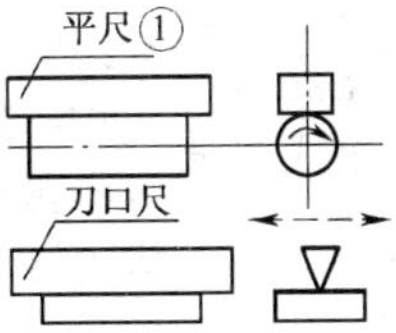 平尺① 刀口尺	平尺(或刀口尺)，厚薄规(塞尺)	①将平尺(或刀口尺)与被测素线直接接触，并使两者之间的最大间隙为最小，此时的最大间隙即为该条被测素线的直线度误差。误差的大小应根据光隙测定，当光隙较小时，可按标准光隙来估读；当光隙较大时，则可用厚薄规(塞尺)测量。 ②按上述方法测量若干条素线，取其中最大的误差值作为该被测零件的直线度误差

续表 5-12

代号	公差带与应用示例	检测方法	设　备	说　明
1-2	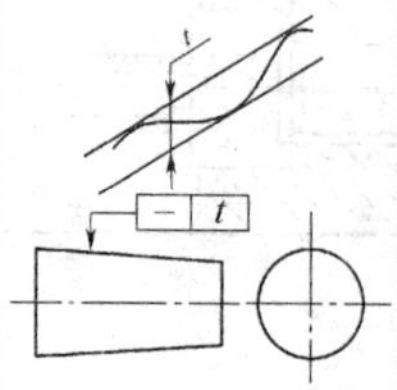	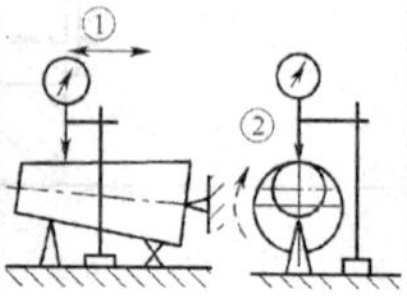	平板，固定和可调支承，带指示计的测量架	将被测素线的两端点调整到与平板等高。 ①在被测素线的全长范围内测量，同时记录示值；根据记录的读数用计算法（或图解法）按最小条件（也可按两端点连线法）计算直线度误差。 ②按上述方法测量若干条素线，取其中最大的误差值作为该被测零件的直线度误差
1-3	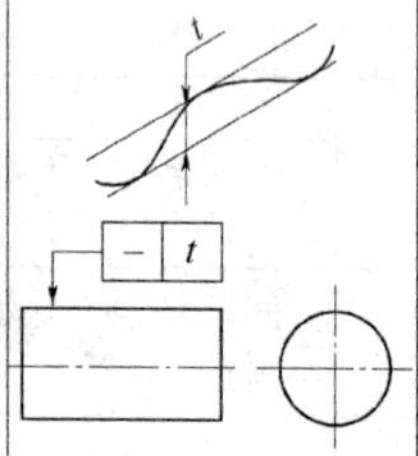	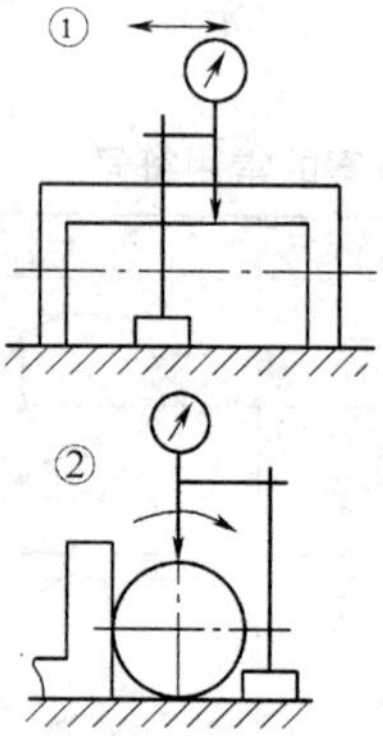	平板，直角座，带指示计的测量架	将被测零件放置在平板上，并使其紧靠直角座。 ①在被测素线的全长范围内测量，同时记录读数。根据记录的读数，用计算法（或图解法）按最小条件（也可按两端点连线法）计算该条素线的直线度误差。 ②按上述方法测量若干条素线，取其中最大的误差值作为该被测零件的直线度误差
1-4	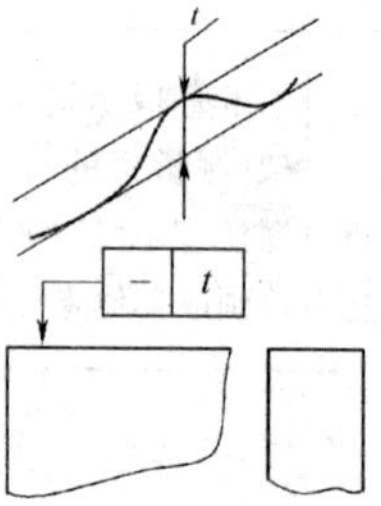	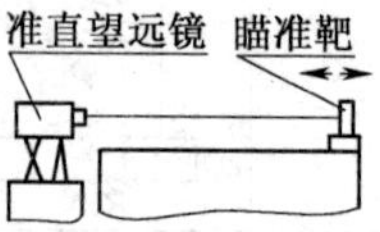 准直望远镜　瞄准靶	准直望远镜，瞄准靶，固定和可调支承	将瞄准靶放在被测素线的两端，调整准直望远镜，使两端点读数相等。 将瞄准靶沿被测素线等距移动，同时记录垂直方向上的读数。 用计算法（或图解法）按最小条件（也可按两端点连线法）计算直线度误差
1-5	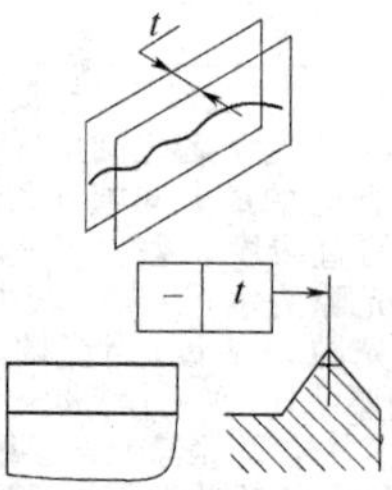	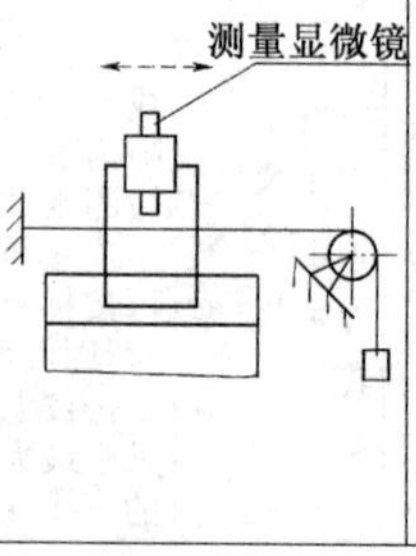 测量显微镜	优质钢丝，测量显微镜（或接触式测量仪）	调整测量钢丝的两端，使两端点的读数相等。测量显微镜在被测线的全长内等距测量，同时记录示值。 根据记录的读数用计算法（或图解法）按最小条件（也可按两端点连线法）计算直线度误差

续表 5-12

代号	公差带与应用示例	检测方法	设备	说明
1-6	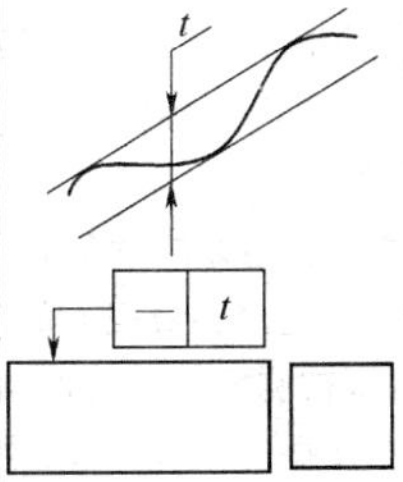	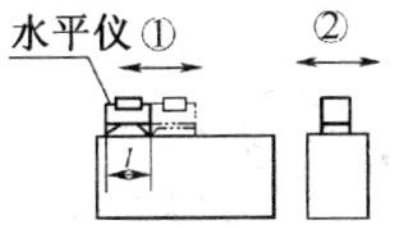 水平仪① ②	水平仪，桥板	将被测零件调整到水平位置。 ①水平仪按节距 l 沿被测素线移动，同时记录水平仪的读数；根据记录的读数用计算法（或图解法）按最小条件（也可按两端点连线法）计算该条素线的直线度误差。 ②按上述方法，测量若干条素线，取其中最大的误差值作为该被测零件的直线度误差。 此方法适用于测量较大的零件
1-7	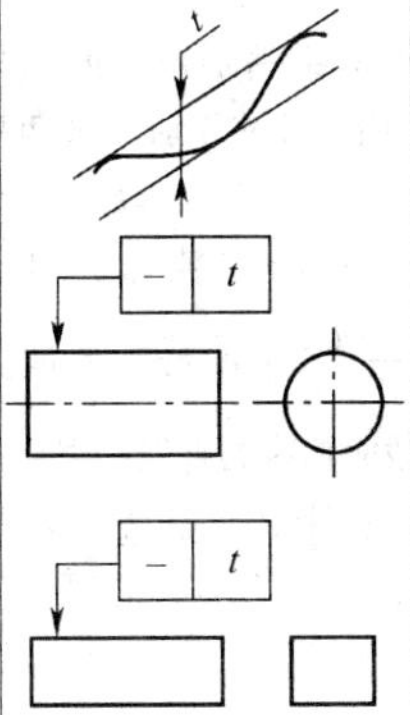	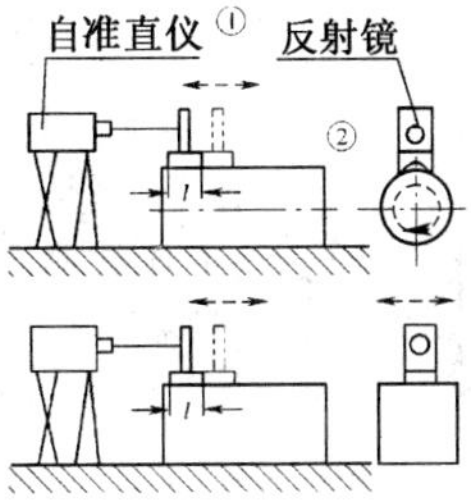 自准直仪① 反射镜 ②	自准直仪，反射镜，桥板	将反射镜放在被测件的两端，调整自准直仪使其光轴与两端点连线平行。 ①反射镜按节距 l 沿被测零件素线移动，同时记录垂直方向上的示值；根据记录的示值用计算法（或图解法）按最小条件（也可按两端点连线法）计算该条素线的直线度误差。 ②按上述方法测量若干条素线，取其中最大的误差值作为该被测零件的直线度误差
1-8	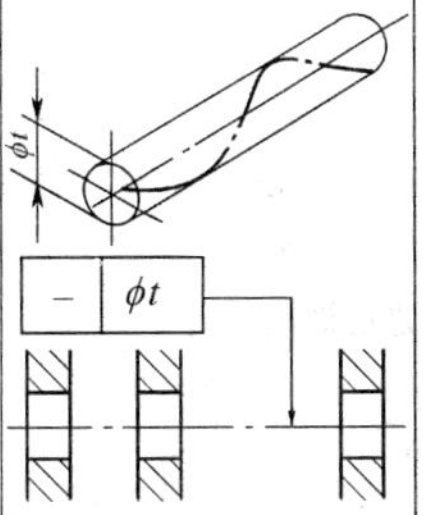	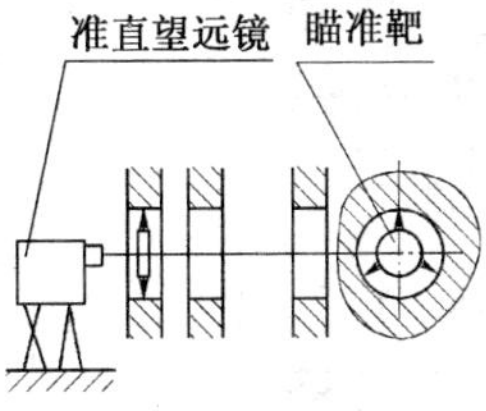 准直望远镜 瞄准靶	准直望远镜瞄，准靶	将瞄准靶放在前后端两孔中，调整准直望远镜使其光轴与两端孔的中心连线同轴。 将瞄准靶分别放在被测零件的各孔中，同时记录水平和垂直方向的示值，然后用计算法（或图解法）得到被测零件的提取轴线，再按最小条件（也可按两端点连线法）求解直线度误差。 此方法适用于测量大型的孔类零件

续表 5-12

代号	公差带与应用示例	检测方法	设　　备	说　　明
3-1	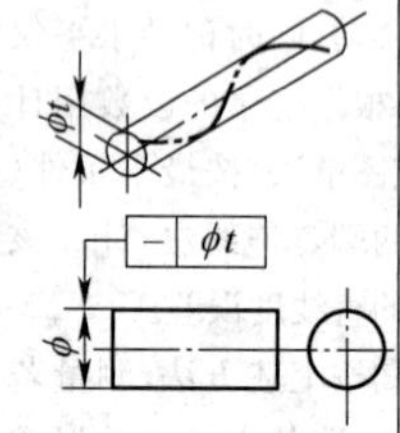	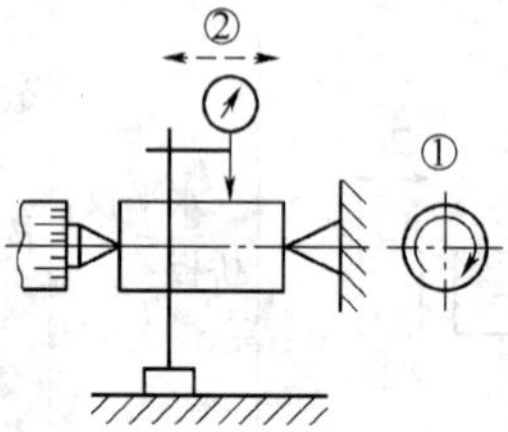	精密分度装置，带指示计的测量架	将被测零件安装在精密分度装置的顶尖上。 ①将被测零件转动一周，测得一个横截面上的半径差。同时绘制极坐标图并求出该轮廓的中心点。 ②按上述方法测量若干个横截面，连接各横截面的中心点得到被测零件的提取轴线，通过数据处理求其直线度误差。 此方法亦可在圆度仪上应用
3-2	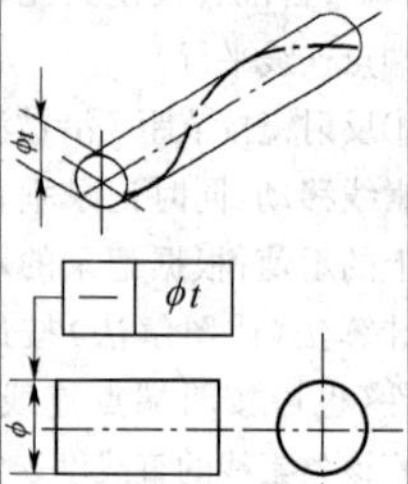	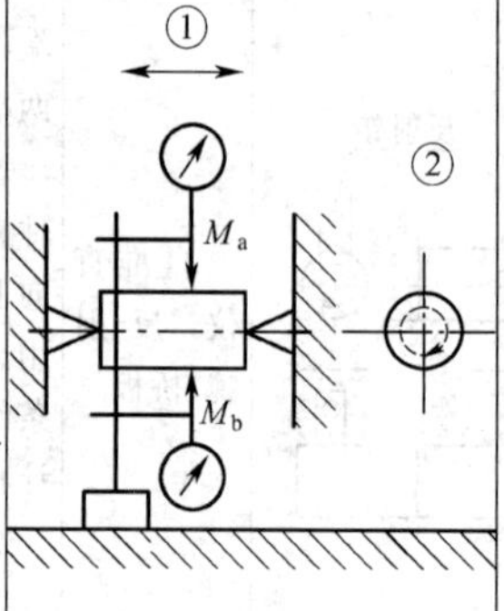	平板，顶尖架，带指示计的测量架	将被测零件安装在平行于平板的两顶尖之间。 ①沿铅垂轴截面的两条素线测量，同时分别记录两指示计在各自测点的读数 M_a，M_b；取各测点读数差之半（即 $\frac{M_a-M_b}{2}$）中的最大差值作为该截面轴线的直线度误差。 ②按上述方法测量若干个截面，取其中最大的误差值作为该被测零件轴线的直线度误差
5-1	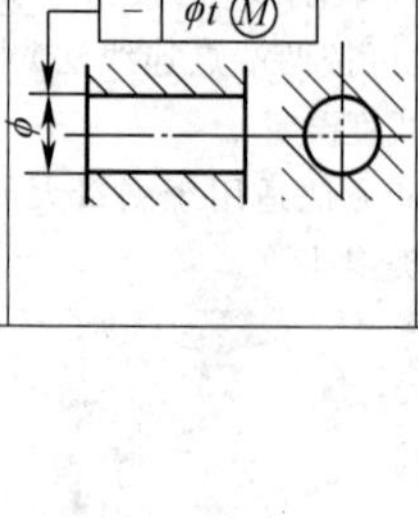	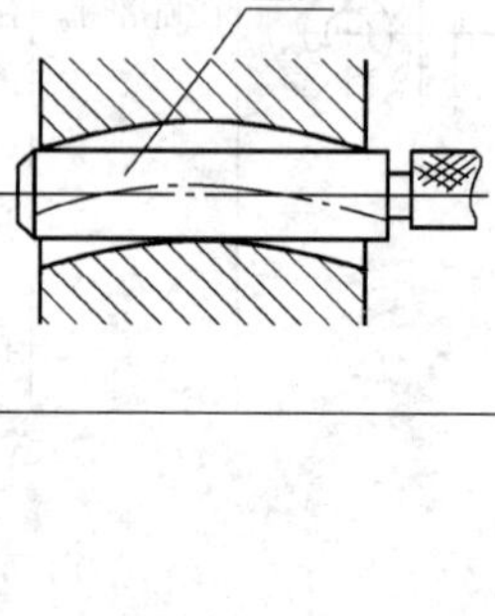 量规 量规	综合量规	综合量规的直径等于被测零件的实效尺寸，综合量规必须通过被测零件

续表 5-12

代号	公差带与应用示例	检测方法	设　备	说　明
5-2	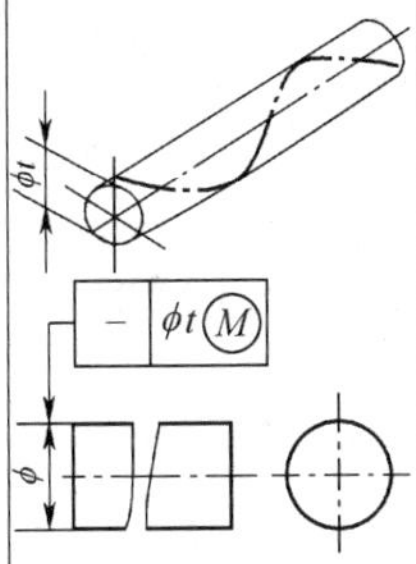	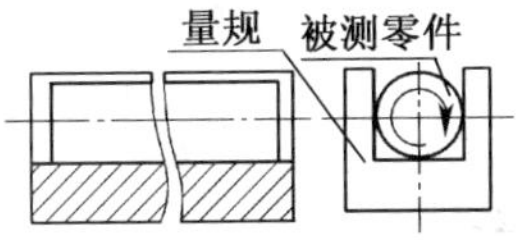 量规　被测零件	槽形综合量规	被测零件必须能在宽度等于被测零件实效尺寸的槽形综合量规内滚动。但此方法忽略了可能在不同方向同时存在直线度误差所造成的综合影响。 此方法适用于检验细长零件
2. 平面度误差检测				
1-1	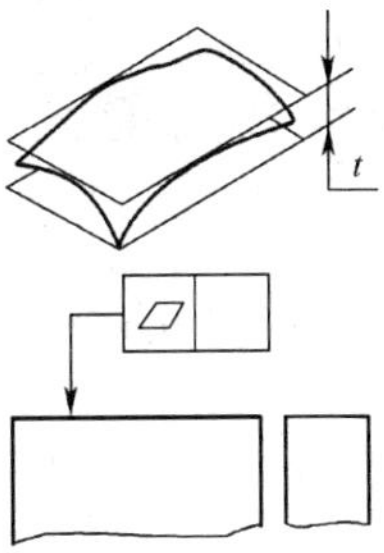	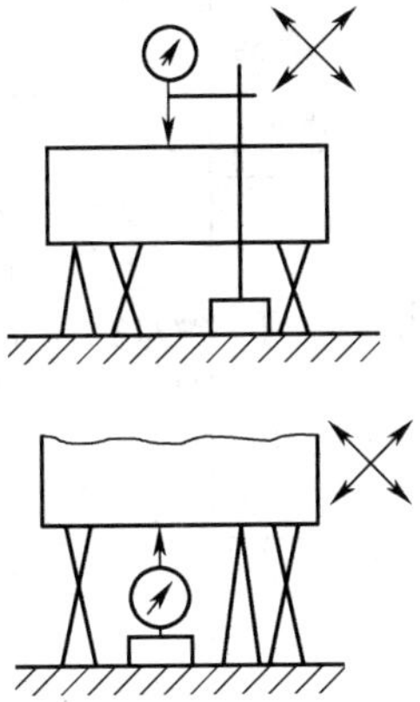	平板，带指示计的测量架，固定和可调支承	将被测零件支承在平板上，调整被测表面最远三点，使其与平板等高。 按一定的布点测量被测表面，同时记录示值。 一般可用指示计最大与最小示值的差值近似地作为平面度误差；必要时，可根据记录的示值用计算法（或图解法）按最小条件计算平面度误差
1-2	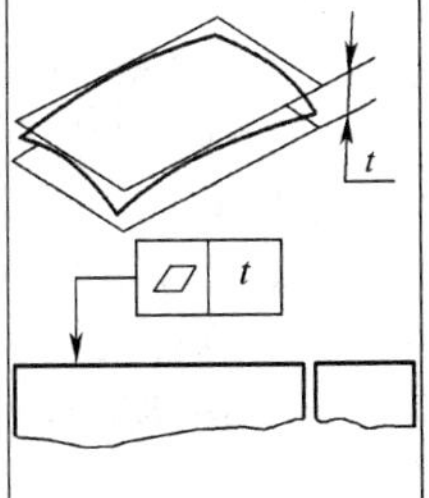	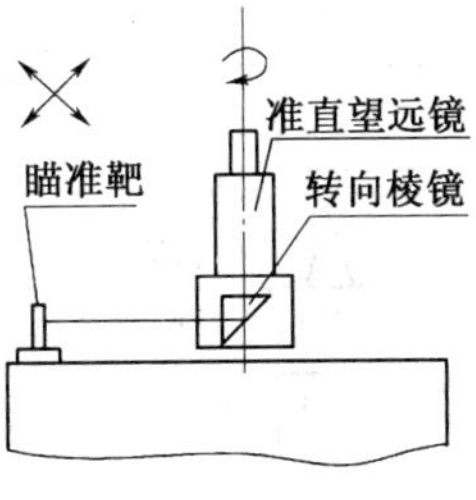 准直望远镜　瞄准靶　转向棱镜	装有转向棱镜的准直望远镜，瞄准靶	将准直望远镜和瞄准靶放在被测表面上，按三点法调整望远镜，使其回转轴线垂直于由三点构成的平面。 将瞄准靶放成若干位置测量被测表面，同时记录示值。 一般可用示值的最大差值近似地作为平面度误差；必要时，可根据记录的示值用计算法（或图解法）按最小条件计算平面度误差。 此方法适用于测量大平面

续表 5-12

代号	公差带与应用示例	检测方法	设　备	说　明
1-3	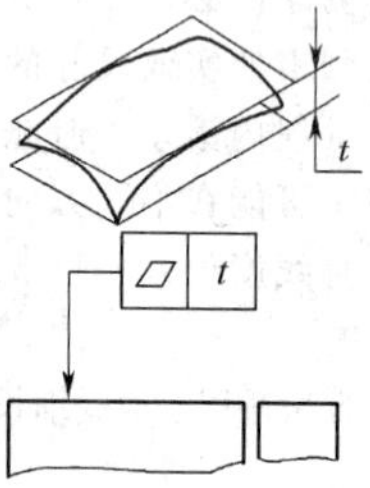 t	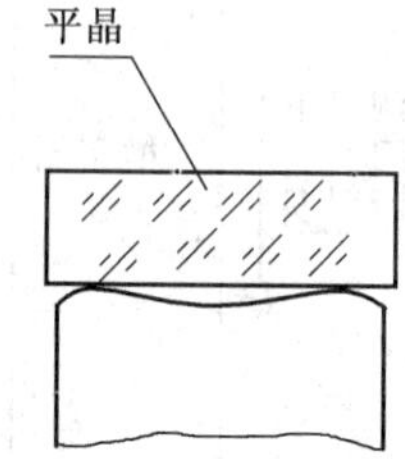 平晶	平晶	平晶贴在被测表面上，观察干涉条纹。 被测表面的平面度误差为封闭的干涉条纹数乘以光波波长之半；对不封闭的干涉条纹，为条纹的弯曲度与相邻两条纹间距之比再乘以光波波长之半。 此方法适用于测量高精度的小平面
1-4	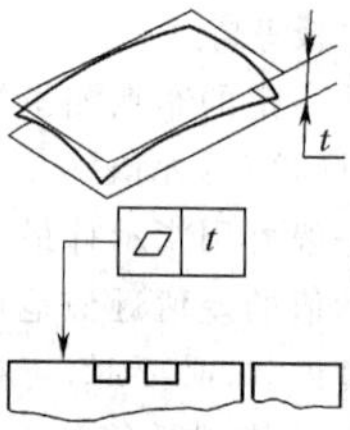 t	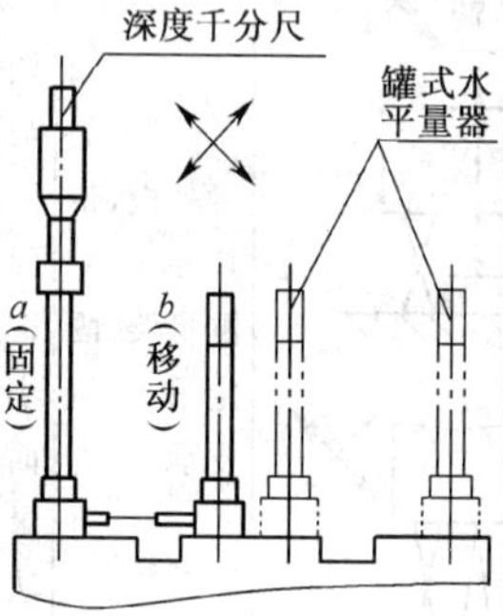 深度千分尺 罐式水平量器 a（固定） b（移动）	罐式水平量器，深度千分尺	两个罐式水平量器 a 和 b 用管连通，并放在被测表面上。先取量器 a，b 在同一位置的示值作零位；然后固定量器 a，再按一定的布点移动量器 b，同时，将示值乘以 2（即实际差值）后，记录在图表上。根据图表记录的数据，用计算法（或图解法）按最小条件（也可按对角线法）计算平面度误差。 此方法适用于测量大平面
1-5	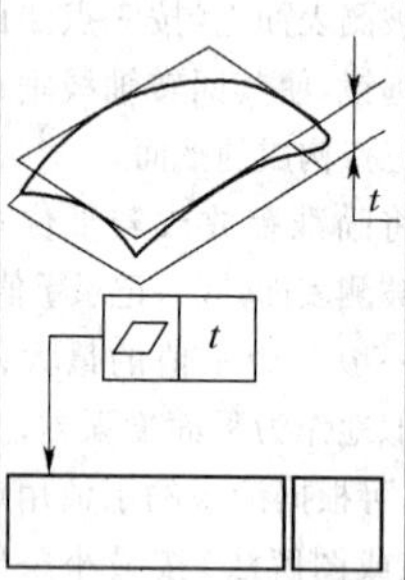 t	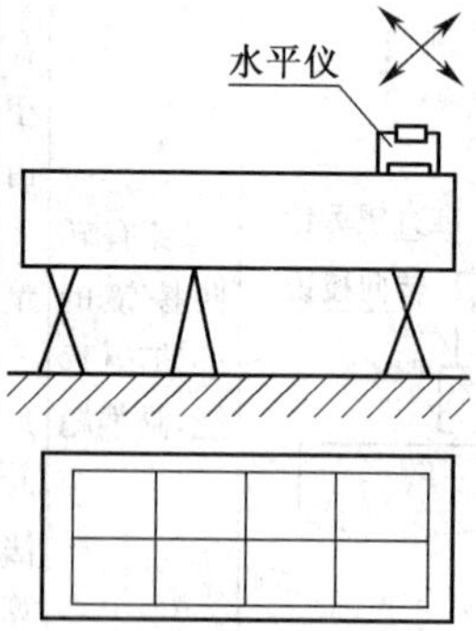 水平仪	平板，水平仪，桥板，固定和可调支承	将被测表面调水平，用水平仪按一定的布点和方向逐点地测量被测表面，同时记录示值，并换算成线值。 根据各线值用计算法（或图解法）按最小条件（也可按对角线法）计算平面度误差

续表 5-12

代号	公差带与应用示例	检测方法	设　备	说　明
1-6	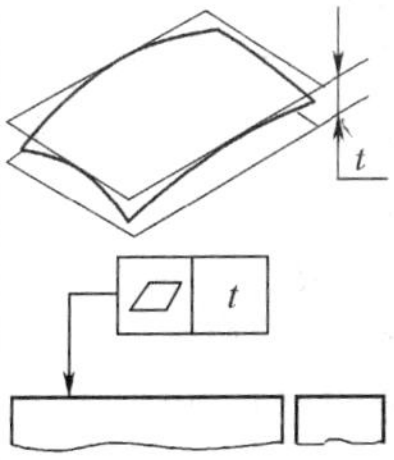	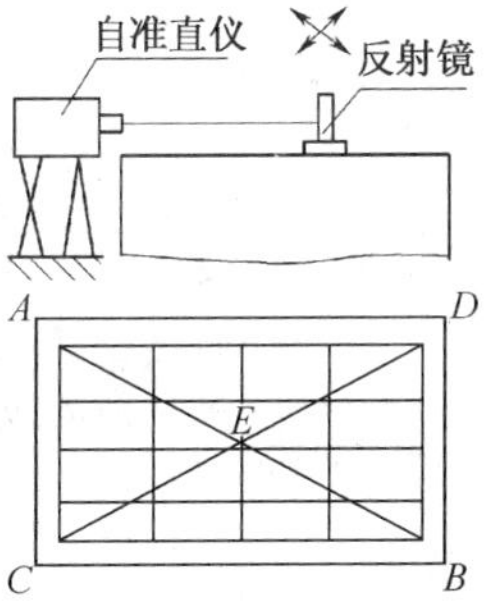 自准直仪 反射镜 A D E C B	自准直仪，反射镜，桥板	将反射镜放在被测表面上，并把自准直仪调整至与被测表面平行，沿对角线 *AB* 按一定布点测量。 重复用上述方法分别测量另一条对角线 *CD* 和被测表面上其他各直线上的各布点。 把各点示值换算成线值，记录在图表上，通过中心点 *E*，建立参考平面。由计算法（或图解法）按对角线法计算平面度误差。 必要时应按最小条件计算平面度误差
3. 圆度误差检测				
1-1	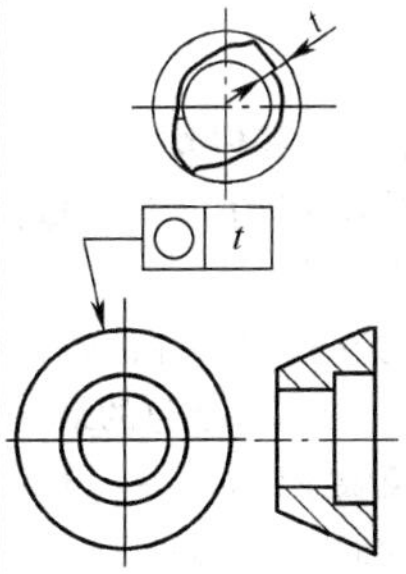	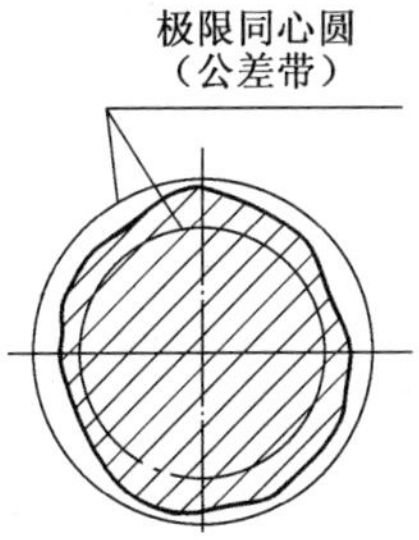 极限同心圆（公差带）	投影仪（或其他类似量仪）	将被测要素轮廓的投影与极限同心圆比较，此方法适用于测量具有刃口形边缘的小型零件
1-2	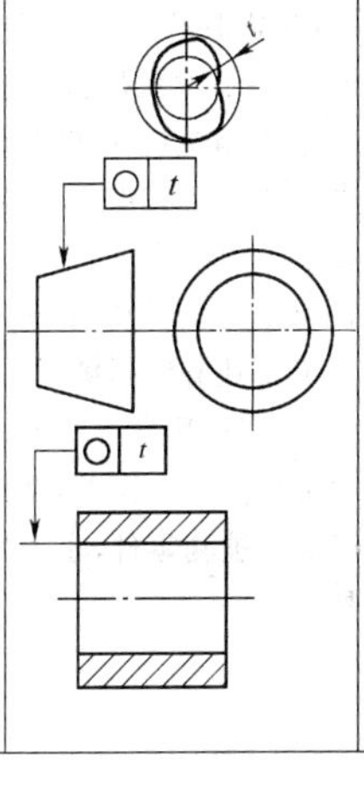	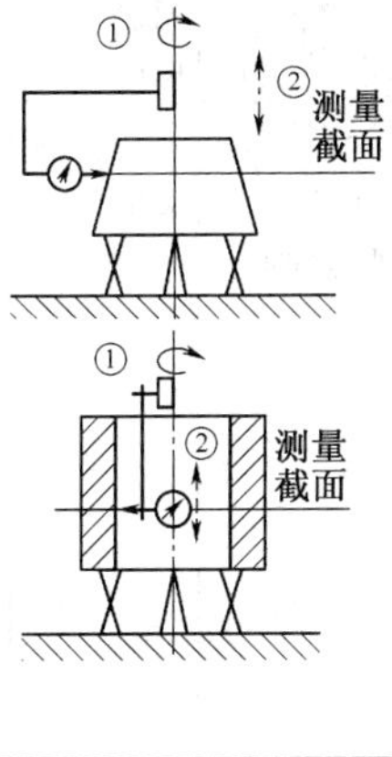 ① ② 测量截面 ① ② 测量截面	圆度仪（或类似量仪）	将被测零件放置在量仪上，同时调整被测零件的轴线，使它与量仪的回（旋）转轴线同轴。 ①记录被测零件在回转一周过程中测量截面上各点的半径差。 由极坐标图（或用电子计算机）按最小条件[也可按最小二乘圆中心或最小外接圆中心（只适用于外表面）或最大内接圆中心（只适用于内表面）]计算该截面的圆度误差。 ②按上述方法测量若干截面，取其中最大的误差值作为该零件的圆度误差

续表 5-12

代号	公差带与应用示例	检测方法	设备	说明
2-1	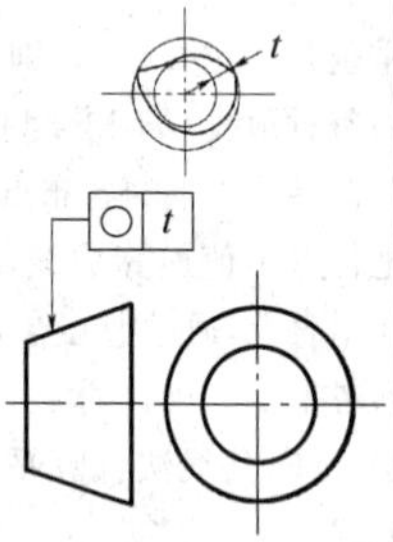	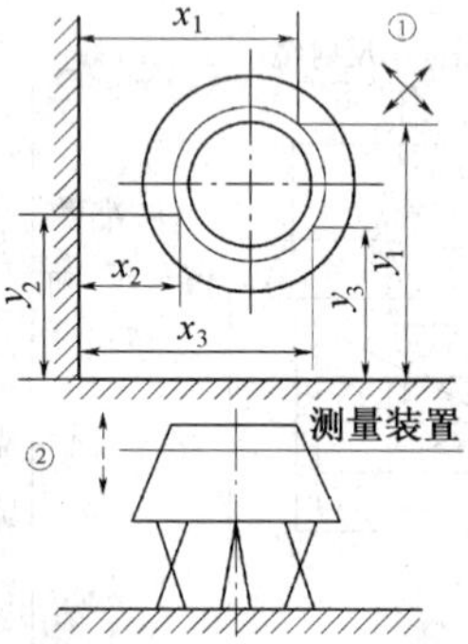	坐标测量装置或带电子计算机的测量显微镜	将被测零件放在量仪上，同时调整被测零件的轴线，使它平行于坐标轴 Z。 ①按一定布点测出在同一测量截面内的各点坐标值 X,Y。 用电子计算机按小条件的方案（也可按最小二乘圆中心）计算该截面的圆度误差。 ②按上述方法测量若干截面，取其中最大的误差值作为该零件的圆度误差。 此方法适用于测量内外表面
3-1	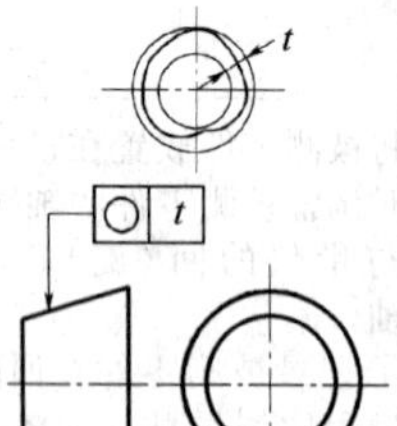	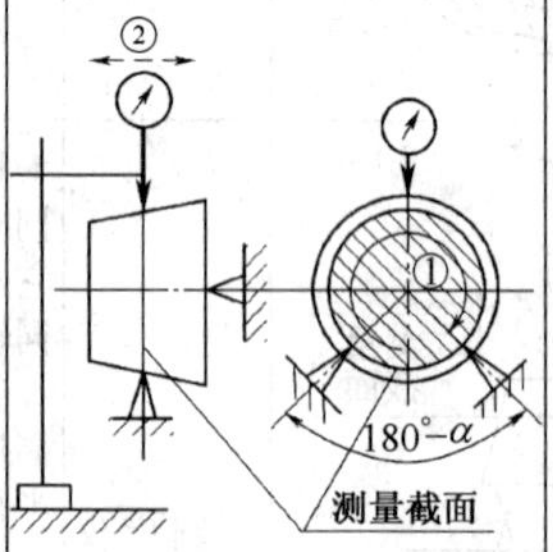	平板，带指示计的测量架，V形块，固定和可调支承	将被测零件放在V形块上，使其轴线垂直于测量截面，同时固定轴向位置。 ①在被测零件回转一周过程中，指示计示值的最大差值与反映系数 K 之商，作为单个截面的圆度误差。 ②按上述方法测量若干个截面，取其中最大的误差值作为该零件的圆度误差。 此方法测量结果的可靠性取决于截面形状误差和V形块夹角的综合效果。常以夹角 $\alpha=90°$ 和 $120°$ 或 $72°$ 和 $108°$ 两块V形块分别测量。 此方法适用于测量内外表面的奇数棱形状误差，使用时可以转动被测零件，也可转动量具。

续表 5-12

代号	公差带与应用示例	检测方法	设　备	说　明
3-2	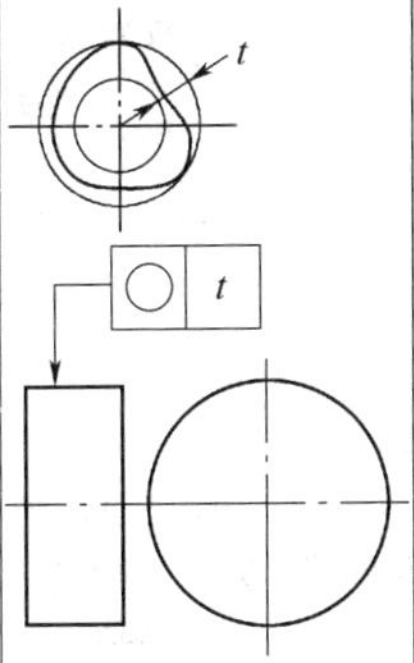	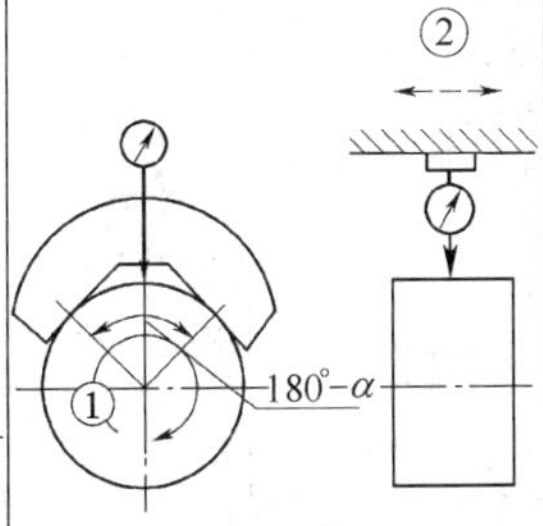	指示计，鞍式V形座	被测件的轴线应垂直于测量截面。 其余与圆度误差检测3-1的说明相同
3-3	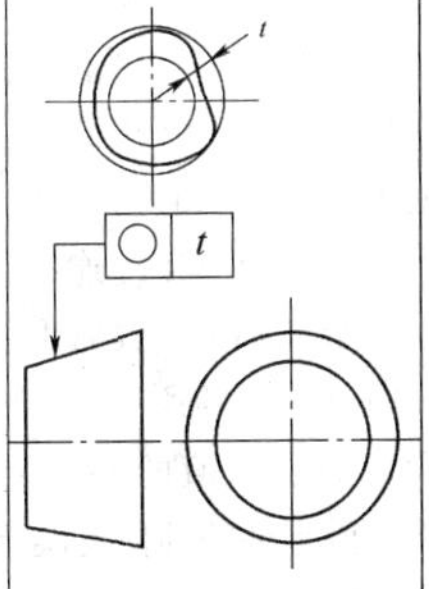	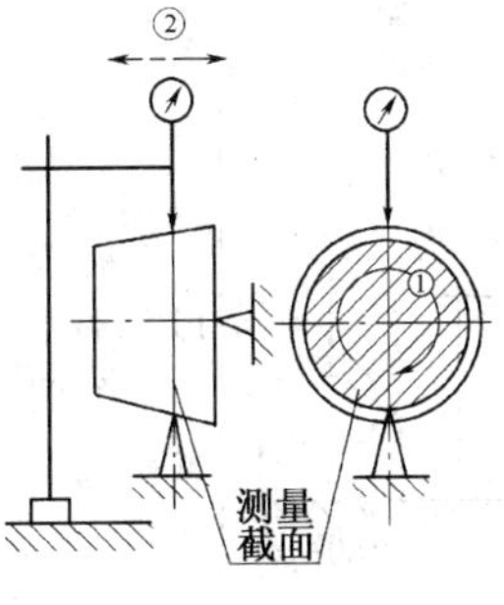	平板，带指示计的测量架，支承或千分尺	被测零件轴线应垂直于测量截面，同时固定轴向位置。 ①在被测零件回转一周过程中，指示计读数的最大差值之半作为单个截面的圆度误差。 ②按上述方法，测量若干个截面，取其中最大的误差值作为该零件的圆度误差。 此方法适用于测量内外表面的偶数棱形状误差（奇数棱形状误差采用三点法测量，见圆度误差检测3-1和3-2）。测量时可以转动被测零件，也可转动量具
4. 圆柱度误差检测				
1-1	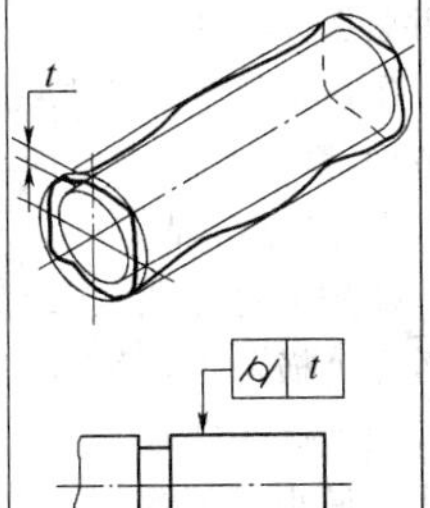	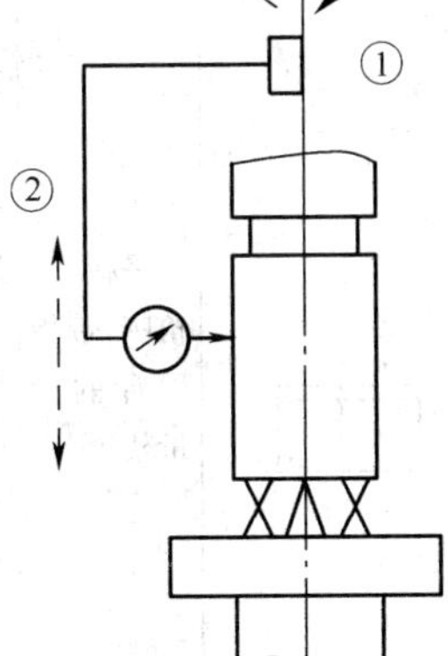	圆度仪（或其他类似仪器）	将被测零件的轴线调整到与量仪的轴线同轴。 ①记录被测零件回转一周过程中测量截面上各点的半径差。 ②在测头没有径向偏移的情况下，可按上述方法测量若干个横截面（测头也可沿螺旋线移动）。 由电子计算机按最小条件确定圆柱度误差，也可用极坐标图近似地求出圆柱度误差

续表 5-12

代号	公差带与应用示例	检测方法	设备	说明
2-1	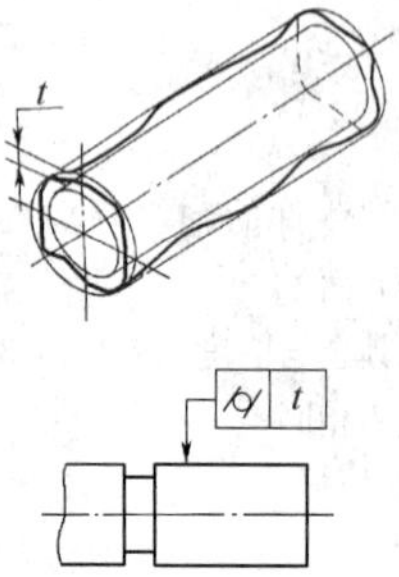	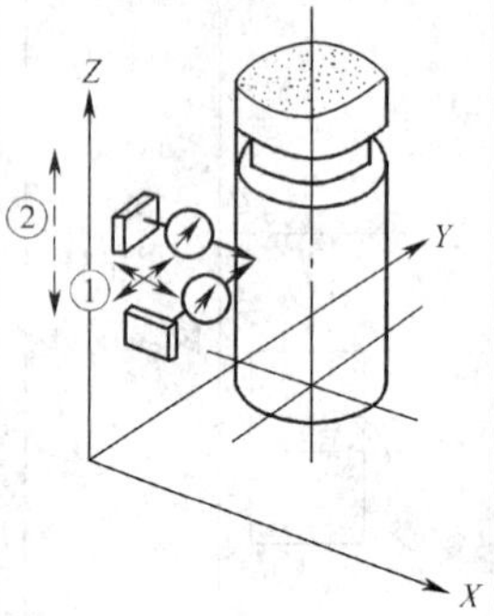	配备电子计算机的三坐标测量装置	把被测零件放置在测量装置上，并将其轴线调整到与 Z 轴平行。 ①在被测表面的横截面上测取若干个点的坐标值。 ②按需要测量若干个横截面。 由电子计算机根据最小条件确定该零件的圆柱度误差
3-1	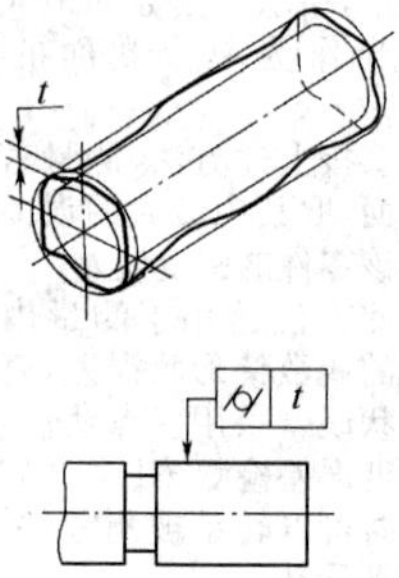	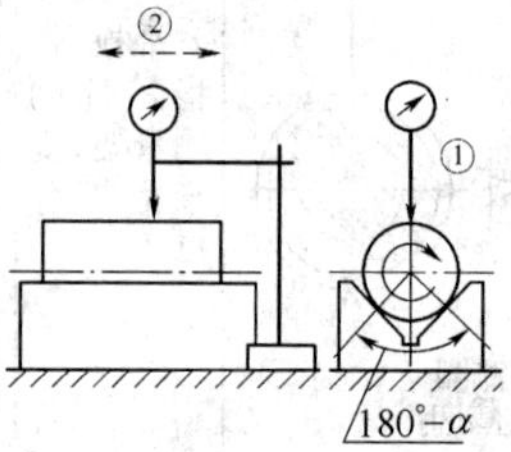	平板，V形块，带指示计的测量架	将被测零件放在平板上的V形块内（V形块的长度应大于被测零件的长度）。 ①在被测零件回转一周过程中，测量一个横截面上的最大与最小示值。 ②按上述方法，连续测量若干个横截面，然后取各截面内所测得的所有示值中最大与最小示值的差值之半，作为该零件的圆柱度误差。 此方法适用于测量外表面的奇数棱形状误差。 为测量准确，通常应使用夹角 $\alpha=90°$ 和 $\alpha=120°$ 的两个V形块分别测量
3-2	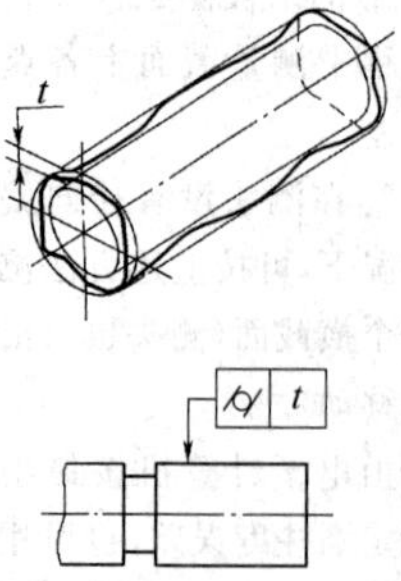	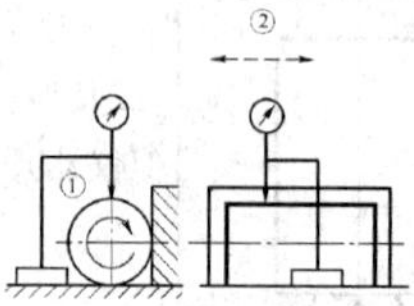	平板，直角座，带指示计的测量架	将被测零件放在平板上，并紧靠直角座。 ①在被测零件回转一周过程中，测量一个横截面上的最大与最小示值。 ②按上述方法，连续测量若干个横截面，然后取各截面内所测得的所有示值中最大与最小示值的差值之半，作为该零件的圆柱度误差。 此方法适用于测量外表面的偶数棱形状误差

续表 5-12

代号	公差带与应用示例	检测方法	设　　备	说　　明
5. 线轮廓度误差检测				
1-1			仿形测量装置，指示计，固定和可调支承，轮廓样板	调正被测零件相对于仿形系统和轮廓样板的位置再将指示计调零。仿形测头在轮廓样板上移动，由指示计上读取示值，取其数值的两倍作为该零件的线轮廓度误差，必要时将测得值换算成垂直于理想轮廓方向（法向）上的数值后评定误差。 指示计测头应与仿形测头的形状相同
1-2			轮廓样板	将轮廓样板按规定的方向放置在被测零件上，根据光隙法估读间隙的大小，取最大间隙作为该零件的线轮廓度误差
1-3			投影仪	将被测轮廓，投影在投影屏上与极限轮廓相比较，实际轮廓的投影应在极限轮廓线之间。 此方法适用于测量尺寸较小和薄的零件
2-1			固定和可调支承，坐标测量装置	测量被测轮廓上各点的坐标，同时记录其示值并绘出实际轮廓图形。 用等距的线轮廓区域包容实际轮廓，取包容宽度作为该零件的线轮廓度误差，也可用计算法计算误差

续表 5-12

代号	公差带与应用示例	检测方法	设备	说明
2-2	ϕt R 120° ϕ R 120°	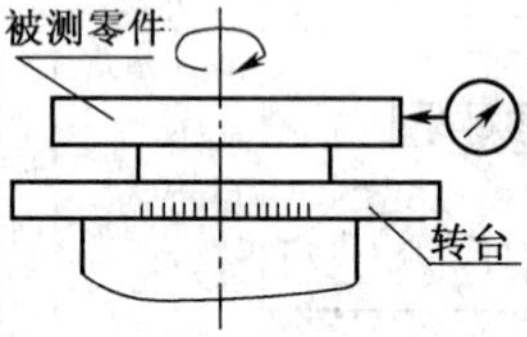 被测零件 转台	有分度装置的转台，坐标测量指示计	将被测零件放置在转台上，同时调整被测零件的中心，使其与转台的回转轴线同轴。 按需要测出若干个点的坐标值，并将其与相应的理论值比较；取各点的坐标值与理论值之差中的最大值的两倍作为该零件的线轮廓度误差
6. 面轮廓度误差检测				
1-1	$S\phi t$ t	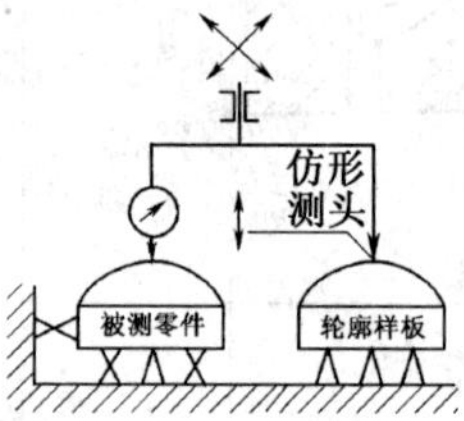 仿形测头 被测零件 轮廓样板	仿形测量装置，固定和可调支承，轮廓样板	调整被测零件相对于仿形系统和轮廓样板的位置，再将指示器调零。仿形测头在轮廓样板上移动，由指示计读取示值，取其中最大示值的两倍作为该零件的面轮廓度误差。必要时将各数值换算成理想轮廓相应点的法线方向上的数值后评定误差
2-1	$S\phi t$ t A B C A C B	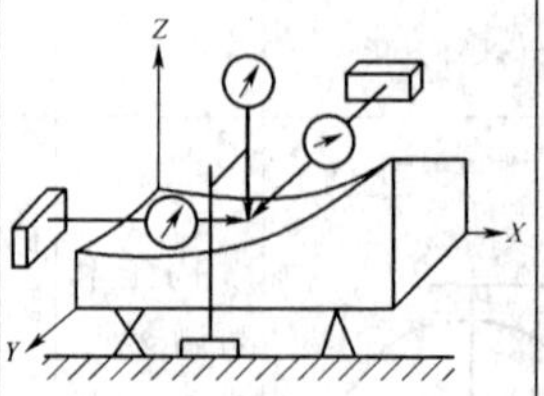 Z X Y	三坐标测量装置，固定和可调支承	将被测零件放置在仪器工作台上，并进行正确定位。 测出若干个点的坐标值，并将测得的坐标值与理论轮廓的坐标值进行比较，取其中数值最大的绝对值的两倍作为该零件的面轮廓度误差

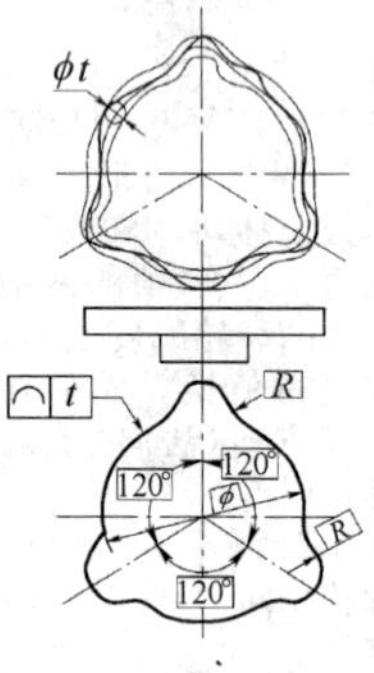

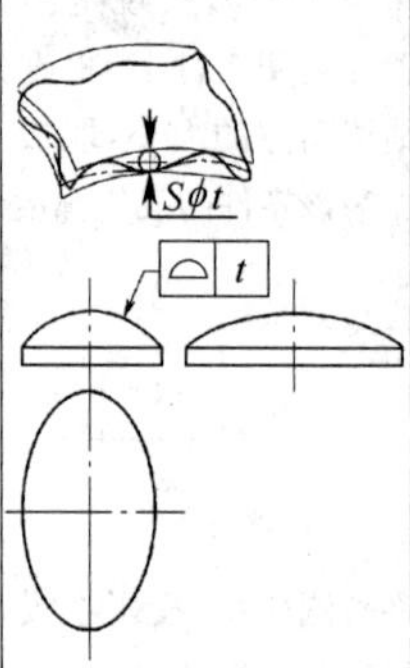

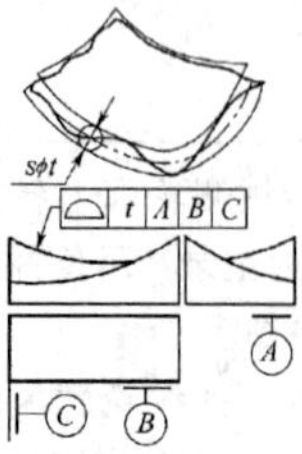

续表 5-12

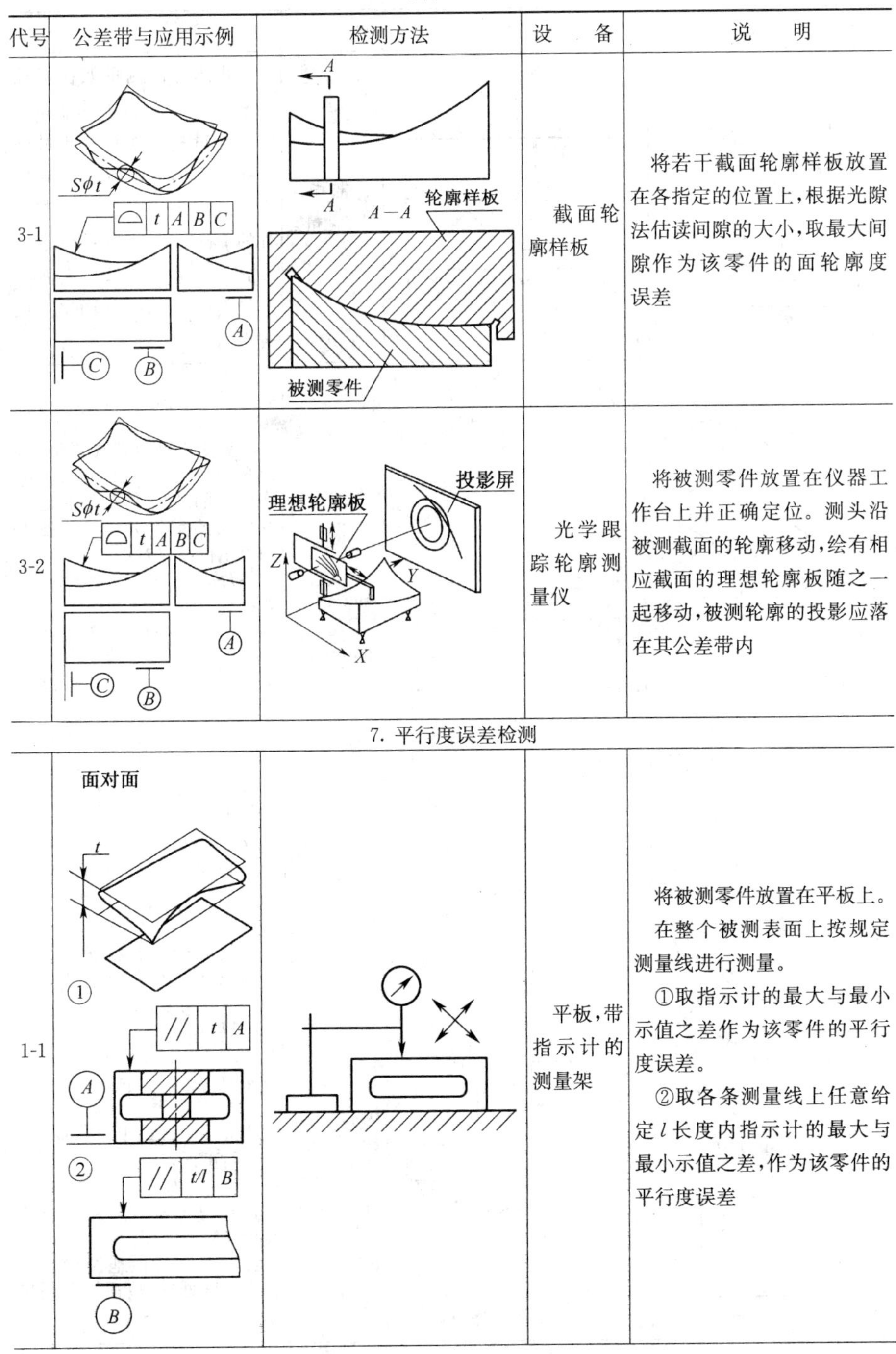

代号	公差带与应用示例	检测方法	设　备	说　明
3-1			截面轮廓样板	将若干截面轮廓样板放置在各指定的位置上，根据光隙法估读间隙的大小，取最大间隙作为该零件的面轮廓度误差
3-2			光学跟踪轮廓测量仪	将被测零件放置在仪器工作台上并正确定位。测头沿被测截面的轮廓移动，绘有相应截面的理想轮廓板随之一起移动，被测轮廓的投影应落在其公差带内
7. 平行度误差检测				
1-1	面对面		平板，带指示计的测量架	将被测零件放置在平板上。 在整个被测表面上按规定测量线进行测量。 ①取指示计的最大与最小示值之差作为该零件的平行度误差。 ②取各条测量线上任意给定 l 长度内指示计的最大与最小示值之差，作为该零件的平行度误差

续表 5-12

代号	公差带与应用示例	检测方法	设 备	说 明
1-2	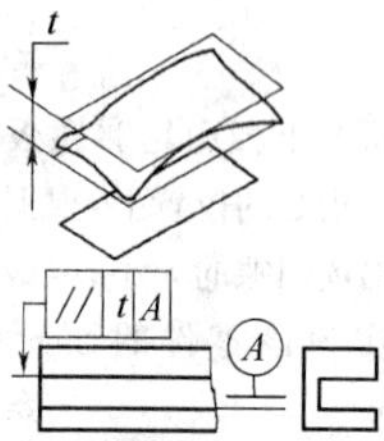 t // t A A	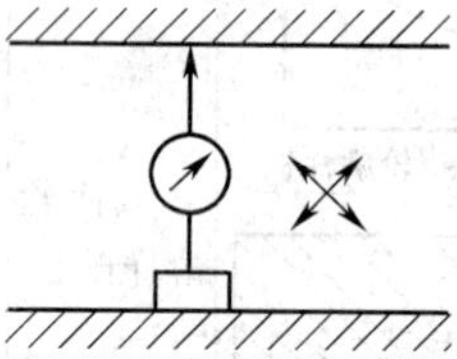	带指示计的测量架	带指示计的测量架在基准要素表面上移动(以基准要素作为测量基准面),并测量整个被测表面。取指示计的最大与最小示值之差作为该零件的平行度误差。 此方法适用于基准表面的形状误差(相对平行度公差)较小的零件
1-3	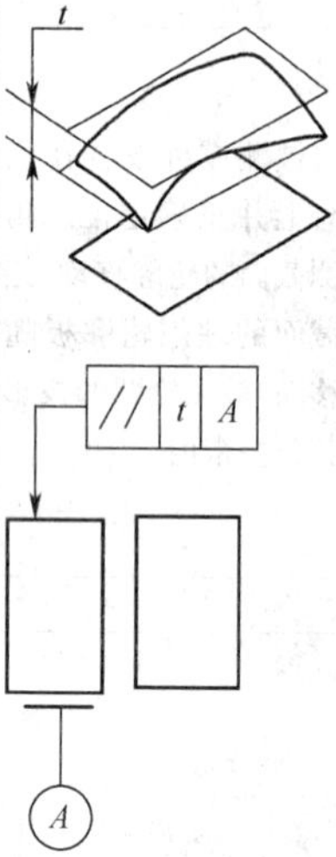 t // t A A	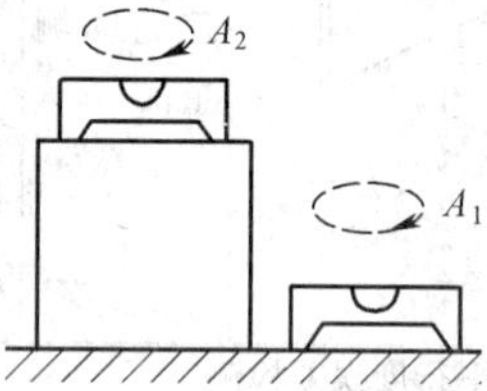 A_2 A_1	平板,水平仪	将被测零件放置在平板上,用水平仪分别在平板和被测零件上的若干个方向上记录水平仪的示值 A_1,A_2。各方向上平行度误差: $f=\|A_2-A_1\|\cdot L\cdot C$ 式中 C——水平仪刻度值(线值); $\|A_2-A_1\|$——对应的每次示值差; L——沿测量方向的零件表面长度。 取各个方向上平行度误差中的最大值作为该零件的平行度误差
1-4	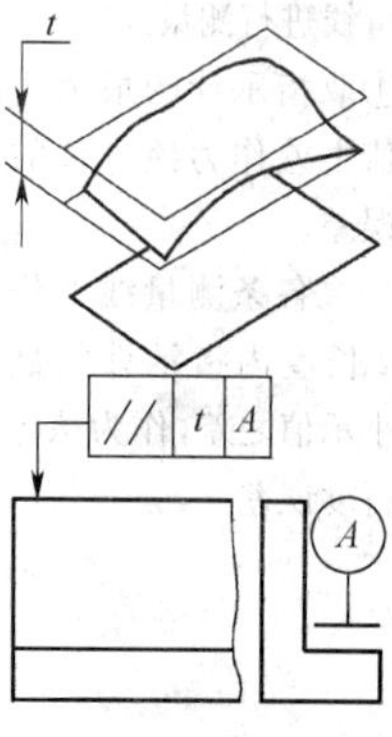 t // t A A	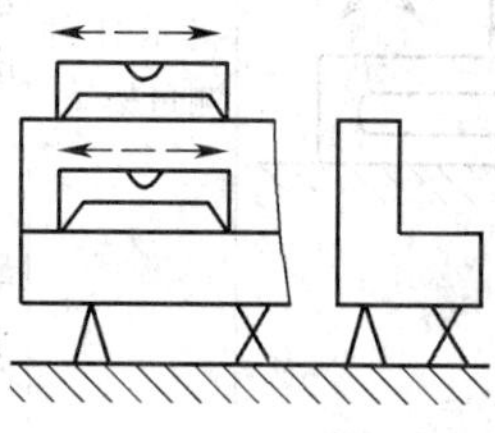	水平仪,固定和可调支承,平板	将被测零件调整至水平。 分别在基准表面和被测表面上沿长向分段测量。 将读取的水平仪示值记录在图表上,先由图解法(或计算法)确定基准的方位,然后求出被测表面相对基准的最大距离 L_{max} 和最小距离 L_{min}。 平行度误差: $f=L_{max}-L_{min}$ 计算或图解时要注意将角度值换算成线值。 此方法是近似地按线对线的平行度处理,故适用于测量窄长表面

续表 5-12

代号	公差带与应用示例	检测方法	设备	说明
1-5	线对面 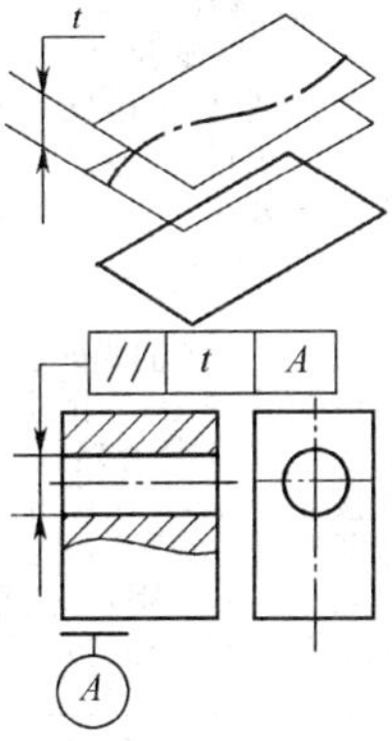 t // t A A	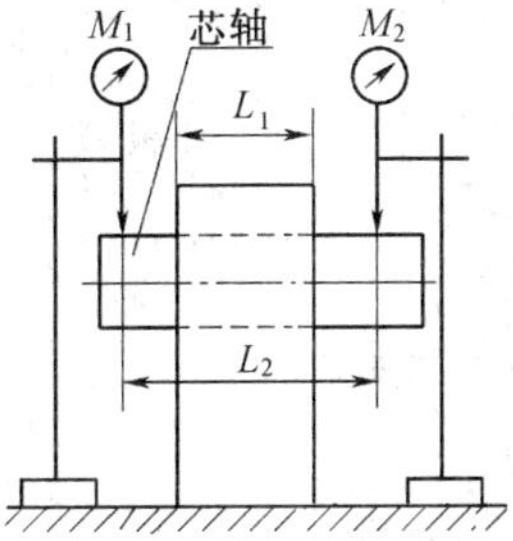 M_1 芯轴 M_2 L_1 L_2	平板，带指示计的测量架，芯轴	将被测零件直接放置在平板上，被测轴线由芯轴模拟，在测量距离为 L_2 的两个位置上测得的示值分别为 M_1 和 M_2。 平行度误差： $f=\frac{L_1}{L_2}\mid M_1-M_2\mid$ 其中：L_1 为被测轴线的长度。 测量时应选用可胀式（或与孔成无间隙配合的）芯轴
1-6	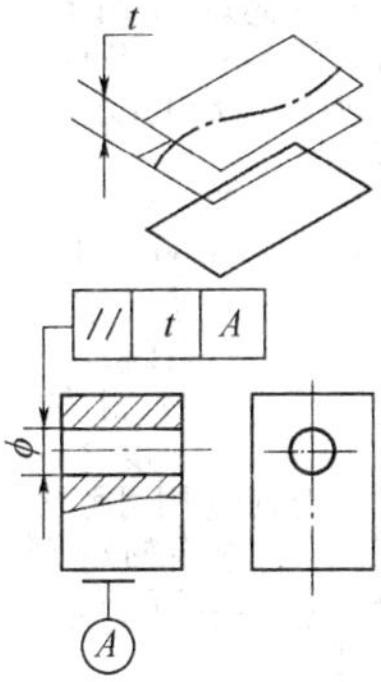 t // t A φ A	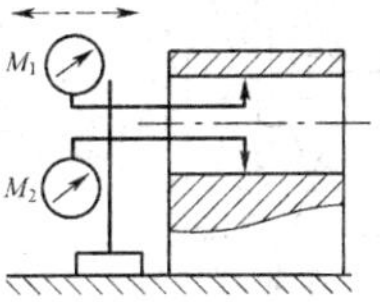 M_1 M_2	平板，带指示计的测量架	将被测零件放置在平板上。被测孔的轴线用上下素线处指示计示值的平均值模拟。 按需要，在若干测位上进行测量，并记录每个测位上的示值差（M_1-M_2），取其中最大值与最小值代入下式，得到平行度误差： $f=\frac{1}{2}\mid(M_1-M_2)_{max}-(M_1-M_2)_{min}\mid$
1-7	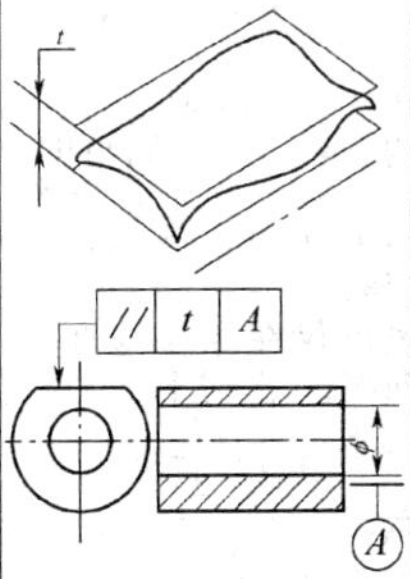 t // t A A	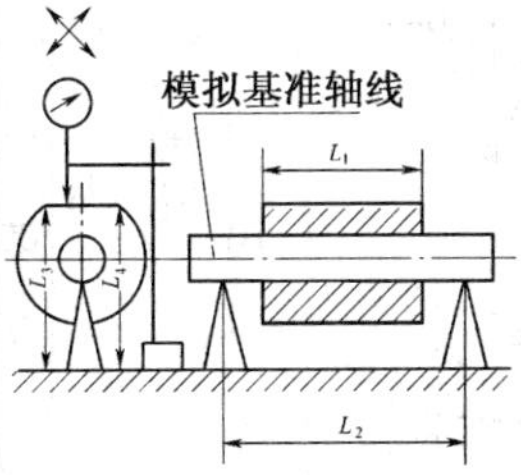 模拟基准轴线 L_1 L_2 L_3 L_4	平板等高支承，芯轴，带指示计的测量架	基准轴线由芯轴模拟。 将被测零件放在等高支承上，调整（转动）该零件使 $L_3=L_4$，然后测量整个被测表面并记录示值。 取整个测量过程中指示计的最大与最小示值之差作为该零件的平行度误差。 必要时，可按定向最小区域评定平行度误差。 测量时，应选用可胀式（或与孔成无间隙配合的）芯轴

续表 5-12

代号	公差带与应用示例	检测方法	设备	说明
1-8	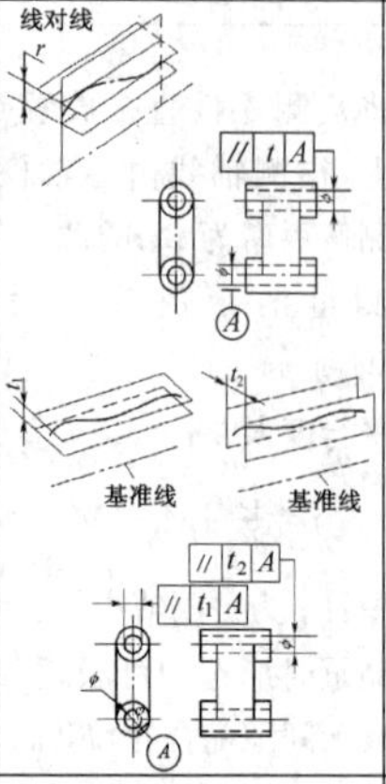 线对线 基准线　基准线	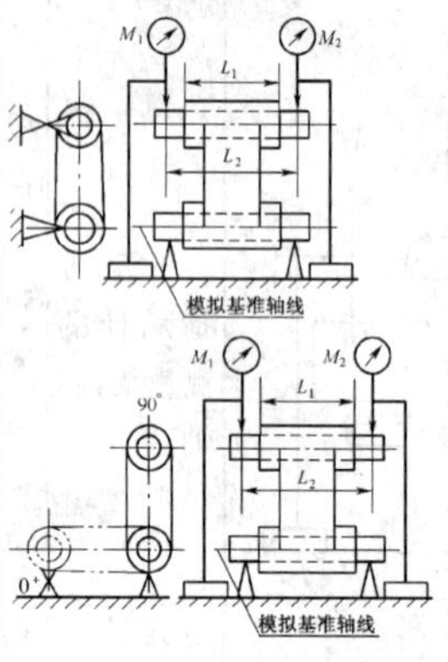 模拟基准轴线 模拟基准轴线	平板，等高支承，芯轴，带指示计的测量架	基准轴线和被测轴线均由芯轴模拟，将被测零件放在等高支承上，在测量距离为 L_2 的两个位置上测得的数值分别为 M_1 和 M_2。 平行度误差： $$f=\frac{L_1}{L_2}\lvert M_1-M_2\rvert$$ 其中：L_1 为被测轴线的长度。 当被测零件在互相垂直的两个方向上给定公差要求时，则可按上述方法在两个方向上分别测量。 测量时，应选用可胀式（或与孔成无间隙配合的）芯轴
1-9	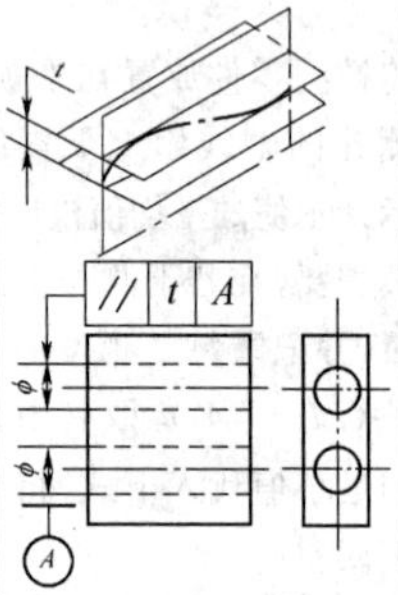	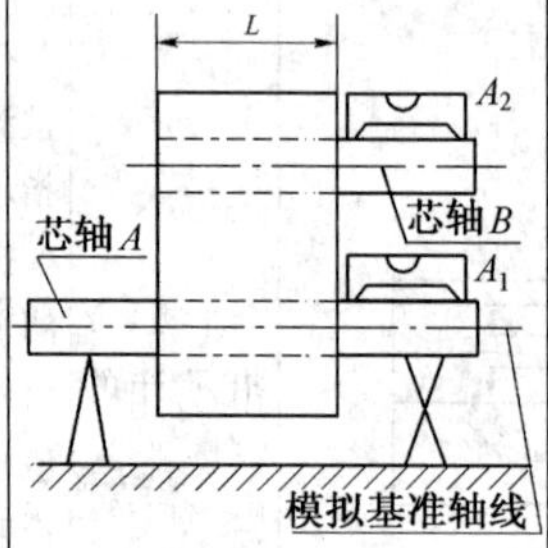 芯轴 A　芯轴 B 模拟基准轴线	平板，固定和可调支承，芯轴，水平仪	基准轴线与被测轴线由芯轴模拟。 将基准芯轴 A 调整至水平位置。然后把水平仪分别放在芯轴 A 和 B 上，并记录示值 A_1 和 A_2。 平等度误差： $$f=\lvert A_1-A_2\rvert\cdot L\cdot C$$ 式中　C——水平仪刻度值（线值）； L——被测轴线的长度。 测量时应选用可胀式（或与孔成无间隙配合的）芯轴
1-10	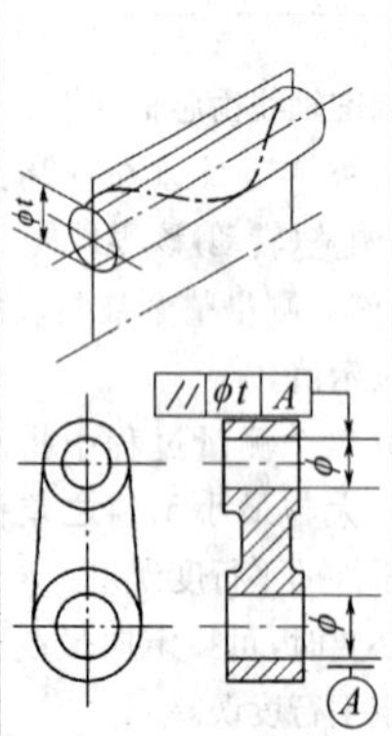	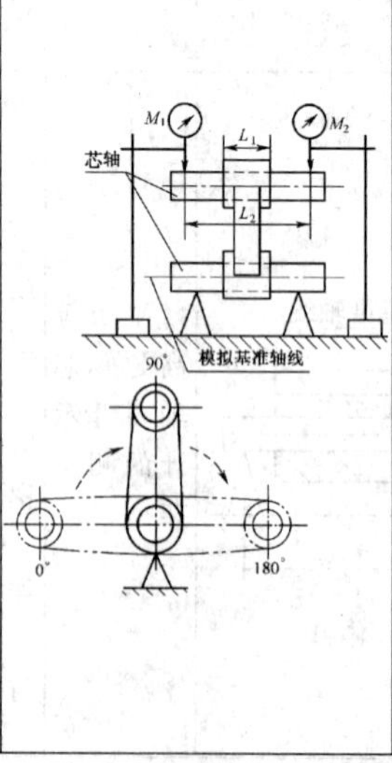 芯轴 模拟基准轴线	平板，芯轴，等高支承，带指示计的测量架	基准轴线和被测轴线由芯轴模拟。 将被测零件放在等高支承上，在测量距离为 L_1 的两个位置上测得的示值分别为 M_1，M_2。 平行度误差： $$f=\frac{L_1}{L_2}\lvert M_1-M_2\rvert$$ 在 0°～180°范围内按上述方法测量若干个不同角度位置，取各测量位置所对应的 f 值中最大值，作为该零件的平行度误差。 也可仅在相互垂直的两个方向测量，此时平行度误差为： $$f=\frac{L_1}{L_2}\times\sqrt{(M_{1V}-M_{2V})^2+(M_{1H}-M_{2H})^2}$$ 式中　V，H——相互垂直的测位符号。 测量时应选用可胀式（或与孔成无间隙配合的）芯轴

续表 5-12

代号	公差带与应用示例	检测方法	设备	说明
1-11	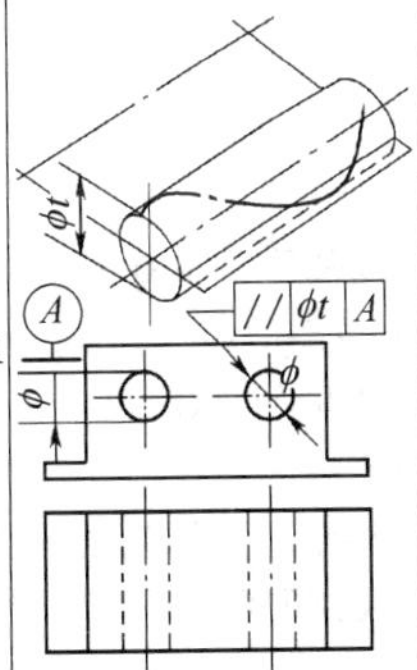	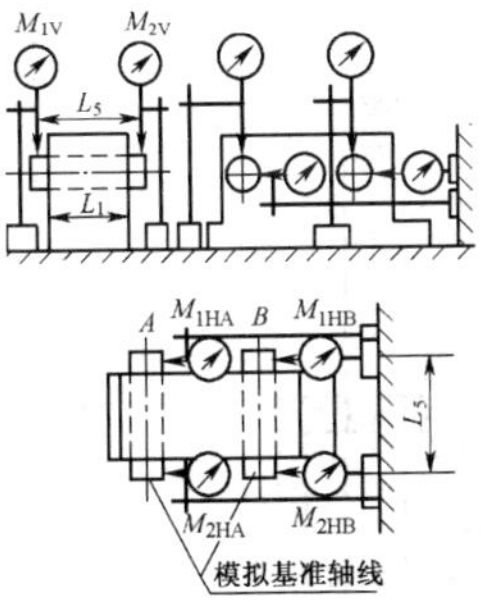	平板，直角座，芯轴，带指示计的测量架	基准轴线和被测轴线由芯轴模拟。 在相互垂直的两个方向上测取相应的平行度误差。 对基准芯轴 A： 在垂直方向 $f_{VA}=M_{1VA}-M_{2HA}$ 在水平方向 $f_{HA}=M_{1HA}-M_{2HA}$ 对被测芯轴 B_{1H}： 在垂直方向 $f_{VB}=M_{1VB}-M_{2VB}$ 在水平方向 $f_{HB}=M_{1MB}-M_{2HB}$ 综合后的平行度误差： $f=\sqrt{(f_{VB}-f_{VA})^2+(f_{HB}-f_{HA})^2}\times\frac{L_1}{L_2}$ 测量时应选用可胀式(或与孔成无间隙配合的)芯轴
3-1	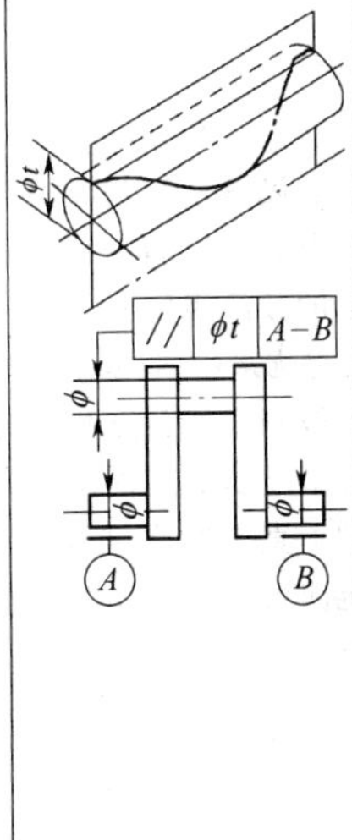	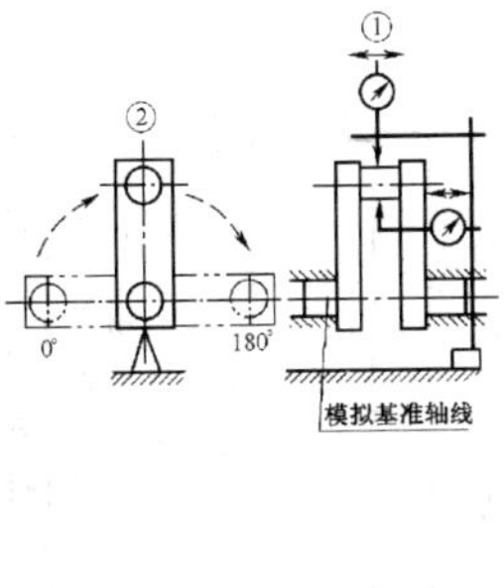	平板、支承、带指示计的测量架	基准轴线由同轴外接圆柱面模拟，并调整其轴线与平板平行。 ①测量架沿上下两条素线移动，同时记录两指示计示值的差值之半。 ②在 0°～180°范围内，按上述方法在若干个不同的角度位置上进行测量。 取各个测量位置上测得的差值之半中的最大值作为该零件的平行度误差。 也可在相互垂直的两个方向上测量，取这两个方向上测得的平行度误差 f_x 和 f_y，再按 $f=\sqrt{f_x^2+f_y^2}$ 算出的值，作为该零件的平行度误差

续表 5-12

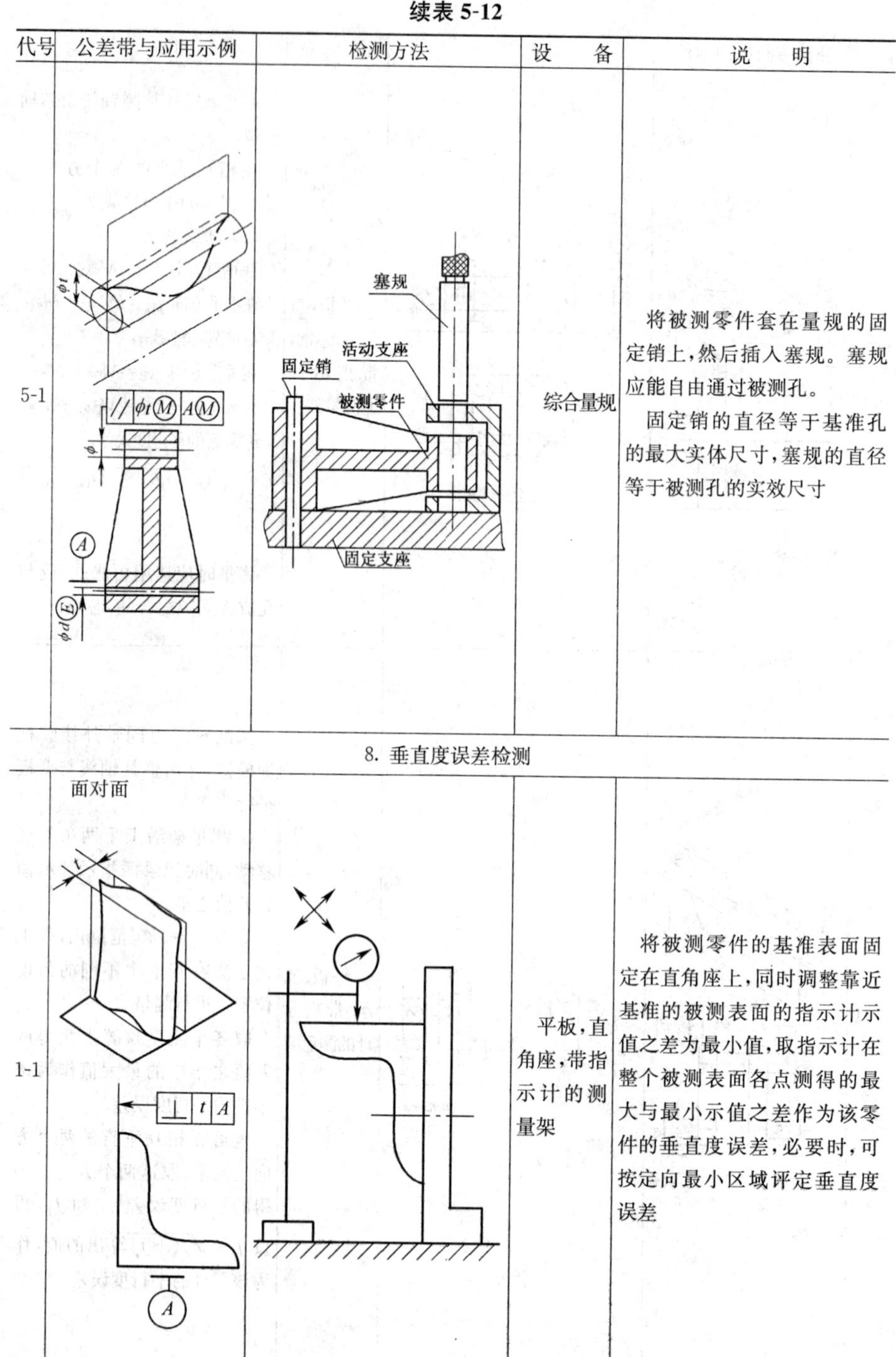

代号	公差带与应用示例	检测方法	设　备	说　明
5-1	$//$ ϕtⓂ AⓂ；ϕt；ϕ；A；ϕdⒺ	塞规；活动支座；固定销；被测零件；固定支座	综合量规	将被测零件套在量规的固定销上，然后插入塞规。塞规应能自由通过被测孔。 固定销的直径等于基准孔的最大实体尺寸，塞规的直径等于被测孔的实效尺寸
8. 垂直度误差检测				
1-1	面对面；t；⊥ t A；A		平板，直角座，带指示计的测量架	将被测零件的基准表面固定在直角座上，同时调整靠近基准的被测表面的指示计示值之差为最小值，取指示计在整个被测表面各点测得的最大与最小示值之差作为该零件的垂直度误差，必要时，可按定向最小区域评定垂直度误差

续表 5-12

代号	公差带与应用示例	检测方法	设备	说明
1-2	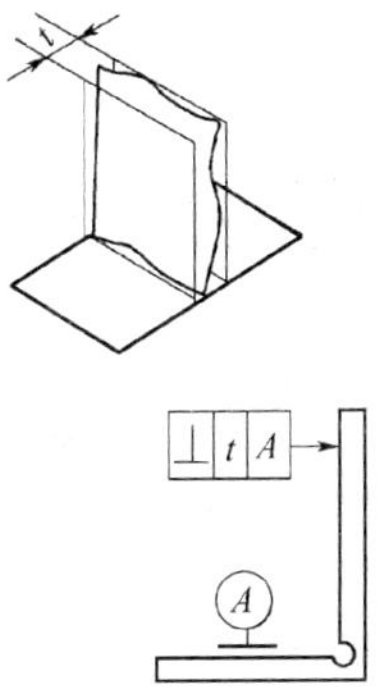 ⊥ t A	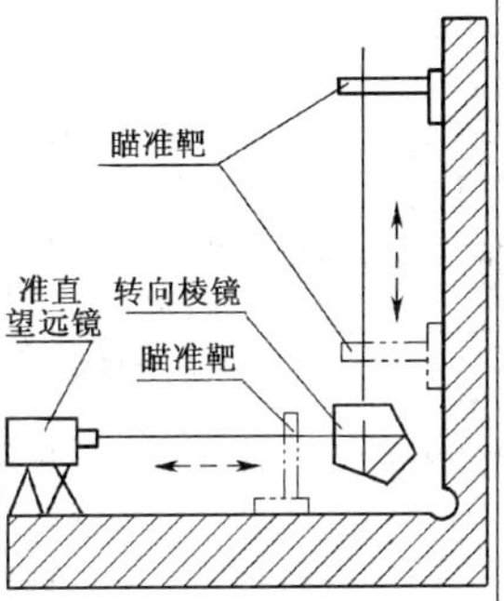 瞄准靶 准直望远镜 转向棱镜 瞄准靶	准直望远镜,转向棱镜,瞄准靶	将准直望远镜放置在基准表面上,同时调整准直望远镜使其光轴平行于基准表面。 然后沿着被测表面移动瞄准靶,通过转向棱镜测取各纵向测位的示值。 用计算法(或图解法)计算该零件的垂直度误差。 此方法也适用于自准直仪测量,但测得的角度差应换算为线性差。 此方法适用于测量大型零件
1-3	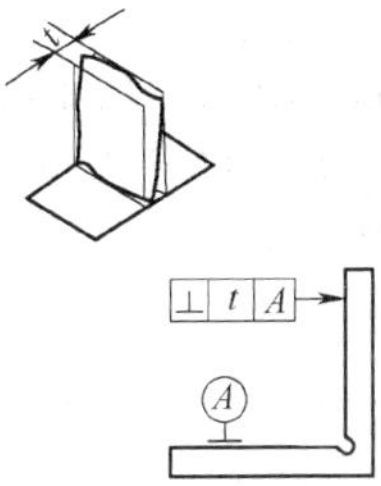 ⊥ t A	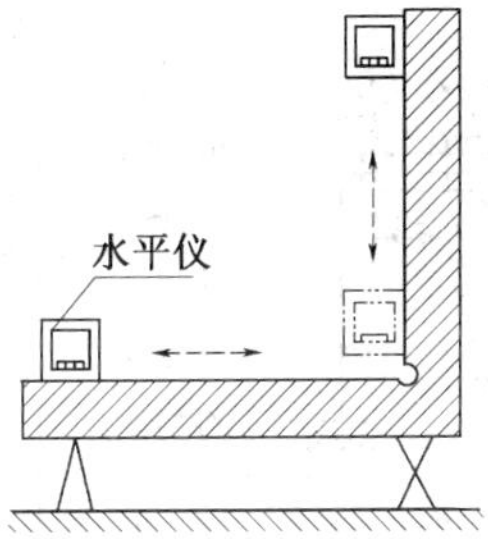 水平仪	水平仪,固定和可调支承	用水平仪粗调基准表面到水平。 分别在基准表面和被测表面上用水平仪分段逐步测量并记录换算成线值的示值。 用图解法(或计算法)确定基准方位,然后求出被测表面相对于基准的垂直度误差。 此方法适用于测量大型零件
1-4	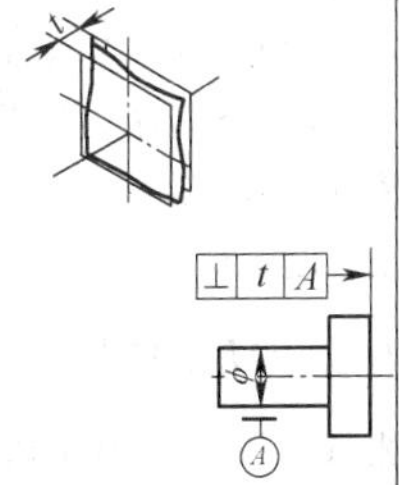 ⊥ t A	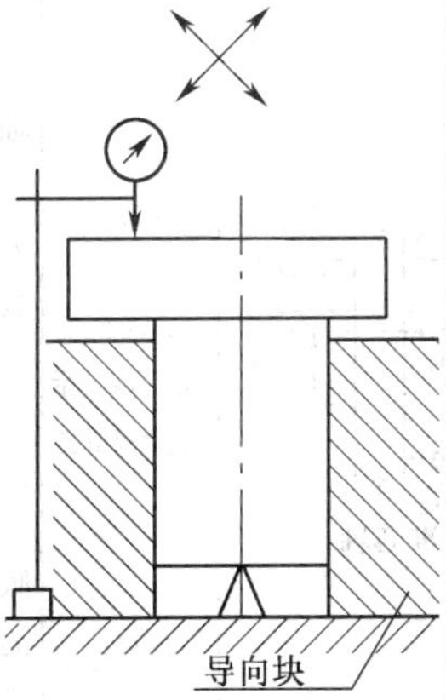 导向块	平板,导向块,固定支承,带指示计的测量架	将被测零件放置在导向块内(基准轴线由导向块模拟)然后测量整个被测表面,并记录示值。取最大示值差作为该零件的垂直度误差

续表 5-12

代号	公差带与应用示例	检测方法	设　备	说　明
1-5	面对线 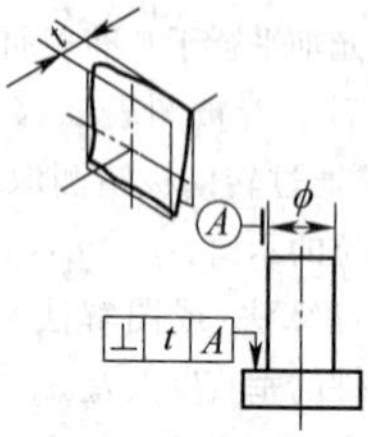	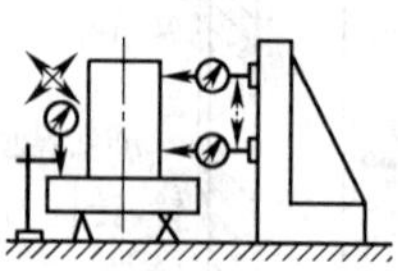	平板，直角座，固定和可调支承，带指示计的测量架	将基准轴线调整到与平板垂直，然后测量整个被测表面，并记录示值，取最大示值差值作为该零件的垂直度误差
1-6	线对线 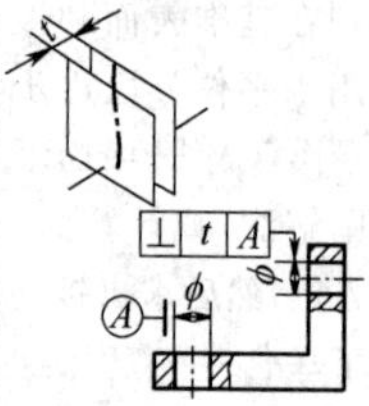	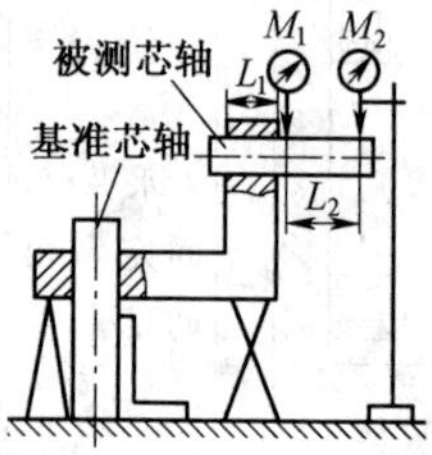 被测芯轴 基准芯轴 M_1 M_2 L_1 L_2	平板，直角尺，芯轴，固定和可调支承，带指示计的测量架	基准轴线和被测轴线由芯轴模拟。调整基准芯轴，使其与平板垂直。 在测量距离为 L_5 的两个位置上测得的数值分别为 M_1 和 M_2。 垂直度误差： $f=\frac{L_1}{L_2}\|M_1-M_2\|$ 测量时，应选用可胀式（或与孔成无间隙配合的）芯轴
1-7	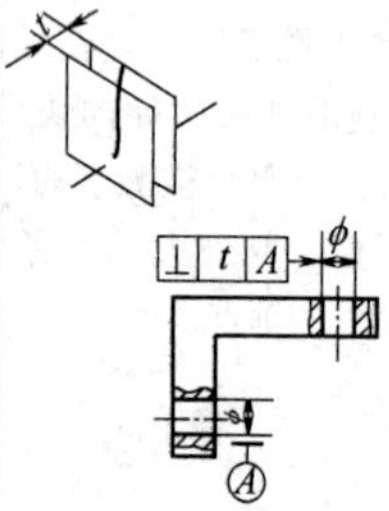	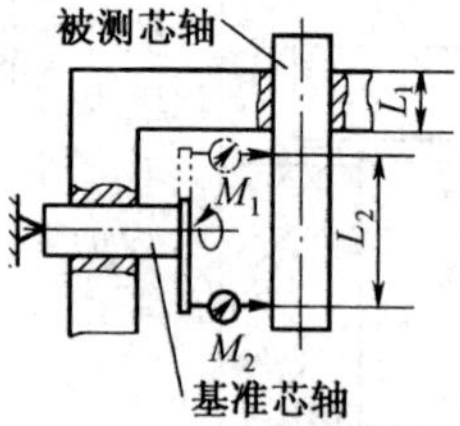 被测芯轴 L_1 M_1 L_2 M_2 基准芯轴	芯轴，支承，带指示计的测量架	基准轴线和被测轴线由芯轴模拟。 转动基准芯轴，在测量距离为 L_2 的两个位置上的测得的数值分别为 M_1 和 M_2。 垂直度误差： $f=\frac{L_1}{L_2}\|M_1-M_2\|$ 测量时被测芯轴应选用可胀式（或与孔成无间隙配合的）芯轴，而基准芯轴应选用可转动但配合间隙小的芯轴

续表 5-12

代号	公差带与应用示例	检测方法	设备	说明
1-8	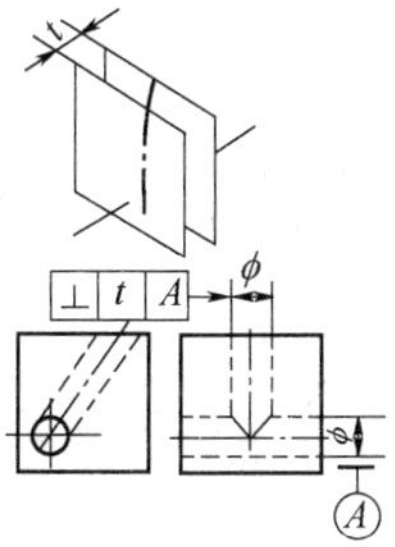 ⊥ t A	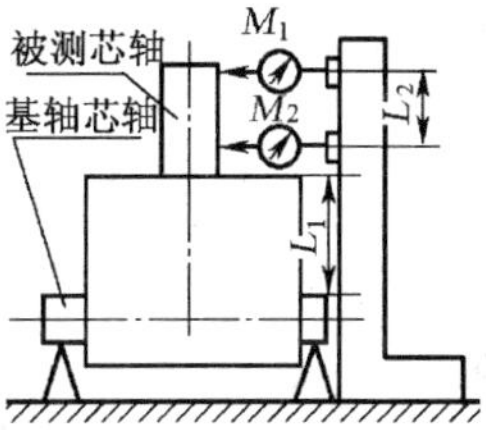 被测芯轴；基轴芯轴；M_1；M_2；L_2；L_1	平板，直角座，芯轴，等高支承，带指示计的测量架	基准轴线和被测轴线由芯轴模拟。 将被测零件放置在等高支承上，在测量距离为 L_2 的两个位置上测量的数值分别为 M_1 和 M_2。 垂直度误差： $f=\frac{L_1}{L_2}\|M_1-M_2\|$ 测量时应选用可胀式（或与孔成无间隙配合的）芯轴
1-9	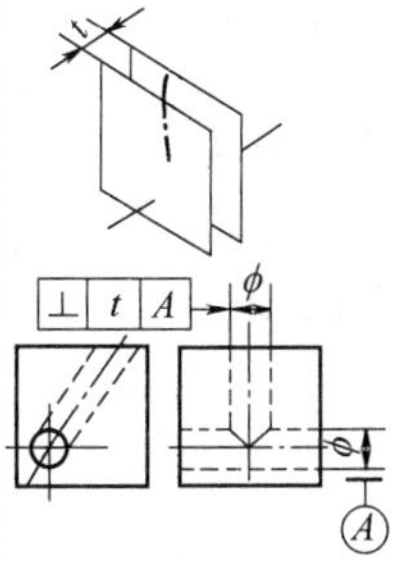 ⊥ t A	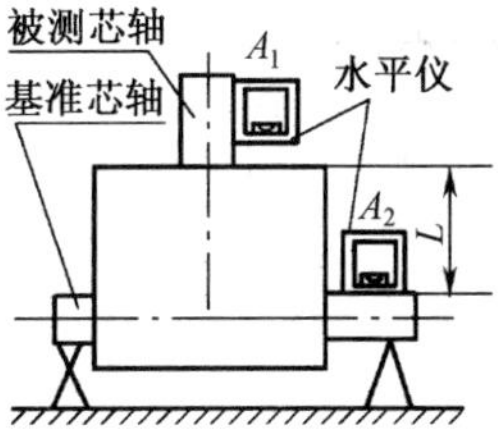 被测芯轴；基准芯轴；A_1；水平仪；A_2；L	平板，水平仪，芯轴，固定和可调支承	基准轴线和被测轴线由芯轴模拟。 调整基准芯轴处于水平位置，水平仪靠在两芯轴的素线上测量，同时记录示值 A_1 和 A_2。 垂直度误差： $f=\|A_1-A_2\|\cdot C\cdot L$ 式中 C——水平仪刻度值（线值）； L——被测孔的轴线长度
1-10	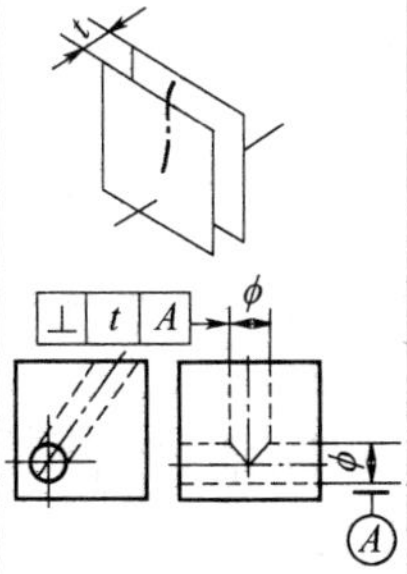 ⊥ t A	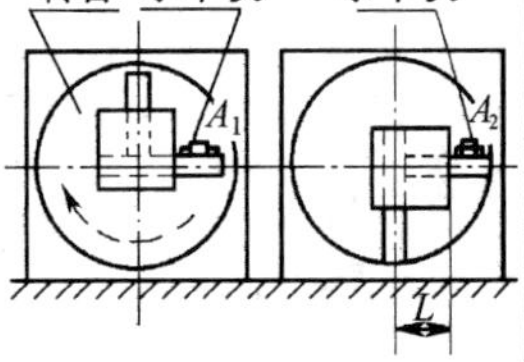 转台；水平仪；A_1；水平仪；A_2；L	具有水平轴的转台，芯轴，测角读数装置，水平仪	基准轴线和被测轴线由芯轴模拟。 将被测零件固定在转台上，调整转台使其轴线垂直于由基准轴线和被测轴线组成的平面。 先用水平仪调平基准芯轴，并记录此时转台的角度值 A_1。 转动转台，并调平被测芯轴，记录另一角度值 A_2。 垂直度误差： $f=L\cdot\tan\|(A_1-A_2)-90°\|$ 其中：L 为被测轴线的长度。 测量时应选用可胀式（或与孔成无间隙配合的）芯轴。 此方法也可用于测量面对面以及面对线的垂直度误差

续表 5-12

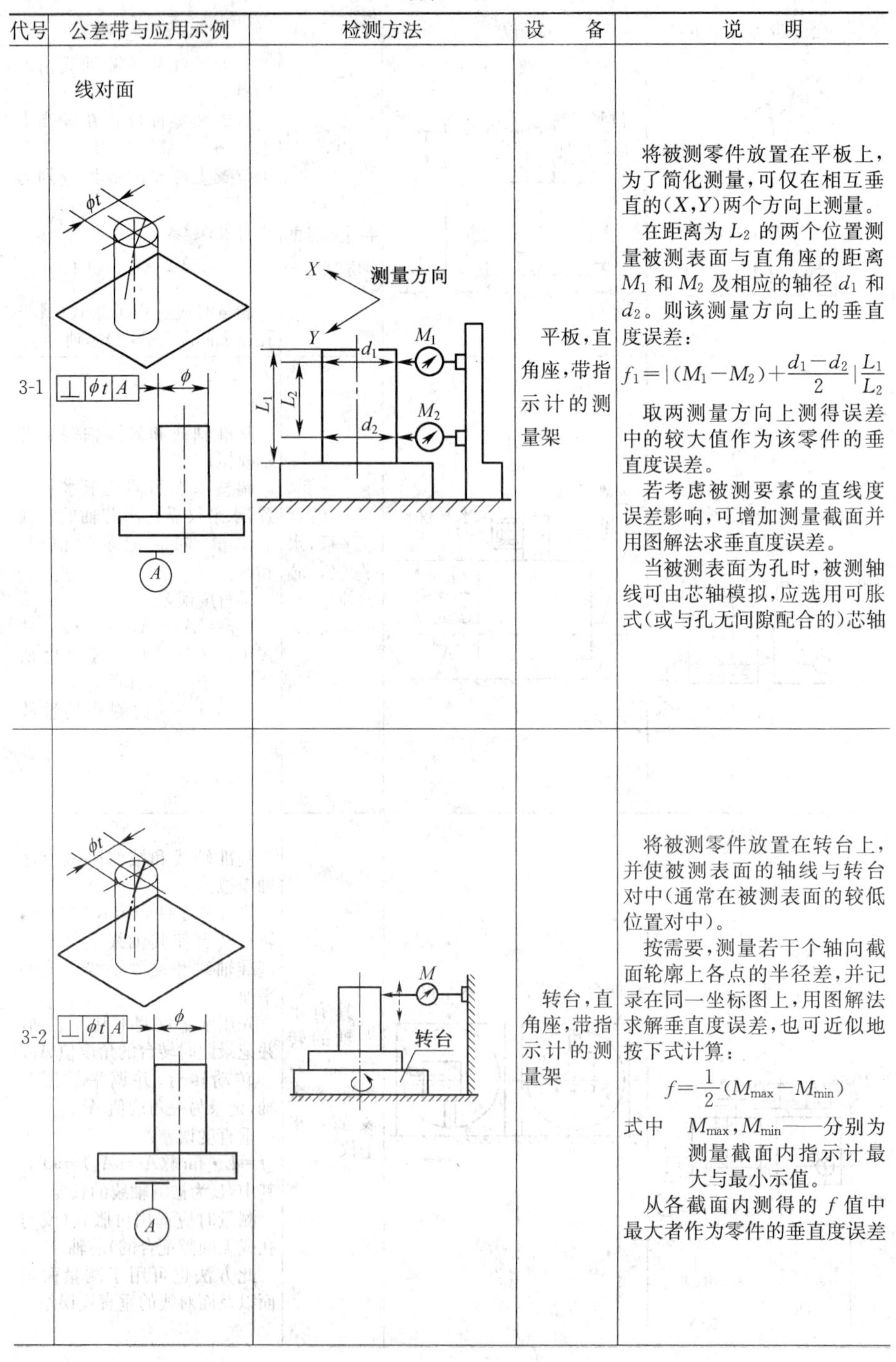

代号	公差带与应用示例	检测方法	设　　备	说　　明
3-1	线对面 		平板，直角座，带指示计的测量架	将被测零件放置在平板上，为了简化测量，可仅在相互垂直的(X,Y)两个方向上测量。 在距离为 L_2 的两个位置测量被测表面与直角座的距离 M_1 和 M_2 及相应的轴径 d_1 和 d_2。则该测量方向上的垂直度误差： $f_1=\left\|(M_1-M_2)+\frac{d_1-d_2}{2}\right\|\frac{L_1}{L_2}$ 取两测量方向上测得误差中的较大值作为该零件的垂直度误差。 若考虑被测要素的直线度误差影响，可增加测量截面并用图解法求垂直度误差。 当被测表面为孔时，被测轴线可由芯轴模拟，应选用可胀式(或与孔无间隙配合的)芯轴
3-2			转台，直角座，带指示计的测量架	将被测零件放置在转台上，并使被测表面的轴线与转台对中(通常在被测表面的较低位置对中)。 按需要，测量若干个轴向截面轮廓上各点的半径差，并记录在同一坐标图上，用图解法求解垂直度误差，也可近似地按下式计算： $f=\frac{1}{2}(M_{max}-M_{min})$ 式中　M_{max}，M_{min}——分别为测量截面内指示计最大与最小示值。 从各截面内测得的 f 值中最大者作为零件的垂直度误差

续表 5-12

代号	公差带与应用示例	检测方法	设备	说明
5-1	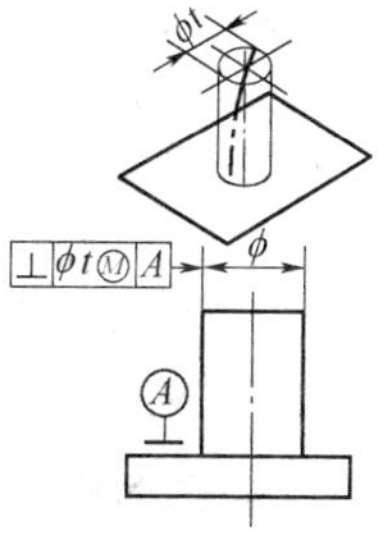 ϕt ⊥ ϕt Ⓜ A ϕ A	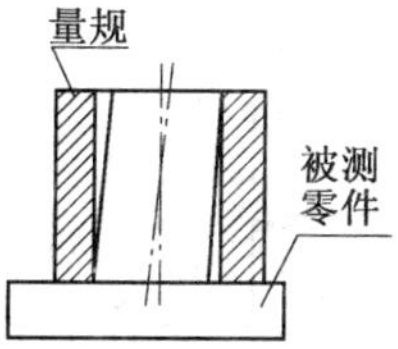 量规 被测零件	综合量规	将量规套在被测表面上，量规的端面与基准表面接触应不透光。 量规孔的直径等于被测要素的实效尺寸
5-2	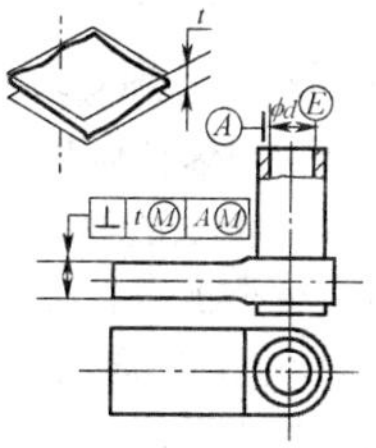 t A ϕd Ⓔ ⊥ t Ⓜ A Ⓜ	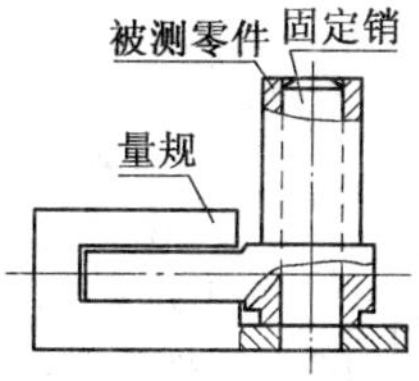 被测零件 固定销 量规	综合量规	将被测零件套在量规销上，并回转被测零件，被测表面应自由通过量规的凹槽。 固定销的直径等于基准孔的最大实体尺寸，量规凹槽的宽度等于被测表面的实效尺寸
9. 倾斜度误差检测				
1-1	面对面 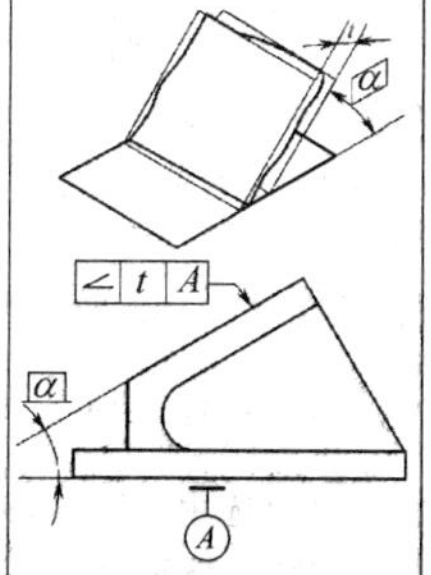 t α ∠ t A α A	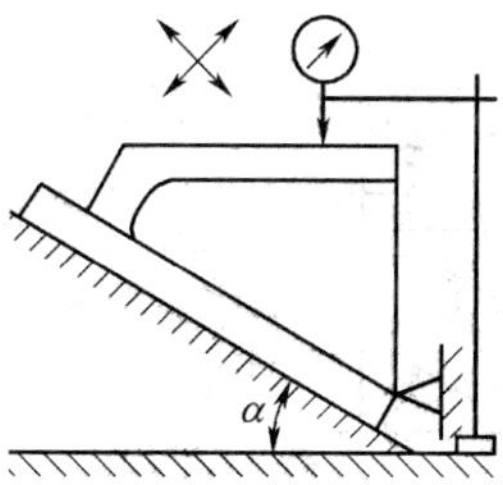 α	平板，定角座，固定支承，带指示计的测量架	将被测零件放置在定角座上。 调整被测件，使指示计在整个被测表面的示值差为最小值。 取指示计的最大与最小示值之差作为该零件的倾斜度误差。 定角座可用正弦尺（或精密转台）代替

续表 5-12

代号	公差带与应用示例	检测方法	设备	说明
1-2	线对面 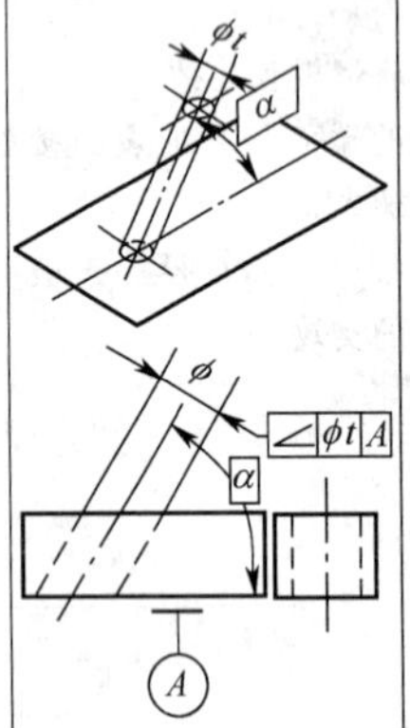	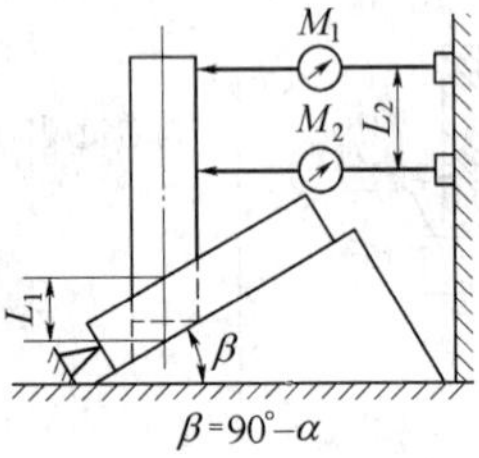 $\beta=90°-\alpha$	平板，直角座。定角垫块，固定支承，芯轴，带指示计的测量架	被测轴线由芯轴模拟。 调整被测零件，使指示计示值 M_1 为最大（距离最小）。 在测量距离为 L_2 的两个位置上测得示值分别为 M_1 和 M_2。 倾斜度误差： $f=\frac{L_1}{L_2}\|M_1-M_2\|$ 测量时应选用可胀式（或与孔成无间隙配合的）芯轴，若选用 L_2 等于 L_1，则示值差值即为该零件的倾斜度误差。 定角垫块可由正弦尺（或精密转台）代替
1-3	面对线 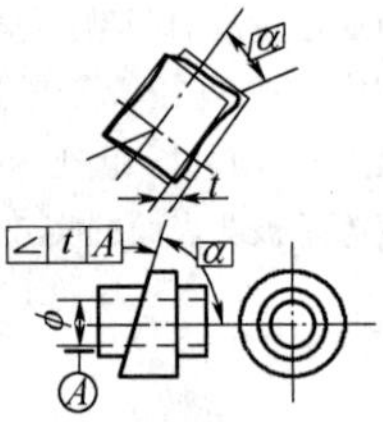	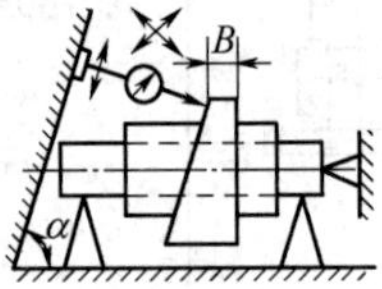	平板，定角座，等高支承，芯轴。带指示计的测量架	基准轴线由芯轴模拟。 转动被测零件使其最小长度 B 的位置处在顶部。 测量整个被测表面与定角座之间各点的距离，取指示计最大与最小示值之差作为该零件的量斜度误差。 测量时，应选用可胀式（或与孔成无间隙配合的）芯轴
1-4	线对线 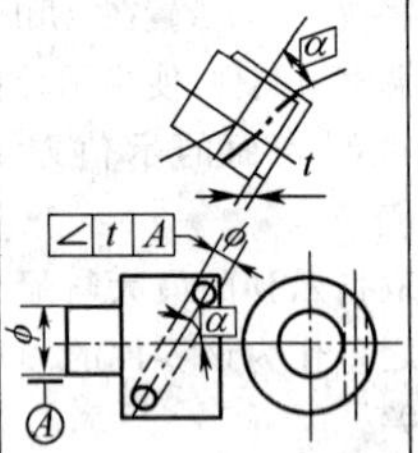	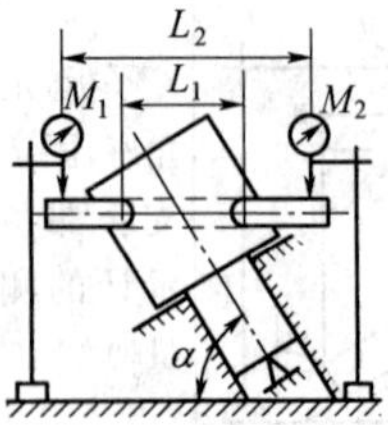	平板，定角导向座，芯轴，带指示计的测量架	使芯轴平行于测量装置导向座定角 α 所在平面。 在测量距离为 L_2 的两个位置上测得的示值分别为 M_1 和 M_2。 倾斜度误差： $f=\frac{L_1}{L_2}\|M_1-M_2\|$ 测量时应选用可胀式（或与孔成无间隙配合的）芯轴

续表 5-12

代号	公差带与应用示例	检测方法	设　备	说　明
1-5	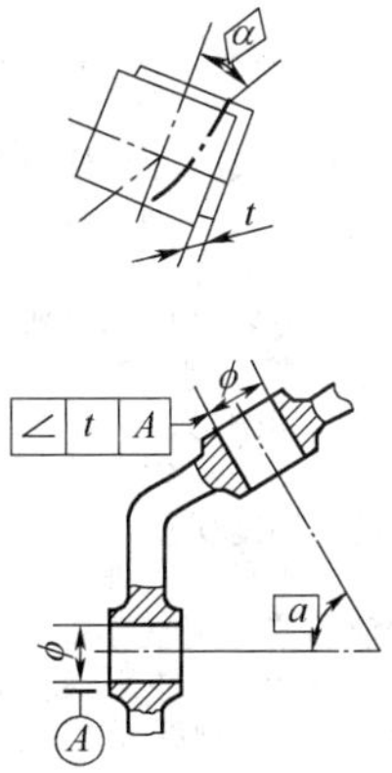	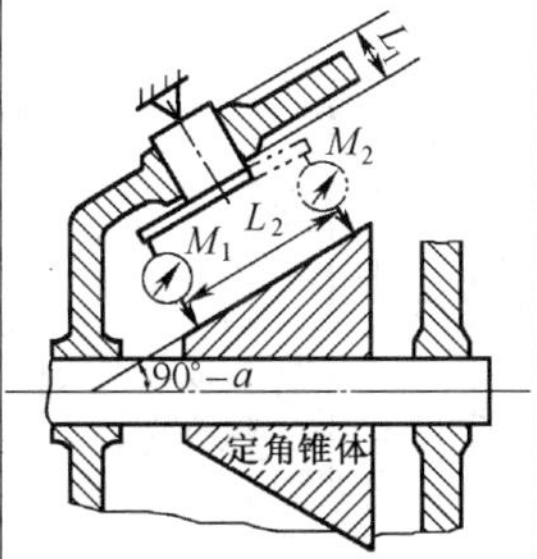	芯轴，定角锥体，支承，带指示计的装置	在测量距离为 L_2 的两个位置上测得的数值分别为 M_1 和 M_2。 倾斜度误差： $f=\frac{L_1}{L_2}\lvert M_1-M_2\rvert$
1-6	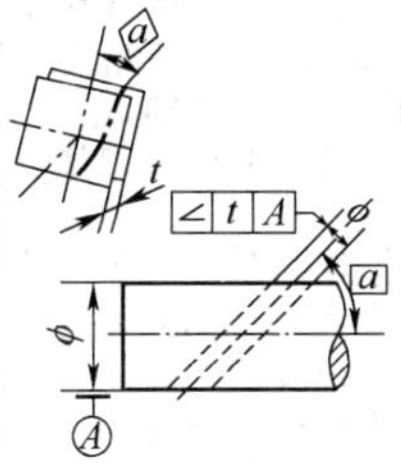	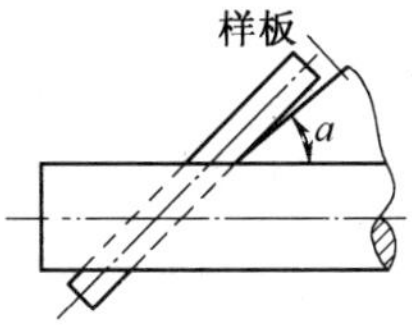	定角样板，芯轴，塞尺	根据光隙或塞尺在轴剖面内测量该零件的倾斜度误差。 芯轴的外伸长度应与被测轴线的长度相等
1-7	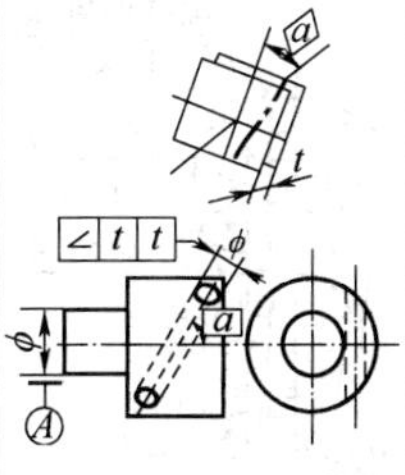	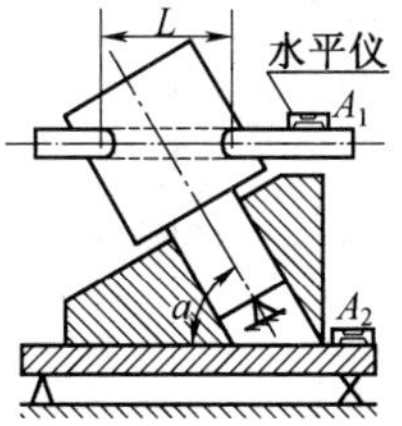	平板，导向定角垫块，固定和可调支承，芯轴，水平仪	调整平板处于水平位置，并用芯轴模拟被测轴线。 调整被测零件，使芯轴的右侧处于最高位置（如图示）。用水平仪在芯轴和平板上测得的示值分别为 A_1 和 A_2。 倾斜度误差： $f=\lvert A_1-A_2\rvert\cdot C\cdot L$ 式中　C——水平仪刻度值（线值）。 测量时应选用可胀式（或与孔成无间隙配合的）芯轴

续表 5-12

代号	公差带与应用示例	检测方法	设备	说明
10. 同轴度误差检测				
2-1	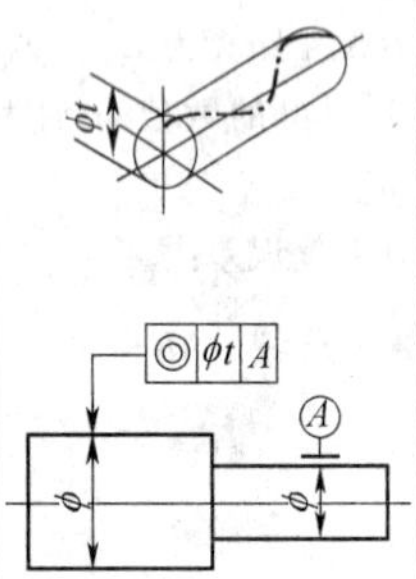	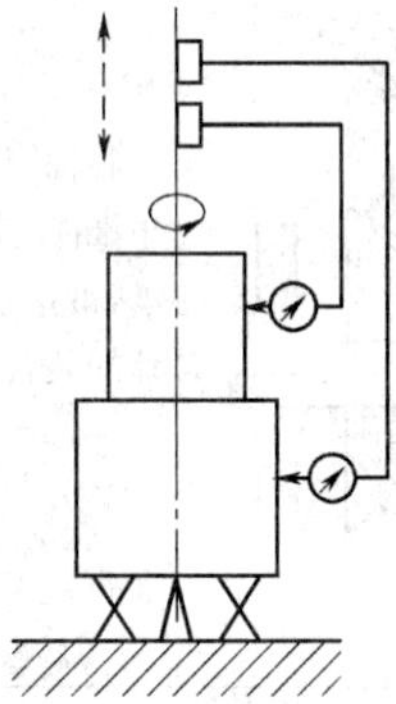	圆度仪(或其他类似仪器)	调整被测零件,使其基准轴线与仪器主轴的回转轴线同轴。 在被测零件的基准要素和被测要素上测量若干截面并记录轮廓图形。 根据图形按定义求出该零件的同轴度误差。 按照零件的功能要求也可对轴类零件用最小外接圆柱面(对孔类零件用最大内接圆柱面)的轴线求出同轴度误差
2-2	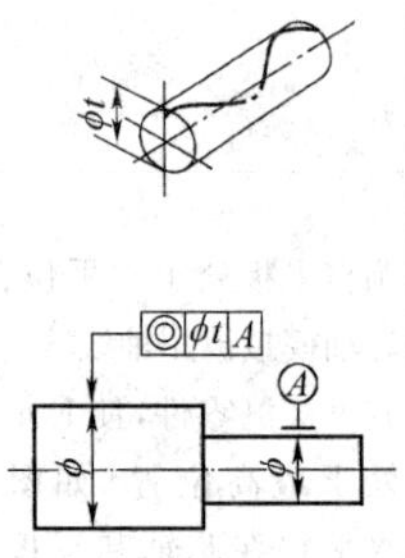	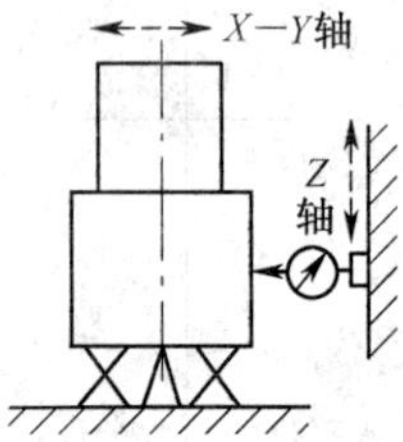 X—Y轴 Z轴	三坐标测量装置	将被测零件放置在工作台上,调整被测零件使其基准轴线平行于 Z 轴。 在被测部位上测量若干个横截面并在每个截面上测取实际轮廓在 X 和 Y 轴方向的四个点的坐标,及各截面之间的距离。 根据各截面与其各对应点的坐标的相互关系用计算法(或作图法)求得外接(或内接)圆柱面轴线与基准轴线之间的最大距离的两倍作为该零件的同轴度误差 注:在确定外接(或内接)圆柱面时应使该圆柱面在径向两端的动程 a 相等,见下图 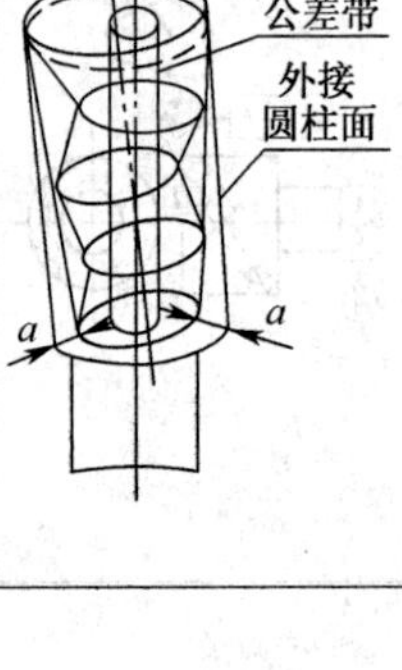 外接圆柱面轴线 基准轴线 公差带 外接圆柱面 a a

续表 5-12

代号	公差带与应用示例	检测方法	设　　备	说　　明
2-3	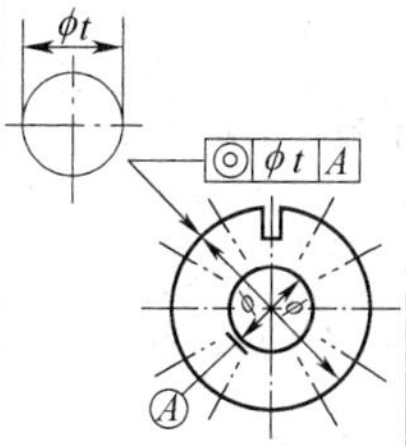	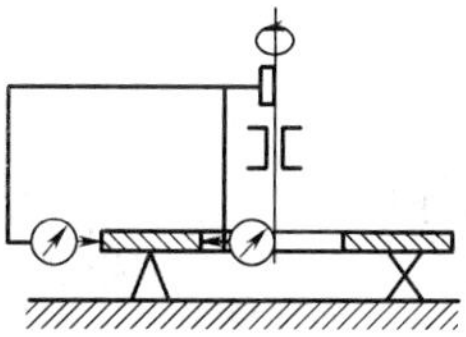	径向变动测量装置	调整基准要素使其提取中心线与测量装置同轴，并使被测零件的端面垂直于回转轴线。 在同一张记录纸上记录基准和被测要素的轮廓。 由轮廓图形用最小区域法求各自的圆心，取两圆心距离的二倍值作为该零件的同轴度误差。 根据功能要求，也可对记录的图形，用最大内接圆中心(内表面)，或用最小外接圆中心(外表面)法求出各自的圆心，取这两圆心距离的二倍作为该零件的同轴度误差
2-4	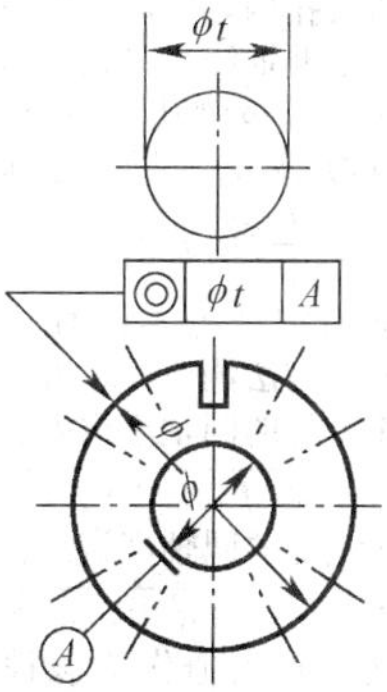	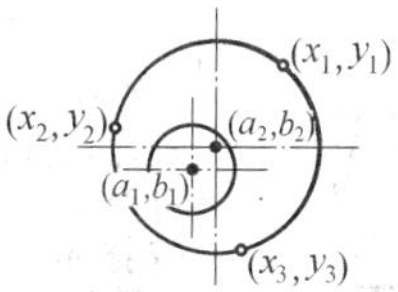	配备计算机的测量显微镜或坐标测量装置	在被测件的内、外圆周上，分别测取三个点的坐标值(最好三点等距)，根据测得的坐标值，内、外圆周中心的坐标(a_1,b_1)，(a_2,b_2)用下式计算： $a=\dfrac{(x_1^2+y_1^2)(y_2-y_3)+(x_2^2+y_2^2)(y_3-y_1)+(x_3^2+y_3^2)(y_1-y_2)}{2[x_1(y_2-y_3)+x_2(y_3-y_1)+x_3(y_1-y_2)]}$ $b=\dfrac{(y_1^2+x_1^2)(x_2-x_3)+(y_2^2+x_2^2)(x_3-x_1)+(y_3^2+x_3^2)(x_1-x_2)}{2[y_1(x_2-x_3)+y_2(x_3-x_1)+y_3(x_1-x_2)]}$ 同轴度误差： $f=2\sqrt{(a_2-a_1)^2+(b_2-b_1)^2}$ 为减少形状误差的影响，可重复测量几组中心坐标值，取其平均值计算同轴度误差

续表 5-12

代号	公差带与应用示例	检测方法	设备	说明
2-5	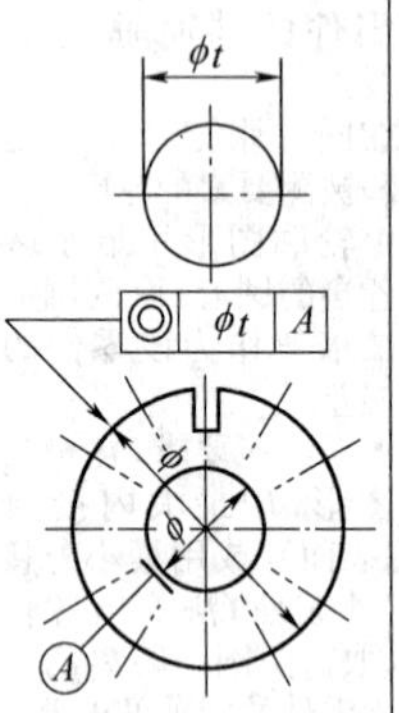	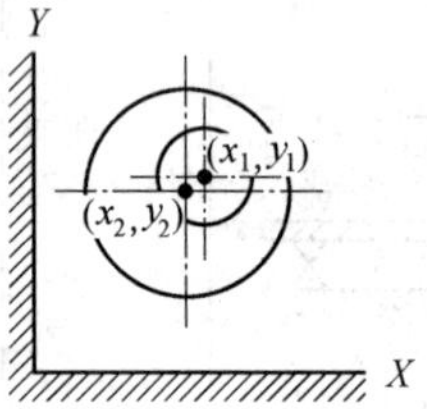	坐标测量装置或测量显微镜	将被测零件放置在测量装置工作台上，并使被测零件的端面与 X-Y 坐标面平行。 沿 X 轴方向分别测取基准要素和被测提取要素的最大直径，并计算得出它们中心坐标值 x_1 和 x_2。 再按相同方法沿 Y 轴方向测量，并算出其中心坐标值 y_1 和 y_2。 同轴度误差： $f=2\sqrt{(x_1-x_2)^2+(y_1-y_2)^2}$ 此方法适用于测量形状误差较小的被测零件
3-1	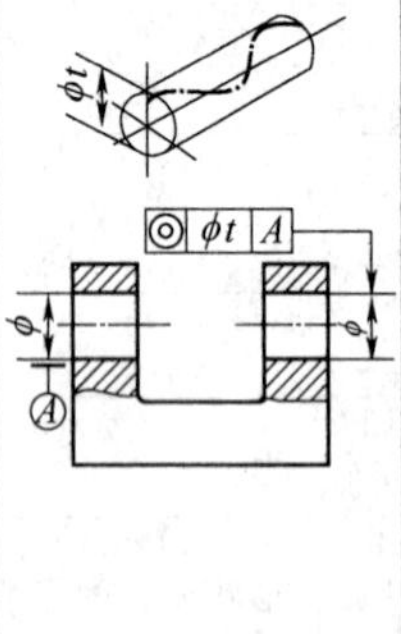	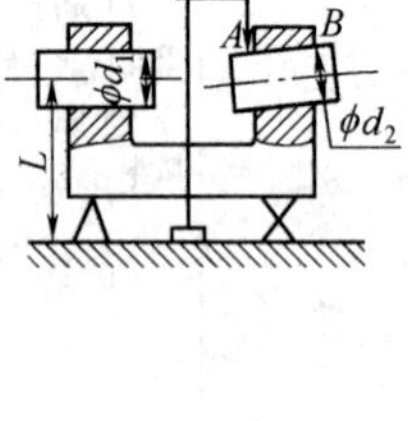	平板，芯轴，固定和可调支承，带指示计的测量架	将芯轴与孔成无间隙配合地插入孔内，并调整被测零件使其基准轴线与平板平行。 在靠近被测孔端 A，B 两点测量，并求出该两点分别与高度$(L+\frac{d_2}{2})$的差值 f_{Ax}和 f_{Bx}。 然后把被测零件翻转 90°，按上述方法测取 f_{Ay}和 f_{By}，则 A 点处的同轴度误差： $f_A=2\sqrt{(f_{Ax})^2+(f_{Ay})^2}$ B 点处的同轴度误差： $f_B=2\sqrt{(f_{Bx})^2+(f_{By})^2}$ 取其中较大值作为该被测要素的同轴度误差。 如测点不能取在孔端处，则同轴度误差可按比例折算

续表 5-12

代号	公差带与应用示例	检测方法	设　备	说　明
3-2	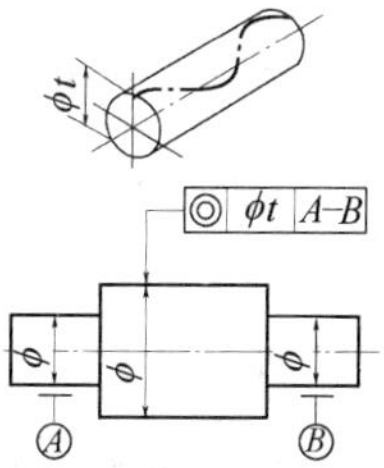	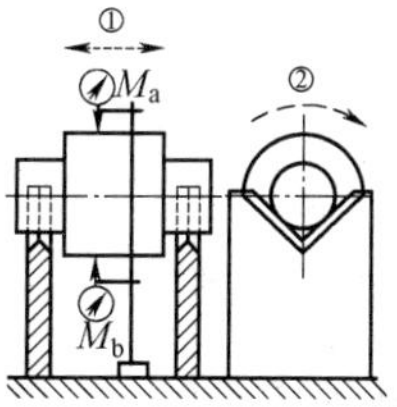	平板，刃口状V形架，带指示计的测量架	公共基准轴线由V形架体现。 将被测零件基准要素的中截面放置在两个等高的刃口状V形架上。将两指示计分别在铅垂轴截面内相对于基准轴线对称地分别调零。 ①在轴向测量，取指示计在垂直基准轴线的正截面上测得各对应点的示值差值 $\|M_a-M_b\|$ 作为在该截面上的同轴度误差。 ②按上述方法在若干截面内测量，取各截面测得的示值之差中的最大值(绝对值)作为该零件的同轴度误差。 此方法适用于测量形状误差较小的零件
3-3	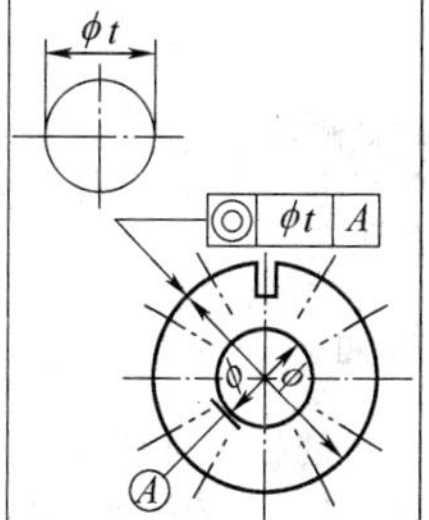	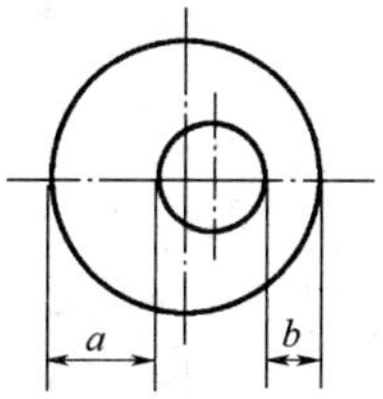	卡尺，管壁千分尺	先测出内外圆之间的最小壁厚 b，然后测出相对方向的壁厚 a。 同轴度误差： $f=a-b$ 此方法适用于测量形状误差较小的零件

续表 5-12

代号	公差带与应用示例	检测方法	设　　备	说　　明
5-1	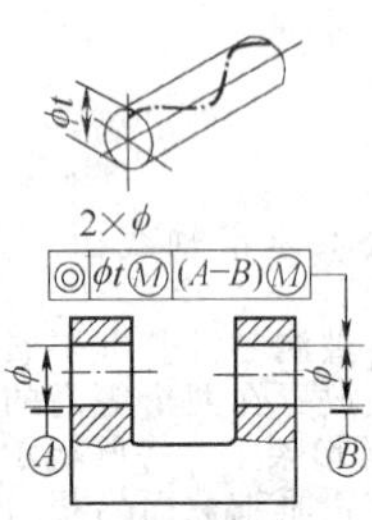 $2\times\phi$ ◎ ϕtⓂ (A−B)Ⓜ	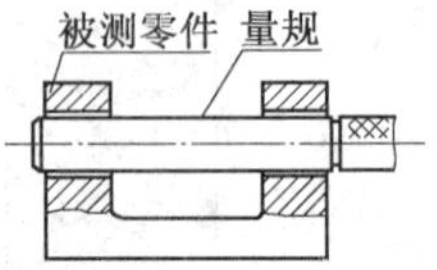 被测零件 量规	综合量规	量规销的直径为孔的实效尺寸。综合量规应通过被测零件
5-2	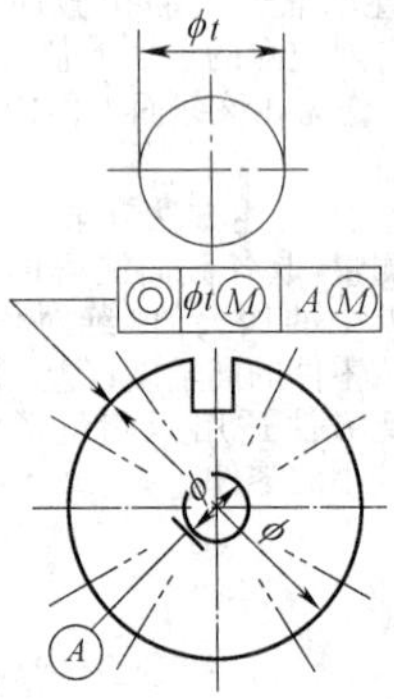 ϕt ◎ ϕtⓂ AⓂ	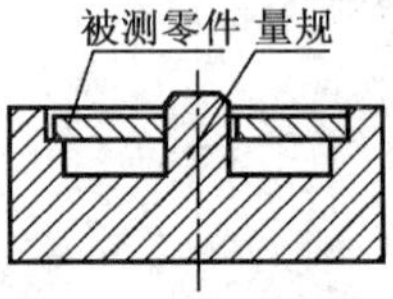 被测零件 量规	综合量规	量规销的直径为基准孔的实效尺寸，量规孔的直径为被测要素的实效尺寸，综合量规应通过被测零件
		11. 对称度误差检测		
1-1	面对面 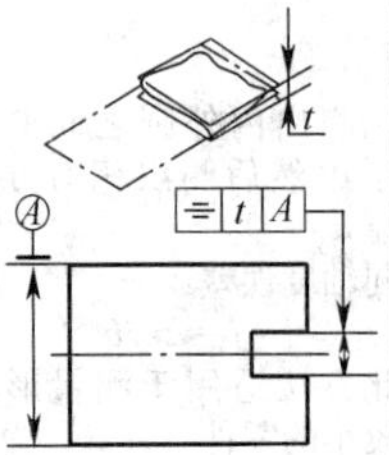 t ≡ t A	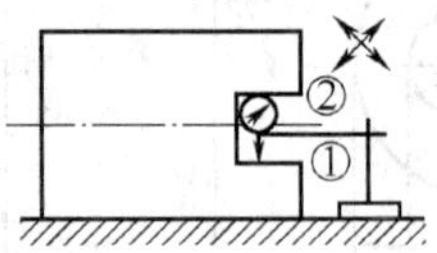 ② ①	平板，带指示计的测量架	将被测零件放置在平板上。 ①测量被测表面与平板之间的距离。 ②将被测件翻转后，测量另一被测表面与平板之间的距离。 取测量截面内对应两测点的最大差值作为对称度误差

续表 5-12

代号	公差带与应用示例	检测方法	设备	说明
1-2	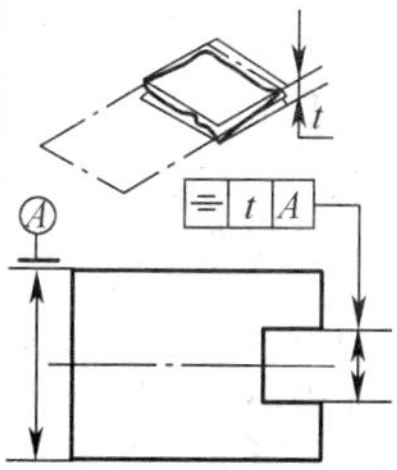	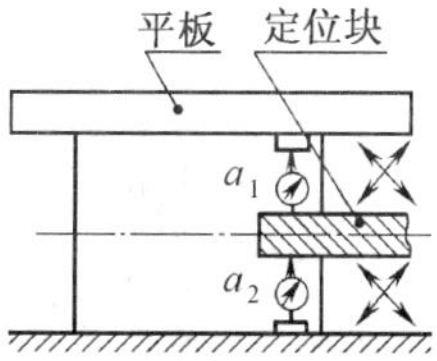 平板 定位块	平板，定位块，带指示计的测量架	将被测零件放置在两块平板之间，并用定位块模拟被测中心面。在被测零件的两侧分别测出定位块与上、下平板之间的距离 a_1 和 a_2。 对称度误差： $f=\|a_1-a_2\|_{max}$ 当定位块的长度大于被测要素的长度时，误差值应按比例折算。 此方法适用于测量大型零件
3-1	面对线 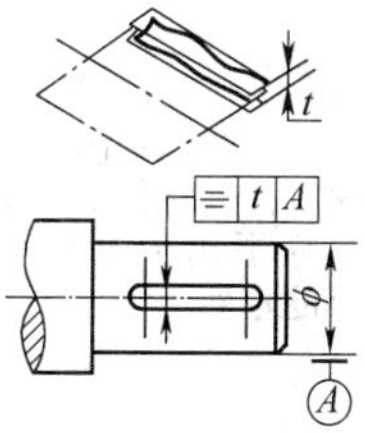	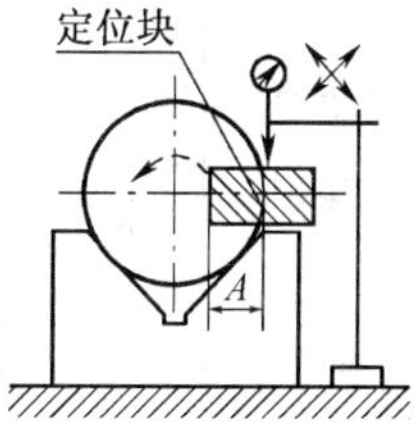 定位块	平板，V形块，定位块，带指示计的测量架	基准轴线由V形块模拟，被测中心平面由定位块模拟。调整被测零件使定位块沿径向与平板平行，在键槽长度两端的径向截面内测量定位块至平板的距离；再将被测零件旋转180°后重复上述测量，得到两径向测量截面内的距离差之半$\triangle_1$和$\triangle_2$。对称度误差按下式计算： $f=\frac{2\triangle_2 h+d(\triangle_1-\triangle_2)}{d-h}$ 式中 d——轴的直径； h——键槽深度。 注：以绝对值大者为$\triangle_1$，小者为$\triangle_2$
3-2	线对面 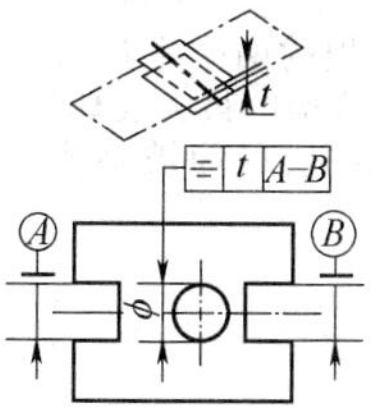	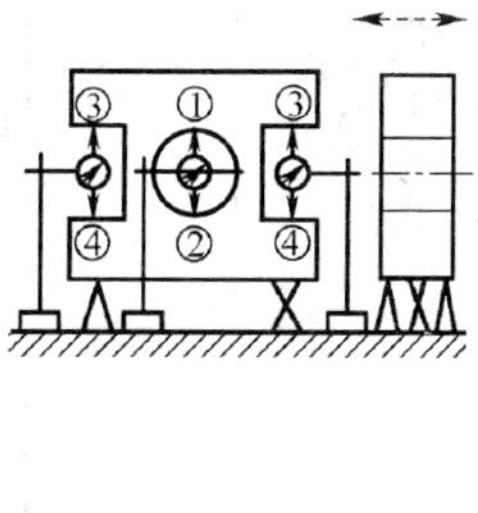	平板，固定和可调支承，带指示计的测量架（坐标测量装置或测量显微镜）	测量基准要素③，④，并进行计算和调整，使公共基准中心平面与平板平行（该中心平面由在槽深$\frac{1}{2}$处的槽宽中点确定）。 再测量被测要素①，②，计算出孔的轴线。取在各个正截面中孔的轴线与对应的公共基准中心平面之最大变动量的两倍作为该零件的对称度误差

续表 5-12

代号	公差带与应用示例	检测方法	设　备	说　明
3-3	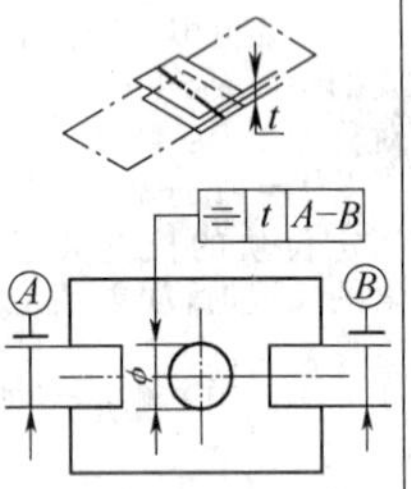	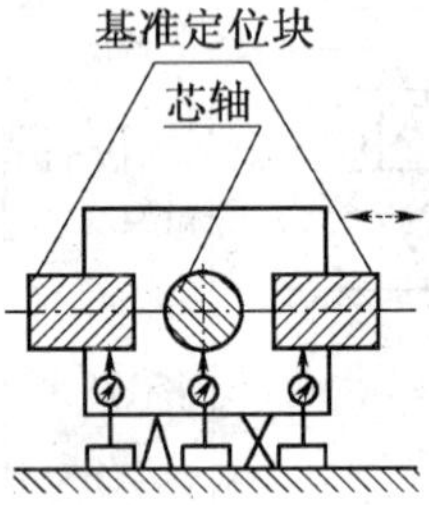	平板，固定和可调支承，芯轴，基准定位块，带指示计的测量架	基准中心平面由基准定位块模拟。测量定位块的位置和尺寸，同时调整被测零件，使公共基准中心平面与平板相平行（公共基准中心平面，由槽深 1/2 处的槽宽中点确定）。 测量和计算被测轴线对公共基准中心平面的变动量，取最大变动量的两倍作为该零件的对称度误差。 测量时应选用可胀式（或与孔成无间隙配合的）芯轴。当芯轴的长度大于被测要素的长度时，误差值应按比例折算
3-4	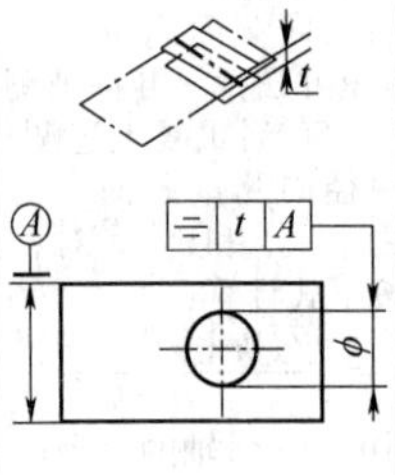	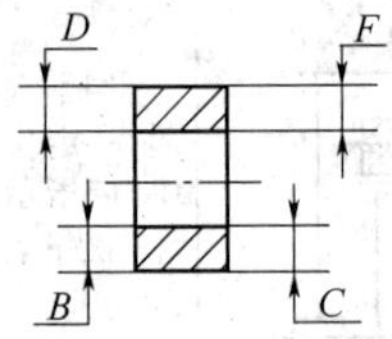	卡尺	在 B，D 和 C，F 处测量壁厚，取两个壁厚差中较大的值作为该零件的对称度误差。 此方法适用于测量形状误差较小的零件
5-1	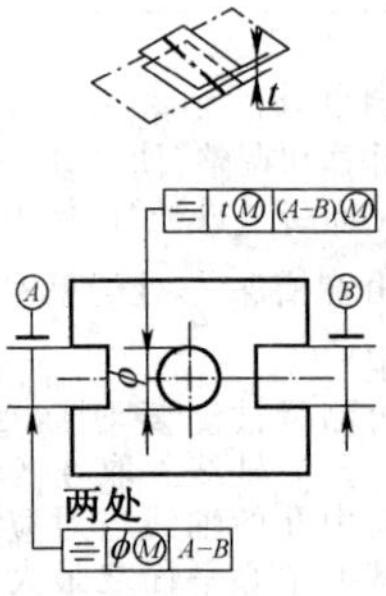		综合量规	量规应通过被测零件。 量规的两个定位块的宽度为基准槽的最大实体尺寸，量规销的直径为被测孔的实效尺寸

续表 5-12

代号	公差带与应用示例	检测方法	设　备	说　明
12. 位置度误差检测				
1-1	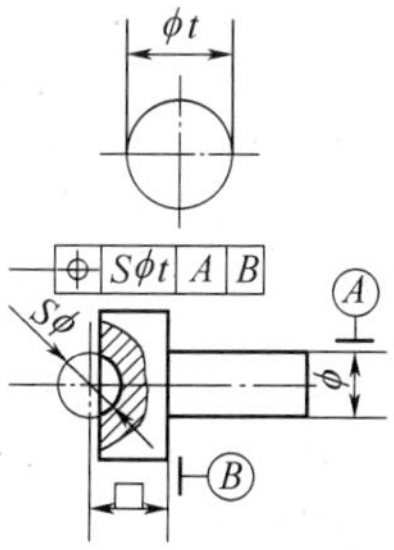	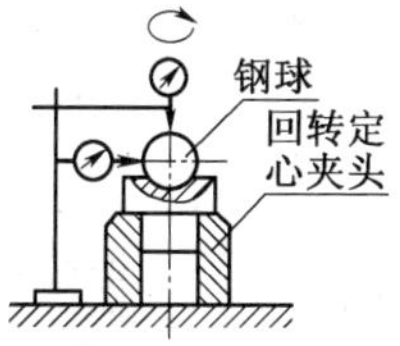 钢球 回转定心夹头	标准零件,测量钢球,回转定心夹头,平板,带指示计的测量架	被测件由回转定心夹头定位,选择适当直径的钢球,放置在被测零件的球面内,以钢球球心模拟被测球面的中心。 在被测零件回转一周过程中,径向指示计最大示值差之半为相对基准轴线 A 的径向误差 f_x,垂直方向指示计直接读取相对于基准 B 的轴向误差 f_y。该指示计应先按标准零件调零。 被测点位置度误差: $f=2\sqrt{f_x^2+f_y^2}$
2-1	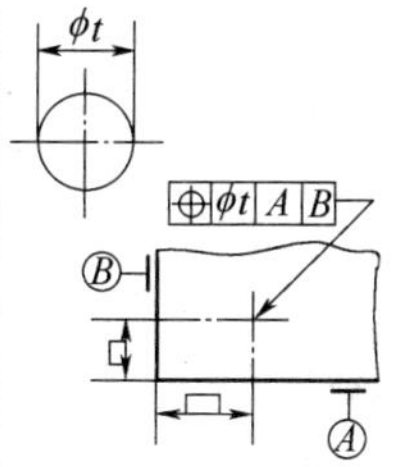	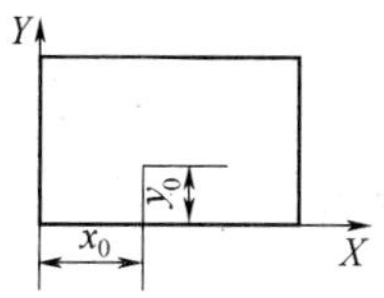	坐标测量装置	按基准调整被测零件,使其与测量装置的坐标方向一致。 将测出的被测点坐标值 x_0,y_0 分别与相应的理论正确尺寸比较,得出差值 f_x 和 f_y。 位置度误差: $f=2\sqrt{f_x^2+f_y^2}$

续表 5-12

代号	公差带与应用实例	检测方法	设　　备	说　　明
2-2	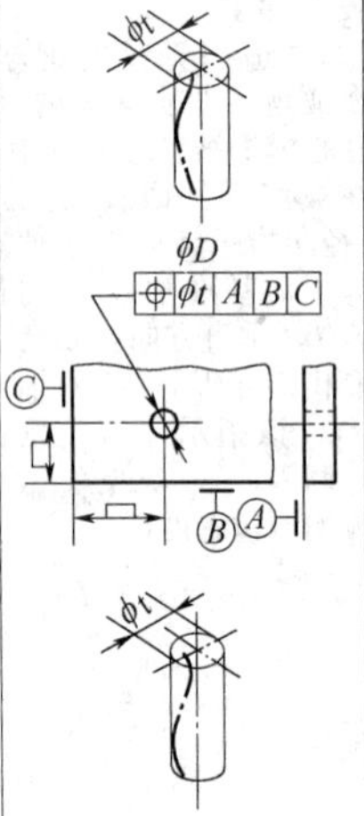	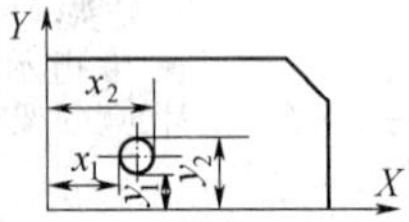	坐标测量装置芯轴	按基准调整被测件，使其与测量装置的坐标方向一致。 将芯轴放置在孔中，在靠近被测零件的板面处，测量 x_1，x_2，y_1，y_2。按下式分别计算出坐标尺寸 x，y。 X 方向坐标尺寸： $x=\frac{x_1+x_2}{2}$ Y 方向坐标尺寸： $y=\frac{y_1+y_2}{2}$ 将 X，Y 分别与相应的理论正确尺寸比较，得到 f_x 和 f_y，位置度误差为： $f=2\sqrt{f_x^2+f_y^2}$ 然后把被测件翻转，对其背面按上述方法重复测量，取其中的误差较大值作为该零件的位置度误差。 对于多孔孔组，则按上述方法逐孔测量和计算。若位置度公差带为给定两个互相垂直的方向，则直接取 $2f_x$，$2f_y$，分别作为该零件在两个方向上的位置度误差。测量时，应选用可胀式(或与孔成无间隙配合的)芯轴。 若孔的形状误差对测量结果的影响可以忽略时，则可直接在实际孔壁上测量
2-2	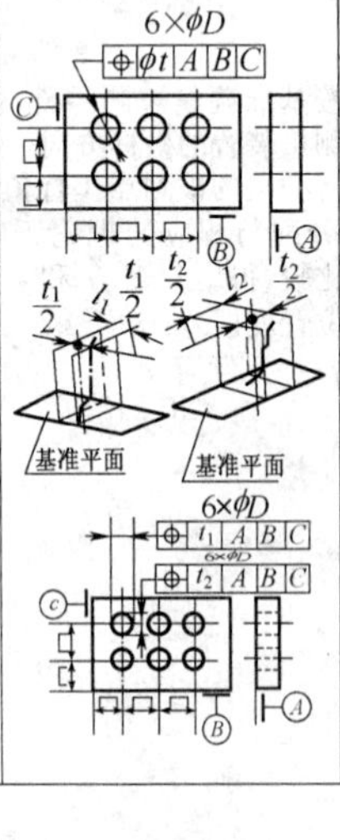	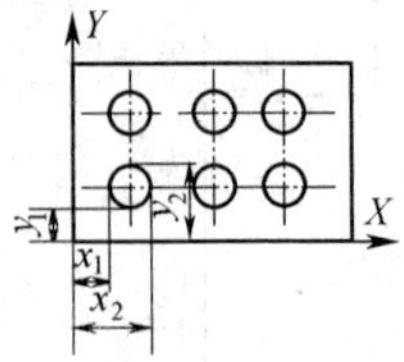		

续表 5-12

代号	公差带与应用实例	检测方法	设　备	说　明
2-3	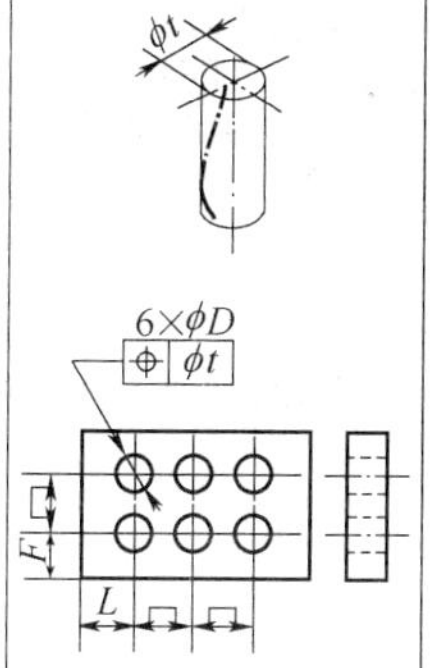 ϕt $6\times\phi D$ ϕ ϕt F L	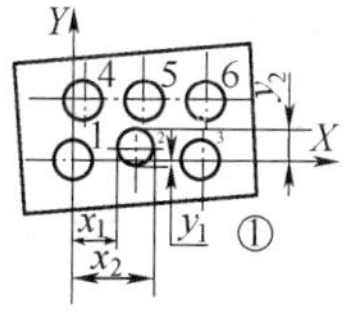 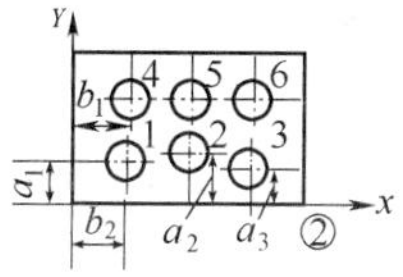 Y 4 5 6 1 2 3 y_2 X x_1 y_1 x_2 ① Y b_1 4 5 6 1 2 3 a_1 x b_2 a_2 a_3 ②	坐标测量装置，芯轴	分两个步骤测量：①测量各孔的位置度误差；②测量定位尺寸 L 和 F 的误差。 ①将被测零件上最远两孔(如1,3孔)的提取中心的连线调整至与坐标方向一致。将芯轴放置在孔中，以孔的中心为原点，在靠近被测零件的端面处测取各孔坐标 x_1，x_2，y_1，y_2，根据下式计算出该孔的实际位置： X 方向的位置尺寸：$x=\frac{x_1+x_2}{2}$ Y 方向的位置尺寸：$y=\frac{y_1+y_2}{2}$ 将 x 和 y 分别与相应的理论正确尺寸比较，得出偏差 f_x 和 f_y。 该孔的位置度误差为 $f=2\sqrt{f_x^2+f_y^2}$，其他各孔的误差，按同样方法得出，必要时，位置度误差可用定位最小区域法求出。 当被测轴线的长度较长时，应同时测量被测轴线的两端，取其中较大值作为该要素的位置度误差。 ②调整被测件的侧面，使其与坐标方向一致。测量1～3这一排孔的边心距 a 以及1和4的边心距 b，实际测得尺寸 a 和 b 应分别位于 F 和 L 的极限尺寸之内。 测量时应选用可胀式(或与孔成无间隙相配合的)芯轴。若孔的形状误差对测量结果的影响可忽略时，则可在实际孔壁上直接测量

续表 5-12

代号	公差带与应用实例	检测方法	设　备	说　明
2-4	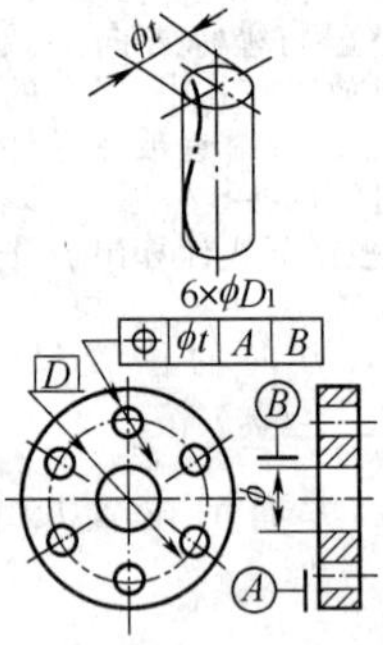 ϕt $6\times\phi D_1$ ⊕ ϕt A B D B A	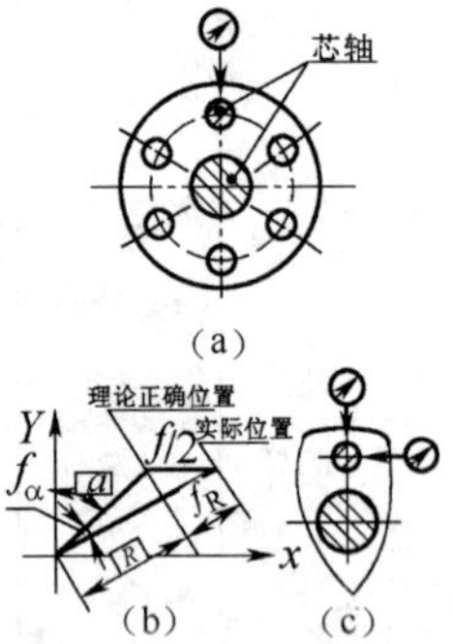 芯轴 (a) Y 理论正确位置 实际位置 $f/2$ f_α α f_R R x (b) (c)	分度和坐标测量装置，指示计，芯轴	调整被测零件，使基准轴线与分度装置的回转轴线同轴。 任选一孔，以其中心作角向定位，测出各孔的径向误差 f_R 和角度误差 f_α［图(a)和图(b)］。位置度误差： $f=2\sqrt{f_R^2+(R\cdot f_\alpha)^2}$ 式中：f_α 取弧度值。 该零件也可用两个指示计［图(c)］分别测出各孔径向误差 f_y 和切向误差 f_x，位置度误差：$f=2\sqrt{f_x^2+f_y^2}$。必要时，位置度误差可用定位最小区域法求出。 当被测轴线较长时，应同时测量被测轴线的两端，并取其中较大值作为该要素的位置度误差。 测量时应选用可胀式(或与孔成无间隙配合的)芯轴，若孔的形状误差对测量结果的影响可忽略时，则可在实际孔壁上直接测量
2-5	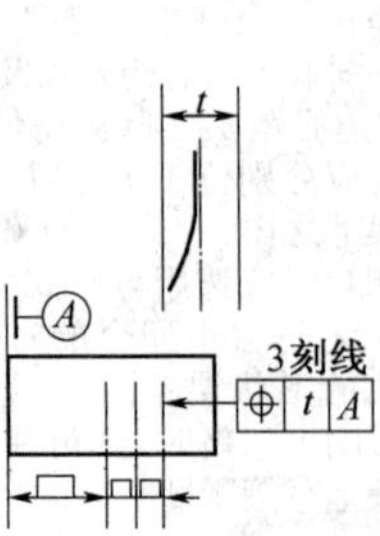 t A 3刻线 ⊕ t A	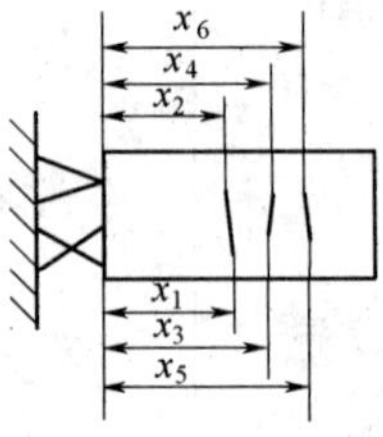 x_6 x_4 x_2 x_1 x_3 x_5	坐标测量装置	调整被测零件，使基准要素与测量装置对准。 沿被测刻线分别测量其最大和最小的坐标值 x_1-x_2，x_3-x_4，x_5-x_6。将测得的各坐标值分别与相应的理论正确尺寸比较，取其中的最大差值乘以 2，作为该零件的位置度误差

续表 5-12

代号	公差带与应用实例	检测方法	设备	说明
2-5	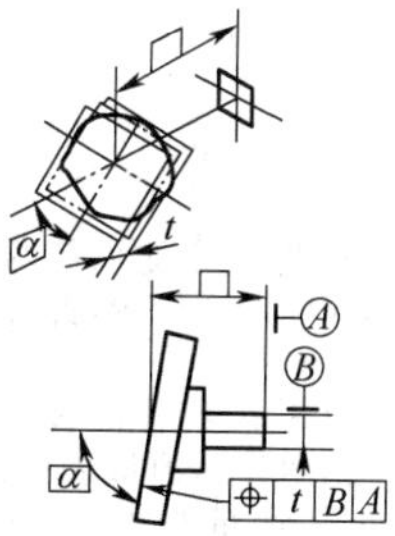	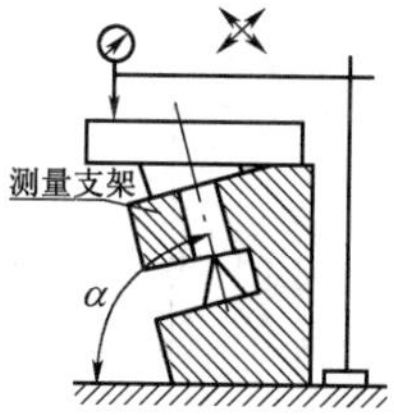 测量支架	平板，专用测量支架，带指示计的测量架，标准零件	调整被测零件在专用支架上的位置，使指示计的示值差为最小。 指示计按专用的标准零件调零。 在整个被测表面上测量若干点，将指示计示值的最大值（绝对值）乘以 2，作为该零件的位置度误差
5-1	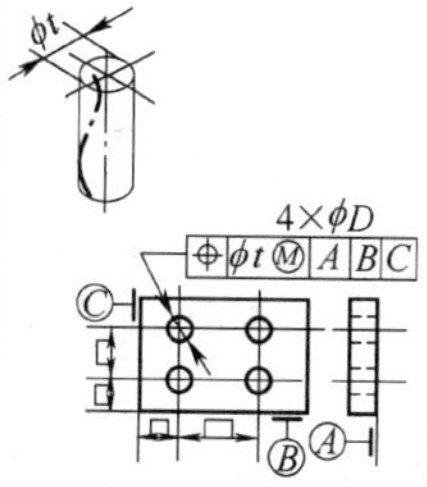 $4\times\phi D$	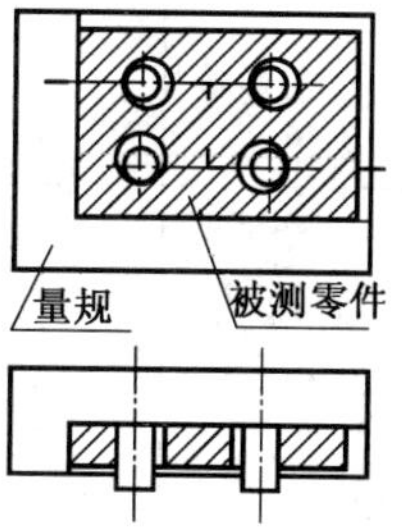 量规 被测零件	综合量规	量规应通过被测零件，并与被测零件的基准面相接触。 量规销的直径为被测孔的实效尺寸，量规各销的位置与被测孔的理想位置相同。 对于小型薄板零件，可用投影仪测量位置度误差。其原理与综合量规相同

续表 5-12

代号	公差带与应用实例	检测方法	设　备	说　明
13. 圆跳动检测				
4-1	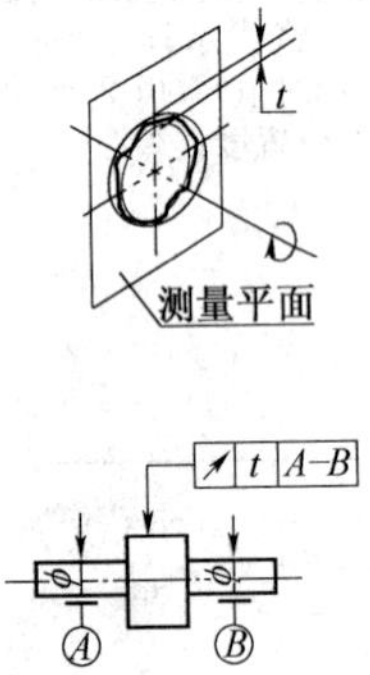 t 测量平面 t A–B A B	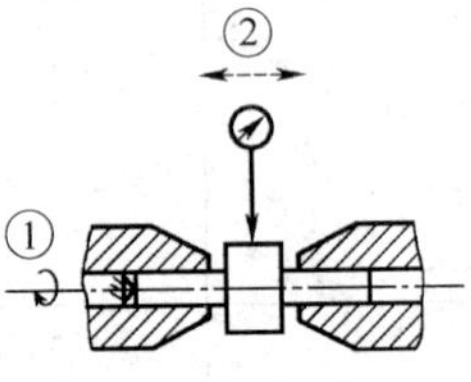 ② ①	一对同轴圆柱导向套筒，带指示计的测量架	将被测零件支承在两个同轴圆柱导向套筒内，并在轴向定位。 ①在被测零件回转一周过程中指示计示值最大差值，即为单个测量平面上的径向跳动。 ②按上述方法在若干个截面上进行测量。取各截面上测得的跳动量中的最大值，作为该零件的径向跳动。 此方法在满足功能要求，即基准要素与两个同轴轴承相配时，是一种有用方法，但是具有一定直径（最小外接圆柱面）的同轴导向套筒通常不易获得
4-2	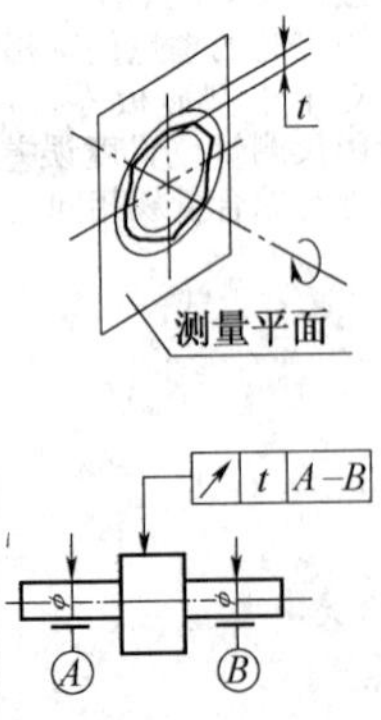 t 测量平面 t A–B A B	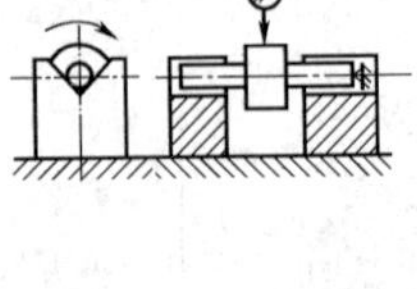 ① ②	平板，V形架，带指示计的测量架	基准轴线由V形架模拟，被测零件支承在V形架上，并在轴向定位。 ①在被测零件回转一周过程中指示计示值最大差值即为单个测量平面上的径向跳动。 ②按上述方法测量若干个截面，取各截面上测得的跳动量中的最大值，作为该零件的径向跳动。 该测量方法受V形架角度和基准要素形状误差的综合影响

续表 5-12

代号	公差带与应用示例	检测方法	设　备	说　明
4-3	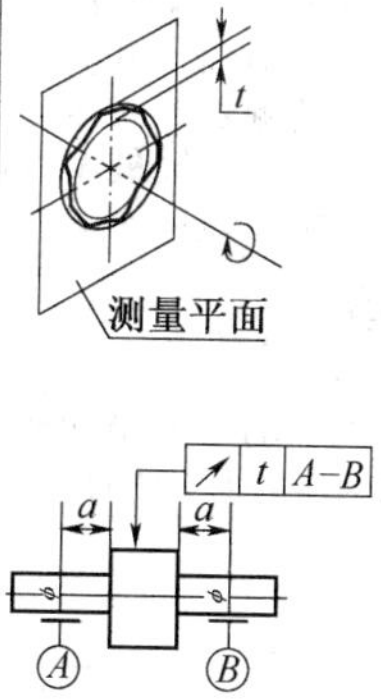 测量平面 t A-B a a A B	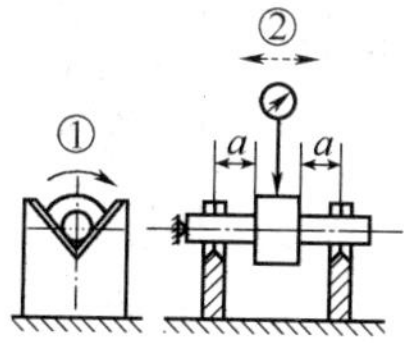 ① ② a a	平板，刃形V形架，带指示计的测量架	基准轴线由刃形V形架模拟，将被测零件支承在刃形V形架上，并在轴向定位。 ①在被测件回转一周过程中，指示计示值最大差值即为单个测量平面上的径向跳动。 ②按上述方法，测量若干个截面，取各截面上测得的跳动量中最大值，作为该零件的径向跳动。 此方法受V形架角度和基准要素形状误差的综合影响
4-4	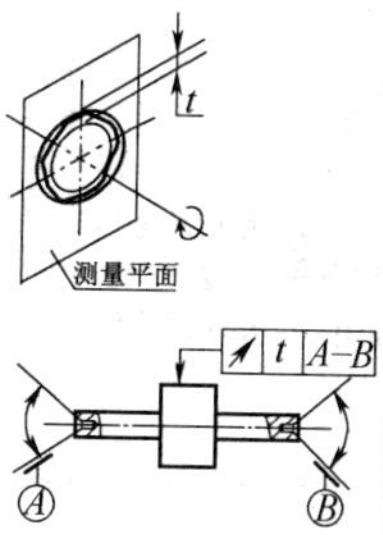 测量平面 t A-B A B	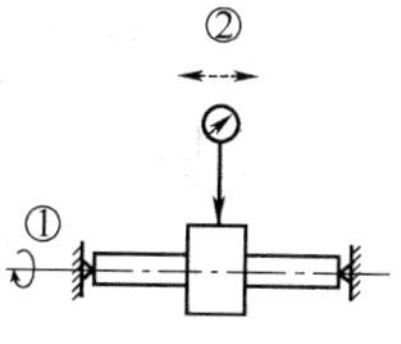 ② ①	一对同轴顶尖，带指示计的测量架	将被测零件安装在两顶尖之间。 ①在被测零件回转一周过程中，指示计示值最大差值即为单个测量平面上的径向跳动。 ②按上述方法，测量若干个截面，取各截面上测得的跳动量中的最大值作为该零件的径向跳动
4-5	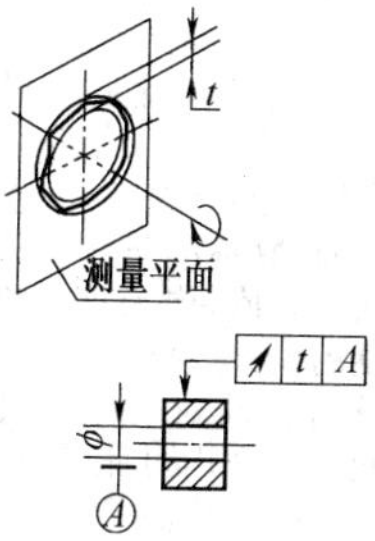 测量平面 t A A	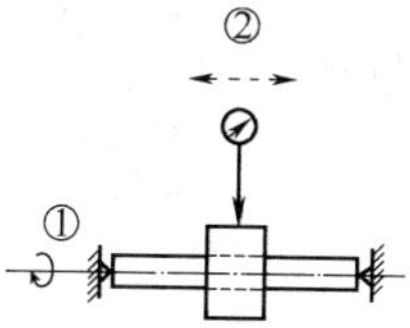 ② ①	一对同轴顶尖(或V形架)，导向芯轴，带指示计的测量架	将被测零件固定在导向芯轴上，同时安装在两顶尖(或V形架)之间。 ①在被测零件回转一周过程中指示计示值最大差值即为单个测量平面上的径向跳动。 ②按上述方法，测量若干个截面，取各截面上测得的跳动量中的最大值作为该零件的径向跳动。 导向芯轴应与基准孔无间隙配合或采用可胀式芯轴

续表 5-12

代号	公差带与应用示例	检测方法	设　备	说　明
4-6	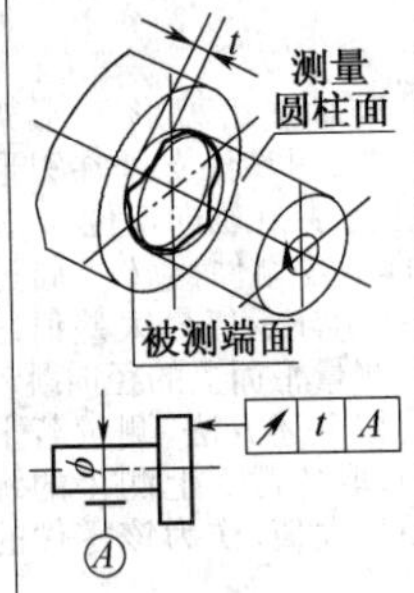 测量圆柱面 被测端面 t　A	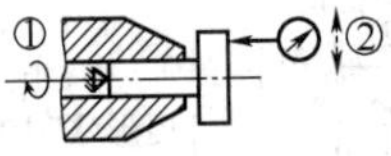 ①　② ①　②	导向套筒，带指示计的测量架	将被测零件固定在导向套筒内，并在轴向上固定。 ①在被测零件回转一周过程中指示计示值最大差值即为单个测量圆柱面上的端面跳动。 ②按上述方法，在若干圆柱面上进行测量。取在各测量圆柱面上测得的跳动量中的最大值作为该零件的端面跳动
4-7	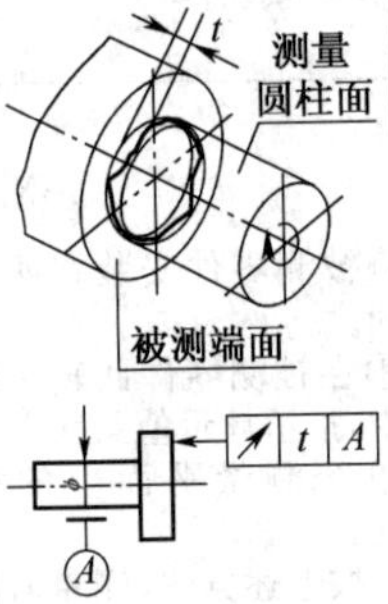 测量圆柱面 被测端面 t　A	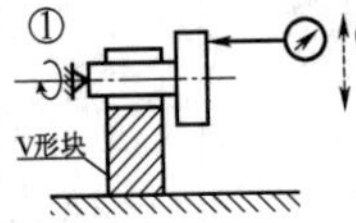 ①　② V形块	平板，带指示计的测量架，V形块	将被测件支承在V形块上，并在轴向上固定。 ①在被测件回转一周过程中，指示计示值最大差值即为单个测量圆柱面上的端面跳动。 ②按上述方法，测量若干个圆柱面，取各测量圆柱面上测得的跳动量中的最大值作为该零件的端面跳动。 该测量方法受V形块角度和基准要素形状误差的综合影响
4-8	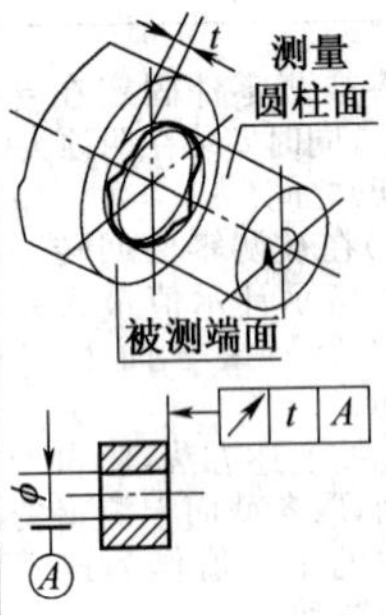 测量圆柱面 被测端面 t　A	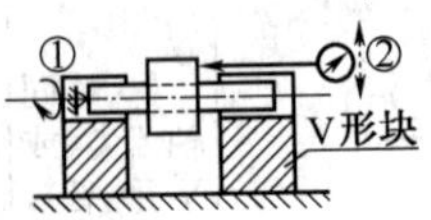 ①　② V形块	平板，V形块(或顶尖)，导向芯轴，带指示计的测量架	将被测零件固定在导向芯轴上，并安装在V形架上(或顶尖上)。 ①在被测零件回转一周过程中，指示计示值最大差值即为单个测量圆柱面上的端面跳动。 ②按上述方法，测量若干个圆柱面，取各测量圆柱面上测得的最大值，作为该零件的端面跳动。 导向芯轴应与基准孔无间隙配合或采用可胀式芯轴，以保证零件与芯轴间无相对运动

续表 5-12

代号	公差带与应用实例	检测方法	设　备	说　明
4-9	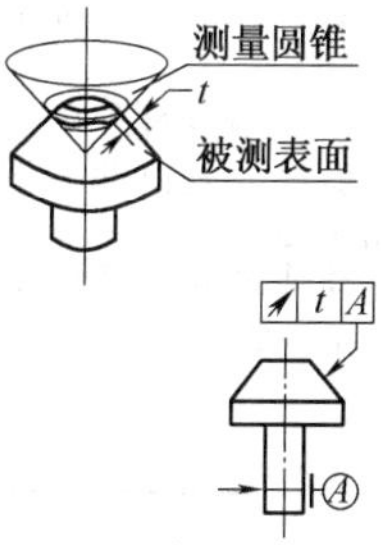 测量圆锥 t 被测表面 t A A	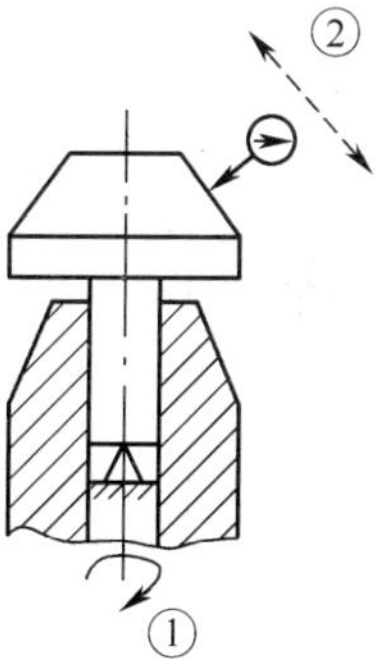 ② ①	导向套筒，带指示计的测量架	将被测零件固定在导向套筒内，且在轴向固定。 ①在被测件回转一周过程中，指示计示值最大差值即为单个测量圆锥面上的斜向跳动。 ②按上述方法，在若干测量圆锥面上测量，取各测量圆锥面上测得的跳动量中的最大值，作为该零件的斜向跳动。 当在机床或转动装置上直接进行测量时，具有一定直径的导向套筒（最小外接圆柱面）不易获得，可用可调圆柱套代替导向套筒（弹簧夹头），但测量结果受夹头误差影响
14. 全跳动检测				
4-1	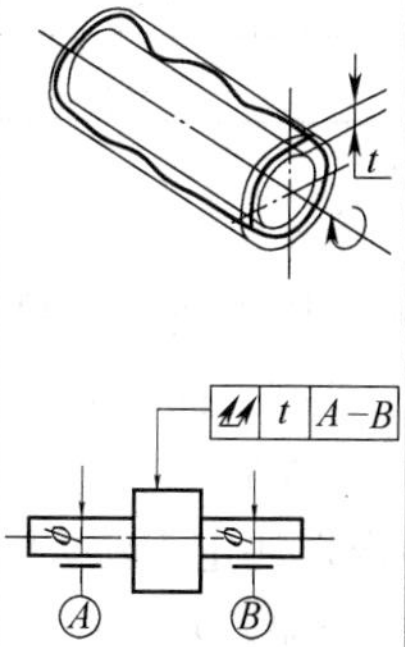 t t A−B A　B	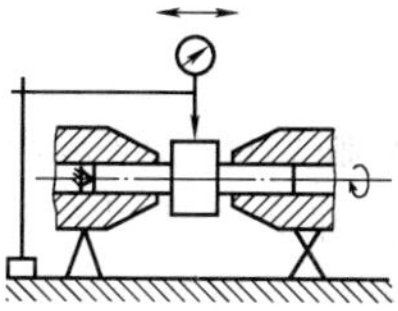	一对同轴导向套筒，平板，支承，带指示计的测量架	将被测零件固定在两同轴导向套筒内，同时在轴向上固定并调整该对套筒，使其同轴和与平板平行。 在被测件连续回转过程中，同时让指示计沿基准轴线的方向作直线运动。 在整个测量过程中指示计示值最大差值即为该零件的径向全跳动。 基准轴线也可以用一对V形块或一对顶尖的简单方法来体现

续表 5-12

代号	公差带与应用实例	检测方法	设　备	说　明
4-2			导向套筒，平板，支承，带指示计的测量架	将被测零件支承在导向套筒内，并在轴向上固定。导向套筒的轴线应与平板垂直。 在被测零件连续回转过程中，指示计沿其径向作直线移动。 在整个测量过程中的指示计示值最大差值即为该零件的端面全跳动。 基准轴线也可以用 V 形块等简单方法来体现

5.2.5 表面粗糙度的测量

1. 表面粗糙度的常用测量方法（表 5-13）

表 5-13 表面粗糙度的常用测量方法（μm）

测量方法	测量仪器	测量部位	测量范围
比较法	粗糙度比较样块（视觉法，触觉法）	内、外圆表面或平面	磨 Ra 3.2～0.2 车、镗、铣 Ra 12.5～0.4 刨、插 Ra 25～0.8
光切法	光切显微镜	外圆表面或平面	Rz 50～0.8
干涉法	干涉显微镜	外圆表面或平面	Rz 1～0.03
针描法（触针法）	电动轮廓仪	内、外圆表面或平面	Ra 5～0.01
印模法	上列仪器	内、外圆表面或平面	Ra 50～0.05

2. 比较法

这种方法是凭人的视觉（视觉法）或触觉（触觉法）对被测零件表面与一组表面粗糙度比较样块进行对照比较，凭检验者的经验来估计和判断被测表面的表面粗糙度数值相当于某一级比较样块。由于比较法简便、迅速，能满足检验一般零件的表面粗糙度要求，故为车间常用的测量方法。但这只是粗略的定性评定方法，不能确切测量出表面粗糙度参数的实际数值，且要求检验者有丰富的经验。对于有一定经验的检验者，其误差不超过一个级别。

3. 光切法

是以光切原理，用目测或照相的方法来测量各种零件外表面的表面粗糙度，所用测量仪器为光切显微镜（又称双管显微镜）。

光切显微镜除可以测量车、铣、刨及其他类似方法加工的金属材料的平面和外圆表面外，还可用来测量木材、纸张、塑料、电镀层等表面的微观不平度。

光切显微镜一般按参数 Rz 评定 50～0.8μm 的表面粗糙度，也可通过测出轮廓图形上各点的坐标值或用照相装置拍摄被测轮廓图形，找出中线，计算其表面的算术平均偏差 Ra。

光切显微镜的测量精度，不仅取决于仪器本身的结构性能，而且取决于对仪器的正确使用和操作。

4. 干涉法

是利用光波干涉原理结合显微系统来测量表面粗糙度的一种方法，所用测量仪器有双光束干涉显微镜和多光束干涉显微镜。

干涉显微镜的测量范围按 Rz 评定为 1～0.03μm，是高精度光学仪器，并具有高放大倍率和高鉴别率，其测量精度可达 0.001～0.003μm。其优点是使用简便，测量时不与被测表面接触，因而不致划伤被测表面，但调整比较困难。

5. 针描法(触针法)

该方法利用金刚石触针在被测表面上等速缓慢移动，由于表面粗糙、不平，使触针在垂直于被测轮廓表面方向产生上下移动，通过机械、光学、或电气装置加以放大，然后通过指示表直接读出被测表面的轮廓算术平均偏差 Ra 值；或通过记录纸自动描绘出图形，而后进行数据处理，算出轮廓最大高度 Rz 值。

轮廓仪测量范围一般按 Ra 评定为 5～0.01μm。由于其测量方便，迅速可靠，故获得广泛应用。

6. 印模法

利用一些塑性和可铸性材料将被测零件表面的加工痕迹复印下来，然后再用上述的几种方法测量复印下来的印模，从而间接评定被测零件的表面粗糙度。

由于经过印模后的表面粗糙度与原被测零件上的表面粗糙度，总是存在一定的差异，这种差异主要取决于印模材料的收缩率和制作印模的操作方法正确与否，故一般对印模测量值还需进行修正，其修正系数的大小，可通过试验的方法确定。

印模法主要适用于缺乏粗糙度测量仪器、大型零件或不能用仪器进行直接测量的一些部件(如小孔、深孔、盲槽等)，故在车间现场生产中也获得一定的应用。

各种印模材料及使用方法见表 5-14，供参考。

表 5-14 各种印模材料及使用方法

印模材料	川蜡	石蜡	赛璐珞或有机玻璃	硫黄粉(65%)加石墨粉(35%)
加热温度	80～100℃	80～100℃	常温	120～130℃
印制方式	浇铸于工件表面	浇铸于工件表面	2mm 的薄片。在丙酮中浸 3～5 分钟后贴附在工件表面上	冷却至 100～110℃后，浇铸于工件表面

续表 5-14

印模材料	川蜡	石蜡	赛璐珞或有机玻璃	硫黄粉(65%)加石墨粉(35%)
凝固时间	10～15 分钟	10～15 分钟	30～50 分钟	1～2 分钟
可达到粗糙度等级	Ra=80～0.16	Ra=80～0.32	Ra=20～0.32	Ra=80～0.08
平均相对误差	4.8%	5.2%	5.6%	5.0%

5.2.6　普通螺纹的测量

螺纹的测量的方法通常分为单项测量和综合测量两类。

5.2.6.1　单项测量

对于有特殊要求或精度要求较高的螺纹一般采用单项测量。其方法是利用机械或光学量仪对螺纹的单个参数(如螺纹中径、螺距、牙型半角、小径等)进行分别测量。

1. 大径(d)

一般直接用普通指示量具进行测量。

2. 中径(d_2)

测量方法主要有：

①用螺纹千分尺直接测量螺纹中径，一般在测量螺纹精度要求不高或车间现场加工时采用。

② 用三针测量法测量螺纹中径，是一种简便而又比较精确的测量方法，常用来测量较精密的螺纹和螺纹量规。

用三针测量螺纹中径时，必须选择适当直径的三针，分两边放入螺纹的沟槽内；然后用量具或量仪测出三针外表面之间的尺寸“M”值，如图 5-4 所示；再由 M 值通过下面近似式计算出螺纹的实际中径。

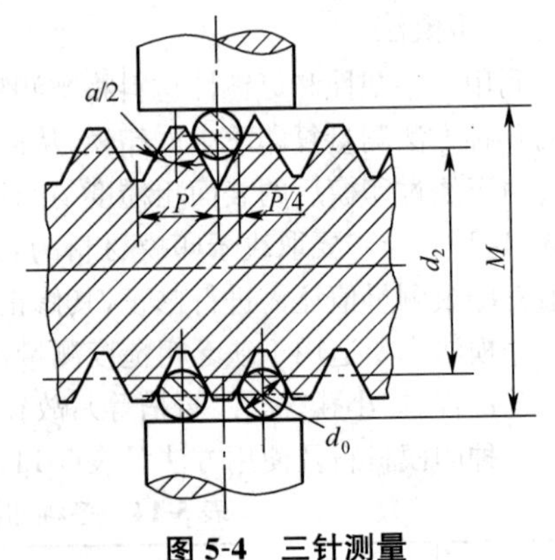

图 5-4　三针测量

$$d_2 = M - 3d_0 + 0.866P \quad (式 5\text{-}1)$$

式中　d_2——螺纹实际中径(mm)；

d_0——三针直径(mm)；

P——螺距(mm)。

最佳三针直径可按表 5-15 选用。

表 5-15 最佳三针直径 (mm)

螺距	0.2	0.25	0.3	0.35	0.4	0.45	0.5	0.6
三针直径	0.118	0.142	0.170	0.201	0.232	0.260	0.291	0.343
螺距	0.7	0.75	0.8	1	1.25	1.5	1.75	2
三针直径	0.402	0.433	0.461	0.572	0.724	0.866	1.008	1.157
螺距	2.5	3	3.5	4	4.5	5	5.5	6
三针直径	1.441	1.732	2.020	2.311	2.595	2.886	3.177	3.468

③用影像法测量螺纹中径，这是在万能显微镜或工具显微镜上将牙型轮廓放大成像，而后与标准尺作比较测得，适用于测量要求高的螺纹和螺纹工、量具。

3. 小径(d_1)、螺距(P)和牙型半角($\alpha/2$)

这三项参数，需要单独测量时，通常可在万能显微镜或工具显微镜上测量。

5.2.6.2 螺纹的综合测量

螺纹量规是用于对内、外螺纹进行综合测量的工具。由于测量方法简便，又能可靠保证互换，故被广泛应用在车间现场生产中。

普通螺纹量规的名称、代号、功能、特征及使用规则见表 5-16。

表 5-16 普通螺纹量规

名称	代号	功能	特征	使用规则
通端螺纹塞规	T	检查工件内螺纹的作用中径和大径	完整的外螺纹牙型	应与工件内螺纹旋合通过
止端螺纹塞规	Z	检查工件内螺纹的单一中径	截短的外螺纹牙型	允许与工件内螺纹两端的螺纹部分旋合，旋合量应不超过两个螺距；对于三个或少于三个螺距的工件内螺纹，不应完全旋合通过
通端螺纹环规	T	检查工件外螺纹的作用中径和小径	完整的内螺纹牙型	应与工件外螺纹旋合通过
止端螺纹环规	Z	检查工件外螺纹的单一中径	截短的内螺纹牙型	允许与工件外螺纹两端的螺纹部分旋合，旋合量应不超过两个螺距；对于三个或少于三个螺距的工件外螺纹，不应完全旋合通过
校通一通螺纹塞规	TT	检查新的通端螺纹环规的作用中径	完整的外螺纹牙型	应与新的通端螺纹环规旋合通过
校通一止螺纹塞规	TZ	检查新的通端螺纹环规的单一中径	截短的外螺纹牙型	允许与新的通端螺纹环规两端的螺纹部分旋合，但旋合量应不超过一个螺距

续表 5-16

名称	代号	功能	特征	使用规则
校通—损螺纹塞规	TS	检查使用中的通端螺纹环规的单一中径	截短的外螺纹牙型	允许与通端螺纹环规两端的螺纹部分旋合，但旋合量应不超过一个螺距
校止—通螺纹塞规	ZT	检查新的止端螺纹环规的单一中径	完整的外螺纹牙型	应与新的止端螺纹环规旋合通过
校止—止螺纹塞规	ZZ	检查新的止端螺纹环规的单一中径	完整的外螺纹牙型	允许与新的止端螺纹环规两端的螺纹部分旋合，但旋合量应不超过一个螺距
校止—损螺纹塞规	ZS	检查使用中的止端螺纹环规的单一中径	完整的外螺纹牙型	允许与止端螺纹环规两端的螺纹部分旋合，但旋合量应不超过一个螺距

5.2.7 装配精度的检测

装配是机器制造和模具制造的最后一道工序。因此，装配过程是保证机器、模具达到各项技术要求的关键。对于模具来说，装配质量好，就能延长模具的使用寿命，保证生产工件的质量，增加生产量。所以在装配中，要对接合面、装配位置关系、配合间隙进行检测，以判断是否符合图样的要求。常用的检测项目、检测方法及检测精度见表 5-17。

图 5-17 装配精度的检测

项目	检测方法	检测工具与设备	检测精度	用途
平面度、直线度检测	涂色检测	检测平板、检测平尺、基准件或配合件	接触均匀性	检测小于 2m 的平面
	平尺与塞尺检测	检测平板、检测平尺、塞尺	0.02mm	检测小于 2m 的平面
	平尺与内径量具检测	检测平板、检测平尺、内径量具	0.01mm	长平面检测，平尺可水平移动并调整水平位置
	水平仪检测	万能式或框架式水平仪	0.02mm/m	长平面检测，水平仪在全长移动，由各段角度偏差确定相应偏差
	平尺与百分表检测	检测平尺、百分表	0.01mm	导轨等移动构件检测
	平行光管检测	平行光管、反光镜	0.02mm	检测面长度可达 30m

续表 5-17

项目	检测方法	检测工具与设备	检测精度	用途
曲面检测	涂色检测	基准件或配合件	接触均匀性	检测圆柱面、圆锥面、球面及其他曲面
	样板检测	样板、塞尺	0.02mm	检测各种曲面的截面
平面平行度检测	直接测量	通用测量工具(卡尺、千分尺、深度尺等)	0.01mm	直接测量零件的相对位置
	间接测量	通用测量工具(百分表、水平仪、内径量具等)、平尺、平板	0.01mm	移动零件的检测
平面垂直度检测	标准量具检测	检测角尺、塞尺、内径量具、百分表	0.02mm/m	检测1m以内的平面
	平行光管检测	平行光管、反光镜	0.02mm	检测1m以上的平面
	间接测量	万能式或框架式水平仪、铅锤	0.02mm	检测平面
孔的同轴度检测	校测塞轴检测	校测塞轴、百分表	0.01mm/m	检测相距1m以内的孔
	光学准直仪检测	光学准直仪、光靶、十字光靶或光电接收器	0.05mm	检测孔间距100m以内
轴心线平行度和同轴度检测	转动检测	转动装置、塞尺、百分表、检测塞轴	0.01mm	孔间、轴间或转子间同轴度检测
	通用量具检测	检测塞轴、内径量具、水平仪、专用夹具	0.01mm	检测两轴或两孔轴线的平行度
接合面间隙和贴合程度检测	塞尺检测	塞尺	0.04mm	各类表面间隙的检测
	漏光检测	—	—	狭窄面检测
	涂色检测	基准件或配合件	0.01mm	各类接合面的检测

续表 5-17

项目	检测方法	检测工具与设备	检测精度	用途
平面平行度检测	直接测量	通用测量工具(卡尺、千分尺、深度尺等)	0.01 mm	直接测量零件的相对位置
	间接测量	通用测量工具(百分表、水平仪、内径量具等)、平尺、百分表	0.01 mm	移动零件的检测
平面垂直度检测	标准量具检测	检测角尺、塞尺、内径量具、百分表	0.02 mm/m	检测1m以内的平面
	平行光管检测	平行光管、反光镜	0.02 mm	检测1m以上的平面
	间接测量	万能式或框架式水平仪、铅锤	0.02 mm	检测平面
孔的同轴度检测	校测塞轴检测	校测塞轴、百分表	0.01 mm/m	检测相距1m以内的孔
	光学准直仪检测	光学准直仪、光靶、十字光靶或光电接受器	0.05 mm	检测孔间距100m以内
轴心线平行度和同轴度检测	转动检测	转动装置、塞尺、百分表、检测塞轴	0.01 mm	孔间、轴间或转子间同轴度检测
	通用量具检测	检测塞轴、内径量具、水平仪、专用夹具	0.01 mm	检测两轴或两孔轴线的平行度
接合面间隙和贴合程度检测	塞尺检测	塞尺	0.04 mm	各类表面间隙的检测
	漏光检测	—	—	狭窄面检测
	涂色检测	基准件或配合件	0.01 mm	各类接合面的检测

6　模具标准件和紧固件

实现模具零件标准化，可使 90%左右的模具零部件实现大规模、高水平、高质量的生产。从而保证了模具制造的质量，降低了模具的制造成本，缩短了模具制造周期。自 1983 年 9 月全国模具标准化技术委员会成立以来，组织制定了一系列国家标准，其中包括：

（1）模具基础标准　冲模、塑料注射模、压铸模、锻模等模具的名词术语，模具尺寸系列，模具体系表等；

（2）模具产品标准　冲模、塑料注射模、压铸模的零件标准，模架标准和结构标准，锻模模块结构标准等；

（3）工艺与质量标准　冲模、塑料注射模、拉丝模、橡胶模、锻模、挤压模等模具的技术要求标准，模具材料热处理工艺标准，模具表面粗糙度等级标准，模具零件和模架技术条件、产品精度检查和质量等级标准等；

（4）相关标准　模架用材料标准，包括塑料模架用钢、冷作模具钢、热作模具钢等标准。

本章主要介绍冷冲模、塑料注射模常用的标准件（摘要）。

6.1　冷冲模常用标准件

6.1.1　冷冲模导向装置

6.1.1.1　导柱

1. A 型小导柱（JB/T 7645.1—2008）

其结构如图 6-1 所示。材料用 20 钢热处理，渗碳深度 0.8～1.2mm，硬度 58～62HRC。规格见表 6-1。

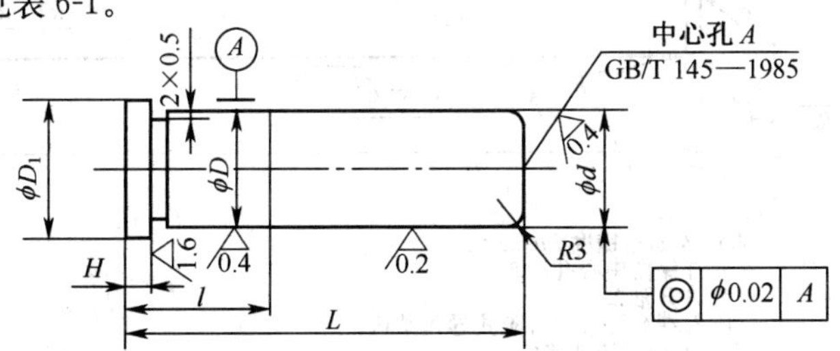

标记示例：d=14mm，L＝50mm 的 A 型小导柱标记如下：

A 型小导柱　14×50 JB/T 7645.1—2008

图 6-1　A 型小导柱

表 6-1　A 型小导柱的规格　　(mm)

d(h6)		D(m6)		D_1	L	l	H
基本尺寸	极限偏差	基本尺寸	极限偏差				
10	0 −0.009	10	+0.015 +0.006	13	35 40 45 50	14	3
12	0 −0.011	12	+0.018 +0.007	15	40	16	
14		14		17	45 50 55 60	18	
16		16		19	50 55 60 70	20	
18		18		22	55 60 65 70	22	5
20	0 −0.013	20	+0.021 +0.008	24	60 65 70 80	25	5

2. A 型导柱(GB/T 2861.1—2008)

其结构如图 6-2 所示。材料用 20 号钢热处理，渗碳深度 0.8～1.2mm，硬度 58～62HRC。规格见表 6-2。

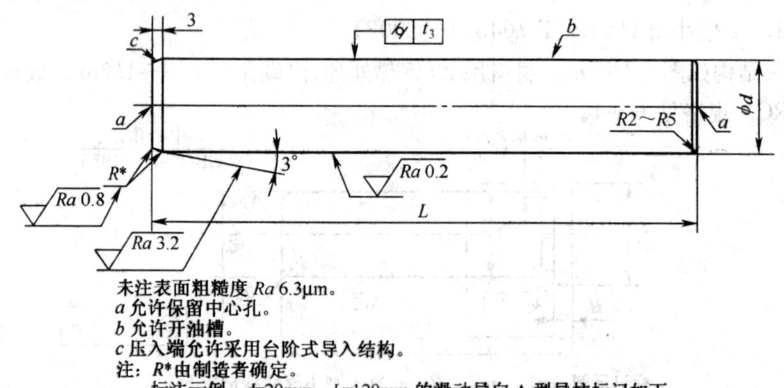

未注表面粗糙度 Ra 6.3μm。
a 允许保留中心孔。
b 允许开油槽。
c 压入端允许采用台阶式导入结构。
注：R*由制造者确定。
标注示例：d=20mm，L=120mm 的滑动导向 A 型导柱标记如下：
滑动导向　A　导柱 20×120GB/T 2861.1—2008

图 6-2　A 型导柱

表 6-2　A 型导柱的规格　　(mm)

d			L	d			L
基本尺寸	极限偏差			基本尺寸	极限偏差		
	h5	h6			h5	h6	
16	$^{0}_{-0.008}$	$^{0}_{-0.011}$	90	35	$^{0}_{-0.011}$	$^{0}_{-0.016}$	190
			100				200
			110				210
18			90				230
			100	40			180
			110				190
			120				200
			130				210
20	$^{0}_{-0.009}$	$^{0}_{-0.013}$	100				230
			110				260
			120	45			200
			130				230
22			100				260
			110				290
			120	50			200
			130				220
			150				230
25			110				240
			130				250
			150				260
			160				270
			180				280
28			130				290
			150				300
			160				
			170	55	$^{0}_{-0.013}$	$^{0}_{-0.019}$	220
			180				240
			200				250
32	$^{0}_{-0.011}$	$^{0}_{-0.016}$	150				270
			160				280
			170				290
			180				300
			190				320
			200	60			250
			210				280
35			160				290
			180				320

注:导柱有 A,B,C 三种型号。

6.1.1.2 导套(GB/T 2861.3—2008)

A 型导套的结构如图 6-3 所示。材料用 20 钢热处理，渗碳深度 0.8～1.2mm，硬度 58～62HRC。规格见表 6-3。

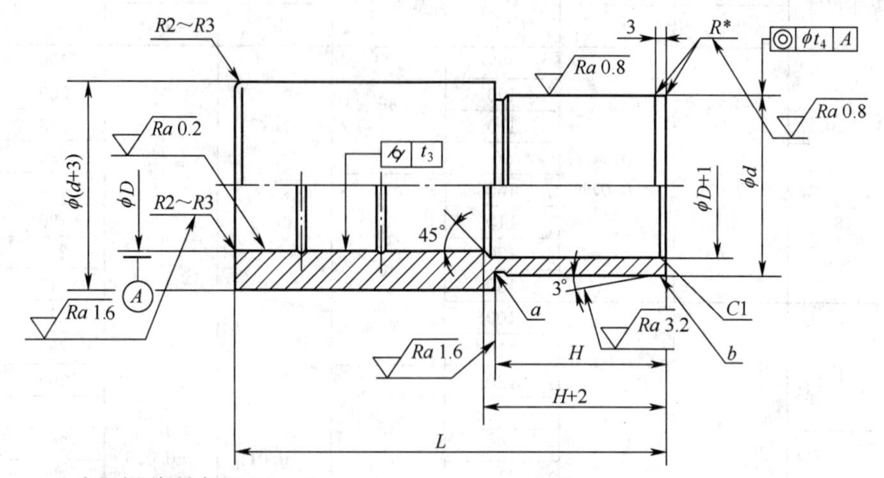

未注表面粗糙度 *Ra* 6.3μm。
a 砂轮越程槽由制造者确定。
b 压入端允许采用台阶式导入结构。
注：1.油槽数量及尺寸由制造者确定。
2.*R** 由制造者确定。
3. *D* Ⅰ级精度模架采用H6，Ⅱ级精度模架采用 H7。
4. *d* 导套压入式采用r6，粘接式采用 d6。
标注示例：*D*=20mm，*L*=70mm，*H*=28mm 的滑动导向导套—A 型标记如下：
滑动导向导套 20×70×28GB/T 2861.3—2008

图 6-3 A 型导套

表 6-3 A 型导套的规格 (mm)

<table>
<tr><th colspan="3">D</th><th colspan="2">d(r6)</th><th rowspan="3">L</th><th rowspan="3">H</th><th rowspan="3">b</th><th rowspan="3">a</th></tr>
<tr><th rowspan="2">基本尺寸</th><th colspan="2">极限偏差</th><th rowspan="2">基本尺寸</th><th rowspan="2">极限偏差</th></tr>
<tr><th>H6</th><th>H7</th></tr>
<tr><td rowspan="2">16</td><td rowspan="5">+0.011
0</td><td rowspan="5">+0.018
0</td><td rowspan="2">25</td><td rowspan="5">+0.041
+0.028</td><td>60</td><td>18</td><td rowspan="5">2</td><td rowspan="5">0.5</td></tr>
<tr><td>65</td><td>23</td></tr>
<tr><td rowspan="3">18</td><td rowspan="3">28</td><td>60</td><td>18</td></tr>
<tr><td>65</td><td>23</td></tr>
<tr><td>70</td><td>28</td></tr>
<tr><td rowspan="2">20</td><td rowspan="7">+0.013
0</td><td rowspan="7">+0.021
0</td><td rowspan="2">32</td><td rowspan="7">+0.050
+0.034</td><td>65</td><td>23</td><td rowspan="7">3</td><td rowspan="7">1</td></tr>
<tr><td>70</td><td>28</td></tr>
<tr><td rowspan="5">22</td><td rowspan="5">35</td><td>65</td><td>23</td></tr>
<tr><td>70</td><td rowspan="2">28</td></tr>
<tr><td>80</td></tr>
<tr><td>80</td><td rowspan="2">33</td></tr>
<tr><td>85</td></tr>
</table>

续表 6-3

D			d(r6)		L	H	b	a
基本尺寸	极限偏差		基本尺寸	极限偏差				
	H6	H7						
25	+0.013 0	+0.021 0	38	+0.050 +0.034	80	28	3	1
					80	33		
					85			
					90	38		
					95			
28			42		85	33		
					90	38		
					95			
					100			
					110	43		
32	+0.016 0	+0.025 0	45		100	38		
					105	43		
					110			
					115	48		
35			50		105	43		
					115			
					115	48	3	1
					125			
40			55	+0.060 +0.041	115	43	4	1
					125	48		
					140	53		
45			60		125	48		
					140	53		
					150	58		
50			65		125	48		
					140	53		
					150			
					150	58		
					160	63		
55	+0.019 0	+0.030 0	70	+0.062 +0.043	150	53		
					160	58		
					160	63		
					170	73		
60			76		160	58		
					170	73		

注:1. 导套有 A,B,C 三种型号。

2. 油槽数量及尺寸由生产厂决定。

6.1.2 冲压滑动导向模架

冲压滑动导向模架有对角导柱模架、后侧导柱模架、中间导柱模架、中间导柱圆形模架、四导柱模架，还有滚动导向模架等，这里主要介绍后侧导柱模架。后侧导柱模架的结构如图 6-4 所示，规格见表 6-4。

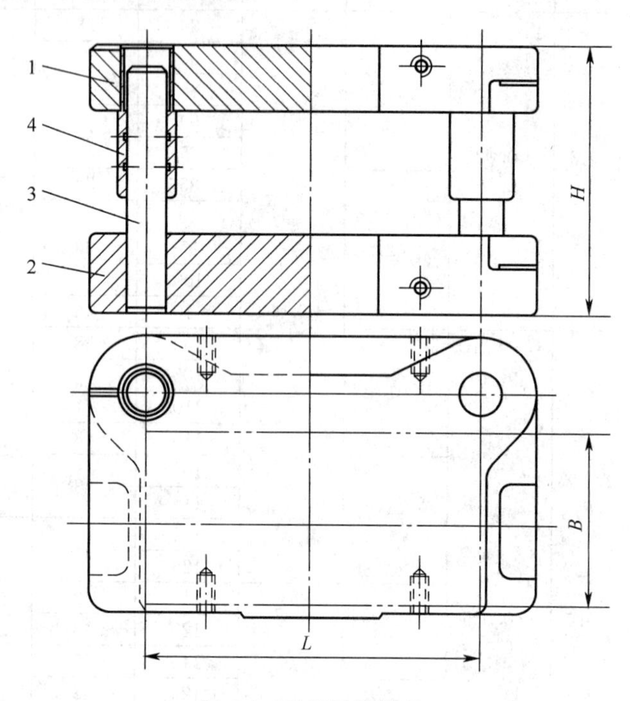

图 6-4 后侧导柱模架

1. 上模座 2. 下模座 3. 导柱 4. 导套

标记示例：L=200mm，B=125mm，H=170mm，I 级精度的冲模滑动导向后侧导柱模架标记如下：滑动导向模架 后侧导柱 200×125×170 I GB/T 2851－2008

表 6-4 后侧导柱模架的规格(GB/T 2851—2008) (mm)

<table>
<tr><td colspan="2">凹模周界</td><td colspan="2">闭合高度</td><td colspan="6">零件件号、名称及标准编号</td></tr>
<tr><td colspan="2" rowspan="2"></td><td colspan="2" rowspan="2">H</td><td>1</td><td>2</td><td colspan="2">3</td><td colspan="2">4</td></tr>
<tr><td>上模座</td><td>下模座</td><td colspan="2">导 柱</td><td colspan="2">导 套</td></tr>
<tr><td>L</td><td>B</td><td>最小</td><td>最大</td><td colspan="6">规 格</td></tr>
<tr><td rowspan="4">63</td><td rowspan="4">50</td><td>100</td><td>115</td><td rowspan="2">63×50×20</td><td rowspan="2">63×50×25</td><td rowspan="4">16×</td><td>90</td><td rowspan="4">16×</td><td rowspan="2">60×18</td></tr>
<tr><td>110</td><td>125</td><td>100</td></tr>
<tr><td>110</td><td>130</td><td rowspan="2">63×50×25</td><td rowspan="2">63×50×30</td><td>100</td><td rowspan="2">65×23</td></tr>
<tr><td>120</td><td>140</td><td>110</td></tr>
</table>

续表 6-4

凹模周界		闭合高度		零件件号、名称及标准编号					
		H		1	2	3		4	
				上模座	下模座	导　柱		导　套	
L	B	最小	最大	规　　格					
63	63	100	115	63×63×20	63×63×25	16×	90	16×	60×18
		110	125				100		
		110	130	63×63×25	63×63×30		100		65×23
		120	140				110		
80		110	130	80×63×25	80×63×30	18×	100	18×	65×23
		130	150				120		
80		120	145	80×63×30	80×63×40		110		70×28
		140	165				130		
100	63	110	130	100×63×25	100×63×30		100		65×23
		130	150				120		
		120	145	100×63×30	100×63×40		110		70×28
		140	165				130		
80	80	110	130	80×80×25	80×80×30	20×	100	20×	65×23
		130	150				120		
		120	145	80×80×30	80×80×40		110		70×28
		140	165				130		
100		110	130	100×80×25	100×80×30		100		65×23
		130	150				120		
		120	145	100×80×30	100×80×40		110		70×28
		140	165				130		
125		110	130	125×80×25	125×80×30		100		65×23
		130	150				120		
		120	145	125×80×30	125×80×40		110		70×28
		140	165				130		
100	100	110	130	100×100×25	100×100×30		100		65×23
		130	150				120		
		120	145	100×100×30	100×100×40		110		70×28
		140	165				130		

续表 6-4

凹模周界		闭合高度		零件件号、名称及标准编号					
		H		1	2	3		4	
				上模座	下模座	导　柱		导　套	
L	*B*	最小	最大	规　格					
125	100	120	150	125×100×30	125×100×35	22×	110	22×	80×28
		140	165				130		
		140	170	125×100×35	125×100×45		130		80×33
		160	190				150		
160		140	170	160×100×35	160×100×40	25×	130	25×	85×33
		160	190				150		
		160	195	160×100×40	160×100×50		150		90×38
		190	225				180		
200		140	170	200×100×35	200×100×40		130		85×33
		160	190				150		
		160	195	200×100×40	200×100×50		150		90×38
		190	225				180		
125	125	120	150	125×125×30	125×125×35	22×	110	22×	80×28
		140	165				130		
	160	140	170	125×125×35	125×125×45		130		85×33
		160	190				150		
160	125	140	170	160×125×35	160×125×40	25×	130	25×	85×33
		160	190				150		
		170	205	160×125×40	160×125×50		160		95×38
		190	225				180		
200		140	170	200×125×35	200×125×40		130		85×33
		160	190				150		
		170	205	200×125×40	200×125×50		160		95×38
		190	225				180		
250		160	200	250×125×40	250×125×45	28×	150	28×	100×38
		180	220				170		
		190	235	250×125×45	250×125×55		180		110×43
		210	255				200		

续表 6-4

凹模周界		闭合高度		零件件号、名称及标准编号					
		H		1	2	3		4	
				上模座	下模座	导　柱		导　套	
L	*B*	最小	最大	规　　格					
160	160	160	200	160×160×40	160×160×45	28×	150	28×	100×38
		180	220				170		
		190	235	160×160×45	160×160×55		180		110×43
		210	255				200		
200		160	200	200×160×40	200×160×45		150		100×38
		180	220				170		
		190	235	200×160×45	200×160×55		180		110×43
		210	255				200		
250		170	210	250×160×45	250×160×50	32×	160	32×	105×43
		200	240				190		
		200	245	250×160×50	250×160×60		190		115×48
		220	265				210		
200	200	170	210	200×200×45	200×200×50		160		105×43
		200	240				190		
		200	245	200×200×50	200×200×60		190		115×48
		220	265				210		
250		170	210	250×200×45	250×200×50		160		105×43
		200	240				190		
		200	245	250×200×50	250×200×60		190		115×48
		220	265				210		
315		190	230	315×200×45	315×200×55	35×	180	35×	115×43
		220	260				210		
		210	255	315×200×50	315×200×65		200		125×48
		240	285				230		
250	250	190	230	250×250×45	250×250×55		180		115×43
		220	260				210		
		210	255	250×250×50	250×250×65		200		125×48
		240	285				230		

续表 6-4

凹模周界		闭合高度		零件件号、名称及标准编号			
		H		1	2	3	4
				上模座	下模座	导　柱	导　套
L	*B*	最小	最大	规　格			
315	250	215	250	315×250×50	315×250×60	40×200	40×125×48
		245	280			230	
		245	290	315×250×55	315×250×70	230	140×53
		275	320			260	
400		215	250	400×250×50	400×250×60	200	125×48
		245	280			230	
		245	290	400×250×55	400×250×70	230	140×53
		275	320			260	

6.1.3 聚氨酯橡胶(JB/T 7650.9—1995)

由于聚氨酯橡胶允许承受的负荷较大,而且安装调整比较灵活方便,是冲模中弹性卸料、顶件及压边装置常用的弹性元件。

6.1.3.1 聚氨酯橡胶的规格(表 6-5)

表 6-5 聚氨酯橡胶的规格 (mm)

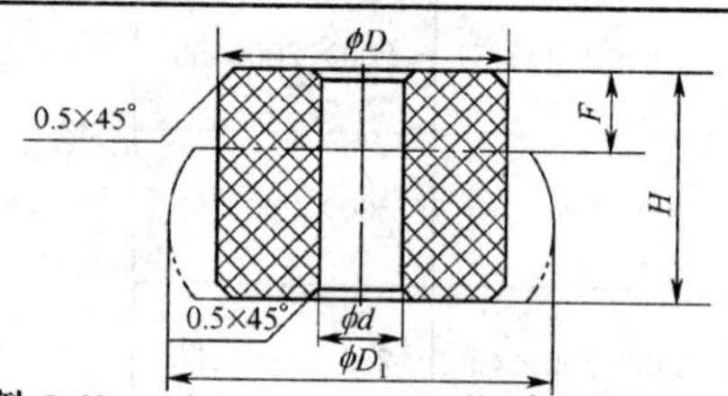

标记示例:D=32mm,d=10.5mm,H=25mm 的聚氨酯弹性体:
32×10.5×25 JB/T 7650.9—1995

D	d	H	D_1	D	d	H	D_1
16	6.5	12	21	45	12.5	20	58
20	8.5		26			25	
25			33			32	
		16				40	
		20		60	16.5	20	78
32	10.5	16	42			25	
		20				32	
		25				40	
						50	

注:1. 聚氨酯橡胶也有圆柱形的,长度有 200mm,250mm,300mm,400mm,500mm 等。

2. 材料:浇注型聚氨酯橡胶硬度(邵氏 A)80±5。

3. 聚氨酯橡胶的工作温度应控制在 70℃以下。

6.1.3.2 聚氨酯橡胶的压缩量与工作负荷(表 6-6)

表 6-6 聚氨酯橡胶的压缩量与工作负荷参照

工作负荷 D(mm) 压缩量(H×X%)	kg								
	16	20	25			32			45
X=10%	17	30	51	45	47	84	74	70	182
X=20%	40	62	112	102	106	182	130	172	388
X=30%	69	108	197	184	179	322	304	294	695
X=35%	88	139	253	236	229	412	390	380	890

工作负荷 D(mm) 压缩量(H×X%)	kg							
	45			60				
X=10%	172	163	168	363	298	288	372	270
X=20%	372	358	358	773	726	652	652	605
X=30%	652	620	600	1 438	1 271	1 173	1 117	1 080
X=35%	636	793	768	1 843	1 629	1 504	1 434	1 383

6.1.3.3 聚氨酯橡胶的性能(表 6-7)

表 6-7 聚氨酯橡胶的性能

性能指标	橡胶牌号				
	8295	8290	8280	8270	8260
邵氏硬度/A	95±3	95±3	83±5	73±5	63±5
伸长率/%	400	450	450	500	550
断裂强度/MPa	45	45	45	40	30
300%定伸强度/MPa	15	13	10	5	2.5
断裂永久变形/%	18	15	12	8	8
阿克隆磨耗/cm³/1.6km	0.1	0.1	0.1	0.1	0.1
冲击回弹性/%	15~30	15~30	15~30	15~30	15~30
抗撕力/MPa	10	9	8	7	5
老化系数/100℃×72h	≥0.9	≥0.9	≥0.9	≥0.9	≥0.9
脆化温度/℃	−40	−40	−50	−50	−50
耐油性/%(煤油，室温 72h 的增重率)	≤3	≤3	≤4	≤4	≤4
适用范围	冲裁		弯曲成形及弹性元件		

6.1.4　弹簧

6.1.4.1　圆柱螺旋压缩弹簧(GB/T 2089—1994)

冲模上常用的圆柱螺旋压缩弹簧，是用 65Mn 或 60Si2Mn 弹簧钢丝卷制成的，热处理硬度为 40～48HRC。弹簧两端压紧并磨平。圆柱螺旋压缩弹簧的结构和技术参数见表 6-8。

表 6-8　圆柱螺旋压缩弹簧的结构和技术参数(GB/T 2089—1994)(mm)

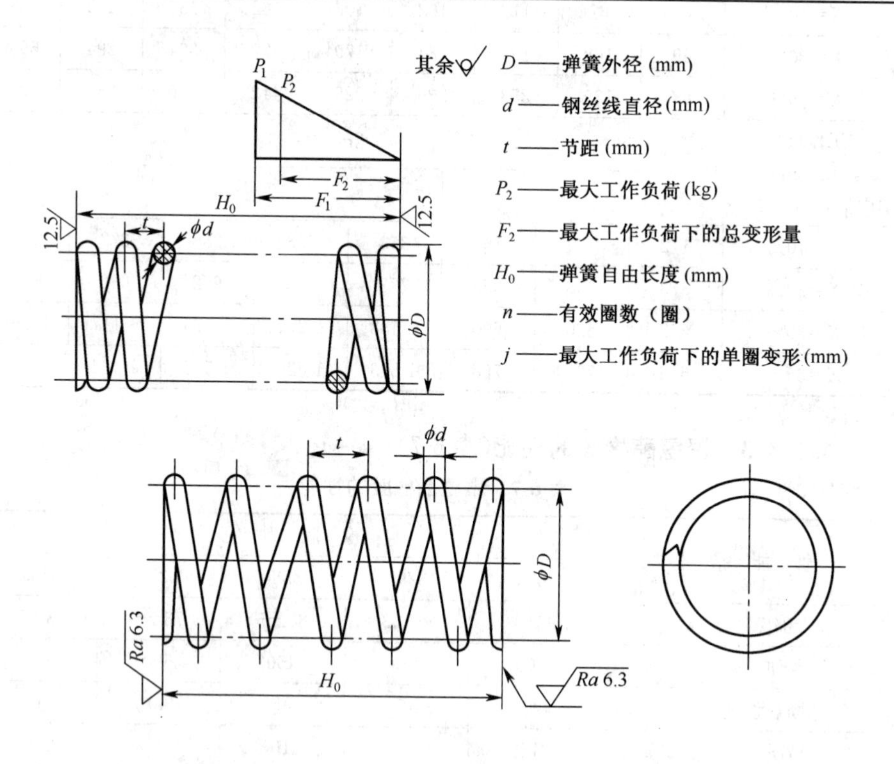

注：两端面压紧 1 圈并磨平。

标注示例：d=1.6mm，D=22mm，H_0=72mm 的圆柱螺旋弹簧标记如下：

圆柱螺旋压缩弹簧　1.6×22×72　GB/T 2089—1994

D	d	t	P_2	F_2	H_0	n	f	D	d	t	P_2	F_2	H_0	n	f
4	0.5	1.4	1.0	5.6	12	8	0.7	6	0.8	1.8	2.8	10	20	10.4	0.97
				9.4	20	13.7						15.5	30	16	
6		2.4	0.7	8.9	12	4.69	1.9	8		2.8	2.2	13.1	20	6.7	1.97
				15.2	20	8						20.2	30	10.3	
	0.8	1.8	2.8	5.8	12	6	0.97		1.0	2.5	3.3	8.5	20	7.4	1.15

续表 6-8

D	d	t	P_2	F_2	H_0	n	f
8	1.0	2.5	3.3	13.1	30	11.4	1.15
10	1.0	3.5	2.7	10.4	20	5.3	1.97
				15.9	30	8.1	
	1.6	2.8	10.3	7.4	25	8	0.93
				10.7	35	11.6	
12	1.0	4.8	2.3	14.8	25	4.9	3.0
				21.1	35	7	
	1.6	3.5	8.8	7.5	20	5	1.5
				11.9	30	7.9	
	2.0	3.3	16.3	6.7	25	6.7	1.0
				9.7	35	9.7	
15	1.6	4.9	7.2	14.7	30	5.6	2.63
				20.2	40	7.7	
				25.5	50	9.7	
				31	60	11.8	
				36.2	70	13.8	
	2.0	4.3	13.3	9.3	25	5.1	1.83
				13.5	35	7.4	
				17.9	45	9.8	
				22.1	55	12.1	
				26.3	65	14.4	
				30.5	75	16.7	
	2.5	4.1	24.7	7.8	30	6.4	1.23
				10.8	40	8.8	
				13.8	50	11.3	
				16.8	60	13.7	
				19.8	70	16.1	
	3.0	4.1	40.3	8.7	45	10	0.87
				9.5	50	11	
				10.7	55	12.3	
				12.7	65	14.7	
15	3.0	4.1	40.3	14.8	75	17.1	0.87
18	2.0	5.7	11.3	26.4	55	9.1	2.9
				31.7	65	10.9	
				36.3	75	12.6	
	3.0	4.8	34.5	9.2	35	6.4	1.44
				12	45	8.4	
				15.1	55	10.5	
				18.1	65	12.6	
	3.5	4.8	50	5.4	30	5.3	1.02
				7.3	40	7.2	
				9.4	50	9.3	
				11.6	60	11.4	
				12.6	65	12.4	
				13.7	70	13.5	
20	2.0	6.7	10.2	20.5	40	5.5	3.73
				26.1	50	7.0	
				31.7	60	8.5	
				37.3	70	10	
				42.8	80	11.5	
				48.4	90	13	
	3.5	5.3	46	8.9	40	6.5	1.38
				11.5	50	8.4	
				14.2	60	10.3	
				16.8	70	12.2	
	4.0	5.3	65	7.6	45	7.4	1.04
				9.5	55	9.2	
				11.5	65	11.1	
				12.4	70	12	
22	2.5	6.6	17.4	18.3	40	5.5	3.32
				23.2	50	7	
				28.2	60	8.5	

续表 6-8

D	d	t	P_2	F_2	H_0	n	f
22	2.5	6.6	17.4	33.2	70	10	3.32
	3.5	5.7	42	10.7	40	6.1	1.76
				13.9	50	7.9	
				16.9	60	9.6	
				20	70	11.4	
	4.0	5.7	60	9.3	45	6.8	1.37
				11.8	55	8.6	
				14.2	65	10.4	
				15.3	70	11.2	
25		6.4	53.3	11.7	45	6.1	1.92
				14.7	55	7.7	
				17.7	65	9.2	
				20.5	75	10.7	
	4.5	6.5	75.1	8	40	5.1	1.58
				10.5	50	6.7	
				12.9	60	8.2	
				15.3	70	9.7	
	5.0	6.6	94.5	8.7	55	7.2	1.22
				10.6	65	8.7	
				12.4	75	10.2	
				13.4	80	11	
30	4.0	8.0	45.5	31.2	85	9.9	3.16
				37.2	100	11.8	
				45.1	120	14.3	
				53	140	16.8	
	4.5	7.7	63.2	12.8	45	5	2.56
				16.1	55	6.3	
				19.4	65	7.6	
				24.3	80	9.5	
	5.0	7.6	80.8	11.3	50	5.6	2.02
				13.9	60	6.9	
30	5.0	7.6	80.8	16.7	70	8.3	2.02
	5.5	7.6	92.4	9.9	55	6.2	1.6
				12	65	7.5	
				14	75	8.8	
	6.0	7.8	131.2	9.1	60	6.5	1.4
				10.9	70	7.8	
				12.7	80	9.1	
35	5.0	8.9	70.6	18	60	5.9	3.06
				21.4	70	7.0	
				24.7	80	8.1	
				31.8	100	10.4	
	6.0	8.8	115	11.2	55	5.2	2.17
				13.8	65	6.4	
				16.2	75	7.5	
				19.9	90	9.2	
40		9.9	102	16.1	60	5.2	3.1
				19.2	70	6.2	
				22.3	80	7.2	
				31.6	110	10.2	
				50.5	170	16.3	
	8.0	10.2	270	9.0	65	5.1	1.76
				10.7	75	6.1	
				12.5	85	7.1	
				14.2	95	8.1	
				16.9	110	9.6	
				20.2	130	11.5	
				23.9	150	13.6	
45	6.0	11.3	91.8	24.3	75	5.8	4.2
				28.1	85	6.7	
				34	100	8.1	
				41.1	120	9.8	

续表 6-8

D	d	t	P_2	F_2	H_0	n	f
45	6.0	11.3	91.8	70.9	200	10.9	4.2
50	8.0	12	221	17.9	80	5.6	3.2
				20.8	90	6.5	
				28.8	120	9.0	
				39.3	160	12.3	
				49.9	200	15.6	
				60.8	240	19	
60		14.5	189	26	85	5.0	5.2
				31.2	100	6.0	
				38.5	120	7.4	
				53	160	10.2	
				67.6	200	13	
				85.3	250	16.4	
	10	15.6	360	21.6	90	4.8	4.5
				27	114	6.0	
				36	140	8.0	
				47.2	180	10.5	
				64.8	240	14.4	
80		21.9	278	45.7	120	4.8	9.52
				62.8	160	6.6	
				80	200	8.4	

D	d	t	P_2	F_2	H_0	n	f
80	10	21.9	278	104.7	260	11	9.52
	12	20.9	472	31.4	110	4.4	7.14
				42.8	150	6.0	
				61.4	200	8.6	
				89.2	280	12.5	
90		24.1	424	49.4	140	5.1	9.68
				64.9	180	6.7	
				81.3	220	8.4	
				104.5	280	10.8	
	14	23.5	664	57.8	200	7.6	7.6
				70.7	240	9.3	
				83.6	280	11	
				96.5	320	12.7	
100		26.5	604	60	180	6	10
				75	220	7.5	
				90	260	9	
				113	320	11.3	
	16	26	888	66.4	240	8.3	8
				78.4	280	9.8	
				91.2	320	11.4	
				103.2	360	12.9	

6.1.4.2 碟形弹簧

碟形弹簧具有以小变形承受大负荷，以及结构紧凑等优点，在冷冲模中得到广泛应用。碟形弹簧的结构和技术参数见表 6-9。

表 6-9 碟形弹簧的结构和技术参数 (mm)

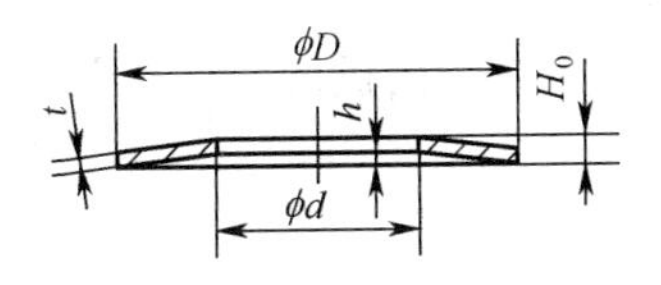

续表 6-9

序号	D(h14)		d(H14)		t	$f_m(=H_0-t)$	H_0	容许行程 $=0.65f_m$	容许行程下的负荷/N
	公称尺寸	极限偏差	公称尺寸	极限偏差	极限偏差				
					+0.10 −0.03	+0.4 −0.2	+0.5 −0.3	+0.26 −0.13	±0.2P
1	16	0 −0.43	8.5	+0.36 0	1.0	0.5	1.5	0.32	1 500
2	22	0 −0.52	10.6	+0.43 0	1.5		2.0		2 700
3	30		15		1.0	1.0		0.65	1 400
4					2.0	0.6	2.6	0.39	5 500
5	32	0 −0.62	10			0.9	2.9	0.58	6 100
6	35		15		1.5	1.0	2.5	0.65	2 800
7	40		20	+0.52 0	1.0	1.5		0.97	1 300
8			25		2.5	0.8	3.3	0.52	9 900
9	45				1.5	1.5	3.0	0.97	3 200
10					3.0	1.0	4.0	0.65	14 500
11	50		20		2.0	1.5	3.5	0.97	4 600
12			30		3.0	1.0	4.0	0.65	12 500

6.2　塑料注射模具常用标准件

6.2.1　模架(GB/T 12556.1—1990)

塑料注射模具模架分工字模架和直身模架，规格很多，用户可根据所生产产品大小和工艺要求选用。工字模架的结构如图 6-5 所示，规格见表 6-10。

6.2.2　导柱和导套

导柱和导套用于动模和定模或顶出机构等起定位及运动导向作用。

6.2.2.1　导柱

导柱分为两种形式：

1. 带头导柱(GB/T 4169.1－1984)(表 6-11)

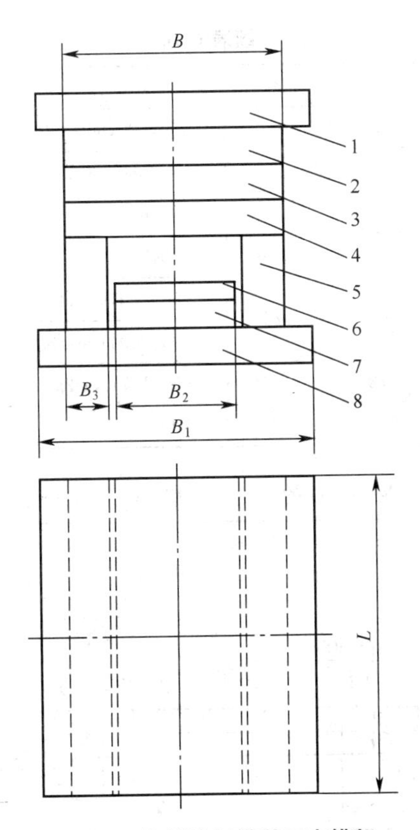

图 6-5　塑料注射模具工字模架

1. 定模固定板　2. 定模板　3. 动模板　4. 支承板
5. 垫块　6. 推杆固定板　7. 推板　8. 动模固定板

表 6-10　塑料注射模具工字模架的规格(GB/T 12556.1—1990)　(mm)

<table>
<tr><th>B</th><th>B_1</th><th>B_2</th><th>B_3</th><th>L</th></tr>
<tr><td>100</td><td>125,160</td><td>58</td><td>20</td><td>100,125,160</td></tr>
<tr><td>125</td><td>160</td><td>73</td><td>25</td><td>125,160,200</td></tr>
<tr><td>160</td><td>200</td><td>94</td><td rowspan="2">32</td><td>160,200,250,315</td></tr>
<tr><td>180</td><td rowspan="2">250</td><td>114</td><td>200,250,315</td></tr>
<tr><td>200</td><td>118</td><td>40</td><td>200,250,315,355,400</td></tr>
<tr><td>250</td><td>315</td><td>148</td><td>50</td><td>250,315,355,400,450,500,560</td></tr>
<tr><td>315</td><td>355,400</td><td>199</td><td>56</td><td>315,355,400,450,500,560,630</td></tr>
<tr><td>355</td><td>400,450</td><td>225</td><td rowspan="2">63</td><td>355,400,450,500,560,630,710</td></tr>
<tr><td>400</td><td>450,500</td><td>270</td><td>400,450,500,560,630,710</td></tr>
</table>

续表 6-10

B	B_1	B_2	B_3	L
450	500,560	286	80	450,500,560,630,710,800
500	560,630	336		500,560,630,710,800
560	630	354	100	560,630,710,800,900
630	710	424		630,710,800,900
710	800	454	125	710,800,900,1 000
800	900	542		800,900,1 000,1 250
900	1 000	572	160	900,1 000,1 250
1 000	1 250	672		1 000

表 6-11　带头导柱的结构和规格(GB/T 4169.1—1984)　　(mm)

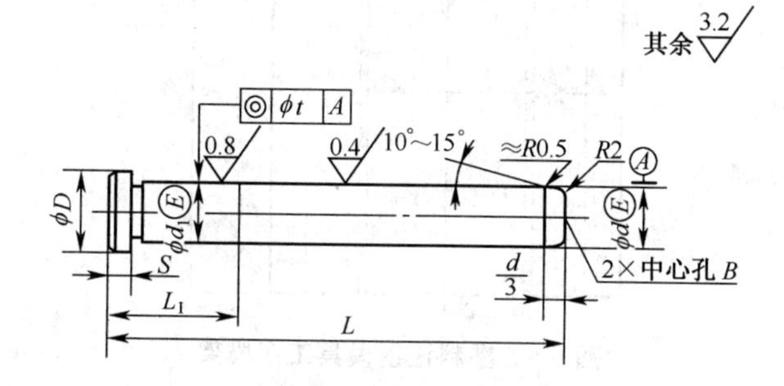

d(f7)	基本尺寸	12	16	20	25	32	40	50	63
	极限偏差	−0.016 −0.034		−0.020 −0.041		−0.025 −0.050			−0.030 −0.060
d_1(k6)	基本尺寸	12	16	20	25	32	40	50	63
	极限偏差	+0.012 +0.001		+0.015 +0.002		+0.018 +0.002			−0.021 +0.002
$D_{-0.2}^{\ 0}$		16	20	25	32	40	48	56	70
$S_{-0.1}^{\ 0}$		4	6			8			10
$L_{-1.5}^{\ 0}$		$L_{1-2.0}^{\ -1.0}$							
40		20							
50			25	25	25				
63									
71		25							
80									

续表 6-11

<table>
<tr><td rowspan="2">d(f7)</td><td>基本尺寸</td><td>12</td><td>16</td><td>20</td><td>25</td><td>32</td><td>40</td><td>50</td><td>63</td></tr>
<tr><td>极限偏差</td><td colspan="2">−0.016
−0.034</td><td colspan="2">−0.020
−0.041</td><td colspan="3">−0.025
−0.050</td><td>−0.030
−0.060</td></tr>
<tr><td colspan="2">90</td><td rowspan="2">25</td><td rowspan="2">25</td><td rowspan="2">25</td><td rowspan="3">32</td><td rowspan="4">40</td><td></td><td></td><td></td></tr>
<tr><td colspan="2">100</td><td></td><td></td><td></td></tr>
<tr><td colspan="2">112</td><td rowspan="5">32</td><td rowspan="5">32</td><td rowspan="2">32</td><td></td><td></td><td></td></tr>
<tr><td colspan="2">125</td><td rowspan="4">40</td><td rowspan="4">40</td><td rowspan="5">50</td><td></td><td></td></tr>
<tr><td colspan="2">140</td><td rowspan="6">50</td><td></td><td></td></tr>
<tr><td colspan="2">160</td><td rowspan="3">63</td><td></td></tr>
<tr><td colspan="2">180</td><td></td><td rowspan="2">40</td><td></td></tr>
<tr><td colspan="2">200</td><td></td><td rowspan="3">50</td><td rowspan="3">80</td></tr>
<tr><td colspan="2">224</td><td></td><td></td><td rowspan="2">50</td><td rowspan="4">63</td><td rowspan="4">80</td></tr>
<tr><td colspan="2">250</td><td></td><td></td></tr>
<tr><td colspan="2">315</td><td></td><td></td><td></td><td></td><td>63</td><td rowspan="3">100</td></tr>
<tr><td colspan="2">355</td><td></td><td></td><td></td><td></td><td></td></tr>
<tr><td colspan="2">400</td><td></td><td></td><td></td><td></td><td></td><td>80</td><td>100</td></tr>
<tr><td colspan="2">500</td><td></td><td></td><td></td><td></td><td></td><td></td><td></td><td>125</td></tr>
</table>

注：材料为 20 钢渗碳或 T8 淬火 50～55HRC。

2. 有肩导柱(GB/T 4169.5—1984)(表 6-12)

有肩导柱分为Ⅰ型和Ⅱ型。

表 6-12　有肩导柱的结构和规格(GB/T 4169.5—1984)　　(mm)

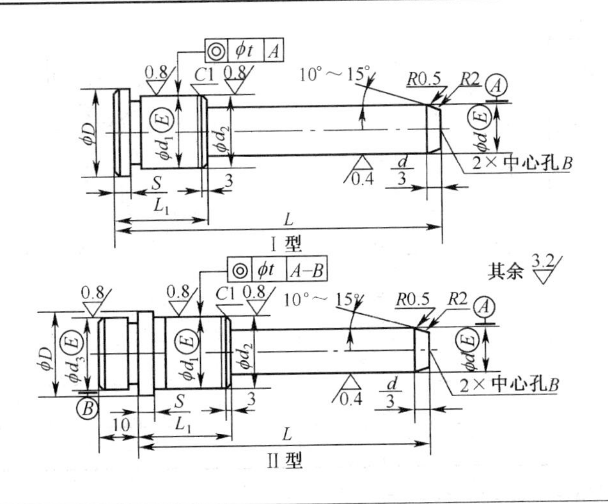

续表 6-12

<table>
<tr><td rowspan="2">d(f7)</td><td>基本尺寸</td><td>12</td><td>16</td><td>20</td><td>25</td><td>32</td><td>40</td><td>50</td><td>63</td></tr>
<tr><td>极限偏差</td><td colspan="2">−0.016
−0.034</td><td colspan="2">−0.020
−0.041</td><td colspan="3">−0.025
−0.050</td><td>−0.030
−0.060</td></tr>
<tr><td rowspan="2">d_1(k6)</td><td>基本尺寸</td><td>18</td><td>24</td><td>28</td><td>35</td><td>42</td><td>50</td><td>63</td><td>80</td></tr>
<tr><td>极限偏差</td><td>+0.012
+0.001</td><td colspan="2">+0.015
+0.002</td><td colspan="3">+0.018
+0.002</td><td colspan="2">+0.021
+0.002</td></tr>
<tr><td rowspan="2">d_2(e7)</td><td>基本尺寸</td><td>18</td><td>24</td><td>28</td><td>35</td><td>42</td><td>50</td><td>63</td><td>80</td></tr>
<tr><td>极限偏差</td><td>−0.032
−0.050</td><td colspan="2">−0.040
−0.061</td><td colspan="3">−0.050
−0.075</td><td colspan="2">−0.060
−0.090</td></tr>
<tr><td colspan="2">$D_{-0.2}^{0}$</td><td>22</td><td>28</td><td>32</td><td>40</td><td>48</td><td>56</td><td>71</td><td>90</td></tr>
<tr><td rowspan="2">d_3(f7)</td><td>基本尺寸</td><td>18</td><td>24</td><td>28</td><td>35</td><td>42</td><td>50</td><td>63</td><td>80</td></tr>
<tr><td>极限偏差</td><td>−0.016
−0.034</td><td colspan="2">−0.020
−0.041</td><td colspan="3">−0.025
−0.050</td><td colspan="2">−0.030
−0.060</td></tr>
<tr><td colspan="2">$S_{-0.1}^{0}$</td><td>4</td><td colspan="3">6</td><td colspan="3">8</td><td>10</td></tr>
<tr><td colspan="2">$L_{-1.5}^{0}$</td><td colspan="8">$L_{1-2.0}^{\ -1.0}$</td></tr>
<tr><td colspan="2">40</td><td rowspan="3">20</td><td></td><td></td><td></td><td></td><td></td><td></td><td></td></tr>
<tr><td colspan="2">50</td><td rowspan="6">25</td><td rowspan="6">25</td><td rowspan="4">25</td><td></td><td></td><td></td><td></td></tr>
<tr><td colspan="2">63</td><td></td><td></td><td></td><td></td></tr>
<tr><td colspan="2">71</td><td rowspan="4">25</td><td></td><td></td><td></td><td></td></tr>
<tr><td colspan="2">80</td><td></td><td></td><td></td><td></td></tr>
<tr><td colspan="2">90</td><td rowspan="3">32</td><td rowspan="4">40</td><td></td><td></td><td></td></tr>
<tr><td colspan="2">100</td><td></td><td></td><td></td></tr>
<tr><td colspan="2">112</td><td rowspan="4">32</td><td rowspan="4">32</td><td rowspan="2">32</td><td></td><td></td><td></td></tr>
<tr><td colspan="2">125</td><td rowspan="4">40</td><td rowspan="5">50</td><td></td><td></td></tr>
<tr><td colspan="2">140</td><td rowspan="4">40</td><td rowspan="4">50</td><td></td><td></td></tr>
<tr><td colspan="2">160</td><td></td><td></td></tr>
<tr><td colspan="2">180</td><td></td><td rowspan="2">40</td><td rowspan="2">63</td><td></td></tr>
<tr><td colspan="2">200</td><td></td><td rowspan="3">50</td><td></td></tr>
<tr><td colspan="2">224</td><td></td><td></td><td rowspan="2">50</td><td rowspan="2"></td><td rowspan="4">63</td><td rowspan="4">80</td><td rowspan="2">80</td></tr>
<tr><td colspan="2">250</td><td></td><td></td></tr>
<tr><td colspan="2">315</td><td></td><td></td><td></td><td></td><td>63</td><td rowspan="3">100</td></tr>
<tr><td colspan="2">355</td><td></td><td></td><td></td><td></td><td></td></tr>
<tr><td colspan="2">400</td><td></td><td></td><td></td><td></td><td></td><td>80</td><td>100</td></tr>
<tr><td colspan="2">500</td><td></td><td></td><td></td><td></td><td></td><td></td><td></td><td>125</td></tr>
</table>

注:材料为 20 钢渗碳或 T8 淬火 50～55HRC。

6.2.2.2 导套

导套也分为两种形式：

1. 直导套(GB/T 4169.2—1984)(表 6-13)

表 6-13 直导套的结构和规格(GB/T 4169.2—1984) (mm)

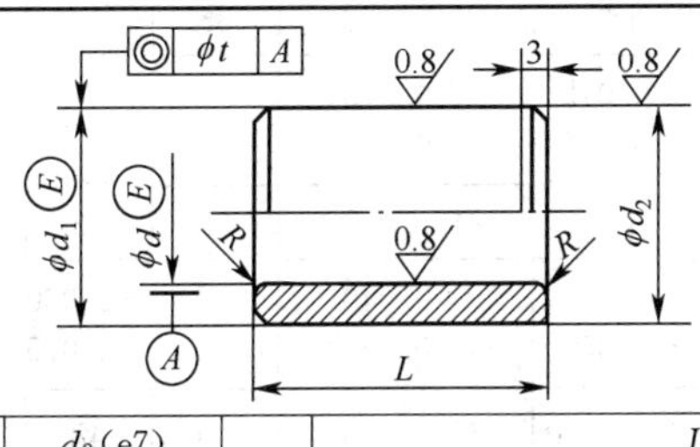

d(H7)		d_1(n6)		d_2(e7)		R	$L_{-2.0}^{-1.0}$									
基本尺寸	极限偏差	基本尺寸	极限偏差	基本尺寸	极限偏差		12.5	16	20	25	32	40	50	63	80	100
12	+0.018 0	18	+0.023 +0.012	18	−0.032 −0.050	1	○	○	○	○	○					
16		24	+0.028 +0.015	24	−0.040 −0.061			○	○	○	○	○				
20	+0.021 0	28		28					○	○	○	○	○			
25		35	+0.033 +0.017	35	−0.050 −0.075	1.5			○	○	○	○	○			
32	+0.025 0	42		42						○	○	○	○	○		
40		50		50						○	○	○	○	○		
50		63	+0.039 +0.020	63	−0.060 −0.090						○	○	○	○	○	
63	+0.030 0	80		80								○	○	○	○	○

注：材料为 20 钢渗碳或 T8 淬火 50～55HRC。

2. 带头导套(GB/T 4169.3—1984)(表 6-14)

带头导套分为Ⅰ型和Ⅱ型。

表 6-14 带头导套的结构和规格(GB/T 4169.3—1984) (mm)

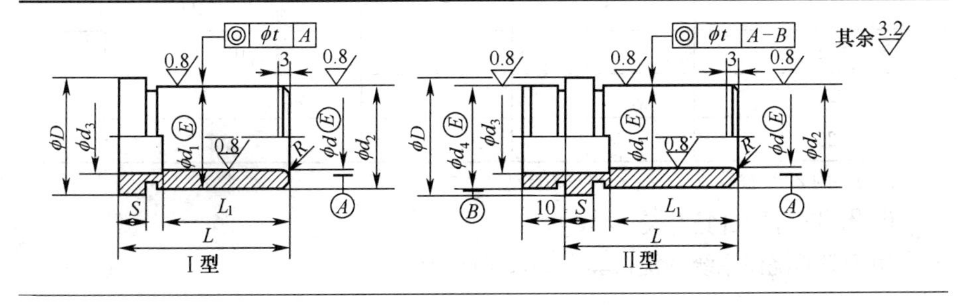

续表 6-14

d(H7)	基本尺寸	12	16	20	25	32	40	50	63
	极限偏差	$^{+0.018}_{0}$		$^{+0.021}_{0}$		$^{+0.025}_{0}$			$^{+0.030}_{0}$
d_1(k6)	基本尺寸	18	24	28	35	42	50	63	80
	极限偏差	$^{+0.012}_{+0.001}$	$^{+0.015}_{+0.002}$		$^{+0.018}_{+0.002}$			$^{+0.021}_{+0.002}$	
d_2(e7)	基本尺寸	18	24	28	35	42	50	63	80
	极限偏差	$^{-0.032}_{-0.050}$	$^{-0.040}_{-0.061}$		$^{-0.050}_{-0.075}$			$^{-0.060}_{-0.090}$	
$D_{-0.20}^{\ 0}$		22	28	32	40	48	50	71	90
$D_{3}{}_{+0.10}^{+0.20}$		12	16	20	25	32	40	50	63
d_4(f7)	基本尺寸	18	24	28	35	42	50	63	80
	极限偏差	$^{-0.016}_{-0.034}$	$^{-0.020}_{-0.041}$		$^{-0.025}_{-0.050}$			$^{-0.030}_{-0.060}$	
$S_{-0.10}^{\ 0}$		6	6			8			10
R		1			1.5				
$L_{-2.0}^{-1.0}$		L_1							
16		16							
20		20							
25		25							
32		32							
40		32	40						
50			50						
63		40	63						
80			63	80					
100					80	100			
125						100			125
160							100		
200								125	

注:材料为 20 钢渗碳或 T8 淬火 50～55HRC。

6.2.3 浇口套(表 6-15)

用于普通浇注系统的浇口套有 A,B 两种形式。

表 6-15 浇口套的结构和规格 (mm)

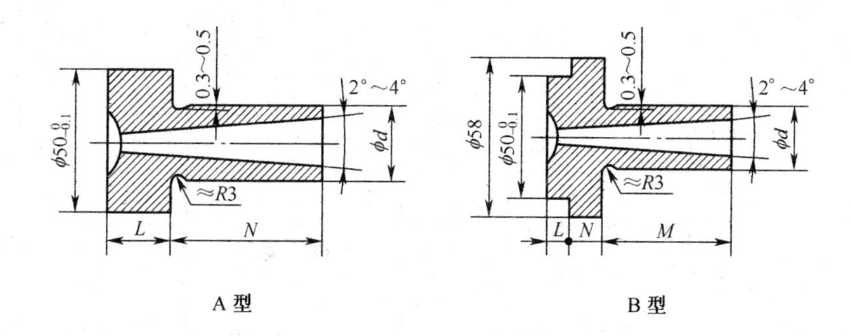

公称尺寸 d	A型 尺寸	A型 公差	B型 尺寸	B型 公差	配合孔的公差 D(H7)
16			16	+0.019 +0.007	+0.019 0
20	20	+0.023 +0.008	20	+0.023 +0.008	+0.023 0
25	25		25		
30	30	+0.027 +0.009	30	+0.027 +0.009	+0.027 0
35	35		35		
40	40		40		

注:材料 T8A 淬火 53~57HRC。

6.2.4 推杆

推杆主要有 A,B,C 三种型式。推杆要求外观无伤痕、裂纹及锈斑等缺陷,配合部分需要进行磨削加工,表面粗糙度为 $Ra0.8\mu m$。

6.2.4.1 A 型推杆(GB/T 4169.1—1984)(表 6-16)

表 6-16 A 型推杆的结构和规格(GB/T4169.1—1984) (mm)

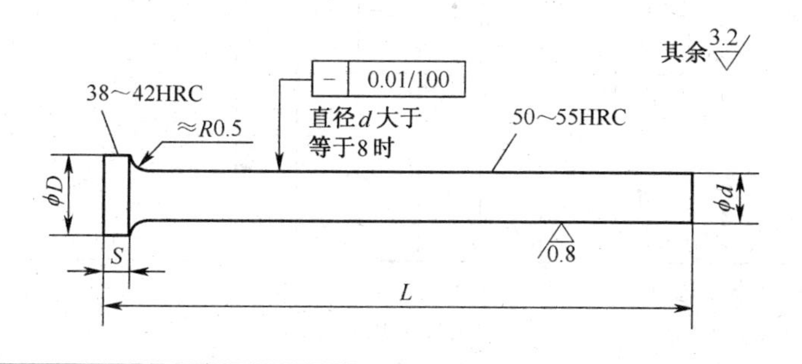

续表 6-16

d(f6)		*D*	*S*	$L^{+2.0}_{0}$										
基本尺寸	极限偏差	0 −0.2	0 −0.05	100	125	160	200	250	315	400	500	630	800	1 000
1.6	−0.006 −0.012	4	2	○	○	○	●							
2				○	○	○	●							
2.5		5		○	○	○	●							
3		6	3	○	○	○	○	●	●					
3.2	−0.010 −0.018					○		○						
4		8		○	○	○	○	○	●	●				
4.2						○		○		●				
5		10		○	○	○	○	○	●	●	●			
5.2						○		○		●				
6		12	5	○	○	○	○	○	●	●	●	●		
6.2	−0.013 −0.022	12	5			○		○		●				
8		14		○	○	○	○	○	○	○	●	●	●	
8.2						○		○		○				
10	−0.013 −0.022	16	5	○	○	○	○	○	○	○	●	●	●	●
10.2	−0.016 0.027					○		○		○				
12.5		18	7		○	○	○	○	○	○	○	●	●	●
16		22				○	○	○	○	○	○	●	●	●
20	−0.020 −0.033	26	8				○	○	○	○	○	●	●	●
25		32	10						○	○	○	○	●	●
32	−0.025 −0.041	40									○	○	●	●

注:1. ●为非优先选用值,○为选用值。

2. *d* 为 3.2,4.2,5.2,6.2,8.2,10.2 的尺寸供修配用。

6.2.4.2 B型推杆(表6-17)

B型推杆为整体台阶推杆。

表6-17 B型整体台阶推杆的结构和规格 (mm)

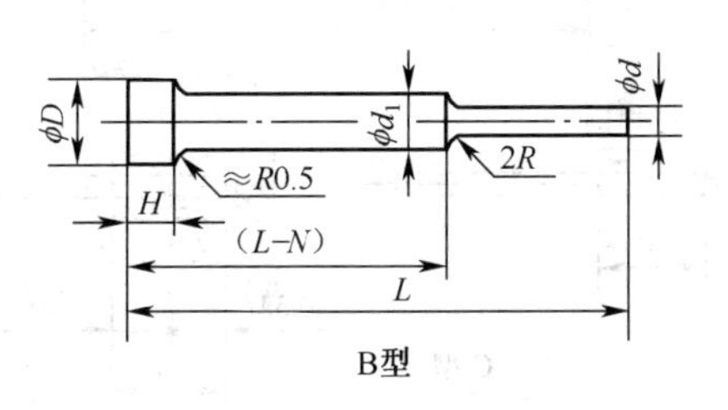

B型

公称尺寸	d		d_1	H		D
	尺寸	公差		尺寸	公差	
2.0	2.0	−0.010 −0.030	4.0	6	0 −0.1	8
2.5	2.5	−0.010 −0.030	4.0	6	0 −0.1	8
3.0	3.0	−0.010 −0.030	6.0	6	0 −0.1	10
3.5	3.5	−0.010 −0.030	6.0	6	0 −0.1	10
4.0	4.0	−0.010 −0.030	8.0	8	0 −0.1	13
4.5	4.5	−0.010 −0.030	8.0	8	0 −0.1	13
5.0	5.0	−0.010 −0.030	10.0	8	0 −0.1	15
6.0	6.0	−0.020 −0.050	10.0	8	0 −0.1	15

注:推杆的L及N尺寸由使用者确定。

6.2.4.3 C型推杆(表6-18)

C型推杆属镶配台肩推杆。

表 6-18 C 型镶配台肩推杆的结构和规格 (mm)

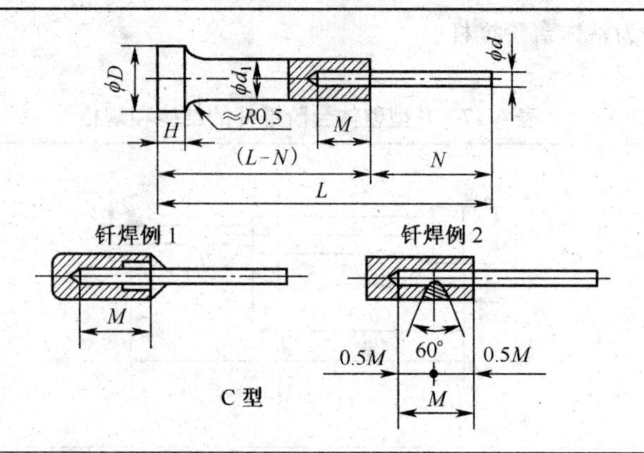

公称尺寸	d 尺寸	d 公差	d_1	H 尺寸	H 公差	D	M
1.0	1.0	−0.010 −0.030	6.0	6	0 −0.1	10	6
1.2	1.2	−0.010 −0.030	6.0	6	0 −0.1	10	6
1.4	1.4	−0.010 −0.030	6.0	6	0 −0.1	10	6
1.6	1.6	−0.010 −0.030	6.0	6	0 −0.1	10	6
1.8	1.8	−0.010 −0.030	7.0	6	0 −0.1	11	10
2.0	2.0	−0.010 −0.030	7.0	6	0 −0.1	11	10
2.4	2.4	−0.010 −0.030	7.0	6	0 −0.1	11	10
2.8	2.8	−0.010 −0.030	8.0	6	0 −0.1	13	15
3.0	3.0	−0.010 −0.030	8.0	8	0 −0.1	13	15
3.4	3.4	−0.010 −0.030	8.0	8	0 −0.1	13	15
3.8	3.8	−0.010 −0.030	8.0	8	0 −0.1	13	15
4.0	4.0	−0.010 −0.030	8.0	8	0 −0.1	13	15

注：推杆的 L 及 N 尺寸由使用者确定，原则上 d_1 使用 A 型推杆。

6.3 紧 固 件

6.3.1 紧固件总表

6.3.1.1 螺栓、螺柱总表(表 6-19)

表 6-19 螺栓、螺柱总表

类别	名称	标准号	规格范围/mm		主要用途
			d	l	
六角头	六角头螺栓 C 级	GB/T 5780—2000	M5～M64	10～500	六角头螺栓应用普遍，产品等级分为 A,B 和 C 级，A 级最精确，C 级最不精确。A 级用于重要的、装配精度高的以及受较大冲击、振动或变载荷的地方。A 级用于 d=1.6～24mm 和 l≤10d 或 l≤150mm 的螺栓，B 级用于 d>24mm 或 l>10d 或 l≥150mm 的螺栓，C 级为 M5～M64，细杆 B 级为 M3～M20。 六角法兰面螺栓，防松性能好。 钢结构用高强度大六角头螺栓用于高强度联接；主要用于公路与铁路桥梁、工业与民用建筑、塔架、起重机
	六角头螺栓全螺纹 C 级	GB/T 5781—2000	M5～M64	10～500	
	六角头螺栓	GB/T 5782—2000	M1.6～M64	2～500	
	六角头螺栓全螺纹	GB/T 5783—2000	M1.6～M64	2～500	
	六角头螺栓细杆 B 级	GB/T 5784—1986	M3～M20	20～150	
	六角头螺栓细牙	GB/T 5785—2000	M8×1～M64～4	40～500	
	六角头螺栓细牙全螺纹	GB/T 5786—2000	M8×1～M64×4	16～500	
	A 级小系列六角法兰面螺栓	GB/T 16674～1996	M5～M16	25～160	
	六角法兰面螺栓 B 级加大系列	GB/T 5789—1986	M5～M20	10～200	
	六角法兰面螺栓 B 级细杆加大系列	GB/T 5790—1986	M5～M20	30～200	
	六角头头部带槽螺栓 A 和 B 级	GB/T 29.1—1988	M1.6～M64	2～500	需要锁定时用栓接结构大六角螺栓与栓接结构大六角螺母，栓接结构与平垫圈配套使用，可使联接副具有高水平的防止因超拧而引起的螺纹脱扣
	六角头螺杆带孔螺栓 A 和 B 级	GB/T 31.1—1988	M1.6～M64	2～500	
	六角头螺杆带孔螺栓细杆 B 级	GB/T 31.2—1988	M6～M20	25～150	
	六角头螺杆带孔螺栓细牙 A 和 B 级	GB/T 31.3—1988	M8×1～M48×3	35～300	
	六角头头部带孔螺栓 A 和 B 级	GB/T 32.1—1988	M1.6～M64	2～500	
	六角头头部带孔螺栓细杆 B 级	GB/T 32.2—1988	M6～M20	25～150	
	六角头头部带孔螺栓细牙 A 和 B 级	GB/T 32.3—1988	M8×1～M48～3	35～400	
	钢结构用高强度大六角头螺栓	GB/T 1228—1991	M12～M30	35～260	
	钢结构用扭剪型高强度连接副螺栓	GB/T 3632—1995	M16～M24	40～180	
	栓接结构用大六角螺栓	GB/T 18230.1～2—2000	M12～M36	30～200	

续表 6-19

类别	名　称	标准号	规格范围/mm		主要用途
			d	l	
六角头	六角头铰制孔用螺栓 A 和 B 级	GB/T 27—1988	M6～M48	25～300	能精确地固定被连接件的相互位置，并能承受由横向力产生的剪切和挤压
	六角头螺杆带孔铰制孔用螺栓 A 和 B 级	GB/T 28—1988	M6～M48	25～300	
方头	方头螺栓 C 级	GB/T 8—1988	M10～M48	20～300	方头有较大的尺寸，便于扳手口卡住或靠住其他零件，起止转作用，有时也用于 T 形槽中，便于螺栓在槽中松动调整位置。常用在一些比较粗糙的结构上
	小方头螺栓 B 级	GB/T 35—1988	M5～M48	20～300	
沉头	沉头方颈螺栓	GB/T 10—1988	M6～M20	25～200	多用于零件表面要求平坦或光滑不阻挂东西的地方（方颈或榫起止转作用）
	沉头带榫螺栓	GB/T 11—1988	M6～M24	25～200	
半圆头	半圆头方颈螺栓	GB/T 12—1988	M6～M20	16～200	多用于结构受限制（不能用其他螺栓头）或零件表面要求较光滑的地方。半圆头方颈多用于金属零件，大半圆头用于木制零件，加强半圆头则用于受冲击、振动及变载荷的地方
	加强半圆头方颈螺栓	GB/T 794—1993	M6～M20	20～200	
	大半圆头方颈螺栓 C 级	GB/T 14—1998	M6～M24	20～200	
	大半圆头带榫螺栓 C 级	GB/T 15—1988	M6～M24	20～200	
	半圆头带榫螺栓 C 级	GB/T 13—1988	M6～M24	20～200	
T 形	T 形槽用螺栓	GB/T 37—1988	M5～M48	25～300	多用于螺栓只能从被连接件一边进行连接的地方，此时螺栓从被连接件的 T 形孔中插入将螺栓转动 90°，也用于结构要求紧凑的地方
铰链用	活节螺栓	GB/T 798—1988	M4～M36	20～300	多用于需经常拆开联接的地方和工装上
地脚	地脚螺栓	GB/T 799—1988	M6～M48	80～1500	用于水泥基础中固定机架
	地脚螺栓	JB/ZQ 4363—1986	M8～M72	80～3200	
	直角地脚螺栓	JB/ZQ 4364—1997	M16～M56	300～2600	
	T 形头地脚螺栓	JB/ZQ 4362—1997	M24～M160	按设计要求	

续表 6-19

类别	名称		标准号	规格范围/mm		主要用途
				d	l	
双头	等长双头螺柱 C 级		GB/T 953—1988	M8～M48	100～2 500	多用于被连接件太厚而不便使用螺栓联接或因拆卸频繁不宜使用螺钉联接的地方，或使用在结构要求比较紧凑的地方。一般双头螺柱用于一端需拧入螺孔固定死的地方，等长双头螺柱则两端都配带螺母来连接零件
	等长双头螺柱 B 级		GB/T 901—1988	M2～M56	10～500	
	双头螺栓 B 级	$b_m=1d$	GB/T 897—1988	M5～M48	16～300	
		$b_m=1.25d$	GB/T 898—1988	M5～M48	16～300	
		$b_m=1.5d$	GB/T 899—1988	M2～M48	12～300	
		$b_m=2d$	GB/T 900—1988	M2～M48	12～300	
	U 形螺栓		JB/ZQ 4321—1997	M6～M16	98～680	用于固定管子
	手工焊用焊接螺柱		GB/T 902.1—1989	M3～M20	10～300	用于焊接
	机动弧焊用焊接螺柱		GB/T 902.2—1989	M3～M20	12～100	

6.3.1.2 螺钉总表（表 6-20）

表 6-20 螺钉总表

类别	名称	标准号	规格/mm		特性和用途
			d	L 或 l	
机螺钉	十字槽盘头螺钉	GB/T 818—2000	M1.6～M10	3～60	**开槽**（一字槽）多用于较小零件的连接。 **十字槽** 螺钉旋拧时对中性好，易实现自动化装配，外形美观，生产效率高，槽的强度高，不易拧秃、打滑，需用专用旋具装卸。 **内六角** 可施加较大的拧紧力矩，连接强度高，一般能代替六角螺栓，头部能埋入零件内，用于结构要求紧凑、外形平滑的连接处。 **方头** 可施加更大的拧紧力矩，顶紧力大，不易拧秃，但头部较大，不便埋入零件内，不安全，特别是运动部位不宜使用
	十字槽半沉头螺钉	GB/T 820—2000	M1.6～M10	3～60	
	十字槽沉头螺钉	GB/T 819.1—2000	M1.6～M10	3～60	
	十字槽沉头螺钉	GB/T 819.2—1997	M2～M10	3～60	
	十字槽圆柱头螺钉	GB/T 822—2000	M2.5～M8	2～80	
	开槽圆柱头螺钉	GB/T 65—2000	M1.6～M10	2～80	
	开槽盘头螺钉	GB/T 67—2000	M1.6～M10	2～80	
	开槽沉头螺钉	GB/T 68—2000	M1.6～M10	2.5～80	
	开槽半沉头螺钉	GB/T 69—2000	M1.6～M10	2.5～80	
	内六角圆柱头螺钉	GB/T 70.1—2000	M1.6～M64	2.5～300	
	内六角平圆头螺钉	GB/T 70.2—2000	M3～M16	6～50	
	内六角沉头螺钉	GB/T 70.3—2000	M3～M20	6～100	

表 6-20 螺钉总表

类别	名称	标准号	规格/mm		特性和用途
			d	L 或 l	
紧定螺钉	开槽锥端紧定螺钉	GB/T 71—1985	M1.2～M12	2～60	**紧定螺钉锥端**(有尖) 借锐利的端头直接顶紧零件,一般用于安装后不常拆卸处,或顶紧硬度小的零件; 尖端——适用于硬度较小的零件; 凹端——适用于硬度较大的零件。 **紧定螺钉锥端**(无尖) 在零件的顶紧面上要打坑眼,使锥面压在坑眼边上,锥端压在坑中能大大增加传递载荷的能力。 **紧定螺钉平端圆尖端** 端头平滑,顶紧后不伤零件表面,多用于常调节位置的连接处,传递载荷较小; 平端——接触面积大,可用于顶硬度大的零件,顶紧面应是平面; 圆尖端——圆弧头除顶压平面外,还可压在零件表面的U形沟、V形槽或圆窝中。 **紧定螺钉圆柱端** 用于经常调节位置或固定装在管轴(薄壁件)上的零件,圆柱端头进入在管轴上打的孔眼中,端头靠剪切作用可传递较大的载荷,使用这种螺钉应有防止松脱的装置。 **紧定螺钉硬度** 应比被紧定零件高,一般紧定螺钉热处理硬度为28～38HRC。 **不脱出螺钉** 多用于振动较大需不脱出的场合,可在细的螺钉杆处装上防脱零件。 **自攻螺钉** 多用于连接较薄的钢板和有色金属板。螺钉较硬,一般热处理硬度为50～58HRC,在被连接件上可不预先制出螺纹,在连接时利用螺钉直接攻出螺纹。 **吊环螺钉** 安装和运输时起重用
	开槽平端紧定螺钉	GB/T 73—1985	M1.2～M12	2～60	
	开槽凹端紧定螺钉	GB/T 74—1985	M1.6～M12	2～60	
	开槽长圆柱端紧定螺钉	GB/T 75—1985	M1.6～M12	2～60	
	内六角平端紧定螺钉	GB/T 77—2000	M1.6～M24	2～60	
	内六角锥端紧定螺钉	GB/T 78—2000	M1.6～M24	2～60	
	内六角凹端紧定螺钉	GB/T 80—2000	M1.6～M24	2～60	
	内六角圆柱端紧定螺钉	GB/T 79—2000	M1.6～M24	2～60	
	方头长圆柱球面端紧定螺钉	GB/T 83—1988	M8～M20	16～100	
	方头凹端紧定螺钉	GB/T 84—1988	M5～M20	10～100	
	方头长圆柱端紧定螺钉	GB/T 85—1988	M5～M20	12～100	
	方头平端紧定螺钉	GB/T 821—1988	M5～M20	8～100	
	方头短圆柱锥端紧定螺钉	GB/T 86—1988	M5～M20	12～100	
定位螺钉	开槽锥端定位螺钉	GB/T 72—1988	M3～M12	4～50	
不脱出螺钉	六角头不脱出螺钉	GB/T 838—1988	M5～M16	14～100	
	开槽沉头不脱出螺钉	GB/T 948—1988	M3～M10	10～60	
自攻螺钉和木螺钉	十字槽盘头自攻螺钉	GB/T 845—1985	ST2.2～M9.5	4.5～50	
	十字槽沉头自攻螺钉	GB/T 846—1985	ST2.2～M9.5	4.5～50	
	十字槽半沉头自攻螺钉	GB/T 847—1985	ST2.2～M9.5	4.5～50	
	六角头自攻螺钉	GB/T 5285—1985	ST2.2～M9.5	4.5～50	
	十字槽盘头自攻锁紧螺钉	GB/T 6560—1986	M2～M6	4～40	
	十字槽沉头自攻锁紧螺钉	GB/T 6561—1986	M2.5～M6	6～40	
	六角头自攻锁紧螺钉	GB/T 6563—1986	M5～M12	6～80	
	十字槽沉头木螺钉	GB/T 951—1986	2～10	6～120	
	十字槽半沉头木螺钉	GB/T 952—1986	2～10	6～120	
	十字槽圆头木螺钉	GB/T 950—1986	2～10	6～120	
	开槽圆头木螺钉	GB/T 99—1986	1.6～10	6～120	
	开槽沉头木螺钉	GB/T 100—1986	1.6～10	6～120	
	开槽半沉头木螺钉	GB/T 101—1986	1.6～10	6～120	
	六角头木螺钉	GB/T 102—1986	6～20	35～250	
吊环螺钉	吊环螺钉	GB/T 825—1988	M8～M100	16～140	
		JB/ZQ 4353—1986	56～100	95～150	

6.3.1.3 螺母总表(表6-21)

表6-21 螺母总表

类别	名称	标准	规格 d 或 D	特性和用途
方形及六角形	方螺母C级	GB/T 39—1988	M3～M24	**方螺母** 扳手卡住不易打滑,用于粗糙、简单的结构。 **六角螺母** 应用普遍。 **扁螺母** 一般用于螺栓承受剪力为主,或结构、位置要求紧凑的地方。 **薄螺母** 较扁螺母在防松装置中用作副螺母,起锁紧作用。 **厚螺母** 用于常拆卸的连接。 **槽形螺母** 用于振动、变载荷等松动的地方,配以开口销防松。 **六角法兰面螺母** 防松性能好,不需再用弹簧垫圈。 **带嵌件的六角锁紧螺母** 嵌件在靠拧紧时攻出螺纹,所以防松性能好,弹性也好。 **扣紧螺母** 用作锁母,与六角螺母配合使用,防止螺母回松,防松效果良好
	六角螺母C级	GB/T 41—2000	M1.6～M64	
	1型六角螺母	GB/T 6170—2000	M1.6～M64	
	1型六角螺母细牙	GB/T 6171—2000	M8×1～M64×4	
	六角薄螺母	GB/T 6172.1—2000	M1.6～M64	
	非金属嵌件六角锁紧薄螺母	GB/T 6172.2—2000	M3～M36	
	六角薄螺母细牙	GB/T 6173—2000	M8×1～M64×4	
	六角薄螺母无倒角	GB/T 6174—2000	M1.6～M10	
	2型六角螺母	GB/T 6175—2000	M5～M36	
	2型六角螺母细牙	GB/T 6176—2000	M8×1～M36×3	
	六角厚螺母	GB/T 56—1988	M16～M48	
	小六角特扁细牙螺母	GB/T 808—1988	M4×0.5～M24×1	
	六角法兰面螺母粗牙	GB/T 6177.1—2000	M5～M20	
	六角法兰面螺母细牙	GB/T 6177.2—2000	M8×1～M20×1.5	
	1型六角开槽螺母A和B级	GB/T 6178—1986	M4～M36	
	1型六角开槽螺母C级	GB/T 6179—1986	M5～M36	
	2型六角开槽螺母A和B级	GB/T 6180—1986	M5～M36	
	六角开槽薄螺母A和B级	GB/T 6181—1986	M5～M36	
	2型非金属嵌件六角锁紧螺母A和B级	GB/T 6182—2000	M5～M36	
	非金属嵌件六角法兰面锁紧螺母粗牙	GB/T 6183.1—2000	M5～M20	
	非金属嵌件六角法兰面锁紧螺母细牙	GB/T 6183.2—2000	M8×1～M20×1.5	

续表 6-21

类别	名　称	标　准	规格 d 或 D	特性和用途
方形及六角形	1 型全金属六角锁紧螺母 A 和 B 级	GB/T 6184—2000	M5～M36	**圆螺母**　多为细牙螺纹，常用于直径较大的连接，这种螺母便于使用钩头扳手装拆，一般配用圆螺母止动垫圈常与滚动轴承配套使用。小圆螺母由于外径和厚度较小，结构紧凑，适用于两件成组使用，可进行轴向微量调整。 **盖形螺母**　用在端部螺纹需要罩盖的地方。 **蝶形、环形螺母**　一般不用工具即可装拆，通常用于需经常拆开和受力不大的场合。 **滚花螺母、带槽圆螺母**　多用于装上。 **钢结构用高强度用大六角螺母**　与相应的钢结构用高强度大六角头螺栓、垫圈配套使用，用于钢结构件。 **六角开槽螺母**　配以开口销机械防松，工作可靠，用于振动变载荷等处。 六角螺母产品等级 A，B，C 分别与相对应精度的螺栓、螺钉及垫圈相配。A 级用于 $D \leqslant$ 16mm 的螺母，B 级用于 $D>$ 16mm 的螺母，C 级为 M5～M64 的螺母。 2 型六角螺母较 1 型六角螺母约高 10%，性能等级稍高。 **栓接结构用六角螺母**　与相应的栓接结构大六角头螺栓、平垫圈配套使用，使连接副具有高水平的防止因超拧而引起的螺纹脱扣
	2 型全金属六角锁紧螺母粗牙	GB/T 6185.1—2000	M5～M36	
	2 型全金属六角锁紧螺母细牙	GB/T 6185.2—2000	M8×1～M36～3	
	2 型全金属六角锁紧螺母 9 级	GB/T 6186—2000	M5～M36	
	全金属六角法兰面锁紧螺母粗牙	GB/T 6187.1—2000	M5～M20	
	全金属六角法兰面锁紧螺母细牙	GB/T 6187.2—2000	M8×1～M20×1.5	
	扣紧螺母	GB/T 805—1988	M6×1～M48×5	
	钢结构用高强度大六角螺母	GB/T 1229—1991	M12～M30	
	钢结构用扭剪型高强度螺栓连接副螺母	GB/T 3632—1995	M16～M24	
	栓接结构用大六角螺母	GB/T 18230.3(.4)—2000	M12～M36	
	栓接结构用六角螺母	GB/T 18230.6(.7)—2000	M10～M36	
	1 型六角开槽螺母细牙 A 和 B 级	GB/T 9457—1988	M8×1～M36×3	
	2 型六角开槽螺母细牙 A 和 B 级	GB/T 9458—1988	M8×1～M36×3	
	六角开槽薄螺母细牙 A 和 B 级	GB/T 9459—1988	M8×1～M36×3	
异形	滚花高螺母	GB/T 806—1988	M1.4～M10	
	滚花薄螺母	GB/T 807—1988	M1.4～M10	
	小圆螺母	GB/T 810—1988	M10×1～M200×3	
	圆螺母	GB/T 812—1988	M10×1～M200×3	
	带锁紧槽圆螺母		M10×1～M100×2	
	组合式盖形螺母	GB/T 802—1988	M5～M24	
	盖形螺母	GB/T 923—1988	M3～M24	
	环形螺母	GB/T 63—1988	M12～M24	
	蝶形螺母	GB/T 62—1988	M3×0.5～M16×1.5	

6.3.1.4 垫圈及挡圈总表(表 6-22)

表 6-22 垫圈及挡圈总表

类别	名称	标准号及规格	特性和用途
圆形垫圈	平垫圈 C级	GB/T 95—2002 1.6～64	一般用于金属零件，以增加支承面，遮盖较大的孔眼，以及防止损伤零件表面。大垫圈多用于木制零件
	大垫圈 A和C级	GB/T 96.1—2002 3～36	
	平垫圈 A级	GB/T 97.1—2002 1.6～64	
	平垫圈倒角型 A级	GB/T 97.2—2002 5～64	
	销轴用平垫圈	GB/T 97.3—2002 3～100	
	小垫圈 A级	GB/T 848—2002 1.6～36	
	特大垫圈 C级	GB/T 5287—2002 5～36	
	钢结构用高强度扭剪型螺栓连接副垫圈	GB/T 3632—1995 16～24	与本类高强度螺栓、螺母配套使用
	钢结构用高强度垫圈	GB/T 1230—1991 12～30	
	栓接结构用平垫圈淬火并回火	GB/T 18230.5—2000 12～30	与本类栓接结构用螺栓、螺母配套使用
	高强度螺栓专用垫圈	JB/ZQ 4080—1997 36～160	
异形垫圈	工字钢用方斜垫圈	GB/T 852—1988 6～36	用来将槽钢、工字钢翼缘之类倾斜面垫平，使螺母支承面垂直于螺杆，使螺杆免受弯曲应力
	槽钢用方斜垫圈	GB/T 853—1988 6～36	
	球面垫圈	GB/T 849—1988 6～48	球面垫圈和锥面垫圈配合使用，具有自动调位的作用使螺母支承面与螺杆垂直，消除螺杆受的弯曲应力，多用于工装
	锥面垫圈	GB/T 850—1988 6～48	
弹簧垫圈及弹性垫圈	重型弹簧垫圈	GB/T 7244—1987 6～36	广泛用于经常拆开的连接处，靠弹性及斜口摩擦防止紧固件的松动
	轻型弹簧垫圈	GB/T 859—1987 3～30	
	标准弹簧垫圈	GB/T 93—1987 2～48	
	波形弹性垫圈	GB/T 955—1987 3～30	靠本身的弹性变形压紧紧固件不松动 波形——弹力大，变形小，着力均匀 鞍形——变形大，支承面积小
	鞍形弹性垫圈	GB/T 860—1987 2～10	
锁紧垫圈	锥形(锯齿)锁紧垫圈	GB/T 956.1～2—1987 3～12	圆周上具有许多翘齿、刺压在支承面上，能极其可靠地阻止紧固件松动，弹力均匀，防松效果良好，不宜用于材料较软或常拆卸处。 内齿用于头部尺寸较小的螺钉头下，外齿应用较多，多用于螺栓头和螺母下，锥形用于沉孔中
	内(锯)齿锁紧垫圈	GB/T 861.1～2—1987 2～20	
	外(锯)齿锁紧垫圈	GB/T 862.1～2—1987 2～20	
止动垫圈	单耳止动垫圈	GB/T 854—1988 2.5～48	允许螺母拧紧在任意位置加以锁定
	双耳止动垫圈	GB/T 855—1988 2.5～48	
	外舌止动垫圈	GB/T 856—1988 2.5～48	
	圆螺母用止动垫圈	GB/T 858—1988 10～200	与圆螺母配合使用，主要用于滚动轴承的固定

续表 6-22

类别	名称	标准号及规格	特性和用途	类别	名称	标准号及规格	特性和用途
挡圈	锥销锁紧挡圈	GB/T 883—1986 8～130	配合销钉、螺钉固定在轴上，防止轴肩零件轴向位移	挡圈	孔用弹性挡圈 A 型	GB/T 893.1—1986 8～200	卡在轴槽或孔槽中供滚动轴承装入后止退用，钢丝挡圈也可定位其他零件，挡圈靠本身弹性便于装卸
	螺钉锁紧挡圈	GB/T 884—1986 8～200			孔用弹性挡圈 B 型	GB/T 893.2—1986 20～200	
	带锁圈的螺钉锁紧挡圈	GB/T 885—1986 8～200			轴用弹性挡圈 A 型	GB/T 894.1—1986 3～200	
	螺钉紧固轴端挡圈	GB/T 891—1986 20～100	用来锁紧固定在轴端的零件		轴用弹性挡圈 B 型	GB/T 894.2—1986 20～200	
	螺栓紧固轴端挡圈	GB/T 892—1986 20～100			孔用钢丝挡圈	GB/T 895.1—1986 7～125	
	钢丝锁圈	GB/T 921—1986 15～236			轴用钢丝挡圈	GB/T 895.2—1986 4～125	
	轴肩挡圈	GB/T 886—1986 30～120	套在轴上用以加大原有轴肩的支承面，多用于滚动轴承的安装		夹紧挡圈	GB/T 960—1986 1.5～10	卡在轴槽中起轴肩作用，装入后收口装死不拆

6.3.1.5 销总表(表 6-23)

表 6-23 销总表

类型	简 图	标准 规格/mm	特点和应用
圆柱销	圆柱销	GB/T 119.1—2000 GB/T 119.2—2000 d=0.6～50 l=1～200	主要用于定位，也可用于连接。直径偏差有 m6，h8，h11，u8 四种，以满足不同的使用要求。常用的加工方法是配钻、铰，以保证要求的装配精度
	内螺纹圆柱销	GB/T 120.1—2000 GB/T 120.2—2000 d=6～50 l=16～200	主要用于定位，也可用于连接。内螺纹供拆卸用，有 A，B 两种规格，B 型用于盲孔。直径偏差只有 n6 一种。销钉直径最小为 6mm。常用的加工方法是配钻、铰，以保证要求的装配精度
	螺纹圆柱销	GB/T 878—2000 d=4～18 l=10～60	主要用于定位，也可用于连接。常用的加工方法是配钻、铰，以保证要求的装配精度。直径偏差较大，定位精度低。主要用于定位精度要求不高的场合

续表 6-23

类型	简图	标准 / 规格/mm	特点和应用
圆柱销	带孔销 	GB/T 880—2000 d=3～25 l=8～200	用于铰接处，两端用开口销锁定，拆卸方便
	弹性圆柱销 直槽 重型 弹性圆柱销 直槽 轻型 	GB/T 879.1—2000 GB/T 879.2—2000 d=1～50 l=4～200	具有弹性，装入销孔后与孔壁压紧，不易松脱。销孔精度要求较低，可不铰制，互换性好，可多次装拆。刚性较差，不适于高精度定位，载荷大时几个套在一起使用，相邻内外两销的缺口应错开 180°。用于有冲击、振动的场合，可代替部分圆柱销、圆锥销、开口销或销轴
	弹性圆柱销 卷制 重型 弹性圆柱销 卷制 标准型 弹性圆柱销 卷制 轻型 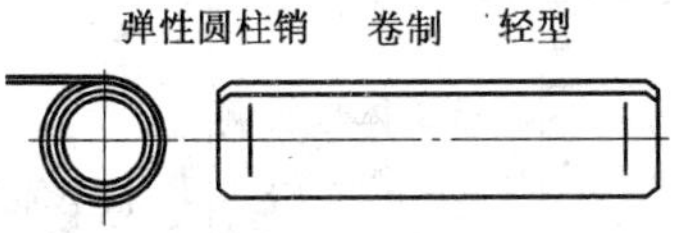	GB/T 879.3—2000 GB/T 879.4—2000 GB/T 879.5—2000 d=0.8～20 l=4～200	销钉由钢板卷制，加工方便，有弹性，装配后不易松脱。钻孔精度要求低，可多次装拆。刚性较差，不适用于高精度定位。可用于有冲击、振动的场合
圆锥销	圆锥销 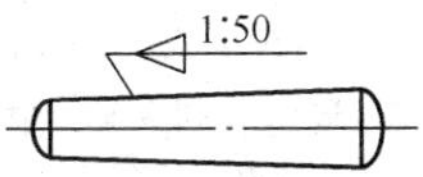 1:50	GB/T 117—2000 d=0.6～50 l=2～200	有 1∶50 的锥度，与有锥度的铰制孔相配。便于安装，主要用于定位，也可用于固定零件，传递动力。多用于经常装拆的场合。定位精度比圆柱销高，在受横向力时能自锁
	内螺纹圆锥销 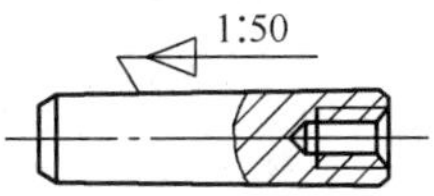 1:50	GB/T 118—2000 d=6～50 l=16～200	螺纹孔用于拆卸。可用于盲孔。有 1∶50 的锥度，与有锥度的铰制孔相配。拆装方便，可多次拆装，定位精度比圆柱销高，能自锁。一般两端伸出被连接件，以便装卸
	螺尾锥销 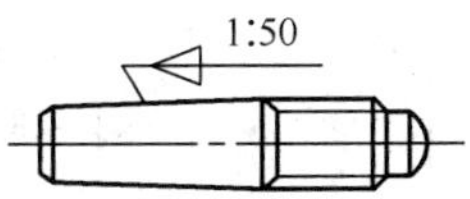 1:50	GB/T 881—2000 d=5～50 l=40～400	螺纹用于拆卸。有 1∶50 的锥度，与有锥度的铰制孔相配。拆装方便，可多次拆装，定位精度比圆柱销高，能自锁。一般两端伸出被连接件，以便拆装

续表 6-23

<table>
<tr><td rowspan="2">类型</td><td rowspan="2">简 图</td><td>标准</td><td rowspan="2" colspan="2">特点和应用</td></tr>
<tr><td>规格/mm</td></tr>
<tr><td rowspan="2">圆锥销</td><td rowspan="2">开尾圆锥销
1:50</td><td>GB/T 877—2000</td><td rowspan="2" colspan="2">有 1∶50 的锥度，与有锥度的铰制孔相配。打入销孔后，末端可以稍张开，避免松脱，用于有冲击、振动的场合</td></tr>
<tr><td>d=3～16
l=30～200</td></tr>
<tr><td rowspan="12">槽销</td><td rowspan="2">槽销 带导杆及全长平行沟槽</td><td>GB/T 13829.1—2004</td><td rowspan="12">沿销体母线辗压或模锻三条(相隔 120°)不同形状和深度的沟槽，打入销孔与孔壁压紧，不易松脱。能承受振动和变载荷。销孔不需铰光，可多次装拆</td><td rowspan="4">全长有平行槽，端部有导杆或倒角，销与孔壁间压力分布较均匀。适用于有严重振动、冲击的场合</td></tr>
<tr><td>d=1.5～25
l=8～100</td></tr>
<tr><td rowspan="2">槽销 带倒角及全长平行沟槽</td><td>GB/T 13829.2—2004</td></tr>
<tr><td>d=1.5～25
l=8～200</td></tr>
<tr><td rowspan="2">槽销 中部槽长为 1/3 全长</td><td>GB/T 13829.3—2004</td><td rowspan="4">槽中部的短槽等于全长的 1/3 或 1/2，常用作芯轴，将带毂的零件固定在有槽处</td></tr>
<tr><td>d=1.5～25</td></tr>
<tr><td rowspan="2">槽销 中部槽长为 1/2 全长</td><td>GB/T 13829.4—2004</td></tr>
<tr><td>d=1.5～25</td></tr>
<tr><td rowspan="2">槽销 全长锥销
1:50</td><td>GB/T 13829.5—2004</td><td rowspan="4">槽为楔形，作用与圆锥销相似，销与孔壁间压力分布不均匀。比圆锥销拆装方便而定位精度较低</td></tr>
<tr><td>d=1.5～25</td></tr>
<tr><td rowspan="2">槽销 半长锥销</td><td>GB/T 13829.6—2004</td></tr>
<tr><td>d=1.5～25</td></tr>
</table>

续表 6-23

类型	简图	标准	规格/mm	特点和应用	
槽销	槽销　半长倒锥销 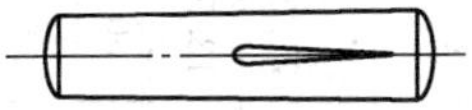	GB/T 13829.7—2004	d=1.5～25	沿销体母线辗压或模锻三条(相隔120°)不同形状和深度的沟槽,打入销孔与孔壁压紧,不易松脱。能承受振动和变载荷。销孔不需铰光,可多次装拆	常用作轴杆使用
槽销	圆头槽销 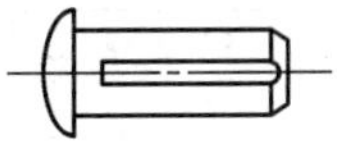	GB/T 13829.8—2004	d=1.4～20		可代替铆钉或螺钉,用于固定标牌、管夹子等
槽销	沉头槽销 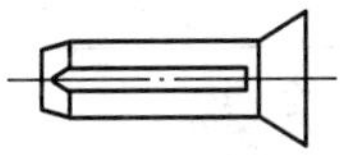	GB/T 13829.9—2004	d=1.4～20		
销轴	销轴 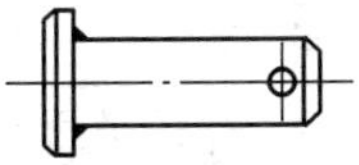	GB/T 882—2000	d=3～60 l=6～200	销轴也称轴销,常用作铰接轴,用开口销锁紧,工作可靠	
开口销	开口销 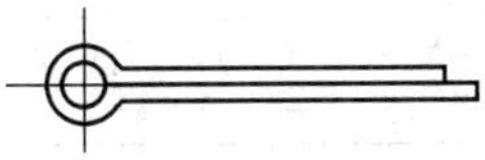	GB/T 91—2000	d_0=0.6～20 l=4～280	用于锁定其他零件,如轴、槽形螺母等。是一种较可靠的方法,应用广泛	
开口销	开口销 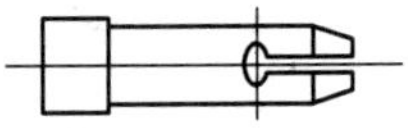	JB/ZQ 4355—1997	d_0=0.6～20 l=4～280	用于尺寸较大时	
安全销	安全销 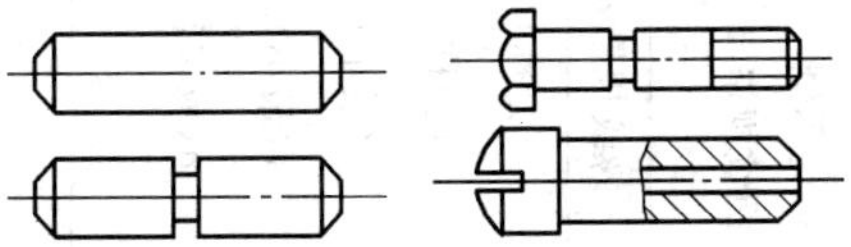			结构简单,形式多样。必要时在销上切出槽口。为防止断销时损坏孔壁,可在孔内加销套。用于传动装置和机器的过载保护,如安全联轴器等的过载剪断元件	

6.3.2 六角头螺栓(表 6-24)

表 6-24 六角头螺栓(粗制) (mm)

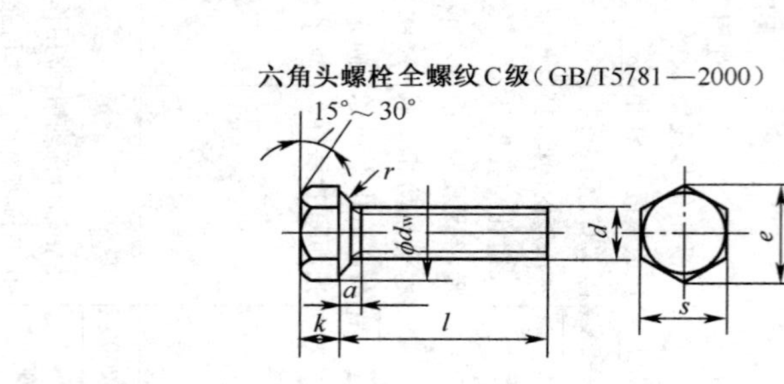

标记示例

螺纹规格 d=M12、公称长度 l=80mm、性能等级 4.8 级、不经表面处理、C 级六角头螺栓，标记为：螺栓 GB/T 5780 M12×80

螺纹规格 d		M5	M6	M8	M10	M12	(M14)	M16	(M18)	M20	(M22)	M24	(M27)	M30	M36	M42	M48	M56	M64
s(公称)		8	10	13	16	18	21	24	27	30	34	36	41	46	55	65	75	85	95
k(公称)		3.5	4	5.3	6.4	7.5	8.8	10	11.5	12.5	14	15	17	18.7	22.5	26	30	35	40
r(最小)		0.2	0.25	0.4	0.4	0.6	0.6	0.6	0.6	0.8	0.8	0.8	1	1	1	1.2	1.6	2	2
e(最小)		8.6	10.9	14.2	17.6	19.9	22.8	26.2	29.6	33	37.3	39.6	45.2	50.9	60.8	71.3	82.6	93.6	104.9
a(最大)		2.4	3	4	4.5	5.3	6	6	7.5	7.5	7.5	7.5	9	10.5	12	13.5	15	16.5	18
d_w(最小)		6.7	8.7	11.5	14.5	16.5	19.2	22	24.9	27.7	31.4	33.3	38	42.8	51.1	60	69.5	78.7	88.2
b(参考)	l≤125	16	18	22	26	30	34	38	42	46	50	54	60	66	78	—	—	—	—
	125<l≤200	—	—	28	32	36	40	44	48	52	56	60	66	72	84	96	108	124	140
	l>200	—	—	—	—	—	53	57	61	65	69	73	79	85	97	109	121	137	153

续表 6-24

螺纹规格 d	M5	M6	M8	M10	M12	(M14)	M16	(M18)	M20	(M22)	M24	(M27)	M30	M36	M42	M48	M56	M64
l(公称) GB/T 5780—2000	25～50	30～60	40～80	45～100	55～120	60～140	65～160	80～180	80～200	90～220	100～240	110～260	120～300	140～360	180～420	200～480	240～500	260～500
全螺纹长度 l GB/T 5781—2000	10～50	12～60	16～80	20～100	25～120	30～140	35～160	35～180	40～200	45～220	50～240	55～280	60～300	70～360	80～420	100～480	110～500	120～500
100mm 长的质量/kg≈	0.013	0.020	0.037	0.063	0.090	0.127	0.172	0.223	0.282	0.359	0.424	0.566	0.721	1.100	1.594	2.174	3.226	4.870
l 系列(公称)	10,12,16,20,25,30,35,40,45,50,55,60,65,70,80,90,100,110,120,130,140,150,160,180,200,220,240,260,280,300,320,340,360,380,400,420,440,460,480,500																	
技术条件	GB/T 5780 螺纹公差:8g GB/T 5781 螺纹公差:8g	材料:钢	性能等级:$d \leqslant$ M39,3.6,4.6,4.8;$d >$ M39,按协议	表面处理:不经处理,电镀,非电解锌粉覆盖	产品等级:C													

注:1. M5～M36 为商品规格,为销售储备的产品最通用的规格。

2. M42～M64 为通用规格,较商品规格低一档,有时买不到要现制造。

3. 带括号的为非优选的螺纹规格(其他各表均相同),非优选螺纹规格除表列外还有 M33,M39,M45,M52 和 M60。

4. 末端按 GB/T 2 规定。

5. 本表尺寸对原标准进行了摘录,以后各表均相同。

6. 标记示例"螺栓 GB/T 5780 M12×80"为简化标记,它代表了标记示例的各项内容,此标准件为常用及大量供应的,与标记示例内容不同的不能用简化标记,应按 GB/T 1237—2000 规定标记,以后各螺纹连接件均同。

7. 表面处理:电镀技术要求按 GB/T 5267;非电解锌粉覆盖技术要求按 ISO 10683;如需其他表面镀层或表面处理,应由双方协议。

8. GB/T 5780 增加了短规格,推荐采用 GB/T 5781 全螺纹螺栓。

6.3.3 内六角圆柱头螺钉(GB/T 70.1—2000)(表 6-25)

表 6-25 内六角圆柱头螺钉(GB/T 70.1—2000) (mm)

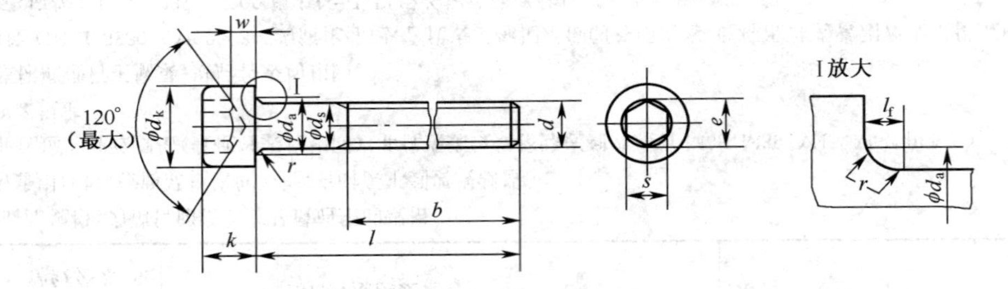

标记示例

螺纹规格 D=M5、公称长度 l=20mm、性能等级 8.8 级、表面氧化的 A 级内六角圆柱螺钉,标记为:GB/T 70.1 M5×20

螺纹规格 d	M1.6	M2	M2.5	M3	M4	M5	M6	M8	M10	M12	(M14)	M16	M20	M24	M30	M36	M42	M48	M56	M64
螺距 P	0.35	0.4	0.45	0.5	0.7	0.8	1	1.25	1.5	1.75	2	2	2.5	3	3.5	4	4.5	5	5.5	6
b	15	16	17	18	20	22	24	28	32	36	40	44	52	60	72	84	96	106	124	140
d_k(最大) 光滑头部	3	3.8	4.5	5.5	7	8.5	10	13	16	18	21	24	30	36	45	54	63	72	84	96
d_k(最大) 滚花头部	3.14	3.98	4.68	5.68	7.22	8.72	10.22	13.27	16.27	18.27	21.33	24.33	30.33	36.39	45.39	54.46	63.46	72.46	84.54	96.54
d_a(最大)	2	2.6	3.1	3.6	4.7	5.7	6.8	9.2	11.2	13.7	15.7	17.7	22.4	26.4	33.4	39.4	45.6	52.6	63	71
d_s(最大)	1.6	2	2.5	3	4	5	6	8	10	12	14	16	20	24	30	36	42	48	56	60
e(最小)	1.73	1.73	2.3	2.87	3.44	4.58	5.72	7.78	9.15	11.43	13.72	16	19.44	21.73	25.15	30.85	36.57	41.13	46.83	52.53
l_f(最大)	0.34	0.51	0.51	0.51	0.6	0.6	0.68	1.02	1.02	1.45	1.45	1.45	2.04	2.04	2.89	2.89	3.06	3.91	5.95	5.95

表 6-25

螺纹规格 d	M1.6	M2	M2.5	M3	M4	M5	M6	M8	M10	M12	(M14)	M16	M20	M24	M30	M36	M42	M48	M56	M64
k(最大)	1.6	2	2.5	3	4	5	6	8	10	12	14	16	20	24	30	36	42	48	56	60
r(最小)	0.1	0.1	0.1	0.1	0.2	0.2	0.25	0.4	0.4	0.6	0.6	0.6	0.8	0.8	1	1	1.2	1.6	2	2
s(公称)	1.5	1.5	2	2.5	3	4	5	6	8	10	12	14	17	19	22	27	32	36	41	46
w(最小)	0.55	0.55	0.85	1.15	1.4	1.9	2.3	3.3	4	4.8	5.8	6.8	8.8	10.4	13.1	15.3	16.3	17.5	19	22
商品规格长度 l	2.5～16	3～20	4～25	5～30	6～40	8～50	10～60	12～80	16～100	20～120	25～140	25～160	30～200	40～200	45～200	55～200	60～300	70～300	80～300	90～300
全螺纹长度 l	2.5～16	3～16	4～20	5～20	6～20	8～20	10～30	12～35	16～40	20～50	25～55	25～60	30～70	40～80	45～100	55～110	60～130	70～150	80～160	100～180
l 系列	2.5,3,4,5,6,8,10,12,16,20,25,30,35,40,45,50,55,60,65,70,80,90,100,110,120,130,140,150,160,180,200,220,240,260,280,300																			

技术条件	材　料	钢	不锈钢	有色金属	螺纹公差	产品等级	其　他
	性能等级	$d<$M3 或 $d>$M39：按协议；M3$\leqslant d \leqslant$M39：8.8，10.9，12.9	$d \leqslant$ M24：A2－70，A4－70；M24$< d \leqslant$M39：A2－50，A4－50；$d>$M39：按协议	CU2，CU3	12.9 级：5g，6g；其他等级：6g	A	①对不适合进行拉力试验的螺钉，应按 GB/T 3098.1　8.4 条的规定进行硬度实验。②棒料切制的不锈钢螺钉，允许使用 A1－70（$d \leqslant$M12）和 A1－50（$d>$M12），但应在螺钉上标明其性能等级
	表面处理	氧　化	简单处理	简单处理			
		①电镀技术要求按 GB/T 5267；②非电解锌粉覆盖层技术要求按 ISO 10683；③如需其他表面镀层或表面处理，应由供需双方协议					

6.3.4 内六角紧定螺钉(表 6-26)

表 6-26 内六角紧定螺钉 (mm)

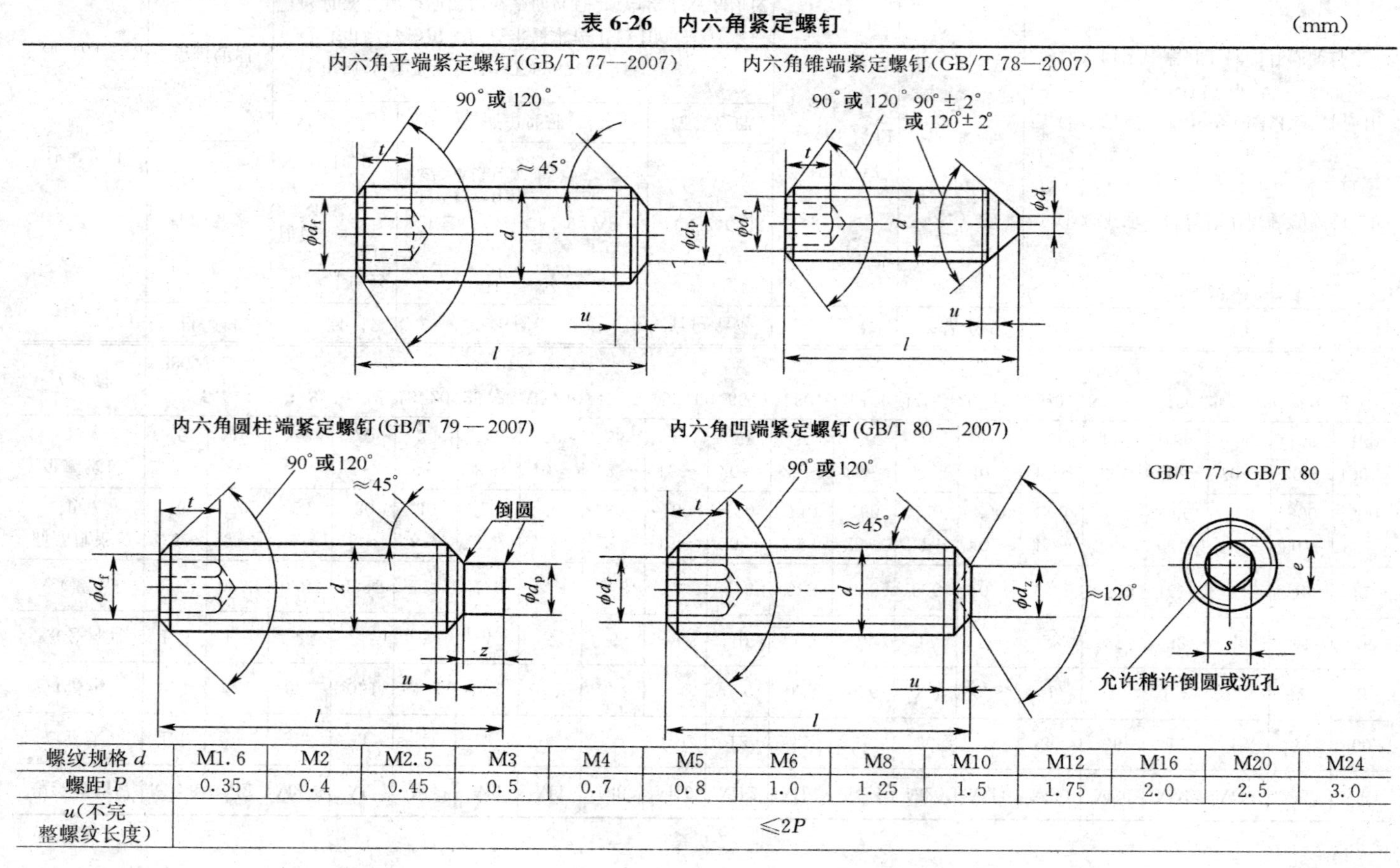

螺纹规格 d	M1.6	M2	M2.5	M3	M4	M5	M6	M8	M10	M12	M16	M20	M24
螺距 P	0.35	0.4	0.45	0.5	0.7	0.8	1.0	1.25	1.5	1.75	2.0	2.5	3.0
u(不完整螺纹长度)	$\leqslant 2P$												

续表 6-26

螺纹规格 d		M1.6	M2	M2.5	M3	M4	M5	M6	M8	M10	M12	M16	M20	M24
d_f		≈螺纹小径												
d_p(最大)		0.8	1	1.5	2	2.5	3.5	4	5.5	7	8.5	12	15	18
d_t(最大)		0.4	0.5	0.65	0.75	1	1.25	1.5	2	2.5	3	4	5	6
d_z(最大)		0.8	1	1.2	1.4	2	2.5	3	5	6	8	10	14	16
e(最小)		0.809	1.011	1.454	1.733	2.303	2.873	3.443	4.583	5.724	6.863	9.149	11.429	13.716
s(公称)		0.7	0.9	1.3	1.5	2	2.5	3	4	5	6	8	10	12
z(最大)	短圆柱端	0.65	0.75	0.88	1	1.25	1.5	1.75	2.25	2.75	3.25	4.3	5.3	6.3
	长圆柱端	1.05	1.25	1.5	1.75	2.25	2.75	3.25	4.3	5.3	6.3	8.36	10.36	12.43
规格长度 l	GB/T 77	2～8	2～10	2～12	2～16	2.5～20	3～25	4～30	5～40	6～50	8～60	10～60	12～60	16～60
	GB/T 78	2～8	2～10	2.5～12	2.5～16	3～20	4～25	5～30	6～40	8～50	10～60	12～60	14～60	20～60
	GB/T 79	2～8	2.5～10	3～12	4～16	5～20	6～25	8～30	8～40	10～50	12～60	14～60	20～60	25～60
	GB/T 80	2～8	2～10	2～12	2.5～16	3～20	4～25	5～30	6～40	8～50	10～60	12～60	14～60	20～60
l 系列		2,2.5,3,4,5,6,8,10,12,16,20,25,30,35,40,45,50,(55),60												
技术条件		材料	钢	不锈钢	有色金属	螺纹公差:45H 级为 5g,6g,其他等级为 6g	产品等级:A							
		性能等级	45H	A1－12H,A2－21H,A3－21H,A4－21H,A5－21H	CU2,CU3,AL4									
		表面处理	氧化	简单处理	简单处理									

注:表面处理电镀技术要求按 GB/T 5267。如需其他表面镀层或表面处理,应由供需双方协议。

6.3.5 吊环螺钉(GB/T 825—1988)(表 6-27)

表 6-27 吊环螺钉(GB/T 825—1988) (mm)

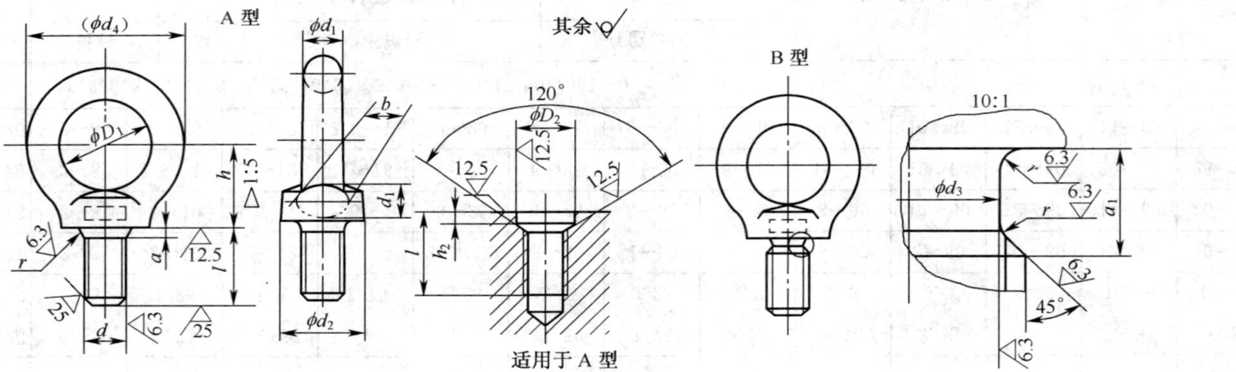

A 型 B 型 其余 适用于 A 型

标记示例

规格 20mm、材料 20 钢、经正火处理、不经表面处理的 A 型吊环螺钉,标记为:螺钉 GB/T 825 M20

规格 d	M8	M10	M12	M16	M20	M24	M30	M36	M42	M48	M56	M64	M72×6	M80×6	M100×6
d_1(最大)	9.1	11.1	13.1	15.2	17.4	21.4	25.7	30	34.4	40.7	44.7	51.4	63.8	71.8	79.2
D_1(公称)	20	24	28	34	40	48	56	67	80	95	112	125	140	160	200
d_2(最大)	21.1	25.1	29.1	35.2	41.4	49.4	57.7	69	82.4	97.7	114.7	128.4	143.8	163.8	204.2
l(公称)	16	20	22	28	35	40	45	55	65	70	80	90	100	115	140
d_4(参考)	36	44	52	62	72	88	104	123	144	171	196	221	260	296	350
h	18	22	26	31	36	44	53	63	74	87	100	115	130	150	175
r(最小)	1	1	1	1	1	2	2	3	3	3	4	4	4	4	5

续表 6-27

规格 d		M8	M10	M12	M16	M20	M24	M30	M36	M42	M48	M56	M64	M72×6	M80×6	M100×6
a_1(最大)		3.75	4.5	5.25	6	7.5	9	10.5	12	13.5	15	16.5	18	18	18	18
d_3(公称)		6	7.7	9.4	13	16.4	19.6	25	30.8	35.6	41	48.3	55.7	63.7	71.7	91.7
a(最大)		2.5	3	3.5	4	5	6	7	8	9	10	11	12	12	12	12
b		10	12	14	16	19	24	28	32	38	46	50	58	72	80	88
D_2(公称)		13	15	17	22	28	32	38	45	52	60	68	75	85	95	115
h_2(公称)		2.5	3	3.5	4.5	5	7	8	9.5	10.5	11.5	12.5	13.5	14	14	14
每 1 000 个的质量/kg≈		40.5	77.9	131.7	233.7	385.2	705.3	1 205	1 998	3 070	4 947	7 155	10 382	17 758	25 892	40 273
轴向保证载荷/tf		3.2	5	8	12.5	20	32	50	80	125	160	200	320	400	500	800
最大起重量(平稳起吊)/t	单螺钉起吊(最大)	0.16	0.25	0.4	0.63	1	1.6	2.5	4	6.3	8	10	16	20	25	40
	双螺钉起吊(最小) 45°(最大)	0.08	0.125	0.2	0.32	0.5	0.8	1.25	2	3.2	4	5	8	10	12.5	20
技术条件		材料:20 或 25 钢				螺纹公差:8g		热处理:整体铸造,正火处理				表面处理:不处理;镀锌钝化;镀铬按 GB/T 5267 规定				

注:1. M8～M36 为商品规格。吊环螺钉应进行硬度试验,其硬度值为 67～95HRB。

2. 1tf=9.806 65×10^3N。

6.3.6 圆锥销（GB/T 117—2000）（表 6-28）

表 6-28 圆锥销（GB/T 117—2000）（mm）

A 型（磨削）：锥面表面粗糙度 Ra 0.8μm

B 型（切削或冷镦）：锥面表面粗糙度 Ra 3.2μm

端面 6.3

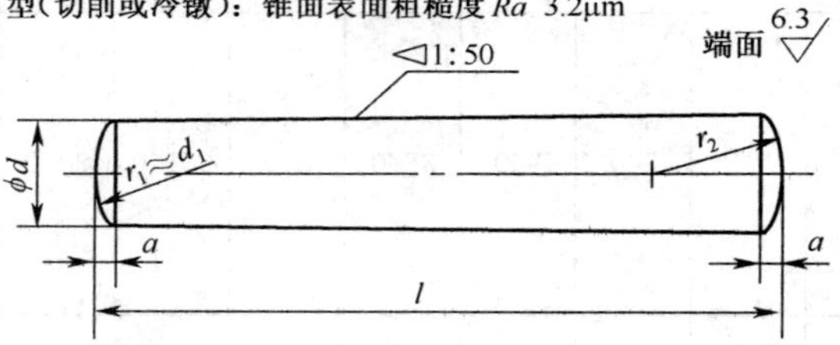

$$r_2=\frac{a}{2}+d+\frac{(0.02l)^2}{8a}$$

标记示例

公称直径 d=6mm、公称长度 l=30mm、材料为 35 钢、热处理硬度 28～38HRC、表面氧化处理 A 型圆锥销，标记为：销 GB/T 117 6×30

d(h10)	0.6	0.8	1	1.2	1.5	2	2.5	3	4	5	6	8	10	12	16	20	25	30	40	50
a≈	0.08	0.1	0.12	0.16	0.2	0.25	0.3	0.4	0.5	0.63	0.8	1	1.2	1.6	2	2.5	3	4	5	6.3
商品规格 l	4～8	5～12	6～16	6～20	8～24	10～35	10～35	12～45	14～55	18～60	22～90	22～120	26～160	32～180	40～200	45～200	50～200	55～200	60～200	65～200
1m 长的质量/kg≈	0.003	0.005	0.007	—	0.015	0.027	0.04	0.062	0.11	0.16	0.3	0.5	0.74	1.03	1.77	2.66	4.09	5.85	10.1	15.7
l 系列	4,5,6,8,10,12,14,16,18,20,22,24,26,28,30,32,35,40,45,50,55,60,65,70,75,80,85,90,95,100,120,140,160,180,200																			
技术条件 材料	易切钢 Y12，Y15；碳素钢 35，45；合金钢 30CrMnSiA；不锈钢 1Cr13，2Cr13，Cr17Ni2，0Cr18Ni9Ti																			
技术条件 表面处理	①钢：不经处理；氧化；磷化；镀锌钝化。②不锈钢：简单处理。③其他表面镀层或表面处理，由供需双方协议。④所有公差仅适用于涂、镀前的公差																			

注：1. d 的其他公差，如 a11，c11，f8 由供需双方协议。

2. 公称长度大于 200mm，按 20mm 递增。

6.3.7 圆柱销(表 6-29)

表 6-29 圆柱销

圆柱销 不淬硬钢和奥氏体不锈钢
(GB/T 119.1—2000)

圆柱销 淬硬钢和马氏体不锈钢
(GB/T 119.2—2000)

末端形状，由制造者确定

允许倒圆或凹穴

标记示例

公称直径 d=6mm、公差 m6、公称长度 l=30mm、材料为钢、不经淬火、不经表面处理的圆柱销，标记为：销 GB/T 119.1 6m6×30

公称直径 d=6mm、公差 m6、公称长度 l=30mm、材料为 A1 组奥氏体不锈钢、表面简单处理的圆柱销，标记为：销 GB/T 119.1 6m6×30—A1

公称直径 d=6mm、公差 m6、公称长度 l=30mm、材料为钢、普通淬火(A 型)、表面氧化处理的圆柱销，标记为：销 GB/T 119.2 6×30—A

公称直径 d=6mm、其公差为 m6、公称长度 l=30mm、材料为 C1 组马氏体不锈钢、表面简单处理的圆柱销，标记为：销 GB/T 119.2 6×30—C1

d(m6/h8)	0.6	0.8	1	1.2	1.5	2	2.5	3	4	5	6	8	10	12	16	20	25	30	40	50
c≈	0.12	0.16	0.2	0.25	0.3	0.35	0.4	0.5	0.63	0.8	1.2	1.6	2	2.5	3	3.5	4	5	6.3	8
商品规格 l	2～6	2～8	4～10	4～12	4～16	6～20	6～24	8～30	8～40	10～50	12～60	14～80	18～95	22～140	26～180	35～200	50～200	60～200	80～200	95～200
1m 长的质量/kg≈	0.002	0.004	0.006	—	0.014	0.024	0.037	0.054	0.097	0.147	0.221	0.395	0.611	0.887	1.57	2.42	3.83	5.52	9.64	15.2
l 系列	2,3,4,5,6,8,10,12,14,16,18,20,22,24,26,28,30,32,35,40,45,50,55,60,65,70,75,80,85,90,95,100,120,140,160,180,200																			
d(m6/h8)	0.6	0.8	1	1.2	1.5	2	2.5	3	4	5	6	8	10	12	16	20	25	30	40	50
技术条件 材料	GB/T 119.1 钢：奥氏体不锈钢 A1。GB/T 119.2 钢：A 型，普通淬火；B 型，表面淬火；马氏体不锈钢 C1																			
技术条件 表面粗糙度	GB/T 119.1 m6：Ra 0.8μm；h8：Ra 1.6μm。GB/T 119.2 Ra 0.8μm																			
技术条件 表面处理	①钢：不经处理；氧化；磷化；镀锌钝化。②不锈钢：简单处理。③其他表面镀层或表面处理，由供需双方协议；④所有公差仅适用于涂、镀前的公差																			

注：1. d 的其他公差由供需双方协议。

2. GB/T 119.2 中 d 的尺寸范围为 1～20mm。

3. 公称长度大于 200mm(GB/T 119.1)和大于 100mm(GB/T 119.2)，按 20mm 递增。

第二部分　钳工基础篇

7　钳工基本操作

7.1　钳工常用工具

7.1.1　扳手

7.1.1.1　活扳手(GB/T 4440—1998)

活扳手开口宽度可以调节,用于装拆一定尺寸范围的六角头或方头螺栓、螺母;其结构和技术参数见表 7-1。

表 7-1 活扳手的结构和技术参数(GB/T 4440—1998)　　　(mm)

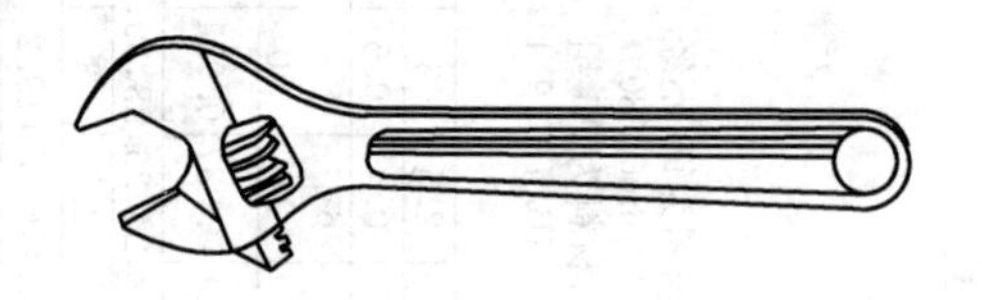

长度	100	150	200	250	300	375	450	600
最大开口宽度	12	18	24	30	36	46	55	65
试验扭矩/N·m	33	85	180	320	515	920	1 370	1 975

7.1.1.2　双头呆扳手(GB/T 4388—1995)

双头呆扳手用以紧固或拆卸六角头或方头螺栓(螺母);由于两端开口宽度不同,每把扳手可适用两种规格的六角头或方头螺栓。扳手规格指适用的螺栓的六角头或方头对边宽度,其结构和规格见表 7-2。

7.1.1.3　双头梅花扳手(GB/T 4388—1995)

双头梅花扳手承受扭矩大,使用安全;适用于地位较狭小,位于凹处不能容纳双头呆扳手的工作场合。其结构有 A 型(矮颈)、G 型(高颈)、Z 型(直颈)及 W 型

15°(弯颈)4 种。扳手规格以六角头头部对边距离来表示,其结构及规格见表 7-3。

表 7-2 双头呆扳手的结构和规格(GB/T 4388—1995) (mm)

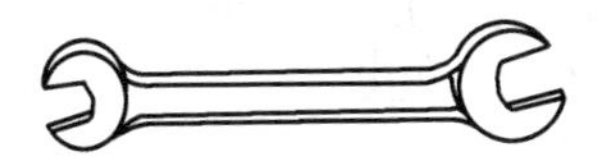

3.2×4	4×5	5×5.5	5.5×7	6×7	7×8
8×9	8×10	9×11	10×11	10×12	10×13
11×13	12×13	12×14	13×14	13×15	13×16
13×17	14×15	14×16	14×17	15×16	15×18
16×17	16×18	17×19	18×19	18×21	19×22
20×22	21×22	21×23	21×24	22×24	24×27
24×30	25×28	27×30	27×32	30×32	30×34
32×34	32×36	34×36	36×41	41×46	46×50
50×55	55×60	60×65	65×70	70×75	75×80

表 7-3 梅花扳手的结构和规格(GB/T 4388—1995) (mm)

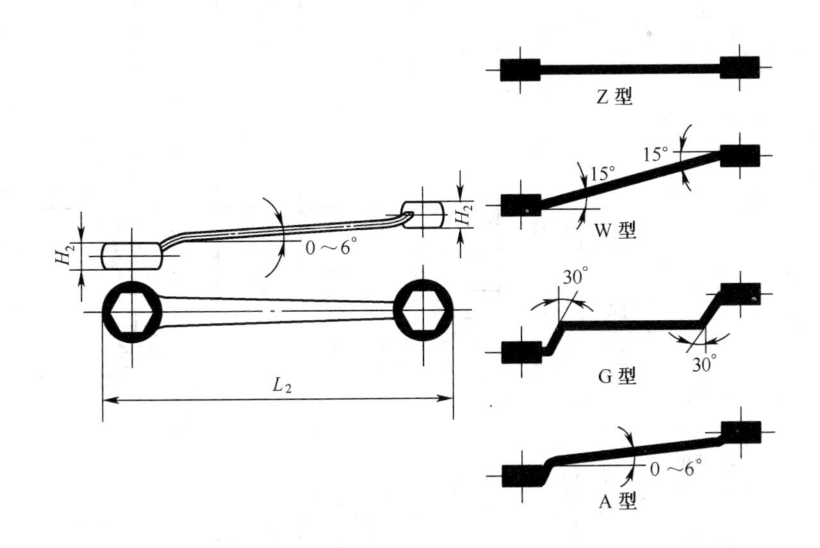

续表 7-3

<table>
<tr><th rowspan="2">规格
$S_1 \times S_2$</th><th colspan="2">直颈、弯颈</th><th colspan="2">矮颈、高颈</th><th rowspan="2">规格
$S_1 \times S_2$</th><th colspan="2">直颈、弯颈</th><th colspan="2">矮颈、高颈</th></tr>
<tr><th>头部厚度 H_2（最大）</th><th>全长 L_2（最小）</th><th>头部厚度 H_2（最大）</th><th>全长 L_2（最小）</th><th>头部厚度 H_2（最大）</th><th>全长 L_2（最小）</th><th>头部厚度 H_2（最大）</th><th>全长 L_2（最小）</th></tr>
<tr><td>6×7</td><td>6.5</td><td>73</td><td>7</td><td>(134)</td><td>18×19</td><td>11.5</td><td rowspan="2">174</td><td rowspan="2">14</td><td rowspan="2">242</td></tr>
<tr><td>7×8</td><td>7</td><td>81</td><td>7.5</td><td>134</td><td>18×21</td><td>12.5</td></tr>
<tr><td>8×9</td><td>7.5</td><td rowspan="2">89</td><td>8.5</td><td rowspan="2">152</td><td>19×22</td><td rowspan="4">13</td><td>182</td><td rowspan="4">15</td><td>251</td></tr>
<tr><td>8×10</td><td>8</td><td>9</td><td>20×22</td><td>190</td><td>260</td></tr>
<tr><td>9×11</td><td rowspan="2">8.5</td><td>97</td><td rowspan="2">9.5</td><td rowspan="2">161</td><td>21×22</td><td rowspan="3">198</td><td rowspan="3">269</td></tr>
<tr><td>10×11</td><td rowspan="3">105</td><td>21×23</td></tr>
<tr><td>10×12</td><td>9</td><td>10</td><td>(170)</td><td>21×24</td><td rowspan="2">13.5</td><td rowspan="2">16</td></tr>
<tr><td>10×13</td><td rowspan="5">9.5</td><td rowspan="5">11</td><td rowspan="2">179</td><td>22×24</td><td>206</td><td>278</td></tr>
<tr><td>11×13</td><td>113</td><td>24×27</td><td>14.5</td><td rowspan="2">222</td><td>17</td><td rowspan="2">296</td></tr>
<tr><td>12×13</td><td rowspan="2">121</td><td rowspan="3">188</td><td>24×30</td><td>15.5</td><td>18</td></tr>
<tr><td>12×14</td><td>25×28</td><td>15</td><td>230</td><td>17.5</td><td>305</td></tr>
<tr><td>13×14</td><td rowspan="4">129</td><td>27×30</td><td>15.5</td><td rowspan="2">246</td><td>18</td><td rowspan="2">323</td></tr>
<tr><td>13×15</td><td>10</td><td rowspan="2">12</td><td rowspan="3">197</td><td>27×32</td><td rowspan="2">16</td><td rowspan="2">19</td></tr>
<tr><td>13×16</td><td>10.5</td><td>30×32</td><td rowspan="2">275</td><td rowspan="2">330</td></tr>
<tr><td>13×17</td><td>11</td><td>13</td><td>30×34</td><td rowspan="2">16.5</td><td rowspan="2">20</td></tr>
<tr><td>14×15</td><td>10</td><td rowspan="3">137</td><td rowspan="2">12</td><td rowspan="3">206</td><td>32×34</td><td rowspan="2">291</td><td rowspan="2">348</td></tr>
<tr><td>14×16</td><td>10.5</td><td>32×36</td><td>17</td><td rowspan="2">21</td></tr>
<tr><td>14×17</td><td>11</td><td>13</td><td>34×36</td><td>17</td><td>307</td><td>360</td></tr>
<tr><td>15×16</td><td>10.5</td><td rowspan="2">145</td><td>12</td><td rowspan="2">215</td><td>36×41</td><td>18.5</td><td>323</td><td>22</td><td>384</td></tr>
<tr><td>15×18</td><td>11.5</td><td rowspan="3">13</td><td>41×46</td><td>20</td><td>363</td><td>24</td><td>429</td></tr>
<tr><td>16×17</td><td>11</td><td rowspan="2">153</td><td rowspan="2">224</td><td>46×50</td><td>21</td><td>403</td><td>25</td><td>474</td></tr>
<tr><td>16×18</td><td>11.5</td><td>50×55</td><td>22</td><td>435</td><td>27</td><td>510</td></tr>
<tr><td>17×19</td><td>11.5</td><td>166</td><td>14</td><td>233</td><td>55×60</td><td>23.5</td><td>475</td><td>28.5</td><td>555</td></tr>
<tr><td rowspan="5">成套双头梅花扳手规格系列</td><td>6 件组</td><td colspan="8">5.5×8,10×12,12×14,14×17,17×19(或 19×22),22×24</td></tr>
<tr><td>8 件组</td><td colspan="8">5.5×7,8×10(或 9×11),10×12,12×14,14×17,17×19(或 19×22),22×24,24×27</td></tr>
<tr><td>10 件组</td><td colspan="8">5.5×7,8×10(或 9×11),10×12,12×14,14×17,17×19,19×22,22×24(或 24×27),27×30,30×32</td></tr>
<tr><td>新 5 件</td><td colspan="8">5.5×7,8×10,13×16,18×21,24×27</td></tr>
<tr><td>新 6 件</td><td colspan="8">5.5×7,8×10,13×16,18×21,24×27,30×24</td></tr>
</table>

注：矮颈、高颈的全长中，括号内的数值是在一般情况下不选用的规格。

7.1.1.4　套筒扳手(GB/T 3390—1989)

套筒扳手分手动和机动(电动或气动)两种,手动套筒扳手应用较广。套筒扳手由各种规格的套筒、传动附件和连接件组成,除具有一般扳手紧固或拆卸六角头螺栓和螺母的功能外,特别适用于工作空间狭小或深凹的场合。套筒扳手的结构和规格见表 7-4。

表 7-4　套筒扳手的结构和规格(GB/T 3390—1989)　　(mm)

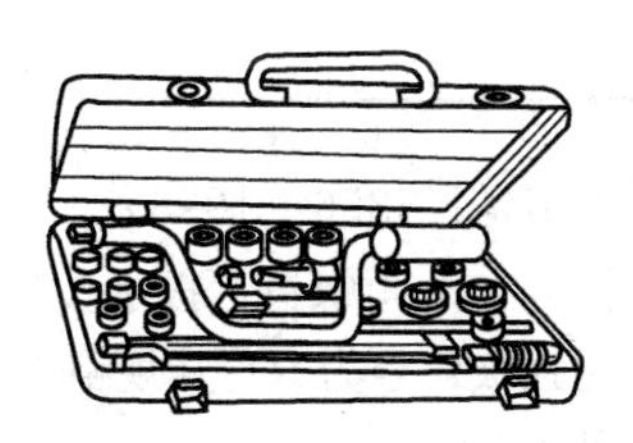

传动方孔(棒)尺寸	每盒件数	每盒具体规格	
		套筒	附件
小型套筒扳手			
6.3×10	20	4,4.5,5,5.5,6,7,8(以上 6.3 方孔),10,11,12,13,14,17,19 和 20(13/16in)火花塞套筒(以上 10 方孔)	200 棘轮扳手,75 旋柄,75,100 接杆(以上 10 方孔、方榫),10×6.3 接头
10	10	10,11,12,13,14,17,19 和 20(13/16in)火花塞套筒	200 棘轮扳手,75 接杆
普通套筒扳手			
12.5	9	10,11,12,14,17,19,22,24	225 弯柄
12.5	13	10,11,12,14,17,19,22,24,27	250 棘轮扳手,直接头,250 转向手柄,257 通用手柄
12.5	17	10,11,12,14,17,19,22,24,27,30,32	250 棘轮扳手,直接头,250 滑行头手柄,420 快速摇柄,125,250 接杆
12.5	24	10,11,12,13,14,15,16,17,18,19,20,21,22,23,24,27,30,32	250 棘轮扳手,250 滑行头手柄,420 快速摇柄,125,250 接杆,75 万向接头
12.5	28	10,11,12,13,14,15,16,17,18,19,20,21,22,23,24,26,27,28,30,32	250 棘轮扳手,直接头,250 滑行头手柄,420 快速摇柄,125,250 接杆,75 万向接头,52 旋具接头
12.5	32	8,9,10,11,12,13,14,15,16,17,18,19,20,21,22,23,24,26,27,28,30,32 和 20(13/16in)火花塞套筒	250 棘轮扳手,250 滑行头手柄,420 快速摇柄,125,250 接杆,75 万向接头,52 旋具接头,230,300 弯柄

续表 7-4

重型套筒扳手			
20×25	26	21,22,23,24,26,27,28,29,30,31,32,34,36,38,41,46,50(以上 20 方孔),55,60,65(以上 25 方孔)	125 棘轮扳手,525 滑行头手柄,200 接杆(以上 20 方孔,方榫),83 大滑行头(20×25 方榫),万向接头
25	21	30,31,32,34,36,38,41,46,50,55,60,65,70,75,80	125 棘轮扳手,525 滑行头手柄,220 接杆,135 万向接头,525 加力杆,滑行头

7.1.1.5 内六角扳手(GB/T 5356—1998)

内六角扳手用于紧固或拆卸内六角螺钉。扳手按扳拧不同性能等级的内六角螺钉,分为普通级和增强级(增强级代号为 R);其规格以六角对边距离(s)表示。内六角扳手的结构和技术参数见表 7-5。

表 7-5 内六角扳手的形状和技术参数(GB/T 5356—1998)

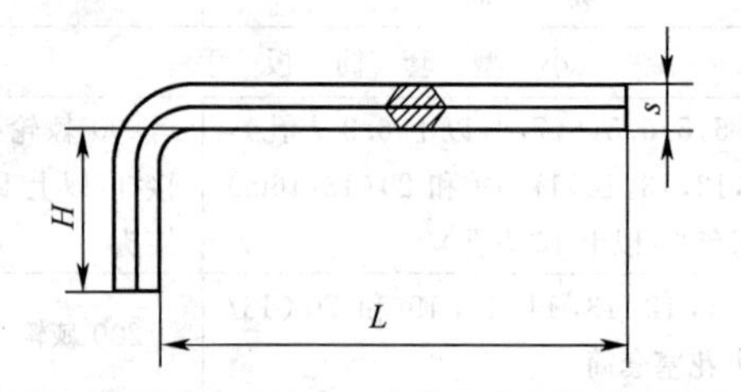

规格 s	长脚长度 L	短脚长度 H	试验扭矩		规格 s	长脚长度 L	短脚长度 H	试验扭矩	
			普通级	增强级				普通级	增强级
/mm			/N·m		/mm			/N·m	
2.5	56	18	3.0	3.8	14	140	56	480	590
3	63	20	5.2	6.6	17	160	63	830	980
4	70	25	12.0	16.0	19	180	70	1 140	1 360
5	80	28	24.0	30.0	22	200	80	1 750	2 110
6	90	32	41.0	52.0	24	224	90	2 200	2 750
8	100	36	95.0	120	27	250	100	3 000	3 910
10	112	40	180	220	32	315	125	4 850	6 510
12	125	45	305	370	36	355	140	6 700	9 260

7.1.2 虎钳

7.1.2.1 普通台虎钳(QB/T 1558.2—1992)

普通台虎钳装置在工作台上,用来夹紧加工工件;转盘式的钳体可以旋转,使工件旋转到合适的工作位置。固定式、转盘式台虎钳的结构和技术参数见表 7-6。

表 7-6 普通台虎钳的结构和技术参数(QB/T 1558.2—1992) (mm)

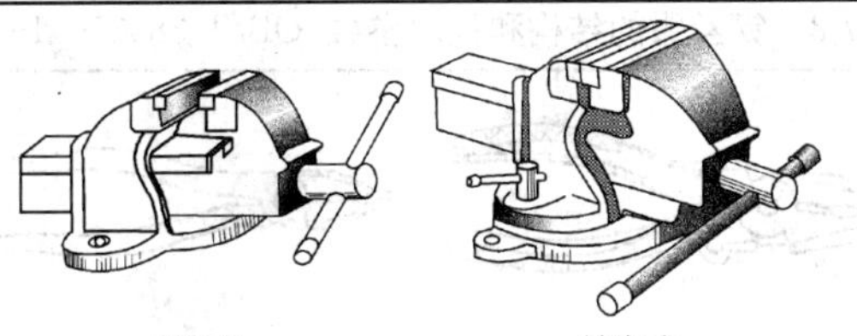

固定式 转盘式

规格		75	90	100	115	125	150	200
钳口宽度		75	90	100	115	125	150	200
开口度		75	90	100	115	125	150	200
外形尺寸	长度	300	340	370	400	430	510	610
	宽度	200	220	230	260	280	330	390
	高度	160	180	200	220	230	260	310
夹紧力/kN	轻级	7.5	9.0	10.0	11.0	12.0	15.0	20.0
	重级	15.0	18.0	20.0	22.0	25.0	30.0	40.0

7.1.2.2 多用台虎钳(QB/T 1558.3—1995)

多用台虎钳的钳口与普通台虎钳相同,只是平钳口下部设有一对带圆弧装置的管钳口及 V 型钳口,用来夹持小直径的钢管等圆柱形工件,使工件在加工时不转动;在其固定钳体上端铸有铁砧面,便于对小工件进行锤击加工。多用台虎钳的结构和技术参数见表 7-7。

表 7-7 多用台虎钳的结构和技术参数(QB/T 1558.3—1995) (mm)

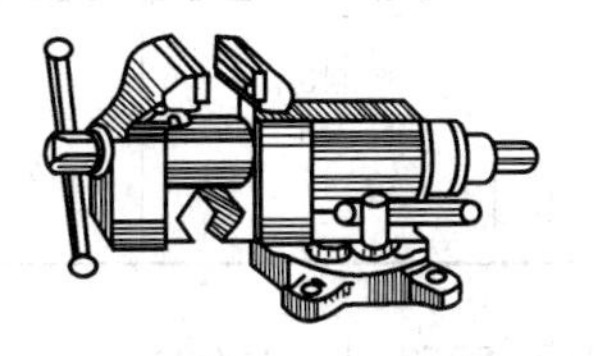

规格		75	100	120	125	150
钳口宽度		75	100	120	125	150
开口度		60	80	100		120
管钳口夹持范围		6~40	10~50	15~60		15~65
夹紧力/kN	轻级	9	12	16		18
	重级	15	20	25		30

7.1.3 手钳

7.1.3.1 钢丝钳(QB/T 38531—1999)

钢丝钳用于夹持或弯折薄片形、圆柱形金属零件及切断金属丝,其旁刃口也可用于切断细金属丝。钢丝钳的结构和技术参数见表 7-8。

表 7-8 钢丝钳的结构和技术参数(QB/T 38531—1999) (mm)

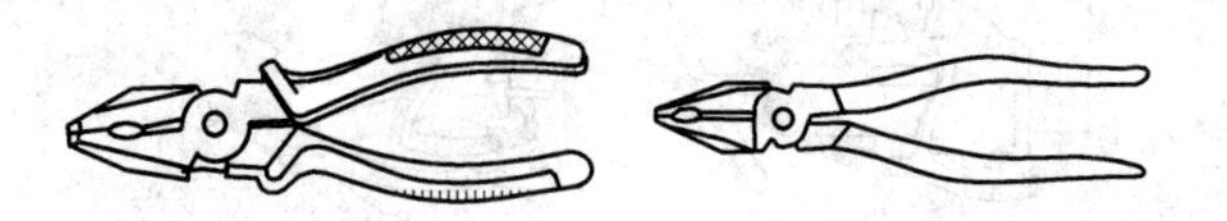

带塑料套钢丝钳　　不带塑料套钢丝钳

全　长		160	180	200
加载距离		80	90	100
可承载荷/N	甲级	1 200	1 260	1 400
	乙级	950	1 170	1 340
剪切力/N	甲级	630	630	630
	乙级	580	580	580

7.1.3.2 鲤鱼钳(QB/T 2349—1997)

鲤鱼钳用于夹持扁形或圆柱形金属零件,其特点是钳口的开口宽度有两挡调节位置,可以夹持较大的零件,刃口可用于切断金属丝。鲤鱼钳的结构和规格见表 7-9。

表 7-9 鲤鱼钳的结构和规格(QB/T 2349—1997) (mm)

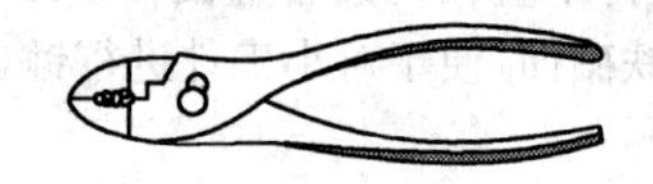

全　长	钳头宽度	钳柄宽度	钳口宽度	剪切钢丝直径
125	23	40	9	1.2
150	28	43	10	2
165	32	45	11	2
200	34	47	12	2.5
250	39	58	13	3

7.1.3.3 尖嘴钳(QB/T 3851.1—1999)

尖嘴钳用于在比较狭小的工作空间中夹持零件,带刃尖嘴钳还可用于切断金属丝。尖嘴钳的结构和技术参数见表 7-10 和表 7-11。

表 7-10 普通尖嘴钳的结构和技术参数(QB/T 3851.1—1999) (mm)

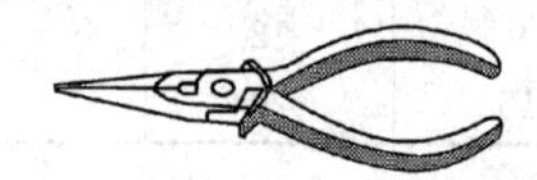

全　长		125	140	160	180	200
加载距离		56	63	71	80	90
可承载荷/N	甲级	560	630	710	800	900
	乙级	400	460	550	640	740

表 7-11 带刃尖嘴钳的结构和技术参数 (mm)

全长		125	140	160	180	200
加载距离		56	63	71	80	90
可承载荷/N	甲级	570	570	570	570	570
	乙级	620	620	620	620	620

7.1.3.4 大力钳

大力钳用来夹紧零件进行操作加工，其钳口可以锁紧，能产生很大的夹紧力，使被夹零件不会松脱；钳口有多挡调节位置，供夹紧不同厚度零件使用；还可作扳手使用。大力钳的结构和规格见表 7-12。

表 7-12 大力钳的结构和规格 (mm)

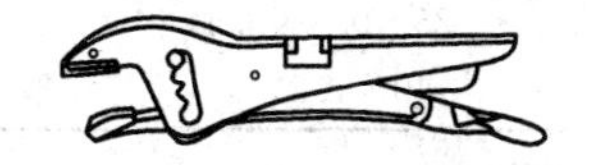

品种	直形钳口	圆形钳口	曲线形钳口	方形钳口	叉形钳口	平板形钳口
全长	130,180,230,255,290					

7.1.4 螺钉旋具

7.1.4.1 一字形螺钉旋具(QB/T 3863—1999)

一字形螺钉旋具用于紧固或拆卸一字槽螺钉。木柄和塑柄螺钉旋具分普通式和穿心式两种，穿心式能承受较大的扭矩，并可在尾部用手锤敲击。一字形螺钉旋具的结构和规格见表 7-13。

表 7-13 一字形螺钉旋具的结构和规格(QB/T 3863—1999) (mm)

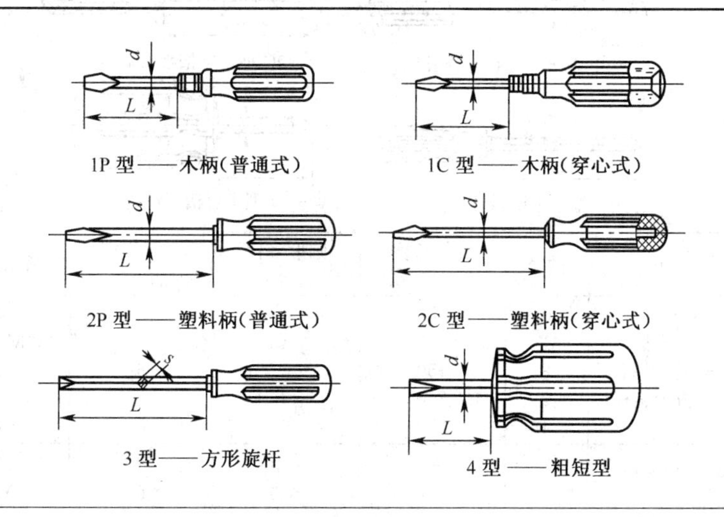

续表 7-13

类　型	规格 $L\times a\times b$（旋杆长度×厚×宽）	圆形旋杆直径 d	方形旋杆对边宽度 s
1型——木柄 2型——塑料柄 3型——方形旋杆	50×0.4×2.5	3	5
	75×0.6×4	4	5
	100×0.6×4	5	5
	125×0.8×5.5	6	6
	150×1×6.5	7	6
	200×1.2×8	8	7
	250×1.6×10	9	7
	300×2×13	9	8
	350×2.5×16	11	8
4型——粗短型	25×0.8×5.5	6	6
	40×1.2×8	8	7

7.1.4.2 十字形螺钉旋具（QB/T 3864—1999）

十字形螺钉旋具用于紧固或拆卸十字槽螺钉，其柄部结构同一字形螺钉旋具。十字形螺钉旋具的结构和技术参数见表 7-14。

表 7-14 十字形螺钉旋具的结构和技术参数 （mm）

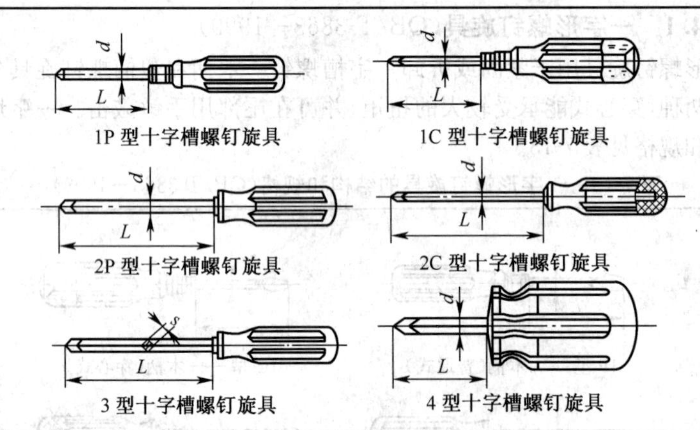

类　型	槽号	旋杆长度 L	圆形旋杆直径 d	方形旋杆对边宽度 s	适用螺钉规格
1型——木柄 2型——塑料柄 3型——方形旋杆	0	75	3	4	≤M2
	1	100	4	5	M2.5，M3
	2	150	6	6	M4，M5
	3	200	8	7	M6
	4	250	9	8	M8，M10
4型——粗短型	1	25	4.5	5	M2.5，M3
	2	40	6.0	6	M4，M5

7.1.5 其他常用工具

7.1.5.1 丝锥扳手

丝锥扳手用来装夹丝锥，用于手工攻制机件上的内螺纹，其结构和规格见表7-15。

表 7-15 丝锥扳手的结构和规格 (mm)

扳手长度	130	180	230	280	380	480	600	800
适用丝锥公称直径	2～4	3～6	3～10	6～14	8～18	12～24	16～27	16～33

7.1.5.2 圆板牙扳手(GB/T 9703—1994)

圆板牙扳手用来装夹圆板牙，用于手工加工机件上的外螺纹，其结构和技术参数见表 7-16。

表 7-16 圆板牙扳手的结构和技术参数(GB/T 9703—1994) (mm)

孔径	厚度	加工螺纹规格	孔径	厚度	加工螺纹规格	孔径	厚度	加工螺纹规格
16	5	M1～M2.5	38	10,14	M12～M15	75	18,20,30	M39～M42
20	5.7	M3～M6	45	10,14,18	M16～M20	90	18,22,36	M45～M52
25	9	M7～M9	55	12,16,22	M22～M25	105	22,36	M55～M60
30	8,10	M10～M11	65	14,18,25	M27～M36	120	22,36	M64～M68

7.1.5.3 钢号码

钢号码用于在金属产品上或其他坚硬物品上压印号码，其结构和规格见表 7-17。

表 7-17 钢号码的结构和规格

规　　格	每副 9 只，0～9，其中 6 和 9 共用
字身高度/mm	1.6,3.2,4.0,4.8,6.4,8.0,9.5,12.7

7.1.5.4 弓形夹(JB 3459—83)

弓形夹是钳工、钣金工在加工过程中使用的紧固器材，可将几个工件夹在一起进行加工，其结构和规格见表 7-18。

表 7-18 弓形夹的结构和规格(JB 3459—83) (mm)

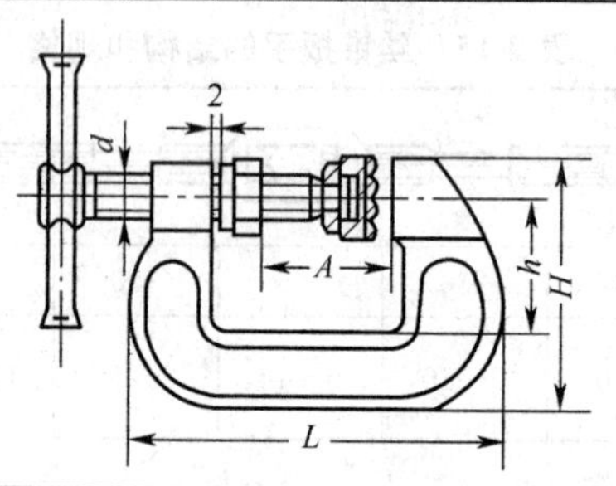

最大夹装厚度 A	L	h	H	d	b
32	130	50	95	M12	14
50	165	60	120	M16	18
80	215	70	140	M20	22
125	285	85	170		28
200	360	100	190	M24	32
320	505	120	215		36

7.1.5.5 顶拔器

顶拔器又称拉马。通常有两爪及三爪两种顶拔器，三爪主要用于拆卸圆形零件，两爪还可以拆卸非圆形零件；其结构和技术参数见表 7-19 。

表 7-19 顶拔器的结构和技术参数

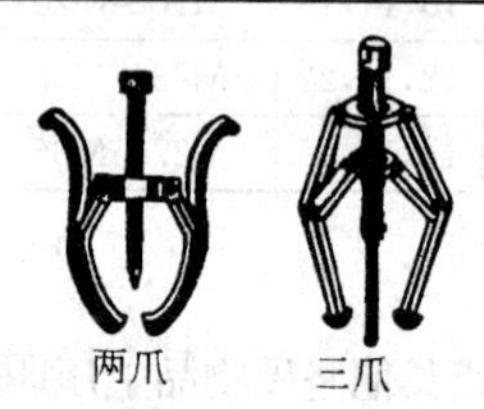

规格(最佳受力处直径)/mm	100	150	200	250	300	350
两爪顶拔器最大拉力/kN	10	18	28	40	54	72
三爪顶拔器最大拉力/kN	15	27	42	60	81	108

7.2 常用设备

7.2.1 钳台(工作台)

钳台是钳工工作用的专用案子，如图 7-1 所示为一人用工作台。工作台有一人用和多人用的，用来安装虎钳，放置工具和工件等。钳台以木制的为多，台面厚约60mm，表面可覆盖铁皮，离地面高度约为800～900mm，长宽可随工作需要而定。

钳台要保持清洁，各种工具、量具及工件放置有序，便于工作和保证安全。

图 7-1 钳工工作台

7.2.2 钻床

钻孔、扩孔、锪孔、铰孔等操作是钳工最常用的加工方法，这些工作一般都要在各种钻床上完成。常用的钻床有台钻、立钻、摇臂钻和手电钻等。作为模具钳工，一般操作以台钻为主。

7.2.2.1 机床类别代号

机床种类很多，如车床、刨床、铣床、钻床等。机床型号的第一个字母表示机床类别，它采用汉语拼音的第一个字母的大写表示，见表 7-20。

表 7-20 机床的类别和分类代号

类别	车床	钻床	镗床	磨床	齿轮加工机床	螺纹加工机床	铣床	刨、插床	拉床	特种加工机床	锯床	其他机床
代号	C	Z	T	M	Y	S	X	B	L	D	G	Q
读音	车	钻	镗	磨	牙	丝	铣	刨	拉	电	割	其

7.2.2.2 机床特性代号

为表示机床的某些特殊性能，采用汉语拼音的第一个字母的大写表示，按次序排列在机床类别代号的后面。如“CG”表示高精度车床。普通机床则没有特性代号。各种机床特性代号见表 7-21。

表 7-21 机床的特性代号

通用特性	高精度	精密	自动	半自动	数控	加工中心	仿型	轻型	加重型	简式
代号	G	M	Z	B	K	H	F	Q	Z	J
读音	高	密	自	半	控	换	仿	轻	重	简

7.2.2.3 机床的组、系（设计顺序号）及各参数

机床的组即组别，如车床为C、钻床为Z等；系为设计顺序号；主参数，钻床是以最大钻孔直径表示；第二主参数是以工作台面长度、最大钻孔深度或最大跨距等表示。钻床类别及各参数见表 7-22。

表 7-22　钻床类别及各参数

类别	组	系	机床名称	主参数折算系数	主参数	第二主参数
钻床Z	深孔钻床	21	深孔钻床	1/10	最大钻孔直径	最大钻孔深度
	摇臂钻床	30	摇臂钻床	1	最大钻孔直径	最大跨距
		31	万向摇臂钻床	1	最大钻孔直径	最大跨距
		32	车式摇臂钻床	1	最大钻孔直径	最大跨距
		33	滑座摇臂钻床	1	最大钻孔直径	最大跨距
	台式钻床	40	台式钻床	1	最大钻孔直径	
		41	工作台台式钻床	1	最大钻孔直径	
		43	转塔台式钻床	1	最大钻孔直径	
	立式钻床	50	圆柱立式钻床	1	最大钻孔直径	
		51	方柱立式钻床	1	最大钻孔直径	
		53	转塔立式钻床	1	最大钻孔直径	
	中心孔钻床	62	卧式钻床	1	最大钻孔直径	
		75	十字工作台立式铣钻床	1	最大钻孔直径	
		81	中心孔钻床	1/10	最大工件直径	最大工件长度
		82	平端面中心孔钻床	1/10	最大工件直径	最大工件长度
	坐标钻镗床	10	台式坐标钻镗床	1/10	工作台面宽度	工作台面长度
		13	立式坐标钻镗床	1/10	工作台面宽度	工作台面长度
		14	转塔坐标钻镗床	1/10	工作台面宽度	工作台面长度

7.2.2.4　台钻

台钻结构简单，操作方便，是钳工在工作中常用设备。

1. 台钻的结构

台钻的结构如图 7-2 所示。由底座 8、立柱 10、机头 3、主轴 5、进给手柄 6、电动机 12 等组成。主轴 5 装在机头 3 孔内，主轴下端的锁母供更换钻夹头时使用。钻孔时由进给手柄 6 手动进给。调整机头行程，首先要松开手柄 7，然后由立柱 10 的顶部升降机构，靠旋转摇把 1 进行升降。当调整到所需高度时，将手柄 7 旋紧锁住机头。松开螺钉 11，可使电动机前后移动，以便调节三角皮带的松紧。

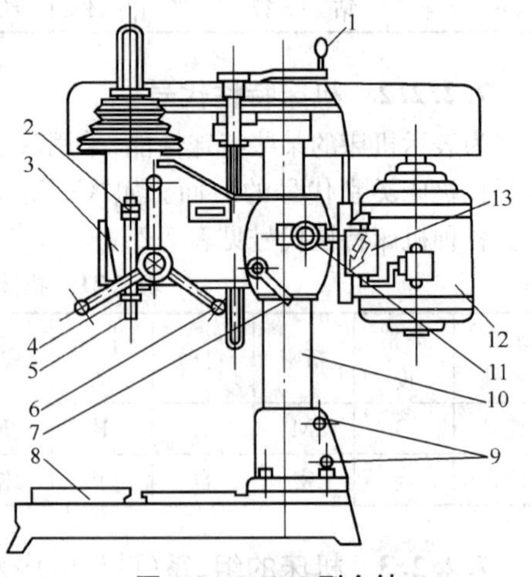

图 7-2　Z4012 型台钻

1. 摇把　2. 定位杆　3. 机头　4. 锁母　5. 主轴　6. 进给手柄　7. 手柄　8. 底座　9. 螺栓　10. 立柱　11. 螺钉　12. 电动机　13. 开关

2. Z4012型台钻技术参数(表7-23)

表7-23 Z4012型台钻技术参数 (mm)

最大钻孔直径	12	电动机功率/kW	0.6
主轴下端锥度	莫氏2号短型	主轴绕立桩回转角度/°	360
主轴最大行程	100		
主轴中线至立柱表面距离	193	主轴转速/r/min	分5级 480～4 100
主轴下端端面到底座面距离	20～240	机床外形尺寸(长×宽×高)	690×350×695

3. 操作注意事项

①台钻的转速较高,在钻孔时手要捏紧工件或用夹具把工件固定,以免工件甩掉伤人;

②改变钻床转速一定要停机,防止伤手伤人;

③钻孔时用力要均匀,不要用力太大,特别是快钻通时更要注意;

④工作完后,将机床及工作台面擦净,保持台钻的整洁。

7.2.2.5 摇臂钻床

摇臂钻床适用于大、中型工件的孔系加工,可以对在同一平面上有相互位置要求的多孔进行加工。其结构如图7-3所示。

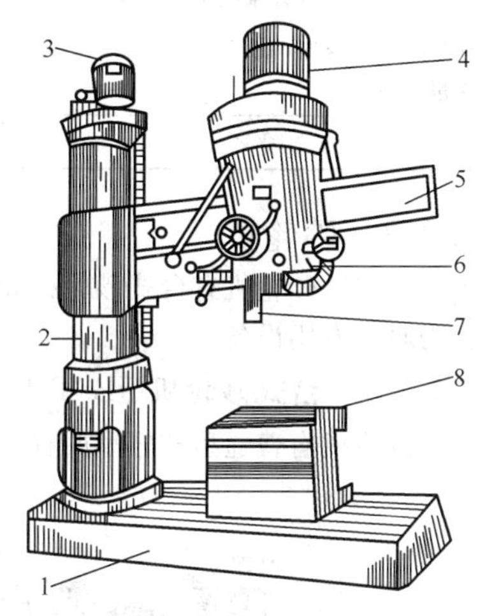

图7-3 Z3063型摇臂钻床

1. 底座 2. 立柱 3,4. 电动机 5. 摇臂 6. 主轴箱 7. 主轴 8. 工作台

Z3063型摇臂钻床的技术参数见表7-24。

表7-24 Z3063型摇臂钻床的技术参数 (mm)

最大钻孔直径	63
主轴锥孔	莫氏5号锥度
主轴最大行程	400
主轴中心线至立柱母线距离	450～2 050
主轴箱水平移动距离	1 600
主轴端面至底座工作面距离	400～1 600
摇臂升降距离	800
摇臂升降速度/m/min	1

续表 7-24

摇臂回转角度/°	360
主轴转速/r/min	分 16 级 20～1 600
主轴进给量	分 16 级 0.04～3.2
刻度盘每转钻孔深度	150.8
主轴最大转矩/N·m	1 000
主轴最大进给力/N	25 000
主电动机功率/kW	5.5
摇臂升降电动机功率/kW	2.2
主轴箱、立柱、摇臂夹紧电动机功率/kW	0.8
冷却泵电动机功率/kW 及流量/L/min	0.125 22
机床外形尺寸(长×宽×高)	3 090×1 250×3 185

7.2.3 砂轮机

工厂常用的砂轮机有台式砂轮机和落地式砂轮机两种，是修磨钻头、錾子、刮刀及各种刀具的专用设备。

7.2.3.1 台式砂轮机(JB/T 4143—1985，JB/T 6092—1992)

台式砂轮机有普通型和轻型两种，其结构如图 7-4 所示，技术参数见表 7-25 和表 7-26。

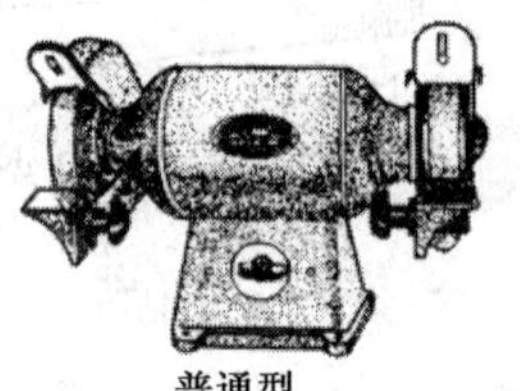
普通型

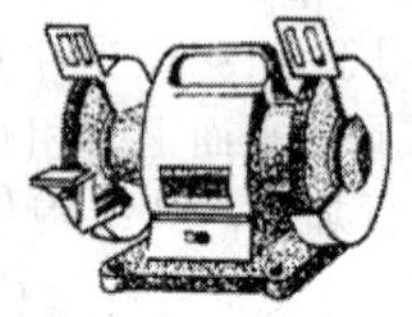
轻型

图 7-4 台式砂轮机

表 7-25 普通型砂轮机的技术参数(JB/T 4143—1985)

型号	砂轮外径/mm	输入功率/W	电压/V	转速/r/min	工作定额/%	质量/kg
MD3215	150	250	220	2 800		18
MD3220	200	500	220	2 800		35
M3215	150	250	380	2 800	60	18
M3220	200	500	380	2 850		35
M3225	250	750	380	2 850		40

表 7-26 轻型砂轮机的技术参数(JB/T 6092—1992)

型号	砂轮外径×厚度×孔径/mm	输入功率/W	电压/V	转速/r/min	砂轮安全线速度/m/s	质量/kg
MDQ3212S	125×16×13	150	220	2 850	35	10.5
MDQ3215S	150×16×13	150	220	2 850	35	11

7.2.3.2 落地式砂轮机(JB/T 3770—1984)

落地式砂轮机固定在地面上,用途与台式砂轮机相同,其结构如图 7-5 所示,技术参数见表 7-27。

图 7-5 落地式砂轮机

表 7-27 落地式砂轮机技术参数(JB/T 3770—1984)

型号	砂轮外径/mm	输入功率/W	电压/V	转速/r/min	工作定额/%	质量/kg
M3020	200	500	380	2 850	60	75
M3025	250	750	380	2 850		80
M3030	300	1 500	380	1 420		125
M3030A	300	1 500	380	2 900		125
M3035	350	1 750	380	1 440		135
M3040	400	2 200	380	1 430		140

7.3 划　　线

根据图样或实物的尺寸,准确地在工件表面上(毛坯表面或已加工表面)划出加工界限,这种操作叫划线。

划线的作用是使零件在加工时有明确的标志,还可以检查毛坯是否正确。有些不合格的毛坯通过划线借料的方法可以得到补救。

划线是一种复杂、细致而重要的工作,它直接关系到产品质量的好坏,是钳工必须掌握的基本技能之一。

7.3.1 划线的涂料

为了使工件上划出的线条清楚，划线前需在划线的部位涂上一层薄而均匀的涂料。涂料的种类很多，常用涂料见表7-28。

表7-28 划线常用涂料

名称	成份	用途
白灰水	用大白、桃胶或猪皮胶加水混合熬成	用于铸、锻件毛坯表面
紫色	用紫颜色(如青莲、普鲁士蓝)2%～4%加漆片(洋干漆)3%～5%和酒精93%混合而成	用于已加工表面
硫酸铜	用硫酸铜加水和少量的硫酸混合而成	用于划线后还应加工的已加工表面

7.3.2 划线的工具(表7-29)

表7-29 划线常用工具

名称	简图	说明
划针	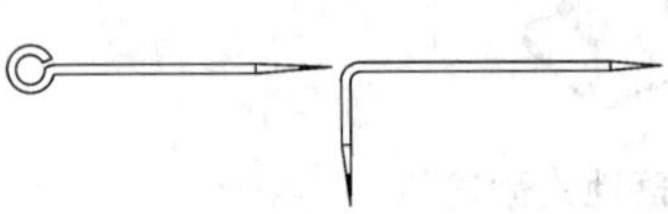	1. 钢丝制成，直径4～6mm，尖端磨锐淬火，角度为15～30°； 2. 用钝了的划针，必须磨锐，否则划出的线过宽不精确
划规	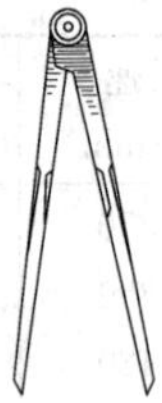	1. 可把钢尺上的尺寸移到工件上，等分线段、角度、划圆周或曲线，测量两点间距离等； 2. 划规用工具钢制成，尖端磨锐和淬火； 3. 两脚要等长，开合松紧要适当；脚尖要锐利，保证划出线条清楚
划线平板	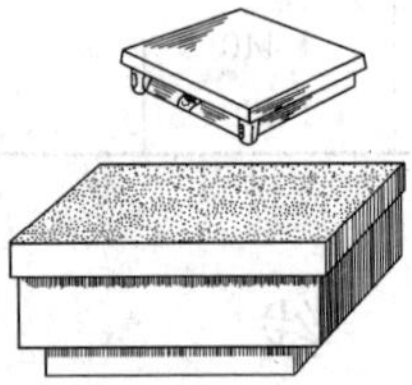	1. 铸铁制成，是划线工作的基准面； 2. 要保证平板的精确性，严禁敲打； 3. 用完后涂上机油，盖上木盖以防生锈
划针盘	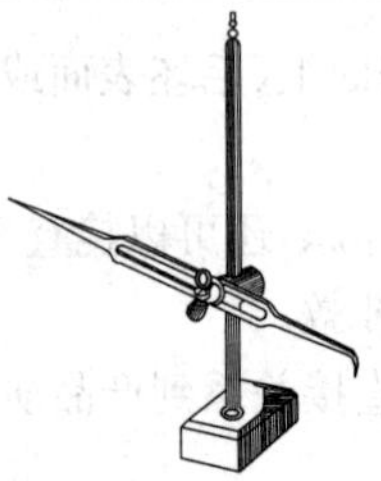	1. 在工件上划与基准面(平面)平行的直线和平行线； 2. 划针一端是针尖状，供划线用；另一端有弯钩，用来检查平面是否平整等； 3. 划针用工具钢制成，磨锐淬火

续表 7-29

名　称	简　图	说　明
V形铁		1. 通常是两个V形铁一起使用； 2. 在水平位置上安放圆柱形工件； 3. 将工件垫高，划出中线，找出中心等
磁性靠铁	直角靠铁 工件	1. 用磁性固定已加工表面； 2. 与游标高度尺配合使用能划较高精度的平行线、垂直线、找中心等； 3. V形槽可放置圆柱形工件
方箱		1. 夹持工件，能方便地翻转工件的位置而划出垂直线； 2. V形槽可放置圆柱形工件
千斤顶		1. 通常三个为一组； 2. 用于垫平和调整不规则的工件； 3. 和V形铁配合使用，可便于定位和调整
分度头		在分度头主轴上装上三爪卡盘，将工件夹持住，可进行分度和划线
样冲	60°	1. 为避免划出的线条被擦掉，划线后要用样冲在线条上打出适当的冲眼作标记； 2. 用划规划圆和定钻孔中心时，也需要先打冲眼； 3. 样冲的头部磨尖淬火

7.3.3 划线基准的选择

基准是根据的意思，划线就是从基准开始。确定工件几何形状、位置的点、线或面叫做划线基准。划线前要对图样进行认真、细致的分析，选择正确的基准。划线基准的选择原则见表7-30。

表 7-30　划线基准的选择原则

原　则	说　明
根据图样尺寸标注	在零件图上，总有一个或几个基准来标注起始尺寸。划线时，可在工件上选定与图样所表明的相应点、线或面作为基准
根据毛坯形状	1. 毛坯上有孔、凸起部或毂面时，应以孔、凸起部或毂面中心为基准； 2. 凡圆柱形工件，通常以中心为基准
根据工件加工情况	1. 毛坯上只有一个表面是已加工面，就以这个表面为基准； 2. 毛坯没有加工表面，就以较平整的大平面作为基准

7.3.4　划线的方法

7.3.4.1　划线的步骤(表 7-31)

表 7-31　划线的步骤

步　骤	说　明
分析	详细消化图样或实物，选定划线基准并考虑下道工序的要求，确定加工余量和需要划出的线
划线前检查	检查毛坯是否合格，确定是否需要借料。不合格毛坯不能使用，借料后要有加工余量
上涂料	对需要划线的地方涂上涂料
划线	1. 工件要夹持稳固； 2. 划线时，先划水平线，再划垂直线、斜线，最后划圆、圆弧和曲线等
检查	对照图样或实物，检查划线的正确性以及是否有遗漏的线
打样冲眼	检查无误，在划好的线上打出样冲眼。打样冲眼用力要均匀，不要过大

7.3.4.2　平面划线

是在工件的同一表面划线，平面划线的方法见表 7-32。

表 7-32　平面划线的方法

名称	图　示	说　明
平行线	C D E F R H R A B	在已划直线上，取 A，B 两点，以 A，B 为圆心、用同样的半径 R 划出两圆弧 CD 和 EF，再作 CD 和 EF 切线，即得平行线
垂直线	C A B D (a)　C A O B (b)	图(a)的划法：先划一直线 AB，以直线两端点 A 和 B 为圆心，用任意长为半径(大于 AB 线长的一半)，分别划弧，得交点 C 和 D。连接 C，D 两点，就是 AB 的垂直平分线 图(b)的划法：以直线上已知点 O 为圆心，用任意长为半径，划出弧交直线上得 A，B 两点，再以 A，B 为圆心，用任意长(大于 OA 长度)为半径划弧，得交点 C，连接 OC 则为垂直线

续表 7-32

名称	图示	说明
求弧的圆心	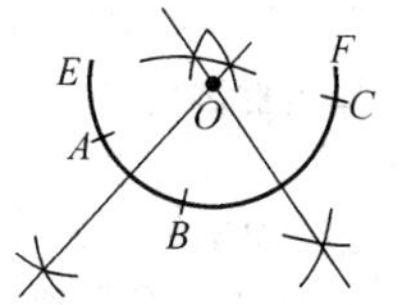	在弧 EF 上任取 A，B，C 三点，分别作 AB 和 BC 垂直平分线，交于 O 点，O 点为弧的圆心
正六边形	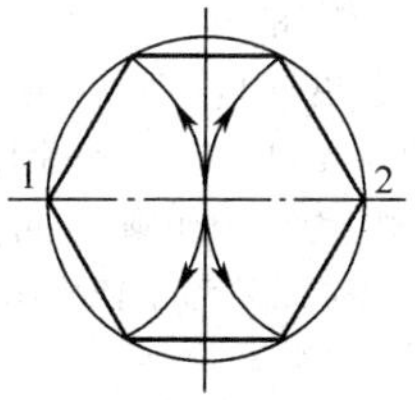	作相互垂直的两中心线，并以正六边形对角线的长度为直径，画出它的外接圆，然后以 1，2 两点为圆心，以外接圆的半径作圆弧，此圆弧与外接圆的交点，即为正六边形的各顶点
正 n 边形	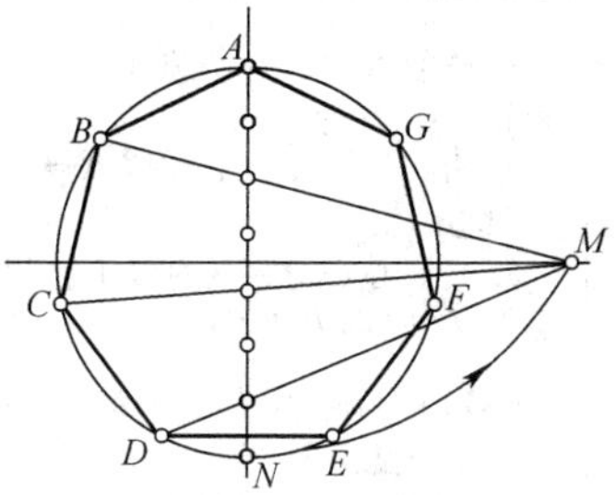	1. 将正 n 边形的外接圆直径 AN 作 n 等分（图中为七等分）； 2. 以 A 为圆心，AN 为半径画弧交中心线于 M 点； 3. 过 M 点与 AN 上的偶数点（2，4，6 等）连直线并延长交左半圆周于 B，C，D 点等； 4. 以 AN 为对称轴，在右半圆周上取其对应点 G，F，E 等 5. 用直线将 A，B，C，D 等点连接起来即得正 n 边形
斜度	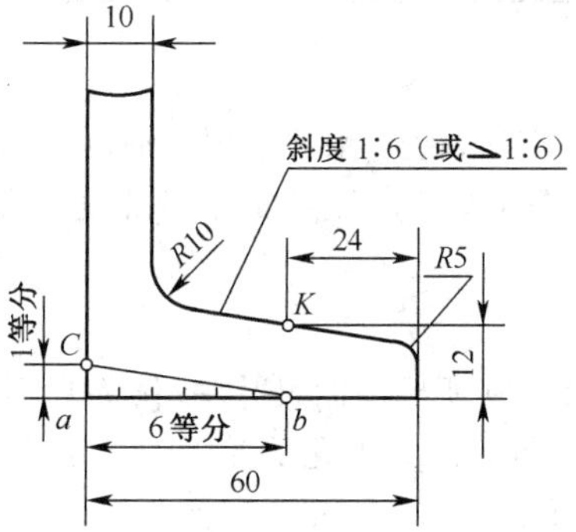	自 a 点在水平线上取 6 个等份，得 b 点；再从 a 点在垂直线上取 1 个等份，得 c 点；连接 bc，bc 即是斜度为 1∶6 的直线；过 K 点作 bc 的平行线，即得所求的斜边
锥度	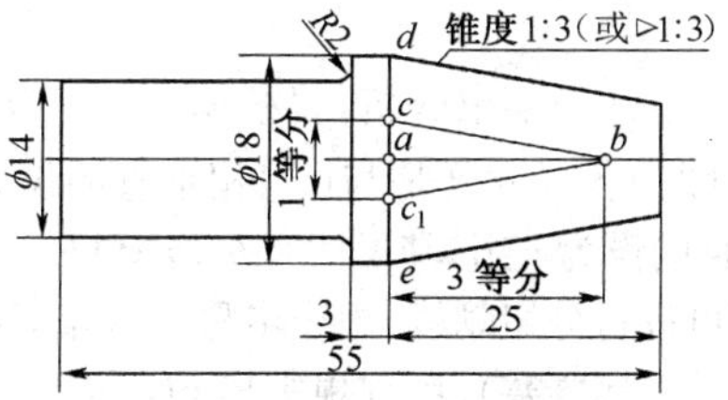	自 a 点沿轴线向右取 3 个等份，得 b 点；再从 a 点沿垂直线向上和向下分别取 1/2 等份，得 c 和 c_1（cc_1=1 等份）；连接 bc 和 bc_1 即得锥度为 1∶3 的圆锥；自 d 和 e 分别作 bc 和 bc_1 的平行线，即得锥度为 1∶3 的圆台

续表 7-32

名称	图　示	说　明
平面曲线（椭圆）	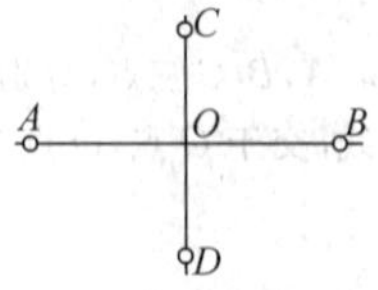 (a)作出椭圆长、短轴 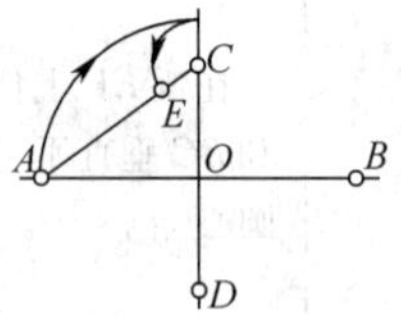　(b)取 $CE=OA-OC$ 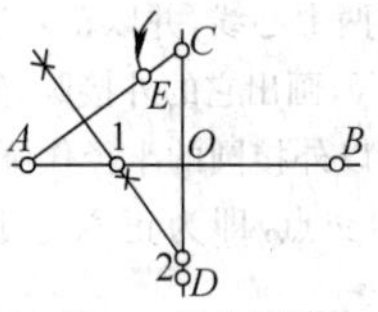　(c)作 AE 的中垂线得 1,2 两点 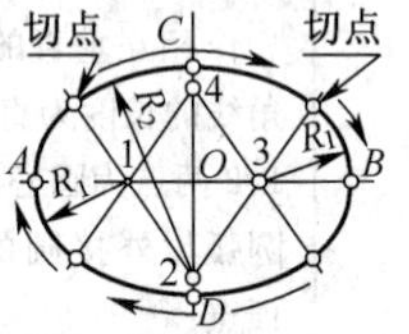　(d)完成椭圆	1. 作出椭圆的长轴 AB 和短轴 CD[图(a)]； 2. 连接 AC，并取 $CE=OA-OC$[图(b)]； 3. 作 AE 的中垂线，使与长、短轴分别交于 1,2 两点[图(c)]； 4. 作出与 1,2 两点对称的 3,4 点，并连接 12,23,34 和 41；然后分别以 1,3 为圆心，1A（或 3B）为半径作圆弧；再分别以 2,4 为圆心，2C（或 4D）为半径作圆弧，即得椭圆[图(d)]
圆弧连接	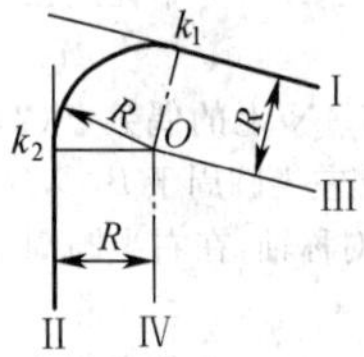 (a) 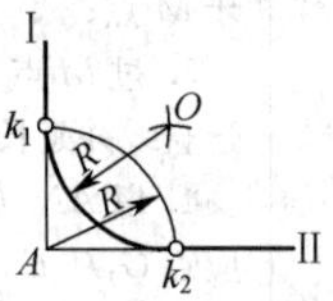　(b)	1. 作直线Ⅲ和Ⅳ分别平行于已知直线Ⅰ和Ⅱ，距离均为 R； 2. 直线Ⅲ与Ⅳ的交点 O，即为所求连接弧的圆心； 3. 自圆心 O 分别向直线Ⅰ和Ⅱ作垂线，垂足 k_1 和 k_2 即为切点； 4. 以 O 为圆心，R 为半径画弧 $\overset{\frown}{k_1k_2}$，即为所求连接弧。 图(b)为另一种圆弧连接的划线方法

7.3.4.3　空间划线(立体划线)

在工件不同表面划线称为空间划线。空间划线一般要在划线平板上，借助于 V 形铁、千斤顶、方箱等辅助件的支撑，将工件某基准定位并固定，然后进行划线。现以车床尾座的划线为例介绍。

1. 图样分析

如图 7-6 所示为车床尾座毛坯和图样。在所标注的尺寸中，仅 ϕD_0 不加工，不用划线，其他尺寸都须经划线后加工才能得到。其中孔 ϕD_1 及其端面需镗加工，ϕD_2 和 ϕD_3 需钳工钻孔，槽和底面需刨加工。

2. 基准选择

选择毛坯 ϕD_0 的中心为划线基准。按零件图要求分析，要根据三个相互垂直的基准Ⅰ—Ⅰ,Ⅱ—Ⅱ,Ⅲ—Ⅲ将尺寸分为三组。图中各尺寸凡是与Ⅰ—Ⅰ相垂直的设为 a 组，其尺寸有 a_1,a_2,a_3,a_4 和 a_5；与Ⅱ—Ⅱ相垂直的设为 b 组，其尺寸有 b_1,b_2 和 b_3；与Ⅲ—Ⅲ相垂直的设为 c 组，其尺寸有 c_1。这样即可进行分组划线，划线步骤说明如下：

(1)划 b 组尺寸　在孔内塞入木块(两头都要塞)，用划规求出 ϕD_0 中心；然后把

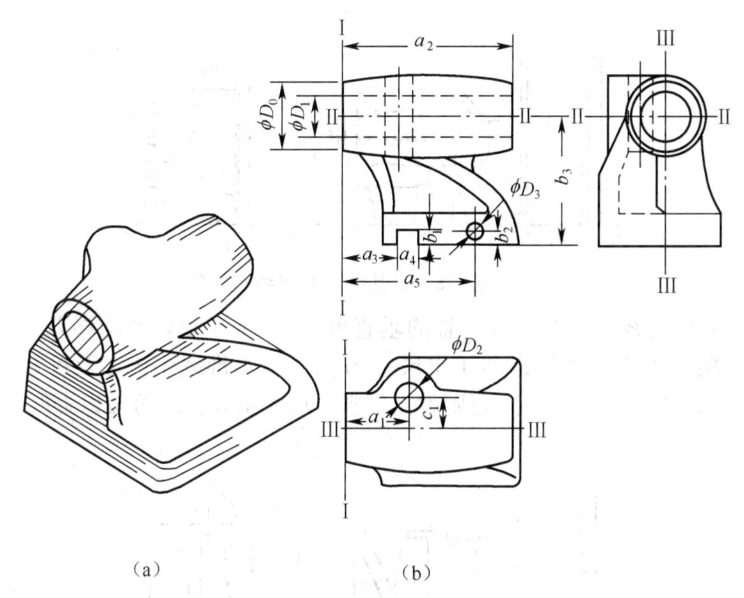

图 7-6 尾座毛坯和图样

(a)尾座毛坯轴测图 (b)尾座零件图

尾座毛坯用三个千斤顶支承在划线平板上，用划针盘找出已求出的两中心，调节千斤顶的高度，使两中心离平板的高度相等，都是 H_{II}，如图 7-7 所示，就可划出Ⅱ－Ⅱ线，此线就是 b 组尺寸的划线基准。为了划出 b_3，可将划针在高度尺上下降到 $H_{\mathrm{II}}-b_3$ 的位置；同样划 b_2 时可将划针调整到 $H_{\mathrm{II}}-b_3+b_2$ 的位置；划 b_1 时可将划针调整到 $H_{\mathrm{II}}-b_3+b_1$ 的位置。

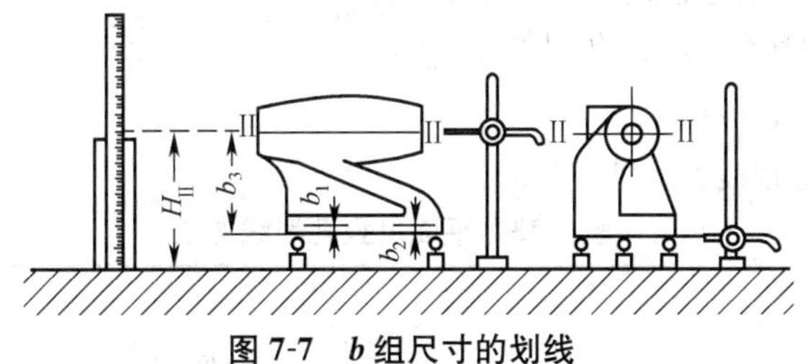

图 7-7 b 组尺寸的划线

一般情况下基准线都要在四个面上划出，其他尺寸线根据需要，确定在几个面上划出。

(2)划 c 组尺寸　如图 7-8 所示，将尾座毛坯翻转 90°，用三个千斤顶支稳，并用划针盘检查 ϕD_0 的两端头中心是否在同一高度 H_{III} 上；同时要用直角尺检查尺寸线 b_3 是否与平板垂直；调节千斤顶来消除误差。调节好后划出中心线Ⅲ－Ⅲ，它就是 c 组尺寸的划线基准。为了划尺寸 c_1 可将划针在高度尺上升到 $H_{\mathrm{III}}+c_1$ 的位置。

(3)划 a 组尺寸　如图 7-9 所示，把尾座毛坯再翻转 90°，用千斤顶支稳，并用

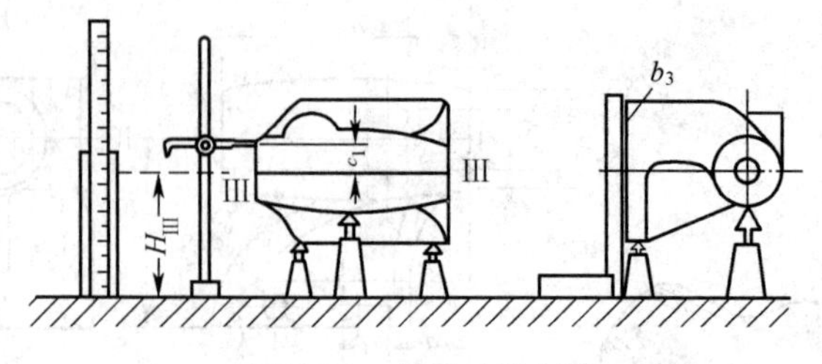

图 7-8　*c* 组尺寸的划线

直角尺检查中心线Ⅱ－Ⅱ及Ⅲ－Ⅲ的垂直度，调整千斤顶以消除误差；然后用划针盘找出尾座两端面的高度，以求出尺寸 H_{I}，划出基准线Ⅰ－Ⅰ及尺寸 a_2；这时还要检查 a_1 的中心是否合适，否则就需借料。尺寸 a_3，a_4，a_5 可按以上所讲的方法划出。

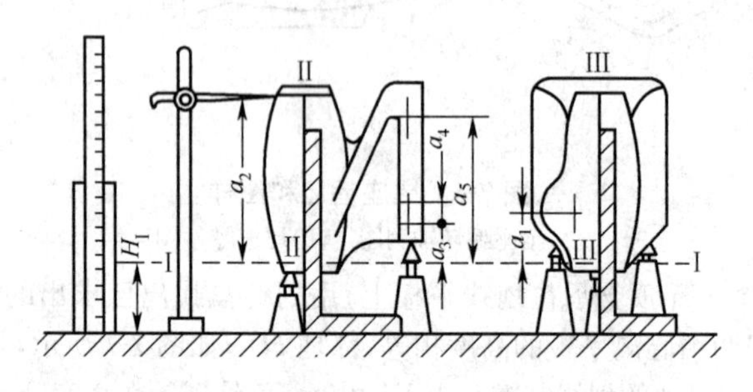

图 7-9　a 组尺寸的划线

(4)划圆　用划规划出 ϕD_1，ϕD_2 和 ϕD_3。

(5)检查　划线是否正确，并打样冲眼。

7.3.5　模具零件的划线方法

1. 平面划线

平面单型孔划线方法见表 7-33。

表 7-33　平面单型孔划线方法　(mm)

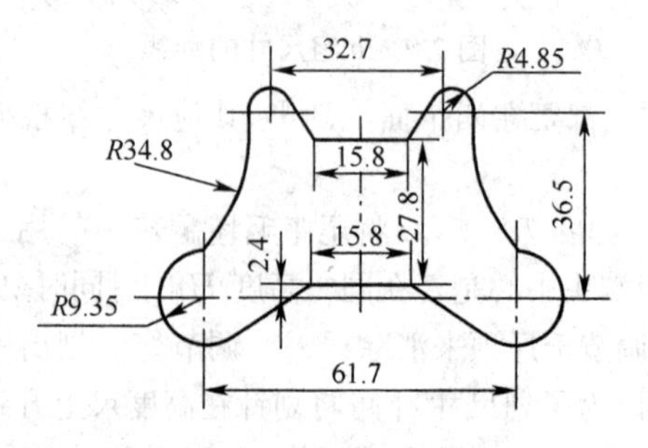

续表 7-33

顺序	图形	划线说明
坯料准备	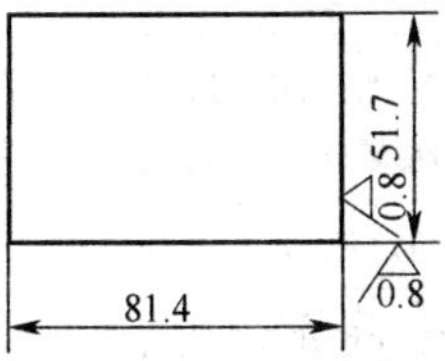 81.4; 51.7; 0.8; 0.8	1. 刨成六面体，每边放余量 0.3～0.5，尺寸为 81.4×51.7×42.5； 2. 划线平面及一对互相垂直的基准面用平面磨床磨平； 3. 去毛刺，划线平面去油，去锈后涂色
划直线	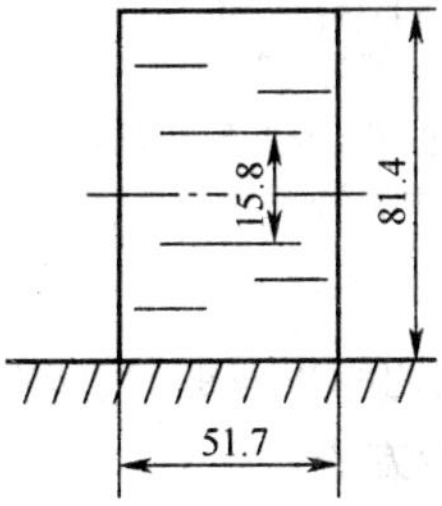 15.8; 81.4; 51.7	1. 将基准面放在平板上； 2. 用游标高度尺测得 81.4 的 1/2 划中心线； 3. 计算各圆弧中心位置尺寸并划中心线，划线时用钢尺大致确定划线横向位置； 4. 划出尺寸 15.8 线（叶两端位置）
划直线	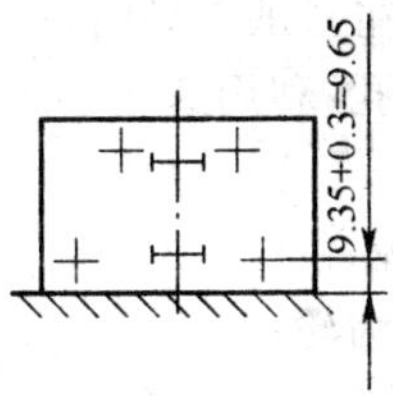 9.35+0.3=9.65	1. 以另一个基准面放在平板上； 2. 划 $R9.35$ 中心线，加放 0.3 余量； 3. 计算各线尺寸后划线
划圆弧	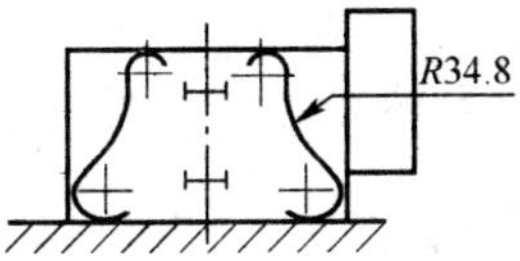 $R34.8$	1. 在圆弧十字线中心轻轻敲样冲眼； 2. 用划规划圆弧线； 3. $R34.8$ 圆弧中心在坯料之外，取用一辅助块，用平口钳夹紧在工件侧面，求出圆心划线
连接斜线	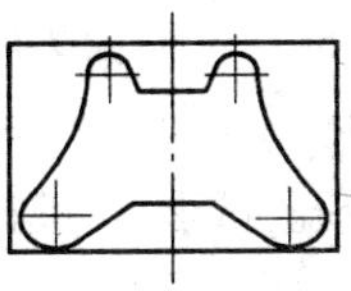	用钢直尺、划针连接各斜线

2. 型腔划线方法

型腔（锻模、塑料模、压铸模）划线，是在模板表面上划出型腔的轮廓，其划线方法与平面划线基本相同。但由于型腔在加工时，其加工部分的复杂程度不一样，在模板平面上需划出哪些线，和其所需要的加工方法有关。各种加工方法的划线方法，见表 7-34。

表 7-34 型腔划线与加工方法的关系

加工方法	划 线 方 法
立式铣床铣削	采用立式铣床铣削，则型腔的加工顺序应是先加工深处，然后再加工浅处。其划线的方法，应像平面划线那样，在模板平面上划出全部线
电火花加工	划线时，只划出电极与模板间定位用的型腔轮廓线，其他线可不必划出
仿形铣削加工	采用仿形铣削型腔，一般不需在模板平面上划出型腔轮廓线，只要在靠模和模板上划出作定位的 x，y 基准线即可加工。但有时也可以在模板平面上划出表示型腔位置的轮廓线，但不是型腔的加工线，可作为检查模板与靠模上所划线的位置是否一致用的。当两者不一致时可予以修正

3. 成形模划线方法

冷冲模中的拉深、弯曲、成形模的凸模和凹模以及锻模、塑料模、压铸模中的型芯和型腔及其镶块的划线，大多采用空间划线方法。

7.3.6 利用分度头划线

万能分度头示意图见表 7-29。工件夹紧在三爪卡盘中，三爪卡盘后面有一个 360°的刻度盘；刻度盘上有几圈不同数目的小孔，利用这些小孔根据计算算出在每分完一个度数后，手柄需要转过的转数和孔数。

万能分度头的传动链如图 7-10 所示。蜗轮 2 是 40 齿，3 是单头蜗杆，B_1，B_2 是齿数相等的齿轮。工件装在装有蜗轮的主轴 1 上，当拨出手柄插销 9，转动分度头手柄 8 一转时，蜗杆转一转，蜗轮转 1/40 转，即工件转 1/40 转。

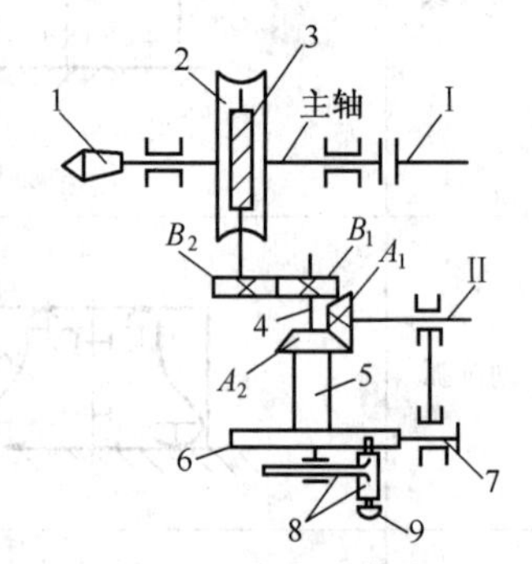

图 7-10 分度头传动图

分度头的计算公式就是根据蜗杆蜗轮传动速比的关系而成立。其计算公式如下：

$$n=\frac{40}{Z} \tag{7-1}$$

式中 n——分度头手柄应转过的转数；

Z——工件的等份数。

【例 1】 要划出均匀分布在圆周上的 10 个孔，试求出每划完一个孔的位置后手柄的转数。

解 根据式(7-1)

$$n=\frac{40}{Z}=\frac{40}{10}=4(\text{转})$$

即每划完一个孔的位置后，手柄应转过 4 转，再划另一个孔。

有时，计算出的手柄转数不是整数，看下面一例。

【例 2】 把一圆周等分成 30 个孔，求出每划完一个孔的位置后手柄的转数。

解 根据式(7-1)

$$n=\frac{40}{Z}=\frac{40}{30}=1\ \frac{1}{3}$$

这时就需要利用分度盘，根据分度盘上各种孔眼的数目，把 1/3 扩大倍数，使它的分母数能在分度盘上找到，分子数就是摇柄应转的孔数。现将 1/3×5/5=5/15，则得手柄的转数

$$n=\frac{40}{30}=1\ \frac{1}{3}=1\ \frac{5}{15}$$

即手柄在分度盘中 15 个孔的一圈上要转过一转零 5 个孔。

利用分度头划线时，将高度游标卡尺调整到 H 尺寸，则在工件上划出的即是直线，如图 7-11 所示的 AB 线。要划与 AB 垂直的直线时，先看好划 AB 线时刻度盘所读度数 α，然后摇动手柄，使主轴转动 90°，即转动到刻度盘的读数为 $\alpha+90°$ 或 $\alpha-90°$，用高度游标卡尺就能划出与 AB 垂直的 CD 线。如要划出与 AB 线夹角为 θ 角的直线，则可摇动手柄使三爪卡盘转动 θ 角，即刻度盘读数为 $\alpha-\theta$，再用高度游标卡尺划线，即得到与 AB 线夹 θ 角的 OE 线。如果划出以 O 为中心，高度为 L 的 F 点，只需将高度游标卡尺调整到 $H+L$ 划线即可。如需要在 OE 线上划出以 O 为中心，长度为 M 的 G 点，只需转动三爪卡盘使 OE 线垂直（即刻度盘上读数为 $\alpha-\theta-90°$ 或 $\alpha-\theta+90°$），将高度游标卡尺调整到 $H+M$ 或 $H-M$ 即可划线。

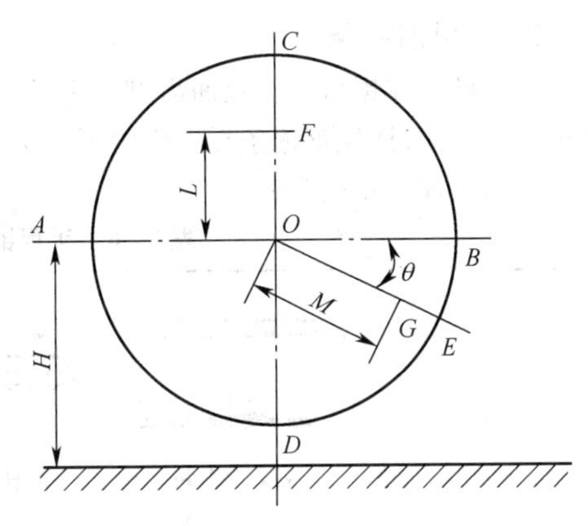

图 7-11 利用分度头划线

7.4 锯割和錾切

7.4.1 锯割

用手锯或机械锯把金属材料分割开，或在工件上锯出沟槽的操作叫锯割。钳工主要是用手锯进行锯割。

7.4.1.1 锯割工具

1. 锯弓

锯弓是用来张紧锯条的工具，有固定式和可调节式两种，其结构及应用见表 7-35。

表 7-35 锯弓的结构及应用

结构名称	简 图	应 用
固定式		弓架是整体的，只能安装一种长度的锯条
可调节式		适用不同长短的锯条，使用方便

2. 手用钢锯条

钢锯条装在锯弓上。双面齿型钢锯条，一面锯齿出现磨损情况后，可用另一面锯齿继续工作；挠性钢锯条在工作中不易折断；小齿距钢锯条上多采用波浪形锯路。手用钢锯条规格见表 7-36。

表 7-36 手用钢锯条规格 (mm)

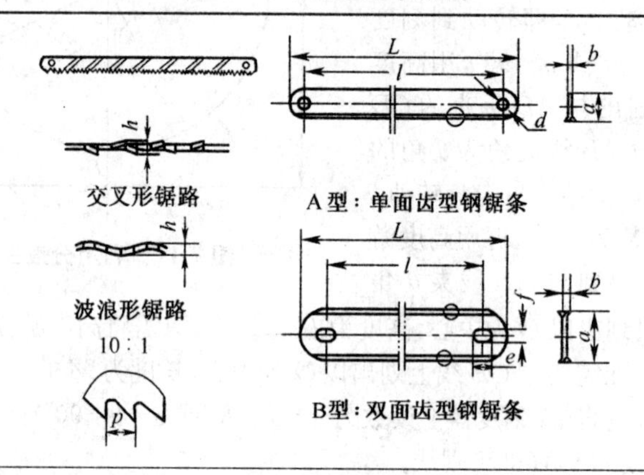

分类	按锯条型式分单面齿型（A 型，普通齿型）和双面齿型（B 型）； 按锯条特性分全硬型（代号 H）和挠性型（代号 F）； 按锯路（锯齿排列）形状分交叉形锯路和波浪形锯路； 按锯条材质分优质碳素结构钢（代号 D）、碳素或合金工具钢（代号 T）、高速钢或双金属复合钢（代号 G）三种；锯条齿部最小硬度值分别为 76HRA，81HRA，82HRA

类型	长度 l	宽度 a	厚度 b	齿距/锯路宽 p/h	销孔 $d(e\times f)$	全长 $L\leqslant$
A 型	300 250	12.7 10.7	0.65	(0.8，1.0)/0.90 1.2/0.95 (1.4，1.5，1.8)/1.00	3.8	315 265
B 型	296 292	22 25	0.65	0.8，1.0/0.90 1.4/1.00	8×5 12×6	315

7.4.1.2 锯割方法

1. 锯条的安装

①安装锯条时，锯齿必须向前，如图 7-12 所示；

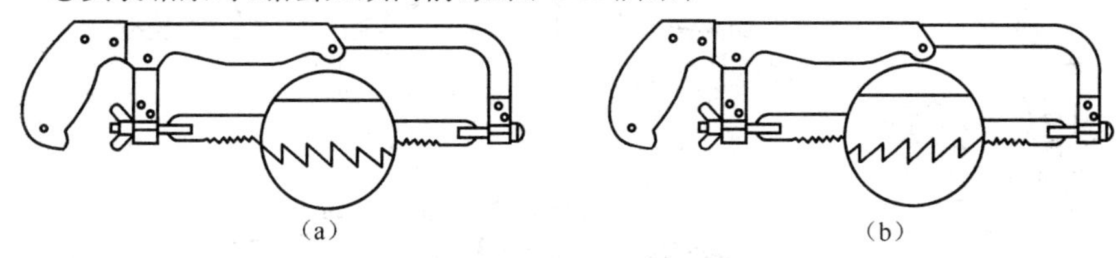

图 7-12 锯条的安装

(a)正确 (b)不正确

②安装锯条不能过紧和过松，否则容易折断锯条；

③锯条与锯弓应在同一中心面内；

④锯缝超过锯弓高度时，应将锯条与锯弓调成 90°，如图 7-13 所示。

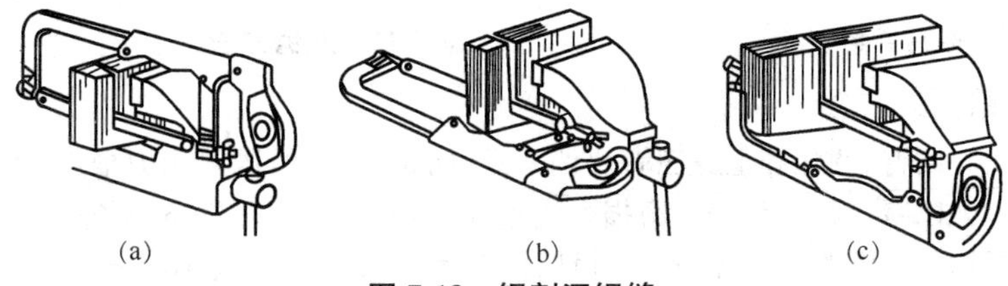

图 7-13 锯割深锯缝

2. 工件的夹持

①工件伸出钳口不应过长，防止锯割时产生振动；锯割线应和钳口垂直，并夹在虎钳的左面，以便操作；工件要夹紧，避免在锯割时工件移动；

②夹持圆管及圆形工件时，应用带有 V 形槽夹块；

③夹持已加工(如车床加工、铣床加工、磨床加工)的工件，必须在钳口垫上铜片，保证其加工面不被损伤。

3. 手锯的握法及站立姿势

锯割时右手握住锯柄，左手压在锯弓前上部稳稳地掌握锯弓。站立姿势是使全身不易疲劳，便于用力。在钳台上锯割时的站立位置如图7-14所示，锯割姿势如图 7-15 所示。

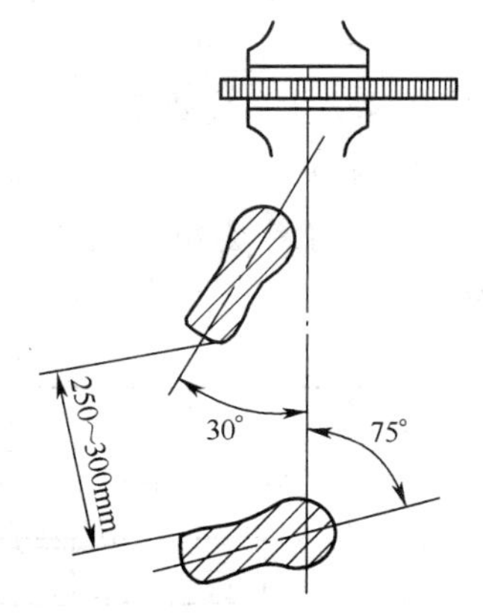

图 7-14 在钳台上锯割时的站立位置

4. 起锯方法

起锯方法有两种，远起锯如图 7-16(a)所示，近起锯如图 7-16(c)所示。起锯的角度要小(约为 15°)，如图 7-16(b)所示的起锯角增大，切削阻力就增大，锯齿会卡住工件棱角而折断。起锯时左手拇指靠住锯条右手稳推(拉)手柄，行程要短，压力要小，速度要慢。工件太小时可用三角锉起锯。

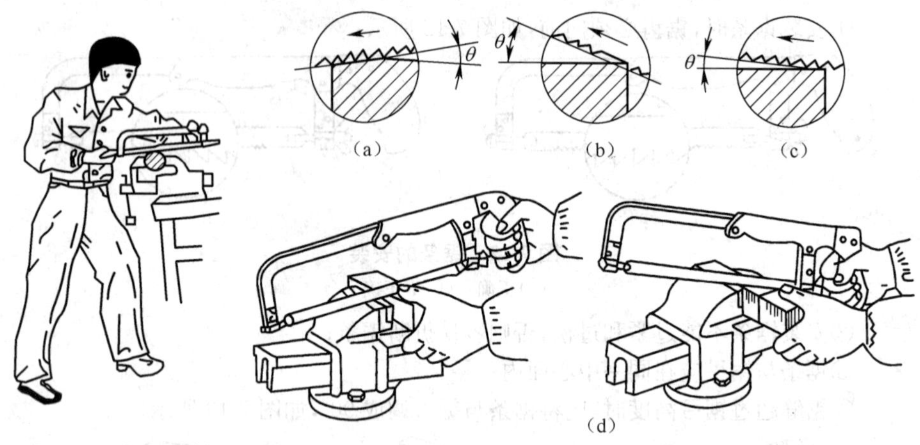

图 7-15 锯割姿势　　　　图 7-16 起锯方法

5. 锯割的要领

锯割时两臂、两腿和上身三者协调一致，两臂稍弯曲，同时用力推进；手锯退回时不用压力以减少摩擦和锯条磨损。锯条往返走直线，并用锯条全长进行锯割，使锯齿磨损均匀。锯割速度和压力应根据材料性质、工件截面大小而定。硬材料压力要大，速度要慢；软材料压力要小，速度稍快；工件截面大，速度慢、压力要大；工件截面小，速度要较快，压力要较小。当材料快锯断时，压力要轻，速度要慢，行程要小，并尽量用左手扶住工件，避免锯掉的工件掉到地上，以致损坏或砸脚。

7.4.2 錾切

錾切是利用手锤敲击錾子对金属进行加工的一种方法。它用于两种情况，一是錾切，二是分割。

7.4.2.1 錾切工具

1. 錾子

(1)錾子种类和应用　用工具钢(T7A)锻成，并经淬火处理。常用錾子见表7-37。

表 7-37 錾子的种类和用途

名称	简图	用途
扁錾	锋口 斜面 柄 剖面 头 35°～70°	主要用以錾切平面和分割材料

续表 7-37

名称	简图	用途
尖錾	斜面 柄 剖面 头	用于錾槽和分割曲线形板料
油槽錾	锋口 斜面 柄 剖面 头	用于錾削润滑油槽
扁冲錾	切削面成楔形	用于打通两预钻孔之间的间隔
圆口錾	锋口 斜面 柄 剖面 头	用于錾削要求端部为圆弧形的工件，圆口尺寸根据图样尺寸而定

(2)錾子的淬火方法　錾子刃部长约 15～20mm 加热到暗橘红色(温度在 780～800℃)后，将錾子垂直放入常温的盐水中，浸入 4～6mm，当錾子露出水面部分变黑红色时，由盐水中取出，利用上部热量进行余热回火。回火时要严密注意錾刃颜色：刚出水时颜色是白色，刃口的温度逐渐上升，颜色也随着改变成浅黄色、棕黄色、紫色、蓝色、蓝灰色，最后变成灰色。当錾子刃口呈现蓝色时，把錾子全部放入水中冷却，叫做淬蓝火。蓝火錾子刃口的硬度适当，有较大的韧性，最适宜錾切。

錾子出水后，刃口部分的颜色逐渐转变的过程，只有几秒钟时间，所以淬火时必须十分注意，才能掌握好。为了便于分辨颜色，在錾子出水后，可用砂布将刃口磨光。

2. 手锤(圆头锤)

手锤结构如图 7-17 所示。在錾切时用手锤的锤击力而使錾子切入工件。手锤用工具钢(T7)制成，头部淬火(硬度为 40～45HRC)。錾切用锤重量一般是 1 磅、1 磅半，柄长约为

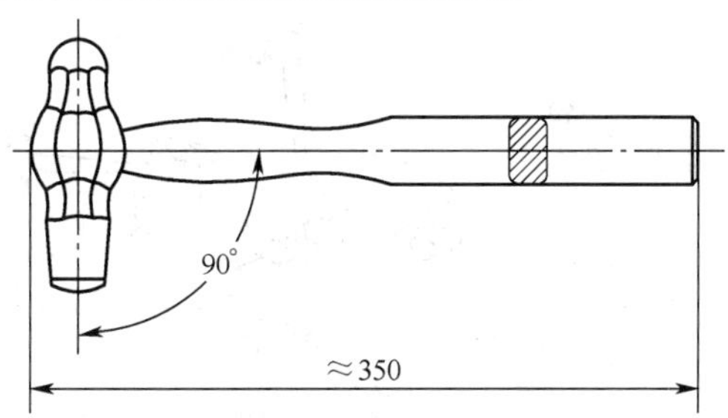

图 7-17　圆头锤

350mm左右。

7.4.2.2 錾切方法

1. 錾子、手锤的握法和姿势(表7-38)

表7-38 錾子、手锤的握法和姿势

名称		图示	说明
握錾法	正握法		手心向下,用虎口夹住錾身,拇指与食指自然伸开,其余三指自然弯曲靠拢握住錾身;尾部露出10～15mm为宜,露出过长,錾子易摆动,锤击时容易打手。这种握法适用于在平面上进行錾削
	反握法		手心向上,手指自然捏住錾身,手心悬空。这种握法适用于小量的平面或侧面錾削
	立握法		虎口向上,拇指放在錾子一侧,其余四指放在另一侧捏住錾身。这种握法用于垂直錾切工件,如在铁砧上錾断钢丝
握锤法	紧握法		右手握住锤柄,拇指压在食指上,虎口对准锤头,锤柄尾端露出15～30mm为宜。紧握法是从挥锤到击锤的全过程中,全部手指一直紧握锤柄
	松握法		松握法是在锤击开始时,全部手指紧握锤柄,随着向上举手的过程,逐渐依次地将小指、无名指、食指放松,而在锤击的瞬间迅速地将放松了的手指全部握紧并加快手臂运动。这样,可以加强锤击的力量,而且操作肘不易疲劳
挥锤法	手挥		只有手腕的运动,锤击力较小,一般用于开始錾切和结尾,或剔油槽等场合

续表 7-38

名称		图示	说明
挥锤法	肘挥		手和肘一起动作,锤击力较大,应用较广
	臂挥		手、肘和臂一起运动,锤击力最大,用于大力錾切工作
站立位置		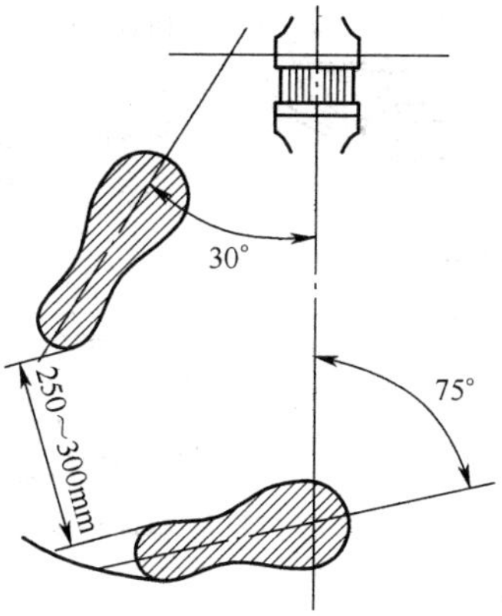 30° 75° 250~300mm	錾切时站立的姿势很重要,应使全身不易疲劳,便于用力。在钳台上錾切时的站立位置与锯割一样

錾切的要领是:左手握稳錾,防止角度变;眼看錾刃口,锤击稳、准、狠。

2. 錾削工艺(表 7-39)

表 7-39 常见的錾削工艺

錾削类别	图示	方法
平面	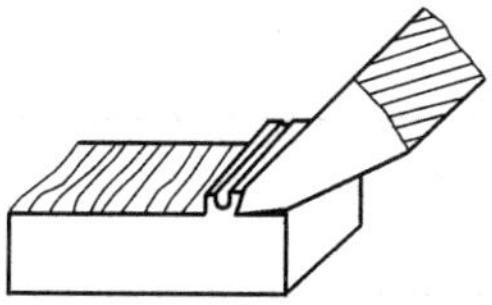 (a)正确 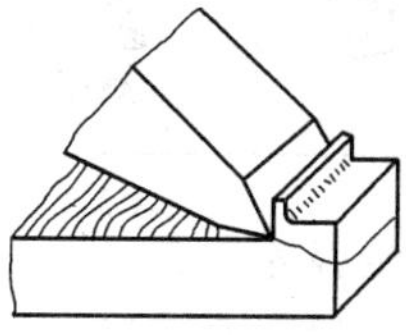 (b)不正确	用扁錾錾削,每次錾削金属厚度为 0.5~2mm;起錾可在工件中部或两端进行,起錾后调整到需要的錾切角度;錾切中要保持稳定的切削角度,以得到光洁平整的表面;每次錾切快到尽头时,应从另一头錾削余下来的部分,以免材料被撕裂

续表 7-39

錾削类别	图 示	方 法
大平面	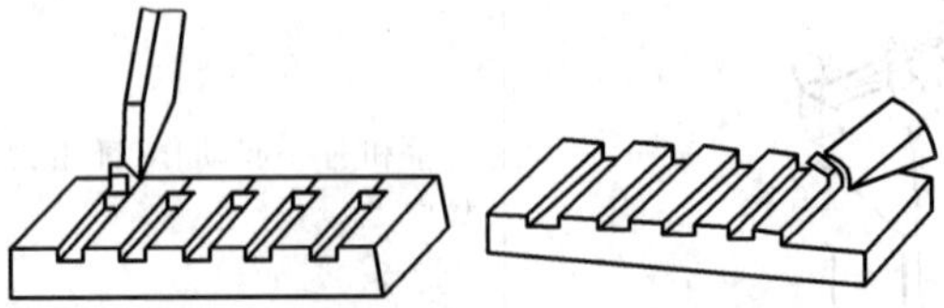	先用尖錾开槽，再以扁錾錾平
錾键槽	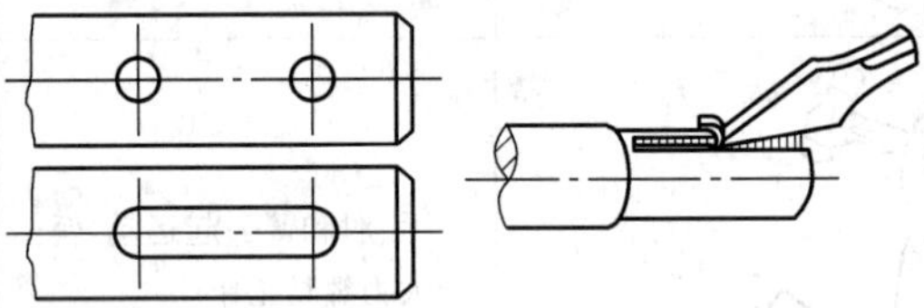	先在工件上划好线，然后按线錾切；如錾切两端带圆弧的键槽，应先在槽的两端钻孔（孔径等于槽宽），然后选择合适的尖錾，进行錾切；用力要轻，錾切量要小
錾油槽	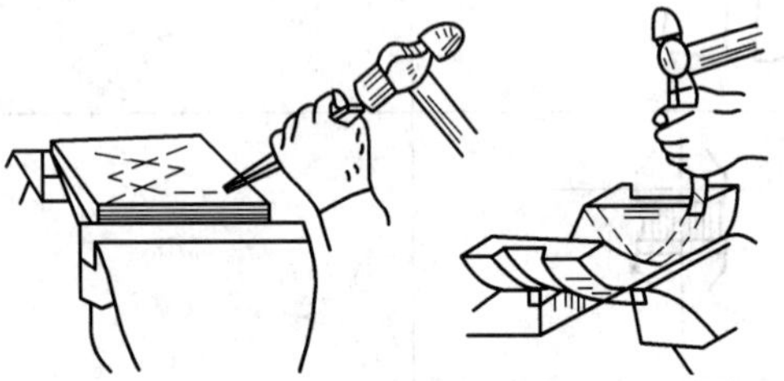	錾子应等于油槽宽度。錾切时，錾子的倾斜角度要灵活掌握，以使油槽尺寸、深浅和表面粗糙度达到要求
錾薄板材	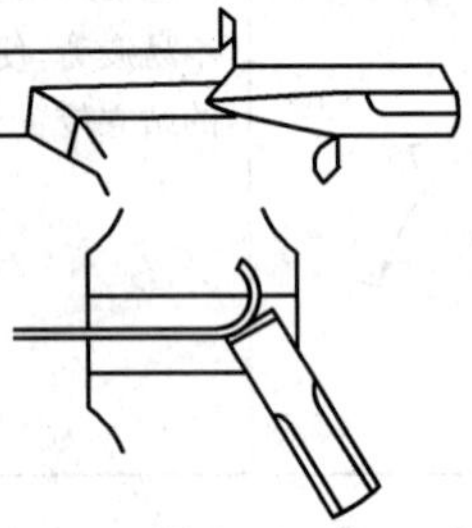	工件切断线与钳口平齐，用扁錾沿钳口成 45°角斜对板面右往左錾削
板料曲线	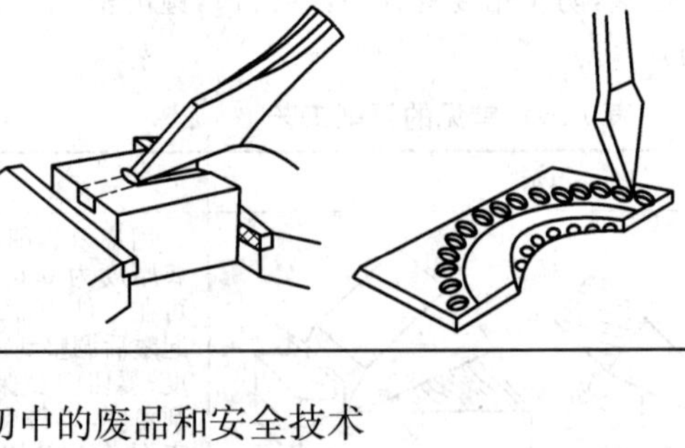	沿划好的轮廓线钻出密集的排孔，以錾削成形

3. 錾切中的废品和安全技术

錾切工件表面留有极粗糙的錾痕，棱角崩缺；錾切超过界限就成为废品。为了避免废品和保证安全，要注意以下几点：

①脆性金属要从两面向中间錾切，以免把材料边缘撕裂，快錾掉时锤击力要轻，小心铁屑飞出伤人，必要时装安全网；

②选用合适的錾子，保持刃口锋利；

③錾子头部打出翻帽时，要立即磨掉，以免伤手；

④錾切前要检查木柄和锤头是否牢固，发现锤柄松动，应立即修理；

⑤錾切大型工件和剔毛刺时，要戴防护眼睛，以免切屑崩眼；

⑥手锤头部和錾子头部不准有油，以免锤击时滑脱打手或伤人；

⑦刃磨錾子时一定要搁在砂轮中心线以上，用力不要过猛，防止錾子卡到砂轮和搁架之间，发生事故。

7.5 锉　　削

用锉刀从工件表面锉掉多余的金属，使工件具有图样上所要求的尺寸、形状和表面粗糙度，这种操作方法叫锉削。锉削可以加工工件外表面、曲面、内外角、沟槽、孔和各种形状的表面。

7.5.1 锉刀的类型、规格和用途

7.5.1.1 普通锉刀的分类、规格和用途（QB/T 3846—1999）（表 7-40）

表 7-40 普通锉刀的分类、规格和用途（QB/T 3846—1999）　（mm）

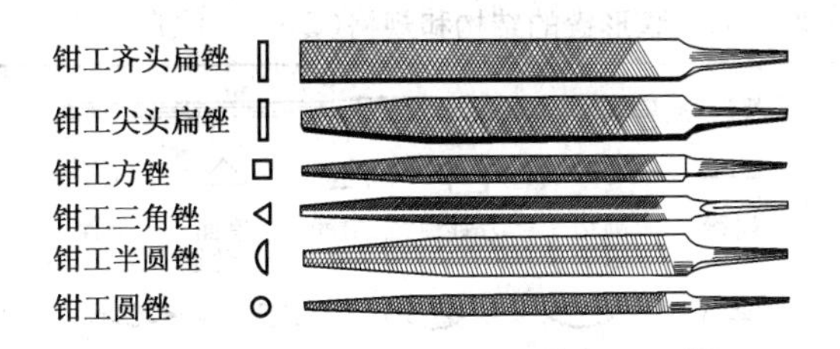

规格（长度，不连柄）	扁锉（齐头，尖头）		方锉	三角锉	半圆锉			圆锉	用途
	宽	厚	宽	宽	宽	厚（薄型）	厚（厚型）	直径	
100	12	2.5(3.0)	3.5	8.0	12	3.5	4.0	3.5	扁锉：锉大小平面、外圆面、凸弧面等； 方锉：锉平面、方孔等； 三角锉：锉平面、方孔及 60°以上锐角等； 半圆锉：用来锉平面、内圆弧和大圆孔； 圆锉：用来锉内圆弧和圆孔
125	14	3.0(3.5)	4.5	9.5	14	4.0	4.5	4.5	
150	16	3.5(4.0)	5.5	11.0	16	5.0	5.0	5.5	
200	20	4.5(5.0)	7.0	13.0	20	5.5	6.5	7.0	
250	24	5.5	9.0	16.0	24	7.0	8.0	9.0	
300	28	6.5	11.0	19.0	28	8.0	9.0	11.0	
350	32	7.5	14.0	22.0	32	9.0	10.0	14.0	
400	36	8.5	18.0	26.0	36	10.0	11.5	18.0	
450	40	9.5	22.0						

7.5.1.2 锉刀的锉纹规格(表 7-41)

表 7-41 锉刀的锉纹规格 (mm)

锉纹号	习惯称呼	锉刀规格(长度,不连柄)								
		100	125	150	200	250	300	350	400	450
		每 10mm 轴向长度内的主锉纹条数								
1	粗	14	12	11	10	9	8	7	6	5.5
2	中	20	18	16	14	12	11	10	9	8
3	细	28	25	22	20	18	16	14	12	11
4	双细	40	36	32	28	25	22	20		
5	油光	56	50	45	40	36	32			

注:1. 各种钳工锉的锉纹均为 1～5 号。
2. 钳工锉的规格,三角锉为 100～350mm,半圆锉和圆锉为 100～400mm,其余钳工锉均为 100～450mm。
3. 辅锉纹的条数为主锉纹条数的 75%～95%。
4. 锉刀是由碳素工具钢 T12,T12A,T13A 等制成,并经淬硬(硬度可达 62HRC 以上)。

7.5.1.3 整形锉(QB/T 3847—1999)

整形锉用于锉削小而精细的金属零件,为制造模具、工夹具的必须工具。整形锉的结构和规格见表 7-42。

表 7-42 整形锉的结构和规格(QB/T 3847—1999) (mm)

整形锉

扁锉 圆边扁锉 方锉 三角锉 单面三角锉 圆锉

半圆锉 双半圆锉 椭圆锉 刀形锉 菱形锉

各种整形锉的断面形状

组别	齐头扁锉	尖头扁锉	齐圆扁锉	尖圆扁锉	方锉	三角锉	单面三角锉	圆锉	半圆锉	双半圆锉	椭圆锉	刀形锉	菱形锉
5 件	√				√	√		√	√				
8 件	√			√	√	√	√	√	√			√	
10 件	√			√	√	√	√	√	√	√	√	√	
12 件	√	√	√	√	√	√	√	√	√	√	√	√	

全长	100	120	140	160	180
工作部分长度	40	50	65	75	85
柄部直径	1.5	2	3	4	5

7.5.1.4 电镀金刚石整形锉(JB/T 7991.3—1995)

适用于锉削硬度较高的金属,如硬质合金、经过淬火或渗碳的工具钢和合金钢刀具、模具和夹具零件等。电镀金刚石整形锉的结构和技术参数见表 7-43。

表 7-43 电镀金刚石整形锉的结构和技术参数(JB/T 7991.3—1995)

(mm)

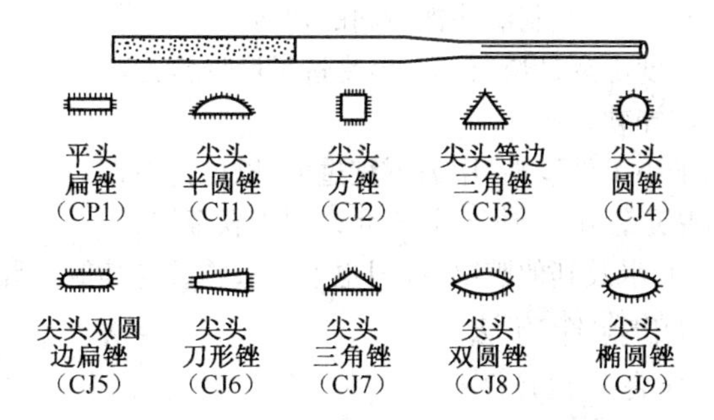

各种整形锉的断面形状（括号内为其代号）

组别	平头扁锉	尖头半圆锉	尖头方锉	尖头等边三角锉	尖头圆锉	尖头双圆边扁锉	尖头刀形锉	尖头三角锉	尖头双圆锉	尖头椭圆锉
140mm 10 支组	√	√	√	√	√	√	√	√	√	√
180mm 5 支组	√	√	√	√	√					
全长×柄部直径	140×3		160×4			180×5				
工作面长度	50,70									
磨料 种类	人造金刚石:RVD,MBD;天然金刚石									
磨料 常见粒度	120/140(粗),140/170(中),170/200(细)									

7.5.2 锉刀的选用及保养

1. 锉刀的选用

锉削加工的零件是多种多样的,加工方法也各不相同,为了提高工作效率,保证加工质量,应按以下原则选用锉刀。

①锉刀的断面形状和长短,是根据加工工件表面的形状和工件的大小来选用。

②锉刀的粗细,是根据加工工件材料的性质、加工余量、尺寸精度和表面粗糙度等情况综合考虑来选用。粗锉刀用于锉软金属,锉削加工余量大、精度等级低和表面粗糙度大的工件;细锉刀用于锉削加工余量小、精度等级高和表面粗糙度小的工件。

2. 锉刀的保养

为延长锉刀的使用寿命,应遵守下列规则:

①普通锉刀不准锉硬金属及淬火材料;

②对有硬皮或粘砂的锻件和铸件,须先去掉硬皮或粘砂后,才能用用过的锉刀锉削(不能用新锉刀);

③锉刀要先用一面,这面用钝后,再用另一面;

④锉削时,要经常用铜丝刷清除锉齿间的切屑;

⑤使用时锉刀速度不宜过快,否则,容易过早磨损锉刀;

⑥细锉刀不允许锉软金属;

⑦整形锉只用于小工件修整,用力不宜过大,以免折断;

⑧电镀金刚石整形锉用于硬金属,不允许用于软金属;

⑨锉刀避免沾油、水及其他脏物,锉刀也不可重叠或与其他工具堆放一起。

7.5.3 锉刀的操作方法

1. 锉刀的握法(表 7-44)

表 7-44 锉刀的握法

锉刀的握法	图示	说明
大锉刀的握法		将锉刀柄握在右手中心,大拇指放在锉刀柄上面,其余四指握住锉刀柄;左手拇指根部压锉刀前端,中指和无名指抵住锉刀刀尖
中锉刀的握法		右手握法与大锉刀相同,左手拇指、食指和中指捏住锉刀尖
小锉刀的握法		用左手的几个手指压住锉刀的中部,右手食指伸直而且靠在锉刀边,其他与大锉刀一样

续表 7-44

锉刀的握法	图示	说明
整形锉的握法		因锉刀小,可用一只手拿住,大拇指和中指捏住两侧,食指伸直,其余两指握住锉柄;也可用两手操作

2. 锉削的姿势

锉削姿势与使用的锉刀大小、锉削工件的形状有关,用大锉锉平面时,正确姿势如下。

(1)站立姿势　两脚立正面向虎钳,站在虎钳中心线左侧;与虎钳的距离按大小臂垂直,手端平锉刀,锉刀尖部能搭放在工件上来掌握。然后,迈出左脚,迈出距离从右脚尖到左脚跟约等于锉刀长(300mm 左右);左脚与虎钳中线约成 30°角,右脚与虎钳中线约成 75°角,如图 7-15 所示。

(2)锉削姿势　在开始锉削时,右腿伸直,左腿稍弯,身体稍向前倾,重心落于左脚。两手握锉刀放在工件上面,左臂弯曲,右小臂与工件表面始终保持水平,但要自然,如图 7-18(a)所示;当锉刀推到三分之一时,身体继续向前倾,重心落于左脚,左腿继续稍弯,左臂稍直,右小臂与工件表面保持水平,并平推,如图 7-18(b)所示;锉刀继续推到三分之二时,身体继续向前倾,重心落于左脚,左腿继续稍弯,左臂伸直,右小臂与工件表面保持水平向前推,如图 7-18(c)所示;身体停止倾斜,两臂将锉刀继续向前推,把锉刀推到头,如图 7-18(d)所示。锉刀后退时,身体逐渐恢复原位,两手不加压力,将锉刀收回。这一过程是连贯性的,锉削要如此反复地作直线运动。

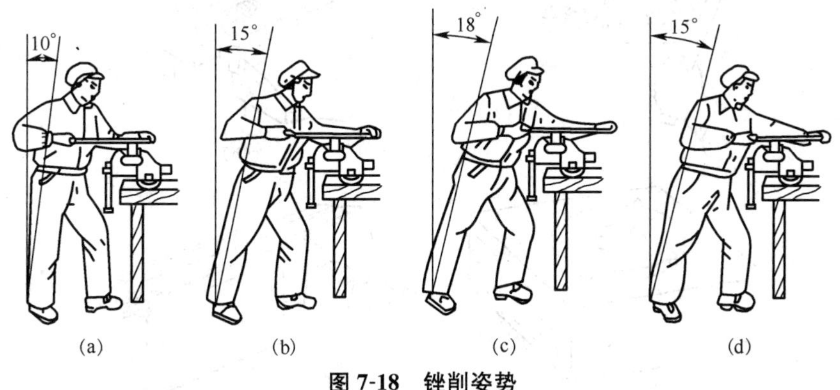

图 7-18　锉削姿势

3. 锉削动作要领

(1)锉削过程　锉削开始时,左手压力大,右手压力小,如图 7-19(a)所示;随锉刀前推，左手压力逐渐减小，右手压力逐渐增大，到锉刀中间时，两手压力相等，如图7-19(b)所示；到后段时左手压力减小，右手压力增大，如图7-19(c)所示；收回时不加压力，如图7-19(d)所示。

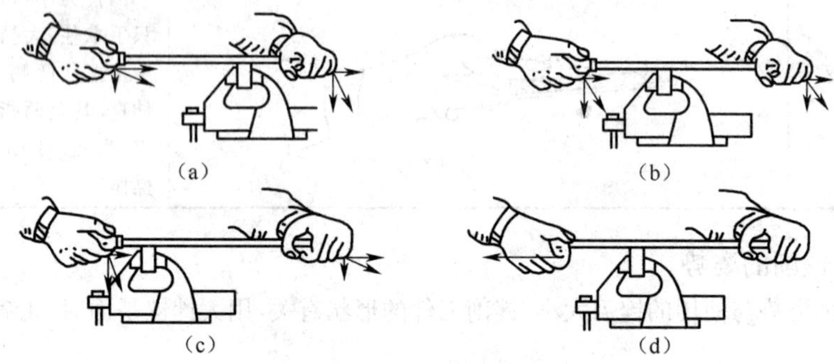

图7-19　锉刀的平直运动

(2)锉削压力　锉削时压力不能太大，但也不能太小，以免打滑。实践证明，在前推时手上有一种韧性感觉为宜。

(3)锉削速度　速度太快，容易疲劳和磨钝锉齿；速度太慢，效率不高。一般每分钟大约30～60次左右。

7.5.4　锉削工艺

7.5.4.1　工件的夹持

工件夹持的好坏，直接影响着锉削的质量，因此，应按下列要求夹持，如图7-20所示。

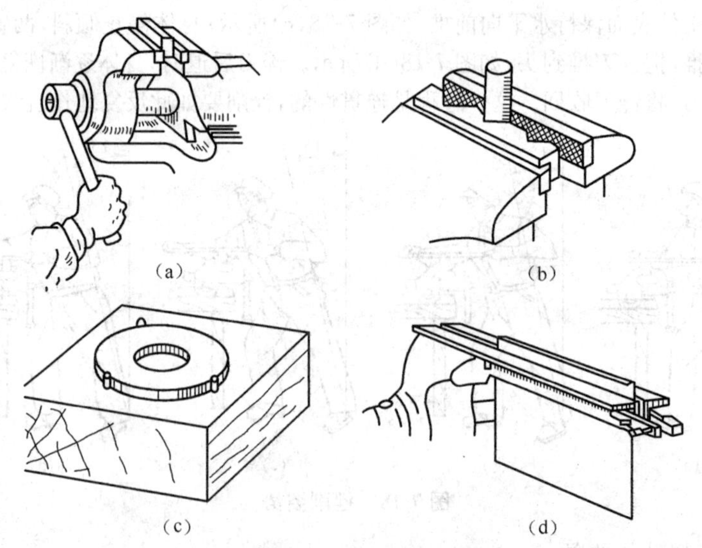

图7-20　工件的夹持

(a)零件的夹持方法　(b)圆料的夹持方法　(c)薄工件的夹持方法　(d)薄板料的夹持方法

①工件最好夹持在虎钳中央；

②工件夹持要紧，但不能变形；

③工件伸出钳口不宜太高，以免锉削时产生振动；

④夹持已加工表面和精密工件时，应用软钳口（铝或紫铜制作），以免夹伤工件表面；

⑤夹持不规则的工件，应加衬垫；薄铁板可以钉在木板上，再将木板夹在虎钳上进行锉削；锉大而薄的铁板边缘时，可用两块三角铁和夹板夹紧，然后将夹板夹在虎钳上进行锉削。

7.5.4.2 平面的锉削

在锉削中锉平面是钳工最基本也是最困难的。要想锉出平整的平面，必须保持锉刀的平直运动。平直运动要在锉削过程中通过随时调整两手压力来实现。

1. 平面锉削的方法

为了使平面易于锉平整，经常使用表 7-45 中介绍的方法。

表 7-45 平面锉削的方法

锉削方法	图示	说明
普通锉法		锉刀运动方向是单方向的，并沿工件横向表面锉削，这是钳工常用的一种锉削方法。为了使表面能均匀锉到，每次退回锉刀时，向旁边移动 5～10mm
交叉锉法		锉刀运动方向是交叉的，这样锉面上能显示出高低不平的痕迹，因此容易锉出准确的平面。交叉锉法很重要，一般在平面没锉平时，多用交叉锉法来修整
顺向锉法		一般在交叉锉法后采用，主要用来把锉纹锉顺，起锉光的作用
推锉法		用来顺直锉纹，降低表面粗糙度，修平平面；一般加工余量很小，并采用细锉刀。握持方法是：两手横握锉刀身，拇指接近工件，用力一致，平稳地沿工件表面来回推锉刀，否则容易将工件中间锉凹。为了使工件表面不致擦伤和减少吃刀深度，应及时清除锉齿中的切屑。需要打光工件时，可将砂布垫在锉刀下面推锉

2. 平面度、垂直度、平行度和尺寸的检查(表 7-46)

表 7-46 平面度、垂直度、平行度和尺寸的检查

检查项目	使用量具	方法
检查直线度和平面度	刀口直尺 钢板尺 铅丹	方法 1:直尺透光法检查。检查时将工件擦净,用刀口直尺(精度不高时可用钢板尺代)稍倾斜地放在工件表面上,进行纵横和对角检查。根据刀口处所透进的光隙来判断锉削平面的平面度和直线度。如果各个方向的光隙都很小而均匀,说明工件是平直的,透光大的地方,就是凹的地方。 方法 2:涂色法检查。在平板上涂铅丹,然后把锉削的平面放到平板上,均匀地用轻微的力使工件研磨几下,如果锉削平面着色均匀就是平直的。表面高的地方呈灰亮色,凹的地方着不上色,高低适当的地方铅丹就聚在一起呈黑色
检查垂直度	直角尺	采用透光法。检查时选择基准面,对其各面有次序地检查
平行度和尺寸检查	游标卡尺 游标高度尺	小工件可用游标卡尺,在全长的不同位置上,经多次检查。大工件应放在平板上,用游标高度尺在全长的不同位置上,进行多次检查

7.5.4.3 圆弧面的锉削

圆弧面的锉削采用滚锉法。外圆弧面用扁锉锉削,如图 7-21(a)所示。开始时,锉刀头向下,右手抬高,左手压低,锉刀头紧靠工件;然后推锉,使锉刀头逐渐由下向前上方做弧形运动。两手要协调,压力要均匀,速度要适当。

凹圆弧面用半圆锉或圆锉锉削,如图 7-21(b)所示。此时,锉刀要做前进运动,锉刀本身又做旋转运动,并在旋转的同时要向左或右移动。此三种运动要在锉削过程中同时进行。

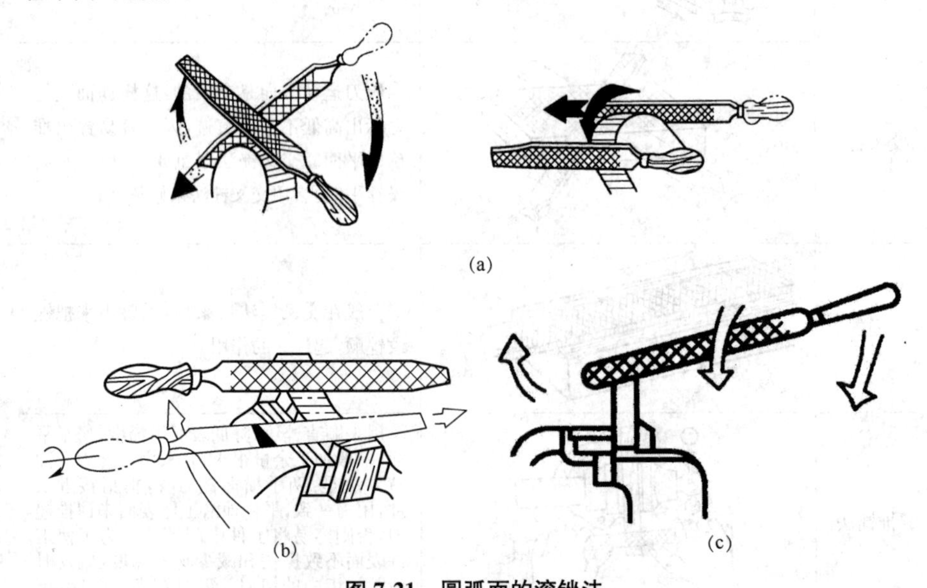

图 7-21 圆弧面的滚锉法

(a)锉凸圆弧面 (b)锉凹圆弧面 (c)锉球面

球面的锉削如图 7-21(c)所示。推锉时，锉刀对球面中心线摆动，同时又作弧形运动。

7.5.4.4 四方的锉削

一般按图纸注明的尺寸锉削，如果图纸未注明，或只注一个尺寸，就须按公式来计算。

1. 四方形的边长 a 与圆料直径 d 的关系

(1)已知 a 求 d $d=1.414\times a$ (式 7-2)

(2)已知 d 求 a $a=0.707\times d$ (式 7-3)

(3)锉削量 $h=\frac{d-a}{2}$ (式 7-4)

2. 锉法

(1)锉基准面 可按线锉，或按上面公式计算出的每边加工余量(h)锉削，如图 7-22(a)所示；

(2)锉对面 以锉好的面为基准，两面要平行(用卡尺测量控制)，尺寸要准确，如图 7-22(b)所示；

(3)锉第三面 要与基准面垂直(用角尺测量控制)，如图 7-22(c)所示；

(4)锉第四面 要与基准面垂直，与第三面平行，尺寸要准确，如图 7-22(d)所示。

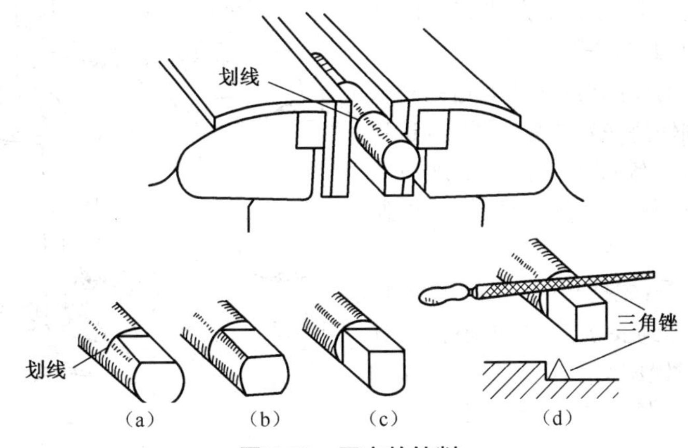

图 7-22 四方的锉削

(a)锉基准面 (b)锉对面 (c)锉第三面 (d)锉第四面

7.5.4.5 槽和孔的锉削与配合

1. 槽的锉法(图 7-23)

①根据图纸的形状、尺寸划好线，并钻孔，如图 7-23(a)所示；

②根据槽的形状、尺寸和其他要求，采用锯和錾的方法粗加工好槽，如图 7-23(b)、(c)所示；

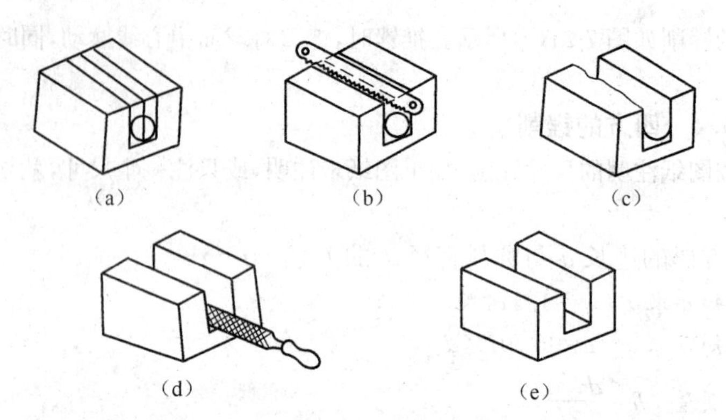

图 7-23 槽的锉法

③根据形状和尺寸，选用比槽小的锉刀，锉好基准面（选择与外形平行或垂直的面），如图 7-23(d)所示；

④根据基准面，再锉其他面，并用有安全边的锉刀清角完工，如图 7-23(e)所示。

2. 孔的锉削与配合

各种成形孔的加工方法和槽的加工方法相同，如图 7-24 所示。

在通孔的锉削时，往往要达到和某一相应的轴保持一定松紧的配合，这项操作叫锉配。锉配的方法广泛地应用在机器装配、修理以及工具、模具的制造中。

其方法是：先把相配合的两个零件中的一件，锉到要求尺寸；再根据已锉好的那件来锉配另一件。一般是先加工轴，然后再锉配孔。可参考样板的锉削。

7.5.4.6 样板的锉削

样板多是成对制造和使用的，因此锉削样板前要选择容易制造的样板作为基准样板；锉削好基准样板后，再锉另一块样板。但也有样板的锉削，采用互为基准的方法锉配。

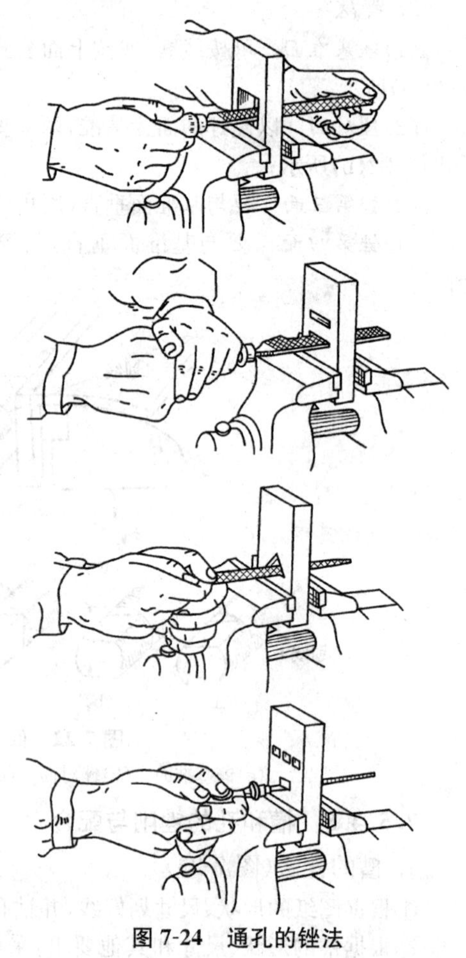

图 7-24 通孔的锉法

锉削样板时，有些角度或尺寸不便直接测量，这时就要先做好辅助样板，或选用适宜的标准圆柱等来帮助测量。样板锉削前，应先划线。如图 7-25 所示的两种样板，其锉削方法和步骤是：

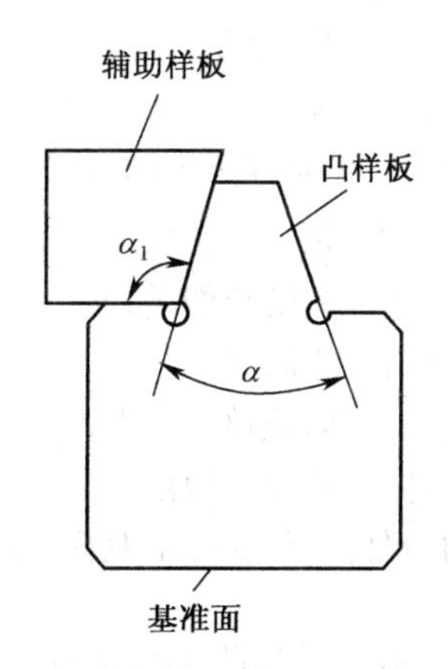

图 7-25　凸样板和辅助样板

1．锉削凸样板

①锉削两肩平面，要求两个面在同平面内，并与基准面平行。锉削时用卡尺或百分尺测量，直到两个肩平面达到精度要求。

②锉削左斜面时，使用辅助样板检验和锉配，直到透出均匀的浅蓝色光线为止。为了防止样板放置歪斜，可将样板放在一块小玻璃上，用双手扶住玻璃和样板，对着光观察。样板角的根部要求清角，清角的方法可以在划线后钻出小孔，或用磨薄的锯条片锯出，也可用有安全边的锉刀锉出。

③锉削右斜面，除用上述方法外，还要用卡尺或百分尺测量梯形的大端尺寸。

④锉削顶面时注意顶面的两端，不要锉成塌角，并保证高度尺寸和与基准面平行。

2．锉配凹样板

凸样板制造合格以后，再锉配凹样板。

①锉两肩平面，要求在同一平面内，并与基准面平行；

②按线粗锉斜面和底平面；

③以凸样板为基准，精确锉配斜面和底平面，使配合面接触均匀，并将其中任一块样板翻转 180°以后进行配合，如果正、反两面的接触情况与翻转前一样，说明这副样板是合格的，最后用电笔或腐蚀法作上标记。

如果翻转后配合不好，那就是凸样板两侧不对称或测量面不平，这时必须重新检查与精修凸样板，然后再锉配凹样板，直到达到质量要求为止。

7.5.4.7　锉削废品原因及安全技术

1. 锉削时可能出现的废品及其产生的原因

①工件损坏：夹持方法不正确或夹持力过大；

②工件形状不正确（中间凸，塌边或塌角）：锉刀选用不正确；

③工件尺寸锉小：没有随时检查加工余量和尺寸；

④表面粗糙，有擦伤：没有及时消除锉刀内的切屑，或选用锉刀粗细不当。

2. 锉削时注意事项和安全技术

①不准用无柄或破柄的锉刀锉削，防止伤手；

②不准用嘴吹铁屑，防止铁屑飞进眼里；

③不得用手摸锉削过的表面，以防止锉刀打滑；

④锉削时锉刀不准碰撞工件，以免锉刀脱落伤人；

⑤锉刀放置时不要露出钳台外面，以免掉下刺伤脚或损坏锉刀。

7.6　钻孔与铰孔

7.6.1　钻孔

在机械制造和模具制造中，钻孔是广泛采用的加工方法之一，一般为粗加工或半精加工。通常，直径 0.05～125mm 的孔都可用钻头钻出。钻孔的深度范围也很大。

钻孔所用的刀具很多，如麻花钻、扁钻、枪钻和深孔钻等。各种钻孔刀具的钻孔特点和应用范围见表 7-47。

表 7-47　各种钻孔刀具的钻孔特点和应用范围

钻头类型		加工直径 d/mm		深径比 l/d		精度等级	表面粗糙度 Ra /μm	【例】切削效率比较 工件：45 钢 直径：d=25mm			
		范围	最大	范围	最大			f/ mm/r	v/ m/min	n/ r/min	v_f/mm /min
麻花钻		0.05～80	100	～10	25	8～10	25～6.3	0.03	20	250	80
扁钻		～125		～2	8	8～10	25～6.3	—	—	—	—
硬质合金枪钻		2～30	40	～100	250	7～9	6.3～3.2	0.08	100	1 250	100
BTA 深孔钻	焊接	6～63	100	～100	250	7～9	6.3～3.2	0.1	80	1 000	100
	机夹	65～120	340	～50							

续表 7-47

钻头类型	加工直径 d/mm		深径比 l/d		精度等级	表面粗糙度 Ra /μm	【例】切削效率比较 工件:45 钢 直径:d=25mm			
	范围	最大	范围	最大			f/ mm/r	v/ m/min	n/ r/min	v_f/mm /min
喷吸钻	20～65	16(最小)	16～50	100	7～9	6.3～3.2	0.16	60	800	125

注:f——进给量;v——切削速度;n——转速;v_f——进给速度。

7.6.1.1 钻头

1. 麻花钻的组成

根据麻花钻各部位作用的不同,可分为三个部分:即尾部、颈部和工作部分,如图 7-26 所示。工作部分又分切削部分和导向部分,切削部分担负主要的切削工作;导向部分在钻孔时起引导钻头的作用,同时还作为切削部分的后备。

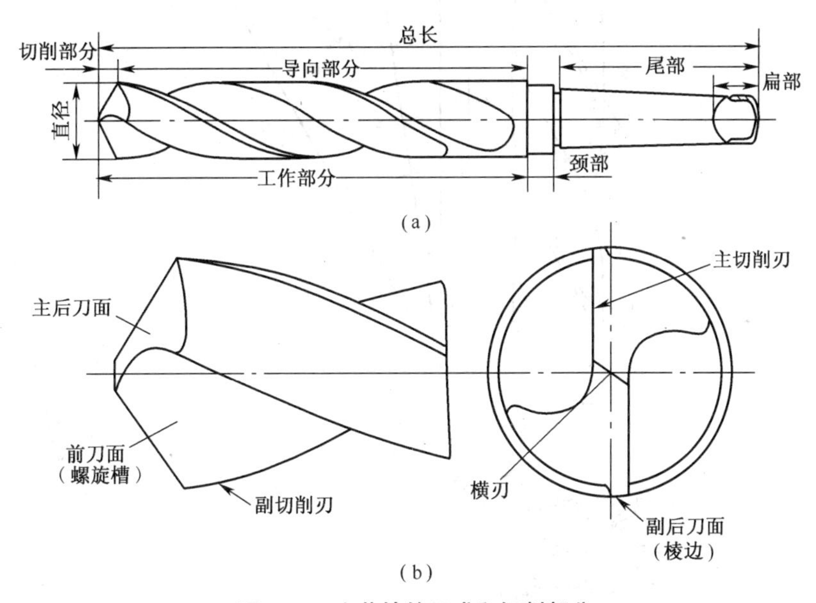

图 7-26 麻花钻的组成和切削部分

(a)标准麻花钻的组成 (b)标准麻花钻的切削部分

钻头切削部分共有一尖(钻心尖)、三刃(主切削刃、横刃和副切削刃)参与主要切削过程。

(1)主切削刃 主切削刃是由前刀面(即螺旋槽表面)与主后刀面相交构成。螺旋槽除作为前刀面并通过刃磨后刀面不断形成新的切削刃外,还起到容纳和排除切屑与导入冷却润滑液的作用。

（2）*横刃*　横刃是由两主后刀面（主后刀面的形状由刃磨方法来决定）相交构成。它位于钻头最前端，这个部位又叫钻心尖。

（3）*副切削刃*　副切削刃是由前刀面与副后刀面相交构成。副后刀面是与工件已加工表面（孔壁）相对的面，即钻头的棱边（刃带）。

2. 麻花钻的结构参数

标准麻花钻切削部分的结构参数如图 7-27 所示，除了钻头直径 d_t、钻心厚度 $2r_0$、棱边宽度 b、棱边高度 c 和直径倒锥值等长度参数外，还有四个结构角度：原始锋角 $2\phi_0$、螺旋角 β、横刃斜角 ψ 和后角 α。

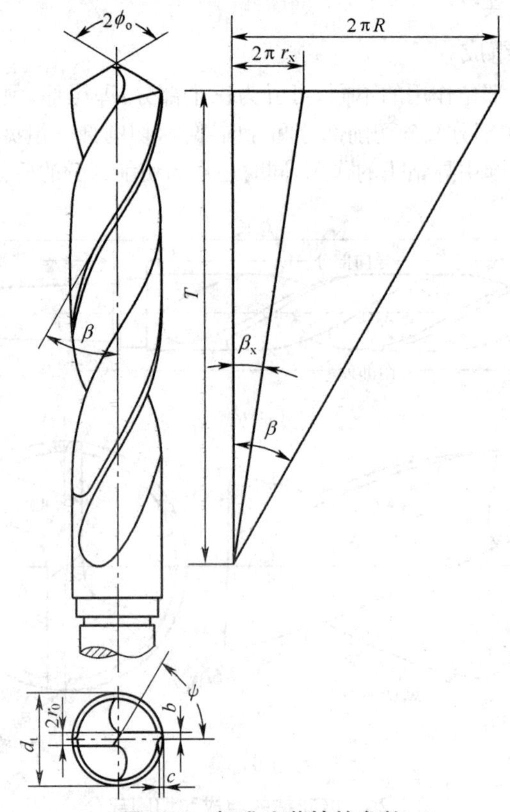

图 7-27　标准麻花钻的参数

（1）*麻花钻切削部分主要长度参数*

①钻心厚度 $2r_0$（表 7-48）。

表 7-48　麻花钻钻心厚度　　(mm)

d_t	0.25～1.25	1.5～12	13～80
$2r_0$	$(0.28～0.2)d_t$	$(0.2～0.15)d_t$	$(0.145～0.125)d_t$

钻削难加工材料的专用钻头，其钻心厚度可加大到 $2r_0=(0.35\sim0.4)d_t$。加大钻心厚度可以提高钻头的强度和刚性，对提高耐用度有利；但导致横刃加长，增大钻削力。

同样，硬质合金钻头钻心厚度也较大，$2r_0=(0.25\sim0.27)d_t$。为了使钻头尽量满足强度要求，把钻心做成正锥度，使向尾部逐渐加厚。一般增大量为 1.4～2mm/100mm 长。

②棱边宽度 b、棱边高度 c 和倒锥值（表 7-49）。导向部分的外缘有两条棱边（副后刀面）起导向作用。棱边宽度较窄，并沿外圆向尾部有倒锥，形成副偏角，以尽量减小刃带与孔壁的摩擦。

表 7-49 麻花钻的棱边参数 (mm)

钻头直径 d_t	1～6	>6～18	>18～80
棱边宽度 b	0.3～0.55	0.6～1.25	1.3～3.4
棱边高度 c	0.1～0.2	0.23～0.65	0.65～2.8
倒锥/100	0.03～0.08	0.04～0.1	0.05～0.12

(2)原始锋角 $2\phi_0$ 和使用锋角 2ϕ　锋角是两主切削刃在钻头对称平面上投影的夹角，如图 7-27 所示。麻花钻的沟槽形状应满足：当按原始锋角 $2\phi_0$ 刃磨时，钻头自然形成一定形状的主切削刃（通常为直线）。标准麻花钻的原始锋角 $2\phi_0=118°$。

使用锋角 2ϕ，是两主切削刃中点的切线在钻头对称平面上投影的夹角。在使用中，可以通过刃磨来改变使用锋角。若使用锋角与原始锋角不相等，则主切削刃变为曲线。当 $2\phi>2\phi_0$ 时，切削刃为凹形；当 $2\phi<2\phi_0$ 时，切削刃为凸形，如图 7-28 所示。

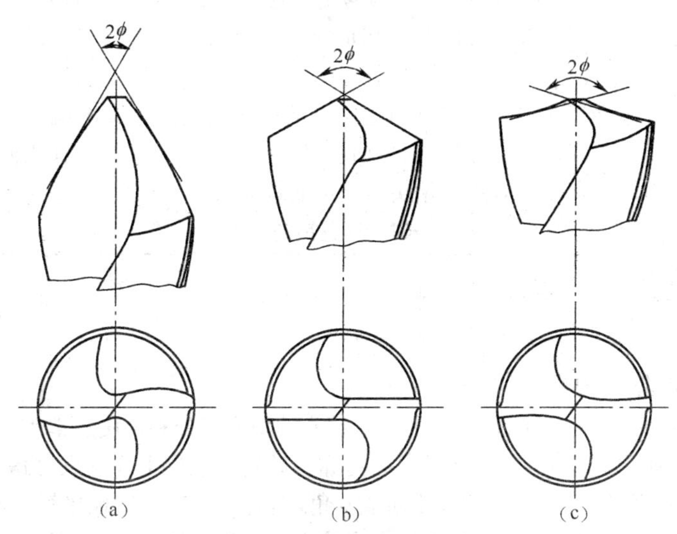

图 7-28 钻头不同锋角时的切削刃

(a) $2\phi<2\phi_0$　(b) $2\phi=2\phi_0$　(c) $2\phi>2\phi_0$

麻花钻在钻不同工件材料时，可选用不同的原始锋角，见表 7-50。

表 7-50 麻花钻的原始锋角 (°)

工件材料	钢、铸铁 硬青铜	黄铜 软青铜	铝合金 巴氏合金	紫铜	锌合金 镁合金	硬橡胶、胶木 硬塑料
$2\phi_0$	116～120	130	140	125	90～100	50～90

采用标准麻花钻加工不同工件材料时，也可以改变不同的使用锋角 2ϕ，以得到较好的切削性能，这种方法灵活多变，简易方便。

(3)*螺旋角* β(*表* 7-51) 钻头螺旋角是指钻沟螺旋槽最外缘的螺旋线展开成直线后与钻头轴线间的夹角，如图 7-27 所示。螺旋角越大，则前角越大，且有利于排屑；但螺旋角过大，将减弱切削刃的强度、刚性和散热条件。因此，小直径钻头选用较小的螺旋角。

表 7-51 麻花钻螺旋角 β (°)

工件材料	钻头直径 d_t/mm		
	<1	1～10	>10
碳钢、合金钢、铸铁	19	20～24	25～33
黄铜、青铜、硬橡胶、硬塑料	8～10	10～12	12～20
铝、铝合金及其他软金属	25～30	30～40	40～50
难加工材料、高强度钢			10～15

(4)*横刃斜角* ψ 横刃斜角是横刃与主切削刃在端平面测量的夹角，如图 7-27 所示。横刃斜角是在刃磨后刀面时自然形成的。当后角增大时，横刃斜角要减小，横刃长度增大。通常 $\psi=50°\sim55°$。

(5)*后角* α(*表* 7-52) 主切削刃选定点的后角是通过该点的端平面与后刃面之间的夹角。这里，后角是在以钻轴为轴心线的圆柱剖面或其切平面内测量。小钻头螺旋角较小，即前角较小，故小钻头后角可取较大值。

表 7-52 麻花钻的后角

钻头直径 d_t/mm	～1	1～15	15～30	30～80
后角 α/°	20～30	11～14	9～12	8～11

3. 麻花钻的刃磨

由于钻头的磨钝或工件材料的变化，钻头的切削部分和角度经常需要刃磨。其刃磨的方法如图 7-29 所示，一手握住钻身靠在砂轮的搁架上作支点，另一手捏住钻柄，使钻身水平，钻头中心线和砂轮面成 ϕ 角，然后将刃口平行地接触砂轮面(不低于砂轮中心)，逐步加力；在刃磨过程中将钻头沿钻头轴线顺时针旋转约 35°～45°，钻柄向下摆动约等于后角。一个面刃磨好后，然后将钻头绕轴心线旋转 180°，按同样的方法刃磨另一面。两个面刃磨好后，将钻头与地面垂直，用肉眼平视，观看刃口，看两主刃高度、长度是否一致，角度是否对称，如果不一样就需要继续刃磨。这样反复几次，如果看的结果一样，就证明刃磨好了。

钻头刃磨时，为防止切削部分过热而退火，应经常将钻头浸入水中冷却。

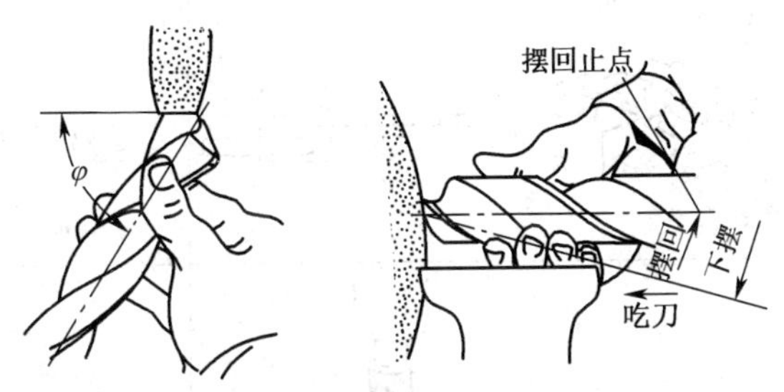

图 7-29 麻花钻的刃磨方法

4. 锥度套筒

用于安装锥柄钻头的锥度套筒规格见表 7-53。

表 7-53 锥度套筒规格

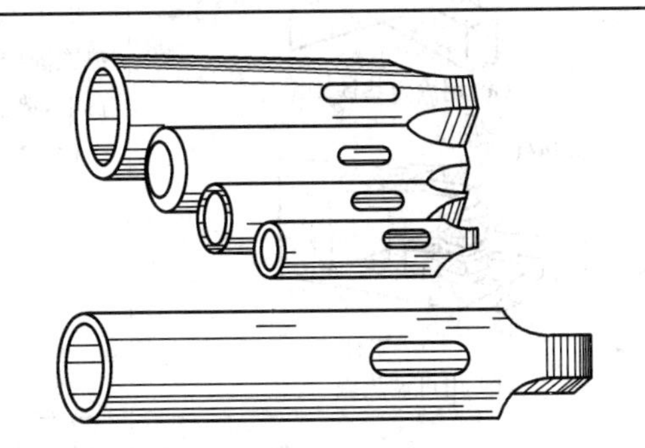

锥套规格	莫氏锥度号		全长/mm
	内锥	外锥	
1 号	1	2	95
1～3 号	1	3	115
2 号	2	3	115
2～4 号	2	4	140
3 号	3	4	140
3～5 号	3	5	170
4 号	4	5	170
5 号	5	6	220

7.6.1.2　钻孔时装夹方法(表 7-54)

表 7-54　钻孔时装夹方法

夹持方法	图　示	说　明
手虎钳和平行夹板	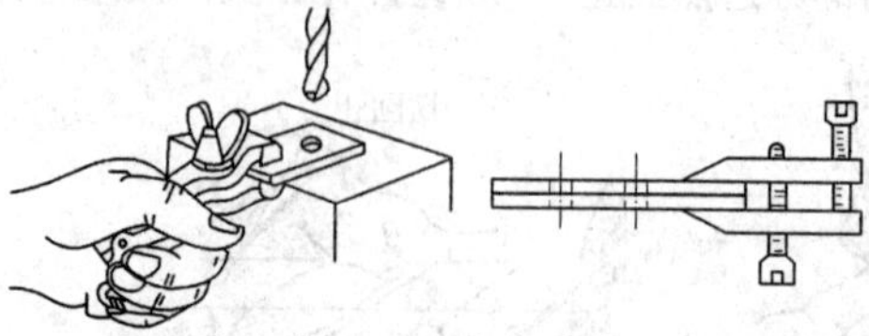	手虎钳和平行夹板用于夹持小型工件和薄板件
用压板夹持	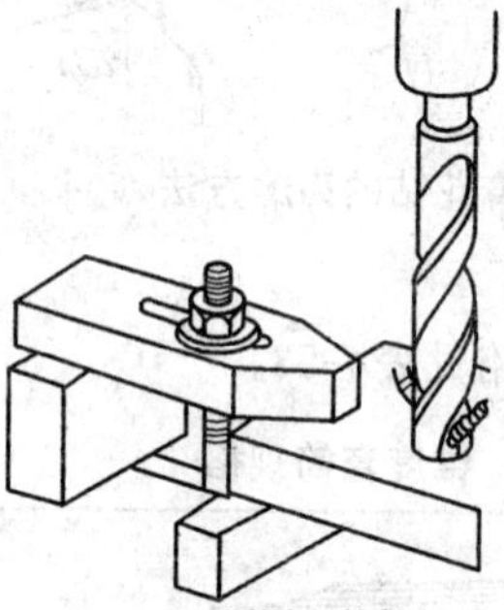 (a)用固定垫铁 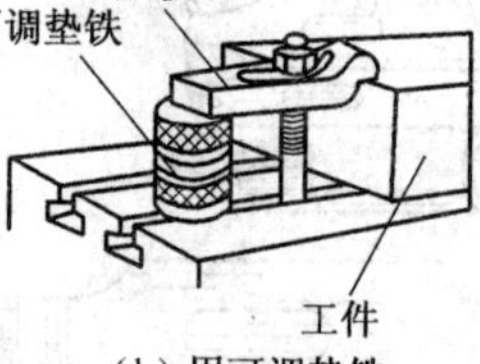 压板 可调垫铁 工件 (b)用可调垫铁	1. 用于对钻孔直径在 10mm 以上的工件; 2. 压板用 T 形螺栓、螺母和垫圈固定,将工件压紧在工作台上,垫铁高度应与工件高度一样
用平口钳夹持	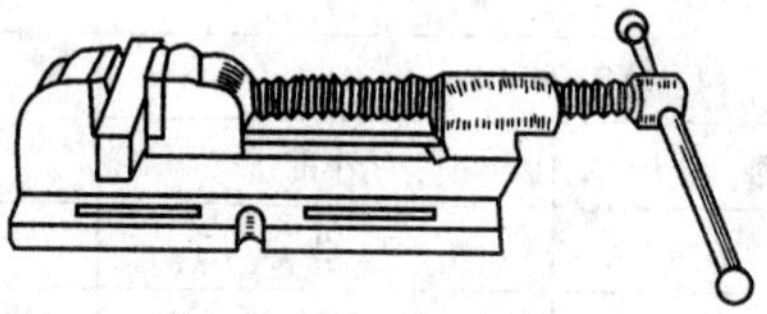	1. 用于装夹平整的小型工件; 2. 钻通孔工件时,应在工件底部垫入通孔垫铁,以免钻坏平口钳
用 V 形架装夹		1. 用于装夹圆轴或套筒工件; 2. 钻通孔时,应将工件钻孔部位离开 V 形架端面一段距离(V 形架端面与钻孔边缘距离 30mm 左右为宜),V 型架需要与工作台固定

续表 7-54

夹持方法	图示	说明
用卡盘装夹		1. 在圆柱形工件端面钻孔时，用三爪自定心卡盘； 2. 方形工件端面钻孔时，用四爪单动卡盘； 3. 卡盘需要与工作台固定

7.6.1.3 钻孔时的切削用量和冷却液

1. 钻孔时的切削用量

(1)切削要素

①切削速度 v (m/min)。钻头转动时，在钻头直径上一点的线速度，叫切削速度(主体运动速度)。可由下式计算：

$$v=\frac{\pi Dn}{1000}(\mathrm{m/min}) \tag{式 7-5}$$

式中 D——钻头直径(mm)；

n——钻头转数(r/min)。

②走刀量 s(mm/r)。钻头每转一周向下移动的距离，叫走刀量。

(2)切削用量的选择 切削用量的选择是指选择切削速度和走刀量。切削速度的大小，与工件材料、钻头直径、钻头材料、冷却液的使用及走刀量的大小等因素有关。很明显，切削速度大，钻头容易磨损，甚至退火。走刀量的大小与钻头直径及工件材料有关，过大的走刀量会使钻头扭断。

钻孔的切削用量多凭经验选择，一般来说：用小钻头钻孔时，转速应快些，走刀量要小些；用大钻头钻孔时，转速要慢些，走刀量要适当大些。钻硬材料时，转速要慢些，走刀量要小些；钻软材料时，转速要快些，走刀量要大些。若用小钻头钻硬材料时，可以适当地减慢速度。

2. 冷却液的选择

钻头在切削过程中所产生的热量，会使钻头的温度升高，从而使钻头迅速磨损，甚至退火而失掉切削性能。因此，钻孔时需要不断地向钻头工作部分输送冷却液，以降低温度，延长钻头使用寿命，提高钻孔质量和效率。冷却液要具有冷却、润滑、清洗和防锈这四大作用。钻孔时常用的冷却液见表 7-55。

表 7-55 各种材料钻孔时的冷却液

工件材料	冷却润滑液
各类结构钢	3%～5%的乳化液，7%的硫化乳化液
不锈钢、耐热钢	3%肥皂水加 2%亚麻油水溶液，硫化切削油
纯铜、黄铜、青铜	可不用，或用 5%～8%的乳化液
铸铁	不用，或用 5%～8%的乳化液，煤油
铝合金	不用，或用 5%～8%的乳化液，煤油，煤油和菜油混合
有机玻璃	不用，或用 5%～8%的乳化液，煤油

7.6.1.4 钻孔的方法（表 7-56）

钻孔的一般步骤为：

①将工件划好线，检查后打样冲眼；

②检查钻床各部分是否正常，调整好所需转速，准备好需用的冷却液；

③准备好钻头和工夹具等，工件压紧要平整牢固。

表 7-56 钻孔方法

类型	图示	说明
钻孔移位的修正（钻通孔）	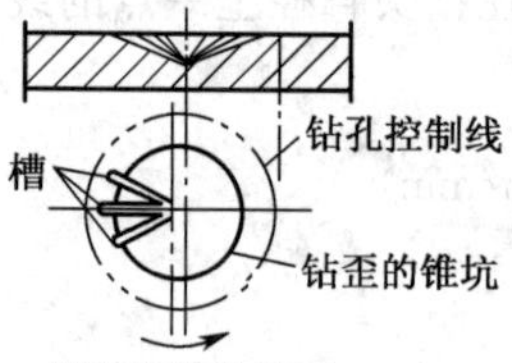 钻孔移位的修正	1. 使钻头对准钻孔中心线，开动钻床先锪窝，检查是否偏斜，若偏斜要进行纠正； 2. 纠正时，对于较大的孔可用尖錾在孔的偏差相反的边錾低一点，较小的孔可用样冲眼借正； 3. 当孔快钻通时，应减小进刀力
钻不通孔	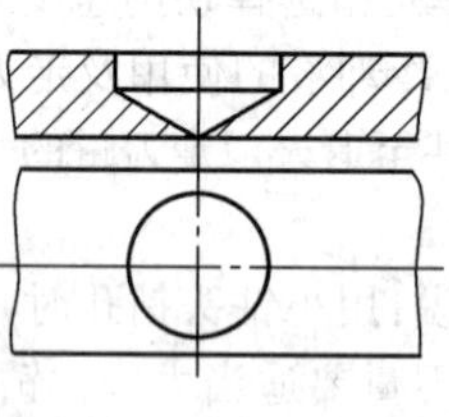	与钻通孔的方法相同，但要用钻床上的标尺来控制钻孔的深度；或在钻头上套定位环或用粉笔作标记，定位环或粉笔标记的高度等于钻孔深度加 1/3D（D 为钻头直径）
钻斜孔	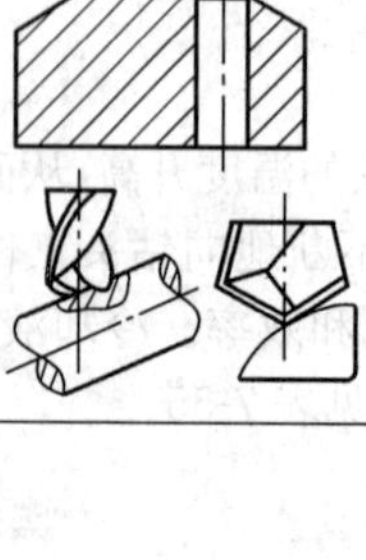	1. 钻孔前先铣出一个与钻头相垂直的平面； 2. 将工件安装成水平位置，钻出一个浅窝后，再把工件装夹成原来的倾斜位置，然后再进行钻孔

续表 7-56

类 型	图 示	说 明
钻圆柱面上的孔		工件装夹在V形架上，使V形架的中心位置与钻床主轴中心保持较高的同轴度
钻半圆孔		1. 先加工整孔，再去掉一半； 2. 或把两个工件合起来钻孔
钻相割孔		在已加工的大孔中嵌入与工件材料相同的金属棒后再钻孔
钻两联孔		1. 钻出大孔后换上装有小钻头的接长钻杆，以上孔为导引钻出下面的小孔 2. 若下孔较大可先钻一小孔，然后再扩孔

7.6.1.5 提高麻花钻钻孔精度的措施

1. 提高麻花钻钻孔精度的措施

①减小棱边与孔壁的摩擦、刮伤和避免切屑对孔壁的擦伤：修磨棱边，缩短棱边宽度；磨出副后角；加大钻头的倒锥。

②避免切削中定心不稳和振动：钻孔时定心的稳定情况主要决定于钻心部分的几何参数，群钻是利用适当减小内刃锋角，加大钻尖高，减小内刃前角和圆弧后角，并加大横刃斜角，以得到较小的内刃侧后角。总之，钻心部分要尖一些，后角小、刚性好，就加强了钳制力，钻头切入时定心就好，振动轻、不打抖、不出多边形。

③避免积屑瘤的产生：为了避免积屑瘤的产生，对于高速钢钻头应降低转速，使切削速度低于 2～6m/min；很重要的是降低各刃前、后刀面的表面粗糙度；注意及时消除棱边上的积屑瘤残痕，用油石磨光，避免孔壁划伤；并注意充分冷却。

④改善切削层的变形：切削刃要锋利，必要时修磨钻头的前刀面和棱边，加大前、后角，以保证切削省力，避免孔壁的撕裂现象。选用合适的冷却润滑剂，要重视运用表面活化剂，增强润滑作用。要正确选择切削用量，钻钢料要用较小的切深，宜用扩孔法。有时也可采用复合钻型，先钻后扩。进给量一般选用 0.05～0.15mm/r，

过小则因有一定的刃口圆弧半径，不易稳定切入工件，反而加大变形，引起振动。

⑤减小残留高度：一般在外缘处磨出双重锋角，作为过渡刃，$2\phi_1 \leqslant 60°$，或磨出圆弧刃，$R = 1 \sim 3\text{mm}$。

⑥提高钻头的运动精度：切削刃尽可能对称，两切削刃的相互跳动要小。要根据工件材料，摸索孔径的缩张量的规律。一般来说，工件材料的弹性越大，线膨胀系数越大，则孔径较容易收缩；而钻头的切削刃越锋利，定心越不稳，切削刃摆差较大，则孔径容易扩大。

上面列举了六个方面，但不是同等重要，应根据具体加工对象来选定主要的措施。

2. 提高麻花钻钻孔精度的示例

为了提高标准麻花钻的切削能力，保证钻孔精度；提高麻花钻使用寿命，现介绍几种修磨的钻头。

(1)*月牙弧(群钻钻型)* 如图 7-30 所示。加大前角，实现分屑和断屑，降低横刃钻尖高。

(2)*双重锋角刃和三重锋角刃* 如图 7-31 所示。一般外锋角较小，$2\phi_1 = 60° \sim 75°$，$l_1 = (1/4 \sim 1/3)l$；而内锋角较大，$2\phi = 120° \sim 150°$。

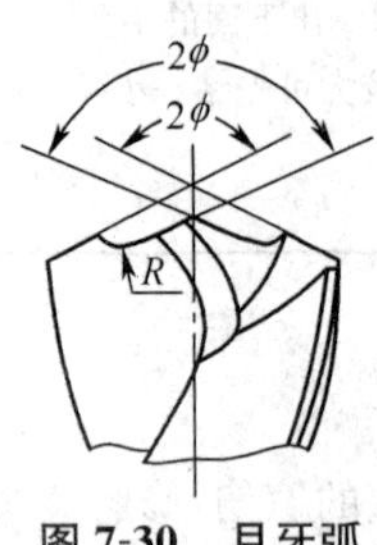

图 7-30 月牙弧

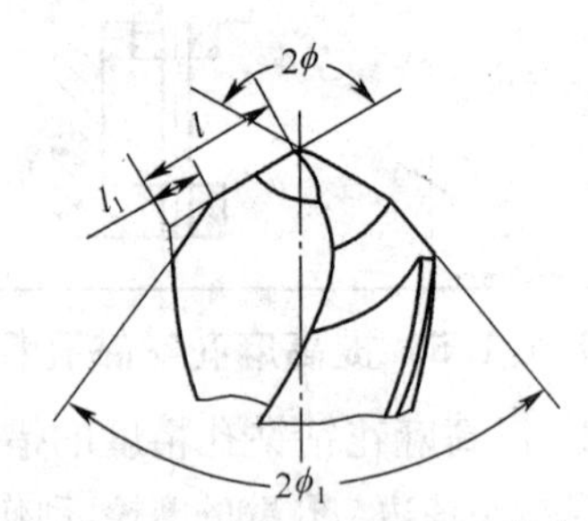

图 7-31 双重锋角刃和三重锋角刃

(3)*圆弧刃* 如图 7-32 所示，实际上是变锋角的切削刃，在大的凸圆弧刃段上各点的锋角改变，外小内大，从而提高了耐用度。通常，可取 $R = (0.6 \sim 0.65)d_t$，$l_1 = 1/3l$；外缘弧形刃还有利于提高加工精度和降低表面粗糙度。

(4)*月牙弧分屑槽和单边分屑槽* 如图 7-33 所示。月牙弧刃与外直刃交界 B 点刃尖能实现良好的分屑，另在单边外刃上磨出分屑槽也可实现分屑。

(5)*螺旋尖钻头* 如图 7-34 所示。它是采用一种较特殊的螺旋面刃磨方法，在专用刃磨机上刃磨。它在横刃附近形成具有砂轮外圆端面的圆弧形状的空间螺旋面，横刃在顶视图中为 S 形，在侧视图中为中心凸起的圆弧形，使横刃的前角加大，由标准麻花钻的 $-56°$ 增大到 $-27°$。这种钻头具有较好的自动定心作用，可提高加工精度，降低钻削力，轴向力比标准麻花钻降低 15%～35%，并提高了耐用度，适用于数控机床和钻硬度低的材料。

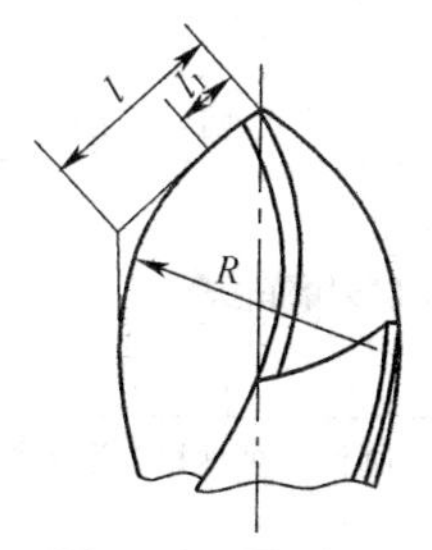

图 7-32 圆弧刃

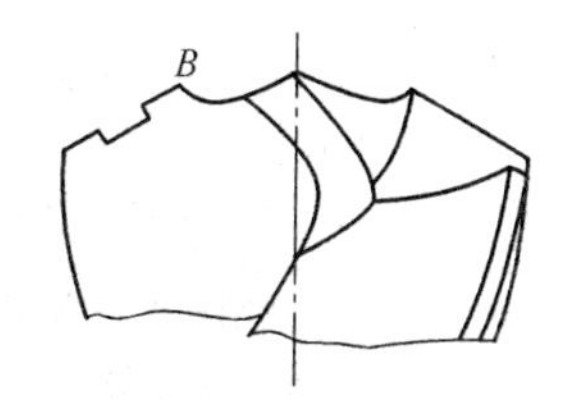

图 7-33 月牙弧分屑槽和单边分屑槽

7.6.1.6 钻孔出现问题和原因及安全技术

1. 钻孔出现问题和原因

由于钻头刃磨不良，切削用量选择不当，钻头或工件装夹不紧，钻削时钻头受力过大，或钻头刃口强度不够等原因，都会出现废品或钻头折断。钻孔中可能出现的问题和产生的原因及防止方法见表 7-57。

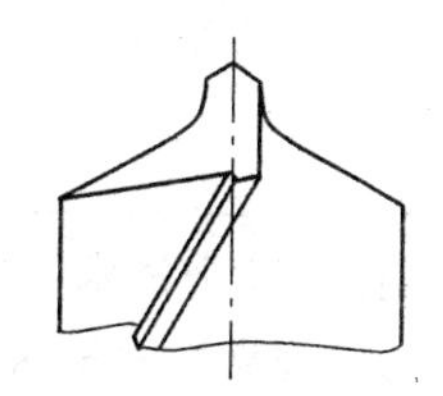

图 7-34 螺旋尖钻头

表 7-57 钻孔中可能出现的问题和产生的原因及防止方法

出现问题	产生原因	防止方法
孔大于规定尺寸	1. 钻头两个切削刃长度不等，角度不对称； 2. 钻头摆动	1. 将钻头两个切削刃长度刃磨一样，角度对称； 2. 捏紧钻夹头使钻头固定不动
孔壁粗糙	1. 钻头不锋利，两边不对称； 2. 后角太大； 3. 进刀量太大； 4. 冷却润滑液选用不当和冷却液供给不足	1. 将钻头刃磨锋利，两边对称； 2. 减小后角； 3. 正确选择进刀量； 4. 根据材料选用适当的冷却液并保证供给
孔位移	1. 工件划线不正确； 2. 工件安装不当或不紧固； 3. 钻头横刃太长，定心不良； 4. 开始钻孔时，孔钻偏而没有校正	1. 检查划线尺寸和样冲眼位置； 2. 工件要装夹稳固； 3. 磨短横刃； 4. 及时检查和校正钻孔位置
孔歪斜	1. 工件与钻头不垂直，钻床主轴与工作台面不垂直； 2. 钻头横刃太长； 3. 进刀过大，使小直径钻头弯曲	1. 调整工作台面与主轴垂直和正确装夹工件； 2. 磨短横刃； 3. 选择合适的进给量
钻头工作部分折断	1. 钻头磨钝，仍继续钻孔； 2. 钻头螺旋槽被切屑堵住，没及时排屑； 3. 孔快钻通时，没有减小进刀； 4. 工件松动； 5. 进给量太大	1. 把钻头刃磨锋利； 2. 经常退出钻头，排出切屑； 3. 减少进给量； 4. 将工件装夹稳固； 5. 正确选择进刀量

续表 7-57

出现问题	产生原因	防止方法
孔呈多角形	1. 钻头两个切削刃长度不等，角度不对称 2. 后角太大	正确刃磨钻头
切削刃迅速磨损或碎裂	1. 切削速度过高，冷却液选用不当和冷却液供给不足； 2. 没有根据工件材料来刃磨钻头的角度； 3. 工件内部硬度不均，有砂眼； 4. 进刀过大	1. 降低切削速度，充分冷却； 2. 根据工件硬度选择钻头刃磨角度； 3. 减少进给量

2. 钻孔的安全技术

①工作前要做好准备，检查工作地，清除机床附近一切障碍物，检查机床防护装置是否可靠；

②钻孔时操作者的衣袖要扎紧，严禁戴手套工作，头部不要离钻头太近，女同志必须戴帽子；

③工件夹紧要牢靠，一般不许用手捏着工件钻孔；

④清除切屑要用刷子，不要用棉纱或用嘴吹，也不要直接用手去清除；

⑤禁止开机时拧紧钻夹头，变速时应先停车；

⑥钻通孔时，工件下面应放垫铁，防止钻伤工作台表面。

7.6.2 铰孔

为了提高孔的表面粗糙度和精度，用铰刀对孔进行精加工，叫做铰孔。在许多机械零件和模具零件中，有些孔的精度和表面粗糙度要求很高，其中不少是要用铰刀加工的，所以铰孔的应用很广泛。铰孔的精度可达 6～9 级，表面粗糙度 Ra 可达 3.2～0.2μm。

7.6.2.1 铰刀

1. 直柄手用铰刀(GB/T 1131—1984)

直柄手用铰刀用于手工铰削各种圆柱配合孔，其结构和规格见表 7-58。

表 7-58 直柄手用铰刀的结构和规格(GB/T 1131—1984) (mm)

直径	总长	直径	总长	直径	总长	直径	总长
1.0	38	1.8	47	2.5	58	3.5	71
1.2	41	2.0	50	2.8	62	4.0	76
1.6	44	2.2	54	3.0	62	4.5	81

表 7-58

直径	总长	直径	总长	直径	总长	直径	总长
5.0	87	10.0	133	20.0	201	40.0	305
5.5	93	11.0	142	22.0	215	45.0	326
6.0	93	12.0	152	25.0	231	50.0	347
7.0	107	14.0	163	28.0	247	56.0	367
8.0	115	16.0	175	32.0	265	63.0	387
9.0	124	18.0	188	36.0	284	71.0	406

注:1. 铰刀精度分 H7,H8 和 H9 三个等级。

2. 铰刀齿数分为:4,6,8,10,12。

2. 可调节手用铰刀(JB/T 3869—1985)

可调节手用铰刀适用于钳工修配时手工铰削工件的配合用通孔,其结构和规格见表 7-59。

表 7-59 可调节手用铰刀的结构和规格(JB/T 3869—1985) (mm)

普通型　　带导向套型

铰刀类型	调节范围	刀片长度	总长	调节范围	刀片长度	总长
普通型	≥6.5～7.0	35	85	>19～21	60	180
	>7.0～7.75		90	>21～23	65	195
	>7.75～8.5	38	100	>23～26	72	215
	>8.5～9.25		105	>26～29.5	80	240
	>9.25～10		115	>29.5～33.5	85	270
	>10～10.75		125	>33.5～38	95	310
	>10.75～11.75		130	>38～44	105	350
	>11.75～12.75	44	135	>44～54	120	400
	>12.75～13.75	48	145	>54～68		460
	>13.75～15.25	52	150	>68～84	135	510
	>15.25～17	55	165	>84～100	140	570
	>17～19	60	170			
带导向套型	≥15.25～17	55	245			
	>17～19	60	260			
	>19～21		300			
	>21～23	65	340	>44～54	120	540
	>23～26	72	370	>54～68		550
	>26～29.5	80	400			

3. 机用铰刀

机用铰刀装在机床上铰削各种圆柱配合孔，其结构和规格见表 7-60。

表 7-60　机用铰刀的结构和规格　(mm)

直柄　　锥柄

种类		直径
直柄	高速钢铰刀	1.0,1.2,1.4,1.6,1.8,2.0,2.2,2.5,2.8,3.0,3.2,3.5,4.0,4.5,5.0,5.5,6.0,7.0,8.0,9.0,10.0,11.0,12.0,14.0,16.0,18.0,20.0
	硬质合金铰刀	6,7,8,9,10,11,12,14,16,18,20
锥柄	高速钢铰刀	10,11,12,14,16,18,20,22,25,28,32,36,40
	硬质合金铰刀	8,9,10,11,12,14,16,18,20,21,22,23,24,25,28,32,36,40

注：每种直径的铰刀按精度分为 H7,H8 和 H9 三个等级。

7.6.2.2　铰削余量、机铰切削用量的选择

1. 铰削余量的选择(表 7-61)

表 7-61　铰削余量的选择　(mm)

铰孔直径	<5	5～20	21～32	33～50	51～70
铰削余量	0.1～0.2	0.2～0.3	0.3	0.5	0.8

2. 机用铰刀铰削用量的选择(表 7-62)

表 7-62　机用铰刀铰削用量的选择

铰刀材料	工件材料	切削速度/m/min	进给量/mm/r
高速钢	钢	4～8	0.2～2.6
	铸铁	10	0.4～5.0
	铜、铝	8～12	1.0～6.4
硬质合金	淬火钢	8～12	0.25～0.5
	未淬火钢	8～12	0.35～1.2
	铸铁	10～14	0.9～2.2

注：1. 表中值用于加工通孔。加工盲孔时，切削速度应选取 4～6m/min，进给量 0.2～0.4mm/r。
2. 选择大小根据铰刀直径来确定，铰刀直径小，切削速度选上限，进给量选下限；直径大则相反。

7.6.2.3　铰削时冷却液的选择

铰削时必须用适当的冷却润滑液来减少摩擦，降低工件和铰刀温度，防止产生刀瘤，及时带走黏附在铰刀和孔壁上的切屑细末，从而使孔表面光洁，并减少孔径扩张量。铰削时切削液的选用见表 7-63。

表 7-63 铰削时切削液的选用

加工材料	切削液
钢	1. 10%～20%乳化液； 2. 铰孔要求高时，采用 30%菜油加 70%肥皂水； 3. 铰孔要求更高时，可用菜油、柴油、猪油
铸铁	1. 不用； 2. 煤油(会引起孔径缩小，最大缩小量达 0.02～0.04mm)； 3. 3%～5%乳化液
铝	1. 煤油； 2. 3%～5%乳化液
铜	5%～8%乳化液

7.6.2.4 铰孔方法

1. 铰圆柱孔的步骤和方法

①根据孔径和孔的精度要求(包括尺寸精度和表面粗糙度)，确定孔的加工方法和工序间的加工余量。

②进行钻孔或扩孔，然后进行铰孔。

③准备好铰孔工具，并检查铰刀质量，将铰刀装夹在铰杠上。

④把工件夹持牢固，但要防止工件变形。

⑤铰孔时，铰刀的中心线与孔的中心线必须重合。

⑥手铰时，两手要用力均匀，按顺时针转动铰刀。任何时候铰刀不能倒转，否则，铰出的孔不圆，尺寸不准；切屑挤住铰刀，划伤孔壁，使铰刀刀刃崩裂。

⑦铰孔过程中，如果转不动，不要硬扳，应小心地抽出铰刀，检查铰刀是否被切屑卡住或遇到硬点。

⑧铰孔时，进刀量大小要适当、均匀，并不断加冷却润滑液。

⑨铰完孔后要顺时针退出铰刀。

⑩机铰时，必须按工件材料和孔的直径，选择适当的切削速度和走刀量。铰刀最好安装在浮动夹头里。浮动夹头能使刀具作自由摆动，自动修正机床主轴中心与孔中心的偏离，减少铰孔后孔径扩大的现象。

2. 铰圆锥孔的方法

尺寸较小的圆锥孔，可先按小头直径钻出圆柱孔，然后用圆锥铰刀铰削即可。对于尺寸和深度较大的孔，为了节省时间，铰孔前首先钻出阶梯孔，如图 7-35 所示，然后再用铰刀铰削。铰削过程中，要经常用相配的锥销来检查铰孔尺寸，如图 7-36 所示。

7.6.2.5 铰孔时可能出现的问题和产生的原因

由于铰孔铰削用量选择不当，操作上的疏忽和铰刀的磨钝等原因，会使铰孔出现一些问题，表 7-64 列出了可能出现的问题和产生的原因。

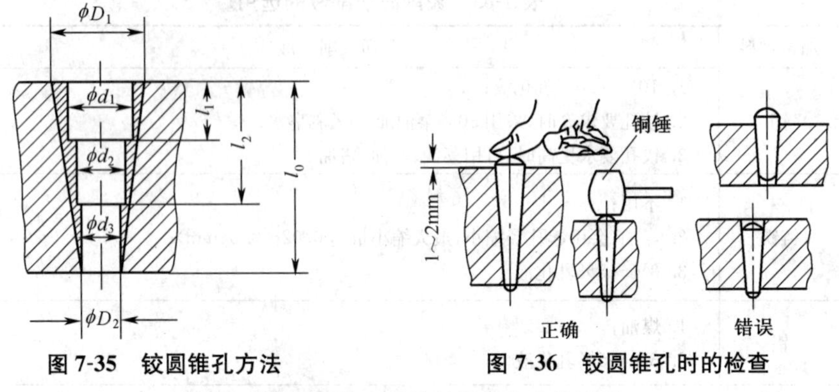

图 7-35 铰圆锥孔方法　　　图 7-36 铰圆锥孔时的检查

表 7-64 铰孔可能出现的问题和产生的原因

出现的问题	产生的原因
表面粗糙度达不到要求	1. 铰孔余量太大或太小； 2. 铰刀的切削刃不锋利； 3. 不用润滑液或用不合适的润滑液； 4. 铰刀退出时反转； 5. 切削速度太高
孔呈多角形	1. 铰削量太大，铰刀振动； 2. 铰孔前钻孔不圆
孔径扩张	1. 铰刀与孔中心不重合； 2. 铰孔时两手用力不均匀； 3. 铰孔时没有润滑； 4. 铰锥孔时没有用锥销检查； 5. 铰刀磨钝
孔径缩小	1. 铰刀磨损； 2. 铰刀磨钝

7.7 攻螺纹和套螺纹

7.7.1 螺纹

7.7.1.1 螺纹的形成

形成螺纹的基准线叫螺旋线。如图 7-37 所示，设在一圆柱上绕以直角三角形 ABC，底边 AB 与圆柱底部的圆周长度相等，斜边 AC 便在圆柱表面上形成一条曲线，这一条曲线就叫螺旋线；螺旋线转一周升高的距离，叫做螺旋线的导程，即 BC 长度；AC，AB 边所夹的角 α，叫螺旋升角。

螺旋线有左、右之分。从圆柱外面看，螺旋线自左向右升起的叫右螺旋线；相反叫左螺旋线，如图 7-38 所示。

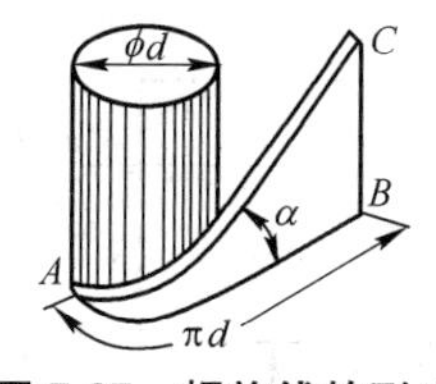

图 7-37　螺旋线的形成

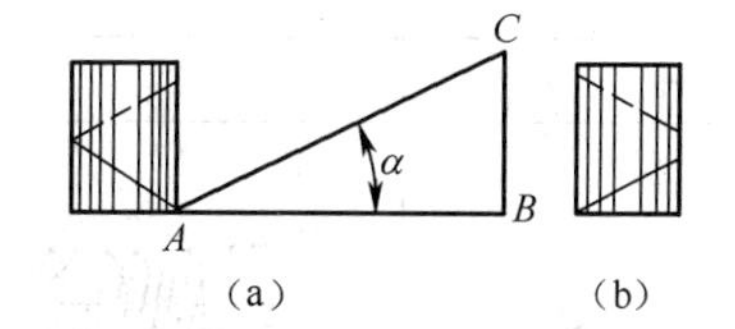

图 7-38　左、右螺旋线

(a)左螺旋线的圆柱　(b)右螺旋线的圆柱

在圆柱体上，按螺旋线切槽，就得出螺纹。

7.7.1.2　螺纹各部分名称(图 7-39)

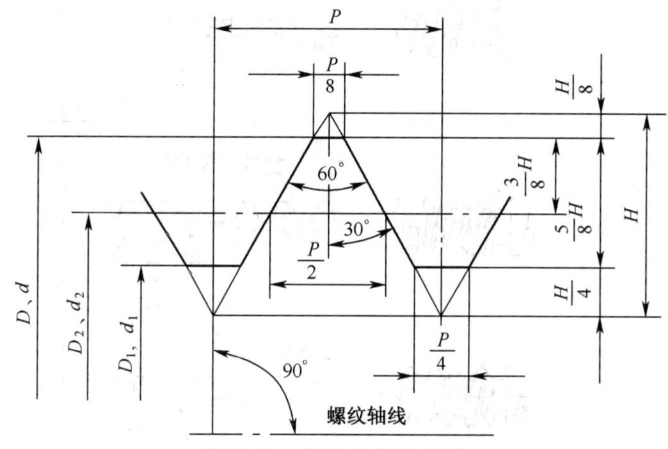

图 7-39　螺纹各部分名称

1. 内螺纹大径(D)、外螺纹大径(d)

螺纹的最大直径，即公称直径。

2. 内螺纹小径(D_1)、外螺纹小径(d_1)

螺纹的最小直径。

3. 内螺纹中径(D_2)、外螺纹中径(d_2)

螺纹的平均直径。在这个直径上牙宽与牙间相等。

4. 螺纹工作高度(H)

螺纹顶点到根部的垂直距离。

5. 螺纹剖面角(β)

右螺纹剖面上两侧所夹的角。公制螺纹为 60°。

6. 螺距(P)

相邻两牙对应点间的轴向距离。

7.7.1.3　螺纹的种类(表 7-65)

表 7-65　螺纹的种类

种　类	简　图	分　类
按螺纹剖面形状分	螺纹剖面角；螺矩；小径；平均直径；大径	三角螺纹
	螺矩；小径；大径	矩形螺纹
	螺矩；螺纹剖面角；小径；平均直径；大径	梯形螺纹
	螺矩；小径；大径	半圆形螺纹
	螺矩；螺纹剖面角；小径；大径	锯齿形螺纹
按螺纹旋向分	左螺纹；右螺纹	右螺纹 左螺纹

续表 7-65

种　类	简　图	分　类
按螺旋线数量分	(a) 双头螺纹　(b) 三头螺纹	单头螺纹 多头螺纹

7.7.1.4　普通螺纹和英制螺纹的基本尺寸

1. 普通螺纹的直径与螺距(表 7-66)

表 7-66　普通螺纹的直径与螺距　(mm)

公称直径 (*d*)	螺距(*t*)		公称直径 (*d*)	螺距(*t*)	
	粗牙	细牙		粗牙	细牙
3	0.5	0.35	20	2.5	2.0,1.5,1.0
4	0.7	0.5	24	3.0	2.0,1.5,1.0
5	0.8	0.5	30	3.5	2.0,1.5,1.0
6	1.0	0.75	36	4.0	3.0,2.0,1.5
8	1.25	1.0,0.75	42	4.5	3.0,2.0,1.5
10	1.5	1.25,1.0,0.75	48	5.0	3.0,2.0,1.5
12	1.75	1.5,1.25,1.0	56	5.5	4.0,3.0,2.0,1.5
16	2.0	1.5,1.0	64	6.0	4.0,3.0,2.0,1.5

2. 英制螺纹的基本尺寸(表 7-67)

表 7-67　英制螺纹的基本尺寸　(mm)

d/in	*d*	每 in 牙数	*t*	*d*/in	*d*	每 in 牙数	*t*
3/16	4.762	24	1.058	3/4	19.05	10	2.54
1/4	6.350	20	1.270	7/8	22.23	9	2.822
5/16	7.938	18	1.411	1	25.40	8	3.175
3/8	9.525	16	1.588	$1\frac{1}{8}$	28.58	7	3.629
1/2	12.7	12	2.117	$1\frac{1}{4}$	31.75	7	3.629
5/8	15.875	11	2.309	$1\frac{1}{2}$	38.10	6	4.233

7.7.2　攻螺纹

用丝锥在孔内切削出内螺纹称为攻螺纹。

7.7.2.1 丝锥

1. 丝锥构造

丝锥由切削部分、校准部分和柄部组成，如图 7-40 所示。丝锥用碳素工具钢或高速钢制造，并经过淬火处理。

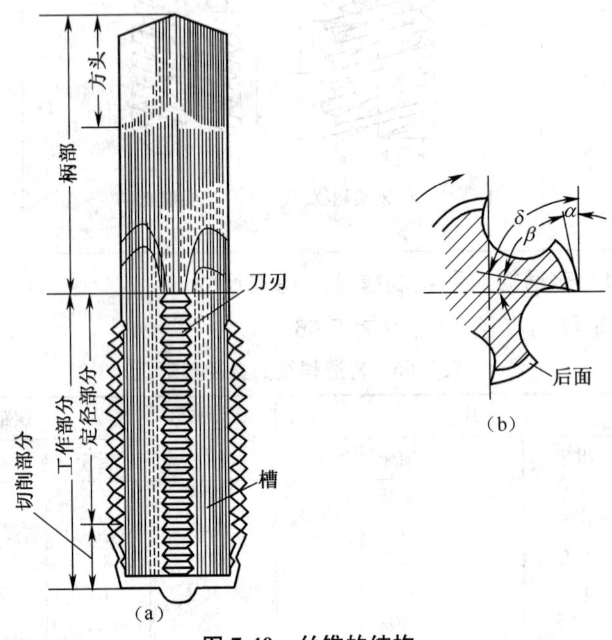

图 7-40 丝锥的结构

2. 丝锥的种类

丝锥是切削内螺纹的标准刀具，分为手用丝锥、机用丝锥和管子丝锥三种。手用和机用丝锥均有粗牙、细牙之分，管子丝锥则有管螺纹丝锥和圆锥管螺纹丝锥。

(1)手用丝锥 攻较小的通孔螺纹时，可以用头攻丝锥一次攻成。当螺纹尺寸较大或是盲孔时，为减小攻螺纹的切削力，采用成组丝锥加工。手用丝锥通常是两支或三支成一组，分为头攻、二攻、三攻。

(2)机用丝锥 使用时装在机床上，靠机床运动来攻螺纹。由于机床扭矩大，常用一把丝锥完成攻螺纹。但当工件直径较大或加工硬度高及韧性好的材料或盲孔时，应采用成组丝锥依次加工。

7.7.2.2 攻螺纹前底孔直径的决定

攻螺纹前首先要钻孔，钻头的直径应比螺纹的内径稍为大些，否则丝锥易在孔中折断；但如果钻孔直径过大，会使螺纹牙顶高度不够而产生废品。

攻螺纹底孔的直径可根据被加工螺纹的外径和螺距，通过查表或简单计算法来确定。

1. 简单计算法

常用以下经验公式：

硬性材料　$D=d-1.1t$　　（式 7-5）

韧性材料　$D=d-t$　　（式 7-6）

式中　D——底孔直径(mm)；

　　d——螺纹大径(mm)；

　　t——螺距(mm)。

2. 攻盲螺纹底孔深度的确定

盲孔(不通孔)攻螺纹时，钻孔深度的计算公式为：

钻孔深=需要的螺纹孔深度$+0.7d$　　（式 7-7）

3. 查表法

(1)公制螺纹钻螺纹底孔用钻头直径(表 7-68)

表 7-68　公制螺纹钻螺纹底孔用钻头直径　　(mm)

公称直径(d)	螺距(t)		钻头直径(D)
3	粗	0.5	2.5
	细	0.35	2.65
4	粗	0.7	3.3
	细	0.5	3.5
5	粗	0.8	4.2
	细	0.5	4.5
6	粗	1	5
	细	0.75	5.25
8	粗	1.25	6.7
	细	1 0.75	7 7.2
10	粗	1.5	8.5
	细	1.25 1 0.75	8.7 9 9.2
12	粗	1.75	10.2
	细	1.5 1.25 1	10.5 10.7 11

公称直径(d)	螺距(t)		钻头直径(D)
14	粗	2	11.9
	细	1.5 1.25 1	12.5 12.7 13
16	粗	2	13.9
	细	1.5 1	14.5 15
18	粗	2.5	15.4
	细	2 1.5 1	15.9 16.5 17
20	粗	2.5	17.4
	细	2 1.5 1	17.9 18.5 19

(2)英制螺纹钻螺纹底孔用钻头直径(表7-69)

表7-69 英制螺纹钻螺纹底孔用钻头直径 (mm)

公称直径/in	每in牙数	钻头直径		公称直径/in	每in牙数	钻头直径	
		铸铁 青铜	钢 黄铜			铸铁 青铜	钢 黄铜
3/16	24	3.7	3.7	7/8	9	19.1	19.3
1/4	20	5.0	5.1	1	8	21.9	22
5/16	18	6.4	6.5	$1_{1/8}$	7	24.6	24.7
3/8	16	7.8	7.9	$1_{1/4}$	7	27.8	27.9
7/16	14	9.1	9.3	$1_{1/2}$	6	33.4	33.5
1/2	12	10.4	10.5	$1_{5/8}$	5	35.7	35.8
9/16	12	12	12.1	$1_{3/4}$	5	38.9	39
5/8	11	13.3	13.5	$1_{7/8}$	$4_{1/2}$	41.4	41.5
3/4	10	16.3	16.4	2	$4_{1/2}$	44.6	44.7

7.7.2.3 攻螺纹的方法(表7-70)

表7-70 攻螺纹的方法

攻螺纹操作步骤	图示	说明
钻底孔	工作图	根据螺纹要求,通过计算或查表确定钻孔直径和深度,选用合适的钻头钻出底孔
锪倒角	90°	钻通的两面孔口用90°锪钻倒角,使倒角的最大直径大于或等于螺纹的公称直径;这样,丝锥容易切入,最后一道螺纹也不至于在丝锥穿出来时崩裂

续表 7-70

攻螺纹 操作步骤	图　示	说　明
头攻丝锥攻螺纹	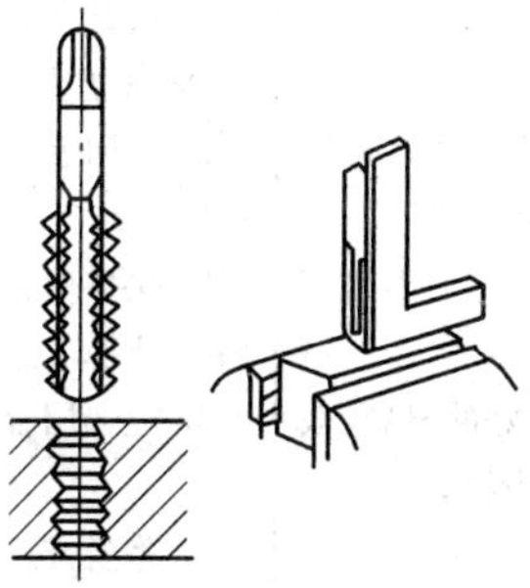	把要攻螺纹的工件牢固地夹持在虎钳上，孔与攻牙端面垂直。选择合适的扳手和丝锥，先用头攻粗攻出螺纹。要尽量把丝锥放正，然后两手用力要轻而均匀，以适当的压力和扭矩把丝锥切入孔内。当切入1～2圈时，再仔细观察和校正丝锥的位置。可用肉眼观察或用角尺检查丝锥的垂直度。一般在切入3～4圈时，丝锥已正确导入孔内，此时可不必再使用压力，只施加扭矩即可。有的工件材料可加切削液
二攻、三攻丝锥攻螺纹	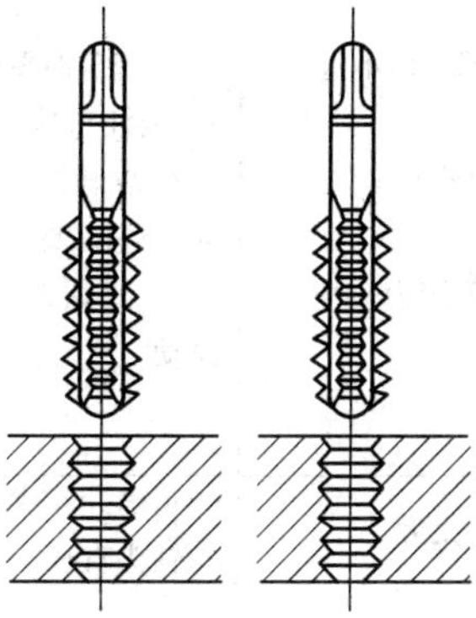	当头攻螺纹切削完后，继续用二攻、三攻丝锥修光螺纹。二攻、三攻时，必须用手旋进头攻过的螺纹中，使其深度达到良好的引导后，再用扳手。按照上述方法，前后旋转，直到攻螺纹完成为止
攻螺纹操作方法与攻螺纹注意事项	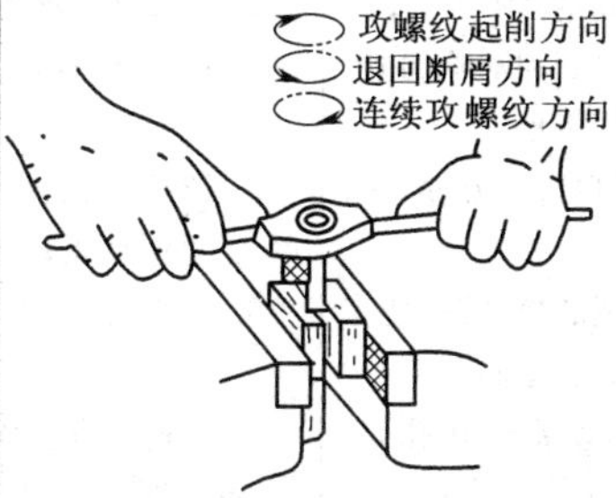 攻螺纹起削方向 退回断屑方向 连续攻螺纹方向	攻螺纹过程中，旋转（切削）的方向为顺时针，每扳转1/2～1周，就要倒退1/4周，以使切屑碎断并从屑槽中排出。当出现扭转回应力（不能再前进而感到扳手有弹性）时，要停止用力，退出并更换丝锥，以防丝锥折断。 深孔、盲孔攻螺纹时，必须随时旋出丝锥，清除丝锥和底孔的切屑。盲孔中的切屑，可用带磁性的钢丝把切屑吸出来。盲孔深度，即丝锥应攻入的长度，要有标记，防止丝锥已攻到盲孔尽头还继续攻而造成丝锥折断

7.7.2.4 攻螺纹时产生废品及丝锥折断的原因和防止方法(表 7-71)

表 7-71 攻螺纹时产生废品及丝锥折断的原因和防止方法

废品形式	产生原因	防止方法
螺纹乱扣、断裂、撕破	1. 底孔直径太小,丝锥攻不进,使孔口乱扣; 2. 头攻攻过后,攻二攻时放置不正,头、二攻中心不重合; 3. 螺孔攻歪斜,而用丝锥强行借,而借不过来; 4. 低碳钢及塑性好的材料,攻螺纹时没用冷却润滑液; 5. 丝锥切削部分磨钝	1. 认真检查底孔,选择合适的底孔钻头,将孔扩大再攻; 2. 先用手将二攻旋入螺孔内,使头、二攻中心重合; 3. 保持丝锥与底孔中心一致,操作中两手用力均衡,偏斜太多不要强行借正; 4. 应选用合适冷却润滑液; 5. 将丝锥后角修磨锋利
螺孔偏斜	1. 丝锥与工件端平面不垂直; 2. 铸件内有较大砂眼; 3. 攻螺纹时两手用力不均匀,偏向于一侧	1. 起削时要使丝锥与工件端平面成垂直,要注意检查与校正 2. 攻螺纹前注意检查底孔,如砂眼太大,不宜攻螺纹; 3. 要始终保持两手用力均衡,不要摆动
螺纹高度不够	攻螺纹底孔直径太大	正确计算或查表选择攻螺纹底孔直径与钻头直径
丝锥折断	1. 底孔直径太小; 2. 工件材料中夹有杂质或有较大砂眼; 3. 扭矩过太或用力不均衡; 4. 没有及时碎断和清除切屑,切屑过多将螺孔堵死; 5. 丝锥歪斜,单边受力过大; 6. 未采用合适的冷却液,使工件(如不锈钢)咬住丝锥; 7. 攻盲孔时,丝锥顶住孔底,仍用力旋转丝锥; 8. 两手扳转铰杠时,力不平衡或用力过大	1. 根据工件材料合理选用底孔直径; 2. 攻螺纹前检查螺孔中砂眼、夹渣等情况; 3. 经常反转丝锥断屑; 4. 及时排除切屑; 5. 经常检查丝锥与工件表面的垂直度,并及时纠正; 6. 应选用合适的冷却液; 7. 应先检查孔深,在丝锥上做深度标记,并及时清除切屑; 8. 两手应平衡用力,不可硬扳

7.7.3　套螺纹

用板牙在圆柱体上切削出外螺纹，称为套螺纹。

7.7.3.1　圆板牙、板牙架

1. 圆板牙

是加工外螺纹的工具，它用合金工具钢或高速钢制造并经淬火处理而成。板牙由切削部分、校准部分和排屑孔组成，如图 7-41 所示。

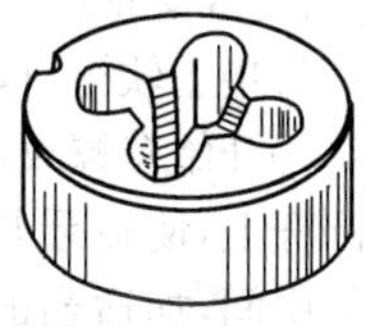

图 7-41　圆板牙

2. 板牙架

是装板牙的工具(见 7.1.5.)，圆板牙放入后用螺钉紧固。

7.7.3.2　套螺纹时圆杆直径的确定

套螺纹与攻螺纹相仿，是用板牙在圆杆上套出螺纹。一般圆杆直径用公式计算或查表取得。

1. 套螺纹时圆杆直径计算法

$$D=d-0.13t \quad (式 7-8)$$

式中　D——套螺纹前圆杆直径(mm)；

d——螺纹大径(公称直径)(mm)；

t——螺距(mm)。

对于软质、韧性材料，D 值可以稍小些。

2. 套螺纹时圆杆直径查表法(表 7-72)

表 7-72　套螺纹时圆杆直径　(mm)

普通螺纹			英制螺纹		非螺纹密封的管螺纹	
螺纹直径	螺距	圆杆直径	螺纹代号	圆杆直径	螺纹代号	管子直径
M6	1	5.82～5.91	1/4	5.90～6.05	1/8	9.35～9.54
M8	1.25	7.8～7.9	5/16	7.48～7.63	1/4	12.74～12.92
M10	1.5	9.78～9.88	3/8	9.06～9.20	3/8	16.24～16.42
M12	1.75	11.74～11.87	1/2	12.1～12.30	1/2	20.50～20.70
M14	2	13.71～13.86	5/8	15.25～15.45	5/8	22.46～22.65
M16	2	15.71～15.86	3/4	18.40～18.60	3/4	25.97～26.17
M18	2.5	17.61～17.84	7/8	21.46～21.70	7/8	29.73～29.93
M20	2.5	19.67～19.84	1	24.60～24.80	1	32.75～32.97
M22	2.5	21.67～21.84			$1_{1/4}$	41.36～41.60
M24	3	23.63～23.82			$1_{1/2}$	47.20～47.47

7.7.3.3 套螺纹方法

①选择合适直径的圆杆，并把端部倒角约为15°～40°，以便起削，如图7-42(a)所示；否则，会造成套螺纹歪斜，如图7-42(b)所示。

②垫上软钳口，将圆杆夹正，夹牢。

③开始套螺纹，将装在板牙架上的板牙套在圆杆上，使板牙与圆杆垂直。右手握住板牙架的中间，加适当的压力，并顺时针转动(左旋时逆时针转动)，在板牙切入圆杆1～2牙时，用目测检查是否套正；如果不正应慢慢纠正后再继续往下套螺纹，这时就不再加压力。另外也要经常倒转板牙，使切屑割断。

④对套M12以上的螺纹，为了避免板牙扭裂，可用可调节板牙，分成2～3次套成。

⑤为了延长板牙的使用寿命，提高螺纹的表面粗糙度，套螺纹时也应加适当的冷却润滑液。

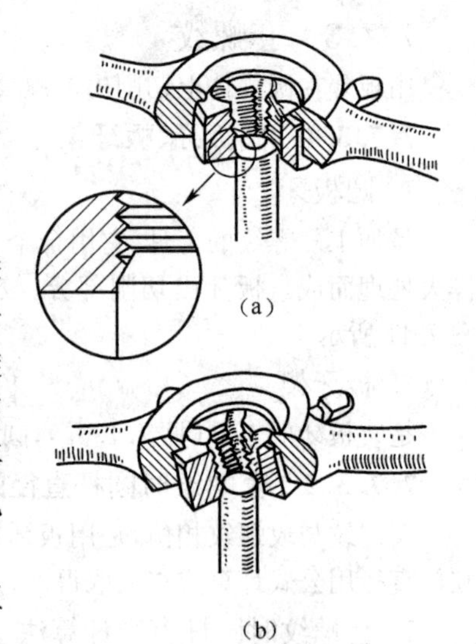

图7-42 套螺纹起削

7.7.3.4 套螺纹时产生废品的原因及防止方法(表7-73)

表7-73 套螺纹时产生废品的原因及防止方法

废品形式	产生原因	防止方法
乱牙	1. 圆杆直径太大； 2. 板牙歪斜太多，强行借正； 3. 套螺纹时，板牙没有经常倒转，使切屑堵塞； 4. 板牙架掌握不稳； 5. 对韧性材料未使用适合冷却液，使螺纹被撕裂	1. 根据材料性质正确选择圆杆直径； 2. 开始时应扶正板牙架，并经常检查校正； 3. 应经常倒转板牙，使切屑碎断及时排屑； 4. 双手用力应平稳，防止板牙架产生摇摆； 5. 使用合适的冷却液，防止螺纹撕裂
螺纹太浅	1. 圆杆直径太小； 2. 用带调整槽的板牙套螺纹时，直径调节太大	1. 根据材料性质正确选择圆杆直径； 2. 适当调节板牙直径
螺纹歪斜	1. 板牙端面与圆杆不垂直； 2. 两手用力不均衡，使板牙歪斜	1. 扶正板牙架，使板牙端面与圆杆保持垂直； 2. 两手用力应均衡，防止板牙歪斜

续表 7-73

废品形式	产生原因	防止方法
螺纹太瘦	1. 板牙已切入工件，仍施加压力； 2. 板牙架摆动太大，或由于偏斜多次扶正使螺纹中径变小	1. 板牙切入工件后，不能加压力，只用扭矩； 2. 两手要把稳板牙架，用力要均衡
螺纹表面粗糙	1. 板牙磨钝； 2. 套螺纹时，板牙没有经常倒转； 3. 没有使用合适的冷却润滑液	1. 换新板牙； 2. 应经常倒转板牙，使切屑碎断，避免划伤螺纹表面； 3. 根据材料选用合适冷却润滑液

7.8 刮 削

利用刮刀在已加工的工件表面上刮去一层很薄的金属，这种操作叫刮削。

刮削是一种精加工方法。刮削的时候，刮刀的负前角起着推挤的作用，即不但起着切削作用，而且起着压光作用，因此具有较高的表面粗糙度。这样可以增加零件相配合表面的接触面积，减少摩擦阻力和磨损，保证零件应有的精度和使用寿命。另外，还可以增加零件表面的美观。所以，刮削是机器制造和机床修理等工作中，不可缺少的一种加工方法。

7.8.1 刮削工具

7.8.1.1 刮削工具的种类和用途（表 7-74）

表 7-74 刮削工具的种类和用途

名称		简图	用途
平面刮刀	推刮刀		粗刮平面
	挺刮刀		挺刮平面
	钩头刮刀		拉刮平面
曲面刮刀	三角刮刀		刮内曲面
	半圆头刮刀		刮大直径内曲面
	柳叶刮刀		刮对合轴承及铜套
	匙形刮刀		刮软金属曲面
	蛇头刮刀		刮内曲面

7.8.1.2 刮刀的刃磨

刮刀的刀刃必须保持锋利，因而要经常刃磨。刃磨方法见表7-75。

表7-75 刮刀刃磨方法

刃磨方法	图示	说明
粗磨	砂轮 砂轮	在砂轮上进行粗磨。把淬硬的刮刀顶端搁在砂轮搁架上，对着砂轮轮缘平稳地左右移动，使刮刀端面磨平；然后将刮刀的平面和侧面沿着砂轮端面前后移动磨平，而且，各对面要平行。刃磨刮刀时，要充分用水冷却，防止刮刀发热而退火
细磨		1. 在砂轮上粗磨后的刮刀，刀刃上留有极微细的凹痕或毛刺，必须在油石上加以细磨； 2. 用油石刃磨刮刀的方法：首先在油石上涂上一层机油，然后，使刀身垂直于油石表面，磨平端面后，磨宽平面，且两个宽平面和端面要交替着磨，使毛刺交替地断落下来； 3. 为了避免刃口钩住油石，刮刀的刃口和运动方向需交成一个较小的角度
曲面刮刀刃磨		1. 曲面刮刀的刃磨方法和平面刮刀相似，也分粗磨和细磨； 2. 粗磨时，以一手轻轻地把刃口压在砂轮上，另一手握着刮刀柄使它依照刀口弧形摆动，同时又在砂轮上移动； 3. 细磨时，将刮刀刃口放在油石上，作往复直线和圆弧运动

7.8.2 显示剂的种类和应用

显示剂是用来显示被刮削表面和标准表面间接触面的大小所涂的一种辅助材料。

7.8.2.1 常用显示剂种类(表 7-76)

表 7-76 常用显示剂种类

名称	调制	适用材料
红丹油	氧化铁(红色)+机油	钢或铸铁
黄丹油	氧化铝(黄色)+机油	
蓝丹油	蓝油+蓖麻油+机油	铜合金、巴氏合金

7.8.2.2 显示剂的使用(表 7-77)

表 7-77 显示剂的使用

涂覆部位	对研后工件表面特点	适用范围
显示剂涂在校准工具上	工件表面着色点为高凸点,且面积较大,研点暗淡,不易看清	适用于粗刮
显示剂涂在工件表面上	工件表面呈红底黑点,表面的亮点为高点,容易看清	适用于细刮

7.8.3 检验工具及刮削质量检验

7.8.3.1 检验工具

1. 检验工具种类及用途(表 7-78)

表 7-78 检验工具种类及用途

名称	简图	用途
标准平板	三个支承点 筋	检验宽平面

续表 7-78

名　称	简　图	用　途
标准直尺		检验及磨合窄而长的平面
角度平尺		检验组合角度，如燕尾导轨
检验轴		检验曲面

2. 标准平板的规格及精度等级(表 7-79)

表 7-79　标准平板的规格及精度等级

序号	平板尺寸/mm				平板的平面度公差/μm			
	L	*B*	*H*	*h*	0 级	1 级	2 级	3 级
1	200	100	50	16	±3	±6	±12	±30
2	200	200	60	16	±3	±6	±12	±30
3	300	200	75	20	±3.5	±7	±12.5	±35
4	300	300	80	22	±3.5	±7	±13	±35
5	400	300	90	26	±3.5	±7	±14	±35
6	400	400	100	26	±3.5	±7	±14	±40
7	600	450	120	28	±4	±8	±16	±40
8	800	500	140	30	±4	±8	±18	±45
9	1 000	750	180	32	±5	±10	±20	±50
10	1 500	1 000	220	35	±6	±12	±25	±60

注：*L*——长度，*B*——宽度，*H*——全高，*h*——检测平面的高度。

3. 平尺工作面的精度(表 7-80)

表 7-80 平尺工作面的精度 (μm)

平尺长度/mm	直线度			平行度			角度平尺工作面间的角度偏差/(″)	
	精度等级							
	0	1	2	0	1	2	1	2
500	3	6	12	4	8	15	±5	±10
750	4	8	15	6	12	20		
1 000	5	10	20	8	15	30		
1 500		15	30		20	40		
2 000		20	40		25	50		

7.8.3.2 刮削质量检验

刮削精度包括尺寸精度、形状和位置精度、接触精度及贴合程度、表面结构等。根据工件的工作要求不同,检查刮削质量的方法主要有两种。

①用 25×25mm² 面积内贴合点的数目来表示。各种平面接触精度研点数见表 7-81;曲面刮削中,滑动轴承的研点数见表 7-82。

表 7-81 各种平面接触精度研点数

平面种类	每 25mm² 内的研点数	应用举例
一般平面	2~5	较粗糙机件的固定接合面
	5~8	一般接合面
	8~12	机器台面、一般基准面、机床导向面、密封接合面
	12~16	机床导轨及导向面、工具基准面、量具接触面
精密平面	16~20	精密机床导轨、直尺
	20~25	1 级平板、精密量具
超精密平面	>25	0 级平板、高精度机床导轨、精密量具

表 7-82 滑动轴承的研点数

轴承直径/mm	机床或精密机械主轴轴承			锻压设备、通用机械的轴承		动力机械、冶金设备的轴承	
	高精密	精密	普通	重要	普通	重要	普通
	每 25mm² 内的研点数						
≤120	25	20	16	12	8	8	5
>120	—	16	10	8	6	6	2

②用实际贴合面积的百分率表示，百分率的大小根据工作要求而定。

7.8.4 刮削余量的选择

因为刮削是一种繁重的劳动和精密度较高的工作，因此，刮削余量不能过大，又不能过小。合理的刮削余量随刮削面积的大小而定。

7.8.4.1 平面刮削余量(表 7-83)

表 7-83 平面刮削余量 (mm)

平面宽度	平面长度				
	＜500	500～1 000	1 000～2 000	2 000～4 000	4 000～6 000
＜100	0.05	0.10	0.10～0.15	0.15～0.20	0.20
＞100～500	0.10	0.10～0.15	0.10～0.20	0.15～0.20	0.20～0.30

7.8.4.2 孔的刮削余量(表 7-84)

表 7-84 孔的刮削余量 (mm)

内孔直径	内孔长度		
	＜100	100～200	200～300
＜80	0.05	0.08	0.12
80～180	0.10	0.15	0.20
180～360	0.15	0.20	0.30

7.8.5 刮削方法

7.8.5.1 准备工作

①准备好刮削用的工具和显示剂；

②检查工件表面质量和刮削余量是否合乎要求，并倒角去毛刺；

③调整工件的位置，使其高低合适，确定是否需要夹持，以便于操作；

④用着色法检查工件刮削表面，确定刮削部位，以便有目的地进行刮削。

7.8.5.2 平面刮削的方法

1. 平面刮削的方法(表 7-85)

表 7-85 平面刮削的方法

刮法	图 示	说 明
手刮法		工作时，右手握住刮刀的柄部，左手掌搁在刮刀中部，四指卷曲，拇指伸出靠在刮刀侧边上，使刮刀与工件表面的夹角成 20°～40°，两脚分开，左前右后，膝部微弯。刮削时，右手利用上身前倾使刮刀向前推挤，左手向下压，使刀刃切入工件表面，当刮刀推进到所需位置时左手迅速将刮刀提起

续表 7-85

刮法	图示	说明
挺刮法		刮刀柄放在右小腹下侧，双手握住刮刀，右手在前距刮刀头部适当位置。刮削时，上身稍向前弯曲，用刮刀刮削刃对准研点的边缘，双手用力向下压刮刀，双膝向前弯，利用腿部和腰部力量，使刮刀向前推挤至研点终端。刮刀推动时，左手控制刮刀方向，右手立即将刮刀提起

2. 平面刮削的过程(表 7-86)

表 7-86 平面刮削的过程

过程	图示	说明
粗刮		由于工件表面有显著的加工痕迹或已生锈，加工余量大，所以要先进行粗刮。方法是采用长柄刮刀，可以加大压力或行程，使刮屑厚而宽，去屑多。压力用得恰当时刮下的铁屑发热，刀口有青烟。刮削时刀痕要连成一片，不可重复。每刮四、五遍以后，平面的四周就会比中间高些，所以，四周必须多刮两次。刮第二遍时与第一遍约成 30°～45°，交叉进行一直到用肉眼看不出有不平的现象，然后用油石或细锉去掉粗刮中产生的毛刺，擦净表面，用显示剂检查贴合点的分布情况，并按点子修刮，一直刮到每 25mm^2 的面积内有 4～6个贴合点时为止
细刮		是把已经贴合的点子一个一个刮去，使一个贴合点变成几个贴合点，从而增加贴合点的数目，直到符合所要求的表面质量。平面经细刮后，研出的点子相互距离逐渐接近； 当显示剂涂在标准平板上时，可以看出三种深浅不同颜色的斑点，灰亮点的地方，是表面较高的地方；显出黑色点的地方，其高低适中；没有贴上颜色而呈白色的地方最低； 细刮时采用的刮刀不要太宽，一般在 15mm 左右为宜；可用短刮法(即刀痕短而不连续)多刮灰亮色点，不刮黑色点子；在刮削的过程中，要按一定方向刮削，每刮完一遍，要变换一下方向，以形成 45°～60°的网纹；当刮到每 25mm^2 面积内有 15～20 个贴合点时，就可以精刮了

续表 7-86

过程	图示	说明
精刮		在细刮的基础上，再经过一番精刮，以提高表面质量； 精刮时，使用小刮刀进行，刀痕在 4mm 左右，精刮的方法是：精力要集中，力的大小要适当，刀刃必须保持锋利，否则产生撕纹；每刀必须刮在点子上，点子越多，刀痕要越小，刮削要越轻；当点子逐渐增加时，可以分三个步骤刮削：最大最亮的点子全部刮去，中等点子刮去一小片，小点子留着不刮；在精刮后，一般应达到在 $25mm^2$ 内有 20～25 个贴合点。如果研出点子很细小而不明显时，可用研磨平板涂上氧化铬或用煤油研磨一下，然后再用标准平板研点，这时点子就很清晰； 刮削过的表面应该有细致而均匀的网纹，不应有刮伤和落刀刀痕，并用检验框检查被刮平面的贴合点数，必要时用水平仪或百分表进行精度检验
刮花		刮花是在已刮好的工件表面用刮刀刮去极薄一层金属，以形成花纹，其作用是改善润滑，增加美观，并可根据花纹的磨损和消失情况来判断磨损程度。 刮花方法： 1. 刮花前在工件表面涂一层显示剂，用铅笔画出与工件边成 45°的方格； 2. 刮花多用带有弹性的刃口较窄而锋利的刮刀，根据花纹形状采用其刮刀； 3. 先使切削刃右侧与工件接触，随刮刀前进而逐渐增加压力，使刀痕变宽，然后向右前方推动刮刀，压力相应逐渐减小，最后滑刮而起； 4. 刮花时，要与工件成 45°进行；一个方向的花纹刮完后，调转 180°再刮另一方向的花纹

7.8.5.3 曲面刮削的方法

轴承孔的精密加工，除了铰、镗和磨削以外，还常用刮削的方法进行加工。曲面刮削的方法，见表 7-87。

表 7-87 曲面刮削的方法

刮法	图示	说明
磨点子	密点	把显示剂均匀地涂在轴面上（或检验轴），然后放在轴承里，拧紧螺栓，使轴转动几下，再松开螺栓取下轴，检查贴合点的分布情况。每刮一次就应检查一次，直到刮好为止。如果轴在轴承里面转动经常受要一个方向的力时（如皮带的拉力），就应将受力部位刮成密集的贴合点

续表 7-87

刮　法	图　示	说　明
曲面刮刀的使用	γ (a) γ (b) (c)	曲面三角刮刀的握法：右手握刀柄，左手略向前扶住刀身，并加以适当的压力，使刀刃接触工件，避免刀具振动，左、右手配合，使刮刀向左或向右沿曲面转动着刮削，并稍有向前推的运动。 在刮削中，正确掌握刮刀的位置是很重要的，它有以下三种情况： 1. 有较大的负前角，如图(a)所示，这时刮削的切屑极薄，不会产生凹痕，使刮削表面很光滑； 2. 有较小的负前角，如图(b)所示，这时刮削的切屑较薄，能把点子很好刮去，并能把圆孔表面集中的点子改变成均匀分布的点子； 3. 前角为零，如图(c)所示，这时刮削的切屑较厚，容易产生凹痕，适用于粗刮。 曲面刮削开始时，刮刀压力要小些，然后逐渐增加，待刮刀刃口经过最高点以后，再逐渐减小压力，使刮刀慢慢地离开工件表面，以免出现刀痕
曲面刮削精度检查	—	检验时，同样以 25mm² 内的贴合点数目为标准，并应均匀地分布在整个曲面上 根据经验：刮机床主轴轴瓦时，经常有意识地把轴瓦中间一段的贴合点刮稀一些，轴瓦两端的贴合点刮密一些，这样可使轴瓦的中间间隙略大点，润滑情况良好，适于高速运转，同时由于轴瓦两端配合较紧密，可使轴瓦不漏油

7.8.6 刮削中可能出现的问题和原因(表 7-88)

表 7-88　刮削中可能出现的问题和原因

可能出现的问题	产 生 原 因
平面有深凹，刮削表面有振痕	刮削弧形过大，刮削时压力过大，刮削时只按一个方向刮削，表面阻力不均匀而引起刀身颤动
刮削表面有撕纹	刮刀刃口不锋利，刮刀淬火过大
刮削面不精确	检验工具不精确，涂色不匀，涂色检查时检验工具或工件的移动不正确
表面塌边和把孔口刮低	刮到边缘时，刮刀没和工件表面成一定角度；在刮削有孔的平面时，刮刀跨过孔口，而没延着孔口周围刮削
孔刮成喇叭口	在刮削孔时，没有本着中间多刮，边缘少刮，孔口轻刮的原则
显示点不稳定	零件设计不正确，退火不充分，存在内应力，零件放置不当或受外力作用而变形

7.9 研磨与抛光

7.9.1 研磨

7.9.1.1 概述

研磨是使用研磨工具(研具)和研磨剂,从工件表面上磨掉一层极薄的金属,使工件达到精确的尺寸、准确的几何形状和很小的表面粗糙度。

1. 研磨原理

研磨的基本原理包含着物理和化学的综合作用。见表7-89。

表7-89 研磨原理

原理类型	说明
物理作用	是磨料对工件的切削作用。研磨时,要求研具材料比被研磨的工件软,在受到一定压力后,研磨剂中磨料被压嵌在研具表面。这些细微的磨料具有很高硬度,成为无数个刀刃。由于研具和工件的相对运动,而这些磨粒则在工件和研具之间作运动轨迹很少重复的滚动和滑动,因而对工件产生微量的切削作用,均匀地从工件表面削去一层极薄的金属。借助研具的精确型面,从而使工件得到准确的尺寸精度及合格的表面粗糙度
化学作用	当研磨剂采用硬脂酸、氧化铬等化学研磨剂进行研磨时,与空气接触的工件表面,很快形成一层极薄的氧化膜,而氧化膜又很容易被研磨掉,这就是研磨的化学作用。在研磨过程中,氧化膜迅速形成(化学作用),又不断地被磨掉(物理作用)。经过反复多次,工件表面就达到产品质量的要求

2. 研磨作用

经过研磨后的工件表面粗糙度很小,形状准确,工件的耐蚀性和抗疲劳强度也相应得到提高,从而延长了零件的使用寿命。研磨作用见表7-90。

表7-90 研磨作用

研磨作用	说明
细化表面粗糙度	经过研磨后的表面粗糙度很小,可达到 Ra0.05～0.2μm
能达到精确的尺寸	研磨后的工件尺寸精度可以达到0.001～0.005mm
提高零件几何形状的准确性	工件在机械加工中产生的形状误差,可以通过研磨的方法校正

3. 研磨余量

(1)平面研磨的加工余量(表7-91)

表 7-91 平面研磨的加工余量 (mm)

平面长度	平面宽度		
	≤25	26～75	76～150
≤25	0.005～0.007	0.007～0.010	0.010～0.014
26～75	0.007～0.010	0.010～0.016	0.016～0.020
76～150	0.010～0.014	0.016～0.020	0.020～0.024
151～260	0.014～0.018	0.020～0.024	0.024～0.03

(2)圆柱面研磨的加工余量(表 7-92)

表 7-92 圆柱面研磨的加工余量 (mm)

直 径	研磨余量	直 径	研磨余量
≤10	0.005～0.008	51～80	0.008～0.012
11～18	0.006～0.008	81～120	0.010～0.014
19～30	0.007～0.010	121～180	0.012～0.016
31～50	0.008～0.010	181～260	0.015～0.020

(3)内孔研磨的加工余量(表 7-93)

表 7-93 内孔研磨的加工余量 (mm)

直 径	铸 铁	钢
25～150	0.020～0.10	0.01～0.04
151～300	0.08～0.16	0.02～0.05
301～500	0.12～0.20	0.04～0.06

7.9.1.2 研具

在研磨加工中,研具是保证研磨工件几何形状正确的主要因素,因此,对研具的材料,几何精度要求较高,表面粗糙度值要小。

1. 研具材料

研具材料的组织要细致均匀,要有很高的耐磨性和稳定性,具有较好的嵌入磨料的性能,工作面的硬度应比工件表面的硬度稍软。研具材料及其特性见表 7-94。

表 7-94 研具材料及其特性

名 称	特 性
灰铸铁	润滑性好、磨耗较慢、硬度适中,研磨剂在其表面容易涂层均匀等优点,是一种研磨效果较好、价廉易得的研具材料
球墨铸铁	比一般灰铸铁更容易嵌存磨料,更均匀、牢固、适度,同时还能增加研具的耐用度。采用该研具已得到广泛应用,尤其适用于精密工件的研磨
软钢	韧性较好,不易折断,常用来做小型研具,如研磨螺纹和小直径工件、工具等
铜	性质较软,表面容易被磨料嵌入,适用于作研磨软钢类工件的研具
非金属材料	木、竹、皮革、毛毡、涤纶织物等。能使被研磨表面光滑

2. 研具的类型

生产中需要研磨的工件多种多样，不同形状的工件应用不同类型的研具。常用研具的类型见表 7-95。

表 7-95　研具的类型

类　型	简　图	说　明
研磨平板	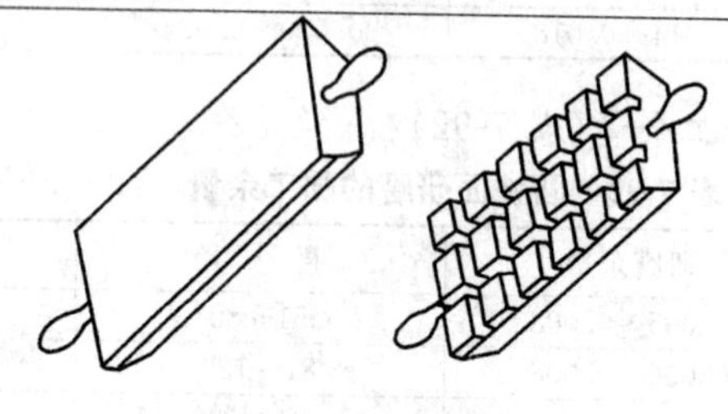 (a) 光滑平板　(b) 有槽平板	用来研磨平面，分有槽和光滑两种。有槽的用于粗研，研磨时易于将工件压平，可防止将研磨面磨成凸弧面；精研时，则应在光滑的平板上进行
研磨环	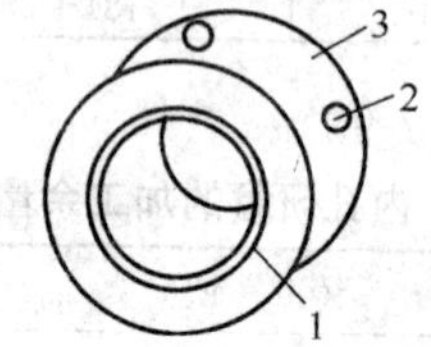 (a) 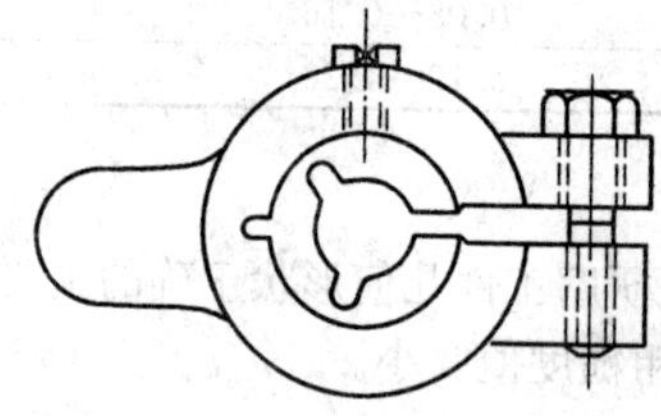 (b) 1. 开口调节环　2. 调节螺钉　3. 外圈	用于研磨外圆柱表面。研磨环的内径应比工件的外径大 0.025～0.05mm。当研磨一段时间后，若研磨环内孔磨大，拧紧调节螺钉 2，可使孔径缩小，以达到所需要间隙
研磨棒	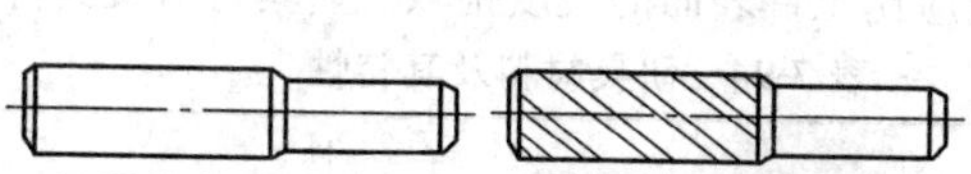 (a) 固定式光滑研磨棒　(b) 固定式带槽研磨棒 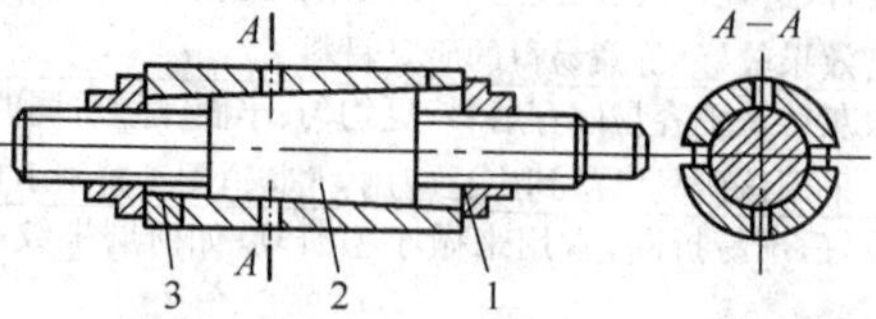 A　A—A A 3　2　1 (c) 可调节式研磨棒 1. 调节螺母　2. 锥度芯轴　3. 开槽研磨套	用于圆柱孔的研磨，有固定式和可调节式两种。固定式研磨棒制造容易，但磨损后无法补偿，多用于单件研磨或机修。对工件上某一尺寸孔径的研磨，需要三个预先制好的有粗、半精、精研磨余量的研磨棒来完成。有槽的用于粗研，光滑的用于精研 可调节的研磨棒因为能在一定的尺寸范围内进行调整，适用于成批生产中工件孔的研磨，寿命较长应用较广

如果把研磨环的内孔、研磨棒的外圆做成圆锥形,则可用于研磨内、外圆锥表面。

7.9.1.3 磨料和研磨剂

1. 磨料

磨料在研磨中起切削作用,研磨工作的效率,工件的精度和表面粗糙度与磨料有密切的关系。磨料的系列和用途见表 7-96。

表 7-96 磨料的系列和用途

系列	磨料名称	代号	特性	适用范围
氧化铝系	棕刚玉	A	棕褐色,硬度高,韧性大,价格便宜	粗、精研磨钢、铸铁和黄铜
	白刚玉	WA	白色,硬度比棕刚玉高,韧性比棕刚玉差	精研磨淬火钢、高速钢、高碳钢
	铬刚玉	PA	玫瑰红或紫红色,韧性比白刚玉强,磨削表面粗糙度值低	研磨量具、仪表零件等
	单晶刚玉	SA	淡黄色或白色,硬度和韧性比白刚玉高和强	研磨不锈钢、高钒高速钢等强度高、韧性强的材料
碳化物系	黑碳化硅	C	黑色,有光泽,硬度比白刚玉高,脆而锋利,导热性和导电性良好	研磨铸铁、黄铜、铝、耐火材料及非金属材料
	绿碳化硅	GC	绿色,硬度和脆性比黑碳化硅高,具有良好的导热性和导电性	研磨硬质合金、宝石、陶瓷、玻璃等材料
	碳化硼	BC	灰黑色,硬度比金刚石低,耐磨性好	精研磨和抛光硬质合金,人造宝石等硬质材料
金刚石系	人造金刚石	SD	无色透明或淡黄色、黄绿色、黑色,硬度高,比天然金刚石略脆,表面粗糙	粗、精研磨硬质合金、人造宝石、半导体等高硬度脆性材料
	天然金刚石	D	硬度最高,价格昂贵	
其他	氧化铁		红色至暗红色,比氧化铬软	精研磨或抛光钢、玻璃等材料
	氧化铬		深绿色	

2. 研磨液及研磨剂的配制

研磨液在研磨中起调和磨料、冷却和润滑的作用。常用的研磨液有煤油、汽油、10 号机油、锭子油等。

在磨粒和研磨液中加入适量的石蜡等填料和黏性较大而氧化作用较强的油酸、脂肪酸、硬脂酸和工业甘油等,即可配成研磨剂或研磨膏,其作用是使工件表面形成氧化膜,加速研磨进程。

常用研磨液见表 7-97。

表 7-97 常用研磨液

工件材料	研磨名称	研磨液
钢	粗研	10 号机油 1 份,煤油 3 份,透平油或锭子油,轻质矿物油或变压器油(适量)
	精研	10 号机油
铸铁	粗研	煤油主要用于稀释,润滑较差
淬硬钢 不锈钢	粗、精研	植物油,透平油或乳化液
钢	粗、精研	动物油(熟猪油加磨料拌成糊状,加 30 倍煤油),锭子油少量,植物油适量
硬质合金	粗,精研	汽油稀释

根据存在的状态不同,研磨剂分为液态研磨剂和固态研磨剂两类。

(1)常用液态研磨剂的配方(表 7-98)

表 7-98 常用液态研磨剂的配方

配方	调配方法	用途
白刚玉(W14) 16g 硬脂酸 8g 蜂蜡 1g 油酸 15g 航空汽油 80g 煤油 80g	先将硬脂酸、蜂蜡加热溶解,冷却后加入汽油搅拌,经双层纱布过滤,最后加入研磨粉、煤油、油酸搅拌均匀	粗研冷、热模具钢,各类合金工具钢及一般钢材
白刚玉(W7) 16g 硬脂酸 8g 蜂蜡 1g 航空汽油 80g 煤油 100g	先将硬脂酸、蜂蜡加热溶解,冷却后加入汽油搅拌,经双层纱布过滤,最后加入研磨粉、煤油搅拌均匀	精细研磨冷、热模具钢,各类合金工具钢及一般钢材
白刚玉 15g 硬脂酸 8g 航空汽油 200ml 煤油 35ml 蜂蜡 1g	先将硬脂酸、蜂蜡加热溶解,冷却后加入汽油搅拌,经双层纱布过滤,最后加入研磨粉、煤油、油酸搅拌均匀(精研时不加油酸)	精细研磨冷、热模具钢,各类合金工具钢及一般钢材
金刚砂 4～6g 硬脂酸 2～3g 航空汽油 90g 煤油 10g	将硬脂酸和航空汽油在清洁的瓶中混合,然后加入金刚砂摇晃至乳白色且金刚砂不易下沉为宜,再滴入煤油即可	研磨各种硬质合金材料

注:1. 硬脂酸溶于汽油中,可增加汽油的黏度,以降低磨料的沉淀速度,使磨料更趋均匀。
2. 航空汽油主要起稀释作用,将磨粒聚团稀释开,以保证磨粒的切削性能。
3. 煤油起冷却润滑作用。

(2)固态研磨剂

①对于钢铁类材料的研磨主要选用刚玉(氧化铝)类研磨膏,见表7-99。

表7-99 氧化铝类研磨膏配方

粒度号	成分及比例(质量分数)/%				用途	配制
	微粉	油酸	混合酸	其他		
W20	52	22	26	煤油少许	精研	将油酸、混合酸、凡士林加热到90~100℃后搅拌均匀,冷至60~80℃时,渐渐加入并不断搅拌,到凝固时,再加入少许煤油搅拌成膏状
W14	45	26	29	煤油少许	半精研	
W10	41	28	31	煤油少许	半精研	
W7	41	28	31	煤油少许	研端面及精研	
W5	40	28	32	煤油少许	精研	
W3.5	45	25	22	凡士林8	精细研	
W1	25	30	35	凡士林10	配研	

②对于硬质合金、陶瓷等高硬度材料,可选用碳化硅、碳化硼类研磨膏,见表7-100。

表7-100 碳化硅、碳化硼类研磨膏

名称	成分及比例(质量分数)/%	用途
碳化硅	碳化硅(240~W40)83、润滑脂17	粗研
碳化硼	碳化硼(W20)65、石蜡35	半精研
混合研磨膏	碳化硼(W20)35、白刚玉(W20~W10)15、混合脂15、油酸35	半精研
碳化硼	碳化硼(W7~W1)76、石蜡12、羊脂10、松节油2	精洗研

7.9.1.4 研磨过程及研磨方法

1. 研磨过程(表7-101)

表7-101 研磨过程

研磨过程	说明
准备工作	准备被研磨工件、研磨工具及研磨材料,将研磨粉与润滑剂调和成糨糊状
上料	上料是在研具或工件表面上涂上一层薄而均匀的研磨剂,然后适当地施加压力,进行研磨;在研磨过程中,研磨粉被压入研具,这种方法用于一般研磨
进行研磨	使工件与研具表面做曲线运动,并经常地检查被研磨工件表面形状、尺寸和表面粗糙度

2. 研磨方法(表 7-102)

表 7-102 研磨方法

研磨类型	简 图	研 磨 方 法
平面研磨	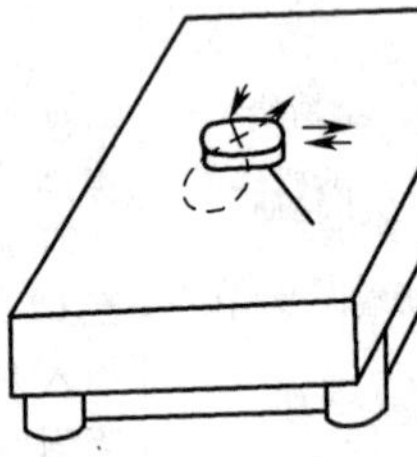	平面研磨是在研磨平板上进行,研磨分粗研和精研; 粗研时,为了使工件和研具之间直接接触,保证推动工件时用力均匀,以避免球面形状产生,所以粗研时采用表面带有沟槽的平板,精研时用光滑平板; 平面研磨时,首先进行上料,然后把工件放在研具上轻轻下压,进行研磨;研磨时工件运动方向成8字形,并且要很细心地把平板每一个角都研磨到,使平板磨耗均匀,以保持平板的准确性;每研磨半分钟左右,要把工件旋转90°。这样使工件研磨均匀,不会产生倾斜;研磨时,压力和速度不宜过大,以免工件发热变形;在刚停止研磨时,不要立即测量尺寸; 在研具上润滑剂不宜加得太多,应该是很薄一层,过多的润滑剂会妨碍研磨表面的接触,减低研磨速度,并且磨料也会掉下来
外圆柱表面研磨	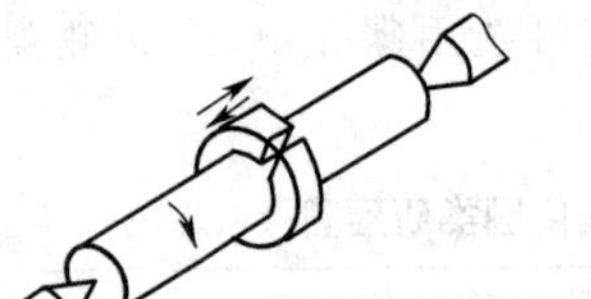 (a) 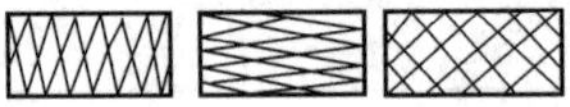 (b)	研磨圆柱体,多在钻床、车床或磨床上进行,在工件上套以研磨环来做研具;研磨环的内径要比工件轴径大0.025～0.05mm,长度为孔径的1～2倍;研磨环有固定式和可换式两种。 研磨时,用机床的顶尖顶住工件,并在工件上涂上研磨剂,然后套上研磨环,以适当的速度让工件做旋转运动,用手握住研磨环做往复直线运动,并随时改变研磨方向,使工件表面研出交叉网纹; 在研磨过程中要调节研磨环的松紧,并需经常对工件上料;研磨一段后,可将工件调转180°,再继续研磨;这样不但研磨精确而且使研磨环磨耗均匀
内圆柱表面研磨	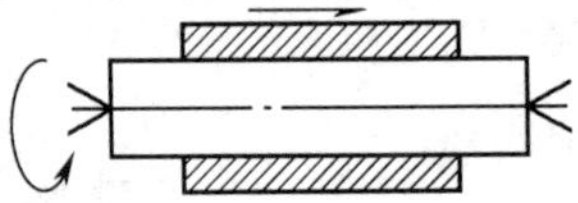	跟外圆柱相反,研磨时把研具(研磨棒)顶在机床两顶尖间或卡在钻床钻夹头内,使研具做旋转运动;工件套在研具上,并用手握住,工件做往复直线运动。 研磨棒的型式很多,但必须符合下列要求: 1. 直径比工件小0.01～0.025mm; 2. 研磨棒长度比工件长2～3倍。 固定式研磨棒由几根组成一套,每根直径依次相差0.005mm,多用于研磨ϕ5mm以下的小孔; 可调节式研磨棒是借心轴的锥体作用来调节外套直径
圆锥孔的研磨	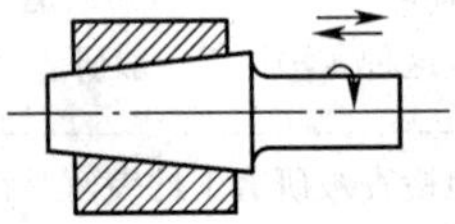	研磨带有锥孔的工件时,必须使用锥度芯棒;芯棒和孔的锥度要相同,锥体斜度要非常准确,并要准备三个以上。 研磨锥孔时,把研磨棒插入孔中,用手顺着同一方向旋转;大约每转3～4次后,必须把研磨棒稍微拔出一些,然后再推入研磨;锥孔表面全部研磨到后,调换一个新的研磨棒再轻轻的研磨一次;待新的研磨棒把锥孔全部磨到后,取出研磨棒,并把工件和锥体擦净,最后在锥孔内涂上一些机油,再研磨几分钟就可以了

用研磨机等机械化方法代替手工操作，生产效率高，并且减轻劳动强度，质量可靠。

7.9.2 抛光

抛光是通过抛光工具和抛光剂对零件进行极其细微的切削加工方法。

7.9.2.1 抛光工具和应用(表 7-103)

表 7-103 抛光工具及应用

工具分类	工具名称	简图	制作方法	应用
手工抛光工具	平面抛光器	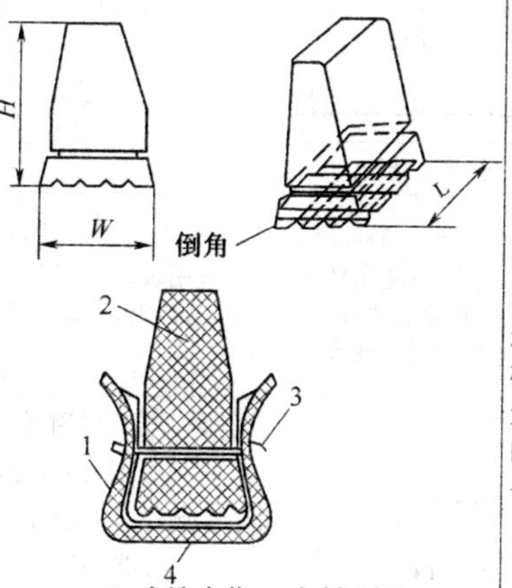 H W L 倒角 2 3 1 4 1. 人造皮革 2.木制手柄 3.铁丝或铅丝 4.尼龙布	手柄用硬木制成，抛光面上刻有大小适当的凹槽，在离抛光面上面的地方有一个凹槽	用粒度较粗的研磨剂进行抛光时，将研磨膏涂在抛光器的抛光面上即可抛光加工 用极细的微粉抛光作业时，将人造皮革缠绕在研磨面上，再把磨料放在人造皮革上并用尼龙布缠绕，用铁丝沿凹槽捆紧后即可进行抛光加工 用更细的磨料进行抛光，把磨料放在经过尼龙布包扎的人造皮革上，再以粗棉布进行包扎，之后进行抛光加工。磨粒越细，采用越柔软的包卷用布
	球面用抛光器	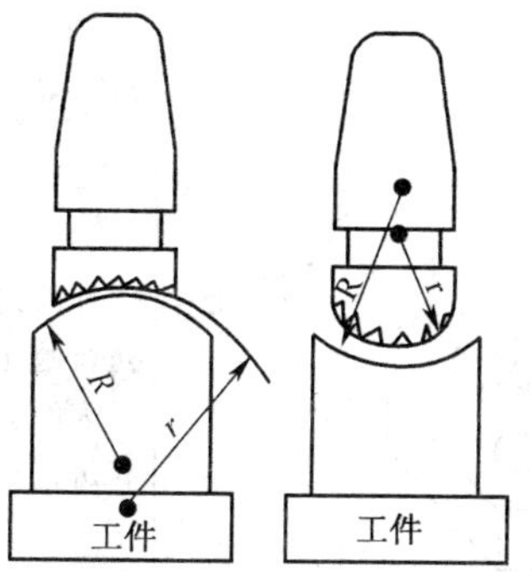 R r 工件 R r 工件 (a)抛光凸形工件 (b)抛光凹形工件	其制作方法与平面抛光器基本一样	抛光凸形工件的抛光面，其曲率半径一般比工件曲率半径大3mm；抛光凹形工件的抛光面，其曲率半径比工件曲率半径小 3mm

表 7-103

工具分类	工具名称	简图	制作方法	应用
手工抛光工具	自由曲面用抛光器	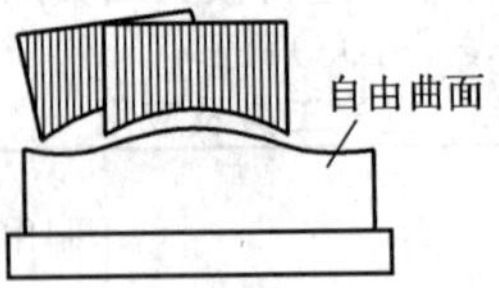 (a)大型抛光器 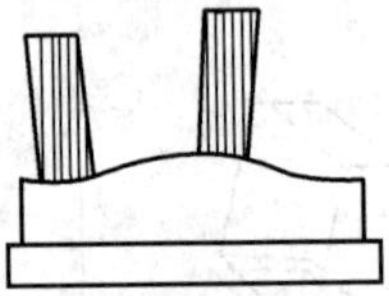 (b)小型抛光器	其制作方法与平面抛光器基本一样	自由曲面的抛光应尽量使用小型抛光器，因为抛光越小越容易模拟自由曲面的形状
	精密抛光用具	精密抛光的研具一般与抛光剂有关，用混合剂抛光精密表面，多用高磷铸铁作研具；用氧化铬抛光精密表面，采用玻璃作研具。精密抛光是借助抛光研具精确型面来对工件进行仿形加工，因此，要求研具应具有一定的化学成分，并应有很高的制造精度		
电动抛光工具	手动砂轮机			利用手动砂轮机进行抛光加工，将砂轮机装上柔性布轮直接进行抛光。抛光时可根据工件抛光前原始表面粗糙度的情况及要求选用不同规格的布轮，并按粗、中、细顺序进行抛光
	手持角式旋转研抛头	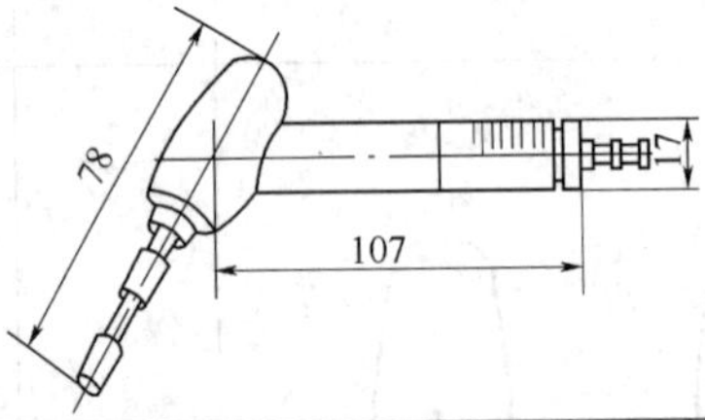		当加工面为平面或曲率半径较大的规则面时用角式旋转研抛头，配用铜环，抛光膏涂在工件上进行抛光加工
	手持往复式抛光工具	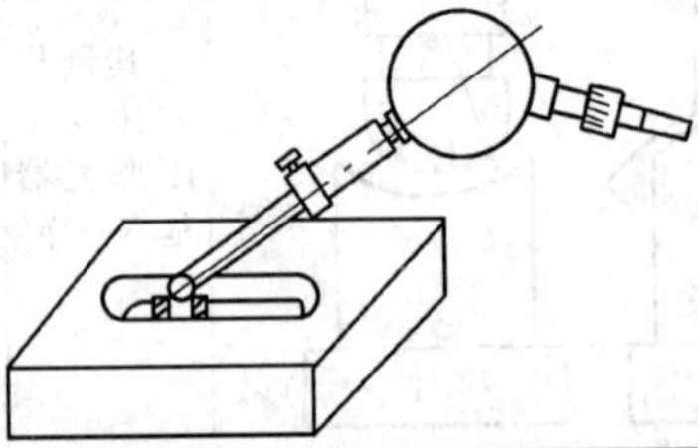		配用铜环，抛光膏涂在工件上进行抛光加工，特别是对于某些外表面形状复杂，带有凸凹的部位进行抛光加工
	新型抛光磨削头	采用高分子弹性多孔性材料制成的一种新磨削头，这种磨削头具有微孔海绵状结构，磨料均匀，弹性好，可以直接进行镜面加工。使用时，磨削力均匀，产热少，不易堵塞，能获得平滑、光洁、均匀的表面		

7.9.2.2 模具的抛光方法(表 7-104)

表 7-104 模具的抛光方法

步骤	说明
模具抛光前的准备	1. 根据抛光面的形态,选用或制作与抛光件相适应的抛光工具,并对有碍抛光的易损部位进行保护; 2. 抛光前了解被抛零件的使用材料和硬度,将各有关抛光面预先整形修刮,使其表面粗糙度值达到 $Ra3.5 \sim 1.6 \mu m$ 的抛光余量; 3. 对需精抛光的材料,在淬火、氮化前应预先抛光,使其表面粗糙度值达到 $Ra0.2 \sim 0.1 \mu m$,待热处理后进行精抛光
抛光方法	1. 先将抛光件表面用煤油擦洗干净,然后选用 100~150 粒度号的油石进行打磨,也可用手动打磨或用手持研磨器装上适应的砂轮片进行打磨; 2. 手工打磨,应将油石打磨方向与被加工工件的原加工纹路方向垂直交叉进行,这样可以看清楚原加工的痕迹是否被研磨掉;若已被研磨掉,应清洗表面,更换更细一级的油石进行打磨;当更换到 240 粒度号的油石时,再改用 280 号金相砂纸打磨; 3. 这时清洗要用脱脂棉蘸煤油轻轻地擦拭,不得用棉丝擦拭;当金相砂纸更换到 500 号时,若需要继续研磨,则要用毡轮蘸研磨膏用手持研磨器进行抛光; 4. 模具零件精密抛光时,若用脱脂棉蘸煤油轻轻地擦拭,则应注意擦拭的粒度、方向和次数,不要来回往复地擦,擦完一次后必须更换新棉球; 5. 第一遍选用 W40 的研磨膏,然后分别用 W20,W10,W5,W2.5,W1 的研磨膏,这样逐步提高,直到符合加工精度为止

7.9.2.3 其他形式的抛光

1. 挤压衔磨抛光

(1)挤压衔磨抛光的工作原理　挤压衔磨抛光是把含有磨料的黏弹性介质装入机器的介质缸内,夹紧加工零件,介质在活塞的压力下沿着固定通道和夹具流经零件被加工表面,有控制地除去零件表面材料,实现抛光、倒圆角等加工。挤压衔磨抛光加工原理如图 7-43 所示。

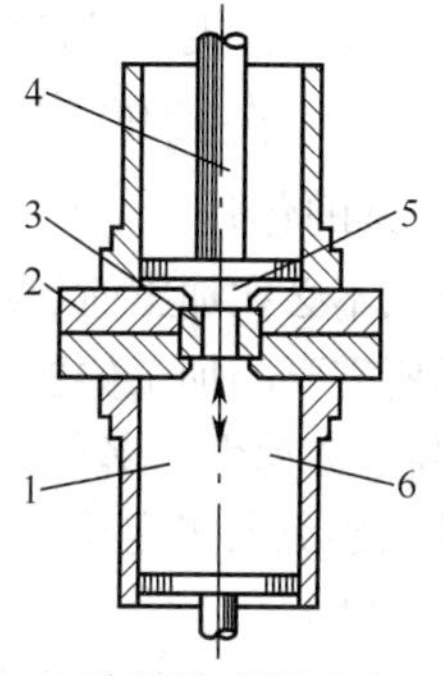

图 7-43　挤压衔磨抛光加工原理

1. 弹性颜料介质　2. 夹头　3. 工件　4. 活塞　5. 上部介质缸　6. 下部介质缸

(2)挤压衔磨抛光的工艺特点

①加工对象广泛。几乎所有金属材料都能进行挤压衔磨加工。

②抛光效果好。各种不同原始表面状况,挤压衔磨都可使表面粗糙度值达到 $Ra0.04 \sim 0.05 \mu m$。

③加工效率高。一般加工时间在几分钟至十几分钟。

(3)挤压衔磨抛光加工在模具制造上的应用　根据模具成形表面形状，挤压衔磨抛光加工可分为通孔式、阶梯式、不通孔及外面形状四种加工方法。

2. 超声研磨抛光

超声研磨抛光加工利用超声波发生装置使研磨工具产生超声频率振动。实际应用中，当工具作超声振动的同时，工具在工件表面还作往复运动，使磨料在超声振动的作用下冲击工件表面，达到研磨抛光的目的。超声研磨抛光的操作要点见表7-105。

表 7-105　超声研磨抛光的操作要点

内　容	要　求
工件表面状况	工件研抛前的电加工及其他加工方法，表面粗糙度值应达到 $Ra3.2 \sim 1.6\mu m$
研抛工作液	粗、中研抛用自来水，精研抛时用干抛或用煤油
工具形状及材料	粗研抛：100 号铬刚玉油石、280 号电镀金刚石锉刀； 中研抛：400 号白刚玉油石； 细研抛：用木质或竹质工具头加磨料 W40，W14 的氧化铬微粉； 精抛：用木质或竹质工具头加磨料 W5 以下粒度的氧化铝微粉，工具头截面形状和头部形状，按工件被研抛形式确定

7.10 夹　　具

在机械制造工业中，完成工件所需要的加工工序、装配工序及检验工序等，都使用着大量的夹具。夹具是机械制造中一项重要的工艺装备。

7.10.1 夹具的作用和分类

1. 夹具的作用

①可以不必在加工前划线，而且能正确、迅速地将工件安装（定位和夹紧）到相对于刀具所需要的加工位置，既可简化加工手续，又可大大缩短机械加工单件工件时间，提高了劳动生产率；

②可以避免人工定位时所产生的误差，可以稳定地保证加工精度，提高工件的互换性；

③可以充分发挥已有设备的潜力，完成复杂和困难的工序，或进行多件加工，扩大机床使用范围；

④可以降低对员工技术水平的要求，同时使员工操作方便，生产安全和减轻体力劳动强度；

⑤可以调整各工序的延续时间，并可以使机床自动化，便于进行流水生产或组成自动线。

2. 夹具的分类(表 7-106)

表 7-106 夹具的分类

名　称	说　明
通用夹具	一般是指已经规格化的,在加工各种不同的工件时,不要特殊调整的夹具
专用夹具	是根据工件的某一工序的加工要求设计制造的夹具
组合夹具	是利用预先制好的各种各样的形状和规格尺寸的标准元件组装而成,用完后可以拆卸开,再进行其他形式的组装

7.10.2 夹紧机构

夹紧机构通常由三个部分组成:夹紧动力部分、中间传动机构和夹紧元件。这三个部分起着不同的作用:夹紧动力部分产生力源,并将作用力传给中间传动机构;中间传动机构能够改变作用力的方向和大小,即作为增力机构,同时能产生自锁作用,以保证在加工过程中,当力源消失时,工件在外力的作用下仍能可靠夹紧;夹紧元件则用以承受由中间传动机构传递的夹紧力,并与工件直接接触而执行夹紧动作。

7.10.2.1 夹紧机构的基本要求(表 7-107)

表 7-107 夹紧机构的基本要求

基本要求	说　明
保证加工精度	夹紧机构应能保证工件可靠地接触相应的夹紧基面,夹紧后不许破坏工件的正确位置
保证生产率	夹紧机构应当具有适当的自动化程度,夹紧动作要力求迅速,缩短辅助时间
保证工作可靠	夹紧机构除了应当能产生足够的夹紧力外,通常还要求具有自锁性能,以保证它的工作可靠性
结构紧凑简单	在保证加工精度、满足生产率要求和工作可靠的前提下,夹紧力应越小越好,这样可以避免使用庞大而复杂的夹紧机构和减小夹紧变形
操作方便,使用安全	夹紧机构应当操作方便省力,使用安全可靠

7.10.2.2 夹紧动力

作为夹紧机构的力源,可以分为气动夹紧、液压夹紧和机械夹紧。各种夹紧动力的性能比较见表 7-108。

表 7-108 各种夹紧动力的比较

项　目	气动夹紧	液压夹紧	机械夹紧
操作力	稍大	大	较大
操作速度	快	稍快	慢

续表 7-108

项目		气动夹紧	液压夹紧	机械夹紧
负荷变化的影响		特别大	很少有	几乎没有
准确性		不好	稍好	好
构造		简单	稍复杂	一般
配管		稍复杂	复杂	没有
环境	温度	一般(100℃以下)	一般(70℃以下)	一般
	腐蚀性	一般	一般	一般
	振动	不怕振动	不怕振动	一般
维护		简单	要求较高	简单
信号变换		较容易	较容易	较困难
远距离操作		容易	容易	困难
动力源发生故障时		消耗系统内残余能量使动作停止	有蓄能器时可继续若干动作	动作停止
无级调整		稍好	良好	稍困难
速度调节		容易	容易	稍困难
价格		一般	稍贵	一般

7.10.3 常用通用夹具

7.10.3.1 分度头(GB/T 2553—1981)(表 7-109)

表 7-109 分度头(GB/T 2553—1981)

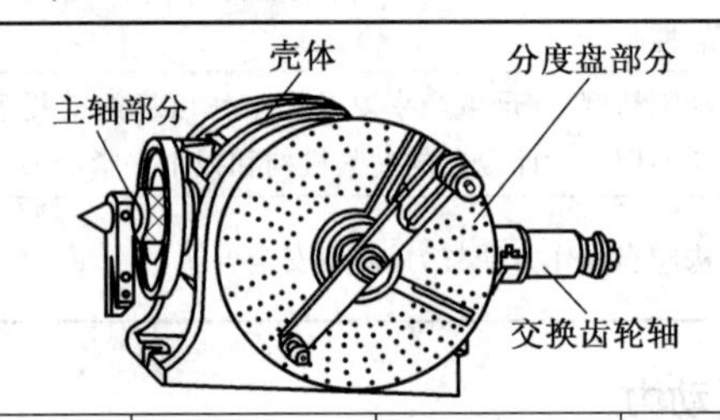

产品名称	型号	中心高	主轴孔莫氏锥度	用途
万能分度头	FW80	80.0	3号	是铣床的主要附件,可把工件夹持在顶尖间或卡盘上转动成任意角度或分成任意等份
	FW100	100.0	3号	
	FW125	125.0	4号	
	FW160	160.0	4号	
	FW200	200.0	5号	
	FW250	250.0	5号	

续表 7-109

产品名称	型　号	中心高	主轴孔 莫氏锥度	用　途
半万能分度头	FB80 FB100 FB125 FB160 FB200 FB250	80.0 100.0 125.0 160.0 200.0 250.0	3号 3号 4号 4号 5号 5号	是铣床的主要附件，亦可用作钻、刨、插及磨等机床夹具。能进行间接分度及直接分度
悬梁式分度头	FZ100	100.0	3号	是万能铣床的主要附件，亦可用于其他机床
立卧等分度头	FNL80 FNL100B FNL125A FNL160A FNL160 FNL200	80.0 101.6 125.0 160.0 160.0 200.0	3号 3号 4号 4号 4号 5号	是用于铣床、钻床、刨床、磨床的附件。FNL型有两个操作手柄，FNL—A型为单手柄操作，FNL—B型亦可对零件进行划线工作
影屏光学分度头	FP130A	130.0	4号	用于零件的精密分度检查和加工，亦可将零件沿圆周分成任意角度
影屏立卧光学分度头	FPL200	200.0	5号	用于零件的精密分度检查和加工，亦可将零件沿圆周分成任意角度
数显式精密光栅光学分度头	SJJF－1	160.0	4号	是目前国内精度最高的光学分度头，用于别的量仪无法达到的测量精度；有数字显示式读数，可用于有繁重角度测量任务的场合
电动分度头	FD125	125.0	4号	是铣、磨床和钻床的主要附件。能借助电器控制箱与主机配合，可完成15°为基数的任意整数倍的等分分度加工工件的自动化循环，为实现一人多机提供了条件
			主轴孔径/mm	
数控分度头	FK125A FK160A FK200A	125.0 160.0 200.0	160 200 315	是数控铣床、数控镗床和加工中心等机床的必备附件，亦可作为半自动精密铣床、镗床或其他机床的附件。FK－A型分度头可完成任意角度的高精度的分度工作，FKNQ型及FKND型可完成5°为基数的高精度等分分度工作
数控气动等分分度头	FKNQ125 FKNQ160 FKNQ200	125.0 160.0 200.0	160 200 315	
数控电动等分分度头	FKND125 FKND160 FKND200	125.0 160.0 200.0	160 200 315	

7.10.3.2 短圆柱型三爪自定心卡盘

短圆柱型三爪自定心卡盘用于各种车床、铣床、内圆和外圆磨床等机床，用来夹持工件，辅助主机完成各种切削工作，其结构和规格见表7-110。KZ型卡盘正爪和反爪各一副。KZ—1型卡盘的卡爪由卡爪和滑座两部分组成，可用螺钉连接调整为正爪或反爪使用。KZ—2型卡盘具有可作为正爪或反爪的两用卡爪一副。

表7-110 短圆柱型三爪自定心卡盘 (mm)

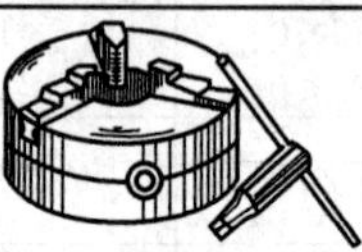

型　号	卡盘外径	卡盘孔径	正爪夹紧范围	反爪夹紧范围
KZ80	80	16	2.0～22.0	22～63
	80	16	3.0～22.0	22～60
KZ100	100	22	2.0～30.0	30～80
KZ125	125	30	2.5～40.0	38～110
KZ130	130	30	2.5～40.0	38～110
	130	30	3.0～40.0	42～120
KZ160	160	45	3.0～55.0	55～145
	160	40	3.0～55.0	55～145
KZ165	165	40	4.0～60.0	52～150
KZ190	190	55	4.0～70.0	65～190
KZ200	200	65	4.0～85.0	65～200
	200	60	4.0～85.0	65～200
KZ240	240	70	6.0～80.0	80～240
	240	70	6.0～95.0	90～250
	240	70	6.0～110.0	90～240
	240	70	7.5～100.0	92～250
KZ250	250	80	6.0～110.0	90～250
	250	80	6.0～80.0	90～250
	250	80	12.0～110.0	90～250
KZ315	315	100	10.0～140.0	100～315
KZ320	320	100	10.0～140.0	100～320
KZ160—1	160	45	3.0～55.0	55～145
KZ200—1	200	65	4.0～85.0	65～200
	200	60	4.0～85.0	65～200
KZ240—1	240	70	7.5～100.0	92～250
KZ250—1	250	80	6.0～110.0	90～250
KZ320—1	320	100	10.0～140.0	100～320
$KZ_1$325	325	100	11.5～165.0	195～340
$KZ_1$380	380	135	11.5～220.0	195～400
KZ400—1	400	130	15.0～210.0	120～400
KZ500—1	500	180	25.0～280.0	150～500

续表 7-110

型　号	卡盘外径	卡盘孔径	正爪夹紧范围	反爪夹紧范围
	500	200	25.0～280.0	150～500
KZ80—2	80	16	3.0～22.0	22～60
KZ100—2	100	22	3.0～30.0	32～80
KZ125—2	125	30	2.5～40.0	38～110
KZ160—2	160	45	3.0～55.0	55～145

7.10.3.3 短圆柱型四爪单动卡盘

短圆柱型四爪单动卡盘用于各种车床、普通外圆和内圆磨床等机床，以夹持工件，辅助主机完成各种切削工作，大型卡盘可作花盘用；其结构和规格见表 7-111。

表 7-111 短圆柱型四爪单动卡盘 (mm)

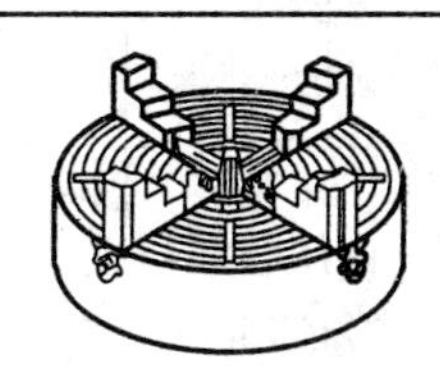

型号	卡盘外径	卡盘孔径	正爪夹紧范围	反爪夹紧范围
KN160	160	40	8～80	50～160
KZ200	200	50	10～100	63～200
	200	55	10～100	63～200
KZ250	250	65	15～130	80～250
	250	75	15～130	80～250
KZ300	300	75	18～160	90～30
	300	95	18～160	90～30
KN305	305	95	18～160	90～30
KN315	315	95	20～170	100～315
KN320	320	95	20～170	100～320
KN350	350	80	22～180	110～350
	350	95	20～200	100～350
KN400	400	90	25～250	120～400
	400	100	25～250	120～400
	400	125	25～250	120～400
KN500	500	150	35～300	125～500
	500	160	35～300	125～500
KN520	520	160	35～320	125～520
KN520(大孔)	520	205	55～320	125～520
KN630	630	180	50～400	160～630
KN800	800	210	70～540	200～800
KN1000	1 000	260	100～680	250～1 000

7.10.3.4 钻夹头

钻夹头是钻床、铣床、车床、手电钻和风钻夹紧钻头和丝锥的附件，其结构和技术参数见表 7-112。

表 7-112 钻夹头 (mm)

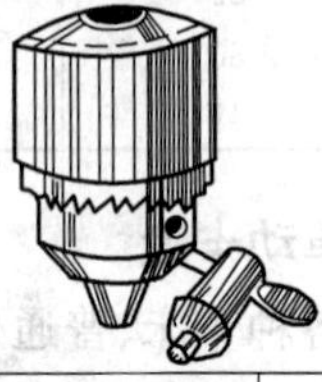

产品名称	型号	夹持直径范围	莫氏短圆锥锥度号	后锥孔大端直径
扳手夹紧式三爪夹头	JS4	0.2～4.0	D1	6.350
	JS6	0.6～6.0	D2	10.094
	JS8	0.8～8.0	D3	12.065
	JS10	1.0～10.0	D3	12.065
	JS13	1.0～13.0	D4	15.733
		2.0～13.0	—	17.581
	JS13T	1.0～13.0	—	17.581
	JS16	2.0～16.0	—	17.581
		3.0～16.0	D5	17.781
	JS20	5.0～20.0	D6	21.793
	JQ6	0.6～6.0	D2	10.094
	JQ13	2.5～13.0	D4	15.733
	JQ13A	1.0～13.0	D4	15.733
	JQ13—1	2.5～13.0	D4	15.733
	JD13	2.5～13.0	D4	15.733
	JQ16	3～16	D5	17.781
轻型扳手夹紧式三爪夹头	JSQ6	0.6～6	D2	10.094
	JSQ10	1～10	D3	12.065
	JSQ13	2.5～13	D4	15.733
英制系列扳手夹紧三爪钻夹头			贾格锥度号	
	JS1/4in	1/32～1/4in	JT1	0.384in
	JS3/8in	1/32～3/8in	JT2	0.559 0in
	JS1/2in	1/32～1/2in	JT6	0.676 0in
	JS5/8in	1/8～5/8in	JT3	0.811 0in
	JS3/4in	3/16～3/4in	JT3	0.811 0in
英制系列自紧式三爪钻夹头			贾格锥度号	
	JZM—3J	0.15～3	JT0	0.23in
	JZM—6J	0.30～6	JT1	0.384in
	JZM—10J	0.50～10	JT2	0.559in
	JZM—13J	0.5～13	JT6	0.676in

续表 7-112

产品名称	型　　号	夹持直径范围	莫氏短圆锥锥度号	后锥孔大端直径
自紧式三爪钻夹头	JZM3	0.15～3	D1	6.35
	JZM6	0.30～6	D2	10.094
	JZM10	0.5～10	D3	12.065
	JZM13	0.5～13	D4	15.733
螺纹联接扳手夹紧式三爪钻夹头			转矩/kN·m	连接螺纹
	JS6A	0.8～6		M10×1
	JS10A	1～10		M12×1.25
	JSL10	1～10	0.70	M10×1
	JSL13	1～13	1.40	M12×1.25
	JSL16	4～16	1.60	M12×1.25
	JSLQ6	1～6	0.35	M10×1
	JSLQ10	1.5～10	0.70	M10×1
	JSLQ13	2.5～13	1.30	M12×1.25
	JSLQ16	4～16	1.60	M12×1.25
	J3106	0.8～6		M10×1
	J3110	1.5～10		M12×1.25
	J3113	2.5～13		M12×1.25
	J3116	3～16		M16×1.5
	JDL6	0.8～6		M10×1
	JDL8	0.8～8		M10×1
	JDL10	1～10		M12×1.25
	JDL13	2.5～13		M12×1.25

8 通用装配技术

8.1 装配的概念

按照一定的精度等级和技术要求,将零件连接或固定起来,使之成为产品的过程,称为装配。

装配工作是产品的完成阶段,对产品的质量有很大的影响。例如:车床的主轴与拖板导轨装得不平行或者与横溜板导轨不垂直,加工出来的零件就有锥度或端面不平;冷冲模在装配中不注意调整凸、凹模刃口的间隙,生产出来的产品毛刺不均,甚至产生废品;塑料模装配时,不注意将分型面表面碰伤或配合不清洁,就会产生飞边。装配是一项非常重要而细致的工作。

8.1.1 装配的步骤(表 8-1)

表 8-1 装配的步骤

步　骤	说　明
装配前的准备	1. 研究和熟悉装配图的技术条件,了解产品的结构和零件的作用以及相互连接的关系。 2. 确定装配的方法、程序和所需的工具。 3. 领取和清洗零件。清洗时,可用柴油、煤油去掉零件上的锈蚀、切屑、油污及其他脏物,然后涂一层润滑油;有毛刺用油石修去,但应注意不要损伤零件精度和表面粗糙度
装配	装配工作分部件装配和总装配两个阶段: 1. 部件装配,将两个以上的零件装配成一体,使其成为完整的或不完整的机构(通称为部件)。部件装配后,应根据工作要求进行调整和试验,合格后才能进入总装配。 2. 总装配,将各部件和零件装配成产品的过程
调整、试车	调整、精度检验和试车,使产品达到质量要求
包装	喷漆和装箱

8.1.2 零件连接的种类

在装配过程中,零件相互连接的性质,会直接影响产品装配的次序和质量。所以,在装配时,应仔细研究机器零件连接的种类。按连接松紧程度不同,其种类见表 8-2。

表 8-2 零件连接的种类

种　类	说　明
固定连接	连接后零件之间没有相对运动，又分为： 1. 固定可拆卸的连接，如螺纹、键、销连接等； 2. 固定不可拆卸的连接，如铆接、焊接、过盈连接等
活动连接	零件之间在工作时能做相对运动，又分为： 1. 活动可拆卸的连接，如圆柱面、圆锥面、螺旋面等间隙配合的零件； 2. 活动不可拆卸的连接，如滚动轴承等

8.1.3 装配工作的一般要求

①固定连接的零、部件，不允许有间隙；活动连接的零件，能在正常的间隙下，灵活均匀地按规定方向运动；

②装配时，应检查零件与装配有关的形状和尺寸精度是否合格和有无变形、损坏等；应注意零件上的各种标记，防止错装；

③各种变速和变向机构的装配，必须做到位置正确，操作灵活，手柄位置和变速器件应与机器的运转要求相符合；

④各种运动部件的接触表面，必须保证有足够的润滑，油路必须畅通；

⑤各种管道和密封部件，装配后不得有渗漏的现象；

⑥高速运动机构的外面，不得有螺钉头、销钉头等；

⑦每一部件装配完后，必须仔细检查和清理干净，尤其是在封闭的箱体内，不得有任何杂物遗留在内；

⑧试车前，应检查各部件连接的可靠性和运动的灵活性，特别是运动部件中有无遗漏的零件和工具，防护罩是否装上等；试车时，从低速到高速逐步进行，不可一开始就用高转速；并且根据试车情况，进行必要的调整，使其达到运转的要求，但要注意不能在运转中进行调整。

8.2 螺纹联接及装配

在机械设备上，常用螺纹及螺纹联接件实现零件与零件、零件与部件的连接。螺纹联接的结构简单、型式多样、联接可靠、装拆方便、成本低廉，因而得到广泛的应用。

8.2.1 螺纹联接

8.2.1.1 螺纹联接的主要类型及其应用

螺纹联接可分为标准件和非标准件两种，标准件联接用得较普遍，其结构、尺寸主要是照标准选用；非标准件联接用在机器的特殊构造部分，要自行设计。螺纹联接的主要类型及其应用见表 8-3。

表 8-3 螺纹联接的主要类型及其应用

联接类型		构造	形式、常用材料和制造方法	主要尺寸关系	应用
普通的标准件螺纹联接	螺栓联接		粗制螺栓。用于精度差，要求不高的联接。 材料用Q235A,10,15,20钢。用切削法或滚压法制造 半精制螺栓。机械中应用较广泛。材料用Q235A,Q255A,Q275,10,20,30,40,45钢。头部支承面及末端经过加工　全部 $\overset{6.3}{\nabla}$ 精制螺栓。用于精度要求高的联接和仪器上。 材料用Q235A,15,35,45钢。用光拉六角棒料精加工而成，表面粗糙度较低 除无螺纹部分外全部 $\overset{6.3}{\nabla}$ 铰制孔螺栓。用于精确地固定被联接零件的相对位置。 材料用Q235A,15,35,45钢。用光拉六角钢棒精加工而成，表面粗糙度较低	静载时： $L_1=(0.35\sim0.5)d$； 变载时： $L_1\geqslant0.75d$； $L_2\approx(0.2\sim0.3)d$； L_1——螺纹余留长度； L_2——螺纹伸出长度	用于两个被连接件都不太厚的场合
	双头螺柱联接		与螺栓的材料相同，一般为Q235A,15,35,45钢。 $d_1<d$的作用：1.便于制造；2.增加螺栓联接的弹性	L_3为座端旋入长度。当螺纹孔为钢或青铜时$L_3\approx d$； 铸铁时： $L_3\approx1.35d$； 轻合金时： $L_3\approx(1.75\sim3)d$； 螺纹孔深度： $L_4=L_3+(2\sim2.5)S$； S——螺距； 钻孔深度： $L_5=L_4+(0.2\sim0.3)d$	用于被连接件之一较厚，并需经常拆卸之处

续表 8-3

联接类型		构造	形式、常用材料和制造方法	主要尺寸关系	应用
普通的标准件螺纹联接	螺钉联接	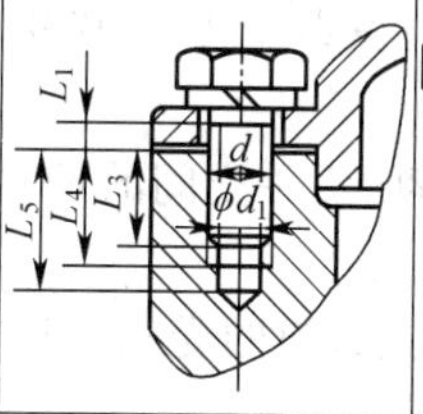L_1 L_3 L_4 L_5 d ϕd_1	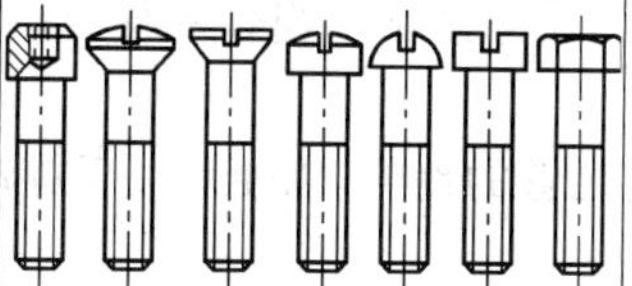与螺栓的材料相同，一般为Q235A,15, 35,45钢	L_1, L_3, L_4, L_5同上	用于被连接件之一较厚，不需经常拆卸之处；如经常拆卸，将使被连接件的螺孔损坏
特殊用途的标准件螺纹联接	紧定螺钉	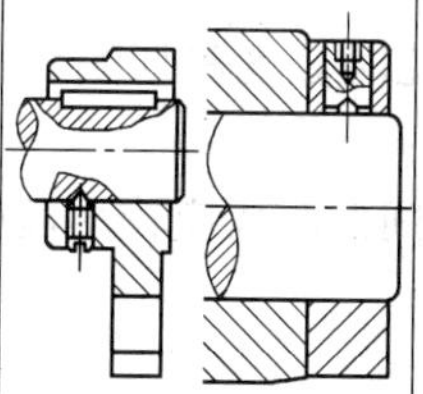	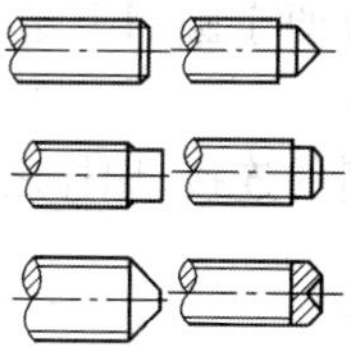因为紧定螺钉要顶住被连接件之一的表面，或伸入其表面的凹坑，故其头部要有特殊的形状，并经硬化处理。其材料宜用35,40和45钢	从机器结构的全局考虑决定	主要用于轴上零件和轴的轴向定位，但只能承受较小的力
	地脚螺栓	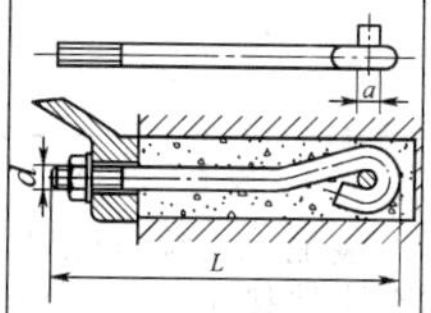a d L	分长型和短型两种： 短型，$L=100\sim400$mm，用于载荷稳定，倾覆力矩不大的联接； 长型，$L=500\sim2\ 500$mm，用于倾覆力矩较大，或有冲击的联接； 材料常用 Q235A，35 钢		用来连接机器和地基
	环首螺钉	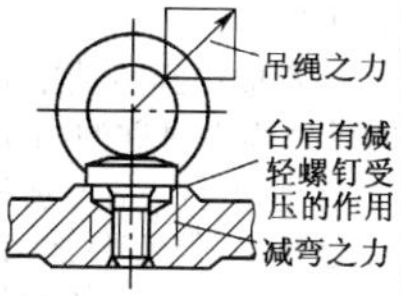吊绳之力 台肩有减轻螺钉受压的作用 减弯之力	材料常用 20 或 25 钢，用冲制、锻造或焊接的方法制作		用来起吊机器
非标准螺纹联接	螺纹套筒	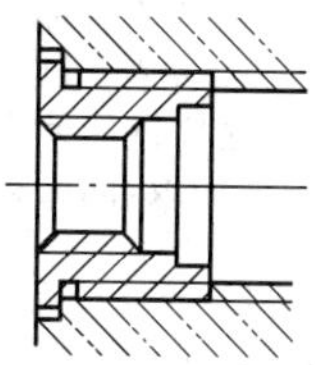	结构、材料视具体需要确定		用来起吊机器
	特殊螺母	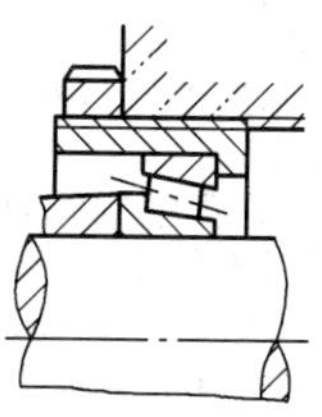	结构、材料视具体需要确定		为制造、装配、维修方便考虑的特殊构造

8.2.1.2　成组螺纹的原则

①螺栓、螺钉的配置应尽量使各螺栓、螺钉受载均匀；

②尽量减少螺栓、螺钉的尺寸规格。当各螺栓、螺钉受载相差不很多时，各螺栓、螺钉可取相同的直径；

③螺栓、螺钉四周，应有足够的地位，以便用扳手旋动；扳手空间的尺寸可参阅有关手册；

④螺栓、螺钉的配置，应考虑在可能范围内减小螺栓或螺钉的受载；当连接受弯矩或转矩时，应使螺栓或螺钉尽量靠近接合面边缘；

⑤圆周接合面上的螺栓或螺钉数应便于圆周上钻孔时分度和划线，一般常为4,6,8等偶数；

⑥对于压力容器等气密性要求较高的连接，螺栓之间的距离应较小，以减小两螺栓间的被连接件的变形，防止泄漏。

8.2.2　螺纹联接的装配

8.2.2.1　螺纹联接的装配（表8-4）

表8-4　螺纹联接的装配

名称	简图	装配要点
螺钉（栓）、螺母的装配	(a) 条形工件拧紧顺序 (b) 圆形工件拧紧顺序	1. 装配前要检查螺钉、螺母与被连接件接触表面是否平整光洁，否则，应予以整修，以保证连接可靠性。 2. 拧紧成组螺母或螺钉时应按先内后外逐步对称的顺序进行： (1)条形工件，先分别将螺钉拧到靠近工件，但不要加力，然后按图示顺序号1,2,…依次拧到拧紧程度的1/3左右，以后再按上述顺序拧到2/3左右，最后再按顺序全部拧紧；这样做能使全部螺钉的拧紧程度一致，同时被连接的工件也不会变形； (2)方形工件，分布在四角上的螺钉，应该对称交叉拧紧，也就是按照序号先把1和2拧紧1/3，再分别拧紧3和4，然后按同一顺序逐渐分次拧紧； (3)圆形工件与方形工件的拧法相同。 3. 螺栓孔与机体螺孔偏离不大时，可用丝锥回攻法借正（应先拧紧两个或两个以上的螺钉，方可回攻螺纹）；偏差太大，应用锉刀修正或用铣刀在铣床上扩孔修正，以使连接安全可靠

续表 8-4

名 称	简 图	装配要点
双头螺柱联接的装配	(a) 双螺母装置法　(b) 长螺母装置法	将双头螺柱与机体内螺纹拧紧,至螺栓无任何松动为止。螺栓拧入部分宜加润滑油,以保护螺纹、防锈,并为以后拆卸更换提供便利。 1. 双螺母装置法:先将下螺母拧至适当位置,再拧入上螺母,使上、下两螺母端面相接触,用两个扳手卡入上、下螺母,上扳手右旋,下扳手左旋,同时用力将上、下两螺母拧紧成一体后,再将上螺母用右旋拧动,即可将螺栓紧密拧紧在机体上。如要将螺栓拆卸时,反向拧下螺母即可将螺柱从机体内拧出。拆卸双螺母装置时,只需按反方向拧上、下两扳手即可。 2. 长螺母装置法:将长螺母拧入螺柱上部,并拧紧紧定螺钉,用扳手拧长螺母即可将螺柱拧紧在机体上或从机体上拆卸下来

8.2.2.2 螺纹联接的防松装置

螺纹的自锁作用,只有静荷时才是可靠的,而在振动和载荷情况下,往往会自动松脱,因此,螺纹联接常要采用附加的防松装置。防松装置的结构形式很多,但按其防松原理,可分为三类,见表 8-5。

表 8-5 螺纹联接的防松装置

防松原理	名 称	简 图	优缺点及应用	
利用摩擦力防松	弹簧垫圈		用普通螺母装卸方便,不十分可靠。用于防松要求不严的场合	结构简单,尺寸小,常用于一般机械中
	双螺母	螺栓　副螺母　主螺母		外廓尺寸大,应用不如弹簧垫圈普遍

续表 8-5

<table>
<tr><th>防松原理</th><th>名　　称</th><th>简图</th><th colspan="2">优缺点及应用</th></tr>
<tr><td rowspan="5">利用机械方法防松</td><td>开口销</td><td> </td><td rowspan="4">用特制螺母或垫圈，装卸较麻烦，安全可靠。用于防松要求较高的场合</td><td>装卸方便，常用于有振动的高速机器上</td></tr>
<tr><td>单耳止退垫圈</td><td> 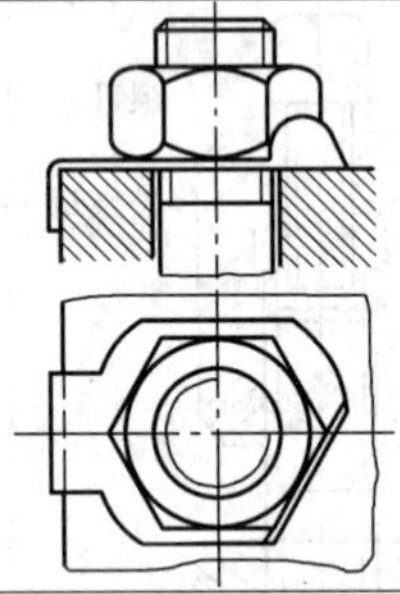</td><td>装卸较麻烦，用于较重要的或受力较大的场合</td></tr>
<tr><td>多耳止退垫圈</td><td> 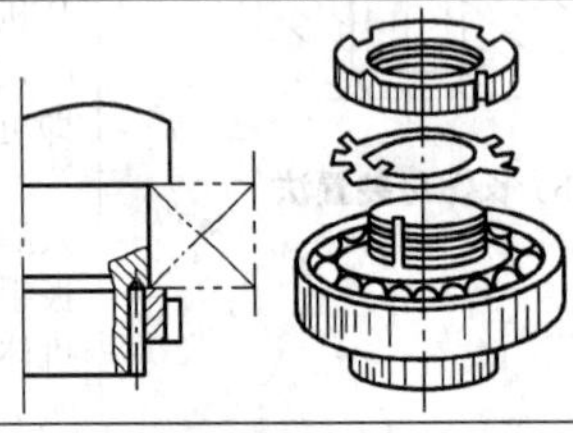</td><td>常用于滚动轴承组合中</td></tr>
<tr><td>串联铁丝</td><td> 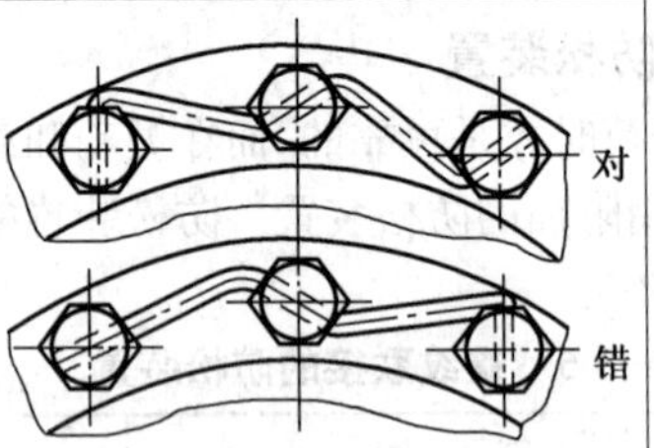对
错</td><td>用于螺栓(钉)成组联接</td></tr>
<tr><td>唐氏螺纹联接</td><td> 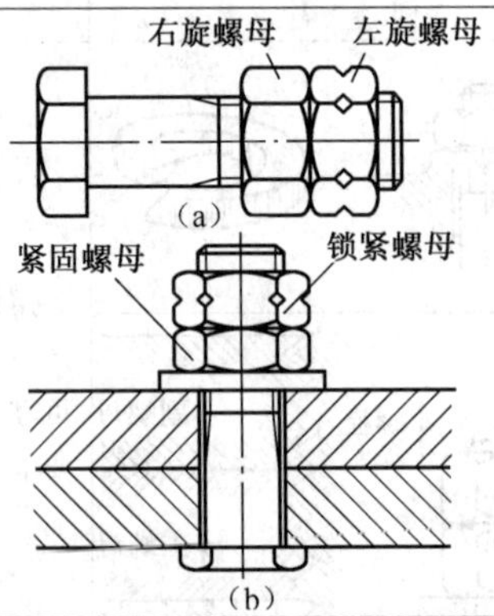右旋螺母　左旋螺母
(a)
紧固螺母　锁紧螺母
(b)</td><td colspan="2">唐氏螺纹的螺栓的同一螺纹段具有左右两种旋向的螺纹，它既可与左旋螺纹配合，又可与右旋螺纹配合。
在联接时，使用左、右两种不同旋向的螺母。被连接件支承面上的螺母称为紧固螺母，非支承面上的螺母称为锁紧螺母。使用时先将紧固螺母拧紧，然后再将锁紧螺母拧紧</td></tr>
<tr><td>永久防松</td><td colspan="2">用铆接、焊接的方法，把螺母同螺栓或被连接件固死在一起</td><td colspan="2">简单可靠，但拆卸要损坏机件。只能用在不要求拆卸的场合</td></tr>
</table>

8.3 键联结的装配

键联结是通过键的侧面与轴槽和轮毂槽分别构成配合，进而传递转矩或运动。它具有简单、可靠、装拆方便、通用性广等优点。键联结的公差与配合标准也是机械工业中较重要的互换性基础标准之一。

8.3.1 键和键联结的类型、特点和应用（表8-6）

表8-6 键和键联结的类型、特点和应用

类型和标准		简图	特点和应用
平键	普通型 平键 GB/T 1096—2003 薄型 平键 GB/T 1567—2003	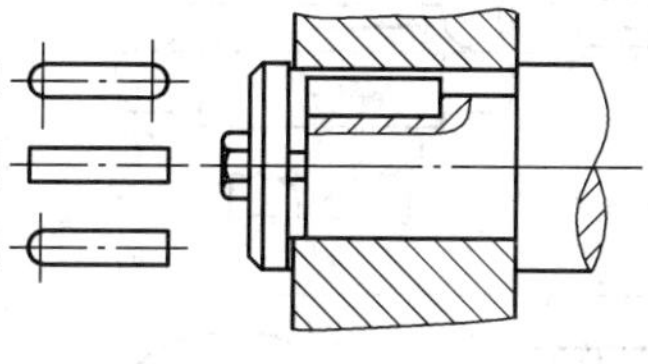 A型 B型 C型	键的侧面为工作面，靠侧面传力，对中性好，装拆方便，无法实现轴上零件的轴向固定。定位精度较高，用于高速或承受冲击、变载荷的轴。薄型平键用于薄壁结构和传递转矩较小的地方。A型键用端铣刀加工轴上键槽，键在槽中固定好，但应力集中较大；B型键用盘铣刀加工轴上键槽，应力集中较小；C型用于轴端
	导向型 平键 GB/T 1097—2003	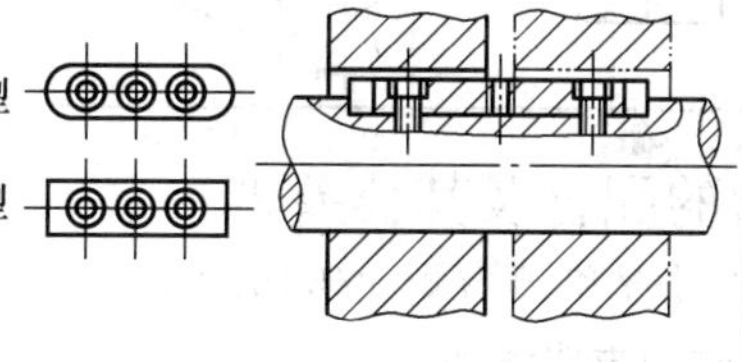 A型 B型	键的侧面为工作面，靠侧面传力，对中性好，拆装方便，无轴向固定作用。用螺钉把键固定在轴上，中间的螺纹孔用于起出键。用于轴上零件沿轴移动量不大的场合，如变速箱中的滑移齿轮
	滑键	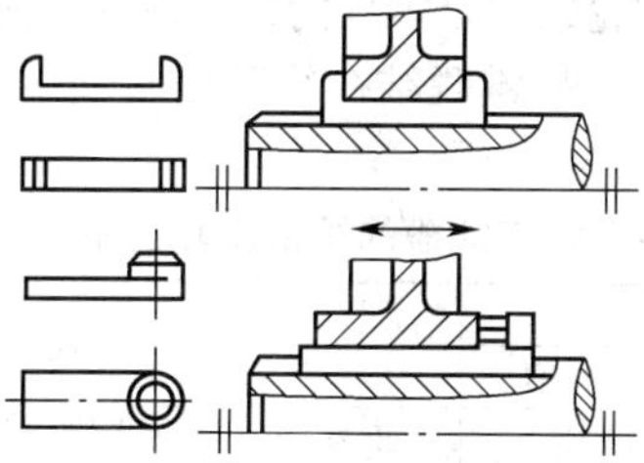	键的侧面为工作面，靠侧面传力，对中性好，拆装方便，键固定在轮毂上，轴上零件能带着键做轴向移动，用于轴上零件移动量较大的地方
半圆键	半圆键 GB/T 1099—2003	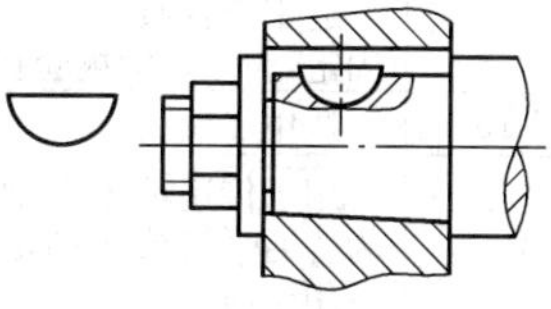	键的侧面为工作面，靠侧面传力，键可在轴槽中沿槽底圆弧滑动，装拆方便，但要加长键时，必定使键槽加深使轴强度削弱。一般用于轻载，常用于轴的锥形轴端处

续表 8-6

类型和标准		简图	特点和应用
楔键	普通型 楔键 GB/T 1564—2003 钩头型 楔键 GB/T 1565—2003 薄型 钩头楔键 GB/T 16922—1997	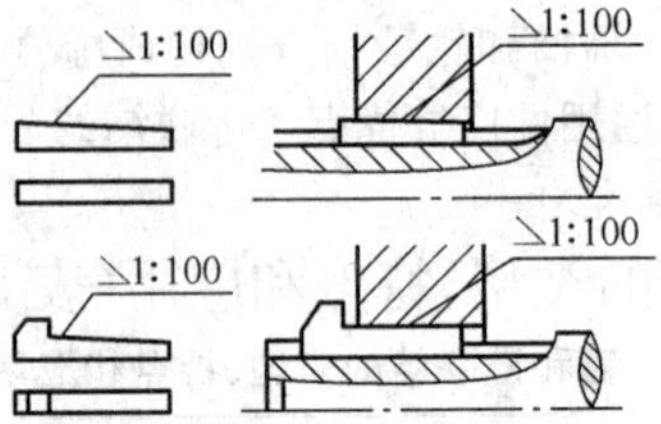 ∠1:100 ∠1:100 ∠1:100 ∠1:100	键的上下面为工作面，键的上表面和毂槽都有 1∶100 的斜度，装配时需打入、楔紧、造成偏心，键的上、下两面与轴和轮毂相接触。对轴上零件有轴向固定作用。由于楔紧力的作用使轴上零件偏心，导致对中精度不高，转速也受到限制。钩头供装拆用，但应加保护罩
	切向键 GB/T 1974—2003	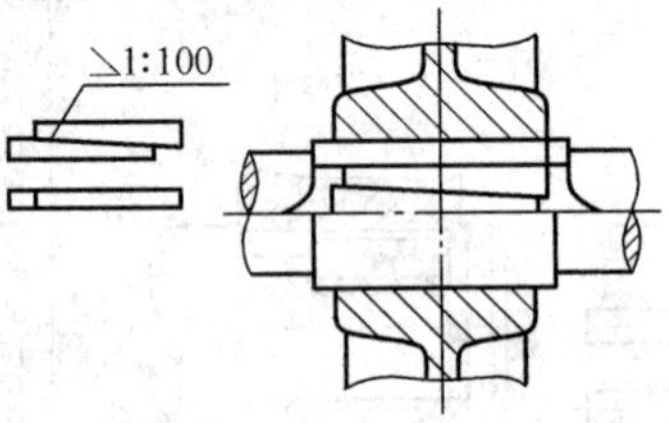 ∠1:100	由两个斜度为 1∶100 的楔键组成。能传递较大的转矩。一对切向键只能传递一个方向的转矩，传递双向转矩时，要用两对切向键，互成 120°～135°。用于载荷大、对中要求不高的场合。键槽对轴的削弱大，常用于直径大于 100mm 的轴
端面键	端面键	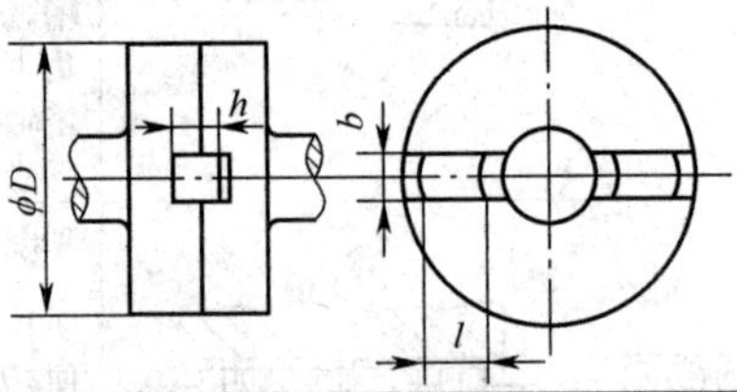 h φD b l	在圆盘端面嵌入平键，可用于凸缘间传力，常用于铣床主轴

8.3.2 键与键槽的配合及其公差带

在键联结中，转矩是通过键和键槽侧面传递的。因此，键宽和键槽宽的公差与配合是决定键联结配合性质的主要参数。

由于键的侧面同时与轴和轮毂两个零件的键槽侧面连接，且与二者要求有不同的配合性质，而键本身是标准件，故键联结往往采用基轴制配合。键与键槽的配合及其公差带见表 8-7。

表 8-7 键与键槽的配合及其公差带

配合种类	尺寸 b 的公差带			配合性质及适用范围
	键	轴槽	毂槽	
较松连接	h9	H9	D10	主要用于导向平键，键装在轴槽中，借螺钉固定，轮毂可在轴上滑动，也用于薄型平键
一般连接		N9	js9	适用于普通平键、半圆键及薄型平键，键在轴槽中固定，轮毂顺键侧套在轴上固定，用于传递一般载荷
		D10	D10	适用于楔键
较紧连接		P9	P9	用于传递重载荷，冲击载荷或双向传递转矩，主要为普通平键或半圆键，在轴上及轮毂中均固定。也可用于薄型平键

8.3.3 普通平键、导向平键和键槽的剖面尺寸及公差(GB/T 1095—2003)

普通平键、导向平键和键槽的剖面尺寸及公差见图 8-1 和表 8-8。

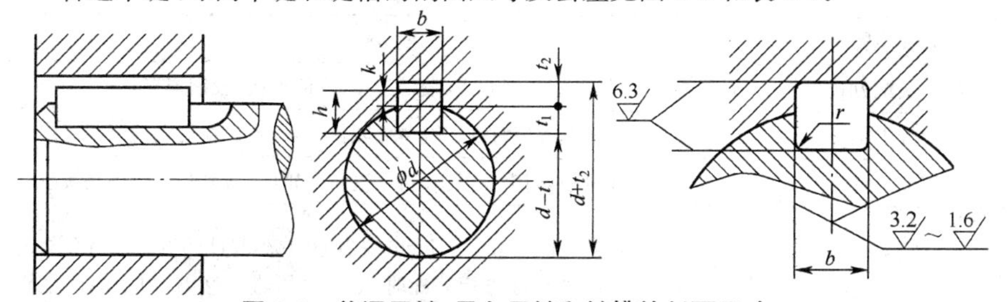

图 8-1 普通平键、导向平键和键槽的剖面尺寸

表 8-8 平键和键槽的尺寸与公差(GB/T 1095—2003) (mm)

轴	键	键槽											
公称直径 d	公称尺寸 $b\times h$	宽度 b						深度				半径 r	
		公称尺寸 b	极限偏差					轴 t		毂 t_1			
			较松连接		一般连接		较紧连接						
			轴 H9	毂 D10	轴 N9	毂 js9	轴和毂 P9	公称尺寸	极限偏差	公称尺寸	极限偏差	最小	最大
6~8	2×2	2	+0.025 0	+0.06 +0.02	−0.004 −0.029	±0.0125	−0.006 −0.031	1.2	+0.1 0	1	+0.1 0	0.08	0.16
>8~10	3×3	3						1.8		1.4			
>10~12	4×4	4	+0.030 0	+0.078 +0.030	0 −0.030	±0.015	−0.012 −0.042	2.5		1.8			
>12~17	5×5	5						3.0		2.3		0.16	0.25
>17~22	6×6	6						3.5		2.8			
>22~30	8×7	8	+0.036 0	+0.098 +0.040	0 −0.035	±0.018	−0.015 −0.051	4.0	+0.2 0	3.3	+0.2 0		
>30~38	10×8	10						5.0		3.3		0.25	0.40
>38~44	12×8	12	+0.043 0	+0.120 +0.050	0 −0.043	±0.0215	−0.018 −0.061	5.0		3.3			
>44~50	14×9	14						5.5		3.8			
>50~58	16×10	16						6.0		4.3			
>58~65	18×11	18						7.0		4.4			
>65~75	20×12	20	+0.052 0	+0.149 +0.065	0 −0.052	±0.026	−0.022 −0.074	7.5		4.9		0.40	0.60
>75~85	22×14	22						9.0		5.4			
>85~95	25×14	25						9.0		5.4			
>95~110	28×16	28						10		6.4			
>110~130	32×18	32	+0.062 0	+0.180 +0.080	0 −0.062	±0.031	−0.026 −0.088	11	+0.3 0	7.4	+0.3 0	0.7	1.0
>130~150	36×20	36						12		8.4			
>150~170	40×22	40						13		9.4			
>170~200	45×25	45						15		10.4			
>200~230	50×28	50						17		11.4			
>230~260	56×32	56	+0.074 0	+0.220 +0.100	0 −0.074	±0.037	−0.032 −0.106	20		12.4			
>260~290	63×32	63						20		12.4		1.2	1.6
>290~330	70×36	70						22		14.4			
>330~380	80×40	80						25		15.4			
>380~440	90×45	90	+0.087 0	+0.260 +0.120	0 −0.087	±0.0435	−0.037 −0.124	28		17.4		2.0	2.5
>440~500	100×50	100						31		19.5			

注:1. $(d-t)$和$(d+t_1)$两组组合尺寸的极限偏差按相应的 t 和 t_1 的极限偏差选取,但$(d-t)$极限偏差值应取负号(—)。

2. 平键轴槽的长度公差用 H14。

8.3.4 键联结的装配

8.3.4.1　平键联结的装配(表 8-9)

表 8-9　平键联结的装配

装配步骤	装配方法
决定装配方式	根据载荷情况,决定装配方式(较松连接、一般连接、较紧连接)
核对极限偏差	根据装配方式按上表核对键和键槽极限偏差,一定要在规定的范围之内
安装平键	在配合面上加机油,用铜棒敲击,将平键装在轴的键槽内,并与槽底接触
安装零件	键顶面与零件槽底面应留有0.5mm左右的间隙,零件两侧面要适合上述的极限偏差;轮毂、轴与键进行装配时,如过紧可进行修整,但不能产生松动。一般是先把键配入轴的键槽内,然后试装轮毂,使之正常装入,达到传递动力要求。需要拆键时,可用手虎钳、克丝钳或虎钳,将键两侧垫上铜皮,把轴槽内的键夹出来

8.3.4.2　楔键联结的装配(表 8-10)

表 8-10　楔键联结的装配

装配步骤	装配方法
锉配键宽	使键与键槽之间保持一定的配合间隙
检查键与键槽的配合	将零件装在轴上,使零件键槽与轴上键槽对齐,在楔键斜面上涂色后插入键槽内,根据接触点来判断斜度配合是否良好;再用锉刀修整,使键与键槽的上下结合面紧密贴合
装配楔键	清洗键槽和楔键,在楔键上涂上机油敲入键槽中

8.4　花键联结

8.4.1　花键的类型、特点和应用(表 8-11)

表 8-11　花键的类型、特点和应用

类　型	特　点	应　用
矩形花键(GB/T 1144—2001)	花键联结为多齿工作,承载能力高,对中性、导向性好,齿根较浅,应力集中较小,轴与毂强度削弱小。 矩形花键加工方便,能用磨削方法获得较高的精度。标准中规定两个系列:轻系列,用于载荷较轻的静连接;中系列,用于中等载荷	应用广泛,如飞机、汽车、拖拉机、机床制造业、农业机械及一般机械传动装置等

续表 8-11

类　型	特　点	应　用
渐开线花键(GB/T 3478.1—1995)	渐开线花键的齿廓为渐开线,受载时齿上有径向力,能起自动定心作用,使各齿受力均匀,强度高、寿命长。加工工艺与齿轮相同,易获得较高精度和互换性。 渐开线花键标准压力角 α_D 有 30°和 37.5°及 45°三种	用于载荷较大,定心精度要求较高,以及尺寸较大的连接

8.4.2　矩形花键

当键联结不能满足传递较大扭矩时,可采用矩形花键联结。

矩形花键具有定心精度高,导向性能好,键与轴为一整体,强度高,负荷分布比较均匀,齿形简单,可采用磨削和拉削的方法获得较高精度等优点,故在机床、汽车、拖拉机、工程机械等制造业得到广泛应用。

8.4.2.1　矩形花键基本尺寸(GB/T 1144—2001)

矩形花键其键数通常为偶数,按其键齿能传递转矩的大小,矩形花键尺寸分为轻系列和中系列两个系列,内、外花键基本尺寸见图 8-2 和表 8-12。

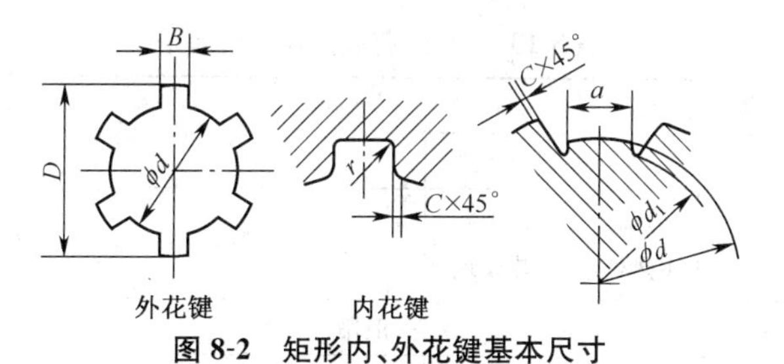

图 8-2　矩形内、外花键基本尺寸

表 8-12　基本尺寸系列(GB/T 1144—2001)　　(mm)

小径 d	轻系列				中系列			
	规　格 ($N\times d\times D\times B$)	键数 N	大径 D	键宽 B	规格 $N\times d\times D\times B$	键数 N	大径 D	键宽 B
11					6×11×14×3		14	3
13					6×13×16×3.5		16	3.5
16					6×16×20×4		20	4
18		6			6×18×22×5	6	22	5
21					6×21×25×5		25	5
23	6×23×26×6		26	6	6×23×28×6		28	6
26	6×26×30×6		30	6	6×26×32×6		32	6

续表 8-12

小径 d	轻系列				中系列			
	规格 ($N \times d \times D \times B$)	键数 N	大径 D	键宽 B	规格 $N \times d \times D \times B$	键数 N	大径 D	键宽 B
28	6×28×32×7	6	32	7	6×28×34×7	6	34	7
32	8×32×36×6		36	6	8×32×38×6		38	6
36	8×36×40×7		40	7	8×36×42×7		42	7
42	8×42×46×8		46	8	8×42×48×8		48	8
46	8×46×50×9	8	50	9	8×46×54×9	8	54	9
52	8×52×58×10		58	10	8×52×60×10		60	10
56	8×56×62×10		62	10	8×56×65×10		65	10
62	8×62×68×12		68	12	8×62×72×12		72	12
72	10×72×78×12		78	12	10×72×82×12		82	12
82	10×82×88×12		88	12	10×82×92×12		92	12
92	10×92×98×14	10	98	14	10×92×102×14	10	102	14
102	10×102×108×16		108	16	10×102×112×16		112	16
112	10×112×120×18		120	18	10×112×125×18		125	18

8.4.2.2　矩形花键的公差与配合

内、外花键的尺寸公差带可按表 8-13 的规定选用。

表 8-13　内、外花键的尺寸公差带

<table>
<tr><th colspan="4">内　花　键</th><th colspan="3" rowspan="2">外　花　键</th><th rowspan="3">装配型式</th></tr>
<tr><th rowspan="2">d</th><th rowspan="2">D</th><th colspan="2">B</th></tr>
<tr><th>拉削后不热处理</th><th>拉削后热处理</th><th>d</th><th>D</th><th>B</th></tr>
<tr><td colspan="8">一般用</td></tr>
<tr><td rowspan="3">H7</td><td rowspan="3">H10</td><td rowspan="3">H9</td><td rowspan="3">H11</td><td>f7</td><td rowspan="3">a11</td><td>d11</td><td>滑动</td></tr>
<tr><td>g7</td><td>f9</td><td>紧滑动</td></tr>
<tr><td>h7</td><td>h10</td><td>固定</td></tr>
<tr><td colspan="8">精密传动用</td></tr>
<tr><td rowspan="3">H5</td><td rowspan="6">H10</td><td colspan="2" rowspan="6">H7，H9</td><td>f8</td><td rowspan="6">a11</td><td>d8</td><td>滑动</td></tr>
<tr><td>g5</td><td>f7</td><td>紧滑动</td></tr>
<tr><td>h5</td><td>h8</td><td>固定</td></tr>
<tr><td rowspan="3">H6</td><td>f6</td><td>d8</td><td>滑动</td></tr>
<tr><td>g6</td><td>f7</td><td>紧滑动</td></tr>
<tr><td>h6</td><td>d8</td><td>固定</td></tr>
</table>

8.4.2.3 矩形花键的装配

矩形花键的装配主要根据装配型式来确定装配方法。矩形花键的装配见表8-14。

表 8-14 矩形花键的装配

装配型式	说明
滑动装配	一般情况矩形花键在装配之前都已加工成标准形式；装配时，把外花键固定，花键端面向上，在内、外花键上涂油后，将内花键对正外花键轻轻放下即可
紧滑动装配	将外花键装入内花键孔内，左右转动外花键，凭手感确定间隙大小；再将外花键退出，转动一个角度再插入，试验配合间隙，直到找到最合理间隙，打上标记。然后拉出花键，在外花键涂色，用铜棒将外花键轻轻敲入，再退出外花键后，根据色斑分布进行调整，直到合适为止。最后将内、外花键涂油，用铜棒轻轻将外花键敲入内花键中去
固定装配	首先检查内、外花键宽度要达到过盈公差带要求，合格后将内、外花键涂油，然后把内花键固定，用铜棒加手锤敲击外花键，使其进入内花键中。大型的矩形花键装配可用压力设备压入

8.5 销联结的装配

8.5.1 销联结及其应用

用销使两个零件连接在一起，叫做销联结。销的种类很多，常用的有圆柱销、圆锥销和开口销等，它们的特点和应用见表 8-15。

表 8-15 几种常用销的特点和应用

类型和标准	特点	应用
圆柱销	销孔需铰制，多次装拆后会降低定位的精度和连接的紧固性，只能传递不大的载荷	主要用于定位，也可用于连接
圆锥销	有 1∶50 的锥度，便于安装，定位的精度比圆柱销高。销孔需铰制	主要用于定位，也可用于固定零件，传递动力。多用于经常装拆的轴上
开口销	工作可靠，拆卸方便	用于锁定其他紧固件，常与槽形螺母或带孔销配合使用

销联结既可用作轴上零件的固定，也可用作定位或安全装置。

圆柱销具有多种直径公差，可供不同要求配合使用。圆锥销联结牢固，能够自锁，虽经多次装拆，也能保证配合精度。开口销可以防止螺母松动或销脱落。

8.5.2 销联结的装配(表 8-16)

表 8-16 销联结的装配

类型	简图	说明
圆柱销的装配	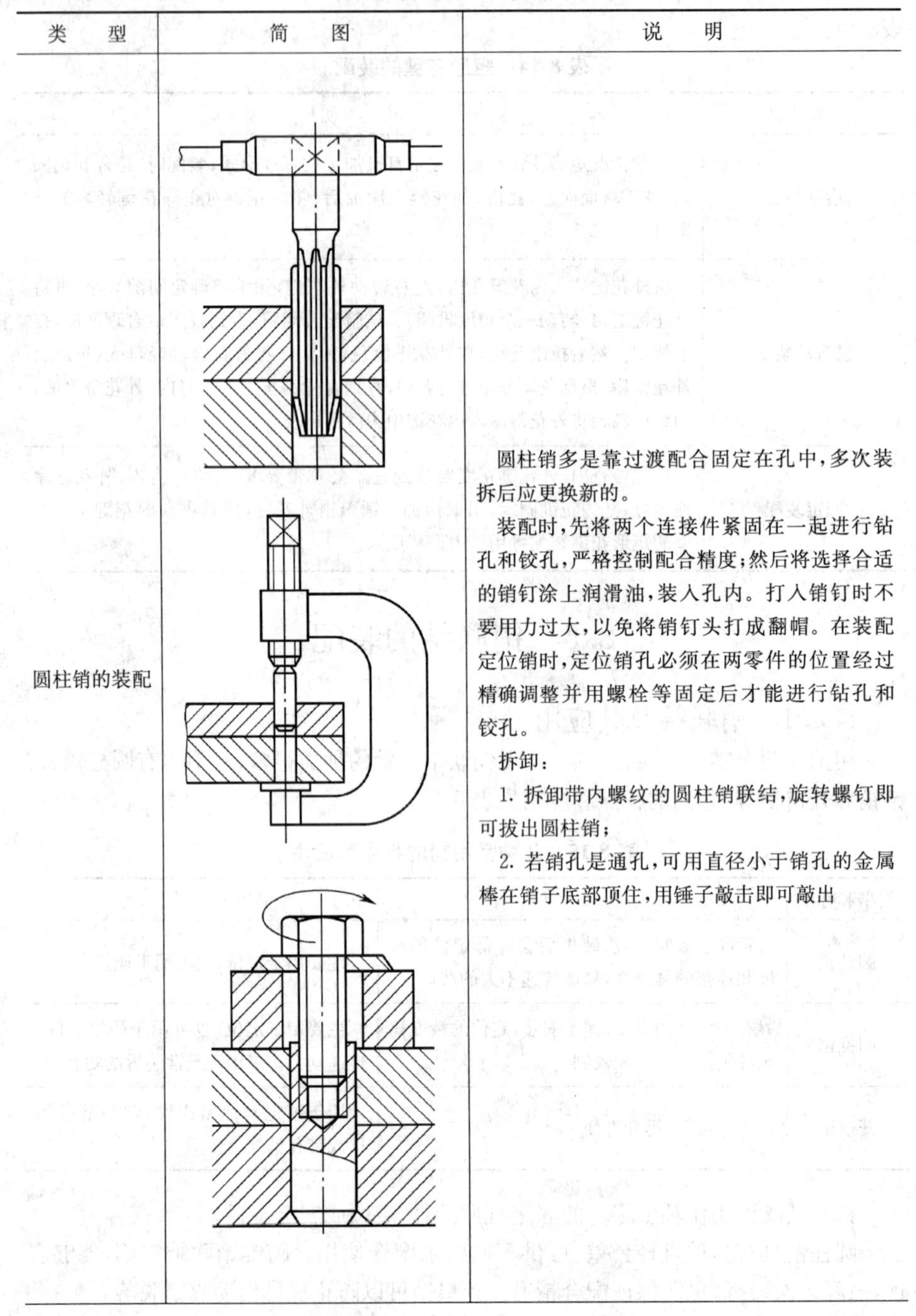	圆柱销多是靠过渡配合固定在孔中,多次装拆后应更换新的。 装配时,先将两个连接件紧固在一起进行钻孔和铰孔,严格控制配合精度;然后将选择合适的销钉涂上润滑油,装入孔内。打入销钉时不要用力过大,以免将销钉头打成翻帽。在装配定位销时,定位销孔必须在两零件的位置经过精确调整并用螺栓等固定后才能进行钻孔和铰孔。 拆卸: 1. 拆卸带内螺纹的圆柱销联结,旋转螺钉即可拔出圆柱销; 2. 若销孔是通孔,可用直径小于销孔的金属棒在销子底部顶住,用锤子敲击即可敲出

续表 8-16

类型	简图	说明
圆锥销的装配		装配时两连接件必须共钻共铰。标准圆锥销的规格用小端直径和长度表示，铰孔的直径以销子压入长度的 80%～85%为宜。装配时，在销子表面涂润滑油用铜棒轻轻敲入。 拆卸方法与圆柱销的拆卸方法相同
开口销的装配	—	开口销插入螺栓孔内。装配及使用中应注意，开口销的两脚扳开的角度不要过大

8.6 过盈连接的装配

由于过盈连接具有结构简单、加工方便和比同截面的键联结等有较高的连接强度，且能传递较大的力和力矩，故在重型机器、起重运输、船舶、机车以及通用化工机械等部门使用较广。对于中等尺寸或大尺寸的不常拆卸连接，以采用圆柱形过盈配合为多。

对于经常拆卸和传递负荷较大的过盈连接件，为补偿多次拆卸而引起过盈量减小和超负荷下不致松动，应考虑较大一点的结合强度储备量。

对于采用压入法装配并不易对中的过盈连接件，为保证不因装配歪斜等误差而引起连接件塑性变形或断裂损坏，也应考虑较大一点连接件强度储备量。

1. 对结构的一般要求

①过盈连接的结合长度，一般不宜超过结合直径的 1.6 倍；如结合长度过长，结合直径可制成阶梯形；

②纵向过盈连接的被包容件应给出压入导向角，一般不超过 10°；

③包容件或被包容件端部可采用卸荷槽、过渡圆弧等结构形式，以降低应力集中；

④相同材料的包容件和被包容件的结合面应采用不同的硬度要求，以防压入时发生黏着现象；

⑤轴与盲孔的过盈连接应有排气孔。

2. 过盈连接的装配方法、特点与应用(表 8-17)

表 8-17 过盈连接的装配方法、特点与应用

<table>
<tr><th colspan="2">装配方法</th><th>原　理</th><th>配合面型式</th><th>特点与应用</th></tr>
<tr><td colspan="2">机械压入法</td><td>利用工具(如螺旋式、杠杆式、气动式)或压力机(压力范围通常为 10～10 000kN)将被包容件装入包容件内</td><td rowspan="3">圆柱、圆锥</td><td>易擦伤结合表面，降低传递载荷的能力。适用于小或中等过盈量，传递载荷较小的场合，如齿轮、车轮、飞轮、滚动轴承与轴的配合</td></tr>
<tr><td rowspan="2">胀缩法</td><td>热胀法</td><td>利用火焰(如氧乙炔、液化气可加热至 350℃)、加热介质(如沸水可加热到 100℃、蒸汽可加热至 120℃、油品可加热至 320℃)、电阻(如电阻炉可加热至 400℃)、感应(可加热至 400℃)等加热方式将包容件加热到一定温度，使包容件内孔直径加大，形成装配间隙，然后将被包容件装入包容件内。也可同时加热包容件和冷却被包容件</td><td rowspan="2">不易擦伤结合表面，传递载荷能力高。
火焰加热操作简便，但有局部过热的危险，适用于局部受热和膨胀尺寸要求严格控制的中型和大型连接件，如汽轮机、鼓风机、离心压缩机的叶轮与轴配合。
介质加热包容件热胀均匀，适用于过盈量小的场合，如滚动轴承、连杆衬套、齿轮等。
电阻加热热胀均匀，加热温度易于自动控制，适用于中、小型连接件。
感应加热的加热时间短，调节温度方便、热效率高，适用于过盈量大的大型连接件，如汽轮机叶轮、大型压榨机等
干冰冷缩适用于过盈量小的小型零件。
低温箱冷缩适用于结合面精度较高的连接，如发动机气门座圈等。
液氮冷缩适用于过盈量中等的场合，如发动机主、副衬套等</td></tr>
<tr><td>冷缩法</td><td>利用干冰(可冷至－78℃)、低温箱(可冷至－140℃)、液氮(可冷至－195℃)等冷缩方式将被包容件冷却到一定温度，使被包容件外径减小，形成装配间隙，然后装入包容件内</td></tr>
</table>

续表 8-17

装配方法	原　　理	配合面型式	特点与应用
油压法	在包容件与被包容件之间的结合面上，压入高压油（油压达 200MPa），使包容件和被包容件在结合处发生弹性变形，形成间隙，压力油在结合面间形成油膜，并用液压装置或机械压推装置等给以轴向推力，当配合件达到所要求位置后，卸去高压油，即可形成过盈连接。对于圆锥形结合面，过盈量是靠被连接件彼此相对轴向移动而获得；对于圆柱形结合面，过盈量大小取决于选出的配合	阶梯圆柱及圆锥 圆柱仅用于拆卸和调整位置	不易擦伤结合表面，便于安装和拆卸，方便维修，装拆时轴向力较小，但制造精度要求高，多用于圆锥轴的装拆。适用于过盈量大的大、中型或需要经常拆卸的连接件，如大型联轴器、船舶螺旋桨、化工机械、机车车轮和轧钢设备；特别适用于连接定位要求严格的连接件，如大型凸轮与轴的连接。一般仅用于钢制零件。 对于圆柱面连接，因装配困难，故一般用于拆卸或调整结合位置，如车轮与轴的连接，用胀缩法或机械压入法装配，用油压法拆卸；但阶梯圆柱形可用油压法装拆
螺母压紧法	拧紧螺母，使结合面压紧形成过盈配合	圆锥	结合面锥度一般取（1∶30）～（1∶8），锥度小时，所需轴向力小，但不易拆卸；锥度大时，则反之。多用于轴端连接，有时可作为轴端保护装置

8.7 滚动轴承的装配

滚动轴承是一种具有高度互换性的标准化部件，由于它具有摩擦力小、起动容易、润滑简单、便于更换等优点，所以是各种运动机械中几乎不可缺少的部件，应用极为广泛。

滚动轴承的工作性能和使用寿命，不仅取决于滚动轴承本身的制造精度（包括本身的装配精度），还与其相配合的孔、轴的制造精度及选用的配合精度和装配精度密切相关。

8.7.1 常用滚动轴承的类型、主要性能和特点(表 8-18)

表 8-18 常用滚动轴承的类型、主要性能和特点

类型代号	类型名称	结构代号	基本额定动载荷比	极限转速比	轴向承载能力	轴向限位能力	性能和特点
1 (1)	调心球轴承	10000 (1000)	0.6～0.9	中	少量	Ⅰ	因为外圈滚道表面是以轴承中点为中心的球面，故能自动调心，允许内圈(轴)对外圈(外壳)轴线偏斜量为$2^{\circ}\sim3^{\circ}$；一般不宜承受纯轴向载荷
2 (3,9)	调心滚子轴承	2000 (3000)	1.8～4	低	少量	Ⅰ	性能、特点与调心球轴承相同，但具有较大的径向承载能力，允许内圈对外圈轴线偏斜量为$1.5^{\circ}\sim2.5^{\circ}$
3 (7)	圆锥滚子轴承 $\alpha=10^{\circ}\sim18^{\circ}$	30000 (7000)	1.5～2.5	中	较大	Ⅱ	可以同时承受径向载荷及轴向载荷(30000 型以径向载荷为主，30000B 型以轴向载荷为主)，外圈可分离，安装时可调整轴承的游隙，一般成对使用
	大锥角圆锥滚子轴承 $\alpha=27^{\circ}\sim30^{\circ}$	30000B (27000)	1.1～2.1	中	很大		
5 (8)	推力球轴承	51000 (8000)	1	低	只能承受单向的轴向载荷	Ⅰ	为了防止钢球与滚道之间的滑动，工作时必须加有一定的轴向载荷；高速时离心力大，钢球与保持架磨损，发热严重，寿命降低，故极限转速很低；轴线必须与轴承座底面垂直，载荷必须与轴线重合，以保证钢球载荷的均匀分配
	双向推力轴承	52000 (38000)	1	低	能承受双向的轴向载荷	Ⅰ	
6 (0)	深沟球轴承	60000 (0000)	1	高	少量	Ⅰ	主要承受径向载荷，也可同时承受小的轴向载荷；当量摩擦系数最小，在高转速时，可用来承受纯轴向载荷；工作中允许内、外圈轴线偏斜量为$8'\sim16'$；大量生产，价格最低

续表 8-18

类型代号	类型名称	结构代号	基本额定动载荷比	极限转速比	轴向承载能力	轴向限位能力	性能和特点
7 (6)	角接触球轴承	70000C (36000) (α=15°)	1.0～1.4	高	一般	Ⅱ	可以同时承受径向载荷及轴向载荷，也可以单独承受轴向载荷，能在较高转速下正常工作；由于一个轴承只能承受单向的轴向力，因此，一般成对使用；承受轴向载荷的能力由接触角α决定，接触角大的，承受轴向载荷的能力也高
		70000AC (46000) (α=25°)	1.0～1.3		较大		
		70000B (66000) (α=40°)	1.0～1.2		更大		
N (2)	外圈无挡边的圆柱滚子轴承	N0000 (2000)	1.5～3	高	无	Ⅲ	外圈（或内圈）可以分离，故不能承受轴向载荷；滚子由内圈（或外圈）的挡边轴向定位，工作时允许内、外圈有少量的轴向错动；有较大的径向承载能力，但内外圈轴线的允许偏斜量很小（2′～4′）；这一类轴承还可以不带外圈或内圈
NA (4)	滚针轴承	NA0000 544000	—	低	无	Ⅲ	在同样内径条件下，与其他类型轴承相比，其外径最小，内圈或外圈可以分离，工作时允许内、外圈有少量的轴向错动；有较大的径向承载能力，一般不带保持架，摩擦系数大

注：1. 基本额定动载荷比：指同一尺寸系列（直径及宽度），各种类型和结构形式的轴承的基本额定动载荷与单列深沟球轴承（推力轴承则与单向推力球轴承）的基本额定动载荷之比。

2. 极限转速比：指同一尺寸系列 0 级公差的各类轴承，脂润滑时的极限转速与单列深沟球轴承脂润滑时极限转速之比。其中：

高——单列深沟球轴承极限转速的(90～100)%；中——单列深沟球轴承极限转速的(60～90)%；低——单列深沟球轴承极限转速的 60%以下。

3. 轴向限位能力：Ⅰ——轴的双向轴向位移限制在轴承的轴向游隙范围以内；Ⅱ——限制轴的单向轴向位移；Ⅲ——不限制轴的轴向位移。

4. 为了便于了解新、旧代号对照，括号中标出对应的旧代号。

5. 双列深沟球轴承类型代号为 4。

6. 双列角接触球轴承类型代号为 0。

8.7.2 滚动轴承的标识

滚动轴承的标识由前置代号、基本代号和后置代号构成。

1. 滚动轴承基本代号

最能表示轴承特性的是基本代号，它是轴承代号的基础，由轴承类型代号、尺寸系列代号和内径代号构成，见表 8-19。

表 8-19 滚动轴承基本代号

基本代号		
类型代号	尺寸系列代号	内径代号

(1)滚动轴承类型代号(表 8-20)

表 8-20 滚动轴承类型代号

类型代号	简图	轴承类型
0	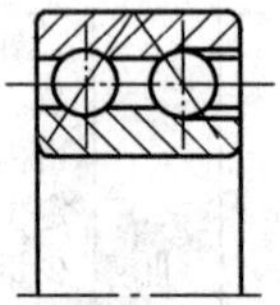	双列角接触球轴承
1	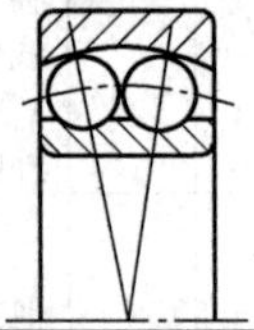	调心球轴承
2	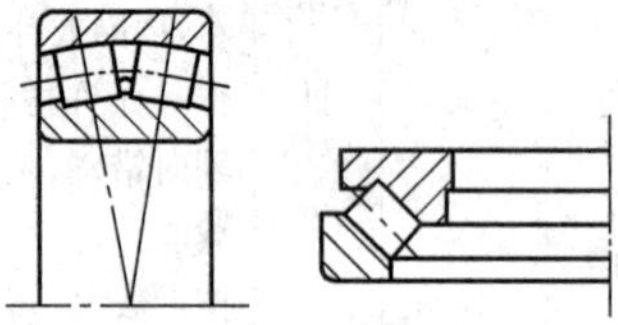 (a) (b)	调心滚子轴承和推力调心滚子轴承
3	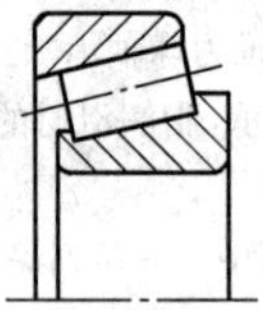	圆锥滚子轴承
4	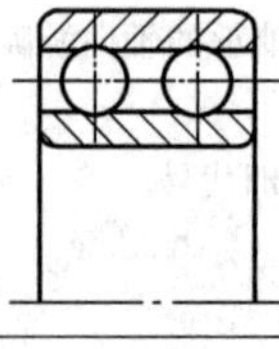	双列深沟球轴承

续表 8-20

类型代号	简　　图	轴承类型
5	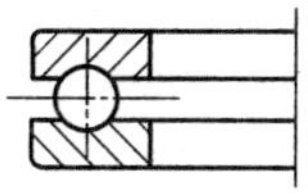	推力球轴承
6	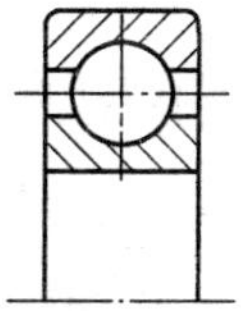	深沟球轴承
7	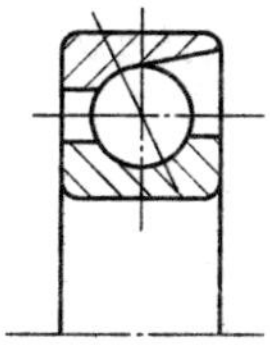	角接触球轴承
8	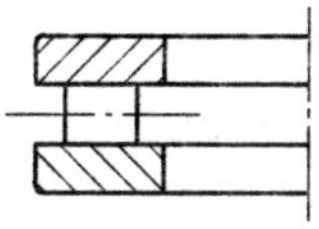	推力圆柱滚子轴承
N	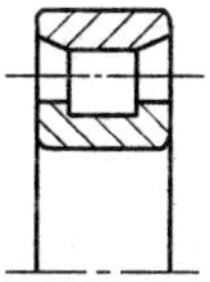	外圈无挡边圆柱滚子轴承
NU	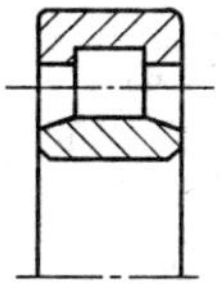	内圈无挡边圆柱滚子轴承
NJ	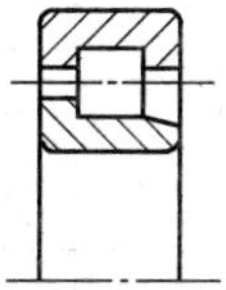	内圆单挡边圆柱滚子轴承

续表 8-20

类型代号	简　图	轴承类型
NF	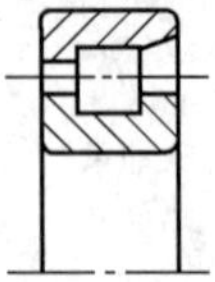	外圈单挡边圆柱滚子轴承
NN	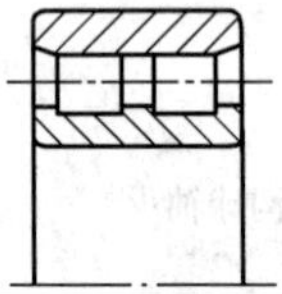	双列圆柱滚子轴承
NNU	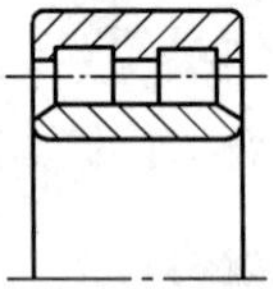	内圈无挡边双列圆柱滚子轴承
QJ	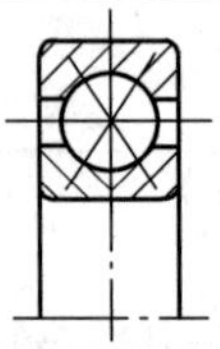	四点接触球轴承

(2)滚动轴承尺寸系列代号(表 8-21)

表 8-21　滚动轴承尺寸系列代号

直径系列代号	向心轴承								推力轴承			
	宽度系列代号								高度系列代号			
	8	0	1	2	3	4	5	6	7	9	1	2
	尺寸系列代号											
7	—	—	17	—	37	—	—	—	—	—	—	—
8	—	08	18	28	38	48	58	68	—	—	—	—
9	—	09	19	29	39	49	59	69	—	—	—	—
0	—	00	10	20	30	40	50	60	70	90	10	—
1	—	01	11	21	31	41	51	61	71	91	11	—
2		02	12	22	32	42	52	62	72	92	12	22
3		03	13	23	33	—	—	—	73	93	13	23
4	—	04	—	24	—	—	—	—	74	94	14	24
5	—	—	—	—	—	—	—	—	—	95	—	—

(3)滚动轴承内径代号(表 8-22)

表 8-22 滚动轴承内径表示法

轴承公称内径/mm	0.6 到 10(非整数)	10	12	15	17	代号数字×5=内径
内径代号	用毫米数值直接表示	00	01	02	03	04～99

2. 滚动轴承基本代号举例

例 1 6024:

6——轴承类型代号;

2——尺寸系列(02)代号;

04—内径代号,4×5=20(mm)。

例 2 N2210:

N——类型代号;

22——尺寸系列;

10——内径代号,10×5=50(mm)。

8.7.3 滚动轴承的精度等级及应用

1. 滚动轴承的精度等级

滚动轴承的精度等级按其尺寸公差与旋转精度分级,分别用汉语拼音字母表示。

向心轴承的公差等级共分为五级,即:G,E,D,C 和 B 级,从 G 级到 B 级精度依次由低到高。

圆锥滚子轴承公差等级共分为四级,即:G,EX,D 和 C 级,依次由低到高。

推力轴承公差等级共分为四级,即:G,E,D 和 C 级,也依次由低到高。

滚动轴承的尺寸公差主要包括:轴承内径(d)、轴承外径(D)、轴承宽度(B)的公差等。

滚动轴承的旋转精度主要包括:轴承内、外圈的径向跳动和内、外圈端面对滚道的跳动等。

2. 滚动轴承的精度等级的应用

G 级轴承通常称为普通级轴承,广泛用在中等负荷和中等转速以及旋转精度要求不高的一般传动装置中,以保证旋转灵活轻便。例如用于普通机床中的变速箱、进给箱、汽车和拖拉机中变速传动机构,普通电机、水泵、汽轮机、压缩机等旋转机构。

E,D 级轴承可用于旋转精度和转速要求较高的旋转机构中。例如用于普通机床的主轴轴承(前轴承一般用 D 级,后轴承多用 E 级),精密机床的主轴承多用 D

级,精密仪器、仪表也使用此类较高精度的轴承。

C,B级为高精度级轴承,主要用于高速和高精度的旋转机构中。例如用于高精度齿轮磨床、精密坐标镗床的主轴轴承,航空轴承和高速摄影机轴承。

8.7.4 滚动轴承配合的选择

正确地选择滚动轴承与轴和外壳孔的配合,对机器的运转质量和轴承的使用寿命影响很大。

8.7.4.1 轴承配合选择的基本原则

①相对于负荷方向旋转的套圈与轴或外壳孔的配合,应选择过渡或过盈配合;过盈的大小,以轴承在负荷下工作时,其套圈在轴上或外壳孔内的配合表面上不产生“爬行”现象为原则。

②对于重负荷场合,通常应比在轻负荷和正常负荷场合的配合为紧;负荷愈重,其配合过盈应愈大。

③负荷对轴承圈作用的性质是选择滚动轴承配合的主要因素。在轴承运转时,根据作用于轴承上的合成径向负荷相对于套圈的旋转情况,可将所受负荷分为局部负荷、循环负荷和摆动负荷三种类型。

通常,受局部负荷的套圈与轴或外壳孔的配合可稍松一些,表 8-23 推荐了与受局部负荷的套圈相配合的轴、孔公差带。

表 8-23 与受局部负荷的套圈相配合的轴、孔公差带 (mm)

<table>
<tr><th colspan="2" rowspan="2">配合直径</th><th colspan="3">相配合的零件</th><th rowspan="3">轴承型式</th></tr>
<tr><th rowspan="2">轴</th><th colspan="2">铸铁或钢制的轴承座孔</th></tr>
<tr><th>大于</th><th>至</th><th>不可拆的</th><th>可拆的</th></tr>
<tr><td colspan="6">负荷稳定或具有较小的冲击与振动,过载不超过 150%</td></tr>
<tr><td>—</td><td>80</td><td rowspan="2">h5,h6,g5,
g6,f5,f6</td><td>H6,H7</td><td rowspan="4">H6
H7
H8</td><td rowspan="4">除具有冲压外圈的滚针轴承之外的所有轴承型式</td></tr>
<tr><td>80</td><td>260</td><td rowspan="2">G6,G7</td></tr>
<tr><td>260</td><td>500</td><td>f6</td></tr>
<tr><td>500</td><td>1 600</td><td>js6</td><td>F7,F8</td></tr>
<tr><td colspan="6">具有较大冲击与振动的负荷,过载不超过 300%</td></tr>
<tr><td>—</td><td>80</td><td rowspan="2">h5
h6</td><td rowspan="4">js6
js7
H6
H7</td><td rowspan="4">js6
js7</td><td rowspan="4">除具有冲压外圈的滚针轴承与双列圆锥滚子轴承之外的所有轴承型式</td></tr>
<tr><td>80</td><td>260</td></tr>
<tr><td>260</td><td>500</td><td rowspan="2">g5
g6</td></tr>
<tr><td>500</td><td>1 600</td></tr>
</table>

受循环负荷的套圈与轴或外壳的配合应适当紧一些,表 8-24 推荐了与受循环负荷的套圈相配合的轴、孔公差带。

表 8-24 与受循环负荷的套圈相配合的轴、孔公差带

相配合的零件	公差带
轴	j5,js5,js6,k5,k6,m5,m6,n5,n6
外壳孔	K5,K6,M5,M6,N5,N6,P7

受摆动负荷的套圈与轴或外壳孔的配合，其松紧程度介于局部负荷和循环负荷之间，表 8-25 推荐了与受摆动负荷的套圈相配合的轴、孔公差带。

表 8-25 与受摆动负荷的套圈相配合的轴、孔公差带 (mm)

配合直径		相配合的零件	
大于	至	轴	孔
—	80	k5,k6	K6,K7
80	260	j5,j6,js5,js6	K6,K7
260	—	h5,h6	J6,J7,Js6,Js7

④当轴承的旋转精度要求较高时，应选用较高等级的轴、孔公差带；对负荷较大，且旋转精度要求较高，应避免采用间隙配合，但也不宜太紧；对负荷较小，用于精密机床的高精度轴承，可采用较小间隙的配合；轴承的旋转速度愈高，配合应愈紧。

⑤轴承运转时，套圈的温度经常高于与它相配合的轴、孔的温度，内圈会因热胀而与轴的配合变松，外圈会因热胀而变得与孔的配合变紧；因此，选择配合时，要考虑温度的影响，以及热传导的方向。

⑥为考虑轴承安装与拆卸的方便，宜采用间隙配合或过盈量较小的过渡配合。

8.7.4.2 滚动轴承配合的选择方法

影响滚动轴承配合选用的因素较多，故在实际工作中通常采用类比法，表 8-26 至表 8-29 提供与轴承相配合的轴、孔公差带的应用资料，可供具体选用时参考。

表 8-26 安装向心轴承和角接触轴承的轴公差带 (mm)

内圈工作条件		应用举例	向心球轴承和角接触球轴承	圆柱滚子轴承和圆锥滚子轴承	调心滚子轴承	公差带
旋转状态	负荷		轴承公称内径			
圆柱孔轴承						
内圈相对于负荷方向旋转或负荷方向摆动	轻负荷	电器仪表、机床(主轴)、精密机械、泵、通风机、传送带	≤18	—	—	h5
			>18~100	≤40	≤40	j6
			>100~200	>40~140	>40~100	k6
			—	>140~200	>100~200	m6

续表 8-26

内圈工作条件		应用举例	向心球轴承和角接触球轴承	圆柱滚子轴承和圆锥滚子轴承	调心滚子轴承	公差带
旋转状态	负荷		轴承公称内径			
圆柱孔轴承						
内圈相对于负荷方向旋转或负荷方向摆动	正常负荷	一般通用机械、电动机、涡轮机、泵、内燃机、变速箱、木工机械	≤18	—	—	j5
			>18～100	≤40	≤40	k5
			>100～140	>40～100	>40～65	m5
			>140～200	>100～140	>65～100	m6
			>200～280	>140～200	>100～140	n6
			—	>200～400	>140～280	p6
			—	—	>280～500	r6
			—	—	>500	r7
	重负荷	铁路车辆和电力机车的轴箱、牵引电动机、轧机、破碎机等重型机械	—	>50～140	>50～100	n6
			—	>140～200	>100～140	p6
			—	>200	>140～200	r6
			—	—	>200	r7
内圈相对于负荷方向静止	所有负荷	内圈必须在轴向容易移动	静止轴上的各种轮子	所有尺寸		g6
		内圈不必要在轴向移动	张紧滑轮、绳索轮	所有尺寸		h6
纯轴向负荷		所有应用场合		所有尺寸		j6或js6
圆锥孔轴承(带锥形套)						
所有负荷		铁路车辆和电力机车的轴箱	装在退卸套上的所有尺寸			h8
		一般机械或传动轴	装在紧定套上的所有尺寸			h9

表 8-27 安装向心轴承和角接触轴承的外壳孔公差带

<table>
<tr><th colspan="4">外圈工作条件</th><th rowspan="2">应用举例</th><th rowspan="2">公差带</th></tr>
<tr><th>旋转状态</th><th>负荷</th><th>轴向位移的限度</th><th>其他情况</th></tr>
<tr><td rowspan="3">外圈相对于负荷方向静止</td><td rowspan="2">轻、正常和重负荷</td><td rowspan="2">轴向容易移动</td><td>轴处于高温场合</td><td>烘干筒、有调心滚子轴承的大电动机</td><td>G7</td></tr>
<tr><td>剖分式外壳</td><td>一般机械、铁路车辆轴箱</td><td>H7</td></tr>
<tr><td>冲击负荷</td><td rowspan="2">轴向能移动</td><td rowspan="2">整体式剖分式外壳</td><td>铁路车辆轴箱轴承</td><td rowspan="2">J7</td></tr>
<tr><td rowspan="3">负荷方向摆动</td><td>轻和正常负荷</td><td>电动机、泵、曲轴主轴承</td></tr>
<tr><td>正常和重负荷</td><td rowspan="5">轴向不移动</td><td rowspan="4">整体式外壳</td><td>电动机、泵、曲轴主轴承</td><td>K7</td></tr>
<tr><td>重冲击负荷</td><td>牵引电动机</td><td>M7</td></tr>
<tr><td rowspan="3">外圈相对于负荷方向旋转</td><td>轻负荷</td><td>张紧滑轮</td><td>M7</td></tr>
<tr><td>正常和重负荷</td><td>装用球轴承的轮毂</td><td>N7</td></tr>
<tr><td>重冲击负荷</td><td>薄壁，整体式外壳</td><td>装用滚子轴承的轮毂</td><td>P7</td></tr>
</table>

表 8-28 安装推力轴承的轴公差带 (mm)

<table>
<tr><th colspan="2" rowspan="2">轴圈工作条件</th><th>推力球轴承和圆柱滚子轴承</th><th>推力调心滚子轴承</th><th rowspan="2">公差带</th></tr>
<tr><th colspan="2">轴承公称内径</th></tr>
<tr><td colspan="2">纯轴向负荷</td><td>所有尺寸</td><td>所有尺寸</td><td>j6 或 js6</td></tr>
<tr><td rowspan="2">径向和轴向联合负荷</td><td>轴圈相对于负荷方向静止</td><td>—
—</td><td>≤250
>250</td><td>j6
js6</td></tr>
<tr><td>轴圈相对于负荷方向旋转或负荷方向摆动</td><td>—
—</td><td>≤200
>200～400
>400</td><td>k6
m6
n6</td></tr>
</table>

表 8-29　安装推力轴承的外壳孔公差带

<table>
<tr><th colspan="2">座圈工作条件</th><th>轴承类型</th><th>公差带</th><th>备注</th></tr>
<tr><td colspan="2" rowspan="3">纯轴向负荷</td><td>推力球轴承</td><td>H8</td><td></td></tr>
<tr><td>推力圆柱滚子轴承</td><td>H7</td><td></td></tr>
<tr><td>推力调心滚子轴承</td><td>—</td><td>外壳孔与座圈间的配合间隙 0.001D(轴承外径)</td></tr>
<tr><td rowspan="2">径向和轴向联合负荷</td><td>座圈相对于负荷方向静止或负荷方向摆动</td><td rowspan="2">推力调心滚子轴承</td><td>H7</td><td></td></tr>
<tr><td>座圈相对于负荷方向旋转</td><td>M7</td><td></td></tr>
</table>

8.7.5　滚动轴承的装配方法

1. 滚动轴承的装卸规则

①安装前,应把轴承、轴、孔以及油孔等用煤油或汽油清洗干净,需用黄油润滑的要涂上清洁的黄油;

②装配时,要注意清洁,避免污物和硬的颗粒掉入轴承,以防擦伤滚动表面;

③装卸轴承时,应该在配合较紧的座圈上加力,以避免滚动体和滚道工作表面上产生凹痕,甚至损坏轴承;

④加力时,必须均匀地分配在座圈的四周,以防止轴承歪斜和塞住,使轴承配合表面损坏;

⑤轴承端面应与轴肩或孔的支承面贴紧。

2. 滚动轴承的装配

(1)深沟球轴承的装配(表 8-30)

(2)圆锥滚子轴承的装配　圆锥滚子轴承的内、外圈可分离,装配时分别将内圈装在轴颈上,外圈装入壳体。装配方法与深沟球轴承装配方法基本一样。

装配后,由于加工中产生误差,轴承内、外圈间隙达不到设计要求,因此,要对轴承内、外圈间隙进行微量的调整,调整方法见表 8-31。

表 8-30 深沟球轴承的装配方法

装配方法	图 示	说 明
敲入法	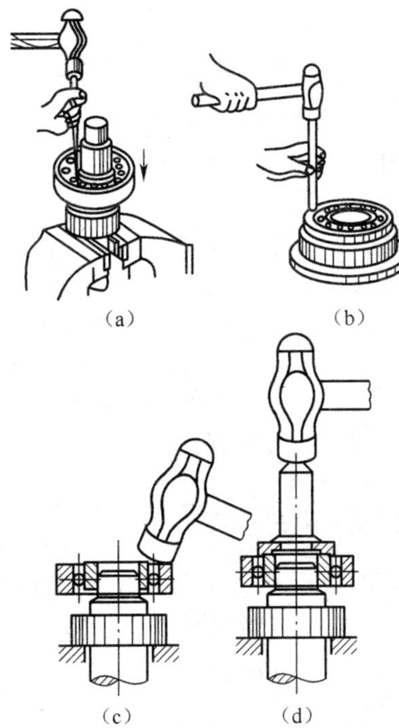 (a) (b) (c) (d)	1. 滚动轴承配合间隙不是很紧时，可用手锤敲击安装； 2. 用手锤敲击钢钎或套筒，如用钢钎，敲击时应在四周对称地交替敲击，一定要敲击内圈，用力要均匀；用套筒时，套筒要套在内圈上，手锤敲击套筒上部即可
压入法	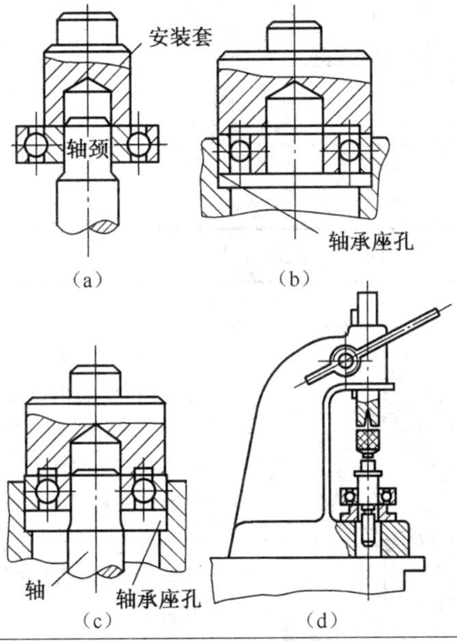 安装套 轴颈 (a) 轴承座孔 (b) 轴 轴承座孔 (c) (d)	1. 滚动轴承配合间隙较紧时，可用压力机进行压入装配； 2. 压入装配时要用专用套筒，套筒应套在座圈上面

表 8-30 深沟球轴承的装配方法

装配方法	图 示	说 明
温差法	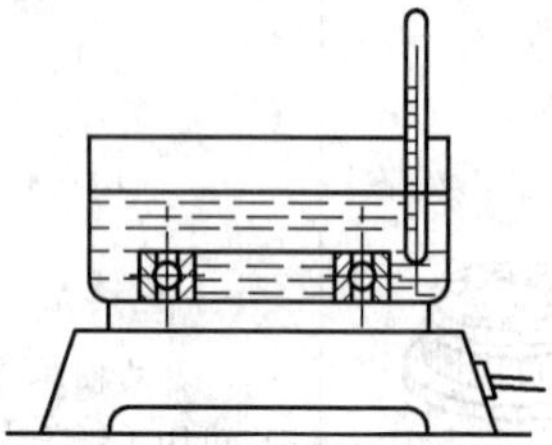 (a) 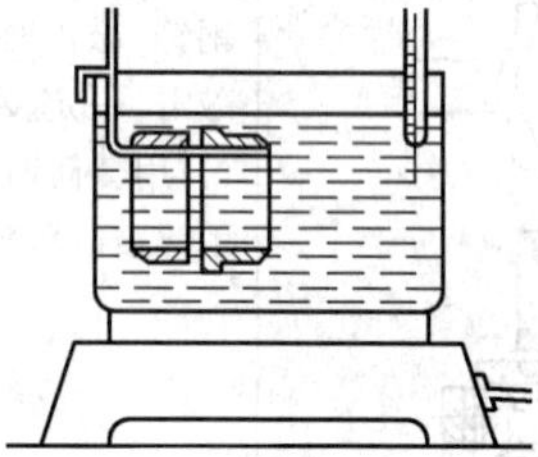 (b)  (c)	1. 如果轴承内圈与轴装配有过盈，可将轴承放在温度为 80～90℃的机油中加热； 2. 取出轴承后，轴承如能套在轴上，应立即用干净布擦去油迹，将轴承迅速推到轴颈； 3. 轴承不能与装热机油的油箱底部相接触，因为箱底的温度超过油温，会造成轴承过热；轴承应吊在油中

表 8-31 圆锥滚子轴承的调整方法

调整方法	简 图	说 明
螺钉调整	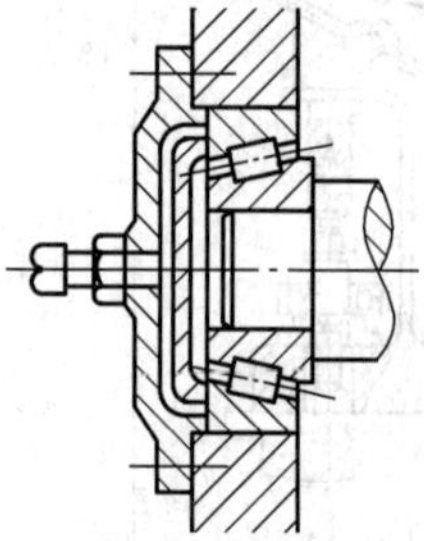	1. 当内、外圈在装配时有间隙，可用调节螺钉的方法进行调整； 2. 拧紧端盖四周紧固螺钉，然后调节端盖上的调节螺钉，调节螺钉推动挡圈使轴承外圈与轴承内圈间隙达到要求为止； 3. 间隙合理后，再锁紧调节螺钉上的螺母

续表 8-31

调整方法	简　　图	说　　明
垫圈调整	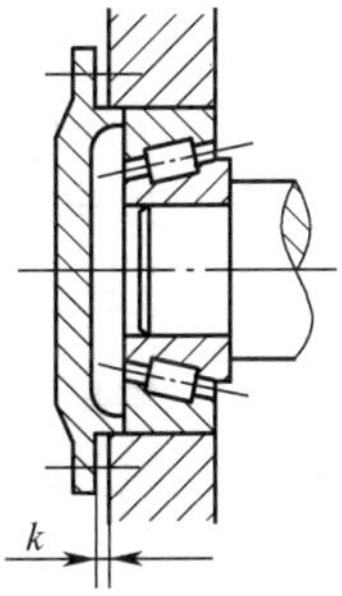	1. 装配时，端盖与机身有间隙，可用垫圈进行调整； 2. 拧紧端盖四周紧固螺钉，确定端盖与机身的间隙值； 3. 选配与间隙值相等或小于间隙值 0.03mm 垫圈； 4. 松掉端盖四周紧固螺钉，把垫圈套在端盖上，再拧紧端盖四周紧固螺钉即可
内隔套调整	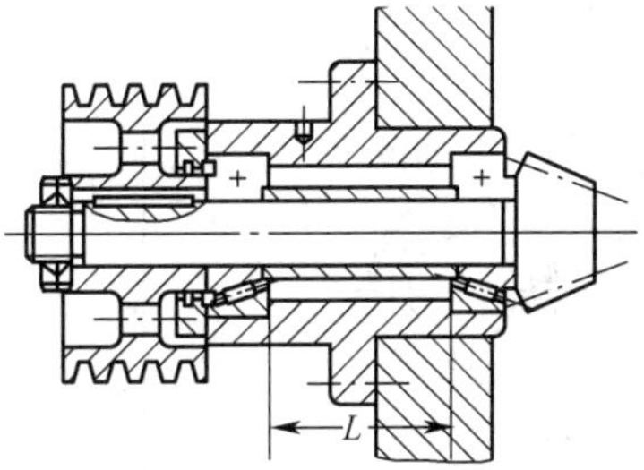	1. 装配时，当轴的轴承位无法保证两轴承距离时，可用内隔套进行调整和固定两轴承间的距离； 2. 确定两轴承的距离，加工出套筒，套筒长度比测出的长度值长 1mm 左右； 3. 试装，如套筒过长，经加工后再试装，使之轴承间隙保持所需间隙

8.8　滑动轴承的装配

滑动轴承多用在低速(＜200r/min)的机器上，工作平稳可靠，承载能力高，无噪声，刚性好，能承受较大的冲击载荷。

8.8.1　滑动轴承的类型(表 8-32)

表 8-32　滑动轴承的类型

类型	简　　图	说　　明
整体式	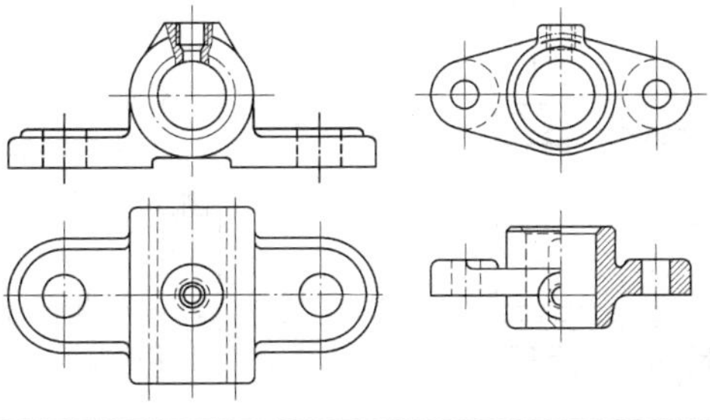	结构简单，价格低廉，但无法调整因磨损产生的间隙，装拆也不方便。通常用于低速、轻载、对运转精度要求不高以及间歇工作的机械

续表 8-32

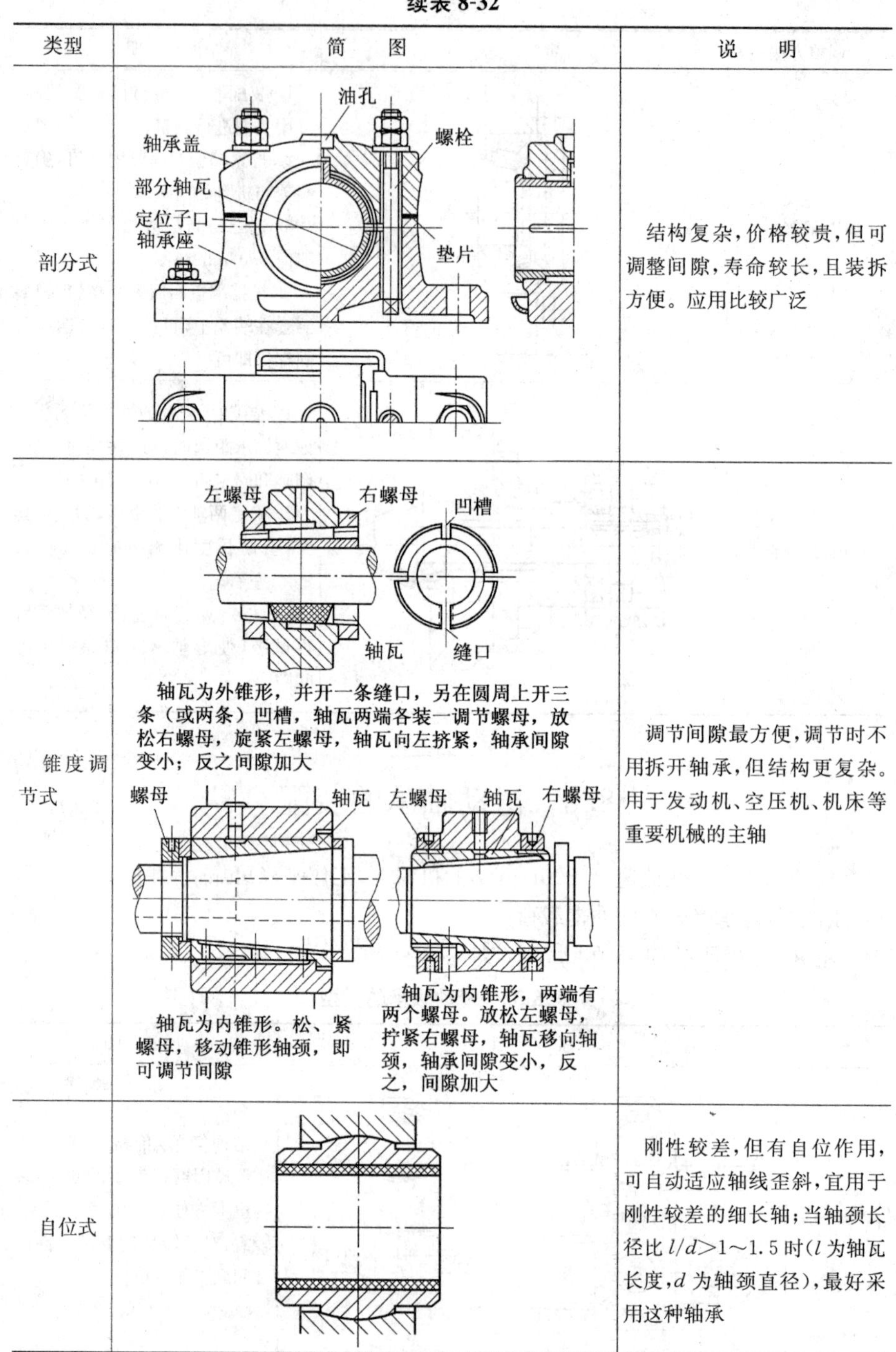

类型	简　图	说　明
剖分式	油孔　螺栓　轴承盖　部分轴瓦　定位子口　轴承座　垫片	结构复杂，价格较贵，但可调整间隙，寿命较长，且装拆方便。应用比较广泛
锥度调节式	左螺母　右螺母　凹槽　轴瓦　缝口 轴瓦为外锥形，并开一条缝口，另在圆周上开三条（或两条）凹槽，轴瓦两端各装一调节螺母，放松右螺母，旋紧左螺母，轴瓦向左挤紧，轴承间隙变小；反之间隙加大 螺母　轴瓦　左螺母　轴瓦　右螺母 轴瓦为内锥形。松、紧螺母，移动锥形轴颈，即可调节间隙 轴瓦为内锥形，两端有两个螺母。放松左螺母，拧紧右螺母，轴瓦移向轴颈，轴承间隙变小，反之，间隙加大	调节间隙最方便，调节时不用拆开轴承，但结构更复杂。用于发动机、空压机、机床等重要机械的主轴
自位式		刚性较差，但有自位作用，可自动适应轴线歪斜，宜用于刚性较差的细长轴；当轴颈长径比 $l/d>1\sim1.5$ 时（l 为轴瓦长度，d 为轴颈直径），最好采用这种轴承

8.8.2 常用滑动轴承轴瓦及轴承衬材料

根据轴承的工作情况，要求轴瓦的材料应具备下述性能：

①摩擦系数小；

②导热性好，热膨胀系数小；

③耐磨、耐腐蚀、抗胶合（咬焊）能力强；

④有足够的机械强度和可塑性。

要求某种材料同时满足上述诸条件是不可能的，只能根据具体情况来满足主要要求。常用滑动轴承轴瓦及轴承衬材料见表 8-33。

表 8-33 常用滑动轴承轴瓦及轴承衬材料

材料	牌 号	[p]（许可载荷）/MPa	[pv]（载荷）/kg·m/cm²·s	应 用
轴承合金	铸锡基轴承合金（ZSnSb11Cu6）	25（20）	200（150）	用于重载、高速、大功率的重要轴承，价格高；如大型电机的轴承、轧机大型液体摩擦轴承等
	铸铅基轴承合金（ZPbSb16Sn16Cu2）	15	100	用于无剧烈变载荷条件下的电动机、拖拉机、离心泵、轧机和其他机器的轴承
	铸铅基轴承合金（ZPbSb15Sn5）	20	150	用于变载荷和冲击载荷条件下的各种机器轴承
青铜	铸磷锡青铜（ZCuSn10P1）	15	150	用于重载、冲击、高速的重要轴承
	铸铝铁青铜（ZCuAl9Fe4Ni4Mn2）	15	600	用于锡青铜的代用品，耐磨且强度高，轴颈硬度要求高，不适于高速
	铸锡锌铅青铜（ZCuPb10Sn10）	8	120	用于中速、中载、平稳载荷轴承
灰铸铁	HT150	1		用于稳定轻载和不重要的轴承
	HT200	2		

注：括号中的值用于冲击载荷。

8.8.3 滑动轴承的装配

8.8.3.1 整体式滑动轴承的装配(表 8-34)

表 8-34 整体式滑动轴承的装配

方法	图示	说明
压入轴套的方法和工具	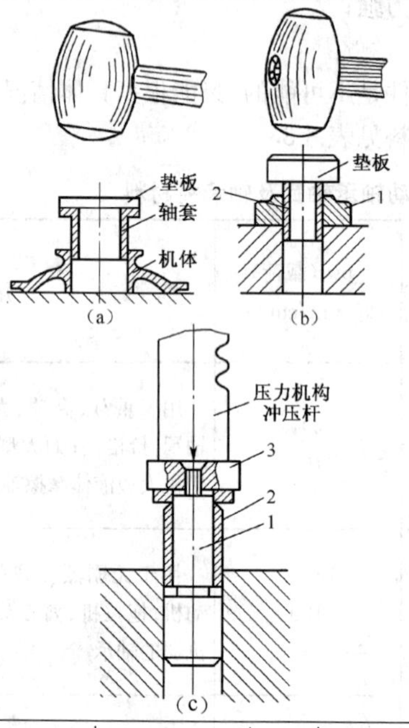 垫板 轴套 机体 (a) 垫板 2 1 (b) 压力机构冲压杆 3 2 1 (c)	1. 在压入轴套前,必须仔细检查轴套和机体上的孔,修整端面上的尖角,擦净接触表面,并涂上润滑油;有油孔的轴套压入时要对准机体上的油孔。 2. 根据轴套在机体上的位置和轴套的尺寸,可用简单或特殊的工具,靠手锤或压力机将轴套压入。 3. 用垫板和手锤压入的方法压入轴套时,开始必须放正位置,边压边检查,待压正后,再加大力压入,否则会使压合表面擦伤,使轴套变形[图(a)]。 4. 在孔上放一导向套 1,当开始压入轴套时,导向套对轴套 2 起保证方向、防止轴套歪斜的作用[图(b)]。 5. 为了保证轴套与孔的中心对正,可用专用工具[图(c)]。工作时,轴套 2 先套在特制的芯轴 1 上,然后拧上垫板 3,将芯轴 1 的下端放入孔内,经垫板 3 来传递压力机的压力,将轴套压入孔内。 6. 直径过大或配合过盈量大于 0.1mm 时,如果在常温下压装轴套,就会引起损坏;因此,常用加热机体或冷却轴套的方法装配。加热或冷却时间的长短,按零件的形状、重量和材料来决定
固定轴套的方法	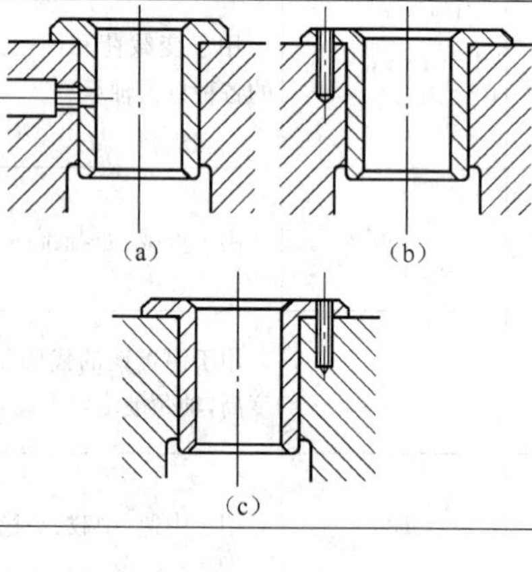 (a) (b) (c)	轴套压入后,为防止转动,可用螺钉、销钉和骑缝螺钉等固定
装配后的检查和修整	—	1. 轴套压入后,往往发生变形(如椭圆形、圆锥形和偏斜等)或工作表面损坏,因此,在装配后需要进行检查和修整。 2. 检查一般用百分表,检验尺寸、圆度和圆柱度误差。 3. 修整时,常采用铰孔和刮削的方法,使轴套和轴颈之间的间隙及接触点达到所要求的质量

8.8.3.2 剖分式滑动轴承的装配(表 8-35)

表 8-35 剖分式滑动轴承的装配

步 骤	说 明
装配前检查	在轴瓦装入轴承座和轴承盖之前,应修光所有配合面的毛刺,检查轴承盖和轴瓦上的油孔是否能对正,最后用油枪和煤油洗净所有的油孔和油槽
检查轴瓦的外表面与轴承座、盖贴合是否完好	轴瓦装入轴承座和轴承盖的时候,应在轴瓦的两个平面上垫上铅片或木板,然后用手锤轻轻打入,要求轴瓦的外表面与轴承座和轴承盖紧密的贴合,如果贴合不好,轴瓦受到轴颈上的力后,将引起变形或耐磨层破裂和脱落
修整轴瓦	为了保证轴瓦与轴颈配合良好,在装配时应进行必要的检验和修刮。其方法是:先在轴颈上涂好显示剂,接着把轴放在装有下半轴瓦的轴承座上,将轴转动 2～3 圈,然后把轴取下来,按照研出的斑痕来判断轴瓦与轴颈的配合情况;如果在轴瓦上的斑痕很大而且不均匀,必须进行修刮。当在轴瓦的全长上都有斑点以后,再将上半轴瓦装上,拧紧上盖的螺栓,将轴转动几圈后,看着色情况刮削上、下轴瓦,直到轴瓦上出现要求的斑点数目为止
调整轴瓦与轴颈的间隙	刮完轴瓦后,还要用垫片调整轴瓦与轴颈的间隙,以保证形成油膜而达到液体润滑

8.9 铆接和粘接

8.9.1 铆接

用铆钉连接两件或两件以上工件的方法,叫铆接。

8.9.1.1 铆接分类(表 8-36)

表 8-36 铆接分类

类 型	说 明
按铆接应用情况	活动铆接:接合件可以互相转动
	固定铆接:接合件不能活动,如桥梁、屋架结构等
	密封铆接:要求铆缝严密,不泄漏气体或液体,用于制造锅炉和容器等
按铆接的形式	搭接
	对接:①单盖板对接;②双盖板对接
	角接
按铆接的方法	热铆:把整个铆钉加热到一定温度,进行铆接
	冷铆:铆钉不需要加热。直径在 8mm 以下的铆钉,常采用冷铆

8.9.1.2 铆钉的种类和应用(表 8-37)

表 8-37 铆钉的种类和应用

名称	应用
半圆头铆钉	应用范围广,如钢结构的屋架、桥梁、起重机械等
沉头铆钉	应用于框架等制品表面要求平整的地方,如门窗及旅行皮箱等
平头铆钉	常用于无特殊要求铆接中,如面罩、各种箱体的铆接
管子空心铆钉	用于在铆接处有空心要求的地方,如电气设备的部件铆接等
半圆沉头铆钉	用于装饰容易滑跌的地方,如楼梯板、脚踏板等
皮带铆钉	常用于机床制动带的铆接及皮革制品的铆接
抽心铆钉	常用于薄材料的铆接,如防雨网、门窗的铆接

注:铆钉材料有钢质、铜质(紫铜和黄铜)和铝质等。

8.9.1.3 标准铆钉直径及通孔直径的选用(表 8-38)

表 8-38 标准铆钉直径及通孔直径 (mm)

标准铆钉公称直径		2.0	2.5	3.0	4.0	5.0	6.0	8.0	10.0
通孔直径	粗装配	2.2	2.7	3.4	4.5	5.6	6.6	8.6	11
	精装配	2.1	2.6	3.1	4.1	5.2	6.2	8.2	10.3

8.9.1.4 铆钉长度的确定

铆接时铆钉所需长度等于铆接件的总厚度与铆钉伸出长度之和。实践证明,半圆头铆钉杆的伸出长度等于铆钉直径的1.25～1.5倍,沉头铆钉杆的伸出长度等于铆钉直径的0.8～1.2倍,空心铆钉杆的伸出长度为2～3mm。也可用下面公式进行近似的计算:

半圆头铆钉 $L=(1.65 \sim 1.75)d+1.1t$ (式 8-1)

沉头铆钉 $L=0.8d+1.1t$ (式 8-2)

式中 L——铆钉杆长度(mm);

d——铆钉直径(mm);

t——被铆接件的总厚度(mm)。

8.9.1.5 铆接方法(表 8-39)

表 8-39 铆接方法

类别	图 示	方 法
半圆头铆钉的铆接	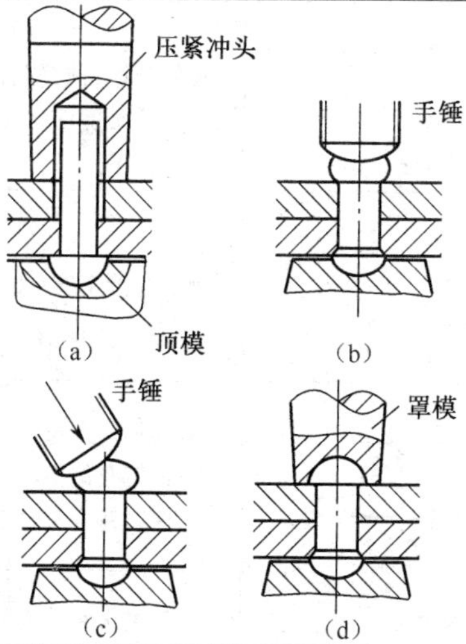	在被铆工件上划线钻孔,去毛刺,埋头铆钉钻孔后要锪孔,锪孔的角度和深度要正确;然后,插入铆钉,把铆钉原头放在顶模上,用压紧冲头镦紧板料;用手锤镦粗铆钉杆,再锤击四周,做成铆合头;最后用罩模修整
沉头铆钉的铆接	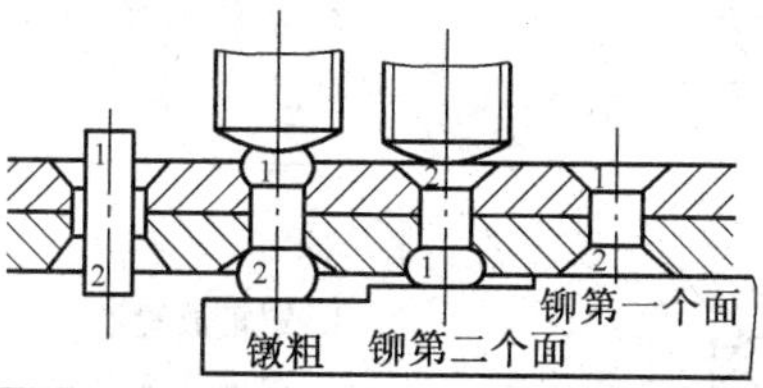	在被铆工件上划线钻孔,要锪孔,锪孔的角度和沉头铆钉角度一样,锪孔的深度要比铆钉的沉头浅 0.5~1mm(根据铆钉的大小);然后,插入铆钉,把铆钉原头放在顶模上,用压紧冲头镦紧板料;用手锤镦粗铆钉杆,再锤击四周,做成铆合头;最后将两面修平
空心铆钉的铆接	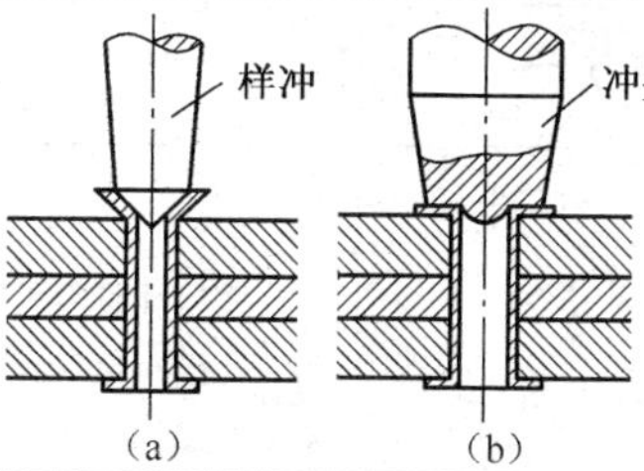	将铆钉插入孔内,原头放在顶模上,先用 90°样冲冲一下,使铆钉空心头部翻开;然后用专用冲头使翻开的铆钉一头贴平于工件
抽心铆钉的铆接	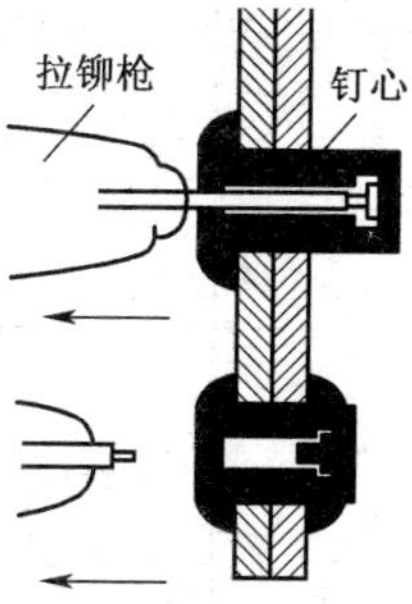	将铆钉的钉心插入拉铆枪头部的孔内,再将抽心铆钉插入铆件孔内,然后起动拉铆枪;由拉铆枪夹紧钉心收缩铆钉,使伸出铆件的铆钉杆在凸缘作用下自行膨胀形成铆合头;待工件铆紧后,拉铆枪剪断钉心而被抽出

8.9.1.6 铆接废品的原因(表 8-40)

表 8-40 铆接废品的原因

名 称	简 图	废 品 原 因
铆钉杆在孔内弯曲	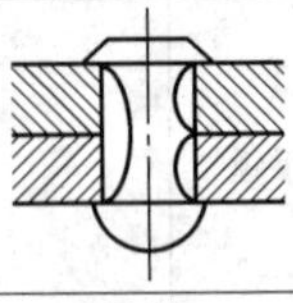	铆钉与铆钉孔配合不正确，铆钉孔太大或是铆钉杆直径太小
铆合头扁小	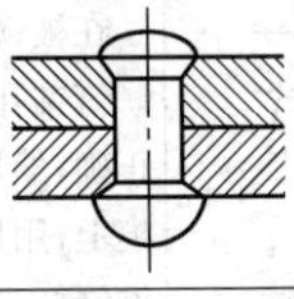	铆钉长度不够
铆合头不正	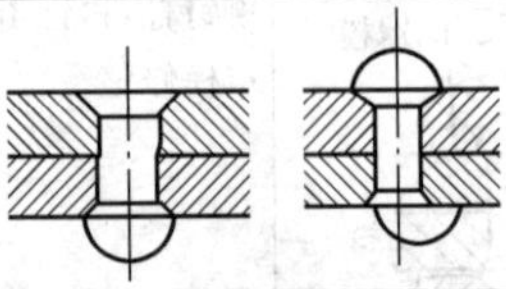	1. 铆钉杆太长； 2. 铆钉孔偏斜，铆钉孔没对准 3. 镦粗铆合头时不垂直
沉头孔没填满	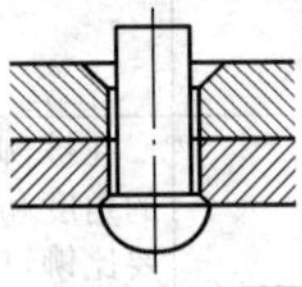	1. 铆钉太短； 2. 镦粗时锤击方向和板料不垂直
工件上有凹痕	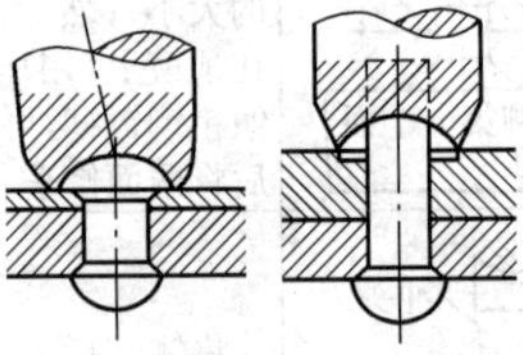	1. 罩模放置不正； 2. 罩模凹坑太大
原头没有贴紧工件	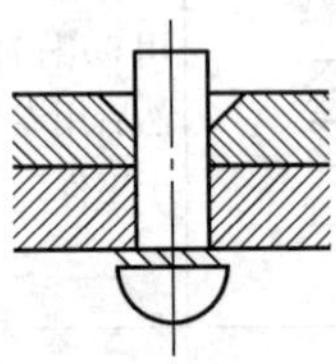	1. 铆钉孔直径太小； 2. 孔口有毛刺，没倒角
工件之间有间隙	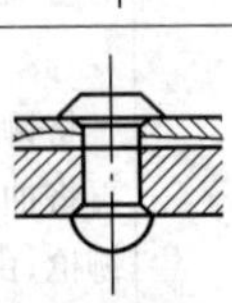	1. 板料未压紧； 2. 工件板料不平整
铆合头太大	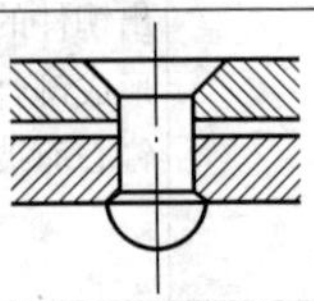	铆钉杆太长

8.9.2 粘接

用黏合剂(黏接剂、胶黏剂)将工件连接在一起的操作称为粘接。

8.9.2.1 胶黏剂的选择(表 8-41)

表 8-41 胶黏剂的选择

选择依据	被粘材料名称或要求	常用胶黏剂及说明
根据被粘材料的化学性质	钢、铝	酚醛-丁腈胶、酚醛-缩醛胶、环氧胶、丙烯酸聚酯、无机胶等
	镍、铬、不锈钢	酚醛-丁腈胶、聚氨酯胶、聚苯并咪唑胶、聚硫醚胶、环氧胶等
	铜	酚醛-缩醛胶、环氧胶、丙烯酸聚酯胶等
	钛	酚醛-丁腈胶、酚醛-缩醛胶、聚酰亚胺胶、丙烯酸聚酯胶等
	镁	酚醛-丁腈胶、聚氨酯胶、丙烯酸聚酯胶等
	陶瓷、水泥、玻璃	环氧胶、不饱和聚酯胶、无机胶等
	木　材	聚醋酸乙烯乳胶、脲醛树脂胶、酚醛树脂胶等
	纸　张	聚醋酸乙烯乳胶、聚乙烯醇胶等
	织　物	聚醋酸乙烯乳胶、氯丁-酚醛胶、聚氨酯胶等
	环氧、酚醛、氨基塑料	环氧胶、聚氨酯胶、丙烯酸聚酯胶等
	聚氨酯塑料	聚氨酯胶、环氧胶等
	有机玻璃	丙烯酸聚酯胶、聚氨酯胶、α-氰基丙烯酸酯胶、二氯乙烷
	聚碳酸酯、聚砜	不饱和聚酯胶、聚氨酯胶、二氯乙烷
	氯化聚醚	丙烯酸聚酯胶、聚氨酯胶
	聚氯乙烯	过氯乙烯胶、丙烯酸聚酯胶、α-氰基丙烯酸酯胶、环己酮
	ABS	不饱和聚酯胶、聚氨酯胶、α-氰基丙烯酸酯胶、甲苯胶
	天然橡胶、丁苯橡胶	氯丁胶、聚氨酯胶
	聚乙烯、聚丙烯	聚异丁烯胶、F－2 胶、F－3 胶、EVA 热熔胶
	聚苯乙烯	甲苯胶、聚氨酯胶、α-氰基丙烯酸酯胶
	聚苯醚	丙烯酸聚酯胶、α-氰基丙烯酸酯胶、二氯乙烷
	聚四氟乙烯、氟橡胶	F－2 胶、F－3 胶
	硅树脂	有机硅胶、α-氰基丙烯酸酯胶、丙烯酸聚酯胶
	硅橡胶	硅橡胶
根据被粘材料的物理性质	陶瓷、玻璃、水泥、石料等脆性材料	选用强度高、硬度大、不易变形的热固性树脂胶,如环氧树脂胶、酚醛树脂胶、不饱和聚酯胶
	金属及其合金等刚性材料	选用既有高黏接强度,又有较高冲击强度和剥离强度的热固性树脂和橡胶或线型树脂配制的复合胶,如酚醛-丁腈胶、酚醛-缩醛胶、环氧-丁腈胶、环氧-尼龙胶等。对于不受冲击力和剥离力作用的工作,可选用剪切强度高的热固性树脂胶、如环氧树脂胶,丙烯酸聚酯胶
	橡胶制品等弹性变形大的材料	选用弹性好、有一定韧性的胶,如氯丁胶、氯丁-酚醛胶、聚氨酯胶
	皮革、人造革、塑料薄膜和纸张等韧性材料	选用韧性好、能经受反复弯折的胶,如聚醋酸乙烯胶、氯丁胶、聚氨酯胶、聚乙烯醇胶及聚乙烯醇缩醛胶
	泡沫塑料、海绵、织物等多孔材料	选用黏度较大的胶黏剂,如环氧树脂胶、聚氨酯胶、聚醋酸乙烯胶等

续表 8-41

<table>
<tr><th>选择依据</th><th>被粘材料名称或要求</th><th colspan="6">常用胶黏剂及说明</th></tr>
<tr><td rowspan="31">根据被粘材料的用途和要求</td><td>受力构件</td><td colspan="6">选用强度高、韧性好的结构胶；一般工件可采用非结构胶，如粘塑料薄膜用压敏胶</td></tr>
<tr><td rowspan="12">耐高温构件</td><td colspan="6">耐热性由配制胶液的树脂、固化剂、填料和固化方法决定</td></tr>
<tr><td colspan="4">胶　黏　剂</td><td colspan="2">允许作用温度/℃</td></tr>
<tr><td colspan="4">普通环氧树脂胶、聚氨酯胶、α-氰基丙烯酸酯胶、氯丁胶</td><td colspan="2">≤100</td></tr>
<tr><td colspan="4">FSC—1 胶(201# 胶)</td><td colspan="2">150</td></tr>
<tr><td colspan="4">E—4 胶(酚醛-缩醛-环氧胶)</td><td colspan="2">200～250</td></tr>
<tr><td colspan="4">JF—1 胶(酚醛-缩醛、有机硅胶)</td><td colspan="2">200</td></tr>
<tr><td colspan="4">J—09 胶(酚醛-改性聚硼硅酮胶)</td><td colspan="2">400～450</td></tr>
<tr><td colspan="4">J—01 胶(酚醛-丁腈胶)</td><td colspan="2">150～200</td></tr>
<tr><td colspan="4">JX—9 胶(酚醛-丁腈胶)</td><td colspan="2">200～300</td></tr>
<tr><td colspan="4">J—16 胶</td><td colspan="2">250～350</td></tr>
<tr><td colspan="4">聚酰亚胺胶</td><td colspan="2">−60～280</td></tr>
<tr><td colspan="4">聚苯并咪唑胶(PBI 胶)</td><td colspan="2">−253～538</td></tr>
<tr><td rowspan="6">耐低温构件</td><td colspan="6">多数胶黏剂在−20～40℃下性能较好。被粘工件在−70℃以下使用时需采用耐低温胶</td></tr>
<tr><td colspan="4">胶　黏　剂</td><td colspan="2">允许使用温度/℃</td></tr>
<tr><td colspan="4">环氧-聚氨酯胶</td><td colspan="2">−200～60</td></tr>
<tr><td colspan="4">聚氨酯 1# 耐超低温胶</td><td colspan="2">−273～60</td></tr>
<tr><td colspan="4">聚氨酯 3# 耐超低温胶</td><td colspan="2">−200～150</td></tr>
<tr><td colspan="4">环氧尼龙胶</td><td colspan="2">−200～150</td></tr>
<tr><td>冷热交变构件</td><td colspan="6">冷热交变、线胀系数不同的材料构成的接头，会因产生较大的内应力而破坏。应选用既耐高温又耐低温且韧性较好的胶，如酚醛-丁腈胶、聚酰亚胺胶、环氧-尼龙胶、环氧-聚砜胶等</td></tr>
<tr><td>耐潮构件</td><td colspan="6">常用胶黏剂在湿度较大的环境中使用会降低接头的粘接强度，需要耐潮能力较强的材料、如酚醛胶、酚醛-环氧胶、硅胶、氯丁胶、丁苯胶、环氧-聚酯胶，一般分子交联密度越高，吸潮性越小</td></tr>
<tr><td rowspan="7">耐酸、碱构件</td><td>胶黏剂</td><td>耐酸</td><td>耐碱</td><td>胶黏剂</td><td>耐酸</td><td>耐碱</td></tr>
<tr><td>环氧树脂胶</td><td>尚可</td><td>好</td><td>氰基丙烯酸酯胶</td><td>较差</td><td>较差</td></tr>
<tr><td>聚氨酯胶</td><td>较差</td><td>较差</td><td>乙烯基树脂胶</td><td>好</td><td>好</td></tr>
<tr><td>酚醛树脂胶</td><td>好</td><td>较差</td><td>丙烯酸酯树脂胶</td><td>好</td><td>较差</td></tr>
<tr><td>氨基树脂胶</td><td>较差</td><td>尚可</td><td>丁腈胶</td><td>尚可</td><td>尚可</td></tr>
<tr><td>有机硅树脂胶</td><td>较差</td><td>较差</td><td>氯丁胶</td><td>好</td><td>好</td></tr>
<tr><td>不饱和聚酯胶</td><td>尚可</td><td>尚可</td><td>聚硫胶</td><td>好</td><td>好</td></tr>
<tr><td>密封防漏</td><td colspan="6">密封胶或厌氧胶</td></tr>
<tr><td>接头要求透明</td><td colspan="6">聚乙烯醇缩醛胶、丙烯酸聚酯胶、不饱和聚酯胶、聚氨酯胶</td></tr>
<tr><td>导电、导热、耐辐射的接头</td><td colspan="6">选用相应的胶黏剂</td></tr>
</table>

续表 8-41

选择依据	被粘材料名称或要求	常用胶黏剂及说明
根据被粘件使用的工艺条件	耐溶剂（石油、醇、酯、芳香烃）构件	聚乙烯醇胶、酚醛胶、聚酰胺胶、酚醛-聚酰胺胶、氯丁胶
	满足固化条件	胶黏剂固化条件有常压、加压及常温、高温之分。一般性能优异的胶黏剂都需要加温、加压固化，但由于被粘材料本身性质、接头部位和形状的限制，有的能加温而不能加压，有的既不能加温也不能加压。因此在选择胶黏剂时，就必须考虑被粘接工件所能允许的工艺条件
	要求快速粘接	在自动化生产线中，往往需要粘接工序在几分钟甚至几秒钟内完成，可选用热溶胶、光敏胶、压敏胶、α-氰基丙烯酸酯胶
	防止胶中有机溶剂污染	热熔胶、水乳胶、水溶胶等不含或少含有机溶剂的胶黏剂
金属与非金属材料粘接	金属-木材 金属-织物 金属-玻璃 金属-硬聚氯乙烯 金属-聚丙烯 金属-软聚氯乙烯 金属-聚苯乙烯 金属-聚乙烯	环氧胶、氯丁胶、醋酸乙烯酯胶、不饱和聚酯胶、丁腈胶、无机胶 氯丁胶、聚酰胺胶、环氧胶、不饱和聚酯胶 环氧胶、聚丙烯酸酯胶、酚醛-环氧胶 聚丙烯酸酯胶、丁苯胶、氯丁胶、无机胶、环氧胶 丁腈胶、环氧-聚硫胶、无机胶 丁腈胶 聚丙烯酸酯胶、不饱和聚酯胶 丁腈胶、环氧胶

8.9.2.2 接头型式及说明（表 8-42）

表 8-42 接头型式及说明

型式	简　图	说　明
对接	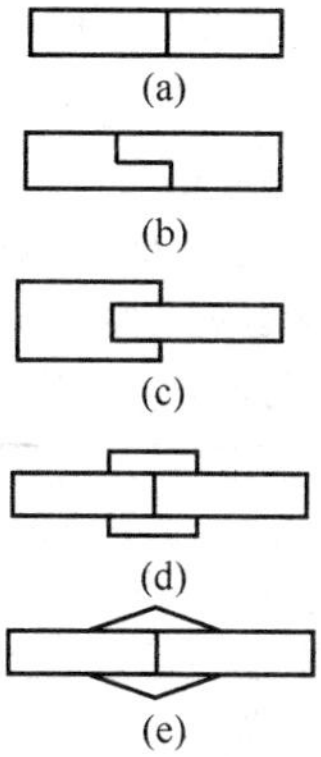 (a) (b) (c) (d) (e)	图(a)粘接面积小，除拉力外，任何方向的力都容易形成不均匀扯离力而造成应力集中，粘接强度低，一般不采用； 图(b)为双对接，明显增加胶接面积，对受压有利； 图(c)为插接形式，对承受弯曲应力有利； 图(d)为加盖板对接，受力性能较图(a)大有提高； 图(e)为加三角盖板对接，可改善图(d)由于截面突变而产生的应力急剧变化
角接	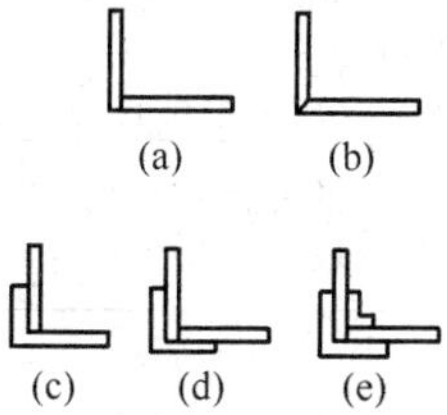 (a)　(b) (c)　(d)　(e)	图(a)、图(b)粘接面积小，所受的力是不均匀扯离力，强度低，应避免使用； 图(c)～图(e)是改进设计，合理增加粘接面积，提高承载能力；另外，防止材料厚度突变，使应力分布更加均匀

续表 8-42

型式	简　图	说　明
T形接	(a) (b) (c) (d) (e)	图(a)粘接强度低，一般不允许采用； 图(b)～图(e)为改进设计，采用支撑接头或插入接头，效果较好
搭接	(a) (b) (c) (d) (e)	所受的作用力一般是剪切力，应力分布较均匀，有较高强度，接头加工容易，应用较多。图(a)为常用形式，工艺较方便，粘接面积可适当增减，但载荷偏心会造成附加弯矩，对接头受力不利；图(b)为双搭接，避免了载荷的偏心；外侧切角[图(c)]、内侧切角[图(d)]以及增加端部刚度[图(e)]均为减小粘缝端部应力集中，提高承载能力的方法。 较佳搭接长度为 1～3cm，一般不超过 5cm，用增加宽度方法提高承载能力较有效
套接		所受的作用力基本上是纯剪切力，粘接面积大，强度高，多用于棒材或管材的粘接
斜搭接	厚度 t　θ	是效能最好的接头之一。粘接面积大，无附加弯矩产生，故有应力集中小、占据空间小、不影响工件外形等优点，但由于接头斜面不易加工，实际应用较少

8.9.2.3　粘接工艺(表 8-43)

表 8-43　粘接工艺

步　骤	要　点
确定粘接结构	1. 使用无机胶黏剂尽量使用套接，避免平面对接和搭接； 2. 接合处表面尽量粗糙，以提高粘接强度； 3. 粘接面间隙不能太大或过小，一般单边间隙在 0.1～0.2mm
粘接物表面处理	1. 对粘接表面清洗、除油，除去妨碍粘接的表面污物及锈渍，提高粘接能力； 2. 被粘接面清洗后，应充分干燥，方可涂胶
胶黏剂准备	1. 单组分黏胶可以直接使用； 2. 双组分、多组分黏胶应按规定配制

续表 8-43

步骤	要点
涂胶	1. 液体胶用刷胶、喷胶、浸胶、注胶法涂布在粘接接触处，糊状胶用刮刀涂布； 2. 要求涂布均匀，厚度适当； 3. 不易挥发的表面(如内孔)、复杂的表面要先涂，其他易挥发的表面可后涂； 4. 圆柱与盲孔配合粘接时，需有排气孔
胶层固化、干燥	1. 控制固化时间、温度和压力三个要素，使胶黏剂有效固化，胶接牢固； 2. 粘接后的工件经适当的干燥硬化后才能使用

有关模具的粘接技术在第10章作详细介绍。

8.10 弹簧

8.10.1 弹簧的类型和特点

弹簧是一种常用的弹性零件。按载荷形式的不同，弹簧可分为压缩弹簧、拉伸弹簧和扭转弹簧；按弹簧的形状不同，可分为螺旋弹簧、碟形弹簧、环形弹簧、盘簧、板弹簧和成型弹簧等。表8-44列出了弹簧的主要类型、特点和应用。

表 8-44 弹簧主要类型、特点和应用

类型		承载形式	简图	特点	应用
螺旋弹簧	圆柱形	压缩	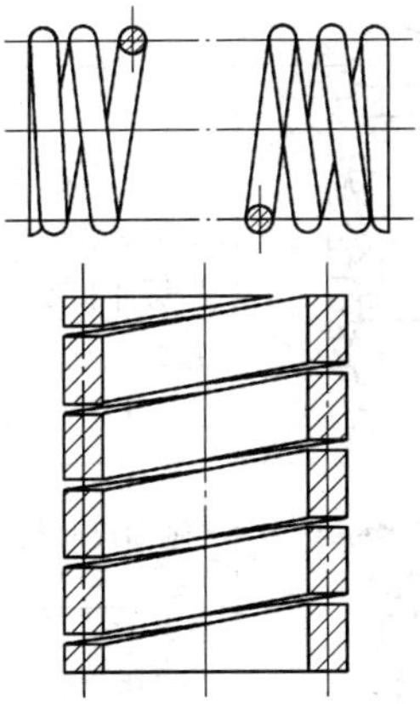	制造方便，应用范围最广	各类机械

续表 8-44

类型		承载形式	简图	特点	应用
螺旋弹簧	圆柱形	拉伸	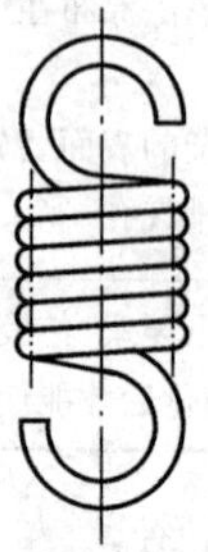	制造方便，应用范围最广	各类机械
		扭转	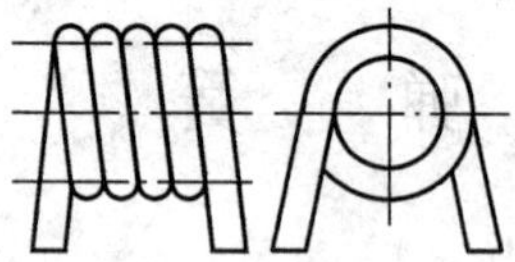		
	圆锥形	压缩	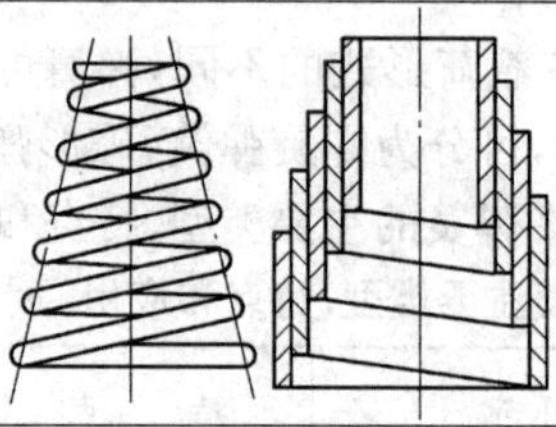	尺寸紧凑	小型缓冲器
碟形弹簧		压缩	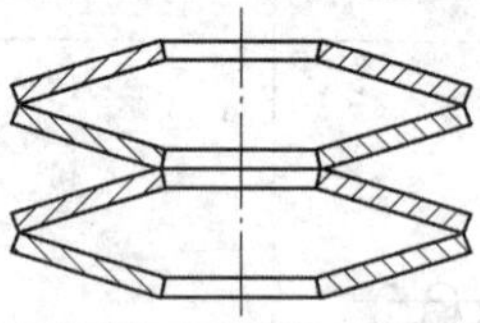	刚度和承载能力大	1. 载荷很大、轴向尺寸受限制的缓冲器； 2. 需要保持稳定作用力场合
环形弹簧		压缩	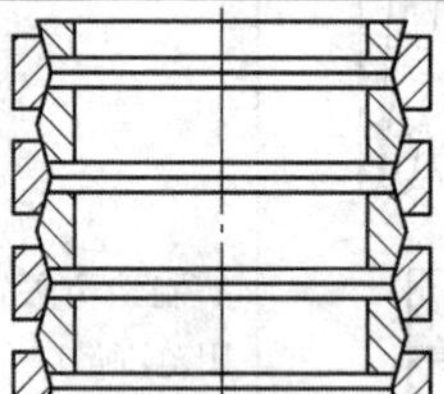	环间有摩擦作用，能吸收较多能量，缓冲和吸振能力大	如机车车辆、锻压设备和起重机等的重型缓冲器
盘簧		扭转	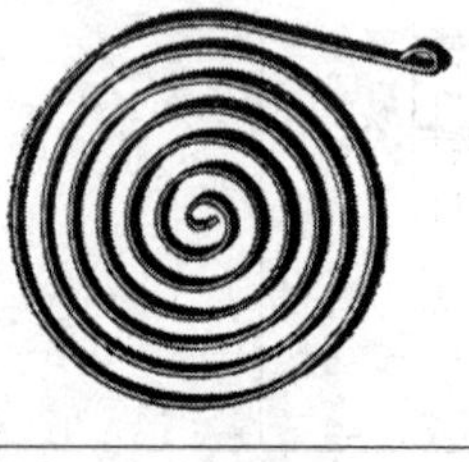	轴向尺寸很小	仪器、仪表的储能装置
				能在较大变形范围内保持作用力不变	机床刀架或工件的自动返回装置

续表 8-44

类　型	承载形式	简　图	特　点	应　用
成形弹簧	弯曲		能制成各种形状,可同时承受不同方向的载荷	各类机械
板弹簧	弯曲		各钢板间有摩擦作用,吸振能力良好	受载方向的尺寸受限制而变形量较大的场合,如汽车、机车车辆的缓冲器

8.10.2 弹簧的应用(表 8-45)

表 8-45 弹簧的应用

应用	说　明
缓和冲击、吸收振动	1. 如车辆中的缓冲弹簧,弹性联轴器中的弹簧等; 2. 为了吸收较多的冲击能量,这类弹簧应具有较大的弹性变形能力; 3. 弹簧在变形过程中能依靠摩擦消耗一部分能量,则缓冲和吸振作用将更为显著
控制运动	1. 如内燃机的阀门弹簧、离合器、制动器和凸轮机构中的控制弹簧等; 2. 这类弹簧,常要求其在某一定变形范围内的作用力变化不大
储存和提供能量	1. 如自动机床的主轴升降装置和刀架的自动返回装置中的弹簧、钟表和仪器中的发条等; 2. 这类弹簧既要求有较大的弹性,又须有稳定的作用力
测量力或力矩	1. 如测力器、弹簧秤中的弹簧等; 2. 这类弹簧要求有稳定的载荷一变形性能

8.10.3 弹簧的材料及制造

1. 弹簧的材料

弹簧材料应具备下列性能:

①经适当的热处理后具有足够的弹性,而且经久不变;

②较高的静刚度、疲劳强度和冲击韧性;

③良好的热处理性能。

常用弹簧材料的力学性能和应用见表 8-46。

表 8-46 常用弹簧材料的力学性能和应用举例

材料牌号	直径 d /mm		许用扭转应力[τ]n /MPa			许用弯曲应力[σ] /MPa		
	金属丝	棒料	Ⅲ类	Ⅱ类	Ⅰ类	Ⅲ类	Ⅱ类	Ⅰ类
碳素弹簧钢丝 Ⅰ,Ⅱ,Ⅱa,Ⅲ	0.4～8.0		0.5Rm	0.4Rm	0.3Rm	0.625Rm	0.5Rm	0.375Rm
65Mn	1.0～12	＞50	500	400	300	630	500	380
50CrVA	0.5～14	＞50	800	700	600	1 000	880	750
60Si$_2$MnA 60Si$_2$CrVA	1.0～12	＞50	800	700	600	1 000	880	750
1Cr18Ni9 1Cr18Ni9Ti 2Cr18Ni9	0.2～6.0	＞50	600	480	350	750	600	440
硅锰青铜 QSi3－1	0.1～6.0		500	380	280	560	450	340
锡锌青铜 QSn4－3	0.1～6.0		480	360	260	500	400	300
铍青铜 Qbe$_2$	0.03～6.0		700	560	420	770	650	480

材料牌号	剪切弹性模量 G /MPa		弹簧的极限工作温度/℃	材料特性	应用举例
	直径 d/mm	G			
碳素弹簧钢丝 Ⅰ,Ⅱ,Ⅱa,Ⅲ	d≤2 d=2～5.5 d=5.5～10	84 000 82 000 80 000	－40～120	有适当的韧性,但淬透性较差,水淬时易发生裂纹	用于制造尺寸较小的弹簧,但不宜用于承受冲击载荷
65Mn	d≤2 d=2～5.5 d=5.5～10	84 000 82 000 80 000	－40～120	价廉,机械性能和可淬性良好,表层脱碳程度低,但易形成淬火裂纹,有热脆性	一般用于制造尺寸较大的弹簧,如安全阀弹簧等
50CrVA		80 000	－40～400	机械性能好,疲劳强度和抗冲击性好,热稳定性能好,表层脱碳程度低,变形稳定,但价昂	用于受变载荷和高温下工作的重要弹簧,如阀门弹簧等,以及大截面、高应力的弹簧

续表 8-46

材料牌号	剪切弹性模量 G /MPa		弹簧的极限工作温度/℃	材料特性	应用举例
	直径 d/mm	G			
$60Si_2MnA$ $60Si_2CrVA$	$d\leqslant10$ $d=10\sim16$ $d>16$	80 000 78 000 75 000	−40～250	强度高,冲击韧性和可淬性良好,但表层有脱碳倾向,易石墨化	用于制造汽车、拖拉机弹簧,机车车辆缓冲弹簧,以及大截面,高应力的弹簧
1Cr18Ni9 1Cr18Ni9Ti 2Cr18Ni9		76 000 ～ 73 000	−40～400	耐腐蚀,耐酸	用于制造化工、航海用弹簧
硅锰青铜 QSi3−1	$d\leqslant3$ $d>3$	45 000 42 000	−40～200	耐腐蚀,防磁,但机械性能差,不易热处理	用于制造电器、仪表及精密机械的弹簧
锡锌青铜 QSn4−3	$d\leqslant3$ $d>3$	45 000 42 000	−40～200	耐腐蚀,防磁	同上,可用于海水及弱碱中
铍青铜 QBe_2		49000	−40～200	耐腐蚀性能良好,机械性能好,但价昂	用于制造精密仪器弹簧

2. 弹簧的制造

弹簧的制造过程包括:卷绕、两端修整加工、热处理和工艺试验。必要时,还需进行强压处理或喷丸处理。

卷绕可以手工进行,大量生产时则在卷簧机上进行。卷绕分为冷卷和热卷两种。当簧丝直径较小(通常为 8～10mm 以下)或簧圈直径较大,易于卷绕时,一般采用冷卷法。反之,则用热卷法。冷卷时,多采用在钢厂已经作过热处理的冷拉碳素弹簧钢丝,卷成后有时再经回火,以消除内应力。热卷时,卷前须先加热,卷成后再进行热处理(淬火后回火)。试验表明,弹簧钢的疲劳强度在相当程度上取决于其表层状态,因此,制造时应避免裂纹、表面刮伤和由热处理引起的表面脱碳。

工艺试验是使弹簧在极限载荷下作 3～6 次短暂压缩、拉伸或扭转,其目的在于检查材料的缺陷(裂纹、伤痕等)和热处理的效果。同时也起着稳定弹性极限和确定永久变形的作用。

为了提高承载力,可在弹簧制成后再进行一次强压处理。强压处理是在卷绕时,使弹簧高度较所须自由高度稍大,卷成后在超过弹性极限的载荷下放置 6～48 小时,使簧丝产生塑性变形,卸载后在弹簧中便产生了有益的残余应力。由于残余应力的符号与工作应力相反,弹簧工作时的实际最大应力将显著减小,因而可提高承载能力。

为了保持强压处理效果，弹簧经强压处理后不允许再进行任何热处理，也不宜在较高温度（150～400℃）下工作。对于在振动条件下或在腐蚀性介质中工作的弹簧，由于较易产生疲劳裂纹，残余应力也不够稳定，因此不宜作强压处理。

除强压处理外，喷丸处理也是改善弹簧表面质量、提高疲劳强度和冲击韧性的有效措施。其方法是：在弹簧热处理之后，用钢丸以高速（速度 $v=50\sim70\mathrm{m/s}$）喷击弹簧，使其表面受到冷作，产生有益的残余压缩应力。弹簧经喷丸处理后可使疲劳强度提高 30%～50%，寿命提高 1～1.5 倍。

8.10.4　衡量弹簧尺寸是否适宜的指标

1. 稳定性

弹簧过于细长，会发生图 8-3 所示的失稳现象，故应限制 $b=H/D_2$ 的数值。通常应有：

$$b=\frac{H}{D_2}\leqslant 3 \qquad \text{(式 8-3)}$$

式中　H——弹簧自由高度(mm)；

D_2——弹簧平均直径(mm)；

$$D_2=D-d \qquad \text{(式 8-4)}$$

式中　D——外径(mm)；

d——内径(mm)。

如受条件限制，必须取 $b>3$，则应加芯轴或导套以增加稳定性。见图 8-3(b)。

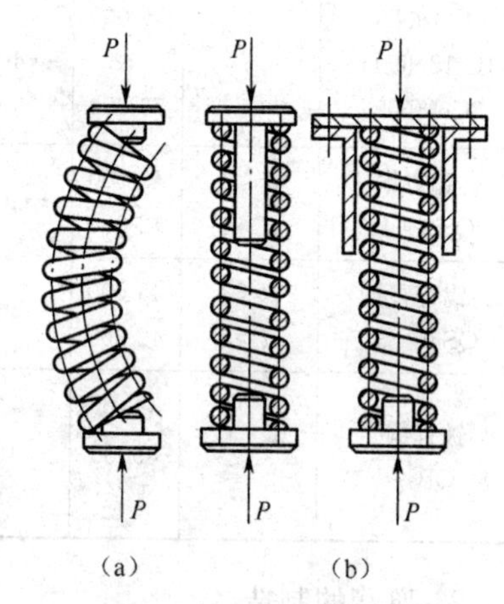

图 8-3　压簧的稳定性

(a)弹簧失稳现象

(b)加芯轴或导套增加弹簧稳定性

2. 弹簧工作圈数 n

不宜过少，一般规定 $n\geqslant 2.5$。

3. 弹簧尺寸

应与机械的整体结构相协调。

9 润滑油、润滑脂和切削液

9.1 润 滑 油

9.1.1 润滑油的特点

润滑油是一种液态的润滑剂，具有流动性好、内摩擦力小的特点。它在润滑件间容易形成液体油膜，兼有润滑、冷却与冲洗的作用。

9.1.2 选择润滑油应考虑的因素(表 9-1)

表 9-1 选择润滑油应考虑的因素

因 素	说 明
运动速度	当速度高时，油层的相对位移增大，由油分子的内摩擦力所引起的发热量也随之增大。因此，机构转动或滑动速度越高，润滑油黏度应越小，以达到既减少摩擦损耗又减少量损失的目的
运动性质	对容易出现半液体摩擦，如变载、不等速运动、经常启动、停止或反转等机构，应使用较大黏度的油，才容易形成连续的油膜来承受这些变载
工作温度	工作温度高，使用的油黏度应增大。同一机构，在南方使用应比在北方使用选择较高黏度的润滑油
压力关系	单位面积或单位长度上承受的压力越大，润滑油的黏度应越大。因为黏度大的油有较大的凝聚力，不易从摩擦面中被挤压出来。对于受压力特别大的机械摩擦面，如丝杠，压力机滑块、双曲线齿轮等，应使用含硫的或合成的特别润滑油，以提高油膜的坚韧性
摩擦面的配合性质和表面粗糙度	凡配合面间隙较大或表面较粗糙的摩擦面应当用黏度较大的油，才能获得可靠的油膜，并提高运转精度；配合面精度高和表面粗糙度值小的机构，用低黏度油才能顺利渗入摩擦面

9.1.3 常用润滑油名称、代号及用途(表 9-2)

表 9-2 常用润滑油名称、代号及用途

名 称	代 号	运动黏度/mm^2		倾点℃≤	闪点(开口)(℃)≥	主要用途
		40℃	100℃			
全损耗系统用油(GB 443—89)	L—AN5 L—AN7 L—AN10	4.14～5.06 6.12～7.48 9.00～11.0		—5	80 110 130	用于各种高速轻载机械轴承的润滑和冷却，如转速在10 000r/min以上的精密机械、机床及纺织纱锭的润滑和冷却

续表 9-2

名 称	代 号	运动黏度/mm²		倾点℃≤	闪点(开口)(℃)≥	主要用途
		40℃	100℃			
全损耗系统用油(GB 443—89)	L—AN15	13.5～16.5		−5	150	用于小型机床齿轮箱、传动装置轴承、中小型电机、电动工具
	L—AN22 L—AN32	19.8～24.2 28.8～35.2				主要用在一般机床齿轮变速，中小型机床导轨及 100kW 以上电机轴承
	L—AN46 L—AN68	41.4～50.6 61.2～74.8			160	主要用在大型机床、大型刨床上
	L—AN100 L—AN150	90.0～110 135～165			180	主要用在低速重载的纺织机械及重型机床、锻压、铸工设备
工业闭式齿轮油(GB 5903—95)	L—CKC68 L—CKC100	61.2～74.8 90.0～110		−8	180	适用于煤炭、水泥、冶金工业的大型封闭式齿轮传动装置的润滑
	L—CKC150 L—CKC220 L—CKC320 L—CKC460	135～165 198～242 288～352 414～506			200	
	L—CKC680	612～748		−5	220	
液压油(GB 11118.1—94)	L—HL15	13.5～16.5		−12	140	适用于机床和其他设备的低压齿轮泵，也可以用于使用其他抗氧防锈型油的机械设备
	L—HL22	19.8～24.2		−9		
	L—HL32	28.8～35.2		−6	160	
	L—HL46 L—HL68 L—HL100	41.4～50.6 61.2～74.8 90.0～110			180	
汽轮机油(GB 11120—89)	L—TSA32 L—TSA46	28.8～35.2 41.4～50.6		−7	180	适用于电力、船舶及其他工业汽轮机组、水轮机组的润滑和密封
	L—TSA68 L—TSA100	61.2～74.8 90.0～110			195	
QB 汽油机润滑油(GB 485—84)	20 号 30 号 40 号		6～9.3 10～<12.5 14～<16.3	−20 −15 −5	185 200 210	用于汽车、拖拉机汽化器，发动机气缸活塞的润滑，以及各种中、小型柴油机动力设备的润滑

续表 9-2

名　称	代　号	运动黏度/mm²		倾点℃≤	闪点(开口)(℃)≥	主要用途
		40℃	100℃			
普通开式齿轮油(SY 1232—85)	68		60～75		200	适用于开式齿轮，链条和钢丝绳的润滑
	100		90～100		210	
	150		135～165		210	
	220		200～245		210	
	320		290～350		210	
仪表油(GB 487—84)		9～11		−60(凝点)	125	适用于各种仪表(包括低温下操作)的润滑

9.2 润　滑　脂

9.2.1 润滑脂的特点

使用润滑脂，密封简单，不易脏污，减少损失，不必经常加换润滑油。对高速电机、自动装置、不易加油的设备的润滑有重大实际意义。

润滑脂受温度的影响不大，对载荷性质、运动速度的变化等有较大的适应范围，在垂直面上不易流失。

加入石墨粉的润滑脂，能形成更坚韧的油膜。当润滑脂中含有鳞片状石墨粉时，可以填平粗糙平面，减少磨损，并能在往复运动机构中起缓冲作用，避免爬行，消除震动。对需长期密封的贮藏罐、燃料管接头，使用润滑脂密封最简便有效。

润滑脂流动性差，导热系数小，不能作循环润滑剂。另外，摩擦阻力大，机械效率低。

9.2.2 常用润滑脂名称、代号及用途(表 9-3)

表 9-3　常用润滑脂名称、代号及用途

名　称	代　号	滴点℃≥	工作锥入度(10mm)(25℃,150g)	主 要 用 途
钙基润滑脂(GB 491—87)	L－XAAMHA1	80	310～340	有耐水性能，用于工作温度＜55～60℃的各种工农业、交通运输机械设备的轴承润滑，特别是有水或潮湿处
	L－XAAMHA2	85	265～295	
	L－XAAMHA3	90	220～250	
	L－XAAMHA4	95	175～205	
钠基润滑脂(GB 492—89)	L－XACMGA2	160	265～295	不耐水，用于工作温度在－10～110℃的一般中负荷机械设备轴承润滑
	L－XACMGA3		220～250	

续表 9-3

名 称	代 号	滴点℃≥	工作锥入度(10mm)(25℃,150g)	主要用途
通用锂基润滑脂(GB 7324—87)	ZL—1 ZL—2 ZL—3	170 175 180	310～340 265～295 220～250	有良好的耐水性和耐热性,用于−20～120℃宽温度范围内各种机械的滚动轴承、滑动轴承及其他摩擦部位的润滑
钙钠基润滑脂(ZBE 36001—88)	ZGN—1 ZGN—2	120 135	250～290 200～240	用于工作温度在80～100℃有水分或较潮湿环境中工作的机械润滑,多用于铁路机车、小电动机、发电机滚动轴承的润滑;不适用低温工作
石墨钙基润滑脂(ZBE 36002—88)	ZG—S	80		人字齿轮、起重机、挖掘机的底盘齿轮、矿山机械、纹车钢丝绳等高负荷、高压力、低速度的粗糙机械润滑及一般开式齿轮润滑,耐潮湿
滚珠轴承脂(SY 1514—82)	ZGN69—2	120	250～290(−40℃时为30)	用于机车、汽车、电机及其他机械的滚动轴承润滑
7407号齿轮润滑脂(SY 4036—84)		160	75～90	用于各种低速,中、重载荷齿轮,联轴器等的润滑。使用温度≤120℃,可承受冲击载荷≤25 000MPa
高温润滑脂(GB 11124—89)	7014—1号	280	62～75	用于高温下各种滚动轴承的润滑,也可用于一般滚动轴承和齿轮的润滑。使用温度为−40～200℃
工业用凡士林(GB 6731—86)		54		用于作金属零件,机器的防锈,在机械的温度不高和载荷不大时可作减摩润滑脂

9.3 切 削 液

合理的选用切削液,可以有效地减小切削过程中的摩擦,改善散热条件,从而降低切削力,功率消耗、切削温度和刀具磨损,并能提高已加工表面质量。随着科学技术和机械工业的不断发展,难加工材料的使用越来越普遍,对产品精度、表面粗糙度的要求也越来越高,切削液的作用也越加重要。

9.3.1 切削液的作用(表 9-4)

表 9-4 切削液的作用

作用	说明
冷却作用	采用切削液,可从两个方面降低切削温度:一是减小切屑、工件与刀具间的摩擦,减少切削热的产生;二是将已产生的切削热从切削区迅速带走。而后者(即冷却作用)是降低切削温度的主要方面
润滑作用	是指它减小前刀面与切屑、后刀面与工件表面之间摩擦的能力。润滑性能的好坏,通常与切削液的渗透性、形成润滑膜的能力和润滑膜的强度有密切关系。渗透性好才能使切削液瞬时流入切削区,在金属表面上展开和黏附,形成一层牢固的、有一定强度的润滑膜,避免或减小金属与刀具的直接摩擦,起到润滑作用
清洗作用	为了防止细碎的切屑及砂粒的粉末黏附在工件、刀具和机床上,影响工件表面质量、刀具耐用度和机床的精度,要求切削液有良好的清洗作用。在使用中,往往给予一定的压力,以提高冲刷能力,迅速将细碎切屑及砂粒粉末及时冲走
防锈作用	为了使工件、机床、刀具不受周围介质(如空气、水分、手汗等)的腐蚀,要求切削液具有一定的防锈作用。防锈作用的好坏,取决于切削液本身的性能和加入的防锈添加剂的作用

切削液的冷却、润滑、清洗、防锈四个作用并不是孤立的,它们有统一的方面,又有对立的方面。切削液的润滑、防锈性能较好,但冷却、清洗性能差。要想获得四个性能都好的切削液是较困难的。应当根据具体情况,抓住主要矛盾,兼顾次要矛盾,进行合理地配制。

切削液除具有以上四个作用之外,还要求容易配制,使用方便,稳定性好和不影响人身健康。

9.3.2 切削液的分类与组成(表 9-5)

表 9-5 切削液的分类与组成

类别		主要组成	特点	备注
切削油	矿物油、植物油或复合油	机械油,豆油,菜油,棉子油或机械油与植物油的复合油	润滑性能好,冷却性能差。机械油适用于流体润滑,植物油、复合油适用于边界润滑	植物油正在被极压切削油代替
	极压切削油	机械油中加入油性、极压添加剂、防锈添加剂	良好的极压性能,适用于极压边界润滑,可代替植物油或复合油	
乳化液	防锈乳化液	机械油中加入乳化剂、防锈剂,用水稀释成乳化液	良好的防锈性能,冷却性能和润滑性能一般,清洗性能稍差,适用于防锈性要求较高的工序	加入防锈剂比值大,比普通乳化液防锈性能好
	普通乳化液	机械油中加入乳化剂、防锈剂,用水稀释成乳化液	良好的清洗性能,适用于磨削加工及防锈性要求不高的机械加工工序	

续表 9-5

<table>
<tr><th colspan="2">类　别</th><th>主要组成</th><th>特　　点</th><th>备　注</th></tr>
<tr><td>乳化液</td><td>极压乳化液</td><td>机械油中加入乳化剂和油性、极压添加剂及防锈剂，用水稀释成乳化液</td><td>良好的极压性能，适用于极压边界润滑，可代替机械油</td><td></td></tr>
<tr><td rowspan="2">水溶液</td><td>防锈冷却水</td><td>水中加入少量水溶性防锈剂</td><td>冷却性能好，适用于粗磨</td><td></td></tr>
<tr><td>透明冷却水</td><td>水中加入表面活性剂、防锈剂和油性、极压添加剂</td><td>清洗、冷却性能好，透明性较好</td><td></td></tr>
</table>

9.3.3　切削液的选用(表 9-6)

表 9-6　常用切削液的选用

<table>
<tr><th colspan="2" rowspan="2">加工种类</th><th colspan="7">工　件　材　料</th></tr>
<tr><th>碳钢</th><th>合金钢</th><th>不锈钢及高温合金</th><th>铸铁及黄铜</th><th>紫铜</th><th>铝及铝合金</th><th>青铜</th></tr>
<tr><td rowspan="2">车、铣、镗孔、扩孔</td><td>粗加工</td><td>3%～5%乳化液</td><td>1.3%～5%乳化液；
2.5%～10%极压乳化液</td><td>1.3%～5%乳化液；
2.10%～15%极压乳化液；
3.含硫、磷、氯的切削油</td><td>一般不加</td><td colspan="2" rowspan="2">1.3%～5%乳化液；
2.煤油；
3.煤油与矿物油的混合油
注：硬铝一般不加</td><td rowspan="2">一般不加</td></tr>
<tr><td>精加工</td><td colspan="2">1.10%～20%乳化液；
2.10%～15%极压乳化液；
3.含硫化棉子油的切削油</td><td>1.10%～25%乳化液；
2.15%～20%极压乳化液；
3.含氯的切削油；
4.含硫、磷、氯的切削油</td><td>1.黄铜：一般不加；
2.铸铁：
(1)煤油；
(2)煤油与矿物油的混合油</td></tr>
<tr><td colspan="2">拉削、攻螺纹、铰孔</td><td colspan="2">1.10%～20%极压乳化液；
2.含氯、硫的切削油；
3.含硫化棉子油的切削油；
4.含硫、磷、氯的切削油</td><td>1.15%～20%极压乳化液；
2.含氯、硫的切削油；
3.含氯的切削油；
4.含硫、磷、氯的切削油</td><td>1.黄铜：一般不加；
2.铸铁粗加工：
(1)10%～15%乳化液；
(2)10%～15%极压乳化液；
3.铸铁精加工：
(1)煤油；
(2)煤油与矿物油的混合油</td><td>1.10%～15%乳化液；
2.10%～15%极压乳化液；
3.煤油；
4.煤油与矿物油的混合油</td><td>1.10%～15%乳化液；
2.10%～15%极压乳化液；
3.煤油；
4.煤油与矿物油的混合油</td><td>1.10%～20%乳化液；
2.10%～15%极压乳化液；
3.含氯的切削油</td></tr>
</table>

续表 9-6

加工种类	工件材料						
	碳钢	合金钢	不锈钢及高温合金	铸铁及黄铜	紫铜	铝及铝合金	青铜
滚齿、插齿	1.20%～25%极压乳化液； 2. 含氯的切削油； 3. 含氯、硫的切削油； 4. 含硫、磷、氯的切削油； 5. 含硫化棉子油的切削油			1. 黄铜：一般不加； 2. 铸铁粗加工： (1)10%～15%乳化液； (2)10%～15%极压乳化液； 3. 铸铁精加工： (1)煤油； (2)煤油与矿物油的混合油		1. 10%～15% 乳化液； 2. 10%～15%极压乳化液； 3. 煤油； 4. 煤油与矿物油的混合油	1. 10%～20%乳化液； 2. 10%～15%极压乳化液； 3. 含氯的切削油
钻孔	1.3% ～ 5% 乳化液； 2.5%～10%极压乳化液；		1.10%～15%乳化液； 2.5%～10%极压乳化液； 3. 含氯的切削油； 4. 含硫、磷、氯的切削油	一般不加	1.3%～5%乳化液； 2. 煤油； 3. 煤油与矿物油的混合油		3%～5%乳化液

9.4 冲压工艺润滑剂

9.4.1 精冲工艺润滑剂

精冲工艺润滑剂主要由基础油和各种添加剂组成。基础油是溶剂并起液体润滑作用；添加剂一般由极压剂、油性剂和抗磨剂等组成，在精冲过程中起边界润滑的效果。精冲常用润滑剂见表 9-7。

表 9-7 精冲润滑剂性能

品种 \ 性能	运动黏度 40℃ /$10^{-6}m^2\cdot s^{-1}$	密度(20℃时)/$g\cdot cm^{-3}$	闪点(开口)	油膜强度/N	摩擦系数(圆环法)
F－Ⅰ 中厚钢板油	136.5	1.092 0	151℃	1 127	0.057
F－Ⅱ 厚钢板油	89.55	1.020 6	137℃	1 960	0.042

续表 9-7

品种 \ 性能	运动黏度 40℃ $/10^{-6}m^2\cdot s^{-1}$	密度(20℃时)$/g\cdot cm^{-3}$	闪点(开口)	油膜强度/N	摩擦系数 (圆环法)
F－Ⅲ 薄钢板油	30.44	0.943 2	140℃	1 764	0.050
F－Ⅳ 不锈钢板油	168.4	1.043 3	150℃	2 156	0.042
FⅤ 有色金属板油	76.12	1.003 2	151℃	1 960	0.054

9.4.2　拉深工艺润滑剂

拉深润滑剂的配方较多，在生产中，应根据拉深件材料、工件复杂程度、温度及工艺特点合理选用。表 9-8、表 9-9 和表 9-10 所列为拉深常用润滑剂。

表 9-8　拉深低碳钢用的润滑剂

简称号	润滑剂成分	含量/(质量%)	附　注	简称号	润滑剂成分	含量/(质量%)	附　注
5 号	锭子油 鱼肝油 石墨 油酸 硫磺 绿肥皂 水	43 8 15 8 5 6 15	用这种润滑剂可得到最好的效果，硫磺应以粉末状态加进去	10 号	锭子油 硫化蓖麻油 鱼肝油 白垩粉 油酸 氢氧化钠 水	33 1.5 1.2 45 5.6 0.7 13	润滑剂很容易去除，用于重的压制工作
6 号	锭子油 黄油 滑石粉 硫磺 酒精	40 40 11 8 1	硫磺应以粉末状态加进去	2 号	锭子油 黄油 鱼肝油 白垩粉 油酸 水	12 25 12 20.5 5.5 25	这种润滑剂比以上的略差
9 号	锭子油 黄油 石墨 硫磺 酒精 水	20 40 20 7 1 12	将硫黄溶于温度约为 160℃ 的锭子油内。其缺点是保存时间太久时会分层	8 号	绿肥皂 水	20 80	将肥皂溶在温度为 60～70℃ 的水里。这是很容易溶解的润滑剂，用于半球及抛物线形制件的拉深
				—	乳化液 白垩粉 焙烧苏打 水	37 45 1.3 16.7	可溶解的润滑剂，加 3% 的硫化蓖麻油后，可改善其效用

表 9-9 低碳钢变薄拉深用的润滑剂

润滑剂及成分	成分含量	润滑方法
接触镀铜化合物： 硫酸铜 食盐 硫酸 木工用胶 水	 4.5～5kg 5kg 7～8L 200g 80～100L	将胶先溶解在热水中，然后再将其余成分溶进去。将镀过铜的毛坯保存在热的肥皂溶液内，进行拉深时才从该溶液内将毛坯取出
磷化配方： 马日夫盐 氧化铜	 30～33g/L 0.3～0.5g/L	磷化液温度：96～98℃，保持15～20min。 先在磷酸盐内予以磷化，然后在肥皂乳浊液内予以皂化

表 9-10 有色金属及不锈钢拉深用润滑剂

金属材料	润滑方式
铝 硬铝 纯铜、黄铜及青铜 镍及镍合金	植物油(豆油)、工业凡士林 植物油乳浊液 菜油或肥皂与油的乳浊液(将油与浓肥皂水溶液混合) 肥皂与油的乳浊液
不锈钢(2Cr13,1Cr18Ni9Ti) 耐热钢	氯化乙烯漆(G01－4)喷涂板料表面，拉深时涂机油

9.4.3 冷挤压工艺的毛坯表面处理及润滑

润滑对冷挤压的影响十分重要。毛坯与凸、凹模和芯轴接触面上的摩擦，不仅影响金属的变形和挤压件的质量，而且直接影响挤压单位压力的大小、模具强度和使用寿命等。所以冷挤压时的润滑常常可能成为冷挤压成败的关键。为尽量减小摩擦的不利因素的影响，除模具工作表面粗糙度要求高外，还要采用良好而可靠的润滑。常用材料冷挤压前的表面处理与润滑见表 9-11。

表 9-11 常用材料冷挤压前的表面处理与润滑

材料	处理方法	化学药品	用量	温度/℃	时间/min	常用润滑剂
碳钢	磷酸盐处理	氧化锌 磷酸 硝酸 水	169g 283g 259g 289g	95～98	20～30	皂化液

续表 9-11

材　料	处理方法	化学药品	用　量	温度/℃	时间/min	常用润滑剂
不锈钢(1Cr18Ni9Ti，1Cr13)	草酸盐处理	草酸 钼酸铵 氯化钠 氟化氢钠 亚硫酸钠 水	50g 30g 25g 10g 3g 1L	90	15～20	氯化石蜡85%，二硫化钼15%
黄铜(H62，H68)	钝化处理	铬酸 硫酸 硝酸	200～300g/L 8～16g/L 30～50g/L	20	5～15	豆油、菜子油
纯铝(1060)						硬脂酸锌
硬铝(2A11，2A12)	氧化处理	工业氢氧化钠	40～60g/L	50～70	1～3	豆油、菜子油、蓖麻油

第三部分　模具钳工工艺篇

10　装配钳工工艺

10.1　模具在工业中的地位及发展趋势

10.1.1　模具在工业中的地位

模具是利用其特定形状去成形具有一定形状和尺寸的制品的工具。在各种材料加工工业中广泛地使用着各种模具，例如金属铸造成形使用的砂型或压铸模具、金属压力加工使用的锻压模具、冷冲压模具及塑料加工使用的塑料模具等各种模具。

对模具的全面要求是：能生产出在尺寸精度、外观等各方面均能满足使用要求的优质产品。从模具使用的角度，要求高效率、自动化、安全可靠、操作简便；从模具制造的角度，要求结构合理、制造容易、成本低廉。

现代金属制品、塑料制品中，合理的加工工艺、高效的设备、先进的模具是必不可少的三项重要因素，模具对实现加工工艺要求、制件使用要求和造型设计起着重要作用。高效的全自动的设备也只有装上能自动化生产的模具才有可能发挥其效能，产品的生产和更新都是以模具制造和更新为前提。由于工农业产品和日用品的品种和产量需求量大，对模具也提出了越来越高的要求，因此，促使模具生产不断向前发展。

10.1.2　模具的发展趋势

高效率、自动化、大型、微型、精密、高寿命的模具在整个模具产量中所占的比重越来越大。从模具设计和制造技术情况看，模具发展趋势见表 10-1。

表 10-1　模具发展趋势

趋　势	说　　　明
加深理论研究	在模具设计中，对工艺原理的研究越来越深入，模具设计已由经验设计逐渐向理论计算设计方面发展
高效率自动化	大量采用各种高效率、自动化的模具结构，如冷冲模具自动送料机构，自动冲床；塑料模的热流道浇注系统注射模具等

续表 10-1

趋 势	说 明
大型、超小型及高精度	由于制品已在各个工业部门广泛应用，特别是在汽车、航空、机械、电子、仪器、仪表和日用品等工业中应用更为广泛，于是出现了各种大型、精密和高寿命的模具；为了满足这些要求，研制了各种高强度、高硬度、高耐磨性能且易加工、热处理变形小、导热性优异的制模材料
革新模具制造工艺	在模具制造工艺上，为缩短模具生产周期，在模具加工工艺上作了许多改进，特别是异形型腔的加工，采用各种仿形机床、光控机床、数控机床、坐标机床等，大大提高了机械加工的比重，提高了加工精度
标准化	使模板导柱等通用零件标准化、商品化，以适应大规模地成批地生产各类模具

模具钳工是在模具生产过程中不可缺的一项工种。模具钳工要制造好模具，必须熟悉模具的结构和工作原理，了解模具零件、标准件的技术要求及制造工艺，掌握模具零件的钳工加工方法和模具的装配方法。

10.2 模具装配基础知识

模具的装配是模具制造过程的关键工序。装配的质量，将直接影响到制件的质量、模具的精度和使用寿命。

10.2.1 装配工作的类型及组织形式

装配的组织形式是根据生产类型及工件复杂程度和技术要求情况来决定的。生产类型及装配的组织形式见表 10-2。

表 10-2 生产类型及装配的组织形式

类型	组织形式	说 明
单件生产	固定式装配	单件生产时，产品几乎不重复，装配工作常固定在一个地方由一人或一组人完成装配工作
成批生产	移动式装配	成批生产时，装配工作通常分为部件装配和总装配，每个部件由一个或一组人完成，然后进行总装配
大量生产	流水装配	把产品的装配过程划分为部件、组件装配，每一个工序只由一个或一组人来完成；只有当所有人都按顺序完成自己负责的工序后，才能装配出产品。装配过程是有顺序地由一个或一组人转移给另一个或一组人

10.2.2 装配精度

由于冲压成形工艺与塑料注射和金属压铸成形工艺是两种不同的成形工艺，因此，在模具结构上、模具各零件的功能要求上也各不相同。但装配精度的项目要求没有很大区别，现分别介绍冲压模与注射模和压铸模的装配精度。

10.2.2.1 冲压模具装配精度(表 10-3)

表 10-3 冲压模具装配精度

项目	说明
零部件间的位置尺寸精度	1. 上、下模座闭合高度四周一致； 2. 必须保证模具各零件间相对位置精度，尤其是制件的有些尺寸与几个冲模零件尺寸有关时，应特别注意
零部件之间位置精度	1. 模具所有活动部分，应保证位置准确、配合间隙适当、动作可靠、运动平稳； 2. 上模座沿导柱上、下移动应平稳和无滞住现象，导柱与导套的配合精度应符合标准； 3. 凸、凹模间的间隙应符合图样要求，并沿整个轮廓上间隙均匀一致
零部件之间相对运动精度	1. 上、下模座的运动应符合标准要求； 2. 退料板、顶料板为往复直线运动，动作可靠、配合间隙适当
零部件之间的配合精度	1. 导柱、导套与模板的配合一般为过盈配合；凸模与凸模固定板一般为过盈配合，或采用其他方法固定； 2. 退料板、顶料板为间隙配合； 3. 模柄圆柱部分应与上模座上平面垂直，其垂直度误差在全长范围应不大于 0.05mm
零部件表面粗糙度	1. 零部件表面粗糙度应满足图样的要求； 2. 零件的工作表面不允许有裂纹和机械损伤等缺陷

10.2.2.2 注射模和压铸模装配精度(表 10-4)

表 10-4 注射模和压铸模装配精度

项目	说明
零部件间的位置尺寸精度	1. 镶块平面应分别与定、动模板齐平，可允许略高，但高出量不大于 0.05mm； 2. 推杆、复位杆应分别与型面、分型面齐平，推杆允许凸出型面，但不得大于 0.1mm，复位杆可低于分型面，但不得大于 0.05mm； 3. 抽芯机构中，抽芯动作结束时，所抽出型芯端面与制件上相对应孔的端面距离应大于 2mm
零部件之间的位置精度	1. 必须保证模具各零件间的相对位置精度； 2. 定位和导向正确，紧固零件应紧固牢靠不得有松动，锁紧零件锁紧作用可靠； 3. 模具分型面对定、动模座安装平面的平行度和导柱、导套对定、动模座板安装面的垂直度应符合有关的技术规定
零部件之间的相对运动精度	1. 模具所有活动部分，运动时应平稳灵活，动作相互协调可靠； 2. 合模后分型面应紧密贴合，如有局部间隙，注射模间隙值不大于 0.015mm，压铸模应不大于 0.05mm(排气槽除外)； 3. 滑块运动应平稳，开模后定位应准确可靠；合模后滑块斜面与楔面应压紧，接触面积不小于 3/4，并有一定的预紧力

续表 10-4

项　目	说　　明
零部件之间的配合精度	1. 分型面上，定模、动模镶块与定、动模镶合要求紧密无缝； 2. 导柱与导套为间隙配合，推杆、复位杆为间隙配合，滑块、斜楔与固定块的配合为间隙配合
零部件表面粗糙度	1. 零部件表面粗糙度应符合图样的要求； 2. 所有表面都不允许有击伤、擦伤或细小裂纹

10.2.3 装配尺寸链

10.2.3.1 尺寸链的基本概念

在零件加工或机器装配中，由相互关联的尺寸形成的封闭尺寸组，称为尺寸链。如图 10-1 所示，齿轮端面和箱体内壁凸台端面配合间隙 B_0 反映出装配精度的要求，它与零件的相关尺寸 B_1，B_2，B_3 有密切关系。B_0，B_1，B_2，B_3 组成了一个装配尺寸链，构成尺寸链的每一个尺寸，都称为尺寸链的环，每个尺寸链至少应有三个环。尺寸链上有两类环：

(1)封闭环　在零件加工和机器装配中，最后形成(间接获得)的尺寸，称为封闭环。图 10-1 中 B_0 为封闭环。

(2)组成环　尺寸链中除封闭环外的其余尺寸，称为组成环。图 10-1 中 B_1，B_2，B_3 为组成环。

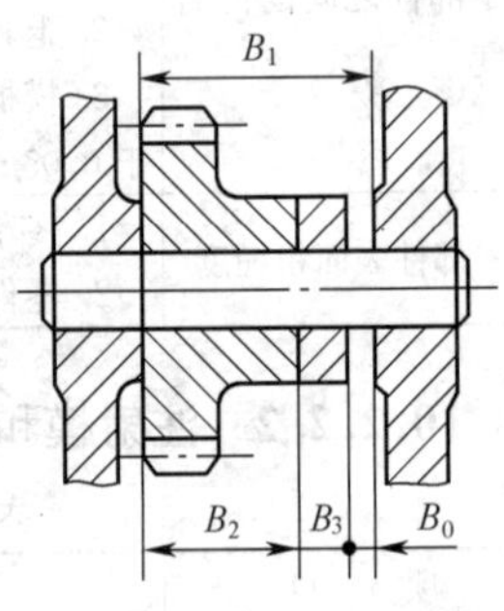

图 10-1　装配尺寸链

10.2.3.2 装配尺寸链的应用

1. 封闭环的基本尺寸

封闭环尺寸等于所有增环基本尺寸之和减去所有减环基本尺寸之和，即

$$B_0 = \sum B_{增} - \sum B_{减} \quad (式 10\text{-}1)$$

解尺寸链方程时，应把增环作为正值，把减环作为负值，由此可得出封闭环的基本尺寸，实际上就是各组成环基本尺寸的代数和。

例 10-1　如图 10-1 所示齿轮装配中，要求配合后齿轮端面和箱体凸台端面之间有 0.2～0.5mm 的轴向间隙。已知 $B_1 = 70^{+0.1}_{0}$ mm，$B_2 = 50^{0}_{-0.06}$ mm，求 B_3 尺寸在什么范围内才能满足装配要求？

解　(1)画出装配尺寸链简图：如图 10-2 所示。

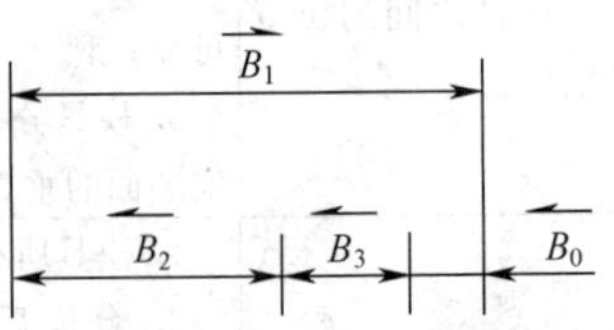

图 10-2　尺寸链简图

(2)列尺寸链方程式计算 B_2

$$B_0 = B_1 - (B_2 + B_3)$$

$$B_3 = B_1 - B_2 - B_0 = 70 - 50 - 0 = 20(\text{mm})$$

(3)确定 B_3 的极限尺寸

$$B_0\max = B_1\max - (B_2\min + B_3\min)$$

$$B_3\min = B_1\max - B_2\min - B_0\max = 70.1 - 49.94 - 0.5 = 19.66(\text{mm});$$

$$B_0\min = B_1\min - (B_2\max + B_3\max)$$

$$B_3\max = B_1\min - B_2\max - B_0\min = 70 - 50 - 0.2 = 19.8(\text{mm});$$

所以 $B_3 = 20_{-0.34}^{-0.20}$ mm

2. 装配尺寸链的应用

尺寸链按其功能可分为设计尺寸链和工艺尺寸链。而设计尺寸链又分为零件尺寸链和装配尺寸链。

根据封闭环尺寸 B_0 的上、下偏差，调整组成环的上、下偏差，以达到装配尺寸精度要求。零件加工时组成环的上、下偏差以及公差带可根据装配尺寸精度要求统筹考虑，合理安排，使之达到互换的要求。在装配时，根据测量结果，若装配精度与图样上的上、下偏差要求不合，可通过改变增环或减环的尺寸，使装配精度达到要求。

10.2.4　装配方法

在机器制造中，常用的装配方法有：完全互换装配法、选择装配法、修配法和调整法等。装配方法及特点见表 10-5。

表 10-5　装配方法及特点

<table>
<tr><th colspan="2">装配方法</th><th>概　　念</th><th>特　　点</th><th>适用范围</th></tr>
<tr><td rowspan="2">互换装配法</td><td>完全互换法</td><td>在同一零件中任取一个，不需修配即可装入部件中，并能达到装配技术要求</td><td>1. 装配操作简便，对工人的技术要求不高；
2. 装配质量好，生产效率高；
3. 零件磨损后，更换方便；
4. 装配时间容易确定，便于流水装配；
5. 对零件精度要求高</td><td>适应于组成环数量少，精度要求不高的场合及大批量生产</td></tr>
<tr><td>大数互换法</td><td>大多数零件将公差适当放大，按经济精度加工</td><td>1. 先经济核算，保证生产废品率最少；
2. 对超差部分应退修或补偿偏差</td><td>零件数较多，装配精度高</td></tr>
<tr><td rowspan="2">分组装配法</td><td>直接选配法</td><td>由工人直接从一批零件中选择合适的零件进行装配的方法</td><td>方法比较简单，其装配质量是以工人的经验确定，装配效率低</td><td rowspan="2">适应于装配精度要求很高，组成环数量少的场合</td></tr>
<tr><td>分组选配法</td><td>将一批零件测量后，按实际尺寸大小分成若干组，打上标记，对应组装配</td><td>1. 分组选配零件的配合精度高；
2. 增大了零件的制造公差，使零件成本降低；
3. 增加测量工作量，工作相当麻烦</td></tr>
</table>

续表 10-5

<table>
<tr><th colspan="2">装配方法</th><th>概　念</th><th>特　点</th><th>适用范围</th></tr>
<tr><td rowspan="3">修配装配法</td><td>按件修配法</td><td>在装配时预留修配量，以达到精度要求的装配方法</td><td rowspan="3">1. 工作量大，对工人技术要求高；
2. 公差扩大，更容易保证装配精度；
3. 不便于流水作业；
4. 用精度较低的组成零件，达到较高的装配精度；
5. 是从修配件上磨削一定的修配余量，达到装配精度的要求</td><td rowspan="3">可用于多种装配，装配精度高，零件数量较多，需保持和恢复精度的场合</td></tr>
<tr><td>合并加工修配法</td><td>是把两个或两以上的零件装配在一起后，再进行机械加工，达到装配精度要求</td></tr>
<tr><td>自身加工修配法</td><td>用产品自身所具有的加工能力对修配件进行加工达到装配精度的方法</td></tr>
<tr><td rowspan="3">调整装配法</td><td>可动调整法</td><td>装配时用改变调整件位置达到装配精度的方法</td><td rowspan="2">1. 用精度较低的组成零件，达到较高的装配精度；
2. 用更换调整零件或改变调整件位置的方法达到装配精度；
3. 对工人技术要求高</td><td rowspan="2">零件数较多，装配精度要求较高的场合</td></tr>
<tr><td>固定调整法</td><td>在装配过程中选用合适的调整件达到装配精度的方法</td></tr>
<tr><td>误差调整法</td><td>装配多个零件时，调整其相对位置，使零件加工误差相互抵消</td><td>1. 测出各组成件的误差大小及方向，工作麻烦；
2. 需要技术熟练的工人装配</td><td>适用于装配精度较高，批量较少的场合</td></tr>
</table>

10.2.5 模具装配工作内容

装配过程中，钳工的主要工作是把加工好的模具零件，按装配图和技术要求选择装配基准、组件装配、修配、研磨抛光、检测和试模，还要审核制件成形工艺、模具设计方案和模具工艺编制等工作的正确性和合理性。

模具装配工作内容见表 10-6。

表 10-6 模具装配工作内容

项　目	工　作　内　容
零件的清洗，按图样要求检查零件	1. 对要清洗的零件进行清洗； 2. 检查零件外观，是否有裂痕、划伤，是否倒角，安装表面是否光滑平整； 3. 检查零件尺寸、模具材料、热处理方法、硬度、表面粗糙度
零件的连接	1. 按装配图和技术条件选择装配基准； 2. 根据制品精度要求、模具结构、模具种类、模具形式进行组件装配
修配、研磨抛光	1. 对所装配模具进行配钻、配铰、配磨等； 2. 注射模、压铸模还需研磨抛光等
检查组件装配质量	1. 检查各紧固件是否紧固，不能有松动的现象； 2. 检查各活动部件，运动时滑动应平稳灵活，动作相互协调可靠； 3. 检查组装后的外形尺寸、工作性能
校正和调整	1. 校正和调整凸、凹模的间隙，模具闭合高度，导柱和导套的配合间隙，活动部分运动的跳动、窜动； 2. 注射模、压铸模的分型面上除导套孔外，不得有外露的螺钉孔、销钉孔和工艺孔，如有这些孔要堵塞，并与分型面平齐

续表 10-6

项　　目	工　作　内　容
试模	1. 检验合格的模具才能进行试模,试模应严格遵守有关工艺规程; 2. 试件用的材质应与要求相符; 3. 试模用的设备应符合技术要求,模具装机后先空载运行,模具各工作系统运行可靠、合理、安全,达到设计要求; 4. 试件应在工艺参数稳定后进行;试件交付模具制造和使用部门双方检查,双方确认试件合格后,由模具制造部门开具合格证,模具交付使用部门

10.2.6 装配工艺过程(表 10-7)

表 10-7 装配工艺过程

装配步骤	工　艺　内　容
准备工作	1. 研究装配图及工艺文件、技术资料,了解产品结构,熟悉各零、部件的作用、相互关系及连接方法; 2. 确定装配方法,准备所需要的工具、量具; 3. 确定装配顺序; 4. 对装配的零件进行清洗,检查零件加工质量
装配工作	1. 组件装配:将两个以上零件组合在一起; 2. 部件装配:将零件与几个组件结合在一起,成为一单元; 3. 总装配:将零件、部件结合成一台完整产品
调试	1. 调整:调节零件或机构的相互位置、配合间隙、接合面松紧等,以便机构或机器工作协调; 2. 检验:检验机构或机器的几何精度和工作精度; 3. 试车:试验机构或机器运转的灵活性、振动情况、工作温度、密封性、噪声、转速、功率、动态等性能
包装	喷漆、涂油、防锈、装箱

10.3 模具的分类、结构及成形特点

10.3.1 模具的分类

模具的种类很多,按材料在模具内成形的特点,模具的分类如图 10-3 所示。

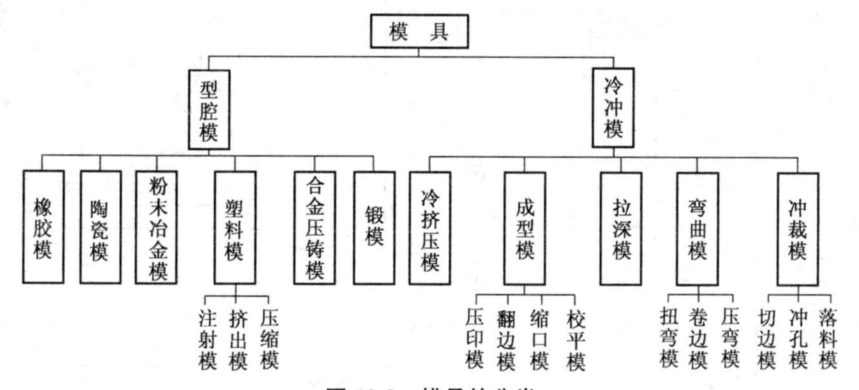

图 10-3 模具的分类

10.3.2 模具的结构

10.3.2.1 冷冲压模具的结构组成(表 10-8)

表 10-8 冷冲压模具的结构组成

名称	简图	说明
冲裁模	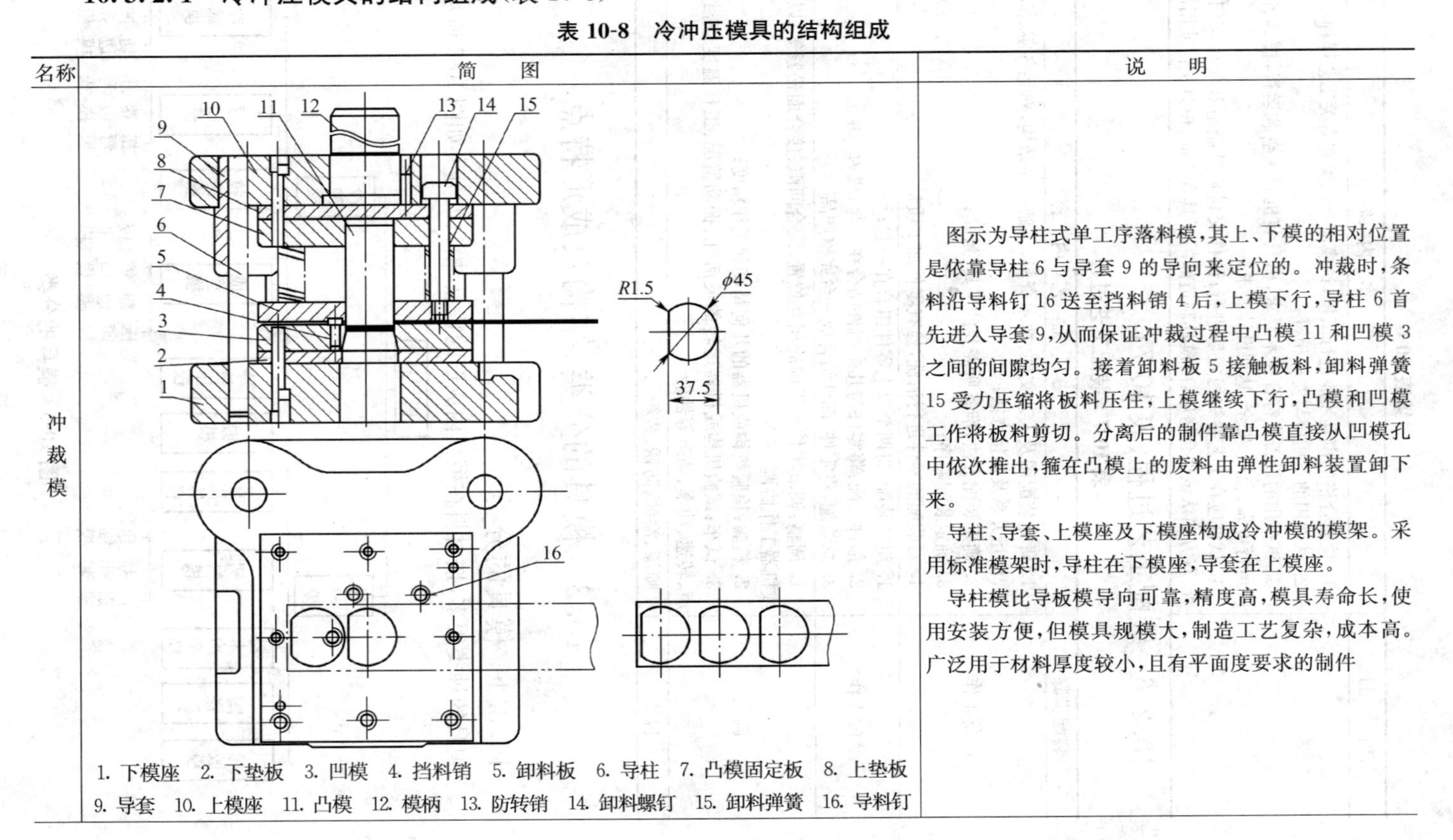 1. 下模座 2. 下垫板 3. 凹模 4. 挡料销 5. 卸料板 6. 导柱 7. 凸模固定板 8. 上垫板 9. 导套 10. 上模座 11. 凸模 12. 模柄 13. 防转销 14. 卸料螺钉 15. 卸料弹簧 16. 导料钉	图示为导柱式单工序落料模，其上、下模的相对位置是依靠导柱 6 与导套 9 的导向来定位的。冲裁时，条料沿导料钉 16 送至挡料销 4 后，上模下行，导柱 6 首先进入导套 9，从而保证冲裁过程中凸模 11 和凹模 3 之间的间隙均匀。接着卸料板 5 接触板料，卸料弹簧 15 受力压缩将板料压住，上模继续下行，凸模和凹模工作将板料剪切。分离后的制件靠凸模直接从凹模孔中依次推出，箍在凸模上的废料由弹性卸料装置卸下来。 导柱、导套、上模座及下模座构成冷冲模的模架。采用标准模架时，导柱在下模座，导套在上模座。 导柱模比导板模导向可靠，精度高，模具寿命长，使用安装方便，但模具规模大，制造工艺复杂，成本高。广泛用于材料厚度较小，且有平面度要求的制件

续表 10-8

名称	简图	说明
弯曲模	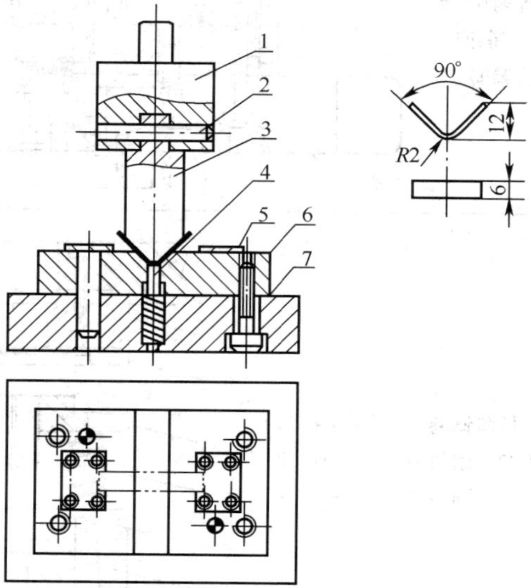 1. 上模座 2. 销钉 3. 凸模 4. 顶杆 5. 定位板 6. 凹模 7. 下模座	图示为一副敞开式单工序弯曲模。该模具上模由凸模 3 通过销钉 2 连接在上模座 1 上，下模由定位板 5、凹模 6、下模座 7 和顶杆 4 等零件组成。 当压力机滑块到达上死点时，将毛坯用定位板 5 定位；上模下行凸模 3 接触板料将板料压入凹模 6 的型腔中；上模随压力机滑块回升，制件由顶杆 4 顶出至凹模表面，一个冲压周期完成。顶件装置除了起顶件作用外，还能有效地防止坯料在加工时产生偏移

续表 10-8

名称	简图	说明
拉深模	1. 模柄 2. 上模座 3. 凸模固定板 4. 弹簧 5. 压边圈 6. 定位板 7. 凹模 8. 下模座 9. 卸料螺钉 10. 凸模	图示为有压边圈的正装式首次拉深模(正装式拉深模是压边圈在上模,倒装式是压边圈在下模)。首先将毛坯放入定位板 6 中定位,接着上模下行,压边圈 5 先将毛坯压紧,防止毛坯在拉深过程中起皱;然后凸模将毛坯材料拉入凹模中,最后当凸模将制件完全向下拉出凹模孔口后,如果材料的回弹大,制件将从下模座下面直接落下;如果制件被凸模带出凹模型孔,则由压边圈将其卸下;如果卡在凹模孔内,则由下一次拉深时的制件从下面挤出。该结构的拉深模的压料装置在上模,由于弹性元件的高度受模具闭合高度的限制,因而这种结构的拉深模适用于拉深深度不大的零件
翻边成形模	1. 外缘翻边凸模 2. 凸模固定板 3. 外缘翻边凹模 4. 内缘翻边凸模 5. 压料板 6. 顶件块 7. 内缘翻边凹模 8. 推件板	图示为内外缘翻边复合模。毛坯套在内缘翻边凹模 7 上定位,为保证内缘翻边凹模 7 的位置准确,压料板 5 与外缘翻边凹模 3 按 H7/h6 的间隙配合。压料板 5 既起压料作用,又起整形作用,在冲至下止点时,应与下模刚性接触;冲压成形后,该件起顶件作用

续表 10-8

名称	简图	说明
冷挤压模	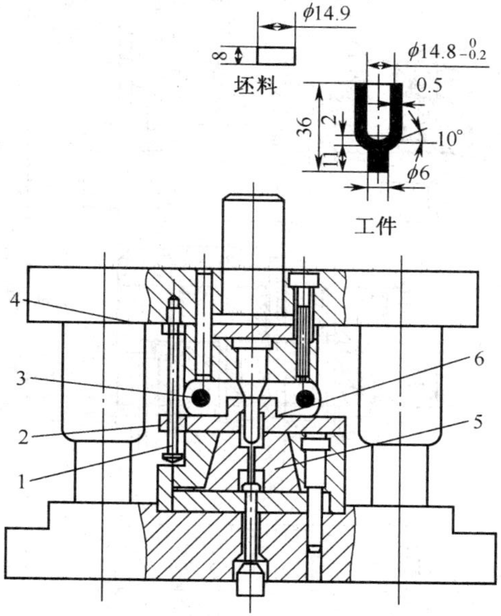 坯料 φ14.9 8；工件 φ14.8$_{-0.2}^{0}$ 0.5 10° φ6 36 2 11 1. 拉杆 2. 凸凹模 3. 橡胶 4. 调节螺母 5. 凹模 6. 凸模	图示为一复合冷挤压模。凸模 6 固定在上模上，凹模 5 固定在下模座上。在凹模 5 的底部，开一个与零件制品下部形状相同的孔。在挤压时，将坯料先放在凹模 5 中，当上模随压力机滑块下行时，坯料在凸模 6 的压力下，一部分顺凸凹模间隙向上流动，而另一部分则被挤入凹模 5 底孔内，向下流动，使坯料被挤压成所需零件

10.3.2.2 型腔模的结构组成(表 10-9)

表 10-9 型腔模的结构组成

名称		简图	说明
塑料模	注射模	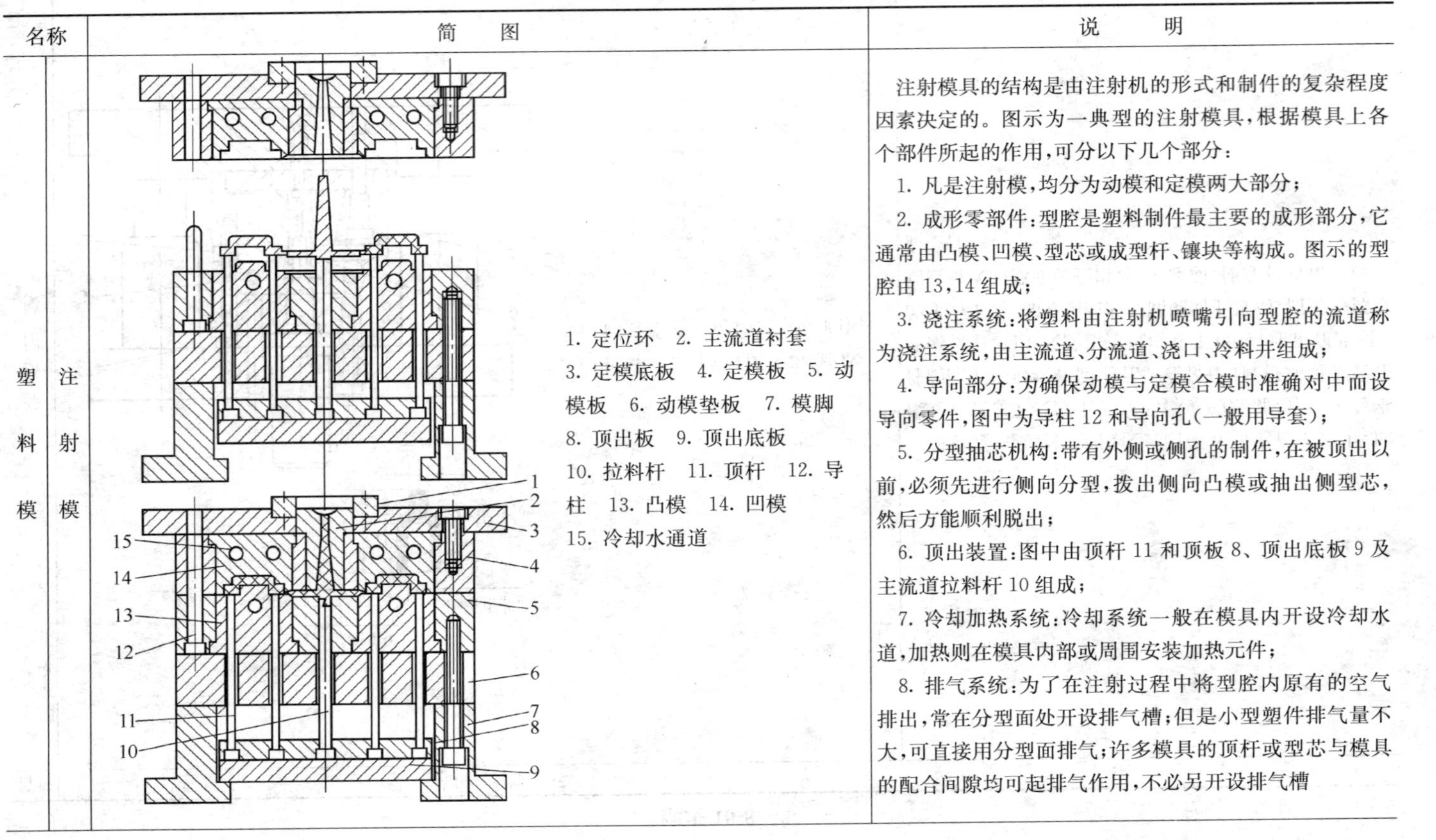 1. 定位环 2. 主流道衬套 3. 定模底板 4. 定模板 5. 动模板 6. 动模垫板 7. 模脚 8. 顶出板 9. 顶出底板 10. 拉料杆 11. 顶杆 12. 导柱 13. 凸模 14. 凹模 15. 冷却水通道	注射模具的结构是由注射机的形式和制件的复杂程度因素决定的。图示为一典型的注射模具,根据模具上各个部件所起的作用,可分以下几个部分: 1. 凡是注射模,均分为动模和定模两大部分; 2. 成形零部件:型腔是塑料制件最主要的成形部分,它通常由凸模、凹模、型芯或成型杆、镶块等构成。图示的型腔由 13,14 组成; 3. 浇注系统:将塑料由注射机喷嘴引向型腔的流道称为浇注系统,由主流道、分流道、浇口、冷料井组成; 4. 导向部分:为确保动模与定模合模时准确对中而设导向零件,图中为导柱 12 和导向孔(一般用导套); 5. 分型抽芯机构:带有外侧或侧孔的制件,在被顶出以前,必须先进行侧向分型,拨出侧向凸模或抽出侧型芯,然后方能顺利脱出; 6. 顶出装置:图中由顶杆 11 和顶板 8、顶出底板 9 及主流道拉料杆 10 组成; 7. 冷却加热系统:冷却系统一般在模具内开设冷却水道,加热则在模具内部或周围安装加热元件; 8. 排气系统:为了在注射过程中将型腔内原有的空气排出,常在分型面处开设排气槽;但是小型塑件排气量不大,可直接用分型面排气;许多模具的顶杆或型芯与模具的配合间隙均可起排气作用,不必另开设排气槽

续表 10-9

<table>
<tr><th colspan="2">名称</th><th>简图</th><th>说明</th></tr>
<tr><td>塑料模</td><td>压缩模</td><td>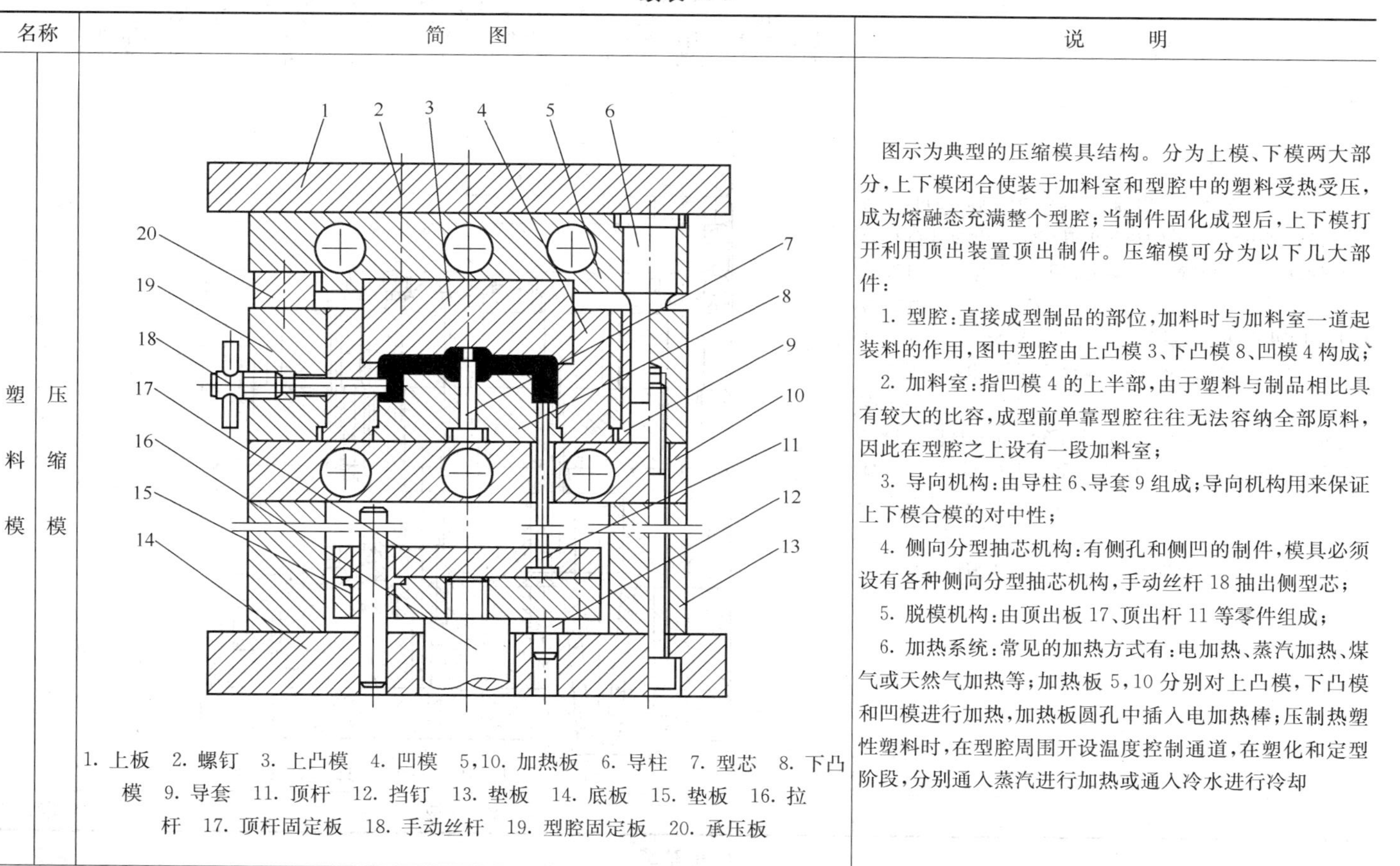
1. 上板 2. 螺钉 3. 上凸模 4. 凹模 5,10. 加热板 6. 导柱 7. 型芯 8. 下凸模 9. 导套 11. 顶杆 12. 挡钉 13. 垫板 14. 底板 15. 垫板 16. 拉杆 17. 顶杆固定板 18. 手动丝杆 19. 型腔固定板 20. 承压板</td><td>图示为典型的压缩模具结构。分为上模、下模两大部分，上下模闭合使装于加料室和型腔中的塑料受热受压，成为熔融态充满整个型腔；当制件固化成型后，上下模打开利用顶出装置顶出制件。压缩模可分为以下几大部件：
1. 型腔：直接成型制品的部位，加料时与加料室一道起装料的作用，图中型腔由上凸模 3、下凸模 8、凹模 4 构成；
2. 加料室：指凹模 4 的上半部，由于塑料与制品相比具有较大的比容，成型前单靠型腔往往无法容纳全部原料，因此在型腔之上设有一段加料室；
3. 导向机构：由导柱 6、导套 9 组成；导向机构用来保证上下模合模的对中性；
4. 侧向分型抽芯机构：有侧孔和侧凹的制件，模具必须设有各种侧向分型抽芯机构，手动丝杆 18 抽出侧型芯；
5. 脱模机构：由顶出板 17、顶出杆 11 等零件组成；
6. 加热系统：常见的加热方式有：电加热、蒸汽加热、煤气或天然气加热等；加热板 5,10 分别对上凸模，下凸模和凹模进行加热，加热板圆孔中插入电加热棒；压制热塑性塑料时，在型腔周围开设温度控制通道，在塑化和定型阶段，分别通入蒸汽进行加热或通入冷水进行冷却</td></tr>
</table>

续表 10-9

名称	简图	说明
合金压铸模	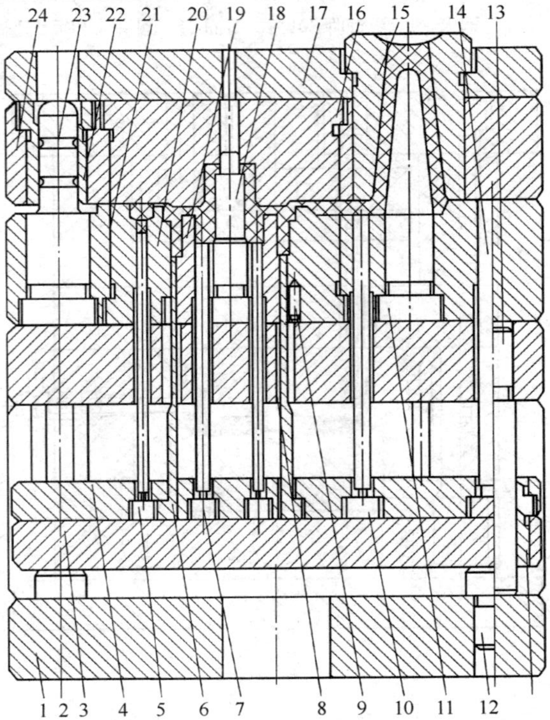 1. 动模座板 2. 推板 3. 推杆固定板 4,6,9. 推杆 5. 扇形推杆 7. 支承板 8. 止转销 10. 分流锥 11. 限位钉 12. 推板导套 13. 推板导柱 14. 复位杆 15. 浇口套 16. 定模镶块 17. 定模座板 18. 型芯 19,20. 动模镶块 21. 动模套板 22. 导套 23. 导柱 24. 定模套板	图示为热压室压铸机用压铸模的结构，主要由模架和工作部分组成； 模架由动模座板 1、定模座板 17、定模套板 24、动模套板 21、支撑板 7；导向机构由导柱 23、导套 22；推出机构由推板 2，推杆 4,6,9，复位杆 14，推杆固定板 3，扇形推杆 5 组成； 工作部分由成形机构：型芯 18，定模镶块 16，动模镶块 19,20；浇注系统由浇注套 15、分浇锥 10；抽芯机构由止转销 8、限位钉 11 组成。 模具在工作时，首先将动模与定模合拢锁紧；再将放入浇口套中的熔融合金，在压铸机的作用下，用高压打入型腔中；待冷却后，便形成与型腔相仿的制件

续表 10-9

名称	简　图	说　明
锻模	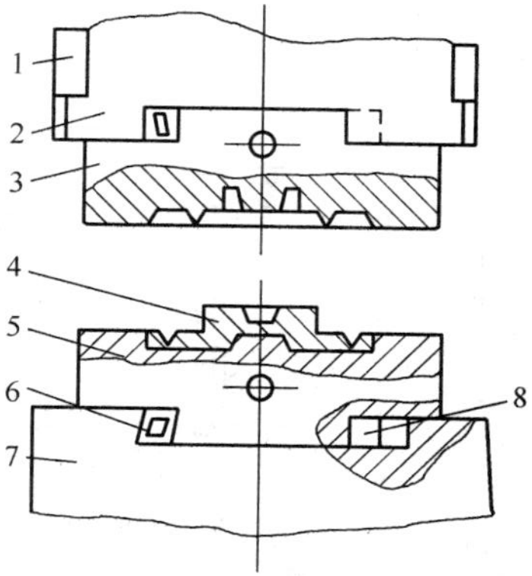	图示为锻模结构。锻模结构简单，主要由上模 3 和下模 5 两部分组成。上、下模分别用键 8、楔 6 和调整垫片固定在锻压设备锤头 2 和模座的燕尾槽内。 模具在工作时，将烧红的坯料，放在下模 5 的模膛中，开启锻锤，上模下降，通过锻锤的锤力，毛坯在上、下模腔内经过多次锤锻而形成所需形状的制件

10.3.3 模具的成形特点

10.3.3.1 冷冲压模的成形特点

在常温下，把金属或非金属板料，使用相关设备通过模具使板料发生分离、变形，制成所需制件的装备，为冷冲压模，其成形特点见表 10-10。

表 10-10 冷冲压模的成形特点

模具名称		模具简图	工序及零件简图	成形特点
冲裁模	落料模	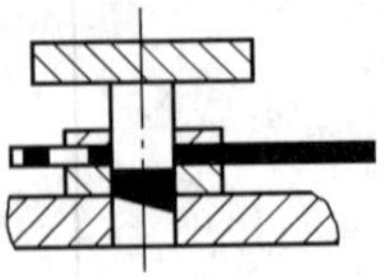	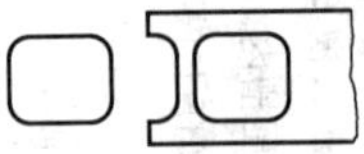	用冲模沿封闭轮廓曲线冲切，封闭线内是制件，封闭线外是废料
	冲孔模	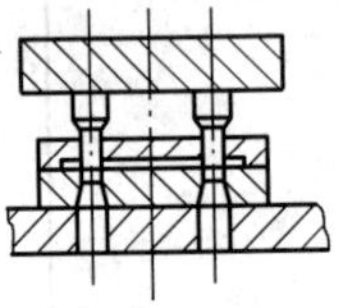	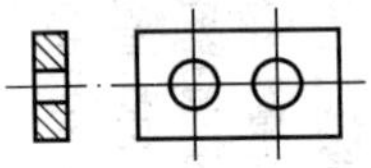	用冲模沿封闭轮廓曲线冲切，封闭线内是废料，封闭线外是制件
	切断模	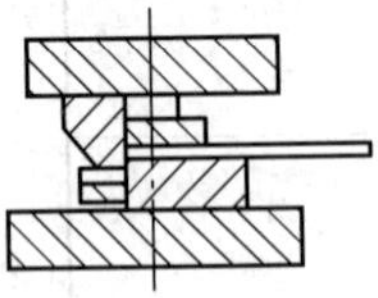	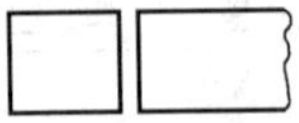	将材料以敞开的轮廓分开，得到平整的零件
	切舌模	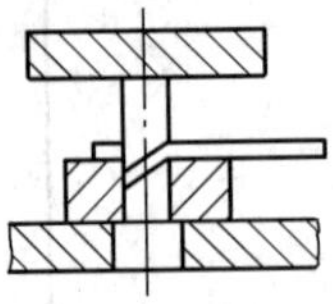	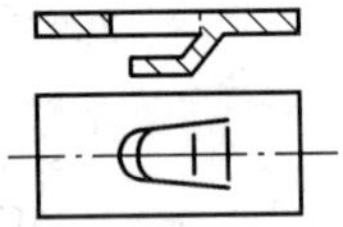	将材料沿敞开轮廓局部分开而不是完全分离
	切边模	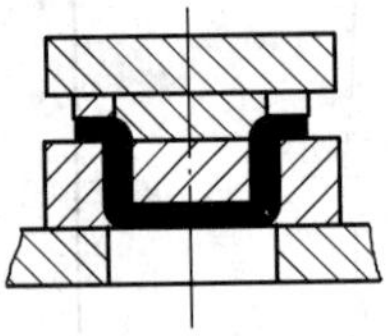	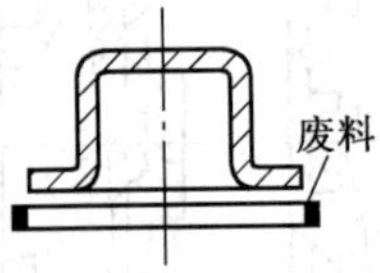 废料	将平的、空心的或立体实心零件多余外边切掉
	剖切模	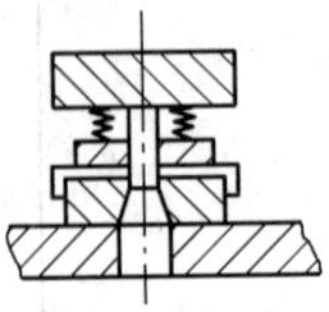	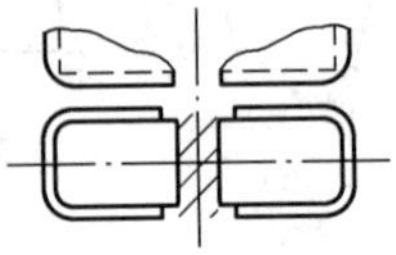	把冲压加工后的半成品切开成两个或数个零件，多用于不对称零件的成双或成组冲压成形之后
	整形模	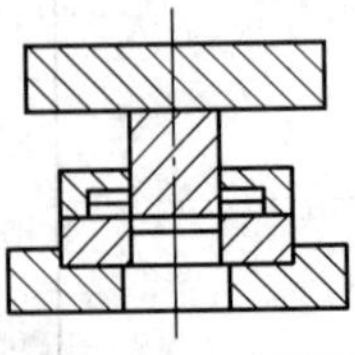	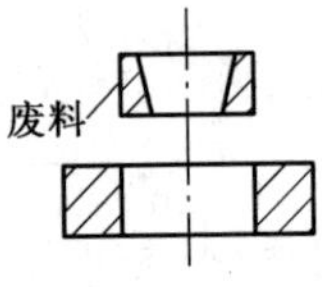 废料	将工件边缘预留的加工余量去掉，以求得准确尺寸及光滑垂直的剪裂断面

续表 10-10

模具名称		模具简图	工序及零件简图	成 形 特 点
弯曲模	弯曲模	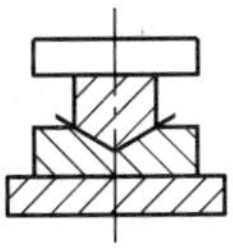	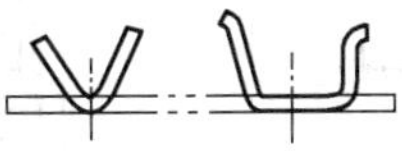	把板材沿直线弯成各种形状
	卷圆模	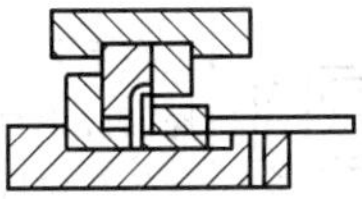	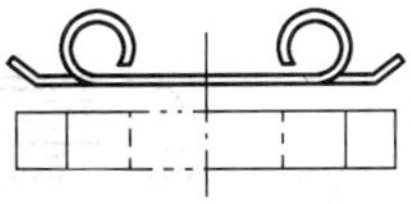	把毛坯的边缘按一定半径弯曲成圆形
	扭弯模	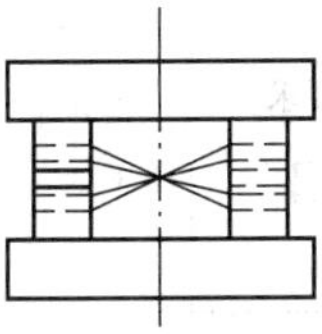	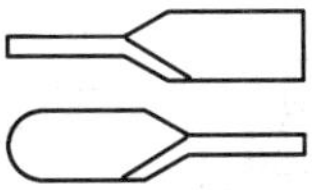	将毛坯的一部分与另一部分对转一个角度，弯成曲线形
拉深模	拉深模	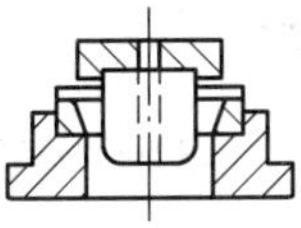	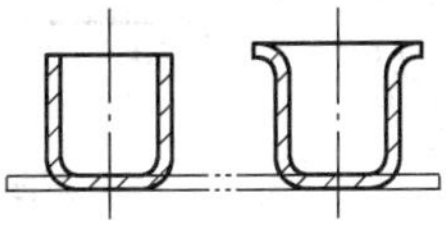	将板材毛坯成形成各种开口空心的零件，料厚不变
	变薄拉深模	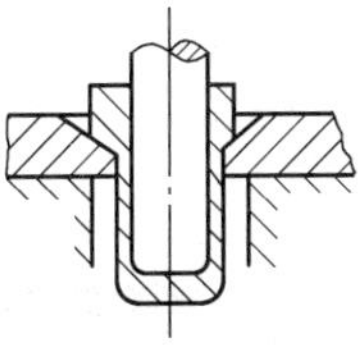	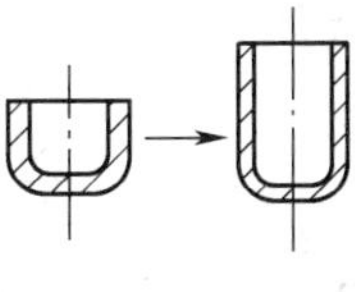	减小直径或壁厚而改变空心毛坯尺寸
成形模	翻边模		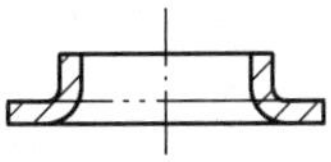	用拉深的方法使原冲孔边形成具有一定高度开口的直壁孔
	胀形模	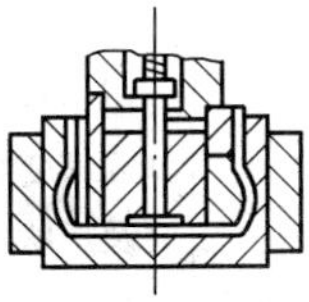	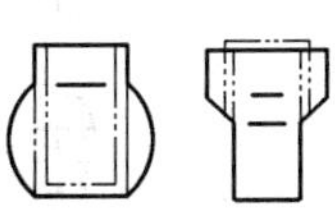	将空心毛坯成形各种凸肚曲面形状的制件

续表 10-10

模具名称		模具简图	工序及零件简图	成形特点
成形模	缩口模	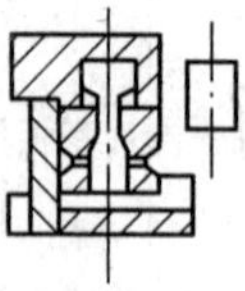	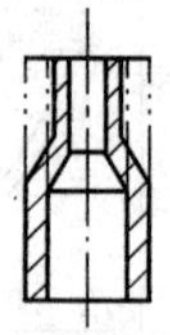	将空心件或管状毛坯的端部，由外向内压缩，使口径缩小
	起伏成形模	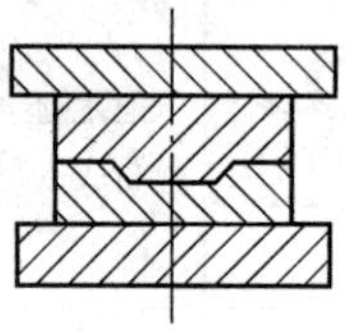	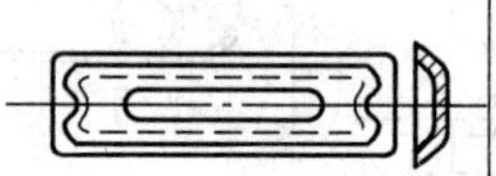	在毛坯或零件的表面上用局部成形的方法制成各种形状的凸起与凹陷
	校平模	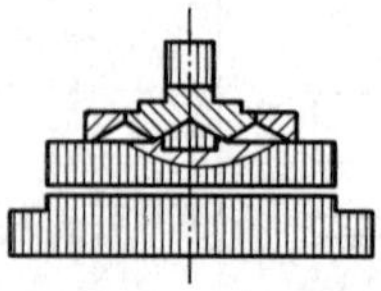	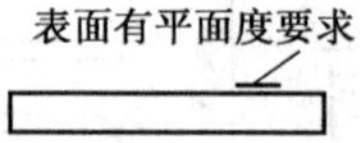 表面有平面度要求	将零件不平的表面用模具压平
	整形模	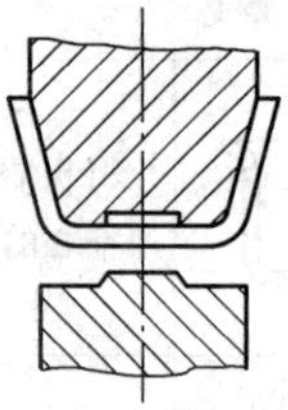	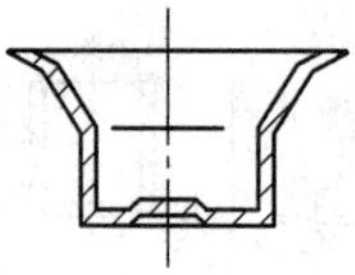	将原有半成品工件通过模具压成所需的尺寸和形状
	压印模	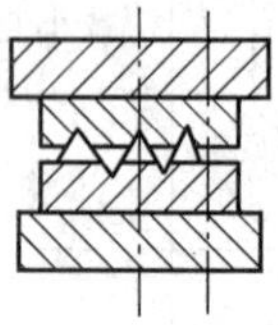	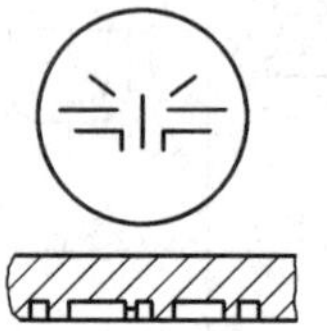	利用模具在零件表面压印花纹、文字、符号等
冷挤压模	冷挤压模	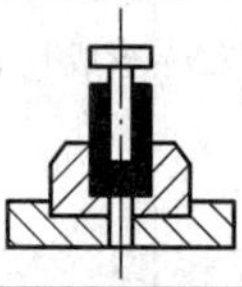	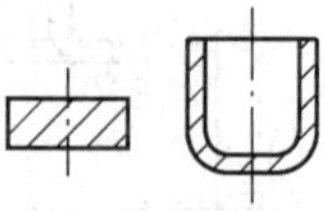	用模具将一部分金属冲挤到凸、凹模间隙内，使厚的毛坯变成薄壁空心零件
	冷镦模	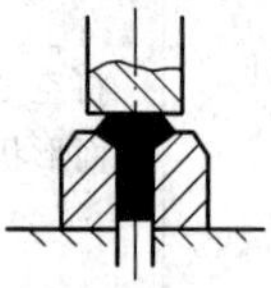	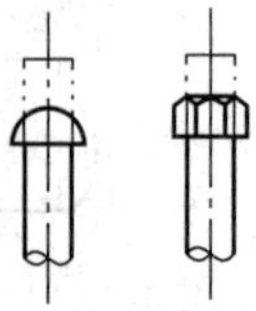	用模具将金属形体改变，使其局部变粗，达到所要求的尺寸及形状

10.3.3.2 型腔模的成形特点

把经过加热或熔化的材料，通过压力送入模具型腔内，待冷却后，按型腔表面形状形成所需的零件，这类模具统称为型腔模，其模具成形特点见表 10-11。

表 10-11 型腔模成形特点

模具名称		模具简图	零件简图	模具成形特点
塑料模	压缩模	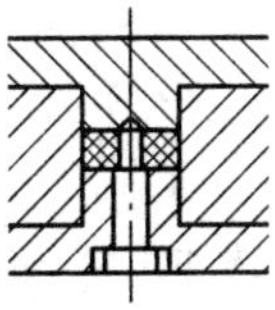	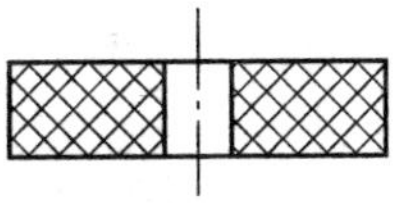	将塑料放在模具型腔内，通过压力机加压，加热，使软化后的塑料，充满型腔，保持一定时间、压力后硬化成零件
	注射模	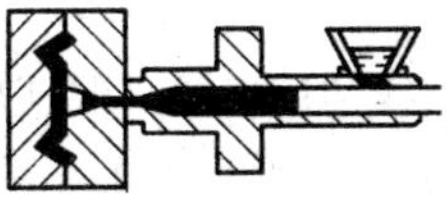		将塑料放入注射机料筒中加热使其熔化成流动状态，再以很高的速度和压力推入模具型腔中，冷却后形成零件
合金压铸模		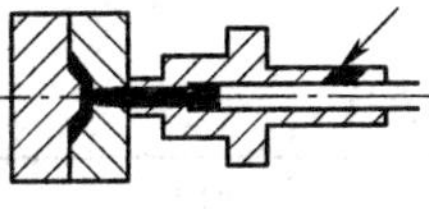	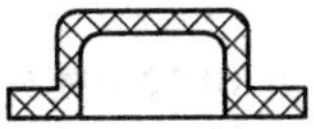	将熔化的金属合金，放入压铸机的加料室中，用压铸和活塞加压后进入模具型腔，冷却后形成零件
锻模		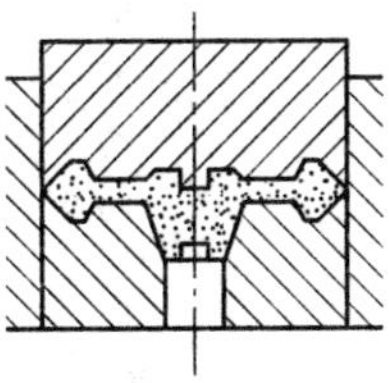	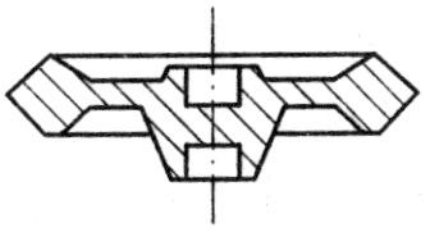	将金属毛坯加热后放在模腔内，利用锻锤压力使材料发生塑性变形，充满模腔后形成所需锻件
粉末冶金模		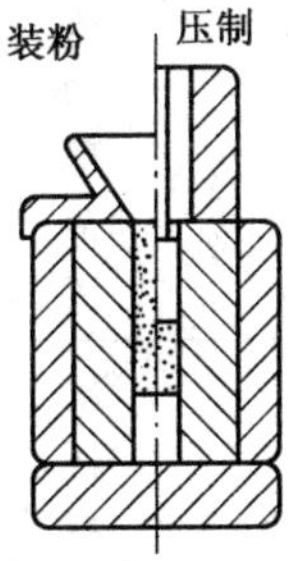 装粉 压制	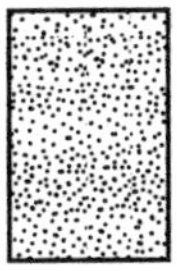	将合金粉末或金属粉末混合均匀后放入模具型腔内进行高压成形，经烧结后制成制品
橡胶成形模		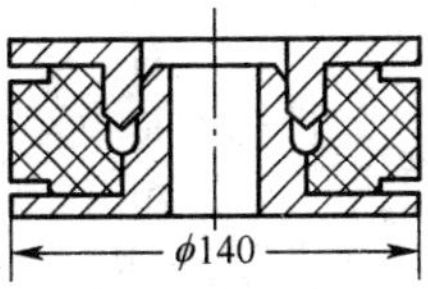 $\phi140$		将胶粒直接装入模具型腔内，在平板硫化机或压力机上加压、加温，使其在受热、受压下充满型腔，硫化后成为零件

10.4 模具的制造工艺

10.4.1 模具制造特点

模具生产制造技术，几乎集中了机械加工的精华，但也离不开钳工手工的操作。

模具是工业生产的主要装备之一。其生产工艺特征主要的是：

①模具零件的毛坯制造一般采用木模、手工造型、砂型铸造及自由锻造加工而成，其毛坯精度低，加工余量较大。

②模具零件采用一般普通机床，如车、刨、铣、磨、钻加工外，还要采用高效、精密的专用加工设备和机床来加工，如仿形铣、加工中心机床、电火花、线切割加工机床、成形磨削机床、电解加工机床等。

③模具零件的加工，一般采用通用夹具，由划线和试切法来保证尺寸精度。

④一般模具广泛采用配合加工方法，对于精密模具要考虑工作部分的互换性。

10.4.2 模具加工工艺的选择

10.4.2.1 模具加工方法(表 10-12)

表 10-12 模具加工方法

制模方法		使用模具	加工精度	所用技术
铸造方法	1. 用锌合金制造	冷冲、塑料、橡胶	一般	铸造
	2. 用低熔点合金制造	冷冲、塑料	一般	铸造
	3. 用铍青铜方法制造	塑料	一般	铸造
	4. 用合成树脂	冷冲	一般	铸造
切削加工	1. 一般机床	冷冲、塑料、压铸、锻造	一般	熟练技术
	2. 精密机床	冷冲	精	熟练技术
	3. 仿形铣	全部	精	熟练技术
	4. 仿形刨	全部	一般	熟练技术
	5. 加工中心	全部	精	熟练技术
	6. 靠模机床	冷冲	精	熟练技术
	7. 数控机床	全部	精	熟练技术
特殊加工	1. 冷挤	塑料、橡胶	精	凸凹模
	2. 超声波加工	冷冲、塑料	精	刀具
	3. 电火花加工	全部	精	电极
	4. 线切割加工	全部	精	电极
	5. 电解加工	冷冲	精	电极
	6. 电解磨削	冷冲	精	成形模型
	7. 电铸加工	冷冲	精	成形模型
	8. 腐蚀加工	冷冲、塑料	一般	图面模型

10.4.2.2 冷冲压模、型腔模加工工艺方法(表 10-13)

表 10-13 冷冲压模、型腔模加工工艺方法

工艺方法	工艺说明	优缺点
备料	用氧割或锯床根据图样尺寸备料,凸、凹模必须要锻造、调质处理	加工简单,材料浪费大
车、铣、刨、磨、钻加工	每一副模都要经过车工、铣工、刨工、磨工及钳工的工作,模具基本上覆盖了所有技术工种	大型模具工厂一般是分工种加工,生产周期短;小型工厂一般由模具钳工单独完成加工,技术要求高同时技术要全面,生产周期长
手工锉削,压印法(适用于冷冲模)	先按图样加工好凸模(凹模),淬火后以凸模(凹模)作为样板反压凹模(凸模),边压边锉削,使其达到要求为止	生产周期长,对钳工技术要求很高,劳动强度大,对工艺装配要求低。用于小型工厂,设备不多的模具加工
钳工加工(适用于型腔模、冷冲模)	根据图样由钳工钻孔、扩孔、铰孔、攻螺纹、修磨抛光、装配	劳动强度大,加工精度低,是目前广泛采用的模具加工方法之一
成形磨削	用专用成形磨床,或在平面磨床上采用成形夹具,对凸、凹模进行外形加工	加工精度高,解决了零件淬火变形的影响。需要制作很多磨削夹具,辅助工时多,技术要求高
电火花加工	首先按图样加工好电极,再用电火花对模具进行穿孔、型腔等加工	加工精度高,表面粗糙度根据电极表面粗糙度来决定。解决了零件淬火变形的影响。是目前广泛采用的模具加工方法之一
数控线切割加工	根据图样,编好程序,打好纸带输入计算机,由计算机控制加工	加工精度高,解决了零件淬火变形的影响。表面粗糙度不高。是目前广泛采用的模具加工方法之一
数控加工中心机床加工	根据图样,编好程序,打好纸带输入计算机,由计算机控制加工	加工精度高,可加工各种形状的零件。是目前广泛采用的模具加工方法之一

10.4.2.3 模具零件加工工序

模具零件加工工序可按达到加工精度分为粗加工、精加工及光整加工,见表10-14。

表 10-14 模具零件加工工序

工序名称	加工特点	应用
粗加工	根据图样,从坯件上削去多余的材料,使其形状和尺寸接近零件要求的工序,如粗车、粗铣、粗镗、钻孔等	用于要求不高或非表面配合的最终加工,也是为精加工前的预加工

续表 10-14

工序名称	加工特点	应用
精加工	从粗加工的表面削去较小的加工余量，使零件达到较高精度及表面质量的工序。如精车、精镗、铰孔、磨平面、电加工等	主要用于模具工作零件，如冷冲模的凸、凹模，型腔模的定模芯、动模芯等
光整加工	从精加工的工件表面上削去很少的加工余量，得到很高的加工精度及很小的表面粗糙度值的加工工序。如研磨、珩磨、抛光等	用于冷冲模、型腔模的导柱、导套的研磨、珩磨及型腔模的型腔研磨、珩磨、抛光

10.5 模具装配工艺

10.5.1 冷冲模装配

10.5.1.1 模具零件的装配方法

模具零件按照设计结构可采用不同的固定方法，见表 10-15。

表 10-15 模具零件的固定方法及工艺适用范围

固定方法		凹、凸模固定于固定板或下模板	导柱、导套固定于模座	其他适用范围				
				卸料板、导向板型孔浇注	成形模型面	电极装夹	样架或靠模制造	线切割靠模制造
机械固定	紧固件法	适用	适用			适用		
	压入法	适用	适用			适用		
	挤紧法	适用						
	焊接法	适用				适用		
物理固定	热套法	适用						
	冷胀法（低熔点合金法）	适用	适用	适用	适用	适用	适用	适用
化学固定	无机粘结法	适用						
	环氧树脂粘结法	适用	适用	适用	适用	适用	适用	
	牙骨塑料浇注法			适用				

1. 紧固件法

模具零件用紧固件固定，工艺简便，应用广泛。其固定示例见表 10-16。

表 10-16 模具零件用紧固件法固定示例

紧固件	简图	说明
螺钉	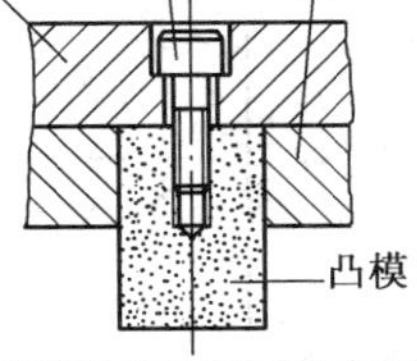 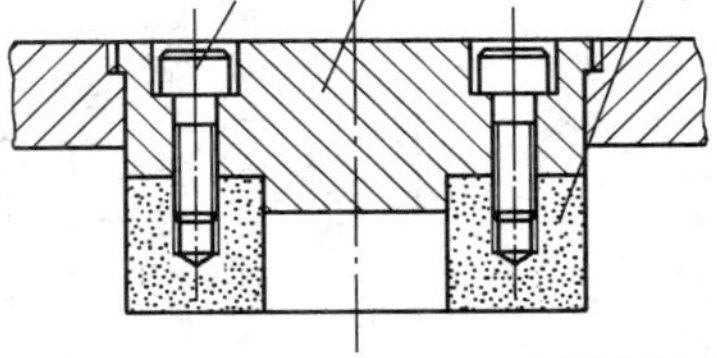 垫板 螺钉 固定板 凸模；螺钉 固定板 凸模	凸模为硬质合金时,螺孔用电火花加工
斜压块及螺钉	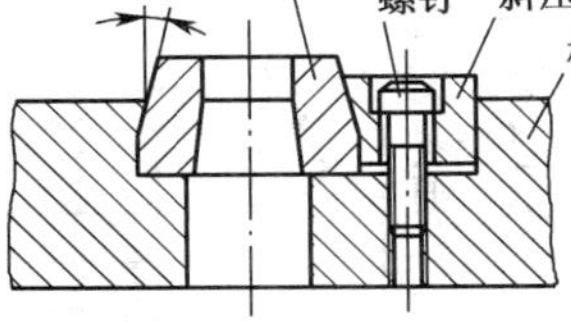 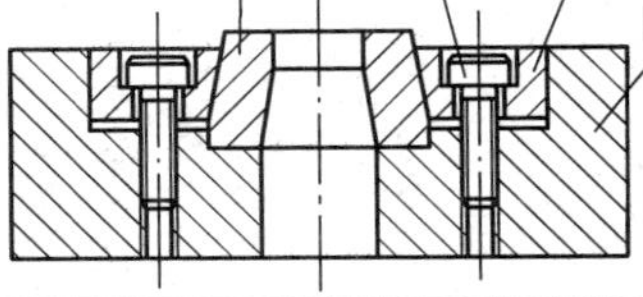 10° 凹模 螺钉 斜压块 模座；凹模 螺钉 锥孔压板 固定板	10°斜度要求准确配合
钢丝	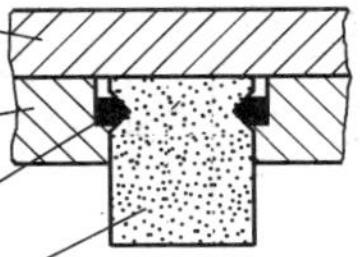 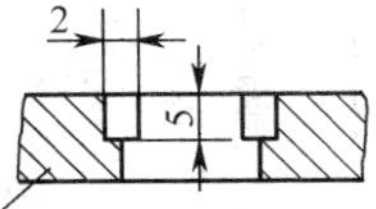 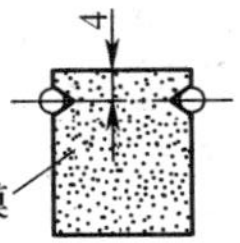 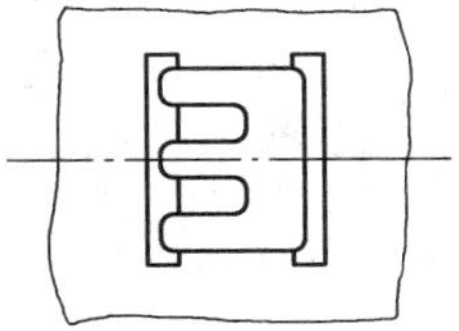 垫板 固定板 钢丝 凸模；2 5 固定板；4 凸模	1. 在固定板上铣安放钢丝的长槽两处,槽宽等于钢丝直径; 2. 装配时将凸模与钢丝一并从上向下装入固定板

2. 压入法

压入法是固定冷冲模、压铸模等主要零件的常用工艺方法之一，优点是牢固可靠，缺点是对压入的型孔精度要求高。此法常用于冷冲模的凸模压入固定板，工艺要点见表10-17。

表10-17 凸模压入固定板工艺要点

项目	说明
对凸模要求	1. 有台肩的圆形凸模，压入部分应设有引导部分，引导部分可采用小圆角、小的锥度或在3mm左右长度内将直径磨小0.03～0.05mm 2. 无台肩的成形凸模，压入端(非刃口端)四周应修成斜度或小圆角
对固定板要求	1. 型孔的过盈量、表面粗糙度应符合要求； 2. 型孔应与板的平面垂直； 3. 型孔形状不应呈锥度或鞍形； 4. 当凸模不允许设圆角、锥度等引导部分时，可在固定板型孔的凸模压入处设斜度小于1°，高度小于5mm的引导部分
凸模压入固定板注意事项	1. 需用手扳压力机或油压机压入凸模，压入时应将凸模置于压力机中心； 2. 凸模压入型孔少许即进行垂直度检查，压入深度至1/3时，再作垂直检查
压入后加工	1. 压入后将固定板底面与凸模底面磨平； 2. 以固定板底面为基准磨刃口面

压入时应用压力机，不用锤击。

在固定多凸模的情况下，各凸模压入的先后顺序，一般在工艺上有所选择。凡装配容易定位而便于作为其他凸模安装基准的，应先压；凡较难定位或要求依赖其他零件通过一定工艺方法才能定位的，应后压入。如无特殊要求的，就可随便压入。

压入法采用过盈量的大小，应视具体情况而定。在冷冲模固定凸模时过盈值小；在冷挤压模固定凹模时过盈值较大。具体过盈数值见表10-18。

表10-18 模具零件压入法固定的配合

类别	零件名标	简图	过盈量	配合要求
冲模	凸模与固定板			1. 采用H7/n6或H7/m6； 2. 表面粗糙度 Ra 0.8μm以上

续表 10-18

类别	零件名标	简　图	过盈量	配合要求
冷挤压模	两层组合凹模(凹模与套圈)钢或硬质合金凹模与钢套圈	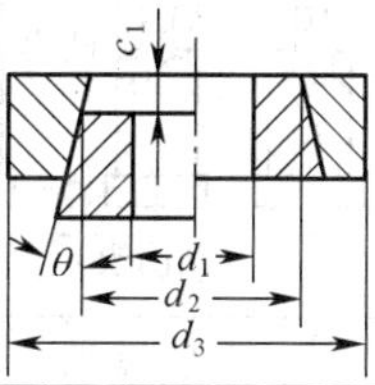 c_1 θ d_1 d_2 d_3	$\Delta=(0.008\sim0.009)d_2$	1. 单边斜度 $\theta=1°30'$； 2. $c_1=\Delta/2\cot\theta$； 3. 热挤压固定 $\theta=10°$
	三层组合凹模(凹模与套圈)钢或硬质合金凹模与钢套圈	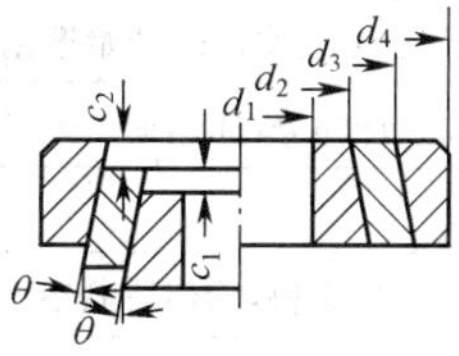 d_4 d_3 d_2 d_1 c_2 c_1 θ θ	1. 凹模与中圈 $\Delta_1=(0.008\sim0.009)d_2$； 2. 中圈与外圈 $\Delta_2=(0.004\sim0.005)d_3$	1. 单边斜度 $\theta=1°30'$； 2. 压合次序为先外后内； 3. 压出次序为先内后外； 4. $c_1=\Delta_1/2\cot\theta$； $c_2=\Delta_2/2\cot\theta$
		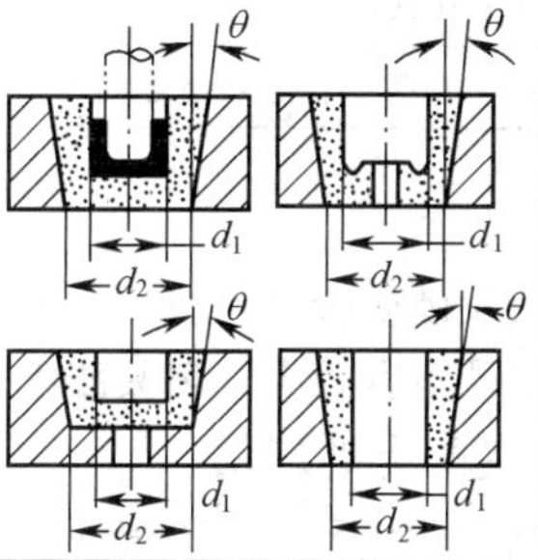 θ d_1 d_2 θ d_1 d_2 θ d_1 d_2 θ d_1 d_2	$\Delta=(0.004\sim0.005)d_2$	1. 单边斜度 $\theta=30'$； 2. 压入量 $c=\Delta/2\cot\theta$

3. 挤紧法

挤紧法是将冷冲模的凸模固定在固定板中的一种工艺方法。这种方法是将凿子(也称捻子)环绕凸模外圈对固定板型孔进行敲击,将固定板的局部材料挤向凸模,使之紧固。一般操作步骤如下：

①将凸模通过凹模压入固定板型孔(凸、凹模的间隙要控制均匀)；

②对凸模外圈四周用凿子对固定板进行对称、均匀的敲击,使其挤紧；

③复查凸、凹模间隙,如不符要求时要修挤；

④在固定板上挤紧多凸模时,可先装最大的凸模,这样当挤紧其余凸模时不会受到影响,稳定性好;然后再装配离该凸模较远的凸模,以后的次序可不必选择。

4. 焊接法

焊接固定法一般只用于硬质合金模具。由于硬质合金与钢的热膨胀系数相差大,焊后易造成内应力引起开裂而尽量避免采用,只有在用其他固定方法比较困难时才用。这种固定法的工艺见表 10-19。

表 10-19 焊接法固定工艺

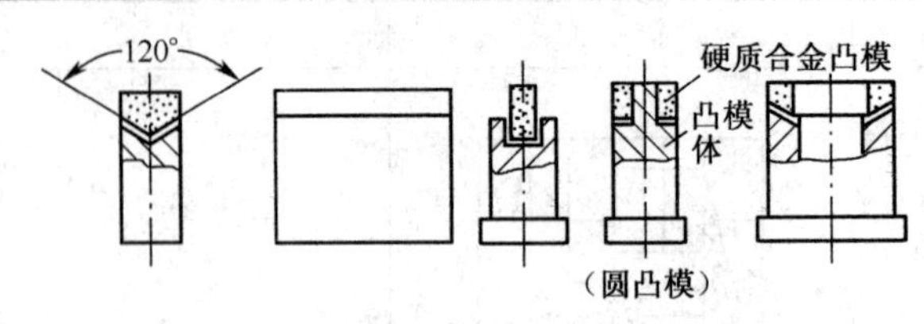

序号	工 序	工艺说明	
1	准备工作	清理	清理焊接面,去毛刺
		预热	700～800℃(焊缝内脱水硼砂开始熔化)
2	焊接	方式	气焰钎焊或高频钎焊等,加热到 1 000℃
		焊缝	0.2～0.4mm
		焊料	H62 黄铜或 105 号焊料,灼热后蘸熔剂送入焊缝
		熔剂	脱水硼砂或氟硼酸钠,焊前先放入焊缝
		冷却	焊后放入木炭中缓冷
3	去应力		加热到 250～300℃,保温 4～6 小时

5. 热套法

热套法常用于固定凹模、凸模拼块及硬质合金模块。对于单纯要求起固定作用时过盈量宜较小,而要求有预应力时过盈量宜较大。热套法工艺见表 10-20。

10.5.1.2 低熔点合金在模具装配上的应用

低熔点合金在模具装配上的应用比较广泛,如用低熔点合金固定凹模、凸模及导套以及浇注卸料板导向孔等。

1. 低熔点合金的特点

低熔点合金应具有熔点低、强度高、毒性小、流动性好、价格便宜及资源充足等要求。

(1)低熔点合金的优点

①工艺简单、操作方便。当用于固定凸模、凹模、导套以及用于浇注卸料板导向孔时,可显著降低模具有关零件的型孔加工要求,减少加工工时和缩短生产周期。当个别凸模使用损坏需要更换时,可将低熔点合金熔化后重浇。

②有足够强度。一般冲裁 2mm 以下的铁板用低熔点合金固定凸模,相当可靠。

③能重复回用。低熔点合金还可以熔化后再用,一般可回用二、三次。回用次数多时应测定合金成分,补足后可继续使用。

(2)低熔点合金的缺点

①需要预热。在固定模具零件和浇注卸料板导向孔时,有关模具零件需要预热。

表 10-20 热套法工艺

冲模结构		拼块结构冲模	硬质合金冲模	钠球冷镦模
简图		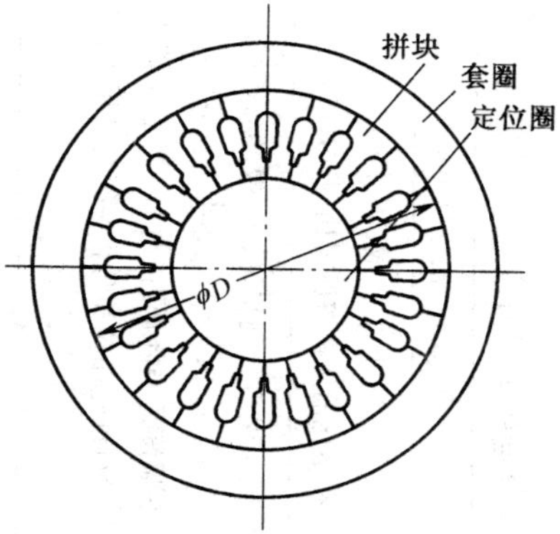 拼块 套圈 定位圈 ϕD	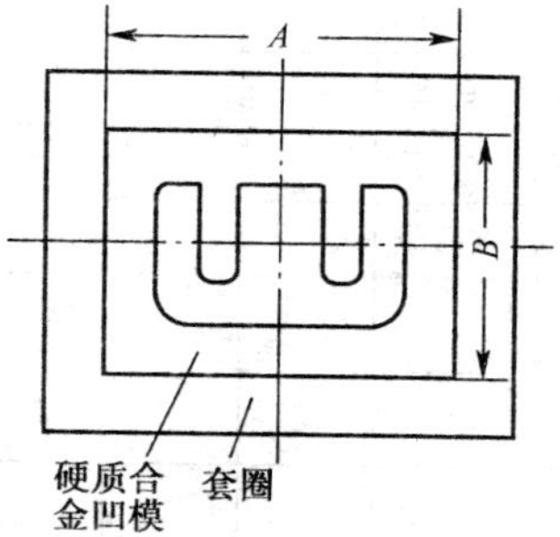 A B 硬质合金凹模 套圈	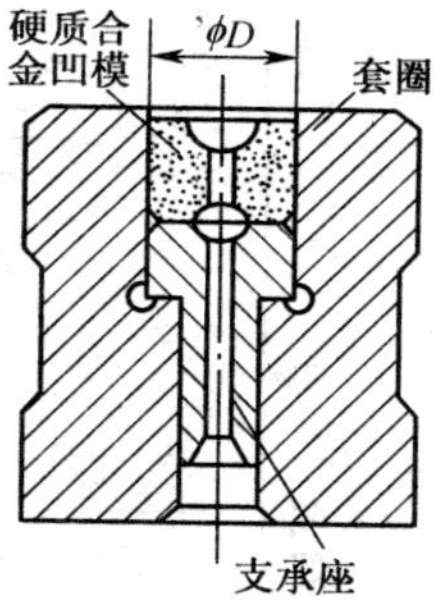 硬质合金凹模 ϕD 套圈 支承座
过盈		(0.001～0.002)D	(0.001～0.002)A (0.001～0.002)B	(0.005～0.007)D
加热温度	套圈	300～400℃	400～450℃	800～850℃
	模块		200～250℃	200～250℃
说明			在热套冷却后，再进行型孔加工（如线切割等）	在零件加工完毕后热套
稳定处理				150～160℃保温 12～16 小时

注：1. 上列过盈为经验公式。
2. 加热温度视过盈量及材料热膨胀系数而定，加热保温时间约 1 小时。
3. 模块要求有预应力的，对套圈的强度要求高。

②易产生热变形。由于预热会引起模具零件加热变形。这对于大型拼块结构的冲模装配时不易控制间隙均匀。

④要耗用较贵重金属铋。在低熔点合金中，铋是主要元素，耗用比例最大。

低熔点合金的配方见表 10-21。

表 10-21 低熔点合金的配方

序号	构成元素 名称	锑 Sb	铅 Pb	镉 Cd	铋 Bi	锡 Sn	合金熔点/℃	合金硬度/HB	抗拉强度/MPa	抗压强度/MPa	冷凝膨胀值/W·m^{-1}·K^{-1}	适用范围 固定凸模	固定凹模	固定导套	固定电极	卸料板导向孔	浇电气靠模	浇成型模
	熔点/℃	630.5	327.4	320.9	271	232												
	比重	6.69	11.34	8.64	9.8	7.28												
1	成分重量百分比/%	9	28.5		48	14.5	120		90	110	0.002	适用	适用	适用		适用		
2		5	35		45	15	100					适用	适用	适用		适用		
3					58	42	135	18～20	80	87	0.00051							适用
4		1			57	42	135	21	77	95								适用
5			27	10	50	13	70	9～11	40	74					适用		适用	

2. 低熔点合金的配制方法(表 10-22)

表 10-22 低熔点合金的配制方法

事项	配制方法
准备工作	将合金元素中的锑和铋，分别打碎，最好打成 5～25mm 大小碎块，以利熔化。各金属元素分别存放，在熔化前严格按所需比例称好
熔化	按照金属熔点高低顺序，依次先后分别将锑、铅、镉、铋、锡(配方中不用者除去)放入坩埚或其他容器内进行加热，每次都要进行充分搅拌，使之全部熔化。待所有金属都熔化并在温度适当降低后(约 300℃)浇入模型(可用槽钢或角铁)内急冷成条状。急冷可细化晶粒和防止铅等金属析出。使用时再按需要量加以熔化
注意事项	1. 合金熔化温度不宜过高，否则容易氧化。在熔化过程中要用石墨粉等作保扩剂防止氧化，并要随时去除合金液表面浮渣，以免影响合金浇注质量。 2. 浇铸合金条所用模型必须事先烘干，否则会引起爆炸，金属液飞溅，产生事故

3. 低熔点合金的浇注方法

①有关零件具有能保证合金浇注后牢固可靠的结构形式。

②有关零件先要准确定位,例如对凸、凹模间隙必须控制均匀。

③在浇合金的部位要先清洗,去除油污,并预热到约 100～150℃;对于凸、凹模注意预热温度不可过高,以免影响刃口部分硬度。

④使用时,合金熔化温度不可过高,一般在约 200℃,以防止合金氧化、变质、晶粒粗大,影响质量。熔化时要搅拌并去除液面浮渣。熔化合金用具必须事先严格烘干。

⑤在合金浇注过程及浇注后,有关零件均不得碰动,一般要在 24 小时后才可动用。

用低熔点合金固定凸模方式见表 10-23。

10.5.1.3 无机粘结在模具装配上的应用

无机粘结在模具中采用较多的是磷酸盐,其中最普遍的是磷酸和氧化铜的黏结剂。

1. 无机粘结的特点及适用范围

(1)无机粘结的优点和特点

①简便。工艺简单,操作方便,不需用专用设备,并可适当降低有关模具零件型孔加工的要求。

②有足够的强度。以套接结构强度为最好,套接抗剪强度可高达80～100MPa。

③不变形。粘接时可不加热或加热温度很低,没有由于热应力而引起模具零件的变形。

④耐高温。一般可达 600℃左右(在 700℃左右软化),当在氧化铜中加入适量的硅铁或氧化钴时,耐温可达 1 000℃左右。

⑤不耐酸碱。主要不耐盐酸,微溶于水。

⑥电绝缘性好。

(2)无机粘结的缺点

①有脆性。不宜对接及受较大的冲击负荷。

②操作不严格时会影响质量。配方要严格按规定比例,粘结部位须严格清洗干净,黏结剂要适当调制。

③采用较小的粘结间隙时,对孔型加工精度要求比较高。

(3)无机粘结在模具方面的适用范围

①凸模与固定板的粘结;

②导柱导套与模座的粘结;

③硬质合金模块与钢料的粘结。

表 10-23 用低熔点合金固定凸模方式

	简　　图	说　　明
结构形式	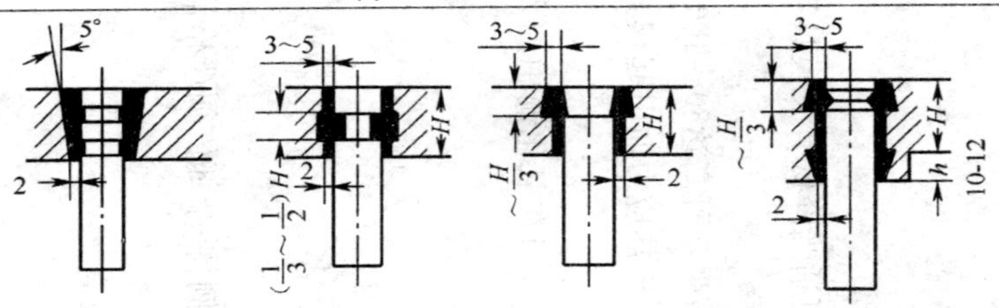 5° 2 3～5 H 2 $(\frac{1}{3}\sim\frac{1}{2})H$ 3～5 H $\sim\frac{H}{3}$ 2 3～5 H $\sim\frac{H}{3}$ h 2 10-12	模板加厚部分 H 在凸模磨损到一定程度时车去。H=10～12mm
实例	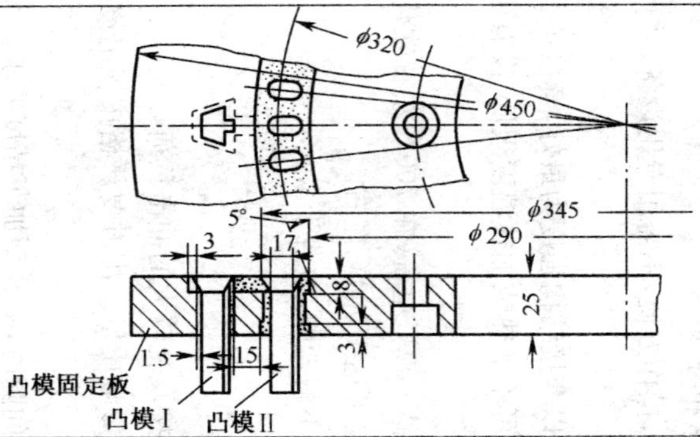 ϕ320 ϕ450 ϕ345 ϕ290 5° 3 17 8 25 3 1.5 15 凸模固定板 凸模 I 凸模 II	1. 在 ϕ320mm 圆周上均布 60 件凸模； 2. 为浇注合金方便，车深 8mm 的环形槽； 3. 凸模 I 共 8 件，其合金浇注槽与环形槽开通
浇注低熔点合金方式	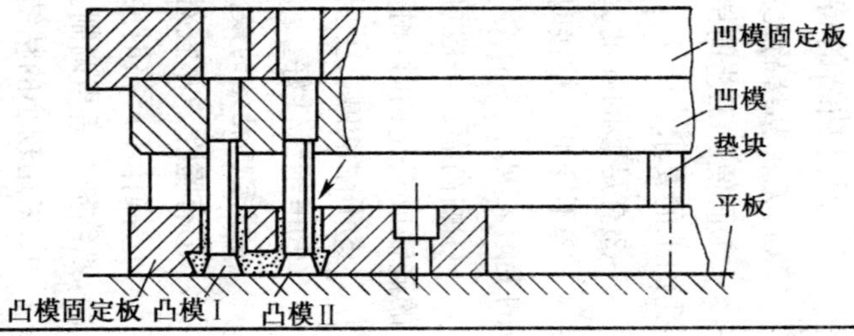 凹模固定板 凹模 垫块 平板 凸模固定板 凸模 I 凸模 II	1. 将凸模固定板放在平板上，再放上等高垫块； 2. 放上凹模，用以定位，安放凸模，控制间隙均匀； 3. 浇注低熔点合金

2. 无机粘结的配方

模具制造中常用黏结剂的配方及要求，见表 10-24。

表 10-24 磷酸氧化铜黏结剂配方

	成分		比例	技术要求	说明
磷酸氧化铜黏结剂配方	固体	氧化铜（CuO）（黑色粉末）	3～4.5g	1. 粒度 320 目； 2. 二、三级试剂； 3. 纯度 98.5%以上	粒度太粗固化慢，黏性差；粒度太细则反应过快，质量差
	磷酸溶液	磷酸（H_3PO_4）（无色、无嗅、浆状）	100ml	1. 比重 1.72 或 1.9； 2. 二、三级试剂	1. 比重 1.9 的粘结强度较好，但注意易析出结晶，结晶后可加少量水分缓热到 230℃再冷到室温使用； 2. 比重 1.72 的可加热到 200～250℃进行浓缩，当冷到 25℃时比重为 1.85 或 20℃时为 1.9 即可
		氢氧化铝［$Al(OH)_3$］	5～8g		1. 为缓冲剂，起延长固化时间的作用，但对比重为 1.9 的磷酸作用不显著； 2. 夏天多加，冬天少加，对比重为 1.9 的磷酸可不加

注：配制方法见表 10-25。

黏结剂中固体对液体成分的比例，简称固液比 R。即

R＝氧化铜（g）/磷酸溶液（ml）＝3～4.5g/ml

R 值越大，粘结强度越高，凝结速度越快；但 R 不能大于 5，否则反应过快，使用困难。

3. 无机粘结工艺

模具零件进行无机粘结时，一般顺序为清洗→安装定位→调制黏结剂→粘结及固化。见表 10-25。

表 10-25 无机粘结工艺

步骤	工艺内容
清洗	模具零件的粘结表面要彻底清除油污、灰尘、锈迹，可用丙酮、甲苯等进行清洗（用汽油或酒精效果差，一般不用）
安装定位	模具零件清洗后，根据装配要求进行安装定位，有的要用专用夹具装卡
磷酸溶液的配制	磷酸溶液的配制：先将少许（如 10ml）的磷酸，置于烧杯，将 5～8g 氢氧化铝（指每 100ml 磷酸所需含量）缓缓混入，用玻璃棒搅拌均匀，再加入其余（如 90ml）的磷酸，调成浓乳状，边搅拌，边加热到 220～240℃，使呈淡茶色（也有加热到 120℃左右呈透明甘油状的，黏性稍差）。自然冷却后即可使用

续表 10-25

步　骤	工 艺 内 容
粘结及注意事项	粘结时，将调好的黏结剂用竹片(不用金属)涂在各粘结面上。在粘结为一体前，要求粘结的零件上下移动，充分排除气体。粘结时须保持正确位置，在粘结未完全固化前不得移动。粘结时，除粘结面清洗等外，还须注意以下几点： 1. 粘结面结构及表面要求：用于低熔点合金浇注的一些模具零件结构，也基本上可用于无机粘结，但间隙要小些。小的单边间隙为 0.1～0.3mm，大的单边间隙可用 1～1.2mm。粘结表面要求粗糙，一般为 Ra 12.5μm。 2. 防潮：氧化铜和磷酸溶液或磷酸，都要求盛放在磨口瓶内。久放或已受潮的氧化铜在使用前要在 200℃烘半小时至 1 小时。 3. 调制量：因黏结剂一般易干燥，所以一次调制量不要太多，以免干燥。 4. 温度：黏结剂的调制要求在较低的室温下进行，特别是用比重较小的磷酸，一般应在 25℃以下。黏结剂固化温度可视使用要求缓急和磷酸比重大小而定。磷酸比重小的固化较快，在 20℃固化约需 45 小时达到基本稳定。比重大的磷酸在 20℃以下就不容易干燥

10.5.1.4　环氧树脂在模具装配上的应用

环氧树脂粘结是有机粘结中合成树脂类的一种。

1. 环氧树脂粘结的特点及适用范围

(1)环氧树脂粘结的优点及特点

①工艺简便。室温固化的工艺更简单，操作方便，不需专用设备，但加热固化的要用烘箱。

②简化型孔或型面的机械加工。在固定凸模时，浇注间隙较大而大为降低模具零件孔型加工要求。

③有足够强度，比无机粘结要高。加温固化的强度比室温固化更高。固化后的机械性能与黏结剂的配比成分、固化条件及操作严格与否有关。

④不变形。室温固化的不需加热或只用红外线灯局部照射，没有由于热应力引起的变形。

⑤化学稳定性好，能耐酸碱。

⑥便于模具修理。在多凸模的固定中，如个别凸模经使用损坏而需个别修理或更换时，可个别取出重浇环氧树脂黏结剂。

⑦电绝缘性能好。

(2)环氧树脂粘结的缺点

①有脆性、硬度低，小面积上不能承受过高的压力；

②不耐高温，一般使用温度低于 100℃。如要求耐高温时，可在适量的环氧树脂中加入固化剂；

③有的固化剂毒性大，使用时要求在上风位置进行操作和有通风排气设备；

④操作不严格时会影响质量。

(3)环氧树脂粘结在模具方面的应用范围

①凸模与固定板的粘结；

②导套与模板的粘结；

③卸料板或导向板的导向部分浇注；

④模具型面浇注；

⑤电极与凸模在成型磨削时的粘结。

2. 环氧树脂粘结的配方

模具制造用环氧树脂黏结剂的组成成分，按其性能用途可分下列几种。

(1)黏结剂 模具上常用的黏结剂是二酚基丙烷环氧树脂中低分子量的一类。环氧树脂分子量小(分子量300～700为软树脂，软化点小于55℃)，流动性好，易与固化剂及其他添加剂混合，便于操作。均可用于粘结、浇注、层压及密封等。各种牌号基本上可通用，固化剂用量可按环氧值而略有不同。模具制造常用的黏结剂见表10-26。

表10-26 模具制造常用的黏结剂

牌号	统一型号	软化点/℃	环氧值当量/100g	有机氯值当量/100g	无机氯值当量/100g	挥发量/110℃·3小时	平均分子量
618	E—51	液态黏度≤2 500厘泊	0.48～0.54	≤0.02	≤0.001	≤2	350～400
6101	E—44	12～20	0.41～0.47	≤0.02	≤0.001	≤1	350～450
634	E—42	21～27	0.38～0.45	≤0.02	≤0.001	≤1	350～600
637	E—33	20～35	0.28～0.38	≯0.02	≯0.002	≯1	

注：型号代号说明：

1. E代表二酚基丙烷环氧树脂；

2. E后的数字表示环氧值平均数(取小数点后的两位数)。

(2)固化剂 环氧树脂本身不固化，须加入固化剂使之成为不溶的网状结构。常用的固化剂见表10-27，所列固化剂用量为实际使用值。

表10-27 模具用环氧树脂常用固化剂

类别	名称	分子量	活泼氢个数	性能及状态				固化条件	使用量/g/100g环氧树脂
				沸点/℃	熔点/℃	毒性	其他说明		
胺类	乙二胺(乙烯二胺)	60	4	116	液态	剧毒	有刺激性臭味，挥发性高，使用寿命短	25℃1天，20℃2小时+150℃2小时或60℃12小时	6～8
	β羟乙基己二胺	104	3	240	液态	低毒	深棕色，挥发性小，使用寿命短	25℃1天，20℃2小时+150℃2小时或60℃12小时	14～18

续表 10-27

类别	名称	分子量	活泼氢个数	性能及状态				固化条件	使用量/g/100g环氧树脂
				沸点/℃	熔点/℃	毒性	其他说明		
胺类	乙二胺	116	4	39		剧毒	透明结晶,有刺激味	25℃1天,20℃2小时＋150℃2小时或60℃12小时	12～14
胺类	二乙烯三胺	103	5		液态	剧毒	刺激性,挥发性高,使用寿命短	25℃1天或100℃2小时	8～11
胺类	间苯二胺	108	4		63	剧毒	淡黄色结晶,放置后变黑色,耐高温,使用寿命较乙二胺长	80℃及150℃各2小时或80℃6～8小时	12～16
胺类	间二甲苯二胺	136	4	12	液态	低毒		室温4天,室温1天＋70℃1小时	16～18
酸酐类	邻苯二甲酸酐	148			128	剧毒	白色针状结晶	150℃2～4小时或130℃5小时	40～50
酸酐类	顺丁烯二酸酐	98			52.8	剧毒	白色结晶,使用寿命长		30～40
咪唑美	2－甲基咪唑			264	137	低毒		25℃ 3～6 天或100℃4小时	5～10
咪唑美	2－乙基咪唑				50～60	低毒		25℃ 3～6 天或100℃4小时	5～10
树脂类	聚酰胺树脂	200				无毒	无味无臭	25℃6小时或50℃3小时	50～120

(3)增塑剂　使用适量的增塑剂可改善环氧树脂固化后性能,提高抗冲击性能和抗拉强度,增加流动性、便于操作搅拌。常用增塑剂见表 10-28。

表 10-28　模具用环氧树脂常用增塑剂

名　称	状　态	分子量	沸点/℃	是否活性	使用量/g/100g 环氧树脂
邻苯二甲酸二甲酯	无色液体	194.18	280～285	非	
邻苯二甲酸二丁酯	无色液体	278.35	335	非	10～20
邻苯二甲酸二辛酯	无色液体	390		非	15～20
磷酸三苯酯	无色液体易结晶	326	360		15～20
聚酰胺树脂		600～1 100		活	30～300

(4)填充剂　填充剂用来改善环氧树脂的机械物理性能，包括提高强度、硬度、耐磨性，改变热膨胀系数、收缩率、绝热性等以及可节约环氧树脂。填充剂要求中性或弱碱性，以便不与环氧树脂及固化剂起反应；粒度要细而匀，用量不可太多，否则会影响操作和粘结强度。常用填充剂见表 10-29。

表 10-29　模具用环氧树脂的填充剂

名称	规格	提高					比重 g/cm^3	使用量 g/100g 环氧树脂
		硬度	强度	耐磨力	粘结力	绝热性		
铁粉	200 目	可以	可以				7.85	200～300
铝粉			可以					
石英粉	200～270 目	可以		可以			2.2～2.65	20～50
氧化铝粉	320 目				可以			50～100
碳化硅粉							3.97	
滑石粉	400 目			可以			2.9	
石棉纤维、玻璃纤维						可以		

(5)模具用环氧树脂几种参考配方(表 10-30)

表 10-30　模具用环氧树脂几种参考配方　(g)

<table>
<tr><th>组成成分</th><th>名　称</th><th colspan="2">配比(按重量)</th><th>备　注</th></tr>
<tr><td>黏结剂</td><td>环氧树脂 6101
环氧树脂 634
环氧树脂 637</td><td colspan="2">100
100
100</td><td>任选一种</td></tr>
<tr><td rowspan="3">填充剂</td><td>铁粉 200 目</td><td colspan="2">250</td><td rowspan="3">任选一种</td></tr>
<tr><td>三氧化铝 200 目</td><td>40</td><td rowspan="2">或合用</td></tr>
<tr><td>石英粉 200 目</td><td>50
20</td></tr>
<tr><td>增塑剂</td><td>邻苯二甲酸二丁酯</td><td colspan="2">15～20</td><td></td></tr>
<tr><td>固化剂</td><td>β羟乙基乙二胺
聚酰胺 200 号
间苯二胺
邻苯二甲酸酐
α-甲基咪唑</td><td colspan="2">16～18
50～100
12～16
40～50
5～10</td><td>任选一种</td></tr>
</table>

3. 环氧树脂粘结工艺

(1)计算黏结剂各种成分所占百分比

成分总量　$K_{总}=\sum K_n$　(式 10-1)

各成分所占百分比 $W=\frac{K}{K_{总}}$ （式 10-2）

例 一种环氧树脂黏结剂配方为

6101 环氧树脂	100g
邻苯二甲酸二丁酯	15g
铁粉	250g
乙二胺	16g

解 已知 $K_1=100g, K_2=15g, K_3=250g, K_4=16g$。

根据式 10-1 $K_{总}=\sum Kn=100+15+250+16=381(g)$；

根据式 10-2

6101 环氧树脂	$W1=K1/K_{总}=100/381=26.2\%$
邻苯二甲酸二丁酯	$W2=K2/K_{总}=15/381=3.9\%$
铁粉	$W3=K3/K_{总}=250/381=65.6\%$
乙二胺	$W4=K4/K_{总}=16/381=4.2\%$

(2)黏结剂配制 将配方中各种成分需用量求得后，分别称好重量。先将环氧树脂放在盛器内，用电炉加热到 80℃以下，使流动性增加(最好用间接加法法，可将环氧树脂放入盛器，再放在盛水的铁锅内，用电炉加热；否则直接加热会使局部过热而影响质量)；再依次将增塑剂和填充剂放入，搅拌均匀。要注意固化剂只能在黏结剂使用前临时放入，而且放入时要控制温度并搅拌均匀，使之完全融合一起，用肉眼观察在容器壁不能有油状悬浮物存在。然后稍等片刻，使气泡大量逸出，即可使用。

(3)粘结注意事项 粘结时有关零件必须保持正确位置，在黏结剂未固化前不得移动。粘结面除了清洗干净外，还应注意以下各点：

①粘结面结构及表面要求：对于无机粘结时所采用的粘结面结构，基本上也可用于环氧树脂粘结，只是间隙要大些，单边间隙一般为 1.5～2mm，粘结面要求粗糙，一般为 Ra 25～12.5μm；

②防潮：指填充剂在使用前要求干燥，一般可用电炉加热到 200℃，烘干 0.5～1 小时；

③防老化：环氧树脂及固化剂存放不可过久，使用后要把盛器盖紧；

④控制温度：特别是加入固化剂时的温度，要严格控制；

⑤固化：室温固化的，浇注后在室温下静止安放 24 小时后可以使用，但在室温较低时，要用红外线灯照射；热固化的可在 60℃保温 2 小时，再分别升温到 80℃，120℃各保温 4 小时。

10.5.1.5 冷冲模的凸、凹模间隙控制方法

冷冲模的凸、凹模之间的间隙，虽然允许有一定公差范围，但在装配时必须控制均匀，才能保证装配质量，从而保证冲件质量，并使模具有良好的使用寿命。模具间隙控制大致有以下几种方法：

1. 垫片法

最简便为垫厚薄均匀的纸片，但易碎不可靠，一般用金属垫片，方法见表 10-31。

表 10-31 凹模刃口处垫金属片控制间隙工艺

序号	工 序	简 图	工 艺 说 明
1	初步固定凸模	—	一般凹模已固定在凹模座上，并已打入销钉，将凸模和固定板安装在上模座上，初步对准位置，螺钉不要紧固太紧
2	放垫片	凹模 垫片	在凹模刃口四周适当地方安放垫片（间隙较大时可叠放两片以上，垫片厚度等于单边间隙值）
3	合模观察、调整	凹模 上模座 导套 导柱 凸模Ⅰ 凸模Ⅱ 垫块	将上模座上导套慢慢套进导柱，观察凸模Ⅰ及凸模Ⅱ是否顺利进入凹模与垫片接触，由等高垫块垫好，用敲击固定板方法调整间隙到均匀为止，然后拧紧上模座螺钉
4	切纸试冲	—	在凸模与凹模间放纸，进行试冲，由切纸观察间隙是否均匀，不均匀时调整到间隙均匀为止
5	固定凸模	—	上模座与固定板钻铰定位销孔及打入销钉

2. 镀铜法

凸模上镀铜，镀层厚度为凸、凹模单边间隙值。镀铜法由于镀铜均匀使装配间隙均匀。在小间隙（<0.08mm）时，只要碱性镀铜（相当于打底），否则要求酸性镀铜（加厚）。但由于两次镀铜，工艺复杂，一般不采用。镀层按电流密度及时间来控制。镀层在冲模使用中自行剥落，故装配后不必去除。镀前要清洗，先用丙酮去污，擦净，再用氧化镁粉末擦净。其工艺见表 10-32。

镀铜后凸模浸入 10%硫酸亚铁溶液中，使与氰化钠中和消毒，然后用水清洗、擦干、上油。

镀铜中产生废品时，可去铜重镀，去铜溶液配方为：

表 10-32 凸模镀铜工艺

序号	工 序	电解液配方/g/L	阳极	阴极	电流密度/A/m²	液温/℃	电镀时间
1	物化处理(镀中间层)	盐酸(HCl) 75 氯化镍(NiCl) 25	镍块	凸模	5	室温	10～15 秒,取出后用水清洗
2	镀铜(碱性溶液)	氰化钠(NaCN) 35～45 氰化亚铜(CuCN) 25～30 氢氧化钠(NaOH) 5 碳酸钠(Na_2CO_3) 35 酒石酸钾钠($KNaC_4H_4O_6$) 40	电解铜板	凸模	1～2(需加厚镀时,可用0.4～0.5)	55±2	镀铜 0.04～0.06mm, 约 1.5～2 小时(加厚镀铜时,可先镀 10～15 分钟)
3	镀铜加厚(酸性溶液)	(1)硫酸铜($CuSO_4$) 250 (2)硫酸(H_2SO_4) 75	电解铜板	凸模	2～4	室温	5～10 分钟

氰化钠　　75g/L

防染盐　　75g/L

枸橼酸钠　　10g/L

使用温度为 50℃。

3. 涂层法

在凸模上涂上一层薄膜材料,涂层厚度等于凹、凸模单边间隙值。这种涂层方法简便,对于小间隙很适用。涂层大致有以下几种:

(1)涂淡金水　可反复涂几次,或在涂一次干后再涂上机油和研磨砂调和的薄涂料。

(2)涂拉夫桑薄膜

(3)涂漆　可用调配过氯乙烯外用磁漆或氨基醇酸绝缘漆等。凸模上漆层厚度等于单边间隙值。不同间隙要求选择不同黏度的漆或涂不同的次数来达到。

凸模上的漆膜在冲模使用过程中会自行剥落而不必在装配后去除。漆膜与黏度有关,太厚或太黏时可在原漆中加甲苯等稀释,太薄或不够黏的可将原漆挥发。涂漆工艺见表 10-33。

还有一种方法:就是将凸模尺寸做成与凹模尺寸相同,在装配后再将凸模用酸腐蚀或用线切割加工(间隙较大时),以达到间隙要求。腐蚀剂可采用下列两者之一,腐蚀后用水清洗干净。

①硝酸 20%+醋酸 30%+水 50%;

②蒸馏水 55%+过氧化氢 25%+草酸 20%+硫酸 1%～2%。

表 10-33 凸模涂漆工艺 (mm)

<table>
<tr><th>序号</th><th>工步</th><th>简图</th><th>工艺说明</th></tr>
<tr><td>1</td><td>按间隙值选一定黏度的漆</td><td> 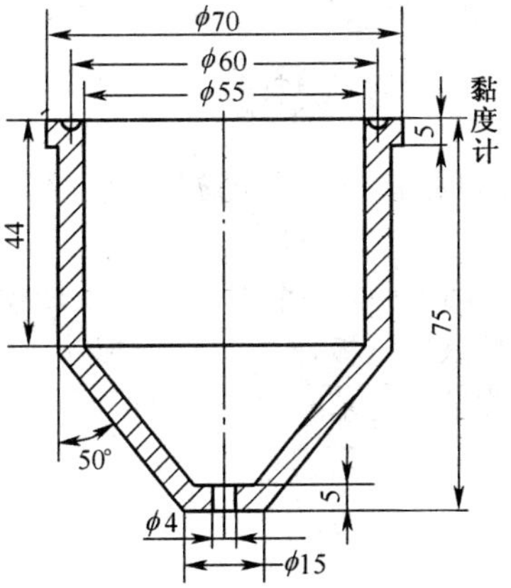φ70
φ60
φ55
黏度计
5
44
75
50°
5
φ4
φ15</td><td>漆膜厚度与漆黏度的关系
(1260 氨基醇酸绝缘漆为例)
<table>
<tr><th>黏度(在黏度计孔流完时间)</th><th>双面漆膜厚度</th><th>涂漆面锥度,膜厚差</th></tr>
<tr><td>1 分 2 秒</td><td>0.04～0.045</td><td>0.005</td></tr>
<tr><td>1 分 52 秒</td><td>0.05～0.055</td><td>0.005</td></tr>
<tr><td>3 分 30 秒</td><td>0.06～0.07</td><td>0.010</td></tr>
<tr><td>5 分 10 秒</td><td>0.08～0.10</td><td>0.020</td></tr>
</table></td></tr>
<tr><td>2</td><td>涂漆</td><td> 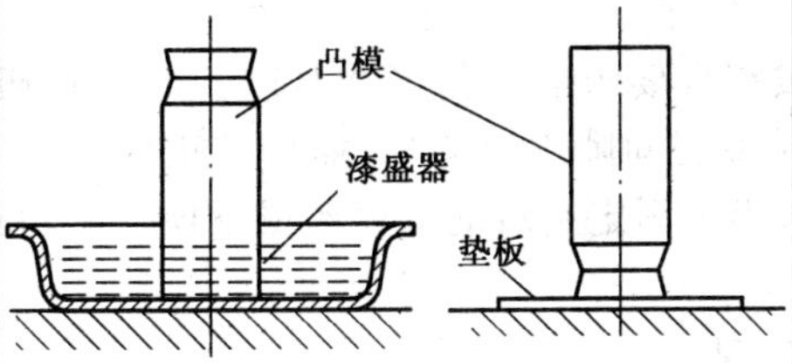凸模
漆盛器
垫板</td><td>1. 将凸模浸入盛漆的容器内约 15mm 左右深,刃口向下;
2. 取出凸模,端面用吸水的纸擦一下,然后刃口向上让漆慢慢向下倒流,形成一定锥度(便于装配)</td></tr>
<tr><td>3</td><td>烘干</td><td>—</td><td>在炉内加热烘干,炉温可从室温升至 100～120℃,保温 0.5～1 小时,然后缓冷(随炉)</td></tr>
<tr><td>4</td><td>修刮</td><td> 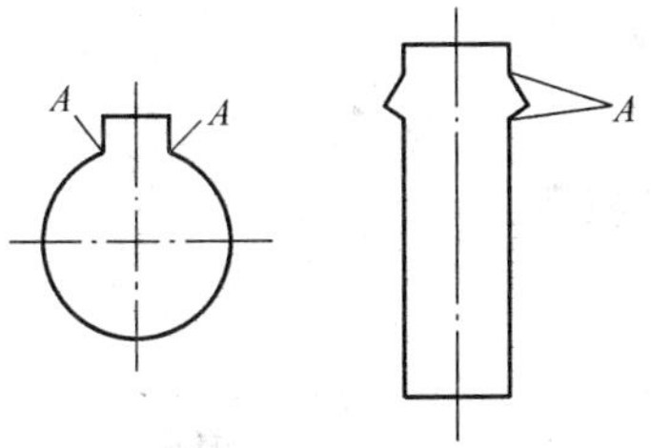A
A
A</td><td>截面不是圆形、椭圆形或极光滑的曲线形时,在转角处 A 漆膜较厚,要在烘干后刮去,使装配顺利</td></tr>
</table>

10.5.1.6 冷冲模的装配要点

模具的质量取决于模具零件质量和装配质量。装配质量又与零件质量有关,也与装配工艺有关。装配工艺视模具结构以及零件加工工艺而有所不同。拼合结构比整体结构的装配工艺复杂,级进模和复合模的装配比单式模要求高。关于冲裁模的装配,大致有下列要点。

1. 装配时先要选择基准件

原则上按照模具主要零件加工时的依赖关系来确定。可作装配的基准件有：导向板、固定板、凸模、凹模。

2. 装配顺序是按照基准件装配有关零件

①以导向板作基准进行装配时，通过导向板将凸模装入固定板，再装入上模座，然后再装凹模及下模座。

②固定板具有止口的模具，以止口将有关零件定位进行装配（止口尺寸可按模块配制，一经加工好就作为基准）。

③对于级进模，为了便于调整准确步距，在装配时对拼块凹模先装入下模座后，再以凹模定位装凸模；再将凸模装入固定板，然后装入上模座。

当模具零件装入上、下模座时，先装作为基准的零件。在装妥检查无误后，钻铰销钉孔，打入销钉。

3. 控制凸、凹模间隙

装配时必须控制间隙均匀。

4. 冲模试冲

冲裁模在装配并检查间隙符合要求后，可进行切纸试冲，检查切下处是否都是光边或毛边。如不一致时说明间隙不够均匀，需要校正后再切纸，直到合乎要求为止。然后将在装配时尚末固定销钉的上模座或下模座用销钉固定，再进行试冲。

10.5.1.7 冷冲模装配实例

1. 单工序模装配（表 10-34）

2. 复合模装配

复合模装配，有些在单工序冲模装配中已作介绍，这里就复合模装配要点作一介绍，见表 10-35。

3. 级进模装配要点（表 10-36）

10.5.2 塑料模（压铸模）装配

10.5.2.1 塑料模部件装配

1. 型芯与固定板装配

根据塑料模具的结构特点，型芯与固定板的不同紧固形式，其装配方法有以下几种。

(1)型芯和通孔或固定板的装配　型芯与固定板孔一般采用间隙配合，在进行装配之前以及在装配过程中应注意下列各点：

①固定板孔一般均由金属切削加工得到，因此通孔与沉孔平面拐角处一般呈清角，如图 10-4 所示，而型芯在相应部位往往呈圆角（磨削时砂轮的损耗成形）。装配

表 10-34 单工序模装配

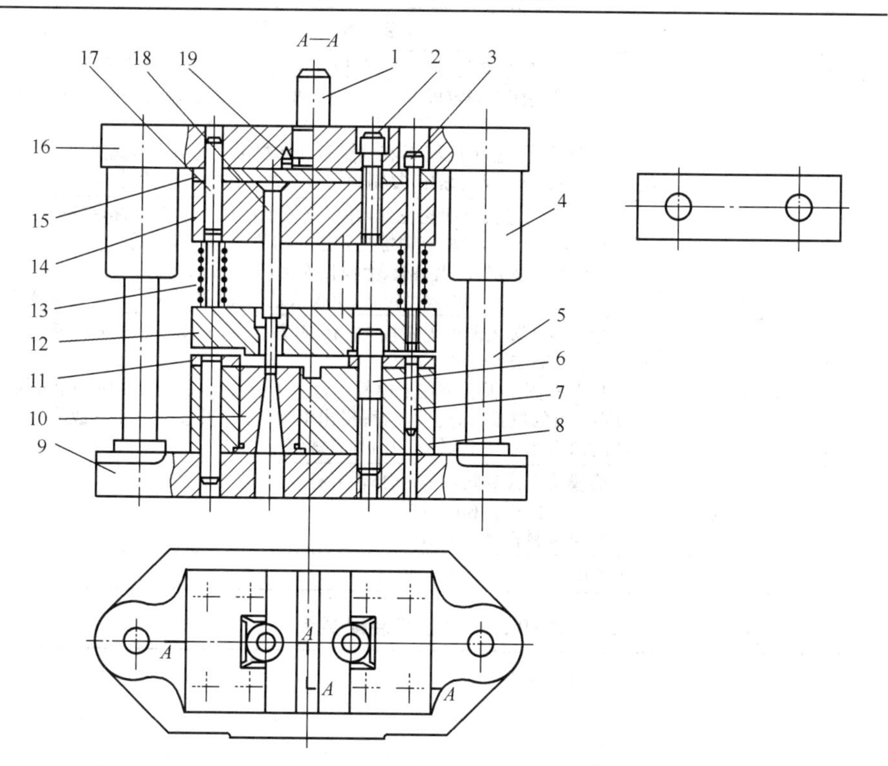

1. 模柄 2,6. 螺钉 3. 卸料螺钉 4. 导套 5. 导柱
7,17. 销钉 8,14. 固定板 9. 下模座 10. 凹模 11. 定位板
12. 卸料板 13. 弹簧 15. 垫板 16. 上模座 18. 凸模 19. 防转销

序号	工　序	装 配 步 骤
1	准备工作	1. 根据零件质量要求,确定合理的装配次序和装配方法; 2. 检查模具零件的加工质量,是否符合图样设计要求; 3. 备齐各种合格零件(包括标准件)及装配工具和制件半成品
2	装配导柱、导套	1. 该模具为单工序冲孔模,根据设计要求先装模具上部分,再安装模具的下部分; 2. 可用压入法、低熔点合金浇注法或环氧树脂粘结法其中一种方法;将上模板 6 和下模板 1 之间垫上等高垫块,用夹板将其夹紧;将导套 13 安装在上模板 6 上,将导柱 14 安装在下模板 1 上; 3. 注意导柱、导套的位置及垂直度; 4. 如果是用标准模架,可省这道工序
3	装配模柄	1. 模柄的位置应是模具的压力中心位置; 2. 将模柄 10 压入上模板 6 内,加工骑缝销钉孔,装入销钉, 再将模柄端面和上模板底面在平面磨床上磨平; 3. 检查模柄与上模板上平面的垂直度

续表 10-34

序号	工　序	装 配 步 骤
4	装配凸模	1. 以凹模定位，将凸模 9 压入凸模固定板 7，并检查其垂直度； 2. 将凸模端面与固定板上平面磨平，再掉头以固定板上平面为基准磨凸模刃口； 3. 将卸料板 4 套上凸模 9，在固定板和卸料板之间垫上等高垫块，用夹板将其夹紧，按卸料板上螺孔，复制固定板上螺钉过孔的位置，拆后钻孔
5	装配上模	1. 按凸模固定板上螺孔位置，并根据模柄的压力中心位置，找准位置后用夹板夹紧，划出上模板有关螺孔和销孔的位置，拆开后钻孔； 2. 用螺钉将固定板、上垫板、上模板连接，但不要拧很紧； 3. 将上模翻过来，钻、铰固定板、上模板销钉孔，并装入销钉 8，拧紧螺钉
6	装配下模	1. 把凹模 2 装入凹模固定板 16 中，固紧后，将凹模与凹模固定板的上、下两平面在磨床上磨平； 2. 把凹模固定板安装在下模板上，上、下模要合模，控制冲模间隙，找正凹模固定板的位置，用夹板夹紧；提出上模，在下模板上加工螺纹孔、漏料孔，后加工销钉孔，打入销钉 17，拧紧螺钉 15
7	合模检查	1. 合模检查模具间隙是否合理，导柱、导套是否灵活； 2. 安装定位板 3 和卸料板； 3. 检查卸料板是否灵活
8	试冲	切纸试冲合格后上机试冲

表 10-35　复合模装配要点

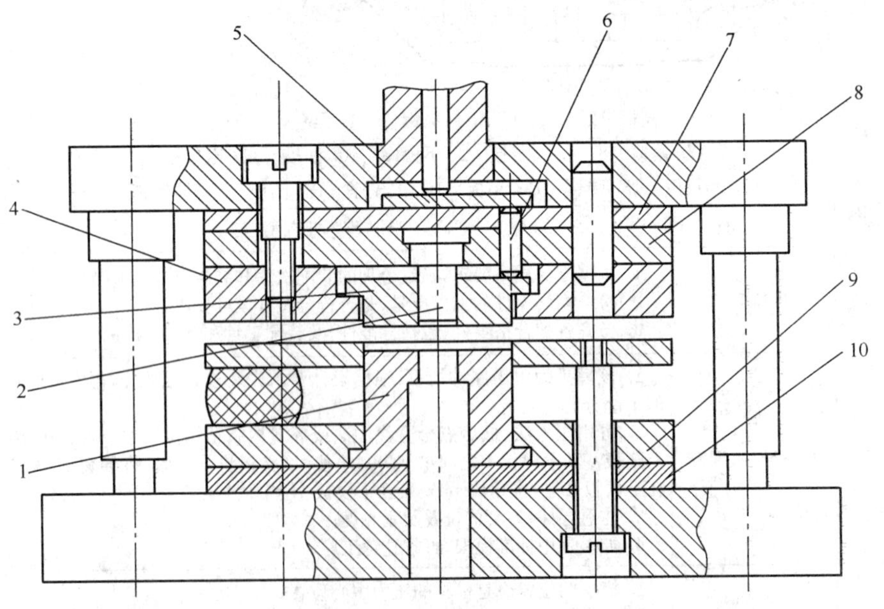

1. 凸凹模　2. 凸模　3. 推件块　4. 凹模　5. 推板
6. 推杆　7. 上垫板　8. 凸模固定板　9. 凸凹模固定板　10. 下垫板

续表 10-35

序号	工 序	装 配 步 骤
1	准备工作	按装配图检查零件的数量和质量，凸模、凹模及凸凹模间隙
2	装配上模	1. 装配导柱、导套； 2. 装配模柄； 3. 将冲孔凸模 21 安装在凹模固定板 4 上，以凸凹模 6 定位，找准间隙，用夹板夹紧凹模 5、垫板 19、凹模固定板 4 和上模板； 4. 以凹模螺孔位置，配钻上模各零件的螺钉过孔，拆开后分别进行扩孔、锪孔，然后用螺钉联接； 5. 以凹模销钉孔位置，钻、铰销钉孔，装好销钉 17
3	装配下模	1. 在下模板 13 上放下垫板 10、凸凹模固定板 9，装入凸凹模 6，夹紧合模后，根据上模找正凸凹模正确位置，并加工出螺钉孔、漏料孔、销钉孔，用螺钉紧固，打入销钉； 2. 装配顺序是首先安装凸模，其次安装凹模，最后安装凸凹模；以凸模为装配基准，来保证凸模与凹模、凸凹模的间隙； 3. 安装其他零件
4	试冲	切纸试冲合格后上机试冲

表 10-36 级进模装配要点

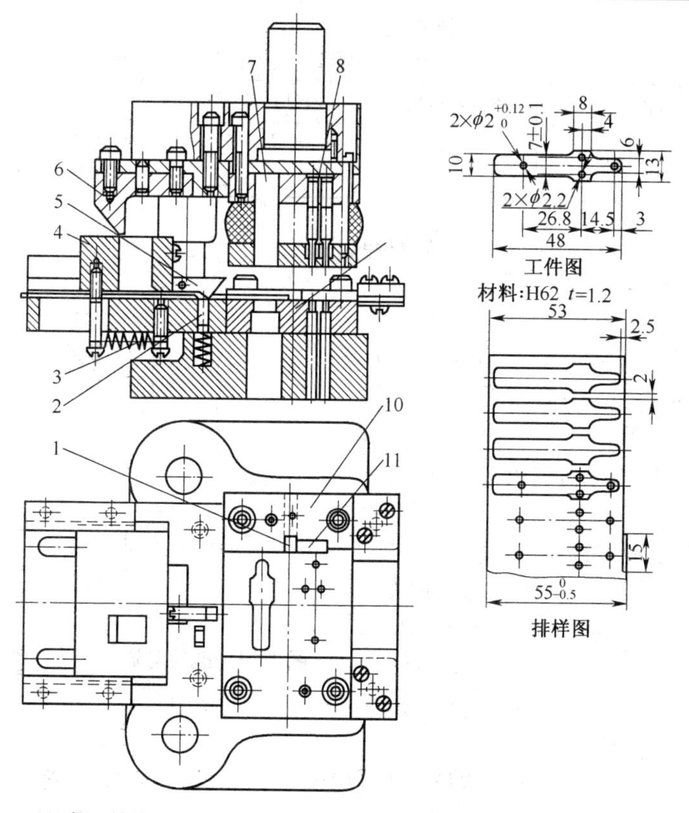

1. 侧刃挡块 2. 挡料销 3. 弹簧 4. 滑块 5. 送料钩 6. 斜楔
7. 落料凸模 8. 冲孔凸模 9. 凹模 10. 侧导板 11. 侧刃

续表 10-36

序号	工　序	装 配 说 明
1	各组凸、凹模预配	各组凸、凹模预配，检查各组凸、凹模的间隙、步距是否正确
2	装凸模	1. 以凹模定位，将各组凸模分别依次压入固定板； 2. 磨平固定板上平面
3	凹模装在下模座上	1. 在下模座上划中心线，按中心线位置预装凹模； 2. 在下模座上，通过凹模螺孔，确定下模座上的螺钉穿孔位置，然后钻孔； 3. 将凹模、导料板用螺钉紧固在下模座上，钻铰销钉孔，装入销钉
4	凸模及固定板装在上模座上	1. 在凹模(已装在下模座上)上放等高垫块，将凸模(装入固定板)装入凹模内； 2. 由导柱、导套导向，预装上模座，划出凸模固定板螺孔位置，钻螺孔； 3. 用螺钉将凸模固定板与上模座紧固，复查凹、凸模的间隙，拧紧螺钉； 4. 切纸检查，达到要求后，钻铰销孔，装入销钉
5	装卸料板	将装卸料板及弹簧(或橡胶)装在上模座上
6	装配凹模导料板	以凹模外侧面为基准，装导料板；试冲，达到要求后钻铰销钉孔及装销钉

前应将固定板通孔的清角修正成圆角，否则影响装配。同样，型芯台肩上部边缘应倒角，特别是在缝隙 c 很小时。型芯台肩上平面 a 如与型芯轴线不垂直，则压入固定板至最后位置时，因受力不均易使台肩断裂。

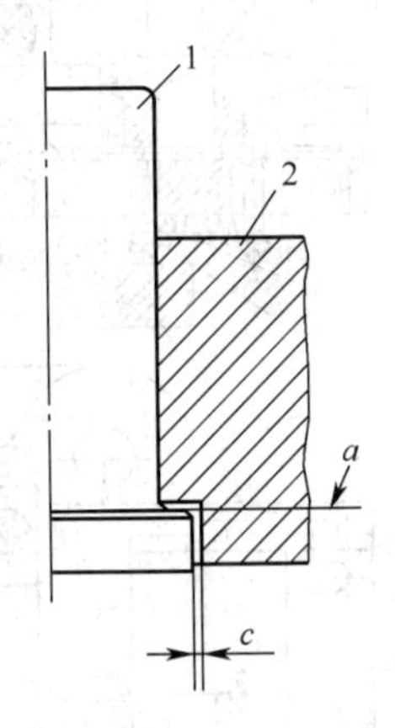

图 10-4　型芯与通孔式固定板的装配

1. 型芯　2. 固定板

②检查型芯与固定板孔的配合，如配合过紧，则压入型芯将使固定板产生弯曲，对于多型腔模具则还将影响各型芯之间的尺寸精度，对淬硬的镶件将容易发生碎裂。配合过紧时可修正固定板或型芯。

③检查型芯高度与固定板厚度，装配后是否能符合尺寸要求。

④为便于将型芯压入固定板并防止切坏孔壁，将型芯端部四周修出 10°～20°的斜度，高度一般在 5mm 以内，如图 10-5(a)所示。图 10-5(b)所示的型芯已具有导入作用，因此不需修出斜度。

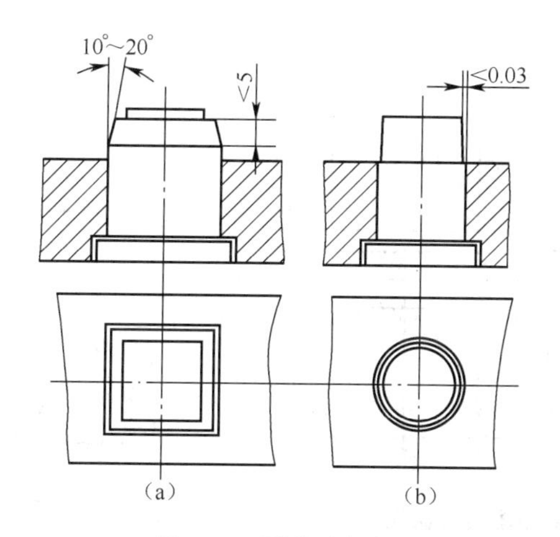

图 10-5 型芯端部斜度

(a)修斜度的型芯 (b)不需修斜度的型芯

对于在型芯上不允许修斜度的,则可以将固定板孔修出斜度,如图 10-6 所示。此时斜度取 1°以内,高度在 5mm 以内。

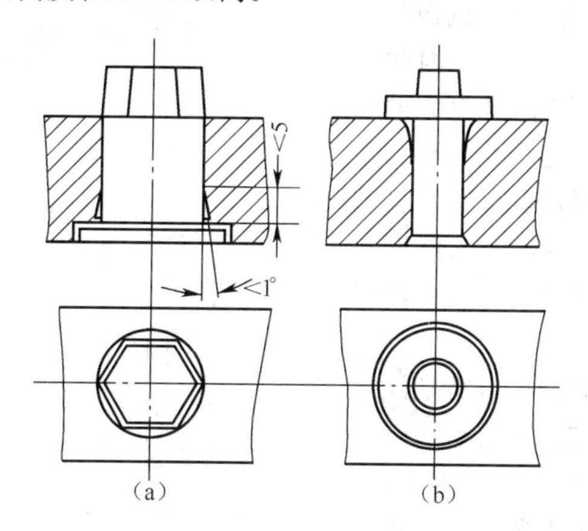

图 10-6 固定板孔的导入斜度

⑤型芯与固定板孔配合的尖角部分的处理,可以将型芯角部修成 0.3mm 左右的圆角;当不允许型芯修成圆角时,应将固定板孔的角部用锯条修出清角或窄槽,如图 10-7 所示。

⑥型芯压入固定板时应保持平稳,以使用液压机为好。压入前在型芯表面涂润滑油,固定板安放在等高垫块上;型芯导入部分放入固定板孔以后,应测量并校正其垂直度,然后缓慢地压入;型芯压入一半左右时,再测量并校正一次垂直度;型芯全部压入后,再作最后的垂直测量。

(2)埋入式型芯的装配 图 10-8 所示为埋入式型芯结构。固定板沉孔与型芯尾部为间隙配合。

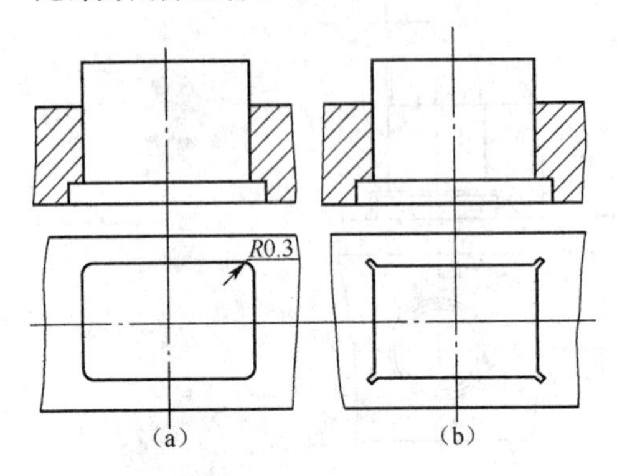

图 10-7　尖角配合处修正

(a)型芯修成圆角　(b)固定板也修出窄槽

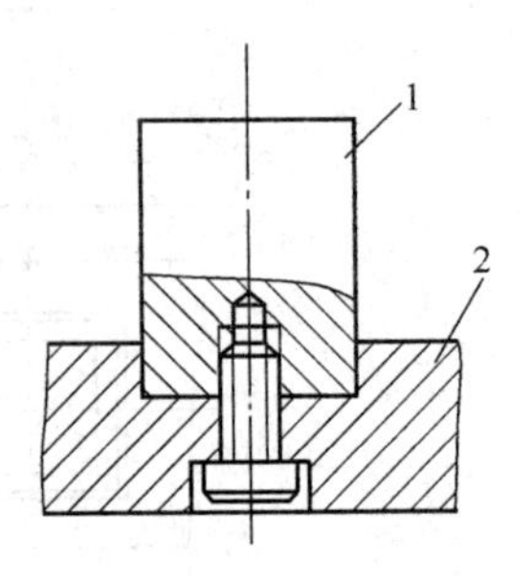

图 10-8　埋入式型芯结构

1. 型芯　2. 固定板

固定板沉孔一般均由立铣加工。由于沉孔具有一定形状，因此往往与型芯尾部形状和尺寸有差异，机械加工后往往不能达到配合要求。因此在装配前应检查两者尺寸，如有偏差应予修正，一般修正型芯较为方便。

型芯埋入固定板较深者，可将型芯尾部四周略修斜度。埋入深度在5mm以内时，则不应修斜度，否则将影响固定强度。

在修正配合部分时，应特别注意动、定模的相对位置，修配不当则将使装配后的型芯不能与动模配合。

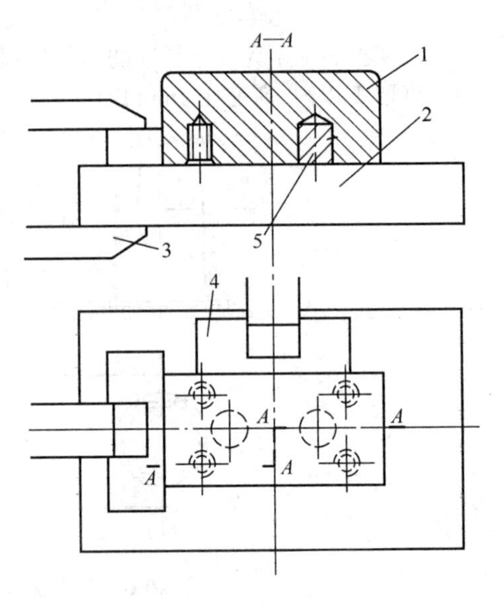

图 10-9　大型芯与固定板的装配

1. 型芯　2. 固定板　3. 平行夹具
4. 定位块　5. 销钉套

(3)螺钉固定式型芯与固定板的装配　面积大而高度低的型芯，常用螺钉、销钉直接与固定板连接。如图10-9所示，其装配过程如下：

①在淬硬的型芯 1 上压入实销钉套 5。

②根据型芯在固定板 2 上的要求位置，将定位块 4 用平行夹具 3 固定于固定板上。

③将型芯上的螺孔位置复制到固定板上，并钻锪孔。

④初步用螺钉将型芯紧固，如固定板上已经装好导柱导套，则需调整型芯以保

证动、定模的相对位置。

⑤在固定板反面划出销钉孔位置，并与型芯一起钻铰销钉孔。

⑥敲入销钉。为便于敲入，可将销钉端部稍微修出锥度，销钉与销钉套的配合长度直线部分仅需 3～5mm，这样可便于拆卸型芯。

(4)螺纹联接式型芯与固定板的装配　热固性塑料压模中，型芯与固定板常用螺纹联接的方式，如图 10-10 所示。

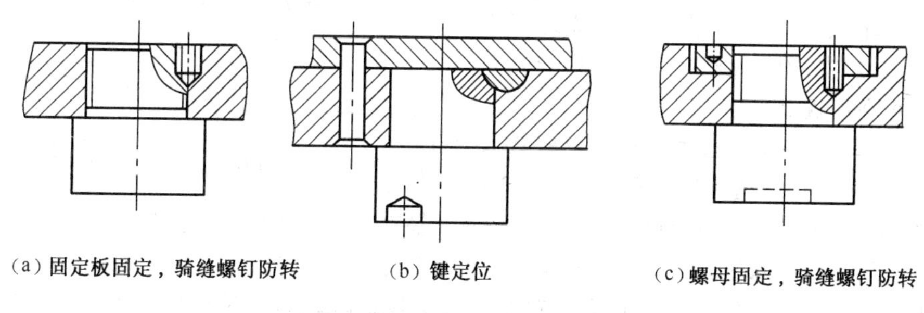

图 10-10　螺纹联接式型芯

型芯与固定板往往需保持一定的相对位置。例如，塑料形状不对称而固定板为非圆形，固定板上需固定有几个不对称型芯等。因此用螺纹联接型芯，当螺钉旋到终点位置时，型芯与固定板的位置往往存在角度偏差，因此必须进行调整。

固定板上仅装一个型芯时可采用修磨固定板平面或型芯底平面的方法。如图 10-11 所示，型芯装上固定板后先测量型芯与固定板在装配后的偏差角度 α，然后进行固定板 a 面或型芯 b 面的修磨，修磨量 δ 由下式计算：

$$\delta=\frac{\alpha}{360}t \qquad (式\ 10\text{-}3)$$

式中　α——偏差角(度)；

t——联接螺纹的螺距(mm)。

用图 10-10(c)所示结构形式时，只需转动型芯进行调整，然后用螺钉定位，螺母紧固。这种形式适用于外形为任何形状的型芯以及固定板上固定几个型芯时。

对于圆形型芯，也可采取另一种方法：型芯的不对称型面先不加工，将型芯旋入固定板后按固定板基准加工型面，然后取下经热处理再固定在固定板上。

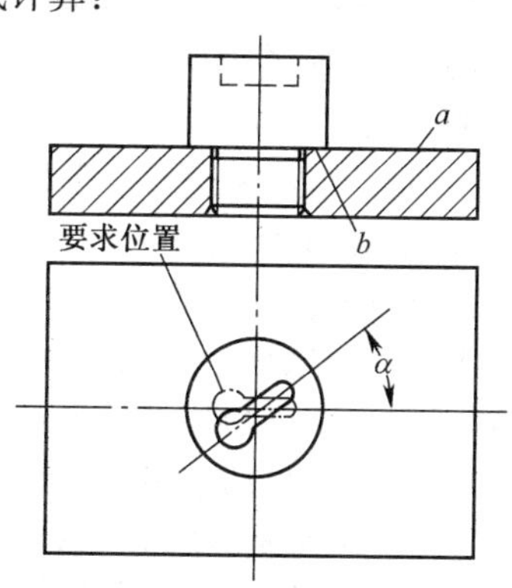

图 10-11　型芯与固定板的偏差

型芯与固定板的定位常用螺钉、销钉或键。图 10-10(a)，(c)用螺钉定位，定位螺钉孔是在型芯位置调整正确后进行攻制，然后取下型芯进行热处理；图 10-10(b)为键定位，型芯可在热处理后装配、调整，然后可用磨削或电加工方法加工键槽。

2. 型腔凹模与动、定模板的装配

除了简易的压塑模外，一般注射模、压塑模的型腔部分均使用镶嵌或拼块形式。由于镶拼形式很多，现举例说明其装配方法。

型腔凹模和动、定模板镶合后，型面上要求紧密无缝，因此型腔凹模之压入端一般均不允许修出斜度，而将导入斜度设在模板上。

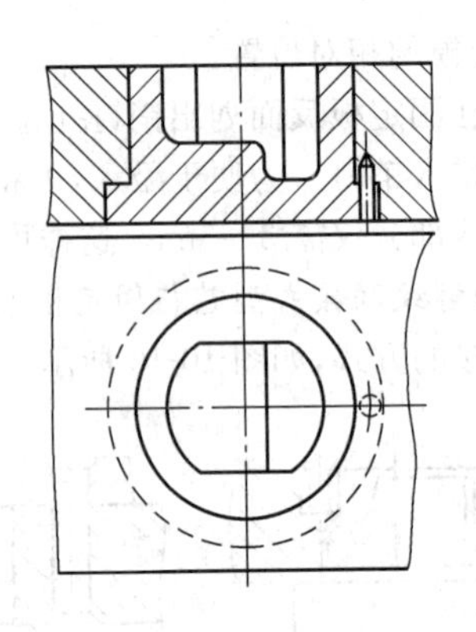

图 10-12 单件整体型腔凹模与模板

(1)单件圆形整体型腔凹模的镶入法(图 10-12) 这种型腔凹模镶入模板，关键是型腔形状和模板相对位置的调整及其最终定位。调整的方法有下列几种：

①部分压入后调整。型腔凹模压入模板极小一部分时，即进行位置调整，可用百分表校正其直线部分。如有位置偏差，可用管子钳等工具将其旋动至正确位置，然后将型腔凹模全部压入模板。

②全部压入后调整。将型腔凹模全部压入模板以后再调整其位置。采用这种方法时不能采用过盈配合，一般要有 0.01～0.02mm 的间隙。位置调整正确后，需用定位件定位，防止其转动。

③划线对准法。型腔凹模的位置要求不很高时，可用此方法。在模板的上、下平面上划出对准线，在型腔凹模上端面划出相应的对准线并将线引至侧面。型腔凹模放入固定板时以线为准确定其位置，待全部压入后，还可以从模板上平面的对准线观察型腔凹模的位置。

④光学测量法。如果型腔尺寸太小，或型腔形状复杂而不规则，难以用百分表测量时，可在装配后用光学显微镜进行测量，从目镜的坐标线上可清楚的读出形位误差。调整方法是退出重压或使之转动。

型腔凹模的定位，以采用销钉最为方便。型腔凹模台肩上的销钉孔在热处理前钻铰完成，在装配及位置调整后，通过此孔对模板进行配钻与铰销钉孔。

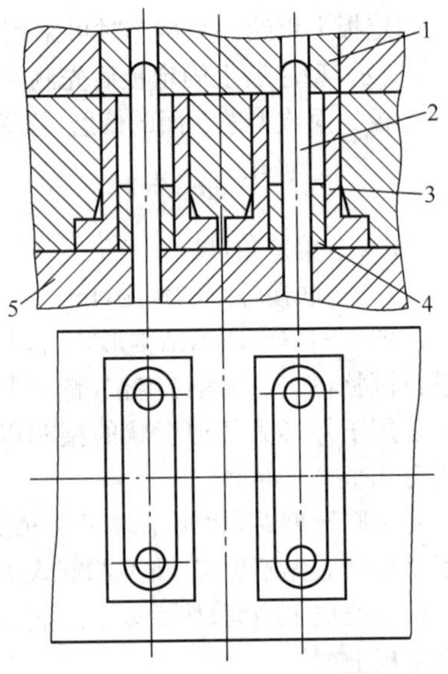

图 10-13 多件整体型腔凹模与模板

1. 定板镶块 2. 小型芯 3. 型腔凹模 4. 推块 5. 小型芯固定板

(2)多件整体型腔凹模的镶入法(图 10-13) 在同一块模板上需镶入两个以上

型腔凹模，且动、定模板之间要求有精确的相对位置者，其装配工艺比较复杂。

如图 10-13 所示的结构，小型芯 2 必须穿入定模镶块 1 的孔中。定模镶块在热处理后，小孔孔距将有所变化，因此装配的基准应为定模镶块上的孔。装配的第一步将推块 4 和定模镶块 1 用工艺销钉穿入两者孔中作定位。再将型腔凹模套到推块上，用量具测得型腔凹模外形的位置尺寸，这些尺寸便是动模板固定孔修正后应有的实际尺寸。至于小型芯固定板 5 上的孔，待型腔凹模压入模板后，放入推块，从推块的孔中配钻得到。

(3)型腔拼块(单型腔)的镶入法　压入模板的型腔拼块，与模板孔的配合不能太松。压入时应注意平稳，为不使拼块进入固定板有先后，压入时应在拼块上放一平垫块。

最突出的问题是拼块的某些部位必须在装配以后加工，如图 10-14 所示的拼块上的矩形型腔，由于拼合面在热处理后需修磨，因此矩形型腔不能在热处理前加工至正确尺寸，往往只能在装配后用电火花加工方法精修。如果拼块型腔的热处理为调质至刀具能加工的硬度，则型腔可在装配后用切削刀具加工至要求尺寸。

(4)型腔拼块(多型腔)的镶入法　有时为了减小模具外形尺寸，而将几个型腔设在一个镶块上。也有为了防止镶块的热处理变形，或为了便于型腔的冷挤压或电火花加工，而将每个型腔作成一个镶块。这两种形式的镶块，其外形可根据型腔及模板孔的实际尺寸进行修正，以保证型腔在模板上的位置。但模板上的孔在装配前应留有修正余量，备修正之用。如图 10-15 所示。

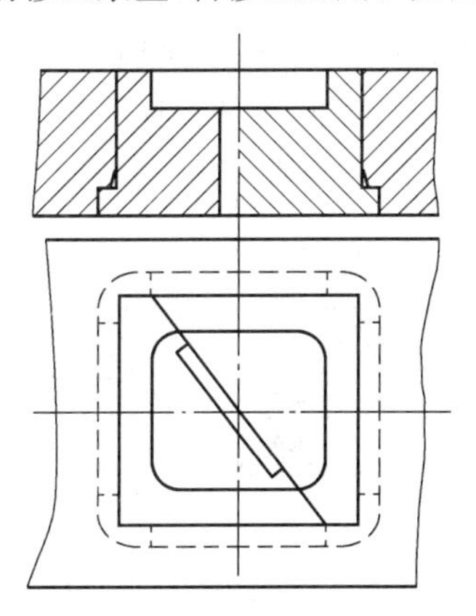

图 10-14　单型腔的型腔拼块

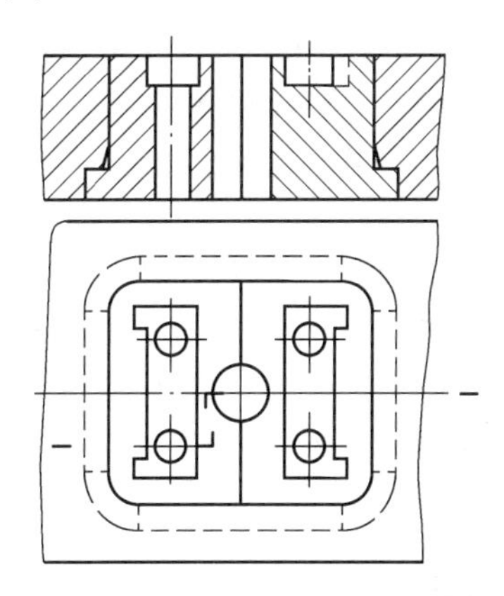

图 10-15　多型腔的型腔镶块

(5)拼块模框的镶入法(图 10-16)　由拼块镶入模板而组成的模框。拼块的尺寸均可在磨削加工时正确控制。但需注意各拼块在拼合后的拼合面间不应存在间隙，以防止模具使用时渗料。因此在磨削时可用红粉检查各拼合面是否密合。加工模板的固定孔时应注意其垂直度，模板孔的加工采用压印法的较多。

(6)沉坑内拼块型腔的镶入法(图 10-17)　在沉坑内镶入拼块。沉坑只能采用立铣加工。当沉坑较深时，由于加工时铣刀的挠度使加工侧面稍具有斜度，形成型腔上口尺寸大、下口尺寸小。由于沉坑侧面修正困难，因此往往采用修磨两侧拼块的办法，按模板铣出的实际斜度修磨。

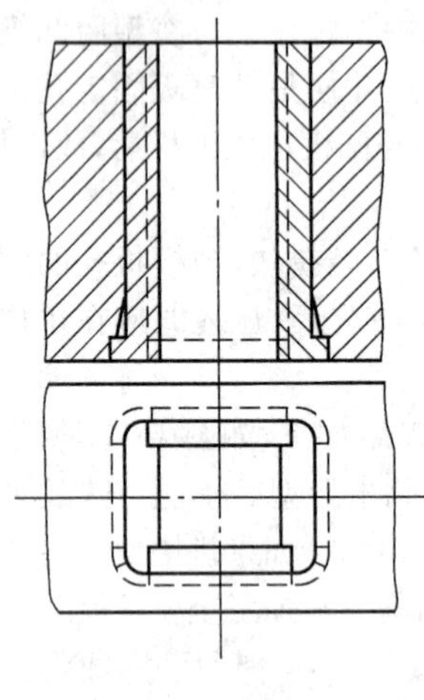

图 10-16 拼块模框

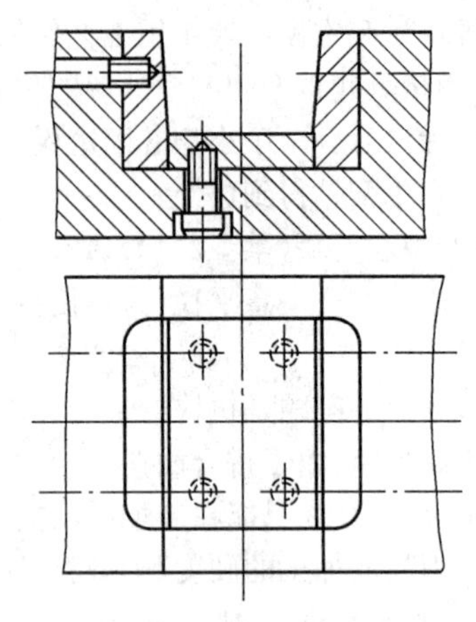

图 10-17 沉坑内拼块

模板上紧固螺钉通孔，应按修磨完成的拼块的实际螺孔位置尺寸在模板上划线钻孔，或用复制办法找出通孔位置。

3. 过盈配合零件的装配

塑料模具中还有不少以过盈配合装配的零件，要求装配后不用螺钉紧固但不允许松动脱出。过盈配合装配时，必须检查配合件的过盈量，并需保证配合部分有较高的表面粗糙度，压入端导入斜度应做得均匀而需在零件加工时一起做出，以保证同轴度。

(1)销钉套的压入(图 10-18) 销钉套压入淬硬件后与另一件一起钻铰销钉孔。其过盈量较大，但对淬硬件孔和销钉套外圆的表面粗糙度、垂直度的要求不高。淬硬件应在热处理前将孔口部倒角并修出导入斜度，也可将斜度设在销钉套上。

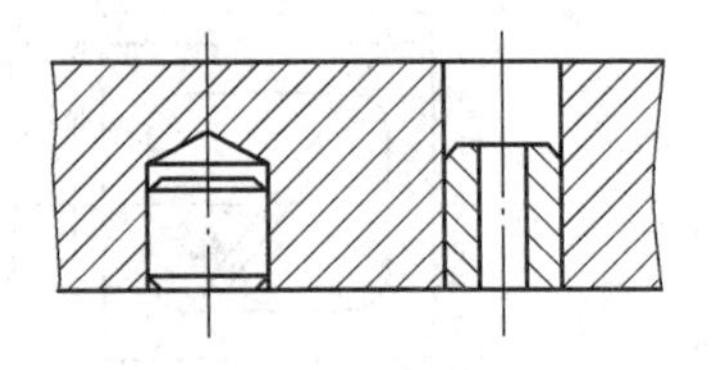

图 10-18 压入淬硬的销钉套

销钉套的压入一般用液压机，小件也可用台虎钳的夹紧作用压入销钉套。

当淬硬件上为不穿孔时，则应采用实心的销钉套。此时是从另一件向实心的销钉套钻铰。

(2)导钉的压入(图 10-19) 对拼的模块常用两个导钉定位。但拼块在热处理后导钉的孔形与孔距均有所变形。因此在压入导钉前应将两个拼块合拢用研磨棒研正导钉孔。两块模块都很厚时，只能分别研磨导钉孔，但应事先考虑在孔对准后外形所产生的偏移，而需将拼块外形留有加工余量，待导钉装入后再磨正外形。

拼块厚度不厚时，导钉可从有斜度的导向端压入，这样操作方便，质量也好。拼块较厚而导钉需从压入端压入时，则应将压入端修出导入锥度。

(3)精密件的压入　如图 10-20 所示，导套或镶套压入模板以后，内孔尚需与精密的偶件配合，压入时应注意如下几点：

①应严格控制过盈量以防止内孔缩小，但当压入件壁部较薄而无法避免压入件内孔缩小时，则可采用如图 10-21 所示的铸铁研磨棒进行研磨。

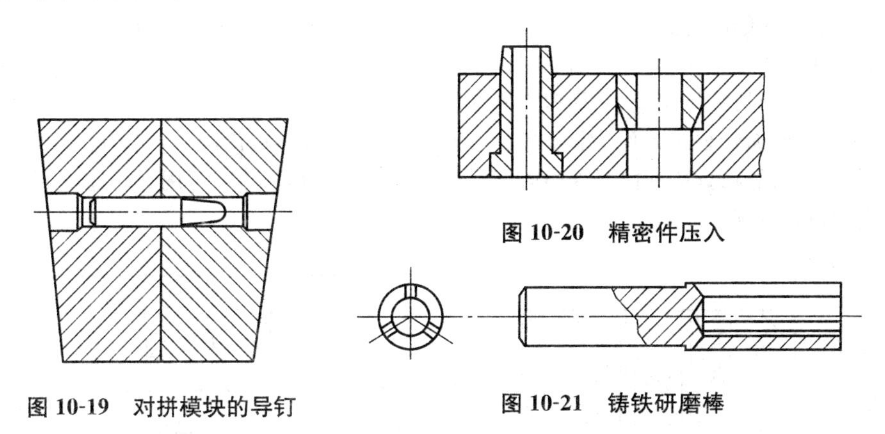

图 10-19　对拼模块的导钉

图 10-20　精密件压入

图 10-21　铸铁研磨棒

②压入件需有较高的导入部分，以保证压入后的垂直度。如增大了导入部分高度而影响固定强度时，则应从设计结构上改进。

直径大而高度小的压入件，在压入时可用百分表测量压入件端面与模板平面之间的平行度来检查垂直度，但必须保证在零件加工时，就使模板平面，压入件平面和孔有良好的垂直度。

③压入时也可以利用导向芯棒。先将导向芯棒以滑配合固定在模板内，将压入件套至芯棒上后进行加压。由于芯棒帮助导向使装配后的垂直度得到保证。压入件在压入后有微量收缩，因此芯棒直径与压入件孔径间应有 0.02～0.03mm 的间隙。

又如图 10-22 所示的浇口套，除压合部分为过盈配合外，尚需保证台肩外圆与模板沉孔间不留有缝隙，否则在注塑时可能引起渗料，因此又提高了装配要求。

过盈配合部分的压入工艺如前所述，模板孔压入口需有倒角和导入斜度，而压入件的压入端不允许有斜度但需倒圆角以避免压入时切坏孔壁。因此在压入件加工时应考虑加有圆角的修正量 Δ，装配后此修正量凸出于模板，最后应磨去。

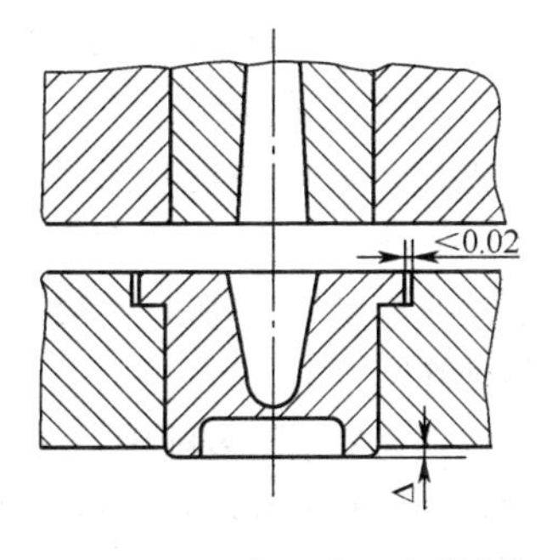

图 10-22　浇口套压入模板

④台肩外圆与模板沉孔之间的缝隙不能大于 0.02mm。因此模板孔与沉孔、压入件外圆的同轴度公差均为 ϕ0.01mm。压入件台肩应倒角，可使压入后台肩面与模板沉孔面紧贴。

(4)多拼块之压入件(图 10-23)　在一个模板孔中同时压入几件拼块。在压入最初阶段时，为防止拼块尾端拼合处向外张开，应事先采用平行夹具将拼块夹紧。压入时在压入件上端应垫平垫块，使各拼块能同时顺利进入模孔；压入以采用液压机为好。

多拼块的配合过盈量未能达到要求而预应力不足时，模具在使用过程中因受压而将使拼块发生松动。可以在模板孔的加工时，另制一个压印冲头(其尺寸应按拼块拼合外形尺寸均匀缩小)用以作模板孔的压印加工。

(5)锥面配合压入件(图 10-24)　压入件与模板孔以锥面配合，在装配中可以得到任意的预应力，压入的操作也较简单，但两者的锥面需一致，可用红粉检查两者锥面的贴合情况。

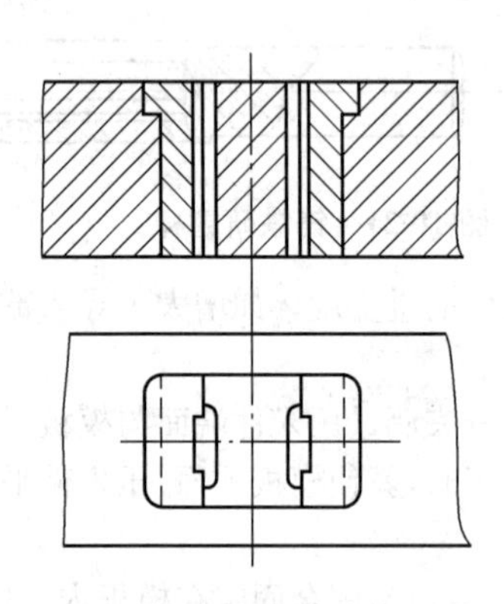

图 10-23　多拼块之压入件

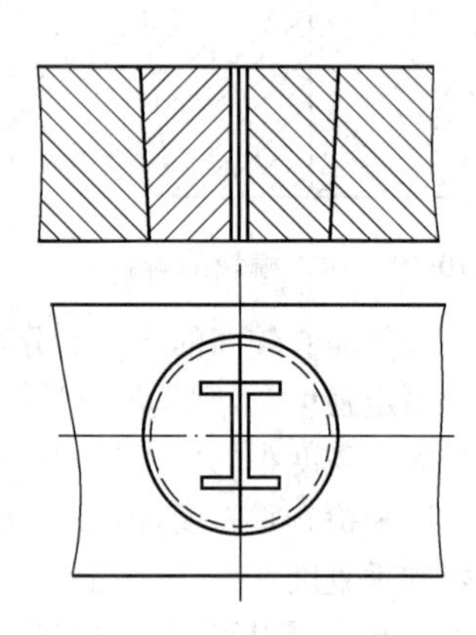

图 10-24　锥面配合压入件

压入件型腔形状与模板的相对位置，可在未压紧时进行测量(用百分表测量型腔各点)与调整。

压入件两端面均应放余量，待装配完毕后，将两端面和模板一起磨平。

4. 装配中的修磨

模具由许多零件组成，尽管零件的制造公差限制较严，往往在装配中仍不能保证装配的技术要求，因此在装配过程中需采用零部件作局部修磨的方法。由于模具一般均非批量生产，因此在装配中进行修磨的方法是一种经济的方法。表 10-37 列举各种修磨方法。

在更为复杂的装配中，往往修磨某一平面后将影响到几个方面的尺寸，因此修磨时首先应弄清要求尺寸的主次，从保证主要尺寸的角度出发采取修磨的方法与步骤。

表 10-37 装配中的各种修磨方法举例

修磨要求	简 图	修 磨 方 法
型芯端面与加料室平面间有间隙 Δ 需修磨消除	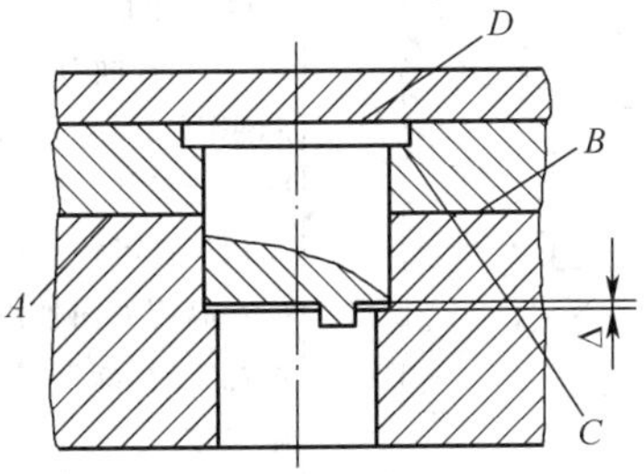 D B A Δ C	方法 1:修磨固定板平面 A(多型腔模具有几个型芯时,由于各型芯尺寸不一,因此不能使用这种方法),修磨时需拆下型芯。 方法 2:修磨型腔上平面 B,不需拆卸零件,修磨方便。也不能用于多型腔模具。 方法 3:修磨型芯台肩面 C,装入模板后再修磨 D 面。适用于多型腔模具
型腔与型芯固定板间有间隙 Δ[图(a)]需修磨消除	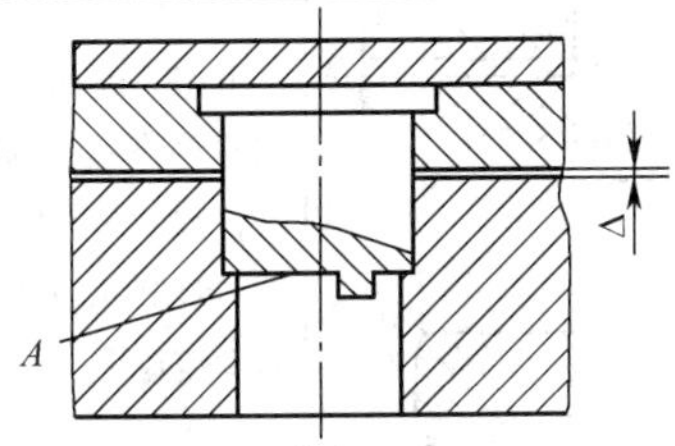 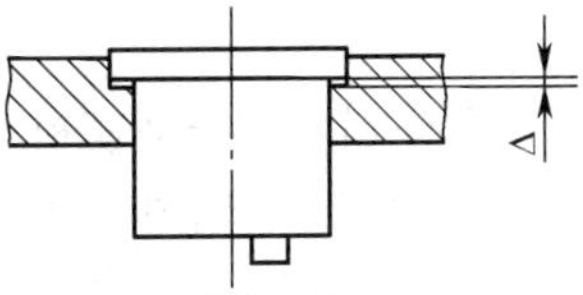 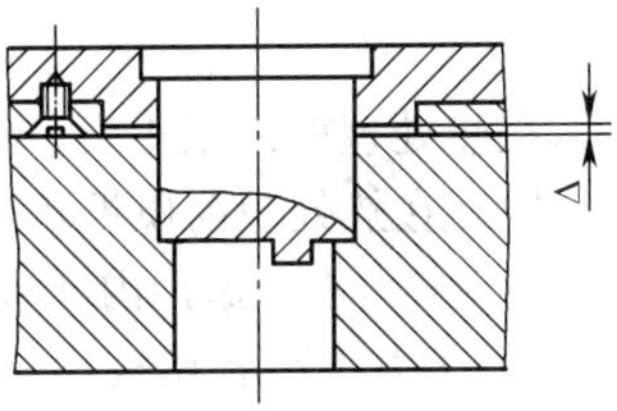 Δ A (a) Δ (b) Δ (c)	方法 1[图(a)]:修磨型芯工作面 A(只适用于型芯工作面为平面); 方法 2[图(b)]:在型芯和固定板台肩内加入垫片,适用于小模具; 方法 3[图(c)]:在固定板上设垫块,垫块厚度不小于 2mm,因此需在型芯固定板上铣凹坑(大型模具在设计时即考虑设有垫块,从模具制造角度可供修磨)
修磨后需使浇口套略高出固定板 0.02mm	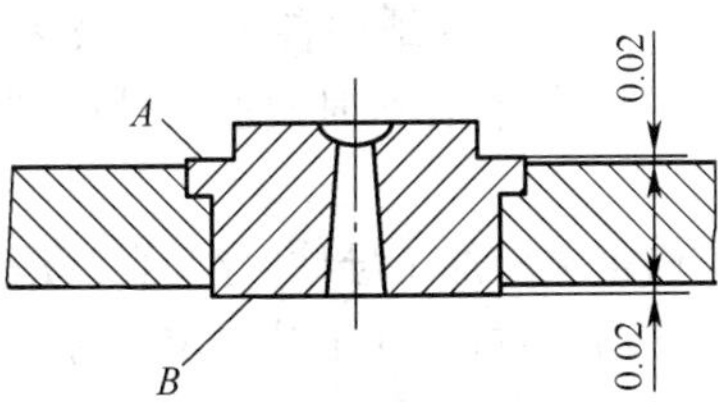 A 0.02 0.02 B	A 面高出固定板平面 0.02mm,必须由加工精度保证; B 面高出固定板平面的修磨方法,是将浇口套压入固定板后磨至一样平,然后拆去浇口套,再将固定板磨去 0.02mm

续表 10-37

修磨要求	简图	修磨方法
埋入式型芯修磨后达到高度尺寸	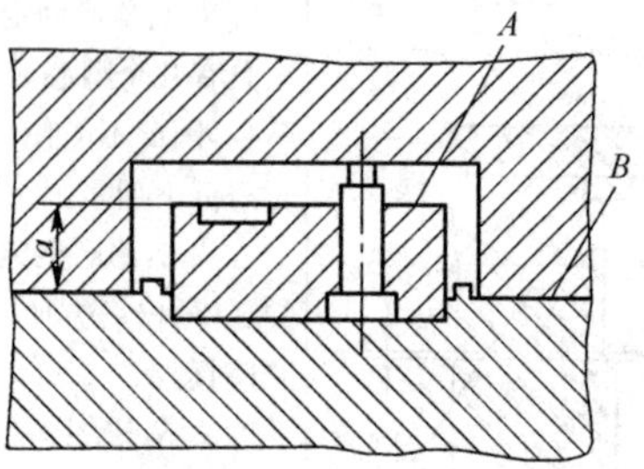 A B a	当 A,B 面无凹、凸形状时，可根据高度尺寸修磨 A 或 B 面； 当 A,B 面有凹、凸形状时，修磨型芯底面使尺寸 a 减小，在型芯底部垫薄片使尺寸 a 增大。 对于这种模具结构，在型芯加工时应在高度方向加以修正量；固定板凹坑加工时，深度尺寸应偏向加工至下限尺寸
修磨型芯斜面，合模后使之与型面贴合	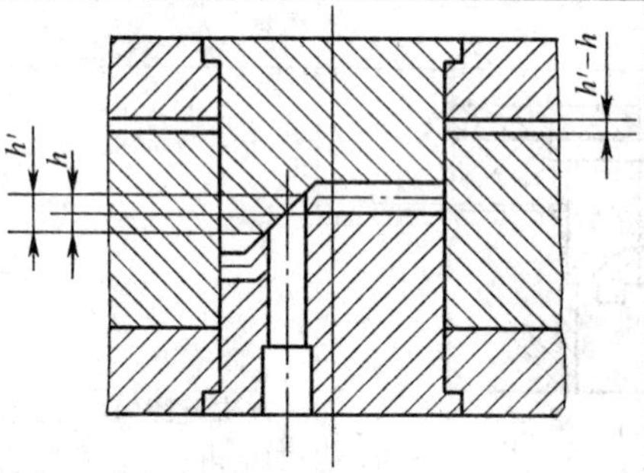 $h'-h$ h' h	小型芯斜面必须先磨成形，但小型芯的总高度可略加大。小型芯装入后合模，使小型芯与上型芯接触，测量出修磨量 $h'-h$，然后将小型芯斜面进行修磨

5. 导柱、导套的镗孔与装配

(1)导柱、导套孔的加工　导柱、导套分别安装于动模板与定模板，为模具合模用的导向装置。因此动、定模板的导柱、导套孔的加工很重要，其相对位置误差应在0.01mm以内。除了由坐标镗床可以分别在动、定模板上镗孔以外，比较普遍采用的方法是将动、定模板合在一起(用工艺定位销钉定位)，在车床、铣床或镗床进行加工。

对于淬硬的模板，导柱、导套孔如在热处理前加工正确，则在热处理后引起孔形与位置变化而不能满足导向要求。因此在热处理前模板孔加工时应留有磨削余量，热处理后或用坐标磨床磨孔，或将模板叠合在一起用内圆磨床磨孔(由于这种已淬硬的模板上已制成型腔，因此应以型腔为基准叠合模板)。另一种方法是在淬硬的模板孔内压入软套或软芯，在软套或软芯上镗导柱、导套孔。

(2)导柱、导套孔的加工顺序　由于模具的结构各不相同及采用的模具装配方法不同，因此在整套模具的装配过程中应该在什么时候加工导柱、导套孔也不一样。基本上可有下列两种情况。

1)在模板的型腔凹模固定孔未修正之前加工导柱、导套孔。适用的场合有：

①各模板上的固定孔形状与尺寸均一致，而加工其固定孔时一般采用将各模板叠合后一起加工，此时可借助导柱、导套作各模板间的定位。

②不规则立体形状的型腔，装配合模时很难找正相对位置，此时导柱、导套可作为定位以加工正确固定孔（型腔镶块加工时应保证型腔与外形相对尺寸），如图 10-25 所示。

③动、定模板上的型芯、型腔镶件之间无正确配合者。

④模具设有斜销滑块机构者。由于这类模具需修配的面较多，特别是多方向的多滑块结构，如不先装好导柱与导套，则合模时难以找出基准，部件修正困难。

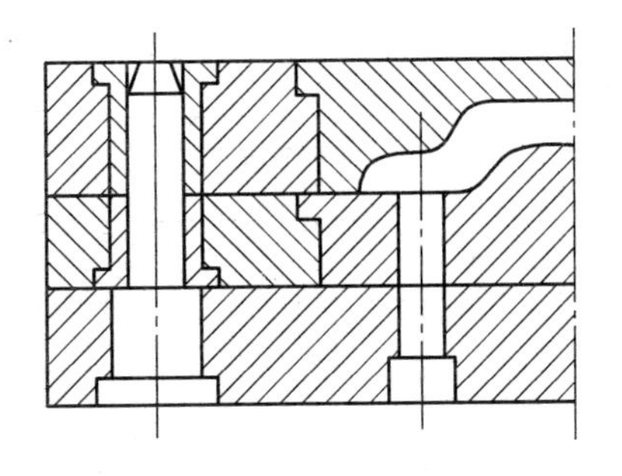

图 10-25 找正相对位置困难的型腔

2)在动、定模修正与装配完成后加工导柱、导套孔。其适用的场合如图 10-26 所示，在合模时动、定模之间有正确配合要求者。图 10-26(a)所示为小型芯需穿入定模镶块孔中，图 10-26(b)所示为卸料板与型腔有配合要求。

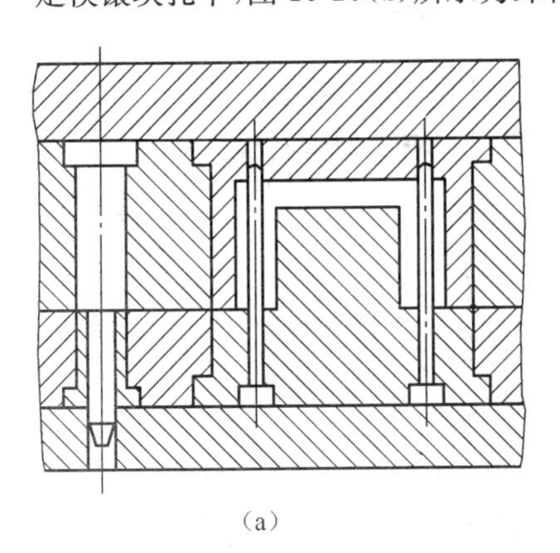

(a)

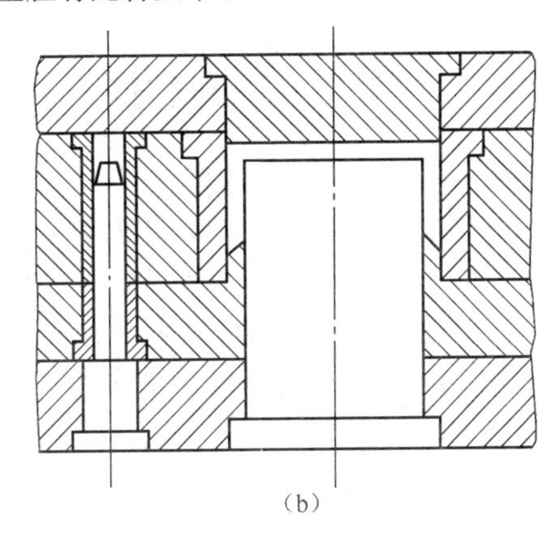

(b)

图 10-26 动、定模间有正确配合要求的结构

(a)小型芯穿入定模镶块孔 (b)卸料板与型腔配合

(3)导柱、导套的压入 导柱、导套压入动、定模板以后，启模和合模时导柱、导套间应滑动灵活。压入时应注意：

①对导柱、导套进行选配。

②导套压入时，应校正垂直度，随时注意防止偏斜。

③导柱压入时，根据导柱长短采取不同方法。短导柱压入时如图 10-27(a)所示；长导柱压入时如图 10-27(b)所示，借助定模板上导套作导向。

④导柱压入时，应先压入距离最远的两个导柱，并试一下启模和合模时是否灵活，如发现有卡住现象，用红粉涂于导柱表面后在导套内往复拉动，观察卡住部位，然后将导柱退出并转动或退出纠正垂直度偏差后再压入。在两个导柱装配合格的

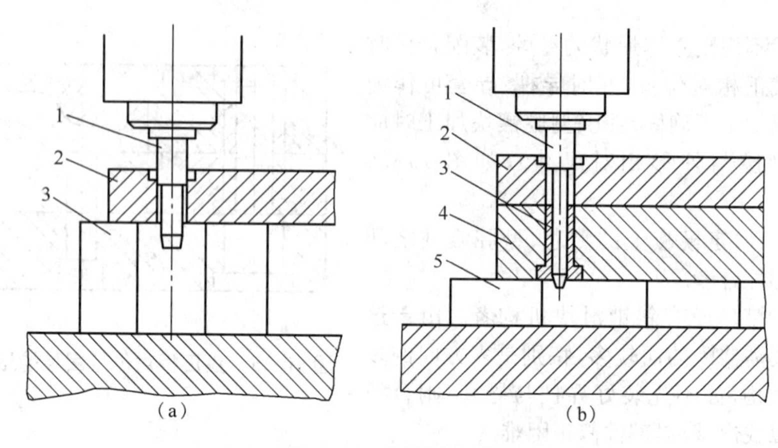

图 10-27 导柱的压入

(a)短导柱的压入
1. 导柱 2. 定模板 3. 平行垫块

(b)长导柱的压入
1. 导柱 2. 固定板 3. 导套
4. 定模板 5. 平行垫块

基础上再压入第三、第四个导柱。每压入一个导柱均应作上述试验。

(4)*导钉孔的加工* 导钉是简化了的导柱,使用于中小型塑料模。导钉与凹模上的导钉孔配合使上下模对准。

凹模需淬硬,因此导钉孔需在热处理前加工正确。固定板上的导钉固定孔则是用凸模作定位后,通过凹模上的导钉孔配钻,然后铰孔,如图 10-28 所示。

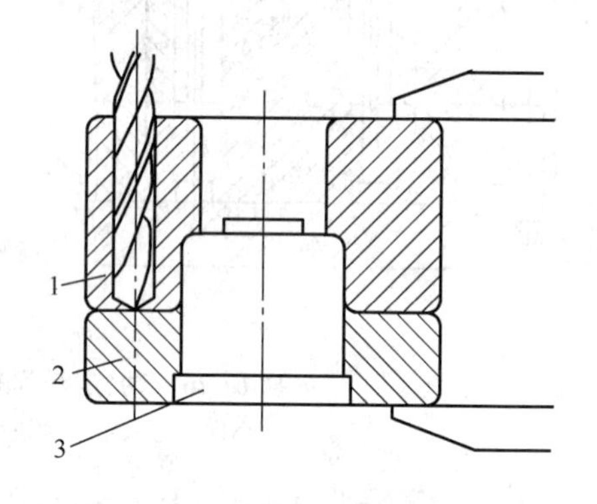

图 10-28 配钻导钉孔

1. 凹模 2. 固定板 3. 凸模

6. 推杆的装配

(1)*推杆固定板加工与装配* 推杆的作用为推出塑件,在模具操作过程中,推杆应保持动作灵活,尽量避免磨损。推杆在推杆固定板孔内,每边有 0.5mm 以上的间隙。推杆固定板与推板需有导向装置和复位支承,具体结构形式很多。

1)推杆用导柱作导向的结构(图 10-29)。推杆固定板孔是通过型腔镶件上的推杆孔配钻得到。配钻由两步完成。

①从型腔镶件 1 上的推杆孔配钻到支承板 3 上,如图 10-29(a)所示,配钻时由动模板 2 和支承板 3 上原有的螺钉与销钉作定位与紧固。

②通过支承板 3 上的孔配钻到推杆固定板 4 上,如图 10-29(b)所示,两者之间利用导柱 6、导套 5 定位(配钻前先将导柱、导套装配完成),用平行夹具夹紧。

2)利用复位杆作导向的结构(图 10-30)。产量较小或推杆推出距离不大的模

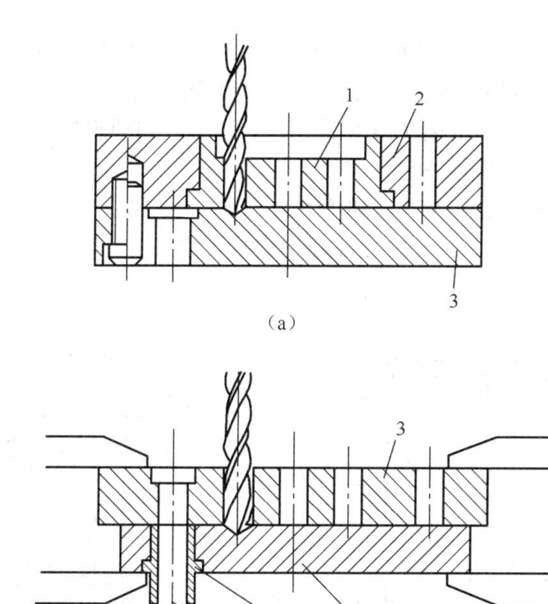

图 10-29 推杆固定板孔的配钻

1. 型腔镶件 2. 动模板 3. 支承板 4. 推杆固定板 5. 导套 6. 导柱

具,采用此种简化结构。复位杆 1 与支承板 2、推杆固定板 3 呈间隙配合,具有较长的支承与导向作用。

推杆固定板孔的配钻与上述相同,唯在从支承板向推杆固定板配钻时以复位杆作定位。

3)利用模脚作推杆固定板支承的结构(图 10-31)。模具装配后,推杆固定板 2 应能在模脚 3 的内表面滑动灵活,同时使推杆 4 在型腔镶件的孔中往复平稳。

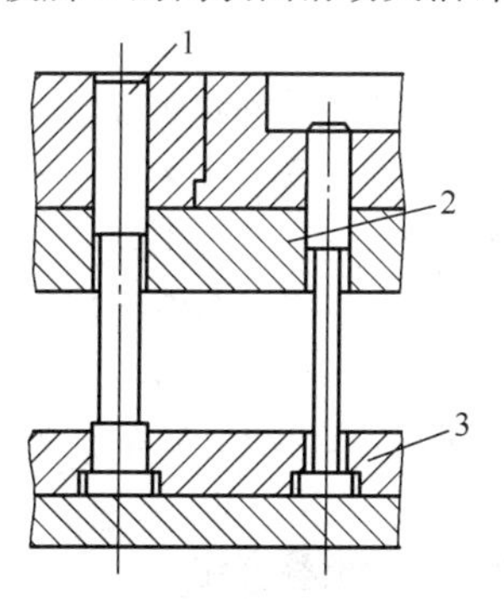

图 10-30 利用复位杆导向的推板结构

1. 复位杆 2. 支承板 3. 推杆固定板

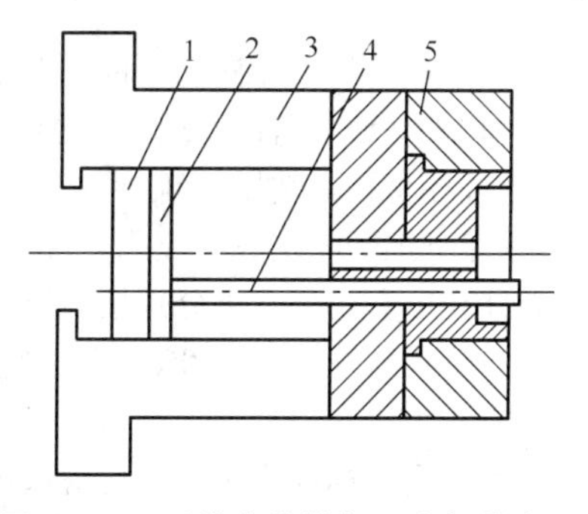

图 10-31 以模脚作推杆固定板的支承

1. 推板 2. 推杆固定板 3. 模脚
4. 推杆 5. 动模板

配钻推杆孔的方式和上述相同。装配模脚时，不可先钻攻、钻铰模脚上的螺孔和销孔，而必须在推杆固定板装好后，通过支承板的孔对模脚配钻螺孔，然后将模脚用螺钉初步紧固；将推杆固定板作滑动试验并调整模脚到理想位置以后加以紧固，最后对动模板、支承板和模脚一起钻铰销钉孔。

(2)推板上的导柱导套孔加工　加工方法按导柱形式不同而异。

1)直通式导柱[图 10-32(a)]。导柱与导套的安装孔直径不一致，当推杆为非圆形时其加工方法为：

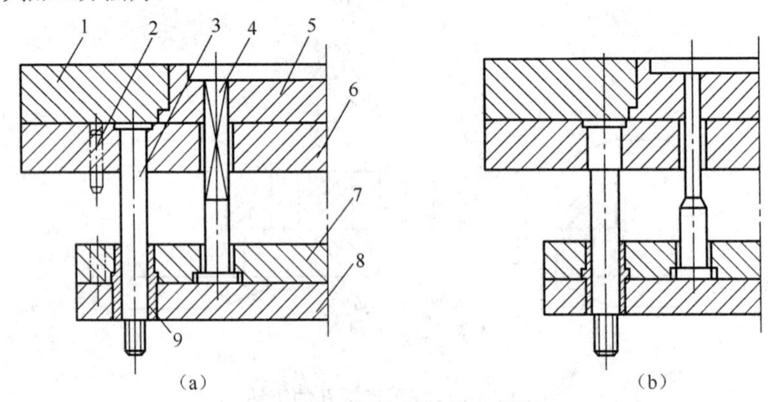

图 10-32　推板的导向装置

(a)直通式导柱　(b)台阶式导柱

1. 动模板　2. 销钉　3. 导柱　4. 推杆　5. 型腔镶件　6. 支承板
7. 推杆固定板　8. 推板　9. 导套

①修整型腔镶件 5、支承板 6 和推杆固定板 7 上的成形推杆孔，使与推杆间隙配合。

②将推杆固定板 7 和推板 8 合并在一起镗制导套安装孔。

③在支承板 6 加工导柱孔之前，先将其与推杆固定板 7 同钻铰工艺销钉孔两个。

④将推杆 4 装入推杆固定板 7，导套 9 装入推杆固定板 7 与推板 8 后，将推杆固定板 7 和支承板 6 叠合用销钉 3 定位，加工导柱安装孔。导柱直径在 12mm 以下者，可通过导套孔配钻后铰正导柱孔；导柱直径较大者，在机床上按导套孔校正中心；然后卸下推杆固定板 7 镗孔，每镗一孔需装卸一次。如用坐标镗床加工，则各板上的导柱与导套安装孔可分别按外形基准加工。

2)台阶式导柱[图 10-32(b)]。导柱与导套的安装孔直径相同，推杆为圆形时，其加工方法为：

①不采用坐标镗床时，可将推板、推杆固定板与支承板叠合在一起用压板压紧，同时镗出导柱、导套安装孔。

②导柱、导套装配以后，从型腔镶件的推杆孔内配钻其他各板上的孔。

(3)推杆的装配与修整(图 10-33)

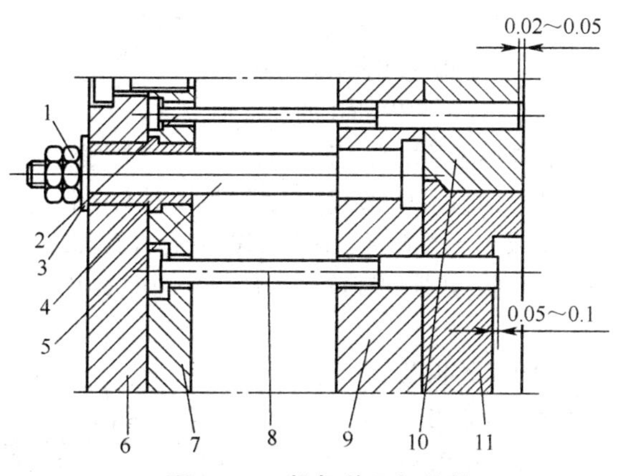

图 10-33 推杆装配与修整

1. 螺帽 2. 复位杆 3. 垫圈 4. 导套 5. 导柱 6. 推板 7. 推杆固定板 8. 推杆 9. 支承板 10. 动模板 11. 型腔镶件

①推杆孔入口处倒小圆角、斜度。推杆顶端也可倒角,因顶端留有修正值,在装配后修正顶端时可将倒角部分磨掉。

②推杆数量较多时,与推杆孔作选择配合。

③检查推杆尾部台肩厚度及推杆孔台肩深度,使装配后留有 0.05mm 左右的间隙,推杆尾部台肩太厚时应修磨底部。

④将装有导套 4 的推杆固定板 7 套在导柱 5 上。将推杆 8、复位杆 2 穿入推杆固定板 7、支承板 9 和型腔镶件 11,然后盖上推板 6 并用螺钉紧固。

⑤模具闭模后,推杆与复位杆的极限位置决定于导柱或模脚的台阶尺寸。因此在修磨推杆顶端面之前必须先将此台阶尺寸修磨到正确尺寸。推板复位至与垫圈 3 或模脚台阶接触时,如推杆低于型面,则应修磨导柱台阶或模脚的上平面;如推杆高出于型面,则可修磨推杆上端面或推板 6 的底面。

⑥修磨推杆及复位杆的顶端面。应使复位后复位杆端面低于型面 0.02～0.05mm,在推扳复位至终点位置后,测量其中一根高出分型面的尺寸,确定其修磨量,其他几根修磨至统一尺寸。推杆端面应高出型面 0.05～0.10mm,修磨方法与上相同,各推杆端面不在同一平面上时,应分别确定修磨量。推杆与复位杆端面的修磨,只有在特殊情况下才和型面一起同磨,其缺点是当砂轮接触推杆时,推杆发生转动而使端面不能磨平,有时会造成磨削中的事故;此外消除间隙内的屑末也很麻烦。

⑦推杆、复位杆端面修磨可在平面磨床上进行,工件可用三爪卡盘,也可用简易专用夹具夹持。

7. 卸料板装配

(1)卸料板型孔镶块的装配 为了提高卸料板使用寿命,型孔部分往往镶入淬硬的型孔镶块，镶入的方式有：

①以过盈配合方式将镶块压入卸料板，大多用于圆形镶块；

②非圆形镶块，将镶块和卸料板用铆钉或螺钉连接。

除了可以在热处理后进行精磨内外孔的圆环形镶块以外，其他形状的镶块在装配之前必须先修正型孔（与型芯的配合间隙），包括修正热处理后的变形量。

镶块内孔表面应有较高的表面粗糙度，与型芯间隙配合工作部分高度仅需保持5～10mm，其余部分应制成1°～3°斜度。由线切割或电火花加工的型孔，其斜度部分可直接在加工过程中得到。如果间隙配合工作部分的表面粗糙度不够时，应加以研磨。

采用铆钉连接方式的卸料板装配，是将镶块装入卸料板型孔，再套到型芯上，然后从镶块上已钻的铆钉孔中对卸料板配钻。铆合后铆钉头在型面上不应留有痕迹，以防止使用时粘塑料。

采用螺钉固定镶块时，调整镶块孔与型芯之间的间隙比较方便，只需将镶块装入卸料板，套上型芯并调整后用螺钉紧固即可，但也须注意镶块外形和卸料板之间的间隙不能修得过大，否则也将粘料。

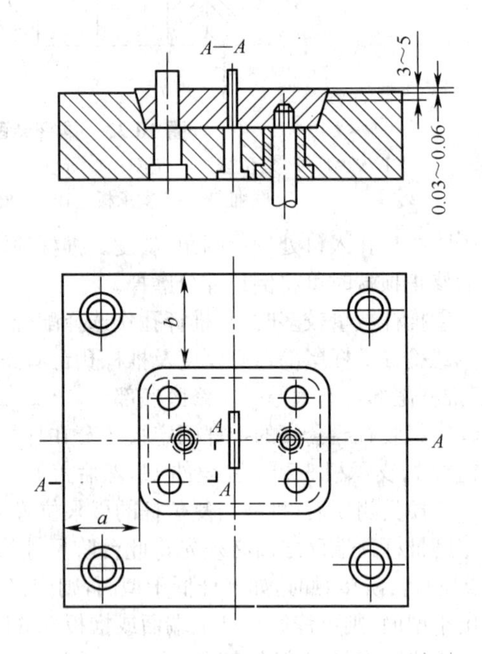

图 10-34 埋入式卸料板

（2）埋入式卸料板的加工与修整

1）卸料板与固定板沉坑的加工与修整。埋入式卸料板系将卸料板埋入固定板之沉坑，如图 10-34 所示。卸料板四周为斜面，与固定板沉坑的斜面接触高度保持有 3～5mm 即可，如若全部接触而配合过于紧密反而使卸料板推出时困难。卸料板的底平面应与沉坑底面保证接触（宁可让四周斜面存在 0.01～0.03mm 的间隙），而卸料板的上平面应高出固定板 0.03～0.06mm。

固定板为圆形时，卸料板四周与固定板沉坑斜度均可由车床加工；为矩形时，卸料板四周斜度可由铣或磨床加工，而固定板沉坑的斜度大多用锥度立铣刀加工。由于加工精度有一定限制，因此往往将卸料板外形加一定余量，在装配时修整以配合沉坑。

2）卸料板的型孔加工。

①对于小型模具，在卸料板外形与端面根据固定板沉坑修配完成后，根据卸料

板的实际位置尺寸 a,b 对卸料板作型孔的划线与加工。固定板上的型芯固定孔则通过卸料板的型孔压印加工。因此除了狭槽、复杂形状的型孔以外,固定板上的孔最好与卸料板型孔尺寸形状一致,以便采用压印方法。当固定板上的孔与卸料板型孔的尺寸、形状不同时,则应根据选定基准 M 与卸料板型孔的实际尺寸、型芯的实际尺寸,计算固定板孔与基准的对应尺寸进行加工,如图 10-35 所示。

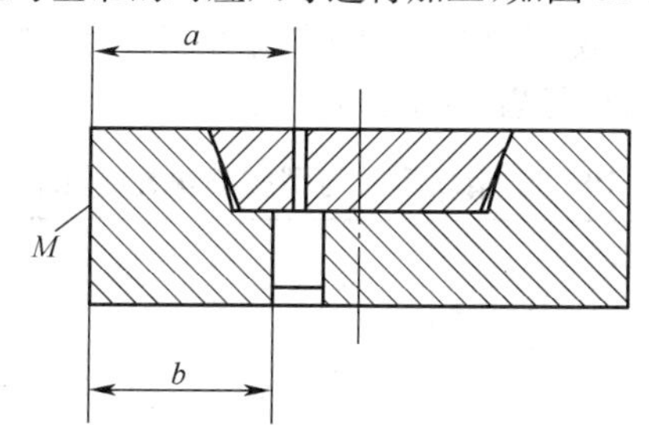

图 10-35 与固定板孔形状尺寸不一致的卸料板

②大型模常采用将卸料板与固定板同加工的办法。首先将修配好的卸料板用螺钉紧固于固定板沉坑内,然后以固定板外形为基准,直接镗出各孔。孔为非圆形时,则先镗出基准孔,然后在立铣床上加工成形。

8. 滑块抽芯机构的装配步骤

(1)将型腔镶块压入动模板,并磨两平面至要求尺寸 滑块的安装是以型腔镶块的型面为基准的。而型腔镶块和动模板在零件加工时,各装配面均放有修正余量。因此要确定滑块的位置,必须先将动模镶块装入动模板,并将上下平面修磨正确。修磨时应保证型腔尺寸,如图 10-36 所示,修磨 M 面时应保证尺寸 A。

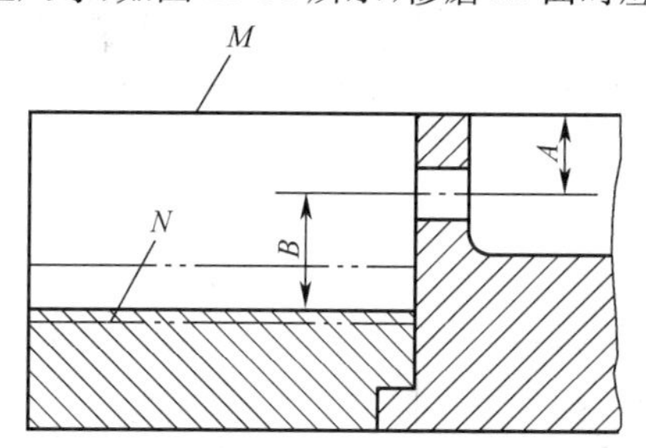

图 10-36 以型腔镶块为基准确定滑块槽位置

(2)将型腔镶块压出动模板,精加工滑块槽 动模板上的滑块槽底面 N 决定修磨后的 M 面,如图 10-36 所示。因此动模板在做零件加工时,滑块槽的底面与两侧面均留有修磨余量(滑块槽实际为 T 形槽,在零件加工时,T 形槽未加工出来)。因此在 M 面修磨正确后将型腔镶块压出,根据滑块实际尺寸配磨或精铣滑块槽。

(3)铣 T 形槽

①按滑块后肩的实际尺寸,精铣动模板的 T 形槽。基本上铣到要求尺寸,最后

由钳工修正。

②如果在型腔镶块上也带有T形槽时，可采取将型腔镶块镶入后一起铣槽。也可将已铣T形槽的型腔镶块镶入后再铣动模板上的T形槽。

(4)测定型孔位置及配制型芯固定孔　固定在滑块上横型芯，往往要求穿过型腔镶块上的孔而进入型腔，并要求型芯与孔配合正确而滑动灵活。为达到这个要求，合理而经济的工艺应该是将型芯和型孔相互配制。由于型芯形状与加工设备不同，采用的配制方法也不同，见表10-38。

表10-38　滑块型芯与型腔镶块孔的配制

结构形式	结构简图	加工图示	说　明
圆形的滑块型芯穿过型腔镶块	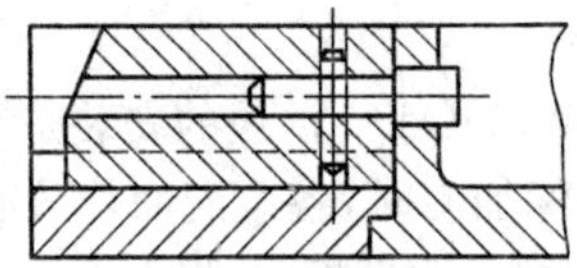	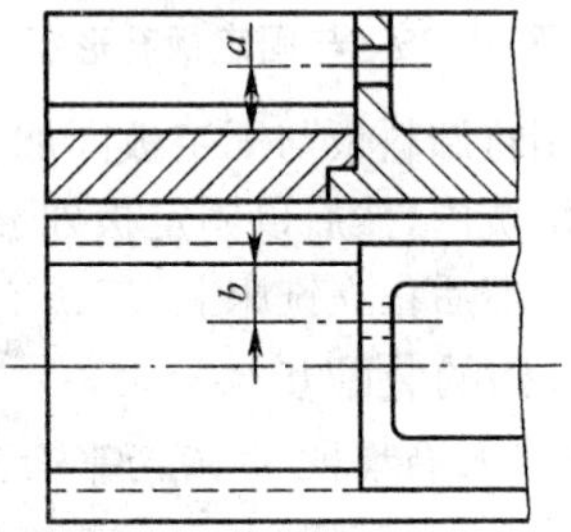 (a) 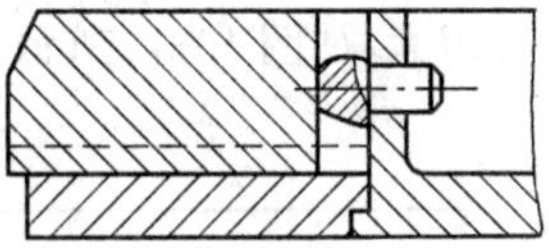 (b)	方法一[图(a)]： 1. 测量出 a 与 b 的尺寸； 2. 在滑块的相应位置，按测量的实际尺寸，镗型芯安装孔；如孔尺寸较大，可先用镗刀镗 $\phi6 \sim \phi10$mm 的孔，然后在车床上校正孔后车制。 方法二[图(b)]： 采用压印的方法，用自制压印工具，在滑块上压出中心孔或圆形，用车床加工型芯孔时便于校正
非圆形滑块型芯穿过型腔镶块	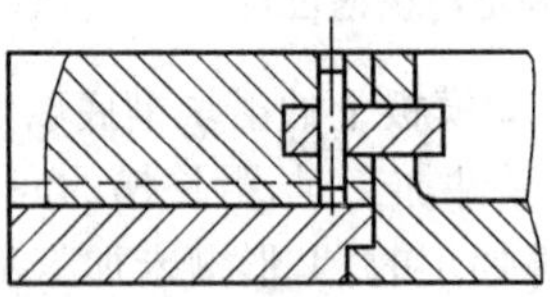	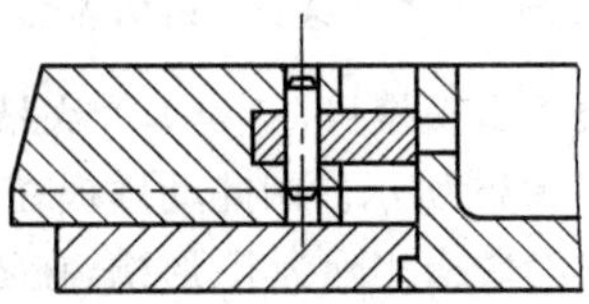	型腔镶块的型孔周围加修正余量。滑块与滑块槽正确配合以后，以滑块型芯对动模镶块的型孔进行压印，逐渐将型孔修正

续表 10-38

结构形式	结构简图	加工图示	说　　明
滑块局部伸入型腔镶块			先将滑块和型腔镶块的镶合部分修正到正确的配合，然后测量得出滑块槽在动模板上的位置尺寸，按此尺寸加工滑块槽

(5)滑块型芯的装配

1)型芯端面的修正方法。如图 10-37 所示为滑块型芯和定模型芯接触的结构。由于零件加工中的积累误差，装配时往往需要修正滑块型芯端面。修磨的具体步骤如下：

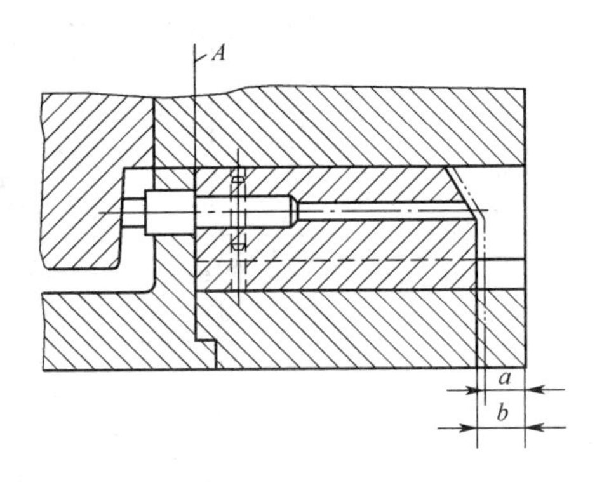

图 10-37　滑块型芯端面的修整

①将滑块型芯顶端面磨成和定模型芯相应部位形状。

②将未装型芯的滑块推入滑块槽，使滑块前端面与型腔镶块之 A 面相接触，然后测量出尺寸 b。

③将型芯装上滑块并推入滑块槽，使滑块型芯之顶端与定模型芯相接触，然后测量出尺寸 a。

④由测得的尺寸 a,b,可得出滑块型芯顶端面的修磨量。但从装配要求，希望滑块前端面与型腔镶块 A 面之间留有间隙 0.05～0.10mm，因此实际修磨量应为 b-a-(0.05～0.1)。

2)滑块型芯修磨正确后用销钉定位。

(6)紧楔块的装配　滑块型芯和定模型芯修配密合后，便可确定紧楔块的位置。紧楔块的技术要求如下：

①紧楔块斜面和滑块斜面必须均匀接触。由于在零件加工中和装配中的误差，在装配中需加以修正，一般以修整滑块斜面较为方便。修整后用红粉检查接触面。

②模具闭合后，保证紧楔块和滑块之间具有锁紧力。其方法就是在装配过程中使紧楔块和滑块的斜面接触后，分模面之间留有 0.2mm 的间隙。此间隙可用塞尺检查。

③在模具使用过程中，紧楔块应保证在受力状态下不向闭模方向松动，即需使

紧楔块的后端面和定模板在同一平面上。

根据上述要求与紧楔块的形式，将装配方法列于表 10-39。

表 10-39 紧楔块的装配方法

紧楔块形式	简 图	装 配 方 法
螺钉、销钉固定式	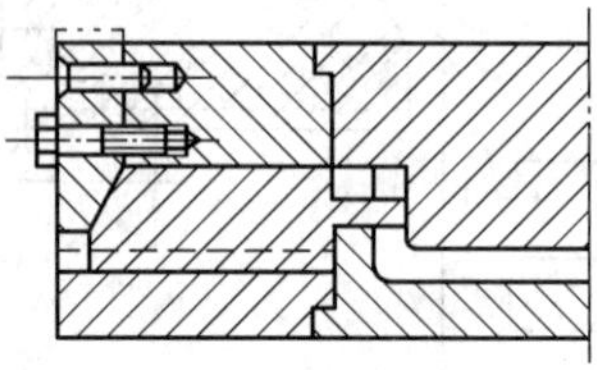	1. 用螺钉紧固紧楔块； 2. 修磨滑块斜面，使与紧楔块斜面密合； 3. 通过紧楔块，对定模板配钻、铰销钉孔，然后装入销钉； 4. 将紧楔块后端面与定模板一起磨平
镶入式	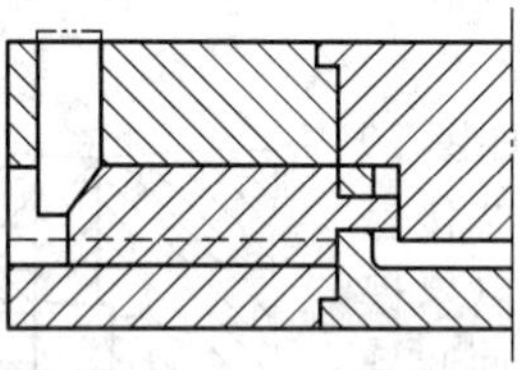	1. 钳工修配定模板上的紧楔块固定孔，并装入紧楔块； 2. 修磨滑块斜面； 3. 紧楔块后端面与定模板一起磨平
整体式	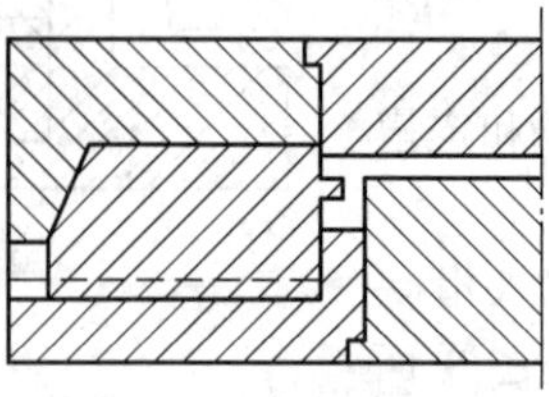	1. 修磨滑块斜面(带镶片式的可先装好镶片，然后修磨滑块斜面)； 2. 修磨滑块，使滑块和定模之间具有 0.2mm 间隙；两侧均有滑块时，可分别逐个予以修正
整体镶片式	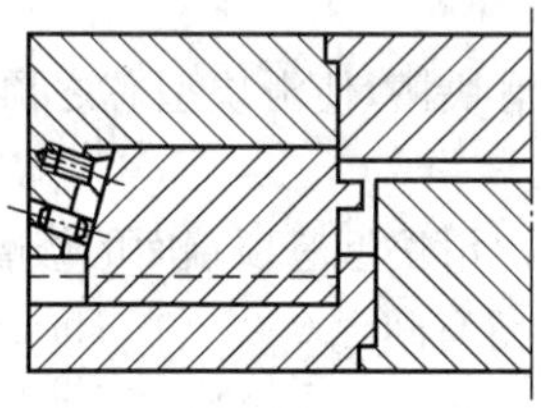	

滑块斜面修磨量按下式计算(图 10-38)：

$$b=(a-0.2)\sin\alpha \qquad (式 10\text{-}4)$$

式中 b——滑块斜面修磨量(mm)；

a——闭模后测得的实际间隙(mm)；

α——紧楔块斜度(度)。

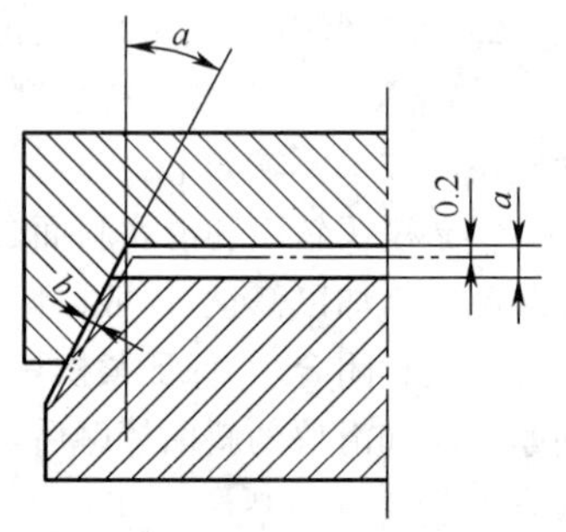

图 10-38 滑块斜面修磨量

(7)镗斜销孔 镗斜销孔是在滑块、动模板和定模板组合的情况下进行。此时紧楔块对滑块作了锁紧，分型面之间留有的 0.2mm 间隙，用金属片(厚度为 0.2mm)垫实。镗孔一般在立铣床上进行。

(8)滑块复位定位　启模后滑块复位至正确位置，滑块复位的定位在装配时做安装与调整。

图 10-39(a)所示为用定位板做滑块复位定位。滑块复位的正确位置可由修正定位板平面得到。复位后滑块后端面一般设计成与动模板外形在同一平面内，由于加工中的误差而形成高低不平时，则可将定位板修磨成台肩形。

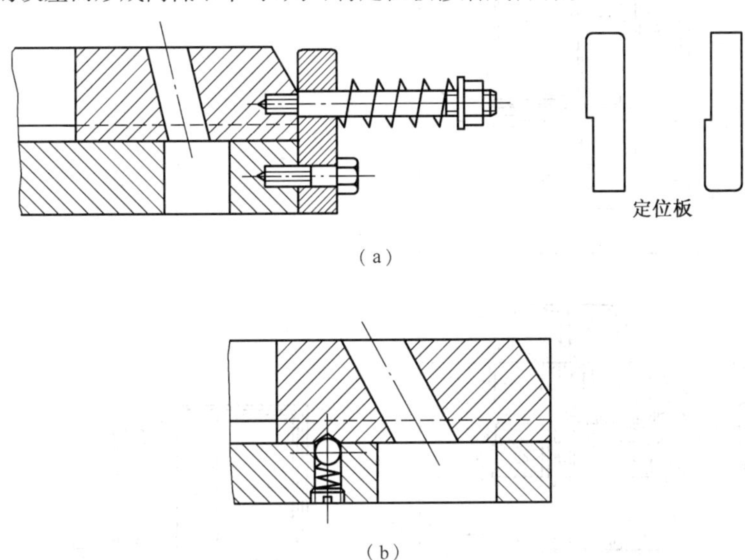

图 10-39　滑块复位定位

(a)用定位板做滑块复位定位　(b)用滚珠做滑块复位定位

图 10-39(b)所示为用滚珠做滑块复位定位，在装配中需在滑块上正确钻锥坑。

当模具导柱长度大于斜销投影长度时，只需在启模至斜销脱出滑块时在动模板上划线，以刻划出滑块在滑块槽内的位置。然后用平行夹具将滑块和动模板夹紧，从动模板上已加工的弹簧孔中配钻滑块锥坑。

当模具导柱较短时，在斜销脱离滑块前模具导柱与导套已经脱离，这样就必须将模具安装于注射机上进行启模以确定滑块位置。

10.5.2.2　塑料模(或压铸模)装配实例

1. 热塑性塑料注射模装配实例

热塑性塑料注射模如图 10-40 所示，装配步骤见表 10-40。

2. 铝合金压铸模装配实例

铝合金压铸模如图 10-41 所示，装配步骤见表 10-41。

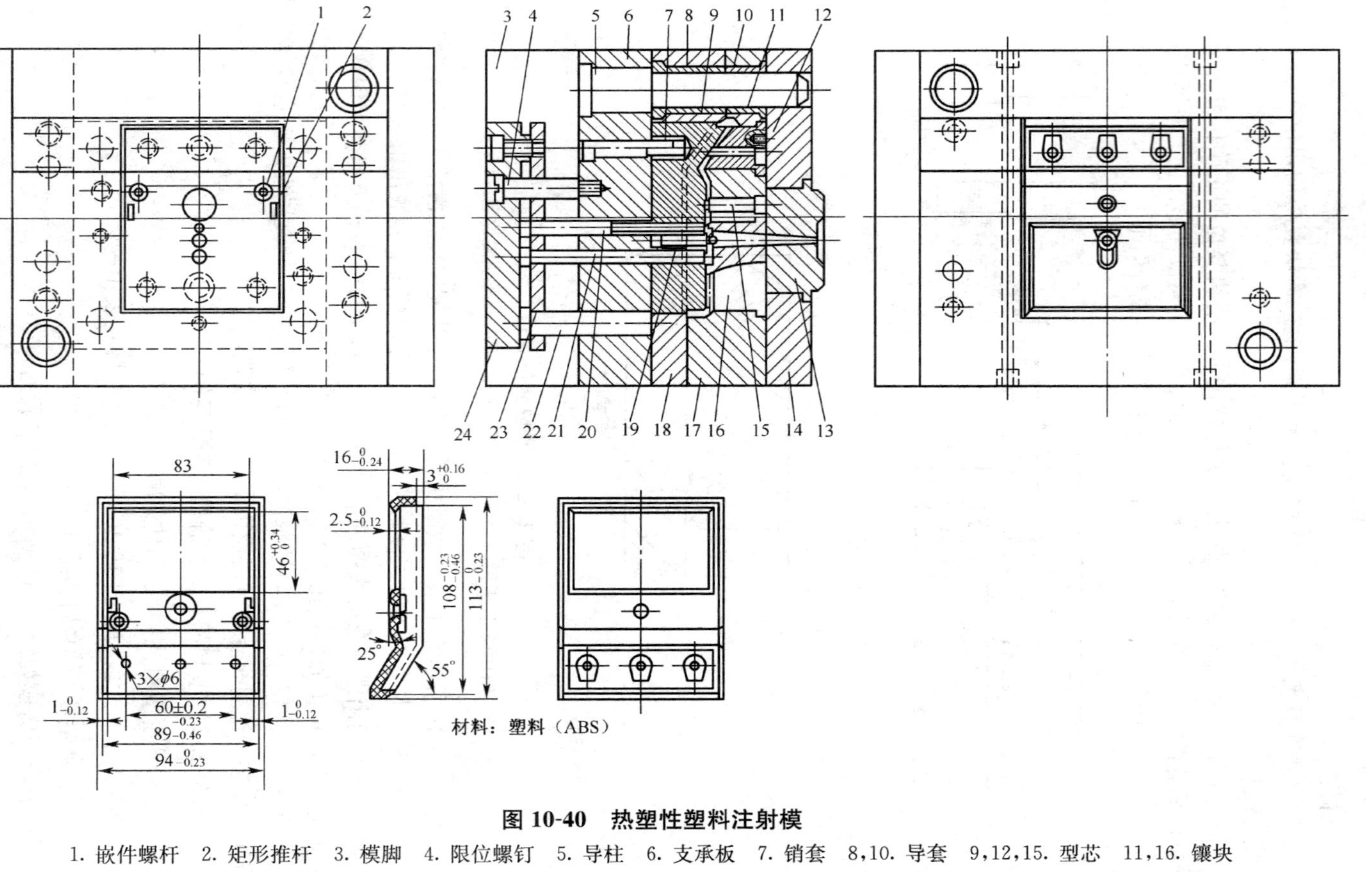

图 10-40 热塑性塑料注射模

1. 嵌件螺杆 2. 矩形推杆 3. 模脚 4. 限位螺钉 5. 导柱 6. 支承板 7. 销套 8,10. 导套 9,12,15. 型芯 11,16. 镶块 13. 浇口套 14. 定模座板 17. 定模 18. 卸料板 19. 拉杆 20,21. 推杆 22. 复位杆 23. 推杆固定板 24. 推板

表 10-40 热塑性塑料注射模装配步骤

装配步骤	简图	装配方法说明
1. 确定定模的基准面	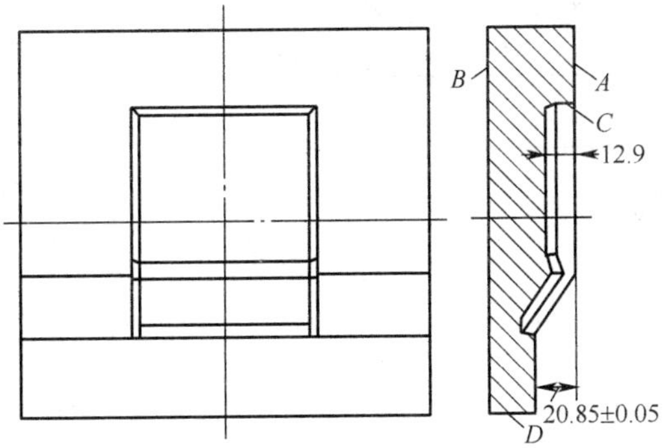 B A C 12.9 20.85±0.05 D	1. 定模前工序完成情况:外形粗刨(铣),每边留余量1mm,分型曲面留余量0.5mm;调质硬度28~32HRC;两平面磨平并留修磨余量;型腔由电火花加工成形,深度按要求尺寸增加0.2mm; 2. 用油石修光型腔表面; 3. 磨 *A* 面控制尺寸12.9mm,再磨 *B* 面; 4. 以型腔 *C* 面为基准,磨分型曲面,控制尺寸20.85mm,同时磨出外形基准面 *D*
2. 修正卸料板的分型面	—	1. 卸料板前工序完成情况:外形粗刨(铣),每边留余量1mm,分型曲面留余量0.5mm;调质硬度28~32HRC;分型曲面按定模尺寸配磨好; 2. 检查定模与卸料板之间的密合情况,用红粉检查; 3. 圆角和尖角相碰处,用油石修配密合;型面不贴合处,研磨修整
3. 同镗导柱、导套孔	—	1. 将定模、卸料板和支承板叠加一起,使分型曲面紧密接触,压紧,镗两孔; 2. 锪导柱、导套孔的台肩

续表 10-40

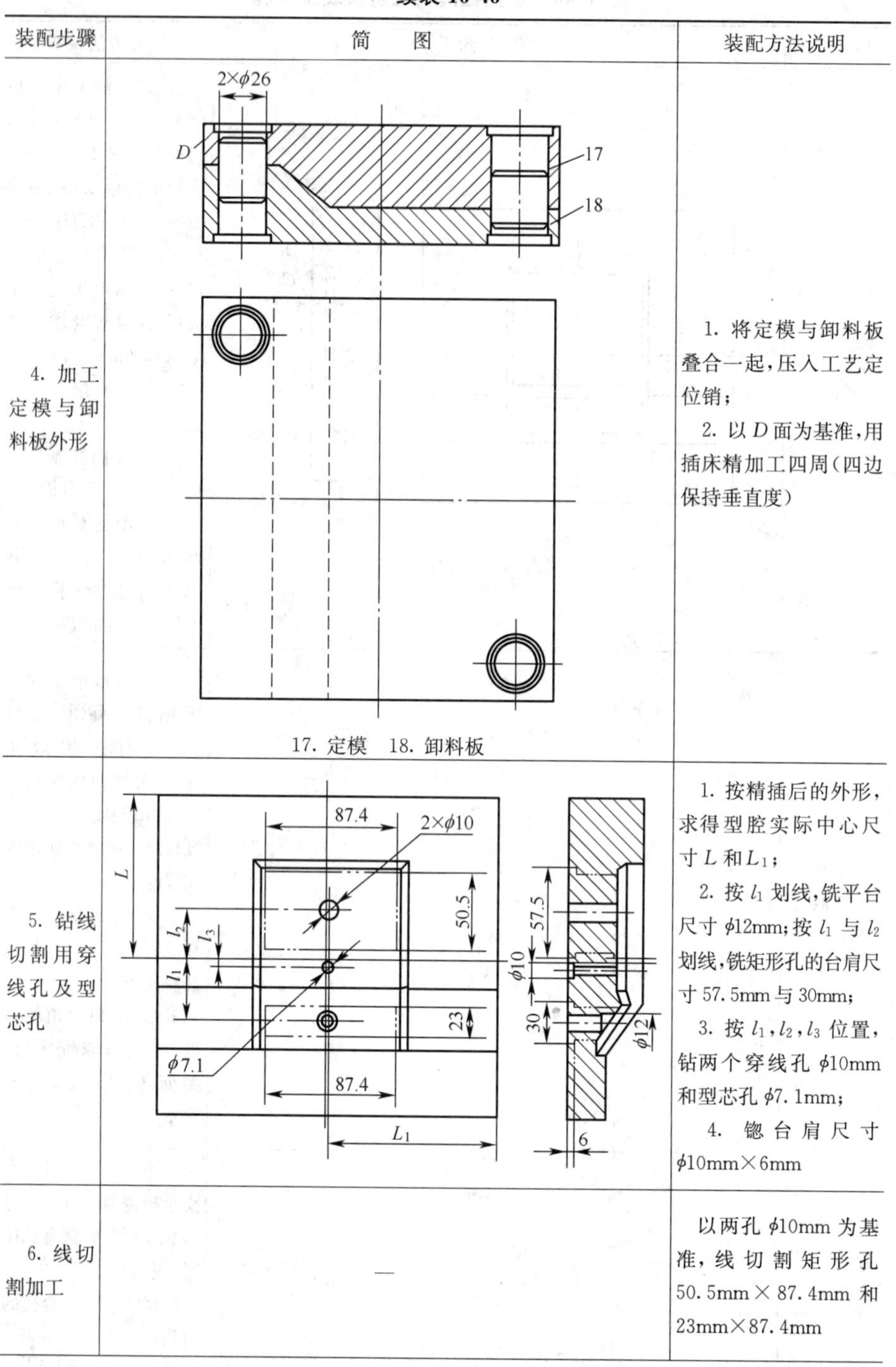

装配步骤	简　图	装配方法说明
4. 加工定模与卸料板外形	17. 定模　18. 卸料板	1. 将定模与卸料板叠合一起，压入工艺定位销； 2. 以 D 面为基准，用插床精加工四周（四边保持垂直度）
5. 钻线切割用穿线孔及型芯孔		1. 按精插后的外形，求得型腔实际中心尺寸 L 和 L_1； 2. 按 l_1 划线，铣平台尺寸 ϕ12mm；按 l_1 与 l_2 划线，铣矩形孔的台肩尺寸 57.5mm 与 30mm； 3. 按 l_1，l_2，l_3 位置，钻两个穿线孔 ϕ10mm 和型芯孔 ϕ7.1mm； 4. 锪台肩尺寸 ϕ10mm×6mm
6. 线切割加工	—	以两孔 ϕ10mm 为基准，线切割矩形孔 50.5mm×87.4mm 和 23mm×87.4mm

续表 10-40

装配步骤	简 图	装配方法说明
7. 线切割卸料板型孔	—	1. 按定模的实际中心 L 与 L_1 尺寸钻线切割用穿线孔； 2. 以穿线孔和外形为基准，线切割加工型孔
8. 将导柱、导套分别压入定模、卸料板和支承板上	—	1. 清除孔和导柱、导套的毛刺； 2. 检查导柱、导套的台肩，其厚度大于沉坑者应修磨； 3. 将导柱、导套分别压入板中
9. 型芯与卸料板及支承板的装配	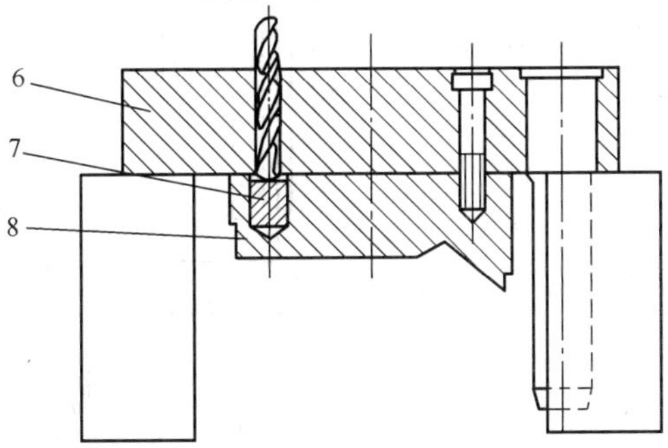 6. 支承板 7. 销套 8. 型芯	1. 钳工修光卸料板型孔，并与型芯作配合检查，要求滑动灵活； 2. 支承板和卸料板合拢，将型芯的螺孔口涂抹红粉，放入卸料板型孔内，在支承板上复制出螺钉孔的位置； 3. 取出卸料板与型芯，在支承板上钻螺钉孔，并锪沉坑； 4. 将销套压入型芯，拉杆装入型芯； 5. 将卸料板、型芯和支承板装在一起，调整其正确位置后，用螺钉紧固； 6. 按划线同钻、铰支承板与型芯销钉孔，并压入销钉
10. 通过型芯配钻支承板上的推杆孔	—	1. 在支承板上配钻出锥坑； 2. 拆掉型芯，调换钻头，钻出要求尺寸的孔

续表 10-40

装配步骤	简　　图	装配方法说明
11. 通过支承板配钻推杆固定板上的推杆孔	—	1. 将矩形推杆穿入推杆固定板、支承板和型芯(板上的方孔已加工完毕)； 2. 将推杆固定板和支承板用平行夹具夹紧； 3. 钻头通过支承板上的孔，直接钻通推杆固定板孔； 4. 推杆固定板上的螺孔，通过推板配钻
12. 在推杆固定板和支承板上加工限位螺钉孔和复位杆孔	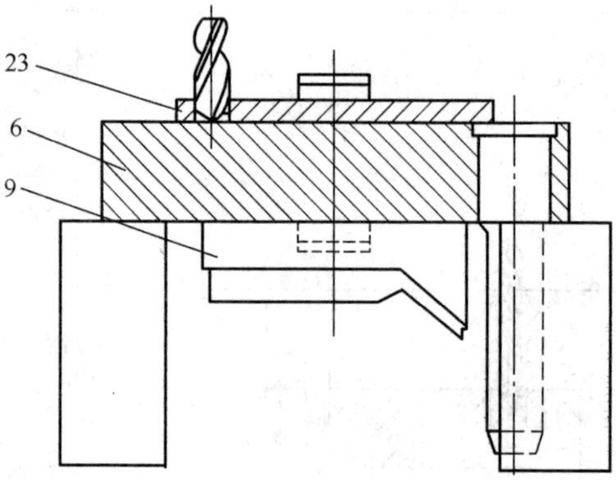 6. 支承板　9. 型芯　23. 推杆固定板	1. 在推杆固定板上钻限位螺钉通孔和复位杆孔； 2. 用平行夹具将支承板与推杆固定板夹紧； 3. 通过推杆固定板配钻支承板上锥坑； 4. 拆下推杆固定板，在支承板上钻攻螺孔和钻通复位杆孔
13. 模脚与支承板的装配	—	1. 模脚上钻螺钉通孔和锪沉坑，钻销钉孔(留铰削量)； 2. 使模脚与推板外形接触，然后将模脚与支承板用平行夹具夹紧； 3. 钻头通过模脚孔向支承板配钻锥坑(销孔可直接钻下，并用 ϕ10mm 铰刀铰孔)； 4. 拆下模脚在支承板上钻、攻螺纹

续表 10-40

装配步骤	简　图	装配方法说明
14. 镶块与定模的装配	—	1. 将镶块16、型芯15装入定模，测量镶块和型芯凸出型面的实际尺寸； 2. 按型芯9高度和定模深度的实际尺寸，将镶块和型芯退出定模，单独进行磨削，然后再装入定模，并检查与定模和卸料板是否同时接触； 3. 将型芯12装入镶块11，将销钉定位；以镶块的外形和斜面作基准，预磨型芯的斜面； 4. 将上项的型芯、镶块装入定模，然后将定模与卸料板合模，并测量出分型面的间隙尺寸； 5. 将镶块11退出，按上项测量出的间隙尺寸，精磨型芯12的斜面到要求尺寸； 6. 将镶块11装入定模，一起磨平装配面； 7. 在定模座板14上钻锪螺钉通孔和导柱孔，钻两销钉孔(留铰削量)
15. 将浇口套压入定模座板	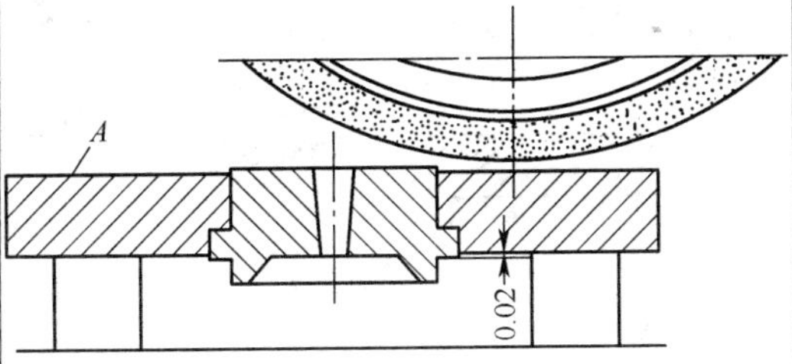 A 0.02	1. 在定模座板浇口套孔中清除毛刺； 2. 检查台肩面到两平面的尺寸，是否符合装配要求(浇口套两端面均应凸出定模座板之两平面)； 3. 用压力机将浇口套压入定模座板； 4. 将浇口套面和定模座板*A*面一起磨平
16. 定模和定模座板的装配	—	1. 将定模和定模座板用平行夹具夹紧(浇口套上的浇道孔和镶块上的浇道孔必须调整到同轴)；通过定模座板孔，配钻定模； 2. 将定模和定模座板拆开，在定模上钻、攻螺孔； 3. 敲入销钉，紧固螺钉
17. 修正推杆和复位杆的长度	—	1. 将动模部分全部装配，使模脚底面和推板紧贴平板，自型芯表面和支承板表面测量出推杆和复位杆的凸起尺寸； 2. 将推杆和复位杆拆下，按上项测得的凸起尺寸修磨顶端，要求推杆凸出型芯平面0.2mm，复位杆和支承板平面齐平

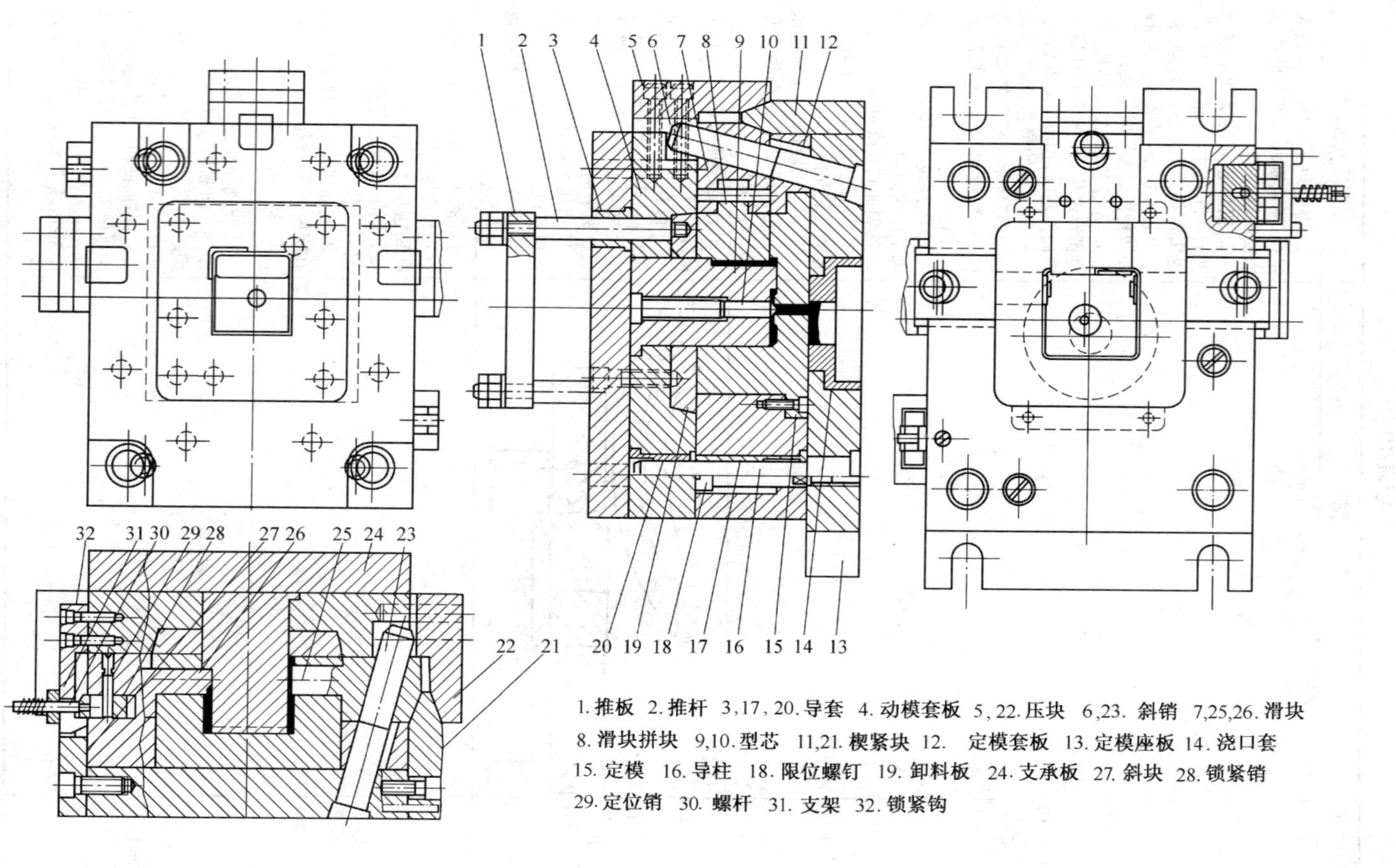

1.推板 2.推杆 3,17,20.导套 4.动模套板 5,22.压块 6,23. 斜销 7,25,26.滑块
8.滑块拼块 9,10.型芯 11,21.楔紧块 12. 定模套板 13.定模座板 14.浇口套
15.定模 16.导柱 18.限位螺钉 19.卸料板 24.支承板 27.斜块 28.锁紧销
29.定位销 30. 螺杆 31.支架 32.锁紧钩

图 10-41 铝合金压铸模

表 10-41 铝合金压铸模装配步骤

装配步骤	简图	装配方法说明
1. 在定模座板、定模套板和动模套板上同镗导柱、导套孔	—	1. 各零件前工序完成情况：各板外形每边均留出 1mm 余量；在定模套板和动模套板的安装部位去除废料；各板两平面均磨削平行，并留有装配磨量； 2. 将各板叠合，按划线镗导柱、导套孔，并锪台肩部分
2. 精插各板外形至要求尺寸，并严格保证四边的垂直度	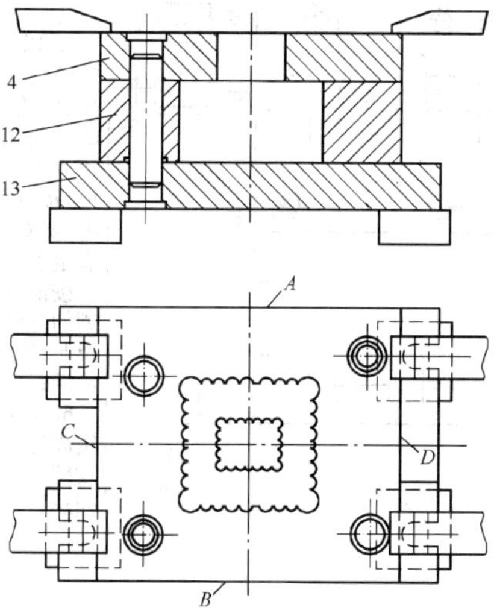 4. 动模套板　12. 定模套板　13. 定模座板	1. 在导柱、导套孔中压入工艺定位销； 2. 将三块板一起放在插床上，垫以等高垫块，校正中心，用压板压紧，插削 A，B 两面及 C 面的缺口； 3. 将定模座板拆下，精插定模套板和动模套板的 C 面和 D 面
3. 在定模套板上加工定模固定孔和滑块槽	—	1. 以外形为基准，精插定模固定孔到要求尺寸（留装配修正量）； 2. 粗铣滑块槽留磨量； 3. 铣定模固定孔的台肩到要求尺寸； 4. 铣锁紧销槽坑到要求尺寸

续表 10-41

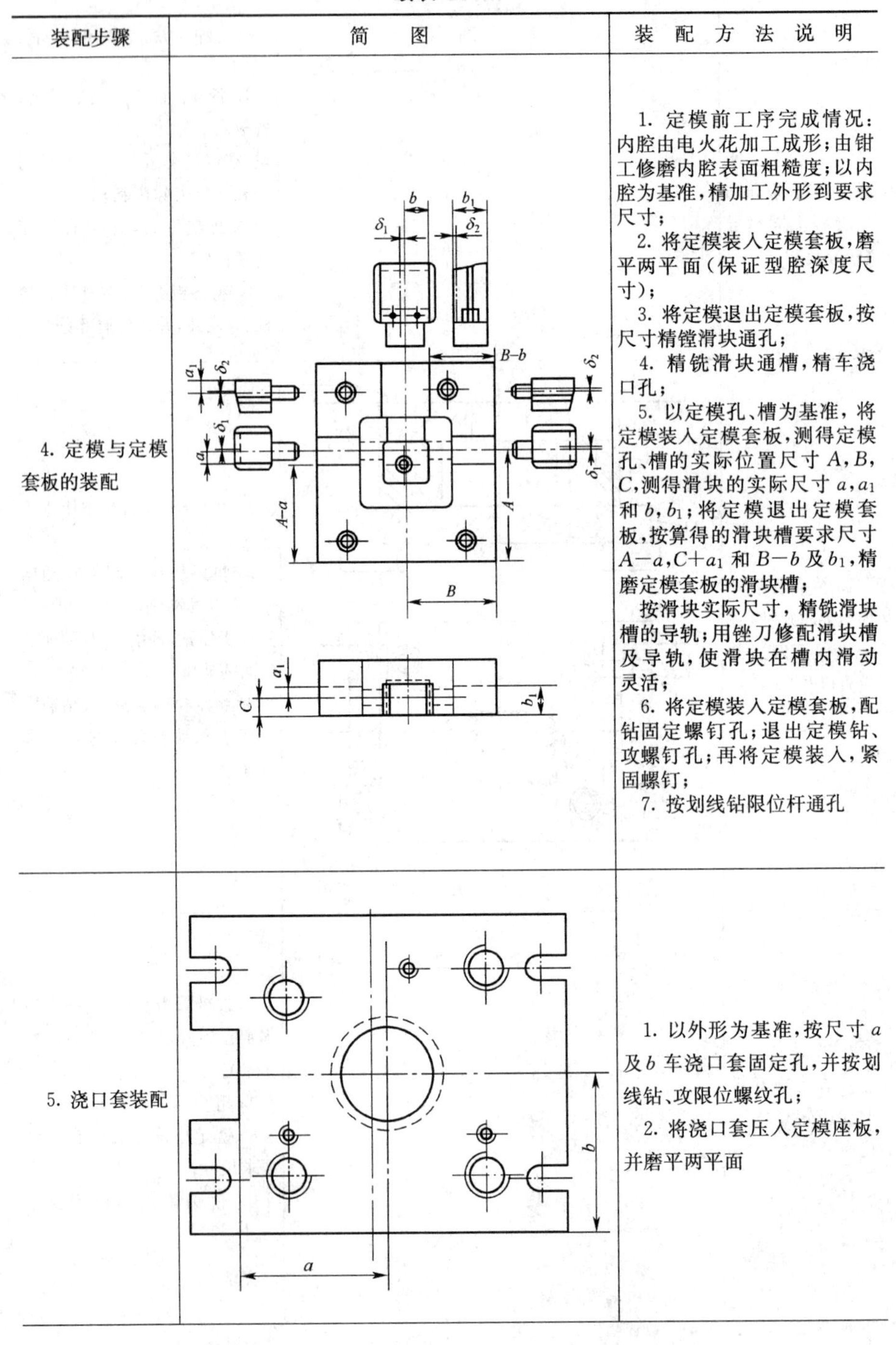

装配步骤	简　图	装 配 方 法 说 明
4. 定模与定模套板的装配		1. 定模前工序完成情况：内腔由电火花加工成形；由钳工修磨内腔表面粗糙度；以内腔为基准，精加工外形到要求尺寸； 2. 将定模装入定模套板，磨平两平面（保证型腔深度尺寸）； 3. 将定模退出定模套板，按尺寸精镗滑块通孔； 4. 精铣滑块通槽，精车浇口孔； 5. 以定模孔、槽为基准，将定模装入定模套板，测得定模孔、槽的实际位置尺寸 A，B，C，测得滑块的实际尺寸 a，a_1 和 b，b_1；将定模退出定模套板，按算得的滑块槽要求尺寸 $A-a$，$C+a_1$ 和 $B-b$ 及 b_1，精磨定模套板的滑块槽； 按滑块实际尺寸，精铣滑块槽的导轨；用锉刀修配滑块槽及导轨，使滑块在槽内滑动灵活； 6. 将定模装入定模套板，配钻固定螺钉孔；退出定模钻、攻螺钉孔；再将定模装入，紧固螺钉； 7. 按划线钻限位杆通孔
5. 浇口套装配		1. 以外形为基准，按尺寸 a 及 b 车浇口套固定孔，并按划线钻、攻限位螺纹孔； 2. 将浇口套压入定模座板，并磨平两平面

续表 10-41

装配步骤	简　图	装 配 方 法 说 明
6. 在动模套板上铣卸料板沉坑	—	1. 在车床上去除沉坑的废料； 2. 以外形为基准，精铣凹坑的深度和斜面； 3. 按划线铣出其他非配合的凹坑和台阶面； 4. 按划线钻四个推杆孔
7. 在卸料板上配钻、加工螺钉孔	—	1. 零件前工序完成情况：卸料板除上平面留有装配修正量外，其余全部精磨到尺寸；支承板上的固定螺纹孔、螺钉通孔全部加工完成；销钉孔待铰；导套孔在铣床上镗后铰光； 2. 钳工修整卸料板侧面，使底面和侧面同时接触； 3. 在支承板上安装工艺钻套(使钻套内径等于螺纹孔的底径尺寸)； 4. 将动模套板和支承板叠合，对准推杆孔位置；将卸料板放入沉坑，然后用平行夹具一起夹紧； 5. 通过工艺钻套配钻卸料板上的孔； 6. 取出卸料板进行攻螺纹(保证垂直度)
8. 在卸料板和动模套板上加工型芯孔	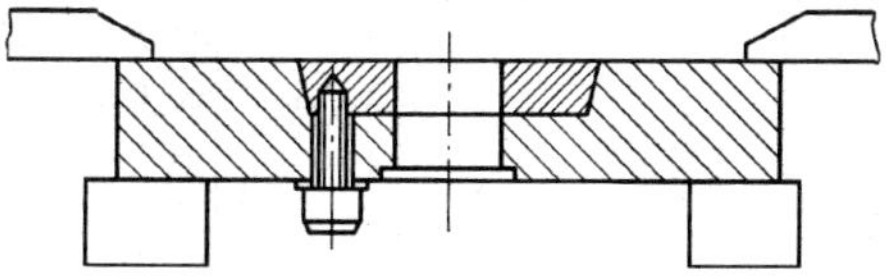	1. 去除卸料板上的废料； 2. 将卸料板和动模套板用螺钉紧固在一起； 3. 在插床上加工内形(以定模为基准)留精锉余量，在铣床上加工固定型芯的台肩； 4. 根据磨削成形的型芯，精修内孔，其配合为 H7/f6，同时必须保证内孔与外形基准的位置尺寸(由定模测得)； 5. 取出卸料板，修锉内形使与型芯达到间隙配合要求。修锉过程中，用红粉检查修锉的均匀度

续表 10-41

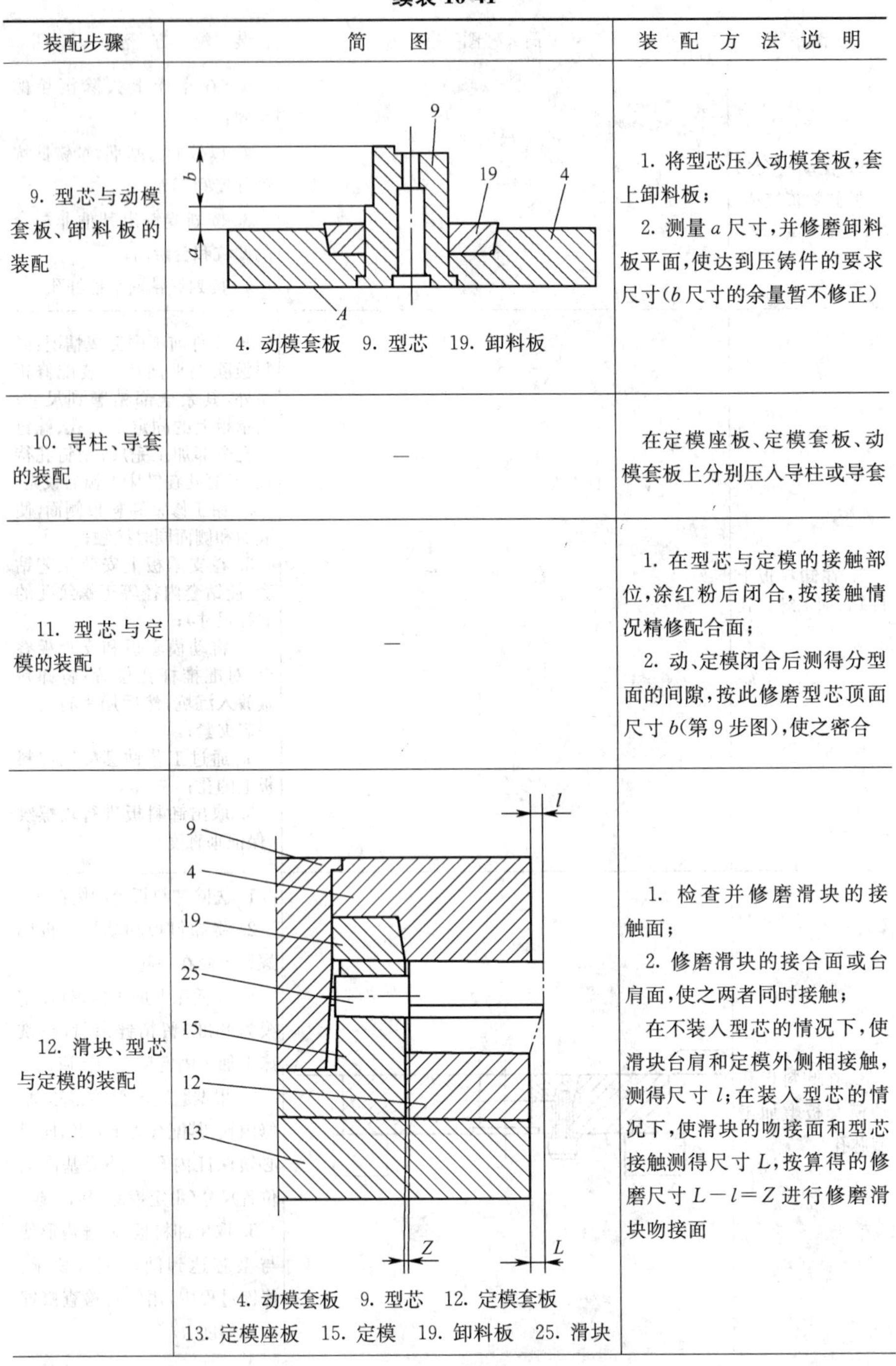

装配步骤	简　图	装配方法说明
9. 型芯与动模套板、卸料板的装配	4. 动模套板　9. 型芯　19. 卸料板	1. 将型芯压入动模套板，套上卸料板； 2. 测量 a 尺寸，并修磨卸料板平面，使达到压铸件的要求尺寸（b 尺寸的余量暂不修正）
10. 导柱、导套的装配	—	在定模座板、定模套板、动模套板上分别压入导柱或导套
11. 型芯与定模的装配	—	1. 在型芯与定模的接触部位，涂红粉后闭合，按接触情况精修配合面； 2. 动、定模闭合后测得分型面的间隙，按此修磨型芯顶面尺寸 b（第 9 步图），使之密合
12. 滑块、型芯与定模的装配	4. 动模套板　9. 型芯　12. 定模套板 13. 定模座板　15. 定模　19. 卸料板　25. 滑块	1. 检查并修磨滑块的接触面； 2. 修磨滑块的接合面或台肩面，使之两者同时接触； 在不装入型芯的情况下，使滑块台肩和定模外侧相接触，测得尺寸 l；在装入型芯的情况下，使滑块的吻接面和型芯接触测得尺寸 L，按算得的修磨尺寸 $L-l=Z$ 进行修磨滑块吻接面

续表 10-41

装配步骤	简 图	装 配 方 法 说 明
13. 楔紧块的装配	—	1. 楔紧块前工序完成情况：螺钉通孔与销钉孔已加工完毕，热处理到要求硬度，安装面和工作斜面磨削成形； 2. 在楔紧块之安装面与工作面涂红粉，检查工作面与滑块斜面是否吻合，如有误差，修磨楔紧块； 3. 定模座板与定模套板之间垫 0.2mm 厚金属片； 4. 按楔紧块位置在定模座板上钻、攻螺纹孔； 5. 将楔紧块用螺钉初步紧固于定模座板，并调整楔紧块位置，使斜面与滑块紧密贴合； 6. 紧固螺钉，配钻销钉孔，铰光后压入销钉
14. 安装斜销	—	1. 按划线镗斜销孔； 2. 按定模套板上已镗的斜销孔，扩铣成要求的长圆孔； 3. 将斜销压入定模座板； 4. 斜销在定模座板平面上凸出部分，可用砂轮局部修平
15. 安装型芯	—	将型芯 10 装入型芯 9 中，一起磨平动模套板的 *A* 面与型芯的台肩凸起部分如第 9 步简图所示
16. 支承板与动模套板的装配	—	1. 支承板前工序完成情况：安装螺纹孔、螺钉通孔和销钉孔（留余量）均按划线加工完成，导套孔加工完毕； 2. 压入导套 3； 3. 将支承板和动模套板叠合，在导套内插入导柱，并与卸料板连接，用平行夹具夹紧，配钻螺纹孔及销钉孔； 4. 将支承板和动模套板分开，在支承板上攻螺纹； 5. 将支承板和动模套板用螺钉紧固，铰销钉孔并压入销钉

续表 10-41

装配步骤	简图	装配方法说明
17. 安装压块 5	—	1. 压块前工序完成情况：销钉孔与螺纹孔加工完成，热处理达到要求硬度，安装面和工作斜面磨削成形； 2. 在压块的安装面和工作面涂红粉，测试斜面楔紧块是否吻合，如有误差予以修磨； 3. 按压块位置在动模套板上钻、攻螺纹孔； 4. 将压块用螺钉初步紧固于动模套板，并调整压块位置使斜面与楔紧块紧密贴合； 5. 紧固螺钉，配钻销钉孔，铰光后压入销钉
18. 安装锁紧钩 32	—	1. 将锁紧销 28 装入定模套板的槽内，旋入定位销 29； 2. 动、定模闭合，在锁紧钩与锁紧块相接触的情况下，复制出螺纹孔位置，并钻、攻螺纹孔； 3. 将锁紧钩调整到正确位置后紧固螺钉，配钻销钉孔，铰光后压入销钉
19. 安装斜块 27	—	1. 将定模座板和定模套板分开到斜块与锁紧斜面相接触，然后在定模座板上复制出螺纹孔位置，并钻攻螺纹孔； 2. 使两旁的斜块与锁紧销同时接触，然后将螺钉紧固 3. 装上支架 31 和螺杆 30
20. 安装推杆 2 和推板 1	—	所有零部件装配完毕后，安装推杆 2 和推板 1

10.6 模具的试模与调整

10.6.1 冷冲模的试模与调整

10.6.1.1 冷冲模的试模与调整的要求(表 10-42)

表 10-42 冷冲模的试模与调整的要求

序　号		说　　明
试模与调整的目的		1. 通过试模可以发现模具和制件存在的问题,可及时对模具设计、制造及装配过程中的缺陷进行调整,保证产品质量; 2. 通过试模与调整,可确定毛坯尺寸和工序尺寸,为产品的成形工艺提供依据; 3. 验证模具的质量及精度
试模与调整的内容		1. 将模具装在指定的压力机上,压力机的压力吨位要大于模具冲压力的 10%; 2. 用规定的材料在模具上试冲制品; 3. 检查产品质量,分析产生废品原因,对存在的问题进行修整,以保证产品合格; 4. 解决模具各配合情况、压力情况、中间工序尺寸、退料力、顶料力等模具设计、制造及装配过程中所存在的缺陷; 5. 排除影响安全、质量稳定和操作方便的不利因素
试模与调整的要求	试模前	1. 对设备的要求: (1)压力机吨位大于模具的总冲压力,其装模高度大于模具的闭合高度; (2)压力机各工作部分灵活可靠,要保证滑块与工作台的垂直度; (3)模具安装方便。 2. 对材料的要求: (1)材料的性能、牌号、厚度、宽度及公差应符合生产工艺要求; (2)材料的表面质量应符合图纸工艺要求
	调整后	1. 能顺利地安装在指定的压力机上; 2. 能稳定地冲制出合格的产品,在正常操作下并能保证模具按设计要求生产的产品数量; 3. 操作方便、安全可靠

10.6.1.2 冷冲模的安装步骤

1. 在单动冲床上模具的安装步骤(表 10-43)

表 10-43 在单动冲床上模具的安装步骤

序　号	安　装　步　骤
1	准备工作： (1)熟悉技术文件,根据模具的结构,考虑安装方法； (2)检查压力机的技术状态是否符合要求； (3)备齐安装时需用的螺栓、螺母、压板、垫块及模具上的附件； (4)备齐加工的材料或半成品及相关量具
2	开动压力机,进行空转,检查压力机运行情况及离合器是否正常可靠
3	清除滑块底面、工作台面的废杂物,并将模具上、下面擦拭干净
4	把滑块升到上止点,将模具放在压力机工作台面中心位置,滑块底面至模具上平面的距离大于压力机行程
5	模柄对准滑块模柄孔,然后慢慢将滑块降到下止点,调节滑块高度,使其与模具接触
6	将上模紧固在压力机滑块上,同时用压板螺栓将下模固定在压力机台面上(垫块要与下模座板等高,螺栓不拧紧)
7	将滑块上调 5mm 左右,让滑块空行数次,如无异常,再把滑块降到下止点,下调压紧模具
8	拧紧下模的安装螺栓,把压力机滑块上升到上止点
9	凡是压力机要加润滑油的地方加上润滑油,导柱上加润滑油,检查模具工作部分有无杂物;然后开动压力机,空行数次,检查模具运行情况
10	上模有打料杆时,则应调整压力机上的打料螺钉;如模具有气垫,应调整压缩空气到合适压力
11	进行试冲,并逐步调节滑块到所需高度,再锁紧压力机的调整装置
12	确定压力机工作正常,模具安装无误,试冲一定数量即可

2. 在双动压力机上拉深模的安装步骤(表 10-44)

表 10-44 在双动压力机上拉深模的安装步骤

序　号	安　装　步　骤
1	准备工作(同表 10-43 之 1)
2	调节压力机的内、外滑块到最高点,并将内、外滑块停于止点
3	将拉深模放入压力机工作台面中心位置
4	将滑块降到下止点,启动内滑块调节电动机,使内滑块下降至与凸模固定座接触,对准安装槽,将凸模固定座用螺栓固定在内滑块垫板上
5	开动压力机,使滑块及凸模上升至上止点

续表 10-44

序 号	安 装 步 骤
6	把拉深模从工作台面取出，把外滑块垫板放在压边圈上，用螺栓将它和压边圈初步连接上，然后将拉深模放入压力机工作面中心位置
7	卸下外滑块垫板与压边圈的连接螺栓，开动压力机，空行数次，使外滑块垫板处于正确位置
8	安装压边圈，放掉平衡气缸里的压缩空气，调节外滑块的高度，使外滑块与垫板接触，用螺栓将外滑块、外滑块垫板和压边圈连接并紧固，然后往平衡气缸里送压缩空气
9	用螺栓将凹模初步固定在工作台垫板上（螺栓不拧紧）
10	开动压力机试运行，正常后拧紧凹模的固定螺栓

10.6.1.3 冲裁模的试模与调整

1. 冲裁模的调整项目（表 10-45）

表 10-45 冲裁模的调整项目

调整项目	调 整 要 求
刃口及间隙的调整	1. 刃口接触面深度适中，不深不浅，以冲出合格制件为准，依靠压力机连杆调节来保证； 2. 间隙均匀：对无导向的冲模，调整方法一般采用垫片法、测量法和透光法；对有导向的模具，要保证导向部件运动灵活，无滞涩现象
定位的调整	1. 定位销、定位块或导正销位置要精确，出现偏差要进行调整或更换； 2. 修边模和冲孔模定位形状应与前道工序冲件形状相吻合，但也要便于操作
卸（顶）料装置的调整	1. 卸料板（顶料块）形状应与冲件一样； 2. 卸（顶）料的卸（顶）料力应大于工件在模具内的阻力； 3. 卸料板（顶料块）动作灵活； 4. 漏料孔和出料孔畅通

2. 冲裁模及冲裁件常见缺陷和调整方法（表 10-46）

表 10-46 冲裁模及冲裁件常见缺陷和调整方法

废品缺陷	废 品 原 因	调 整 方 法
切模	1. 凸模与凹模不同轴； 2. 导向装置间隙过大； 3. 压力机滑块间隙过大； 4. 凹模刃口不平行； 5. 导柱长度不够	1. 重新装配凸模或凹模，保证同轴度； 2. 更换或修复导向装置，保证间隙在合理的范围之内； 3. 调整压力机滑块间隙； 4. 重新修磨； 5. 更换导柱

续表 10-46

废品缺陷	废品原因	调整方法
凸模折断或弯曲	1. 热处理硬度不当； 2. 凸、凹模安装不同轴； 3. 冲小孔未加导向保护装置； 4. 切断模冲裁时产生的侧向力未消除； 5. 凹模落料孔与下模座漏料孔没对正	1. 选择适当的模具材料，重新热处理； 2. 重新装配，保证同轴度； 3. 冲小孔时应安装导向保护装置； 4. 采用反侧向压力来抵消侧向力； 5. 修磨漏料孔
送料不通畅或料被卡死（主要在连续模、级进模中）	1. 侧刃与侧刃挡块之间有间隙； 2. 导料板之间尺寸过大、过小或两导板不平行； 3. 凸模与卸料板之间间隙过大	1. 修整侧刃与挡块，消除间隙，使条料保持平整； 2. 调整导料板之间的距离或重装导料板； 3. 调整凸模与卸料板之间间隙，使之合理
工件断面光亮带不均	凸模和凹模不同轴，间隙不均匀	修整凸模或凹模，或重新装配调整凸、凹模的间隙
工件断面粗糙，圆角大，光亮带小，有拉长的毛刺	凸、凹模间隙过大	落料模更换凸模，冲孔模更换凹模，保证合理间隙
工件断面光亮带太宽，有二次光亮带和齿状毛刺	凸、凹模间隙太小	落料模应修磨凸模，保证凸、凹模的合理间隙； 冲孔模应修磨凹模，保证凸、凹模的合理间隙
工件毛刺大	1. 刃口不锋利； 2. 凸、凹模间隙过大或过小	1. 修磨刃口，使其锋利； 2. 修磨调整凸、凹模间隙，或更换凸模或凹模
卸（顶）料不正常，料退不下	1. 卸（顶）料力不足； 2. 卸料板与凸模、顶料块与凹模间隙过紧； 3. 凹模落料孔与下模座漏料孔没对正	1. 调整卸（顶）料力，使卸（顶）料力合理； 2. 修整卸料板（顶料块），重新调整到适当间隙； 3. 修磨漏料孔

续表 10-46

废品缺陷	废品原因	调整方法
工件小孔口破裂及工件有变形	1. 导正销尺寸大于孔径尺寸； 2. 导正销定位不正确	1. 修正导正销； 2. 调整导正销的位置误差

10.6.1.4 弯曲模的试模与调整

1. 弯曲模的调整项目(表 10-47)

表 10-47 弯曲模调整项目

调整项目	调整要点
调整间隙	1. 固定上模,下模放在压力机台面,暂不紧固； 2. 将与材料等厚的垫片(垫片硬度比材料软)放入下模卸料板中,用手扳动飞轮,使滑块行到下止点,然后调节压力机连杆,使之与垫片接触为止,这样能保证凸、凹模四周间隙均匀
调整定位装置	1. 弯曲模的定位装置其形状和尺寸应与弯曲件坯料有关尺寸和形状相吻合,以保证定位的稳定性和可靠性； 2. 定位零件的位置应准确
调整卸料装置	1. 卸料装置应动作灵活； 2. 卸料及弹顶的弹力要大； 3. 卸料装置的行程应保证弯曲件能顺利顶出

2. 弯曲件常见缺陷和调整方法(表 10-48)

表 10-48 弯曲件常见缺陷及调整方法

缺陷	原因	调整方法
弯曲角有裂纹	1. 材料塑性差； 2. 弯曲内半径太小； 3. 弯曲线与材料压制方向平行； 4. 毛坯的毛刺一面向外	1. 将材料退火或用塑性好的材料； 2. 加大凸模弯曲半径； 3. 改变落料排样； 4. 将毛刺改在制件内
凹形制件底部不平	1. 凹模内无顶料装置； 2. 顶料着力点不均匀； 3. 顶料力不足； 4. 压力机行程没有到位	1. 增加顶料装置； 2. 调整着力点,使其分布均匀； 3. 加大弹力； 4. 调节压力机连杆长度,使其到位

续表 10-48

缺 陷	原 因	调 整 方 法
制件弯曲后不能保证孔位尺寸	1. 制件展开尺寸不对； 2. 定位不正确； 3. 材料回跳	1. 重新计算毛坯尺寸，并进行试冲； 2. 改变定位方式或增加定位工艺； 3. 改进模具成形结构或增加校正工序
弯曲引起孔变形	弯曲过程中，侧壁的孔由于材料的拉延使孔变形	1. 保证凸、凹模间隙适当； 2. 加大顶板压力
弯曲后两孔轴心错移	1. 弯曲时毛坯产生滑动，引起孔中心线错移； 2. 弯曲后的弹复使孔中心线倾斜	1. 毛坯要准确定位，保证左右弯曲高度一致； 2. 改进模具结构，减小工件弹复
制件外表面有压痕	1. 凹模表面粗糙； 2. 凹模圆角半径太小	1. 调整凸、凹模间隙，提高凹模表面粗糙度； 2. 增大凹模圆角半径，圆角半径表面粗糙度要小
制件高度尺寸不稳定	1. 凹模圆角不对称； 2. 高度尺寸太小； 3. 没有安装稳定的压料装置	1. 调整凹模圆角，保持圆角一致； 2. 高度尺寸不能小于最小极限； 3. 安装稳定的压料装置
弯曲表面挤压变薄	1. 凹模圆角太小； 2. 凸、凹模间隙过小	1. 加大凹模圆角半径，达到合理范围； 2. 修正凸、凹模间隙
工件翘曲	横向应变在中性层外侧是压应变，中性层内侧是拉应变，故横向便形成翘曲	1. 采用校正弯曲，增加单位面积压力； 2. 根据其弹性变形量，修正凸凹模

10.6.1.5 拉深模的试模与调整

1. 拉深模的调整项目(表 10-49)

表 10-49 拉深模的调整项目

调整项目	调 整 要 点
进料阻力的调整	拉深模中使工件产生开裂和皱纹主要原因是进料阻力大小不合适，阻力太大容易开裂，阻力太小容易起皱。故调整拉深模的关键在于调整进料阻力的大小

续表 10-49

调整项目	调 整 要 点
拉深深度的调整	拉深深度采用分段逐步调整的方法，先调整较浅的一段，再往下调较深的一段；分段进行，直到调到所需深度
拉深次数的调整	工件拉深是根据拉深系数、相对高度及相对厚度来确定拉深次数，因此，拉深次数应以材料的相对厚度和拉深高度来调整其拉深次数
间隙调整	调整前，先按工件材料的厚度做好一个样件；调整时，将上模紧固在压力机滑块上，下模放在工作台上先不紧固；将样件放入凹模内，使上、下模对中吻合，即可保证间隙均匀合理

2. 拉深件常见缺陷和调整方法（表 10-50）

表 10-50 拉深件常见缺陷和调整方法

工件缺陷	废 品 原 因	调 整 方 法
工件底部被拉脱	1. 凹模圆角半径太小，使材料处于切割状态； 2. 润滑不良	1. 加大凹模圆角半径； 2. 使用与材料相配套的润滑剂
壁部破裂	1. 材料塑性不好； 2. 凹模圆角半径太小； 3. 拉深系数不对； 4. 材料承受的径向拉应力太大； 5. 润滑不良	1. 使用塑性好的材料或进行退火处理； 2. 加大凹模圆角半径； 3. 重新核对拉深系数，按规定拉深系数进行拉深； 4. 减小压边力； 5. 使用合适的润滑剂
工件壁部有拉痕	1. 模具工作部分或圆角半径不光滑； 2. 毛坯表面或润滑剂有杂质	1. 研磨修光模具的工作部分及圆角； 2. 清洗毛坯及使用干净的润滑剂
制品呈歪状	1. 顶件杆顶力不均； 2. 排气不畅	1. 调整顶件杆位置保证顶力均匀； 2. 加大排气孔
边缘呈齿状	毛坯有毛刺	修磨落料刃口，去掉毛刺
制品口缘起皱	1. 凹模圆角半径太大； 2. 压力太小或压边圈起不到压边作用； 3. 凸、凹模间隙过大	1. 减小凹模圆角半径； 2. 调整压边圈结构，加大压边力； 3. 修整凸、凹模间隙
凸缘起皱且零件壁部被拉裂	压边力太小，凸缘部分起皱，无法进入凹模而拉破	加大压边力

续表 10-50

工件缺陷	废 品 原 因	调 整 方 法
拉深高度不够	1. 毛坯尺寸不正确； 2. 凸模圆角半径太小； 3. 凸、凹模间隙太大	1. 毛坯尺寸应正确计算； 2. 加大凸模圆角半径； 3. 调整模具间隙，使间隙合理
制品边缘高低不一	1. 毛坯与凸、凹模中心线不重合； 2. 凸、凹模间隙不均匀； 3. 凹模圆角半径不均； 4. 材料厚度不均匀	1. 调整定位，使坯件中心与凸、凹模中心线重合； 2. 调整间隙，保证间隙均匀； 3. 修整凹模圆角半径； 4. 更换材料
拉深高度过高	1. 毛坯尺寸不正确； 2. 凸模圆角半径太大； 3. 凸、凹模间隙太小	1. 毛坯尺寸应正确计算； 2. 减小凸模圆角半径； 3. 调整模具间隙，使间隙合理
制件底部不平	1. 坯件不平； 2. 顶料力不够； 3. 顶料板与坯件接触面太小	1. 平整或更换毛坯； 2. 加大顶料力； 3. 改善顶料板，使其加大与坯件接触面
阶梯形制品局部破裂	凹模及凸模圆角半径太小	加大凹模与凸模的圆角半径
锥形件斜面起皱	1. 压边力太小； 2. 凹模圆角半径太大； 3. 润滑剂过多； 4. 材料太薄	1. 加大压边力或采用拉深筋压边； 2. 减小凹模圆角半径； 3. 减少润滑剂； 4. 增加材料厚度
盒形件直壁部分不挺直	角部间隙太小	放大凸、凹模角部间隙，减小直壁间隙值
盒形件角部破裂	1. 间隙太小； 2. 凹模圆角半径太小； 3. 变形程度过大	1. 加大凸、凹模间隙； 2. 加大凹模圆角半径； 3. 增加拉深次数
盒形件角部向内折拢，局部起皱	1. 角部毛坯面积偏小； 2. 材料角部压边力太小	1. 增加毛坯角部面积； 2. 加大压边力

10.6.1.6 翻边模的试模与调整

1. 内孔翻边制件常见缺陷和调整方法（表 10-51）

表 10-51 内孔翻边制件常见缺陷和调整方法

制件缺陷	废品原因	调整方法
破裂	1. 凸、凹模间隙太小； 2. 冲孔断面有毛刺； 3. 翻边高度太高； 4. 坯料太硬	1. 加大凸、凹模到合理间隙； 2. 调整冲孔模间隙或将有毛刺的面翻在内缘； 3. 降低翻边高度或预拉深后再翻边； 4. 将坯料退火或更换材料
孔壁不齐	1. 凹模圆角半径大小不均； 2. 凸、凹模间隙太小； 3. 凸、凹模间隙不均	1. 修整凹模圆角半径； 2. 放大凸、凹模间隙到合理间隙； 3. 调整凸、凹模间隙，使其中心线重合
孔壁不直	1. 凸、凹模间隙太大； 2. 凸、凹模间隙不均	1. 修整凸、凹模间隙，使其合理； 2. 重新调整凸、凹模间隙，使其中心线重合

2. 外缘翻边制件常见缺陷和调整方法(表 10-52)

表 10-52 外缘翻边制件常见缺陷和调整方法

制件缺陷	废品原因	调整方法
破裂	1. 伸长类翻边，凸缘内产生拉应力而易于破裂； 2. 凸、凹模间隙太小； 3. 凸、凹模圆角半径太小； 4. 材料太硬	1. 减小应变及变形程度或改变模具结构； 2. 加大凸、凹模间隙； 3. 加大凸模或凹模的圆角半径； 4. 对材料进行退火或更换
起皱	1. 压缩类翻边，在翻边的凸缘内产生压应力易于起皱； 2. 凸、凹模间隙太大； 3. 工件工艺性	1. 减小应变及变形程度或改变模具结构； 2. 减小凸、凹模间隙； 3. 降低翻边高度，改善工件的工艺性
边缘不齐	1. 凸、凹模间隙不均； 2. 凸、凹模间隙太小； 3. 凹模圆角半径大小不均； 4. 定位不准，坯料放偏	1. 修整凸、凹模之间的间隙； 2. 放大凸、凹模的间隙； 3. 修正凹模圆角半径； 4. 修正定位
边缘不直	1. 凸、凹模之间的间隙太大； 2. 坯料太硬	1. 减小间隙； 2. 将坯料退火处理或更换材料

10.6.1.7 精冲制件常见缺陷和调整方法(表10-53)

表10-53 精冲制件常见缺陷和调整方法

制件缺陷	废品原因	调整方法
工件断面断裂或破裂	凸、凹模的间隙太大	更换凸模
工件断面撕裂	1. 材料不合适； 2. 凹模圆角半径太小； 3. 搭边值太小； 4. V形环压力太小； 5. 转角半径太小	1. 退火处理或更换材料； 2. 加大凹模圆角半径； 3. 加大搭边值和材料宽度； 4. 加大V形环的压力； 5. 在凹模的有关区域加大圆角半径
工件断面质量不好	1. 凹模孔表面粗糙； 2. 润滑油不合适； 3. 材料不合适； 4. 凹模圆角半径太小	1. 对凹模重新加工； 2. 更换润滑油； 3. 退火处理或更换材料； 4. 修正凹模圆角半径
工件剪切面呈波纹状和圆锥形，在凸模侧的剪切周边上有毛边	1. 凹模圆角半径太大； 2. 凸、凹模之间间隙太小	1. 修磨凹模，减小圆角半径； 2. 重新加工凸模，增加凸模和凹模的间隙
工件靠凸模一侧有毛边	凸、凹模的间隙太小	增加凸、凹模的间隙
工件塌角过大	1. 凹模圆角半径太大； 2. 反压力太小，由工件轮廓造成(尖角、尖转角和小圆角半径等)； 3. 凸、凹模的间隙太大	1. 重新修磨凹模，采用较小的圆角半径； 2. 增加反压力； 3. 重新加工凸模，保证合理间隙
工件扭曲	1. 材料内部应力作用； 2. 材料的晶粒方向不对； 3. 顶件板作用力不平衡	1. 改变工件在材料上的排样； 2. 使用正火后的材料； 3. 保证顶件板的刚度、平行度及顶杆长度
工件弯曲	1. 反压力太小； 2. 材料上润滑油太多	1. 加大反压力； 2. 润滑油不应太多，保持均匀
工件剪切面一侧破裂，另一面沿剪切周边呈波纹毛边	1. 凸、凹模间隙不均； 2. 凸模与压边圈有缝隙	1. 校正凸、凹模，使凸、凹模间隙均匀； 2. 修正或更换压边圈

续表 10-53

制件缺陷	废品原因	调整方法
工件毛刺过多	1. 凸模刃口磨钝； 2. 凸、凹模间隙太小，凸模刃口变钝； 3. 凸模进入凹模太深	1. 磨凸模； 2. 加大凸、凹模间隙； 3. 调整模具闭合高度

10.6.1.8 冷挤压制件常见缺陷和调整方法(表 10-54)

表 10-54 冷挤压工件常见缺陷和调整方法

制件缺陷	废品原因	调整方法
正挤压杯形件侧壁断裂	1. 凸模芯轴露出凸模的长度太长，在正挤压前先产生变薄拉延而将侧壁拉断； 2. 凸、凹模间隙不均； 3. 润滑剂太多； 4. 上、下模垂直度和平行度不正确	1. 减小芯轴长度，使芯轴露出长度与毛坯孔的深浅相适应(最多比毛坯孔长 0.5mm)； 2. 调整凸、凹模间隙； 3. 减少润滑剂用量； 4. 调整上、下模垂直度和平行度
正挤压杯形件侧壁起皱	凸模芯轴露出的长度太短	增加芯轴长度，使芯轴露出长度与毛坯的深浅相适应
正挤压工件外表面和内孔有环形裂纹或呈鱼鳞状	1. 凹模结构不合理； 2. 凹模锥角偏大； 3. 材料塑性不好； 4. 润滑不好	1. 采用两层工作带的正挤压凹模； 2. 减小凹模锥角； 3. 改用塑性好的金属材料或加工中间退火； 4. 选用良好的润滑剂
正挤压件的端面有毛刺	1. 金属流动不大，使金属反方向向上流入凸、凹模间隙中，形成毛刺； 2. 凸、凹模的间隙太大	1. 提高毛坯退火质量； 2. 减小凸、凹模间隙，必要时采用预压成形毛坯
正挤压件发生弯曲	1. 润滑不均匀； 2. 模具工作部分形状不对称	1. 改进润滑质量； 2. 修改模具工作部分尺寸
中部缩入现象	1. 中间夹层厚度太薄； 2. 凸模无锥度	1. 增加中间夹层厚度； 2. 凸模工作端面改为锥度

续表 10-54

制件缺陷	废品原因	调整方法
正挤压工件端部产生缩孔	1. 凹模表面粗糙； 2. 凹模锥角偏大； 3. 凹模入口处圆角太小； 4. 凹模工作带尺寸太大； 5. 毛坯润滑不良； 6. 凸模端面太光亮	1. 提高凹模表面粗糙度，适当降低凸模端面表面粗糙度； 2. 减小凹模锥角； 3. 增大凹模入口处圆角； 4. 减小凹模工作带尺寸； 5. 采用良好的表面处理与润滑； 6. 减小正挤压的变形程度
正挤压深孔件底部不平，呈半球形或有台阶	正挤压时底部金属参与变形而形成半球形或台阶	采用预成形毛坯可获得平底挤压件
反挤压件口部开裂	1. 凸模稳定性不好； 2. 凸模圆角或锥度不对称； 3. 凸模工作带不均； 4. 凸、凹模的间隙分布不均； 5. 工件四周壁厚不均； 6. 上模与下模的垂直度和平行度不正确； 7. 材料组织结构不均，毛坯退火没有达到要求； 8. 润滑剂过多引起散流	1. 在凸模工作端面加工艺槽； 2. 凸模圆角或锥度应保证对称； 3. 正常情况下使凸模工作带呈等高； 4. 凸、凹模的间隙应保证均匀； 5. 调整凸、凹模，保证工件四周均匀； 6. 调整上模与下模的垂直度和平行度； 7. 采用合理的退火工艺或更换材料； 8. 减少润滑剂的用量
反挤压薄壁零件近底面壁部开裂	1. 凸模稳定性差； 2. 凸、凹模间隙不均； 3. 上、下模垂直度和平行度不正确； 4. 润滑剂太多	1. 在凸模工作面加工艺槽； 2. 调整凸、凹模间隙使其均匀； 3. 装配、调整垂直度和平行度； 4. 减少润滑剂用量
反挤压工件外表面和内孔有环状裂纹	冷挤压低塑性材料，如果润滑不合理，就会由于附加拉应力而引起环状裂纹	1. 用热处理方式提高冷挤压毛坯的塑性； 2. 降低凸、凹模的表面粗糙度； 3. 采用良好的毛坯表面处理与润滑
反挤压件局部起鼓或有皱纹	1. 凸、凹模工作表面粗糙度不一； 2. 凸、凹模间隙不均，引起金属流动不均匀，在流动快的一面易起皱； 3. 润滑不均	1. 修磨工作表面粗糙度； 2. 调整凸、凹模间隙； 3. 保证均匀润滑

续表 10-54

制件缺陷	废品原因	调整方法
反挤压件内外径偏心	1. 凸、凹模不同轴； 2. 毛坯直径太小，定位不准确； 3. 润滑剂过多或不均匀	1. 修整凸、凹模的同轴度； 2. 适当增大毛坯直径，放在凹模型腔内不能太松； 3. 润滑剂涂刷要适量且均匀
反挤压卡在凹模内	1. 凹模有反锥现象； 2. 挤压工件底部厚度太厚； 3. 凸模的形状与凹模的形状不相适应	1. 修整凹模型腔； 2. 增加凸模的工作带，将工件从凹模内带出； 3. 修整凸模形状，使之与凹模形状相适应
金属填充不满	型腔内有空气排不出，金属无法填满型腔	在型腔内开出气孔
反挤压工件高度不易控制	1. 毛坯退火不均匀； 2. 润滑不均； 3. 毛坯尺寸超差(毛坯高度或直径不合要求)	1. 提高毛坯退火质量； 2. 润滑适量、均匀； 3. 毛坯尺寸应在规定的范围之内

10.6.2 塑料模的试模与调整

10.6.2.1 试模前模具检查内容(表 10-55)

表 10-55 试模前模具检查内容

形式	检查内容
外观检查	1. 模具闭合高度，安装于机床的各配合部位尺寸，顶出形式，开模距，模具工作要求等应符合设备条件； 2. 模具外露部分锐角应倒钝，敲印生产号； 3. 中、大型模具应有起重用吊孔、吊环； 4. 各种接头、阀门、附件、备件齐全； 5. 应有合模标记； 6. 成型零件、浇注系统等表面应光洁、无塌坑、伤痕等，对成形有腐蚀性塑料的零件应镀铬； 7. 飞边方向应保证不影响脱模； 8. 各滑动零件配合间隙适当，起止位置的定位正确，镶嵌紧固零件应紧固可靠； 9. 模具稳定性良好，有足够强度，工作时应受力均衡； 10. 成型零件的成型尺寸有无修改，加料室和柱塞高度适当，凸模(柱塞)与加料室配合间隙适当； 11. 工作时相互接触的承压零件之间应有适当间隙或合理的承压面积及承压形式，以防止零件直接挤压

续表 10-55

形　式	检　查　内　容
空运转检查	1. 闭模后各承压面(或分型面)之间不得有间隙； 2. 活动型芯,顶出及导向部件等运动时应平稳、灵活,间隙适当,动作互相协调可靠,定位及导向正确； 3. 锁紧零件锁紧作用可靠,紧固零件不得有松动； 4. 开模时顶出部分应保证顺利脱模,以便取出塑件及浇注系统废料； 5. 冷却水路通畅,不漏水,阀门控制正常； 6. 电加热器无漏电现象,能达到模温要求； 7. 各气动、液压控制机构动作正确,阀门使用正常； 8. 附件使用良好； 9. 空运转后检查模具有无损坏现象

10.6.2.2　热固性塑料压缩模的试模与调整

1. 压塑成形工艺过程(图 10-42)

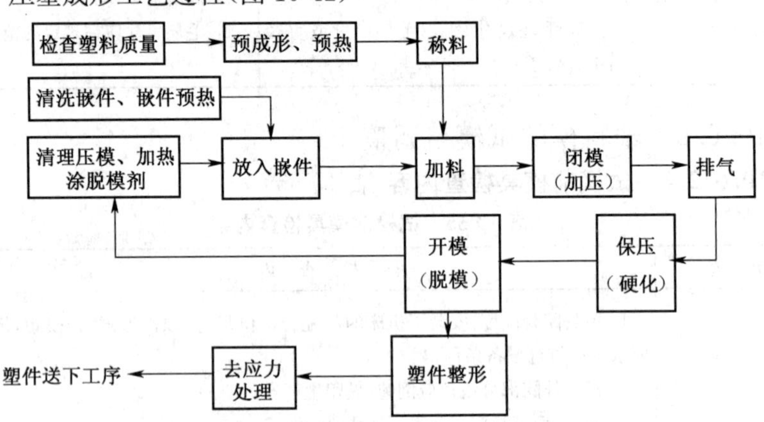

图 10-42　压塑成形工艺过程

2. 压缩模试模过程中的调整(表 10-56)

表 10-56　压缩模试模过程中的调整

调整项目	调　整　方　法
成形压力及保压时间	1. 液压机一般设有高压及低压系统,高压时工作台作慢速移动，供成形加压及保压用;低压时工作台快速升降,供开、闭模用;调压应在低压状态进行,逐渐升压,不应在高压状态下进行调压;在保压状态时压力不应下降； 2. 保压时间一般可由人工控制或调整时间继电器自动控制

续表 10-56

调整项目	调整方法
上工作台行程、定位及移动速度	1. 按成形要求可调节有关自动控制元件，以控制工作台移动速度及起止位置；但试模时先采用人工控制； 2. 试模的模具调整高度应适当，工作时必须防止行程过大损坏油缸密封，停车后应在下工作台中间位置放适当高度垫块支承上工作台，以防止降程过大
顶出、抽芯距离	1. 调节顶出系统，使顶出距离符合模具顶出塑件的要求； 2. 对设有液压、气动、机械等结构的顶出抽芯装置，则应调节行程，动作起止位置及各动作互相间的协调配合
加热系统	模具应按成形要求调节到规定温度，一般采用电加热方法；电加热系统可由人工或自动控制，试模时每调节一次温度应待模温升到规定温度后再进行试压
操作顺序	升压、保压、卸压及起模等工序，应按成形要求调节，可分人工或自动控制两种；试模时一般先用人工控制

3. 热固性塑料压缩模试模中出现的缺陷和调整方法(表 10-57)

表 10-57 热固性塑料压缩模试模中出现的缺陷和调整方法

塑件缺陷	产生原因	调整方法
缺料	1. 装料不足，装料不均或不易成形部位装料少； 2. 塑料含水及挥发物多； 3. 成形压力小，压制温度过高、过低或不均，预热过度、不足或不均； 4. 加压、排气时机过早或过晚，保压时间短，排气时间过长或过短、合模速度过快或过慢； 5. 塑件壁过薄、形状复杂融料填充困难； 6. 脱模剂不当或过多	1. 装料重量要合理，分布要均匀； 2. 将塑料烘干； 3. 调节成形压力、调节压制温度及预热情况，如加热系统出现故障要及时修理； 4. 调整加压、排气时机，增长保压时间，调节排气时间及合模速度； 5. 修整模具结构及工艺，增加塑件壁部厚度，改善塑件复杂程度； 6. 选用适当的脱模剂，减少用量
起泡	1. 料粒不均，太细及预塑不良，融料内充气过多； 2. 保持压力小，时间短； 3. 成形压力小，排气操作不良，模具排气不良； 4. 塑件壁厚不均，厚薄交接处易发生气泡	1. 料粒应均匀，融料内不允许有气体； 2. 加大保持压力，增加压力时间； 3. 加大成形压力，修整模具保证排气顺畅； 4. 修整模具，使塑件壁厚尽量保持均匀

续表 10-57

塑件缺陷	产生原因	调整方法
变形	1. 保压时间短； 2. 塑料含水及挥发物多，预热不良； 3. 压制温度高或低，模温不均或上下模温差太大； 4. 脱模不良，脱模后冷却不均，整形时间太短； 5. 塑料收缩太大，塑件壁过薄，厚薄不均，形状不合理，强度不足，嵌件位置不当	1. 增加保压时间； 2. 烘干塑料，使预热效果良好； 3. 调节压制温度应保持适当、均匀，模温应保持均匀，上下模温差不应过大； 4. 根据具体情况改善脱模不良，脱模后冷却要均匀及增加整形时间； 5. 采用收缩率小的塑料，修整模具，改变塑件壁厚，使形状合理，增加强度，调整嵌件位置
裂缝	1. 塑料质量不好，脱模剂不当，收缩率过大，或收缩不均； 2. 嵌件过多，包裹层塑料太薄，嵌件分布不当，嵌件未预热，嵌件材料与塑料膨胀系数配合不当； 3. 供料不足，成形压力小，塑件组织不致密； 4. 脱模不良或塑件粘模； 5. 塑件冷却不均； 6. 塑料含水及挥发物多，预热不良； 7. 模温低、加压快、压力小及时间短，硬化不足、强度差	1. 更换质量好、收缩率小的塑料，采用相配的脱模剂； 2. 嵌件应预热，嵌件应尽量减少并应分布合理，选用与塑料膨胀系数相配合的嵌件材料； 3. 增加供料，加大成形压力； 4. 找出脱模不良或塑件粘模的原因，对模具进行修整或调节； 5. 保证塑件冷却均匀； 6. 烘干塑料，使预热效果良好； 7. 提高模具温度，降低加压速度，增大压力及增加压力时间
飞边太厚	1. 模具制造不良，闭合不严、间隙大，排气槽太深； 2. 模具强度差，易变形； 3. 加料量太多； 4. 成形压力大，闭模力小； 5. 压机工作台不平，模具承压面不平行或工作面与模具上下面不平行	1. 修磨上下模，调节模具闭合间隙，使之配合严密，减少排槽深度； 2. 增加模具强度； 3. 减少加料量； 4. 减少成形压力，加大闭模力； 5. 调整压力机活动工作台，重新装配模具，使承压面相互平行
尺寸不符合要求	1. 模具结构不良，尺寸不对，变形； 2. 加料量过多或不足； 3. 上下模温差大或模温不均； 4. 塑件脱模整形冷却不当； 5. 压力机控制仪器不良或上、下工作台不平行； 6. 塑件壁厚不均，嵌件位置不当； 7. 塑件收缩不稳定	1. 修整模具，使其符合要求； 2. 调节加料量，使其适当； 3. 调整模温，采用定量模温； 4. 调整塑件脱模、整形、冷却各工序，使之正常； 5. 更换或修理压力机控制仪器，调整压力机活动工作台，使其平行； 6. 合理设计塑件及调节嵌件位置； 7. 更换塑料

续表 10-57

塑件缺陷	产 生 原 因	调 整 方 法
脱模不良	1. 塑料含水分及挥发物多，缺少润滑剂、质量不佳； 2. 用料过多，成形压力大； 3. 脱模机构不良； 4. 成形条件不当，过硬化或硬化不足(易粘模)； 5. 脱模斜度不当，模具表面粗糙度不高，成形部位表面有伤痕； 6. 飞边阻止脱模； 7. 模温不均，上、下模温差大	1. 塑料要烘干，压制时增涂润滑剂； 2. 调整成形压力，定量供料； 3. 调整脱模机构，使之灵活可靠； 4. 调整成形条件，使其适当； 5. 调整脱模斜度，抛光型腔表面，提高型腔表面粗糙度； 6. 修整上、下模的间隙，使其严密，减少飞边； 7. 调整模温，使上、下模温差均匀
嵌件变形、脱落、位移	1. 嵌件设计不良，嵌件未预热； 2. 嵌件安装及固定形式不良； 3. 塑件过硬化或硬化不足； 4. 融料及气流直接冲击嵌件； 5. 成形压力过大； 6. 嵌件尺寸不对或模具不当，使嵌件直接受压； 7. 嵌件与模具安装孔间隙过大； 8. 脱模不良	1. 重新设计嵌件及模具结构，使用前嵌件一定要预热； 2. 调整嵌件安装及固定方式； 3. 调整成形条件，使硬化适当； 4. 调整模具结构，使融料及气流不直接冲击嵌件； 5. 减少成形压力； 6. 调整模具结构及嵌件尺寸； 7. 合理调整模具与嵌件间的间隙； 8. 调整脱模机构

10.6.2.3 热塑性塑料注射模的试模与调整

1. 注射成形工艺过程(图 10-43)

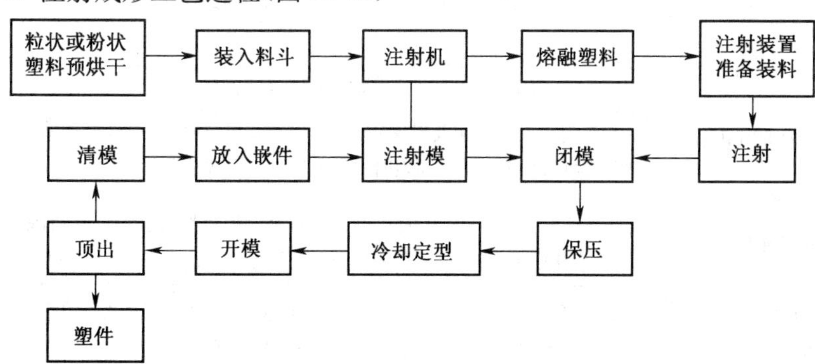

图 10-43 注射成形工艺过程

2. 注射模试模过程中的调整(表 10-58)

表 10-58 注射模试模过程中的调整

调整项目	调 整 方 法
调节加料量及加料方式	1. 按塑件重量决定加料量,并调节定量加料装置,最后以试模结果为准;注射量一般取注射机容量60%～80%注射量。 2. 按成形要求调节加料方式 (1)固定加料法:在整个成形周期中,喷嘴与模具一直保持接触,是目前常用方法;适用于塑料成形温度范围较广,喷嘴温度易控制的场合; (2)前加料法:每次注射后,塑化达到要求注射容量时,注射座后退,直至下一工作循环开始时再前进,使喷嘴与模具接触进行注射;此法用于喷嘴温度不易控制,背压较高为防止垂涎时; (3)后加料法:注射后注射座后退,进行预塑化工作,待下一工作循环开始,再重新进行注射;此法用于喷嘴温度不易控制及加工结晶性塑料时。 3. 注射座要来回移动者,则应调节定位螺钉,以保证每次正确复位,喷嘴与模具紧密贴合
调节锁模系统	按模闭合高度、开模距离调节锁模系统及缓冲装置;对液压式注射机应保证满足开模距离要求,锁模力松紧适当,开闭模具平稳缓慢
调节顶出系统及抽芯装置	1. 试模时应按顶出距离及模具结构选用顶出形式,调节顶出距离,以保证正常顶出塑件; 2. 对没有抽芯装置的设备,应将装置与模具相连接,调节控制系统,以保证动作起止协调,定位及行程正确
调整塑化能力	1. 按塑料成形要求调节背压(即预塑化时螺杆后退阻力); 2. 按成形条件调节螺杆转速,并必须当料筒内塑料融熔,喷嘴温度达到要求后才能启动螺杆; 3. 调节料筒温度及喷嘴温度(按成形条件调节,一般接近料斗端温度取低,接近喷嘴端取高,喷嘴温度比料筒前端温度略低),塑化能力应按试模时塑化情况酌情增减
调节注射压力	1. 按成形要求调节注射压力,并按试模情况酌情增降; 2. 一般注射机设有高速及慢速注射,按塑件面积及壁厚而定,可调节流量调节阀(或高压时间表,用高压时间表时注射速度快),来调节注射速度
调节成形时间	按成形要求控制注射、保压、冷却时间及整个成形周期,试模时一般宜取手动控制,酌情调节各程序时间;但也可用调节时间继电器方法自动控制各成形时间
调节模温及水冷系统	1. 按成形条件调节冷却水流量或电加热器电压,以控制模温及塑件冷却速度; 2. 开车前应打开油泵、料斗等各部位冷却水路系统
操作顺序	成形时的各工序可由人工、半自动或自动三种工作形式,试模时一般宜取手动控制

3. 注射模试模中出现的缺陷和调整方法(表 10-59)

表 10-59 注射模试模中出现的缺陷和调整方法

塑件缺陷	产生原因	调整方法
塑件不足	1. 注射量不够、加料不足、塑化能力不足及余料不足； 2. 塑料粒度不同或不均； 3. 多型腔时进料口平衡不好； 4. 喷嘴温度低，堵塞或孔径过小，料筒温度低； 5. 注射力小，注射时间短，保压时间短，螺杆或柱塞退回过早； 6. 注射速度太快或太慢； 7. 塑料流动性太差； 8. 飞边溢料过多； 9. 模温低，塑料冷却快； 10. 模具浇注系统流动阻力大，进料口位置不当，截面小，形式不良，流程长而曲折； 11. 排气不良，无冷却料穴或冷料穴不当； 12. 塑料内含水分及挥发物多	1. 加大注射量和加料量，增加塑化能力； 2. 应保证塑料粒度相同及均匀； 3. 修整型腔进料口； 4. 提高喷嘴及料筒温度，适当增大喷嘴孔径； 5. 增加注射力及注射时间，增长保压时间； 6. 调节注射速度，使其快慢适当； 7. 更换塑料； 8. 修整模具； 9. 提高模具温度； 10. 修整模具的浇注系统； 11. 增加排气槽、冷料穴或调整冷料穴位置； 12. 将塑料烘干
尺寸不稳定	1. 机械电气或液压系统不稳定； 2. 成形条件不稳定(温度、压力、时间)； 3. 模具强度不足，定位杆弯曲、磨损； 4. 模具精度不良，活动零件动作不稳定，定位不准确； 5. 浇口太小或分布不均，多型腔进料口不平衡； 6. 塑件冷却时间太短； 7. 塑料收缩不稳定，结晶性料的结晶度不均稳定； 8. 塑件刚性不好，壁厚不均； 9. 塑件后处理条件不稳定	1. 修理机械的电气或液压系统，使其保持稳定； 2. 改善成形条件； 3. 修整模具，增加模具的强度； 4. 提高模具的精度； 5. 修整浇口及进料口，调整浇口的位置，使其分布均匀，保证多型腔进料口的平衡； 6. 增加塑件的冷却时间； 7. 更换塑料； 8. 修整模具，调整塑件壁厚； 9. 改善塑件后处理条件
气泡	1. 原料含水分、溶剂或易挥发物； 2. 料温高，加热时间长，塑料降聚分解； 3. 注射压力小； 4. 模具排气不良； 5. 模温低； 6. 注射速度太快	1. 使用前将塑料进行烘干处理； 2. 降低加热时间； 3. 增大注射压力； 4. 模具开设排气槽、冷料穴； 5. 提高模具温度； 6. 降低注射速度

续表 10-59

塑件缺陷	产生原因	调整方法
塌坑	1. 流道、进料口太小； 2. 塑件壁厚薄不均； 3. 进料口位置不当，不利于供料； 4. 料温高、模温高，冷却时间短； 5. 模温低，易出真空泡； 6. 注射压力小，注射速度慢； 7. 注射及保压时间短； 8. 加料量不够，供料不足，余料不够	1. 适当加大流道及进料口的口径； 2. 修整模具，调整塑件壁厚； 3. 调整进料口位置； 4. 降低料温、模具温度及加长冷却时间； 5. 提高模温； 6. 增加注射压力及注射速度； 7. 增长注射及保压时间； 8. 增加加料量
熔接不良	1. 料温低，模温低； 2. 注射速度慢，注射压力小； 3. 进料口太多，位置不当，浇注系统形式不当； 4. 模具冷却系统不当； 5. 嵌件温度低； 6. 塑料流动性差，冷却速度快； 7. 模具排气不良； 8. 塑件形状不良、壁太薄、嵌件过多； 9. 有冷料	1. 提高料温及模温； 2. 增加注射速度及注射压力； 3. 进料口数量要适当，调整浇注系统形式及进料口位置； 4. 修整模具的冷却系统； 5. 使用前嵌件应预热； 6. 更换塑料； 7. 模具增开排气槽或冷料穴； 8. 调整模具结构，增加壁厚，尽量减少嵌件； 9. 清除冷料
飞边过大	1. 分型面密合不严，型腔和型芯部分滑动零件间隙过大； 2. 模具强度或刚性不够； 3. 模具平行度不良； 4. 模具单向受力或安装时没有压紧； 5. 注射压力太大，锁模力不足或锁模机构不良，注射机模板不平行； 6. 塑件投影面积超过注射机所允许的塑制面积； 7. 塑料流动性太大，料温高，模温高，注射速度快； 8. 加料量过大	1. 修磨上下模使分型面密合严密，调整型芯滑动零件间隙； 2. 增加模具的强度及刚性； 3. 调整模具的平行度； 4. 将模具紧固在注射机上，调整模具单向受力； 5. 降低注射压力，修整锁模机构及调整注射机动模板； 6. 更换塑制面积大的注射机； 7. 调整料温、模温及注射速度，更换塑料； 8. 减少加料量

续表 10-59

塑件缺陷	产生原因	调整方法
表面波纹	1. 料温低,模温低,喷嘴温度低; 2. 注射压力小,注射速度慢; 3. 冷料穴不当,有冷料; 4. 塑料流动性差; 5. 模具冷却系统不当; 6. 浇注系统形式不当,进料口尺寸小及形式和位置不当; 7. 塑件壁薄,面积大,形状复杂; 8. 供料不足	1. 调节料温、模温及喷嘴温度; 2. 加大注射压力及注射速度; 3. 修整冷料穴; 4. 更换塑料; 5. 调整模具冷却系统; 6. 调整浇注系统形式及进料口尺寸、形式和位置; 7. 增加塑件壁厚,加大注射压力、模温、料温及提高塑化能力; 8. 增加塑料供给
翘曲,变形	1. 冷却时间不够; 2. 模温高; 3. 塑件壁厚不均,强度不足,嵌件分布不当; 4. 料温低,喷嘴孔径及进料口小,注射压力高,模温低,注射速度高 5. 进料口位置不当,尺寸小,料温低、模温低,注射压力小、注射速度快,保压补缩不足; 6. 模温不均,冷却不均; 7. 塑料塑化不均; 8. 冷却时间短,脱模时塑件受力不均; 9. 模具强度不够,模具精度不高	1. 增加冷却时间; 2. 降低模具温度; 3. 修整模具,改变壁厚不均,嵌件分布合理; 4. 提高料温和模温,减少注射压力及注射速度,改进喷嘴孔径及进料口 5. 修正进料口位置,加大尺寸,增加料温、模温,注射压力及保压时间,减小注射速度; 6. 调节模具温度; 7. 更换塑料; 8. 调整脱模机构,使其受力均匀,增加冷却时间; 9. 增加模具强度,提高模具精度
裂纹	1. 脱模时顶出不良; 2. 模温太低或不均; 3. 冷却时间过长或冷却过快; 4. 嵌件未预热或清洗不净; 5. 进料口尺寸大及形式不当; 6. 塑料性脆; 7. 脱模剂使用不当; 8. 成形条件不良	1. 调整模具顶出机构,使其受力均匀,灵活可靠; 2. 提高模温,使各部受热均匀; 3. 合理控制冷却时间; 4. 预热嵌件,清除表面杂物; 5. 改进进料口尺寸及形式; 6. 更换塑料; 7. 合理使用脱模剂; 8. 改善塑件成形条件

续表 10-59

塑件缺陷	产 生 原 因	调 整 方 法
脱模不良	1. 模具型腔表面粗糙度不高； 2. 模具脱模斜度不够； 3. 模具镶块处间隙太大出飞边； 4. 成形时间长短不均； 5. 模芯无进气孔； 6. 模具温度或动定模温度不合适； 7. 型腔表面有伤痕； 8. 顶出机构不良； 9. 注射压力高，保压时间长，料温及模温高，供料太多，注射时间长，进料口尺寸大； 10. 脱模剂不当； 11. 拉料杆失灵； 12. 冷却系统不良，冷却时间长短不一； 13. 供料不足； 14. 塑件工艺性差	1. 抛光型腔表面； 2. 加大脱模斜度； 3. 修整模具镶块的间隙； 4. 调控成形时间； 5. 增设进气孔； 6. 调整模具温度； 7. 对型腔表面进行抛光； 8. 修整顶出机构，使其运行正常可靠； 9. 减少注射压力及保压时间，降低料温及模温，减少注射时间，改进进料口尺寸，减少供料； 10. 正确合理使用脱模剂； 11. 修整拉料杆； 12. 调整冷却系统； 13. 增加供料； 14. 改进塑件设计
浇口粘模	1. 浇道斜度不够，没有脱模剂； 2. 冷却时间短，喷嘴及定模温度高，浇道直径大； 3. 拉料杆失灵，无冷料穴； 4. 上浇道内壁不光，有凹痕； 5. 浇道和主浇道连接部分强度不够； 6. 喷嘴温度低，喷嘴与浇口套吻合不良，浇口套孔径比喷嘴孔径小	1. 加大浇道斜度，合理用脱模剂； 2. 增长冷却时间，降低喷嘴及定模温度，减小浇道直径； 3. 修整拉料杆，增加冷料穴； 4. 将上浇道内壁抛光； 5. 增强浇道和主浇道连接部分的强度； 6. 提高喷嘴温度，喷嘴与浇口套要相吻合，调整浇口套孔径

10.6.3 压铸模试模中的缺陷和调整方法（表 10-60）

表 10-60 压铸模试模中的缺陷和调整方法

铸件缺陷	产 生 原 因	调 整 方 法
铸件内含杂质	1. 金属液有杂质； 2. 合金成分不纯； 3. 模具型腔不干净	1. 将杂质及熔渣清除干净； 2. 更换合金，使其符合要求； 3. 清洗模具型腔，使之干净

续表 10-60

铸件缺陷	产 生 原 因	调 整 方 法
铸件表面有裂纹或变形	1. 铸件壁太薄,收缩产生变形; 2. 推件杆分布不均,受力不均; 3. 推出机构结构不良	1. 修整模具,增加壁厚; 2. 推杆应分布均匀并受力均匀; 3. 修整推出机构
铸件表面有花纹,并有金属流痕	1. 浇口到铸件进口处流道太短; 2. 压射比压太大,使金属流速过快,引起金属液飞溅	1. 加深浇口的流道; 2. 降低压射比压
铸件表面粗糙	1. 型腔表面粗糙; 2. 型腔表面有杂物	1. 对型腔表面进行抛光; 2. 清除型腔表面的杂物
压铸时金属液溅出	1. 锁模力不够; 2. 压铸机动、定模板不平行; 3. 动、定模密合不严密	1. 加大锁模力; 2. 调整压铸机,使动、定模板保持平行; 3. 修磨动、定模,重新安装模具
铸件内有气孔	1. 排气不合理; 2. 金属流动方向不正确,与铸件型腔产生正面冲击; 3. 动模型腔太深,排气困难; 4. 内浇口太小,金属流速大,在空气未排出前,过早堵住排气孔; 5. 没溢流槽或溢流槽位置不良	1. 改进排气槽形式或位置; 2. 修正分流锥大小及形状,防止造成金属流对型腔的正面冲击; 3. 改进模具结构,调整动模型腔深度; 4. 适当加大内浇口; 5. 设溢流槽或调整溢流槽位置
铸件部分未成形,型腔未充满	1. 模温太低; 2. 金属液温度低; 3. 压铸机压力不够; 4. 排气不畅; 5. 金属液不足,压射速度太快	1. 提高模温; 2. 提高金属液温度; 3. 更换压铸机; 4. 修整排气槽; 5. 加大进料口厚度
铸件表面有缩孔	1. 金属液温度太高; 2. 铸件工艺性不合理,壁厚不均	1. 降低金属液温度; 2. 修整模具,改进铸件工艺,使之合理
铸件轮廓不清晰,局部欠料	1. 浇口位置不正确; 2. 进料口厚度太大; 3. 压铸机压力不够,压射比压太低	1. 改变浇口位置,防止对铸件正面冲击; 2. 减小进料口流道厚度; 3. 更换压铸机

续表 10-60

铸件缺陷	产 生 原 因	调 整 方 法
铸件组织疏松，强度不高	1. 排气槽堵塞； 2. 内浇口太小； 3. 压铸机压力不够	1. 检修排气槽； 2. 加大内浇口； 3. 更换压铸机
铸件锐角处填充不满	1. 内浇口进口太大； 2. 锐角处通气不好，有空气排不出； 3. 压射比压太小	1. 减小内浇口尺寸； 2. 改善排气系统； 3. 增加压射比压
铸件表面有推杆印痕	1. 推杆太长； 2. 型腔表面粗糙	1. 调整推杆长度； 2. 抛光型腔表面
铸件表面有气孔	1. 排气不良； 2. 润滑剂太多	1. 修整排气槽及溢流槽； 2. 合理使用润滑剂

11 模具维护与修理

模具在使用过程中，由于受各方面的影响，在正常工作一段时间后，其工作零件和导向零件等会产生磨损、裂纹损坏和疲劳破坏等。如冲压模凸、凹模刃口变钝，凸模断裂，间隙增大和不均匀等等；型腔模定位杆弯曲、磨损，分型面密合不良，型腔和型芯部分滑动零件间隙过大等，都会使模具丧失良好的工作状态。因此，正确的使用、维护和及时修理模具，是生产中不可缺少的工作。

11.1 模具维护

11.1.1 模具维护的内容

①模具的技术资料保管；

②模具的技术状态鉴定；

③模具的修配加工工艺的编制；

④模具的维护性修理；

⑤模具的检修计划、加工管理；

⑥修理加工工时定额制定；

⑦模具的入库与发放；

⑧模具的保管及保养方法；

⑨模具的报废处理意见。

11.1.2 模具技术状态的鉴定

1. 模具技术状态鉴定的必要性

模具使用时，必须主动掌握模具技术状态的变化，并认真及时地予以处理，使其经常保持在良好状态下工作；同时，通过对模具及时的技术状态鉴定，可以掌握模具的磨损程度及模具损坏原因，从而制定出修理方案。

2. 模具技术状态鉴定的方法

模具技术状态是通过制件质量检查和模具工作性能检查的方法来进行鉴定的。模具技术状态鉴定的方法见表 11-1。

通过对制件、模具性能检查，以掌握模具精度，使模具长期保持在良好技术状态下工作，最大限度地延长模具使用寿命、提高生产率、保证产品质量。

11.1.3 模具的维护与保养

模具的维护与保养工作，应贯穿在模具的使用、修理和保管各个环节，其方法见表11-2。

表 11-1 模具技术状态鉴定方法

鉴定内容		检查方法
制件质量检查	首件检查	1. 检查制件尺寸精度是否达到图样要求； 2. 检查制件表面质量有无成形缺陷； 3. 检查制件毛刺是否符合图样要求； 4. 模具每使用一次都要进行检查鉴定，以确定模具是否安装正确，是否发生变化
	模具在使用中的检查	1. 检查制件尺寸和毛刺有无变化； 2. 检查制件表面质量有无变化； 3. 根据检查结果，以确定模具磨损状况
	末件检查	1. 对制件末件检查，与首件及图样进行比较，是否符合要求，是否需要对模具修理进行鉴定； 2. 检查记录上报生产车间及技术部门存档
模具工作性能检查	检查各工作零件	1. 检查模具工作零件是否损坏和磨损； 2. 凸、凹模间隙大小是否均匀、合适； 3. 冲裁模刃口是否锋利，型腔模表面是否有划痕
	检查各工作系统	1. 检查各工作系统动作是否协调； 2. 检查各工作系统磨损程度，是否需要更换
	检查导向系统	1. 导向装置是否磨损，导柱、导套间隙配合是否正常； 2. 固定部位有无松动现象
	检查推杆及卸料装置	各推杆及卸料装置动作是否灵活，是否磨损及变形
	检查定位装置	定位装置是否可靠，有无松动及磨损
	检查安全防护装置	安全防护装置状态是否完好

表 11-2 模具维护与保养方法

序号	模具状态	模具维护与保养方法
1	模具使用前的准备	1. 认真检查模具是否完好，所使用的模具名称、编号和基本结构是否与工艺规程一致； 2. 检查所用设备是否合理，是否匹配； 3. 检查所用材料是否合适，是否达到工艺要求； 4. 检查模具安装是否正确，各紧固部位是否有松动现象； 5. 所需润滑部位要进行润滑； 6. 开机前把工作台上杂物清理干净

续表 11-2

序 号	模 具 状 态	模具维护与保养方法
2	模具使用过程中的维护	1. 对首件必须检查，确定是否为合格制件； 2. 遵守操作规程，严禁违规操作，注意安全生产； 3. 模具工作时，随时检查，发现异常立刻停机修理； 4. 按规定时间对机械设备及模具润滑
3	模具的拆卸	1. 模具使用后，要按正常操作程序将模具从机床上卸下； 2. 拆卸后要将模具擦拭干净，并涂油防锈； 3. 对末件要检查，确定模具是否要修理； 4. 模具吊运要稳妥，慢起轻放； 5. 确定模具技术状态正常，送入指定地点保管；否则，送工程部修理
4	模具存放	1. 存放地点要通风、干燥； 2. 模具要放平整，不得受压

11.2 模 具 修 理

11.2.1 模具修配工艺过程(表 11-3)

表 11-3 模具修配工艺过程

序 号	修 配 工 艺	说 明
1	分析修理原因	1. 熟悉修理模具的图样，了解其结构特点及动作原理； 2. 了解修理前制件情况，分析造成模具要修理的原因； 3. 检查模具裂损情况，观察破损部位和损坏程度
2	制定修理方案	1. 制定修理方案，要与工艺人员共同商定； 2. 根据破损部位和损坏程度确定大修或小修； 3. 制定修理方案和具体修理的工艺方法； 4. 根据修理工艺，准备必要的备件和修理工具
3	修配	1. 拆卸模具被损坏的部位； 2. 将被拆卸的零件擦拭干净，核对修理方案是否正确； 3. 修理被损坏的零件，使其达到修理工艺要求； 4. 更换修配后的零件，重新装配模具
4	试模与验证	1. 模具修配后，用相应的设备进行试模； 2. 根据试件进行检查鉴定，确定模具修配质量； 3. 修配合格模具，须有检验合格证，入库存放

11.2.2 冲压模具的修理

11.2.2.1 冲压模具损坏的原因及问题(表 11-4)

表 11-4 冲压模具损坏的原因及问题

序号	产生原因	存在的问题
1	模具设计方面	1. 模具结构不合理； 2. 模具凸、凹模间隙设计过大或过小； 3. 模具热处理硬度要求过高或过低； 4. 凸、凹模圆角过小或过大； 5. 模具的刚度不够
2	模具制造方面	1. 没有按图样要求制作； 2. 加工工艺或装配工艺不够正确； 3. 形位公差要求不严格； 4. 热处理达不到设计要求； 5. 凸、凹模装配间隙不均匀； 6. 漏料孔有凸出部分，使制件或废料不能顺畅下落
3	金属材料方面	1. 材料进厂未检查； 2. 材料在化学成分、物理性能与设计要求不适； 3. 制品材料厚薄不均，尺寸误差太大，力学性能超过允许值较多
4	模具安装方面	1. 顶杆螺钉、闭合高度调节过低； 2. 连杆螺钉未紧固； 3. 压板螺钉紧固不良； 4. 上、下底板与垫板间垫有废料； 5. 安装工具遗忘在模具内； 6. 机床未校正，盲目投入生产
5	操作方面	1. 工件放偏，造成局部材料重叠； 2. 双料冲压； 3. 工件或废料影响导向部分，造成导向失灵； 4. 废料及制品未及时排除，流入刃口部位； 5. 违章作业

11.2.2.2 冲压模具使用中的维护性修理

冲压模具使用过程中总会出现一些小故障，这时不必将模具从机床上卸下，可直接在压力机上进行维护性修理，使模具在较短时间内恢复正常工作。修理内容见表11-5。

表11-5 维护性修理内容

序号	修理内容	原因
1	更换易损备件	冲模在冲压过程中已磨损或损坏的零件，如定位销、定位板、挡块、顶料杆和快换凸模等
2	刃磨凸、凹模刃口	冲裁模中因自然磨损变钝的凸、凹模刃口，可用油石刃磨
3	修磨与抛光	拉深模、弯曲模、成形模因长期使用后模具凹模圆角处和型腔进行修磨抛光，提高表面质量和清除粘连在型腔表面的金属颗粒
4	模具的调整	1. 调整因自然磨损而改变凸、凹模间隙； 2. 调整定位装置，由于长期使用及冲击，使定位装置位置发生变化； 3. 调整卸料装置，凸、凹模刃口刃磨后，冲模的闭合高度发生变化
5	模具紧固	模具在使用一段时间由于振动及冲击，使螺栓松动失去紧固作用

11.2.2.3 冲压模具的翻修

模具在使用过程中，若发现模具主要部件磨损严重或损坏，不能在压力机上修理，就要卸下进行翻修，其方法见表11-6。

表11-6 冲压模具翻修方法

序号	项目	说明
1	冲模翻修原则	1. 冲模零件更换或部分更新，一定要满足原图样设计要求； 2. 翻修后冲模各配合精度，要达到原设计要求； 3. 翻修后的冲模，经试冲要符合制品质量要求
2	翻修方法	1. 嵌镶法：模具部件损坏，可以在原件基础上嵌镶一块金属，修复成与原件一样； 2. 更换法：零件损坏比较大无法嵌镶，只有重新更换新的零件
3	修理步骤	1. 清洗冲模油污，擦拭干净； 2. 检查各部位尺寸、精度，并做记录； 3. 确定修理方案及修理部位； 4. 冲模拆卸，拆卸要修理的部位； 5. 更换部件或进行修理； 6. 装配、试冲、调整； 7. 填写修理卡片

续表 11-6

序号	项目	说明
4	备件的准备	1. 通用件和标准件：有螺钉、销、卸料螺钉、导柱和导套、弹簧等； 2. 冲模零件：一般以半成品或坯件形式储备； 3. 冲模备件：一般多采用配作方法；制作配件要能代替已裂损的报废零件，在几何形状、尺寸精度、配合关系和力学性能等都要达到原设计要求； 4. 正确选用线切割和成形磨削加工，比钳工研配，更能达到快速、准确的功效

11.2.2.4 冲压模具主要零件的修复

1. 冲裁模工作零件的修复(表 11-7)

表 11-7 冲裁模工作零件的修复

修复方法	修复工艺说明
挤捻法修整刃口	1. 对生产批量不大，冲裁料较薄的模具，刃口长期使用后其间隙会增大； 2. 此类模具凹模淬火硬度在 28～35HRC 范围，可采用挤捻法减小间隙； 3. 用手锤敲击凹模刃口外侧斜面依次而均匀的进行，减少凹模孔的尺寸； 4. 将凹模刃口刃磨至锋利
修磨法修整刃口	凸、凹模刃口正常磨损后，用几种不同粗细的油石加煤油，在刃口面上来回研磨，可将刃口面磨得光滑而锋利。此法多应用于不拆卸模具
油石和风动砂轮修磨刃口	1. 此法用于凸、凹模刃口出现不太严重崩刃和裂纹； 2. 先用风动砂轮将崩刃或裂纹部位的不规则断面修磨成圆滑过渡形状； 3. 用油石加煤油研磨至锋利
镶嵌法修复刃口	凸、凹模刃口局部损坏而无法使用时，可以用相同的材料，在受损部位镶以镶块，经修配恢复到原来的刃口形状和间隙，方法如下： 1. 采用线切割和成形磨削的方法修配，已局部损坏的凸、凹模无需进行退火处理，保持凸、凹模材料原有硬度和表面质量； 2. 用线切割的方法切去凸、凹模的破损部位； 3. 镶嵌件用线切割或成形磨削的方法加工； 4. 镶块嵌镶在凸、凹模中，固定应牢固，沿冲裁轮廓线不得有明显缝隙； 5. 小尺寸镶块可用燕尾槽方法固定，大尺寸镶块可用螺钉、销固定； 6. 镶块装入凸、凹模后，将刃口磨成一致

续表 11-7

修复方法	修 复 工 艺 说 明
焊补法修复刃口	冲裁凸、凹模刃口崩刃、裂纹等损伤范围较大，模具尺寸大，可选用焊补法修复刃口，方法如下： 1. 将凸、凹模损伤部位用砂轮磨成与刃口平面成 30°～45°的斜面，宽度视损伤程度而定，一般在 4～6mm，如图 11-1 所示； 2. 模块预热，Cr12MoV 和 Cr12 等材料按回火温度预热，加热速度为 0.8～1.0mm/min，预热时间不少于 45 分钟； 3. 零件预热后应立即焊补，使用直流电焊机补焊，选用与模具材料相同的焊条；焊后立即用锤敲打焊缝，以释放表面应力； 4. 焊后零件立即入炉保温，保温时间为 30～60 分钟，然后随炉冷却到 100℃以下出炉空气冷却； 5. 补焊后的刃口用磨削加工到要求的尺寸

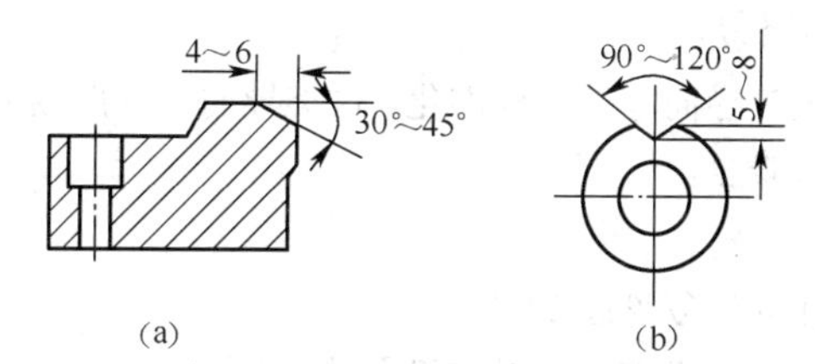

图 11-1 焊补法修复刃口——磨去损伤部位

2. 变形类冲模工作零件的修复

变形类冲模凸、凹模在冲压过程中的损伤，主要形式是工作表面的拉伤、裂纹等，工作表面包括凸、凹模圆角处、与材料接触的平面和型孔、外形的型面。变形类冲模工作零件的修复见表 11-8。

表 11-8 变形类冲模工作零件的修复

修复方法	修 复 工 艺 说 明
修磨修复法	1. 当凸、凹模圆角半径处损伤较大时，可将凸模或凹模的端平面磨去，磨去量应大于圆角处磨损量，然后用砂轮修磨成所需要的圆角，磨出凸、凹模新的圆角半径，再用油石研磨抛光； 2. 当凸、凹模外形和型孔表面有较大损伤时，不宜采用此法
加箍法	1. 对于裂纹损伤不大的凸、凹模可采用此法将其固紧，防止裂纹扩大； 2. 还可采用镶嵌法、焊补法修复
镀硬铬法	1. 凸、凹模工作表面正常磨损后，其表面质量、尺寸精度降低，修磨后会使凸、凹模形状尺寸改变、间隙加大，可采用镀硬铬的方法进行修复； 2. 镀铬层厚度可达 0.02～0.03mm，视损伤程度确定；镀铬后，可重新加工到要求尺寸

3. 定位零件的修复

冲压过程中，定位零件直接和材料接触，很容易被磨损和损坏。定位零件的修复见表11-9。

表11-9 定位零件的修复

修复方法	修复工艺说明
直接更换	定位销、导正销损坏后更换新的，更换后要保证原定位尺寸不变
钳工修复	1. 级进模的侧导板和侧刃挡块被磨损或变形，会使送料位置改变，影响送料定位精度和冲件质量； 2. 修理时，将侧导板卸下，如挡块配合松动，可由钳工固紧； 3. 修复后，将侧导板上、下平面磨平，达到原设计要求； 4. 侧导板和挡块修复安装时，应重新调整模具，并进行试冲

4. 导向零件的修复

导柱、导套、导板等导向零件已标准化，这类导向零件磨损或损坏后，一般多采用更换新零件的方法修复。

5. 紧固零件的修复

螺纹孔及销钉孔的修复见表11-10。

表11-10 螺纹孔及销钉孔的修复

修理项目	修理方法
螺纹孔损坏	1. 螺纹孔修复通常采用扩孔修复的方法，即将原螺纹孔规格扩大一号，如M8改为M10等； 2. 热处理淬硬零件中的螺纹孔磨损后，应改变模具零件的连接紧固方式，将淬硬零件中的螺纹孔用电火花加工的方法改为螺钉通孔，如将M8改为ϕ8.5等
销钉孔损坏	1. 扩孔修复，将柱销孔直径规格增大一档，如ϕ8改为ϕ10等； 2. 扩孔修复定位精度高，牢固可靠，一般适用于不淬硬零件的圆柱销孔； 3. 堵塞修复，淬硬零件的柱销孔损坏，可用电火花、线切割加工或用硬质合金钻头钻孔，将原来柱销孔扩大后，堵上一柱塞；将柱塞两端面与零件两平面磨平后，重新钻孔、铰削，装入圆柱销

11.2.2.5 各类冲压模具常见故障及修理方法

1. 冲裁模常见故障及修理方法(表11-11)

表 11-11 冲裁模常见故障及修理方法

	质量问题	简图	产生原因	修理措施
一般冲裁件	剪切断面带有裂口和较大毛刺的双层断面		间隙小于合理间隙,凸、凹模刃口处的裂纹不重合	修磨凸、凹模间隙
	断面斜度大,形成拉断的毛刺,圆角带处的圆角增大		间隙过大,裂纹不重合	更换新的工作零件
	冲孔件孔边毛刺大,落料件圆角带圆角增大		凹模刃口磨钝	修磨凹模刃口
	落料件上产生毛刺,冲孔件产生大圆角		凸模刃口磨钝	修磨凸模刃口
	落料、冲孔件上产生毛刺,圆角大		凸、凹模刃口磨钝	修磨凸、凹模刃口
	冲件有凹形弯曲面		1. 凹模孔口有反锥; 2. 顶料杆与工件接触面过小; 3. 高弹性材料、薄材料容易弯曲; 4. 固定卸料板; 5. 凹模孔落料的模具	1. 修磨凹模刃口; 2. 更换顶件板; 3. 改用弹性卸料板

续表 11-11

质量问题		简图	产生原因	修理措施
一般冲裁件	有一个孔未冲出	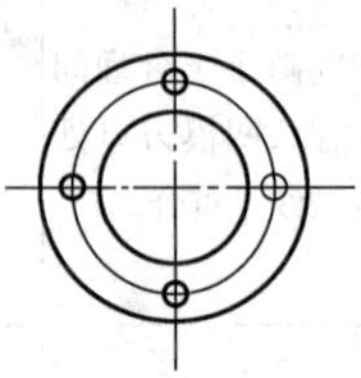	冲裁过程中冲孔凸模折断	更换凸模
	工件内孔偏移	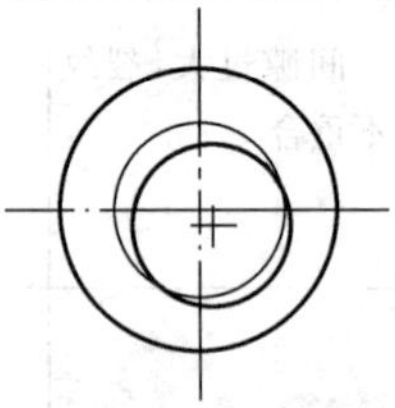	定位圈与凹模不同	改作定位圈
	毛刺分布不均	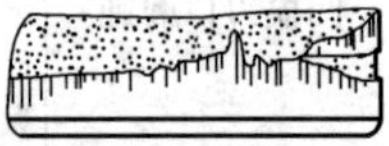	1. 凸、凹模不同轴； 2. 凸、凹模不垂直	调整凸、凹模间隙，使其周围间隙均匀
精冲件	撕裂	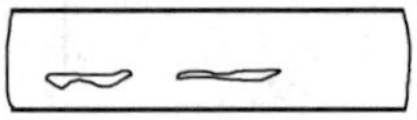	冲裁间隙合适，但凹模圆角半径太小	修整凹模圆角半径
	剪切面上有断裂	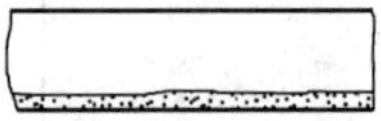	凹模圆角半径合适，冲裁间隙太大	更换新凸模
	工件凸模一面有毛刺，冲裁面是斜的	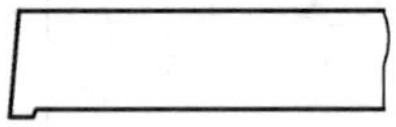	凹模圆角半径合适，冲裁间隙太大	更换新凸模
	剪切面上有撕裂和波浪形	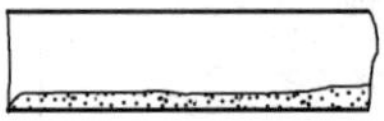	凹模圆角半径太大，冲裁间隙太大	重磨凹模，缩小圆角半径，制造新凸模
	工件上毛刺太大	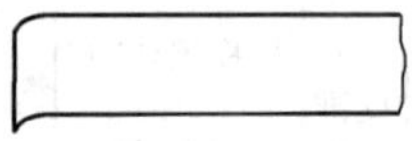	凹模圆角半径合适，但冲裁间隙太小，凸模的刃口钝	重磨凸模，增大冲裁间隙
	工件断面好，但毛刺面不平	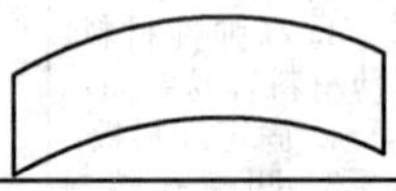	反向压力太小，带料上涂油太多	加大反向压力，在压边圈内磨削一条缺口，使多余的油能挤进缺口

2. 弯曲模常见故障及修理方法（表 11-12）

表 11-12 弯曲模常见故障及修理方法

质量问题	简 图	产生原因	修理措施
弯裂	裂纹	1. 凸模弯曲半径过小； 2. 毛坯有毛刺的一面处于弯曲外侧； 3. 板材的塑性较低	1. 适当增大凸模圆角半径； 2. 将毛坯有毛刺的一面放在弯曲件内侧； 3. 用经退火或塑性较好的材料
U形弯曲件底部不平	不平	压弯时板料与凸模底部没有压紧	采用带有压料顶板的模具，在压弯开始时顶板便对毛坯施加足够的压力
孔不同轴	轴心线错移 轴心线倾斜	1. 弯曲时毛坯产生滑动，引起孔中心线错移； 2. 弯曲后的弹复使孔中心线倾斜	1. 毛坯要准确定位，保证左右弯曲高度一致； 2. 设置防止毛坯窜动的定位销或压料顶板； 3. 减小工件弹复
翘曲	h	由变形区应变状态引起，横向应变（沿弯曲线方向）在中性层外侧是压应变，中性层内侧是拉应变，故横向便形成翘曲	1. 采用校正弯曲，增加单位面积压力； 2. 根据预定的弹性变形量，修正凸、凹模
弯曲线和两孔中心线不平行	最小弯曲高度 扩张	弯曲高度小于最小弯曲高度，在工作时使毛坯位移	1. 采用精确定位措施； 2. 适当增加毛坯尺寸，使毛坯尺寸大于最小弯曲高度，弯曲后切除多余部分

续表 11-12

质量问题	简　图	产生原因	修理措施
弯曲件擦伤	擦伤	1. 金属的微粒附在工作部分的表面上； 2. 凹模的圆角半径过小； 3. 凸、凹模的间隙过小	1. 清除工作部分表面杂物，降低凸、凹模表面粗糙度； 2. 适当增大凹模圆角半径； 3. 采用合理凸、凹模间隙
弯曲角度变化		塑性弯曲时伴随着弹性变形，当压弯的工件从模具中取出后便产生了弹性恢复	1. 以校正弯曲代替自由弯曲； 2. 以预定弹复角度来修正凸、凹模的角度
弯曲端部鼓起	鼓起	弯曲时中性层内侧的金属层，纵向被压缩而缩短，宽度方向则伸长，故宽度方向端部向外鼓起，这一现象在厚板窄弯中很明显	在弯曲部位两端先做成圆弧切口，将毛坯毛刺一边放在弯曲内侧

3. 拉深模常见故障及修理方法(表 11-13)

表 11-13　拉深模常见故障及修理方法

质量问题	简　图	产生原因	处理措施
壁部拉裂		材料承受的径向拉力太大，造成危险断面的拉裂	减少压边力，增大凹模圆角半径，加用润滑，或增加材料塑性
零件边缘呈锯齿状		毛坯边缘有毛刺	修整毛坯落料模刃口以消除毛坯边缘毛刺
零件边缘高低不一		毛坯与凸、凹模中心不合或材料厚薄不均以及凹模圆角半径，模具间隙不均	调整定位，校匀模具间隙和凹模圆角半径

续表 11-13

质量问题	简　图	产生原因	处理措施
危险断面显著变薄		模具圆角半径太小，压边力太大，材料承受的径向拉应力接近 Rm，引起危险断面缩颈	加大模具圆角半径和间隙，毛坯涂上合适的润滑油
零件底部拉脱		凹模圆角半径太小，材料实质上处于切割状态	加大凹模圆角半径
零件口缘折皱		凹模圆角半径太大	减小凹模圆角半径或采用弧形压边圈
锥形件的斜面或半球形件的腰部起皱		拉深开始时，大部分材料处于悬空状态，加之压边力太小，凹模圆角半径太大或润滑油过多	增加压边力或采用拉深筋，减小凹模圆角半径，亦可加厚材料或几片毛坯叠在一起拉深
盒形件角部破裂		模具圆角半径太小，间隙太小或零件角部变形程度太大	加大模具角部圆角半径及间隙，或增加拉深次数(包括中间退火工序)
盒形件直壁部不挺直		角部间隙太小，多余材料向侧壁挤压，失去稳定，产生皱曲	放大角部间隙，减小直壁部分间隙
零件壁部拉毛		模具工作平面或圆角半径上有毛刺，毛坯表面或润滑油中有杂质	须研磨抛光模具的工作平面和圆角，清洁毛坯，使用干净的润滑油

续表 11-13

质量问题	简　图	产生原因	处理措施
盒形件角部向内折拢,局部起皱	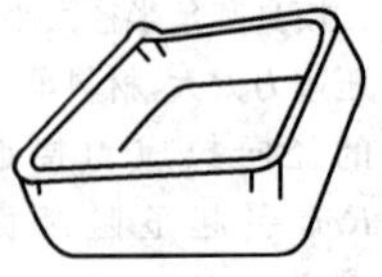	材料角部压边力太小,起皱后拉入凹模型腔	加大压边力或增大角部毛坯面积
阶梯形零件肩部破裂	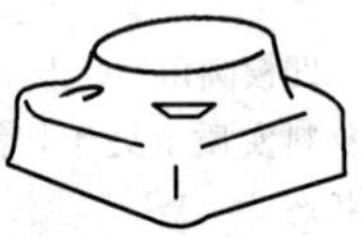	凸肩部分成形时,材料在母线方向承受过大的拉应力,导致破裂	加大凹模口及凸肩部分圆角,或改善润滑条件,选用塑性较好的材料
零件完整,但呈歪扭状		模具没排气孔或排气孔太小,以及顶料杆跟零件接触面太小,顶料时间太早(顶杆过长)	钻孔扩大或疏通模具排气孔,整修顶料装置

4. 冷挤压模常见故障及修理方法(表 11-14)

表 11-14　冷挤压模常见故障及修理方法

质量问题	简　图	原因分析	修理措施
正挤压件缩孔	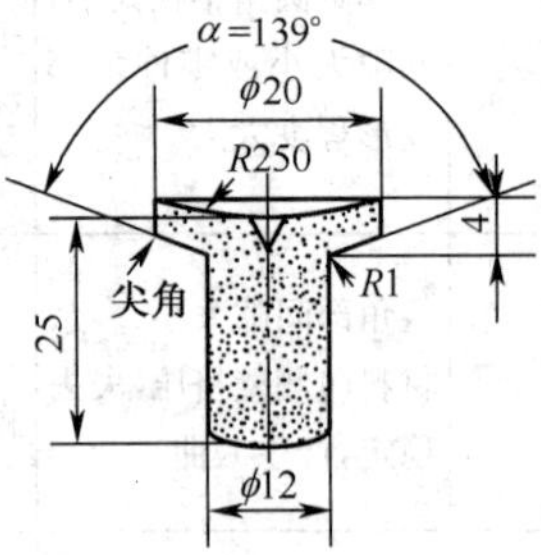 $\alpha=139°$ $\phi20$ $R250$ 4 25 尖角 $R1$ $\phi12$	在挤压头部高度较小时,由于摩擦的作用,常使与凹模接触表面附近的那部分金属不能顺利地流向中心,于是便由凸模端面中心附近的金属补充到中心部位去,结果使零件的头部中心形成缩孔	1. 采用良好的表面处理与润滑; 2. 减小凹模工作带尺寸; 3. 减小凹模的锥角; 4. 增大凹模入口处圆角; 5. 降低凹模表面粗糙度,适当降低凸模端面表面粗糙度; 6. 减小正挤压的变形程度

续表 11-14

质量问题	简　图	产生原因	处理措施
反挤压件内孔环状裂纹		在冷挤压低塑性材料时，如果润滑油不合理，就会由于附加拉应力的原因，而引起环状裂纹	1. 采用良好的毛坯表面处理与润滑； 2. 降低反挤压凸模的表面粗糙度； 3. 用最好的软化热处理规范，提高毛坯的塑性
反挤压件表面环状裂纹		由于内外层金属流动速度不均匀，而引起的附加拉应力造成	1. 增加反挤压毛坯外径，使毛坯与凹模型腔孔之间的配合紧一些，甚至使毛坯直径大于型腔孔 0.01～0.02mm； 2. 采用良好的毛坯表面处理与润滑； 3. 提高反挤压凹模的表面粗糙度； 4. 用较好的软化热处理规范，提高毛坯的塑性
矩形工件开裂		长边金属流得太快，短边金属流得太慢，形成两面受拉力	1. 间隙，取长边的小于短边的； 2. 凸模工作圆角半径，取长边的小于短边的； 3. 凸模工作带，取长边的大于短边的； 4. 凸模工作端面锥角，取长边的大于短边的； 即：使长边金属流动困难一些

续表 11-14

质量问题	简　图	产生原因	处理措施
反挤压薄壁件壁部缺金属	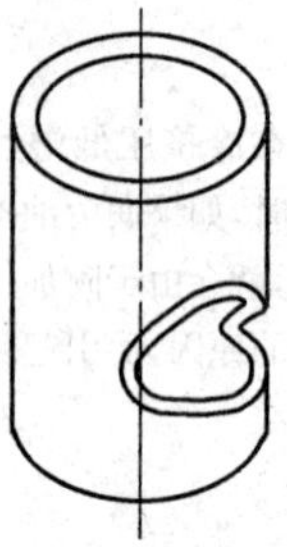	1. 凸、凹模之间间隙不均匀； 2. 上、下模垂直度与平行度误差大； 3. 润滑剂太多引起“散流”； 4. 凸模细长稳定性不好	1. 调整凸、凹模之间的间隙； 2. 提高上、下模的垂直度与平行度； 3. 减少润滑剂的用量； 4. 在凸模工作端面加开工艺槽
反挤压件单面起皱	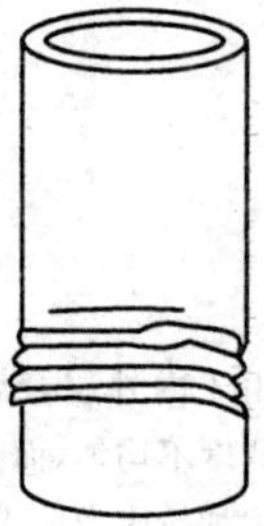	1. 间隙不均匀，引起流动不均匀，在流动快的一面易起皱； 2. 润滑不均匀	1. 调整凸、凹模之间的间隙； 2. 保证均匀的润滑
挤压件外表刮伤	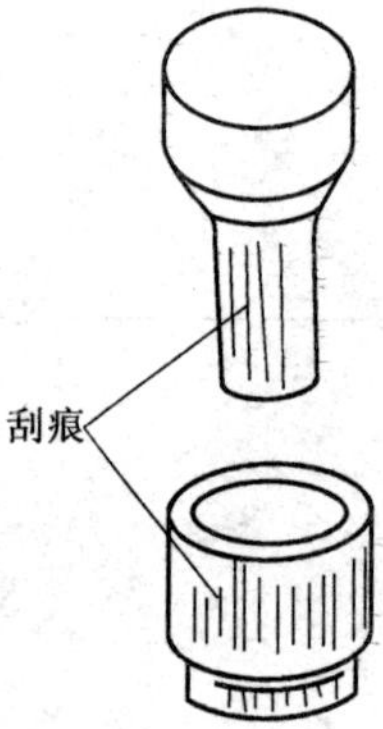 刮痕	1. 模具硬度不够； 2. 毛坯表面处理及润滑处理不够理想	1. 增加模具工作部分硬度； 2. 改用良好的毛坯表面处理与润滑
反挤压件上端壁厚大于下端（最多相差 0.40mm）	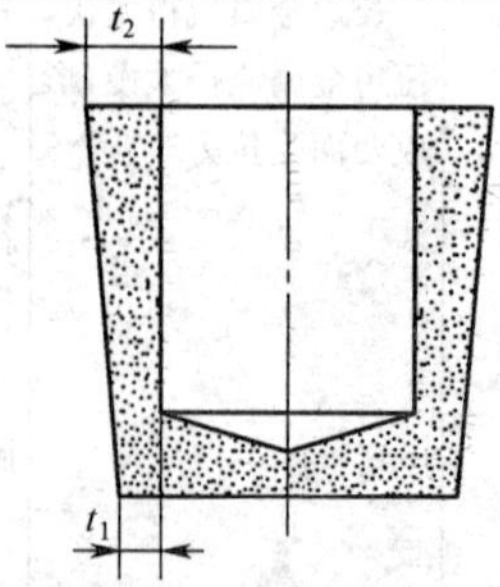 t_2 t_1	凹模型腔退模锥度太大	减小凹模型腔退模锥度，甚至不用退模锥度

续表 11-14

质量问题	简 图	产生原因	处理措施
挤压件壁厚差太大		1. 由于毛坯退火不均匀； 2. 凸模与凹模同轴度差； 3. 模具无准确的导向； 4. 反挤压毛坯直径太小，引起零件偏心； 5. 反挤压凸模顶角太尖； 6. 润滑剂涂刷过多，不均匀	1. 修改退火工艺规范； 2. 修整凸模与凹模的同轴度； 3. 保证模具的导向装置有良好的导向精度； 4. 适当增大反挤压件毛坯直径； 5. 增大反挤压凸模顶角； 6，润滑剂涂刷要适量、均匀
正挤压空心件侧壁断裂		凸模芯轴露出凸模的长度太长，在正挤压前先产生变薄拉延而将侧壁拉断	减小芯轴长度，使芯轴露出长度与毛坯孔的深浅相适应(最多比毛坯孔深 0.5mm)
正挤压杯形件侧壁皱曲		凸模芯轴露出的长度太短	增加芯轴长度，使芯轴露出长度与毛坯孔的深浅相适应
挤压件底部出现台阶	正常产品 废品	由于凹模拼块在挤压受力时发生弹性压缩的原因	将拼块尺寸适当增高，抵偿弹性压缩变形

续表 11-14

质量问题	简　图	产生原因	处理措施
金属填不满	空气无法排出 棱角处充不满 废品；排除残余空气 棱角$R=0$ 产品形状	模腔内空气排不出，金属无法填满模腔	在模腔内开出气孔
正挤压件端部毛刺		1. 凸、凹模之间间隙太大； 2. 毛坯退火硬度太高，金属流动阻力太大，使金属反向向上流入凸、凹模间隙之中，形成毛刺	1. 减小凸、凹模间隙； 2. 提高毛坯退火质量； 3. 必要时采用预成形毛坯

11.2.3 塑料注射模的修理

塑料注射模在工作时受冲击力较小，故不易损坏与破裂；只是在使用时，型腔受材料影响而表面质量降低。因此，必须及时对其进行抛光，使其恢复到原来的工作状态，保证产品质量。其他部件如导向机构、制件推出机构等发生故障后的修理方法基本上与冷冲模相同。

12　模具常用设备的型号及参数

12.1　冲压设备的分类、型号及参数

12.1.1　冲压设备的分类(表 12-1)

表 12-1　冲压设备的分类

类　型	说　　明
机械压力机	1. 按传动方式分曲轴传动和偏心轮传动两种形式，曲轴或偏心轮分别将主轴的旋转运动转变为压力机滑块的往复运动，完成冲压工作。 2. 按机身结构形式分开式和闭式两种： 压力机的工作台在机身的前面称开式压力机，开式压力机的机身一般为 C 型结构；压力机公称压力在 1 000kN 以下的多为开式压力机； 压力机的工作台在机身中间，称闭式压力机，其机身结构为框式或龙门式；压力机公称压力在 1 000kN 以上。 3. 按曲轴的数量分，闭式压力机可以有一个、二个或四个曲轴，分别称单点、双点或四点压力机。 4. 按运动方式分单动和双动两种，双动压力机适用于大型金属薄板零件的拉深、成形等工序；闭式双动压力机有底传动的形式，传动系统在压力机下部。 机械压力机代号为 J
液压机	1. 冲压用液压机多以油作为传动介质，故称油压机；用水作传动介质的水压机主要用于热锻和大型冲压件的加工。 2. 液压机也有单动、双动两种形式。 液压机代号为 Y
剪切机	有板料剪切机、振动剪切机。 剪切机的代号为 Q
弯曲校正机	也称校正弯曲压力机，主要用于冷态型材的矫直、弯曲成形加工等。 弯曲校正机代号为 W

12.1.2　冲压设备的型号

冷冲压设备的型号是按类代号和组型代号等编制的，如图 12-1 所示。

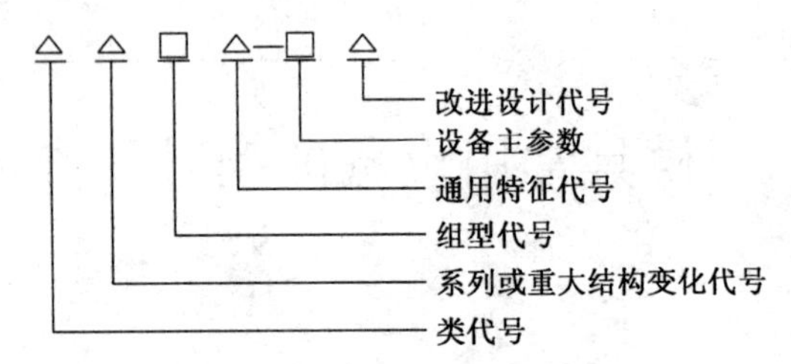

图 12-1 冲压设备型号

1. 类代号

J——机械压力机；

Y——液压机；

Q——剪切机；

W——弯曲校正机。

2. 系列或重大结构变化代号

变化代号用 A,B,…表示,无变化时不标注。

3. 组型代号

根据设备结构类型分组而定,用两位数字表示,常用设备的组型代号如下：

(1)机械压力机

11——偏心压力机,简称偏心冲床；

21——开式固定台压力机；

23——开式可倾式压力机；

29——开式底传动压力机；

31——闭式单点压力机；

36——闭式双点压力机；

39——闭式四点压力机；

43——开式双动拉深压力机；

44——底传动双动拉深压力机；

45——闭式单点双动拉深压力机；

46——闭式双点双动拉深压力机；

47——闭式四点双动拉深压力机；

53——双盘摩擦压力机；

71——闭式多工位压力机；

75——高速冲压压力机；

84——精压机。

(2)液压机

20——单柱单动拉深液压机；

26——精密冲裁液压机；

28——双动薄板冲压液压机；

31——双柱万能液压机；

32——四柱万能液压机。

(3)剪切机

11——剪板机；

21——冲型剪切机(振动剪切机)。

4. 通用特征代号

K——数控；

G——高速；

Z——自动；

Y——液压。

5. 设备主要参数

机械压力机、液压机用设备的公称力(kN)数值的1/10表示的。

剪切机是用可剪切的最大尺寸来表示的，如剪板机是用可剪切板料的“厚度×宽度”表示的。

6. 改进设计代号

表示设备第二次及以后各次改进设计的代号，用A，B，…表示。

12.1.3 常用冲压设备的主要技术参数

12.1.3.1 偏心压力机主要技术参数(表12-2)

表12-2 偏心压力机的主要技术参数

主要技术参数		型号				
		J11—3	J11—5	J11—16	J11—50	J11—100
公称力/kN		30	50	160	500	1 000
滑块行程/mm		0～40	0～40	6～70	10～90	20～100
滑块行程次数/$n \cdot min^{-1}$		110	150	120	65	65
最大闭合高度/mm			170	226	270	320
最大装模高度/mm		129	140	176	200	220
连杆调节长度/mm		30	30	45	75	85
滑块中心线至床身距离/mm		95	100	160	235	325
工作台尺寸/mm	前后	165	180	320	440	600
	左右	300	320	450	650	800
垫板厚度/mm		20	30	50	70	100
模柄孔尺寸/mm	直径	25	25	40	50	60

续表 12-2

主要技术参数		型号				
		J11—3	J11—5	J11—16	J11—50	J11—100
模柄孔尺寸/mm	深度	30	40	55	80	80
最大倾斜度/(°)			30	28		
电动机功率/kW		0.25	0.6	1	4.5	7
设备外形尺寸/mm	前后		710	1 120	1 280	1 525
	左右		780	1 080	1 260	1 950
	高度		1 465	2 000	2 440	2 680
设备总质量/kg			350	1 600	3 330	6 480

12.1.3.2 开式双柱可倾压力机的主要技术参数(表 12-3)

表 12-3 开式双柱可倾压力机的主要技术参数

主要技术参数		型号							
		J23—3.15	J23—6.3	J23—10	J23—16	J23—25	J23—40	J23—63	J23—100
公称力/kN		31.5	63	100	160	250	400	630	1 000
滑块行程/mm		25	35	45	55	65	100	130	130
滑块行程次数/n·min^{-1}		200	170	145	120	105	45	50	38
最大闭合高度/mm		120	150	180	220	270	330	360	480
最大装模高度/mm		95	120	145	180	220	265	280	380
连杆调节长度/mm		25	30	35	45	55	65	80	100
工作台尺寸/mm	前后	160	200	240	300	370	460	480	710
	左右	250	310	370	450	560	700	710	1 080
垫板尺寸/mm	厚度	25	30	35	40	50	65	80	100
	孔径	110	140	170	210	200	220	250	250
模柄孔尺寸/mm	直径	25	30	30	40	40	50	50	60
	深度	45	50	55	60	60	70	80	80
最大倾斜度/(°)		45	45	35	35	30	30	30	30
电动机功率/kW		0.55	0.75	1.10	1.50	2.20	5.5	5.5	10.0
设备外形尺寸/mm	前后	675	776	895	1 130	1 335	1 685	1 700	2 472
	左右	478	550	651	921	1 112	1 325	1 373	1 736
	高度	1 310	1 488	1 673	1 890	2 120	2 470	2 750	3 312
设备总质量/kg		194	400	576	1 055	1 780	3 540	4 800	10 000

12.1.3.3 闭式单点压力机的主要技术参数(表12-4)

12-4 闭式单点压力机的主要技术参数

主要技术参数		型号				
		JC31—160A	J31—250B	J31—315B	J31—400B	JB31—500
公称力/kN		1 600	2 500	3 150	4 000	5 000
公称力行程/mm		8	10.4	10.5	13.2	17
滑块行程长度/mm		160	315	315	400	700
滑块行程次数/n·min^{-1}		32	20	20	20	12
最大装模高度/mm		370	490	490	550	1 000
装模高度调节量/mm		120	200	200	250	200
工作台尺寸(前后×左右)/mm		800×800	950×1 000	1 100×1 100	1 200×1 240	1 500×1 700
滑块底面尺寸(前后×左右)/mm		590×755	850×980	960×910	1 000×1 230	1 400×1 680
气垫	压紧力/退出力(单个)/kN	160	400/63	500/76	500/76	
	数量/个	1	1	1	1	
	行程/mm	80	150	160	200	
主电动机功率/kW		17	30	30	45	55

12.1.3.4 闭式双点压力机的主要技术参数(表12-5)

表12-5 闭式双点压力机的主要技术参数

主要技术参数	型号			
	J36—160B	J36—250B	J36—400	J36—630B
公称力/kN	1 600	2 500	4 000	6 300
公称力行程/mm	10.8	11	13	26
滑块行程长度/mm	315	400	500	500
滑块行程次数/n·min^{-1}	20	17	14	9
最大装模高度/mm	670	590	800	810
装模高度调节量/mm	250	250	400	340
工作台尺寸(前后×左右)/mm	1 250×2 000	1 250×2 770	1 500×2 800	1 500×3 450
滑块底面尺寸(前后×左右)/mm	1 050×1 980	1 000×2 760	1 400×3 050	1 270×3 450

续表 12-5

主要技术参数		型号			
		J36－160B	J36－250B	J36－400	J36－630B
气垫	[压紧力/退出力(单个)]/kN	25	170/65	800	400/63
	数量/个	2	3	1	3
	行程/mm	150	200	250	240
主电动机功率/kW		30	30	55	75

12.1.3.5 闭式单点、双点双动拉深压力机的主要技术参数(表 12-6)

表 12-6 闭式单点、双点双动拉深压力机主要技术参数

主要技术参数 \ 型号		单点压力机		双点压力机
		JA45—200/125A	J45—315/315A	J46—500/300
公称力/kN	内滑块	2 000	3 150	5 000
	外滑块	1 250	3 150	3 000
公称力行程/mm	内滑块	25	30	25
	外滑块	8	16	10
滑块行程长度/mm	内滑块	670	850	900
	外滑块	425	530	620
滑块行程次数/n·min^{-1}		8	5.5～9	10
最大装模高度/mm	内滑块	930	1 120	1 100
	外滑块	825	1 070	950
装模高度调节量/mm	内滑块	165	300	400
	外滑块	165	300	400
滑块底面尺寸(前后×左右)/mm	内滑块	900×960	1 000×1 000	1 300×2 500
	外滑块	1 350×1 420	1 600×1 550	1 800×3 000
工作台尺寸(前后×左右)/mm		1 400×1 540	1 600×1 800	1 800×3 000
最大拉深深度/mm		315	400	200
气垫	[压紧力/退出力(单个)]/kN	500/80	1 000/120	
	数量/个	1	1	
	行程/mm	315	400	
主电动机功率/kW		40	75	

12.1.3.6 万能液压机的主要技术参数(表 12-7)

表 12-7 万能液压机的主要技术参数

主要技术参数	型号		
	Y32—100	YB32—200	YB32—300
公称力/kN	1 000	2 000	3 000
最大顶出压力/kN	150	300	300
顶出最大行程/mm	180	250	250
主活塞最大行程/mm	600	700	800
活动横梁至工作台最大距离/mm	900	1 100	1 240
工作台尺寸(前后×左右)/mm	580×580	760×730	1 140×1 210

12.1.3.7 摩擦压力机的主要技术参数(表 12-8)

表 12-8 摩擦压力机的主要技术参数

主要技术参数	型号		
	J53—63	J53—100A	J53—160A
公称力/kN	630	1 000	1 600
最大能量/J	2 500	5 000	10 000
滑块行程长度/mm	270	310	360
滑块行程次数/$n \cdot min^{-1}$	22	19	17
最小闭合高度/mm	190	220	260
滑块底面尺寸(前后×左右)/mm	315×348	380×350	400×458
模柄孔直径×深度/mm	ϕ60×80	ϕ70×90	ϕ70×90
工作台尺寸(前后×左右)/mm	450×400×ϕ80	500×450×ϕ100	560×510×ϕ100

12.1.3.8 剪板机的主要技术参数(表 12-9)

表 12-9 剪板机的主要技术参数

型号	最大剪板尺寸(厚度×宽度)/mm	剪切行程/mm	剪刀往复次数/$n \cdot min^{-1}$	剪切角度
Q11−3×1200	3×1 200	65	56	2°25′
Q11−4×2000	4×2 000	62	45	1°30′
Q11−6×2500	6×2 500	150	36	2°30′

续表 12-9

型　　号	最大剪板尺寸 (厚度×宽度)/mm	剪切行程/mm	剪刀往复次数 /n·min^{-1}	剪切角度
Q11－13×2500	13×2 500	180	28	3°
Q11－16×3200	16×3 200	166	25	2°30′
Q11－20×3200	20×3 200	200	20	3°
QY11－20×4000	20×4 000		5	2°30′

12.2 注射机性能、型号及参数

12.2.1 注射机简介

注射机为热塑性或热固性塑料注射成形的主要设备，按其外形可分为立式、卧式和直角式三种，由注射装置、锁模装置、顶出装置、模板机架系统等组成，如图 12-2 所示。

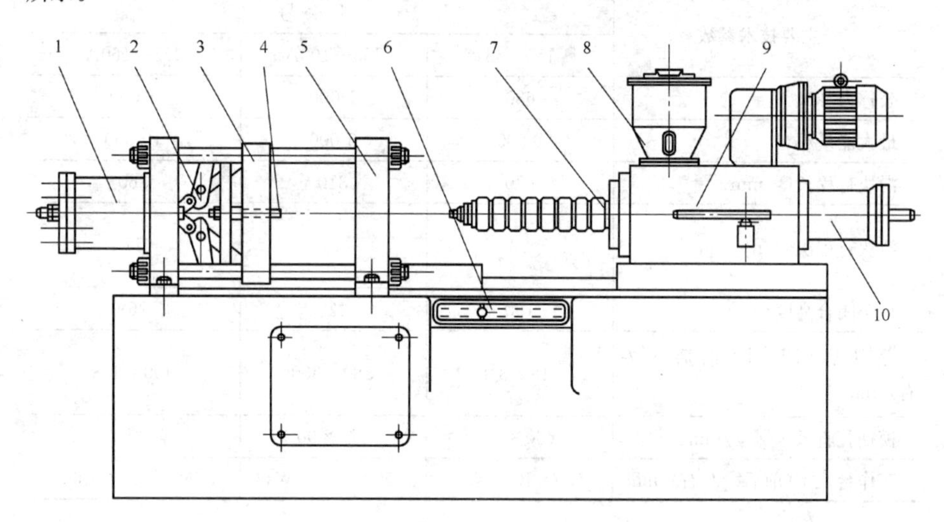

图 12-2 卧式注射机外形

1. 锁模油缸 2. 锁模机构 3. 动模板 4. 顶杆 5. 定模板
6. 控制台 7. 料筒及加热器 8. 料斗 9. 定量供料装置 10. 注射缸

工作时模具安装于动模及定模板上，由锁模装置合模并锁紧，注射装置加热、塑化塑料，并将熔融的塑料注入模具，注射机设由电加热及水冷却系统供调节模温所用；塑件成形冷却后由锁模机构开模，并由顶出装置顶出塑件，故可供注射模进行自动化工作。

12.2.2　注射机分类和特点及适用范围(表12-10)

表12-10　注射机分类和特点及适用范围

	立　式	卧　式			直　角　式
型式	容量一般为10～60g	热塑性塑料用注射机		热固性塑料用注射机	容量一般为20～45g
		柱塞式一般为30～60g	螺杆式 $60cm^3$ 以上	100～500g	
结构特点	注射装置及定模板设置于上面，锁模装置及动模板、顶出装置在下面，互成竖立一线排列。注射装置一般为柱塞式，液压机械锁模机构；动模板后设有顶杆机械顶出塑件；使用立式注射模工作	注射装置、定模板为一侧，锁模装置、顶出机构及动模板为另一侧，互成横卧一线排列。注射装置以螺杆式为主，液压机械锁模；顶出系统采用机械式液压机构两者兼备；使用卧式注射模工作		除塑化加热系统外，其他与热塑性塑料用螺杆式注射机相似	注射装置为竖立布置，锁模顶出机构及动、定模板卧式排列，互成直角排列。注射装置为柱塞式，机械式锁模机构，动模板、顶杆机械顶出为一侧，定模板为另一侧
优点	1. 装拆模具方便； 2. 安装嵌件，活动型芯简便可靠	1. 开模后塑件按自垂落下，便于实现自动化操作； 2. 螺杆或注射装置塑化能力大、均匀，注射压力可达70～80MPa，压力损失小，塑件内应力、定向性小，减少变形、开裂倾向； 3. 螺杆式可采用不同形式螺杆，调节螺杆转数，背压等的适应力，加工各种塑料及不同要求的塑件			1. 开模后，塑件可自动落下； 2. 型腔偏一侧的模具工作时，锁紧可靠，模具受力均匀
缺点	1. 注射后喷嘴要脱离模具，人工取出塑件； 2. 柱塞式注射装置，注射压力损失大，加工高黏度塑料、形状复杂薄壁塑件时要求成形压力高，塑件内应力大，注射速度不均，塑化不均	1. 装模麻烦，安放嵌件及活动型芯不便，易倾斜落下； 2. 螺杆式加工低黏度塑料、薄壁、形状复杂塑件时易发生融料回流，螺杆不易清洗，贮料清洗不净(尤其对热敏感塑料)，易发生分解 3. 柱塞式结构也有立式注射机柱塞式结构所具有的缺点			1. 嵌件、活动型芯安放不便，易倾斜落下； 2. 有柱塞式结构的缺点

续表 12-10

<table>
<tr><td rowspan="3">型式</td><td>立　式</td><td colspan="3">卧　式</td><td>直 角 式</td></tr>
<tr><td rowspan="2">容量一般为10～60g</td><td colspan="2">热塑性塑料用注射机</td><td>热固性塑料用注射机</td><td rowspan="2">容量一般为20～45g</td></tr>
<tr><td>柱塞式一般为30～60g</td><td>螺杆式 $60cm^3$ 以上</td><td>100～500g</td></tr>
<tr><td>适用范围</td><td>1. 宜加工小、中型塑件及分两次进行双色注射加工的双色塑件；
2. 由于柱塞式结构不宜加工流动性差、对热敏感、对应力敏感的塑料及大面积、薄壁塑件，宜加工流动性好的中小型塑件，尤其便于加工二种色泽的塑件</td><td colspan="2">1. 螺杆式适应加工各种塑料及各种要求的塑件，小型设备宜加工薄壁、精密塑件；
2. 螺杆式适用于掺和料、有填料、干着色料的直接加工；
3. 柱塞式也具有立式注射机中柱塞式结构所具有的加工特点</td><td>1. 适应加工小型塑件；
2. 适用于加工塑件中心部位不允许有浇口痕迹的平面塑件；
3. 适用于要求型腔偏一侧时的模具</td><td></td></tr>
</table>

12.2.3 注射机的特性、型号及参数(表 12-11)

表 12-11 注射机的特性、型号及参数

型　号	SYS－10	SYS－30	SYS－20－直角	XS－ZS－22	XS－Z－30	XS－ZY－60	XS－ZY－125
螺杆(柱塞)直径/mm	22	28	22	25，20(柱塞)	28(柱塞)	38(柱塞)	30，42，45
最大理论注射容量/g或 cm^3	10g	30g	20g	30，20	30	60	104，125，146
注射压力/MPa	150	157	120	75，117	119	122	146，119，104
锁模力/T	15	50	20	25	25	50	90
最大注射面积/cm^2	45	130	45	90	90	130	320
最大模具厚度/mm	180	200	250	180	180	200	300
最小模具厚度/mm	100	70	50	60	60	70	200
模板最大距离/mm	—	—	—	340	340	380	600

续表 12-11

型　号	SYS—10	SYS—30	SYS—20—直角	XS—ZS—22	XS—Z—30	XS—ZY—60	XS—ZY—125
模板行程/mm	—	—	—	160	160	180	300
喷嘴圆弧半径/mm	120	180		12	12	12	12
喷嘴孔径/mm	—	—	—	2	2	4	4
喷嘴移动距离/mm						120	210
工作台尺寸/mm×mm　动模板				280×250	280×250	350×240	590×560
工作台尺寸/mm×mm　定模板				280×250	280×250	350×240	590×560
顶出形式				四侧没有顶杆，机械顶出	四侧没有顶杆，机械顶出	中心没有顶杆，机械顶出	两侧没有顶杆，机械顶出

型　号	G56—3—200/400	SZY—300	XS—ZY—500	XS—ZY—1000	SZY—2000	XS—ZY—4000
螺杆(柱塞)直径/mm	55	45,60	55,65,75	70,80,90	90,110,120	110,130,145
最大理论注射容量/g或cm^3	200,400	180,320	475,665,880	1 000,1 300,1 650	1 400,2 000,2 500	2 800,4 000,5 000
注射压力/MPa	109	125,70	145,104 78	178,137,108	135,90,76	147,106,85
锁模力/T	250	150	350	450	600	1 000
最大注射面积/cm^2	645	—	1 000	1 800	2 600	3 800
最大模具厚度/mm	406	不用垫板 355 用垫板 280	450	600	不用垫板 800 用垫板 500	
最小模具厚度/mm	165	不用垫板 205 用垫板 130	300	第一挡位置 370 第二挡位置 150	不用垫板 500 用垫板 280	
模板最大距离/mm	260	用垫板 620 不用垫板 695	950	1 300	1 550	

续表 12-11

型　号		G56—3—200/400	SZY—300	XS—ZY—500	XS—ZY—1000	SZY—2000	XS—ZY—4000
模板行程/mm		666	340	300	700	755	
喷嘴圆弧半径/mm		18	12	18	18	18	
喷嘴孔径/mm		4		3,5,6,8	7.5	10	
喷嘴移动距离/mm		310	喷嘴允许伸出定模板装模面 25	280	490	480 喷嘴可伸出定模板装模面 25	
工作台尺寸/mm×mm	动模板	634×532	640×615	850×750	1 050×950	1 460×1 180	1 590×1 500
	定模板	634×532	620×520	876×825	1 050×950	1 460×1 180	1 590×1 500
顶出形式		动模板没设顶板开模时,模具顶杆固定板上的顶杆通过动模板与顶板相碰,机械顶出塑件	中心及上、下两侧设有顶杆,机械顶出	中心液压顶出,顶出距100mm,两侧顶杆机械顶出,液压顶出力 4.2T	中心液压顶出,两侧顶杆机械顶出	中心液压顶出,顶出距125mm,顶出力 12T,两侧顶杆机械顶出	中心液压顶出,两侧顶杆机械顶出

12.3 压铸机的结构、特点、型号和主要参数

12.3.1 压铸机的结构形式及特点

国产常用压铸机分为:热压室和冷压室两大类。冷压室压铸机又分为:立式、卧式和全立式三种类型。

12.3.1.1 热压室压铸机的结构形式及特点

1. 热压室压铸机的结构形式(图 12-3)

2. 热压室压铸机的特点

①操作程序简单,不需要单独供料,压射动作能自动进行,生产效率高;

②金属液由压室直接进入型腔,金属液的温度波动范围小;

③浇注系统较其他类型的压铸机所消耗的金属材料要少;

④金属液从液面下进入压室,杂质不易带入;

⑤压室和压射冲头长期浸于熔融金属液中,易受侵蚀,缩短使用寿命;经长期使用会增加合金中的含铁量;

⑥压铸比压较低;

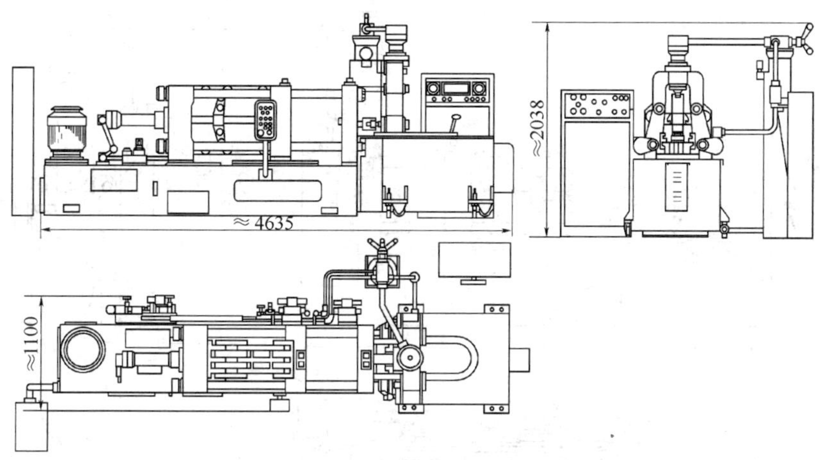

图 12-3 热压室压铸机的结构形式

⑦常适用于压铸铅、锡、锌等低熔点合金，也可用于镁合金的压铸。

12.3.1.2 冷压室压铸机的结构形式及特点

1. 立式冷压室压铸机的结构形式及特点

(1)立式冷压室压铸机的结构形式(图 12-4)

(2)立式冷压室压铸机的特点

①金属液注入直立的压室中，有利于防止杂质进入型腔；

②适用于需要设置中心浇口的铸件；

③压射机构直立，占地面积小；

④金属液进入型腔时经过转折，消耗部分压射压力；

⑤余料未切断前不能开模，影响压铸机的生产率；

⑥增加一套切断余料机构，使压铸机结构复杂，维修不便。

2. 卧式冷压室压铸机的结构形式及特点

(1)卧式冷压室压铸机的结构形式(图 12-5)

(2)卧式冷压室压铸机的特点

①金属液进入型腔时转折少，压力损耗小，有利于发挥增压机构的作用；

②卧式压铸机一般设有偏心和中心两个浇注位置，或在偏心与中心间可任意调节，供设计模具时选用；

③压铸机的操作程序少，生产率高，设备维修方便，容易实现自动化；

④金属液在压室内与空气接触面积大，压射时容易卷入空气和氧化夹渣；

⑤适用于压铸有色和黑色金属；

⑥需要设置中心浇口的铸件，模具结构较复杂。

3. 全立式压铸机的结构形式及特点

(1)全立式压铸机的结构形式(图 12-6)

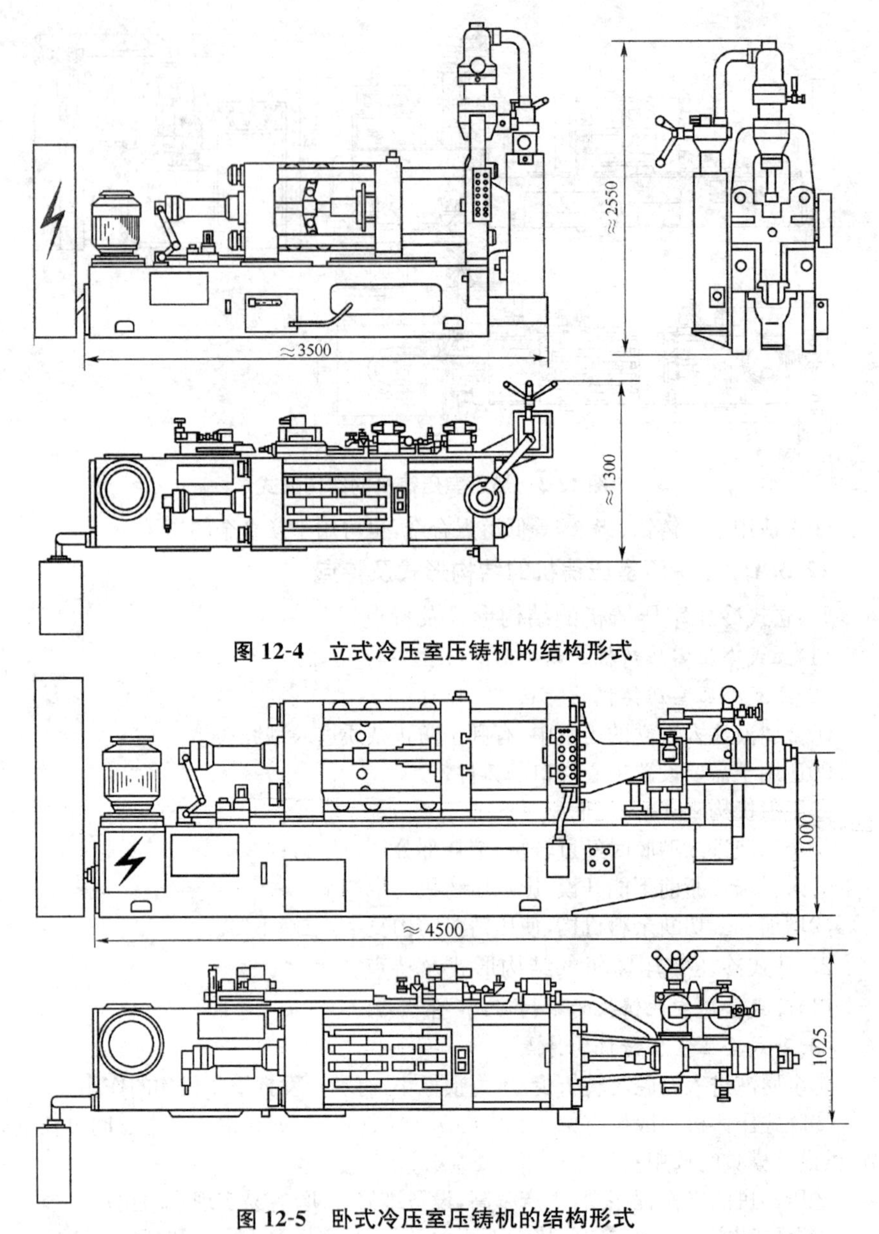

图 12-4 立式冷压室压铸机的结构形式

图 12-5 卧式冷压室压铸机的结构形式

(2)全立式压铸机的特点

①模具水平放置,稳固可靠,放置嵌件方便,广泛用于压铸电机转子类及带硅钢片的零件;

②冲头上下运行,十分平稳,金属液注入压室中占用一定的空间,带入型腔空气较少;

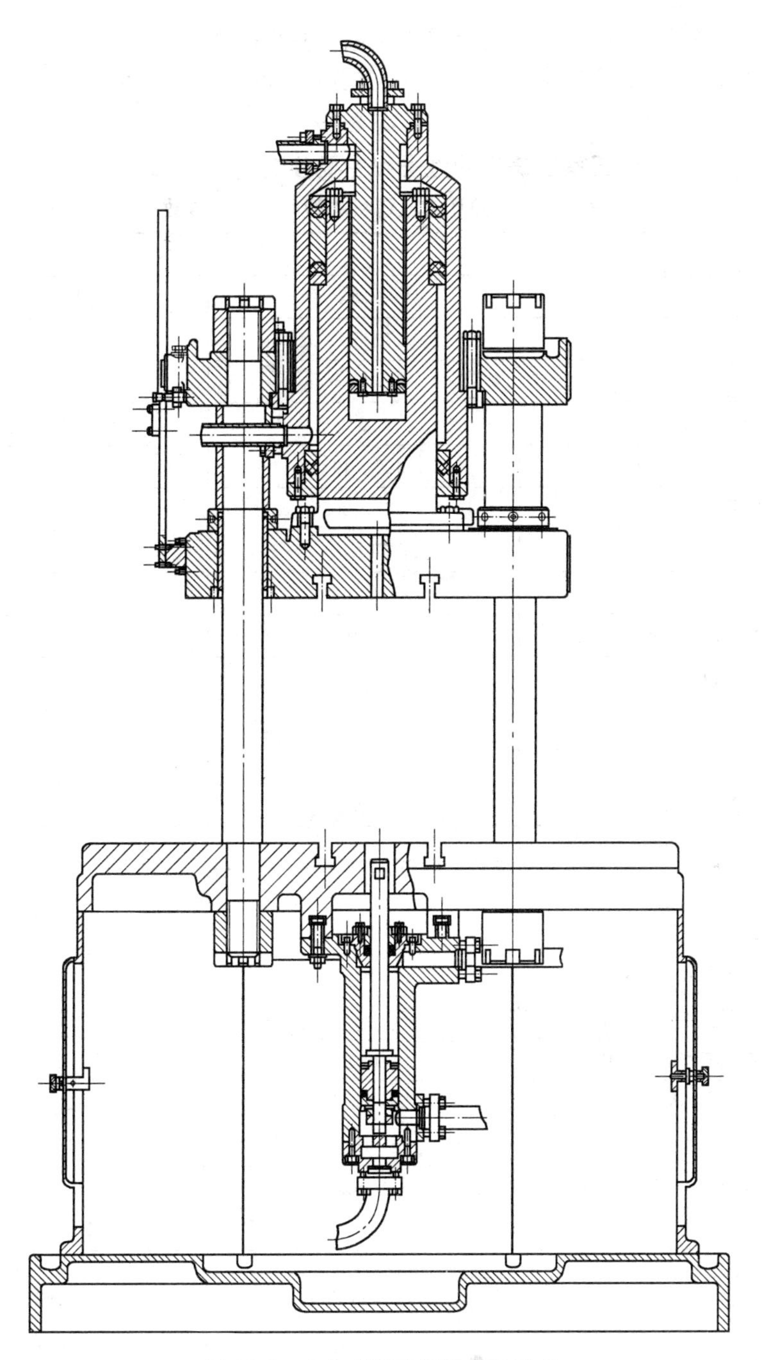

图 12-6 全立式压铸机的结构形式

③金属液的热量集中在靠近浇道的压室内，热量损失少；

④金属液进入型腔时转折少，流程短，减少压力的损耗。

12.3.2 压铸机的型号和主要参数

12.3.2.1 热压室压铸机的型号和主要参数（表 12-12）

表 12-12 热压室压铸机的型号和主要参数

主要技术参数	型号	
	JZ213	J2113
锁模力/T	25	125
压射力/T	3	8.5
推出力(机械)/T	2	10
模板尺寸/mm×mm	400×400	
拉杆间距/mm×mm	265×265	420×420
动模行程/mm	100	350
模具最大厚度/mm	240	500
模具最小厚度/mm	120	250
偏中心浇口距离/mm	40	60
压室直径/mm		80
压射比压/kg/cm²		165
压射冲头直径/mm	45	
压射冲头行程/mm	95	
铸件最大质量(锌)/kg	0.5	3
铸件最大投影面积/cm²	138	735
工作循环次数/次/小时	600	300
液压管路工作压力/MPa	6.3	12
压缩空气工作压力/MPa	0.4～0.6	
电动机功率/kW	7.5	11
电炉功率/kW	18	36
坩埚容量/kg	160	
喷嘴保温套功率/kW	1.1	3
压铸机外形尺寸/mm×mm×mm	3 300×1 110×1 860	4 700×1 100×2 100
压铸机质量/kg	2 500	5 500

12.3.2.2 冷压室压铸机的型号和主要参数

1. 立式冷压室压铸机的型号和主要参数(表 12-13)

表 12-13 立式冷压室压铸机的型号和主要参数

主要技术参数	型号			
	J1512		J1513	
锁模力/T	115		125	
开模力/T	10.2			
压射力/T	5.5,22,34		13.5～34,可调无级	
压射回程力/T	7.6		8.3	
切料力/T	8		13.5	
液压推出器推出力/T			10	
液压推出器行程/mm			80	
合模行程/mm	450		350	
最小开模距离/mm	550			
最大开模距离/mm	1 100			
最大压射行程/mm			260	
最大反料行程/mm			200	
模具厚度/mm			250～500	
压射行程/mm	270			
压室直径/mm	80,100		65	80
压射比压/MPa	86	43	40～100	27～68
铸件投影面积/cm²	160(铜、锌)	250(铝)	310～125	460～180
铸件最大质量/kg	4(铜、锌),1.8(铝)		1.3(铝),2.9(锌),4.3(铜)	
喷嘴孔直径/mm			14,17,20	
管路工作压力/MPa	12		12	
工作循环次数/次/小时	70～20			
油泵压力/ MPa	12		14	
油泵流量/L/min	60		75	
电动机功率/kW	22		11	
贮压罐容量/L	250			
压铸机质量/kg	4 550		5 000	
压铸机外形尺寸/mm×mm×mm			3 500×1 300×2 500	

2. 卧式冷压室压铸机的型号和主要参数(表12-14)

表12-14　卧式冷压室压铸机的型号和主要参数

主要技术参数		型号					
		J113			J116	J116A	
锁模力/T		25			63	63	
开模力/T		3			7		
压射力/T		4			5～9	4.6～10,可调	
压射回程力/T		1.5			2～5		
模板最大间距/mm		450			570		
压射行程/mm		200				270	
合模行程/mm		250			320	250	
拉杆内间距/mm						350×350	
模具最小厚度/mm						150	
模具最大厚度/mm						350	
推出力/T						5	
推出器行程/mm						50	
模具尺寸/mm×mm		240×330			360×450		
压室直径/mm		25	30	35	30,40,45	35	40
压射比压/MPa		82	57	42	57～127	48～104	37～80
铸件投影面积/mm²		26	37	51	95	131～60	170～78.8
压室容量/kg	锌	0.45	0.65	0.89			
	铝	0.18	0.26	0.35	0.6	0.46	0.6
	铜	0.55	0.78	1.07			
浇口偏心距离/mm						60	
工作循环次数/次/小时		240			150～180		
管路工作压力/MPa		6.5			10	12	
电动机功率/kW		7.5			11	11	
贮压罐容量/L		40			100		
压铸机质量/kg		2 500			3 000		
压铸机外形尺寸/mm×mm×mm		3 000×800×1 560			3 430×1 200×1 360		

续表 12-14

主要技术参数	型号					
	J113,J1113A				J1113B	J1125
锁(合)模力/T	125				125	250
压射力/T	14				8.5～15	12.5～25
推出力/T	12.5				10	12
推出器行程/mm					80	120
压射回程力/T	4					
压射行程/mm	320				300	
合模行程/mm	450				350	400
模具最大厚度/mm					500	650
模具最小厚度/mm	350				250	300
拉杠内间距/mm	水平 650				水平/垂直 420/420	水平/垂直 520/420
模板间距/mm	800					
压铸模尺寸/mm	450×450					
压铸机中心高度/mm	900					
压室直径/mm	40	50	60	70	40,50,60	50,60,70
压射比压/ MPa	112	72	50	37	33～115	32～127
铸件投影面积/mm^2	95	150	215	210	110～380	380
铸件最大质量/kg	2				1.5(铝),3.8(锌)	2.5(铝)
工作循环次数/次/小时	180				180	50～70
管路工作压力/MPa	10				12	12
电动机功率/kW	13				10	15
油泵流量/L/min					50,25	
压铸机外形尺寸/mm×mm×mm					4 500×1 100×1 400	5 600×1 100×1 600
压铸机质量/kg	5 000				5 000	10 000

续表 12-14

主要技术参数		型号				
		J1125A	J1140	J1163		
锁(合)模力/T		250	400	630		
开模力/T		20		45		
压射力/T		11.4～25	20～40	28～50		
推出力/T		12	18			
推出器行程/mm		100				
最大压射行程/mm		385		620		
有效压射行程/mm				340		
模板间距/mm		400～900	850～1 200	600～1 400		
合模行程/mm		500	450	800		
拉杠内间距/mm		水平/垂直 520/420		水平/垂直 900/800		
压射偏心距/mm		0～150		250		
压室直径/mm		50,60,70	65,85,100	85	100	130
压射比压/ MPa		128	120	88	63.5	27
铸件投影面积/mm^2		320	670	610	850	1 412
压室容量/kg	铝	2.5	5.6	5.37	7.36	12.4
	锌			12.2	16.9	30.4
	铜			16.6	22.7	38.2
工作循环次数/次/小时		40～80	30～70	45		
管路工作压力/MPa		12	12	12		
电动机功率/kW		17	22.3	26(13×2)		
油泵流量/L/min		70		100(50×2)		
贮压罐容量/L		230				
压铸机外形尺寸/mm×mm×mm		5 000×1 100×1 600	7 270×2 420×1 840	7 000×2 750×3 910		
压铸机质量/kg		10 000	19 700	30 000		

第四部分　相关资料篇

13　模具材料毛坯制造工艺

13.1　模具常用材料进厂检验

模具零件的原材料质量，对加工和使用有着很大影响。原材料存在的某些缺陷，不仅给模具的加工制造带来一定的困难，而且还会造成模具使用寿命低、早期损坏等不良后果。因此，模具原材料作进厂质量检验，是确保模具质量的重要环节。特别是，模具大多是小批量或单件生产，加工工艺过程复杂、制造周期较长，原材料的质量检验更应当予以足够重视，否则将带来不必要的材料浪费和较大的工时损失，影响模具加工周期和生产管理。模具制造部门，应根据具体情况制定原材料验收制度和检验标准，以确保模具质量和生产顺利进行。

13.1.1　合金工具钢与高速工具钢化学成分允许偏差（表 13-1）

表 13-1　合金工具钢与高速工具钢化学成分允许偏差　（%）

元　素	合金工具钢		高速工具钢	
	应用范围	允许偏差	应用范围	允许偏差
C		±0.02		±0.01
W	≤1 >1～5 >5	±0.05 ±0.10 ±0.20	≥5.50～11.0 >11.0	−0.03 −0.05
Cr	≤10 >10	±0.05 ±0.10		±0.01
Mo	≤0.6 >0.6	±0.02 ±0.03	<2.00 ≥2.00	−0.10 −0.20
V		±0.02	<2.50 ≥2.50	−0.10 −0.20
Si		±0.05		−0.10

续表 13-1

元　素	合金工具钢		高速工具钢	
	应用范围	允许偏差	应用范围	允许偏差
Mn		±0.05		±0.05
Nb				±0.05
Al			<0.80 ≥0.80	±0.05 ±0.10

13.1.2 工具钢表面质量检验要求(表 13-2)

表 13-2 工具钢表面质量检验要求

类　别	检验内容与要求
热轧和锻制切削加工用钢	钢材表面肉眼可见的裂缝、折叠、结疤和夹杂等局部缺陷的允许深度按如下要求检验: 碳素工具钢:1. 钢材截面尺寸<100mm 圆钢,不超过从钢材公称尺寸算起的公差之半; 2. 钢材截面尺寸≥100mm 圆钢,不超过从钢材公称尺寸算起的公差; 3. 扁钢表面质量检验按与钢厂协议检验; 合金工具钢:1. 钢材截面尺寸<80mm 圆钢,不超过从钢材公称尺寸算起的公差之半; 2. 钢材截面尺寸≥80mm 圆钢,不超过从钢材公称尺寸算起的公差; 3. 扁钢表面质量检验按与钢厂协议检验; 高速工具钢:同合金工具钢
冷拉钢	钢材表面应光滑洁净,不得有裂缝、折叠、结疤、夹杂和氧化铁皮;麻点、划痕、发纹、凹坑、黑斑和润滑剂痕迹等表面轻微缺陷的允许深度按如下要求检验: 碳素工具钢:不得大于从钢材实际尺寸算起的该尺寸的公差(退火状态交货允许有氧化色); 合金工具钢:6~7 级精度者,不大于从钢材实际尺寸算起的该尺寸的公差,允许有氧化色或轻微氧化层(4~5 级精度者表面不应有任何缺陷) 高速工具钢:同碳素工具钢

13.1.3 工具钢圆钢一边总脱碳层允许厚度(表 13-3)

表 13-3 工具钢圆钢一边总脱碳层允许厚度 (mm)

类　别	一边总脱碳层允许厚度
热轧和锻制切削加工用钢	碳素工具钢:截面尺寸<100mm,不大于 0.25+1.5%D; 合金工具钢:Ⅰ组:钢材截面尺寸 5~50mm,不大于 0.25+1%D; Ⅱ组:钢材截面尺寸 1~150mm,不大于 0.2+2%D; 高速工具钢:0.3+1%D(不包括钼系高速钢)

续表 13-3

类　别	一边总脱碳层允许厚度
冷拉钢	碳素工具钢:截面尺寸≤16mm,不大于钢材公称尺寸 1.5%;截面尺寸>16mm,不大于钢材公称尺寸 1.3%;供高频淬火用钢,不大于钢材公称尺寸的 1.0%; 合金工具钢:硅合金钢不大于钢材公称尺寸的 2%,其余不大于钢材公称尺寸的 1.5%; 高速工具钢:按与钢厂协议检验

注:1. 表中 D 为钢材截面公称尺寸(mm)。

2. 截面尺寸大于 100mm 的碳素工具钢,截面尺寸大于 150mm 的合金工具钢及钼系高速钢的热轧锻制钢材和全部扁钢的一边总脱碳层允许厚度按与钢厂协议检验。

13.2 铸件的铸造技术要求和工艺要点

模具按其工艺方法和加工对象不同可分为锻模、冷冲模、压铸模、粉末冶金模及塑料模等种类。各类模具的铸造零件大致可分成三类:

第一类——底板、模座、框架零件,如锻造用的剪边模座、校正模座、机械压力机模座、冷冲模底板及大型塑压模框架等;

第二类——大型拉延模零件;

第三类——热锻模模体及电渣堆焊复合锻模需用的板极等。

上述各类铸件在确定铸造工艺和组织生产时,应满足以下要求。

13.2.1 模具主要铸件的铸造技术要求

13.2.1.1 灰口铸铁和碳钢铸件允许尺寸偏差(表 13-4)

表 13-4 灰口铸铁和碳钢铸件允许尺寸偏差 (mm)

铸件最大尺寸	铸件材料	公称尺寸							
		≤50	>50~120	>120~260	>260~500	>500~800	>800~1 250	>1 250~2 000	>2 000~3 150
≤500	铸铁 铸钢	±1.0 ±1.2	±1.5 ±1.8	±2.0 ±2.2	±2.5 ±3.0				
>500~1 250	铸铁 铸钢	±1.2 ±1.5	±1.8 ±2.0	±2.2 ±2.5	±3.0 ±3.5	±4.0 ±5.0	±5.0 ±6.0		
>1 250~3 150	铸铁 铸钢	±1.5 ±1.8	±2.0 ±2.2	±2.5 ±3.0	±3.0 ±4.5	±5.5 ±6.0	±6.0 ±6.5	±7.0 ±8.0	±9.0 ±10.0

注:本表不适用于精密铸造工艺或机器造型生产用的铸件。

13.2.1.2 铸件的非加工壁厚和筋厚偏差(表13-5)

表13-5 铸件的非加工壁厚和筋厚偏差 (mm)

铸件壁厚或筋厚	铸件最大尺寸			
	≤500	>500～1 250	>1 250～2 500	>2 500～4 000
	偏差			
≤6	±0.8	±1.2	±1.5	±2.0
6～10	±1.0	±1.2	±1.5	±2.0
10～18	±1.5	±1.5	±2.0	±2.0
18～30	±1.5	±2.0	±2.5	±2.5
30～50	±2.0	±2.0	±3.0	±3.0
50～80	±2.5	±2.5	±3.0	±3.5
80～120	±2.5	±3.0	±3.5	±4.0

注:若铸造中采用型与芯、芯与芯方式形成壁厚或筋厚时,其偏差可比表中数值增大30%。

13.2.1.3 非加工表面上浇冒口允许残留高度(表13-6)

表13-6 非加工表面上浇冒口允许残留高度 (mm)

铸件材料	残留高度			
	浇口	冒口颈部直径		
		≤150	>150～300	>300～500
铸铁	2～3	2～3	3～5	—
铸钢	2～4	3～4	5～7	9～11

13.2.1.4 铸件机械加工余量(表13-7)

表13-7 铸钢、铸铁件机械加工余量 (mm)

铸件最大尺寸	浇注时加工面的位置	加工余量	
		灰铸铁件	碳钢、低合金碳钢
≤500	顶面	4～6	6～8
	底面、侧面	3～5	4～6
>500～800	顶面	6～8	8～10
	底面、侧面	4～6	5～7
>800～1 250	顶面	7～9	9～12
	底面、侧面	5～7	7～9
>1 250～2 000	顶面	9～11	10～14
	底面、侧面	7～9	8～11
<2 000～3 150	顶面	11～13	12～16
	底面、侧面	9～11	9～13

注:表中数值为单面加工余量。

13.2.1.5 铸件表面质量和热处理

1. 铸件表面质量

①铸件表面应经清砂处理，去除砂子和气割熔渣等杂物，在铸件的转角处允许残留轻微的粘砂或夹砂，铸钢件允许带有氧化皮；

②铸件表面的结疤应除净；

③铸件的飞边、毛刺应去除，其残留高度不大于1～3mm；

④当非加工表面上的浇冒口残痕高度有严格限制时，应按要求清除。

2. 铸件热处理

①铸钢件应依金属牌号确定热处理工艺，一般以完全退火为主，退火后硬度不应超过229HB，常以机械加工时的切削性能和试样的机械性能来判断；

②铸铁件应按图纸要求进行热处理，其中冷冲模底板、拉延模模体等零件大多需进行时效处理，铸件硬度应不大于269HB，鉴别方法同上。

13.2.2 模具铸件的铸造工艺要点

13.2.2.1 铸型分型面的选择

确定铸型分型面时，应尽量与铸件浇注位置一致，从而使铸件能获得质量优良的表面和致密的断面组织，并满足造型操作方便、模型制作简便等要求。当选择的铸型分型面无法同时达到上述要求时，应依据零件的使用要求，采取适当措施进行处理。各类铸件铸型分型面的选择见表13-8。

表13-8 铸型分型面的选择

铸件类别	简　图	说　明
底板模座类铸件	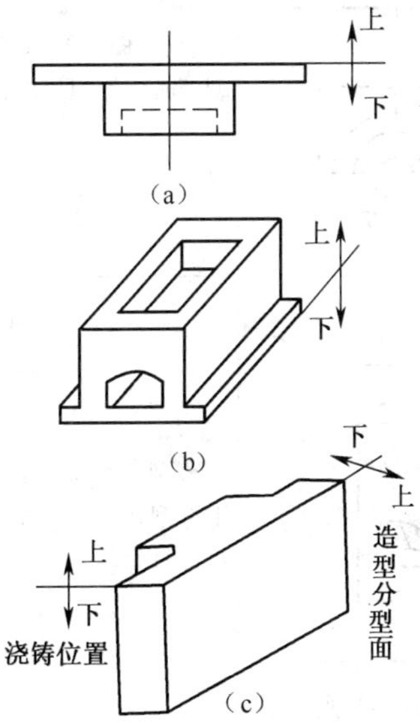 上 下 (a) 上 下 (b) 下 上 上 下 浇铸位置 造型分型面 (c)	与工作台或滑块相接触的安装平面铸造时应向上，与镶件配合的工作面应向下，以减少气孔、砂眼等缺陷[图(a)]； 壁厚相差悬殊的铸钢件，为防止内部产生缩松等缺陷，有时不得不忽略铸件的使用要求，将安装镶件的工作面朝上铸造，并在上面安装冒口，此时该面的加工余量适当增大[图(b)]； 对平面很大或很重的铸件，为防止落砂，应取水平造型、垂直或倾斜浇铸的形式[图(c)]

续表 13-8

铸件类别	简图	说明
大型拉延模铸件	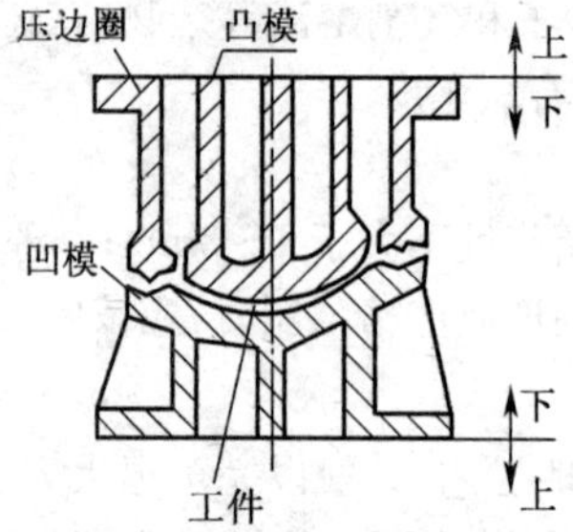 压边圈 凸模 上 下 凹模 工件 下 上	凸模、压边圈及凹模与工件相接触的工作面铸造时应向下
锤锻模模体	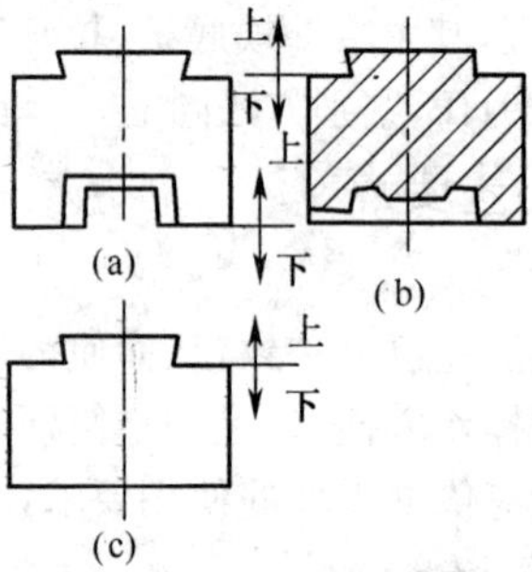 上 下 上 下 (a) (b) 上 下 (c)	模体铸造时，将工作时与锻件接触的表面向下，以减少该处钢中的非金属杂物和疏松。图(a)为铸造堆焊复合模体，图(b)为整铸带型腔模体，图(c)为整铸模体
热锻件切边模模体	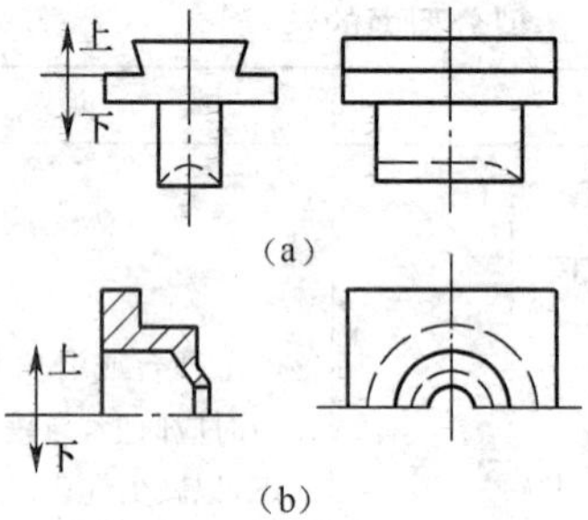 上 下 (a) 上 下 (b)	凸模[图(a)]及凹模[图(b)]选择分型面时应使刃口放在下面或侧面
凸模固定器	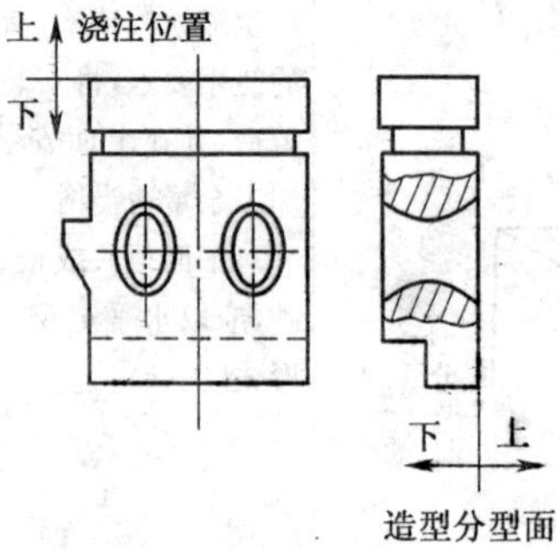 上 浇注位置 下 下 上 造型分型面	铸型分型面与浇注位置相差 90°，水平造型效率高，修型容易，垂直浇注铸件质量好

13.2.2.2 各类铸件的铸造收缩率及机械加工余量(表13-9)

表13-9 铸造收缩率及机械加工余量的选择 (%)

铸件类别	铸造收缩率				机械加工余量及说明
	铸铁件		铸钢件		
	变动范围	选用值	变动范围	选用值	
大型拉延模体	0.9～1.1	1.0	1.5～2.0	2.0	手工砂型铸造机械加工余量见表13-7,工作表面采用精密铸造时机加工余量选为1～2mm。若模型制作很精确,又采用精密铸造时工作表面可只留打磨量
底板、模座类	0.8～1.0	1.0	—	2.0	见表13-7
锤锻模模体	—	—	2.0～2.2	2.0	除精密铸造工艺外,一般加工面留8～10mm余量;型腔亦可不铸出,型槽尺寸按图纸制作,模型四周非加工表面拔模斜度为+0°30′
热锻件切边模	—	—	—	2.0	平均机械加余量6～8mm,凸模刃口面为便于划线加工应按最高点取平铸出
凸模固定器	—	—	2.0～2.2	2.0	机械加工余量8～12mm

13.2.2.3 浇注系统

铸铁件浇注系统设置时,应使铁水能平稳、分散注入型腔,以减少对型壁的冲击,避免产生砂眼、气孔、缩松等缺陷;其次应具有一定的挡渣能力,特别是球墨铸铁件球化处理后产生熔渣较多,在流动中容易形成二次氧化渣。模具铸铁件常用浇注系统形式见表13-10。

表13-10 模具铸铁件常用浇注系统形式

名 称	简 图	适 用 场 合
闸口外浇口		用于铸件重量1～3T的模座底板件和拉延模模体

续表 13-10

名　称	简　图	适　用　场　合
拔塞外浇口	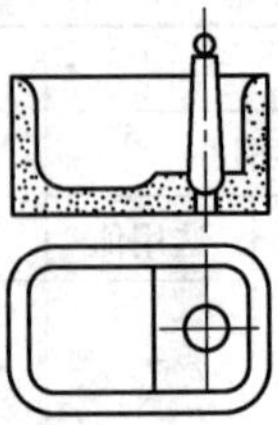	用于铸件重量大于 3T 的底板件和拉延模模体
分型面分散注入式	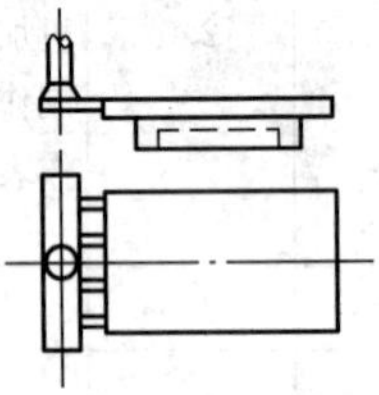	用于薄壁和高度较低的铸件
底注法	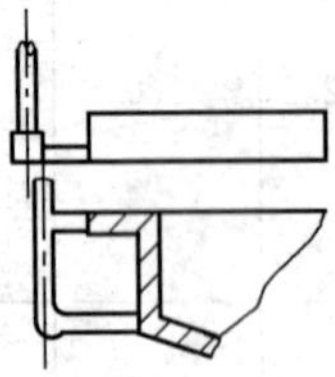	用于厚壁或高度较大的铸件
倾斜式底注法	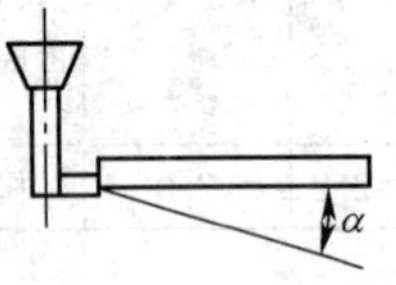 α	用于薄壁、表面大的铸件
阶梯注法	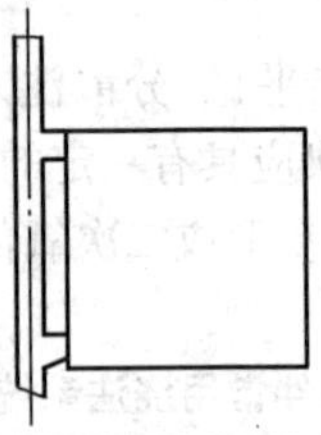	用于厚壁、表面大或高度很高的铸件

13.2.2.4　冒口及其顶面覆盖物

铸钢、铸铁的模具铸件，常采用边、顶冒口形式来补缩，小件以边冒口为主。冒口的形状有圆柱形、圆锥形、球形、扁球形等形式，见表 13-11；各类铸件和不同形状的冒口在铸钢、铸铁件上使用时，几何尺寸及重量的选择见表 13-12。

表 13-11 冒口形式

形 式	扁球形	圆锥形	圆柱形
简 图	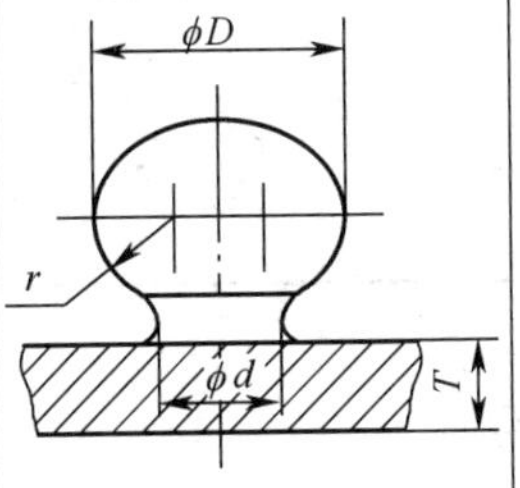 $D/d=1.4\sim1.5$，$r=(0.36\sim0.4)d$	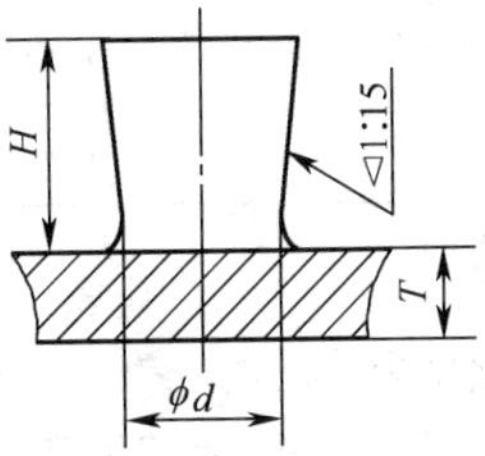	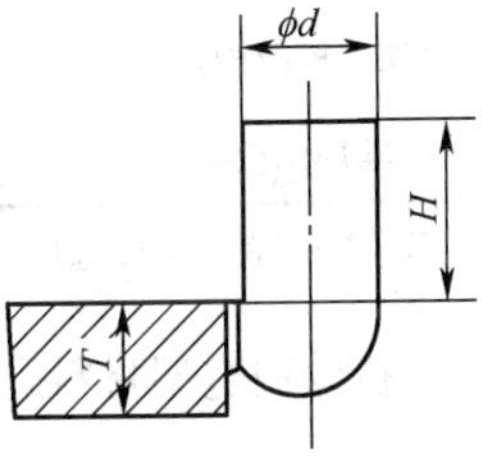
设置方式	顶冒口	顶冒口	边冒口

表 13-12 水平铸造板状、条状铸件冒口尺寸选择表

冒口形式	铸件材料	冒口底径 d 与铸件壁厚 T 之比值 d/T	冒口质量(G 冒)与铸件质量(G 件)之比值 G 冒/G 件
扁球形	钢	1.4～1.6	0.54～0.60
	铁	0.8～1.0	0.20～0.30
圆锥形	钢	2.1～2.3	0.60～0.68
	铁	1.2～1.8	0.25～0.35
圆柱形边冒口	钢	2.1～2.3	0.30～0.40
	铁	1.2～1.8	0.15～0.25

注：1. 灰铸铁件按下限选取，球铁或高强度铸铁按上限选取。当冒口数量增多时，G 冒/G 件值应适当提高。

2. 冒口高度 H 一般应以冒口质量与铸件质量的比值和冒口颈尺寸等计算得出。

13.2.2.5 铸型种类及其制型材料

各类模具铸件选用的铸型种类见表 13-13。

表 13-13 铸型的选用

铸件类别	潮砂型	干砂型	水玻璃砂型	精密铸造		
				陶瓷型	金属型	其他材料
模座底板类	·	·	·	—	—	—
拉延模模体	—	·	—	·	—	—

续表 13-13

铸件类别	潮砂型	干砂型	水玻璃砂型	精密铸造		
				陶瓷型	金属型	其他材料
锻模模体	—	·	·	·	·	·
热切边模及固定器	—	·	·	—	—	—
堆焊用板极	—	·	·	—	—	—

注："·"表示可以选用的铸型。

精铸用造型材料配比见表 13-14。

表 13-14 精铸用造型材料配比 (%)

砂　名	材料名称及质量百分比						砂型干燥方法
	铬矿砂	陶土	铁矿粉	火坭	水玻璃	刚玉粉	
水玻璃铬矿粉砂	91	—	—	—	9	—	CO_2 干燥或烘干
陶土铬矿粉砂	96	—	—	4	—	—	烘干
水玻璃刚玉粉砂	—	4	4～5	—	9	82～83	烘干
铬矿粉油砂	94.6	3	—	桐油 2.4	—	—	烘干

13.2.2.6 冷铁使用

为使铸件致密，减少冒口容积，可在铸型内适当安放内、外冷铁来调节铸件各部的冷却速度。各类铸件使用冷铁的类型见表 13-15。

表 13-15 冷铁的选用

铸件类别	模座底板类		大型拉深模	锤锻模模体	凸模固定器	热切边模
	铸钢件	铸铁件				
内冷铁	·	—	·	—	—	—
外冷铁	·	·	—	·	·	—

注："·"表示可以使用冷铁。

内冷铁安放规范见表 13-16。

表 13-16 内冷铁安放规范 (mm)

（示意图：d、L_1、L_2）	铸件材料	d	L_1	L_2	冷铁重与热节点铸件质量百分比/%
	铸钢	14～18	(4.5～5.5)d	(3～4)d	5～7
	铸铁	10～12	(6～8)d	(4～5)d	3～4

13.2.2.7 金属熔炼及浇注

普通灰铸铁和球墨铸铁采用冲天炉熔炼，工艺上无特殊要求。合金铸铁大都用电炉熔炼(以酸性电炉为主)，熔炼中应注意：

①配料时，碳量应配在上限，硅量应比下限配低 0.1%；

②熔炼中应严格控制炉温，防止过热，出炉温度应控制在 1 400℃左右；

③为防止铸件出现白口，出炉时应在铁水包中冲入 0.02%硅铁粉作为孕剂；

④浇注温度控制在 1 200～1 300℃之间。

无论是合金铸铁、灰铸铁还是球墨铸铁，浇注时应注意在包内挡好熔渣；到快速充注铸型，待浇到冒口时，应缓流充填，并尽可能做到向冒口内直接注高温铁水。

13.2.2.8 铸件清理及热处理工艺要点

铸件清理及热处理包括清砂、去除浇冒口、热处理、二次清砂、缺陷修补及表面修整等工序。清砂及表面修整工艺根据各厂条件而定，其他工序操作要点如下。

1. 浇冒口的去除

(1)铸铁件浇冒口的去除工艺(表 13-17)

表 13-17 浇冒口的去除

名　称	断面状况	去　除　方　法
浇口	小 大	用锤击落； 电焊条割除或用锤击落
冒口	小 大	用锤击落； 用锤击落或电焊条割除，电弧气刨、氧乙炔焰等切割出割缝后击落

(2)铸钢件浇冒口的去除(表 13-18)

表 13-18 铸钢件冒口的去除

季节	室内平均温度/℃	钢种	碳素钢		合金钢
		冒口直径/mm	<300	>300	任意直径
		铸件切割时热状态			
冬春	≤10	切割前热状态	任意	趁铸件余热或另行加热铸件，温度≥200℃	趁铸件余热或加热铸件，温度应>250℃
		切割后措施	自然冷却	保温或进炉立即进行热处理	立即进炉保温或热处理

续表 13-18

季节	室内平均温度/℃	钢种	碳素钢		合金钢
		冒口直径/mm	＜300	＞300	任意直径
		铸件切割时热状态			
夏秋	＞10	切割前热状态	任意	趁铸件余热或另行加热铸件，温度≥150℃	趁铸件余热或加热铸件，温度应＞200℃
		切割后措施	自然冷却	保温或进炉立即进行热处理	立即进炉保温或热处理

2. 铸件的热处理

对于碳钢和各种合金钢铸件，为了消除内应力、细化晶粒和改善机械性能及切削性能等，应进行热处理。部分钢种牌号完全退火温度及保温时间见表 13-19。

表 13-19　部分钢种牌号完全退火温度及保温时间

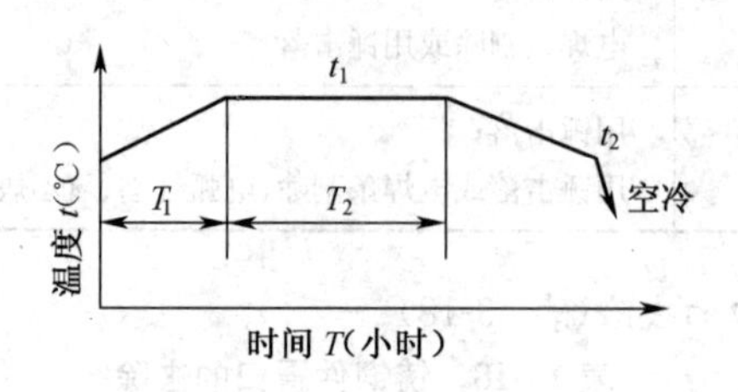

钢　号	保温温度/℃	最短升温时间 T_1 和保温时间 T_2/小时						随炉冷却时最高出炉温度/℃
		壁厚≤100mm		壁厚＞100～300		壁厚＞300～500		
		T_1	T_2	T_1	T_2	T_1	T_2	
ZG35	840～860		3～4	5～6	5～6	7～8	7～8	350～450
ZG45	830～850							
ZG45Mn2	840～860							
ZG50CrMnMo	840～860							
ZG50CrNiMo	840～860							
ZG8Cr3	830～850							

铸铁件为消除铸造内应力应进行去应力退火处理，工艺如图 13-1 所示。

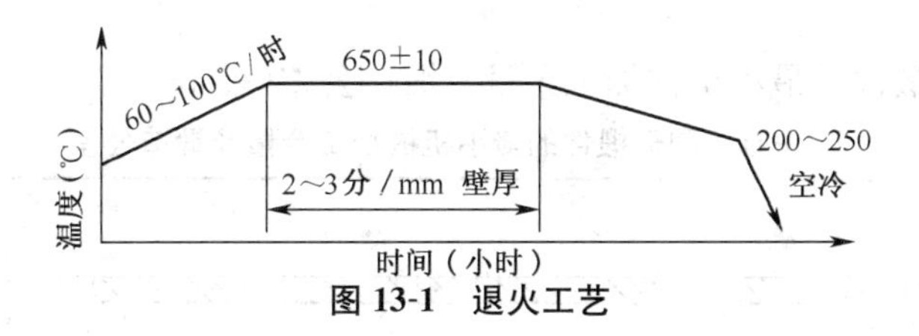

图 13-1　退火工艺

13.3　模具零件毛坯的锻造技术要求和工艺要点

13.3.1　毛坯的锻造技术要求

模具零件毛坯的锻造目的是得到一定的几何形状，以节约原材料和节省加工工时。通过锻造，使材料的组织致密，碳化物分布和流线分布合理，从而达到改善热处理性能和提高使用寿命。

13.3.1.1　锻件的几何形状与加工余量

由于模具生产的规模主要是单件生产和小批量生产，锻造方式通常采用自由锻造，因此，锻件的几何形状多为圆柱形(带孔或不带孔)和矩形，也有少数需要锻成 T 形、L 形等较复杂的形状。

锻件的机械加工余量，既要考虑到毛坯的锻造中表面会产生锻造夹层、裂纹、氧化皮、脱碳层和锻造平面度等因素的影响，又要考虑到机械加工的工作量。

1. 矩形锻件的最小机械加工余量及锻造公差(表 13-20)

表 13-20　矩形锻件的最小机械加工余量及锻造公差　(mm)

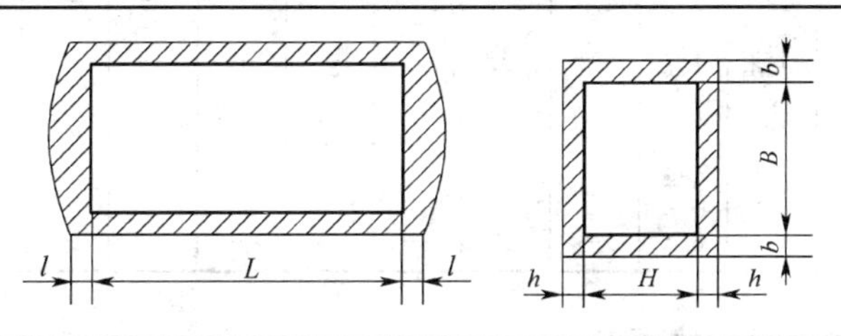

工件截面尺寸 B 或 H	工件长度 L									
	小于 150		151～300		301～500		501～750		751～1 000	
	加工余量 $2b,2h,2l$ 及公差									
	$2b$ 或 $2h$	$2l$	$2b$ 或 $2h$	$2l$	$2b$ 或 $2h$	$2l$	$2b$ 或 $2h$	$2l$	$2b$ 或 $2h$	$2l$
≤25	4^{+3}_{0}	4^{+4}_{0}	4^{+3}_{0}	4^{+3}_{0}	4^{+3}_{0}	4^{+5}_{0}	4^{+4}_{0}	5^{+5}_{0}	5^{+5}_{0}	5^{+5}_{0}
26～50	4^{+4}_{0}	4^{+4}_{0}	4^{+4}_{0}	4^{+5}_{0}	4^{+4}_{0}	4^{+6}_{0}	4^{+5}_{0}	5^{+5}_{0}	5^{+7}_{0}	6^{+5}_{0}
51～100	4^{+4}_{0}	4^{+5}_{0}	4^{+4}_{0}	4^{+5}_{0}	4^{+4}_{0}	5^{+7}_{0}	5^{+5}_{0}	5^{+7}_{0}	5^{+7}_{0}	7^{+6}_{0}
101～200	5^{+5}_{0}	4^{+5}_{0}	5^{+5}_{0}	5^{+7}_{0}	5^{+5}_{0}	8^{+8}_{0}	6^{+5}_{0}	8^{+8}_{0}	—	—
201～350	5^{+7}_{0}	5^{+5}_{0}	6^{+5}_{0}	9^{+8}_{0}	6^{+5}_{0}	10^{+9}_{0}	—	—	—	—
351～500	9^{+8}_{0}	10^{+8}_{0}	7^{+6}_{0}	13^{+10}_{0}	7^{+6}_{0}	13^{+10}_{0}	—	—	—	—

2. 圆形锻件的最小机械加工余量及锻造公差(表 13-21)

表 13-21 圆形锻件的最小机械加工余量及锻造公差 (mm)

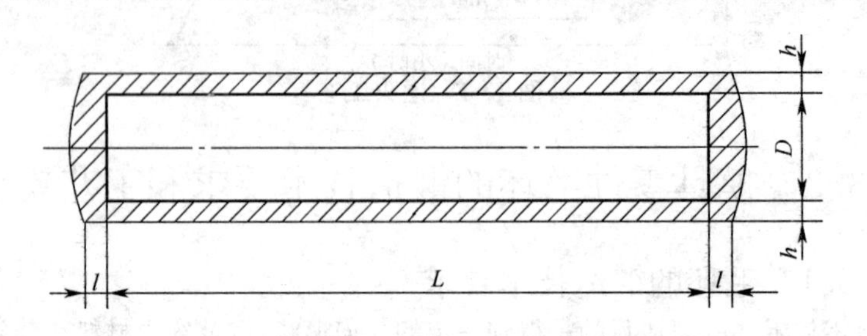

工件直径 D	工件长度 L											
	小于 30		31～80		81～180		181～360		361～600		601～900	
	加工余量 $2h$,$2l$ 及公差											
	$2h$	$2l$	$2h$	$2l$	$2h$	$2l$	$2h$	$2l$	$2h$	$2l$	$2h$	$2l$
18～30	—	—	—	—	3^{+3}_{0}	3^{+3}_{0}	3^{+3}_{0}	3^{+3}_{0}	3^{+3}_{0}	4^{+4}_{0}	4^{+3}_{0}	4^{+5}_{0}
31～50	—	—	3^{+3}_{0}	3^{+4}_{0}	3^{+3}_{0}	3^{+4}_{0}	3^{+3}_{0}	3^{+4}_{0}	4^{+4}_{0}	4^{+4}_{0}	4^{+4}_{0}	4^{+5}_{0}
51～80	—	—	3^{+3}_{0}	3^{+4}_{0}	4^{+4}_{0}	4^{+4}_{0}	4^{+4}_{0}	4^{+5}_{0}	4^{+4}_{0}	4^{+5}_{0}	4^{+4}_{0}	4^{+5}_{0}
81～120	4^{+4}_{0}	3^{+3}_{0}	4^{+4}_{0}	3^{+4}_{0}	4^{+4}_{0}	4^{+4}_{0}	4^{+4}_{0}	4^{+5}_{0}	4^{+5}_{0}	5^{+5}_{0}	—	—
121～150	4^{+4}_{0}	3^{+3}_{0}	4^{+4}_{0}	4^{+3}_{0}	4^{+5}_{0}	5^{+5}_{0}	—	—	—	—	—	—
151～200	4^{+4}_{0}	4^{+4}_{0}	4^{+5}_{0}	4^{+5}_{0}	5^{+5}_{0}	5^{+5}_{0}	—	—	—	—	—	—
201～250	5^{+5}_{0}	4^{+4}_{0}	5^{+5}_{0}	4^{+5}_{0}	—	—	—	—	—	—	—	—
251～300	5^{+5}_{0}	4^{+4}_{0}	6^{+5}_{0}	5^{+5}_{0}	—	—	—	—	—	—	—	—
301～400	7^{+6}_{0}	5^{+5}_{0}	8^{+8}_{0}	6^{+5}_{0}	—	—	—	—	—	—	—	—
401～500	8^{+8}_{0}	6^{+5}_{0}	—	—	—	—	—	—	—	—	—	—

13.3.1.2 锻件的硬度

坯料在锻造成形后,应进行退火、正火或调质等处理,以消除锻造应力、软化锻件,便于以后的机械加工。锻件的硬度值见表 13-22。

表 13-22 锻件的硬度值

钢材牌号	布氏硬度(3 000kg 负荷)		约当洛氏硬度	
	HB(不大于)	压印直径(不小于)	HRB(不大于)	HRC(不大于)
20	156	4.8	87.5	—
20Cr	179	4.5	93	—
12CrNi3	218	4.1	—	18.5

续表 13-22

钢材牌号	布氏硬度(3 000kg 负荷)		约当洛氏硬度	
	HB(不大于)	压印直径(不小于)	HRB(不大于)	HRC(不大于)
45	197	4.3	96.5	—
40Cr	217	4.2	—	18.5
T7(T7A)	187	4.4	95	—
T8(T8A)	187	4.4	95	—
T10(T10A)	197	4.3	96.5	—
9Mn2V	229	4.0	—	21
GCr15	179～207	4.2～4.6	93～98	—
CrWMn	207～255	3.9～4.3	98.5～	25.5
9SiCr	197～241	3.9～4.3	96.5～	23
9CrWMn	197～241	3.9～4.3	96.5～	23
Cr12	217～269	3.7～4.1	100～	18～28
Cr12MoV	207～255	3.8～4.2	98.5～	25.5
8Cr3	207～255	3.8～4.2	98.5～	25.5
5CrNiMo	197～241	3.9～4.3	96.5	23
5CrMnMo	197～241	3.9～4.3	96.5～	23
4CrW2Si	179～217	4.1～4.5	93～100	—
5CrW2Si	207～255	3.8～4.2	98.5～	25.5
6CrW2Si	229～285	3.6～4.0	—	21～30
3Cr2W8V	207～255	3.8～4.2	98.5～	25.5
W6Mo5Cr4V2	255	3.8	—	25.5
W18Cr4V	207～255	3.8～4.2	98.5～	25.5

13.3.1.3 毛坯的改锻

模具的主要零件，其坯料应采用改锻工艺。所谓改锻，就是坯料在锻造时经多次镦粗拔长，其目的在于：

①改进锻件的致密度，使组织均匀，以求改进其使用性能；

②改变锻件的流线方向，或使流线弯曲以求改善机械性能和使用性能；

③改善锻件的碳化物分布状况，提高其等级，以求改善其热处理性能及使用性能。

13.3.2 模具钢材的锻造工艺要点

13.3.2.1 碳素工具钢和合金工具钢的锻造

对于碳素工具钢和合金工具钢，与一般结构钢的锻造并无大差异，主要是单件自由锻造。其锻造方法采用多次镦粗拔长方法。在加热时要求坯料之间有一定的间隔,并在加热过程中勤于翻动,使加热均匀。加热时间,碳素工具钢以每毫米直径或厚度 1～1.5 分钟为宜,合金工具钢还得适当延长 20%～30%,以求达到均匀烧透。碳素工具钢和合金工具钢的锻造温度范围见表 13-23。

表 13-23　碳素工具钢和合金工具钢的锻造温度

钢材牌号	锻造温度/℃		锻后冷却条件
	始锻	终锻	
T7～T12,T7A～T12A	1 000～1 050	800～850	空冷或堆放冷却
GCr15,CrMn 9SiCr,CrWMn	1 050～1 100 1 050～1 100	800～850 800～850	700℃以上风冷,700℃以下堆放缓冷
5CrNiMo,5CrMnMo 4CrW2Si,6CrW2Si	1 050～1 100 1 050～1 100	850～900 850～900	缓冷或保温炉冷却
3Cr2W8V 7Cr3,8Cr3	1 100～1 150 1 050～1 100	850～900 850～900	堆放缓冷或保温炉冷却

13.3.2.2　高铬钢与高速钢的锻造

1. 加热规范和锻造温度

加热是锻造工艺中的一个重要环节。加热方法不适当会在锻造过程中造成废品。为防止急速加热而出现开裂现象,对于直径 70mm 以上的坯料,在加热过程中,应先在 800～900℃预热,预热时间应为每毫米直径 1～1.5 分钟;以后转入高温炉加热,高温加热时间为每毫米直径 0.8～1 分钟。加热时间过短烧不透,过长则氧化严重。坯料在炉内加热时,彼此之间应保持一定的空隙,同时要严格控制风量,使整个坯料加热温度均匀。对于直径 70mm 以下的坯料,则可直接加热。锻造温度见表 13-24。

表 13-24　高铬钢与高速钢锻造温度　(℃)

钢　号	锻造温度	
	始　锻	终　锻
Cr12 Cr12MoV W6Mo5Cr4V2 W18Cr4V	1 050～1 080 1 050～1 100 1 050～1 100 1 100～1 150	850～920 850～900 920～950 880～930

2. 锻造方法

为改善碳化物的分布状况,提高其级别,在锻造中采用反复镦粗拔长的方法。常用的方法有如下几种:

(1)纵向锻造法　此方法是沿着坯料的轴向镦粗拔长，其优点是操作方便，流线方向容易掌握。纵向镦粗拔长能有效地改善碳化物的分布状况，但镦粗拔长数次后两端易于开裂。纵向镦粗拔长工艺如图 13-2 所示。

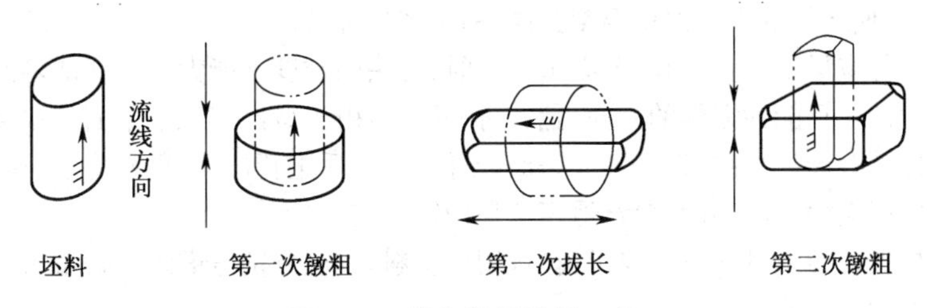

图 13-2　纵向镦粗拔长工艺

(2)横向锻造法　此方法也就是变向镦拔，其中横向十字镦粗拔长是将锻坯顺着轴线方向镦粗后，再沿着轴线的垂直面方向进行十字形的反复镦拔的一种锻造方法。横向镦粗拔长工艺如图 13-3 所示。

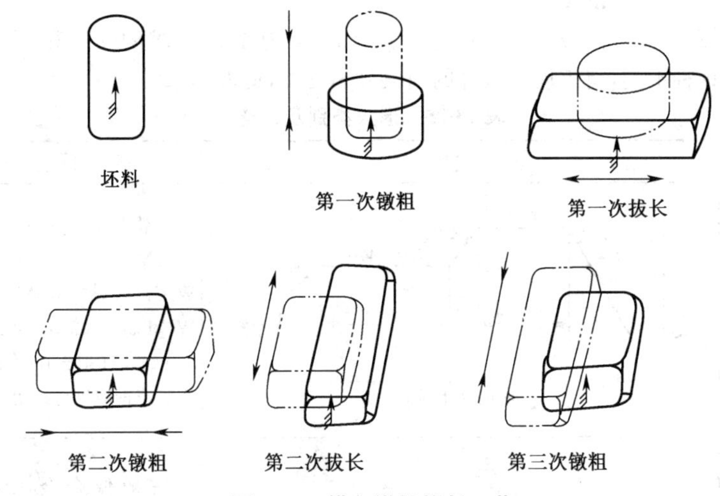

图 13-3　横向镦粗拔长工艺

(3)综合锻造法　纵向(顺向)镦拔虽能有效地改善碳化物分布状况，但锻件中心较易开裂；而横向镦造虽不易使锻件开裂，但对改善碳化物分布的效果较差。将纵向与横向综合在一起的综合锻造方法，能结合两者的优点，避免两者的缺点，使用较广泛。

3. 锻造过程中的注意事项

①高铬钢与高速钢加热中最易产生过烧现象，加热时应缓慢进行，防止急速加热，严格控制上限温度；如发现过烧或过热时，应在炉内降温后再进行加热。

②锻造时首先应轻打，去掉氧化皮后再按工艺要求锻造。镦拔时坯料一定要放正，以免把坯料打跑伤人。

③镦粗时应先进行铆锻和倒角，然后再镦粗，并要经常翻转180°；当发现弯曲时应及时校正，防止折叠。

④拔长时每锤进给量不宜过大，以30～40mm为宜；进给量过大，锤击力就相应加大，从而使坯料的中心部位温度升高，易于产生开裂。

⑤锻件应尽量避免冲孔，若必须冲孔时，冲头的锥度不能大。冲孔前，冲头应预热。每次冲孔只能冲锻件的一面；翻转再冲孔时，由于锻件接触下砧面的温度较低，如继续冲就会产生裂纹，最好冲完一面（不能冲通）后重新加热，再冲另一面（冲通）。

⑥应根据锻件的不同重量，适当选择锻锤的吨位。

⑦根据各类模具的不同要求，在选用原材料时，应分别考虑碳化物偏析等级，采用合适的锻造工艺。

⑧锻造成形后的锻件应放于石灰箱或沙坑内，最好放于400～650℃的保温炉中进行保温，使之缓慢冷却。

⑨不要用冷锤头、冷锤砧锻造，应适当预热锤头锤砧。

13.3.3 锻件的退火

各种模具的锻件，应有一定的退火规范，以期达到所要求的硬度和金相组织。按照锻件钢种不同，将工模具锻件的退火分为三类，见表13-25。

表13-25 退火类别及工艺

类别	工艺图	适用范围
第一类	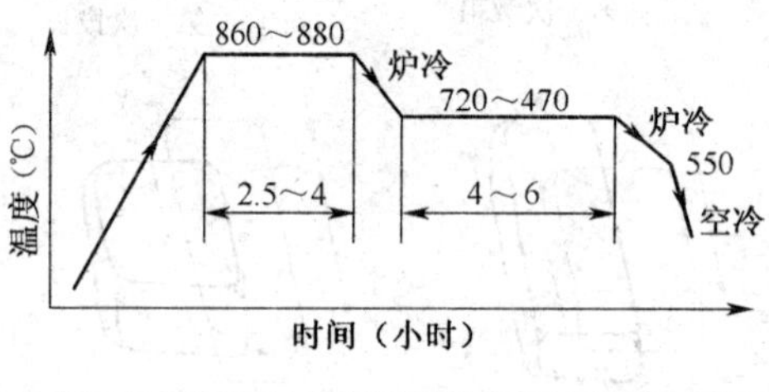 温度（℃） 860～880 炉冷 720～470 炉冷 550 空冷 2.5～4 4～6 时间（小时）	高铬钢及高速钢如Cr12，Cr12MoV，W18Cr4V，W9Cr4V2，W6Mo5Cr4V2，W6Mo5Cr4V2Al，W14Cr4V4及M42，HSP－15等；对于含钼高速钢应进行封闭退火
第二类	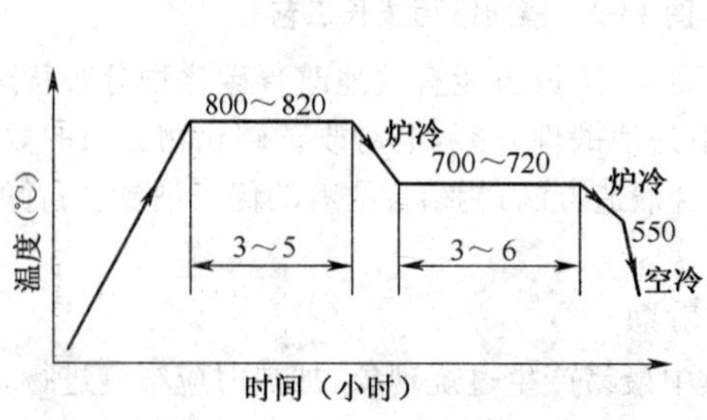 温度（℃） 800～820 炉冷 700～720 炉冷 550 空冷 3～5 3～6 时间（小时）	一般低合金工具钢如GCr15，CrMn，CrWMn，9CrWMn，7Cr3等及配套零件坯料如4CrW2Si，5CrW2Si，6CrW2Si等。高温保温时间一般直径或厚度100mm以下的小型锻件采用3小时；较大锻件采用5小时。低温保温时间：小型锻件、小装载量采用3小时，大型锻件、大装载量采用6小时

续表 13-25

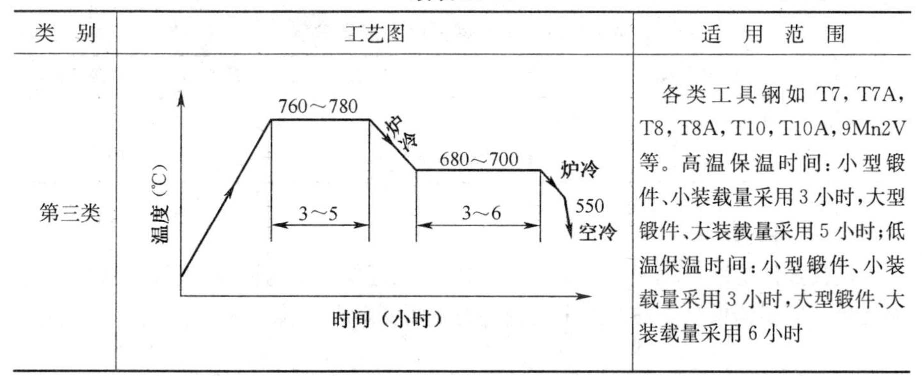

类　别	工艺图	适　用　范　围
第三类	760～780　炉冷　680～700　炉冷　550　空冷　3～5　3～6　温度(℃)　时间（小时）	各类工具钢如 T7，T7A，T8，T8A，T10，T10A，9Mn2V 等。高温保温时间：小型锻件、小装载量采用 3 小时，大型锻件、大装载量采用 5 小时；低温保温时间：小型锻件、小装载量采用 3 小时，大型锻件、大装载量采用 6 小时

13.4　型材毛坯的制备

型材主要有圆棒料和板类两种。在模具制造中，除了型芯、型腔、凸模、凹模等工作零件外，其余辅助零件，均可采用型材制作。

13.4.1　毛坯制备的方法

1. 锯割工艺方法

高铬钢、高速钢及各类工具钢较大断面的材料，可用机械锯床进行锯割。机械锯割的方向刚好与手锯割的方向相反，是拉回时才起切割作用，安装锯条的时候要注意锯齿的切削方向应向着拉的方向。在切割过程中，必须要有润滑冷却液进行冷却。若中途更换锯条，应将锯条对正锯缝，并且慢慢地推锯，待切入一定深度后，再用原速度推锯。当坯件快要切断时，所施用的推力及压力要适当减少。

2. 气割工艺方法

对于一般低碳钢，采用气割的方法。采用气割技术备料要比锻造、铸造方法成本低，可大大缩短坯件的准备周期，给生产带来很大的方便。气割件加工余量的大小，视工件的精度要求和气割质量而定。对于要求不高的零件(如垫板、上下模板)，采用精密切割即可达到图样尺寸要求。气割后，零件应及时进行退火处理，以防加工时产生裂纹而报废。

13.4.2　零件制备的加工余量

1. 锻坯的制备

模具零件在锻造之前，一般由棒料制备。首先根据零件图的尺寸，计算出零件的体积和重量，然后换算出所需钢材的长度。切断后，交锻造工序，并留有适当的余量。

2. 圆柱形车削零件坯料制备

对于圆柱形需要车削的零件，可直接用热轧钢棒下料，留有适当余量。加工余量见表 13-26。

表 13-26　车削钢棒最小加工余量　　(mm)

工作直径 D	加工余量 h	装夹余量 h_1	工作直径 D	加工余量 h	装夹余量 h_1
≤10	3～3.5	10～15	>30～50	3.5～5	10～15
>10～30	3～4	10～15	>50～100	4～7	10～15

3. 板料的制备

模具零件是矩形或任意形状的板料时，可用近似规格的钢板材料进行切割。各方向尺寸应根据模具零件的大小及板材的平面度来决定其余量。

14　模具加工基础

金属切削加工仍是机械制造业中的基本加工方式。凡是精度要求高，表面要求光洁的零件，一般都得经切削加工。在模具制造的过程中同样离不开机械切削加工。

14.1　机床及工艺装备的选择

在生产中，选择机床及工艺装备的原则和方法见表 14-1。

表 14-1　机床及工艺装备的选择原则与方法

项　目		选择原则与方法
机床的选择		在选择机床时，既要考虑生产的经济性，又要考虑其适用性和合理性，其选择原则是： 1. 机床的工作区域尺寸，必须与所加工零件的外形尺寸相适应； 2. 机床的功率和加工量应与工序加工要求相适应； 3. 机床的精度应与工序要求的加工精度相适应； 4. 选用机床应与现有设备相适应； 5. 根据模具结构，选用相适应的设备加工
工艺装备的选择	夹具	1. 单件小批量生产时，应尽量选用各机床备有的通用夹具和附件，如卡盘、回转工作台等，必要时可选用组合夹具； 2. 较大批量生产时，应自制适宜加工的专用夹具
	刀具	1. 尽量采用标准刀具； 2. 加工复杂的形状零件，可自制成形刀具
	量具	1. 一般零件采用通用量具，如游标卡尺、千分尺、深度尺等； 2. 精度要求较高的精密模具零件，采用万能工具显微镜及三坐标测量仪等

14.2　切削运动和切削用量

刀具要切除工件上多余的金属，必须有相对的切削运动，切削运动包括主运动和走刀运动。主运动是切削过程中速度最高、消耗功率最多的运动，在数量上表现为切削速度；走刀运动是使新的金属层连续或逐步投入切削的运动，在数量上表现为走刀量和切削深度。切削运动和切削用量见表 14-2 和表 14-3。

表 14-2　切削运动和切削用量

加工形式	简　图	运　动　形　式
车削	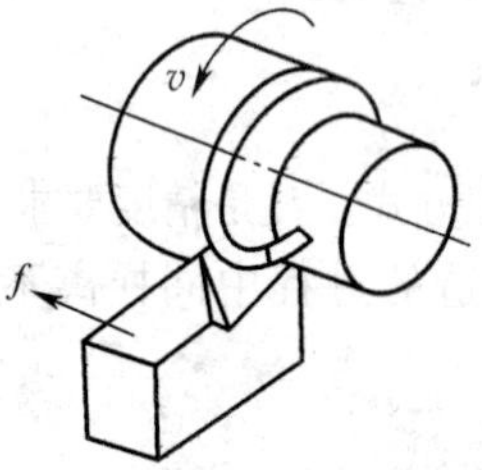	主运动：工件旋转； 走刀运动：刀具的纵向或横向运动
刨削	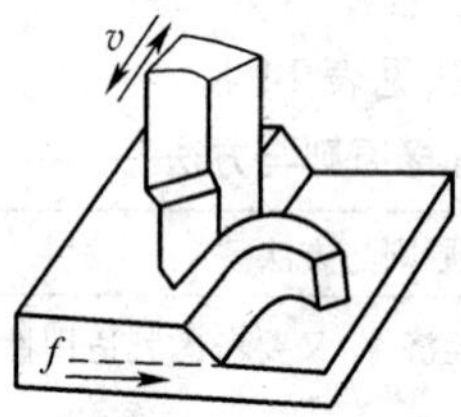	牛头刨—— 主运动：刨刀的直线往复运动； 走刀运动：工件的移动
铣削	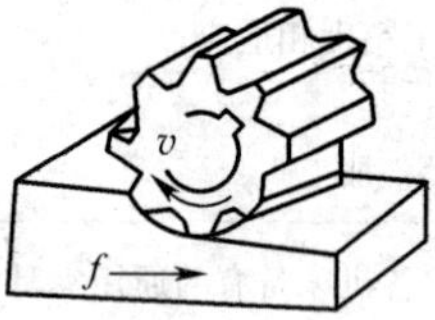	主运动：铣刀的旋转； 走刀运动：工件的移动
钻削	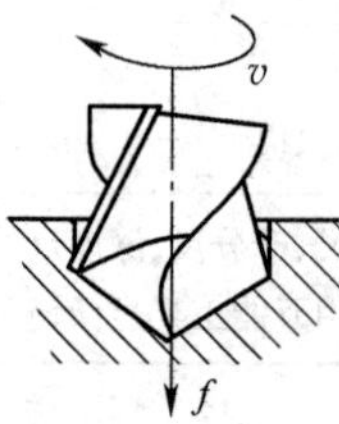	主运动：钻头或工件的旋转； 走刀运动：钻头的轴向移动
磨削	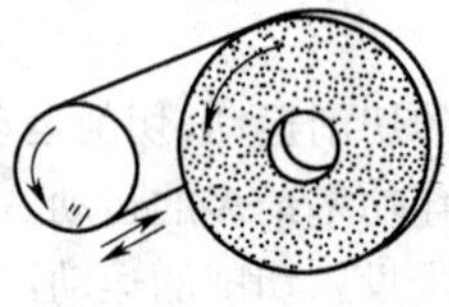	磨外圆—— 主运动：砂轮的旋转； 走刀运动：工件的轴向移动和旋转

续表 14-2

加工形式	简 图	运 动 形 式
磨削		磨平面—— 主运动:砂轮的旋转; 走刀运动:工件的纵向运动和砂轮的横向运动

表 14-3 切削用量三要素

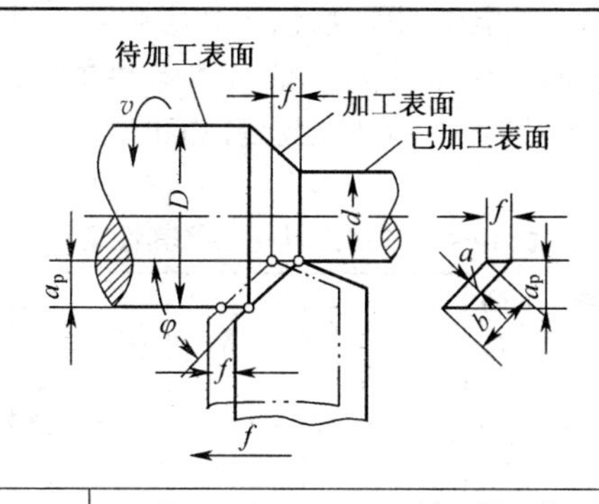

切削要素	计 算 公 式
切削速度 v/m/s	单位时间内工件和刀具沿主运动方向相对位移: $v=\frac{\pi dn}{1\,000\times 60}$ 式中 n——工件或刀具的转速(r/min); d——工件或刀具切削点的旋转直径(mm)
走刀量 f/mm/r	工件或刀具在一个运动循环内(或单位时间内),刀具与工件之间沿进给运动方向上的相对位移: $f=\frac{v}{n}\times 1\,000\times 60$ 式中 v——切削速度(m/s); n——刀具或工件的转速(r/min)
切削深度 α_P/mm	待加工表面与已加工表面之间的垂直距离: $\alpha_P=\frac{d_2-d_1}{2}$ 式中 d_2——待加工表面直径(mm); d_1——已加工表面直径(mm)

14.3 金属切削刀具

14.3.1 刀具材料必备的性能

刀具是在很大的切削力和很高的切削温度下工作，并且与切屑、工件表面之间不断发生摩擦。因此，刀具切削部分的材料应具备以下几方面的性能：

①较高的硬度和耐磨性；

②较高的耐热性；

③必要的强度与韧性；

④较好的导热性；

⑤较好的抗黏结性。

这些性能表现为：力学性能中的硬度（包括常温硬度、高温硬度和显微硬度）、抗弯强度（包括常温和高温的）和冲击值三个指标，物理性能中的导热系数、抗黏结性和摩擦系数三个指标。而刀具耐用度则是这些性能的综合反映。表 14-4 是常用刀具材料及其性能。

表 14-4 常用刀具材料及其性能

种类	硬 度	维持切削性能的最高温度/℃	抗弯强度/MPa	工 艺 性 能	应 用 范 围
碳素工具钢	60～64HRC（81～83HRA）	～200	2 500～2 800	可冷热加工成形，工艺性能良好，磨削性能好，需热处理	一般只用于少数手动刀具，如手动丝锥、板牙、铰刀、锯条、锉刀等
合金工具钢	60～65HRC（81～83.6HRA）	250～300	2 500～2 800	同上	一般用于手动或低速机动刀具，如丝锥、板牙、拉刀等
高速工具钢	62～70HRC（82～87HRA）	540～600	2 500～4 500	可冷热加工成形，工艺性能好，磨削性能好，需热处理。但高钒类较差	用于各种刀具，特别是形状较复杂的刀具，如钻头、铣刀、齿轮刀具、丝锥、板牙、刨刀等
铸造钴基合金	60～65HRC（81～83.6HRA）	600～650	1 400～2 800	只能铸造、磨削，无需热处理	加工不锈钢，耐热钢等，亦可堆焊于其他刀具的刀刃上
硬质合金	89～94HRA	800～1 000	900～2 500	压制烧结后使用，不能冷热加工，镶片使用，无需热处理	车刀刀头大部采用硬质合金，其他如铣刀、钻头、滚刀等亦可镶片或整体使用

续表 14-4

种类	硬 度	维持切削性能的最高温度/℃	抗弯强度/MPa	工 艺 性 能	应 用 范 围
陶瓷材料	91～94HRA	>1 200	450～850	同上	多用于车刀,适于连续切削,性脆
金刚石	10 000HV			天然金刚石是自然界硬度、刚度和导热系数最高的物质,有优良的抗磨损、抗腐蚀性能,可用于精密及超精密的切削;人造金刚石是在高温高压下合成的,主要用做磨料、磨具和其他切削工具	用于有色金属的高精度低表面粗糙度切削,达700～800℃时易碳化

14.3.2 刀具的几何参数和耐用度

14.3.2.1 主切削刃和三个辅助平面(表 14-5)

表 14-5 主切削刃和三个辅助平面

简 图	几 何 参 数
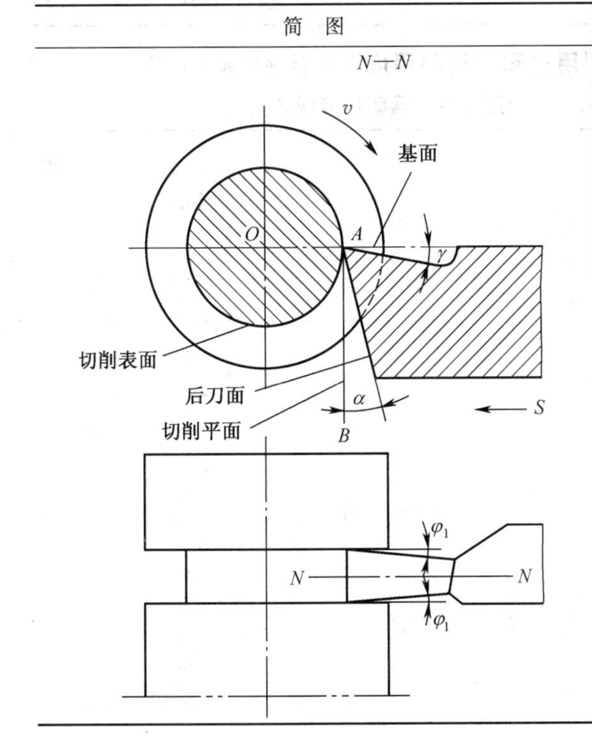	主切削刃:由前刀面与后刀面相交而成的,它直接切入切削层,担负着切除余量和形成加工表面的主要任务。 1. 切削平面:主切削刃直接切出的表面。主切削刃上任一点的切削平面,是通过该点并与切削表面相切的平面。如图中,切削平面是通过主切削刃上 A 点与圆柱切削表面相切的 AB 平面。 2. 基面:主切削刃上任一点的基面,是通过这一点并与该点的切削速度方向垂直的平面。基面必定与切削平面互相垂直。 3. 主截面:主切削刃上任一点的主截面,是通过该点,并垂直于主切削刃在基面上的投影的截面。图中以 NN 表示

14.3.2.2 四个基本几何角度(表 14-6)

表 14-6 四个基本几何角度

简 图	几 何 参 数
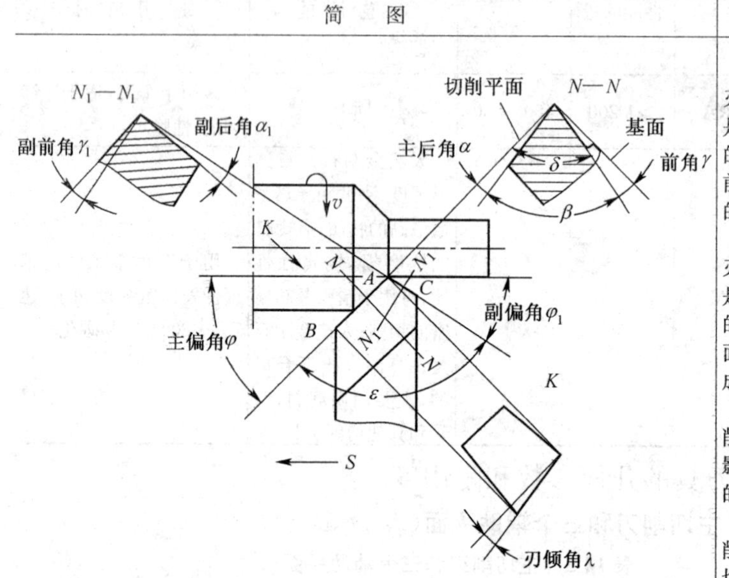	1. 前角 γ:主切削刃上任一点的前角,是在主截面内测得的由该点的基面与前刀面之间所形成的夹角; 2. 后角 α:主切削刃上任一点的后角,是在主截面内测得的由该点的切削平面与后刀面之间形成的夹角; 3. 主偏角 φ:主切削刃在基面上的投影与走刀方向所成的夹角; 4. 刃倾角 λ:在切削平面内测得的主切削刃和基面的夹角

14.3.2.3 通用机床切削用量和刀具耐用度调查实例(表 14-7)

表 14-7 通用机床切削用量和刀具耐用度调查实例

工 序	工件材料	刀具材料	切削用量			冷却润滑液	刀具耐用度 T/min
			v /m/min	s /mm/r	t /mm		
粗车外圆	45	YT15	100	0.35	4	无	102
粗车外圆	45	YT15	135	0.6	4.5	无	56
粗车外圆	45 调质 28～34HRC	YT15	59	0.55	5	无	75
粗车外圆	38CrSi 调质	YT15	80	0.6	5	无	63
粗车外圆	40Cr	YT15	77	0.25	2	无	99
粗车外圆	30Cr	YT15	69	0.45	5.5	无	55
粗车外圆	HT200	YG8	89	0.8	4.5	无	55
粗车端面	HT200	YG8	平均 65	0.65	3～5	无	95
镗孔	40Cr	YT15	83	0.5	4	无	60
钻孔 ϕ20	45	高速钢	20	0.2		乳化液	80～120

续表 14-7

工　序	工件材料	刀具材料	切削用量			冷却润滑液	刀具耐用度 T/min
			v /m/min	s /mm/r	t /mm		
钻孔 $\phi 26$	HT150	高速钢	19	0.6		无	80～120
端铣 $\phi 150$	45	YT15	126	sz0.17	2	无	90
端铣 $\phi 200$	35	YT15	146	sz0.1	3	无	90
端铣 $\phi 110$	HT200	YG8	116	sz0.05	4～6	无	180
端铣 $\phi 150$	HT200	YG8	174	sz0.07	7	无	150
滚齿	40Cr 调质	高速钢	34.5	0.85/工件每转	$m4$	机油	212 一段
滚齿	40Cr 调质	高速钢	23.8	0.47/工件每转	$m4$	机油	305 一段
插齿	45 调质	高速钢	240 次/分	0.24	$m2.5$	机油	288
插齿	40Cr 调质	高速钢	253 次/分	0.3	$m2.5$	机油	308

注：v ——切削速度，s ——走刀量，t ——切削深度，sz ——每齿走刀量，$m4$，$m2.5$——刀具模数。

14.4 金属切削过程

金属切削过程就是在由机床提供必要的运动和动力的条件下，用刀具切除坯件上多余的金属，从而获得形状、精度及表面质量都符合要求的工件的过程。

14.4.1 金属切削变形过程(表 14-8)

表 14-8 金属切削变形过程

切削变形阶段	简　图	特　点
1. 弹性变形		若压力在金属弹性极限内，工件被压陷下去一块，但在这时退出刀来，金属又恢复原来的形状
2. 塑性变形		如果继续吃刀，这时刀具对工件的压力超过金属弹性极限，那么工件表面的变形就不能恢复原来的形状

续表 14-8

切削变形阶段	简　图	特　点
3. 挤裂		金属内部组织发生变化，使材料应力达到材料断裂极限
4. 切离		这样继续下去，被切层成为切屑而脱离工件

注：1. 表中是切削塑性材料的四个阶段。

2. 切削脆性材料（如铸铁）为三个阶段，即挤压、挤裂和切离。

14.4.2 切屑的种类

在切削过程中，由于工件材料的塑性不同和塑性变形的程度不同，就会产生不同形状的切屑。此外切屑的形状还与刀具切削角度及切削用量有关。当切削条件改变时，切屑形状会随之作相应地改变。切屑的类型见表 14-9。

表 14-9 切屑的类型

类　型	简　图	说　明
带状切屑		塑性好的材料、切削厚度较大、切削速度高、刀具前角较大时，形成带状切屑
节状切屑		切屑外表面呈锯齿形，内表面有撕裂现象。切削速度高、切削厚度大、刀具前角小会产生节状切屑
崩碎切屑		切削脆性材料（如铸铁）所形成的切屑

14.5 金属切削加工方法

14.5.1 车削加工

车削加工是车床夹住工件，以工件的旋转运动为主运动，车刀的移动为进给运动的切削加工的方法。车削加工的形式见表 14-10。

表 14-10 车削加工的形式

形 式	简 图	说 明
车外圆	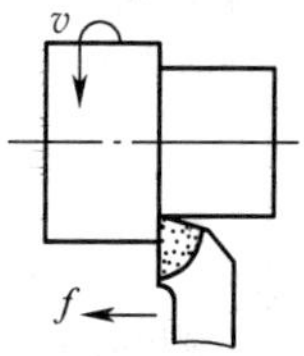	用车刀对轴类零件的外表面加工，达到所需要的尺寸
车端面	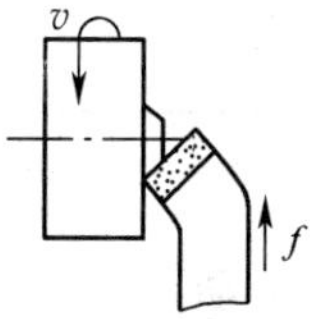	一般用 45°车刀对工件端面进行加工
车锥面	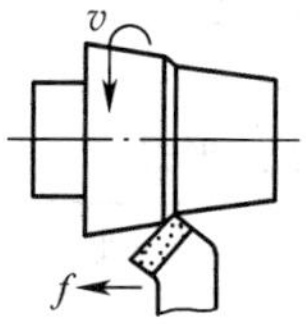	将车床小拖板或尾座调整到一定角度，或用靠模进行加工
切槽、切断	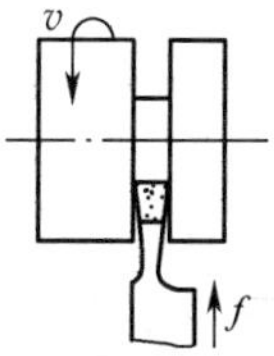	利用切刀在工件上进行切槽或切断，切刀宽度一般在 2～6mm
钻中心孔	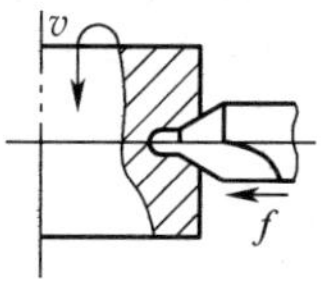	采用中心钻对工件端面进行加工的方法
钻孔	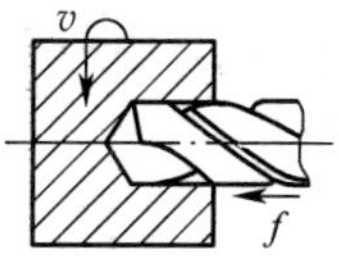	利用钻头夹在车床尾座上，进行钻孔的方法

续表 14-10

形 式	简 图	说 明
镗孔	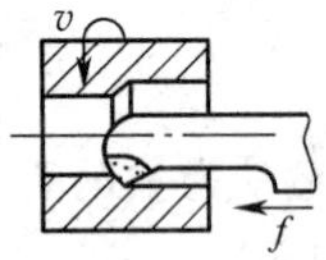	利用镗孔车刀对工件内孔进行加工，使内孔达到要求的尺寸
车内、外螺纹	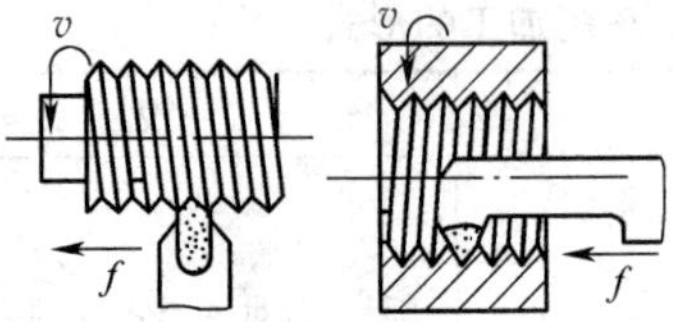	利用螺纹车刀对工件进行加工的方法。螺纹种类很多，应根据不同的螺纹采用不同的螺纹车刀
滚花	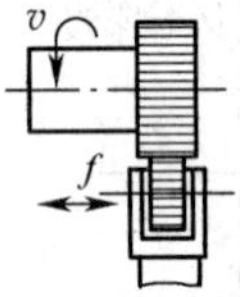	利用滚花刀对工件表面加工的方法

14.5.2 刨削加工

牛头刨床进行刨削加工时，刀具运动是主运动，工件的间歇运动是进给运动。龙门刨床上进行刨削加工时，刀具的间歇运动是进给运动、工件的运动是切削过程中的主运功。刨削加工的形式见表 14-11。

表 14-11 刨削加工的形式

形 式	简 图	说 明
刨平面	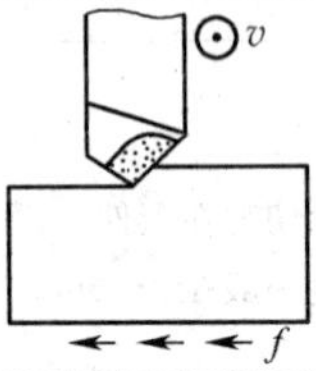	刀具往复直线运动，工件的间歇移动，对工件表面加工的方法
刨斜面	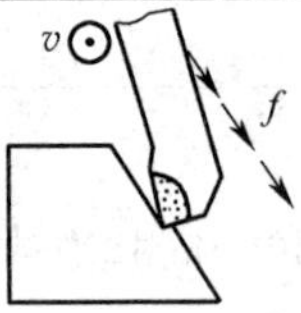	1. 将工件旋转一定角度进行加工； 2. 工件夹在钳台上，移动刀架使刨刀向下移动进行加工
刨直槽	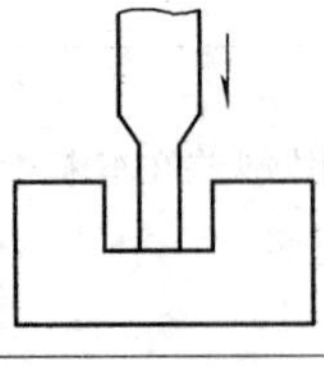	工件固定不动，移动刀架使刨刀向下移动进行加工，达到所要求的尺寸

续表 14-11

形 式	简 图	说 明
刨V形槽	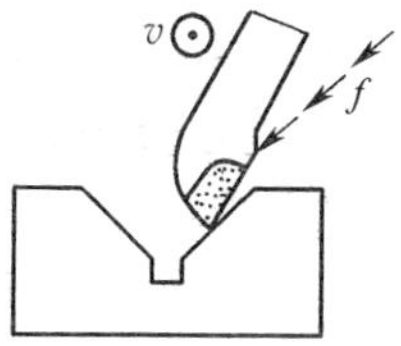	先刨削直槽，然后刨削斜面
刨T形槽	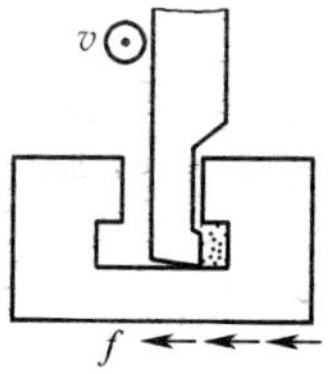	先刨削直槽，然后用T形刨刀加工
刨燕尾槽		先刨削直槽，然后加工斜面

14.5.3 铣削加工

在铣床上进行铣削时，以铣刀的旋转作为主运动，工件的移动作为进给运动。铣削加工的形式见表 14-12。

表 14-12 铣削加工的形式

形 式	简 图	说 明
铣平面	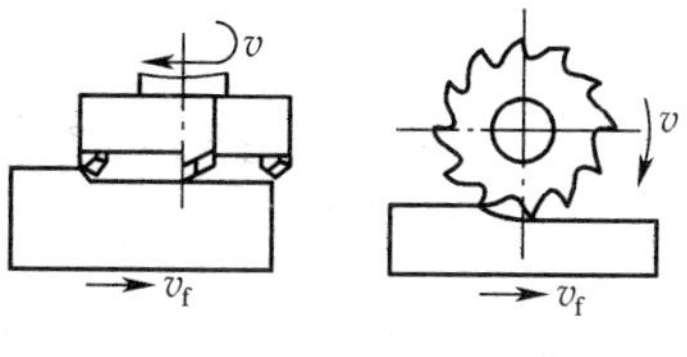	利用圆柱铣刀或套式面铣刀进行加工
铣直槽	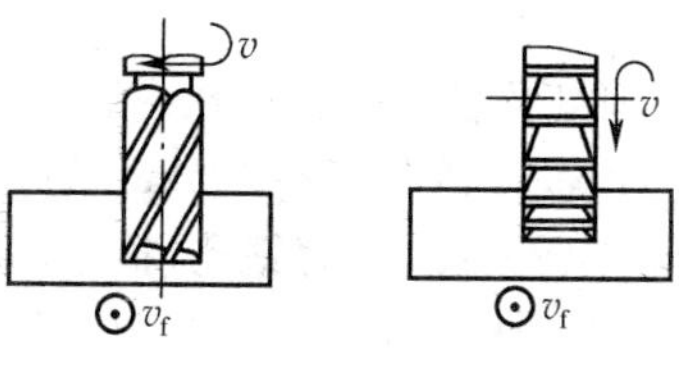	用立铣刀或键槽铣刀进行加工

续表 14-12

形 式	简 图	说 明
铣角度槽	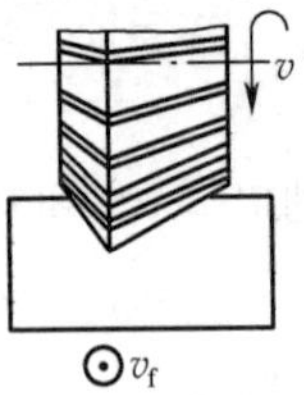 v v_f	用角度铣刀在卧式或万能铣床上铣角度和斜面
铣燕尾槽	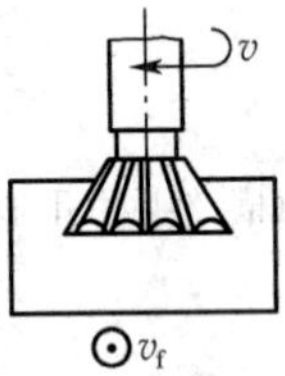 v v_f	用燕尾槽铣刀加工
铣T形槽	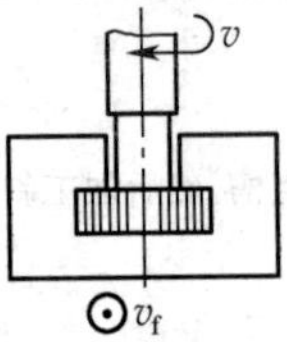 v v_f	用立铣刀铣直槽，然后用T形铣刀加工
铣凹、凸面弧槽	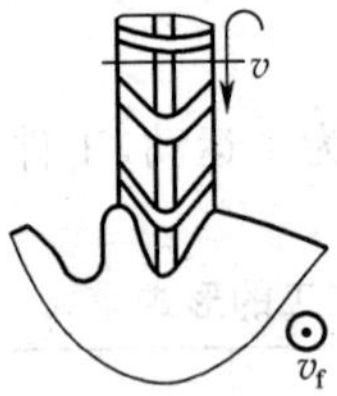 v v_f	用成形铣刀加工
铣齿轮	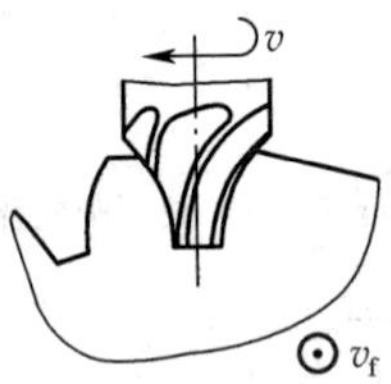 v v_f	用齿轮铣刀，在卧式铣床上铣直齿、圆柱齿轮和在万能铣床上铣斜齿圆柱齿轮

14.5.4 钻削加工

在机械制造中，钻孔是广泛采用的加工方法之一。钻孔一般为粗加工或半精加工，表面粗糙度达 $Ra12.5\sim6.3\mu m$。通常，直径 0.05～125mm 的孔都可用钻头钻出，钻孔的深度范围也很大。钻削加工的形式很多，有钻孔、扩张、铰孔、攻螺纹、锪锥孔、锪柱孔等。钻削一般在钻床上进行。钻孔和铰孔的加工形式见表 14-13。

表 14-13 钻孔和铰孔

形 式	简 图	说 明
钻孔	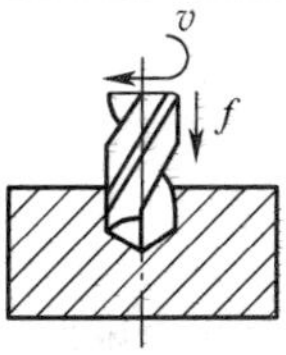	用钻头将工件加工成所需要的孔的尺寸
铰孔	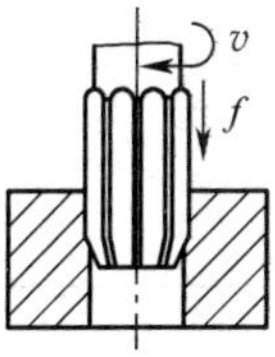	利用铰刀对工件孔的加工，主要目的是提高孔的精度

14.5.5 磨削加工

磨削可用来加工各种工件内、外圆柱表面、圆锥表面和平面，也可用来加工螺纹、花键、齿轮、叶片榫槽等表面。可进行各种材料(不包括非金属)，包括淬火钢、高强度合金等坚硬材料的加工。磨削一般用于半精加工和精加工，精度可达 IT6～IT5，表面粗糙度 $Ra0.8 \sim 0.2\mu m$。磨削加工形式见表 14-14。

表 14-14 磨削加工形式

形 式	简 图	说 明
磨外圆	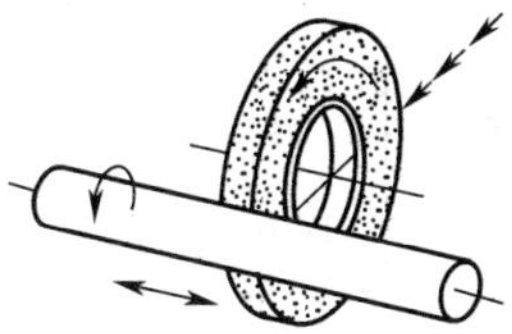	在万能磨床上加工。磨外圆除主运动外，还有圆周进给运动、纵向进给运动和横向进给运动
磨内圆	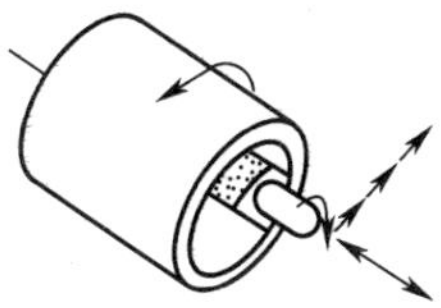	同上
磨平面	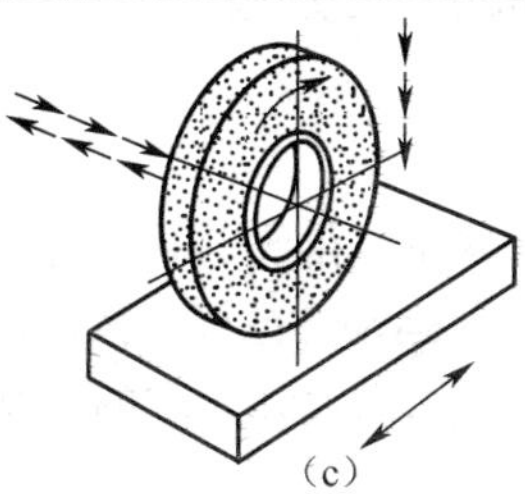 (c)	在平面磨床上进行加工

续表 14-14

形 式	简 图	说 明
磨螺纹		在专用磨床上进行加工
磨花键		同上
磨齿轮		同上

14.6 特殊加工方法

1. 线切割加工

线切割加工是利用电极丝和零件之间脉冲火花放电时的电腐蚀现象来蚀除多余的材料，达到对零件的加工。加工时用连续运动的电极丝按设计所要求的形状轨迹运动，与零件在介质中产生火花放电现象，切出设计要求的形状和尺寸。线切割加工的应用有：

①利用线切割加工，可以切割任意形状的复杂型孔、窄槽和小圆角半径的锐角；

②机床自动化程度较高，可实现自动切割，节省了制造工具电极所需要的贵重金属和加工时间；

③被加工零件一般不需要预加工；当切缝宽度与凸、凹模间隙相同的情况下，可一次切出凸模和凹模；

④可以加工硬质合金和已淬火的零件，解决了零件热处理变形的问题；

⑤线切割加工精度可达±0.001mm，表面粗糙度 Ra0.4～1.6μm。

2. 电火花加工

电火花加工是基于电火花腐蚀原理，将工件和工具电极分别接在脉冲电源的两极上，极间电压将在两极间的电介质电解液电离击穿，产生火花放电，瞬时产生大量热能，使金属局部熔化、腐蚀，形成所要求的形状，达到模具穿孔和加工型腔的目的。电火花加工的应用有：

①可以加工不锈钢、淬火钢和硬质合金等材料，解决热处理后的变形；

②可以加工各种形状的通孔和不通孔，小孔和窄槽等；

③可以加工各种复杂形状的型腔，电极不仅可以在 Z 轴方向进给，还可在 X,Y 轴方向横向进给，也可加工螺纹孔；

④电火花加工后，可使凸、凹模的金属表面强化，提高耐用度；

⑤电火花加工后的零件精度高，表面粗糙度 Ra1.25μm。

14.7 零件磨削前的留磨余量

14.7.1 坯料刨削后的留磨余量(表 14-15)

表 14-15 坯料刨削后的留磨余量 (mm)

宽度 B	厚度 H	长度 L			
		≤100	101～250	251～400	401～450
≤200	≤18	0.30	0.40		
	19～30	0.30	0.40	0.45	
	31～50	0.40	0.40	0.45	0.50
	>50	0.40	0.40	0.45	0.50
>200	≤18	0.30	0.40		
	19～30	0.35	0.40	0.45	
	31～50	0.40	0.40	0.45	0.50
	>50	0.40	0.45	0.50	0.60

14.7.2 轴类坯件上、下面留磨余量(表14-16)

表14-16 轴类坯件上、下面留磨余量 (mm)

直径 D	零件长度 L					
	≤18	19～50	51～120	121～260	261～500	>500
≤18	0.20	0.30	0.30	0.35	0.35	0.50
19～50	0.30	0.30	0.35	0.35	0.40	0.50
51～120	0.30	0.35	0.35	0.40	0.40	0.55
121～260	0.30	0.35	0.40	0.40	0.45	0.55
261～500	0.35	0.40	0.45	0.45	0.50	0.60
>500	0.40	0.40	0.45	0.50	0.60	0.70

14.7.3 套类零件内孔与外圆留磨余量(表14-17)

表14-17 套类零件内孔与外圆留磨余量 (mm)

直径 D	材料:35,45,50,Cr12			
	内孔		外圆	
	壁厚≤15	>15	≤15	>15
6～10	0.25～0.35	0.30～0.35	0.35～0.50	0.25～0.50
11～20	0.35～0.40	0.40～0.45	0.40～0.55	0.30～0.55
21～30	0.40～0.50	0.50～0.60	0.40～0.55	0.30～0.55
31～50	0.55～0.70	0.60～0.70	0.40～0.55	0.30～0.55
51～80	0.65～0.80	0.80～0.90	0.45～0.60	0.30～0.60
81～120	0.70～0.90	1.00～1.20	0.50～0.80	0.35～0.70
121～180	0.75～0.95	1.20～1.40	0.70～0.90	0.50～0.90
181～260	0.80～1.00	1.40～1.60	0.80～1.00	0.60～1.00
直径 D	材料:T8,T10,T10A			
	内孔		外圆	
	壁厚≤15	>15	≤15	>15
6～10	0.25～0.30	0.25～0.30	0.35～0.50	0.35～0.60
11～20	0.30～0.40	0.35～0.40	0.40～0.55	0.40～0.65
21～30	0.40～0.50	0.35～0.45	0.40～0.55	0.40～0.70
31～50	0.55～0.70	0.40～0.60	0.40～0.55	0.55～0.70
51～80	0.65～0.80	0.50～0.70	0.45～0.60	0.65～0.85
81～120	0.70～0.90	0.55～0.75	0.60～0.80	0.70～0.90
121～180	0.75～0.95	0.60～0.80	0.70～0.90	0.75～0.95
181～260	0.80～1.00	0.65～0.85	0.80～1.00	0.80～1.00

15　模具设计与工艺的基础知识

15.1　冷冲模设计和工艺知识

15.1.1　冲裁

15.1.1.1　冲裁力的计算

1. 冲裁力

冲裁力是选用合适的压力机的主要依据，也是设计模具和校核模具强度所必需的数据，普通平刃口冲裁力的计算公式：

$$F=kLt\tau \quad \text{(式 15-1)}$$

在一般情况下，材料的抗拉强度 $Rm\approx1.3\tau$，为计算方便，可用下式计算冲裁力：

$$F=LtRm \quad \text{(式 15-2)}$$

式中　F——冲裁力(N)；

L——冲裁件周长(mm)；

t——板材厚度(mm)；

τ——材料的抗剪强度(MPa)；

k——安全系数，一般取 1.3。

2. 卸料力、推件力和顶件力

卸料力以 $F_{卸}$ 表示，推件力以 $F_{推}$ 表示，顶件力以 $F_{顶}$ 表示。它们的计算公式为：

$$F_{卸}=K_{卸}F \quad \text{(式 15-3)}$$

$$F_{推}=nK_{推}F \quad \text{(式 15-4)}$$

$$F_{顶}=K_{顶}F \quad \text{(式 15-5)}$$

式中　$F_{卸}$——卸料力(N)；

$F_{推}$——推件力(N)；

$F_{顶}$——顶件力(N)；

$K_{卸}$、$K_{推}$、$K_{顶}$——分别为卸料系数、推件系数、顶件系数，其值见表 15-1；

n——卡在凹模孔内的工件数，计算公式为：

$$n=h/t \quad \text{(式 15-6)}$$

式中　h——凹模刃口孔的直壁高度(mm)；

t——工件材料的厚度(mm)。

表 15-1　卸料力、推件力和顶件力的系数

料厚 t/mm		$K_{卸}$	$K_{推}$	$K_{顶}$
纯铜、黄铜		0.02～0.06	0.03～0.09	
铝、铝合金		0.025～0.08	0.03～0.07	
钢	≤0.1	0.06～0.075	0.1	0.14
	>0.1～0.5	0.045～0.055	0.065	0.08
	>0.5～2.5	0.04～0.05	0.050	0.06
	>2.5～6.5	0.03～0.04	0.040	0.05
	>6.5	0.02～0.03	0.025	0.03

3. 冲裁模的总的冲压力

冲裁时总的冲压力为冲裁力、卸料力和推件力之和，这些力在选择压力机时是否要考虑进去，应根据不同的模具结构区别对待。

采用弹性卸料装置和上出料方式的冲裁模，总的冲压力的计算公式为：

$$F_{总}=F_{冲}+F_{卸}+F_{顶} \qquad (式\ 15\text{-}7)$$

采用刚性卸料装置和下出料方式的冲裁模，总的冲压力的计算公式为：

$$F_{总}=F_{冲}+F_{推} \qquad (式\ 15\text{-}8)$$

采用弹性卸料装置和下出料方式的冲裁模，总的冲压力的计算公式为：

$$F_{总}=F_{冲}+F_{卸}+F_{推} \qquad (式\ 15\text{-}9)$$

选择压力机应根据冲裁模的总的冲压力，一般应满足：压力机的公称压力≥$1.2F_{总}$。

15.1.1.2　精冲力的计算

精冲力包括冲裁力 $F_{冲}$、齿圈压板力 $F_{压}$ 和推板反力 $F_{推}$ 三部分。

1. 冲裁力

精冲冲裁力计算方法与普通冲裁一样，其计算公式为：

$$F_{冲}=1.3Lt\tau\approx LtRm \qquad (式\ 15\text{-}10)$$

式中　$F_{冲}$——精冲冲裁力(N)；

L——内、外冲裁周边长度的总和(mm)；

t——料厚(mm)；

τ——材料的抗剪强度；

Rm——材料的抗拉强度。

2. 齿圈压板力

该力主要是在冲压中对板料剪切周围施加静压力，防止金属流动，形成塑剪变形，其次是冲裁完后起卸料的作用。计算公式为：

$$F_{压}=(0.3\sim0.5)F_{冲}\quad (N) \qquad (式\ 15\text{-}11)$$

3. 推板反压力

推板反压力对精冲件的弯度、切割面的锥度、塌角等都有一定的影响，一般来讲为保证精冲质量，推板反压力越大越好；但反压力过大又对模具寿命有影响。计算公式为：

$$F_{推}=(0.1\sim0.15)F_{冲}\quad (N) \tag{式 15-12}$$

4. 精冲总冲压力计算

$$F_{总}=F_{冲}+F_{压}+F_{推}\quad (N) \tag{式 15-13}$$

15.1.1.3　搭边与条料的宽度

对于一般金属材料在冲裁时的搭边值见表 15-2。

表 15-2　冲裁金属材料的搭边值　(mm)

材料厚度	圆件及 $r>2t$ 的圆角		矩形件边长 $L<50$		矩形件边长 $L>50$ 或圆角 $r<2t$	
	零件间 a	侧面 a_1	零件间 a	侧面 a_1	零件间 a	侧面 a_1
<0.25	1.8	2	2.2	2.5	2.8	3
0.25～0.5	1.2	1.5	1.8	2	2.2	2.5
0.5～0.8	1	1.2	1.5	1.8	1.8	2
0.8～1.2	0.8	1	1.2	1.5	1.5	1.8
1.2～1.5	1	1.2	1.5	1.8	1.8	2
1.5～2	1.2	1.5	1.8	2	2	2.2
2～2.5	1.5	1.8	2	2.2	2	2.5
2.5～3	1.8	2.2	2.2	2.5	2.5	2.8
3～3.5	2.2	2.5	2.5	2.8	2.8	3.2
3.5～4	2.5	2.8	2.8	3.2	3.2	3.5
4～5	3	3.5	3.5	4	4	4.5
5～12	$0.6t$	$0.7t$	$0.7t$	$0.8t$	$0.8t$	$0.9t$

注：表列搭边值适用于低碳钢，对于其他材料，应将表中数值乘以下列系数：

中等硬度钢	0.9	软黄铜、紫铜	1.2	硬黄铜	1～1.1
硬钢	0.8	铝	1.3～1.4	硬铝	1～1.2
非金属	1.5～2				

15.1.1.4 冲裁件的排样

排样是指工件在条料、带料或板料上布置的方法。工件的合理布置(材料的经济利用),与零件的形状有密切关系。表 15-3 列出了常见或近似零件外形分类。

表 15-3 零件外形分类

Ⅰ	Ⅱ	Ⅲ	Ⅳ	Ⅴ	Ⅵ	Ⅶ	Ⅷ	Ⅸ
方形	梯形	三角形	圆及多边形	半圆及山字形	椭圆及盘形	十字形	丁字形	角尺形

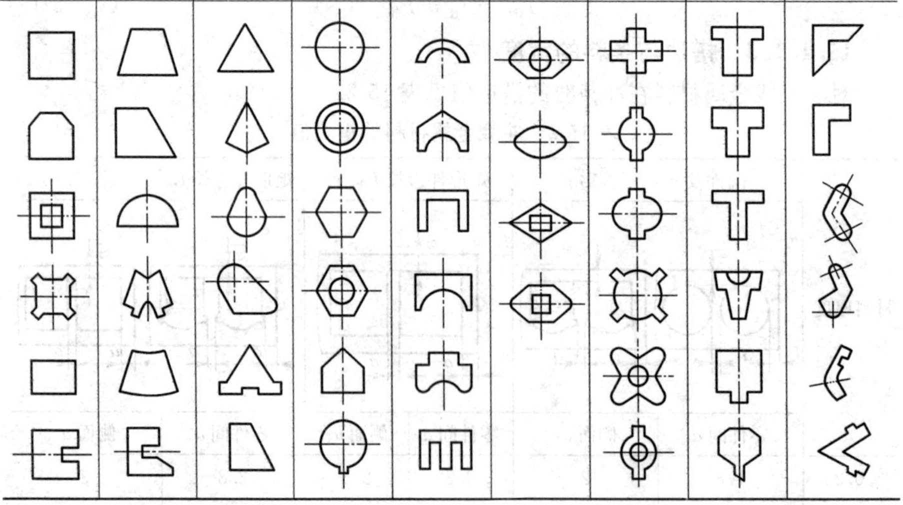

按零件的不同几何形状,可得出其相适合的排样类型,而根据排样类型又可分为有搭边与无搭边二种,见表 15-4。

表 15-4 常用的排样类型

排样类型	排 列 简 图	
	有 搭 边	无 搭 边
直排	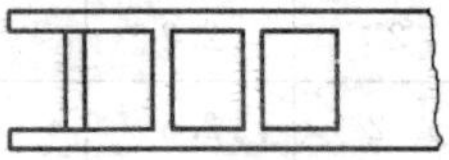	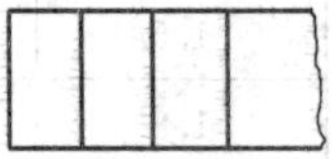
单行排列		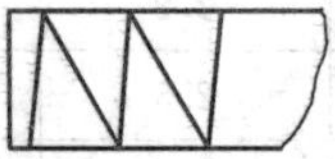
多行排列	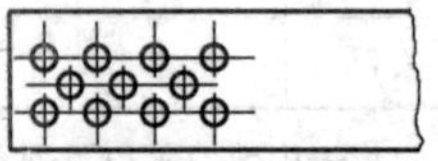	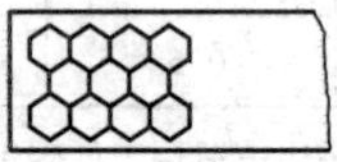
斜排列		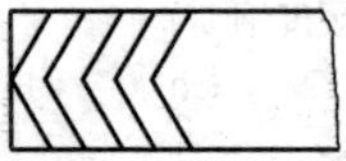

续表 15-4

排样类型	排列简图	
	有搭边	无搭边
对头直排		
对头斜排		

15.1.1.5 普通冲裁模的间隙

冲裁间隙是指冲裁凸模和凹模之间工作部分的尺寸之差。冲裁模凸、凹模的间隙数值，主要与材料的厚度、种类有关。但由于各种冲压件对其断面质量和尺寸精度的要求不同，以及生产条件的差异，在生产实践中就很难有统一的间隙值。下面推荐按经验确定的两种间隙数值，见表 15-5、表 15-6。

表 15-5 冲裁模初始双面间隙 Z(汽车、拖拉机行业) (mm)

板料厚度 t	08,10,35,09Mn,Q235		Q345		40,50		65Mn	
	Z_{min}	Z_{max}	Z_{min}	Z_{max}	Z_{min}	Z_{max}	Z_{min}	Z_{max}
0.5	0.04	0.06	0.04	0.06	0.04	0.06	0.04	0.06
0.6	0.048	0.072	0.048	0.072	0.048	0.072	0.048	0.072
0.7	0.064	0.092	0.064	0.092	0.064	0.092	0.064	0.092
0.8	0.072	0.104	0.072	0.104	0.072	0.104	0.064	0.092
0.9	0.09	0.126	0.09	0.126	0.09	0.126	0.09	0.126
1	0.1	0.14	0.1	0.14	0.1	0.14	0.09	0.126
1.2	0.126	0.18	0.132	0.18	0.132	0.18		
1.5	0.132	0.24	0.17	0.24	0.17	0.23		
1.75	0.22	0.32	0.22	0.32	0.22	0.32		
2	0.246	0.36	0.26	0.38	0.26	0.38		
2.1	0.26	0.38	0.28	0.4	0.28	0.4		
2.5	0.36	0.5	0.38	0.54	0.38	0.54		
2.75	0.4	0.56	0.42	0.6	0.42	0.6		
3	0.46	0.64	0.48	0.66	0.48	0.66		
3.5	0.54	0.74	0.58	0.78	0.58	0.78		
4	0.64	0.88	0.68	0.92	0.68	0.92		
4.5	0.72	1.0	0.68	0.96	0.78	1.04		
5.5	0.94	1.28	0.78	1.1	0.98	1.32		
6	1.08	1.4	0.84	1.2	1.14	1.5		
6.5			0.94	1.3				
8			1.2	1.68				

注：冲裁皮革、石墨和纸板，间隙取 08 钢的 25%。

表 15-6 冲裁模初始双面间隙 Z（电器、仪表行业） (mm)

板料厚度 t	软铝		纯铜、黄铜、软钢 /ω_c0.08%～0.2%		硬铝、中等硬钢 /ω_c0.3%～0.4%		硬钢/ ω_c0.5%～0.6%	
	Z_{min}	Z_{max}	Z_{min}	Z_{max}	Z_{min}	Z_{max}	Z_{min}	Z_{max}
0.2	0.008	0.012	0.01	0.014	0.012	0.016	0.014	0.018
0.3	0.012	0.018	0.015	0.021	0.018	0.024	0.021	0.027
0.4	0.016	0.024	0.02	0.028	0.024	0.032	0.028	0.036
0.5	0.02	0.03	0.025	0.035	0.03	0.04	0.035	0.045
0.6	0.024	0.036	0.03	0.042	0.036	0.048	0.042	0.054
0.7	0.028	0.042	0.035	0.049	0.042	0.056	0.049	0.063
0.8	0.032	0.048	0.04	0.056	0.048	0.064	0.056	0.072
0.9	0.036	0.054	0.045	0.063	0.054	0.072	0.063	0.081
1	0.04	0.06	0.05	0.07	0.06	0.08	0.07	0.09
1.2	0.06	0.084	0.072	0.096	0.084	0.108	0.096	0.12
1.5	0.075	0.105	0.09	0.12	0.105	0.135	0.12	0.15
1.8	0.09	0.126	0.108	0.144	0.126	0.162	0.144	0.18
2	0.1	0.14	0.12	0.16	0.14	0.18	0.16	0.2
2.2	0.132	0.176	0.154	0.198	0.176	0.22	0.198	0.242
2.5	0.15	0.2	0.175	0.225	0.2	0.25	0.225	0.275
2.8	0.168	0.224	0.196	0.252	0.224	0.28	0.252	0.308
3	0.18	0.24	0.21	0.27	0.24	0.3	0.27	0.33
3.5	0.245	0.315	0.28	0.35	0.315	0.385	0.35	0.42
4	0.28	0.36	0.32	0.4	0.36	0.44	0.4	0.48
4.5	0.315	0.405	0.36	0.45	0.405	0.495	0.45	0.54
5	0.35	0.45	0.4	0.5	0.45	0.55	0.5	0.6
6	0.48	0.6	0.54	0.66	0.6	0.72	0.66	0.78
7	0.56	0.7	0.63	0.77	0.7	0.84	0.77	0.91
8	0.72	0.88	0.8	0.96	0.88	1.04	0.96	1.12
9	0.81	0.99	0.9	1.08	0.99	1.17	1.08	1.26
10	0.9	1.1	1	1.2	1.1	1.3	1.2	1.4

注：ω_c——碳质量百分比。

15.1.2 弯曲

15.1.2.1 弯曲力的计算

为了选用压力机和设计模具，计算弯曲力是必需的。弯曲力的大小与毛坯尺寸、材料力学性能、凹模支点间的距离、弯曲半径以及模具的间隙等因素有关，而且与弯曲方式也有很大关系，通常在生产中是采用经验公式或经过简化的理论公式计算。

1. 自由弯曲时的弯曲力 $F_{自}$

V形件
$$F_{自}=\frac{0.6Kbt^2Rm}{r+t} \quad (式 15\text{-}14)$$

U形件 $$F_{自}=\frac{0.7Kbt^2Rm}{r+t}$$ (式 15-15)

ㄱ⌐ 形件 $$F_{自}=2.4btRm\alpha\beta$$ (式 15-16)

式中 $F_{自}$——冲压行程结束时的自由弯曲力(N)；

K——安全系数，一般取 $K=1.3$；

b——弯曲件的宽度(mm)；

r——弯曲件的内弯曲半径(mm)；

t——弯曲材料的厚度(mm)；

Rm——材料的抗拉强度(MPa)；

α——系数，见表 15-7，表中的伸长率 A 见表 15-8；

β——系数，其值见表 15-9。

表 15-7 系数 α 的数值

r/t	伸长率 A/%						
	20	25	30	35	40	45	50
10	0.416	0.379	0.337	0.302	0.265	0.233	0.204
8	0.434	0.398	0.361	0.326	0.288	0.257	0.227
6	0.459	0.426	0.392	0.358	0.321	0.290	0.259
4	0.502	0.467	0.437	0.407	0.371	0.341	0.312
2	0.555	0.552	0.520	0.507	0.470	0.445	0.417
1	0.619	0.615	0.607	0.590	0.576	0.560	0.540
0.5	0.690	0.688	0.684	0.680	0.678	0.673	0.662

表 15-8 各种金属材料的伸长率 A (%)

材　料	伸长率 A	材　料	伸长率 A
Q195(A1)	20～30	Q295(A6)	10～15
Q215(A2)	20～28	Q315(A7)	8～15
Q235(A3)	18～25	纯铜	30～40
Q255(A4)	15～20	黄铜	35～40
Q275(A5)	13～18	铝	25

表 15-9 系数 β 的数值 (%)

Z/t	r/t						
	10	8	6	4	2	1	0.5
1.20	0.130	0.151	0.181	0.245	0.388	0.570	0.765
1.15	0.145	0.161	0.185	0.262	0.420	0.605	0.822

续表 15-9

Z/t	r/t						
	10	8	6	4	2	1	0.5
1.10	0.162	0.184	0.214	0.290	0.460	0.675	0.830
1.08	0.170	0.200	0.230	0.300	0.490	0.710	0.960
1.06	0.180	0.207	0.250	0.322	0.520	0.755	1.120
1.04	0.190	0.222	0.277	0.360	0.560	0.835	1.130
1.02	0.208	0.250	0.353	0.410	0.760	0.990	1.380

注：Z/t 称为间隙系数（Z 为凸、凹模间隙，一般有色金属 $Z=1.0\sim1.1$，黑色金属 $Z=1.02\sim1.20$）。

2. 校正弯曲时的弯曲力 $F_{校}$

弯曲件在冲压行程结束时受到模具的校正，则校正力按下式计算：

$$F_{校}=Ap \quad (式\ 15\text{-}17)$$

式中 $F_{校}$——校正弯曲时的弯曲力(N)；

A——校正部分的垂直投影面积(mm^2)；

p——单位面积上的校正力(MPa)，按表 15-10 选取。

表 16-10 单位面积上的校正力 p (MPa)

材料	料厚 t/mm		材料	料厚 t/mm	
	≤3	>3～10		≤3	>3～10
铝	30～40	50～60	10 钢～20 钢	80～100	100～120
黄铜	60～80	80～100	25 钢～35 钢	100～120	120～150

3. 顶件力和卸料力 F_q

不论采用何种形式的弯曲，在弯曲时均需要顶件力和卸料力，顶件力和卸料力 F_q 为：

$$F_q=(0.3\sim0.8)F_{自} \quad (N) \quad (式\ 15\text{-}18)$$

4. 弯曲时压力机压力的确定

有压料的自由弯曲，压力机吨位为：

$$F_{压}\geqslant F_{自}+F_q=(1.3\sim1.8)F_{自} \quad (N) \quad (式\ 15\text{-}19)$$

校正弯曲，由于校正力是发生在接近于下死点位置，而使校正力的数值比压料力大很多，F_q 值可以忽略不计，因此压力机吨位为：

$$F_{压}\geqslant F_{校} \quad (式\ 15\text{-}20)$$

15.1.2.2 弯曲件毛坯尺寸计算

1. 圆角半径>0.5t 的弯曲件

如图 15-1 所示，计算步骤如下：

①算出各直线段 $a, b, c, \cdots$ 的长度；

②根据 r/t，由表 15-11 中查出中性层位移系数 x 值；

③计算中性层弯曲半径：

$$p=r+xt \qquad \text{(式 15-21)}$$

式中 p ——中性层弯曲半径(mm)；

r ——弯曲半径(内半径)(mm)；

t ——材料厚度(mm)；

x ——中性层位移系数。

④根据 $p_1, p_2, \cdots$ 与 $\alpha_1, \alpha_2, \cdots$ 计算 $l_1, l_2, \cdots$ 弧的展开长度：

$$l=\frac{\pi p\alpha}{180} \qquad \text{(式 15-22)}$$

式中 l——弧的展开长度(mm)；

p——中性层弯曲半径(mm)；

α——弧度。

⑤计算毛坯总长：

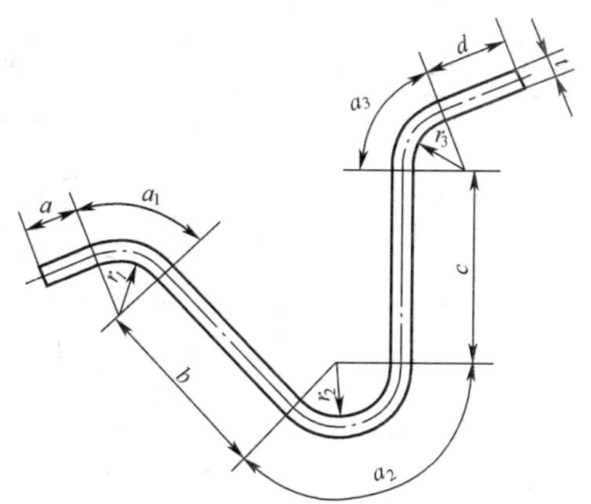

图 15-1 毛坯长度

$$L=a+b+c+\cdots+l_1+l_2+\cdots+l_n \qquad \text{(式 15-23)}$$

表 15-11 中性层位移系数 x 值

r/t	0.1	0.2	0.3	0.4	0.5	0.6	0.7	0.8	1	1.2
x	0.21	0.22	0.23	0.24	0.25	0.26	0.28	0.3	0.32	0.33
r/t	1.3	1.5	2	2.5	3	4	5	6	7	≥8
x	0.34	0.36	0.38	0.39	0.4	0.42	0.44	0.46	0.48	0.5

2. 无圆角半径或圆角半径 $r<0.5t$ 的弯曲件

这类弯曲件的毛坯尺寸是根据弯曲前后材料体积不变原则，并考虑在弯曲处材料有变薄现象进行计算的。表 15-12 列出了此类毛坯长度计算公式。

表 15-12 $r<0.5t$ 的弯曲件毛坯尺寸计算

弯曲特征	简 图	公 式
弯曲一个角	α, r, l_2, t, l_1	$L=l_1+l_2+0.4t$

续表 15-12

弯曲特征	简　图	公　式
弯曲一个角		$L=l_1+l_2-0.43t$
一次同时弯曲两个角		$L=l_1+l_2+l_3+0.6t$
一次同时弯曲三个角		$L=l_1+l_2+l_3+l_4+0.75t$
一次同时弯曲二个角，第二次弯曲另一个角		$L=l_1+l_2+l_3+l_4+t$
一次同时弯曲四个角		$L=l_1+2l_2+2l_3+t$
分为两次弯曲四个角		$L=l_1+2l_2+2l_3+1.2t$

3. 铰链式弯曲件

对于 $r=(0.6\sim3.5)t$ 的铰链件，如图 15-2 所示，在卷边过程中板料增厚，中性层外移，毛坯长度可按下式计算：

$$L=l+5.7r+4.7x_1t\quad(\text{mm})\tag{式 15-24}$$

式中　x_1——为卷边时中性层位移系数，见表 15-13。

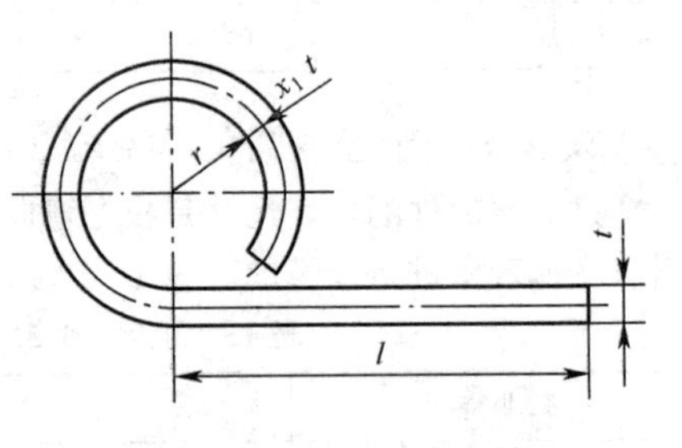

图 15-2　铰链式弯曲件

表 15-13　卷边时中性层位移系数 x_1 值

r/t	>0.5～0.6	>0.6～0.8	>0.8～1	>1～1.2	>1.2～1.5	1.5～1.8	>1.8～2	>2～2.2	>2.2
x_1	0.76	0.73	0.7	0.67	0.64	0.61	0.58	0.54	0.5

4. 棒料弯曲件

棒料弯曲，如图 15-3 所示，当弯曲半径 $r \geqslant 1.5d$ 时，弯曲部分横截面几乎没有变化，中性层系数 x_2 近似 0.5。当 $r<1.5d$ 时，弯曲部分横截面发生畸变，中性层外移，毛坯长度按下式计算：

$$L=l_1+l_2+\pi(r+x_2 d) \quad (\text{mm}) \quad (式 15\text{-}25)$$

式中　x_2——圆棒料弯曲时中性层位移系数，见表 15-14。

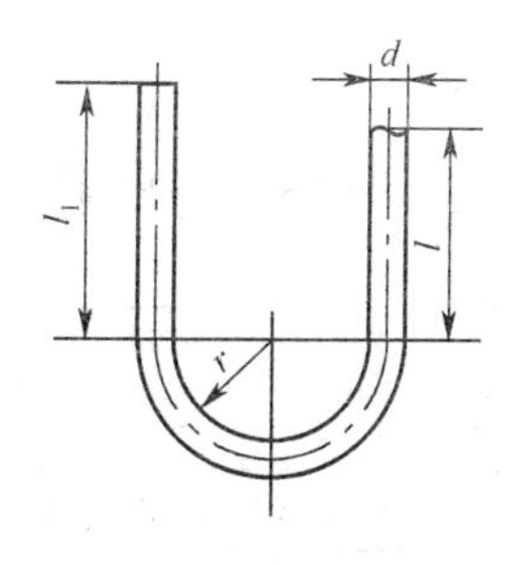

图 15-3　棒料弯曲件

表 15-14　圆棒料弯曲时中性层位移系数 x_2 值

r/d	≥1.5	1	0.5	0.25
x_2	0.5	0.51	0.53	0.55

15.1.2.3　斜楔的设计

斜楔是将压力机滑块的垂直向下运动转化为水平或倾斜成某一角度运动的传动零件，在滑块式弯曲模、摆动式弯曲模、冲侧孔模等模具常有应用。

1. 斜楔的尺寸及角度计算

(1)水平运动　斜楔应用时，须与滑块配合使用，如图 15-4 所示为斜楔与滑块水平运动的示意图。图中 S 为滑块行程，S_1 为斜楔行程，尺寸 a 应大于 5mm，尺寸 b 应大于或等于滑块斜面长度的五分之一。

楔块角度 α 一般取 40°，为增大滑块行程 S，可取 45°或 50°；在滑块受力很大时可取 $\alpha \leqslant 30°$。

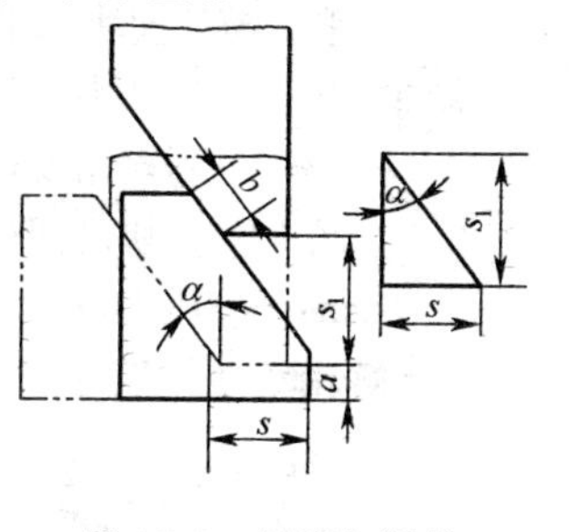

图 15-4　斜楔与滑块水平运动

α 与 S/S_1 的关系为

$$\tan\alpha=\frac{S}{S_1} \qquad (式 15\text{-}26)$$

α 与 S/S_1 的关系也可直接查表 15-15。

表 15-15　α 与 S/S_1 的相应关系

α	30°	40°	45°	50°	55°
S/S_1	0.577 4	0.839 1	1	1.191 8	1.428 1

(2)倾斜运动　如图 15-5 所示为斜楔与滑块倾斜运动示意图。楔块角度 α 一般取 45°，为了增大滑块行程 S，可取 50°，55°或 60°；在行程要求很大，又受结构限制的特殊情况下可取 65°或 70°。但 $(90°-\alpha+\beta) \geqslant 45°$ 时，滑块行程 S 与斜楔行程 S_1 的比值是：

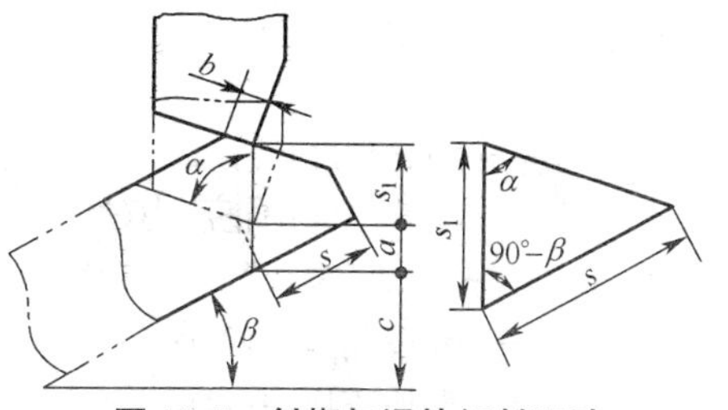

图 15-5　斜楔与滑块倾斜运动

$$\frac{S}{S_1}=\frac{\sin\alpha}{\cos(\alpha-\beta)} \quad \text{(式 15-27)}$$

α,β 和 S/S_1 的关系见表 15-16。

表 15-16 α,β 和 S/S_1 的关系

β/(°)	α/(°)										
	10	12	14	16	18	20	22	24	26	28	30
45	0.863 2	0.843 1	0.824 9	0.808 5	0.793 6	0.780 2	0.768 2	0.757 4	0.747 9	0.739 4	0.732 1
50	1.0	0.972 1	0.946 9	0.924 0	0.903 3	0.884 6	0.867 6	0.852 3	0.838 5	0.826 2	0.815 2
55	1.158 4	1.120 0	1.085 4	1.054 1	1.025 7	1.0	0.976 7	0.955 7	0.936 6	0.919 4	0.903 8
60	1.347 3	1.294 3	1.246 7	1.203 9	1.165 4	1.130 5	1.099 0	1.070 5	1.044 6	1.021 2	1.0
65	1.580 1	1.506 0	1.440 1	1.381 4	1.328 9	1.281 7	1.239 2	1.200 9	1.166 2	1.134 8	1.106 4
70	1.879 4	1.773 3	1.680 4	1.598 7	1.526 3	1.461 9	1.404 3	1.352 7	1.306 3	1.264 5	1.226 7

2. 斜楔的受力状态

(1)水平运动　楔块水平运动时的受力大小及其相互关系如图 15-6 所示。

图中　F——冲裁力或滑块侧压力(N)；

α——斜楔角度(°)；

F_α——楔块之间的正压力(N)，$F_\alpha=F\sec\alpha$；

$F\tan\alpha$——压力机滑块的压力(N)。

(2)倾斜运动　楔块倾斜运动时的受力大小及其相互关系如图 15-7 所示。

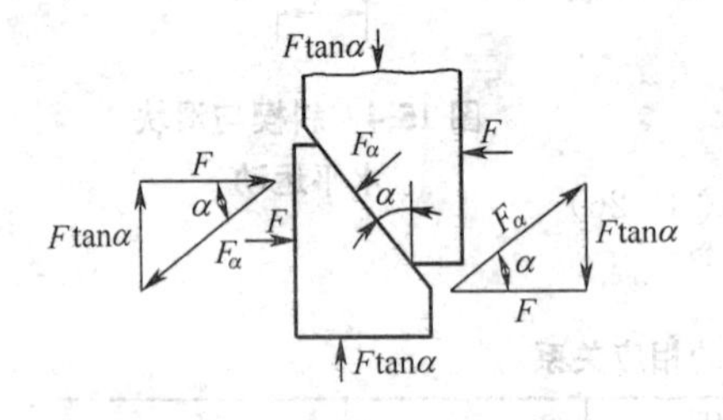

图 15-6　楔块的水平运动受力情况

图 15-7　楔块的倾斜运动受力情况

图中　F——冲裁力(N)；

α——斜楔角度(°)；

β——倾斜角度(°)；

F_α——楔块之间的正压力(N)，$F_\alpha=F\sec(\alpha-\beta)$；

$F_\alpha\sin\alpha$——压力机滑块的压力(N)；

$F_\alpha\cos\alpha$——斜楔侧压力(N)；

$F\tan(\alpha-\beta)$——滑块正压力(N)。

15.1.3 拉深

15.1.3.1 拉深力的计算

计算拉深力主要在于选择设备和设计模具。计算拉深力的实用公式见表 15-17,式中 $k_1,k_2,\cdots,k_\phi$ 的取值见表 15-18~表 15-20。

表 15-17 计算拉深力的实用公式

拉深形式	拉深工序	公 式
无凸缘的筒形件	第一道	$F=\pi d_1 tRmk_1$
	第二道以及以后各道	$F=\pi d_n tRmk_2$
带凸缘的筒形件	各工序	$F=\pi d_1 tRmk_\phi$
横截面为矩形、方形、椭圆形等拉深件	各工序	$F=LtRmk$

式中 F——拉深力(N);

$d_1,d_2,\cdots,d_n$——筒形件的第 1 道、第 2 道……第 n 道工序中性层直径(外径减材料厚度)(mm);

t——材料厚度(mm);

Rm——抗拉强度(MPa);

$k_1,k_2,\cdots,k_\phi$——拉深力用系数;

k——修正系数,取 0.5~0.8;

L——横截面周长(mm)

表 15-18 无凸缘的筒形件第一次拉深力用系数 k_1(08 钢~15 钢)

毛坯的相对厚度 $(t/D)\times100$	毛坯的相对直径 D/t	第一次拉深系数 m_1									
		0.45	0.48	0.5	0.52	0.55	0.6	0.65	0.7	0.75	0.8
		拉深力用系数 k_1									
5	20	0.95	0.85	0.75	0.65	0.6	0.5	0.43	0.35	0.28	0.2
2	50	1.1	1.0	0.9	0.8	0.75	0.6	0.5	0.42	0.35	0.25
1.2	83		1.1	1	0.9	0.8	0.68	0.56	0.47	0.37	0.3
0.8	125			1.1	1	0.9	0.75	0.6	0.5	0.4	0.33
0.5	200				1.1	1	0.82	0.67	0.55	0.45	0.36
0.2	500					1.1	0.9	0.75	0.6	0.5	0.4
0.1	1 000						1.1	0.9	0.75	0.6	0.5

注:1. 在小圆角半径的情况下,即 $r=(4\sim8)t$,k_1 取比表中大 5%的数值。

2. m_1 为第一次拉深系数,见 15.1.3.4。

表 15-19 无凸缘的筒形件第二次拉深力用系数 k_2(08 钢~15 钢)

毛坯的相对厚度 $(t/D)\times100$	第 1 次最大拉深的相对厚度 $(t/d_1)\times100$	第二次拉深系数 m_2									
		0.7	0.72	0.75	0.78	0.8	0.82	0.85	0.88	0.9	0.92
		拉深力用系数 k_2									
5	11	0.85	0.7	0.6	0.5	0.42	0.32	0.28	0.2	0.15	0.12
2	4	1.1	0.9	0.75	0.6	0.52	0.42	0.32	0.25	0.2	0.14

续表 15-19

毛坯的相对厚度 $(t/D)\times100$	第1次最大拉深的相对厚度 $(t/d_1)\times100$	第二次拉深系数 m_2									
		0.7	0.72	0.75	0.78	0.8	0.82	0.85	0.88	0.9	0.92
		拉深力用系数 k_2									
1.2	2.5		1.1	0.9	0.75	0.62	0.52	0.42	0.3	0.25	0.16
0.8	1.5			1.0	0.82	0.7	0.57	0.46	0.35	0.27	0.18
0.5	0.9			1.1	0.9	0.76	0.63	0.5	0.4	0.3	0.2
0.2	0.3				1	0.85	0.7	0.56	0.44	0.33	0.23
0.1	0.15				1.1	1	0.82	0.68	0.55	0.4	0.3

注：在小圆角半径的情况下，即 $r=(4\sim8)t$，k_2 取比表中大5%的数值。以后各次拉深（如第3次）的拉深力用系数（如 k_3），对照查出其相应的 m_n 及 t/D 数值所对应的数值（一般情况下最多5次可完成拉深成形）；无中间退火时，系数取较大值，有中间退火系数取较小值。

表 15-20 拉深带凸缘的筒形件拉深力用系数 k_ϕ 的数值(08钢～15钢)

[用于 $(t/D)\times100=0.6\sim2$]

比值 d_ϕ/d	第一次拉深系数 $m_1=d_1/D$										
	0.35	0.38	0.4	0.42	0.45	0.5	0.55	0.6	0.65	0.7	0.75
	拉深力用系数 k_ϕ										
3	1	0.9	0.83	0.75	0.68	0.56	0.45	0.37	0.3	0.23	0.18
2.8	1.1	1	0.9	0.83	0.75	0.62	0.5	0.42	0.34	0.26	0.2
2.5		1.1	1	0.9	0.82	0.7	0.56	0.46	0.37	0.3	0.22
2.2			1.1	1	0.9	0.77	0.64	0.52	0.42	0.33	0.25
2				1.1	1	0.85	0.7	0.58	0.47	0.37	0.28
1.8					1.1	0.95	0.8	0.65	0.53	0.43	0.33
1.5						1.1	0.9	0.75	0.62	0.5	0.4
1.3							1	0.85	0.7	0.56	0.45

注：上述系数也可以用于带凸缘的锥形及球形零件在无拉深肋模具上的拉深。在作拉深肋模具拉深相同的零件时，系数需增大10%～20%。

在拉深加工中，压力机主要受拉深力 F 及压边力 F_q，但选择压力机时，却不能简单地将两者相加，这是因为压力机的公称压力是指在接近下死点时的压力机压力，当拉深行程很大，特别是采用落料拉深复合模时，就很可能由于过早地出现最大冲压力而使压力机超载。此时应按下式选择：

浅拉深 $$F_{压}\geqslant(1.25\sim1.4)(F+F_q)$$ （式15-28）

深拉深 $$F_{压}\geqslant(1.7\sim2)(F+F_q)$$ （式15-29）

式中 $F_{压}$——压力机的公称压力(N)；

F——拉深力(N)；

F_q——压边力(N)。

压边力的大小必须合适，过小不能防止起皱，过大则增加了拉深力，引起拉裂。计算压边力公式见表 15-21。

表 15-21 计算压边力公式

拉深情况	公　　式
拉深任何形状	$F=Aq$
筒形件第一次拉深(用平板毛坯)	$F_q=\frac{\pi}{4}-[D^2-(d_1+2r_{凹})^2]q$
筒形件以后各次拉深(用筒形毛坯)	$F_q=-[d_{n-1}{}^2-(d_n+2r_{凹})^2]q$

式中 A——在压边圈下的毛料投影面积(mm^2)；

q——单位压边力(MPa)，见表 15-22；

$d_1,\cdots,d_n$——第 1 次，……，第 n 次的拉深凹模直径(mm)；

$r_{凹}$——凹模圆角半径(mm)；

D——平板毛坯直径(mm)

表 15-22 单位压边力 q

材　料	q/MPa	材　料	q/MPa
软钢($t<0.5$)	2.5～3.0	铝	0.8～1.2
软钢($t>0.5$)	2.0～2.5	20 钢、08 钢	2.5～3.0
黄铜	1.5～2.0	高合金钢、高锰钢、不锈钢	3.0～4.0
纯铜、杜拉铝(退火)	1.0～1.5	耐热钢(软化)	2.8～3.5

15.1.3.2 拉深件修边余量的确定

在拉深过程中，常因材料力学性能的方向性、模具间隙不均、板厚变化、摩擦阻力不等及定位不准等影响，而使拉深件口部或凸缘周边不齐，必须进行修边。故在计算毛坯尺寸时，应按加上修边余量后的零件尺寸进行展开计算。

修边余量的数值可查表 15-23、表 15-24 和表 15-25。

表 15-23 无凸缘圆筒形件的修边余量 Δh (mm)

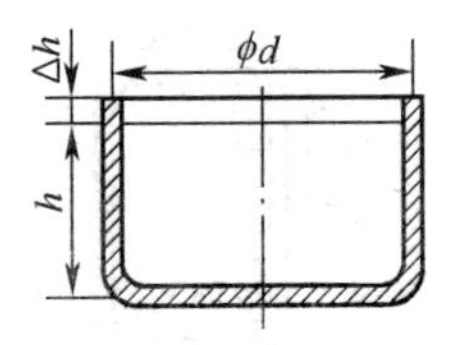

续表 15-23

零件总高度 h	零件相对高度 h/d			
	0.5～0.8	0.8～1.6	1.6～2.5	2.5～4
10	1	1.2	1.5	2
20	1.2	1.6	2	2.5
50	2	2.5	3.3	4
100	3	3.8	5	6
150	4	5	6.5	8
200	5	6.3	8	10
250	6	7.5	9	11
300	7	8.5	10	12

表 15-24 带凸缘圆筒形件的修边余量 Δh (mm)

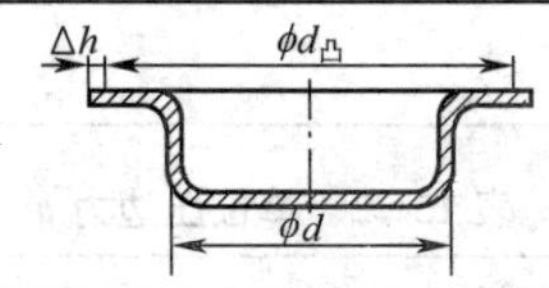

凸缘直径 $d_凸$	凸缘的相对直径 $d_凸/d$			
	<1.5	1.5～2	2～2.5	2.5～3
25	1.6	1.4	1.2	1
50	2.5	2	1.8	1.6
100	3.5	3	2.5	2.2
150	4.3	3.6	3	2.5
200	5	4.2	3.5	2.7
250	5.5	4.6	3.8	2.8
300	6	5	4	3

表 15-25 无凸缘矩形(方形)件的修边余量 Δh (mm)

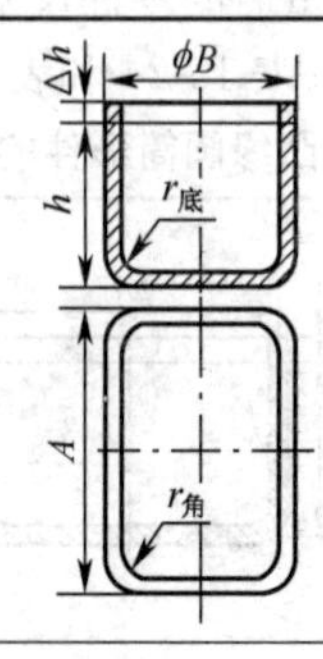

续表 15-25

相对高度 $h/r_{角}$	修边余量 Δh	相对高度 $h/r_{角}$	修边余量 Δh
2.5～6	(0.03～0.05)h	18～44	(0.05～0.08)h
7～17	(0.04～0.06)h	45～100	(0.08～0.1)h

注:有凸缘矩(方)形件的修边余量可参考表 15-24 选取。使用时,表中 $d_{凸}$ 改为矩(方)形件短边(边长)凸缘宽度 $B_{凸}$,d 改为矩形件短边宽度 B。

15.1.3.3 拉深件展开尺寸的计算

各种简单形状的几何体表面积计算公式见表 15-26,常用拉深件的毛坯尺寸计算公式见表 15-27。

表 15-26 各种简单形状的几何体表面积计算公式

平面名称	简 图	面积 A 及其他尺寸
圆	ϕd	$A=\frac{\pi d^2}{4}$
环	ϕd, ϕd_1	$A=\frac{\pi}{4}(d^2-d_1^2)$
圆筒壁	h, ϕd	$A=\pi dh$
圆锥壁	ϕd, h, l	$A=\frac{\pi}{4}d\sqrt{d^2+4h^2}=\frac{\pi dl}{2}$
无顶圆锥壁	ϕd, h, l, ϕd_1	$A=\pi l\left(\frac{d+d_1}{2}\right)$ $l=\sqrt{h^2+\left(\frac{d-d_1}{2}\right)^2}$
半球面	r	$A=2\pi r^2=\frac{\pi d^2}{2}$
小半球面	s, r, h	$A=2\pi rh$ $A=\frac{\pi}{4}(S^2+4h^2)$
腰截球面	r, h	$A=2\pi rh$

续表 15-26

平面名称	简　图	面积 A 及其他尺寸
凸形球侧面	r　ϕd	$A=\frac{\pi}{2}(\pi d+4r)r$
凹形球侧面	ϕd_1　r　ϕd	$A=\frac{\pi}{2}(\pi d-4r)r=\frac{\pi}{2}(\pi d_1+2.28r)r$
凸形球环侧面	ϕd　h　r　α	$h=r\times\sin\alpha$ $l=\frac{\pi r\alpha}{180}$ $A=\pi(dl+2rh)$
凹形球环侧面	ϕd　h　r　α	$h=r\times\sin\alpha$ $l=\frac{\pi r\alpha}{180}$ $A=\pi(dl-2rh)$
凸形球环侧面	ϕd　h　r　α	$h=r(1-\cos\alpha)$ $l=\frac{\pi rd}{180}$ $A=\pi(dl+2rh)$
凹形球环侧面	ϕd　h　r　α	$h=r(1-\cos\alpha)$ $l=\frac{\pi rd}{180}$ $A=\pi(dl-2rh)$
凸形球环侧面	ϕd　h　r　α　β	$h=r[\cos\beta-\cos(\alpha+\beta)]$ $l=\frac{\pi r\alpha}{180}$ $A=\pi(dl+2rh)$
凹形球环侧面	ϕd　h　r　α　β	$h=r[\cos\beta-\cos(\alpha+\beta)]$ $l=\frac{\pi r\alpha}{180}$ $A=\pi(dl-2rh)$

表 15-27　常用拉深件的毛坯尺寸计算公式

零件形状	毛坯直径 D
ϕd　h	$D=\sqrt{d^2+4dh}$

续表 15-27

零件形状	毛坯直径 D
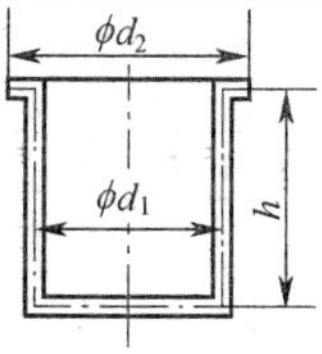	$D=\sqrt{d_2^2+4d_1h}$
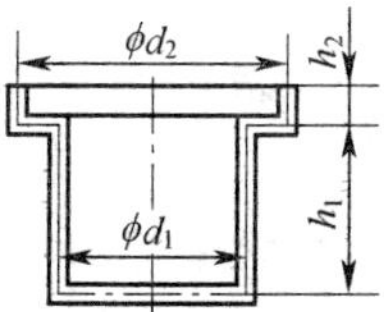	$D=\sqrt{d_2^2+4(d_1h_1+d_2h_2)}$
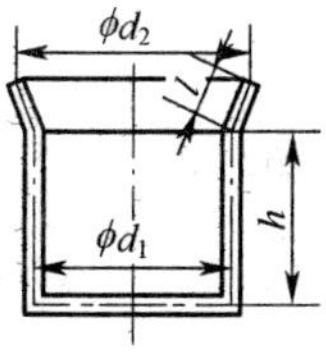	$D=\sqrt{d_1^2+4d_1h+2l(d_1+d_2)}$
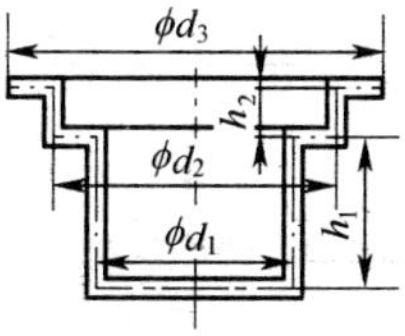	$D=\sqrt{d_3^2+4(d_1h_1+d_2h_2)}$
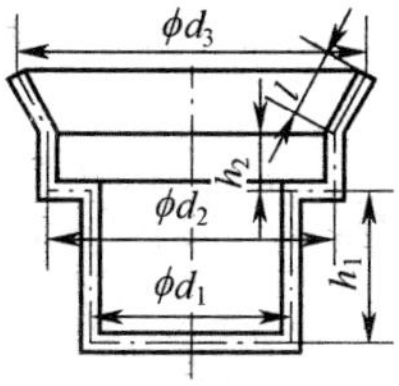	$D=\sqrt{d_2^2+4(d_1h_1+d_2h_2)+2l(d_2+d_3)}$
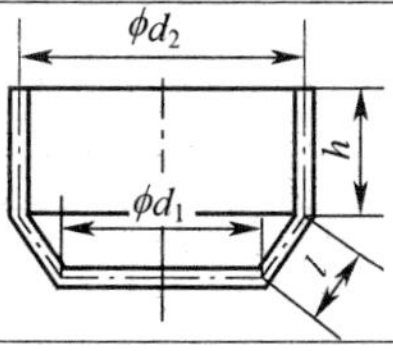	$D=\sqrt{d_1^2+2l(d_1+d_2)+4d_2h}$
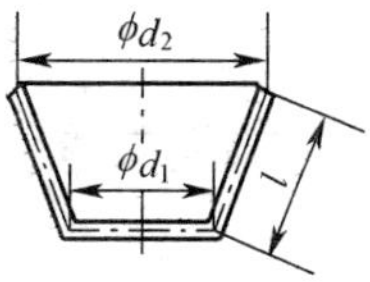	$D=\sqrt{d_1^2+2l(d_1+d_2)}$

续表 15-27

零件形状	毛坯直径 D
ϕd_3, ϕd_2, ϕd_1, l	$D=\sqrt{d_1^2+2l(d_1+d_2)+d_3^2-d_2^2}$
ϕd, l	$D=\sqrt{2dl}$
ϕd, h, l	$D=\sqrt{2d(l+2h)}$
ϕd_2, r, ϕd_1	$D=\sqrt{d_1^2+2r(\pi d_1+4r)}$
ϕd_2, r, ϕd_3, ϕd_1	$D=\sqrt{d_1^2+6.28rd_1+8r^2+d_3^2-d_2^2}$
ϕd_2, H, ϕd_1, h, r	$D=\sqrt{d_1^2+4d_2h+6.28rd_1+8r^2}$ $=\sqrt{d_2^2+4d_2H-1.72rd_2-0.56r^2}$
ϕd_3, ϕd_2, ϕd_1, h, r	$D=\sqrt{d_1^2+2\pi rd_1+8r^2+4d_2h+d_3^2-d_2^2}$

续表 15-27

零件形状	毛坯直径 D
φd3 φd2 φd1 r l	$D=\sqrt{d_1^2+2\pi r d_1+8r_2+2l(d_2+d_3)}$
r1 φd2 φd1 h r	$D=\sqrt{d_1^2+6.28rd_1+8r^2+4d_2h+6.28r_1d_2+4.56r_1^2}$
φd3 l φd2 φd1 h r	$D=\sqrt{d_1^2+2\pi r d_1+8r^2+4d_2h+2l(d_2+d_3)}$
r φd2 r φd1	$D=\sqrt{d_1^2+2\pi r(d_1+d_2)+4\pi r^2}$
φd4 r1 φd3 φd2 φd1 h H r	$D=\sqrt{d_1^2+6.28rd_1+8r^2+4d_2h+6.28r_1d_2+4.56r_1^2+d_4^2-d_3^2}$ 当 $r_1=r$ 时，$D=\sqrt{d_1^2+4d_2h+2\pi r(d_1+d_2)+4\pi r^2+d_4^2-d_3^2}$ 或 $D=\sqrt{d_4^2+4d_2H-3.44rd_2}$
s R h	$D=\sqrt{8Rh}$ 或 $D=\sqrt{s^2+4h^2}$
φd2 φd1 h	$D=\sqrt{d_2^2+4h^2}$
φd	$D=\sqrt{2d^2}=1.414d$

续表 15-27

零件形状	毛坯直径 D
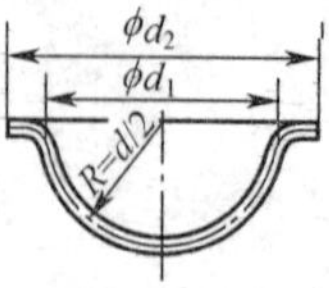 ϕd_2 ϕd_1 $R=d_1/2$	$D=\sqrt{d_1^2+d_2^2}$
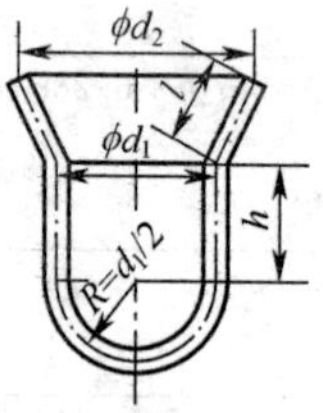 ϕd_2 l ϕd_1 h $R=d_1/2$	$D=1.414\sqrt{d_1^2+2d_1h+l(d_1+d_2)}$
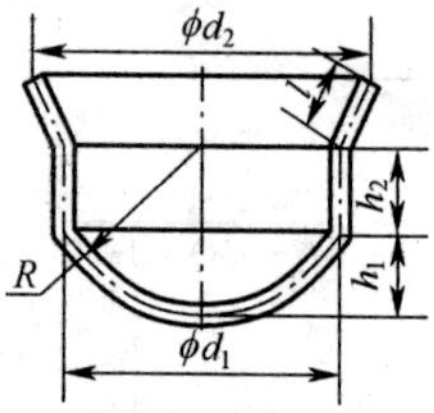 ϕd_2 l h_2 h_1 R ϕd_1	$D=\sqrt{d_1^2+4[h_1^2+d_1h_2+\frac{l}{2}(d_1+d_2)]}$
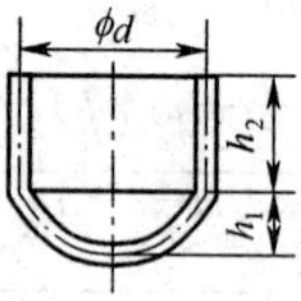 ϕd h_2 h_1	$D=\sqrt{d^2+4(h_1^2+dh_2)}$
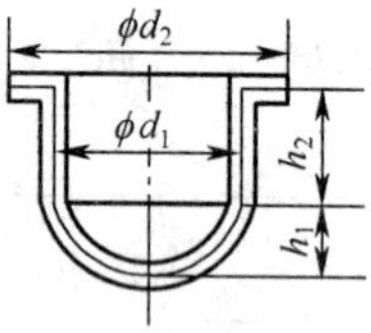 ϕd_2 ϕd_1 h_2 h_1	$D=\sqrt{d_2^2+4(h_1^2+d_1h_2)}$
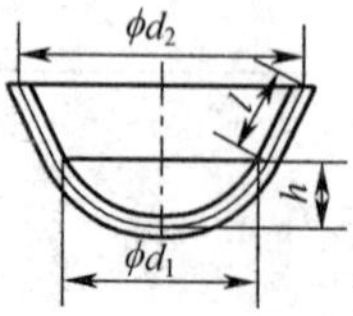 ϕd_2 l h ϕd_1	$D=\sqrt{d_1^2+4h^2+2l(d_1+d_2)}$

续表 15-27

零件形状	毛坯直径 D
ϕd, l, $R=d_1/2$, ϕd_1	$D=1.414\sqrt{d_1^2+l(d_1+d_2)}$
ϕd, h, H, $R=d_1/2$	$D=1.414\sqrt{d^2+2dh}$ 或 $D=2\sqrt{dh}$
ϕd_2, ϕd_1, h, $R=d_1/2$	$D=\sqrt{d_1^2+d_2^2+4d_1h}$

15.1.3.4 无凸缘筒形件的极限拉深系数和拉深次数

每次拉深后圆筒件直径与拉深前毛坯(或半成品)直径的比值,称为拉深系数。以 m 表示。在决定拉深工序的次数时,必须做到使毛坯内部的应力不但不超过材料的强度极限,而且还能充分利用材料的塑性。

1. 无凸缘筒形件的极限拉深系数(表 15-28、表 15-29)

表 15-28 无凸缘筒形件带压边圈时各次拉深的极限拉深系数

拉深系数	毛坯相对厚度$(t/D)\times100$					
	2～1.5	1.5～1	1～0.6	0.6～0.3	0.3～0.15	0.15～0.08
m_1	0.48～0.5	0.5～0.53	0.53～0.55	0.55～0.58	0.58～0.6	0.6～0.63
m_2	0.73～0.75	0.75～0.76	0.76～0.78	0.78～0.79	0.79～0.8	0.8～0.82
m_3	0.76～0.78	0.78～0.79	0.79～0.8	0.8～0.81	0.81～0.82	0.82～0.84
m_4	0.78～0.8	0.8～0.81	0.81～0.82	0.82～0.83	0.83～0.85	0.85～0.86
m_5	0.8～0.82	0.82～0.84	0.84～0.85	0.85～0.86	0.86～0.87	0.87～0.88

注:1. 表中小的数值适用于在第一次拉深中大的凹模圆角半径 $r_{凹}=(8\sim15)t$,大的数值适用于小的凹模圆角半径 $r_{凹}=(4\sim8)t$。

2. 表中拉深系数适用于 08,10,15Mn 等普通拉深碳钢与软黄铜(H62,H68);在有中间退火的情况下,拉深系数值可比表列数值小 3%～5%。

3. 拉深塑性较小的金属时(20 钢～25 钢、Q215 钢、Q235 钢、硬铝、硬黄铜等),拉深系数值比表列数值增大 1.5%～2%;而拉深塑性较好的金属时(05 钢),拉深数值可比表中所列数值减小 1.5%～2%。

表 15-29　无凸缘筒形件不带压边圈时各次拉深的极限拉深系数

拉深系数	毛坯相对厚度(t/D)×100				
	1.5	2.0	2.5	3.0	>3
m_1	0.65	0.6	0.55	0.53	0.50
m_2	0.8	0.75	0.75	0.75	0.70
m_3	0.84	0.8	0.8	0.8	0.75
m_4	0.87	0.84	0.84	0.84	0.78
m_5	0.9	0.87	0.87	0.87	0.82
m_6	—	0.9	0.9	0.9	0.85

2. 无凸缘筒形件的拉深次数

可通过计算拉深件的相对拉深高度 h/d 和材料的毛坯相对厚度(t/D)×100，由表 15-30 直接查出拉深次数。

表 15-30　无凸缘筒形件的最大相对拉深高度 h/d

拉深次数	毛坯相对厚度(t/D)×100					
	2～1.5	1.5～1	1～0.6	0.6～0.3	0.3～0.15	0.15～0.08
1	0.94～0.77	0.84～0.65	0.7～0.57	0.62～0.5	0.52～0.45	0.46～0.38
2	1.88～1.54	1.6～1.32	1.36～1.1	1.13～0.94	0.96～0.83	0.9～0.7
3	3.5～2.7	2.8～2.2	2.3～1.8	1.9～1.5	1.6～1.3	1.3～1.1
4	5.6～4.3	4.3～3.5	3.6～2.9	2.9～2.4	2.4～2	2～1.5
5	8.9～6.6	6.6～5.1	5.2～4.1	4.1～3.3	3.3～2.7	2.7～2

注：大的 h/d 比值适用于在第一道工序的大凹模圆角半径[由 $(t/D)\times100=2\sim1.5$ 时的 $r_凹=8t$ 到 $(t/D)\times100=0.15\sim0.08$ 时的 $r_凹=15t$]，小的比值适用于小的凹模圆角半径 $r_凹=(4\sim8)t$。

15.1.3.5　各种金属材料的拉深系数(表 15-31)

表 15-31　各种金属材料的拉深系数

材　　料	第一次拉深 m_1	以后各次拉深 m_n
08 钢	0.52～0.54	0.68～0.72
铝和铝合金 8A06M，1035M，3A21M	0.52～0.55	0.70～0.75
硬铝 2A12M，2A11M	0.56～0.58	0.75～0.80
黄铜 H62	0.52～0.54	0.70～0.72
黄铜 H68	0.50～0.52	0.68～0.70
纯铜 T1，T2，T3	0.50～0.55	0.72～0.80

续表 15-31

材　　料	第一次拉深 m_1	以后各次拉深 m_n
无氧铜	0.50～0.55	0.75～0.80
镍、镁镍、硅镍	0.48～0.53	0.70～0.75
康铜 BMn40—1.5	0.50～0.56	0.74～0.84
白铁皮	0.58～0.65	0.80～0.85
镍铬合金 Cr20Ni80	0.54～0.59	0.78～0.84
合金钢 30CrMnSiA	0.62～0.70	0.80～0.84
膨胀合金 4J29	0.55～0.60	0.80～0.85
不锈钢 1Cr18Ni9Ti	0.52～0.55	0.78～0.81
不锈钢 1Cr13	0.52～0.56	0.75～0.78
钛合金 BT1	0.58～0.60	0.80～0.85
钛合金 BT4	0.60～0.70	0.80～0.85
钛合金 BT5	0.60～0.65	0.80～0.85
锌	0.65～0.70	0.85～0.90
酸洗钢板	0.54～0.58	0.75～0.78

15.1.3.6 带凸缘的筒形件第一次拉深的极限拉深系数

带凸缘筒形件一般可分成两种类型：第一种是窄凸缘——$d_凸/d=1.1\sim1.4$；第二种是宽凸缘——$d_凸/d>1.4$。计算带凸缘筒形件的工序尺寸有两个原则：

①对于窄凸缘筒形拉深件，可在前几次拉深中不留凸缘，先拉成圆筒件，而在以后的拉深中形成锥形凸缘（是锥形的压边圈的作用），最后将其校正成平面。或在缩小直径的过程中留下连接凸缘的圆角部分，在整形的前一工序先把凸缘压成圆锥形，在整形工序时再压成平整的凸缘。

对于宽凸缘拉深件，则应在第一次拉深时，就拉成零件所要求的凸缘直径，而在以后各次拉深中，凸缘直径保持不变。

②为了保证以后拉深时凸缘不参加变形，宽凸缘拉深件首次拉入凹模的材料应比零件最后拉深部分实际所需材料多3%～10%（按面积计算，拉深次数多时取上限值，拉深次数少时取下限值），这些多余材料在以后各次拉深中，逐次将1.5%～3%的材料挤回到凸缘部分，使凸缘增厚，从而避免拉裂。

宽凸缘件的首次拉深的极限拉深系数可以比相同条件的圆筒件先取得小一些，对于以后各次拉深系数，可按无凸缘圆筒件选取或选取略小一些。拉深带宽凸缘圆筒件决不可应用无凸缘圆筒件的第一次拉深系数，只有当全部凸缘都转化为零件的圆筒壁时才能适用。表15-32为带凸缘的筒形件第一次拉深的极限拉深系数。

表 15-32 带凸缘的筒形件第一次拉深的极限拉深系数(10 钢)

凸缘的相对直径 $d_ф/d$	毛坯相对厚度$(t/D)\times100$				
	2～1.5	1.5～1	1～0.6	0.6～0.3	0.3～0.15
<1.1	0.51	0.53	0.55	0.57	0.59
1.3	0.49	0.51	0.53	0.54	0.55
1.5	0.47	0.49	0.5	0.51	0.52
1.8	0.45	0.46	0.47	0.48	0.48
2.0	0.42	0.43	0.44	0.45	0.45
2.2	0.4	0.41	0.42	0.42	0.42
2.5	0.37	0.38	0.38	0.38	0.38
2.8	0.34	0.35	0.35	0.35	0.35
3.0	0.32	0.33	0.33	0.33	0.33

15.1.3.7 带凸缘的筒形件拉深次数的确定

在具体制定宽凸缘件的拉深工艺时，仅应用表 15-32 中的宽凸缘拉深系数不能确切地表示出其变形程度。在判定宽凸缘件拉深次数时，要应用与不同凸缘相对直径 $d_ф/d$ 相应的最大相对深度 h/d，其值见表 15-33。若可以一次成形，则计算到此结束；若不能一次成形，则需初步假定一个较小的凸缘相对直径 $d_ф/d$ 值，并根据其值从表 15-32 中初选首次拉深系数 m_1，初算出相应的拉深直径 d_1，然后算出该拉深直径 d_1 的拉深高度 h_1，再验算选取的拉深系数及相对深度 h/d 是否满足表 15-32、表 15-33 的相应要求。若满足则可按表 15-34 选取后续的拉深系数；若不满足重新设定凸缘相对直径 $d_凸/d$ 值，重复上述判定步骤，以满足表 15-32、表 15-33 的相应要求后，再按表 15-34 选取后续拉深系数，并计算后续相关工序参数。

表 15-33 带凸缘的筒形件第一次拉深的最大相对深度 h/d

凸缘的相对直径 $d_凸/d$	毛坯相对厚度$(t/D)\times100$				
	2～1.5	1.5～1	1～0.6	0.6～0.3	0.3～0.15
<1.1	0.90～0.75	0.82～0.65	0.70～0.57	0.62～0.50	0.52～0.45
1.3	0.80～0.65	0.72～0.56	0.60～0.50	0.53～0.45	0.47～0.40
1.5	0.70～0.58	0.63～0.50	0.53～0.45	0.48～0.40	0.42～0.35
1.8	0.58～0.48	0.53～0.42	0.44～0.37	0.39～0.34	0.35～0.29
2.0	0.51～0.42	0.46～0.36	0.38～0.32	0.34～0.29	0.30～0.25
2.2	0.45～0.35	0.40～0.31	0.33～0.27	0.29～0.25	0.26～0.22
2.5	0.35～0.28	0.32～0.25	0.27～0.22	0.23～0.20	0.21～0.17
2.8	0.27～0.22	0.24～0.19	0.21～0.17	0.18～0.15	0.16～0.13
3.0	0.22～0.18	0.20～0.16	0.17～0.14	0.15～0.12	0.13～0.10

注：1. 大数值适用于零件圆角半径较大的[由$(t/D)\times100=2\sim1.5$ 时的 $r_凸$、$r_凹=(10\sim12)t$ 到$(t/D)\times100=0.3\sim0.15$ 时的 $r_凸$、$r_凹=(20\sim25)t$]和随着凸缘直径的增加及相对拉深深度的减小，其数值也逐渐减小到 $r\leqslant0.5h$ 的情况；小数值适用于底部及凸缘圆角半径较小的情况[$r_凸$、$r_凹=(4\sim8)t$]。

2. 此表用于 10 钢，对于塑性更大的材料取大值，塑性较小的材料取小值。

表 15-34 带凸缘的筒形件以后各次拉深系数(10 钢)

拉深系数	毛坯相对厚度(t/D)×100				
	2～1.5	1.5～1	1～0.6	0.6～0.3	0.3～0.15
m_2	0.73	0.75	0.76	0.78	0.8
m_3	0.75	0.78	0.79	0.8	0.82
m_4	0.78	0.8	0.82	0.83	0.84
m_5	0.8	0.82	0.84	0.85	0.86

注:对于中间退火的钢,可将拉深系数减小 5%～8%。

15.1.3.8 矩形件的拉深系数

矩形件的初次拉深的极限变形程度,可以用其相对高度 $H/r_{角}$ 来表示。由平板毛坯一次拉深可拉成的最大相对高度决定于矩形件的相对圆角半径 $r_{角}/B$、毛坯相对厚度 t/D 和板料的性能,见表 15-35。

表 15-35 矩形件在第一次拉深中的最大相对圆角半径 $H/r_{角}$(08,10 钢)

比值 $r_{角}/B$	方形件			长方形件		
	毛坯相对厚度(t/D)×100					
	0.3～0.6	0.6～1	1～2	0.3～0.6	0.6～1	1～2
0.4	2.2	2.5	2.8	2.5	2.8	3.1
0.3	2.8	3.2	3.5	3.2	3.5	3.8
0.2	3.5	3.8	4.2	3.8	4.2	4.6
0.1	4.5	5	5.5	4.5	5	5.5
0.05	5	5.5	6	5	5.5	6

注:对于塑性较差的材料减少 5%～7%,对于塑性较好的材料应增加 5%～7%。

矩形件第一次拉深的极限变形程度还可以用相对高度 H/B 来表示,见表 15-36。

表 15-36 矩形件在第一次拉深中的最大相对高度 H/B(08,10 钢)

比值 $r_{角}/B$	毛坯相对厚度(t/D)×100			
	2.0～1.5	1.5～1.0	1.0～0.5	0.5～0.2
0.30	1.2～1.0	1.1～0.95	1.0～0.9	0.9～0.85
0.20	1.0～0.9	0.9～0.82	0.85～0.7	0.8～0.7
0.15	0.9～0.75	0.8～0.7	0.75～0.65	0.7～0.6
0.10	0.8～0.6	0.7～0.55	0.65～0.5	0.6～0.45
0.05	0.7～0.5	0.6～0.45	0.55～0.4	0.5～0.35
0.02	0.5～0.4	0.45～0.35	0.4～0.3	0.35～0.25

注:1. 除了 $r_{角}/B$ 和 t/D 外,许可拉深高度与矩形件的绝对尺寸有关。对较小尺寸矩形件($B<$100mm)取上限值,对大尺寸取下限值。

2. 对于其他材料应根据金属塑性大小,进行修正。1Cr18Ni9Ti 和铝合金的修正系数约为 1.1～1.15,20～25 钢为 0.85～0.9。

如果矩形件的相对高度 $H/r_{角}$ 或 H/B 不超过表 15-35、表 15-36 所列极限值，则可一次拉成，否则需要多道工序。表 15-37 为多次拉深所能达到的最大相对高度 H_n/B，用这个表可初步判断拉深次数。

表 15-37 矩形件多次拉深所能达到的最大相对高度 H_n/B

拉深工序的总数	$(t/D)\times100$			
	2～1.6	<1.3～0.8	<0.8～0.5	<0.5～0.3
1	0.75	0.65	0.58	0.5
2	1.2	1	0.8	0.7
3	2	1.6	1.3	1.2
4	3.5	2.6	2.2	2
5	5	4	3.4	3
6	6	5	4.5	5

15.1.3.9 采用压边圈的范围

在拉深过程中，常采用压边圈来防止工件凸缘部分起皱。起皱的主要原因是：

(1)毛坯相对厚度$(t/D)\times100$　相对厚度越小，毛坯抵抗失稳的能力越差，越容易起皱；

(2)拉深系数 m　拉深系数越小，变形程度越大，越容易起皱；

(3)凹模工作部分的几何形状　平端面凹模与锥形凹模相比，用前者拉深时易起皱。

采用压边圈的范围见表 15-38。

表 15-38 采用压边圈的范围

拉深方式	第一次拉深		以后各次拉深	
	t/D	m_1	t/D	m_2
用压边圈	<0.015	≤0.6	<0.01	≤0.8
不用压边圈	>0.02	>0.6	>0.015	>0.8

也可以用下面公式估算，毛坯不用压边圈的条件是：

用锥性凹模时，首次拉深 $$\frac{t}{D}\geqslant0.03(1-m) \quad \text{(式 15-30)}$$

以后各次拉深 $$\frac{t}{D}\geqslant0.03\left(\frac{1-m}{m}\right) \quad \text{(式 15-31)}$$

用平端面凹模时，首次拉深 $$\frac{t}{D}\geqslant0.045(1-m) \quad \text{(式 15-32)}$$

以后各次拉深 $$\frac{t}{D}\geqslant0.045\left(\frac{1-m}{m}\right) \quad \text{(式 15-33)}$$

如果不符合上述条件时，则拉深中须采用压边装置。

15.1.3.10 拉深模的凸、凹模间隙确定

间隙值应合理选取，Z(单边间隙)过小会增加摩擦力，使拉深件容易破裂，且易擦伤表面和降低模具寿命；Z过大，又易使拉深件起皱，且影响工件精度。在确定间隙时，还须考虑到毛坯在拉深中外缘的变厚现象，材料厚度偏差及拉深件的精度要求。确定间隙的经验为：

1. 不用压边圈拉深

$$Z=(1\sim1.1)t_{max}$$（末次拉深用小值，中间拉深用大值）（式 15-34）

式中 t_{max}——材料厚度的最大极限尺寸(mm)。

2. 用压边圈拉深

$$Z=t_{max}+ct \quad \text{（式 15-35）}$$

式中 t_{max}——材料厚度的最大极限尺寸(mm)；

t——板料厚度的基本尺寸(mm)；

c——系数，见表 15-39。

表 15-39 间隙系数 c

拉深工序数		材料厚度/mm		
		0.5～2	2～4	4～6
1	第一次	0.2(0)	0.1(0)	0.1(0)
2	第一次	0.3	0.25	0.2
	第二次	0.1(0)	0.1(0)	0.1(0)
3	第一次	0.5	0.4	0.35
	第二次	0.3	0.25	0.2
	第三次	0.1(0)	0.1(0)	0.1(0)
4	第一、二次	0.5	0.4	0.35
	第三次	0.3	0.25	0.2
	第四次	0.1(0)	0.1(0)	0.1(0)
5	第一、二、三次	0.5	0.4	0.35
	第四次	0.3	0.25	0.2
	第五次	0.1(0)	0.1(0)	0.1(0)

注：1. 表中数值适用于一般公差工件的拉深。

2. 末道工序括弧内的数字，适用于较精密拉深件。

材料厚度公差小或工件精要求较高的，应取较小的间隙，按表 15-40 选取。

表 15-40 有压边圈拉深时单边间隙值

总拉深次数	拉深工序	单边间隙 Z
1	第一次拉深	$(1\sim1.1)t$
2	第一次拉深	$1.1t$
	第二次拉深	$(1\sim1.05)t$

续表 15-40

总拉深次数	拉深工序	单边间隙 Z
3	第一次拉深	$1.2t$
	第二次拉深	$1.1t$
	第三次拉深	$(1\sim1.05)t$
4	第一、二次拉深	$1.2t$
	第三次拉深	$1.1t$
	第四次拉深	$(1\sim1.05)t$
5	第一、二、三次拉深	$1.2t$
	第四次拉深	$1.1t$
	第五次拉深	$(1\sim1.05)t$

15.1.3.11　拉深凹模与凸模的圆角半径

1. 拉深凹模的圆角半径的经验公式

$$r_{凹}=0.8\sqrt{(D-d)t} \quad \text{（式 15-36）}$$

式中　$r_{凹}$——凹模圆角半径(mm)；

D——毛坯直径(mm)；

d——凹模内径(mm)；

t——材料厚度(mm)。

拉深凹模圆角半径也可以根据工件材料的种类与厚度来确定(表 15-41)。一般对于钢的拉深件 $r_{凹}=10t$,对于有色金属(铝、黄铜、纯铜)的拉深件,$r_{凹}=5t$。

表 15-41　拉深凹模的圆角半径 $r_{凹}$ 的数值　(mm)

材料	厚度 t	凹模圆角半径 $r_{凹}$	材料	厚度 t	凹模圆角半径 $r_{凹}$
钢	<3	$(10\sim6)t$	铝、黄铜、纯铜	<3	$(8\sim5)t$
	$3\sim6$	$(6\sim4)t$		$3\sim6$	$(5\sim3)t$
	>6	$(4\sim2)t$		>6	$(3\sim1.5)t$

注:1. 对于第一次拉深和较薄的材料,应取表中的最大数值。

2. 对于以后各次拉深和较厚的材料,可取表中的中间数值或最小数值。

以后各次拉深时,$r_{凹}$ 值应逐渐减小,其关系为:

$$r_{凹n}=(0.6\sim0.9)r_{凹(n-1)} \quad \text{（式 15-37）}$$

2. 拉深凸模圆角半径的选取规则

除最末一次拉深工序外,其他所有各次拉深工序中,凸模圆角半径 $r_{凸}$ 可取与凹模圆角半径相等或略小的数值:

$$r_{凸}=(0.6\sim1)r_{凹} \quad \text{（式 15-38）}$$

在最后一次拉深工序中,凸模圆角半径应与工件的圆角半径相等。但对于厚度 <6mm 的材料,其数值不得小于$(2\sim3)t$;对于厚度>6mm 的材料,其数值不得小于

(1.5～2)t。

15.1.4 成形

15.1.4.1 起伏成形

起伏成形是一种使材料发生拉伸，形成局部的凹进或凸起，借以改变毛坯形状的方法。

1. 起伏成形的极限延伸率

根据零件形状的复杂程度和材料性质，起伏成形可以由一次或几次工序完成。材料在一次成形工序中的极限延伸率，可以概略地根据变形区的尺寸来检查，即：

$$\frac{L_1-L}{L}\times 100\%\leqslant 0.75A \qquad \text{(式 15-38)}$$

式中 L_1——起伏成形后沿截面的材料长度(mm)；

L——起伏成形前材料原长(mm)；

A——材料的延伸率(%)。

如果计算结果不符合这个条件，则应增加工序。

2. 起伏成形的变形力

冲压加强肋的变形力按下式计算：

$$F=KLtRm \qquad \text{(式 15-39)}$$

式中 F——变形力(N)；

K——系数，$K=0.7\sim1$(加强肋形状窄而深时取大值，宽而浅时取小值)；

L——加强肋的周长(mm)；

t——料厚(mm)；

Rm——材料的抗拉强度(MPa)。

15.1.4.2 翻边

翻边分两种基本形式，即内孔翻边和外缘翻边，它们在变形性质、应力状态及在生产上的应用都有所不同。

1. 内(圆)孔翻边

(1)圆孔翻边的工艺性 竖边与凸缘平面的圆角半径：

$$r\geqslant 1.5t+1 \quad \text{(mm)} \qquad \text{(式 15-40)}$$

一般当 $t<2$mm 时，取 $r=(4\sim5)t$；$t>2$mm 时，$r=(2\sim3)t$。

(2)翻边系数 在圆孔的翻边中，变形程度决定于毛坯预制孔直径与翻边直径之比即翻边系数 K：

$$K=\frac{d}{D} \qquad \text{(式 15-41)}$$

式中 d——预制孔直径(mm)；

D——翻边直径(mm)。

试验证明，许可的极限翻边系数与预制孔的加工性质和状态(钻孔或冲孔，有无毛刺)，毛坯的相对厚度，材料的种类及性能，凸模工作部分的形状等因素有关。低碳钢的极限翻边系数见表15-42，其他一些材料的翻边系数见表15-43。

表15-42　低碳钢的极限翻边系数 *K*

翻边方法	孔加工方法	比值 d/t										
		100	50	35	20	15	10	8	6.5	5	3	1
球形凸模	钻后去毛刺	0.70	0.60	0.52	0.45	0.40	0.36	0.33	0.31	0.30	0.25	0.20
	冲孔模冲孔	0.75	0.65	0.57	0.52	0.48	0.45	0.44	0.43	0.42	0.42	—
圆柱形凸模	钻后去毛刺	0.80	0.70	0.60	0.50	0.45	0.42	0.40	0.37	0.35	0.30	0.25
	冲孔模冲孔	0.85	0.75	0.65	0.60	0.55	0.52	0.50	0.50	0.48	0.47	—

表15-43　其他一些材料的翻边系数 *K*

退火的材料	翻边系数	
	K	K_{min}
白铁皮	0.70	0.65
黄铜H62 t=0.5～6mm	0.68	0.62
铝 t=0.5～5mm	0.70	0.64
硬铝	0.89	0.80

(3)翻边力的计算　翻边力 F 的近似计算公式：

$$F=1.1\pi(D-d)tRm \tag{式 15-42}$$

式中　D——翻边后直径(mm)；

d——预冲孔直径(mm)；

Rm——材料屈服点(MPa)。

2. 外缘翻边

(1)外缘翻边变形程度核定　外缘翻边变形分两类：

压缩类翻边——在翻边的凸缘内产生压应力，易于起皱；伸长类翻边——在翻边的凸缘内产生拉应力，易于破裂。其应变分布及大小主要决定于工件的形状。变形程度 E 用下式表示：

压缩类
$$E=\frac{b}{R+b} \tag{式 15-43}$$

伸长类
$$E=\frac{b}{R-b} \tag{式 15-44}$$

式中　b——翻边材料长度(mm)；

R——工件中心到需要翻边的长度。压缩类是从中心到翻边的外边缘尺寸，伸长类是从中心到翻边的内面尺寸(mm)。

各种材料在外缘翻边时的允许变形程度 E 见表15-44。

表 15-44 外缘翻边时的允许变形程度 E （%）

材料名称		伸长类变形程度 $E_{伸}$		压缩类变形程度 $E_{压}$	
		橡皮成形	模具成形	橡皮成形	模具成形
铝及铝合金	1035	25	30	6	40
	3A21	23	30	6	40
	2A11	14	20	4	30
	2A12	14	20	6	30
黄铜	H62 软	30	40	8	45
	H62 半硬	10	14	4	16
	H68 软	35	45	8	55
	H68 半硬	10	14	4	16
钢	10	—	38	—	10
	20	—	22	—	10
	1Cr18Ni9 软	—	15	—	10
	1Cr18Ni9 硬	—	40	—	10

(2)翻边力的计算　翻边力 F 可近似按带压料的单面弯曲力计算：

$$F=KLtRm \quad (式 15-45)$$

式中　K——系数，取 0.5～0.8；

L——弯曲线长度(mm)；

t——材料厚度(mm)；

Rm——材料抗拉强度(MPa)。

15.1.4.3　胀形

胀形是依靠材料的拉伸，将直径较小的空心件或管毛坯，在半径方向上向外扩张的方法。

1. 胀形变形程度的计算

作为胀形的毛坯，一般已经过几次拉深工序，金属已有冷作硬化现象，故在胀形前应退火。胀形时的变形程度可用胀形系数 $K_{胀}$ 表示：

$$K_{胀}=\frac{d_{max}}{d} \quad (式 15-46)$$

式中　d_{max}——胀形后的最大直径(mm)；

d——圆筒毛坯的直径(mm)。

胀形系数的近似数值见表 15-45。

表 15-45　胀形系数的近似数值

材　料	毛坯相对厚度 $t/d\times100$			
	0.45～0.35		0.32～0.28	
	未退火	退火	未退火	退火
10钢	1.1	1.2	1.05	1.15
铝	1.2	1.25	1.15	1.2

2. 胀形力的计算

(1)刚模胀形力　$F=AP$　(式 15-47)

$$P=1.15Rm\frac{2t}{d_{\max}} \quad (式\ 15\text{-}48)$$

式中　F——胀形力(N)；

A——胀形面积(mm^2)；

P——单位胀形力(MPa)；

Rm——材料抗拉强度(MPa)；

$d_{\max}$——胀形后的最大直径(mm)；

t——材料厚度(mm)。

(2)软模胀形时所需单位压力

①两端不固定允许毛坯轴向自由收缩：$P=\frac{2tRm}{d_{\max}}$　(式 15-49)

②两端固定毛坯轴向不能收缩：$P=2tRm\left(\frac{1}{d_{\max}}+\frac{1}{2R}\right)$　(式 15-50)

式中　P——单位胀形力(MPa)；

Rm——材料抗拉强度(MPa)；

t——材料厚度(mm)；

$d_{\max}$——胀形后的最大直径(mm)；

R——零件胀形后的半径(mm)。

(3)液压胀形的单位胀形力　$P=\frac{2tRm}{d_{\max}}$　(式 15-51)

在实际生产中，考虑许多因素，多采用如下经验公式计算：

$$P=\frac{600tReL}{d_{\max}} \quad (式\ 15\text{-}52)$$

式中　ReL——材料屈服强度(MPa)。

15.1.4.4　缩口

缩口工艺，是一种将已拉深好的无凸缘空心件或管坯开口端直径缩小的冲压方法。

1. 缩口变形程度的计算

(1)总的缩口系数　$K_{缩}=\frac{d_n}{D}$　(式 15-53)

式中 d_n——工件开口端要求缩小的最后直径(mm)；

D——空心毛坯的直径(mm)。

(2)每一工序的平均缩口系数 $K_j=\frac{d_1}{d}=\frac{d_2}{d_1}=\cdots=\frac{d_n}{d_{n-1}}$ (式15-54)

式中 $d_1,d_2,\cdots,d_n$——分别为第1次，第2次……第n次缩口外径。

(3)缩口次数 $N=\frac{\lg K_{缩}}{\lg K_j}$ (式15-55)

缩口系数与模具的结构形式关系极大，也与材料的厚度和种类有关。材料厚度愈小，则系数要相应增大。表15-46给出了不同材料和不同模具形式的平均缩口系数。

表15-46 平均缩口系数K_j

材料名称	模具形式		
	无支承	外部支承	内外支承
软钢	0.70～0.75	0.55～0.60	0.30～0.35
黄铜H62,H68	0.65～0.70	0.50～0.55	0.27～0.32
铝	0.68～0.72	0.53～0.57	0.27～0.32
硬铝(退火)	0.73～0.80	0.60～0.63	0.35～0.40
硬铝(淬火)	0.75～0.80	0.68～0.72	0.40～0.43

一般第一道工序的缩口系数采用 $K_1=0.9K_j$ (式15-56)

以后各次工序 $K_n=(1.05\sim1.1)K_j$ (式15-57)

2. 缩口力的计算

缩口力可按经验公式计算，对于无支承的缩口，缩口力F为：

$$F=(2.4\sim3.4)\pi t_0 Rm(d_0-d)$$ (式15-58)

式中 t_0——工件缩口前材料厚度(mm)；

d_0——工件缩口前中心层直径(mm)；

d——工件缩口后口部中心层直径(mm)；

Rm——材料抗拉强度(MPa)。

15.1.5 冷挤压

冷挤压件的形状，是挤压工艺性好坏的主要因素，往往因工件形状的不合理而难于、甚至不能采用挤压方法进行生产。应避免不合理的形状，尽量采用轴对称的形状，与毛坯接近的形状。

15.1.5.1 对冷挤压件的基本要求

(1)避免内锥体零件 挤压内锥体零件，模具寿命低；对此零件应加大余量，挤压后用切削加工得到；

(2)避免径向有局部金属积聚或有幅板、十字筋等形状的零件 这类零件成形时，在挤压方向上的金属流动不能局部积聚，金属流动不好；

(3)避免锐角　因为锐角处金属流动困难，阻力升高，模具转角处容易磨损和开裂；在允许的情况下，应尽量将挤压件改为圆角(表 15-47 供参考)；

(4)避免挤出阶梯变化小的零件　当阶梯变化小时，用切削加工方法作出阶梯较为有利；当阶梯的直径差大时，也可以挤出阶梯；

(5)避免零件壁上的环形槽　挤压时不能作出凹槽；如零件上要求凹槽时，可在挤压后用切削方法加工；

(6)避免挤小的深孔　零件有直径 10mm 以下的深孔(一般孔深大于直径的 1.5 倍)，用冷挤压方法加工不经济，可在挤后钻出；

(7)避免侧壁有径向孔　因在挤出方向上作垂直孔是不可能的；在凸缘上和底部可以挤小孔，但凸缘和底的厚度要小于孔径的 1.5 倍；

(8)不能用挤压方法加工侧壁上的螺纹　零件的内、外螺纹宜用切削或滚轧的方法加工；

(9)板材挤压成形作成内凹形状　用板材挤压凸起形状时，在另一侧作成凹状，有利于金属的流动。

表 15-47　角部 *r* 值　(mm)

D 或 d / H 或 h	外侧 r_1		内侧 r_2	
	普通	精密	普通	精密
<10	0.5～2.0	0.3～1.0	1.0～3.0	0.5～1.5
10～25	0.7～2.0	0.5～1.5	1.5～4.0	0.7～2.0
25～50	1.0～3.0	0.7～2.0	2.0～5.0	1.0～3.0
50～80	1.5～5.0	1.0～3.0	2.5～7.0	1.5～5.0
80～120	2.0～6.0	1.5～5.0	3.0～9.0	2.0～7.0
120～160	3.0～9.0	2.0～8.0	4.0～10.0	3.0～9.0

15.1.5.2　毛坯尺寸计算

①毛坯尺寸是根据毛坯体积等于挤压件体积的原则计算的，公式如下：

$$V_0=V+V' \qquad \text{(式 15-59)}$$

式中　V_0——毛坯体积(mm^3)；

V——挤压件体积，由挤压件零件图求得(mm^3)；

V'——修边体积，一般取为挤压件体积的 3%～5%，旋转体的修边余量$\triangle H$可查表 15-48 和表 15-49。

表 15-48　修边余量$\triangle H$(用于批量不大的薄壁挤压件)　(mm)

工件高度	10	10～20	20～30	30～40	40～60	60～80	80～100
$\triangle H$	2	2.5	3	3.5	4	4.5	5

注：1. 在工件尺寸大于 100mm 时$\triangle H$应为工件高度的 6%。

2. 在作复合挤压时，因金属上下流动不均，$\triangle H$应适当加大。

3. 矩形件，按上表的数值加倍。

表 15-49 大量生产铝质外壳时的修边余量△*H* (mm)

工件高度	15～20	20～50	50～100
△*H*	8～10	10～15	15～20

注:适用于壁厚 0.3～0.4mm 的薄壁铝反挤压件的大量生产。

②为了便于将毛坯放进凹模内,同时又要保证工件的质量,一般毛坯外径 $D_{坯}$ 应比凹模尺寸 $D_{凹}$ 小:

正挤 $D_{坯}=D_{凹}-(0.1\sim0.3)$ (式 15-60)

反挤 $D_{坯}=D_{凹}-(0.01\sim0.05)$(适于薄壁有色金属) (式 15-61)

15.1.5.3 冷挤压力的计算

极限变形程度影响因素的多样化,造成了冷挤压力计算的复杂化。目前要较为精确地确定冷挤压的单位压力及总挤压力,还没有一个十分完善的方法,通常采用经验公式和图算法来确定。

使用图算法只需根据实验建立的部分材料在稳定变形过程中的变形力曲线查出相对应材料总挤压力便可;当遇到表中未列出的其他金属材料,则可在表中找出与其碳含量相接近的金属挤压力,再根据这两种金属退火后的极限强度比来求得被挤压材料的挤压力。但计算的误差偏大(约±10%)。

冷挤压力计算经验公式: $F=AP=AZnRm$ (式 15-62)

式中 F——总挤压力(kN);

A——凸模工作部分横断面积(mm^2);

P——单位挤压力(MPa);

Z——模具形状因素,如图 15-7 所示;

n——挤压方式及变形程度修正因数,见表 15-50;

Rm——挤压前材料抗拉强度(MPa)。

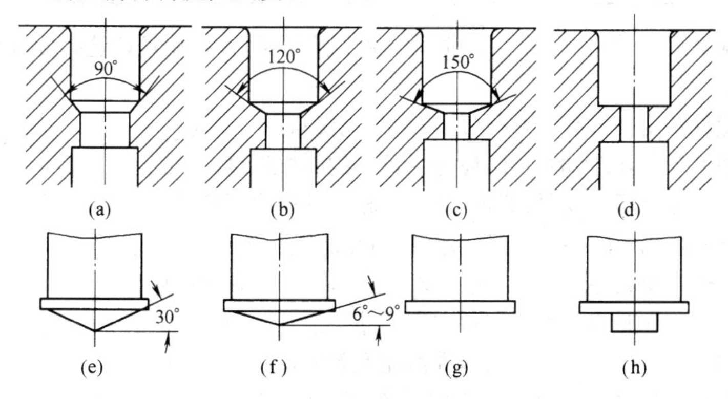

图 15-7 模具形状因素

(a)～(d)为正挤压 (e)～(h)为反挤压 (a)$Z=0.9$ (b)$Z=1.0$ (c)$Z=1.1$ (d)$Z=1.2$ (e)$Z=1.0$ (f)$Z=1.1$ (g)$Z=1.2$ (h)$Z=1.4\sim1.6$

表 15-50 变形程度修正因数 n

挤压方法	变形程度 ε_A/%			备注
	40	60	80	
正挤压	3	4	5	正挤压空心件与实心件 n 值相同
反挤压	4	5	6	

15.2 塑料模设计和工艺知识

15.2.1 塑件设计的工艺要求

为了保证在生产过程中制造出理想的塑料制品，除应合理选用塑件材料外，还必须考虑塑件的成形工艺性。塑件的成形工艺性与模具设计有直接的关系，只有塑件的设计能适应成形工艺要求，才能设计出合理的模具结构。

15.2.1.1 脱模斜度

最小脱模斜度与塑料性能、收缩率大小、塑件的几何形状有关。表 15-51 为根据不同材料而推荐的脱模斜度。

表 15-51 各种材料推荐的脱模斜度

材　料	脱模斜度
聚乙烯、聚丙烯、软聚氯乙烯	30′～1°
ABS、尼龙、聚甲醛、氯化聚醚、聚苯醚	40′～1°30′
硬聚氯乙烯、聚碳酸酯、聚砜、聚苯乙烯、有机玻璃	50′～2°
热固性塑料	20′～1°

根据上表可看出，材料性质脆、硬，脱模斜度要大；但在具体选择脱模斜度时还应注意以下几点：

①塑件精度要求高的，应采用较小的脱模斜度。

②塑件较高，较大的尺寸，应选用较小的脱模斜度。

③塑件形状复杂，不易脱模，应选用较大的脱模斜度。

④塑料收缩率大的，应选用较大的脱模斜度。

⑤塑件壁厚较厚时，会使成形收缩增大，应采用较大的脱模斜度。

⑥如果要求脱模后塑件保持在型芯的一边，那么塑件的内表面的脱模斜度可比外表面的小；反之，要求脱模后塑件留在型腔内，则塑件外表面的脱模斜度应小于内表面。但是，当内外表面脱模斜度不一致时，往往不能保证壁厚的均匀。

⑦增强塑料宜取大，含自润滑剂等易脱模塑料可取小。

⑧取斜度的方向，一般内孔以小端为准，符合图纸，斜度由扩大方向取得；外形以大端为准，符合图纸，斜度由缩小方向取得。一般情况下，脱模斜度不包括在塑件

公差范围内。

15.2.1.2 塑件的壁厚

合理的确定塑件的壁厚很重要。塑件的壁厚首先决定于塑件的使用要求，另外还应尽量使其各部壁厚均匀，避免太薄，否则引起收缩不均使塑件变形或产生气泡、凹陷等成形工艺问题。

塑件壁厚一般在1～6mm范围内，而最常用的数值为2～3mm。大型塑件也有至6mm或更大的，这要随塑料类型及塑件大小而定。

表15-52为根据塑件外尺寸推荐的一般热固性塑料制品壁厚，表15-53为热塑性塑料的最小壁厚及常用壁厚推荐值。

表15-52 热固性塑料制品壁厚推荐值 (mm)

塑件材料	塑件外形高度尺寸		
	＜50	50～100	＞100
粉状填料的酚醛塑料	0.7～2	2.0～3.0	5.0～6.5
纤维状填料的酚醛塑料	1.5～2	2.5～3.5	6.0～8.0
氨基塑料	1.0	1.3～2.0	3.0～4.0
聚酯玻纤填料的塑料	1.0～2	2.4～3.2	＞4.8
聚酯无机物填料的塑料	1.0～2	3.2～4.8	＞4.8

表15-53 热塑性塑料制品的最小壁厚及常用壁厚推荐值 (mm)

塑件材料	最小壁厚	小型塑件推荐壁厚	中型塑件推荐壁厚	大型塑件推荐壁厚
尼龙	0.45	0.76	1.5	2.4～3.2
聚乙烯	0.6	1.25	1.6	2.4～3.2
聚苯乙烯	0.75	1.25	1.6	3.2～5.4
改性聚苯乙烯	0.75	1.25	1.6	3.2～5.4
有机玻璃(372)	0.8	1.50	2.2	4～6.5
硬聚氯乙烯	1.2	1.60	1.8	3.2～5.8
聚丙烯	0.85	1.45	1.75	2.4～3.2
氯化聚醚	0.9	1.35	1.8	2.5～3.4
聚碳酸酯	0.95	1.80	2.3	3～4.5
聚苯醚	1.2	1.75	2.5	3.5～6.4
醋酸纤维素	0.7	1.25	1.9	3.2～4.8
乙基纤维素	0.9	1.25	1.6	2.4～3.2
丙烯酸类	0.7	0.9	2.4	3.0～6.0
聚甲醛	0.8	1.40	1.6	3.2～5.4
聚砜	0.95	1.80	2.3	3～4.5

另外壁厚与流程有密切关系。流程是指熔料从进料口起流向型腔各处的距离。

流程大小与塑件壁厚成比例关系。塑件壁厚越大，则允许最大流程越长，可利用表15-54进行核对。

表15-54 壁厚S与流程L关系式

塑料品种	S——L计算公式
流动性好（如聚乙烯、尼龙等）	$S=\left(\frac{L}{100}+0.5\right)\times 0.6$
流动性中等（如有机玻璃、聚甲醛等）	$S=\left(\frac{L}{100}+0.8\right)\times 0.7$
流动性差（如聚碳酸酯、聚砜等）	$S=\left(\frac{L}{100}+1.2\right)\times 0.9$

如果不能满足其公式关系者，则需增大壁厚或增设进料口数量及改变进料口位置，以缩短流程来满足成形要求。

15.2.1.3 圆角

在塑件设计过程中，为了避免应力集中，提高塑件强度，改善塑件的流动情况及便于脱模，在塑件的各面或内部连接处，应采用圆弧过渡；尤其对增强塑料更有利于填充型腔。另外，塑件上的圆角对于模具制造和机械加工及提高模具强度，也是不可少的。在塑件结构上无特殊要求时，塑件的各连接处均应有半径不小于0.5～1mm的圆角。

15.2.1.4 塑件尺寸公差（表15-55）

表15-55 塑件尺寸公差推荐值 （mm）

适用范围	热固性塑料、热塑性塑料中收缩范围小的塑件			热塑性塑料中收缩范围大的塑件		
尺寸公差 \ 等级	精密级	中等级	自由尺寸级	精密级	中等级	自由尺寸级
<6	0.06	0.10	0.20	0.08	0.14	0.24
6～10	0.08	0.16	0.30	0.12	0.20	0.34
10～18	0.10	0.20	0.40	0.16	0.26	0.44
18～30	0.16	0.30	0.50	0.24	0.38	0.60
30～50	0.24	0.40	0.70	0.36	0.56	0.80
50～80	0.36	0.60	0.90	0.52	0.70	1.20
80～120	0.50	0.80	1.20	0.70	1.00	1.60
120～180	0.64	1.00	1.60	0.90	1.30	2.00
180～260	0.84	1.30	2.10	1.20	1.80	2.60
260～360	1.20	1.80	2.70	1.60	2.40	3.60
360～500	1.60	2.40	3.40	2.20	3.20	4.80
>500	2.40	3.60	4.80	3.40	4.50	5.40

15.2.2 压塑模具

压塑模又称压胶模，是成型热固性塑料件的模具。成型前，根据压制工艺条件需将模具加热至成形温度(一般为130～180℃)，然后将塑粉放入模具加料腔(或型腔)内预热、闭模、加压。塑料由于受到加热和加压的作用而逐渐软化成黏流状态，在成型压力的作用下流动而充满型腔，经保压一定时间后，塑件逐渐硬化成形；然后，开模和取出塑件。压塑模就是按照上述过程循环压制塑件的工具。压塑模结构选定需考虑以下各个因素。

15.2.2.1 塑料性能与模具结构的关系

塑料的密度、比容、收缩率、单位压力等因素与模具结构有直接关系，见表15-56。

表 15-56 塑料性能与模具结构的关系

塑料性能	与模具结构的关系
密度、比容	根据塑料的密度、比容与塑件体积的关系来确定加料室的结构形式及体积大小
收缩率	根据收缩率与塑件尺寸的关系来确定成型零件(凸、凹模及型芯)的尺寸，同时根据收缩程度及收缩特点来考虑脱模结构形式
流动性	1. 根据流动性确定模具型腔的闭合形式，一般流动性好的塑料(拉西哥流动性>100mm)因可以降低单位压力，故可选半封闭式型腔；流动性差的塑料单位压力高，可选封闭式型腔； 2. 成型零件表面粗糙度低，塑料易流动，并可防止塑料粘模，提高模具寿命，故流动性好的塑料，成型零件表面结构宜取 $Ra0.20\mu m$；流动性较差的塑料，宜取 $Ra0.10\sim0.05\mu m$
单位压力	根据单位压力可核算成型压力，选定压机，计算模具强度，分析塑件或成型零件受力情况，选择加压方向、确定模具结构及体积大小等

15.2.2.2 塑件形状与模具结构的关系

塑件的形状特征与选定加压方法及分型面，确定模具结构及成型零件工艺性有密切关系，其原则列于表15-57和表15-58。

表 15-57 确定压力方向的原则

原 则	举 例	
	改 进 后	原 设 计
便于加料	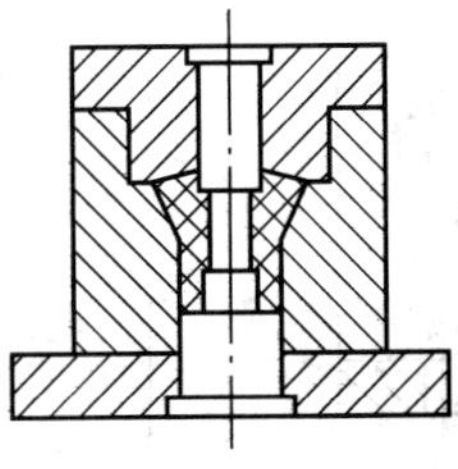	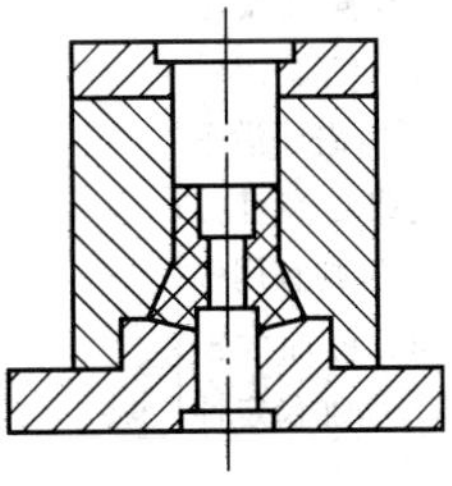

续表 15-57

原　则	举　例	
	改 进 后	原 设 计
保证塑件组织密实。例如压制较长薄壁塑件或流动性差的塑料时，采用两边加料加压，保证塑件各处组织密实	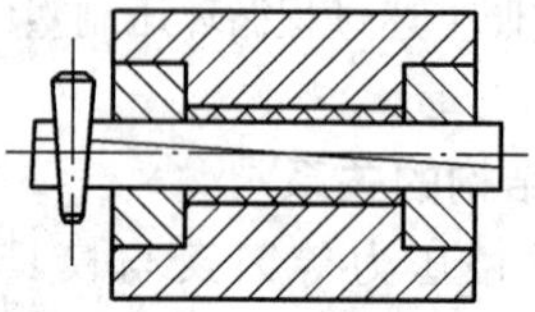	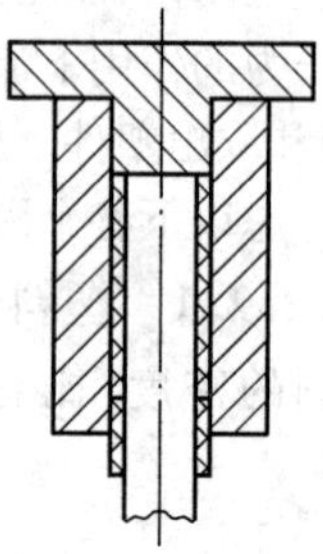
便于塑料流动。例如加压时应使料流方向与加压方向一致	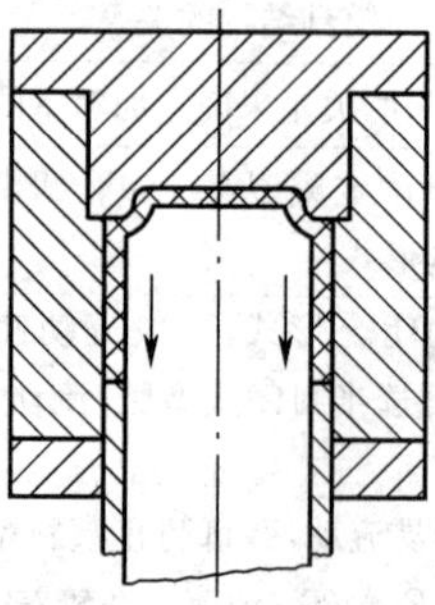	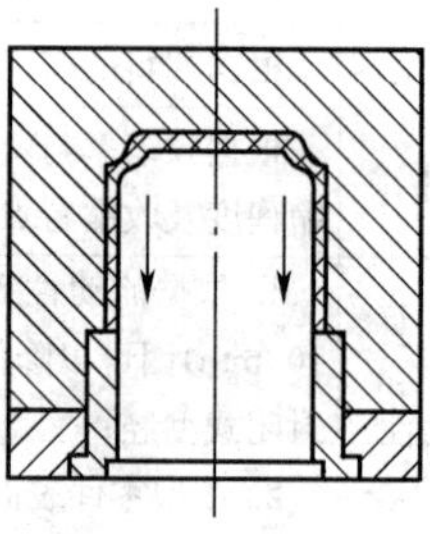
保证成型零件的强度。防止成型零件变形，尤其细长型芯避免径向受力。复杂型面一般宜置于下模	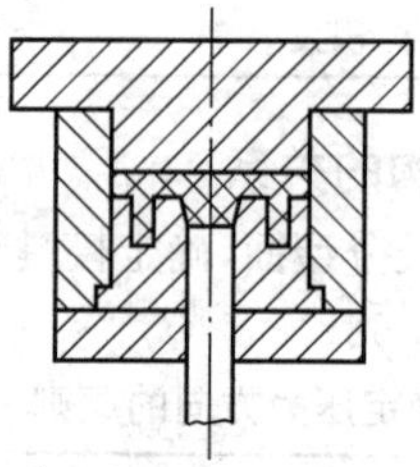	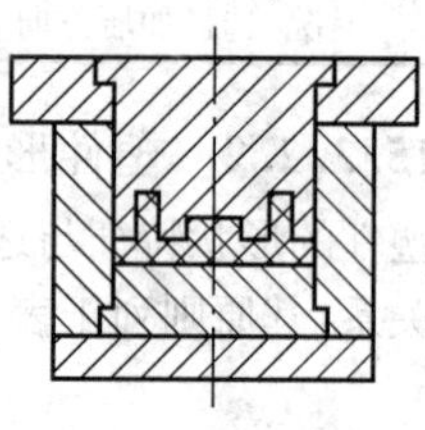
保证模具的稳定性。例如细长或较高的塑件，需要沿垂直轴线或沿高度方向加压时，则宜用多腔结构。可加大模具外形，增加稳定性	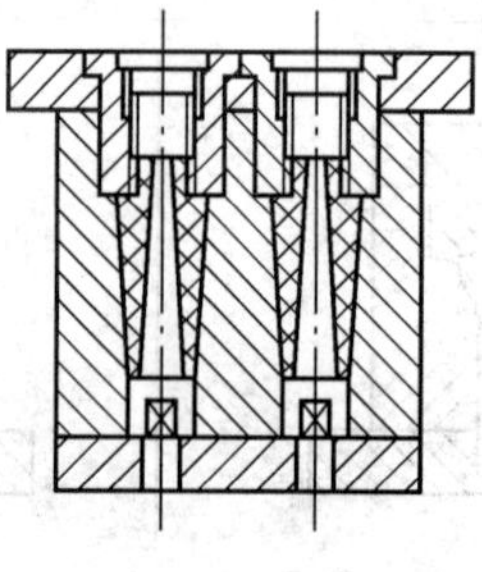	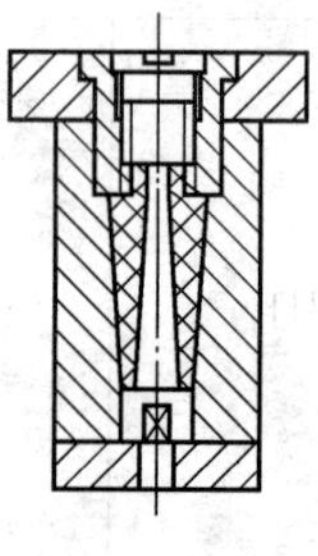

续表 15-57

原则	举例	
	改进后	原设计
安放嵌件方便、可靠。嵌件应优先考虑放在下模。如必须放在凸模时，则嵌件应采用弹性装卡等固定形式	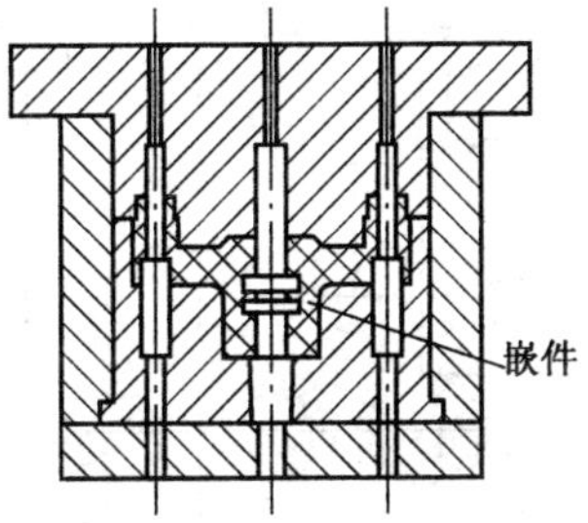	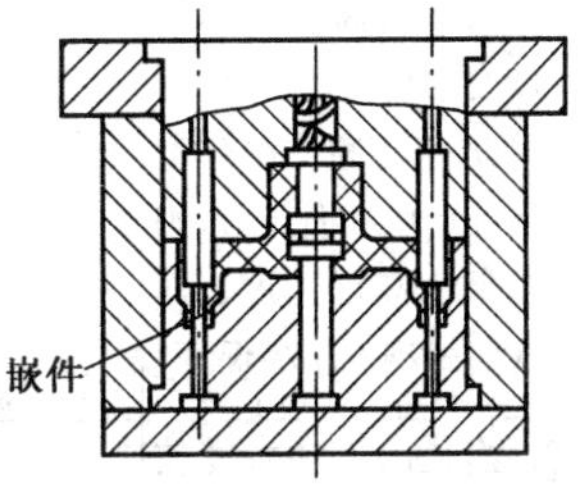
便于顶出塑件，防止塑件变形，简化模具结构。确定加压方向时，应优先考虑使塑件落在下模。但有时需落在上模时，则宜设置上顶出机构	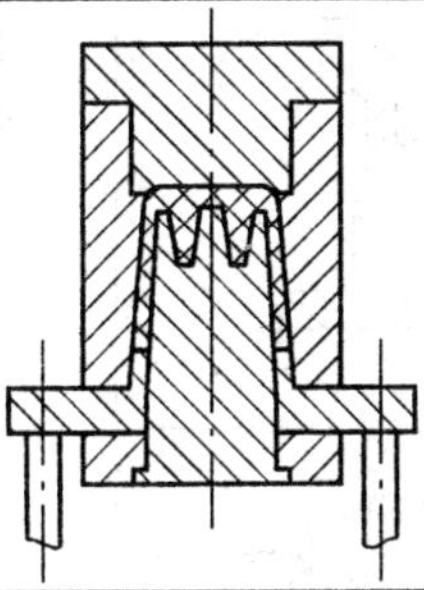	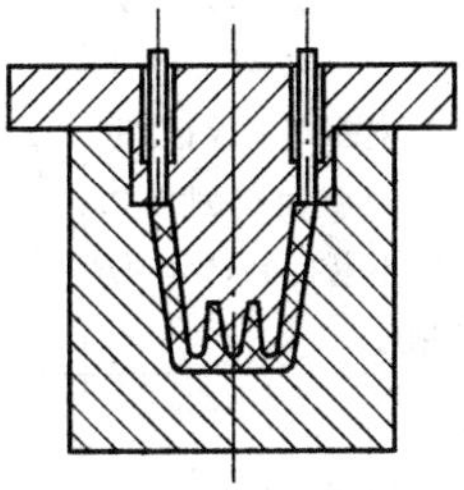

表 15-58 选定分型面的原则

原则		实例	
		改进后	原设计
便于顶出塑件，简化模具结构。加压方向选定后，分型面的位置应尽量使塑件落在下模		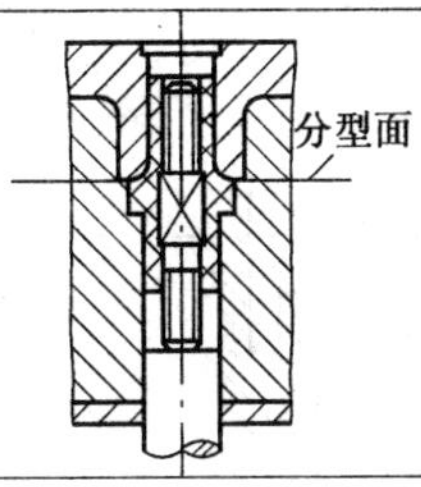	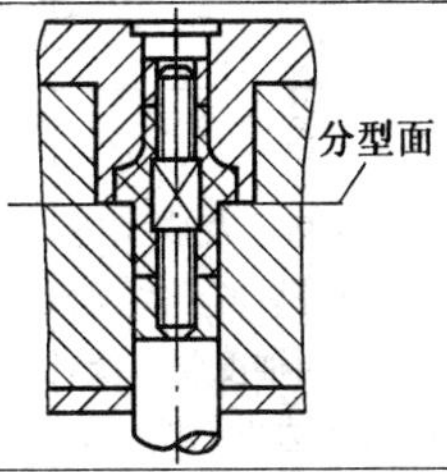
便于保证塑件尺寸精度	对同轴度精度高的塑件，分型面宜选在可将两直径（图中 ϕD_5 及 ϕd_5）同时放在下模或上模的位置上	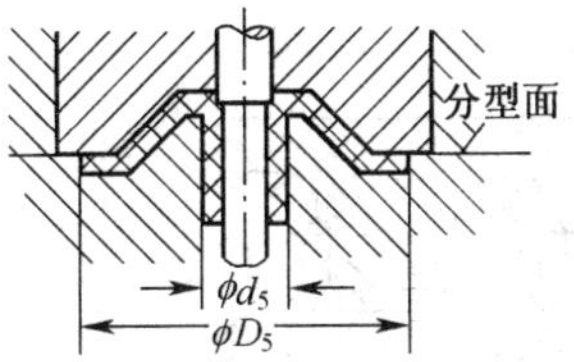	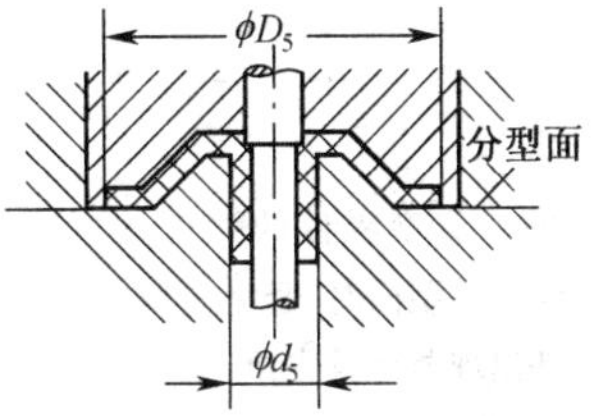

续表 15-58

原　　则		实　　例	
		改　进　后	原　设　计
便于保证塑件尺寸精度	塑件沿高度方向精度要求高时，宜采用半封闭式型腔。在分型面处形成横向飞边，则易保证高度精度。而封闭式型腔不易保证	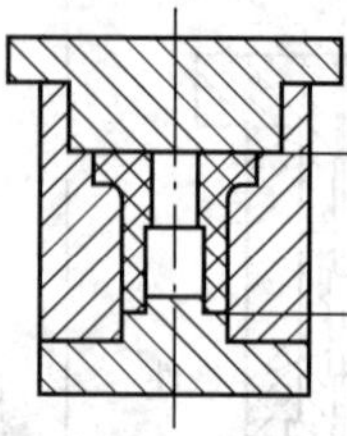 H	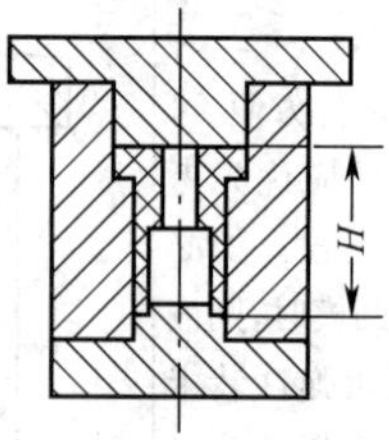 H
	当径向尺寸精度较高时，应考虑飞边厚度对塑件精度的影响，如图所示。若塑件取垂直分型面则易保证，取水平分型面则因飞边厚度不易控制，影响塑件精度	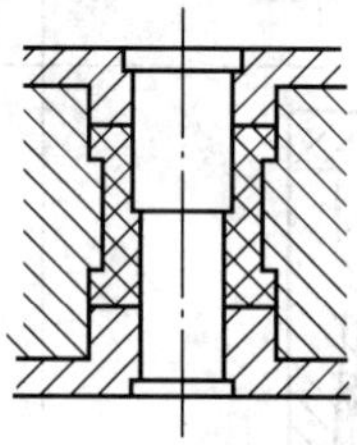	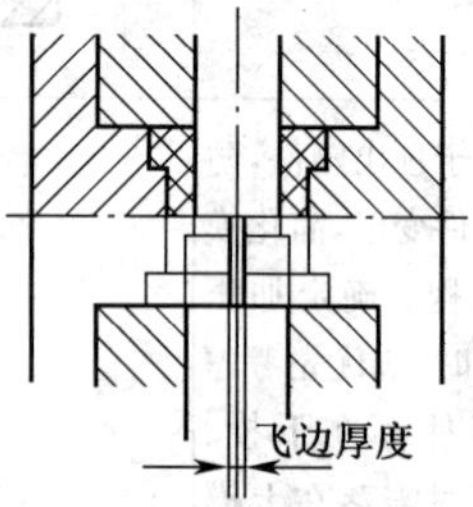 飞边厚度
保证塑件外观。应便于清理飞边，不易损坏外观。如图所示 a—a 分型面产生的飞边便于清理，不易损坏塑件外观		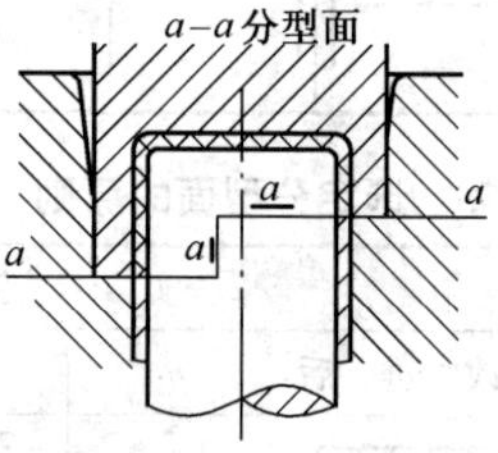 a-a 分型面	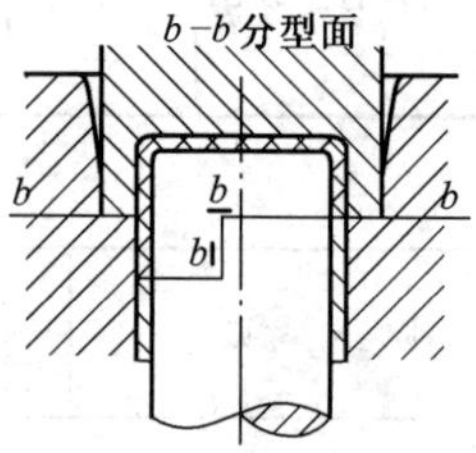 b-b 分型面
便于模具制造及成型零件加工。改进后的分型面，使模具加工同轴度要求低，便于制造，飞边也不损坏塑件外观		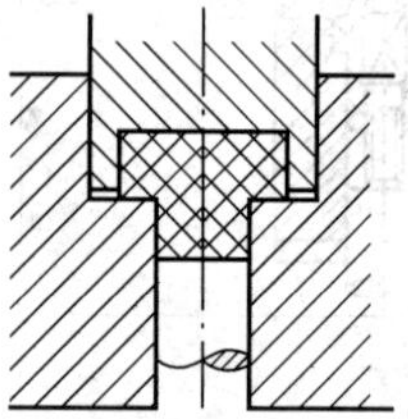	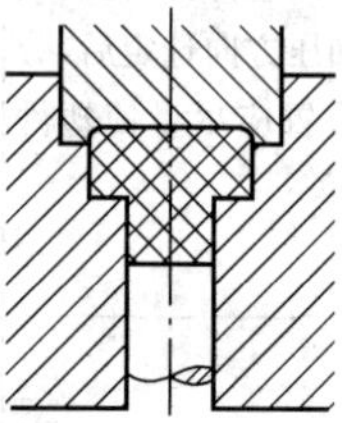
保证成型零件的强度。如确定分型面时，避免成型零件出现薄壁及尖角		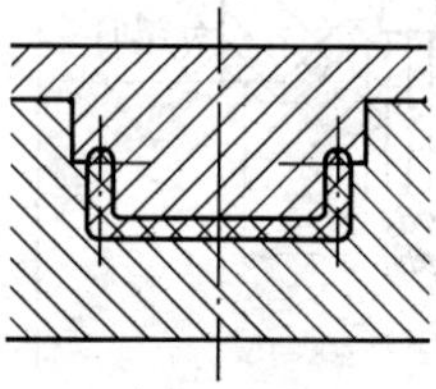	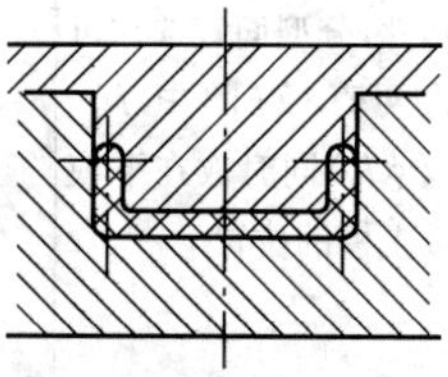

在选定加压方向和分型面时，表 15-58 所述各个原则要完全兼顾常是困难的。故常取对塑件或模具结构影响较大的因素来选定加压方向和分型面。

15.2.2.3 塑件批量与模具结构的关系（表 15-59）

表 15-59 塑件批量与模具结构的关系

批量	模具结构形式			
	模具类型	模具质量/kg	型腔数量	脱模方式
大或中	固定式	＞30	大型或较大型塑件：单型腔； 中、小型塑件：两型腔或多型腔	模具带有顶出机构，一般用机内手动、机动或自动脱模
中	半固定式	＜30	中、小型塑件：单型腔或多型腔	在外手工脱模或采用专用顶出装置机动脱模
小批或试制	移动式	＜20	较大型塑件：单型腔； 中、小型塑件：多型腔	

15.2.2.4 压机与模具结构的关系

模具结构一定要适应压机的结构及其性能，因此，选定模具结构时对压机应有下述了解。

1. 成形压力

所谓成形压力是指压制塑件时所需用的压力。成形压力因受各种因素影响，故计算所得的理论压力与实际成形压力稍有出入，在选定压机时必须保证压机额定压力大于理论成形压力。成形压力计算方法

$$F_{成}=\frac{P}{1\ 000}AnK \quad (式 15\text{-}63)$$

$$F_{压}=F_{成}/K_1 \quad (式 15\text{-}64)$$

式中 $F_{成}$——压制时所需的理论成形压力(t)；

$F_{压}$——所选定的压机额定压力(t)；

P——根据塑件形状、型腔结构、压制工艺及使用塑料选用的单位压力(MPa)；

A——单个型腔的投影面积(cm^2)；

n——型腔的数量（单型腔时 $n=1$；多型腔而用一个总加料室时 $n=1$，而 A 应等于总加料室的投影面积）；

K——压力系数，一般取 1.1～1.2；

K_1——压机的机械效率。根据压机的新旧程度不同而取，一般取 0.9～0.7。

2. 开模力的计算

开模力的大小与成形压力成正比关系。其值还与压塑模连接螺钉的数量及大小有关，因此，对大型模具布置螺钉之前需计算开模力。

(1)开模力计算公式

$$F = KF_{成} \quad (式\ 15\text{-}65)$$

式中 F——开模力(t);

K——压力系数,对形状简单的塑件,配合环部分不高时取 0.1;配合环较高的取 0.15;塑件形状复杂,配合环又高取 0.2。

(2)螺钉数计算公式

$$n_{螺} = \frac{1\,000F}{q} \quad (式\ 15\text{-}66)$$

式中 $n_{螺}$——螺钉数量(个);

F——开模力(t);

q——每个螺钉所承受的单位负荷(MPa),查表 15-60。

表 15-60 螺钉负荷表(GB/T 3098.1—2000) (N)

螺纹直径 d/mm	螺距 P/mm	公称应力截面积 A_s/mm^2	性能等级									
			3.6	4.6	4.8	5.6	5.8	6.8	8.8	9.8	10.9	12.9
粗牙螺纹												
3	0.5	5.03	910	1 130	1 560	1 410	1 910	2 210	2 920	3 270	4 180	4 880
3.5	0.6	6.78	1 220	1 530	2 100	1 900	2 580	2 980	3 940	4 410	5 630	6 580
4	0.7	8.78	1 580	1 980	2 720	2 460	3 340	3 860	5 100	5 710	7 290	8 520
5	0.8	14.2	2 560	3 200	4 400	3 980	5 400	6 250	8 230	9 230	11 800	13 800
6	1	20.1	3 620	4 520	6 230	5 630	7 640	8 840	11 600	13 100	16 700	19 500
7	1	28.9	5 200	6 500	8 960	8 090	11 000	12 700	16 800	18 800	24 000	28 000
8	1.25	36.6	6 590	8 240	11 400	10 200	13 900	16 100	21 200	23 800	30 400	35 500
10	1.5	58.0	10 400	13 000	18 000	16 200	22 000	25 500	37 700	37 700	48 100	56 300
12	1.75	84.3	15 200	19 000	26 100	23 600	32 000	37 100	48 900①	54 800	70 000	81 800
14	2	115	20 700	25 900	35 600	32 200	43 700	50 600	66 700①	74 800	95 500	112 000
16	2	157	28 300	35 300	48 700	44 000	59 700	69 100	91 000①	102 000	130 000	152 000
18	2.5	192	34 600	43 200	59 500	53 800	73 000	84 500	11 5000	—	159 000	186 000
20	2.5	245	44 100	55 100	76 000	68 600	93 100	108 000	147 000	—	203 000	238 000
22	2.5	303	54 500	68 200	93 900	84 800	115 000	133 000	182 000	—	252 000	294 000
24	3	353	63 500	79 400	109 000	98 800	134 000	155 000	212 000	—	293 000	342 000
27	3	459	82 600	103 000	142 000	128 000	174 000	202 000	275 000	—	381 000	445 000
30	3.5	561	101 000	126 000	174 000	157 000	213 000	247 000	337 000	—	466 000	544 000
33	3.5	694	125 000	156 000	215 000	194 000	264 000	305 000	416 000	—	576 000	673 000
36	4	817	147 000	184 000	253 000	229 000	310 000	359 000	490 000	—	678 000	792 000
39	4	976	176 000	220 000	303 000	273 000	371 000	429 000	586 000	—	810 000	947 000

注:1. 表内①表示:对钢结构用螺栓,分别以 50 700,68 800 及 94 500 代替。

2. 保证载荷,即螺栓受载后,不发生永久变形[其伸长量(包括测量误差)不大于 12.5μm]的最大载荷。其值等于公称应力截面积 A_s×保证应力 S_p。

3. 性能等级的代号由两部分数字组成,第一部分数字表示公称抗拉强度(Rm)的 1/100,第二部分数字表示公称屈服强度(ReL)的 1/10。

15.2.3 注射模

注射模是塑件成形生产中的重要工具，而模具设计的好坏直接影响塑件的质量。下面对模具设计的主要部分作简单介绍。

15.2.3.1 型腔数的确定

确定合适的成形腔数，应考虑以下几个因素。

①以机床的注射能力为基础，每次注射量不超过注射机最大注射量的 80%，计算公式为：

$$N=\frac{0.8S-W_{浇}}{W_{件}} \tag{式 15-67}$$

式中 N——型腔数；

S——注射机的注射量(g)；

$W_{浇}$——浇注系统的质量(g)；

$W_{件}$——塑件质量(g)。

②在成形薄平板形塑件，以机床锁模能力考虑型腔数 N 时可按下列公式计算：

$$N=\frac{C/A_{锁}-A_{浇}}{A_{件}} \tag{式 15-68}$$

式中 C——注射机锁模力(t)；

$A_{锁}$——单位面积上的锁模力，$A_{锁}$＝锁模力/最大成形面积(t/cm^2)；

$A_{浇}$——浇注系统投影面积(cm^2)；

$A_{件}$——塑件投影面积(cm^2)。

③以注射机料筒塑化能力为基础计算型腔 N 时，应考虑不得超过塑化能力的 85%，可按下式计算：

$$N=\frac{0.85PT-W_{浇}}{3\,600W_{件}} \tag{式 15-69}$$

式中 P——料筒塑化能力(kg/小时)；

T——成形周期(秒)；

$W_{浇}$、$W_{件}$——见上式。

④根据塑件精度考虑，一般多型腔时制造精度低，塑件精度也低。

⑤根据塑件形状及进料口位置考虑，塑件形状简单及进料口位置与型腔各部位的流程越短可增加型腔；反之应减少型腔。

⑥根据塑件产量考虑，对试制或小批量生产宜取单型腔，大批量时宜取多型腔。

15.2.3.2 选择分型面

分型面的位置直接影响模具使用、制造及塑件质量，故必须选择合理分型面，一般应考虑下列几点因素：

①塑件形状、尺寸、壁厚及要求；

②浇注系统的布局；

③塑料性能及填充条件；

④成形效率及成形操作；

⑤排气及脱模；

⑥模具结构简单，使用可靠方便，制造容易。

15.2.3.3 成形收缩和尺寸计算

准确地选择塑件的收缩率值是保证塑件尺寸精度的关键，影响成形收缩的因素很多，设计时需酌情分析研究。

1. 影响成形收缩的主要因素(见表15-61)

表 15-61 影响成形收缩因素

影响因素		收缩率	方向性收缩差
塑料品种	无定型塑料	比结晶性料小	比结晶性料小
	结晶度大	大	大
	热膨胀系数大	大	—
	易吸水、含挥发物多	大	—
	含玻璃纤维及矿物填料	小	方向性明显，收缩差大
塑件形状	包紧型芯直径方向	小	—
	与型芯平行方向	大	—
	薄壁	小	大
	厚壁	大	—
	内孔	大	—
	外形	小	—
	形状复杂	小	—
	形状简单	大	—
	有嵌件	小	小
模具	进料口截面大	小	大
	与料流平行方向	大	—
	与料流垂直方向	小	—
	距进料口近部分	小	大
	距进料口远部分	大	—
	模温不均	—	大
	非限制进料口	小	大
	限制进料口	大	小

续表 15-61

影响因素		收缩率	方向性收缩差
成形条件	料温高	料温高，收缩变小，但料温继续升高到某值后，收缩随料温再升高也随之增大	—
	注射压力高	小	大
	模温高	大	—
	冷却速度快	小	大
	闭模时间长，冷却时间长	小	大
	结晶性塑料，经退火处理	小	小
	注射速度高	对收缩影响较小，略微有增大倾向	—
	保压补缩作用大	小	大
	脱模慢	小	小
	填充时间长	小	大
	柱塞式注射机	大	大

2. 确定收缩率

(1)确定收缩率　影响收缩率的因素很多，在确定收缩率时主要根据塑料品种，塑件形状及壁厚来考虑。至于上述其他各影响供分析参考，以及在成形时作为调整成形条件控制成形收缩时所用。一般确定收缩率有两种方法：

①对于收缩率范围较小的塑料品种，确定收缩值时一般取平均值即可，对于塑件形状及壁厚可不作为主要因素；

②对于收缩率范围较大的塑料品种，确定收缩值时应根据塑件形状，尤其是壁厚来酌情选择收缩值，塑件的各部位选择的收缩值也各不相同，如图 15-8 所示。

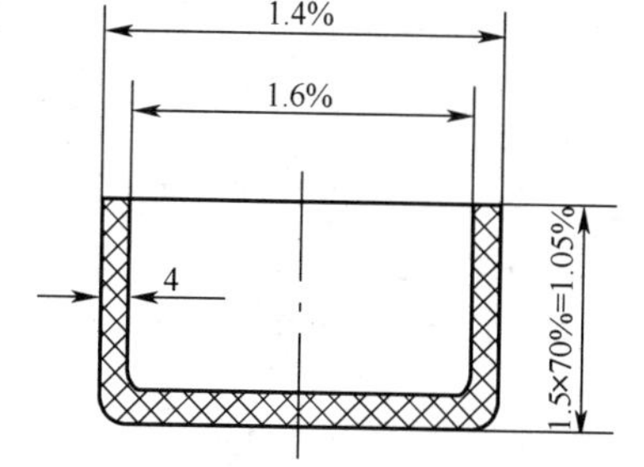

图 15-8　按塑件形状选择收缩率

(2)常用塑料成形收缩率经验数据　(表 15-62、表 15-63)

表 15-62　收缩率范围较小的收缩率　(%)

塑料名称	收缩率	塑料名称	收缩率
聚苯乙烯	0.5～0.8	聚碳酸酯	0.5～0.8
硬聚氯乙烯	0.6～1.5	聚砜	0.4～0.8
聚甲基丙烯酸甲酯	0.5～0.7	ABS	0.3～0.8
有机玻璃(372)	0.5～0.9	氯化聚醚	0.4～0.6
半硬聚氯乙烯	1.5～2	注射酚醛(塑 11—10)	1～1.2
聚苯醚	0.5～1	醋酸纤维素	0.5～0.7

表 15-63　收缩率范围较大的收缩率　（%）

<table>
<tr><th rowspan="2">塑料名称</th><th colspan="9">塑料壁厚/mm</th><th rowspan="2">塑件高度方向收缩率为水平方向收缩率的百分比数</th></tr>
<tr><th>1</th><th>2</th><th>3</th><th>4</th><th>5</th><th>6</th><th>7</th><th>8</th><th>>8</th></tr>
<tr><td rowspan="3">尼龙 1010</td><td colspan="2">0.5～1</td><td></td><td></td><td colspan="2">1.8～2</td><td colspan="2" rowspan="3">2～2.5</td><td rowspan="3">2.5～4</td><td rowspan="3">70</td></tr>
<tr><td rowspan="2">—</td><td colspan="2">1.1～1.3</td><td></td><td rowspan="2">—</td><td rowspan="2"></td></tr>
<tr><td></td><td colspan="2">1.4～1.6</td></tr>
<tr><td>聚丙烯</td><td colspan="3">1～2</td><td colspan="2">2～2.5</td><td colspan="2">2.5～3</td><td colspan="2">—</td><td>120～140</td></tr>
<tr><td rowspan="2">低压聚乙烯</td><td colspan="3">1.5～2</td><td colspan="3"></td><td colspan="3" rowspan="2">2.5～3.5</td><td rowspan="2">110～150</td></tr>
<tr><td colspan="2">—</td><td colspan="4">2～2.5</td></tr>
<tr><td>聚甲醛</td><td colspan="3">1～1.5</td><td colspan="3">1.5～2</td><td colspan="3">2～2.6</td><td>105～120</td></tr>
</table>

16 机械传动知识

16.1 带 传 动

带传动是把环形带紧套在主动带轮和从动轮上的一种传动方式。

16.1.1 带传动的类型和应用(表 16-1)

表 16-1 带传动的类型和应用

<table>
<tr><th>类 型</th><th>应 用</th><th>优 缺 点</th></tr>
<tr><td>圆形带</td><td>用于传递功率不大的场合,如缝纫机等</td><td rowspan="3">优点:
1. 由于胶带具有弹性,能起缓冲和吸振作用,可使传动平稳,噪声小;
2. 过载时,带在轮面上打滑,可以防止损坏其他零件,起安全保护作用;
3. 适用于两轴中心距较大的场合;
4. 结构简单,容易制造,维护方便,成本低廉。
缺点:
1. 带传动受摩擦力和带的弹性变形的影响,所以不能保证准确的传动比;
2. 效率较低,三角带传动效率一般为0.90～0.94</td></tr>
<tr><td>平形带</td><td>1. 用于中小功率的传动,原动机输出轴的第一级传动;
2. 传动比要求不十分准确的机械</td></tr>
<tr><td>三角带</td><td>1. 用于中小功率的传动,原动机输出轴的第一级传动;
2. 传动比一般为 $i \leqslant 7$;
3. 传动比要求不十分准确的机械</td></tr>
</table>

16.1.2 带传动的型式(表 16-2)

表 16-2 带传动的型式

名 称	简 图	适 用 范 围
开口型	O_2 O_1 A	1. 适用于两轴平行,同方向旋转的传动型式; 2. 带的主动边(紧边)应在下面,而从动边(松边)应在上面

续表 16-2

名 称	简 图	适 用 范 围
交叉型		1. 适用于两轴平行，反方向旋转的传动型式； 2. 在带的交叉处，带面互相摩擦，为避免带的剧烈磨损，中心距 A 宜增大，带的速度要低
半交叉型		1. 适用于两轴空间交叉（通常为 90°）定方向旋转；当反方向旋转时，带就要脱落； 2. 带轮宜选宽些

16.1.3 单根三角带的初拉力(表 16-3)

表 16-3 单根三角带的初拉力 S_0 (kg)

型 号	O		A		B		C		D		E	
小带轮直径/mm	63～80	≥90	90～112	≥125	125～160	≥180	200～224	≥250	315	≥355	500	≥560
S0	5.5	7.0	10.0	12.0	16.5	21.0	27.5	35.0	58.0	70.0	85.0	105

16.1.4 三角带型号及基本尺寸(GB/T 11544—1997)(表 16-4)

表 16-4 三角带型号及基本尺寸(GB/T 11544—1997) (mm)

型 号	截面基本尺寸			基准长度 L_a	
	节宽 b_P	顶宽 b	高度 h	自	至
Y	5.3	6.0	4.0	200	500
Z	8.5	10.0	6.0	405	1 540
A	11.0	13.0	8.0	630	2 700
B	14.0	17.0	11.0	930	6 070
C	19.0	22.0	14.0	1 565	10 700
D	27.0	32.0	19.0	2 740	15 200
E	32.0	38.0	25.0	4 660	16 800

16.2 圆柱齿轮传动

齿轮传动在机械传动中应用很广泛，并且是很重要的一种传动型式。与其他传动型式相比，齿轮传动具有传动比恒定、工作可靠、结构紧凑，而且效率高、寿命长、传动功率及速度范围大等优点；缺点是制造和安装的精度要求高，成本也比较高，不适宜于远距离二轴之间的传动。

16.2.1 齿轮传动分类(图 16-1)

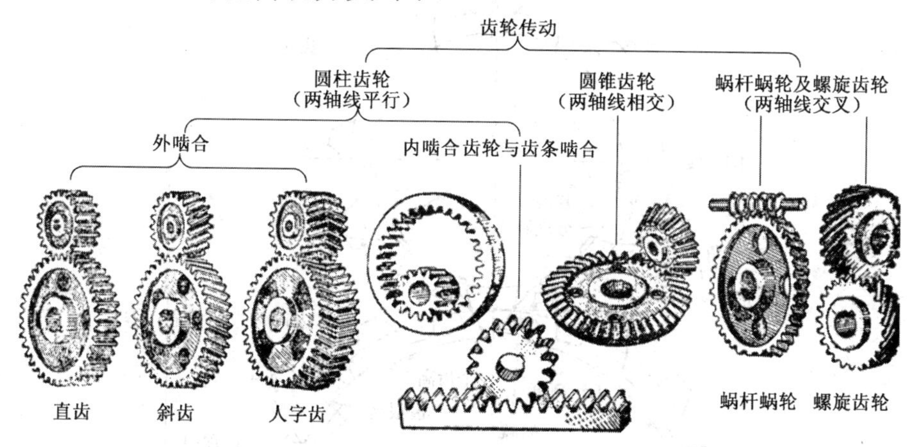

图 16-1 齿轮传动分类

16.2.2 基本术语及基本参数

渐开线圆柱齿轮各部位基本几何尺寸及名称如图 16-2 所示。

(1)模数　齿距除以圆周率 π 所得到的商,以 mm 计,其代号为“m”。

(2)齿数　一个齿轮的轮齿总数,其代号为“Z”。

$$Z=d/m \quad (式\ 16\text{-}1)$$

式中　d——分度圆直径(mm)。

(3)分度圆　圆柱齿轮的分度圆柱面与端平面的交线称为分度圆,分度圆直径的代号为“d”。

$$d=mZ \quad (式\ 16\text{-}2)$$

(4)压力角　在端面齿廓与分度圆相交点处的径向直线与齿廓在该点处的切线所夹的锐角,称为端面压力角(简称压力角),其代号为“α_t”。

(5)基圆　圆柱齿轮上的一个假想圆,形成渐开线齿廓所发生线在此假想圆的圆周上作纯滚动时,此假想圆就称为基圆,其代号为“d_b”。

(6)齿顶圆　在圆柱齿轮上,其齿顶圆柱面与端平面的交线,称为齿顶圆。其代号为“d_a”。

(7)齿根圆　在圆柱齿轮上,其齿根圆柱面与端平面的交线,称为齿根圆。其代号为“d_f”。

(8)齿顶高　齿顶圆与分度圆之间的径向距离,其代号为“h_a”。

(9)齿根高　齿根圆与分度圆之间的径向距离,其代号为“h_f”。

(10)齿高　齿顶圆与齿根圆之间的径向距离,其代号为“h”。

(11)齿距　在齿轮的某一个既定曲面上,一条给定的定斜曲线被两个相邻的同侧齿面所截取的长度，其代号为“p”。

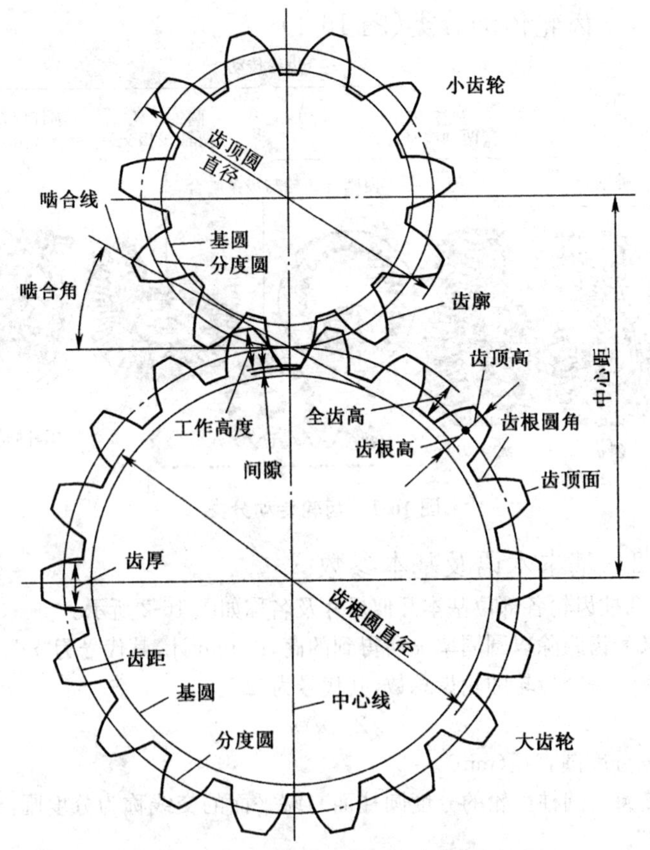

图 16-2 渐开线圆柱齿轮几何尺寸及名称

(12)**齿宽** 齿轮的有齿部位沿分度圆柱面的直母线方向量度的宽度，其代号为“b”。

16.2.3 圆柱齿轮传动各级精度的加工方法及应用范围(表 16-5)

表 16-5 圆柱齿轮传动各级精度的加工方法及应用范围

分级要素	精度等级					
	4	5	6	7	8	9
切齿方法	在周期误差很小的精密机床上用范成法加工	在周期误差很小的精密机床上用范成法加工	在精密机床上用范成法加工	在精密机床上用范成法加工	用范成法或分度法(用按齿轮实际齿数设计齿形的刀具)加工	任何方法

续表 16-5

分级要素	精度等级					
	4	5	6	7	8	9
工作表面(齿面)的最后加工	精密磨齿，对大齿轮用精密滚刀滚齿和研齿或剃齿	精密磨齿，对大齿轮用精密滚刀滚齿和研齿或剃齿	精密磨齿或剃齿	对于未经热处理的齿轮用精密刀具加工；对于淬硬齿轮，必须在最后加工(磨齿)	齿不用磨，必要时剃齿或研齿	不需要特殊的精加工工序
工作表面粗糙度 Ra (μm)	≤3.2	≤3.2	≤3.2	≤6.3	≤20	≤40
工作条件及应用范围	用于特殊精密分度机构的齿轮；在极高速度下工作，需要最大的平稳性及无噪声的齿轮传动；高速蜗轮传动的齿轮；检验7级精度齿轮的测量齿轮	用于特殊精密分度机构的齿轮；在极高速度下工作，需要最大的平稳性及无噪声的齿轮传动；高速蜗轮传动的齿轮；检验8～9级精度齿轮的测量齿轮	用于高速下平稳工作，需要最高效率及无噪声的齿轮；分度机构的齿轮；航空制造业中特别重要的小齿轮；读数装置中特别精密的传动齿轮	在高速和适度功率或大功率和适度速度条件下工作的齿轮，金属切削机床中需要运动协调性的进给齿轮，高速减速器齿轮，航空制造业的齿轮，读数装置的传动及具有非直齿的速度传动	不需要特殊精度的普通机器制造的齿轮，分度链以外的机床齿轮，航空及汽车制造中不重要的小齿轮，起重机构的齿轮，农业机器重要的小齿轮，普通减速器的齿轮	用于粗糙工作的场合，如对精度要求不高、受载低的传动
圆周速度/m/s 直齿轮 斜齿轮	 大于50 大于70	 大于20 大于40	 至15 至30	 至10 至15	 至6 至10	 至2 至4
效率	0.99(在机器的减速器中，包括轴承不低于0.985)	不低于0.99(包括轴承不低于0.985)	不低于0.99(包括轴承不低于0.985)	不低于0.98(包括轴承不低于0.975)	不低于0.97(包括轴承不低于0.965)	不低于0.96(包括轴承不低于0.95)

16.3 联轴器与离合器

在机械传动中，我们不可能用一根长轴把原动机、传动装置和工作机械连在一起。应该根据结构、制造和使用方面的要求分成段，然后再把轴和轴连接起来。这样，可以达到象整体轴一样传递运动和动力的目的。在同一轴线上，两轴之间的连接可以采用两种方式：

1. 联轴器连接

联轴器把两轴牢固地连接成一个整体，达到传递运动与动力的目的。这种连接方式只有在机器停止运转时，才能拆卸将两轴分开。

2. 离合器连接

在机器运转过程中，离合器连接的两轴可以随时结合或分离，以适应工作机械时而运转时而停止的需要。

16.3.1 联轴器和离合器应满足的使用要求(表 16-6)

表 16-6 联轴器和离合器应满足的使用要求

满足的使用要求	使用要求说明
适应被连接两轴间相互位置的变化	被连接的两轴虽然在理论上是同轴线旋转，但是由于制造、安装或工作零件的变形，都不能保证两轴严格对中，难免出现轴向偏移。因此，除了制造、安装良好，可以不考虑这些影响外，一般应使联轴器具有调节偏移的可能，以免两轴勉强固接在一起，运转中引起联轴器的附加载荷
具有吸收振动、缓和冲击的能力	冲击和振动来源于频繁的起动和原动机、工作机械的特性，如冲剪机械、往复机械、柴油发动机等运转中都有较大的不平稳性。为了减少冲击和振动的影响，在联轴器应该采用具有吸收振动的弹性元件(如弹簧、橡胶、尼龙等)
具有较大的传递转矩的能力	联轴器或离合器可以在两轴间传递转矩，并具有足够的过载能力

16.3.2 常用联轴器性能、使用条件及优缺点(表 16-7)

表 16-7 常用联轴器性能、使用条件及优缺点

型式	许用转矩范围/kg/m	轴颈范围/mm	最大转速范围/r/min	允许使用偏差			使用条件	优点	缺点
				$a/(')$	x/mm	y/mm			
套筒联轴器	<560	<100					两轴同轴，工作平稳	简单，径向尺寸小	装拆需轴向移动，安装精度高，无缓冲

续表 16-7

型式	许用转矩范围/kg/m	轴颈范围/mm	最大转速范围/r/min	允许使用偏差			使用条件	优点	缺点
				a/(′)	x/mm	y/mm			
凸缘联轴器	40～1 000	12～160	1 450～3 500				用于低速，短而刚性大的轴	结构简单，传递转矩较大	安装精度高，无缓冲
齿轮联轴器	71～100 000	13～560	300～3 780	≤30′		0.4～6.3	安装误差较大或轴刚性较差，用在转矩很大的场合	可调节轴向、径向、角度偏差，能传递很大转矩	制造困难，成本较高
弹性柱销联轴器	6.7～1 538	25～180	1 100～5 400	≤40′	2～6	0.14～0.2	正反运转、起动频繁的高速轴（低速轴不宜使用）	能缓冲、减振，不需润滑	寿命低，加工要求高
尼龙柱销联轴器	10～40 000	12～400	760～7 430	≤30′	1～8	同上	结构简单，装拆方便，有缓冲、减振作用	同上	

16.3.3 两种常用的离合器

离合器类型很多，常用的有牙嵌离合器和摩擦离合器两大类。因为工作原理不同，所以有不同的特点。

16.3.3.1 牙嵌离合器(图 16-3)

它由两个端面上有牙的套筒组成。其中一个套筒固定在一根轴上，而另一套筒则用导向键(或滑移花键)与另一根轴连接。工作时通过操纵机构拨动滑环，离合器轴向移动。这时两个套筒端面上的牙嵌合，两根轴就连接起来了；若向反方向移动则两轴分离。

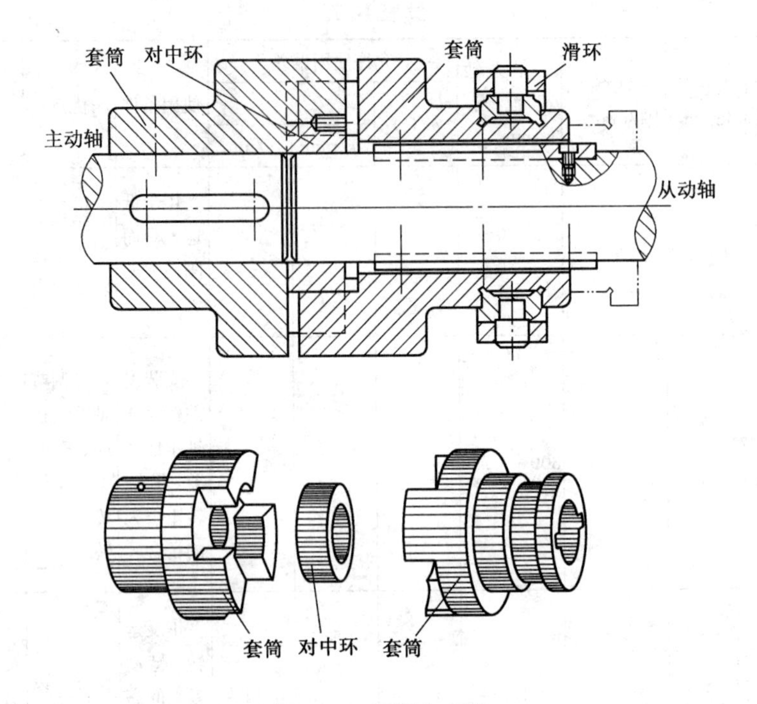

图 16-3 牙嵌离合器

牙嵌离合器的优点是结构比较简单,外轮廓尺寸小,连接后两轴不会发生相对转动,适用于要求严格保证传动比的机构。

牙嵌离合器的缺点是接合时必须使主动轴减慢转速或停车,否则牙受到冲击容易损坏。

16.3.3.2 摩擦离合器(图 16-4)

在实际使用中,常采用多片式摩擦离合器,这种离合器有两组摩擦片,其中一组外摩擦片和外壳连接(外圆齿插入外壳槽内),另一组摩擦片和套筒连接(内圆齿插入套筒槽内)。外壳和套筒则分别固定在主、从动轴上。两组摩擦片交错地排列。当滑环向左移动时,通过杠杆可将两组摩擦片压紧,主动轴和外壳一起旋转的外摩擦片利用摩擦力将动力和运动传递给内摩擦片,从而带动套筒和从动轴旋转。当滑环向右移动时,杠杆在弹簧作用下放松摩擦片,则可分离两轴。

与牙嵌离合器相比摩擦离合器具有下列优点:

①可以在任何速度下进行接合;

②接合过程平稳,无冲击、振动;

③过载时摩擦面将发生打滑,可以防止损坏其他零件。

摩擦离合器的缺点:不能保证两轴转速相同,不适于严格要求传动比的场合。

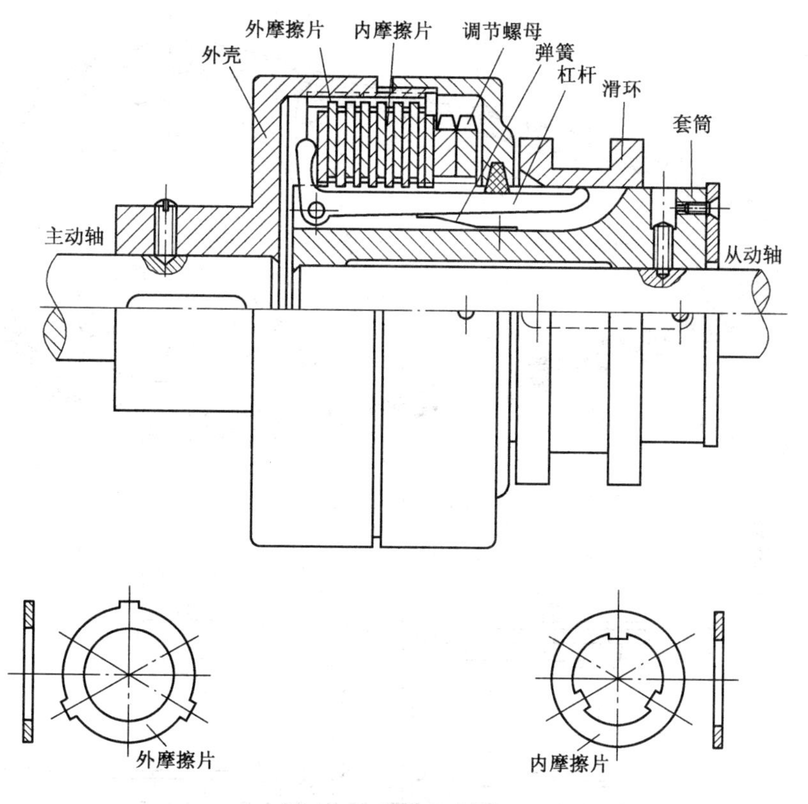

图 16-4 摩擦离合器

16.4 链 传 动

链传动由两轴平行的大、小链轮和链条组成。链轮齿与链条的链节啮合，其中链条相当于带传动中挠性件，但又不是靠摩擦力来传动，而是靠链轮和链条之间的啮合力来传动。所以链传动是一种具有中间挠性件的啮合传动，如图 16-5 所示。

16.4.1 链的结构

套筒滚子链的结构如图 16-6 所示。

套筒滚子链由内链板、外链板、销轴、套筒和滚子组成。其中内链板与套筒、外链板和销轴都是过盈配合固定在一起，而链轴和套筒间形成可动配合表面。当链节屈伸时，可以像铰链一样自由转动，因此这是一个摩擦表面。

两销轴中心间距称为链条的节距，用 P 表示。具有较大节距链条，销轴直径也较大，摩擦面也较大，可以传递更大的动力，因此节距 P 是链传动的一个重要参数。

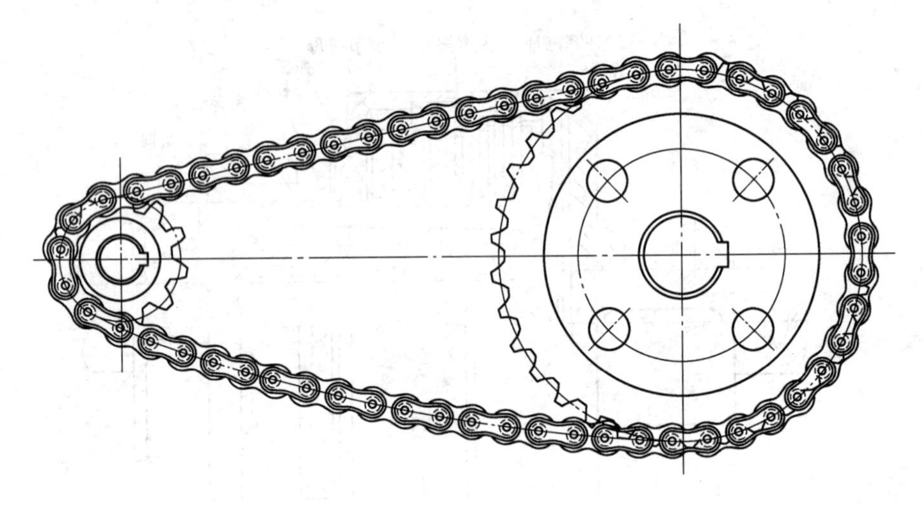

图 16-5 链传动

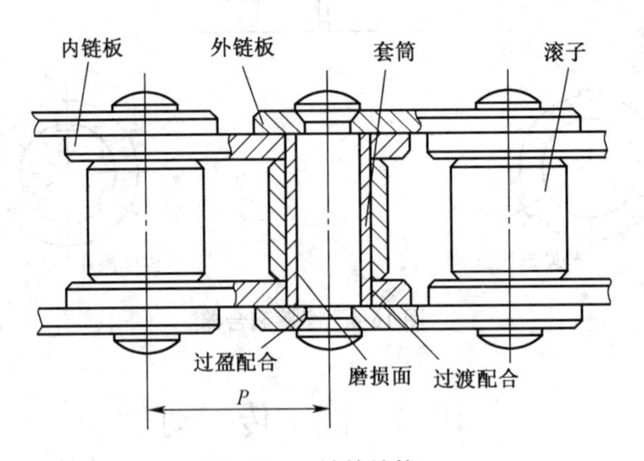

图 16-6 链的结构

套筒外面松套着滚子。当链条与链轮齿啮合时，滚子能在其中形成滚动摩擦，从而提高了传动效率和寿命。

16.4.2 链条的型号及规格(GB/T 1243—1997)(表 16-8)

16.4.3 链传动的布置和润滑

1. 链传动的布置

为了保证链传动良好啮合条件，大、小链轮的轴线必须平行，使链轮在同一垂直平面内回转。传动装置最好成水平布置。当倾斜布置时，中心连线与水平线的夹角应小于 45°。

链传动工作时，松边在下，紧边在上，可以顺利地啮合。如果松边垂度太大，需采用张紧装置。在中心距可调节的传动中应该调节中心距；在中心距固定的传动中，

表 16-8 链条的型号及规格(GB/T 1243—1997)

ISO 链号	主要尺寸/mm								抗拉载荷/kN≥		
	节距 P	滚子直径 d_1≤	内链节宽 b_1≥	销轴直径 d_2≤	排距 P_t	销轴全宽≤			单排	双排	三排
						单排 b_4	双排 b_5	三排 b_6			
05B	8	5	3	2.31	5.64	8.6	14.3	19.9	4.4	7.8	11.1
06B	9.525	6.35	5.72	3.28	10.24	13.5	23.8	34	8.9	16.9	24.9
08A	12.7	7.92	7.85	3.98	14.38	17.8	32.3	46.7	13.8	27.6	41.4
08B	12.7	8.51	7.75	4.45	13.92	17	31	44.9	17.8	31.1	44.5
081	12.7	7.75	3.3	3.66	—	10.2	—	—	8	—	—
083	12.7	7.75	4.88	4.09	—	12.9	—	—	11.6	—	—
084	12.7	7.75	4.88	4.09	—	14.8	—	—	15.6	—	—
085	12.7	7.77	6.25	3.58	—	14	—	—	6.7	—	—
10A	15.875	10.16	9.4	5.09	18.11	21.8	39.9	57.9	21.8	43.6	65.4
10B	15.875	10.16	9.65	5.08	16.59	19.6	36.2	52.8	22.2	44.5	66.7
12A	19.05	11.91	12.57	5.96	22.78	26.9	49.8	72.6	31.1	62.3	93.4
12B	19.05	12.07	11.68	5.72	19.46	22.7	42.2	61.7	28.9	57.8	86.7
16A	25.4	15.88	15.75	7.94	29.29	33.5	62.7	91.9	55.6	111.2	166.8
16B	25.4	15.88	17.02	8.28	31.88	36.1	68	99.9	60	106	160

续表 16-8

ISO 链号	主要尺寸/mm								抗拉载荷/kN≥		
	节距 P	滚子直径 d_1≤	内链节宽 b_1≥	销轴直径 d_2≤	排距 P_t	销轴全宽≤			单排	双排	三排
						单排 b_4	双排 b_5	三排 b_6			
20A	31.75	19.05	18.9	9.54	35.76	41.1	77	113	86.7	173.5	260.2
20B	31.75	19.05	19.56	10.19	36.45	43.2	79.7	116.1	95	170	250
24A	38.1	22.23	25.22	11.11	45.44	50.8	96.3	141.7	124.6	249.1	373.7
24B	38.1	25.4	25.4	14.63	48.36	53.4	101.8	150.2	160	280	425
28A	44.45	25.4	25.22	12.71	48.87	54.9	103.6	152.4	169	338.1	507.1
28B	44.45	27.94	30.99	15.9	59.56	65.1	124.7	184.3	200	360	530
32A	50.8	28.58	31.55	14.9	58.55	65.5	124.2	182.9	222.4	444.8	667.2
32B	50.8	29.21	30.99	17.81	58.55	67.4	126	184.5	250	450	670
36A	57.15	35.71	35.48	17.46	65.84	73.9	140	209	280.2	560.5	840.7
40A	63.5	39.68	37.85	19.85	71.55	80.3	151.9	223.5	347	683.9	1 040.9
40B	63.5	39.37	38.1	22.89	72.29	82.6	154.9	227.2	355	630	950
48A	76.2	47.63	47.35	23.81	87.83	95.5	183.4	271.3	500.4	1 000.8	1 501.3
48B	76.2	48.62	45.72	29.24	91.21	99.1	190.4	281.6	560	1 000	1 500
56B	88.9	53.98	53.34	34.32	106.6	114.6	221.2	—	850	1 600	2 240
64B	101.6	63.5	60.96	39.4	119.89	130.9	250.8	—	1 120	2 000	3 000
72B	114.3	72.39	68.58	44.8	136.27	147.4	283.7	—	1 400	2 500	3 750

可采用张紧轮，张紧轮布置在松边接近小链轮处。

2. 链传动的润滑

正确的润滑可以减少链传动的磨损，提高工作能力，延长使用寿命。一般采用的润滑方法有以下几种：

(1)人工定期润滑　用油壶或油刷，每班注油一次。适用于低速 $v \leqslant 4\mathrm{m/s}$ 的不重要链传动。

(2)滴油润滑　用油杯通过油管滴入松边内、外链板间隙处，每分钟约 5～20 滴。适用于 $v \leqslant 10\mathrm{m/s}$ 的链传动。

(3)油浴润滑　将松边链条浸入油盘中，浸油深度为 6～12mm。适用于 $v \leqslant 12\mathrm{m/s}$ 的链传动。

(4)飞溅润滑　在密封容器中，用甩油盘将油甩起，沿壳体流入集油处，然后引导至链条上。甩油盘线速度应 $>3\mathrm{m/s}$。

(5)压力润滑　当采用 $v \geqslant 8\mathrm{m/s}$ 的大功率传动时，应采用特设的油泵将油喷射至链轮链条啮合处。

主要参考文献

[1]陈增强,黎桂英,何悦胜,陶亚秋．实用五金手册[M]. 广东:广东科技出版社,2005

[2]成大先等．机械设计手册[M]. 北京:化学工业出版社,2007

[3]刘森等．钳工技术手册[M]. 北京:金盾出版社,2008

[4]钟翔山等．冷冲模设计案例剖析[M]. 北京:机械工业出版社,2009

[5]《塑料模设计手册》编写组．塑料模设计手册[M]. 北京:机械工业出版社,1985

[6]王孝培等．冲压设计资料[M]. 北京:机械工业出版社,1983

[7]张能武,李树军等．模具技术实用手册[M]. 安徽:安徽科学技术出版社,2009

[8]薛啟翔等．冷冲压实用技术[M]. 北京:机械工业出版社,2006

[9]李硕本等．冲压工艺学[M]. 北京:机械工业出版社,1982

[10]《模具制造手册》编写组．模具制造手册[M]. 北京:机械工业出版社,1982